Neue Verfahren in der Technik der chemischen Veredlung der Textilfasern

DR. LOUIS DISERENS

Neueste Fortschritte und Verfahren in der chemischen Technologie der Textilfasern

In zwei Teilen

Erster Teil:
Die neuesten Fortschritte in der Anwendung der Farbstoffe
in 3 Bänden

Zweiter Teil:
Neue Verfahren in der Technik der chemischen Veredlung der Textilfasern
in 5-6 Bänden

Springer Basel AG

DR. LOUIS DISERENS

Neueste Fortschritte und Verfahren
in der chemischen Technologie der Textilfasern

ZWEITER TEIL:

Neue Verfahren in der Technik der chemischen Veredlung der Textilfasern

Hilfsmittel in der Textilindustrie

Vierter Band

Von

DR. PAUL FINK, St. Gallen, und DR. LOUIS FROSSARD, Basel

Springer Basel AG
1965

ISBN 978-3-0348-4059-0 ISBN 978-3-0348-4133-7 (eBook)
DOI 10.1007/978-3-0348-4133-7

Ursprünglich erschienen bei Birkhäuser Verlag Basel, 1965.

Softcover reprint of the hardcover 1st edition 1965

Inhaltsverzeichnis

Seite

Vorwort XI

Kapitel XVI. *Verfahren zur flammfesten Ausrüstung von Textilien* 1

Theorie der Flammfestbehandlung von Textilien 6

Abbaumöglichkeiten der Zellulose 7

Wirkungsweise der Flammfestmittel 11

Gastheorie 12

Theorie der Bildung eines Überzuges 13

Wärmeabsorption und Wärmeleitung 14

Chemische Theorie 14

Einfluss des Gewebes und des Textilmaterials 18

Verhütung des Nachglühens 19

Verhütung des Nachglühens auf physikalischem Weg 19

Chemische Theorie über die Verhütung des Nachglühens 20

Lagerung flammfest ausgerüsteter Gewebe 21

Einteilung der Flammfestmittel 22

Nicht beständige Flammfest-Ausrüstungen 22

Permanente Flammfest-Ausrüstungen 23

Flammfestverfahren, die nur die Erzielung eines vorübergehenden Schutzes erlauben 25

Temporäre Flammfestverfahren mit Salzen oder Säuren, bei denen die Schutzwirkung dem Säurerest zugeschrieben wird 27

Borsäure und deren Salze 27

Sulfaminsäure und deren Salze 32

Phosphorsäure und deren Salze 39

Weitere Produkte 40

Temporäre Flammfestverfahren mit Salzen oder Oxyden, bei denen die Schutzwirkung dem Kation zugeschrieben wird 41

Ammoniumsalze 41

Salze organischer Amine 43

Metallsalze 45

Temporäre Flammfestverfahren mit Salzen, bei denen sowohl dem Kation als auch dem Anion eine Schutzwirkung zugesprochen werden kann . . 48

Temporäre Flammfestverfahren mit Mischungen von anorganischen Salzen 48

Weitere Flammfestverfahren 50

Methoden der Flammfestausrüstung mit anorganischen, wasserlöslichen Salzen 50

Tauchverfahren 51

Aufsprühen der Imprägnierlösung 52

Aufbürsten der Lösung 52

Nicht waschbeständige Flammschutzmittel 52

Permanente Flammfestausrüstung 57

Permanente Flammfestausrüstung mit Schutzmitteln, die direkt mit der Faser oder einem auf der Faser abgelagerten Kunstharz reagieren 58

Seite
Organische Phosphorverbindungen 58
Verbindungen des dreiwertigen Phosphors 59
Verbindungen des fünfwertigen Phosphors 60
Derivate der Phosphorsäure 60
Phosphonsäuren 62
Phosphinsäuren 63
Trialkylphosphinoxyde und -sulfide 64
Halogenhaltige Phosphorverbindungen 64
Stickstoffhaltige Phosphorverbindungen 65
Die Flammfestausrüstung mit Harnstoff-Phosphat 67
Einzelheiten des Verfahrens 69
Arbeitsmethode 73
Varianten 76
Verfahren mit anderen organischen Basen 86
Verfahren mit Phosphorsäureestern 93
Derivate der Phosphornitrilhalogenide 105
Flammfestverfahren mit Tetrakis-oxymethylphosphoniumchlorid (THPC) und Aminkunstharzen 111
Phosphine und deren Abkömmlinge 128
Flammschutzverfahren mit Tris-(1-arizidinyl)-phosphinoxid bzw. -sulfid . 132
Phosphonsäuren und deren Derivate 141
Phosphomethylierung der Zellulose 153
Handelsprodukte 156
Permanente Flammfestausrüstung durch Ausfällung von unlöslichen Salzen oder Metalloxyden auf der Ware 157
Der Imprägniervorgang 162
Flammfestverfahren mit Hilfe von Titan- und Antimonverbindungen 168
Permanente Flammfestausrüstung mit Metalloxyden und halogenhaltigen organischen Bindemitteln 183
Weitere Verfahren 205
Waschbeständige Flammschutzmittel des Handels 209
Flammfestverfahren für Kunst- und Synthesefasern 214
Flammfestausrüstung von Kunstfasern auf Zellulosebasis 214
Das Flammfestmachen von Polyamidfasern (Nylon) 215
Flammfestausrüstung von Polyakrylnitrilfasern 223
Prüfung flammfester Gewebe 225
Tabelle der Produkte zur flammfesten Ausrüstung 232
Anorganische Säuren und Salze 232
Organische Phosphorverbindungen 240
Organische Borverbindungen 244
Organische Siliziumverbindungen 244
Titanverbindungen 246
Chlorparaffine und andere organische Halogenverbindungen 246
Kombinationen von Kunstharzen und anorganischen Verbindungen (Antimonoxyd z. B.) 250
Verschiedene Produkte 252

Seite

Kapitel XVII. *Das Mattieren von Rayon und synthetischen Fasern* 256
Allgemeines über Glanz und Durchsicht 258
Die Beeinflussung des Glanzes von textilen Erzeugnissen 260

Die Spinnmattierung 266
Spinnmattierung durch Auswahl der Rohmaterialien 266
Spinnmattierung durch Zugabe von Pigmenten und anderen anorganischen Stoffen 269
Besondere Pigmentspinnmattierungsverfahren für die Zelluloseregeneratfasern 273
Besondere Pigmentspinnmattierungsverfahren für die Zellulosederivatfasern 277
Besondere Pigmentspinnmattierungsverfahren für die vollsynthetischen Fasern 277
Spinnmattierung mit Titandioxyd 282
Einfluss des Titandioxyds auf die mechanischen Eigenschaften der damit mattierten Garne 288
Einfluss der Titandioxydmattierung auf die photochemischen Eigenschaften der Textilien 293
Einfluss auf die Färbungen 293
Einfluss beim Bleichen und Waschen 296
Schutzmassnahmen 304
Einfluss der Titandioxydmattierung auf die färberischen Eigenschaften der Textilien 311
Spezielle Anwendungsverfahren 313
Titanmattierung der Zelluloseregeneratfasern 314
Titanmattierung der Zellulosederivatfasern 316
Titanmattierung von vollsynthetischen Fasern im Schmelzspinnverfahren 317
Spinnmattierung mit anderen Pigmenten 320
Spinnmattierung durch Bildung von Pigmenten in der Spinnmasse 323
Spinnmattierung durch Zugabe von anderen anorganischen Stoffen 328
Spinnmattierung durch Zugabe von organischen Verbindungen in die Spinnmasse 331
Organische Verbindungen im allgemeinen 333
Fette, Öle, Wachse natürlichen oder synthetischen Ursprungs und ihre Derivate 337
Fettsäuren und andere Karbonsäuren sowie anionische oberflächenaktive Stoffe aus solchen Säuren oder Sulfonsäuren, bzw. ihre Salze oder andere Derivate 339
Aliphatische Kohlenwasserstoffe, Paraffine, Paraffinöle, Terpene 344
Aromatische Kohlenwasserstoffe und deren Substitutionsprodukte . . . 347
Alkohole, Fettalkohole und deren Ester, Äther 351
Andere organische Verbindungen 355
Natürliche Polymere und hochmolekulare Verbindungen und deren Modifikationsprodukte 363
Künstliche Polymere, Kunstharze 367
Herstellung matter Hohl- und Luftseide 369
Einverleibung von Luft 371
Erzeugung eines Gases in der Spinnmasse 371

Seite

Zusatz von gasbildenden Produkten 372
Verdampfung von flüchtigen Stoffen 373
Herauslösen von Zusätzen 375
Besondere Verfahren 376

Spinnmattierung durch Veränderung im Spinnvorgang 377
Spezielle Verfahren für das Naßspinnen 378
Spezielle Verfahren für das Trockenspinnen 380
Spezielle Verfahren für das Schmelzspinnen 383

Die Nachmattierung 383

Nachmattierung durch mechanische oder physikalisch-chemische Beeinflussung der Faseroberfläche 385

Der Einfluss heisser wässriger Bäder auf den Glanz der Azetatkunstseide 386

Die Entglänzung von Azetatkunstseide mit wässrigen Phenol-Seifelösungen 398

Entglänzung der Azetatkunstseide mit anderen Mitteln 405

Vermeidung der Glanztrübung und Wiederherstellung des Glanzes von Azetatkunstseide 412

Verfahren für andere Chemiefasern 420

Nachmattierung durch Aufbringen von Pigmenten oder anderen lichtbrechenden Stoffen auf die Faseroberfläche 424

Aufbringen von Pigmenten auf die Fasern 427

Bildung von Pigmenten auf den Fasern durch doppelte Umsetzung (Zweibadverfahren) 433
Bildung von Bariumsulfat 434
Bildung von Stannaten 439
Bildung von Metallhydroxyden 442
Bildung von unlöslichen Molybdaten und Wolframaten 443
Bildung von anderen unlöslichen weissen anorganischen Salzen . . . 444
Bildung von schwerlöslichen organischen Metallsalzen 447
Bildung von schwerlöslichen organischen Verbindungen 449

Bildung von Pigmenten auf den Fasern durch thermische Behandlung (Einbadverfahren) 451

Aufbringen von Pigmenten zusammen mit Fettstoffen (Foulardmattierung) 456

Festigung von Pigmenten durch Bindemittel 459

Die substantive Nachmattierung 466
Kationaktive substantive Mattierungsmittel 466
Anionaktive substantive Mattierungsmittel 475

Nachmattierung mit Kunstharzen 477
Mit Aminoplasten 478
Mit verschiedenen natürlichen und synthetischen Hochpolymeren . . 492

Das Nachmattieren der verschiedenen Kunstfaserarten 496
Zellulosische Kunstfasern 497
Vollsynthetische Fasern 498
Die wirklich waschechte Vollmattierung 499

Erzeugung von Matteffekten. Mattdruck 500

Mattdruck durch physikalisch-chemische Beeinflussung der Faseroberfläche 501
Matteffekte auf Azetatkunstseide mittels Harnstoff. Das Opalogen-Verfahren 504
Verfahren für andere Faserarten 506

Seite

Mattdruck durch Aufbringen von Pigmenten oder anderen lichtbrechenden Stoffen auf die Faseroberfläche 507
Fixierung der Mattierungspigmente mit Bindemitteln in wässrigen Lösungen 507
Albumindruck 508
Mattdrucke mit Polymerisatemulsionen 508
Mattweissdrucke mit Aminoplasten als Bindemitteln 512
Fixierung der Mattierungspigmente mit in organischen Lösungsmitteln gelösten Bindemitteln oder mit Emulsionen von solchen 514
Mattdruck durch Bildung von Pigmenten auf den Fasern 515
Anorganische Niederschläge 515
Organische Niederschläge 517

Untersuchung und Prüfung der Mattierungen und Mattierungsmittel 518
Nachweis und Bestimmung der Mattierungen auf den Fasern 519
Unterscheidung der Spinn- und Nachmattierung 519
Untersuchung der Mattierungen 519
Prüfung der Mattierungen und der mattierten Textilien 521
Die Glanzmessung 521
Die Gebrauchsprüfung 523
Untersuchung der Mattierungsmittel in Substanz 524

Tabelle der Mattierungsmittel 526
Produkte für die Spinnmattierung 526
Produkte für die Entglänzung der Azetatkunstseide 530
Produkte für die Nachmattierung 532
Pigmente und Pigmentpräparate 532
Produkte für das Zweibadverfahren 538
Produkte für das Einbadverfahren 538
Produkte für die Foulardmattierung 540
Produkte auf Basis von Bindemitteln und Pigmenten 544
Produkte für die substantive Mattierung 546
Produkte auf Kunstharzbasis 554
Spezialprodukte für den Mattdruck 558

Patentverzeichnis 568
Alphabetisches Sachverzeichnis der im Text und in den Tabellen erwähnten Produkte 578

VORWORT

Kurz nach dem Tode von Dr. LOUIS DISERENS im Jahre 1956 erschien der noch von ihm zusammengestellte 3. Band des vorliegenden Werkes. Das von Dr. Diserens ins Auge gefasste Ziel einer umfassenden Zusammenstellung der chemischen Technologie der Textilveredlung war aber damit noch nicht erreicht. Es fehlten noch einige wichtige Kapitel. Auch brachte es der ständige Weiterausbau der Textilveredlungsindustrie mit sich, dass verschiedene neue Verfahren zur Erzielung neuartiger Effekte ausgearbeitet wurden. Der Birkhäuser Verlag bemühte sich daher, Wege zu finden, um dieses Werk im Sinne Diserens' zu Ende führen zu können. Der vorliegende 4. Band stellt den ersten Schritt in dieser Richtung dar.

Die raschen Entwicklungen auf verschiedensten Gebieten der Chemie sind auch nicht ohne Einfluss auf die Textilveredlung geblieben. So haben die neuen Errungenschaften auf dem Kunststoffsektor einerseits zur Entwicklung immer neuer Fasern und anderseits zu neuen Möglichkeiten auf dem Sektor der Kunstharzausrüstung von Geweben geführt. Neue Synthesefasern konkurrenzieren nicht nur die Naturfasern und die bisherigen Kunstfasern, sondern wecken auch den Wunsch, die ihnen eigenen, günstigen Fasereigenschaften durch ein Ausrüstverfahren ebenfalls andern Fasern zu verleihen. So sind in den letzten Jahren an Naturfasern zahlreiche Modifizierungsmöglichkeiten untersucht worden. Vor allem ist auch erstmals technologisch die Reaktionsfähigkeit der Fasern selbst ausgenützt worden. Die Reaktivfarbstoffe sowie zahlreiche Veredlungsverfahren, bei welchen die Faser mit dem Veredlungsmittel eine chemische Bindung eingeht, sind entwickelt worden.

Diese starke Entwicklung der Technik musste sich natürlich auch auf die Weitergestaltung des vorliegenden Werkes auswirken. Die Anpassung an den aktuellen Stand der Technik bedingte vorerst eine sorgfältige Bearbeitung der ständig wachsenden Patentliteratur auf den hier zu behandelnden Gebieten. Es sind aber auch die Textilveredlungsmittel immer zahlreicher und in ihrem chemischen Aufbau komplizierter geworden. So erwies es sich etwa im Kapitel über die Flammfestausrüstung als nützlich, eine kleine Zusammenstellung über die organischen Phosphorverbindungen einzuschieben, um so dem Leser den Zugang zu den zahlreichen Verfahren mit Organophosphorverbindungen zu erleichtern.

Die beiden Kapitel über Flammfest- und Mattierungsverfahren sind auf den Stand von 1963/64 gebracht worden. Die zahlreichen, erst kürzlich entwickelten Verfahren brachten es mit sich, dass diese beiden

Kapitel recht umfangreich wurden, so dass man sich entschloss, diese zu einem Band zusammenzuschliessen und die noch fehlenden Kapitel in weiteren Bänden von etwa gleichem Umfange zu behandeln.

So ist besonders noch die Behandlung der nachstehenden Verfahren vorgesehen:

Schrumpffestverfahren für Cellulosefasern
Filzfreibehandlung von Wolle
Kreppen
Verfahren zur Erzeugung von Krachgriff
antistatische Ausrüstung
Schiebefestmachen, Antipilling und weitere Spezialverfahren
Übersicht über chemische Fasermodifikationen

Durch Überlassung der technischen Unterlagen für die zahlreichen Textilhilfsmittel sei hier den Herstellern dieser Produkte bestens gedankt. Dies ermöglichte erst eine weitgehende Erfassung der heute auf dem Markte befindlichen Produkte. Auch stellten uns einige Farbenfabriken zusätzliches wertvolles Dokumentationsmaterial zur Verfügung, was ebenfalls an dieser Stelle bestens verdankt sei.

Schliesslich gebührt unser Dank auch ganz besonders dem Birkhäuser Verlag in Basel für das stete Verständnis, das er unserer Arbeit entgegenbrachte, sowie für die sorgfältige Drucklegung und Ausstattung des Werkes.

St. Gallen/Basel, Juni 1965

P. Fink *L. Frossard*

KAPITEL XVI

Verfahren zur flammfesten Ausrüstung von Textilien[1])

In den letzten Jahren wurden eine ganze Reihe von Verfahren zum Flammfestmachen von Textilien entwickelt. Dass diesem Gebiete der Textilveredlung heutzutage bedeutend mehr Aufmerksamkeit geschenkt wird als zu Beginn dieses Jahrhunderts mag seinen Grund wohl darin haben, dass einerseits der 2. Weltkrieg 1939/45 gezeigt hat, dass flammfest ausgerüstete Textilien für militärische und auch zivile Belange ein Ausbreiten eines Brandes wirksam verhindern helfen, und dass anderseits auf Grund einiger grosser Brandkatastrophen in den Vereinigten Staaten von Amerika gesetzliche Bestimmungen erlassen wurden, die feuergefährliche Textilien verbieten. Sicherlich werden mit der Zeit auch in andern Staaten derartige Verordnungen erlassen, so dass es für jeden Textilveredler wichtig ist Verfahren zur Hand zu haben, die ihm eine Herabsetzung der Feuergefährlichkeit des Textilmaterials gestatten.

Schon im Altertum versuchte der Mensch leicht brennbare Materialien vor einer Zerstörung durch Feuer zu schützen. So wird etwa berichtet, dass Aeneas bereits im 4. Jahrhundert vor Christus zu diesem Zwecke Holz mit Essig imprägnierte. Ferner berichtet Claudius in

[1]) Robert W. Little, Flameproofing Textile Fabrics, Reinhold Publ. Corp. New York 1947; Matagrin, Rev. Chim. Ind. 1935, März, April, Mai; K. Quehl, Melliand *35* (1954) 4, S. 431; K. Quehl, Melliand *33* (1952), 12, S. 1115 und *34* (1953), 1, S. 69; 2, S. 143; K. Quehl, Teintex *19* (1954), 8; A. Schürch und A. Berger, Textil Rdsch. *9* (1954), S. 251; CIBA, SVF-Fachorg. *9* (1954), 4, S. 171; E. Kleiner, SVF-Fachorgan *8* (1953), S. 463, 509, 559; Gordon, Rayon Text. Monthly *22* (1941), S. 98; R. W. Little, Amer. Dyest. Rep. *36* (1947), S. 135; *37* (1948), S. 114; Reymond, Amer. Dyest. Rep. *36* (1947), S. 103; Clarke, Teintex *13* (1948), S. 102; Chem. Ind. *65* (1949), S. 497; Davis, Findlay und Rogers, J. Text. Inst. *40* (1949), S. T839; Coppick, Church und Little, Ind. Eng. Chem. *42* (1950), S. 405, 418 und 432; Bernard, Ind. Eng. Chem. *42* (1950), S. 430; Buck, Ind. Eng. Chem. *42* (1950), S. 428; Esselen, Ind. Eng. Chem. *42* (1950), S. 414; Gulledge und Seidel, Ind. Eng. Chem. *42* (1950), S. 440; Defalque, Ind. Text. *67* (1950), S. 759; Henk, Chem. Ztg. *74* (1950), S. 447; Melliand *32* (1951), S. 393; Schulhof, Rayon Synth. Zellwolle *29* (1951), S. 422; Ulrich, Text. Rdsch. *6* (1951), S. 45; Little, Text. Res. J. *21* (1951), S. 301; Textil Praxis *7* (1952), S. 736; Freitag, Frb. Ztg. *5* (1952) 6, S. 28; Amer. Dyest. Rep. *41* (1952), S. 87; Airoldi, Tinctoria *50* (1953), S. 39; Johnstone, Amer. Dyest. Rep. *42* (1953), S. 96; Freitag, Melliand *35* (1954), S. 279; F. Ward, J. S. D. C. *71* (1955), 10, S. 569. N. J. Read und E. G. Heighway-Buxy, J. S. D. C. *74* (1958), 12, S. 823. E. Frieser, Melliand *39* (1958), 7, S. 795 und 9, S. 1034; E. Frieser, SVF-Fachorgan *14* (1959), 5, S. 267; E. Frieser, Spinner & Weber *79* (1961), 10, S. 938; 11, S. 1038; 12, S. 1140; B. C. M. Dorset, Text. Manuf. *88* (1962) 1048, S. 160–164.

seinen Annalen, dass bei der Belagerung von Piräus die hölzernen Türme durch Behandlung mit Alaunlösungen geschützt wurden.

Verfahren zum Schutze von Textilien gegenüber den Einwirkungen des Feuers werden jedoch in der Literatur erst im 17. Jahrhundert genannt. So wird wohl die im Jahre 1638 erschienene Abhandlung von Sabattini über die Feuergefahr in Theatern eine der ersten Veröffentlichungen sein, die eine Behandlung von Textilien (Kulissen) gegen Feuereinwirkung vorschlagen.

Im Jahre 1735 wurde von Jonathan Wyld[1]) in England das erste Patent für ein Flammfestmittel beantragt. Dieses bestand aus Alaun, Ferrosulfat und Borax. 1786 wurde dann von Arfird Ammoniumphosphat zum erstenmal vorgeschlagen, eine Verbindung, die auch heute noch in zahlreichen Flammfestmitteln enthalten ist.

Versmann und Oppenheim untersuchten eine ganze Anzahl von Chemikalien auf ihre Eignung für die Flammfestausrüstung. Sie fanden dabei, dass nur Ammoniumphosphat, Ammoniumnatriumphosphat, Ammoniumsulfat, Natriumwolframat und ein Gemisch von Ammoniumphosphat und -chlorid von praktischer Bedeutung seien. Ferner liessen sie ein Flammfestverfahren schützen, welches die Ausfällung von Zinnoxyd in der Faser zum Gegenstand hat[2]).

Für die Entwicklung der Flammfestverfahren war ferner die Entdeckung von Kling und Florentin[3]) wichtig, dass ein Gemisch von Borax und Borsäure einen Schutz verleihen kann.

In neuerer Zeit ging dann die Entwicklungsarbeit auf diesem Sektor der Textilveredlung besonders in Richtung waschbeständiger Flammfestverfahren. Diese Verfahren beruhen dabei in erster Linie entweder auf einer Ausfällung von Metalloxyden in der Faser oder einer Fixierung von Oxyden mit Kunstharzen oder einer chemischen Veränderung der Zellulosefaser.

Eine flammfest ausgerüstete Ware kann jedoch nicht als feuerfest betrachtet werden, d.h. durch das Feuer wird sie wohl zerstört, doch verhindert sie ein Ausbreiten des Feuers. Ferner soll auch durch die Ausrüstung ein Nachglühen oder flammenfreies Weiterverbrennen des Textilguts verhindert werden. Man wird daher von einem flammfest ausgerüsteten Gewebe verlangen, dass nach Wegnahme der Zündflamme das Feuer auf dem Gewebe innert kürzester Zeit erlischt und auch nicht durch ein Nachglühen eine weitere Zerstörung des Textilmaterials erfolgt.

Die Feuergefährlichkeit eines Textilmaterials ist sowohl von der Art der verwendeten Fasern als auch von der Form und Art des Gewebes abhängig. Als flammfest können dabei Alginat-, Glas-,

---

1) *Brit. P. 551* (1735).

2) *Brit. P. 2.077* (1859).

3) Quart. Nat. Fire Protection Ass. *16* (1922), S. 134.

Asbest-, Saran- und Dynelfasern bezeichnet werden. Es handelt sich hier jedoch durchwegs um sehr wenig gebrauchte Fasern. Wolle und andere Proteinfasern sind wohl brennbar, doch wegen des hohen Entzündungspunktes und der geringen Ausbreitgeschwindigkeit des Feuers nicht als ausgesprochen feuergefährlich zu bezeichnen. Die thermoplastischen Kunstfasern sind bezüglich Feuergefährlichkeit schwierig zu klassieren, da sie üblicherweise bei höhern Temperaturen schmelzen und somit in Berührung mit der Flamme zusammensintern und schrumpfen. Dennoch können z. B. Polyamid- oder Polyesterfasern als bedeutend flammfester bezeichnet werden als die Zellulosefasern wie etwa Viskose- oder Azetat-Kunstseide, Baumwolle, Leinen oder auch die Kunstfaser Orlon, die alle sehr rasch brennen. Aus diesem Grunde beziehen sich auch weitaus die meisten Flammfestverfahren auf diese letztere Gruppe von Faserstoffen.

Die Feuergefährlichkeit eines Gewebes ist aber auch in starkem Masse von dessen Bindungsverhältnissen und der Art der hiezu verwendeten Garne abhängig. Je feiner die Garne sind, und je offener die Gewebebindung ist, umso rascher wird ein Gewebe brennen. Am raschesten kommen daher feine Netze und gerauhte Gewebe, besonders solche mit einem langen Flor, zum Brennen.

Es mag vielleicht nützlich sein, wenn hier zunächst noch einige Begriffe, die mit der Flammfestausrüstung eng zusammenhängen, näher erläutert werden. Sicherlich wird heute noch nicht überall eine scharfe Unterscheidung zwischen «feuerfest» (fireproof), «flammfest» (flameproof) und «flammwidrig» oder «flammbeständig» (flame-resistant) gemacht. Ferner wären dazu noch die Begriffe «glühfest» (glowproof) und «glühbeständig» (glow-resistant) hinzuzuzählen. In der neueren Literatur macht sich jedoch immer mehr die Tendenz bemerkbar, diese Begriffe zu definieren und auseinander zu halten.

Feuerfest kann ein Material dann bezeichnet werden, wenn es durch Feuer überhaupt nicht zerstört oder in wesentlichem Umfange verändert werden kann. Als feuerfest können also in erster Linie mineralische Werkstoffe bezeichnet werden, während organische Stoffe in ihrer überwiegenden Mehrzahl nicht feuerfest sind, also durch Feuer oder sehr hohe Temperaturen zerstört werden.

Flammfest ist ein Material, das wohl infolge Feuereinwirkung verändert wird, z. B. verkohlt, aber nach Wegnahme der Zündflamme nicht mehr von sich aus weiter brennt, sondern innert kurzer Zeit erlischt.

Flammbeständig werden gelegentlich Materialien auch genannt, die nicht allzu rasch abbrennen und daher nicht als ausgesprochen feuergefährlich zu gelten haben.

Bei der Einwirkung von Feuer auf Werkstoffe, wie z. B. Textilmaterialien, ist es aber nicht nur von Bedeutung, ob dieses unter

Flammenerscheinung brennt und auch nach Wegnahme der Zündflamme weiter brennt, sondern auch, ob durch ein Nachglühen des Materials eine weitere Zerstörung des Werkstoffes eintritt. Das Nachglühen kann dabei als eine Art der Verbrennung ohne Flammenerscheinung angesprochen werden. Um einen wirksamen Feuerschutz zu gewährleisten, ist es daher unerlässlich, dass auch ein solches Nachglühen verhindert wird.

Glühfest wird daher ein Material bezeichnet, welches nach Erlöschen der Flamme höchstens noch während sehr kurzer Zeit nachglüht, somit also eine Ausbreitung eines Brandes durch Nachglühen verhindert. Glühbeständig könnte dabei ähnlich wie flammbeständig auch wieder zur Charakterisierung eines Materials dienen, das sich wohl etwas weniger günstig als ein glühfestes Material verhält, jedoch immer noch als ungefährlich gelten darf.

Eine gute Flammfestigkeit setzt sicherlich auch Glühfestigkeit voraus. So haben denn auch die Amerikaner für flammfeste Textilien genaue Mindestanforderungen aufgestellt. So werden nach dem Commercial Standard 191–53, Flammability of Clothing Textiles, des US Dep. of Commerce die Gewebe in drei Klassen eingeteilt. Diese Einteilung erfolgt auf Grund der AATCC-Methode zur Bestimmung der Flammfestigkeit, die die Brenngeschwindigkeit eines Gewebes ermittelt[1]). In Klasse 1 mit normaler Brennbarkeit kommen glatte Gewebe mit einer Mindestbrennzeit von 4 Sekunden und rauhe Gewebe mit einer solchen von mindestens 7 Sekunden. In Klasse 2, Gewebe mit leichterer Brennbarkeit, findet man aufgerauhte Gewebe mit Brennzeiten zwischen 4 und 7 Sekunden. Eine zu hohe Brennbarkeit weisen die Gewebe der Klasse 3 auf, deren Brennzeit unterhalb von 4 Sekunden liegt. Für Bekleidungszwecke sind solche Gewebe in den USA verboten.

Für die Praxis ist aber nicht nur wichtig, dass durch eine Ausrüstung mit geeigneten Mitteln ein flammfestes Gewebe erhalten werden kann, sondern der einmal erzielte Flammfesteffekt sollte wenn möglich beständig sein, also vor allem dem Einfluss von Wasser oder auch einer Wäsche oder Trockenreinigung widerstehen. Da jedoch gerade in der Flammfestausrüstung in weitem Masse anorganische Salze von beträchtlicher Wasserlöslichkeit Anwendung finden, kommt diesem Punkte ganz besondere Bedeutung zu.

Man hat daher zu unterscheiden zwischen:

1. vorübergehend wirksame Flammfestausrüstung;
2. teilweise beständige Flammfestausrüstung;
3. beständige Flammfestausrüstung.

---

[1]) Prüfverfahren für flammfeste Gewebe siehe weiter unten, S. 225

Nach R.W. Little[1]) lassen sich diese drei Kategorien etwa wie folgt charakterisieren.

In die erste Gruppe fallen die oft sehr wirksamen wasserlöslichen Flammfestmittel, die sich schon durch reines Eintauchen in Wasser herauslösen lassen. Zur zweiten Gruppe gehören Flammfestausrüstungen, die sich durch Wasser noch nicht auslaugen lassen, die aber bereits durch Salzlösungen (z.B. Meerwasser) oder eine milde Seifenlösung entfernbar sind. Als beständig werden Flammfestausrüstungen dann bezeichnet, wenn sie bis zu einem gewissen Grade einer üblichen Wäsche widerstehen, d.h. also nach der Reinigung immer noch einen genügend starken Flammfesteffekt aufweisen.

Ein weiterer Faktor, der mit Vorteil zur Beurteilung und Charakterisierung der Flammfestmittel herangezogen wird, stellt die Mindestmenge des betreffenden Mittels dar, die noch einen wirksamen Schutz zu verleihen vermag. Als wirksam wird dabei nach Little[1]) eine Flammfestausrüstung bezeichnet, die beim vertikalen Bunsenflammentest[2]) folgenden Mindestanforderungen genügt:

a) kein Nachbrennen unter Flammenerscheinung;
b) kein längeres Nachglühen als 4 Sekunden
c) bei Garnen keine längere verkohlte Zone als 3,5 inch (8,9 cm) oder bei Geweben eine unter 2,5 sq. inches (16,1 cm^2) liegende verkohlte Fläche.

An ein gutes Flammfestverfahren sind somit etwa die folgenden Anforderungen zu stellen:

Zur Erzielung eines guten Effekts sollte nicht zuviel Flammfestmittel nötig sein, da dadurch das Gewebegewicht unnötig erhöht und der Griff nachteilig beeinflusst wird. 15 bis 20% des Gewebegewichts stellen die oberste Grenze dar.

Der Flammfesteffekt sollte gegenüber Wasser, Salzlösungen, einer Wäsche sowie einer Trockenreinigung beständig sein.

Durch die Ausrüstung sollte weder die Gewebefestigkeit noch die Lagerbeständigkeit ungünstig beeinflusst werden. Ferner darf, durch die Flammfestbehandlung auch die Luft- und Wasserdampfdurchlässigkeit des Gewebes nicht merklich beeinträchtigt werden.

Das Flammfestmittel darf weder giftig sein noch eine Reizwirkung auf die menschliche Haut besitzen.

Es darf kein Auskristallisieren des Flammfestmittels auf der Gewebeoberfläche (Ausblühen) infolge von Feuchtigkeitsschwankungen stattfinden.

Das Flammschutzmittel soll ferner eine gute Verträglichkeit mit den andern in der Ausrüstung verwendeten Appreturmitteln aufweisen.

---

[1]) R. W. Little, Flameproofing Textile Fabrics, Reinhold Publishing Corp., New York 1947.

[2]) Prüfverfahren siehe weiter unten, S. 225

Schliesslich ist noch in vielen Fällen eine möglichst leichte Anwendbarkeit erwünscht, und dies besonders in Fällen, in welchen noch nachträglich Kleidungsstücke oder andere Gebrauchsgegenstände behandelt werden müssen.

Eine grosse Anzahl chemischer Verbindungen sowie auch zahlreiche Gemische wurden im Laufe der Jahre für das Flammfestmachen von Textilien vorgeschlagen. Es wurde auch die Wirkungsweise vieler Mittel studiert und eine Theorie der Flammfestausrüstung von Textilien entwickelt. Bevor auf die einzelnen Verfahren eingegangen wird, soll daher zunächst die theoretische Seite etwas beleuchtet werden.

Theorie der Flammfestbehandlung von Textilien[1])

Die Wissenschaft hat sich in den letzten Jahren auch von der theoretischen Seite her sowohl mit der Entstehung der Flamme beim Verbrennungsprozess als auch mit den bei einer Verbrennung vor sich gehenden chemischen und physikalischen Veränderungen des brennenden Materials befasst. Auf den dabei gewonnenen Erkenntnissen konnte dann auch die Theorie über den Wirkungsmechanismus der Flammschutzmittel weiterentwickelt werden. Die Forschungen auf diesem Gebiete scheinen jedoch zur Zeit noch nicht zu einem endgültigen Abschluss gelangt zu sein. Für ein vertieftes Verständnis der Flammfestausrüstung ist es aber dennoch wichtig, die diesbezüglich aufgestellten Theorien zu kennen.

Es handelt sich hier in erster Linie um Untersuchungen an Zellulosefasern, die auch von sämtlichen Textilfasern in bezug auf Feuergefährlichkeit an erster Stelle stehen. Die Feinheit der Fasern und ihre leichte Entzündbarkeit z. B. im Vergleich zu andern brennbaren Werkstoffen wie Holz bringen dabei in der theoretischen Behandlung der Entstehung des Feuers einige wesentliche Vereinfachungen. So ist deren Entzündungszeit beim Kontakt mit einer Flamme sehr kurz und kann daher in den meisten Fällen vernachlässigt werden. Ferner ist die beim Verbrennen eines Gewebes frei werdende Wärme wegen der verhältnismässig geringen Masse des Gewebes nicht sehr hoch, so dass keine ins Gewicht fallende Strahlungswärme auf die umgebenden Körper auftritt, die diese dann zum Brennen bringen könnte. Es genügt daher bei Geweben meist die blosse Feststellung, ob sie brennbar sind, wie rasch sie weiterbrennen und ob sie auch nach Wegnahme der Zündflamme weiter brennen.

Es wurde versucht, sich den Flammfesteffekt durch einen der nachstehenden drei Tatsachen zu erklären[2]):

---

1) E. Frieser, Melliand *39* (1958), 7, S. 795 und 9, S. 1034.

2) A. Matagrin, Rev. Chim. Ind. *44* (1935), 3, S. 74; 4, S. 105; 5, S. 126.

Zur Herabsetzung der Flammenausbreitung und zur Verlangsamung der Verbrennung des entflammten Materials kann über den brennenden Werkstoff ein nicht brennbarer Überzug gebildet werden, der z.B. durch Bildung einer Schmelze infolge der Hitzeeinwirkung entsteht. Es erfolgt also eine Trennung des brennbaren Stoffs vom die Verbrennung unterhaltenden Sauerstoff. Als zweite Möglichkeit wird die Aufbringung von Stoffen genannt, die durch Reflexion oder Wärmeabsorption der Flamme die zu ihrem Unterhalt notwendige Wärme entziehen. Als weitere Massnahme zur Verhütung der Flammenbildung wird die Schaffung einer die Verbrennung nicht unterhaltenden Gasatmosphäre genannt. Es eignen sich hiezu Verbindungen, die in der Hitze ein solches Gas abgeben, wobei in erster Linie als Gase Ammoniak, Kohlendioxyd, Salzsäure, Schwefeldioxyd und Wasserdampf in Frage kommen.

Neuere Untersuchungen haben aber gezeigt, dass es sich hier um eine sehr starke Vereinfachung des Problems handelt, die nicht den Flammfesteffekt umfassend zu erklären vermag. Ferner lassen sich dadurch eine ganze Reihe in der Praxis festgestellter Unterschiede in der Wirksamkeit der einzelnen Produkte nicht erfassen.

Einen wesentlichen Beitrag zur Aufklärung des Flammfesteffektes leistete das Office of the Quartermaster General Military Planning Division[1]). Die Laboratorien der amerikanischen Armee haben überhaupt auf dem Gebiete der Flammfestausrüstung eine ganze Anzahl wertvoller Forschungsarbeiten geleistet.

Zunächst soll auf die verschiedenen Möglichkeiten eines Zelluloseabbaus eingegangen werden, um dann anschliessend zu zeigen, wie durch gewisse Chemikalien dieser Abbau gelenkt werden kann.

Abbaumöglichkeiten der Zellulose

Die Zellulose stellt ein Kohlehydrat dar, dessen Grundbaustein die Glukose oder der Traubenzucker ist. Diese Glukoseeinheiten sind über Sauerstoffbrücken glukosidisch miteinander verbunden. Es kommt der Zellulose dabei die nachstehende Formel zu:

```
       ┌    H   OH                    CH2OH              ┐
       │    |   |                     |                  │
       │    C———C                     C———O              │
       │   /|   |\ H              H  /|    \             │
  —O———┼——|/ OH  H \|              |/ H     \|—————O————┼—
       │  C          C              C         C          │
       │  |\ H      / |————O————|  \ OH  H  /|           │
       │  H \ |    /                 \ |   |/ H          │
       │     C———O                    C———C              │
       │     |                        |   |              │
       └    CH2OH                     H   OH             ┘n
```

Schon aus der Formel geht hervor, dass es sich bei der Zellulose um kettenförmige Moleküle handeln muss. In den Fasern sind nun diese

[1]) R. W. Little, Flameproofing Textile Fabrics, New York 1947.

Zellulosekettten so angeordnet, dass Bereiche entstehen, in denen diese Kettenmoleküle weitgehend parallel gerichtet und orientiert sind, und Bereiche von geringerer Orientierung. Der Grad der Orientierung der Zelluloseketten beeinflusst dabei das Aufnahmevermögen der Fasern für Flüssigkeiten und feste Stoffe, was sich dann natürlich auch auf die Angreifbarkeit durch chemische Reagentien auswirkt.

Eine Veränderung oder ein Angriff der Zellulose auf chemischem Wege wird entweder zu einer hydrolytischen Spaltung der Zellulosekette in zwei entsprechend kleinere Bruchstücke oder zu einer Reaktion mit einer oder mehreren Hydroxylgruppen der Zellulose führen. Als die beiden bekanntesten Abbauprodukte gelten die Hydrozellulose, meist durch Säurehydrolyse erhalten, und die Oxyzellulose, das Produkt eines oxydativen Zelluloseabbaus. Eingehende Untersuchungen an diesen Abbauprodukten zeigten jedoch, dass es sich hier nicht um wohl definierte chemische Verbindungen handelt, sondern je nach Art des Abbaus um voneinander verschiedene Gemische mehrererVerbindungen. So können sich beim Zelluloseabbau Aldehyd- und Karboxylgruppen bilden und die entstehenden Bruchstücke besitzen verschiedene Kettenlängen.

Obschon auch bei der Flammfestbehandlung diese Art von chemischen Abbaureaktionen von wesentlicher Bedeutung sind, soll doch hier in erster Linie auf die Einwirkung von Wärme auf die Zellulose eingegangen werden. Über den Wärmeabbau der Zellulose ist noch nicht so viel gearbeitet worden, dass bereits ein ganz genaues Bild dieses komplexen Vorgangs gegeben werden kann.

Beim Erwärmen einer Zellulosefaser gibt diese zunächst einmal das absorbierte Wasser ab. Die Feuchtigkeit der Umgebung hat dabei ebenfalls wesentlichen Einfluss auf den Wärmeabbau. So wird in einer feuchten Atmosphäre der Zelluloseabbau beträchtlicher sein als beim Erhitzen in trockener Atmosphäre.

Beim Wärmeabbau der Zellulose ist es nicht nur von Belang, bei welcher Temperatur das Fasergut behandelt wird, sondern auch wie lange diese Beanspruchung dauert. Unterhalb von 140° C soll nach C. Doree[1]) bei einer Erhitzungsdauer bis zu 4 Stunden noch kein wesentlicher Zelluloseabbau stattfinden.

Weiterhin ist bekannt, dass in Gegenwart von Sauerstoff ein rascherer Abbau erfolgt als in sauerstofffreier Atmosphäre. Es darf daher daraus geschlossen werden, dass sicher auch ein teilweiser oxydativer Zelluloseabbau beim Erhitzen stattfindet. Erfolgt aber die Erhitzung der Zellulose unter Luftabschluss, so tritt eine typisch pyrolytische Zersetzung oder trockene Destillation ein. Bei etwa 275° C beginnt die Zersetzung der Zellulose, wobei sich drei wichtige Zersetzungsprodukte bilden:

---

[1]) C. Doree, The Methods of Cellulose Chemistry, van Nostrand Co., 1933.

ein fester verkohlter Rückstand;
ein flüssiges, teeriges Destillat;
und gasförmige Zersetzungsprodukte.

Bei etwa 320°C beginnt dann die eigentliche Verbrennung, wobei die flüchtigen gasförmigen und flüssigen Zersetzungsprodukte unter Flammenbildung verbrennen, während der verkohlte feste Rückstand für das sogenannte Nachglühen verantwortlich zu machen ist.

Untersuchungen über die pyrolytische Zersetzung von Baumwolle haben gezeigt, dass durch Flammfestmittel die Mengenverhältnisse zwischen den oben genannten drei Komponenten in günstigem Sinne geändert werden können. Dabei kommt in erster Linie der Bildung des teerigen Destillats besondere Bedeutung zu. Bei der Pyrolyse reiner Zellulose konnte 70 bis 80% in Form eines flüssigen Destillats erhalten werden. Bei diesem Destillat handelt es sich um ein Gemisch von Wasser und teerigen Substanzen, die 50 bis 55% des ursprünglichen Zellulosegewichtes ausmachen. Die Teerausbeute bei der Pyrolyse von Zellulose ist natürlich auch noch von den äussern Reaktionsbedingungen wie Temperatur und Druck abhängig, so dass die genannten Werte nur als Orientierung gelten.

Durch Imprägnierung von Fasern mit löslichen Salzen, wie sie für die Flammfestausrüstung Verwendung finden, konnte das Mengenverhältnis zwischen festen, flüssigen und gasförmigen Zersetzungsprokten bei der trockenen Destillation von Zellulose ganz wesentlich verändert werden. So wurde eine Zunahme der gasförmigen Abbauprodukte auf ungefähr das Doppelte festgestellt. Die teerigen Anteile des Destillats werden anderseits stark herabgesetzt. So kann mit einem guten Flammfestmittel – z.B. 5% Diammoniumphosphat – die Teerausbeute von 55% auf 5% des Gewichts der ursprünglichen Zellulose herabgesetzt werden. Weniger wirksame Mineralsalze können wohl auch eine gewisse Verringerung der Bildung teeriger Anteile bewirken, jedoch nie in demselben Ausmasse wie die Flammschutzmittel.

Aber nicht nur die sich bei der Pyrolyse bildende Menge teeriger Destillationsprodukte ist für die Brennbarkeit eines Materials aus Zellulose von ausschlaggebender Bedeutung, sondern auch die Menge des verkohlten Rückstands beeinflusst die Verbrennung der Zellulose ganz wesentlich. So wurde durch Versuche mit flammfest gemachten Fasern gezeigt, dass eine wirksame Flammfestausrüstung – z.B. mit 5% eines Borax-Borsäure-Gemisches – eine Erhöhung der Bildung verkohlter Rückstände um das Vierfache bringen kann. So zeigt nichtbehandelte Baumwolle etwa 10% verkohlte Rückstände bei der Pyrolyse, während die gleiche Baumwolle nach der Borax-Borsäure-Behandlung 40% verkohlte Rückstände liefert.

Die sich bei der Verbrennung oder Pyrolyse bildenden Gase weisen ungefähr die gleiche Zusammensetzung auf, gleichgültig ob die

Zellulose mit einem Flammfestmittel behandelt oder nicht behandelt wurde. So ergaben analytische Untersuchungen der Pyrolysegase einen Gehalt von 85 bis 90% an brennbaren Gasen und von 15 bis 10% Kohlendioxyd. Die brennbarenAbbauprodukte verteilen sich auf wasserlösliche organische Verbindungen wie Säuren, Aldehyde u. dgl. (35 bis 45 Volumprozent auf Gesamtgasmenge bezogen), auf Kohlenwasserstoffe (15 bis 20 Volumprozent) und auf Kohlenmonoxyd (25 bis 40 Volumprozent). Bei einer Verbrennung an der Luft entsteht natürlich infolge des erhöhten Sauerstoffangebots eine Erhöhung des Kohlendioxydanteils, indem die brennbaren Komponenten unter Bildung von Kohlendioxyd und Wasserdampf verbrennen.

Das bei der trockenen Destillation von Zellulose erhaltene flüssige Abbauprodukt stellt ein wasserhaltiges Teerdestillat dar. Die Menge an trockenem Teer ist für das Verhalten beim Brennen von ausschlaggebender Bedeutung. Je mehr solcher teeriger Produkte sich bilden können, umso heftiger wird ein Gewebe auch brennen.

Das teerige Destillat ist nur sehr wenig flüchtig mit Ausnahme bei höheren Temperaturen, bei welchen durch Cracking oder Polymerisation verschiedene Umwandlungen eintreten können. Auf Grund von Infrarot-Absorptionsspektren lässt sich feststellen, dass dieser Teer Verbindungen mit Hydroxyl-, Methylen-, Methyl-, Karbonyl-, Äthylen- und Estergruppen enthält, also ein Gemisch verschiedenster Verbindungen unterschiedlichen Aufbaus darstellt. Es zeigt dies auch, dass der pyrolytische Zelluloseabbau nicht nach einem einheitlichen und einfachen Schema erfolgt, sondern dass eine ganze Reihe verschiedenster chemischer Vorgänge sich dabei abspielen. Der bei der Pyrolyse oder Verbrennung von Zellulosefasern entstehende verkohlte Rückstand ist in erster Linie für den Nachglüheffekt verantwortlich. Untersuchungen an verschieden flammfest gemachten Fasern zeigten, dass das Flammfestmittel vom verkohlten Rückstand teilweise stark zurückgehalten wird. Es ist also anzunehmen, dass es sich hier nicht nur um eine Abscheidung von Kohlenstoff handelt, sondern dass dieser verkohlte Rückstand ähnlich wie etwa Aktivkohle Stellen enthält, die chemische Verbindungen – in diesem Falle also das Flammfestmittel – zu binden vermögen.

Obschon der pyrolytische Abbau der Zellulose für das Verstehen der Wirkungsweise einer Flammfestausrüstung von Wichtigkeit ist, so kommt doch der eigentlichen Verbrennung der Zellulosefaser vom praktischen Standpunkt aus noch viel mehr Bedeutung zu. Das Verbrennen organischer Substanzen ist im allgemeinen ein sehr komplexer Vorgang, der aus verschiedenen Stufen der Zersetzung und Oxydation besteht. Die Verbrennung ist natürlich sehr stark von der Sauerstoffzufuhr sowie der Sauerstoffkonzentration an der Brandstelle abhängig.

Beim Verbrennen von Zellulose bildet sich in erster Linie Kohlendioxyd, Kohlenmonoxyd und Wasserdampf. Daneben können auch geringe Mengen Kohlenwasserstoffe wie Methan entstehen, dies jedoch meist nur unter ungünstigen Verbrennungsbedingungen. Die Zusammensetzung der Verbrennungsprodukte wird dabei vor allem durch den verfügbaren Sauerstoff bestimmt, während die Anwesenheit eines Flammschutzmittels kaum einen Einfluss darauf zu haben scheint.

Beim Verbrennen von Zellulose sind drei Faktoren zu beachten, die sowohl durch die vorhandene Menge an Flammschutzmittel als auch durch ihre Natur beeinflusst werden können. Zunächst ist die Flammenausbreitung zu nennen, die eine Art Kettenreaktion darstellt. Diese Reaktion verläuft mit einer Geschwindigkeit, die von verschiedenen Faktoren abhängig ist, wie dem Zerteilungsgrad der Zellulose, der Menge zugesetzten Flammschutzmittels und ganz besonders auch der Richtung, in welcher die Flamme fortschreitet. So erfolgt ja bekanntlich die Flammenausbreitung horizontal bedeutend langsamer als vertikal.

Durch stetige Erhöhung des Zusatzes an flammwidrigen Substanzen wird einmal ein kritischer Punkt erreicht, bei welchem die Ausbreitungsgeschwindigkeit der Flamme den Wert Null erreicht. Hier gelangt man nun zu einer zweiten Phase der Verbrennung, und zwar zu einer erzwungenen Reaktion. Diese wird durch das Ausmass und die Geschwindigkeit der thermischen Zersetzung der Zellulose bestimmt. Diese Reaktion bleibt nur so lange im Gange, als das Gewebe mit einer Zündflamme in Berührung ist.

Als dritte Phase bei der Verbrennung von Zellulose ist die sekundäre exotherme Zersetzung des festen Verbrennungsrückstandes zu betrachten. Es ist dies die flammenfreie Verbrennung des verkohlten Rückstandes oder das sogenannte Nachglühen.

Wirkungsweise der Flammfestmittel

Die Wirkungsweise der zahlreichen Flammfestmittel wurde durch verschiedene Theorien zu erklären versucht. Wenn vielleicht auch keine all dieser Theorien voll zu befriedigen vermag, so haben doch einzelne dieser Theorien zum Verständnis der teilweise recht komplizierten Vorgänge beigetragen.

Das Ziel einer Flammfestbehandlung ist den Gang der themischen und oxydativen Zersetzung der Zellulosefaser derart zu beeinflussen, dass:

a) geringere Mengen brennbarer flüchtiger Zersetzungsprodukte entstehen, und in gewissen Fällen auch
b) flüchtige Zersetzungsprodukte sich bilden, die mit weniger intensiver Flamme brennen, d.h. also mehr Kohlendioxyd und Wasserdampf enthalten.

Als Idealfall liesse sich daher etwa eine Dehydratation der Zellulose betrachten, bei welcher durch die Hitze aus der Zellulose Wasser und Kohlenstoff nach der nachstehenden Gleichung sich bilden würden:

$$(C_6H_{10}O_5)_x \longrightarrow 5\,x\,H_2O + 6\,x\,C$$

Zum grössten Teil auf empirischem Wege wurde gefunden, dass bestimmte Salze, Oxyde sowie auch gewisse Säuren dieses Ziel zu erreichen erlauben. Zur Erklärung ihrer Wirkungsweise wurden vor allem vier Theorien aufgestellt.

Gastheorie

Das Schutzmittel, mit welchem das Gewebe imprägniert wird, zersetzt sich leicht bei höherer Temperatur und bildet inerte oder nur schwer oxydierbare Gase oder Dämpfe, die dann ihrerseits eine Oxydation der Zellulose erschweren oder ganz verhindern. Diese Dämpfe haben zwei Funktionen, und zwar einmal die bei der thermischen Zersetzung entstehenden brennbaren flüchtigen Anteile zu verdünnen, und anderseits den Zutritt des Sauerstoffs aus der Atmosphäre zu verhindern. Durch Ändern der Zusammensetzung des Gasgemisches soll auch der Flammpunkt des Gasgemisches derart heraufgesetzt werden, dass keine Flammenbildung mehr erfolgt.

Vor allem kommt die Bildung der nachstehenden Gase hiefür in Betracht: Kohlendioxyd, Ammoniak, Chlorwasserstoff, Schwefeldioxyd und Wasserdampf. Diese Theorie stützt sich dabei in erster Linie auf den festgestellten Flammfesteffekt bei Natriumkarbonat und -bikarbonat, Ammoniumhalogeniden, -phosphaten und -sulfaten, Zink-, Kalzium- und Magnesiumchlorid, Ammoniumsulfamat sowie den stark wasserhaltigen Salzen wie Borax oder Aluminiumsulfat.

Auf Grund dieser Gastheorie wäre die Wirksamkeit eines Flammfestmittels von mehreren Faktoren abhängig, und zwar besonders von der freiwerdenden Menge inerten Gases, der Zersetzungstemperatur des betreffenden Schutzmittels und der Zersetzungsgeschwindigkeit in der Nähe des Zersetzungspunktes der Zellulose, der bei etwa 300° C angenommen werden kann. Die verhältnismässig tiefen Zersetzungstemperaturen der Ammoniumsalze, Karbonate und wasserhaltigen Salze wäre somit als günstig zu beurteilen. Die leicht Salzsäure abspaltenden Salze weisen hingegen den Nachteil auf, dass sie bereits unter normalen atmosphärischen Bedingungen Salzsäure abgeben und damit einen hydrolytischen Zellusoseabbau herbeiführen, also als Faserschädiger zu betrachten sind.

Die Gastheorie besitzt zahlreiche Anhänger, obwohl gegen sie ein gut begründeter Einwand erhoben werden kann. Errechnet man aus der Menge des aufgebrachten Flammschutzmittels die sich bildende

Gasmenge, so stellt man fest, dass bei keinem der bekannten Mittel wesentlich grössere Mengen inerter Gase entstehen als sie auch bei der Verbrennung des Gewebes (Kohlendioxydbildung, Wasserdampf)[1]) entstehen. Es kann daher kaum angenommen werden, dass diese Bildung zusätzlicher Mengen inerter Gase aus dem Flammfestmittel von ausschlaggebender Wichtigkeit für den Flammfesteffekt ist, obwohl dieser Gasbildung vielleicht eine beschränkte verzögernde Wirkung bei der Verbrennung nicht abgesprochen werden kann.

Theorie der Bildung eines Überzugs

Eine andere Möglichkeit der Verhinderung eines Weiterbrennens eines Gewebes wird darin erblickt, dass das Flammfestmittel bei oder schon unterhalb der Flammentemperatur schmilzt und die entstehende Schmelze dann die Fasern umhüllt und so von der sauerstoffhaltigen Atmosphäre trennt. Da es sich meist um anorganische Schutzmittel handelt, muss die Bildung einer glasartigen Schmelze angenommen werden.

Die Flammschutzwirkung von Borax und Borsäure lässt sich besonders anschaulich durch diese Theorie erklären. Diese beiden Substanzen erlauben bereits für sich allein angewandt die Bildung eines Überzuges über die Faser. Werden jedoch Mischungen dieser beiden Flammfestmittel angewandt, so wird ein bedeutend wirksamerer Schutz erzielt. Anderseits lässt sich aber auch zeigen, dass ein Borax-Borsäure-Gemisch nur eine sehr geringe Neigung zum Auskristallisieren zeigt und über der Zellulosefaser einen gut haftenden, glasigen Überzug bildet, der auch viel zusammenhängender ist als jener, der mit einer dieser Komponenten für sich allein erhalten wird. Auf Grund von Beobachtungen an andern Flammfestmitteln wurde auch darauf hingewiesen, dass der wirksamste Schutzüberzug für eine Faser weniger ein glasiger als ein schaumartiger Überzug sei. Bei diesen Schaum erzeugenden Flammfestmitteln handelt es sich üblicherweise um Produkte aus mehreren Komponenten. Die eine Komponente muss dabei bei verhältnismässig tiefer Temperatur, etwa 80 bis 200° C, sich unter Bildung beträchtlicher Gasmengen zersetzen. Die sich bildenden Gase müssen selbstverständlich unbrennbar sein, also etwa Wasserdampf, Kohlendioxyd, Ammoniak usw. Eine weitere Komponente des Schutzmittels sollte bei einer nahe der Zersetzungstemperatur der ersten Komponente liegenden Temperatur zu schmelzen beginnen. Bei geeigneter Wahl der beiden Komponenten bildet sich dann ein fester Schaum, der bis zu Temperaturen von etwa 500° C beständig sein sollte.

---

[1]) H. D. Tyner, Ind. Eng. Chem. *33* (1941), S. 60.

Wärmeabsorption und Wärmeleitung

Eine Änderung der auf das Fasergut einwirkenden Wärmemenge ist in erster Linie auf zwei Arten möglich: Die von der Heizquelle gelieferte Wärmemenge kann ganz oder mindestens teilweise vom Schutzmittel aufgenommen werden. Es wird also eine wärmeverbrauchende Veränderung des Flammfestmittels stattfinden. Es kann dies ein Schmelzen, Sublimieren, eine chemische Reaktion oder eine thermische Zersetzung des Schutzmittels sein. Dadurch wird natürlich nur ein geringer Teil der zugeführten Wärme für die Zerstörung des Gewebes frei. Bei einer wirksamen Flammfestausrüstung muss die noch für die Zerstörung des Textilguts verbleibende Wärmemenge so stark herabgemindert werden, dass sie nicht mehr zur Unterhaltung einer Verbrennung ausreicht.

Eine weitere Möglichkeit besteht darin, dass die auf das Gewebe einwirkende Wärme rasch abgeleitet wird, so dass es nicht zu der für eine Verbrennung erforderlichen Erhitzung des Zellulosematerials kommt. Experimentell ist es sehr schwer, diese Hypothese zu beweisen. Da jedoch oft bereits geringe Mengen Flammfestmittel bereits eine beträchtliche Wirkung haben, müsste diesen Substanzen eine sehr hohe wärmezerteilende Wirkung zukommen, was jedoch nicht sehr wahrscheinlich erscheint. Zudem lassen sich die in der Praxis festgestellten Unterschiede in der Wirksamkeit der verschiedenen Salze nicht durch ihre Wärmeleitfähigkeiten erklären. Ferner haben auch Erhitzungsversuche an Zellulose in inerten Gasen beziehungsweise in Luft bei verschiedenen behandelten Zellulosemustern gezeigt, dass der Veränderung der Wärmeleitfähigkeit durch ein Schutzmittel nicht primäre Bedeutung bei der Flammfestausrüstung zukommt.

Chemische Theorien

Eine Betrachtung der bei flammfest ausgerüsteten Geweben beim Brennen vor sich gehenden chemischen Reaktionen vermag in den meisten Fällen am besten über die Wirkungsweise der Schutzmittel Auskunft zu geben. Wie bereits weiter oben ausgeführt wurde, wird eine mengenmässige Herabsetzung der bei der Zersetzung der Zellulose entstehenden teerigen Destillationsprodukte sowie eine Vermehrung des verkohlten Rückstands angestrebt. Eine Dehydratisierung der Zellulose unter Zurücklassung eines aus reinem Kohlenstoff bestehenden Rückstandes wäre somit das ideale Ziel. Es ist daher naheliegend, dass durch chemische Reaktionen eine Lenkung der Bildung der Zersetzungsprodukte versucht wird. Wohl wird es dabei schwer sein, alle Zwischenstufen der sich bei der Verbrennung abspielenden chemischen Reaktionen festzuhalten, doch wird die Feststellung der

Endprodukte der thermischen Zersetzung manche wertvolle Schlüsse auf den Reaktionsmechanismus erlauben.

Auf Grund der chemischen Zusammensetzung zahlreicher Flammfestmittel ist anzunehmen, dass diese Produkte einen Zelluloseabbau unter Hitzeeinfluss begünstigen. Ja, viele Flammfestmittel besitzen bereits bei gewöhnlicher oder nur wenig erhöhter Temperatur eine abbauende Wirkung auf die Zellulose. Da ja von einer Flammfestausrüstung nicht ein Schutz des Gewebes vor jeglicher Schädigung durch das Feuer sondern nur das Verhindern eines weitern Ausbreitens des Feuers verlangt werden kann, steht auch diese faserabbauende Wirkung des Schutzmittels nicht ihrer Zweckbestimmung entgegen, sondern erlaubt einfach die Zersetzung der Zellulose in gewisse Bahnen zu lenken. Die wichtigsten, die Zellulose abbauenden Substanzen sind starke Alkalien und Säuren sowie Oxydationsmittel, die dann auch recht häufig als Flammfestmittel vorgeschlagen wurden. Es ist dabei aber nicht nötig, dass bereits bei atmosphärischen Bedingungen diese abbauenden Verbindungen auf der Faser sind, sondern es ist eher erwünscht, dass sie erst unter dem Einfluss der Hitze entstehen. So werden z.B. starke Alkalien in der Hitze aus Alkalisalzen schwacher Säuren erzeugt, während die Alkalisalze starker Säuren bei Flammentemperatur noch nicht merklich sich zersetzen. In Analogie wird für die Erzeugung einer starken Säure ein Salz dieser Säure mit einer schwachen Base herangezogen. So sind etwa häufig verwendete Alkalisalze schwacher Säuren Borax, Natriumkarbonat und -bikarbonat, Natriumwolframat, -silikat, -stannat, -molybdat, -aluminat oder -arsenat, während bei den Salzen starker Säuren mit schwachen Basen z.B. Ammoniumphosphat, -sulfat, -chlorid oder -sulfamat und Kalzium-, Zink- oder Magnesiumchlorid zu nennen wären.

Ferner wirken auch noch die bekannten Oxydationsmittel sowie eine Reihe leicht reduzierbarer Metalloxyde deutlich abbauend auf die Zellulose und kommen somit ebenfalls für die Flammfestausrüstung in Betracht.

Bereits wurde auf die Wünschbarkeit einer Dehydratation der Zellulose nach der Gleichung

$$(C_6H_{10}O_5)_x \longrightarrow 6\,x\,C + 5\,x\,H_2O$$

hingewiesen. Bekanntlich können solche Wasserabspaltungen durch eine ganze Reihe von Metalloxyden katalysiert werden. Auf einer solchen katalytischen Wirkung soll daher auch die Wirksamkeit einer Reihe von als Flammfestmittel empfohlenen Metalloxyden beruhen.

Eine weitere Möglichkeit, eine Abspaltung von Wasser aus einer organischen Substanz zu bewirken, bieten die stark wasseranziehenden Mittel wie etwa Natriumhydroxyd, Schwefelsäure, Phosphorsäure, Sulfaminsäure usw. Es kann damit auch der grossen Zahl der anorganischen Salze, die in der Hitze eine der oben genannten Verbindungen abspalten, eine dehydratisierende Wirkung zugeschrieben werden. Praktische Versuche[1]) mit nicht imprägnierten sowie mit Metalloxyden imprägnierten Geweben haben auch gezeigt, dass beim Erhitzen und Verbrennen der letzteren bedeutend mehr Wasserdampf gebildet und eine vermehrte Kohlenstoffausscheidung beobachtet wird. Eine weitere Erklärung des Flammfesteffekts auf chemischer Grundlage beruht auf der Tatsache, dass eine ganze Anzahl von Schutzmitteln mit der Zellulose schon bei Temperaturen unterhalb der Flammentemperatur zu reagieren vermögen, wobei sich eine Verbindung bildet, die sich bezüglich thermischer Zersetzung anders verhält als die Zellulose.

So liess sich etwa zeigen, dass bei einer Temperatur von rund 200° C primäres Ammoniumphosphat ($NH_4H_2PO_4$) mit Zellulose unter Bildung von Zellulosephosphat reagiert. Auch Ammoniumsulfat vermag bei etwas höherer Temperatur mit der Zellulose unter Sulfatbildung zu reagieren. Aber auch eine Reihe weiterer Flammfestmittel müssen sich auf Grund ihres chemischen Verhaltens an die Zellulose anlagern lassen, wobei auch die Bildung von Chelaten mit der Zellulose möglich ist. So scheinen z.B. Borax-Borsäure-Gemische oder Natriumwolframat bereits bei gewöhnlicher Temperatur mit der Zellulose eine Bindung einzugehen. Es lassen sich ja bekanntlich auch auf diesem Wege den Zellulosefasern Knitterechteigenschaften verleihen, die auch durch eine chemische Kombination des Appreturmittels mit der Faser zustandekommen[2]).

Bei den Metallchloriden wie Zink- oder Kalziumchlorid ist ferner bekannt, dass sie sich an den Hydroxylgruppen der Zellulose anlagern und beim Trocknen sich komplexe oder basische Salze bilden können. Auf Grund dieser Überlegungen wurde daher die Annahme gemacht, dass ein Flammfestmittel mit der Zellulose eine Reaktion einzugehen imstande sein muss. Als weiterer Beweis dieser Hypothese wird die Tatsache angeführt, dass die nur wenig reaktionsfreudige Gruppen aufweisende Acetatfaser sich mit praktisch keinem der üblichen Flammfestmittel schützen lässt.

Zahlreiche Flammfestmittel enthalten auch Gruppen, die die Bildung von Wasserstoffbrücken zwischen den einzelnen Zelluloseketten begünstigen. In den kristallinen, weniger reaktionsfreudigen Bereichen der Zellulose wird eine Wasserstoffbrücke zwischen den Hydroxylgruppen zweier benachbarter Ketten angenommen, während in den weniger geordneten, raktionsfreudigeren amorphen Bereichen die Vernetzung der einzelnen Zelluloseketten über andere Moleküle,

---

[1]) M. Leatherman, U. S. Dept. Agriculture Circ. Nr. 466 (1938).

[2]) Dieses Werk, II. Teil, Bd. 3, S. 486; *brit. P. 492.449* der Courtaulds Ltd. – Morton und Boulton.

meist Wassermoleküle erfolgt. Die strukturelle Beständigkeit des Systems ist weitgehend von diesen intermolekularen Bindungskräften abhängig. Erfolgt diese Vernetzung über Wassermoleküle, so wird bei hohen Temperaturen das als Bindeglied dienende Wasser entfernt. Damit diese Wasserstoffbrücken auch unter solchen Bedingungen erhalten bleiben, muss daher eine nicht flüchtige, Wasserstoffbrücken bildende Substanz verwendet werden. Es ist bekannt, dass Bindungen dieser Art in der Zellulose durch Verbindungen mit =O–, Hydroxyl- oder Aminogruppen im Molekül zustande kommen können. Dies trifft z.B. für die Phosphate, Sulfate und Sulfamate zu, die als wirksame Flammfestmittel bekannt sind. Aber auch die starken Dehydratationsmittel und die hydratierten Salze sollen ihre Wirksamkeit mindestens teilweise ihrem ausgeprägten Wasserstoffbrücken-Bindungsvermögen verdanken. Diese Verbindungen möchten ihre Elektronen-Konfiguration durch Bindung von Wasser stabilisieren, können aber auch in Abwesenheit von Wasser analoge Bindungen mit den Hydroxylgruppen der Zellulose eingehen.

Die thermische Beständigkeit der Zellulose wird auch von der Aktivität ihrer Hydroxylgruppen bestimmt. So erfolgt etwa eine Hydrolyse oder Oxydation der Kette bedeutend weniger leicht, wenn die Hydroxylgruppen substituiert sind. Wie bereits erwähnt, können somit Säuren mit der Zellulose einen Ester bilden und daher zu einem Flammfesteffekt führen. Dabei erlauben die zwei- und mehrwertigen Säuren nicht nur die Blockierung einer Hydroxylgruppe, sondern durch Eingehung einer Bindung mit Hydroxylgruppen verschiedener Ketten auch eine Vernetzung durch primäre Bindungen, was die Abspaltung leicht flüchtiger Anteile bei der thermischen Zersetzung erschwert.

Endlich wird auch noch eine Katalyse durch stark saure oder alkalische Spaltprodukte des Flammfestmittels bei Polymerisations- oder Kondensationsreaktionen aldehydischer Oxydationsprodukte der Zellulose als Möglichkeit einer chemischen Flammfestwirkung genannt.

Die thermische Zersetzung der Zellulose, die als eine Kombination von Hydrolyse, Oxydation durch den Luftsauerstoff und Crackung angesehen werden kann, wird durch folgende 4 Faktoren bestimmt[1]):

Faserart
Wassergehalt
Einwirkungstemperatur
Dauer der Temperatureinwirkung

Für die Kenntnis des Chemismus der thermischen Zersetzung von Zellulose ist es wichtig, den geschwindigkeitsentscheidenden Reak-

[1]) E. Fieser, SVF-Fachorgan *14* (1959), S. 143.

tionsvorgang zu kennen. So wird auch angenommen, dass der erste Schritt der Zersetzung der Zellulose der Abbau zum Lävoglukosan, d. h. 1,6-Anhydro-β,δ-glukopyranose, auch für die Reaktionsgeschwindigkeit verantwortlich sei.

Auf Grund physiko-chemischer Überlegungen wurde auch die Wirksamkeit von Salzen, Säuren und Basen als flammenhemmende Mittel nicht auf eine katalytische Beeinflussung der Depolymerisation sondern auf eine Herabsetzung der Entropie der Zellulose durch diese Produkte zurückgeführt. Diese Verminderung der Entropie führt dann zu einer beschleunigten Zersetzung.

Die zahlreichen Theorien über die thermische Zersetzung der Zellulose und deren Beeinflussung durch Flammfestmittel zeigen, dass es sich hier um recht schwer erfassbare Vorgänge handelt. Es bleibt also hier der Grundlagenforschung noch ein weites Betätigungsfeld offen. Wenn hier auch nicht jeder Vorschlag für eine Deutung der Vorgänge beim Verbrennen von Zellulose erwähnt wurde und auch nicht eine alle Phänomene völlig erklärende Theorie heute gegeben werden kann, so ist es doch wichtig, dass man sich auch mit diesen theoretischen Überlegungen auseinandersetzt. Die Anwendung eines Textilveredlungsmittels wird erst dann sinnvoll erfolgen können, wenn man sich auch gewisse Vorstellungen über seine Wirkungsweise machen kann.

Einfluss des Gewebes und des Textilmaterials

Wie auch bei andern Ausrüstungen spielt ebenfalls bei der Flammfestbehandlung die Art der zu veredelnden Ware eine Rolle für den erzielbaren Effekt. Die Faserart, die Garndrehung und Zwirnung, das Flächengewicht und die Gewebebindung wirken sich auf Flammwiderstand und Nachglimmvermögen eines Textilmaterials merklich aus. Ferner ist es allgemein bekannt, dass auch der Gewebeoberfläche sehr grosse Bedeutung zukommt. Florgewebe oder ganz allgemein Gewebe mit grosser Oberfläche entflammen viel leichter als solche mit sehr glatter Oberfläche.

Eine eingehende Untersuchung des Wright Air Development Center[1]) kam auf Grund von Untersuchungen an 33 verschiedenen Textilmaterialien zu folgenden Feststellungen:

Schwere Gewebe entflammen weniger leicht als leichtere Gewebe. Eine Berücksichtigung des Flächengewichts der zu imprägnierenden Gewebe erfolgt ja bekanntlich in der Praxis in den meisten Fällen. Interessant ist auch die Feststellung, dass die Farbe des Textilmaterials von Einfluss auf die Entflammbarkeit sein kann. So sollen hellfarbige Stoffe einen besseren Schutz als dunkle liefern. Es muss dies vermutlich im unterschiedlichen Wärmeabsorptionsvermögen liegen.

---

[1]) N. N. Text. Rep. *12* (1957), 15, S. 58.

Sehr wichtig ist auch die Tatsache, dass Textilien, die durch Hitzeeinwirkung schmelzen, weniger schwerwiegende Brandwunden hervorrufen als die verkohlenden Faserstoffe. Es ist dies also als Vorteil der synthetischen Faserstoffe gegenüber den Zellulosefasern anzusehen.

Der Gewebeaufbau bestimmt teilweise auch den Sauerstoffzutritt und hat dadurch Einfluss auf die Brennbarkeit und Entzündbarkeit der Textilmaterialien. Eine hohe Garndrehung und eine dichte Gewebeeinstellung wirken sich bezüglich Flammwiderstand günstig aus. Bei den Florgeweben nimmt die Entflammbarkeit mit zunehmender Dichte des Flors ebenfalls ab.

Aber auch das für die Garne verwendete Fasermaterial hat einen Einfluss auf die Verbrennungsgeschwindigkeit. So ist etwa vom Sengprozess her bekannt, dass eine feine Baumwollsorte leichter abbrennt als eine gröbere Sorte. Auch hier spielen also wieder die gleichen Faktoren eine Rolle wie bei den Garnen und Geweben.

Verhütung des Nachglimmens

Eine wirksame Flammfestausrüstung will aber nicht nur ein Erlöschen der Flamme nach Wegnahme der Zündflamme bewirken, sondern auch eine weitere Verbrennung des Materials durch Nachglühen vermeiden; bekanntlich besitzen ja eine ganze Reihe von Substanzen die Eigenschaft, ein solches Nachglühen zu verunmöglichen. Ebenfalls über die Wirkungsweise dieser Mittel wurden verschiedene Hypothesen aufgestellt, die im folgenden kurz erwähnt seien.

Verhütung des Nachglühens auf physikalischem Wege

Das Nachglühen besteht zur Hauptsache in einem Weiterverbrennen des verkohlten Rückstands, ohne dass eine Flammenbildung erfolgt. Auch in diesem Zusammenhange wurde analog wie beim Nachflammeffekt die Hypothese aufgestellt, dass ein Nachglühen durch die Bildung eines nicht brennbaren Überzuges über den verkohlten Rückstand verhindert werden kann. Dieser Erklärungsversuch wird aber durch die Tatsache erschüttert, dass zum Beispiel beim Borax-Borsäure-System Borsäure für sich allein Baumwolle gegen Nachglühen zu schützen vermag, aber die Mischung beider nicht vor Nachglühen sondern nur vor der Ausbreitung der Flamme schützt, obwohl das Gemisch einen gleichmässigeren Überzug über das zu schützende Material liefert als die Borsäure für sich allein.

Für die Flammfestausrüstungen mit Metalloxyden und chlorierten Paraffinen oder Harzen wurde auch die Theorie einer Verdünnung des Sauerstoffs durch die sich abspaltende Salzsäure aufgestellt. Aber auch dieser Wirkungsmechanismus liess sich nicht experimentell eindeutig beweisen und vermag keine befriedigende Erklärung zu geben.

Eine weitere Theorie befasst sich mit der Veränderung der thermischen Eigenschaften des verkohlten Rückstandes durch das Flammfestmittel. Einem glühbeständigen verkohlten Rückstand können gewisse hitzeabschirmende Eigenschaften zugeschrieben werden, wobei wohl in erster Linie an eine Isolierung gegenüber der Wärmestrahlung zu denken ist.

Im grossen und ganzen hat es aber den Anschein, dass eine wirksame Verhinderung des Nachglühens auf physikalischem Wege heute noch nicht besteht.

Chemische Theorien über die Verhütung des Nachglühens

Es bestehen zwei Möglichkeiten für ein Weiterbrennen des verkohlten Rückstandes, nämlich die Oxydation des Kohlenstoffs zu Kohlendioxyd sowie seine Verbrennung zu Kohlenmonoxyd. Unter Berücksichtigung der dabei pro Mol frei werdenden Wärme lassen sich diese Reaktionen wie folgt darstellen:

$$C + O_2 \longrightarrow CO_2 + 94{,}4 \text{ kcal}$$
$$C + {}^1/_2\, O_2 \longrightarrow CO + 26{,}4 \text{ kcal}$$

Die beträchtlich mehr Wärme abgebende erste Reaktion begünstigt somit das Nachglühen, da stets die hiezu notwendige Wärme nachgeliefert wird. Es muss daher versucht werden, die Bildung von Kohlendioxyd zu drosseln und jene von Kohlenmonoxyd zu fördern. Es lässt sich eine solche Lenkung der Verbrennung auf katalytischem Wege erreichen. So kann durch den Katalysator die Aktivierungsenergie für die beiden obigen Reaktionen derart verändert werden, dass die Verbrennung der Kohle zu Kohlenmonoxyd begünstigt wird. Viele Metalloxyde können bekanntlich als Oxydationskatalysatoren fungieren. Es kann dabei die Verbrennungstemperatur stark herabgesetzt werden. Die katalytische Wirkung der Metalloxyde kann aber in vielen Fällen durch Alkalien herabgesetzt werden und in manchen Fällen kann Alkali direkt als Katalysatorgift betrachtet werden. Eine solche Beeinflussung durch Alkalien lässt sich auch eindeutig bei einzelnen Flammfestmitteln erkennen. So verhindern Borsäure oder Ammoniumphosphat bereits in geringen Mengen ein Nachglühen. In Mischung mit Borax wird dieser Effekt jedoch aufgehoben, sofern die Borsäure oder das Phosphat nicht in Überschuss vorhanden ist. Es wird also auch hier durch das alkalische Salz die Wirksamkeit des Schutzmittels herabgesetzt oder gar aufgehoben.

Der gute Schutz, den die Phosphate bzw. die Phosphorsäure gegen ein Nachglühen bieten, wurde auch dadurch zu erklären gesucht, dass diese Schutzmittel durch nachfolgende Reaktionen die Verbrennung des verkohlten Rückstandes im Sinne der Bildung von Kohlenmonoxyd lenken:

$$2\,H_3PO_4 + 5\,C \longrightarrow 2\,P + 5\,CO + 3\,H_2O$$
$$4\,P + 5\,O_2 \longrightarrow 2\,P_2O_5$$
$$P_2O_5 + 5\,C \longrightarrow 2\,P + 5\,CO$$

Der verkohlte Rückstand muss als ein Körper mit zahlreichen aktiven Stellen angesehen werden, wie dies zum Beispiel auch bei Aktivkohle der Fall ist. Diese aktiven Stellen sind natürlich besonders reaktionsfreudig. Diese Reaktionsfreudigkeit ist aber nicht nur einer Verbrennung, also einer Reaktion mit Sauerstoff aus der Luft, förderlich, sondern lässt sich auch für den Schutz gegen ein Nachglühen auswerten. So kann das Schutzmittel sich an diesen aktiven Stellen anlagern und sie inaktivieren. Dass dies bei einer grossen Zahl von Flammfestmitteln auch wirklich eintritt, beweist die Tatsache, dass das Schutzmittel oft vom verkohlten Rückstand hartnäckig zurückgehalten wird und sich zum Beispiel mit Wasser nicht mehr daraus extrahieren lässt.

Eine Steuerung der Verbrennung der Zellulose wird durch die Phosphate angenommen. In Gegenwart der Phosphate sollen weniger gasförmige Zersetzungsprodukte gebildet werden. Zudem soll die Bildung von Kohlenmonoxyd begünstigt und jene von Kohlendioxyd gehemmt werden. Auch eine oberflächliche Veresterung der Zellulose wurde angenommen.

Bei Geweben, die mit organischen Phosphorverbindungen behandelt worden waren, liessen sich in den verkohlten Rückständen Phosphorsäuren, sog. Lewis-Säuren nachweisen. Diese können als Elektronenacceptoren betrachtet werden. Da solche Lewis-Säuren auch schon bei der Dehydrierung von Alkoholen wirksam eingesetzt worden sind, kann auch bei der Zellulose ein ähnlicher Reaktionsablauf vermutet werden.

Lagerung flammfest ausgerüsteter Gewebe

Besonders bei Flammfestausrüstungen mit Produkten, die durch ihre leichte Zersetzlichkeit in der Wärme oder durch alkalische oder saure Einwirkung den Verbrennungsprozess hemmen oder steuern sollen, kommt der Lagerung der ausgerüsteten Ware eine wesentliche Bedeutung zu. Es werden bei diesen Verfahren üblicherweise ziemlich grosse Mengen verhältnismässig unstabiler Substanzen auf dem Gewebe abgelagert. Feuchtigkeit, Wärme oder auch Licht können je nach der Art des Schutzmittels dieses zersetzen, wobei nicht nur eine Verminderung der Schutzwirkung eintreten, sondern auch eine Faserschädigung auftreten kann.

Bekannt ist auch, dass alle Ammoniumsalze bei längerer Lagerung bei Temperaturen um 40°C zu Faserschwächungen führen. In geringerem Masse treten unter diesen Bedingungen aber auch bei andern Flammschutzmitteln wie etwa Natriumwolframat oder -silikat solche Faserschädigungen auf.

Eine feuchte Lagerung wirkt sich verständlicherweise bei den wasserlöslichen Salzen nachteilig aus. Es kann dies beim nachträglichen Trocknen zu Ausblühungen führen.

Recht ungünstig kann sich in vielen Fällen auch eine zu starke Lichteinwirkung auf das flammfest ausgerüstete Gewebe auswirken. So sind nach 200 tägiger Belichtung bei verschiedenen Schutzmitteln recht starke Faserschädigungen festgestellt worden, die in mehreren Fällen das Gewebe überhaupt unbrauchbar machten. Auch Verbindungen wie Borax, die gut temperaturbeständig sind, bewirken bei Sonneneinwirkung beträchtliche Faserschwächungen.

Einteilung der Flammfestmittel

Aus den bisherigen Ausführungen geht hervor, dass ein Flammfestmittel auf verschiedene Arten ein Ausbreiten des Feuers sowie ein Nachglühen verhindern kann, und dass anderseits in zahlreichen Fällen der genaue Wirkungsmechanismus des Schutzmittels noch nicht eindeutig erkannt werden konnte. Aus diesem Grunde ist es kaum möglich, eine Einteilung der einzelnen Flammfest-Verfahren nach ihrer Wirkungsweise vorzunehmen.

Es hat sich als nützlich erwiesen, zunächst zwischen nicht beständigen, also mit Wasser oder einer Waschflotte wieder entfernbaren Ausrüstungen und permanenten Effekten zu unterscheiden.

a) Nicht-beständige Flammfest-Ausrüstungen

Es handelt sich hier in erster Linie um die Aufbringung wasserlöslicher Schutzmittel, die sich sehr leicht wieder durch Wasser oder oft auch bei Kleidungsstücken schon durch den Schweiss entfernen lassen. Die Flammschutzmittel lassen sich auf Grund ihres Verhaltens beim Erhitzen und Verbrennen der textilen Unterlage in die nachstehenden Gruppen unterteilen:

a1. Schutzmittel, die schon bei verhältnismässig tiefer Temperatur schmelzen und in Form eines festen Schaums wieder erstarren.

a2. Mineralsäuren, saure Salze oder Salze, die beim Erhitzen eine Säure abspalten. Die Vertreter dieser Gruppe vermögen auch ein Nachglühen zu verhindern.

a3. Anorganische Salze, die beim Erhitzen sublimieren oder sich zersetzen, wobei sich grössere Mengen eines nicht brennbaren Gases bilden.

Eine eindeutige Unterbringung der einzelnen Flammfestmittel in eine der oben genannten Untergruppen ist jedoch nicht immer möglich, da einerseits der Wirkungsmechanismus nicht immer bekannt ist, und anderseits bei verschiedenen Produkten eine kombinierte Wirkung angenommen werden darf. Aus diesem Grunde empfiehlt sich eher eine Unterteilung nach dem chemischen Aufbau des wirksamen Anteils eines Flammschutzmittels.

Bei den nicht permanenten Ausrüstungen spielen die *anorganischen Salze* weitaus die wichtigste Rolle. Diese lassen sich in die nachstehenden Hauptgruppen unterteilen:

1. Salze bzw. Säuren, bei denen die Schutzwirkung durch den Säurerest (Anion) bewirkt wird.
2. Salze oder Oxyde bzw. Hydroxyde, bei denen die Schutzwirkung dem Kation zugeschrieben werden kann.
3. Produkte, bei denen sowohl Anion als auch Kation flammenhemmende Eigenschaften aufweisen. Hier handelt es sich auch vor allem um die zahlreichen Ammoniumsalze von Säuren mit Flammschutzwirkung.

Ferner wären dann noch

4. Mischungen mehrerer aktiver Substanzen zu nennen.

b) Permanente Flammfest-Ausrüstungen

Die Erzielung eines waschbeständigen Flammfesteffektes wurde zur Hauptsache nach drei Arten angestrebt, und zwar

1. durch Veränderung der Zellulose,
2. durch Ausfällung von flammwidrigen Substanzen (z. B. Metalloxyden) auf oder in der Faser selbst,
3. durch Fixierung des Flammschutzmittels mit Hilfe von Kunstharzen.

Es ist verständlich, dass sich das Interesse des Ausrüsters natürlich in den letzten Jahren ganz besonders diesen waschbeständigen Flammfestausrüstungen zugewandt hat, da eben an ein Schutzmittel die Forderung gestellt werden sollte, dass es sich nicht leicht entfernen lässt.

Neben den für Zellulosefasern entwickelten Flammschutzmitteln nehmen die für andere Fasern vorgeschlagenen Produkte nur eine untergeordnete Stellung ein. Es zeigte sich, dass in verschiedenen Fällen das Flammschutzmittel der Art der zu schützenden Faser angepasst werden muss, was eigentlich nicht verwundert, wenn man bedenkt, dass durch die Flammfestbehandlung in vielen Fällen eine Lenkung des thermischen Faserabbaus bewirkt wird.

Bei den Verfahren, die eine flammfeste Ausrüstung durch Veränderung der Zellulose bewirken, handelt es sich in erster Linie um Reaktionen zwischen dem Flammschutzmittel und den Hydroxylgruppen der Zellulose. So werden etwa Zelluloseester der Schwefelsäure oder der Phosphorsäure hergestellt. Die mit diesen mehrwertigen anorganischen Säuren erhaltenen sauren Ester weisen die Eigenschaft eines Basenaustauschers auf. Da in erster Linie das Ammoniumsalz des sauren Esters gute flammfeste Eigenschaften zeigt, lässt sich zum Beispiel nach dem Waschen ein so behandeltes Gewebe durch Einlegen in eine Ammoniumsalzlösung wieder reaktivieren.

Joseph Bancroft & Sons Co. entwickelten ein Verfahren mit Phosphorsäure und Harnstoff, welches durch das *brit. P. 604.197* geschützt wird. Anstelle von freier Phosphorsäure empfiehlt sich jedoch Diammoniumphosphat zu verwenden.

Nach dem *brit. P. 634.690* der Courtaulds Ltd. – Morton und Ward kann zur Flammfestausrüstung durch Bildung von Zelluloseestern der Phosphor- oder Schwefelsäure auch Cyanamid zusammen mit der entsprechenden Säure oder deren Ammoniumsalz herangezogen werden.

Auf ähnlichem Prinzip aufgebaut sind auch das *Pyroset*-Verfahren der American Cyanamid und *Pyrovatex* der Cica.

Im Rahmen von Untersuchungen über die chemischen Eigenschaften aminierter Baumwolle[1]) wurde festgestellt, dass Tetrakis-(oxymethyl)phosphoniumchlorid der Formel

$$(HOCH_2)_4PCl$$

mit den Aminogruppen der aminierten Baumwolle zu reagieren vermag und sich dabei ein Flammschutz erzielen lässt. Die Bindung des Tetrakis(oxymethyl)phosphoniumchlorids oder abgekürzt THPC[2]) an die aminierte Baumwolle ist derart stark, dass sie auch nicht durch Kochen in alkalischer Flotte gespalten werden kann.

Eine vorgängige Aminierung der Baumwolle vor der eigentlichen Flammfestausrüstung mit THPC ist jedoch sehr umständlich. Es wurde daher die Reaktion zwischen Tetrakis(oxymethyl)phosphoniumchlorid und polyfunktionellen monomeren Aminen wie etwa Melamin studiert und gefunden, dass eine beständige Flammfestausrüstung für Baumwolle erhalten werden kann, wenn man diese mit einer THPC enthaltenden Lösung von Methylolmelamin behandelt. Beim nachträglichen Aushärten polymerisiert dann THPC zusammen mit dem Methylolmelamin zu einem unlöslichen Kunstharz im Innern der Baumwolle.

Die Ablagerung flammfestmachender Metalloxyde in der Zellulose erfolgt üblicherweise nach einem Zweibadverfahren. Das erste Flammfestverfahren auf diesem Prinzip stellt wohl der Perkin-Prozess

---

[1]) W. A. Reeves und J. D. Guthrie, Textile Research J. *23* (1953), S. 527.

[2]) THPC stellt eine Abkürzung der englischen Bezeichnung Tetrakis(hydroxymethyl)phosphoniumchloride dar.

dar[1]), bei welchem die Ware mit Natriumstannat imprägniert wird, darauf scharf getrocknet und abschliessend durch ein Ammoniumsulfatbad genommen wird. Auf der Faser wird bei dieser Behandlung Zinnoxyd ausgeschieden.

Produkte für die Flammfestausrüstung dieser Gruppe sind zum Beispiel *Erifon* der du Pont de Nemours[2]) und *Titanox FR* der Titanium Pigment Corp.[3]). Es handelt sich hier um saure Lösungen von Antimon- und Titanoxychloriden bzw.-chlorazetaten, mit welchen die zu schützenden Gewebe imprägniert werden. Durch eine alkalische Nachbehandlung wird dann die Fixierung der Titan- und Antimonverbindungen vollzogen. Es werden auf diesem Wege gute flammfeste jedoch nur gering glühfeste Ausrüstungen erhalten. Durch Zugabe von Wasserglas zum alkalischen zweiten Bad lässt sich aber die Glühbeständigkeit noch verbessern.

Es wird angenommen, dass die Zellulose mit der Titanverbindung unter Bildung von Zellulosetitanat reagiere[4]). Das Antimonoxychlorid seinerseits soll dann mit dem entstandenen Titanat reagieren.

Flammenhemmende Metalloxyde können aber auch mit Hilfe eines Kunstharzes waschbeständig auf der Faser fixiert werden. Es sind zu diesem Zwecke jedoch meist grössere Mengen Flammfestmittel notwendig, so dass sich eine solche Behandlung nachteilig auf den Griff und das Aussehen der Ware auswirken kann. Meist wird gleichzeitig noch eine halogenhaltige Komponente verwendet, wobei es sich um chlorierte Paraffine oder auch um chlorhaltige Kunststoffe wie normales oder nachchloriertes Polyvinylchlorid handeln kann. Diese Halogenverbindungen bewirken bei Feuereinwirkung eine Abspaltung von Halogenwasserstoffgasen, die dann als nicht brennbare Gase verbrennungshemmend wirken.

Meistens werden diese Flammfestausrüstungen als Emulsionsimprägnierungen durchgeführt. So werden etwa Emulsionen aus Antimonoxyd, Chlorparaffin mit Chlorgehalten von 42 bis 70%, Zinkchlorid, Dimethylolharnstoff und Trichloräthylen in Wasser angewandt. Ein anderes häufiges Verfahren bedient sich einer Emulsion von Vinylchlorid oder eines seiner Mischpolymerisate, Guanidinphosphat, Cyanamid und Antimonoxyd.

A. Flammfestverfahren, die nur die Erzielung eines vorübergehenden Schutzes erlauben

Bei diesen temporären Flammfestbehandlungen werden praktisch durchwegs wasserlösliche, meist anorganische Salze oder Säuren

---

[1]) Perkin, Text. Manuf. *40* (1914), S. 27.

[2]) *Amer. P. 2.570.566* von Du Pont-Lane und Dills.

[3]) *Amer. P. 2.658.000* und *2.668.780* der Nat. Lead Corp. – Sullivan und Panik.

[4]) Gulledge und Seidel, Ind. Eng. Chem. *42* (1950), S. 440.

auf die zu schützenden Fasern aufgebracht. Da es sich hier fast immer um gut wasserlösliche Substanzen handelt, ist es auch klar, dass durch eine Nassbehandlung oder gar Wäsche, aber auch schon durch ein Feucht- oder Nasswerden zum Beispiel durch Regen oder Schweisseinwirkung die Schutzwirkung zerstört werden kann.

Wenn man berücksichtigt, dass jede nicht brennbare Substanz in genügender Menge auf ein Gewebe gebracht zu einer Behinderung der Flammenausbreitung und des Nachglühens führt, so wird einem klar, dass man eine sehr grosse Zahl von anorganischen Salzen als mehr oder weniger wirksame Flammfestmittel ansprechen kann. In der Praxis haben sich aber nur einige besonders wirksame Salze oder Salzgemische durchzusetzen vermocht, die zum Teil einen ausserordentlich guten Schutz gegen Flammeneinwirkung zu bieten vermögen, aber leider den grossen Nachteil der leichten Entfernbarkeit durch Wasser aufweisen. Es ist somit immer wieder eine Erneuerung der Schutzimprägnierung notwendig. Von den zahlreichen vorgeschlagenen Salzen und Salzgemischen vermochten sich aus verschiedenen Gründen nicht alle in der Praxis durchzusetzen.

Ammoniumsalze starker Säuren wie etwa Ammoniumsulfat oder -chlorid können infolge Säureabspaltung beim Lagern zu einer Schädigung und einem Abbau der Zellulosefasern Anlass geben. Auch Kalzium-, Magnesium- und Zinkchlorid sind zu stark hygroskopisch und bringen ebenfalls die Gefahr einer Säureschädigung beim Lagern mit sich.

Alaun ist einerseits nicht besonders wirksam und kann anderseits zu einem Säureabbau der Zellulose führen. Andere Salze oder Salzmischungen vermögen wiederum entweder das Nachglühen nicht zu verhindern oder neigen zum Auskristallisieren an der Oberfläche (Ausblühen).

Bei den meisten Flammfestausrüstungen handelt es sich um Mischungen von zwei oder mehr Salzen. Eine Ausnahme hievon bildet eigentlich nur das *Ammoniumsulfamat.* Die Mischungen sollten möglichst einfach sein und mit Vorteil nur zwei oder höchstens drei Komponenten enthalten. Dies ist besonders von Bedeutung, wenn man sich eine Stammlösung herstellt. Häufige Chemikalienzusätze zur Lösung können – wenn sie nicht sehr genau kontrolliert werden – zu gewissen Verschiebungen im Verhältnis zwischen den einzelnen Komponenten führen. Solche Verschiebungen können sich in erster Linie dadurch ungünstig auswirken, dass sie die Neigung zum Ausblühen erhöhen können.

Die Imprägnierung von Baumwoll- oder Reyongeweben bietet im allgemeinen keine grossen Schwierigkeiten, sofern sie vorgängig gut gewaschen wurden. Die genaue Konzentration der Imprägnierlösung lässt sich meistens nur experimentell feststellen, da sie von der Struktur des Gewebes und der Faserart beeinflusst wird. Je schwerer üblicherweise ein Gewebe ist, um so geringer kann die prozentuale Imprägnierungsmenge sein. In vielen Fällen kann durch die Imprägnierung mit Salzen eine gewisse Farbtonverschiebung eintreten. Es ist daher immer ratsam, zunächst ein kleines Probestück zu behandeln.

Die Trocknung der imprägnierten Gewebe sollte möglichst schonend erfolgen. Ein zu rasches Erhitzen kann eine Oberflächenkristallisation begünstigen und ein zu scharfes Trocknen wird bei den Ammoniumsalzen immer einen Verlust an Ammoniak zur Folge haben.

Eine der bekanntesten Mischungen besteht aus Borax und Borsäure im Verhältnis von 7 zu 3. Es wird 10 bis 15% des Warengewichtes von diesem Gemisch auf die Fasern gebracht und damit eine gute Flammfestigkeit, jedoch nur eine mässige Nachglühfestigkeit erhalten. Da sich beim Verdunsten einer solchen Lösung ein glasartiger Körper bildet, besteht die Gefahr eines Auskristallisierens nicht.

Eine andere bekannte Mischung ist etwa Ammoniumphosphat (primäres Salz der Formel $NH_4H_2PO_4$) und Borax im Verhältnis von 2 zu 3. Hier zeigten Untersuchungen, dass wohl mit Mischungen dieser Salze in den verschiedensten Verhältnissen gute Flammfesteffekte möglich waren, dass aber ein nicht kristallisierendes Gemisch nur innerhalb eines ganz bestimmten Mischungsbereiches entsteht.

Durch die Entwicklung waschbeständiger Flammfestausrüstungen haben diese temporären Verfahren wohl an Bedeutung stark eingebüsst. Da aber auch diese neueren permanenten Ausrüstungen noch nicht in jeder Beziehung vollauf zu befriedigen vermögen und ferner eine waschbeständige Ausrüstung nicht immer unbedingt erforderlich ist, vermochten sich diese verhältnismässig billigen temporären Verfahren doch noch neben den permanenten Ausrüstverfahren zu halten. Obschon in der neueren Patentliteratur in erster Linie die waschbeständige Flammfestbehandlung erwähnt wird, so soll im folgenden doch noch kurz auf die wichtigeren Methoden mit wasserlöslichen Salzen eingegangen werden. Schliesslich gehören auch noch zahlreiche der heute auf dem Markt sich befindlichen Produkte zur Herstellung flammfester Gewebe, zu diesem nicht waschbeständigen anorganischen Salztyp.

1. Temporäre Flammfestverfahren mit Salzen oder Säuren, bei denen die Schutzwirkung dem Säurerest zugeschrieben wird

a) Borsäure und deren Salze

Borsäure für sich allein ergibt nur einen sehr geringen Flammschutz, vermag aber in grösseren Mengen angewandt ein Nachglühen zu vermeiden. Ihr Natriumsalz, Borax der Formel

$$Na_2B_4O_7 \cdot 10\ H_2O$$

zeigt hingegen eine mässige Schutzwirkung gegenüber Flammeneinwirkung, jedoch praktisch keinen Schutz gegenüber einem Nachglühen.

Es wurde jedoch gefunden, dass ein Gemisch der Säure mit ihrem Natriumsalz ein brauchbares Flammfestmittel ergibt. So stellten im Jahre 1922 Kling und Florentin fest, dass ein Gemisch aus

6 Teilen Borax und
5 Teilen Borsäure

ein brauchbares Schutzmittel ergab.

Spätere Untersuchungen zeigten dann, dass dem Verhältnis zwischen Borax und Borsäure wesentliche Bedeutung zukommt und sich besonders ein Gemisch aus

7 Teilen Borax und
3 Teilen Borsäure

gut bewährt. Es bildet sich bei diesem Mischungsverhältnis eine nicht kristallisierende, glasige Masse. Leider zeigt aber ein mit dieser Mischung behandeltes Gewebe nur eine unbefriedigende Nachglühfestigkeit.

Zur näheren Erläuterung, wie die Flammfestigkeit durch Kombination von Säure und Salz verbessert werden kann, seien einige Resultate von Flammfestbestimmungen an Baumwollgeweben angeführt:

Flammfestmittel	Menge auf dem Gewebe in % des Warengewichts	Vertikaler Flammtest Nachflammen in sec
Borsäure	3,5	28
	7,7	26
	12,9	28
Borax	2,8	15
	5,4	3
	12,9	3
	29,0	3
	34,5	0
Borax: Borsäure 7:3	2,6	18
	4,6 u. mehr	0
Baumwolle unbehandelt	0	23

Aus diesen Resultaten geht also hervor, dass Borsäure für sich allein die Flammenausbreitung nicht zu verhindern vermag und Borax erst in ganz beträchtlicher Konzentration einen vollkommenen Flammschutz bietet, während beim Gemisch beider Komponenten im optimalen Verhältnis bereits etwa 5% für eine ausgezeichnete Schutzwirkung genügen.

Wird anderseits die Neigung zum Nachglühen der imprägnierten Gewebe untersucht, so gelangt man zu einer andern Beurteilung, indem Borsäure diesbezüglich sehr wirksam ist, während das Borax-Borsäure-7:3-Gemisch erst in grösserer Menge einen gewissen Schutz bietet. In der untenstehenden Tabelle sind einige Werte von Prüfungen auf Nachglühfestigkeit zusammengestellt:

Flammfestmittel	Menge auf dem Gewebe in % des Warengewichts	Nachglimmzeit in sec
Borsäure	10	0
Borax	10	180
	30	180
	40	240
Borax-Borsäure 1:1	10	130
	20	0
Borax-Borsäure 3:7	10	0
Borax-Borsäure 7:3	5	195
	10	210
	20	13
Borax-Borsäure-prim.	10	0
Ammoniumphosphat 7:3:5	20	0
Baumwolle nicht behandelt		73

Aus diesen Resultaten geht eine Begünstigung des Nachglühens durch Borax eindeutig hervor. Da jedoch sowohl eine gute Flamm- als auch Nachglühfestigkeit für einen wirksamen Schutz gefordert werden muss, lässt sich eine befriedigende Lösung nur dadurch finden, dass dem Borax-Borsäuregemisch noch das ein Nachglühen sehr gut verhindernde primäre Ammoniumphosphat zugesetzt wird.

Die obigen Angaben über die Schutzwirkung von Borsäuren und Boraten sowie deren Mischungen sind den eingehenden Untersuchungen des US War Departement entnommen, die von R. W. Little in Flameproofing Textile Fabrics veröffentlicht wurden.

Ebenfalls Natriumborophosphat wurde für die Flammfestausrüstung vorgeschlagen[1]). Es handelt sich hier um eine viskose, klare Flüssigkeit, die beim Eintrocknen auf der Faser einen amorphen Film bildet, so dass die Gefahr von Kristallausscheidungen auf der Gewebeoberfläche nicht besteht. Die Imprägnierung soll am Foulard mit 15 bis 30%igen Lösungen erfolgen.

Ein Flammfestverfahren für Gewebe, Papier oder poröse Materialien ganz allgemein wird im *franz. P. 1.099.874* (eingereicht 5. Mai 1954, erteilt 23. März 1955)–van de Zande (Belgien) vorgeschlagen. Die Ware wird in eine Lösung von Ammoniumsulfat, Ammoniumphosphat, Borsäure und Natriumtetraborat, also Borax, eingetaucht. Nach dieser Imprägnierung bei einer Temperatur zwischen 30 und

[1]) Silk & Rayon *18* (1944), S. 445.

35°C wird getrocknet. Um ein besseres Eindringen und Benetzen zu erzielen, sowie ein Stäuben nach dem Trocknen zu vermeiden, kann auch noch ein Zusatz von Türkischrotöl und Glyzerin gemacht werden[1]).

Das *brit. P. 755.022* der Celanese Corp. of America schlägt für die Flammfestausrüstung von Polgeweben die Behandlung mit einer wässerigen Lösung von Borax und Borsäure oder Sulfaminsäure vor. Ferner wird noch ein nichtiogener oder anionaktiver Weichmacher zugesetzt. So soll sich zum Beispiel ein Teppich mit einem Flor aus Zelluloseazetat flammfest machen lassen, indem er mit nachstehendem Gemisch besprüht wird:

4	Teile	Borax
4	Teile	Borsäure
0,2	Teil	Ahcovel R als Weichmacher
91,8	Teile	Wasser
100	Teile	

Die Behandlung erfolgt bei 50°C, wobei rund 2 kg/m² aufgebracht werden. Abschliessend erfolgt die Trocknung bei 75°C.

Ein borhaltiges Flammschutzmittel für Textilfasern jeglicher Art, Leder und anderes mehr beschreiben die Farbenfabriken Bayer AG. im *franz. P. 1.113.542* vom 18. November 1954 (deutsche Priorität vom 21. November 1953). Es handelt sich dabei um ein Kondensationsprodukt aus Dicyandiamid und einer Borverbindung, wie Borsäure, Borsäureanhydrid, Salze oder Ester der Borsäure. Die Herstellung erfolgt durch Umsetzung von einem Mol der Borverbindung mit mindestens einem Mol Dicyandiamid bei Temperaturen zwischen 200 und 500°C. Man gelangt so zu einem in Wasser wenig löslichen, weissen Pulver. Eine feine Suspension dieses Kondensationsproduktes zum Beispiel in einem Kunstharz kann zur Flammfestbehandlung verwendet werden.

Organische Borate wie zum Beispiel Amylborat werden neben organischen Phosphaten wie Trikresylphosphat im *brit. P. 575.028* von J. Knaggs als Zusatz zu Wasserabweisendappreturen empfohlen, um so den Geweben auch noch gleichzeitig einen Schutz vor Feuereinwirkung zu verleihen.

Zur Flammfestausrüstung zellulosehaltiger Materialien, also Geweben aus Zellulosefasern oder auch Papier, empfiehlt die Borax Consolidated Ltd. – H. P. Knight im *franz. P. 1.169.338* (vom 11. März 1957, publ. am 8. September 1958, amer. Prior. vom 13. April 1956) Gemische, die neben Borsäure oder deren Salze noch Harnstoff enthalten. So wird etwa ein Gemisch aus 7 Teilen Borax, 3 Teilen Borsäure und 4 Teilen Harnstoff vorgeschlagen. Der Harnstoff kann dabei auch teilweise durch Magnesiumchlorid ersetzt werden. So

[1]) Siehe auch *amer. P. 2.769.729* (vom 3. Dezember 1954, publ. am 6. November 1956) von L. J. C. van de Zande.

dient etwa auch ein Gemisch aus 7 Teilen Borax, 3 Teilen Borsäure, 3 Teilen Harnstoff und 2 Teilen Magnesiumchlorid zur Erzeugung eines Flammfesteffektes. Man erkennt also auch hier, dass die günstige Proportion von 7 Teilen Borax auf 3 Teile Borsäure gewählt wurde.

Im *amer. P. 2.823.145* von du Pont de Nemours Co. – N.D. Clare und A.J. Deyrup (vom 21. März 1956, publ. am 11. Februar 1958) werden Additionsprodukte aus Alkalifluoriden und Borsäure bzw. Borsäureanhydrid als Flammschutzmittel für Textilien aus Zellulosefasern und Papier beschrieben. Werden 4 Mol Natriumfluorid und 5 Mol Borsäureanhydrid (B_2O_3) bei einer Temperatur von etwa 700°C zusammengeschmolzen, so entstehen sogenannte Oxyfluoborate. Durch Imprägnierung der Gewebe mit diesen wasserlöslichen Additionsprodukten lässt sich ein Flammfesteffekt erzielen.

Organische Borsäurederivate vom Typ der Boroxole werden durch die American Cyanamid Co. – A.K. Hoffmann im *amer. P. 2.868.840* (vom 6. September 1957, publiziert am 13. Januar 1959) als Flammschutzmittel erwähnt. p-Bromäthylbenzol wird mit Magnesium nach Grignard umgesetzt und darauf mit Tri-n-butylborat umgesetzt. Durch nachfolgende Hydrolyse wird dann p-Äthylphenylboronsäure erhalten, welche sich durch Erhitzen in Toluol in das entsprechende Boroxol überführen lässt. Schliesslich wird in Anwesenheit eines Katalysators (organisches Peroxyd, zum Beispiel Benzoylperoxyd) mit N-Bromsuccinimid Brom an die Äthylgruppe angelagert, so dass das wirksame p-(α-Bromäthyl)-phenylboroxol sich bildet. Den hier genannten Verbindungen kommen folgende chemische Konstitutionen zu:

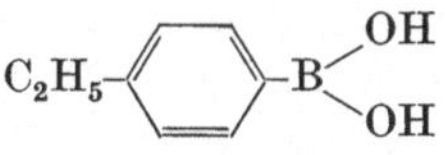

p-Äthylphenylboronsäure

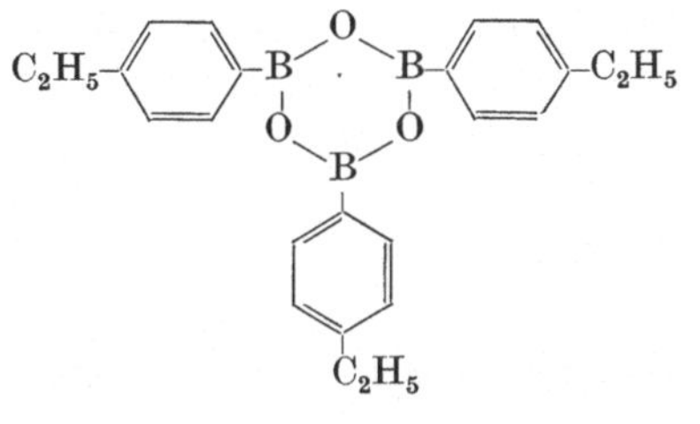

p-Äthylphenylboroxol

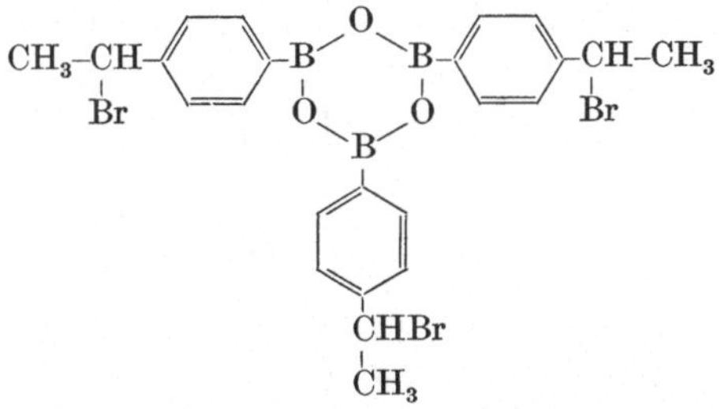

p-(α-Bromäthyl)-phenylboroxol

Die Flammfestmittel auf Borsäure oder Borax-Basis schmelzen schon bei verhältnismässig niederen Temperaturen und können dann in Form eines festen Schaums wieder erstarren. Als typische Flammschutzmittel dieser Art können etwa die nachstehenden gelten:

7 Teile Borax ($Na_2B_4O_7 \cdot 10$ aq) und 3 Teile Borsäure (H_3BO_3)
7 Teile Borax ($Na_2B_4O_7 \cdot 10$ aq), 3 Teile Borsäure (H_3BO_3) und 5 Teile Diammoniumphosphat ($(NH_4)_2HPO_4$)
1 Teil Borax ($Na_2B_4O_7 \cdot 10$ aq) und 1 Teil Diammoniumphosphat ($(NH_4)_2HPO_4$)
1 Teil Trinatriumphosphat (Na_3PO_4) und 1 Teil Borsäure (H_3BO_3)
1 Teil Borsäure (H_3BO_3) und 1 Teil Diammoniumphosphat ($(NH_4)_2HPO_4$).

Dass jedoch nicht einfach eine Mischung von Borsäure und einem in der Hitze ein Gas entwickelndes Salz zur Bildung eines schützenden festen Schaumes genügt, zeigt etwa die Kombination aus Natriumkarbonat und Borsäure im Verhältnis von 1:2. Es muss hier beim Trocknen der Imprägnierung die Bildung von Borax angenommen werden, so dass man schlussendlich nur etwa zu dem für Borax üblichen Flammschutzeffekt gelangt.

b) Sulfaminsäure und deren Salze

Sulfaminsäure oder Amidosulfosäure kann durch Sättigen einer konzentrierten Lösung von Hydroxylammoniumchlorid mit Schwefeldioxyd unter Eiskühlung erhalten werden:

$$(NH_3OH)Cl + SO_2 \longrightarrow H_2N \cdot SO_2 \cdot OH + HCl$$

Sulfaminsäure ist eine starke einbasische Säure und bildet weisse, beständige Kristalle, die bei etwa 200°C unter Zersetzung schmelzen. Sulfaminsäure und ganz besonders ihr Ammoniumsalz haben in der Flammfestausrüstung von Geweben eine gewisse Bedeutung erlangt, da sich damit ein sehr guter Effekt erzielen lässt. So findet man immer wieder in der Patentliteratur Verfahren, die dieses Schutzmittel empfehlen, obschon es den wesentlichen Nachteil besitzt, keine waschbeständigen Effekte zu geben.

Aus Sulfaminsäure lassen sich durch Neutralisation mit Ammoniak oder Aminen leicht interessante Flammfestmittel herstellen. Man löst zu diesem Zwecke zunächst die Sulfaminsäure in Wasser auf und gibt dann bis zur völligen Neutralisation Ammoniak von 22° Bé oder ein Amin wie Mono-, Di- oder Triäthanolamin zu. So benötigt man zum Beispiel zur Neutralisation von 100 g Sulfaminsäure

88 g einer 20%igen Ammoniaklösung oder
154 g Triäthanolamin.

Nachträglich hat dann die Einstellung des pH-Wertes der Lösung auf 6,5 bis 7 zu erfolgen.

Die Sulfamate lassen sich entweder durch ein Eintauchverfahren, ein Besprühen oder ein Aufbürsten auf die Ware bringen, wobei im allgemeinen dem ersten Verfahren der Vorzug zu geben ist, da es die gleichmässigste Art der Aufbringung erlaubt.

Die Ware sollte bei sämtlichen drei Applikationsverfahren mindestens 20% ihres Gewichtes an Sulfamat aufnehmen.

Von Du Pont werden zum Beispiel die nachstehenden Verfahren der Flammfestbehandlung mit Sulfamaten empfohlen:

Imprägnierverfahren

Muss trockene Ware ausgerüstet werden, so wird diese vorgängig gewaschen, abgeschleudert und normal getrocknet. Darauf wird mit der Ware in eine Sulfamatlösung eingegangen, die 1 kg Sulfamat auf 5 Liter Wasser enthält. Nachdem sich das Textilgut vollständig mit der Imprägnierlösung vollgesogen hat, wird mit einem Effekt von 100% abgequetscht, das heisst, das imprägnierte Stück soll das doppelte Gewicht der unbehandelten Ware aufweisen. Um einen ausreichenden Flammschutz zu erhalten, muss schliesslich mindestens 20% Sulfamat auf dem Textilmaterial vorhanden sein, das heisst also, dass nach dem Trocknen in einer Trockenkammer bei 70°C das behandelte Gewebe mindestens 120% des ursprünglichen Gewichtes aufweisen sollte (zum Beispiel 50 kg Ausgangsgewicht / 60 kg Gewicht der imprägnierten Ware).

Gelangt nasse Ware zur Flammfestausrüstung, so ist diese gleichfalls zunächst zu waschen und abzuschleudern, kann dann aber gleich ohne Zwischentrocknung in die Sulfamatlösung gebracht werden. In diesem Falle ist dann aber eine konzentriertere Sulfamatlösung zu verwenden. Die Konzentration hat sich dabei darnach zu richten, dass wiederum mindestens 20% Sulfamat auf der Ware sind.

Es wird auch empfohlen, die beim Abquetschen oder Schleudern der nassen Ware anfallende Sulfamatlösung zu sammeln und wiederum zu verwenden. Sulfamatlösungen lassen sich gut lagern und es ist einzig eine zu starke Erwärmung solcher Lösungen zu vermeiden.

Die Kontrolle der Sulfamatlösungen auf ihren Gehalt kann durch die Bestimmung des spezifischen Gewichtes erfolgen, und zwar gibt die Literatur die folgenden Werte:

10%ige Ammoniumsulfamatlösung	spez. Gew. 15° 1,0565
10%ige Aminsulfamatlösung	spez. Gew. 15° 1,0507

Bei der nachfolgenden Weiterbehandlung derart imprägnierter Gewebe ist beim Kalandern oder Trocknen darauf zu achten, dass dies bei möglichst tiefem Dampfdruck geschieht. Auch sollte die Dauer der Temperatureinwirkung möglichst kurz gewählt werden.

Sprühverfahren

Nach diesem Verfahren werden besonders Artikel behandelt, die nicht leicht von ihrem Standort weggenommen werden können oder die sich aus einem anderen Grunde nicht für das Eintauchverfahren, also eine eigentliche Nassbehandlung, eignen. Die zu verstäubende Lösung soll zwischen 135 und 180 g Sulfamat im Liter enthalten.

Beim Besprühen sollte das zu behandelnde Textilgut vollständig befeuchtet werden und die Behandlung womöglich beidseitig erfolgen.

Auftragen mit der Bürste

Steht kein Zerstäuber zur Verfügung, so kann die Sulfamatlösung auch mit einer Bürste aufgetragen werden. In diesem Falle werden Konzentrationen zwischen 180 und 270 g Sulfamat im Liter Wasser vorgeschlagen. Um ein fleckiges Aussehen der behandelten Ware zu vermeiden, ist darauf zu achten, dass der Auftrag der Lösung möglichst gleichmässig erfolgt.

Gefässe aus Kupfer und seinen Legierungen wie Bronze oder Messing sowie aus verzinktem Eisen werden durch die Sulfamatlösungen angegriffen. Die Behandlungen mit Sulfamatlösungen sollten daher in Behältern aus Eisen, rostfreiem Stahl, Steingut oder Holz erfolgen. Ebenfalls sollte eine direkte Berührung der Sulfamate mit der Haut vermieden werden. Die Sulfamate, und zwar besonders jene der Amine wie zum Beispiel Triäthanolamin verleihen dem Gewebe einen weichen Griff. Ein Festigkeitsverlust des Gewebes durch die Flammfestausrüstung mit Sulfamaten soll nur dann eintreten, wenn solche Gewebe auf Temperaturen über 70°C gebracht werden oder längere Zeit sehr starker Belichtung ausgesetzt sind. Die Sulfamatausrüstung kann nicht als waschbeständig, jedoch als trockenreinigungsbeständig betrachtet werden.

Die Sulfamate der Amine werden von Du Pont auch als Weichmacher und Flammschutzmittel für die Papierindustrie empfohlen. Im Gegensatz zur Weichmachung mit Glyzerin wird mit diesen Salzen eine von der herrschenden Luftfeuchtigkeit weitgehend unabhängige Weichmachung erzielt. Als Amine haben sich dabei in erster Linie die Aminoalkohole bewährt, also Mono-, Di- und Triäthanolamin sowie Mono- und Di-isopropanolamin. Wegen seines günstigen Preises wird aber auch das Äthylaminsalz verwendet.

Um eine Vergilbung durch Licht zu vermeiden, wird besonders bei Papier der Zusatz eines Stabilisators zur Sulfamatlösung empfohlen. Als Stabilisatoren haben sich dabei entweder puffernde Substanzen wie Trinatriumphosphat oder Natriumazetat oder Reduktionsmittel wie Natriumhypophosphat oder -sulfit eingeführt.

Ammoniumsulfamat zeigt anderseits praktisch keinen Weichmachungseffekt. Ein solches Produkt stellt zum Beispiel *Fire Retardant CM* von Du Pont dar, das neben Ammoniumsulfamat noch Zusätze enthält, die ein besseres Eindringen der Lösung in das zu behandelnde Gut ermöglichen und auch das Auftreten eines störenden Glanzes auf der ausgerüsteten Ware vermeiden helfen.

Ein weiteres Flammfestmittel der Firma Du Pont auf Basis von Ammoniumsulfamat ist *Flame Retardant «X-12»*. Es wird aus wässeriger Lösung auf die Ware gebracht und eignet sich für native und regenerierte Zellulosefasern, jedoch nicht für Azetatseide oder synthetische Fasern. Als besonderer Vorteil gegenüber andern Produkten entsprechender Zusammensetzung wird die Wärmebeständigkeit von «X–12» hervorgehoben. Es bringt dies einerseits eine längere Lebensdauer solcher Ausrüstungen mit sich und erlaubt anderseits ein rascheres Arbeiten beim Imprägnieren, da bei höheren Temperaturen getrocknet oder gebügelt werden kann.

«X–12» stellt ein in heissem Wasser lösliches kristallines Pulver dar. Neben Ammoniumsulfamat enthält es noch Zusätze, die sein Eindringen in das Gewebe begünstigen, ein Nachglühen verhindern und die Erhaltung des Aussehens und Griffs der behandelten Ware gewährleisten. Die Lösungen von «X–12» sind praktisch neutral. «X–12» zieht nicht besonders auf die Fasern auf, so dass also keine Verarmung der Lösung an Aktivsubstanz während des Imprägnierens eintritt und die Lösungen wiederholt Verwendung finden können.

Eine Ausrüstung mit «X–12» ist trockenreinigungsbeständig, wird aber beim Waschen entfernt. Es hat daher nach jedem Waschen eine Neuimprägnierung zu erfolgen. Der Farbton, die Lichtechtheit oder Scheuerfestigkeit von Färbungen werden durch eine Behandlung mit «X–12» gar nicht oder nur sehr wenig beeinflusst. Bei sachgemässer Anwendung soll auch kein Stäuben oder Ausblühen der behandelten Ware auftreten. Du Pont empfiehlt, zunächst durch Vorversuche mit dem zu behandelnden Gewebe festzustellen, wieviel «X–12» auf das Gewebe aufzubringen ist, um einen befriedigenden Flammfesteffekt zu erzielen. Meistens sollten zwischen 10 und 15% genügen. Daraus lässt sich dann auch die Konzentration der Lösung bei einem bestimmten Abquetscheffekt errechnen. Die Imprägnierungslösung stellt man durch Auflösen der entsprechenden Menge «X–12» in warmem Wasser von mindestens 65°C her. Noch besser ist es, wenn die Lösung aufgekocht wird, wodurch auch eine gute Durchmischung gewährleistet wird. Es soll gut gerührt werden, bis sich alle Kristalle gelöst haben. Die Imprägnierung kann kalt oder warm erfolgen, doch sollte bei Lösungen von 25 und mehr % nicht unter 27°C gegangen werden, da sonst die Gefahr eines Auskristallisierens des Schutzmittels in der Flotte besteht. Die Imprägnierungszeit ist so zu wählen, dass die Lösung vollständig in das zu behandelnde Material eindringen kann. Nur so wird ein gleichmässiger Flammfesteffekt gewährleistet. Schwere, dicht gewobene Materialien werden also eine wesentlich höhere Imprägnierungsdauer benötigen als leichte Gewebe.

Nach der Imprägnierung ist die überschüssige Flotte rasch durch Abquetschen oder Zentrifugieren zu entfernen, damit keine örtlichen Überkonzentrationen entstehen. Die Trocknung kann wegen der guten Hitzebeständigkeit der «X–12»-Ausrüstung nach jeder üblichen Trocknungsmethode erfolgen, also auf dem Spannrahmen, in Trokkenkammern, durch Mangen oder in der Trockentrommel. Es erlaubt dies im Vergleich zu andern Flammschutzmitteln ein rascheres Trocknen und damit eine Arbeitszeiteinsparung.

In einer eingehenden Arbeit[1]) hat J. P. Puig die Eignung von Sulfaminsäure und speziell ihrer Alkanolaminsalze studiert. Er kommt dabei zum Schluss, dass die Alkanolaminsalze der Sulfaminsäure als ideale Flammschutzmittel zu betrachten sind. Natürlich ist dabei zu beachten, dass dies nur in jenen Fällen voll und ganz zutrifft, wo keine Wasser- oder Waschbeständigkeit des ausgerüsteten Materials verlangt wird. Nach Puig soll mit einer Beladung von 20 bis 25% an Sulfamat, auf das Warengewicht bezogen, ein absoluter Flammschutz erhältlich sein. Da ferner diese Salze weichmachende Eigenschaften aufweisen, wird auch das Aussehen und der Griff kaum beeinträchtigt.

Im *brit. P. 750.262* der Chicopee Manufacturing Corp. (USA) wird zur Flammfestausrüstung von Baumwolle und Zelluloseregeneratfasern Ammoniumsulfamat mit einem Zusatz von Dicyandiamid empfohlen. Das Dicyandiamid schützt das Ammoniumsulfamat vor Zersetzung und gestattet die Erzielung eines guten Flammfesteffektes, ohne dass die Gewebefestigkeit oder das Aussehen der Ware beeinträchtigt werden. Die Dicyandiamidmenge wird auf die zur Erreichung des gewünschten Flammfesteffektes nötige Sulfamatmenge abgestimmt. 20 bis 35 Teile Dicyandiamid als Stabilisator auf 100 Teile Flammschutzmittel (Ammoniumsulfamat) stellen dabei das günstigste Verhältnis dar.

Eine Wasserabweisend- und Flammfestausrüstung in einem Bade bildet den Gegenstand des *brit. P. 736.598* der Courtaulds Ltd. – C. W. King und F. Ward (eingereicht 2. September 1952, erteilt 1. September 1953, veröffentlicht 14. September 1955). Zellulosetextilien werden zu diesem Zwecke mit einer wässerigen Paraffinemulsion behandelt, die noch Ammoniumsulfamat enthält. Durch diese Imprägnierung sollte die Ware eine Gewichtszunahme von 9 bis 12% erfahren. Zur Emulsion können auch noch säureabsorbierende Substanzen zugesetzt werden, wie etwa Natriumazetat, Harnstoff oder Dicyandiamid. Die Patentschrift erwähnt etwa die nachstehende Behandlung:

Herstellung der Wasserabweisendappretur:

13 kg Ceresin werden mit
4 kg Paraffin zusammengeschmolzen.
5 kg Leim werden unter Rühren und Erwärmen auf ca. 40° C in
65,3 kg Wasser gelöst,
12 kg 50%ige Aluminiumhydroxyd-Paste und

[1]) J. P. Puig, Bl. Inst. Text. France *30* (1952), S. 405.

0,7 kg Essigsäure zugesetzt und das Gemisch auf 70°C erhitzt. Darauf werden die geschmolzenen Wachse unter gutem Rühren zugegeben und die Emulsion homogenisiert.

Die Behandlungsflotte besteht aus:

a) 10 kg Ammoniumsulfamat in 50 kg warmem Wasser gelöst;
b) 8 kg Wasserabweisendappretur in 50 kg warmem Wasser, das 1 kg Essigsäure enthält, dispergiert.

Nach dem Abkühlen beider Lösungen auf eine Temperatur unter 30°C wird die Ammoniumsulfamatlösung unter starkem Rühren in die Emulsion der Wasserabweisendappretur eingegossen.

Reyon- oder Baumwollgewebe werden mit dieser Lösung geklotzt, so dass 90% des Trockengewichts an Imprägnierungslösung aufgenommen wird. Die Trocknung erfolgt mit Heissluft bei 60°C. Ein so behandeltes Gewebe ist wasserabweisend und flammfest.

Ein Verfahren zum Schutze von Filmen und Folien aus regenerierter Zellulose vor Flammeneinwirkung wird im *brit. P. 515.735* der British Cellophane Ltd. beschrieben. Als Aktivsubstanz wird Sulfaminsäure bzw. ihre Salze, und zwar besonders das Ammoniumsalz oder Salze der Amine mit höchstens drei Kohlenstoffatomen pro Stickstoffatom verwendet. Diesen Sulfamaten kommt ferner auch eine weichmachende Wirkung zu, so dass andere Weichmacherzusätze, wie etwa Glyzerin, unterbleiben können. Als Nachteil so behandelter Filme muss ihre Neigung zum Trübwerden bei längerer Lagerung, und zwar besonders in der Kälte, erwähnt werden.

Nach den Angaben des *brit. P. 597.077* der British Cellophane Ltd. lassen sich aber solche Trübungen vermeiden, wenn Behandlungsbäder verwendet werden, die 20 bis 25% sulfaminsaures Ammonium, 15 bis 25% Glyzerin und 1 bis 3% Formaldehyd in gebundener Form enthalten. Als Formaldehydspender kommen dabei Paraformaldehyd, Hexamethylentetramin oder Formaldehyd enthaltende Kunstharze in Betracht. Glyzerin lässt sich auch durch andere Weichmacher vom Typ der Polyalkohole wie Äthylenglykol, Diäthylenglykol oder Polyäthylenglykole ersetzen. Eine Verbesserung der Waschbeständigkeit von Geweben, die mit Sulfamat flammfest gemacht wurden, bildet den Gegenstand des *amer. P. 2.526.462*, in welchem eine Nachbehandlung mit Aminoplasten vorgeschlagen wird. Es wird mit einem geeigneten Vorkondensat imprägniert und darauf auf dem Gewebe ausgehärtet. Im Zusammenhang mit den Flammfestmitteln auf Basis von Sulfaminsäure sei auch noch auf das *D.B.P. 904.524* von W. Gutmann und F. Herbst (erteilt 6. September 1944/18. Februar 1954) hingewiesen, welches ein Flammfestverfahren für Textilien mit Hilfe von Sulfamid schützen lässt. Sulfamid besitzt die Formel

$$SO_2\begin{matrix}\diagup NH_2\\ \diagdown NH_2\end{matrix}$$

und kann also als das Diamid der Schwefelsäure betrachtet werden, während Sulfaminsäure das Monoamid der Schwefelsäure darstellt. Das in obigem Patent geschützte Verfahren soll eine wasser- und waschbeständige Flammfestausrüstung erlauben und ist dadurch gekennzeichnet, dass das zu behandelnde Textilgut mit Sulfamid, Formaldehyd oder einem Formaldehydspender und harzbildenden Substanzen in Gegenwart von Sulfaminsäure (Amidosulfonsäure) imprägniert wird. Abschliessend erfolgt noch eine Wärmebehandlung. Als harzbildende Substanzen kommen Harnstoff, Thioharnstoff, Mono- und Dimethylolharnstoff, Melamin, Cyanamid und Dicyanamid in Frage.

In der Patentschrift wird das nachstehende Beispiel angeführt: Es wird ein Imprägnierungsbad hergestellt aus:

150 g/l Sulfamid
20 g/l Harnstoff
200 ccm/l 30%iges Formaldehyd
0,5 g/l Sulfaminsäure

Ein Zellwollgewebe wird mit dieser Flotte 5 Minuten bei 20°C behandelt, abgequetscht und bei 60 bis 70°C vorgetrocknet. Abschliessend wird während 10 Minuten bei 120°C gehärtet.

Ein weiteres Beispiel erwähnt ein Bad aus:

150 g/l Sulfamid
15 g/l Dimethylolharnstoff
200 ccm/l 30%iges Formaldehyd
1 g/l Sulfaminsäure

Trocknung: 1 Stunde bei 90°C.

Ein weiteres Verfahren zum Flammsichermachen von Textilien unter Verwendung von Sulfamid bildet den Gegenstand des *D.B.P. 874.756* der BASF – P. Siefert (eingereicht 4. Mai 1940, erteilt 12. März 1953). Mit einer Emulsion aus Paraffin, Aluminiumformiat, Leim, einem Emulgator wie Alkylnaphtalinsulfonat und Sulfamid soll sich eine Flammfestausrüstung erzielen lassen, die auch während gewisser Zeit gegenüber der Einwirkung des Regens beständig sein soll.

Nach den Angaben des *amer. P. 2.723.212* von Du Pont – R. Aarons und D. Wilson (9. September 1953 und 8. November 1955) soll sich zur Flammfestausrüstung von Baumwollgeweben unter gleichzeitiger Verleihung eines Wasserabstossendeffektes eine wässerige Lösung eignen, die

100 g/l Ammoniumsulfamat
5–20 g/l Dicyandiamid
5–30 g/l Borsäure
0,3–1,8 g/l einer Chromkomplexverbindung
(Gewichtsangabe auf Chromgehalt bezogen)

enthält. Bei der Chromkomplexverbindung handelt es sich um eine durch das *amer. P. 2.273.040* (1942) von Du Pont geschützte Wernersche Komplexverbindung, in welcher das dreiwertige Kernchromatom koordinativ an eine Fettsäure von mindestens 9 Kohlenstoffatomen gebunden ist, also etwa Stearatochromichlorid. Es ist dies also das Handelsprodukt *Quilon*[1]).

Die Herstellung der Imprägnierungslösung erfolgt entweder durch Lösen der oben angegebenen Komponenten in Wasser von 25° C oder durch vorgängiges Lösen der Chromkomplexverbindung in heissem Wasser von mindestens 90° C, Stehenlassen dieser Lösung während 3–5 Minuten, so dass eine Polymerisation eintritt und dann Zugeben dieser Lösung zur Lösung der anderen Komponenten. Nach der Imprägnierung der Ware wird abgequetscht und anschliessend entweder bei gewöhnlicher Temperatur oder durch Erhitzen auf mindestens 94° C getrocknet. Abschliessend muss noch durch Erhitzen auf 94 bis 100° C während kurzer Zeit fixiert werden.

c) Phosphorsäure und deren Salze

Phosphorsäure und Phosphate werden ebenfalls sehr oft als temporäre Flammfestmittel verwendet. Weitaus am häufigsten ist dabei die Verwendung der Ammoniumphosphate, die jedoch weiter unten noch eingehender behandelt werden, da bei ihnen sowohl das Kation als auch das Anion wirksam ist.

Die Wirksamkeit der Phosphorsäure sowie des primären Natriumphosphats ($NaH_2PO_4 \cdot aq$) wird teilweise auf ihre Säurewirkung zurückgeführt. Dinatriumphosphat ($Na_2HPO_4 \cdot 12\,aq$) und Trinatriumphosphat ($Na_2PO_4 \cdot 12\,aq$) kommen jedoch keine ausgesprochenen Flammfesteigenschaften mehr zu. Hier kann sich höchstens noch der hohe Kristallwassergehalt durch Wasserverdampfung bei Feuereinwirkung etwas günstig auswirken. Es geht dies deutlich aus Versuchen mit Phosphorsäure und ihren Natriumsalzen hervor. Die mit diesen Substanzen imprägnierten Gewebe wurden dem 45°-Mikrobrenner-Flammtest unterworfen und dabei die untenstehenden Resultate für das Nachflammen und Nachglühen gemessen[2]):

Imprägnierungsmittel	*Menge auf der Ware*	*Nachflammen*	*Nachglühen*
Trinatriumphosphat	77,5%	3 sec	400 sec
Dinatriumphosphat	57,4%	60 sec	70 sec
Mononatriumphosphat	16,9%	1 sec	0 sec
Phosphorsäure	14,8%	0 sec	0 sec

Aus diesen Zahlen geht ganz eindeutig hervor, dass die Phosphorsäure sowie das sauer reagierende Monophosphat trotz der wesentlich geringeren Konzentration auf dem Gewebe einen bedeutend besseren Schutz bieten. Diese beiden Produkte eignen sich ganz besonders auch zur Verhinderung eines Nachglühens, eine Eigen-

---

[1]) Nähere Angaben über Quilon siehe dieses Werk II. Teil, Bd. 3, S. 643ff.

[2]) Little, Flameproofing Textile Fabrics, New York 1947.

schaft, die die meisten anderen temporären Flammschutzmittel nicht besitzen. Neben Borsäure sind sie die einzigen Schutzmittel gegen ein Nachglühen auf Basis von anorganischen Salzen, denen eine grössere Bedeutung in der Praxis zukommt.

Ferner wurden auch Phosphorsäureester wie Trikresylphosphat oder Triphenylphosphat zur flammfesten Ausrüstung empfohlen. So nennt das *brit. P. 575.028* von J. Knaggs ein Verfahren zur flammfesten und wasserabweisenden Ausrüstung von Geweben mit organischen Lösungen dieser Phosphorsäureester. Als Lösungsmittel dienen dabei Kohlenwasserstoffe oder deren Chlorierungsprodukte. Der wasserabweisende Effekt wird mit Hilfe von wasserunlöslichen Metallsalzen der Fettsäuren wie etwa Aluminiumstearat oder Kalziumoleat erzielt.

Im *brit. P. 587.366* von Leicester, Weight werden heissgesättigte alkoholische Lösungen von Harnstoffphosphat oder Guanidinphosphat für die Flammfestbehandlung von Fasermaterialien, und zwar besonders von Holz, vorgeschlagen.

Den Derivaten der Phosphorsäure kommt jedoch ganz spezielle Bedeutung zu auf dem Gebiete der permanenten Flammfestausrüstung, indem eine ganze Reihe organischer Phosphate sich als sehr wirksame Flammfestmittel erwiesen, die sich waschbeständig auf der Faser fixieren lassen.

d) Weitere Produkte

Es gehören hieher vor allem noch eine Reihe anorganischer Säuren oder deren Salze, die dank ihrer Azidität oder ihrer Fähigkeit, bei Hitzeeinwirkung eine Säure abzuspalten, einen Flammschutz zu gewähren vermögen. Es muss hier vor allem angenommen werden, dass durch die Säureanwesenheit der Zelluloseabbau in günstigem Sinne gefördert wird, so dass weniger der gefährlichen teerartigen Abbauprodukte entstehen.

So empfiehlt das *amer. P. 2.511.911* (20. Juni 1950) von Gavatin und Fuchs die Verwendung von Glykolmonosulfat. Es soll hier also die dehydratisierende Wirkung der Schwefelsäure ausgenützt werden. Die verhältnismässig billigen Glykolmonosulfate, deren Verhältnis zwischen Kohlenstoffatomen und Hydroxylgruppen zwischen 1:1 und 2:1 liegt, eignen sich nach den Angaben der Erfinder besonders zu diesem Zwecke, also die Sulfate des Äthylenglykols, des Propylenglykols und des Trimethylenglykols. Die höheren Alkylsulfate sollen sich hingegen nicht als Flammschutzmittel eignen. Die Veresterung der Schwefelsäure mit Äthylenglykol hat nach den Patentangaben unterhalb von 40°C zu erfolgen.

Ferner wurden auch Molybdate und Wolframate für die Flammfestausrüstung vorgeschlagen. So wird etwa im *brit. P. 727.163* der Commercial Plastics Ltd. – A. D. Clarke (eingereicht 22. Juli 1952, erteilt 22. Juli 1953, veröffentlicht 20. März 1955) eine flammfeste Imprägnierung von Sicherheitsvorhängen in Kohlengruben durch Imprägnieren der Ware mit Ammoniumwolframat und nachträgliches Beschichten mit einer wasserdichten, biegsamen Vinylchlorid- oder Vinylchlorid-Vinylidenchlorid-Mischpolymerisat-Präparation vorgeschlagen. Auch der Beschichtungsmasse kann noch ein feuerfester Weichmacher und ein Mittel zur Vermeidung eines Nachglühens zugesetzt werden. Eine wässerige Suspension aus 2–6% eines Alkalifluoborats, 1,5 bis 7% Glimmer und 2 bis 4% eines Weichmachers wie etwa eine Mischung aus Trikresylphosphat und Diglykolstearat wird im *amer. P. 2.948.641* (22. Juli 1957/9. August 1960) der Thermoid Co. – McCluer für das Flammfestmachen von Geweben vorgeschlagen.

2. Temporäre Flammfestverfahren mit Salzen oder Oxyden, bei denen die Schutzwirkung dem Kation zugeschrieben wird

a) Ammoniumsalze

Ammoniumsalze sind in der Hitze leicht zersetzbar und eignen sich daher ganz besonders als Flammschutzmittel. So sind denn auch eine ganze Reihe von Ammoniumsalzen als Flammfestmittel vorgeschlagen worden.

Als die gebräuchlichsten anorganischen Ammoniumsalze für die temporäre Flammfestausrüstung sind etwa die nachstehenden zu nennen:

Ammoniumorthophosphate, besonders das Mono- und Diammoniumsalz, Ammoniumsulfat, Ammoniumhalogenide wie Ammoniumchlorid, -bromid, -jodid, Ammoniumsulfamat.

Die Wirksamkeit dieser Ammoniumsalze beruht einerseits auf der bei ihrer Zersetzung in der Hitze entstehenden Ammoniakentwicklung und anderseits auf der Bildung freier Säuren, die dann den Zersetzungsprozess der Zellulose in einer weniger gefährlichen Richtung verlaufen lassen.

Dem Ammoniumphosphat kommt die grösste Bedeutung zu. Dieses Salz spaltet sich in der Hitze in Ammoniak und Phosphorsäure. Die Phosphorsäure geht bei etwa 200°C unter Wasserabspaltung in Pyrophosphorsäure über. Bei weiterer Temperaturerhöhung geht dann unter Verlust weiteren Wassers die Pyrophosphorsäure in die Metaphosphorsäure über. Die Metaphosphorsäure ist schliesslich bekannt für die Bildung glasartiger Schmelzen (Überzugstheorie).

In den *amer. P. 2.415.112* und *2.415.113* der Celanese Corp. wird zum Flammfestmachen von Textilien empfohlen, diese mit Lösungen zu behandeln, die 50 bis 300 g/l Harnstoff oder Thioharnstoff, 50 bis 250 g/l eines Ammoniumsalzes und ausserdem als Weichmachungsmittel noch Ammoniumsalze saurer Phosphorsäureester enthalten.

Das *D. B. P. 878.792* der BASF – W. Michelitsch (eingereicht 26. Mai 1940, erteilt 5. Juni 1953) schlägt vor, Gewebe mit wässerigen Lösungen von Gemischen aus Ammoniumsalzen starker, jedoch nicht oxydierender anorganischer Säuren und wasserlöslichen, praktisch neutral reagierenden säurebindenden Substanzen wie Hexamethylentetramin oder Dicyandiamid zu imprägnieren. Als Beispiel einer solchen Lösung wird etwa genannt:

105 g/l Ammoniumsulfat
30 g/l Diammoniumphosphat
15 g/l Hexamethylentetramin

Die säurebindende Substanz dient zur Erhöhung der Gebrauchsdauer des so ausgerüsteten Gewebes.

Besonders für die Flammfestausrüstung von Zelluloseazetat werden Ammoniumhalogenide vorgeschlagen.

Das *brit. P. 575.903* der British Celanese erwähnt als Flammschutzmittel für Azetatseide eine wässerige oder alkoholische Lösung von Harnstoff und einem Ammoniumsalz wie etwa Ammoniumbromid, -chlorid, -borat oder Diammoniumphosphat.

Nach den Angaben des *brit. P. 586.367* von Outlook ergeben die üblichen Flammfestmittel wie Borax oder Ammoniumphosphat auf Azetatkunstseide nur unbefriedigende Effekte. Es wurde nun gefunden, dass sich Lösungen von Thioharnstoff, die mit Vorteil noch Ammoniumsalze wie zum Beispiel Ammoniumbromid, -chlorid, -borat oder -phosphat enthalten, sich hiefür sehr gut eignen. Um der so ausgerüsteten Ware einen weichen Griff zu verleihen, empfiehlt sich noch ein Zusatz eines Diammoniumalkylphosphats.

Ammoniumsalze anorganischer Säuren wie Ammoniumsulfonat, Ammoniumsulfat, Diammoniumhydrogenphosphat oder Monoammoniumhydrogenphosphat werden im *amer. P. 2.935.471* (10. September 1958/3. Mai 1960) von Du Pont de Nemours Co. – R. Aarons, W. H. Baumgartner und D. R. English für die Flammfestausrüstung von Cellulosefasern vorgeschlagen. Es handelt sich also hier um Ammoniumsalze von Säuren, denen ebenfalls flammenhemmende Wirkung zugeschrieben wird. Nach den Angaben im Patent bestehen solche Flammschutzmittel aus 60–90% eines der oben genannten Ammoniumsalze, 5–20% einer schwach basischen wasserlöslichen Verbindung wie Dicyandiamid, Harnstoff, Hexamethylentetramin oder Semicarbazid, 5–20% einer wasserlöslichen Borverbindung, die sich von der Borsäure bzw. ihren Alkalisalzen ableitet und ein Alkali-Bor-Verhältnis von 2:3 aufweist, sowie einem unter 1% liegenden Netzmittelzusatz (Alkylarylsulfonat zum Beispiel).

Das *amer. P. 2.784.159* (23. Dezember 1952/5. März 1957) der American Cyanamid Co. – L. A. Fluck und L. J. Moretti empfiehlt, Fasern aus regenerierter oder nativer Cellulose mit einer Mischung von

100 Gew.-Teilen Diammoniumphosphat
1–15 Gew.-Teilen Hexamethylentetramin
5–100 Gew.-Teilen Dicyandiamid

zu behandeln. Dieser Mischung werden ferner noch 0,2 bis 8%, vornehmlich 0,4 bis 5% eines Produktes zugesetzt, welches durch Anlagerung von 2–10 Mol Alkylenoxyd (Äthylen-, Propylen- oder Butylenoxyd) und vorteilhaft 3–7 Mol Äthylenoxyd an ein Gemisch von Alkylaminsalz und Alkylguanidinsalz einer N-Alkylkarbaminsäure erhalten wird[1]). Die Alkylreste weisen mindestens 12 Kohlenstoffatome auf. Zweckmässig wird auch anstelle dieses polyoxyalkylierten Aminsalzgemisches ein Verschnitt aus 20–24 Gewichtsteilen dieses Aminsalzgemisches und 1–5 Teilen eines anionaktiven Netzmittels wie Dinatrium-sulfo-N-oktadecylsuccinmonoamid verwendet.

Die auszurüstende Ware wird mit einer 10%igen Lösung dieses Flammschutzmittels in Wasser imprägniert, so dass nach dem Trocknen mindestens 7%, vorzugsweise 10–15% Schutzmittel auf das Warengewicht bezogen auf dem Textilmaterial abgelagert sind. Eine solche Ausrüstung ist nicht waschbeständig, verleiht aber den behandelten Geweben bei Erhaltung des Griffes und der Festigkeitseigenschaften einen Flammfest- und Nachglimmfesteffekt.

Nach dem Verfahren der Omnium de Prod. Chimiques pour l'Industrie et l'Agriculture (O.P.C.I.A.) und der Société Isorel, welches in der *dtsch. Auslegeschrift 1.081.652* (vom 5. November 1957, veröffentlicht am 12. Mai 1960) beschrieben wird, behandelt man das Textilmaterial zunächst mit einer 3 bis 10%igen Ammoniaklösung. Nach dieser alkalischen Behandlung bei einem pH-Wert von mindestens 12 wird in ein saures Bad gegangen, welches 10 bis 30% Mono- oder Diammoniumphosphat enthält. Der pH-Wert des zweiten Bades soll zwischen 3 und 7 liegen.

b) Salze organischer Amine

Neben den Ammoniumsalzen sind verschiedentlich auch die Salze einfacher organischer Amine für die Flammfestausrüstung vorgeschlagen worden. Es handelt sich dabei vor allem um die Alkanolamine wie Mono-, Di- oder Triäthanolamin sowie Isopropanolamine und einige einfache aliphatische Amine oder Diamine wie zum Beispiel Äthylamin oder Äthylendiamin. Gegenüber den Ammoniumsalzen haben diese Salze zum Teil den Vorteil, dass sie auch noch als Weichmacher für das Gewebe in Frage kommen und somit helfen, der mit der Salzlösung imprägnierten Ware den weichen Griff zu erhalten. So werden etwa die Aminsalze der Sulfaminsäure besonders als Weichmacher für Textilien und Papier empfohlen.

Ebenfalls sind die Halogensalze der Amine als Flammschutzmittel empfohlen worden, und zwar analog wie bei den Ammoniumsalzen besonders für die Behandlung von Azetatkunstseide.

---

[1]) Siehe auch *amer. P. 2.427.242.*

Im *amer. P. 2.464.360* (15. März 1949) von A. J. Wesson und H. C. Olpin der Celanese Corp. of America wird die Behandlung von Acetatseide mit einer 10%igen Lösung von Äthylendiammoniumbromid beschrieben. Die Ware wird in ein solches Bad gebracht, darauf auf 150% Flüssigkeitsaufnahme abgequetscht und anschliessend getrocknet. Neben Acetatkunstseide sollen sich auch Baumwolle und Fasern aus Regeneratzellulose auf diese Art und Weise flammfest ausrüsten lassen.

Das Bromid des Äthylendiamins lässt sich einfach durch Zusammenbringen von Bromwasserstoffsäure und Äthylendiamin herstellen. An seiner Stelle können aber auch die Bromide des Diäthylendiamins oder des Tetraäthylenpentamins oder aber auch die entsprechenden Chloride als Flammfestmittel eingesetzt werden. Das Äthylendiammoniumbromid soll sich aber nach den Angaben des Patentes als am wirksamsten erwiesen haben.

Das *belg. P. 581.368* (4. August 1959/31. August 1959, amer. Prior. 7. August 1958) der Chemstrand Corp. – R. J. Lincoln und C. H. Campbell empfiehlt neutral bis schwach alkalisch reagierende wässerige Lösungen von Umsetzungsprodukten der Phosphorsäure mit Alkanolaminen, insbesondere Mono-, Di- und Triäthanolamin. Das Alkanolaminphosphat haftet recht gut auf dem Fasermaterial und stäubt nicht. Mit einer ca. 3% des Warengewichtes entsprechenden Ablagerung des Schutzmittels wird schon eine gute Wirkung erzielt, und zwar ohne Beeinträchtigung des Griffs der Ware. Dieses Verfahren wird besonders auch zur Imprägnierung von Textilien mit hohem Gehalt an Akrylnitril empfohlen.

Nach einem Verfahren der J. R. Geigy AG – J. Bindler, E. Model und R. Keller werden Phosphorsäureamide verwendet. Die *DAS 1.006.386* schlägt Orthophosphorsäureamide vor, während in der *DAS 1.040.498* (15. März 1957/9. Oktober 1958, patentiert 12. März 1959) und im *belg. P. 555.825* (schweiz. Prior. 16. März 1956) wässerige Lösungen von Amiden der Di- oder Triphosphorsäure, die noch ein Melaminderivat mit verätherten Methylolgruppen enthalten, für Flammfestimprägnierungen empfohlen werden. Dabei sollen mindestens 4 der Hydroxylgruppen der Polyphosphorsäuren durch Monoalkylaminogruppen ersetzt sein. Die übrigen Hydroxylgruppen können durch Mono- oder Dialkylamino- oder auch Alkoxygruppen von höchstens 4 Kohlenstoffatomen substituiert werden. Als Flammschutzmittel kommen dabei etwa Verbindungen der nachstehenden Formel in Frage:

$$(CH_3\text{-}NH)_2P(=O)\text{-}O\text{-}P(=O)(X)\text{-}O\text{-}P(=O)(NH\text{-}CH_3)_2$$

X bedeutet einen $-N(CH_3)_2$ oder $-OC_2H_5$-Rest.

c) Metallsalze

Es handelt sich hier vor allem um verhältnismässig leicht zersetzliche Metallsalze, und zwar in erster Linie um Halogenide. Die eigentlichen flammenhemmenden Metallverbindungen wie jene des Titans oder Antimons werden üblicherweise in Form ihrer Oxyde oder einer andern unlöslichen Verbindung auf der Faser abgeschieden und sind daher zu den waschbeständigen Ausrüstverfahren zu zählen.

Meistens tritt in der Hitze bei den hier in Frage kommenden Salzen eine Säureabspaltung ein, die dann den Zelluloseabbau in eine weniger gefährliche Richtung zu lenken vermag. Es besteht aber oft schon bei gewöhnlicher Temperatur eine gewisse Gefahr eines Säureabbaus der Zellulose durch diese Metallsalze.

Für die Flammfestausrüstung wurden etwa die nachstehenden Salze vorgeschlagen:

Zinkchlorid und andere Zinksalze
Zinnsalze
Kalziumchlorid
Aluminiumsulfat
Magnesiumchlorid
Antimonoxychlorid

Zinkchlorid stellt ein sehr wirksames Flammschutzmittel dar und vermag auch ein Nachglühen wirksam zu verhindern. Allein lässt es sich aber wegen seiner Hygroskopizität und seinem sauren Charakter nicht gut anwenden. Nach den Angaben des *amer. P. 1.261.736* (1918) von Ferguson und der Pyrene Manufacturing Co. lässt sich jedoch dieser Nachteil dadurch beheben, dass man ein Gemisch von Zinkchlorid und Zinkphosphat in überschüssigem Ammoniak auflöst. wobei sich wahrscheinlich ein Zink-Ammoniak-Komplexsalz bildet. Ein Zusatz von Zinkphosphat soll nicht unbedingt nötig sein, sondern es soll sich auch nachstehende Imprägnierungslösung bewährt haben:

	180 g	Zinkchlorid werden gelöst in
	500 cm³	Wasser und
ca.	400 cm³	konz. Ammoniak (d = 0,88) zugesetzt, bis sich der Niederschlag von Zinkoxyd wieder löst. Darauf wird mit Wasser
auf	1000 cm³	verdünnt.

Die Trocknung der imprägnierten Ware hat sehr sorgfältig zu erfolgen, damit nicht durch Ausscheidung von Zinkoxyd ein Mattwerden des Textilmaterials eintritt.

Nach den Angaben des *brit. P. 905.025* sollen sich komplexe Zink-Ammoniumverbindungen für die Flammfestausrüstung gut eignen. Solche Verbindungen werden durch Umsetzung von fremdionenfreiem Zinkhydroxyd mit Mischungen von Ammoniumsalzen, wie etwa Ammoniumphosphat, -chlorid und -karbonat, hergestellt.

Die United States Rubber Co. empfiehlt für flammfeste und wasserabweisende Ausrüstungen auch Zinkseifen. Man gelangt infolge der geringen Löslichkeit der Metallseifen zu einem beständigeren

Effekt als mit den gewöhnlichen anorganischen Salzen, doch wird eine solche Behandlung voraussichtlich kaum eine vollkommen waschbeständige Ausrüstung liefern.

Im *brit. P. 570.450* dieser Firma wird vorgeschlagen, die Ware durch Auflagerung von wasserunlöslichen, flammensicheren anorganischen Oxyden und wasserabweisenden Metallseifen vor Feuer und Wassereinwirkung zu schützen. Die Metallseife wird durch Erhitzen und Anschmelzen möglichst fest mit dem Trägermaterial verbunden.

Das *amer. P. 2.406.779* der gleichen Firma empfiehlt für die Erzielung eines Flammfesteffektes die Verwendung von wasserunlöslichen Zinkseifen, wobei einer solchen Ausrüstung eine weitgehende Wasserbeständigkeit zukommt. Die Zinkseifen können dabei in geschmolzenem oder emulgiertem Zustand auf das Textilmaterial gebracht werden. Es soll auch möglich sein, zunächst die Ware mit Natriumstannat zu behandeln und darauf zunächst mit Aluminiumsulfat und abschliessend mit Seife zu imprägnieren. Auf diese Weise soll das Gewebe auch gleichzeitig wasserabstossend werden.

Flammfestausrüstungen von einer bestimmten Beständigkeit werden auch mit Zinksalzen und Harnstoff erhalten. So erwähnen das *schweiz. P. 294.657* (31. Mai 1951) und das *franz. P. 1.057.513* (29. Mai 1952/9. März 1954) der Ciba ein Einbadverfahren zur Flammfestausrüstung von Textilien, bei welchem Bäder verwendet werden, die mindestens ein wasserlösliches Zinksalz, wie etwa Zinkchlorid, und mindestens eine organische Verbindung, in der die Gruppe $=N \cdot CO \cdot NH_2$ als solche oder in einer Vorstufe vorhanden ist, enthalten. Als organische Komponente kommt also vor allem Harnstoff oder eines seiner asymmetrisch substituierten Alkyl- oder Arylderivate in Betracht. Auf 1 Teil des Zinksalzes sollen $^1/_2$ bis $^2/_3$ Teile der organischen Verbindung zugesetzt werden.

Die mit einer solchen Lösung imprägnierten Textilien werden bei 100 bis 160°C getrocknet, zum Beispiel durch halbstündiges Erhitzen auf eine Temperatur von 135°C, worauf gründlich gespült und endgültig getrocknet wird. Die so erhaltene Imprägnierung beeinträchtigt den Griff und die Festigkeit der Ware nicht und ist ausserdem wasserfest. Durch eine Nachbehandlung mit geeigneten Produkten, wie etwa Polyvinylchlorid, lässt sich auch der Effekt waschecht fixieren.

Die Behandlungsbäder enthalten in 100 Liter Lösung zweckmässig 50 kg Zinkchlorid und 25 bis 30 kg Harnstoff. Ferner lässt sich aus dem Zinksalz und dem Harnstoff oder seinem Derivat ein Trockengemisch herstellen, das vorteilhaft 60 bis 75% Zinkchlorid und 25 bis 40% Harnstoff enthält.

Die Imprägnierung hat so zu erfolgen, dass nach der Imprägnierung und Trocknung etwa ein Gewichtszuwachs von 30 bis 40% auf das Ausgangsgewicht der Ware festgestellt werden kann.

Ebenfalls ein Reaktionsprodukt des Harnstoffs mit Metallchloriden bildet den Gegenstand des *franz. P. 1.086.841* (15. Juli 1953/16. Februar 1955) von J. S. Vallernaud-Barnier-Bauer. Darnach werden Metallsalze wie die Chloride von Aluminium, Kupfer, Chrom, Zirkon und Zinn mit überschüssigem Harnstoff bei gewöhnlichem oder reduziertem Druck auf Temperaturen zwischen 90 und 150°C erhitzt, wobei der abgespaltene Chlorwasserstoff durch den Harnstoffüberschuss gebunden wird. Je nach der Reaktionstemperatur werden dabei 1 oder 2 Harnstoffmoleküle an das Metallatom angelagert. So reagiert etwa Aluminiumchlorid zwischen 90 und 110°C mit Harnstoff nach der Gleichung:

$$AlCl_3 + H_2N \cdot CO \cdot NH_2 \longrightarrow AlCl_2HN \cdot CO \cdot NH_2 + HCl$$

während bei 110 bis 150°C 2 Harnstoffmoleküle angelagert werden:

$$AlCl_3 + 2H_2N \cdot CO \cdot NH_2 \longrightarrow AlCl(HN \cdot CO \cdot NH_2)_2 + 2HCl$$

Durch Behandlung der Fasern mit solchen Metallureiden lassen sich diese nicht nur flammfest, sondern auch wasserabweisend machen. Ebenfalls das *franz. P. 1.056.692* und das *Zusatzpat. 63.756* von Vallernaud-Barnier empfehlen für eine wasserabweisende und flammfeste Ausrüstung Umsetzungsprodukte des Harnstoffs mit Metallchloriden. So wird etwa eine konzentrierte Harnstofflösung mit Metallchloriden wie Aluminium-, Chrom-, Kupfer- oder Zinnchlorid bei 90°C umgesetzt. Der Harnstoff soll dabei im Überschuss vorhanden sein.

Ein Flammfestverfahren unter Verwendung von Alginaten beschreibt das *amer. P. 2.907.683* (8. Februar 1954/6. Oktober 1959) der Deutschen Erdöl AG. Darnach wird das Textilmaterial mit einer Lösung eines wasserlöslichen Salzes oder Esters der Alginsäure, zum Beispiel Natriumalginat, imprägniert. Mit einem Überschuss von Kalziumchlorid wird dann auf der Faser das unlösliche Kalziumalginat gebildet. Der Kalziumchloridüberschuss soll genügend hygroskopisch sein, um ein vollkommenes Austrocknen des Textilmaterials zu verhindern.

Pyrophosphate mehrwertiger Metalle werden in den *amer. P. 2.876.117* und *2.876.118* (1. Dezember 1955/3. März 1959) von Du Pont de Nemours Co. – J. Jackson und A. Siegel als Flammschutzmittel für Textilien vorgeschlagen. Im ersteren Patent werden Kombinationen von Pyrophosphaten des Eisens, Zirkons, Kupfers und Titans besprochen, die zur Imprägnierung von synthetischen Fasern sowie Filmen, insbesondere aus Acetylzellulose verwendet werden. Diese Pyrophosphate werden aus den Alkalipyrophosphaten hergestellt und in trockener Form in organischen Lösungsmitteln dispergiert den Spinnlösungen zugesetzt. Es wird mit 0,5 bis 5% Flammschutzmittel gearbeitet, wodurch keinerlei Verlust an Glanz oder Festigkeit eintritt.

Das *amer. P. 2.876.118* schützt als spezielle Kombination eine Mischung aus Eisenpyrophosphat und einem Metalloxydhydrat von Titan, Zirkon oder Antimon. So weist das Flammschutzmittel etwa folgende Zusammensetzung auf:

30–40%	Fe_2O_3
40–50%	P_2O_5
4–10%	Metalloxyde (z. B. 4–6% TiO_2, 9,1% ZrO_2 oder 7,4% Sb_2O_3)
Rest	Hydratwasser

3. Temporäre Flammfestverfahren mit Salzen, bei denen sowohl dem Kation als auch dem Anion eine Schutzwirkung zugesprochen werden kann

Zu dieser Gruppe gehören in erster Linie die verschiedenen Ammonium- und Aminsalze der starken Säuren. In der Hitze tritt eine Zersetzung des Salzes ein, wobei sich ein flüchtiges Amin oder Ammoniak sowie die entsprechende Säure bilden. Während die Säure den Zelluloseabbau in günstigem Sinne lenkt, wirken die nicht brennbaren flüchtigen Zersetzungsprodukte des Salzes verdünnend auf das Gemisch brennbarer Gase mit Sauerstoff.

Als wichtige Vertreter dieser Gruppe sind besonders zu nennen:

Ammoniumorthophosphate, und zwar besonders Mono- und Diammoniumphosphat
Ammoniumsulfat
Ammoniumsulfamat

Aber auch Salze weniger starker Säuren sind unter den Vorschlägen für Flammschutzmittel zu finden, wie etwa Ammoniummolybdat oder -wolframat.

Auf die hier erwähnten Salze ist zum Teil bereits weiter oben eingegangen worden.

Mono- und Diammoniumphosphat besitzen nicht nur eine gute Flammfestwirkung, sondern gehören auch zu den wirksamsten Mitteln zur Verhütung eines Nachglimmens. Man findet diese beiden Salze deshalb auch öfters in Mischungen mit anderen Flammfestmitteln, wobei dann den Ammoniumphosphaten vor allem die Funktion eines Schutzmittels gegen das Nachglimmen zukommt.

4. Temporäre Flammfestverfahren mit Mischungen von anorganischen Salzen

In der Praxis werden sehr oft nicht Lösungen eines Salzes, sondern von Salzgemischen für die Flammfestausrüstung verwendet. Es lässt sich durch Kombination oft ein besserer Flammschutz und ganz besonders auch ein Schutz vor Nachglühen erzielen. Ferner besteht bei Gemischen von Salzen im allgemeinen auch weniger die Gefahr eines Ausblühens, da dadurch die Kristallisation eines Salzes eher gestört wird. Einige wichtige Mischungen sind:

Borax-Borsäure im Verhältnis von 7:3. Diese Mischung, die sich als viel wirksamer erwiesen hat als nur die Verwendung einer Komponente, wurde bereits eingehender unter den Borsäurepräparaten besprochen.

Zwischen Phosphaten und Boraten sind eine ganze Reihe von Mischungen bekannt, die als Flammfestmittel eingesetzt werden können, und zwar:

Borsäure-Diammoniumphosphat 1:1
Borax-Borsäure-Diammoniumphosphat 7:3:5
Borax-Diammoniumphosphat 1:1 oder 3:2
Borsäure-Trinatriumphosphat 1:1

Zur Verbesserung des Schutzes gegen ein Nachglimmen wird etwa zu Ammoniumsulfamat Diammoniumphosphat zugemischt. Ebenfalls wird Aluminiumsulfat zusammen mit Diammoniumphosphat als Flammschutzmittel eingesetzt.

Eine Mischung verschiedener Salze wird auch im *schweiz. P. 213.231* von Nussbaum-Traubner beschrieben. Es erfolgt darnach eine Imprägnierung mit einer wässerigen Lösung folgender Zusammensetzung:

14 %	Ammoniumbromid		20 %	Natriumwolframat
12,5%	Natriumwolframat		3,8%	Borax
3,5%	Borax	oder	17,5%	Ammoniumbromid
30 %	Ammoniumsulfat		38,2%	Ammoniumphosphat
28 %	Ammoniumphosphat		14,3%	Ammoniumsulfat
12 %	Natriumphosphat		6,2%	Natriumphosphat

Man löst diese Gemische in der 4,2fachen Menge Wasser von 48°C, imprägniert das Gewebe mit dieser Lösung, quetscht ab oder zentrifugiert und trocknet abschliessend an der Luft.

Wässerige Lösungen von Ammoniumsulfat, Ammoniumphosphat, Borsäure und Borax werden von L. J. C. van de Zande in dem *franz. P. 1.099.874* (5. Mai 1954/23. März 1955), *amer. P. 2.769.729* und *brit. P. 765.237* zum Flammfestmachen von Textilien und Papier vorgeschlagen. Das Textilmaterial wird mit einer Lösung imprägniert, welche

10–50 g/l Ammoniumsulfat
10–50 g/l Ammoniumphosphat
1–15 g/l Borsäure
1–15 g/l Natriumtetraborat

enthält. Zur Erleichterung der Durchdringung des Textilmaterials wird noch 1–5% Türkischrotöl und Glyzerin zugesetzt und die Flotte auf 30 bis 50°C erwärmt. Der Türkischrotöl- und Glyzerinzusatz hilft auch, das Stäuben der imprägnierten Gewebe infolge der hygroskopischen Wirkung dieser Substanzen zu vermeiden.

5. Weitere Flammfestverfahren

Neben den oben erwähnten Verfahren mit anorganischen Salzen sind in der Literatur auch Methoden vorgeschlagen worden, die Mineralien auf das Fasergut ablagern. So erwähnt das *franz. P. 1.079.478* von Marquise (eingereicht 20. Juni 1953, erteilt 19. Mai 1954, veröffentlicht 30. November 1954) einen flammfesten Überzug für Textilien aus Glimmerpulver und einem Bindemittel, wie etwa Polystyrolharz oder Vinylazetat, in Form einer Lösung oder Emulsion sowie einem Weichmacher, wie etwa Trikresylphosphat.

Eine Mischung von Glimmer und einem Bindemittel wird auch im *franz. P. 1.093.739* von Marcel-Bertrand (eingereicht 20. Februar 1954, erteilt 24. November 1954, veröffentlicht 9. Mai 1955) als Flammfestmittel empfohlen. Eine solche Behandlung soll auch strahlenreflektierend, isolierend gegen Wärme, Lärm, Nuklearstrahlungen usw. sein.

Eine Mischung von flüssigem Natriumsilikat und fein gepulvertem Glimmer soll sich nach den Angaben des *franz. P. 1.110.763* von E. A. Guinet ebenfalls für die Flammfestausrüstung von Textilien, Papier und andern porösen Materialien eignen.

Zur Verbesserung der Wasser- und Waschbeständigkeit von Flammfestausrüstungen mit anorganischen Salzen schlägt das *brit. P. 535.058* von Boult, Wade und Tennant vor, Lösungen zu verwenden, die Zelluloseäther oder -ester, Kasein, Gelatine oder Alginate sowie anorganische Salze wie Phosphate, Borate, Silikate und dergleichen enthalten. Durch eine Nachbehandlung mit Aluminium- oder Bariumsalzen oder bei Gelatine auch mit Chromsalzen kann das Bindemittel unlöslich gemacht werden. Nach dieser Methode soll sich auf Textilien ein guter Flammfesteffekt erzielen lassen.

Methoden der Flammfestausrüstung mit anorganischen, wasserlöslichen Salzen

Es bestehen verschiedene Möglichkeiten zur Aufbringung der wasserlöslichen Flammfestmittel auf das Textilgut, und zwar durch eine Nassbehandlung, ein Aufsprühen oder ein Aufbürsten. Es ist dabei darauf zu achten, dass genügend Flammfestmittel auf der Ware vorhanden ist, um eine ausreichende Flamm- und Glimmfestigkeit zu gewährleisten. Gleichfalls ist auf eine möglichst gleichmässige Verteilung des Schutzmittels über das ganze Gewebe zu achten.

Eine grosse Anzahl der anorganischen Salze, die sich als Flammschutzmittel eingeführt haben, sind nicht hitzebeständig, weshalb auch dem Trocknungsprozess ganz besondere Beachtung und Sorgfalt zu schenken ist. Bei der üblichen Bügeltemperatur von 135 bis 150°C beginnen sich bereits verschiedene Ammoniumsalze zu zersetzen, oder kristallwasserhaltige Salze geben bereits einen Teil ihres

Wassers ab. Da sehr oft bei der Zersetzung saure Spaltprodukte entstehen, ist auch noch durch ein zu langes Trocknen bei höherer Temperatur ein Zelluloseabbau zu befürchten. Es ist daher in den meisten Fällen ein sorgfältiges und mildes Vortrocknen vor dem Mangen oder Bügeln der Ware angezeigt.

Die Konzentration der anzuwendenden Imprägnierungslösungen ist von Flammschutzmittel zu Flammschutzmittel verschieden. Im allgemeinen sind jedoch verhältnismässig konzentrierte Lösungen anzuwenden, da für einen wirksamen Schutz beträchtliche Mengen des Salzes auf die Ware gebracht werden müssen. In vielen Fällen mag es auch angezeigt sein, zunächst durch Vorversuche festzustellen, wieviel Flammschutzmittel auf das betreffende Gewebe zur Erzielung eines befriedigenden Effektes aufgebracht werden muss. Weiss man dann, mit welcher Flottenaufnahme man arbeiten will, so lässt sich auch leicht die erforderliche Konzentration des Bades errechnen.

Natürlich haben sich auch die Trocknungsbedingungen nach der Art des verwendeten Flammschutzmittels zu richten.

a) Tauchverfahren

Die einfachste Art der Flammfestausrüstung besteht wohl in einem Eintauchen des zu behandelnden Gewebes oder Kleidungsstückes in eine Lösung des Schutzmittels und anschliessendem Abquetschen. Diese Methode lässt sich zuhause anwenden, zum Beispiel durch Zusatz des Schutzmittels zum letzten Spülwasser bei der Wäsche, wobei die Menge Flammfestmittel etwa so berechnet sein sollte, dass schlussendlich 10 bis 15% Schutzmittel sich auf der Faser befindet. Durch Eintauchen der Ware in die Imprägnierungslösung wird auch eine gute Gleichmässigkeit der Salzauflagerung erhalten.

Natürlich lässt sich eine solche Nassbehandlung auch im grossen durchführen, und zwar auf den üblichen Apparaten und Maschinen der Textilveredelungsindustrie. Da jedoch bei jeder Wäsche eine solche Flammschutzbehandlung herausgelöst wird und folglich wieder erneuert werden muss, ist es wichtig, dass solche Behandlungen im Rahmen der Wäschereien durchgeführt werden können. Es ist daher gut begreiflich, dass sich das Wäschereigewerbe mit diesen Behandlungen auch befasst hat und vor allem eine Behandlung in der Waschmaschine nach dem Waschen und Spülen der Ware von grösster praktischer Bedeutung ist.

Es hat sich gezeigt, dass es vorteilhafter ist, die Ware nach dem Waschen und Spülen zunächst einmal zu zentrifugieren, bevor die Flammfestausrüstung erfolgt, da bei Zugabe des Schutzmittels zum letzten Spülwasser die auf das Gewebe gebrachte Menge Salz weniger gut unter Kontrolle gebracht werden kann. Die Imprägnierung der zentrifugierten, aber noch nicht getrockneten Ware mit der Lösung des Flammfestmittels erfolgt ebenfalls in der Waschtrommel. Anschliessend an diese Behandlung wird abgequetscht oder geschleudert, so dass noch ungefähr eine Flüssigkeitsaufnahme von 100% vorhanden ist. Die Flüssigkeitsaufnahme und damit verbunden natürlich die schlussendlich auf dem Gewebe befindliche Salzmenge kann durch die Dauer des Schleuderns eingestellt werden. Durch Vorversuche ist von Fall zu Fall die richtige Schleuderdauer zu ermitteln.

Die überschüssige, beim Abschleudern anfallende Imprägnierungslösung wird aufgefangen und wieder verwertet. Es ist aber von Zeit zu Zeit zum Beispiel durch Bestimmung des spezifischen Gewichtes des Bades die Konzentration zu kontrollieren und bei Bedarf wieder auf die richtige Konzentration zu bringen. Es kann nämlich durch das im Gewebe vorhandene Wasser allmählich eine Verdünnung der Imprägnierungslösung erfolgen.

Da einige der Flammschutzmittel deutlich sauer reagieren und auch auf Kupfer, Messing, Bronze oder verzinktes Eisenblech korrodierend wirken, ist eine Waschmaschine von rostfreiem Stahl zu verwenden. Ist keine solche Schleuder oder Waschmaschine vorhanden, so ist sofort nach der Behandlung gründlich zu spülen.

b) Aufsprühen der Imprägnierungslösung

In zahlreichen Fällen ist es angezeigt, ein Textilmaterial flammfest zu machen, ohne es einer Nassbehandlung zu unterwerfen. Es kommt dies ganz besonders für Vorhänge, Wandbehänge und dergleichen in Frage. Das Gewebe wird in diesem Falle aufgehängt und mit einer möglichst konzentrierten Lösung des Schutzmittels besprüht. Zu diesem Zwecke kann irgend eine Zerstäubungsvorrichtung verwendet werden, wobei der Sprühnebel möglichst fein sein sollte. Es wird so viel Imprägnierungslösung aufgebracht, bis die Ware deutlich feucht ist und bei schweren Geweben empfiehlt sich eine beidseitige Behandlung. Die grösste Schwierigkeit bei dieser Behandlung liegt darin, dass eine möglichst gleichmässige Verteilung über das ganze Gewebe erhalten wird. Ein ungleichmässiger Auftrag führt zu einem unerwünschten streifigen Aussehen der Ware.

c) Aufbürsten der Lösung

Anstelle eines Aufsprühens kann auch die Imprägnierungslösung auf das Gewebe aufgebürstet werden. Auch hier ist wiederum auf einen möglichst gleichmässigen Auftrag der Lösung zu achten und so viel Lösung auf die Ware zu bringen, bis diese deutlich feucht erscheint.

Nicht waschbeständige Flammschutzmittel

Im folgenden seien noch einige nicht waschbeständige Flammschutzmittel des Handels etwas näher beschrieben, soweit dies nicht schon weiter oben geschehen ist.

Die Chemische Fabrik Pfersee in Augsburg bringt unter den Bezeichnungen *Flammschutzmittel J* und *PF* zwei Produkte anorganischer Natur zur flammfesten, nicht waschbeständigen Ausrüstung auf den Markt. Flammschutzmittel *J* ist eine schwach saure, klare Lösung von Ammoniumphosphat für die Ausrüstung leichter Gewebe, wie Vorhang- oder Dekorationsstoffe aus Zellulosefasern. Dieses Produkt soll auch ein Nachglimmen verhüten, den Griff der Ware nicht beeinflussen und weder ausblühen noch die Färbung im Ton oder der Brillanz beeinträchtigen.

Durch Verdünnen mit kaltem Wasser wird die gewünschte Konzentration eingestellt und darauf kalt bei 20°C oder lauwarm bei 40°C auf dem Foulard oder Jigger imprägniert. Ohne Zwischenspülung wird dann bei 80 bis 100°C getrocknet. Üblicherweise nimmt man 150 bis 200 g/l Flammschutzmittel *J*, kann aber für höhere Ansprüche bis zu 350 g/l gehen.

Wird Flammschutzmittel *J* mit andern Appreturmitteln kombiniert, so empfiehlt es sich, zunächst durch Vorversuche festzustellen, ob sich die einzelnen Komponenten miteinander vertragen.

Flammschutzmittel PF ist ein festes, anorganisches Salz, das in Wasser von 40 bis 50°C leicht löslich ist. Dieses Produkt verhindert das Entflammen und Weiterbrennen von Textilien, wobei die Ware unter Beibehaltung ihrer Struktur verkohlt. Die Ausrüstung mit Flammschutzmittel PF ist jedoch nicht nassbeständig.

Es wird eine Konzentration von 100 bis 200 g/l Flammschutzmittel PF vorgeschlagen. Die Verwendung eines Netzmittels in der Flotte ist nicht ratsam, hingegen kann 50 bis 100 g/l *Ligurin S* zur Griffverbesserung zugesetzt werden.

Das Salz wird zunächst in 50°C warmem Wasser gelöst und dann in die Flotte abfiltriert. Die Flottentemperatur soll nicht zu hoch sein, vor allem nicht über 50°C. Nach der Imprägnierung auf dem Foulard, der Haspelkufe oder bei Garnen auf der Wanne wird abgequetscht und ohne Spülen zum Beispiel im Hängetrockner unterhalb von 50°C getrocknet. Einer Wärmebehandlung dürfen solche Ausrüstungen nicht unterworfen werden, da sonst der Flammschutzeffekt zurückgeht.

Die BASF bringt unter der Bezeichnung *Akaustan A* ein Produkt zur flammsicheren Ausrüstung von Textilien auf den Markt. Es handelt sich dabei um eine salzartige, weisse, kristalline, schwach hygroskopische Verbindung, die sich in Wasser in der Kälte und Wärme leicht löst. Die daraus hergestellten Lösungen reagieren praktisch neutral.

Die Wirkungsweise beruht nach den Angaben der Hersteller vor allem auf der Entwicklung nicht brennbarer Gase bei Hitzeeinwirkung. Der erzielbare Effekt ist gegenüber einer Nassbehandlung nicht beständig.

Die Anwendung kann nach dem Tauch- oder Aufsprühverfahren erfolgen. Beim Tauchverfahren werden im allgemeinen Konzentrationen von 120 bis 150 g/l angewandt, so dass schlussendlich 10 bis 12% Akaustan A sich auf der Ware befinden. Die Gewebe werden auf dem Foulard, der Haspelkufe oder dem Jigger bis zur vollständigen Durchnetzung behandelt. Die Flottentemperatur liegt normalerweise bei Zimmertemperatur, kann aber im Bedarfsfall auch auf 50°C heraufgesetzt werden. Ein Netzmittelzusatz (zum Beispiel Nekal BX, 1–2 g/l) sollte nur bei schwer benetzbaren Textilien erfolgen. Nach vollständiger Durchtränkung der Ware wird durch Absaugen, Abquetschen oder Abschleudern die überschüssige Flüssigkeit entfernt, so dass schlussendlich noch eine Gewichtszunahme von 70 bis 100% vorliegt.

Für dunkle Florgewebe wird wegen der Gefahr eines Auskristallisierens oder Ausblühens des Salzes ein Zusatz von 10 bis 20 g/l *Dekol N* als kristallisationshinderndes Mittel empfohlen.

Konzentrierte Akaustan A-Lösungen lassen sich auch nach dem Aufsprühverfahren aufbringen.

Die Trocknung der so behandelten Gewebe ist bei niedriger Temperatur vorzunehmen, wobei 50°C als obere Grenze zu gelten hat. Am besten ist ein Hängetrockner geeignet, wobei ein öfteres Umhängen eine ungleichmässige Verteilung des Schutzmittels zu vermeiden hilft. Ein nachfolgendes Bügeln sollte bei einer nicht 125°C übersteigenden Temperatur vorgenommen werden.

Ein weiteres anorganisches Beschwerungs- und Flammfestmittel für Textilien stellt *Quaker Diapene AB* der Quaker Chemical Products Corp. dar. Es lassen sich damit nicht waschbeständige, in gewissem Umfange aber trockenreinigungsbeständige Flammfesteffekte auf Baumwolle und Viskose erzielen. Als besondere Vorteile von Diapene AB werden angeführt: keine Neigung zum Stäuben, keine Beeinträchtigung des Glanzes und Vermeidung eines harten Griffes.

Diapene AB wird als anorganisches Harz vom Typ der wasserlöslichen Gläser beschrieben. Es stellt eine klare, zähe Lösung von schwach alkalischer Reaktion (pH-Wert zwischen 7 und 9) dar, die sich in Wasser von Zimmertemperatur gut auflösen lässt. Das Produkt hat anionaktiven Charakter und sollte daher nicht mit Kationaktiva zusammen verarbeitet werden.

Mit 8 oder mehr % Diapene AB soll sich auf Baumwolle oder Zelluloseregeneratfasern ein guter Flammfesteffekt erzielen lassen. Wird ein weicher, geschmeidiger Oberflächeneffekt gewünscht, so empfiehlt sich noch ein Zusatz von 0,5% *Quaker Velvetol SS* zur Imprägnierungslösung.

Das Flammfestmittel *Atefix* der Firma A. Th. Böhme, Dresden, beruht ebenfalls auf der Wirksamkeit anorganischer Salze. 60 bis 100 g/l Atefix werden in Wasser gelöst und zur Verbesserung des Eindringens der Flotte noch ein Netzmittel zugesetzt. Es wird bei 20 bis 40°C foulardiert, auf 100% Flottenaufnahme abgequetscht und dann auf dem Spannrahmen bei 70 bis 100°C getrocknet. Eine Kontakttrocknung ist nicht ratsam, da diese das Schutzmittel an die Gewebeoberfläche wandern lässt. Zur Griffverbesserung kann noch ein Weichmachungsmittel wie etwa Viscosil SE 70 zugesetzt werden. Die so erzielbaren Flammsicher- und Glimmfestausrüstungen auf Zellwolle, Baumwolle und Wolle sind nicht waschbeständig.

Die Produkte *Flammenschutz A* und *AD* der Chemischen Fabrik Th. Rotta, Mannheim, stellen wasserlösliche Phosphorverbindungen dar, die sowohl einen Flammfest- als auch Nachglimmfesteffekt zu verleihen vermögen. Es werden Lösungen von 80 bis 100 g/l Flammenschutz angewendet. Die Marke *Flammenschutz ES* ist gleichfalls eine wasserlösliche Phosphorverbindung, die einen gut trockenreinigungsbeständigen Schutz ergibt. Das Produkt ist mit Füllmitteln auf Basis nativer und abgebauter Stärke, Polyvinylacetatemulsionen und Kunstharzvorkondensaten ohne Beeinträchtigung des Effektes kombinierbar.

Das aus anorganischen Salzen bestehende Flammschutzmittel *Imprägniersalz BA* von Rudolf & Co. KG wird für die nicht waschbeständige Ausrüstung von Cellulosefasern vorgeschlagen. Leichte bis mittlere Gewebe werden mit einer 150 bis 200 g/l Imprägniersalz BA enthaltenden Flotte bei 20 bis 40°C imprägniert und anschliessend getrocknet.

Irgapyrol DMW der J. R. Geigy AG ist ein leicht wasserlösliches Pulver zur Erzielung nicht permanenter Flammsicherausrüstungen auf pflanzlichen Fasern. Es wird dabei mit einer Lösung von 100 bis 150 g/l Irgapyrol DMW kalt oder lauwarm foulardiert.

Fi-Retard FM der Arkansas Co. Inc. verhindert ein Weiterbrennen und Nachglimmen der damit imprägnierten Textilien. Auch hier handelt es sich um ein wasserlösliches, kristallines Pulver, das praktisch neutrale Lösungen liefert. Man kann nach dem Eintauchverfahren, dem Sprühverfahren oder durch Aufbürsten die Textilien imprägnieren. Auf dem Foulard wird mit einer etwa 15 prozentigen wässerigen Lösung bei 100°F (etwa 37°C) gearbeitet und nachträglich bei höchstens 180°F (etwa 82°C) getrocknet. Durch die Behandlung mit Fi-Retard FM sollen die Gewebeeigenschaften nicht wesentlich verändert werden.

Arko Flameproofing Compound AS der Arkansas Co. Inc. wird für Baumwolle und Viskosekunstseide, ganz speziell auch für Florgewebe empfohlen. Als Vorteile werden die Trockenreinigungsfähigkeit und das Ausbleiben einer störenden Auskristallisation des Mittels an der Gewebeoberfläche genannt. So soll nach fünf Trockenreinigungen mit Kohlenwasserstoffen oder chlorierten Kohlenwasserstoffen noch eine gute Schutzwirkung vorhanden sein. Es handelt sich hier um eine viskose, leicht wasserlösliche Flüssigkeit von schwach alkalischer Reaktion. Chemisch betrachtet stellt das Produkt eine anorganische Komplexverbindung dar. 12 bis 18prozentige Lösungen werden bei etwa 40°C zur Imprägnierung der Gewebe verwendet. Zur Verbesserung der Durchdringung des Gewebes mit dem Schutzmittel kann noch ein Netzmittel wie Arkolene GN (0,1 bis 0,25%) dem Bad zugesetzt werden. Da das Schutzmittel anionaktiv ist, dürfen keine kationaktiven Netzmittel verwendet werden. Zur Vermeidung einer starken Festigkeitseinbusse wird nicht über 115°C getrocknet.

Ebenfalls in die Kategorie der anorganischen, wasserlöslichen Verbindungen, die eine nicht waschbeständige Flammfestausrüstung ergeben, gehören *Emtex W* der Weserland KG, Dr. Brandt, Dr. Strahl & Co., Hannover, *Flacavon PS* von Schill & Seilacher, Stuttgart, *Pyrex AM* von Zschimmer & Schwarz, Oberlahnstein, und *Silin Feuerschutzimprägnierung* der Firma Van Baerle & Co., Gernsheim. Auch bei diesen Produkten handelt es sich entweder um weisse, salzartige Pulver oder viskose Lösungen, die in wässeriger Lösung appliziert werden.

Flammentin H und *HM* der Firma Dr. Quehl & Co. GmbH. bestehen aus anorganischen Salzen, wobei die Marke H gegen Härtebildner des Wassers beständig ist, die Marke HM jedoch nur bedingt härtebeständig ist, das heisst vor allem gegen Magnesiahärte unbeständig ist. Es wird mit diesen Produkten eine flamm- und glimmfeste Wirkung erzielt. Wegen der geringen thermischen Dissoziation ist die Gefahr einer Faserschädigung unter normalen Trocknungs- und Lagerungsbedingungen nur gering. Das leicht dissoziierende Diammoniumphosphat soll darin nicht enthalten sein. Flammentin HM eignet sich für alle Textilfasern mit Ausnahme der Synthesefasern. Die Gewebe müssen aber vorher von Schlichte, Appreturen usw. befreit werden und keine Chlorreste mehr enthalten. Bei einem Abquetscheffekt von 100% werden Lösungen von 100 bis 150 g/l verwendet, denen noch zur Verbesserung des Eindringens der Flotte 0,5 bis 2 g/l Quesynthol NJ als Netzmittel zugesetzt werden kann. Die Trocknung der imprägnierten Gewebe kann bei Zimmertemperatur oder bei Temperaturen zwischen 90 und 100°C in Trockenmaschinen oder -kammern erfolgen.

Flammentin FL der Firma Dr. Quehl & Co. GmbH ist ein klarflüssiges Präparat aus anorganischen Salzen von praktisch neutraler Reaktion. Es werden damit nichtwasserbeständige, gute Flammfesteffekte erhalten, wobei ein späteres Auskristallisieren weitgehend verhindert wird. Auch bei Geweben mit Glanzeffekten kann Flammentin FL eingesetzt werden, ohne dass eine Beeinträchtigung des Glanzes eintritt. Dieses Produkt eignet sich für die Flammfestausrüstung nativer und regenerierter Cellulosefasern und von Naturseide. Im allgemeinen sind 70 bis 80% Flammentin FL bezogen auf das Warengewicht notwendig. Diese Aufnahme kann durch den Foularddruck oder die Verdünnung der Imprägnierlösung reguliert werden. So wird etwa bei einem Abquetscheffekt von 120% eine Lösung aus 100 Teilen Flammentin und 50 Teilen Wasser hergestellt, die Ware damit imprägniert und dann bei 80 bis 100°C getrocknet.

Es zeigt sich, dass noch zahlreiche Flammschutzmittel für Textilien auf dem Markt sind, welche nur einen vorübergehenden, vor allem nicht waschbeständigen Schutz zu verleihen vermögen. Sicherlich ist dies auch darauf zurückzuführen, dass eine Reihe der flammfest auszurüstenden Gewebe nicht oder nur sehr selten nass gereinigt werden müssen. Die anorganischen Salze weisen zudem eine gute Schutzwirkung auf und erlauben eine relativ billige Ausrüstung. Mit zunehmender Bedeutung der Flammfestigkeit auch für Bekleidungsstücke gewinnt natürlich die permanente Ausrüstung an Boden.

Das Ziel der Flammschutzbehandlung ist jedoch für den Verbraucher oft nicht damit erreicht, dass an einem frisch behandelten Gewebe keine Verbrennung unter Flammenbildung und auch kein Nachglimmen stattfindet, sondern es muss noch zusätzlich verlangen, dass dieser Schutz genügend lange erhalten bleibt und beim Eintritt der Feuersgefahr auch noch vorhanden ist. Die sehr leichte Auslaug- oder Auswaschbarkeit der Imprägnierungen mit wasserlöslichen Salzen bildet daher einen grossen Nachteil. Aus diesem Grunde wurde in neuerer Zeit besonders intensiv die Entwicklung wasser- und waschbeständiger Flammfestausrüstungen gefördert.

B. Permanente Flammfestausrüstung

Die Flammenbildung verhindernde Eigenschaft zahlreicher anorganischer Verbindungen war schon lange bekannt, und es galt nun in erster Linie, solche aktiven Verbindungen an die Fasern waschbeständig zu fixieren. Da die bei der Feuereinwirkung entstehende Hitze auch zu einer thermischen Zersetzung der Schutzmittel führt, ist es auch möglich, Stoffe auf die Fasern zu bringen, die erst in der Hitze das eigentliche Schutzmittel frei werden lassen.

Die beste Fixierung der Aktivsubstanz auf der Faser wird wohl dadurch erreicht, dass man das Schutzmittel mit der Faser reagieren lässt, also ein flammfestes Zellulosederivat herstellt. Bei den bekannteren Verfahren dieses Prinzips handelt es sich meist um die Anlagerung anorganischer Säuren oder ihrer Derivate an die Zellulose. Ferner haben sich auch einige Methoden eingeführt, die organische Phosphorverbindungen auf die Zellulose einwirken lassen.

Wird als flammenhemmende Substanz eine Metallverbindung gewählt, so besteht die Möglichkeit, mit Hilfe eines Zweibadverfahrens das Metalloxyd oder eine andere geeignete wasserunlösliche Metallverbindung auf der Faser zu erzeugen.

Endlich bleibt auch bei der Flammfestausrüstung wie bei den meisten andern Ausrüstungen die Möglichkeit offen, durch eine Kunstharzbehandlung den Effekt weitgehend zu fixieren. Hier werden meistens noch chlorierte Produkte oder auch direkt chlorierte Kunststoffe mitverwendet, um so die Brennbarkeit noch weiter herabzusetzen.

1. Permanente Flammfestausrüstung mit Schutzmitteln, die direkt mit der Faser oder einem auf der Faser abgelagerten Kunstharz reagieren

In dieser Gruppe von Flammschutzmitteln spielen vor allem die verschiedensten organischen Phosphorverbindungen eine wesentliche Rolle. Die anorganischen Phosphate stellen bedeutsame Schutzmittel dar, die aber keine waschbeständige Imprägnierung erlauben. Es war daher naheliegend, dass man versuchte, eine bessere Verankerung der flammenhemmend günstig wirkenden Phosphate über organische Phosphorverbindungen zu suchen. Es hat sich dabei gezeigt, dass die organische Chemie eine ganze Reihe von gut gangbaren Möglichkeiten bietet, um entweder diese organischen Phosphorverbindungen direkt an die Fasern anzulagern oder diese an Kunstharze zu binden, welche sich waschbeständig in oder auf den Fasern fixieren lassen. In den letzten Jahren sind eine ganze Anzahl von Flammfestverfahren auf dieser Basis entwickelt worden.

Neben organischen Phosphorverbindungen kommen für eine Reaktion auch noch teilweise Schwefelsäurederivate in Frage, doch treten diese gegenüber den Phosphorverbindungen stark in den Hintergrund. Dies mag vor allem seine Ursache darin haben, dass bei der Zersetzung in der Hitze in den meisten Fällen Phosphorsäure sich bildet, welcher ebenfalls gute Flammschutzeigenschaften zugeschrieben werden.

a) Organische Phosphorverbindungen

Bevor mit der Besprechung der einzelnen Flammfestverfahren dieser Gruppe begonnen wird, ist es ratsam, zunächst einmal eine kurze Systematik der in diesem Zusammenhange wichtigen Phosphorverbindungen zu geben. Aus dem periodischen System geht hervor, dass der Phosphor mit dem Stickstoff chemisch verwandt ist. Es lassen sich daher auch bei den organischen Verbindungen gewisse Parallelen zwischen den Verbindungen dieser zwei Elemente ziehen. Der Phosphor tritt bei den hier zu behandelnden Verbindungen drei- und fünfwertig auf. Die Verbindungen des dreiwertigen Phosphors leiten sich dabei in erster Linie von dem dem Ammoniak entsprechenden Phosphin der Formel PH_3 ab, während die Verbindungen des fünfwertigen Phosphors sich im allgemeinen auf die Phosphorsäuren zurückführen lassen. Als Ausgangsbasis dienen auch oft die Phosphorhalogenide oder -oxyhalogenide, bei denen sich das Halogen relativ leicht durch organische Reste ersetzen lässt. Schliesslich sind noch stickstoffhaltige Derivate der Phosphorsäure zu nennen, wie etwa Amide oder Nitrile.

α) Verbindungen des dreiwertigen Phosphors

Diese Verbindungen leiten sich vom Phosphorwasserstoff PH_3 ab und besitzen wie dieser schwach basische Eigenschaften. Man unterscheidet wie bei den entsprechenden Stickstoffverbindungen, den Aminen, je nach der Anzahl der durch organische Reste ersetzten Wasserstoffatome zwischen primären, sekundären und tertiären Phosphinen. Als Base vermag ein Phosphin auch quaternäre Phosphoniumsalze zu bilden. Formelmässig ergeben sich also nachstehende Typen von Phosphinen:

$R{-}PH_2$ primäres Phosphin, wobei R = organischer Rest, zum Beispiel Alkylrest

$RR'PH$ sekundäres Phosphin, wobei R und R′ = organische Reste, zum Beispiel Alkylreste

$RR'R''P$ tertiäres Phosphin, wobei R, R′ und R″ = organische Reste, zum Beispiel Alkylreste

$(PR_4)^+ A^-$ quaternäres Phosphoniumsalz, wobei R = gleiche oder verschiedene organische Reste und A = Anion, das heisst Gegenion zum Phosphoniumkation

Die primären, sekundären und tertiären Phosphine sind nicht direkt als Flammschutzmittel von Bedeutung, doch dienen sie als Ausgangsstoffe für andere organische Phosphorverbindungen, die für die Flammfestausrüstung wichtig sind. Quaternäre Phosphoniumsalze hingegen zählen zu den wichtigsten Schutzmitteln dieser Art. Insbesondere sei das Tetramethylolphosphoniumchlorid (THPC) erwähnt.

Phosphor und Wasserstoff können sich zu zwei verschiedenen Phosphorwasserstoffverbindungen vereinigen, nämlich dem bei Raumtemperatur gasförmigen Phosphin PH_3, und dem flüssigen Phosphorwasserstoff der Formel P_2H_4. In Analogie zu den Stickstoffverbindungen würde also das erstere Phosphin dem Ammoniak entsprechen, während die letztere Verbindung dem Hydrazin entsprechen würde. Phosphin PH_3 bildet sich etwa beim Kochen von farblosem Phosphor mit einer starken Base, und zwar nach der Gleichung

$$P_4 + 3\,KOH + 3\,H_2O \longrightarrow 3\,KH_2PO_2 + PH_3$$

Auch beim Eintragen von Phosphiden, wie etwa Calciumphosphid, in Wasser bildet sich Phosphin:

$$Ca_3P_2 + 6\,H_2O \longrightarrow 3\,Ca(OH)_2 + 2\,PH_3$$

Die Herstellung der organischen Phosphine geht ebenfalls vom Phosphorwasserstoff aus. So entsteht etwa durch Umsetzen von Phosphin, Formaldehyd und Salzsäure bei Zimmertemperatur Tetramethylolphosphoniumchlorid (THPC = Tetrakis(hydroxymethyl)phosphoniumchlorid):

$$PH_3 + 4\,CH_2O + HCl \longrightarrow (HOCH_2)_4PCl$$

THPC ist eine gut wasserlösliche, hygroskopische kristalline Substanz. Wird es über 100° C erhitzt, so zersetzt es sich unter Bildung von Trimethylolphosphinoxyd und Methylchlorid:

$$(HOCH_2)_4PCl \longrightarrow (HOCH_2)_4\,P = O + CH_3Cl$$

Bei Tetramethylolphosphoniumchlorid kommt den 4 reaktionsfähigen Methylolgruppen eine wichtige Bedeutung für die Fixierung auf der Faser zu. Es kommen dabei vor allem Reaktionen mit Aminogruppen in Betracht, wie sie etwa bei aminisierter Baumwolle oder auch bei Kunstharzen vom Typ der Aminoplaste vorliegen. Es ergeben sich somit eine Reihe von Einsatzmöglichkeiten für solche Methylolphosphoniumsalze.

β) Verbindungen des fünfwertigen Phosphors

Bei den organischen Verbindungen des fünfwertigen Phosphors findet man eine reiche Vielfalt von Produkten, die sich als Flammschutzmittel eignen. Es handelt sich dabei um die sich von den Phosphorsäuren ableitenden organischen Verbindungen sowie um einige stickstoffhaltige Derivate von Phosphorsäuren. Diese Verbindungen können einerseits direkt aus den entsprechenden Säuren erhalten werden, zum Beispiel durch Veresterung mit einem Alkohol, oder man kann von Phosphorchloriden oder -oxychloriden ausgehen. Schliesslich ist es möglich, durch Oxydation der Phosphine zu entsprechenden Derivaten der Phosphorsäuren zu gelangen, nämlich:

$$\underset{\text{primäres Phosphin}}{RPH_2 + 3\,O} \longrightarrow \underset{\text{Phosphonsäure}}{R\;PO(OH)_2}$$

$$\underset{\text{sekundäres Phosphin}}{R_2PH + 2\,O} \longrightarrow \underset{\text{Phosphinsäure}}{R_2\;PO(OH)}$$

$$\underset{\text{tertiäres Phosphin}}{R_3P + O} \longrightarrow \underset{\text{Phosphinoxyd}}{R_3P = O}$$

γ) Derivate der Phosphorsäure

Bei den anorganischen Flammschutzmitteln spielen die Salze der Phosphorsäure eine wichtige Rolle. Auch eine Reihe ihrer organischen Derivate sind von Bedeutung, obwohl hier die Orthophosphorsäure nicht mehr allein oder zum überwiegenden Teil als Flammschutzmittel in Frage kommt.

Eine erste Gruppe bilden Verbindungen von Orthophosphorsäure mit stickstoffhaltigen organischen Verbindungen, wie Harnstoff, Guanidin oder Aminotriazinen. Solche Verbindungen, die als eine Art salzartiger Phosphate mit diesen organischen Basen betrachtet werden können, sind für die Veresterung der Cellulose mit Phosphorsäure wichtig. Sie dienen bei dieser Veresterung einerseits als Reaktionsvermittler und anderseits zur Gewinnung stickstoffhaltiger Cellulosephosphate, die eine bedeutend bessere Flammschutzwirkung haben als gewöhnliche Phosphate. Der Harnstoff oder eine andere Aminoverbindung hat dabei vor allem zwei Funktionen bei der Veresterung der Cellulose zu übernehmen. So dient er als Lösungs- oder Quellmittel und ferner als Puffersubstanz.

Eine Eigenart der so hergestellten stickstoffhaltigen Cellulosephosphate ist deren ionenaustauschender Charakter. Es führt dies dazu, dass so ausgerüstete Textilien nach einer alkalischen Wäsche zur Wiedergewinnung der vollen Schutzwirkung noch mit einer Ammoniumsalz enthaltenden Lösung gespült werden müssen. Eine zweite Gruppe stellen die Ester der Orthophosphorsäure dar. Phosphorsäureester wie Trikresylphosphat und Triphenylphosphat sind bekannte Weichmacher für Kunststoffe, können aber auch als flammenhemmende Mittel angewandt werden. Wegen ihrer gesundheitsschädigenden Eigenschaften ist aber die Anwendungsmöglichkeit beschränkt. Neben diesen technisch stark verbreiteten organischen Phosphaten, die eigentlich als Derivate von Phenolen keine eigentlichen Ester, das heisst Verbindungen von Säuren mit Alkoholen darstellen, werden für Flammschutzmittel auch durch Umsetzung von Phosphorsäure oder Phosphoroxychlorid mit Alkoholen gewonnene Ester eingesetzt:

$$POCl_3 + 3\,R\text{-}OH \longrightarrow (RO)_3\,P=O + 3\,HCl \qquad R = \text{Alkylrest}$$

$$H_3PO_4 + 3\,R\text{-}OH \longrightarrow (RO)_3\,P=O + 3\,H_2O$$

Neben einwertigen Alkoholen kommen auch Ester mehrwertiger Alkohole in Frage. So wird etwa Dipentaerythrol-Hexaorthophosphat zur Flammfestausrüstung verwendet, wobei die Cellulose mit Polyäthylenimin vorbehandelt wird.

Auch Derivate der Phosphorsäureester seien in diesem Zusammenhange erwähnt. Als dreiwertige Säure erlaubt die Orthophosphorsäure nicht nur die Bildung von Mono-, Di- oder Trialkylphosphaten sondern auch die Herstellung von Esteramiden, Esterhalogeniden oder Nitrilaten. Formelmässig ausgedrückt lässt sich diese Vielfalt etwa wie folgt darstellen:

$(RO)PO(OH)_2$	Monoalkylphosphat	R = Alkylrest
$(RO)_2PO(OH)$	Dialkylphosphat	R = Alkylreste
$(RO)_3PO$	Trialkylphosphat	R = Alkylreste
$(RO)PO(NHR')_2$	Phosphorsäureesteramide	R = Alkylreste, R′ = Alkylreste oder H
$(RO)_2PO(NHR')$		
$(RO)POCl_2$	Phosphorsäureesterhalogenide	R = Alkylreste
$(RO)_2POCl$		
$(RO)_2 \cdot P \equiv N$	Phosphornitrilate oder Ester des Phosphornitrils	

Eine interessante Stellung unter den Phosphorsäureestern nimmt der Triallylester ein, der als ungesättigte Verbindung zu polymerisieren vermag und auch bromiert werden kann. So werden Polymere aus Bromoform und Triallylphosphat sowie bromierte Phosphornitrilate verwendet.

Bromtriallylphosphat, das auch unter der Abkürzung BAP bekannt ist, wird durch Polymerisation von Triallylphosphat und Bromoform erhalten. Dadurch dass drei Allylreste an die Phosphorsäure gebunden sind, ist die Bildung eines quervernetzten Polymers möglich.

$$CH_2Br\left[\begin{array}{c}-CH_2-CH-\\ |\\ CH_2\\ |\\ O\\ |\\ (C_3H_5O)_2P=O\end{array}\right]_n Br$$

Triallylphosphat-Bromoform-Polymer

Die Phosphornitrilate werden aus Phosphornitrilchlorid und Alkoholaten oder Alkoholen hergestellt. Wird Phosphorpentachlorid mit Ammoniumchlorid umgesetzt, so entsteht das Polyphosphornitrilchlorid nach der Gleichung:

$$n\,PCl_5 + n\,NH_4Cl \longrightarrow (PNCl_2)_n + 4n\,HCl$$

Aus dem Phosphornitrilchlorid lässt sich dann etwa der Allylester durch Umsetzen mit Natriumallylat erhalten, welches dann anschliessend noch mit Bromoform oder Brom bromiert werden kann.

$$PNCl_2 + 2\,CH_2{=}CH{-}CH_2ONa \longrightarrow P{\equiv}N\begin{array}{l}\nearrow OCH_2{-}CH{=}CH_2\\ \searrow OCH_2{-}CH{=}CH_2\end{array}$$

Zur Herstellung anderer bromierter Phosphornitrilate kann aber auch das Phosphornitrilchlorid direkt mit einem bromierten Alkohol wie etwa 2,3-Dibrompropanol umgesetzt werden.

δ) Phosphonsäuren

Die Phosphonsäuren spielen bei der Flammfestausrüstung eine grosse Rolle. Sie werden zum Beispiel durch Oxydation primärer Phosphine, etwa mit Salpetersäure erhalten:

$$\underset{\text{prim. Phosphin}}{R{-}PH_2} \xrightarrow{\text{Oxydation}} \underset{\text{Phosphonsäure}}{R{-}P{=}O\begin{array}{l}\nearrow OH\\ \searrow OH\end{array}}$$

Bei den Phosphonsäuren ist also ein organischer Rest direkt an das Phosphoratom gebunden, während bei den Phosphorsäureestern und deren Derivaten der organische Rest stets über ein Heteroatom – meistens Sauerstoff- oder Stickstoffatom – an den Phosphor gebunden ist. In Analogie zu den Stickstoffverbindungen würden die Phosphorsäureester den organischen Nitraten, die Phosphonsäuren eher den Nitroverbindungen entsprechen. Auch können Phosphate und Phosphonsäuren etwa in Analogie zu den Schwefelsäureestern und den Sulfonsäuren gesetzt werden.

Die Phosphonsäuren besitzen noch zwei reaktionsfähige Hydroxylgruppen, welche verestert oder auch amidiert werden können. Ferner ist es möglich, einen polymerisierfähigen organischen Rest, wie etwa den Vinylrest an den Phosphor einer Phosphonsäure anzulagern und dann zu entsprechenden Polymeren zu gelangen. Schliesslich seien noch die Chloralkylphosphonsäuren erwähnt, die dank ihres reaktionsfähigen Halogensubstituenten für direkte Anlagerungen an die Fasern Verwendung finden. Diese Verfahren sind unter der Bezeichnung Phosphomethylierung bzw. Phosphoalkylierung bekannt.

Formelmässig lassen sich also die Derivate der Phosphonsäuren etwa wie folgt darstellen:

$R{-}P(=O)(OR')(OR'')$	Phosphonsäureester R, R′ = Alkylreste, R″ = Alkylrest oder H
$R{-}P(=O)(OH\ (NHR'))(NHR')$	Phosphonsäureamid R = Alkylrest, R′ = Alkylrest oder H
$R''{-}PO(OH)_2$	Alkylenphosphonsäure R″ = Alkylenrest, zum Beispiel Vinylrest
$XCH_2{-}PO(OH)_2$	Halogenalkylphosphonsäure X = Halogen

Halogenalkylphosphonsäuren, wie etwa Chlormethylphosphonsäure, lassen sich aus Phosphortrihalogeniden und Formaldehyd herstellen. Wird Phosphortrichlorid mit Formaldehyd umgesetzt und nachher mit Wasser das entstandene Säurechlorid der Phosphonsäure hydrolysiert, so wird die Chlormethylphosphonsäure erhalten.

$$CH_2O + PCl_3 \longrightarrow ClCH_2 \cdot POCl_2$$

$$ClCH_2 \cdot POCl_2 + 2\,H_2O \longrightarrow ClCH_2 \cdot P(=O)(OH)_2 + 2HCl$$

Chlormethylphosphonsäure

ε) Phosphinsäuren

Bei der Oxydation eines sekundären Alkylphosphins wird die entsprechende Alkylphosphinsäure erhalten:

$$RR'PH \xrightarrow{\text{Oxydation}} RR'P(=O)OH$$

sek. Phosphin → Phosphinsäure

Bei den Phosphinsäuren sind also wie bei den sekundären Phosphinen zwei organische Reste direkt mit dem Phosphor verbunden. Die Phosphinsäuren weisen daher nur noch eine reaktionsfähige Hydroxylgruppe auf. Dies mag auch der Grund sein, weshalb den Phossinsäuren bei weitem nicht die Bedeutung wie den Phosphonsäuren als Flammfestmittel zukommt. Es gibt aber immerhin einige Patente, welche Phosphinsäuren oder Thiophosphinsäuren ($R_2 \cdot PS(OH)$, wobei R = Alkylrest) für Flammschutzverfahren vorschlagen.

ζ) Trialkylphosphinoxyde und -sulfide

Den Oxydationsprodukten der tertiären Phosphine, also den Phosphinoxyden, kommt für die Flammfestausrüstung jedoch wieder sehr grosse Bedeutung zu.

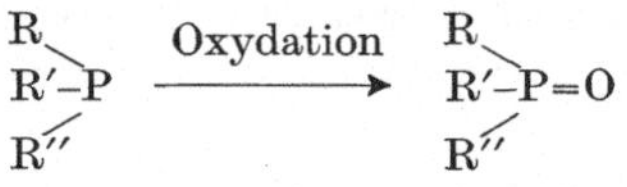

$$(R)(R')(R'')P \xrightarrow{\text{Oxydation}} (R)(R')(R'')P{=}O$$

Phosphinoxyd

Neben den Alkylphosphinoxyden und -sulfiden haben für die Flammfestausrüstung ganz besonders Aziridinylverbindungen grosses Interesse. Es sind dies die durch Anlagerung von Aethylenimin (Dihydroazirin) erhaltenen Phosphinoxyde und -sulfide.

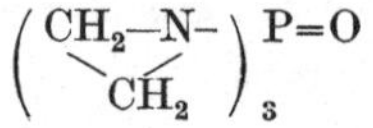

$$\left(\begin{matrix} CH_2\text{—}N\text{—} \\ \diagdown\ \diagup \\ CH_2 \end{matrix}\right)_3 P{=}O$$

Tris(aziridinyl)phosphinoxyd APO

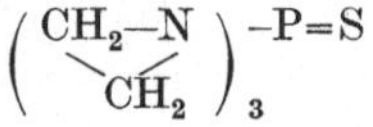

$$\left(\begin{matrix} CH_2\text{—}N \\ \diagdown\ \diagup \\ CH_2 \end{matrix}\right)_3 \text{—}P{=}S$$

Tris(aziridinyl)phosphinsulfid APS

Diese Verbindungen können dabei für sich oder zusammen mit Tetrakis(oxymethyl)phosphoniumchlorid (THPC) als Flammfestmittel Verwendung finden.

Phosphinsulfide können aus den tertiären Alkylphosphinen zum Beispiel durch Behandlung mit Schwefel erhalten werden. Sie verhalten sich weitgehend analog den entsprechenden Oxyden.

η) Halogenhaltige Phosphorverbindungen

Die anorganischen Phosphorhalogenide und -oxyhalogenide sind vor allem wichtige Ausgangsstoffe für die Herstellung organischer Phosphorverbindungen. Es sind dabei Verbindungen des Phosphors mit sämtlichen Halogenen bekannt, also Phosphorfluoride, -chloride, -bromide und -jodide. Die Halogenide des dreiwertigen Phosphors sind beständiger als jene des fünfwertigen Phosphors, die gerne in das Trihalogenid und freies Halogen zerfallen. Als Ausgangsstoffe für organische Phosphorverbindungen sind in erster Linie die Chloride wichtig, und zwar:

PCl_3 Phosphortrichlorid, Phosphor-III-chlorid
PCl_5 Phosphorpentachlorid, Phosphor-V-chlorid
$POCl_3$ Phosphoroxychlorid

Phosphortrichlorid bildet sich beim Verbrennen von farblosem Phosphor im Chlorstrom. Das Pentachlorid wird durch weitere Chlorierung des Trichlorids gewonnen und zerfällt mit Wasser zunächst in Phosphoroxychlorid und Salzsäure und schliesslich in Phosphorsäure.

Phosphornitrilchlorid wird erhalten, wenn man Ammoniumchlorid auf Phosphorpentachlorid einwirken lässt:

$$n\,PCl_5 + n\,NH_4Cl \longrightarrow (PNCl_2)_n + 4n\,HCl$$

Obwohl das Phosphornitrilchlorid gute Flammschutzeigenschaften besitzt, ist es wegen der leichten Hydrolysierbarkeit unter Bildung von freier Salzsäure nicht besonders geeignet. Es haben sich daher die hydrolysenbeständigeren Bromderivate in Form der Phosphornitrilate eingeführt.

Auf die Chlormethylphosphonsäuren als Mittel zur Phosphomethylierung der Fasern wurde bereits hingewiesen. Als Ausgangsmaterial für diese Verbindungen dient das Phosphortrichlorid.

Phosphoroxychlorid kann zur Darstellung von Phosphorsäureestern dienen, indem unter Salzsäureabspaltung ein Alkohol angelagert wird. Wird es anderseits mit Ammoniak umgesetzt, so bildet sich ein polymeres Phosphorylamid:

$$n\,POCl_3 + 2n\,NH_3 \longrightarrow \underset{\text{Phosphorylamid}}{(NH_2\text{–}\overset{\overset{\displaystyle O}{\|}}{\underset{|}{P}}\text{–}NH)\text{–}_n} + 3n\,HCl$$

Phosphonyldihalogenide findet man auch vereinzelt als Flammfestmittel vorgeschlagen. Sie werden zum Beispiel aus Alkylhalogenid und einem Alkoxydihalogenidphosphin gewonnen:

$$RX + R'O\text{–}PX_2 \longrightarrow \underset{\text{Phosphonyldihalogenid}}{R\text{–}\underset{\underset{\displaystyle O}{\|}}{P}X_2} + R'X \qquad R, R' = \text{Alkylrest}, \quad X = \text{Halogen}$$

ϑ) Stickstoffhaltige Phosphorverbindungen

Bei den Flammfestmitteln spielen auch eine Reihe von stickstoffhaltigen Phosphorverbindungen eine Rolle. Bei den Phosphorsäureestern und den Phosphonsäuren wurden bereits die Säureamide erwähnt. Ferner wurde auch bereits auf die Nitrile der Phosphorsäure bzw. deren Ester, die Nitrilate, hingewiesen.

Der Aziridinylrest spielt bei den Phosphinoxyden und -sulfiden eine grosse Rolle. Phosphornitrilchlorid und Phosphorylamid sind weitere stickstoffhaltige Verbindungen des Phosphors, die als Flammschutzmittel in Frage kommen. Zu den Stickstoffverbindungen sind schliesslich auch die Verbindungen der Phosphorsäure mit Harnstoff, Guanidin, Melamin und ähnlichen Aminoverbindungen zu rechnen.

Als weitere Stickstoff enthaltende Verbindungen, die aber zur Zeit noch keine wesentliche Bedeutung auf dem Gebiete des Flammschutzes besitzen, wären noch zu nennen:

Phosphinimine: $R_3P + N_3R' \longrightarrow R_3P = NR' \quad (N_3R' = \text{Azid})$

Phospham als Imin des Phosphorsäurenitrils: $P(\equiv N) = NH$

Phosphortriisocyanat: $P(N{=}C{=}O)_3$

Phosphoryltriisocyanat: $P(=O)(N{=}C{=}O)_3$

Diese stickstoffhaltigen Derivate der organischen Phosphorverbindungen enthalten zum Teil wiederum reaktionsfähige Gruppen, die bei der Fixierung der Flammfestmittel ausgenutzt werden können. Untersuchungen von D. M. Jones und T. M. Noone[1]) über phosphorhaltige Flammfestmittel für Baumwolle haben gezeigt, dass die Bindung zwischen Phosphor und Stickstoff unter alkalischen Bedingungen leicht hydrolysiert, so dass die Beständigkeit dieser Flammfestausrüstungen gegenüber einer alkalischen Wäsche nicht besonders hoch ist. Die Bindung zwischen Phosphor und Kohlenstoff, wie sie etwa bei den Phosphinen, Phosphonsäuren oder Phosphinsäuren anzutreffen ist, erwies sich hingegen als beständiger.

Diese Darstellung der organischen Phosphorverbindungen, die für die Flammfestausrüstung von grosser Bedeutung sind, hat gezeigt, welche verschiedenen Möglichkeiten zur Herstellung phosphorhaltiger, auf der Faser fixierbarer Verbindungen bestehen. Die organischen Phosphate haben aber nicht nur als Flammschutzmittel in den letzten Jahren Bedeutung erlangt, sondern werden auch auf andern Gebieten mit Erfolg eingesetzt.

Die Alkalisalze organischer Phosphate dienen als Netz-, Emulgier- und Waschmittel. Desgleichen können Phosphonsäureamide bzw. deren Salze hiefür eingesetzt werden. Korrosionsverhindernde Eigenschaften kommen ebenfalls den organischen Phosphaten zu. Organische Derivate des Phosphorpentasulfids schliesslich werden als Zusätze für Flüssigkeiten verwendet, die extrem hohen Drucken ausgesetzt sind (sog. EP-Additives = extreme pressure additive).

Ein wichtiges Anwendungsgebiet phosphorhaltiger organischer Verbindungen stellt schliesslich noch die Schädlingsbekämpfung dar. Einige Phosphorsäurederivate gehören dabei zu den wirksamsten Schädlingsbekämpfungsmitteln.

---

[1]) J. appl. Chem. *12* (1962), 9, S. 397–405.

b) Die Flammfestausrüstung mit Harnstoff-Phosphat

Die guten flammenhindernden Eigenschaften der Phosphorsäure und ihrer Ammoniumsalze wurden bereits erwähnt. Daneben wurden aber auch die Salze organischer Basen herangezogen, wie zum Beispiel Alkylolamine, Harnstoff, Guanidin und Dicyandiamid. Diese letzteren Salze weisen jedoch den Vorteil auf, dass sie sich leicht unter Bildung weniger löslicher Kunstharze kondensieren lassen. Neben einer solchen indirekten Bindung der Säure an die Zellulose über ein Kunstharz[1]), wurde auch eine direkte Bindung der Säure an die Zellulose zum Beispiel durch Veresterung angestrebt. Schwefelsäure und Phosphorsäure eignen sich dabei am besten zur Esterbildung, wobei meistens den wirksameren und auch ein Nachglimmen verhindernden Phosphorsäurederivaten der Vorzug gegeben wird.

Es sind nun Methoden gefunden worden, die die Bildung von Zellulosephosphat ohne grossen Zelluloseabbau und unter praktisch leicht anwendbaren Bedingungen erlauben. Es ist dies durch Behandlung der Faser bei höheren Temperaturen mit einem Gemisch der Säure und einer Stickstoffverbindung möglich. Aus diesen drei Reaktionsteilnehmern bildet sich dann ein komplexer Zelluloseester von flammfesten Eigenschaften.

Eine solche Behandlung erfolgt üblicherweise durch Eintauchen des Gewebes in eine Lösung der Säure und der organischen Base. Nach dem Trocknen der imprägnierten Ware wird bei erhöhter Temperatur die Veresterung durchgeführt, also ein der Härtung der Kunstharzappreturen analoger Kondensationsprozess in der Wärme durchgeführt. Abschliessend wird noch zur Entfernung der nicht in Reaktion getretenen Anteile gewaschen.

Es ist klar, dass die Zellulose nicht während längerer Zeit mit einer starken anorganischen Säure auf höhere Temperaturen erhitzt werden kann, ohne dass ein sehr beträchtlicher Zelluloseabbau stattfindet. Durch Anwendung eines grossen Überschusses an einer organischen Stickstoffverbindung lässt sich aber der Zelluloseabbau auf ein tragbares Mass herabsetzen. Ferner ist es auch möglich, dass durch den Harnstoff die Veresterung der Zellulose begünstigt wird.

Die Veresterung erfolgt eigentlich in einer Schmelze der Stickstoffverbindung, die die saure Komponente enthält. Die hohe Behandlungstemperatur begünstigt ferner das Verdampfen des bei der Veresterung entstehenden Wassers.

Bei der Einwirkung von sauren Phosphaten oder Phosphorsäure auf Zellulose in Gegenwart einer organischen Stickstoffverbindung wie zum Beispiel Harnstoff können mono- oder disubstituierte Ester entstehen, wobei sämtliche drei freien Hydroxylgruppen der Zellulose

---

[1]) *Brit. P. 486.766* (7. Juni 1938) und *amer. P. 2.089.697* (10. August 1937) von F. Groebe.

für die Veresterung in Betracht kommen, doch ist anzunehmen, dass das primäre Hydroxyl am reaktionsfreudigsten ist (Formel I). Bei disubstituierten Produkten können zwei Hydroxylgruppen der gleichen Glukoseeinheit (Formel II) oder zwei Hydroxylgruppen einander benachbarter Zelluloseketten (Formel III) in Reaktion treten.

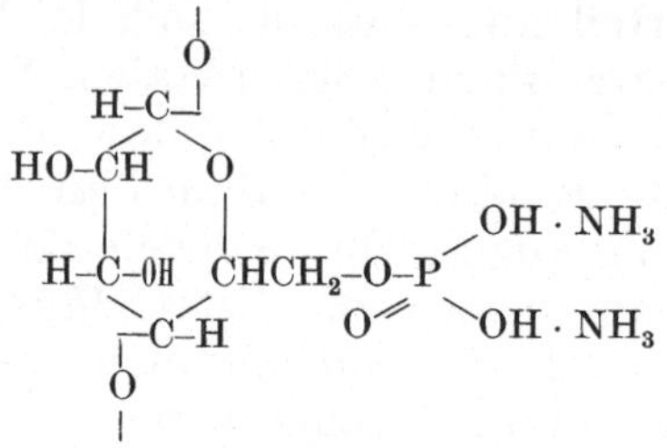

```
         |                                                  |
         O                                                  O
      H-C┘                                              H-C┘
       /  \                                               /  \
 HO-CH     O                          NH3·HO       O-CH     O
   |       |            OH·NH3              \     /   |     |
 H-C-OH   CHCH2-O-P                          P        |     |
     \   /        //\                       //\       |     |
     ┌-C-H       O    OH·NH3               O   O-CH    CHCH2OH
     |                                              \  /
     O                                              ┌-C-H
     |                                              |
                                                    O
                                                    |
            I                                          II
```

Veresterung am primären Hydroxylrest — Veresterung von 2 Hydroxylgruppen

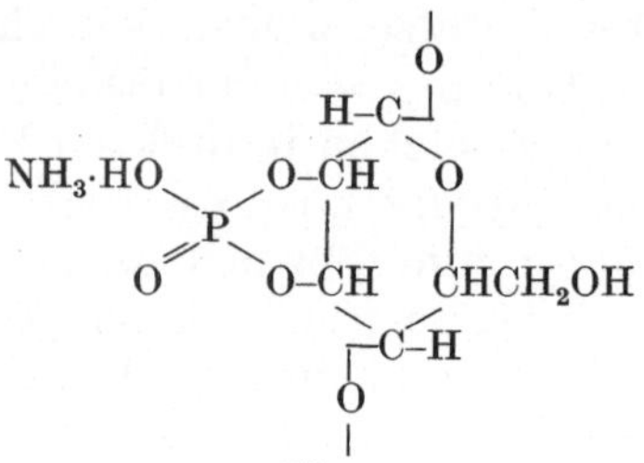

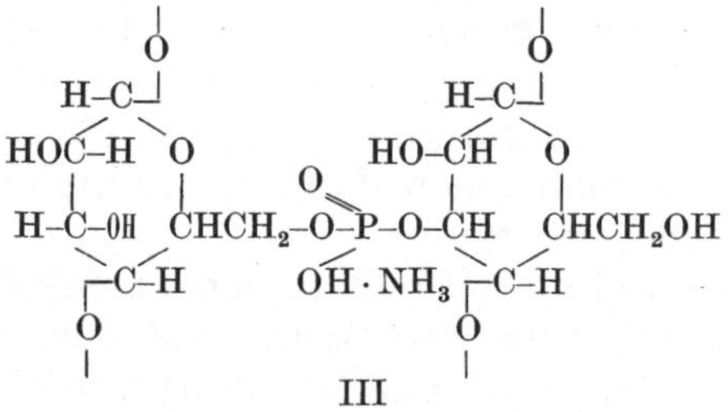

```
             |                          |
             O                          O
          H-C┘                      H-C┘
           /  \                      /  \
      HOC-H    O               HO-CH     O
        |      |          O      |       |
        |      |           \\    |       |
      H-C-OH  CHCH2-O-P-O-CH    CHCH2OH
         \   /          |     \   /
         ┌-C-H        OH·NH3  ┌-C-H
         |                    |
         O                    O
         |                    |
                  III
```

Brückenbildung durch Veresterung der OH-Gruppen zweier benachbarter Ketten

Die Analyse mit Phosphat-Harnstoff flammfest gemachter Gewebe ergab ungefähr einen mittleren Substitutionsgrad von 0,16, das heisst ungefähr jede sechste Glukoseeinheit der Zelluloseketten ist an einem Hydroxylrest mit Phosphorsäure verestert. Dabei ist natürlich nicht gesagt, dass die veresterten Stellen völlig gleichmässig verteilt sind über die ganze Faser, sondern es ist eher anzunehmen, dass die auf Grund ihrer Feinstruktur reaktionsfähigeren Stellen bei der Veresterung bevorzugt werden.

Dem sich bildenden Zellulose-Harnstoff-Phosphat wird die nachstehende Konstitution zugeschrieben:

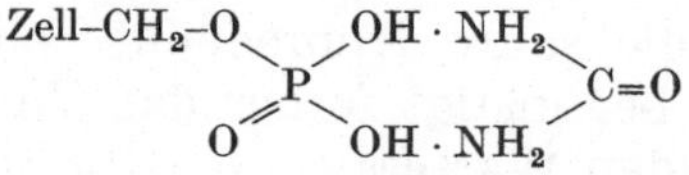

```
Zell-CH2-O     OH·NH2
          \   /      \
           P          C=O
          //\        /
         O   OH·NH2
```

Eine Reihe von Faktoren beeinflussen die bei dieser Art von Flammfestverfahren erfolgende Veresterung, und zwar sind dies:

die Zellulose,
die mehrbasische Säure,
die salzbildende Base,
das quellende, wasserfreie Reaktionsmedium,
die Puffersubstanz.

Beim System Phosphat-Harnstoff vermag dabei der Harnstoff die drei letzteren Funktionen zu übernehmen, sofern er in genügendem Überschuss vorhanden ist.

Einzelheiten des Verfahrens

Reaktionsfreudigkeit des Textilmaterials

Die Reaktionsbereitschaft der Zellulose lässt sich ja bekanntlich durch ein Beuchen, Entschlichten und Mercerisieren erhöhen. Auf alle Fälle ist es unbedingt erforderlich, dass eine gut gereinigte Ware zur Flammfestbehandlung gelangt.

Mehrbasische Säure

Es werden in erster Linie Phosphorsäure und Schwefelsäure für die Flammfestausrüstung nach diesem Verfahren verwendet, wobei die Phosphorsäure als wirksamer zu betrachten ist. Die Form, in welcher die Phosphorsäure vorliegt, scheint dabei nicht von besonderer Bedeutung zu sein, so dass also Meta-, Ortho-, Pyro- oder Polyphosphorsäuren sowie auch phosphorige und pyrophosphorige Säure verwendet werden können. Da die Veresterung bei 150 bis 200°C erfolgt, ist es auch nicht gesagt, dass die zugesetzte Säure in dieser Form oder in einer wasserärmeren Form mit der Zellulose in Reaktion tritt.

Derivate dieser Säuren können ebenfalls zum Einsatz gelangen, sofern das substituierte Radikal nicht die Veresterungsgeschwindigkeit oder den hydrophilen Charakter der Zellulose herabsetzt. Organische Substituenten mit hohem Kohlenstoffgehalt sind daher nicht geeignet, also etwa Äthyl- oder Phenylphosphate. Auch mit Borophosphaten und halogensubstiutierten Phosphorsäuren wurden weniger gute Erfahrungen gemacht. So besteht zum Beispiel bei den Halogensubstitutionsprodukten die Gefahr eines Zelluloseabbaus beim Aushärten oder Lagern.

Es eignen sich sowohl die Salze stickstoffhaltiger Basen als auch die freien Säuren. So können Diammoniumphosphat, Harnstofforthophosphat oder Guanidinpyrophosphat ebenso gut wie die freie Säure verwendet werden. Aber auch stickstoffsubstituierte Phosphorsäuren wie Amidophosphorsäure oder die sog. Nitridhexaphosphorsäure sowie weitere sich von der Phosphorsäure ableitende Verbindungen von teilweise noch nicht ganz abgeklärter Konstitution stellen geeignete Flammschutzmittel dar.

Die Metallsalze der Säuren sind meist weniger wirksam als die freie Säure oder die oben genannten Stickstoffverbindungen. So ist zum Beispiel die Verwendung von Natriumphosphat nicht zu empfehlen.

Stickstoffhaltige Base

Die sich bei der Veresterung der Zellulose bildenden Phosphorsäureester sind durchwegs saure Ester, deren freie Säuregruppen durch die stickstoffhaltige Base neutralisiert werden. Kommt der Ester oder das Estersalz mit einer Metallsalzlösung, zum Beispiel Erdalkalisalzen, wie sie im harten Wasser enthalten sind, zusammen, so kann sich zum Beispiel das entsprechende Kalziumsalz bilden:

$$\text{Zell-CH}_2\text{-O-P(=O)(O-NH}_4)_2 + CaCl_2 \longrightarrow \text{Zell-CH}_2\text{-O-P(=O)(O}_2\text{Ca)} + 2\,NH_4Cl$$

Ammoniumsalz des Zellulosephosphats — Kalziumsalz des Zellulosephosphats

Das entstehende Kalziumsalz ist weitgehend hitzebeständig, so dass beim Erhitzen nicht wie beim Ammoniumsalz die aktive Phosphorsäure entsteht, die dann den Zelluloseabbau so leitet, dass in erster Linie eine Dehydratisierung erfolgt und sich nicht grössere Mengen gefährlicher teeriger Anteile bilden. Es kann also so infolge eines Ionenaustausches mit Erdalkalisalzen der Flammfesteffekt zerstört werden. Es kann aber auch durch andere Metallsalze oder durch Ersatz der Ammoniumgruppen durch hydrophobe Gruppen die Flammfestigkeit herabgesetzt oder vollständig aufgehoben werden. Da es sich hier aber um eine Ionenaustauschreaktion handelt, lässt sich durch eine Behandlung in einem ammoniumsalzhaltigen Bad der Flammfesteffekt wieder regenerieren. Es führt dies also auch zu einer gewissen Meerwasserunechtheit der Ausrüstung.

Beim Waschen mit ionogenen Waschmitteln oder Alkalisalzen findet gleichfalls ein Verlust an Flammfestigkeit statt. Zum Teil kann aber auch durch stark alkalische Waschflotten eine Verseifung des Zelluloseesters erfolgen, die sich dann selbstverständlich nicht mehr durch eine Nachbehandlung mit Ammoniumsalzen rückgängig machen lässt.

Ein längeres Erhitzen der Ammoniumsalze begünstigt die Bildung der nicht mehr ionisierenden Amide, was natürlich die Stabilität erhöht, da somit ein Ionenaustausch nicht mehr möglich ist.

$$\text{Zell-CH}_2\text{-O-P(=O)(O-NH}_4)_2 \xrightarrow{-\,2\,H_2O} \text{Zell-CH}_2\text{-O-P(=O)(NH}_2)_2$$

Zellulosediamidophosphat oder Zellulosephosphamat

Zellulosephosphamat ist gegenüber einer milden Wäsche oder Salzlösungen unempfindlich, kann aber durch eine stark alkalische Waschlauge verseift werden.

Neben einer solchen Amidbildung kann zur Erhöhung der Beständigkeit des Flammfesteffektes auch durch Polykondensationen das stickstoffhaltige Salzradikal unlöslich gemacht werden. Auch kann durch Vergrösserung des stickstoffhaltigen Restes die Ionenaustauschreaktion erschwert werden.

Die organische Stickstoffverbindung kann sich bei der Wärmebehandlung infolge einer Kondensation zum Beispiel verändern, so dass sie im Endprodukt nicht mehr in ihrer ursprünglichen Form vorliegt. So wird bei genügender Erwärmung der ausgerüsteten Ware etwa Harnstoff nach untenstehender Gleichung in Biuret und Ammoniak übergehen:

$$2\,NH_2\text{-}CO\text{-}NH_2 \longrightarrow NH_2\text{-}CO\text{-}NH\text{-}CO\text{-}NH_2 + NH_3$$

Es besteht somit die Möglichkeit der Bildung von Salzen der sauren Zelluloseester mit Harnstoff, Biuret und Ammoniak. Gelangen gar Gemische stickstoffhaltiger Basen zur Anwendung, so ergeben sich die verschiedensten Endprodukte durch Kondensations- und Zersetzungsreaktionen während des Erhitzungsvorganges.

Aber auch durch das nachträgliche Waschen der flammfest gemachten Gewebe kann infolge Ionenaustausches noch eine Änderung der Struktur des flammenhemmenden Zelluloseestersalzes eintreten.

Reaktionsmedium

Die Veresterung der Zellulose mit einer anorganischen Säure wie zum Beispiel Phosphorsäure oder Schwefelsäure hat in einem Reaktionsmedium zu erfolgen, das einerseits ein Lösungsmittel für die Säure und anderseits ein Quellmittel für die Zellulose darstellt. Dabei sollte dieses Medium bei Temperaturen über 140°C flüssig sein und mit der Zellulose nicht reagieren. Anderseits darf aber dieses Medium bei den für die Veresterung nötigen Temperaturen sich nicht unter Bildung stark basischer oder saurer Zersetzungsprodukte rasch zersetzen.

Diesen Anforderungen entsprechen in erster Linie Stickstoffbasen mit stark Wasserstoff bindenden Gruppen, wie etwa Karbonylgruppen. So kommen hierfür etwa Formamid, Azetamid, Harnstoff, Biuret, Dicyandiamid oder Melamin in Frage. Substitutionsprodukte dieser Substanzen sollten nur soweit verwendet werden, als dadurch nicht ihre Hydrophilie oder das Wasserstoffbindevermögen beeinträchtigt wird. So erscheint die Verwendung von Halogen-, Alkyl- oder Arylderivaten weniger günstig. Ferner darf auch der schwach alkalische Charakter der Reaktionsmedia durch die Einführung von Hydroxyl- oder Aminogruppen nicht zu stark verändert werden. So ist etwa Guanidin (Iminoharnstoff) als zu stark basisch zu betrachten.

Puffersubstanzen

Die Veresterung der Zellulose mit anorganischen Säuren liesse sich wohl unter sauren Bedingungen gut durchführen, doch besteht dann die Gefahr eines hydrolytischen Zelluloseabbaus. Das ganze System ist daher derart zu puffern, dass ohne nennenswerten Zelluloseabbau die Veresterung genügend rasch verläuft. Die günstigsten pH-Verhältnisse scheinen sich dabei durch einen Harnstoffüberschuss einstellen zu lassen. Ein solcher Harnstoffpuffer ist zudem auch nicht stark von Temperaturschwankungen abhängig.

Auch die andern der oben genannten Reaktionsmedien können als Puffer wirken.

Verschiedentlich wird zur Einstellung eines etwas höheren pH-Wertes ein Gemisch von Harnstoff und Guanidinkarbonat verwendet. Dies soll die Kontrolle der Reaktion sowie die Beständigkeit der Produkte verbessern helfen. Ähnliche Wirkung wie dem Guanidinkarbonat kommt auch einigen andern Guanidinderivaten zu, wie etwa Dioxyguanidin, Guanylharnstoff, Aminoguanidin und Biguanid. Da es sich jedoch durchwegs um deutlich alkalische Produkte handelt, ist eine gute Pufferung mit einem Harnstoffüberschuss unerlässlich. Die sich bildenden Estersalze werden zudem in diesem Falle Salze dieser stärkeren Alkalien sein, wodurch im Endprodukt das Verhältnis zwischen Stickstoff und Phosphor zugunsten des Stickstoffs verschoben wird. Die Bildung von Estersalzen mit stärker alkalischen Basen hat den Vorteil, dass durch Ionenaustausch beim Spülen oder Waschen ein Entfernen der Stickstoffbase erschwert wird.

Die Flammfestbehandlung mit Harnstoff-Phosphorsäure lässt sich natürlich nicht ohne einen gewissen Zelluloseabbau durchführen, der in erster Linie auf die Reaktion der Säure mit der Zellulose zurückzuführen ist. Untersuchungen zeigten dabei, dass dieser Zelluloseabbau besonders während der ersten Minuten des Härtungs- oder Erwärmungsprozesses eintritt. Durch Zusatz von Formaldehyd zum Imprägnierungsbad konnte wohl der Zelluloseabbau etwas zurückgedämmt werden. Es kann in diesem Falle eine teilweise Bildung von Harnstoff-Formaldehyd-Kunstharzen sowie eine gewisse Querbrückenbildung zwischen den Zelluloseketten angenommen werden. Leider setzt aber eine solche Formalinbehandlung die Widerstandsfähigkeit gegenüber Alkali- und Erdalkalisalzen (Ionenaustausch) herab.

Wie weit ein flammfest ausgerüstetes Gewebe durch Ionenaustausch bei der Behandlung mit Alkali- oder Erdalkalilösungen inaktiviert werden kann, hängt weitgehend von der angewandten Menge Harnstoff ab. Dabei nimmt die Beständigkeit mit zunehmendem Harnstoffgehalt zu. Es sollten für befriedigende Effekte auf ein Mol Diammoniumphosphat 2 bis 5 Mole Harnstoff vorhanden sein. Es ist also nicht nur nötig, dass sich das Harnstoffsalz des Phosphorsäureesters bilden kann, sondern es sollte noch ein Harnstoffüberschuss vorliegen. Der überschüssige Harnstoff wird beim Härten dabei je nach den Härtungsbedingungen durch Polymerisation in Cyanursäure- und Melaminderivate übergehen können.

Neben Harnstoff-Phosphorsäure-Ausrüstungen sind auch noch eine ganze Reihe weiterer Kombinationen von organischen Stickstoffverbindungen mit anorganischen Säuren für das Flammfestmachen von Textilien vorgeschlagen worden. So wurde der Harnstoff durch höher molekulare Amide, wie etwa Dicyandiamid oder Dicyanoguanidin ersetzt. Ferner werden auch anstelle der Orthophosphorsäure Pyrophosphorsäure, Phosphamate oder Sulfamat verwendet. Dabei ist es aber in den meisten Fällen notwendig, die Härtungsbedingungen etwas strenger zu wählen als bei der Harnstoff-Phosphat-Ausrüstung, sofern man zu einem gleich guten Effekt gelangen möchte. Eine Erhöhung der Härtungsdauer oder -temperatur kann aber zu einer stärkeren Faserschädigung führen.

Arbeitsmethode

Das Harnstoff-Phosphorsäure-Verfahren sowie analoge Methoden eignen sich für die Behandlung loser Fasern, von Garnen und Geweben. Zur Hauptsache wird Baumwolle nach diesem Verfahren ausgerüstet, doch kann es auch für Regeneratzellulosefasern oder Proteinfasern Anwendung finden.

Vorbereitungsarbeiten

Da diese Methode im Prinzip auf einer Reaktion der Zellulose mit dem Schutzmittel beruht, ist es klar, dass eine möglichst reine, von Schlichte und jeglichen Verunreinigungen befreite Ware zur Ausrüstung gelangen soll. Es ist daher vorgängig zu entschlichten, zu waschen und zu bleichen. Durch ein Mercerisieren kann zudem noch die Reaktionsfreudigkeit der Zellulose heraufgesetzt werden. Ferner soll sich dadurch auch die Waschbeständigkeit der Flammfestausrüstung verbessern lassen.

Natürlich hat eine Färbung oder ein Bedrucken des Gewebes vor der Ausrüstung zu erfolgen, da nur dadurch ein gleichmässiges Aufziehen des Farbstoffs gewährleistet werden kann. Ferner würde auch durch die Färbebehandlung die Flammfestausrüstung teilweise wieder inaktiviert oder bei alkalischen Färbebädern (Küpen- und Naphtol AS-Färbungen) gar der Zelluloseester wieder verseift.

Durch die Flammfestbehandlung kann bei einigen Farbstoffen eine gewisse Verschiebung der Farbnuance eintreten, die jedoch in den meisten Fällen nicht von Belang ist.

Für Echtfärbungen sollen sich besonders Küpen- und Naphtol AS-Färbungen eignen, während die Verwendung von Pigmentfarben, und zwar besonders anorganischer Pigmente durch Bildung von Metalloxyden auf dem Gewebe das Nachglimmen ungünstig beeinflussen soll.

Herstellung der Imprägnierungslösung

Wie bereits ausgeführt, besteht die Imprägnierungsflotte zur Hauptsache aus einer anorganischen Säure oder einem ihrer Salze und einer organischen Stickstoffverbindung. Es kann dabei aber nicht nur das Mengenverhältnis zwischen diesen beiden Hauptkomponenten innerhalb relativ grosser Grenzen variiert werden, sondern auch die Herstellung des Imprägnierungsgemisches kann auf verschiedenen Wegen erfolgen. So können eine oder mehrere Komponenten zunächst geschmolzen und dann dem Gemisch zugesetzt werden. Es können je nach den bei der Herstellung herrschenden Bedingungen Salze oder Amide der Säuren entstehen, oder beim Schmelzen kann durch Kondensation eine höher molekulare Verbindung sich bilden, zum Beispiel Biuret aus Harnstoff.

Ein geeignetes Gemisch für die Flammfestausrüstung soll etwa durch Zusammenmischen nachstehender Komponenten in der Kälte erhalten werden:

1000 kg Diammoniumphosphat
2000 kg Harnstoff
3000 kg Wasser

Eine andere Mischung setzt sich etwa aus

215 kg 75%ige Orthophosphorsäure
300 kg Harnstoff
160 kg Guanidinkarbonat in
1000 l wässeriger Lösung

zusammen.

Es ist aber auch möglich, zuerst den Harnstoff bei hoher Temperatur mit der Phosphorsäure reagieren zu lassen. So werden etwa 200 kg 75%ige Phosphorsäure mit 400 kg Harnstoff bei hoher Temperatur miteinander zur Reaktion gebracht und nach dem Abkühlen das Reaktionsgemisch mit 28 kg Ammoniak und 108 kg 37%igem Formaldehyd versetzt und das Ganze mit Wasser auf ein Volumen von 1000 l gebracht.

Es können wohl auch noch andere Zusätze zu den Imprägnierungsbädern, wie Netzmittel, Weichmacher oder wasserabweisende Mittel, zugesetzt werden, doch unterbleibt im allgemeinen ein solcher Zusatz besser. Die Herstellung solcher Lösungen erfolgt am besten in Gefässen aus rostfreiem Stahl. Bei den meisten übrigen metallischen Werkstoffen besteht die Gefahr einer Korrosion.

Als Besonderheit der Flammfestausrüstung ist auch zu erwähnen, dass hier mit sehr konzentrierten Lösungen gearbeitet wird, so dass hier grosse Quantitäten von Chemikalien benötigt werden und anderseits sich ein Weiterverwenden der zum Beispiel beim Zentrifugieren oder Abquetschen anfallenden Lösungen aufdrängt.

Imprägnierung

Die Imprägnierung der Gewebe kann nach irgend einem in der Textilveredelung üblichen Verfahren erfolgen. Sehr oft geschieht dies nach dem Klotzverfahren. Das die Flotte enthaltende Gefäss sollte beheizbar sein, da im allgemeinen bei etwas höherer Temperatur gearbeitet werden muss, um ein Auskristallisieren der Lösung zu vermeiden. Der Abquetscheffekt der Walzen sollte über die ganze Gewebebreite möglichst gleichmässig sein. Die Abquetschrollen sind so einzustellen, dass etwa 75 bis 100% des Gewebegewichtes an Imprägnierungslösung aufgenommen werden.

Der Abquetscheffekt und die Konzentration der Flotte sind so aufeinander abzustimmen, dass die für einen wirksamen Flammschutz nötige Menge an Schutzmittel auf dem Gewebe möglichst gleichmässig verteilt ist. In vielen Fällen wird es dabei von Vorteil sein, durch Vorversuche die optimalen Arbeitsbedingungen festzulegen.

Trocknen der imprägnierten Ware

Meistens schliesst sich der Trocknungsprozess gleich an die Imprägnierung an. Da sehr konzentrierte Lösungen verwendet werden, ist der Wassergehalt der Gewebe nicht sehr hoch. Auch die Trocknung kann auf den verschiedensten Trockenmaschinen erfolgen. Am günstigsten erscheint jedoch die Trocknung auf dem Spannrahmen, der auch eine Kontrolle der Gewebebreite erlaubt. Da das Gewebe durch die Flammfestbehandlung eine gewisse Steife erhält, sind Trockner, wie Schleifentrockner, oder Hängen weniger günstig, da sie zur Bildung von Falten Anlass geben können, die kaum mehr zu entfernen sind.

Das den Trockner verlassende Gewebe zeigt meistens eine saure Reaktion. Um einen Säureabbau der Zellulose möglichst zu vermeiden, ist es daher ratsam, nach dem Trocknen rasch abzukühlen und die Ware nicht in heissem Zustande aufzurollen.

Um ein Knittern oder Faltenbildung zu vermeiden, sollte die Ware nach dem Trocknen und Abkühlen aufgerollt werden und nicht gelegt werden.

Aushärten

Während dieser Behandlung bei hoher Temperatur erfolgt die eigentliche Reaktion zwischen dem Flammfestmittel und der Zellulose, die dann erst dem Flammfesteffekt die gewünschte Beständigkeit gegenüber einer Nassbehandlung verleiht.

Der Grad der Aushärtung wird durch die angewandte Temperatur und die Behandlungsdauer bestimmt. Diese beiden Faktoren haben sich im allgemeinen nach der Zusammensetzung des Imprágnierungsbades, der Art des verwendeten Gewebes und der verlangten Beständigkeit des Ausrüsteffektes zu richten. Durch hohe Temperaturen oder lange Härtungszeiten liesse sich natürlich die Beständigkeit der Ausrüstung erhöhen, doch führen diese auch zu einem stärkeren Abbau des Fasermaterials. Es muss hier daher zwischen diesen beiden ein annehmbarer Mittelweg gesucht werden.

Üblicherweise beträgt die Härtungstemperatur zwischen 150 und 175°C und die Härtungsdauer zwischen 15 und 3 Minuten.

Abschlussarbeiten

Nach dem Härten enthält das Gewebe noch eine grosse Menge löslicher Stoffe, die zur Verbesserung des Griffs entfernt werden müssen. Am besten erfolgt das Auswaschen in einer Breitwaschmaschine. Das Auswaschen sollte mit warmem Wasser von 80 bis 90°C erfolgen. Nach dem Waschen und Abquetschen oder Schleudern wird getrocknet, wobei auch hier wieder ein Trocknen auf dem Rahmen am besten ist, da so die Gewebebreite gut unter Kontrolle gehalten werden kann.

Varianten

Das Harnstoff-Phosphorsäure-Verfahren bildet den Gegenstand zahlreicher Patente. Auch sind anstelle des Harnstoffs in den Patenten die verschiedensten anderen organischen Stickstoffverbindungen vorgeschlagen worden und auch andere anorganische Säuren als die Phosphorsäure gelegentlich als Veresterungsmittel für die Zellulose empfohlen worden.

Als weitere Entwicklung des Harnstoff-Phosphorsäure-Verfahrens darf schliesslich auch in gewissem Sinne die Flammfestausrüstung mit organischen Phosphorverbindungen, wie etwa Tetrakis-(oxymethyl)phosphoniumchlorid (THPC), und kunstharzbildenden Aminen oder Amiden, wie Melamin oder Harnstoff angesehen werden.

Die Firma Bancroft & Sons Co. hat seit dem Jahre 1945 eine Reihe von Flammfestverfahren auf Basis von Harnstoff-Phosphorsäure patentieren lassen. Es soll sich nach den Angaben der Patentschriften nach diesen Verfahren ein waschbeständiger Flammfesteffekt erzielen lassen, ohne das ein wesentlicher Zelluloseabbau eintritt.

Eine nähere Untersuchung dieser Verfahren wurde von F. V. Davis, J. Findlay und E. Rogers[1]) durchgeführt. Darnach wird nach dem ersten Bancroft-Patent die Ware mit einer Mischung von 1 bis 4 Teilen Harnstoff und 1 Teil Phosphorsäure geklotzt, getrocknet und bei Temperaturen zwischen 125 und 175°C gehärtet. Es soll eine Aufnahme von 68% wasserfreiem Schutzmittel auf das Warengewicht berechnet erfolgen. Beim Arbeiten unter optimalen Bedingungen soll

---

[1]) J. Text. Inst. *40* (1949), 12, S. T 839.

dabei etwa mit einer Festigkeitseinbusse von 15% zu rechnen sein. Der Festigkeitsabfall soll noch herabgesetzt werden können, wenn man vor dem Foulardieren die Harnstoff-Phosphorsäuremischung für sich allein erwärmt.

Ein späteres Patent schreibt dann eine Mischung von 2 Teilen Harnstoff und einem Teil 75%iger Phosphorsäure vor. Dieses Gemisch wird auf 140 bis 170°C erhitzt und nach dem Abkühlen dann mit Ammoniak schwach alkalisch eingestellt und nach Zusatz von Formaldehyd zur Imprägnierung verwendet. In weiteren Patenten von Bancroft werden auch andere organische Stickstoffverbindungen als Harnstoff für die Flammfestausrüstung vorgeschlagen.

Nach den Untersuchungen von Davis, Findlay und Rogers soll ein Flammfesteffekt nur dann eintreten, wenn das Gewebe über 130°C erhitzt wurde, während die für die Praxis noch zulässige obere Grenze der Härtungstemperatur bei 175°C liegen soll.

Beim abschliessenden Auswaschen wird der grösste Teil der beim Foulardieren aufgebrachten Stoffe wieder entfernt. Etwas Stickstoff und Phosphor bleibt hingegen auf der Zellulose fixiert. Es konnte festgestellt werden, dass der Effekt mit zunehmendem Phosphorgehalt besser wird. Anderseits nimmt aber auch die Faserschädigung mit zunehmendem Phosphorgehalt zu, so dass zwischen Festigkeitsabfall und Flammenschutz ein tragbarer Kompromiss gefunden werden muss.

Zur Erzielung eines befriedigenden Flammfesteffektes sollte die Ware mindestens einen Phosphorgehalt von 3% aufweisen, was etwa zu einem Festigkeitsverlust von 20% führt. Dass durch vorheriges Erhitzen der beiden Komponenten der Festigkeitsverlust herabgemindert werden kann, lässt sich dadurch erklären, dass der pH-Wert der Lösung vor dem Erhitzen bei 1,8 liegt, während er durch das Erhitzen auf 5 bis 6 steigt.

Die Härtungsdauer liegt bei einer Temperatur von nur 130°C bei etwa einer bis zwei Stunden, während bei 175°C fünf Minuten genügen. Je höher man mit der Temperatur geht, umso sorgfältiger muss die Temperatur und die Härtungsdauer kontrolliert werden.

Nach Ansicht von Davis, Findlay und Rogers bildet sich ein Diammoniumpyrophosphat, das in Gegenwart von Harnstoff als Veresterungsmittel dient. Es genügt aber nicht, dass nur Phosphor an die Faser gebunden wird, sondern die Anwesenheit der Stickstoffverbindung ist ebenfalls von massgebender Bedeutung. Dies zeigt sich deutlich durch die Inaktivierung der Flammfestausrüstung infolge Ionenaustauschs. Es ist also nur das Ammoniumsalz des Zelluloseesters wirksam. Zunächst scheint sich ein Zellulosepyrophosphat zu bilden, das dann aber durch das Waschen in das Orthophosphat übergeht. Ferner bildet sich aber auch immer Hydrozellulose, welche die Faserschädigung erklärt. Die in den Patenten erwähnte Nitrierung und Phosphorylierung der Zellulose konnten jedoch durch die oben genannten Autoren nicht nachgewiesen werden.

Im *franz. P. 922.965* behandelt Bancroft & Sons Co. eine waschbeständige Flammfestausrüstung, die dadurch gekennzeichnet ist, dass Baumwolle oder Wolle mit Phosphorsäure und organischen stickstoffhaltigen Basen imprägniert und anschliessend in der Hitze behandelt werden. Ein wasch- und wasserbeständiger Efffek soll durch Foulardieren mit einer Lösung von 49,6% Harnstoff und 18,4% Phosphorsäure erhältlich sein. Das imprägnierte Gewebe wird dann zunächst 30 Sekunden bei 150°C getrocknet und darauf noch während 2 Minuten auf 175°C erhitzt.

Im *brit. P. 604.197* (1947) schlägt die gleiche Firma die Imprägnierung von Textilien aus Zellulosefasern oder Eiweissfasern mit Lösungen vor, die 10 bis 20% Phosphorsäure und 10 bis 40% Harnstoff enthalten. Nach dem Trocknen ist die Ware noch einer Härtung zu unterwerfen. Diese Flammfestausrüstung soll waschbeständig sein, den Griff nicht ungünstig beeinflussen und nicht zu einer allzu grossen Faserschädigung führen.

Das *brit. P. 648.883* der gleichen Firma beschreibt eine wässerige Lösung einer oder mehrerer Säuren, wie Phosphor-, Schwefel- oder Sulfaminsäure und einer organischen Stickstoffverbindung. Ferner werden noch ein niedermolekularer Aldehyd und ein flüchtiges Neutralisierungsmittel zugesetzt. Die organische Stickstoffverbindung sollte sich gegenüber der Säure wie eine Base verhalten, und das Verhältnis zwischen Kohlenstoff und Stickstoff sollte kleiner sein als dasjenige von Biuret, also etwa Harnstoff. Das Neutralisierungsmittel sollte in der Hitze flüchtig sein. Die Lösung ist damit auf einen pH-Wert von 6 bis 8 einzustellen. Das Verhältnis zwischen Orthophosphorsäure und Harnstoff ist so zu wählen, dass auf ein Mol Phosphorsäure 1 bis 10 Mol Harnstoff fallen; ferner sollen 0,2 bis 1,5 Mol Formaldehyd zugesetzt werden. Nach der Behandlung der Ware mit einer solchen Lösung wird getrocknet und anschliessend bei 120 bis 205°C während 30 Sekunden bis 2 Stunden gehärtet. Abschliessend werden die löslichen Produkte ausgewaschen. Es ergibt sich eine beständige, nicht giftige und geruchlose Ausrüstung, die den Griff der Ware nicht verändert.

Auch das *brit. P. 649.642* von Bancroft & Sons Co. behandelt die Flammfestausrüstung von Zellulose- oder Eiweissfasern. Es wird mit einer wässerigen Lösung eines Reaktionsproduktes einer nicht flüchtigen anorganischen Säure wie Phosphorsäure oder Schwefelsäure oder eines entsprechenden, kein Metall enthaltenden Salzes und einer löslichen organischen Stickstoffbase imprägniert. Das metallfreie Salz sollte beim Erhitzen zerfallen und ein flüchtiges Kation bilden. Bei der organischen Base sollte das Verhältnis von Kohlenstoff und Stickstoff nicht über 2:1 betragen. Das endgültig auf der Faser sich bildende Produkt soll ein Verhältnis zwischen Stickstoff und Phosphor oder Schwefel aufweisen, das bei 1 bis 5% Phosphor oder Schwefel und 0,25 bis 6% Stickstoff liegt, wobei sich diese Prozentangaben auf das Trockengewicht der Ware beziehen. Die Behandlung der imprägnierten Ware erfolgt wie üblich, das heisst, es wird getrocknet, bei 120 bis 205°C während 2 Stunden bis 30 Sekunden gehärtet und abschliessend ausgewaschen.

Ebenfalls entwickelte die Ciba ein Flammfestverfahren auf dieser Grundlage. So erwähnt etwa das *brit. P. 747.014*[1]) eine Imprägnierung mit einer Lösung oder Suspension nachstehender Zusammensetzung:

a) Ein Salz einer flüchtigen, stickstoffhaltigen Base und einer Phosphorsäure, die pro Phosphoratom weniger als 4 Sauerstoffatome enthält. Es wird also keine Orthophosphorsäure, sondern etwa Pyro-, Meta-, Diamido- oder Diimidodi-Phosphorsäure verwendet. Als Base kommt Ammoniak oder eine organische Stickstoffbase in Frage.

b) Ein Kondensationsprodukt eines Aminotriazins mit Formaldehyd, also etwa ein wasserlösliches Vorkondensat von 1 Mol Melamin und 2 bis 3 Mol Formaldehyd.

c) Harnstoff oder Mischungen von Harnstoff und davon sich ableitenden Verbindungen, wie etwa Methylharnstoff, Dimethylharnstoff, Dicyandiamid, Guanidin, Biguanid, Biuret und ähnliche.

So werden in einem Beispiel 20 Teile Pyrophosphorsäure in 80 Teilen Wasser gelöst und mit Ammoniak neutralisiert. Darauf setzt man 12 Teile Harnstoff, 3 Teile Dicyandiamid und 10 Teile eines wasserlöslichen Vorkondensates aus 1 Mol Melamin und 2 bis 3 Molen Formaldehyd zu.

Nach einem anderen Beispiel werden 15 Teile Pyrophosphorsäure und 80 Teile Harnstoff zusammen langsam auf 140°C erhitzt und dann bei 140 bis 145°C weitere 15 Teile Pyrophosphorsäure zugesetzt, worauf die Temperatur auf 160°C erhöht wird, bei welcher Temperatur das Reaktionsgemisch etwa während 30 Minuten belassen wird. Hierauf wird auf etwa 100°C abgekühlt und 90 Teile Wasser dem Reaktionsgemisch zugesetzt. Es muss sich das Reaktionsgemisch im Wasser klar lösen. Beim Abkühlen dieser Lösung auf etwa 10°C kristallisiert eine kleine Menge Biuret aus, von welchem abfiltriert wird. Abschliessend wird noch mit Ammoniak auf einen pH-Wert von 8 eingestellt. Die so erhaltene konzentrierte Lösung ist gut haltbar und kann zur Bereitung der Imprägnierungsflotte verwendet werden.

Das Behandlungsbad wird durch Zusammenmischen von 80 Teilen der konzentrierten Lösung mit 10 Teilen eines wasserlöslichen

---

[1]) Siehe auch *Franz. P. 1.060.616* und *DP Anm. C. 6 185/8k* vom 29. Juli 1952 der Ciba-Berger.

Vorkondensats aus Melamin (1 Mol) und Formaldehyd (2–3 Mol) und 20 Teilen Wasser hergestellt. Die geringe Menge fester Stoffe, die sich dabei ausscheiden, bleibt sehr fein dispergiert.

Baumwollgewebe können bei gewöhnlicher Temperatur mit einer solchen Lösung imprägniert werden. Nach dem Abquetschen wird bei etwa 70°C getrocknet und gegebenenfalls noch bei 120 bis 160°C nachgehärtet. Zum Schluss wird mit kaltem Wasser gespült und erneut getrocknet. Auf diese Weise soll eine wasserbeständige Flammfestausrüstung erhalten werden, ohne dass der Griff der Ware oder deren Festigkeit wesentlich beeinträchtigt werden. Unter Umständen kann auch noch durch eine zweite Imprägnierung der Effekt verstärkt werden.

Die Verbesserung der Waschbeständigkeit von Flammfestausrüstungen behandeln auch die *franz. P. 1.114.862* und *1.114.864*[1]) der Ciba (eingereicht am 9. Juli 1954, erteilt am 26. Dezember 1955, veröffentlicht am 17. April 1956, schweiz. Prior. vom 6. August 1953 und 7. August 1953). Das erste Patent empfiehlt zur Erhöhung der Waschbeständigkeit von Flammfestausrüstungen mit Phosphorsäure und Harnstoff oder einem seiner Derivate nach der Imprägnierung und Fixierung der Phosphorsäure, jedoch vor dem Spülen mit Wasser, mit Formaldehyd nachzubehandeln.

Im zweiten Patent wird zur Verbesserung der Waschbeständigkeit von Flammfestausrüstungen auf Basis von Phosphorsäure und Harnstoff oder dessen Derivaten eine Nachbehandlung der imprägnierten Ware mit einem Kondensationsprodukt des Formaldehyds mit Harnstoff oder einem Aminotriazin wie Melamin oder einem ihrer Derivate oder auch mit einem Äther eines solchen Kondensates mit einem niederen Alkohol vorgeschlagen. Anschliessend wird während 5 Minuten bei 150°C getrocknet und abschliessend mit Wasser gespült.

Ferner beschreibt das *brit. P. 772.367* der Ciba die Verbesserung der Waschbeständigkeit von Flammfestausrüstungen nach dem im *brit. P. 761.014* vorgeschlagenen Verfahren. Es handelt sich hier ebenfalls um eine Behandlung mit Formaldehyd. Nach dem Grundpatent (*brit. P. 761.014*) werden Gewebe ohne Beeinträchtigung der Festigkeit oder des Griffes flammfest gemacht, indem man sie mit einer Lösung oder Dispersion eines Salzes des Ammoniaks oder einer unter 200°C siedenden organischen Stickstoffbase und einer Phosphorsäure mit einem kleinern Sauerstoff-Phosphor-Verhältnis als bei der Orthophosphorsäure oder einem Gemisch solcher Salze, einem Kondensationsprodukt eines Aminotriazins und Formaldehyd und Harnstoff oder einem Gemisch aus Harnstoff und Harnstoffderivaten behandelt. Nach dem Imprägnieren wird dann bei erhöhter Temperatur ge-

[1]) Siehe auch die entsprechenden *brit. P. 772.367* und *762.418* sowie *dtsch. Auslegeschriften 1.011.393 C 9731/8k* und *1.011.394 C 9744/8k*, alle der Ciba.

trocknet. Eine solche Flammfestausrüstung ist wohl wasserbeständig und auch beständig gegen das Waschen mit einem neutralen Waschmittel, sofern die Trocknung oberhalb von 100°C erfolgte. Eine alkalische Wäsche, zum Beispiel mit Seife und Soda, soll jedoch den Effekt zerstören.

Die Ciba hat nun gefunden, dass durch eine Formaldehydbehandlung die Fixierung der Stickstoffkomponente auf der Faser verbessert werden kann. Ein so nachbehandeltes Gewebe soll dann einer oder mehreren alkalischen Wäschen widerstehen, sofern nach dem Waschen durch Ionenaustausch das Alkalimetallion aus der Waschlauge wieder durch ein flüchtiges Kation wie das Ammoniumion ersetzt wird. Die Formaldehydbehandlung erfolgt mit Vorteil bei erhöhter Temperatur, das heisst bei 80 bis 150°C und mit Hilfe einer wässerigen Formaldehydlösung. Die Patentschrift gibt etwa das nachstehende Beispiel: Die Imprägnierungslösung wird wie weiter oben unter *brit. P. 747.014* der Ciba durch Zusammenschmelzen von Pyrophosphorsäure und Harnstoff bei 160°C, Neutralisieren der gelösten Schmelze mit Ammoniak und Zusatz eines wasserlöslichen Melamin-Formaldehyd-Vorkondensats hergestellt. Das Gewebe wird mit dieser Imprägnierungslösung bei Raumtemperatur behandelt, abgequetscht, getrocknet und 5 Minuten bei 150°C gehärtet. Darauf wird mit kaltem Wasser gespült. Anschliessend erfolgt dann die Behandlung des gespülten Gewebes mit einer 90°C warmen Lösung aus

5 Teilen 37%igem Formaldehyd
1 Teil Ammoniumchlorid
95 Teilen Wasser

Das Gewebe wird während 15 Minuten in dieser Lösung behandelt und anschliessend gespült und getrocknet.

Die imprägnierte und nachbehandelte Ware wird dann kochend mit einer Flotte von 5 g/l Soda und 2 g/l Seife eine halbe Stunde gewaschen. Nach diesem Waschprozess wird während einer Stunde das Gewebe in eine 5%ige Ammoniumsulfatlösung eingetaucht, gespült und getrocknet.

Zur Verbesserung der Waschbeständigkeit von Flammfestausrüstungen mit nicht zyklischen Verbindungen der Harnstoffgruppe und Phosphorsäuren schlägt die Ciba im *brit. P. 782.418* vor, mit Formaldehydkondensationsprodukten der Aminotriazin- oder Harnstoffgruppe oder Äthern dieser Verbindungen mit niederen Alkoholen nachzubehandeln. Nach dem Waschen muss noch ein Ionenaustausch stattfinden, das heisst die Alkalimetallionen müssen durch solche einer flüchtigen Base, wie etwa Ammoniumionen, ersetzt werden.

So werden zum Beispiel 15 Teile Pyrophosphorsäure und 80 Teile Harnstoff langsam auf 140°C erhitzt und bei 140 bis 145°C weitere 15 Teile Pyrophosphorsäure zugesetzt. Darauf wird während

30 Minuten auf 160°C gehalten. Nach dem Abkühlen auf 100°C gibt man noch 90 Teile Wasser zu. Die sich bildende klare Lösung lässt man dann auf 10 bis 15°C abkühlen, wobei etwas Biuret auskristallisiert, von welchem abfiltriert wird. Zum Schluss wird mit Ammoniak auf pH=8 eingestellt.

Zur Herstellung der Imprägnierungsflotte werden 80 Teile der konzentrierten Lösung, 10 Teile eines Kondensationsprodukts aus 1 Mol Melamin und 2 bis 3 Molen Formaldehyd von guter Wasserlöslichkeit und 20 Teile Wasser zusammengegeben. Baumwolle wird bei Raumtemperatur damit behandelt, abgequetscht, getrocknet und bei 150°C während 5 Minuten gehärtet. Hierauf wird mit Wasser gespült und in eine Emulsion von 20 g/l Melamin-Formaldehyd-Kondensationsprodukt von beschränkter Wasserlöslichkeit und 1 g/l Gelatine eingetaucht. Zum Schluss wird abgequetscht und eine halbe Stunde bei 90°C getrocknet. Das so ausgerüstete Gewebe weist einen weichen Griff auf.

Das *amer. P. 2.781.281* (12. Februar 1957) der Ciba – Berger bezieht sich auf die Flammfestausrüstung mit Harnstoff-Phosphorsäure-Kondensaten und Methylolmelaminen. Nach diesem Verfahren sollen sich vor allem beständige Imprägnierungsbäder erhalten lassen, und auch der Griff der Ware soll nicht beeinträchtigt werden. Es werden zwei Lösungen verwendet, und zwar

eine wässerige Lösung eines Reaktionsproduktes des Harnstoffs mit Ortho-, Meta- oder Pyrophosphorsäure mit 12 bis 48% (vorzugsweise 24 bis 38%) Trockengehalt, und

eine wässerige Lösung von Methylolmelamin oder Methylolderivaten von Melaminabkömmlingen in einer Konzentration von 2 bis 18% (vorzugsweise 4 bis 12%).

Vor Gebrauch werden diese beiden Lösungen miteinander gemischt, wobei das Mischungsverhältnis zwischen der Harnstoff-Phosphatlösung und der Methylolmelaminlösung zwischen 3:1 und 6:1 betragen soll. Der pH-Wert des Imprägnierungsbades wird auf 8 eingestellt, wodurch dieses dann mehrere Tage haltbar ist. Für die Erzielung eines befriedigenden Flammfesteffektes sind mindestens 6% Gewichtszunahme der Ware nötig. Durch ein Trocknen bei 70°C ist die Ausrüstung wasserbeständig, und es kann weder eine Festigkeits- noch eine Griffbeeinflussung festgestellt werden. Eine waschbeständige Ausrüstung erfordert ein Erhitzen auf 120 bis 160°C.

Die Patentschrift gibt etwa die folgende Vorschrift: Durch Einwirkenlassen von Pyrophosphorsäure auf Harnstoff wird ein Kondensationsprodukt erhalten, das nach dem Abkühlen filtriert wird und dann mit Ammoniak auf pH=8 eingestellt wird. Ferner wird ein Mol Melamin mit 2 bis 3 Molen Formaldehyd zur Reaktion gebracht und das Vorkondensat in Wasser gelöst. Ein Baumwollgewebe wird mit einer Lösung geklotzt, die 36% des Harnstoff-Phosphat-Kondensates und 9% Methylolmelamin enthält. Darauf wird bei 70°C getrocknet und anschliessend während 5 Minuten auf 150°C erhitzt.

Als Referenzen zu obigem Patent werden genannt:

Brit. P. 638.434 der Amer. Cyanamid (1950), welches die Imprägnierung von Zellulosematerialien mit Aminotriazinpyrophosphat empfiehlt.

Amer. P. 2.305.035 der Sylvania Ind. (1942), das eine Flammfestausrüstung mit Alkanolamin-Guanidin-Phosphat zum Gegenstand hat.

Amer. P. 2.452.054 der Albi Manufacturing Co. (1948), das ein Flammfestmittel mit Phosphorsäure, Formaldehyd und Harnstoff beschreibt.

Amer. P. 2.464.342 von Pollak und Fasal (1949), das Ammoniumpyrophosphat und ein Melamin-Formaldehyd-Kondensat zur flamm- und wasserfesten Ausrüstung vorschlägt.

Die Pyrovatex-Ausrüstung der Ciba

Die Pyrovatex-Ausrüstung bezweckt eine flamm- und glimmfeste Ausrüstung von Textilien unter möglichster Erhaltung ihrer ursprünglichen textilen Eigenschaften. Es stellt eine modifizierte Harnstoff-Phosphat-Ausrüstung dar und verwendet ein Appreturbad folgender Zusammensetzung:

1 Teil Pyrovatex-Base wird mit
2 Teilen Wasser von 40 bis 70°C gelöst und mit
8 Teilen Pyrovatex-Grund gemischt.

Ein solches Bad soll etwa 8 Stunden haltbar sein. Wird eine erhöhte Flüssigkeitsaufnahme beim Foulardieren, zum Beispiel bei der Ausrüstung leichter Textilien gewünscht, so kann auch der nachstehende Ansatz gemacht werden:

1 Teil Pyrovatex-Base wird in
1 Teil Wasser von 40 bis 70°C unter Umrühren gelöst.
Diese Lösung gibt man nach dem Abkühlen zu einer Lösung von
0,1 Teil Gelatine in
0,9 Teil Wasser. Darnach wird vermischt mit
8 Teilen Pyrovatex-Grund.

Zur Appretur gelangt eine gut gereinigte, trockene Ware, die mit einer der obigen Flotten behandelt wird. Anschliessend wird auf rund 100% abgequetscht und getrocknet. Bei Leinen und Jute ist es oft nicht möglich, in einem Arbeitsgang eine Gewichtszunahme von 100% zu erzielen, so dass es notwendig wird, nach einer Zwischentrocknung das Gewebe nochmals mit der gleichen Lösung zu foulardieren.

Die nachfolgende Hitzebehandlung ist für die Beständigkeit der Appretur wesentlich. Es hat sich gezeigt, dass die besten Resultate durch eine Härtung während 5 Minuten bei 150 bis 160°C erhalten werden. Wird bei niedrigeren Temperaturen gehärtet, so werden von der Ciba die nachstehenden Härtungsbedingungen vorgeschlagen:

6 bis 8 Minuten bei 140 bis 150° C
8 bis 10 Minuten bei 135 bis 140° C
10 bis 15 Minuten bei 130 bis 135° C.

Nach dem Härten lässt man die Ware vorteilhaft einen Tag liegen und wäscht sie dann mit weichem Wasser aus. Steht kein solches zum Auswaschen zur Verfügung, so kann dem Hartwasser entsprechend dem Kalkgehalt Ammoniumkarbonat und etwas Ammoniak zugesetzt werden, wodurch die Kalziumsalze ausgefällt werden. Üblicherweise wird dann mit

2 bis 5 g/l Ammoniumkarbonat und
2 bis 3 g/l konz. Ammoniak

gearbeitet.

Die mit Pyrovatex ausgerüsteten Gewebe aus Baumwolle, Zellwolle, Kunstseide, Leinen, Jute oder Wolle sind gut flammfest und glimmfest. Der erzielte Effekt ist auch wasser- und trockenreinigungsbeständig. Ferner wird durch ein Waschen mit nichtionogenen Waschmitteln die Wirksamkeit kaum herabgesetzt. Durch die Pyrovatex-Ausrüstung erhält das Gewebe einen vollen, angenehmen Griff und der Gewebecharakter sowie dessen Luftdurchlässigkeit werden nicht verändert. Ebenfalls tritt keine Verschleierung der Färbungen und Drucke ein. Die Reissfestigkeit soll durch die Behandlung nur wenig herabgesetzt werden. Als weiterer Vorteil wird angegeben, dass so ausgerüstete Gewebe verrottungsbeständig sind und wenn erwünscht auch mit *Phobotex FT* oder *Migasol PJK neu konz.* noch nachträglich wasserabstossend gemacht werden können. Durch Zugabe von *Oremafarbstoffen* zur Imprägnierungsflotte ist ferner ein gleichzeitiges Färben möglich.

Das nach dem Pyrovatex-Verfahren ausgerüstete Gewebe unterliegt ebenfalls dem Ionenaustausch, das heisst bei Behandlung der Gewebe in Metallsalzlösungen werden die Stickstoffverbindungen durch Metallionen ersetzt, wodurch die flammenhemmende Wirkung weitgehend verlorengeht. Man kann aber durch eine Nachbehandlung der flammfest ausgerüsteten Ware mit *Lyofix A*, das heisst einem Trimethylolmelamin, die Regenerationsfähigkeit permanent gestalten. Zu diesem Zwecke werden die mit Pyrovatex-Grund und Pyrovatex-Base ausgerüsteten und gut gespülten Gewebe mit 50 g/l *Lyofix A* nachbehandelt, abgepresst und dann während 5 Minuten bei 120 bis 125° C gehärtet. So behandelte Gewebe können ohne Nachteil mit Seife kochend gewaschen werden, sofern das gewaschene Material anschliessend noch eine halbe Stunde in eine kalte 5%ige Ammoniumsulfatlösung eingelegt und dann mit Weichwasser oder mit Ammoniumkarbonat und Ammoniak versetztem Hartwasser gespült wird. Dadurch erfolgt wiederum ein Ionenaustausch d. h. Ersatz der Metallionen (Alkalimetallionen) durch Ammoniumionen, wodurch die ursprüngliche Flammfestigkeit zurückgewonnen wird.

Färbungen mit substantiven Farbstoffen sollen in gewissen Fällen durch die Pyrovatex-Ausrüstung gewisse Nuanceänderungen erleiden oder in ihrer Lichtechtheit beeinträchtigt werden. Es ist daher in solchen Fällen die Vornahme einer Probeausrüstung angezeigt. Echte Färbungen, wie etwa Küpen- oder Naphtol AS-Färbungen, sollen jedoch nicht verändert werden.

Die Reaktion zwischen der Zellulose und Phosphaten und Harnstoff wurde von A. C. Nuessle, F. M. Ford, W. P. Hall und A. L. Lippert[1]) eingehend untersucht. Diese Untersuchungen zeigten, dass bei der Einwirkung von Phosphorsäure und Harnstoff auf Zellulose bei Temperaturen unterhalb von 170°C während einer Zeit, in der der Harnstoff während der ganzen Reaktionsdauer in geschmolzenem Zustande vorliegt, sich in erster Linie ein saures Monoammoniumzellulosephosphat der folgenden Formel bildet:

$$\text{Zell–O–P}\begin{smallmatrix}\diagup \text{OH} \\ =\text{O} \\ \diagdown \text{ONH}_4\end{smallmatrix}$$

Bei höheren Temperaturen kann der Harnstoff in Cyanursäure übergehen, wodurch natürlich die Reaktionsbedingungen wesentlich geändert werden. Wird eine organische Stickstoffbase zum Bad zugesetzt, so entstehen ähnliche Estersalze, bei welchen jedoch das Ammoniak durch die organische Base ersetzt wird.

Unter strengeren Härtungsbedingungen, und zwar besonders beim Erhitzen auf Temperaturen von mehr als 170°C oder bei langer Härtungsdauer bei tieferen Temperaturen bilden sich komplexere Zellulosederivate etwa vom Typus der Zellulose-amido-phosphate. Als mögliche Reaktionsprodukte einer solchen strengeren Härtung nennen die Autoren zum Beispiel Zellulosediamidophosphat der Formel:

$$\text{Zell–O–P}\begin{smallmatrix}\diagup \text{NH}_2 \\ =\text{O} \\ \diagdown \text{NH}_2\end{smallmatrix}$$

oder durch Polymerisation des Harnstoffs zu einer höhermolekularen Base, wie Biuret, Cyanursäure, oder Melamin-Verbindungen wie:

$$\text{Zell–O–P}\begin{smallmatrix}\diagup \text{OH} \cdot \text{NH}_2 \cdot \text{CO} \cdot \text{NH} \cdot \text{CO} \cdot \text{NH}_2 \\ =\text{O} \\ \diagdown \text{OH}\end{smallmatrix}$$

oder schlussendlich ist auch die Bildung von Zellulosekarbamat nicht ausgeschlossen:

$$\text{Zell–O–}\overset{\overset{\text{NH}_2}{|}}{\text{C}}\text{=O}$$

---

[1]) Text. Res. J. *26* (1956), 1 S. 32–39.

Die sich bildenden Estersalze des Ammoniaks oder einer organischen Base unterliegen einem Ionenaustausch, wobei aber nicht nur ein Ersatz durch Metallionen, sondern auch von Wasserstoffionen unter Bildung des sauren Esters möglich sein soll.

Die Verwendung eines Gemisches von Phosphorsäure oder Phosphaten und einer organischen Stickstoffverbindung für die Erzielung eines Flammfesteffektes wurde aber noch von weiteren Firmen als Ciba und Bancroft & Sons Co. vorgeschlagen. So empfiehlt das *amer. P. 2.692.203* der Heyden Chem. Corp. als Flammschutzmittel für Zellulosefasern ein Reaktionsprodukt aus einem zweibasischen Säureamid, wie etwa Harnstoff, einem hygroskopischen Polyalkohol als Weichmacher, wie etwa Glyzerin und Phosphorsäure, oder einem Phosphat, wie Diammoniumphosphat. Im *franz. P. 1.100.929* (vom 9. März 1954/13. April 1955) schlagen Bozel-Maletra ein Flammfestverfahren für Baumwolle und Kunstseide vor, bei welchem ein Amid, Karbamid oder Ammoniumsalz einer Ortho- oder Polyphosphorsäure, die auch teilweise mit einem ein- oder mehrwertigen Alkohol verestert sein kann, verwendet wird. Die Kondensation auf dem Textilgut kann auch in Gegenwart eines zusätzlichen Puffers, wie Harnstoff, erfolgen.

Verfahren mit anderen organischen Basen

Die Verwendung anderer organischer Stickstoffverbindungen als Harnstoff bildet gleichfalls den Gegenstand verschiedener Patente. So empfiehlt die American Cyanamid Co. im *brit. P. 638.434* ein Flammfestverfahren mit Melamin-Pyrophosphat. Obschon es möglich ist, die wirksame Melamin-Pyrophosphat-Verbindung für sich allein herzustellen, soll es günstiger sein, diese Verbindung erst auf der Faser entstehen zu lassen, statt sie in Form einer wässerigen Suspension auf die Ware zu bringen. Die Ware wird daher in einem Bad imprägniert, welches beim nachträglichen Erhitzen die Bildung von Aminotriazin-Pyrophosphat auf der Faser erlaubt. Durch Zugabe von Harnstoff oder Hexamethylentetramin soll sich eine zu starke Verschlechterung der Dehnbarkeit durch das Erhitzen vermeiden lassen.

Auch im *franz. P. 952.169* (vom 10. November 1949) schlägt die American Cyanamid Co. – A. Mac Millan das Flammfestmachen von Geweben mit Pyrophosphaten des Melamins vor. In einem Beispiel der Patentschrift wird die Ware mit einer Mischung aus einer Suspension von 50 g Melaminpyrophosphat in 150 g Wasser und einer Lösung von 28 g Trimethylolmelamin in 150 g Wasser imprägniert, bei 60°C getrocknet und anschliessend während 4 Minuten auf 140°C erhitzt. Das Gewebe soll dabei eine Gewichtszunahme von 25 bis 28% erfahren. Eine solche Ware soll nicht mehr brennbar sein und der Effekt einer Wäsche widerstehen. Es soll aber auch möglich sein, die einzelnen Komponenten nacheinander auf die Fasern zu bringen.

Ebenfalls im *amer. P. 2.418.525* von F. Pollak wird eine Kombination von Melamin und Phosphorsäure zur Flammfestausrüstung von Geweben beschrieben. Der damit erzielbare Effekt soll einem mehrmaligen Waschen widerstehen, was auf die Tatsache zurückgeführt wird, dass Melamin mit den Phosphorsäuren, und zwar besonders mit Pyrophosphorsäure nach einer Wärmebehandlung unlösliche Salze bildet. Es soll sich ein weisser, unlöslicher Niederschlag bilden, der fest auf der Faser haftet und nicht mehr durch eine Wäsche entfernt werden kann. Es wird also hier nicht mehr von einer Esterbildung zwischen der Phosphorsäure und der Zellulose gesprochen, wie dies ganz allgemein bei der Behandlung von Zellulose mit Phosphorsäuren in Gegenwart einer organischen Stickstoffverbindung, wie etwa Harnstoff, angenommen wird. Ob hier nicht doch auch teilweise eine solche Esterbildung stattfindet, wäre wohl noch abzuklären.

Durch die Phosphorsäure werden nach den Patentangaben die Zellulosefasern gequollen und dadurch für die Aufnahme des Melamins vorbereitet. Der Melamin-Pyrophosphat-Komplex ist alkaliempfindlich und auch gegenüber Salzen und gewissen Säuren nicht beständig. Um diesen Nachteil zu beheben, wird empfohlen, die Ware vorher oder nachher mit einem Harnstoff- oder Thioharnstoff-Formaldehyd-Kondensationsprodukt zu behandeln.

Nach einem Beispiel der Patentschrift werden

76 Teile Thioharnstoff bei 40° C in
112,5 Teilen Formaldehydlösung gelöst.
Nach beendigter Reaktion gibt man
190 Teile Wasser und
30 Teile Melamin zu.

Mit dieser Lösung wird die Fixierung der Pyrophosphorsäure vorgenommen. Zu diesem Zwecke wird das Gewebe zunächst mit einer 5%igen Pyrophosphorsäure-Lösung imprägniert, geschleudert oder abgepresst und dann in die oben beschriebene Melamin-Thioharnstoff-Formaldehyd-Lösung gebracht. Durch eine Härtung bei 120 bis 140° C erfolgt dann die Bildung des Melamin-Pyrophosphatkomplexes.

Als Referenzen nennt die Patentschrift die nachfolgenden Patente:

Amer. P. 1.924.181 von Cutler über Flammfestausrüstungen auf Kunstharzbasis.

Amer. P. 2.368.451 der General Electric über die Verwendung von Melamin-Formaldehyd-Kondensaten als flammenhemmende Mittel.

Brit. P. 501.514 (1939) der American Reinforced Paper Co. über die Kunstharzimprägnierung von Papier.

Ebenfalls das *amer. P. 2.421.218* von F. Pollak hat die Flammfestausrüstung von Geweben mit Phosphorsäure-Melamin-Komplexen zum Gegenstand. So wird das Gewebe vorgängig mit einer 5%igen Pyrophosphorsäurelösung foulardiert, leicht angetrocknet und dann durch eine Methylolmelaminlösung genommen. Es bildet sich dabei auf den Fasern ein weisser Niederschlag, der bei der nachfolgenden Hitzebehandlung einen gleichmässigen, gut haftenden Harzüberzug liefert.

Die Verwendung von Cyanamid mit Phosphorsäure wird zum Beispiel im *amer. P. 2.530.261* (vom 14. November 1950) der Courtaulds Ltd. für die Flammfestausrüstung und Knitterfestbehandlung von Zellulose- und Eiweissfasern vorgeschlagen. Darnach werden die Fasern, Garne oder Gewebe mit einer Lösung behandelt, die

5 bis 40% einer nichtflüchtigen, starken Mineralsäure und
8 bis 25% Cyanamid

enthält, abgeschleudert oder abgepresst und bei 50 bis 80°C getrocknet. Nach dem Trocknen wird noch bei einer Temperatur von 80 bis 160°C gehärtet. Die Stabilisierung erfolgt durch 2stündiges Waschen mit Hartwasser oder Weichwasser mit einem Zusatz von 0,5 g/l Natriumkarbonat oder 0,1 g/l Soda.

Der so erzielbare Flammfest- und Knitterechteffekt ist wasserbeständig und widersteht auch einer leichten Seifenwäsche.

Eine waschbeständige Flammfestausrüstung wird nach den Angaben des *amer. P. 2.779.691* (29. Januar 1957) der American Cyanamid-Loukomsky mit den Salzen des Guanylmelamins mit Pyrophosphorsäure erhalten. Durch Einwirkenlassen von wasserfreier Chlorwasserstoffsäure auf Dicyandiamid wird bei 100 bis 150°C Guanylmelaminhydrochlorid erhalten. Das wasserunlösliche Pyrophosphat wird in der Faser ausgefällt. Man arbeitet dabei nach dem Zweibadverfahren, das heisst, zunächst wird mit einer Guanylmelaminhydrochlorid-Lösung imprägniert und anschliessend mit Pyrophosphorsäure oder einem ihrer Salze behandelt. Um ein Stauben des Guanylmelaminpyrophosphats zu verhindern, empfiehlt es sich, noch ein wärmehärtbares Kunstharz, wie etwa methyliertes Methylolmelamin, als Fixierungsmittel zuzusetzen. Es kann dieses Kunstharz in einer Nachbehandlung auf die Ware gebracht werden, oder aber das gefällte Guanylmelaminpyrophosphat in der Kunstharzlösung suspendiert werden.

In der Patentschrift findet sich etwa nachstehendes Beispiel: Die Ware wird mit einer 20%igen Lösung von Guanylmelaminhydrochlorid imprägniert, getrocknet und anschliessend dreimal durch eine 10%ige Dinatriumpyrophosphatlösung genommen. Nach erneuter Trocknung wird eine 5%ige Lösung von methyliertem Methylolmelamin aufgeklotzt, getrocknet und gehärtet.

Als Referenzen werden von dieser Patentschrift die nachfolgenden Patente genannt:

Amer. P. 2.305.035 (1942) der Sylvania Ind. Corp., welches Alkylolaminguanidinphosphat als Flammschutzmittel vorschlägt.

Amer. P. 2.418.525 (1947) von Pollak, nach welchem Textilien flammfest, wasserfest und fäulnisbeständig gemacht werden, indem man sie mit Pyrophosphorsäure und Melamin behandelt.

Amer. P. 2.421.218 (1947) von Pollak, das eine flammfeste, wasserbeständige Ausrüstung mit wasserunlöslichem Melaminpyrophosphat beschreibt, dessen Fixierung mit Hilfe von Melamin-Formaldehyd-Kondensaten erfolgt.

Amer. P. 2.537.840 (1951) der American Cyanamid Corp., das die Herstellung von Guanylmelaminhydrohalogeniden aus Dicyandiamid und einer wasserfreien Halogenwasserstoffsäure zum Gegenstand hat.

In der *DP Anm. F 11 192/38h* beschreiben die Farbenfabriken Bayer AG Flammschutzmittel aus Salzen von Phosphorsäuren, die wasserärmer als Orthophosphorsäure sind, wie Pyro- und Metaphosphorsäure, und basischen Kondensationsprodukten von Aldehyden. Als Aldehyde eignen sich besonders die niederen aliphatischen Aldehyde wie Formaldehyd oder auch Formaldehydspender. Die basischen organischen Stickstoffverbindungen sollen in nicht zyklischer Form die Gruppe $HN = C = (N=)_2$ enthalten. Es kommen also hier Guanidin, Dicyandiamid oder Dicyandiamidin in Betracht.

NH_2	NH_2	NH_2
C=NH	C=NH	C=NH
NH_2	NH · CN	$NH \cdot CO \cdot NH_2$
Guanidin	Dicyandiamid	Dicyandiamidin

Die Kondensation der auf das Gewebe gebrachten Schutzmittel erfolgt in saurem Medium.

Da es sich hier um in Wasser schlecht lösliche Phosphate handelt, erfolgt die Anwendung entweder in Form einer Dispersion oder in organischen Lösungsmitteln oder auch in Form eines feinen Pulvers. Es ist aber auch möglich, die Phosphate erst auf der Faser zu erzeugen, indem die einzelnen Komponenten einzeln aufgebracht werden. Zur Verminderung der Entflammbarkeit von Zellulose- und Eiweissfasern wird nach den Angaben der *DP Anm. p 29 742/8 k* von J. Bancroft & Sons Co. die Ware mit einer wässerigen Lösung nachfolgender Zusammensetzung behandelt:

a) Eine anorganische mehrbasische Säure oder deren Salze mit leichtflüchtigen Kationen (Ammonium-, Aminsalze). Die Säuren dürfen weder Sauerstoff noch Halogene abspalten. In erster Linie kommen Phosphorsäuren, Schwefelsäure und phosphorige Säure in Betracht.

b) Eine organische Stickstoffverbindung, die unter den gegebenen Ausrüstungsbedingungen nicht flüchtig ist, gegenüber der unter a) genannten Säure basisch reagiert und auf 1 Stickstoffatom nicht mehr als 2 Kohlenstoffatome aufweist. Geeignete Stickstoffverbindungen sind etwa Harnstoff, Biuret, Cyanacetamid, Semikarbazid, Dicyandiamid, Azetamid, Formamid, Melamin und andere mehr.

Es ist auch möglich, die beiden Komponenten vor dem Auflösen in Wasser miteinander zu mischen und zu erhitzen. Die Imprägnierungs- und Härtungsbedingungen sind so zu wählen, dass die Fasern 30 bis 70 Gewichtsprozente Säure und Stickstoffverbindung aufnehmen. Der Stickstoffgehalt der Fasern sollte um 0,25 bis 6% steigen. Die Hitzebehandlung erfolgt während 3 bis 15 Minuten bei Temperaturen zwischen 120 und 200°C. Dabei gehen die beiden Komponenten eine chemische Bindung mit der Faser ein, die noch durch die Anwesenheit eines Aldehyds verstärkt werden kann.

Ein weiteres Knitterecht- und Flammfestmittel soll nach den Angaben des *belg. P. 552.027* (vom 23. Oktober 1956, dtsch. Prior. vom 24. Oktober 1955 und 21. August 1956) der Farbenfabriken Bayer AG aus phosphorsäurehaltigen Lösungen von Kondensationsprodukten aus 1 Mol einer Verbindung mit einer $HN=C=(N=)_2$-Gruppe im Molekül und 0,6 bis 0,8 Mol Formaldehyd bestehen. Die imprägnierten Textilien werden bei 40 bis 70°C getrocknet und dann zur Aushärtung des Harzes auf 90 bis 100°C erhitzt.

So wird zum Beispiel eine Suspension von

840 Teilen	Dicyandiamid in
900 Teilen	30%igem Formaldehyd auf 90°C erwärmt, bis eine klare Lösung erhalten wird. Diese versetzt man innerhalb 2 Stunden tropfenweise mit einer Mischung von
1200 Teilen	90%iger Orthophosphorsäure und
100 Teilen	Wasser, worauf noch weitere 30 Minuten bei 90°C gehalten wird.

Beim Abkühlen entsteht eine zähe Flüssigkeit, die dann als Flammfest- und Knitterechtmittel Verwendung finden kann.

Das *öster. P. 190.270* (eingereicht am 15. Februar 1955, veröffentlicht am 15. Februar 1955, dtsch. Prior. vom 19. Februar 1954) der Bayer AG behandelt ein Flammfestverfahren mit stickstoffhaltigen Verbindungen der Gruppierung

$$HN=C\begin{matrix}\diagup N\langle \\ \diagdown N\langle\end{matrix}$$

Phosphorsäure und Aldehyden. Auf ein Mol der Stickstoffverbindung lässt man dabei 0,6 bis 0,8 Mol Aldehyd einwirken. So suspendiert man zum Beispiel 840 Teile Dicyandiamid in 700 Teilen einer 30%igen Formaldehydlösung und bringt es durch Erwärmen auf 80°C zur

Lösung. Nach dem Abkühlen auf 45°C gibt man innert 2 Stunden tropfenweise die Phosphorsäure zu und rührt noch zwei Stunden bei 45°C. Das entgaste Reaktionsprodukt kann mit 75 Teilen eines Polyäthylenpolyamins noch stabilisiert werden. Dieses Polyäthylenpolyamin erhält man durch Umsetzen von Äthylenchlorid mit Ammoniak.

Ein Flammfestmittel für Zellulosetextilien, welches aus einer Mischung von Harnstoffphosphat, einem Katalysator vom Pyridintyp, wie Pyridin, Alkylpyridin oder Knochenöl, einem Polyalkylenätherglykol, wie Polyäthylenglykol oder -propylenglykol, einem Glykolmonoäthyläther vom Typ der Cellosolve, einem Glykolmonobutyläther vom Typ der Butylcellosolve, ein Netzmittel und Wasser besteht, bildet den Gegenstand der *brit. P. 856.360* und *belg. P. 578.591* (amer. Prior. vom 26. September 1958) von E. L. Donahue. Die Pyridinverbindung muss in einer solchen Menge vorhanden sein, um eine genügende Katalysierung der Veresterungsreaktion zwischen Zellulose und Harnstoffphosphat zu gewährleisten. Nach den Angaben der Patente kann etwa mit folgenden Ansätzen gearbeitet werden:

25 g Harnstoffphosphat
7 g Cellosolve
0,2 g Pyridinverbindung
0,2 g Natriumalkylarylsulfonat als Netzmittel
65 g Wasser

oder

33 g Harnstoffphosphat
9,2 g Butylcellosolve
0,1 g Pyridin
0,1 g Alkylarylsulfonat
70 g Wasser

Die Baumwolle wird mit dieser Lösung imprägniert, die überschüssige Lösung zwischen zwei Gummiwalzen abgequetscht, so dass eine Aufnahme von 75 bis 100% Imprägnierlösung auf das Warengewicht berechnet erhalten wird. Die Veresterung der Zellulose erfolgt dann nach dem Trocknen durch Erhitzen auf 151 bis 171°C während 2 bis 12 Minuten. Die Pyridinverbindung katalysiert nicht nur die Veresterung der Zellulose, sondern schützt diese auch vor einem Säureabbau. Nach der Härtung wird noch gut ausgewaschen.

Polyvinylpyridiniumphosphat wird im *amer. P. 2.992.942* (31. Mai 1957/18. Juli 1961) der Dow Chemical Co. – R. R. Dreisbach und J. L. Lang als Flammfestmittel für Zellulosematerialien empfohlen. Das Gewebe wird aus wässeriger Phase mit einem Polyvinylpyridiniumphosphat imprägniert, und anschliessend werden die restlichen sauren Anteile durch Behandlung mit verdünnter Alkalilösung entfernt. Die Fixierung wird bei 100 bis 160°C während 5 bis 30 Minuten durchgeführt. Auf 1 Teil Phosphorsäure werden mindestens zwei Teile Polyvinylpyridin genommen. Es wird so gearbeitet, dass die imprägnierte Ware mindestens 0,5% Phosphor aufweist. Es können bei diesem Verfahren direkt die wässerigen Lösungen von Polyvinylpyridiniumphosphat und Phosphorsäure oder auch die bei der Herstellung anfallenden Polyvinylpyridin-Latices verwendet werden.

Das *amer. P. 2.784.159* (eingereicht am 23. Dezember 1952, veröffentlicht am 5. März 1957) der American Cyanamid Corp. – Fluck und Moretti bezieht sich auf ein Flammfestverfahren für Textilien aus nativer und regenerierter Zellulose, das eine Mischung aus 100 Teilen Diammoniumphosphat, 1 bis 15 Teilen Hexamethylentetramin und 5 bis 100 Teilen Dicyandiamid verwendet. Ferner wird noch 0,2 bis 8%, vornehmlich 0,4 bis 5% einer Verbindung zugesetzt, die durch Anlagerung von 2 bis 10 Mol Alkylenoxyd von 2 bis 4 Kohlenstoffatomen im Molekül und vorteilhaft von 3 bis 7 Mol Äthylenoxyd an ein Gemisch von Alkylaminsalz und Alkylguanidinsalz einer N-Alkylkarbaminsäure erhalten wird[1]). Die Alkylreste dieser Komponenten sollen zwölf und mehr Kohlenstoffatome aufweisen, wobei besonders Oktadecylreste empfohlen werden. Es empfiehlt sich, das polyoxyalkylierte Aminsalzgemisch nicht für sich allein sondern einen Verschnitt anzuwenden, der sich aus 20 bis 24 Teilen dieser Komponente und 1 bis 5 Teilen einer anionaktiven Substanz wie etwa dem Dinatriumsalz des Sulfo-N-Oktadecylsuccinmonoamid zusammensetzt. Die Flammfestimprägnierung erfolgt mit einer mindestens 10%igen wässerigen Lösung dieses Gemisches, so dass sich nach der Behandlung mindestens 7%, besser noch 10 bis 15% Flammschutzmittel auf der Ware befindet. Die so ausgerüstete Ware weist einen guten Flammschutz ohne Beeinträchtigung des Griffs oder wesentliche Faserschwächung auf, doch ist der Effekt nicht waschbeständig.

Im *belg. P. 542.559*[2]) (vom 4. November 1955, schweiz. Prior. vom 5. November 1954) der J. R. Geigy AG wird als Flammschutzmittel für Zellulosetextilien eine Mischung empfohlen, die aus einem wasserlöslichen Phosphorsäurederivat und einem Methylolmelamin besteht. Beim Phosphorsäurederivat sollte mindestens eine Hydroxylgruppe durch Ammoniak oder ein primäres aliphatisches Amin abgesättigt sein. Die übrigen Hydroxylgruppen können durch andere aliphatische Amingruppen oder durch Alkoxy- oder Alkylreste besetzt sein, wobei die Alkylreste nicht mehr als 4 Kohlenstoffatome enthalten sollten. Beim Methylolmelamin handelt es sich vorzugsweise um ein veräthertes Derivat, wobei 2 bis 3 Methylolgruppen veräthert sein sollten. So werden etwa Gemische von Phosphorsäurederivaten mit 2 Molen Monomethylamin und einem niederen Alkyl-

---

[1]) Siehe auch *amer. P. 2.427.242*.

[2]) Siehe auch *brit. P. 790.663* der J. R. Geigy.

rest und von veräthertem Methylolmelamin in wässeriger Lösung angewandt oder auch in der wässerigen Phase einer Dispersion einer Polyvinylverbindung und Metalloxyden aus der 4. bis 8. Gruppe des periodischen Systems. Im letzteren Falle handelt es sich also um eine Kombination zweier Typen von Flammfestausrüstungen. Zur Erzielung und Fixierung des Effektes muss auf Temperaturen über 80° C erhitzt werden.

Die *amer. P. 2.632.741* bis *2.632.743* (eingereicht am 19. Januar 1952, erteilt am 24. März 1953) der Armstrong Cock Co. beschreiben Flammfestmittel zum Überziehen von Fasermaterialien, die ebenfalls neben Phosphorsäure ein Amid-Aldehyd-Kondensatharz enthalten. So werden für das Beschichten von Fasermaterialien wässerige Dispersionen verwendet, die die nachstehenden Komponenten enthalten:

1 Teil Monokalziumphosphat
1 bis 3 Teile eines Stärkeproduktes
ein Dicyanamid-Aldehyd-Kondensatharz aus 2,2 Teilen Dicyandiamid und 7,1 Teilen Formaldehyd

sowie unter Umständen noch

0,7 Teil Phosphorsäure
und verschiedene Hilfsmittel wie Dispergiermittel, Füllmittel usw.

Man kann auch zum Beispiel 10 Teile des Kondensatharzes mit 15 Teilen des Stärkeproduktes vorgängig miteinander auf Temperaturen von 80 bis 95° C während 5 bis 30 Minuten erhitzen.

Die so erhältliche Dispersion soll heiss verwendet werden, etwa bei einer Temperatur von 175° C.

c) Verfahren mit Phosphorsäureestern

Für die Flammfestausrüstung von Textilien wurden auch in zahlreichen Patenten Ester der Phosphorsäure mit meistens mehrwertigen Alkoholen vorgeschlagen. Besonders eine Mischung dieser Ester mit Polyalkyleniminen wird vorgeschlagen. So wurden zum Schutze dieses Verfahrens von der Imp. Chem. Ind. als Erfinder die nachstehenden Patente genommen: Das *brit. P. 596.306* beschreibt eine waschfeste und flammensichere Ausrüstung von Textilien aus Zellulosefasern, die dadurch gekennzeichnet ist, dass man die Ware mit einer höchstens 12%igen Lösung von Polyäthylenimin imprägniert und anschliessend durch eine 10%ige Lösung von Pentaerythrittetraorthophosphat nimmt. Je nach Bedarf kann sich dieser Behandlung noch eine Imprägnierung mit einem verätherten oder unverätherten Alkylolmelamin wie Hexamethylolmelamin oder Triäthylolmethylmelamin anschliessen. In diesem Falle ist noch ein Härten des Melaminharzes bei 100° C notwendig.

Das *brit. P. 633.441* (vom 19. Dezember 1949) der Imp. Chem. Ind. behandelt ein analoges Verfahren. Auch hier erfolgt zunächst eine Imprägnierung des Textilguts mit einer Polyäthyleniminlösung, an welche sich eine solche mit einer wässerigen Lösung eines Phosphorsäureesters des Pentaerythrits, von Polypentaerythrit oder Inosit und eines quaternären Ammoniumsalzes mit mindestens einem langkettigen Alkylrest anschliesst. Es ist auch möglich, die Behandlung der Ware mit der quaternären Ammoniumverbindung zwischen die Polyäthylenimin- und die Phosphorsäureester-Behandlung zu schalten.

So wird etwa ein Baumwollgewebe mit einer 10%igen alkoholisch-wässerigen Polyäthyleniminlösung am Rückfluss während einer Stunde behandelt, abgequetscht und während 7½ Minuten mit Infrarotlampen getrocknet. Hierauf wird in eine 10%ige Lösung von Cetyltrimethylammoniumbromid eingegangen, abgequetscht und anschliessend in eine 10%ige Lösung von Pentaerythrittetraorthophosphat während einer Stunde eingelegt. Die Behandlung mit dem quaternären Ammoniumsalz dient in erster Linie zur Verbesserung des Griffs. Nach den Patentangaben soll der nach dieser Methode erzielbare Flammfesteffekt einer Seifenwäsche mit 2,5 g/l Seife und einer Badtemperatur von 40 bis 50° C widerstehen.

Das *amer. P. 2.470.042* (vom 10. Mai 1949) der Imp. Chem. Ind. entspricht etwa dem *brit. P. 596.306* und schlägt in einem ersten Arbeitsgang die Behandlung der Ware mit einer 8 bis 12%igen Polyäthyleniminlösung vor, der sich eine solche mit dem Phosphorsäureester anschliesst. Zwischen beiden Arbeitsgängen wird getrocknet. Als Phosphorsäureester erwähnt die Patentschrift etwa Dipentaery-, thrithexaorthophosphat. Eine Nachbehandlung mit einem Polyalkoxymethylmelamin wie etwa Triäthoxymethylmelamin mit anschliessender Härtung bei 100° C erlaubt eine Herabsetzung des Polyäthylenimingehaltes auf 5% und führt zu einer Verbesserung der Waschbeständigkeit des Ausrüsteffektes.

Im *amer. P. 2.472.335* wird empfohlen, Baumwollgewebe mit einer 10%igen Polyäthyleniminlösung kochend zu behandeln, anschliessend längere Zeit zu dämpfen und abschliessend durch eine Lösung von 5% Pentaerythrittetraorthophosphat zu nehmen.

Ebenfalls das *franz. P. 919.288* der Imp. Chem. Ind. gibt ein dem *brit. P. 596.306* entsprechendes Flammfestverfahren an. Auch hier erfolgt zunächst eine Imprägnierung der Zellulosefasern mit Polyäthylenimin, gefolgt von einem Dämpfen und anschliessender Behandlung mit Pentaerythrittetraphosphat. Da durch das Polyäthylenimin der Griff der Ware ungünstig beeinflusst wird, kann dessen Gehalt herabgesetzt werden und dafür zur Erhaltung einer genügenden Waschbeständigkeit in einem dritten Arbeitsgang noch mit einem Hexamethylolmelamin oder einem anderen Melaminderivat behandelt werden.

Das *belg. P. 482.422* (vom 11. Mai 1948, brit. Prior. vom 11. Juni 1947) der Imp. Chem. Ind. empfiehlt analog wie das *brit. P. 633.441* eine Flammfestbehandlung mit Polyäthylenimin, einer quaternären Ammoniumverbindung und einem Phosphat eines mehrwertigen Alkohols wie Pentaerythrit, Polypentaerythrit oder Inosit. Auch hier wird zwei- oder gar dreistufig gearbeitet.

Schliesslich sei in diesem Zusammenhange noch das *kanad. P. 461.113* der Canadian Ind. Ltd. erwähnt, nach welchem Textilien zur Herabsetzung ihrer Entflammbarkeit mit einer 8 bis 12%igen Lösung eines Polyäthylenimins imprägniert werden. Darauf wird mit Dipentaerythrithexaorthophosphat behandelt. Der Phosphorsäureester wird durch Einwirkenlassen von Dipentaerythrit (1 Teil) auf Orthophosphorsäure (2 Teile) und Phosphorpentoxyd (2 Teile) bei erhöhter Temperatur erhalten.

Ester der phosphorigen Säure werden für die Flammfestausrüstung im *amer. P. 2.480.790* (vom 30. August 1949) von Truhlar vorgeschlagen. Danach lässt sich ein Flammfesteffekt mit einem Gemisch aus chloriertem Paraffin, chloriertem Naphtalin und einem organischen Phosphit der Formel

$$R_3PO_3 \quad \text{oder} \quad R_2HPO_3$$

erzielen, wobei die organischen Reste R Methyl-, Äthyl-, Propyl-, Isopropyl-, Butyl-, Amyl-, Hexyl-, Cyclohexyl-, Phenyl- oder Kresylreste darstellen können. Der Phosphitzusatz macht etwa 10 bis 20% aus. Die Aufgabe der Phosphite soll neben einer gewissen flammenhemmenden Wirkung die Verhütung einer Korrosion infolge der Chlorderivate sein. Den Chlorderivaten kommt ebenfalls flammenhemmende Wirkung zu (siehe auch weiter unten). Ob sich bei diesem Verfahren eine Reaktion zwischen dem Phosphit und der Zellulose ergibt, wird im Patent nicht gesagt.

Auch Ester chlorierter Alkohole wurden für die Verleihung von Flammfestigkeit vorgeschlagen. So wird nach den Angaben des *amer. P. 2.681.295* des US Dept. of Agriculture aus Polyphosphortrichloriden in Gegenwart von Pyridin ein Ester von Polyhalogenpropanolen hergestellt, der mindestens 2 Halogenatome wie Chlor oder Brom enthält. So wird etwa 2,3-Dibrompropanol verwendet. Nach der Imprägnierung des Textilguts mit diesem Ester wird bei ungefähr 110° C gehärtet.

Nach dem *amer. P. 2.711.998* (vom 31. Oktober 1952) von J. W. Weaver, J. G. Frick und J. D. Reid wird eine wässerige Lösung eines Ammoniumsalzes eines sauren Phosphorsäureesters eines Polyhalogenpropanols mit einem Zusatz eines Melamin-, Harnstoff- oder Guanidin-Formaldehyd-Vorkondensats verwendet. Die Imprägnierungsflotte wird mit Ammoniak neutral oder schwach alkalisch eingestellt.Als Beispiel wird etwa Bis-(2,3-dibrompropyl)-phosphat genannt.

Im *amer. P. 2.691.567* (vom 23. Oktober 1951/12. Oktober 1954) von Du Pont werden als Flammschutzmittel phosphorhaltige Derivate polymerer Alkohole vorgeschlagen. Es handelt sich dabei um Derivate von Stärke, Zellulose, Polyvinyl- oder Polyallylalkohol, in welchen 5 bis 95% der Hydroxylgruppen mit Karbaminsäuren der Formel RNH-COOH und die restlichen mit Phosphor-, Phosphon- oder Phosphinsäuren verestert sind. Als Karbaminsäurederivate werden dimere aromatische Diisozyanate genannt. Der Phosphorverbindung kommt die allgemeine Formel

$$\begin{array}{c} HO \diagdown \quad \diagup A \\ P \\ O \diagup\!\!\!\!= \quad \diagdown B \end{array}$$

zu, wobei A ein Alkyl- oder Alkoxyrest von höchstens 12 Kohlenstoffatomen und B ein Alkyl-, Alkoxy-, Aryl- oder Aryloxyrest bedeuten. So wird zum Beispiel aus Polyvinylalkohol durch partielle Veresterung mit Diisopropylchlorphosphat der Formel

$$\begin{array}{c} Cl \diagdown \quad \diagup OC_3H_7 \\ P \\ O \diagup\!\!\!\!= \quad \diagdown OC_3H_7 \end{array}$$

und anschliessende Behandlung mit dimerem 2,4-Toluylendiisozyanat das Flammschutzmittel hergestellt. Das Textilmaterial wird mit einer wässerigen Emulsion eines solchen Schutzmittels behandelt und nach dem Trocknen noch auf 125 bis 225° C erhitzt. Es soll sich damit eine wasch- und trockenreinigungsechte Flammfestausrüstung erzielen lassen.

Das *amer. P. 2.692.876* von Du Pont beschreibt für die Flammfestausrüstung Polyphosphorsäureester oder deren Salze von Mischpolymerisaten aus 98 bis 35 Gew. % Styrol und 2 bis 65% ungesättigten Epoxyden.

Nach den Angaben des *amer. P. 2.743.232* werden Baumwollgewebe mit einer wässerigen Lösung von 5 bis 15% eines Natriumsalzes der 2-Chloräthylphosphorsäure und 14 bis 20% Natronlauge behandelt und anschliessend während 5 bis 40 Minuten auf Temperaturen zwischen 80 und 110° C erhitzt. Es erfolgt dabei eine Veresterung der Hydroxylgruppen der Zellulose, was zu einer Phosphoraufnahme der Faser von 0,25 bis 2,5% führt.

Lineare Phosphorpolyester und deren Urethane werden von der Eastman Kodak Co. – H. W. Coover und R. L. McConnell im *amer. P. 2.952.666* (11. September 1957/13. September 1960) als flammfeste Substanzen erwähnt, die in der Textilindustrie oder als Schichtträger für photographische Platten Verwendung finden können. Durch Umsetzung eines Dichlorphosphorsäureesters oder -thiophosphorsäureesters der allgemeinen Formel

$$\begin{array}{c} O(S) \\ \| \\ Cl\text{–}P\text{–}Cl \\ | \\ OR' \end{array}$$

R′ = Alkylrest von 1 bis 8 Kohlenstoffatomen, Zyklohexylrest, Phenyl-, Benzyl-, Tolyl- oder Xylylrest.

mit einem Überschuss eines gesättigten aliphatischen oder verzweigten Glykols von 2 bis 20 Kohlenstoffatomen werden bei Temperaturen zwischen 0 und 75° C Phosphorpolyester der Formel

$$HO-\left[\begin{array}{l} O(S) \\ \| \\ P-O-R-O \\ | \\ OR' \end{array}\right]_n-H$$

R = Alkylrest mit 2 bis 20 Kohlenstoffatomen, n = 3–20.

erhalten. Die ganze Reaktion erfolgt in einem inerten Lösungsmittel wie Heptan, Nonan, Chloroform, Fluorkohlenwasserstoffen oder Benzol. Der bei der Reaktion entstehende Chlorwasserstoff wird rasch durch Durchleiten eines inerten Gases wie Stickstoff, Kohlendioxyd oder Argon entfernt. Als Glykole können etwa 2,3,5,6-Tetramethyl-1,4-Zyklohexandiol, 1,3-Zyklohexandimethanol oder Äthylen(butylen-1,4)-glykol Verwendung finden.

Obige Phosphorpolyester lassen sich ferner bei 30 bis 50° C in inerten Lösungsmitteln mit aliphatischen Diisozyanaten, wie Hexamethylendiisozyanat, in Polyurethane überführen, die dann vor allem zur Herstellung von flammfesten Fasern und Filmen dienen. Der Polyester mit endständigen Hydroxylgruppen hingegen ist eine viskose Flüssigkeit, die sich zur Flammfestausrüstung von Geweben eignet.

Glykolester der Phosphorsäure und der phosphorigen Säure werden von der Union Carbide Corp. – W. M. Lanham in der *DAS 1.139.478 U 7.660/120* (17. Dezember 1960/15. November 1962, amer. Prior. vom 18. Dezember 1959) als Weichmacher und Flammschutzmittel empfohlen. Setzt man ein alipathisches Halogenepoxyd mit 3 bis 10 Kohlenstoffatomen mit Phosphorsäure oder phosphoriger Säure um, so gelangt man zu Verbindungen der nachstehenden Formeln:

$$O{=}P\left[(O{-}CRR'{-}CR''R''')_x{-}OH\right]_3 \quad \text{oder} \quad H{-}\overset{\overset{\displaystyle O}{\|}}{P}\left[(O{-}CRR'{-}CR''R''')_x{-}OH\right]_2$$

Phosphorsäureester — Ester der phosphorigen Säure

R, R′, R″, R‴ = Wasserstoff und mindestens einmal eine (Halogen)-Alkyl– oder Alkenylgruppe mit bis zu 8 Kohlenstoffatomen, x = 1–8

Tris-dibrompropylphosphorsäureester wird von Nelson Silk Ltd. – C. A. Redfarn im *belg. P. 603.640* (10. Mai 1961/10. November 1961) als Flammfestzusatz zu Spinnlösungen für Zellulosetriazetat vorgeschlagen. Die bromhaltigen Phosphorsäureester sollen dabei eine bessere Beständigkeit als die entsprechenden Chlorderivate aufweisen.

Das *amer. P. 2.778.747* (13. Januar 1954/22 Januar 1957) des US Secretary of Agriculture – J. W. Weaver beschreibt für das Flammfestmachen geeignete Polymerisate aus Triallylphosphat und Halogenmethanen, insbesondere Tetrachlorkohlenstoff oder Methylenchlorid. Beim Erhitzen dieser Produkte in Gegenwart organischer Peroxyde bildet sich ein festes Polymer mit einem über 800 liegenden Molekulargewicht.

Wasserlösliche Diester der Phosphorsäuren, die als Flammfestmittel, Antistatika, Weichmacher oder Komplexbildner verwendet werden können, beschreibt das *amer. P. 3.065.183* (18. April 1962/20. November 1962) der Koppers Co. Inc. – S. C. Temin. Ein Phosphoroxydihalogenid wird mit einem Derivat der phosphorigen oder unterphosphorigen Säure umgesetzt.

$$RO-\overset{\overset{O}{\|}}{\underset{\underset{OR}{|}}{P}}-CH_2OH + X-\overset{\overset{O}{\|}}{\underset{\underset{R'}{|}}{P}}-X + HOCH_2-\overset{\overset{O}{\|}}{\underset{\underset{OR}{|}}{P}}-OR \longrightarrow RO-\overset{\overset{O}{\|}}{\underset{\underset{OR}{|}}{P}}-CH_2O-\overset{\overset{O}{\|}}{\underset{\underset{R'}{|}}{P}}-OCH_2-\overset{\overset{O}{\|}}{\underset{\underset{OR}{|}}{P}}-OR$$

Phosphordiester

$$n\,X-\overset{\overset{O}{\|}}{\underset{\underset{R'}{|}}{P}}-X + n\,HOCH_2-\overset{\overset{O}{\|}}{\underset{\underset{OH}{|}}{P}}-CH_2OH \qquad \left[-O-\overset{\overset{O}{\|}}{\underset{\underset{R'}{|}}{P}}-OCH_2-\overset{\overset{O}{\|}}{\underset{\underset{OH}{|}}{P}}-CH_2-\right]_n$$

Polyphosphonat-phosphinat

R = Wasserstoff oder niedere Alkylreste
R′ = Alkyl- oder Halogenalkylrest mit 5 bis 6 Kohlenstoff, Phenyl-, Halogenphenyl-, Alkylaryl- oder Arylalkylrest mit bis zu 8 Kohlenstoffatomen
n = ganze Zahl von mindestens 3.

Polymerisate aus Phosphoroxychlorid oder Phosphorsäureestern und ungesättigten, hydroxylhaltigen Verbindungen werden in der *DAS 1.044.398 F 22 227/39b* der Farbwerke Hoechst AG für flammfeste Imprägnierungen vorgeschlagen.

Schliesslich können auch die Phosphorinane, wie sie im *amer. P. 3.022.330* (21. August 1956/20. Februar 1962) der Union Carbide Corp. – W. M. Lanham als Flammfestmittel und Färbereihilfsmittel beim Färben von Akrylnitrilfasern empfohlen werden, als Phosphorsäureester betrachtet werden. Man setzt ein zyklisches Phosphorsäureesterhalogenid oder Thiophosphorsäurehalogenid in Gegenwart von Alkalihydroxyd oder -karbonat mit einer Monooxyverbindung um:

[Formel: zyklisches Phosphorinan mit Ring R, Substituent R′, P(=X)–Hlg + HOR″ ⟶ entsprechendes Phosphorinan mit P(=X)–O–R″]

Es bedeuten dabei R ein zyklischer Rest, und zwar ein Fünf- oder Sechsring, welche noch mit Alkylresten bis zu 20 Kohlenstoffatomen substituiert sein können, R′ ein Wasserstoffatom oder ein Alkylrest, R″ ein Alkylrest mit bis zu 17 Kohlenstoffatomen, ein niedriger Alkenyl-, ein Phenyl-, ein Zyklopentyl- oder Zyklohexylrest, entsprechende substituierte Reste, X Sauerstoff oder Schwefel und Hlg Chlor oder Brom.

Das *amer. P. 2.695.833* (vom 9. Mai 1952/30. November 1954) des US Secretary of Agriculture – Macmillan und Guthrie bezieht sich auf die Verwendung phosphatgruppenhaltiger Farbstoffe für die

Flammfestausrüstung. Es wird dabei zunächst das Baumwollgewebe nach den Angaben im *amer. P. 2.459.222* aminiert oder aminoäthyliert, so dass es einen Stickstoffgehalt von mindestens 0,6% aufweist. Hierauf wird mit einem Farbstoff der Azogruppe mit einem Farbstoffgehalt von mindestens 7% gefärbt. Der Azofarbstoff muss mindestens eine Phosphato- oder Sulfogruppe aufweisen. Phosphatogruppenhaltige Farbstoffe werden zum Beispiel im *amer. P. 2.183.998* beschrieben. Es handelt sich bei den Farbstoffen etwa um die Natriumsalze von *p*-Azetylamino-benzol-azo-8-azetylamino-1-naphtol-3,6-disulfonsäure, 3,3-Disulfo-diphenylharnstoff-4,4'-disazo-bis-2-amino-8-naphtol-6-sulfonsäure und andere mehr.

Durch eine Nachbehandlung des gefärbten Gewebes mit einer 3,8%igen Lösung von Polytriallylphosphat in einem Gemisch von 68% Äthylenchlorid und 32% Methanol, anschliessende Trocknung und Erhitzung auf 100°C erzielt man eine weitgehend waschbeständige Flammfestausrüstung.

Nach dem *amer. P. 2.691.566* von Du Pont werden für das Flammfestmachen von Textilien Verbindungen mit einem Phosphat-, Phosphonat-, Phosphinat- oder Phosphinoxydrest und einem aromatischen dimeren Isozyanatrest vorgeschlagen. So wird etwa durch Behandeln von Diäthylphosphorsäure mit dem Dimeren von 2,4-Toluylendiisozyanat eine Verbindung der Formel

$$\left[(C_2H_5O)_2\text{–PO·O·CO·NH–}C_6H_3\text{–}CH_3\right]_2$$

erhalten.

Zur Imprägnierung verwendet man wässrige Dispersionen. Nach dem Aufbringen des Schutzmittels wird noch während 3 Minuten bei 180 bis 190°C gehärtet. Dadurch wird eine wasch- und trockenreinigungsbeständige Ausrüstung erzielt.

Das *brit. P. 765.222* (19. Januar 1954/9. Januar 1957) der Courtaulds Ltd. erwähnt als Flammschutzmittel Vinylverbindungen einer Phosphor enthaltenden Säure, wie etwa Divinylaminophosphat, Divinylmethylphosphonat, Divinyläthylphosphonat, Trivinylphosphat oder Vinylester von Polyphosphorsäuren sowie schwefelhaltige Verbindungen wie Divinylaminothiophosphate. So werden etwa Bis (-2-chloräthyl)-aminophosphonat oder Bis(-2-oxyäthyl)-aminophosphonat der Formeln $(Cl\text{–}CH_2\text{–}CH_2\text{–}O)_2\cdot P(O)\cdot NH_2$ $(HO\text{–}CH_2\text{–}CH_2\text{–}O)_2\cdot P(O)\cdot NH_2$

als Flammschutzmittel empfohlen. Eine solche Behandlung soll auch die Wasseraufnahme des Gewebes herabsetzen, die Dimensionsstabilität erhöhen und den Scheuerwiderstand verbessern. Nach dem Imprägnieren wird abgequetscht und erhitzt, um die Verbindung mit der Zellulose zur Reaktion zu bringen.

So wird etwa ein Gewebe mit einer Lösung aus 20 Teilen Divinylaminophosphonat und 1 Teil Soda sowie 80 Teilen Wasser imprägniert. Das Gewebe wird dann auf dem Nadelspannrahmen getrocknet und anschliessend für 4 Minuten auf eine Temperatur von 140°C oder für $3^1/_2$ Minuten auf 145°C erhitzt. Zum Schluss wird mit warmem Wasser gewaschen und getrocknet.

Das *brit. P. 700.455* der Martin Co. verwendet Dialkylenamidophosphate bzw. -phosphonamide, zum Beispiel bromiertes Dialkylphosphonamid, N-methyloldiallylphosphonamid, N, N'-methylenbis-diallylphosphonamid, Hexabromallyl-diallylphosphonamid oder Oktabrom-N-diallyl-diallylphosphonamid. Diese Produkte werden als organische Lösungen angewendet, wie etwa Lösungsmittelgemische aus Tetrachlorkohlenstoff-Isopropanol 7:3, oder Äthylendichlorid-Isopropanol 7:3. Nach diesem Verfahren sollen Baumwoll- und Zelluloseazetatgewebe flammfest gemacht werden können. Zum Flammfestmachen von Textilien verwendet man nach den Angaben des *amer. P. 2.660.543* (vom 26. November 1948/24. November 1953) der Martin Co. Lösungen nachchlorierter oder nachbromierter partiell polymerisierter Alkenylphosphate mit mindestens zwei Alkenylresten von 3 bis 5 Kohlenstoffatomen wie etwa Triallylphosphat. Nach der Imprägnierung wird durch Erhitzen getrocknet.

Die Patentschrift gibt Vorschriften für die Herstellung einer Reihe solcher halogenierter Alkenylphosphate, so zum Beispiel für[1])

Tetrabrom-diallylammoniumphosphat
Tetrabrom-diallyl-phosphonamid
Tetrabrom-N-methylol-di-allyl-phosphonamid
Oktabrom-N,N'-methylen-bis-diallyl-phosphonamid

Es wird auf diese Weise eine gegen Nass- und Trockenreinigung beständige Flammfestausrüstung erhalten. Ferner können diese Verbindungen auch als flammenhemmende Weichmacher für Kunststoffe Verwendung finden. G. L. Martin Co. beschreiben in den *brit. P. 688.372* (vom 15. Juli 1948/4. März 1953) und *brit. P. 700.604* (vom 25. November 1949/9. Dezember 1953) Flammschutzmittel aus polymerisierten und halogenierten Trialkylenphosphorsäureestern oder Dialkylenphosphonamiden. Das erstere Patent bezieht sich auf Verbindungen der allgemeinen Formel

$$\begin{array}{c} O{=}P{=}(OR)_2 \\ | \\ X \end{array}$$

wobei R ein Alkenrest von 3 bis 5 Kohlenstoffatomen, und zwar vorzugsweise ein Allylrest und X eine weitere OR-Gruppe oder eine Aminogruppe bedeuten. Man gelangt zu solchen Produkten durch Polymerisation in der Wärme unter Peroxydzusatz, bis etwa eine Bromzahl von 150 erreicht ist. Darauf wird in einem indifferenten organischen Lösungsmittel wie etwa Äthylenchlorid Halogen bis zur

[1]) Siehe ferner die *amer. P. 2.574.516, 2.574.517* sowie *amer. P. 2.574.515* und *2.574.518.*

Sättigung angelagert, wobei vor allem eine Bromierung in Frage kommt. Es ist aber auch möglich, zuerst zu halogenieren und anschliessend die Polymerisation vorzunehmen, wobei bei Gemischen vollständig halogenierter Verbindungen mit Monomeren die Polymerisation mit Hilfe von Metallen wie etwa Zinkpulver durchgeführt wird. Mit den Polymerisaten sollen sich auf Textilien Flammfesteffekte erzielen lassen, die keinerlei Faserschädigung oder Veränderung des Griffes zur Folge haben.

Es kann aber auch die Polymerisation und/oder Halogenierung der monomeren Phosphorsäureester erst auf dem zu behandelnden Gut vorgenommen werden.

Eine weitere Variante gibt das *brit. P. 700.604*, nach welchem die Ware mit einer Lösung oder Dispersion eines teilweise polymerisierten Phosphorsäureesters oben beschriebener Art behandelt wird. Die Monomeren sind jedoch vorgängig vom Polymerisat abzutrennen. Anschliessend wird getrocknet und dann mit Halogen in Lösung oder in Dampfform behandelt. Abschliessend wird noch durch eine Alkalilösung hindurch genommen und gespült.

Nach den Angaben des *amer. P. 2.660.542* (26. November 1948/24. November 1953) der gleichen Firma, wird zum Beispiel Baumwolle mit einer benzolischen Lösung imprägniert, die ein monomeres teilweise chloriertes oder bromiertes Trialkylenphosphat mit 3 bis 5 Kohlenstoffatomen im Alkylenrest, und einen Peroxydkatalysator wie Benzoylperoxyd enthält. So kann etwa Triallylphosphat, das partiell bromiert wurde, verwendet werden. Nach der Imprägnierung wird getrocknet, wobei besonders bei höherer Temperatur die Polymerisation des Phosphorsäureesters eintritt.

Phosphorsäureesteramide werden unter anderem auch als Flammfestmittel für Textilien empfohlen. Die Ciba AG – A. Maeder empfiehlt in der *DAS 1.052.984 C 16 261/120* (8. Februar 1958/19. März 1959, schweiz. Prior. 15. Februar 1957) Produkte, die durch Kondensation von Phosphorsäureamiden mit Chloral in Gegenwart eines inerten Lösungsmittels wie Dioxan erhalten werden. Als Beispiele seien etwa die folgenden Verbindungen genannt:

$$(R'{-}O)(R''{-}O)P(=O){-}NR{-}CH(OH){-}CCl_3$$

allgemeine Formel, wobei R′ und R″ chlorsubstituierte Reste darstellen

$$(Cl{-}CH_2{-}CH_2{-}O)_2P(=O){-}NH{-}CH(OH){-}CCl_3$$

N(trichlor-oxyäthyl)-di (2-chloräthyl)-phosphorsäureesteramid

$$(Cl{-}C_6H_4{-}O)_2P(=O){-}NH{-}CH(OH){-}CCl_3$$

N(trichlor-oxyäthyl)-di (*p*-chlorphenyl)-phosphorsäureesteramid

Entsprechende Produkte werden auch von Courtaulds Ltd. – Ward im *brit. P. 858.582* (20. November 1956/19. November 1957/ 11. Januar 1961) zur Flammfestausrüstung von Zelluloseazetat vorgeschlagen. So dient etwa das Bis-2-chloräthylphosphoramidat

$$\begin{matrix} Cl{-}CH_2{-}CH_2{-}O \\ Cl{-}CH_2{-}CH_2{-}O \end{matrix} \!\!> P \!\!\begin{matrix} {=}O \\ NH_2 \end{matrix}$$

als Zusatz zur Spinnlösung oder in gelöster Form als Imprägniermittel für die fertige Faser, wobei der Phosphorgehalt mindestens 1% betragen soll. Stickstoffhaltige Phosphorsäureesterderivate werden auch im *franz. P. 1.100.929* (9. März 1954/13. April 1955) von Bozel-Maletra und Pierrefitte-Kalaa Djerda für die Flammfestausrüstung vorgeschlagen. Amide, Ureide oder Ammoniumsalze der Ortho- oder der Polyphosphorsäuren, die mit ein oder mehrwertigen Alkoholen teilweise verestert sind, lässt man auf Zellulosefasern einwirken und kann dann durch Erhitzen auf etwa 140°C eine waschbeständige Flammfestausrüstung erhalten. Bei dieser Art der Ausrüstung soll weder eine Vergilbung noch eine Faserschädigung auftreten.

Die *amer. P. 2.971.929 bis 2.971.931* (22. Mai 1956/14. Februar 1961) der Amer. Cyanamid Co. – N. J. Glade beschreiben Verfahren zur Flammfest- und Wasserabweisendausrüstung, wobei der Flammfesteffekt mit einem Phosphorsäureesteramid erzielt wird. Die Ware wird dabei imprägniert mit einer Mischung aus einem Aminotriazin-Aldehyd-Vorkondensat, einer wachsartigen Substanz zur Erzielung des Wasserabweisendeffekts, einem Schutzkolloid, einem Emulgator und einem aliphatischen Phosphorsäureamidester der allgemeinen Formel

$$\begin{matrix} RO \\ X \end{matrix} \!\!> P \!\!\begin{matrix} {=}O \\ NHR' \end{matrix}$$

R = Alkyl-, Alkoxyalkyl- oder Halogenalkylrest mit ein bis vier Kohlenstoffatomen
R′ = Wasserstoff oder Alkylrest mit ein bis vier Kohlenstoffatomen
X = entweder eine zweite RO-Gruppe oder eine zweite NHR′-Gruppe.

Als Beispiel wird etwa die nachstehende Mischung zur Imprägnierung von Textilien genannt:

100 bis 600 Teile wasserlösliches, methyliertes Methylolmelamin
100 Teile hydriertes Rizinusöl mit einem Schmelzpunkt von weniger als 100°C
0,5 bis 20 Teile Polyvinylalkohol als Schutzkolloid
0,5 bis 15 Teile eines Fettalkoholsulfats mit 8 bis 30 Kohlenstoffatomen
25 bis 200% (des Gewichts des Melaminharzes) Diäthylphosphoramidat.

Nach der Behandlung mit einer solchen Lösung, bei welcher mindestens 4% Melamin-Formaldehyd-Harz, 2% wachsähnliche Substanz und 4% Phosphorsäureesteramid aufgebracht werden müssen, wird erhitzt.

Das *brit. P. 835.581* (31. Dezember 1956/30. Dezember 1957/ 25. Mai 1960) der Courtaulds Ltd. – F. Ward empfiehlt die Textilien mit wässrigen Lösungen von Aminoplast-Vorkondensaten wie Harnstoff- oder Melamin-Formaldehyd-Kondensaten und einem wasserlöslichen Phosphorsäureamidester wie etwa Bis-2-chloräthyl-phosphorsäureamid[1]) zu imprägnieren. Zur Beschleunigung des Auskondensierens des Harzes kann auch noch ein wasserlöslicher Katalysator zugesetzt werden.

Umsetzungsprodukte von Phosphorsäureamiden wie etwa Phosphoryltriamid mit niederen aliphatischen Aldehyden oder deren Polymeren wie Paraformaldehyd in Gegenwart niederer aliphatischer Alkohole werden in der *DAS 1.009.629 F 16 650/120* (24. Januar 1955/28. November 1957) der Farbwerke Hoechst AG – L. Oethner und M. Reuter unter anderem auch als Flammschutzmittel für Textilien empfohlen. Es handelt sich dabei um wachsartige Körper.

Für flammfeste Beschichtungen wird im *amer. P. 3.041.207* (19. Januar 1959/26. Juni 1962) der Eastman Kodak Co. – J. R. Caldwell ein Phosphorsäurediamid der allgemeinen Formel

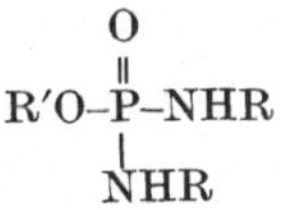

$$R'O-\overset{\overset{\displaystyle O}{\|}}{\underset{\underset{\displaystyle NHR}{|}}{P}}-NHR$$

R, R′ sind Alkylreste mit bis zu 4 Kohlenstoffatomen

sowie ein Polymer mit der Einheit

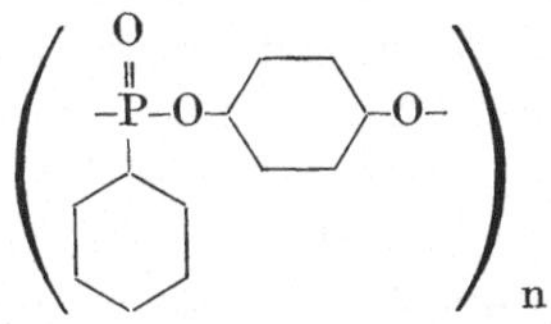

$$\left(-\overset{\overset{\displaystyle O}{\|}}{\underset{\underset{\displaystyle C_6H_{11}}{|}}{P}}-O-C_6H_{10}-O-\right)_n$$

oder einem Reaktionsprodukt aus 1 Mol Phosphorpentoxyd und 2–4 Molen Melamin erwähnt, wobei dann diese Verbindungen bei 80 bis 100°C noch mit einem Polyisozyanat umgesetzt werden.

Eine Kombination von Flammfestausrüstung mit Phosphorderivaten und Metalloxyden findet man in der *DAS 1.148.968 B 47 446/8k* (15. Januar 1958/22. Mai 1963) der BASF – W. Krause. Man behandelt die Textilien in einem oder zwei Bädern mit Polyiminophosphorsäureamiden, Formaldehyd und Aminoplastvorkondensaten. Ferner werden Polyvinylchlorid-, Polyvinylidenchlorid-Dispersionen und Oxyde der vierten und fünften Gruppe des periodischen Systems wie etwa Antimontrioxyd zugesetzt. Die Imprägnierungsflotte wird mit Ammoniak auf pH 7 eingestellt und nach der Trocknung der imprägnierten Ware noch gehärtet.

Die Verwendung von Triallylphosphat zusammen mit Bromoform ist in der Literatur auch verschiedentlich vorgeschlagen worden[2]). So wird zum Imprägnieren von Geweben eine 36%ige wässerige

---

[1]) Siehe auch das *brit. P. 858.582* der Courtaulds Ltd.

[2]) J. G. Frick, J. W. Weaver und J. D. Reich, Text. Res. J. *25* (1955), 1, S. 100–105; G. Rivat, TIBA *55* (1956), 2, S. 95–98.

Emulsion eines Gemisches nachstehender Zusammensetzung empfohlen:

189 Teile Triallylphosphat
132 Teile Bromoform
6 Teile Polyvinylalkohol
24 Teile Natriumbikarbonat
6 Teile Kaliumpersulfat
643 Teile Wasser

1000 Teile Emulsion.

Bei der Flammfestausrüstung von Geweben mit solchen polymeren Reaktionsprodukten aus Bromoform und Triallylphosphat sollte die Gewichtszunahme durch die Imprägnierung bei einem 275 bis 300 g schweren Gewebe zwischen 18 und 22% ursprünglichen Gewebegewichtes betragen. Es können auch noch Weichmacherzusätze in der Höhe von 2 bis 4% gemacht werden, wobei zum Beispiel als Weichmacher *Flextol TWS* empfohlen wird. Ein solcher Zusatz hilft den Griff zu verbessern und die Gefahr einer Festigkeitsabnahme zu verringern.

Das *amer. P. 2.778.747* (13. Januar 1954/22. Januar 1957) des US Secretary of Agriculture – J. W. Weaver beschreibt unbrennbare Polymere zur flammfesten Ausrüstung von Baumwolle. So wird ein Gemisch von Triallylphosphat und einem Methan, in dem mindestens 2 Wasserstoffatome durch Chlor oder Brom ersetzt sind, mit Hilfe eines organischen Peroxyds bis zur Bildung eines festen Polymerisationsproduktes reagieren gelassen. Das Polymerisat soll noch in einem bei 61°C siedenden azeotropen Gemisch von Äthylenchlorid und Methanol löslich sein. Bei Verwendung von Brommethanen wird zusätzlich noch ein Friedel-Crafts-Katalysator wie Aluminiumchlorid zugesetzt. Diese Reaktion kann in Gegenwart von Lösungsmitteln wie Bis-(-2-chloräthyläther) erfolgen. Durch dreistündiges Erhitzen von Triallylphosphat mit Tetrachlorkohlenstoff und Dibenzylperoxyd auf 90°C erhält man einen viskosen Sirup, aus dem nach dem Ausgiessen in den Äther ein festes Polymerisat gewonnen wird, das 12,6% Phosphor und 11,2% Chlor enthält und sich für die flammfeste Gewebeimprägnierung eignet.

Im *amer. P. 2.711.998* des US Secretary of Agriculture ist von Flammfestmitteln die Rede, die neben Phosphorsäureestern von halogenierten Alkoholen noch ein Aminharz enthalten. So imprägniert man Textilien mit einer wässerigen Lösung der folgenden Zusammensetzung:

ein Ammoniumsalz eines sauren Phosphorsäureesters von Polychlor- oder Polybrompropanol, zum Beispiel Bis-2,3-dibromopropylphosphat;
ein wasserlösliches Amin-Formaldehyd-Vorkondensat, zum Beispiel Melaminharz;
Ammoniak zur Einstellung eines pH-Wertes über 7.

Die Imprägnierung erfolgt so, dass schliesslich 10 bis 25% des Schutzmittels auf der Ware sind. Nach dem Trocknen bei 60 bis 65°C erfolgt die Härtung während 3 bis 8 Minuten bei Temperaturen zwischen 140 und 150°C.

d) Derivate der Phosphornitrilhalogenide

Nach den Angaben des *amer. P. 2.681.295* (vom 5. Dezember 1952/15. Juni 1954) des US Secretary of Agriculture – Hamalainen werden Phosphorsäureester polyhalogenierter Alkohole für die Flammfestausrüstung hergestellt, indem man Polyphosphorniltrichloride in Gegenwart von Pyridin mit Polyhalogenpropanolen verestert. So wird etwa der Ester des 2,3-Dibrompropanols hergestellt. Die damit imprägnierten Textilien werden zur Fixierung des Effektes noch auf Temperaturen von etwa 110°C erhitzt.

Im *brit. P. 774.694* der Compagnie Française des Matières Colorantes wird ein Flammfestverfahren beschrieben, das eine wässerige Lösung eines Reaktionsproduktes von Ammoniak auf Polyphosphornitrilchlorid verwendet. Polyphosphornitrilchlorid der Formel

$$(PNCl_2)_n$$

wird zum Beispiel durch Einwirkung von Ammoniumchlorid auf Phosphorpentachlorid in Gegenwart eines inerten Lösungsmittels erhalten, wobei auf Temperaturen über 140°C erhitzt werden muss. Das entstehende Phosphornitrilchlorid ist ein sehr gutes Flammfestmittel, ist aber nicht wasserlöslich und muss daher in Form einer Lösung in einem organischen Lösungsmittel auf die Ware gebracht werden, wie etwa Benzol oder Alkohol. Auch wässerige Emulsionen sind schon vorgeschlagen worden. Wird jedoch Phosphornitrilchlorid mit Ammoniak zur Reaktion gebracht, so wird ein vollständig wasserlösliches Produkt erhalten, wobei infolge einer Hydrolyse die Bildung von Polyphosphimaten angenommen werden muss.

Werden 100 Teile Phosphornitrilchlorid in 750 Teilen wasserfreiem Tetrachlorkohlenstoff gelöst und ein Strom trockenes Ammoniakgas durch diese Lösung hindurch geleitet, und zwar bei einer 10°C nicht übersteigenden Temperatur, so beginnt nach einiger Zeit ein farbloses Reaktionsprodukt auszufallen. Die Sättigung mit Ammoniak benötigt etwa eine Stunde. Der Niederschlag – etwa 175 Teile – wird abgepresst und für die Flammfestausrüstung verwertet. 20 Teile dieses Reaktionsproduktes werden in 100 Teilen kochendem Wasser gelöst und das Baumwollgewebe in diese Flotte gebracht. Nach der Imprägnierung wird die Ware ausgewrungen, an der Luft getrocknet und abschliessend noch während 4 Minuten bei einer Temperatur von 160°C gehärtet. Zum Schluss wird noch ausgewaschen und erneut getrocknet. Es wird auf diese Art und Weise ein flammfestes Gewebe von praktisch nicht verändertem Griff erhalten.

Im *franz. P. 1.129.540* (eing. am 29. April 1955, ert. am 10. September 1956, veröff. am 22. Januar 1957, brit. Prior. vom 1. Mai 1954 und 29. April 1955) der Albright & Wilson Ltd. werden ebenfalls für die Flammfestausrüstung Reaktionsprodukte des Phosphornitrilchlorids erwähnt. Durch Hydrolyse und Aminierung oder Hydrazinierung werden ein oder mehrere Chloratome ersetzt. Es kann das Reaktionsprodukt dann auch noch auf weitere reaktionsfähige Verbindungen einwirken gelassen werden, wie etwa auf Dialdehyde, Diisozyanate, Polyalkohole oder aromatische Polyoxyverbindungen.

Im *brit. P. 788.785* von Albright & Wilson wird zur Erreichung eines Flammfesteffektes das Material mit einem anorganischen Polymer behandelt. Dieses wird durch Behandlung von polymeren Phosphohalogennitrilen erhalten, indem bei diesem durch Hydrolyse oder Aminierung oder Hydrazinierung ein oder mehrere Halogenatome ersetzt werden. Die so eingeführten aktiven Gruppen werden dann mit einem der noch verbliebenen Halogenatome eines andern Moleküls oder mit einer andern reaktionsfähigen Gruppe zur Reaktion gebracht. Ferner kann auch mit Hilfe von Querbrücken bildenden Reagentien eine Vernetzung des Polymers erfolgen. So wird etwa Phosphorchloronitril verschiedenen Polymerisationsgrades mit einem Überschuss von flüssigem Ammoniak während 8 Stunden im Autoklaven erhitzt, bis sich eine schwach gelbliche, in Wasser leicht lösliche feste Masse bildet. Baumwollgewebe kann mit einer 50%igen Lösung dieses Reaktionsproduktes imprägniert werden. Darauf wird bei 105°C getrocknet und anschliessend 15 Minuten bei 140°C gehärtet. Abschliessend wird während 30 Minuten bei 60°C in einer 0,25%igen Seifenlösung behandelt. Mit einer Auflagerung von rund 10% an Trockensubstanz lässt sich auf diese Art und Weise ein wirksamer Schutz gegen Flammeneinwirkung und Nachglimmen erhalten.

Einen Zusatz zur Spinnlösung für regenerierte Zellulose empfiehlt das *brit. P. 714.214* (vom 27. Juni 1952/25. August 1954, amer. Prior. vom 30. Juni 1951) der Monsanto Chem. Co. Dabei wird zur wässerigen Spinnlösung ein wasserlösliches oder fein verteiltes unlösliches Reaktionsprodukt von Phosphoroxychlorid ($POCl_3$) mit Ammoniak in einem Atomverhältnis N:P von 2,1 bis 2,3:1 bzw. 1,7 bis 1,95:1 zugesetzt und dann in üblicher Weise der Faden gesponnen. Ein solcher Faden weist gute Flammfestigkeit auf. Auch das *brit. P. 700.822* der Monsanto Chem. Co. erwähnt ein Flammschutzmittel, das aus Phosphoroxychlorid und Ammoniak erhalten wird. Man bringt die beiden Komponenten zunächst bei Temperaturen unter 100°C zusammen und erhitzt dann auf 110 bis 150°C, wobei Produkte mit einem Molekulargewicht zwischen 180 und 300 entstehen, die sich in Wasser mit alkalischer Reaktion lösen. Durch Imprägnieren von Zellulosefasern mit einer solchen Lösung, Trocknen und

Härten bei 100 bis 200°C erhält man einen waschbeständigen Flammfesteffekt.

Das *amer. P. 2.726.256* (vom 25. März 1952/6. Dezember 1955) der Shell Development Co. – erwähnt als Flammschutzmittel für Zellulosetextilien und Papier organische Phosphorverbindungen, die durch Umsetzung von Phosphonylhalogeniden mit einem Glykol erhalten werden:

$$2\,R'\!-\!\overset{\overset{\displaystyle O}{\|}}{\underset{\underset{\displaystyle R''}{|}}{P}}\!-\!Hal + HO\!-\!R\!-\!OH \longrightarrow R'\!-\!\overset{\overset{\displaystyle O}{\|}}{\underset{\underset{\displaystyle R''}{|}}{P}}\!-\!O\!-\!R\!-\!O\!-\!\overset{\overset{\displaystyle O}{\|}}{\underset{\underset{\displaystyle R''}{|}}{P}}\!-\!R'$$

wobei R eine Alkylengruppe mit 2 bis 8 Kohlenstoffatomen und R′ und R″ aliphatische Reste mit 1 bis 8 Kohlenstoffatomen oder monozyklische Reste mit 5 bis 7 Kohlenstoffatomen bedeuten. R″ kann auch über ein Sauerstoffatom an den Phosphor gebunden sein. Ferner können die Reste R′ und R″ Substituenten wie Halogene, Alkoxygruppen oder Nitrogruppen aufweisen.

Ein Flammschutzmittel vom Phosphorylamidtyp aus Phosphoroxychlorid und Ammoniak bildet auch den Gegenstand der *amer. P. 2.661.264* und *2.661.311*[1]). Der so erzielbare Flammfesteffekt ist sehr gut, doch nur begrenzt wetterbeständig. Eine Herabsetzung der Gewebefestigkeit lässt sich durch Zugabe eines Weichmachers wie etwa *Aerotex Softener H* der American Cyanamid Co. teilweise verhindern.

Die Farbenfabriken Bayer AG – F. Kassak, H. Malz und F. Lober erwähnen in der *DAS 1.087.109 F 20 264/8k* (11. Mai 1956/18. August 1960) und in den *franz. P. 1.177.733* und *brit. P. 830.800* wässerige Dispersionen von N-mono- oder -disubstituierten Amidophosphorsäureverbindungen der Formel

$$H_2N\!-\!\left[\begin{array}{c} O \\ \| \\ P\!-\!NH \\ | \\ NXY \end{array}\right]_n\!-\!H$$

X = Kohlenwasserstoffrest
Y = Wasserstoff oder X
Y und X können auch mit dem N einen heterozyklischen Ring bilden
n = 1 oder andere ganze Zahl

Wässerige Lösungen von Umsetzungsprodukten polymerer Phosphornitrildihalogenide mit Ammoniak schlägt die *DAS 1.067.770 C 16 031/8k* (25. Februar 1957/ 29. Oktober 1959) der Comp. Franc. Mat. Color. – Vallette für die Flammfestausrüstung vor. Das Verhältnis von Ammoniak zu Phosphornitrilhalogenid soll dabei so gewählt werden, dass mindestens 80% der theoretisch erforderlichen Ammoniakmenge zur Substituierung der Halogene durch Aminogruppen vorhanden ist. Die mit diesen Lösungen imprägnierte Ware wird dann abschliessend noch bei Temperaturen über 100°C ausgehärtet.

[1]) M. L. Nielsen, Text. Res. J. *27* (1957) 8, S. 603–610.

Wasserlösliche polymere Phosphorverbindungen werden auch durch Umsetzen von Phosphorpentachlorid mit Ammoniak oder Ammoniumchlorid bei Temperaturen über 100°C erhalten:

$$n\ PCl_5 + (n-1)\ NH_4Cl \rightarrow Cl_3P{=}N{-}(PCl_2{=}N{-})_{n-2}PCl_4 + 4\ (n-1)\ HCl$$
$$n = 2 \text{ oder mehr}$$

Im *franz. P. 1.157.097* (1. August 1956) und der *DAS 1.041.017 C 15 253/12i* (31. Juli 1957/16. Oktober 1958/ 12. März 1959) der Comp. Franç. Mat. Color. – Bilger werden derartige Verbindungen zur Flammfestbehandlung von Zellulosefasern beschrieben. Durch Foulardieren oder Zerstäuben werden die Lösungen aufgebracht und lassen sich dann auf der Faser wetter- und waschfest fixieren. In einem weiteren Patent der gleichen Firma, dem *franz. P. 1.225.073* (13. Februar 1959/15. Februar 1960) wird als Flammfestmittel für Zellulosefasern ein Produkt beschrieben, welches durch Einwirkung von Methylalkohol und anschliessend gasförmigem Ammoniak auf Phosphornitrilchloride der Formel

$$P_nN_{n-1}Cl_{2n+3}$$

erhalten wird.

Polymere Nitrilo-methylol-phosphorverbindungen wurden durch das US Secretary of Agriculture in verschiedenen Patenten als Flammfestmittel empfohlen. Das *amer. P. 2.810.701* erwähnt wässerige Emulsionen aus einem Aminoplast- oder Nitrilomethylol-phosphorharz, einem inerten, wasserunlöslichen organischen Lösungsmittel und einem Emulgator.

Das *amer. P. 2.814.573* (9. November 1954/26. November 1957) des US Secretary of Agriculture – W. A. Reeves, C. Hamalainen und J. D. Guthrie empfiehlt für die Flammfestausrüstung von Textilien eine Imprägnierung mit einer wässerigen Lösung polymerer Gemische von Nitrilomethylolphosphorverbindungen und organischen Bromverbindungen mit einem Bromgehalt von mindestens 10%. Polybromalkoholester von Phosphornitrilchloriden, Additionsprodukte von niederen, stark bromierten Bromkohlenwasserstoffen mit einem endständig ungesättigten Alkenolester des Phosphornitrilchlorids oder einem alkenylierten Melamin oder einem Akrylamid oder auch einem Trialkenylphosphat können hierfür in Betracht kommen. Besonders genannt werden dabei die Additionsverbindungen des Bromoforms mit einem neutralen Allylester des Phosphornitrilchlorids, mit Triallylphosphat oder aus dem 2,3-Dibrompropanolester des Phosphornitrilchlorids. Die für dieses Verfahren in Betracht fallenden Nitrilomethylolphosphorverbindungen werden in den *amer. P. 2.772.188* und *2.795.569* beschrieben.

Das *amer. P. 2.892.803* (29. September 1955/30. Juni 1956) des US Secretary of Agriculture – W. A. Reeves und J. D. Guthrie schützt ein Flammfestmittel aus 100 Teilen eines Nitrilomethylolphosphorpolymeren und 5 bis 60 Teilen eines flammwidrigen, wasserunlöslichen Stoffes von niedrigem Zersetzungspunkt. Die Nitrilomethylolphosphorpolymeren werden durch Erhitzen von Tetrakis-oxymethylphosphoniumchlorid, Tris-oxymethylphosphinoxyd oder deren Gemisch mit Verbindungen, welche mindestens zwei Wasserstoffatome oder Methylolreste an ein dreiwertiges Stickstoffatom gebunden aufweisen, also etwa Trimethylolamin, Triäthanolamin oder Harnstoff erhalten. Als wasserunlösliche flammwidrige Stoffe werden Polyalkenylphosphate, Polyalkenylphosphonitrilate, Polyalkenylcyanäthylphosphonate, Arylphosphonate, Alkylphosphorthionate, Polyvinylsulfon oder Alkylthioamid genannt. Die Ware wird mit solchen Lösungen imprägniert, bei 85° C getrocknet und dann noch fünf Minuten auf eine Temperatur von 140° C erhitzt. Abschliessend wird dann noch ausgewaschen.

Nach dem *amer. P. 2.825.718* (9. November 1954/4. März 1958) des US Secretary of Agriculture – C. Hamalainen erhält man durch Anlagerung von Halogenmethanen mit mindestens zwei Halogenatomen pro Molekül an Alkenylester von Phosphornitrilsäuren

$[NP(OR)_2]_x$ R = Alkenylrest mit 2 bis 6 Kohlenstoffatomen

Flammschutzmittel. Die beiden Komponenten werden in Gegenwart eines Katalysators, welcher freie Radikale erzeugt, wie etwa Perverbindungen, erhitzt. Werden zum Beispiel Bromoform und Phosphornitrilsäurediallylester in wässeriger Emulsion zusammen mit Kaliumpersulfat als Katalysator erhitzt, so gelangt man zu Verbindungen nachstehender Formel:

$$2n\,CHBr_3 + \left(NP\begin{matrix}\diagup O{-}CH_2{-}CH{=}CH_2\\ \diagdown O{-}CH_2{-}CH{=}CH_2\end{matrix}\right)_n \longrightarrow \left[\begin{matrix} & O{-}CH_2{-}CHBr{-}CH_2{-}CHBr_2\\ & |\\ -N{=}P{-} & \\ & |\\ & O{-}CH_2{-}CHBr{-}CH_2{-}CHBr_2\end{matrix}\right]_n$$

Daneben können aber auch noch kompliziertere Polymere entstehen.

Das *amer. P. 2.832.745* (31. August 1956/29. April 1958) der Shea Chemical Corp. – Hechenbleikner beschreibt Dreikomponenten-Gemische für die Flammfestausrüstung von Zellulosetextilien, und zwar handelt es sich dabei um Gemische aus einem Amidophosphorsäureester, einem Addukt eines Halogenmethans an einen polymerisierbaren neutralen Ester der Phosphorsäure oder einen Diester einer Alkenylphosphonsäure mit einem Olefinalkohol und einer Polymethylolverbindung eines Amids, Azins oder Azols. Ein Beispiel nennt etwa folgende Zusammensetzung einer Flammfestimprägnierung:

1–1,5 Mol Monoamidophosphorsäurediäthylester
0,25–0,5 Mol Addukt aus Bromoform und Triallylphosphat
1 Mol Trimethylolmelamin.

Das Flammschutzmittel wird in Form einer wässerigen Emulsion auf das Textilmaterial gebracht und nach dem Trocknen durch Erhitzen auf höhere Temperaturen fixiert. Der Effekt ist weitgehend beständig, und es tritt auch keine nennenswerte Faserschwächung ein.

Im *brit. P. 863.380* der Ciba (schweiz. Prior. vom 15. Februar 1957) werden Umsetzungsprodukte von Amidophosphorsäureestern mit Chloral für Flammfestausrüstungen erwähnt. So wird etwa Diäthylamidophosphat mit Chloral zur Reaktion gebracht:

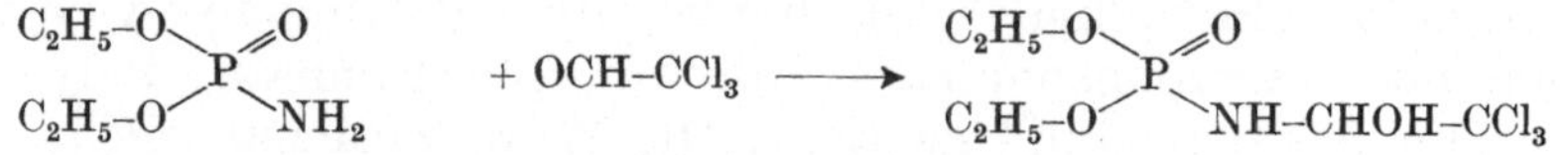

$$(C_2H_5O)_2P(=O)NH_2 + OCH\text{–}CCl_3 \longrightarrow (C_2H_5O)_2P(=O)NH\text{–}CHOH\text{–}CCl_3$$

Diäthylamidophosphat Chloral

Eine direkte Behandlung der Textilien mit polymeren Phosphornitrilchlorid bildet den Gegenstand des *brit. P. 865.396.* Wird die imprägnierte Ware noch nachträglich auf Temperaturen über 100° C erhitzt, so soll ein gut wasser- und wetterbeständiger Effekt erhalten werden, der auch eine mehrmalige Wäsche aushält.

Polymere Polychlorpolyfluoralkylphosphornitrile werden im *amer P. 2.876.248* der Olin Mathieson Chemical Corp. (23. September 1957/ 3. März 1959) unter anderm auch als Flammschutzmittel erwähnt. Interessant ist bei diesem Patent die Formulierung der Polymeren, indem nämlich zyklische Stickstoff-Phosphor-Verbindungen angenommen werden, und zwar Sechs- oder Achtringe:

$$[(RO)_2P{=}N]_3 \text{ (Sechsring)} \qquad (RO)_2{=}P{=}N{-}P{=}(OR)_2,\ N\ N,\ (RO)_2{=}P{-}N{=}P{=}(OR)_2 \text{ (Achtring)}$$

R = Polychlorpolyfluoralkylrest

Nach den *amer. P. 2.661.264* und *2.661.311* aus Phosphoroxychlorid und Ammoniak hergestelltes Phosphorylamid wird in einer Arbeit von Nielsen[1]) auf seine Eigenschaften hin untersucht. Der erzielbare Flammschutz ist nur bedingt witterungsbeständig. Durch Mitverwendung eines Weichmachers lässt sich hingegen die Abnahme der Reissfestigkeit in einem erträglichen Rahmen halten.

Ein durch Hydrolyse wasserlöslich gemachtes Reaktionsprodukt aus Phosphoroxychlorid und wasserfreiem Ammoniak bildet den Gegenstand des *amer. P. 2.949.385* (27. Januar 1953/16. August 1960) der Monsanto Chem. Co. – J. E. Malowan und M. L. Nielsen. Es wird nach diesem Verfahren ein Produkt von einem Molekulargewicht zwischen 200 und 250 erhalten, welches praktisch neutral

[1]) Textile Research J. *27* (1957), 8, S. 603–610.

reagierende wässerige Lösungen ergibt. Das zu schützende Gewebe sollte 5 bis 50% seines Gewichtes an Flammschutzmittel aufnehmen. Die Fixierung des Schutzmittels geschieht durch eine Hitzebehandlung zwischen 100 und 200° C.

Phosphorylamide werden auch für die Behandlung von Mischgeweben aus Baumwolle und Kunstfasern wie Polyamid- oder Polyesterfasern durch die General Tire & Rubber Co. – Iannazzi im *amer. P. 3.032.440* (26. Mai 1958/1. Mai 1962) vorgeschlagen. Es wird ein Gemisch aus 5 bis 50%, vornehmlich 20 bis 30% eines wasserlöslichen und 50 bis 95%, vornehmlich 70 bis 80% eines wasserunlöslichen Reaktionsproduktes aus Phosphorylchlorid und wasserfreiem Ammoniak zusammen mit einem Netzmittelzusatz (zum Beispiel Natriumalkylnaphthalinsulfat) in wässerigem Medium auf die Faser gebracht. Nach dem Trocknen erfolgt noch eine Hitzebehandlung bei 120 bis 150° C.

Die *DAS 1.147.228 V 17 423/12 o* (amer. Prior. vom 20. Oktober 1958/19. Oktober 1959/18. April 1963) der Stauffer Chemical Co. – Steinhauer nennt flammenhemmende Kondensate aus Äthylendiamin und dem Reaktionsprodukt aus Phosphoroxychlorid oder Phosphorpentoxyd und Ammoniak. Als vorteilhaft werden insbesondere Reaktionsprodukte erwähnt, welche 70 bis 80 Gewichtsprozente Phosphorpentoxyd, 5 bis 10 Gewichtsprozente Amidstickstoff und 12 bis 18 Gewichtsprozente Ammoniumstickstoff enthalten.

e) Flammfestverfahren mit Tetrakis-oxymethylphosphoniumchlorid (THPC) und Aminkunstharzen

Mit der Forschung auf dem Gebiete der Flammfestausrüstung von Geweben hat sich die amerikanische Armee sehr intensiv befasst. So hat das Southern Regional Research Laboratory im Auftrage des Office of the Quartermaster General, Department of the Army in den Jahren 1950 bis 1956 einen wesentlichen Beitrag zur waschbeständigen Flammfestausrüstung von Zellulosetextilien geleistet, indem zur Hauptsache zwei neue Verfahren entwickelt wurden[1]). Es handelt sich dabei um die erstmals 1953 von Reeves und Guthrie beschriebene THPC-Methode, die ein Mischpolymerisat von Tetrakis(oxymethyl)phosphoniumchlorid[2]) und Methylolmelamin ver-

[1]) J. D. Reid, Text. Res. J. *26* (1956), 2, S. 136; J. G. Frick, J. W. Weaver, J. D. Reid, Text. Res. J. *25* (1955), S. 100–105; W. A. Reeves, J. D. Guthrie, Textile World *104* (1954), 2, S. 101, 176–182; W. A. Reeves und J. D. Guthrie, Ind. Eng. Chem. *48* (1956), 1, S. 64–67; W. A. Reeves und J. D. Guthrie, Textile Weekly (1954), S. 1618; J. D. Guthrie, G. L. Drake und W. A. Reeves, Amer. Dyest. Rep. *44* (1955), 10, S. 328–332.

[2]) Die Bezeichnung THPC ist eine Abkürzung der englischen Bezeichnung für Tetrakis(oxymethyl)phosphoniumchlorid; Tetrakis(hydroxymethyl)-phosphoniumchloride.

wendet, und um die 1954 von Frick, Weaver und Reid beschriebene BAP-Methode, die eine wässerige Emulsion eines Polymerisats aus Bromoform und Triallylphosphat verwendet. Das letztere Verfahren wurde bereits weiter oben im Rahmen der organischen Phosphorsäureester erwähnt. Dennoch sei im folgenden nochmals kurz deren chemisches Grundprinzip dargestellt:

THPC-Verfahren

Bildung des Polymerisats:

$$\underset{\text{THPC}}{(HOCH_2)_4P^+\,Cl^-} + \underset{\text{Trimethylolmelamin}}{(HOCH_2NH)_3.C_3N_3} \longrightarrow$$

$$-NH-\left[\begin{array}{l} CH_2-P^+(CH_2OH)-CH_2-NH-C_3N_3-NH- \\ \quad | \qquad\qquad\qquad\qquad\qquad\quad | \\ \quad CH_2 \qquad\qquad\qquad\qquad\quad NH \\ \quad | \qquad\qquad\qquad\qquad\qquad\quad | \\ \qquad\qquad\qquad\qquad\qquad\quad\;\; CH_2 \\ \qquad\qquad\qquad\qquad\qquad\quad\;\; | \end{array}\right]_n-CH_2- \xrightarrow{+\,O_2}$$

$$-NH-\left[\begin{array}{l} CH_2-P(O)-CH_2-NH-C_3N_3-NH- \\ \quad | \qquad\qquad\qquad\qquad | \\ \quad CH_2 \qquad\qquad\qquad NH \\ \quad | \qquad\qquad\qquad\qquad | \\ \qquad\qquad\qquad\qquad\; CH_2 \\ \qquad\qquad\qquad\qquad\; | \end{array}\right]_n-CH_2-$$

BAP-Verfahren

Bildung des Polymerisats:

$$\text{Reaktionsstarter} + \underset{\text{Bromoform}}{CHBr_3} \longrightarrow CHBr_2-$$

$$CHBr_2- + \underset{\text{Triallylphosphat}}{(CH_2{=}CH-CH_2-O)_3PO} + CHBr_3 \longrightarrow$$

$$CHBr_2- + CHBr_2-\left[\begin{array}{r} -CH_2-CH_2- \\ | \quad \\ CH_2 \quad \\ | \quad \\ O \quad \\ | \quad \\ (CH_2{=}CH-CH_2O)_2P(O) \quad \end{array}\right]_n-Br \longrightarrow \begin{array}{c}\text{Polymere mit}\\ \text{Querbrücken}\end{array}$$

Tetrakis(oxymethyl)phosphoniumchlorid besitzt die Eigenschaft, mit einer ganzen Anzahl von Kunstharzbildnern flammfeste Kunst harze zu liefern. Die Verbindung Tetrakis(oxymethyl)phosphoniumchlorid wurde erstmals von A. Hoffman im Jahre 1921 beschrieben[1]). Es handelt sich dabei um eine in Wasser und niederen Alkoholen lösliche, kristalline Verbindung, die zum Beispiel mit 90%iger Ausbeute aus Phosphin, Formaldehyd und Chlorwasserstoff bei Zimmertemperatur hergestellt werden kann[2]). Ihr Reak-

[1]) A. Hoffmann, J. Amer. Chem. Soc. *43* (1921), S. 1684 und J. Amer. Chem. Soc. *52* (1930), S. 2995.

[2]) W. A. Reeves, F. F. Flynn und J. D. Guthrie, J. Amer. Chem. Soc. *77* (1955), S. 3923.

tionsverhalten ist jenem einer wässerigen Formaldehydlösung (Methylenglykol) ähnlich. Die Verwendung von THPC für die Flammfestausrüstung aminierter Baumwolle wurde erstmals 1953 von W. A. Reeves, O. J. McMillan und J. D. Guthrie[1]) vorgeschlagen. Dabei reagiert THPC mit den Aminogruppen unter Bildung einer flammfesten modifizierten Baumwolle. Diese Reaktion verläuft sehr leicht, so dass ein Imprägnieren mit einer wässerigen Lösung und nachträgliches Trocknen bei 100°C für das Flammfestmachen von aminierter Zellulose genügt.

$$2\ \text{Zell}\ {-}OCH_2 \cdot CH_2{-}NH_2 + (HOCH_2)_4PCl \longrightarrow$$

$$\text{Zell}\ {-}O \cdot CH_2 \cdot CH \cdot \underset{\displaystyle H}{\underset{|}{N}} \cdot CH_2{-}\underset{\displaystyle CH_2OH}{\underset{|}{P}}(O) \cdot CH_2 \cdot \underset{\displaystyle H}{\underset{|}{N}} \cdot CH_2 \cdot CH_2 \cdot O{-}\ \text{Zell}$$

Phosphinoxyd

THPC bildet sehr leicht Phosphinoxyd unter Abspaltung des Chlors, und zwar bildet sich Tris(oxymethyl)phosphinoxyd.

Die grosse Reaktionsfreudigkeit des Tetrakis(oxymethyl)phosphoniumchlorids geht aus den zahlreichen Möglichkeiten hervor, die es zur Kunstharzbildung befähigen.

Mit Aminen wie Harnstoff, Melamin und einer ganzen Anzahl weiterer für die Kunstharzbildung in Frage kommender Ausgangsprodukte erfolgt eine Reaktion nachstehenden Schemas:

$$(HOCH_2)_4PCl + H_2N{-}CO{-}NH_2 \longrightarrow (HOCH_2)_2{-}\overset{\displaystyle O}{\overset{\|}{P}}{-}CH_2{-}NH{-}CO{-}NH_2 + HCl + CH_2O + H_2O$$

$$\text{oder} \longrightarrow [(HOCH_2)_3P^+{-}CH_2{-}NH{-}CO{-}NH_2]\,Cl^- + H_2O$$

Die wasserlöslichen Kondensationsprodukte enthalten noch Chlor, während die ausgehärteten Kunstharze nur noch spurenweise Chlor nachweisen lassen.

Die Herstellung erfolgt am besten in einem pH-Bereich zwischen 3 und 6. Die Komponenten werden etwa 1 Stunde auf 100°C oder wenige Minuten auf Temperaturen von 140 bis 150°C erhitzt. THPC enthält dabei den Katalysator (Chlorwasserstoff) bereits in gebundener Form, doch vermag die Zugabe eines speziellen Katalysators noch die Reaktionsgeschwindigkeit zu erhöhen. Bei Melamin ist es möglich, an einen Aminotriazinring ein bis sechs Phosphorreste anzulagern. Die Kondensation erfolgt bei Melamin rascher als bei Harnstoff.

Meist wird Methylolmelamin zusammen mit THPC vermischt und Triäthanolamin als Stabilisator zugesetzt. Mit dieser Mischung können die Zellulosefasern imprägniert werden und durch Erhitzen auf 150°C während 4 bis 5 Minuten das Kunstharz auskondensiert werden.

---

[1]) Text. Res. J. *23* (1953), S. 527.

Ebenfalls sehr rasch reagiert THPC mit Äthylenimin, wobei sich auch verzweigte Polymerisationsprodukte bilden können:

$$(HOCH_2)_4PCl + \underset{\diagdown NH \diagup}{CH_2 \text{———} CH_2} \longrightarrow (HOCH_2)_2\overset{}{\underset{\underset{O}{\|}}{P}}\text{–}CH_2\text{–}O\text{–}CH_2\text{–}CH_2\text{–}NH_2 + CH_2O + HCl$$

$$\text{oder} \longrightarrow \begin{matrix} =N\text{–}CH_2 \diagdown \\ =N\text{–}CH_2 \diagup \end{matrix} \overset{\overset{O}{\|}}{P}\text{–}CH_2\text{–}O\text{–}CH_2\text{–}CH_2\text{–}N=$$

Auch mit Phenolen sind analog zu den entsprechenden Formaldehyd-Phenolkondensaten eine Reihe verschiedener Kunstharzbildungen mit THPC möglich. Die THPC-Methode entwickelt sich aus der Beobachtung heraus, dass beim Behandeln von aminierter Baumwolle mit einer wässerigen Lösung von Tetrakis(oxymethyl)phosphoniumchlorid eine flammfeste Baumwolle erhalten wird, deren Flammfesteffekt auch einer Behandlung mit kochender Natronlauge widersteht. Um auch flammfeste Baumwolle zu erzielen, ohne diese vorgängig zu aminieren, wurden polyfunktionelle monomere Amine wie etwa Melamin in die Faser eingelagert und an diesen dann das Flammschutzmittel verankert. So wurde gefunden, dass eine beständige Flammfestausrüstung erzielt werden kann, wenn man Baumwollgewebe mit einer Lösung von THPC, Methylolmelamin und andern Substanzen imprägniert und dann einer Härtung unterwirft. THPC kondensiert dabei zusammen mit dem Methylolmelamin zu einem unlöslichen Kunstharz innerhalb der Faser.

Eine typische harzbildende Flammfestflotte enthält etwa:

15,8% Tetrakis(oxymethyl)phosphoniumchlorid (THPC)
9,5% Trimethylolmelamin (zum Beispiel Resloom HP der Monsanto Chem. Co.)
9,9% Harnstoff
3,0% Triäthanolamin.

THPC vermag mit Methylolmelamin oder auch Melamin zu kondensieren, wobei sich die verschiedenen Reaktionsprodukte zwischen diesen Verbindungen besonders bezüglich ihrer Wasserlöslichkeit unterscheiden. So nimmt mit zunehmender Anzahl Methylolgruppen die Wasserlöslichkeit zu. Anstelle von Methylolmelaminen können auch Methylolharnstoffe Verwendung finden, doch muss in diesem Fall das Verhältnis der einzelnen Komponenten des Schutzmittels etwas abgeändert werden.

Bei der Kondensation wird vom THPC Chlorwasserstoff abgespalten. Der Harnstoffzusatz hat dabei die Funktion der Bindung dieser freien Säure zu übernehmen, um so eine starke Faserschädigung zu vermeiden. Daneben vermag aber auch ein Teil des THPC mit dem Harnstoff direkt zu reagieren, wobei sich dem Melamin-THPC-Harz entsprechende Kondensate des Harnstoffes bilden.

Versuche zur Abklärung der Bedeutung eines Harnstoffzusatzes zur Flotte zeigten, dass in Abwesenheit von Harnstoff nur 12% Flammschutzmittel von der Faser aufgenommen wurden und eine deutliche Festigkeitsabnahme eintrat. Wurde hingegen 10% Harnstoff zugesetzt, so betrug die Kunstharzaufnahme 17% und es konnte nur ein geringer Festigkeitsabfall beobachtet werden. Mit 25% Harnstoff wurde überhaupt kein Festigkeitsabfall mehr festgestellt, doch betrug die Kunstharzaufnahme nurmehr 5%, da der Harnstoff weitgehend mit THPC in Reaktion getreten war. Weitere Versuche zeigten ferner, dass mit 7,5% Harnstoff noch eine etwas bessere Waschbeständigkeit erzielbar war als mit den oben angegebenen 9,9%.

Eine Lösung von THPC, Methylolmelamin und Harnstoff würde innert weniger Stunden kondensieren und eine viskose Lösung oder gar ein Gel bilden. Es ist daher nötig, die Flammfestlösung bei Zimmertemperatur zu stabilisieren, wofür sich Triäthanolamin ausgezeichnet eignet. Bereits 1% Triäthanolamin verzögert die Kondensation bei Zimmertemperatur ganz wesentlich und mit 4% Triäthanolamin wird eine mehrere Stunden haltbare Flotte erhalten. Durch den Triäthanolaminzusatz sollte der pH-Wert der Flotte mindestens 7 erreichen, da bereits bei schwach saurer Flotte (pH etwa 5) die Kondensation sehr deutlich einsetzt. Bei der Verarbeitung von Rohgeweben muss noch ein Netzmittel zugesetzt werden, um eine gute Durchdringung der Ware zu gewährleisten.

Im allgemeinen wird eine gleichmässige Imprägnierung erhalten, wenn das Gewebe zweimal mit der Harzlösung geklotzt wird und jeweils durch eng eingestellte Abquetschwalzen genommen wird. Um ein Wandern der Lösung und ein Steifwerden zu vermeiden, sollte nur eine mässige Spannung des Gewebes vorhanden sein, wenn es den Foulard verlässt und möglichst bald bei einer Temperatur von rund 85°C getrocknet werden. Trocknungstemperaturen oberhalb von 105°C führen zu einer oberflächlichen Aushärtung, bevor das Innere des Gewebes trocken ist.

Um eine gute Fixierung des THPC-Harzes zu erzielen, muss bei erhöhter Temperatur gehärtet werden. Häufig verwendete Härtungsbedingungen sind eine Temperatur von 140°C und eine Dauer von 4 bis 5 Minuten. Durch nachträgliches Waschen und Spülen, eventuell unter Zusatz eines Weichmachers, werden die überschüssigen, wasserlöslichen Salze entfernt und dem Gewebe wieder die nötige Weichheit verliehen.

Die THPC-Behandlung kann auch mit einer Wasserabweisendausrüstung kombiniert werden, wobei die wasserabstossenden Mittel gleichzeitig auch noch als Weichmacher für das Gewebe wirken. Meist wird in einem nachträglichen Arbeitsgang wasserabstossend gemacht; es ist aber auch möglich, das Wasserabstossendmittel direkt der Flammfestausrüstung zuzusetzen und dann nach dem Einbadverfahren zu arbeiten.

Der Flammfesteffekt ist von der Menge des auf die Ware gebrachten THPC-Harzes abhängig. Ebenfalls ist der Gewebeaufbau mitbestimmend für die nötige Schutzmittelmenge, so dass es sich empfiehlt, durch Vorversuche festzustellen, wieviel Harz auf das Gewebe zur Erzielung des gewünschten Effektes gebracht werden muss.

Ein typisches Beispiel für die Flammfestausrüstung eines 230 g-Baumwollköpers ist etwa das folgende:
Es werden

1868 g kristallisiertes THPC von 95% Reinheit in
1800 g Wasser gelöst und dann
338 g Triäthanolamin zugesetzt.

Eine zweite Lösung wird hergestellt durch Lösen von

1069 g Trimethylolmelamin (nicht veräthert)
1114 g Harnstoff in
5062 g Wasser.

Beide Lösungen werden bei Zimmertemperatur hergestellt und vor Gebrauch miteinander vermischt.

Die Imprägnierung kann auf einem Foulard mit einer Flüssigkeitsaufnahme von 71,5% erfolgen. Darauf wird 4,5 Minuten in einem Ofen bei 85°C getrocknet und anschliessend während 4,5 Minuten bei einer Temperatur von 140°C gehärtet. Nach der Kondensation wird zunächst kalt gewaschen und dann durch heisses Wasser mit 0,1% Duponol LS genommen. Abschliessend kann noch mit einem kationaktiven Weichmacher nachbehandelt werden. Es wird zum Beispiel ein Weichmachen mit einer 4%igen Lösung von *Triton X-400* bei einer Flüssigkeitsaufnahme von 50% empfohlen.

Eine so ausgerüstete Ware widersteht dem vertikalen Flammtest und auch durch eine oder mehrere Wäschen wird der Effekt nicht massgebend verschlechtert. Bei sehr alkalischer Wäsche, etwa mit Seife und Soda, kann jedoch ein Verlust an THPC-Harz eintreten. Durch stärkere Beladung des Gewebes mit Flammschutzmittel oder durch Herabsetzen des Harnstoffgehaltes in der Imprägnierungsflotte lässt sich aber die Waschbeständigkeit noch weiter verbessern.

Hervorzuheben ist ferner, dass durch die THPC-Behandlung das Gewebe auch gut nachglimmfest wird.

Verschiedene Harzbehandlungen bringen eine deutliche Festigkeitsabnahme der Ware mit sich, die zum Beispiel bis zu 35% bei einer Harzeinlagerung von 15% betragen kann. Bei der THPC-Ausrüstung geht die Reissfestigkeit nur wenig zurück, wobei dies bei dichten Geweben ausgeprägter in Erscheinung tritt als bei losen. Meist lässt sich durch Mitverwendung eines Weichmachers überhaupt jegliche Festigkeitseinbusse vermeiden. Durch die Behandlung mit

THPC-Melamin-Kunstharzen lässt sich auch die Knitterfestigkeit verbessern.

Im *amer. P. 2.668.096* von W. A. Reeves und J. D. Guthrie wird die Flammfestbehandlung aminierter Baumwolle mit Hilfe von Tetrakis(oxymethyl)phosphoniumchlorid erwähnt. Baumwolle wird zu diesem Zwecke zunächst nach den Angaben des *amer. P. 2.459.222* durch Behandlung mit 2-Aminoäthylschwefelsäure in ätzalkalischer Lösung während 40 Minuten bis 9 Stunden bei einer Temperatur von 70 bis 110°C aminiert. Es lagert sich dabei bis zu 0,6% Stickstoff an die Zellulose an.

Die aminierte Baumwolle wird dann mit Tetrakis(oxymethyl)-phosphoniumchlorid zur Reaktion gebracht, wodurch phosphorhaltige organische Reste an die Zellulose durch Hauptvalenzen gebunden werden. Noch bessere Effekte werden erzielt, wenn man neben den Phosphorverbindungen noch Methylolmelamin auf die Baumwolle einwirken lässt. Die Trocknung der imprägnierten Baumwolle soll bei 65°C erfolgen und durch eine Härtung von 4 Minuten Dauer bei einer Temperatur von 155°C abgeschlossen werden. Anstelle von Melaminvorkondensaten werden auch solche des Harnstoffes oder Guanidins erwähnt.

Im *amer. P. 2.772.188* (18. November 1953/27. November 1956) des US Secretary of Agriculture – Reeves, Guthrie wird für die Flammfestbehandlung von Zellulosefasern die Tatsache ausgenützt, dass durch Ammoniak polymere Methylolphosphorverbindungen mit noch freien Methylolgruppen in einen unlöslichen Zustand übergeführt werden können. Es kommen dabei Kondensationsprodukte aus THPC oder Trisoxymethylphosphinoxyd und Aminen oder Methylolaminen in Frage. Ferner wird auch ein Umsetzungsprodukt von Phloroglucin mit THPC genannt, welches sich mit Ammoniak in ein stickstoffhaltiges Endkondensat überführen lässt. Die verwendbaren Verbindungen müssen mindestens eine freie Methylolgruppe aufweisen, also noch kondensierbar sein, und zwar unter Bildung unlöslicher Endprodukte. Solche harzartige Verbindungen erhält man durch Kondensation von Tetraoxymethylphosphoniumchlorid oder Trisoxymethyl-phosphinoxyd mit einem oder mehreren Aminen, die 2 oder mehr Wasserstoffe oder Methylolgruppen am Stickstoff tragen, wobei besonders wasserlösliche Melaminvorkondensate geeignet sind. Für eine solche Kondensation können auch solche organische Phosphorderivate Verwendung finden, die sich aus den genannten Methylolphosphorverbindungen oder ihren Mischungen und mindestens einer andern Reaktionskomponente in Form von Produkten ergeben, die 2 oder mehr -P-CH_2OH-Gruppen enthalten und deren Phosphor ausschliesslich Bestandteil von Tetramethylenphosphoniumchlorid- oder Trimethylenphosphinoxyd-Radikalen ist. Diese letzteren Substanzen – zum Beispiel ein Umsetzungsprodukt von Phloroglucin mit THPC – lassen sich auch direkt – also ohne vorherige Kondensation mit Aminen – durch Ammoniak in stickstoffreichere Kondensate überführen. Es wird die Ware mit wässerigen Lösungen dieser Methylolphosphor-Vorkondensate imprägniert und nach dem Trocknen mit Ammoniak behandelt. Man gelangt so zu flammfesten, in der Faserfestigkeit nicht beeinträchtigten Zellulosefasern.

Im *brit. P. 740.269* der Albright und Wilson Ltd. werden als Flammschutzmittel Mischpolymerisate von Melamin, Guanidin oder Harnstoff mit Tetrakis (oxymethyl)phosphoniumchlorid oder Trisoxymethylphosphinoxyd (THPO) erwähnt. Liegt ein bereits Aminogruppen enthaltendes Material vor, so kann auch direkt mit THPC oder THPO behandelt werden.

Das *franz. P. 1.078.709* (eing. am 21. April 1954, ert. am 12. Mai 1954, veröff. am 23. November 1954, amer. Prior. vom 22. April 1952) von Albright & Wilson Ltd. schlägt für die Flammfestausrüstung phosphorhaltige Amidharze vor. Man stellt sich solche Kunstharze aus mehrwertigen Verbindungen mit Amino-, Hydroxyl-, Phenol- oder Akylgruppen wie etwa Melamin, Guanidin, Harnstoff oder Zellulosederivaten mit primären Aminogruppen, einer phosphorhaltigen Verbindung vom Typ des Tetrakis(oxymethyl)phosphoniumchlorids oder Trisoxymethylphosphinoxyds und eventuell Formaldehyd her. Das Textilgut wird mit einer wässerigen Lösung oder Dispersion von Vorkondensaten behandelt, bei 65°C getrocknet und abschliessend das Kondensatharz durch Härten bei 80 bis 160°C während 4 Minuten in den unlöslichen Zustand übergeführt.

Zur Herstellung eines Flammschutzmittels auf THPC-Basis schlossen sich die Bradford Dyers' Ass. Ltd. und Albright & Wilson Ltd. zusammen und brachten das Produkt *Proban* auf den Markt.

Eine Weiterentwicklung des THPC-Verfahrens durch das Southern Regional Laboratory der amerikanischen Armee erfolgte durch Kombination mit dem Bromoform-Triallylphosphat-Verfahren [1]). Es liess sich dadurch ein besserer Effekt erzielen, als dies mit nur einem dieser beiden Verfahren möglich ist. So wird etwa das folgende Arbeitsverfahren vorgeschlagen:

286 g Tetrakis(oxymethyl)phosphoniumchlorid werden in
125 g Wasser gelöst und
54 g Triäthanolamin zugesetzt.

Eine zweite Lösung enthält:

175 g Harnstoff in
375 g Wasser gelöst. Darauf setzt man noch
173 g Resloom HP, also Methylmelamin zu.

---

[1]) J. D. Reid, J. G. Frick und R. L. Arceneaux, Text. Res. J. 26 (1956), 2, S. 137-140.

Diese beiden Lösungen werden dann zusammengemischt und zu dieser Mischung noch 810 cm³ einer 33%igen Bromoform-Triallylphosphat-Emulsion mit 12 g Weichmacher wie Flexol TWS (Tetrabutylthiodibernsteinsäureester) zugesetzt. Bei Zimmertemperatur ist ein solches Bad infolge seiner Stabilisierung mit Triäthanolamin etwa 8 Stunden haltbar.

Ein Gewebe wird etwa mit 67% Flüssigkeitsaufnahme mit dieser Lösung foulardiert und dann 5 Minuten bei einer Temperatur von 100°C getrocknet. Daran schliesst sich eine 5 minutige Härtung bei 140°C an. Durch kaltes Spülen und Waschen bei 60°C mit einer 0,01%igen *Igepon T-Lösung* und nochmaliges dreifaches Spülen mit Wasser werden die löslichen Anteile ausgewaschen. Nach dem Trocknen erfolgt dann noch eine Weichmachung mit *Triton X-400.*

Ein so behandeltes Gewebe weist eine sehr gute Flammfestigkeit auf, die auch waschbeständig ist. Es zeigte sich jedoch, dass sich dieses kombinierte Verfahren besonders für schwerere Gewebe eignet.

Brom enthaltende Derivate von Phosphornitrilchlorid stellen gleichfalls gute Flammschutzmittel dar. Es handelt sich dabei um Verbindungen vom Typ bromierter Allylphosphornitrilate, 2,3-Dibrompropylphosphonitrilat und das Bromoformaddukt von Allylphosphornitrilat. Es werden diese Verbindungen in Form ihrer Polymere in organischen Lösungsmitteln oder als wässerige Emulsionen auf die Ware gebracht. So wird etwa mit nachstehender Flotte imprägniert:

15,9 g Phosphornitrilallylester
10,2 g Bromoform
30,0 g einer 2%igen Polyvinylalkohollösung in Wasser
1,5 g Natriumbikarbonat
0,5 g Kaliumpersulfat
28,6 g Wasser.

Durch Foulardieren wird mit einem Abquetscheffekt von 70% die Flotte aufgebracht, 10 Minuten bei 110°C getrocknet und dann während 6 Minuten bei 140°C gehärtet und ausgewaschen[1]).

Dieses Flammfestverfahren wurde gleichfalls mit einer THPC-Ausrüstung mit gutem Erfolg kombiniert[2]). Das Gewebe wird mit einem Gemisch der Flammschutzmittel imprägniert, getrocknet und bei erhöhter Temperatur gehärtet. Die Emulsion für die Imprägnierung wird durch Zugabe des Bromoform-Phosphornitrilallylester-Polymers zur THPC-Melamin-Harzlösung erhalten.

Das THPC-Kunstharzvorkondensat dringt in die Fasern ein, während das Bromoform-Phosphornitrilester-Addukt sich auf der Oberfläche ablagert. Dieses kombinierte Verfahren hat sich besonders

---

[1]) C. Hamalainen, J. D. Guthrie, Text. Res. J. *26* (1956), 2, S. 141–144.

[2]) C. Hamalainen, W.A. Reeves und J.D. Guthrie, Text. Res. J. *26* (1956), 2, S. 145–149.

für leichte bis mittelschwere Gewebe bewährt. Der erzielbare Flammfesteffekt ist auch gut waschbeständig.

Wie aus den in diesem Abschnitt angeführten Patenten und Verfahren hervorgeht, kommt den Verbindungen des Phosphors, sei es nun in anorganischer oder organischer Form, eine ganz besondere flammenhemmende Wirkung zu. Es ist dabei in den meisten Fällen wohl durch die pyrogene Zersetzung beim Brennen die Bildung von Phosphorsäuren anzunehmen, die ja bekanntlich eine ganz spezifische Flammschutzwirkung und auch eine Schutzwirkung gegenüber dem Nachglimmen aufweisen. Durch Einführung organischer Reste war es zudem auch möglich, eine dauerhafte Fixierung des Phosphors an die Zellulose selbst oder an ein eingelagertes unlösliches Kunstharz zu erzielen.

Albright and Wilson Ltd. haben Flammfestverfahren mit Tetrakis(oxymethyl)phosphoniumchlorid (THPC) in einer ganzen Reihe von Patenten schützen lassen. Nach den *brit. P. 906.314* (5. Oktober 1959/5. Oktober 1960/19. September 1962), *franz. P. 1.280.804* und *amer. P. 2.983.623* wird die Ware mit einer wässerigen Lösung oder Dispersion eines Vorkondensates aus THPC und Harnstoff, Thioharnstoff, Melamin, Dicyandiamid oder Guanidin imprägniert und anschliessend getrocknet. Hierauf wird mit Ammoniakdämpfen und dann mit einer wässerigen Ammoniaklösung behandelt. Zum Abschluss wird gewaschen und getrocknet. Das so ausgerüstete Gewebe aus Zellulosetextilien weist eine auch gegen Kochwäsche beständige Flammfestigkeit auf und zeigt eine verbesserte Knitterfestigkeit.

Das vorerwähnte Patent stellt eigentlich einen Zusatz zum *brit. P. 882.993* (21. November 1956/21. November 1957/22. November 1961) dar, welches das Unlöslichmachen von Kondensaten aus Methylolphosphoniumverbindungen mit Ammoniak zum Gegenstand hat. So wurde festgestellt, dass Vorkondensate aus Tetraoxymethylphosphoniumsalzen oder Trisoxymethylphosphinoxyd und organischen Stickstoffverbindungen mit mindestens einem Wasserstoff oder einer Methylolgruppe am Stickstoff schon bei Zimmertemperatur unter Einwirkung von gasförmigem Ammoniak oder wässerigen Lösungen von Ammoniak oder Ammoniakspendern wie Ammoniumkarbonat oder -azetat in unlösliche Produkte übergehen. Als Stickstoffverbindungen kommen dabei etwa Melamin, Methylolmelamin, Polyamine, primäre oder sekundäre Amine der aliphatischen, aromatischen oder alizyklischen Reihe, zyklische Imine, Harnstoff oder Proteine in Frage. Ferner verhalten sich phenolische Körper wie Phenol oder α-Naphthol ganz ähnlich. Gegenüber den durch eine Hitzebehandlung fixierten Vorkondensaten weisen die durch Ammoniak ausgefällten Flammschutzmittel den Vorteil auf, dass sie die Reissfestigkeit des Gewebes nicht wesentlich herabsetzen.

In der *DAS 1.056.835 A 25 121/39c* (18. Juni 1956/6. Mai 1959) von Albright and Wilson – W. A. Reeves, J. D. Guthrie und A. L. Bullock sowie in den *franz. P. 1.153.813* und *amer. P. 2.830.964* (17. Juni 1956) werden härtbare phosphorhaltige Polykondensate mit endständigen Hydroxylgruppen beschrieben, die durch Umsetzung von organischen Phosphorverbindungen wie Trismethylolphosphinoxyd oder Tetrakis(oxymethyl)phosphoniumchlorid mit Epoxyden, zum Beispiel Epichlorhydrin oder Styroloxyd, gewonnen werden. Ferner kann auch eine polyfunktionelle, mit Formaldehyd reagierende Stickstoffverbindung, etwa ein Methylolmelamin, mit einkondensiert werden.

Kondensate organischer Phosphorverbindungen mit Stickstoffverbindungen bilden den Gegenstand der *amer. P. 2.795.569* (18. November 1953), *brit. P. 764.313*, *franz. P. 1.116.796*, *belg. P. 533.447* und der *DAS 1.045.097 A 21 568/39c* (18. November 1954/27. November 1958/6. Mai 1959). Man gewinnt diese Verbindungen durch Umsetzen von Tetraoxymethylphosphoniumsalzen wie THPC und/oder Trioxymethylphosphinoxyd oder deren Derivate mit einer Stickstoffverbindung, welche durch Formaldehyd ersetzbare Wasserstoffatome aufweist. Als Stickstoffverbindungen werden monomere oder polymere Äthyleniminoverbindungen genannt, die an den Kohlenstoffatomen auch noch Aryl-, Alkyl- oder Alkylarylreste aufweisen. Dem Reaktionsgemisch setzt man ferner noch eine kondensierfähige Methylolverbindung wie Methylolmelamin oder Methylolharnstoff zu. Die so erhältlichen Reaktionsprodukte sind zunächst noch wasserlöslich, gehen aber beim Erhitzen auf 150°C und darüber in unlösliche Körper über. Bromhaltige Methylol-Phosphor-Stickstoff-Addukte lassen sich nach den Angaben der *DAS 1.045.655 A 23 748/39c* (9. November 1955/4. Dezember 1958/14. Mai 1959) und der *belg. P. 542.684*, *franz. P. 1.136.493* und *brit. P. 807.236* durch Umsetzung von Polymethylolderivaten eines Phosphoniumsalzes, zum Beispiel THPC, einer organischen Stickstoffverbindung von einem unter 800 liegenden Molekulargewicht, zum Beispiel Diallylmelamin oder Akrylnitril, einer mit Formaldehyd oder Methanol kondensierbaren, polyfunktionellen Bromverbindung wie Bromoform und einem niederen aliphatischen Aldehyd wie Formaldehyd erhalten. Das Reaktionsgemisch kann mit Ammoniak bei Temperaturen unterhalb von 30°C in eine unlösliche Form übergeführt werden. Diese Produkte werden von Albright and Wilson Ltd. als Flammschutzmittel empfohlen.

Im *brit. P. 821.504* (7. November 1955/7. Oktober 1959) von Albright and Wilson Ltd.[1]) werden für die Flammfestausrüstung von Zellulosetextilien Suspensionen vorgeschlagen, welche Vorkondensate von Aminoplasten wie Methylolmelamin oder -harnstoff, eine Methy-

[1]) Siehe auch: *Amer. P. 2.810.701* (9. November 1954).

lolphosphoniumverbindung wie THPC oder Trisoxymethylphosphinoxyd, ein mit Wasser nicht mischbares organisches Lösungsmittel wie etwa Benzinkohlenwasserstoffe eines Siedebereichs von 177 bis 204°C und einen Emulgator vom Typ Triäthanolaminstearat enthalten. Die imprägnierte Ware wird bei 90°C getrocknet und anschliessend noch einer Hitzebehandlung bei 140°C unterworfen, wodurch das phosphongruppenhaltige Harz auskondensiert wird.

Ebenfalls Kondensationsprodukte aus Tetraoxymethylphosphoniumchlorid oder Trioxymethylphosphinoxyd mit Melamin-, Harnstoff- oder Guanidin-Formaldehyd-Vorkondensaten werden als Flammschutzmittel durch Albright and Wilson Ltd. – W. A. Reeves und J. D. Guthrie in den *amer. P. 2.668.096* (22. April 1952), *brit. P. 740.269*, *franz. P. 1.078.709* sowie der *DAS 1.102.697 A 23 642/8k* (22. April 1953/23. März 1961) beschrieben.

Das *brit. P. 884.785* (4. Mai 1956/29. April 1957/20. Dezember 1961) der Bradford Dyers' Assoc. und von Albright and Wilson Ltd. – Greenwood, Perfect, Richards beschreibt ein Verfahren, bei welchem das Gewebe aus Zellulosefasern zunächst mit einem Vorkondensat aus Harnstoff-, Thioharnstoff-, Äthylenharnstoff-, Melamin- oder Dicyandiamid-Formaldehyd imprägniert wird. In einem zweiten Arbeitsgang wird dann mit einer Lösung eines phosphorhaltigen Kondensationsprodukts aus Tetraoxymethylphosphoniumchlorid oder Trisoxymethylphosphinoxyd und einem der vorgenannten Aminoplastvorkondensate behandelt. Die Ausrüstung erfolgt bei Temperaturen von etwa 140°C. Die in diesem Patent erwähnte Vorbehandlung soll eine Verbesserung des Flammfesteffektes bewirken.

Die Härtung von Methylolphosphorverbindungen und stickstoffhaltigen Verbindungen wie Melamin, Methylolmelamin, Hexamethylenpentamin, Ketylamin, Anilin, Diäthanolamin, Äthylenimin, Proteinen, Harnstoff, Phenolen und Guanidin wird nach den Angaben des *franz. P. 1.305.971* von Albright and Wilson Ltd. – Coates, Chalkley mit Vorteil durch Erhitzen auf 85 bis 120°C mit wässerigen Lösungen von Ammoniumsulfit oder Mischungen von Ammoniumsalzen (Ammoniumsulfat, -karbamat oder -tartrat) und Alkalisulfiten durchgeführt. Abschliessend werden die Kondensate dann noch mit Wasser und Ammoniak behandelt.

Das *amer. P. 2.810.701* (eing. am 9. November 1954, ert. am 22. Oktober 1957) des US Secretary of Agriculture – W. A. Reeves und J. D. Guthrie schützt ein Verfahren zum Flammfest- und Knitterechtmachen. Es handelt sich dabei um Öl-in-Wasser-Emulsionen, die neben Wasser und Emulgator ein indifferentes Lösungsmittel wie etwa ein Kohlenwasserstoffgemisch mit einem Siedeintervall von 120 bis 210°C und ein suspendiertes Pulver aus wasserunlöslichen phosphorhaltigem Harz enthalten. In der wässerigen Phase sind noch harzbildende Stoffe gelöst, und zwar ein wasserlösliches Vorkondensat eines Aminoplasten und die Komponenten eines phosphorhaltigen Harzes, nämlich Tetrakis(oxymethyl)phosphoniumchlorid und eine organische Stickstoffverbindung mit einem Molekulargewicht unter 400 mit mindestens einem dreiwertigen Stickstoff und zwei Wasserstoffatomen oder Oxymethylgruppen am dreiwertigen Stickstoff. Das suspendierte wasserunlösliche Harz ist entweder ein Umsetzungsprodukt des THPC mit mindestens einer organischen Stickstoffverbindung der oben genannten Art oder einer anorganischen Verbindung mit dreiwertigem Stickstoff oder einem Phenol oder ein Umsetzungsprodukt aus einem endständig ungesättigten polymerisierbaren Alkenylalkoholester eines Phosphornitrilhalogenids mit einem Kohlenwasserstoff, in welchem mindestens zwei Chlor- oder Bromatome an dasselbe Kohlenstoffatom gebunden sind.

Die Emulsion-Suspension soll auf 1 Teil wasserlösliches 0,2 bis 2 Teile unlösliches Harz und auf 1 Teil Stickstoff mindestens 0,1 Teil Phosphor aufweisen. Wird keine merkliche Gewebeversteifung angestrebt, so verwendet man vorteilhaft als wasserlöslichen Harzbildner THPC und eine Stickstoffverbindung wie etwa Harnstoff. Zum gleichzeitigen Knitterechtmachen nimmt man noch Methylolmelamin-Vorkondensate. Als unlösliches Harz kann ein Polymerisationsprodukt aus THPC und Methylolmelamin, Ammoniak oder o-Bromphenol oder ein Umsetzungsprodukt eines Allylesters von Phosphornitrilchlorid mit Bromoform in Betracht kommen.

Die Gewebe werden mit einer solchen Präparation imprägniert, getrocknet und zur Auskondensation erhitzt. Die gesamte Harzaufnahme darf höchstens 35% des Warengewichtes betragen.

Flammfestmittel aus THPC oder Trisoxymethylphosphinoxyd und monomeren aliphatischen oder heterozyklischen Verbindungen mit einem dreiwertigen Stickstoffatom, an welchem zwei Wasserstoffatome oder Methylolgruppen sich befinden, bilden den Gegenstand des *amer. P. 2.809.941* (3. September 1953/15. Oktober 1957) des US Secretary of Agriculture – Reeves, Guthrie. In Anwesenheit eines Lösungsmittels bilden sich bei Temperaturen zwischen 20 und 150°C Polykondensate, welche auch direkt auf der Faser gebildet werden können. Als Stickstoffverbindungen eignen sich Melamin, Methylolmelamin, Methylolharnstoff, und deren Alkylderivate. Oxyalkylharnstoff oder Hydantoin. So wird etwa mit THPC, Methylolmelamin, Harnstoff und Triäthanolamin in wässeriger Lösung ein Gewebe aus Zellulosefasern imprägniert, getrocknet und abschliessend bei 130 bis 160°C während 5 bis 1 Minute auskondensiert.

Umsetzungsprodukte von THPC oder Trisoxymethylphosphinoxyd mit Alkylenoxyden, zum Beispiel Epichlorhydrin, Epibromhydrin, Äthylenoxyd, Propylenoxyd oder Styroloxyd führen nach Angaben der *amer. P. 2.830.964* (17. Juni 1955/15. April 1958) und *franz. P. 1.153.813* des US Secretary of Agriculture – Bullock, Reeves, Guthrie zu Flammschutzmitteln, welche in wässeriger Dispersion zusammen mit THPC, Trisoxymethylphosphinoxyd, deren Reaktionsprodukte mit Aminen oder Phenolen, die noch zwei freie -P-CH_2-OH-Reste aufweisen, und monomeren aliphatischen Aminen als Imprägniermittel angewendet werden.

Im *amer. P. 2.911.322* (29. Oktober 1957/3. November 1959) des US Secretary of the Army – E. Klein, J. W. Weaver wird die Herstellung flammfester und für Kampfgase undurchlässiger Gewebe beschrieben. Der Flammfesteffekt wird dabei durch eine Imprägnierung in einem wässerigen Bade aus 16% THPC, 9% Trimethylolmelamin, 10% Harnstoff und Ammoniak erzielt. Anschliessend erfolgt dann in einem zweiten Bade das Gasundurchlässigmachen.

Zur Erhöhung der Reissfestigkeit von Zellulosefasergeweben, die mit THPC und Methylolmelaminen flammfest ausgerüstet wurden, empfiehlt das *amer. P. 2.993.746* (27. März 1959/25. Juli 1961) des US Secretary of the Army – Miles, Hoffman, Delasanta eine Nachbehandlung mit einer verdünnten Mineralsäure bei Temperaturen von 75 bis 100°C. So wird etwa mit Salzsäure behandelt, bis die Zellulose teilweise hydrolysiert worden ist. Anschliessend wird mit einer Sodalösung neutralisiert, gespült und getrocknet.

Die Herstellung von Methylolphosphorverbindungen wird in einer Reihe von Patenten der Farbwerke Hoechst AG beschrieben. Nach der *DAS 1.040.549 F 22 378/12 o* (16. Februar 1957/9. Oktober 1958/5. März 1959) wird Trioxymethylphosphinoxyd durch Oxydation mit Sauerstoff oder sauerstoffabgebenden Verbindungen aus dem entsprechenden Trioxymethylphosphin gewonnen.

Die *DAS 1.041.957 F 22 118/12 o* (12. Januar 1957/30. Oktober 1958/26. März 1959) und das *belg. P. 563.922* der gleichen Firma haben die Herstellung von Tetraoxymethylphosphoniumhydroxyd zum Gegenstand. Ein Mol Phosphin PH_3 wird mit 4 Molen Formaldehyd vorzugsweise in einem wasserlöslichen organischen Lösungsmittel wie zum Beispiel Äthylalkohol oder Dioxan und in Gegenwart eines Metallkatalysators umgesetzt. Es wird bei einem pH-Wert zwischen 4 und 8 und bei Temperaturen zwischen –10° und +40°C gearbeitet. Eine ganze Reihe von Metallsalzen eignen sich als Katalysatoren, wie etwa Chloride, Nitrate oder Sulfate des Eisens, Nickels, Kadmiums oder Kobalts. Besonders hervorgehoben werden auch die Hydroxyde oder Halogenide des Quecksilbers, Silbers, Platins und Paladiums sowie fein verteilte Metalle oder Metalloxyde. Das Tetraoxymethylphosphoniumhydroxyd und seine Komplexverbindungen mit Schwermetallsalzen eignen sich als Flammschutzmittel, Schädlingsbekämpfungsmittel und Schmier-Additive.

Die *DAS 1.041.958 F 22 270/12 o* (2. Februar 1957/30. Oktober 1958/26. März 1959) beschreibt die Herstellung quaternärer Phosphorverbindungen aus Trioxymethylphosphinoxyd und Aldehyden in Gegenwart von Wasser und Säuren wie Schwefel- oder Benzoesäure.

Nach der *DAS 1.042.583 F 23 104/12 o* (25. Mai 1957/6. November 1958/2. April 1959) der Farbwerke Hoechst AG werden aliphatische quaternäre Phosphorverbindungen erhalten, indem man in Gegenwart von Wasser und mit Wasser mischbaren organischen Lösungsmitteln und/oder Säuren Alkylenoxyde auf Trioxymethylphosphin einwirken lässt. So bildet sich etwa Trioxymethyl-2-oxyäthyl-phosphonium-azetat aus Äthylenoxyd, Essigsäure und Trioxymethylphosphin nach der Gleichung:

$$(HO{-}CH_2)_3P + \underbrace{CH_2{-}CH_2}_{\diagdown O \diagup} + CH_3COOH \longrightarrow [(HO{-}CH_2)_3P^+{-}CH_2{-}CH_2{-}OH]\ CH_3COO^-$$

Produkte dieser Art dienen zur Flammfestausrüstung und zur Schädlingsbekämpfung.

Quaternäre Phosphoniumverbindungen werden nach der *DAS 1.044.078 F 21 564/12 o* (3. November 1956/20. November 1958/23. April 1959) der Farbwerke Hoechst AG – Reuter aus Phosphin, Aldehyden und Säuren in Anwesenheit von Schwermetallen oder deren Salzen gewonnen. So wird etwa als Katalysator Quecksilber, Eisenchlorid oder Silbernitrat verwendet. Tetrakis(oxymethyl)phosphoniumchlorid wird so durch eine Reaktion zwischen Phosphin, Formaldehyd und Salzsäure in Gegenwart von metallischem Quecksilber erhalten.

In der *DAS 1.045.401 F 23 208/12 o* der gleichen Firma (7. Juni 1957/4. Dezember 1958/14. Mai 1959) wird ein Verfahren erwähnt, bei welchem Trioxymethylphosphin mit aliphatischen, α-, β-ungesättigten Karbonsäuren wie Akryl- oder Krotonsäure oder deren Estern oder Amiden umgesetzt wird. Es bilden sich dabei für den Flammschutz geeignete quaternäre Phosphoniumsalze oder Phosphoniumbetaine.

Nach der *DAS 1.064.061 F 22 910/12 o* (26. April 1957/27. August 1959) und dem *belg. P. 563.922* der Farbwerke Hoechst AG – Reuter wird Tetraoxymethylphosphoniumhydroxyd aus Phosphin (1 Mol) und Formaldehyd (4 Mol) in Gegenwart von Metalloiden der III. bis IV. Gruppe des periodischen Systems erhalten. So wird etwa in wässeriger Phase mit Jod, Arsen-III-chlorid, Borfluorwasserstoffsäure oder Schwefelchlorür kondensiert.

Ein weiteres Verfahren zur Herstellung organischer Phosphorverbindungen bildet den Gegenstand der *DAS 1.067.811 F 22 241/12 o* (30. Januar 1957/29. Oktober 1959) der Farbwerke Hoechst AG. Man setzt Tris-oxymethyl-phosphin mit quaternierend wirkenden Verbindungen um, wobei die Reaktion in Gegenwart von Wasser oder wasserlöslichen organischen Lösungsmitteln wie niederen Alkoholen oder Ketonen und unter Luftabschluss durchgeführt wird. So wird etwa mit Methyljodid das als Flammschutzmittel verwendbare Methyl-tris-oxymethyl-phosphoniumjodid erhalten.

$$(HO\text{–}CH_2)_3P + CH_3J \longrightarrow [(HO\text{–}CH_2)_3\,P^+\text{–}CH_3]J^-$$

Setzt man Trisoxymethylphosphin in Gegenwart von Säuren mit kondensierbaren Methylolverbindungen um, so gelangt man zu organischen Phosphorverbindungen, die sich als Flammschutz- oder Schädlingsbekämpfungsmittel eignen. Als Methylolverbindungen kommen dabei die Kondensationsprodukte aus Phenolen, Säureamiden oder Amiden mit Formaldehyd in Betracht. So erwähnt etwa das *DAS 1.067.812 F 25 047/12 o* (14. Februar 1958/29. Oktober 1959) der Farbwerke Hoechst AG – Reuter, Orthner, Wolf und Jakob das Umsetzungsprodukt mit Trimethylolmelamin:

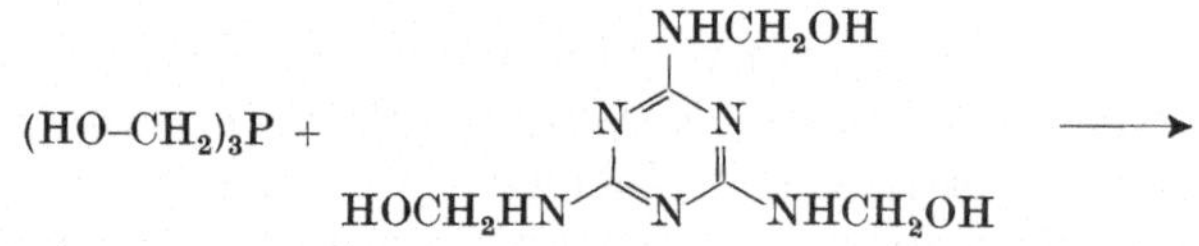

$(HO\text{–}CH_2)_3P$ + [Triazinring mit drei $NHCH_2OH$-Gruppen: $NHCH_2OH$, N, N, $HOCH_2HN$, N, $NHCH_2OH$] ⟶

Trioxymethylphosphin + Trimethylolmelamin

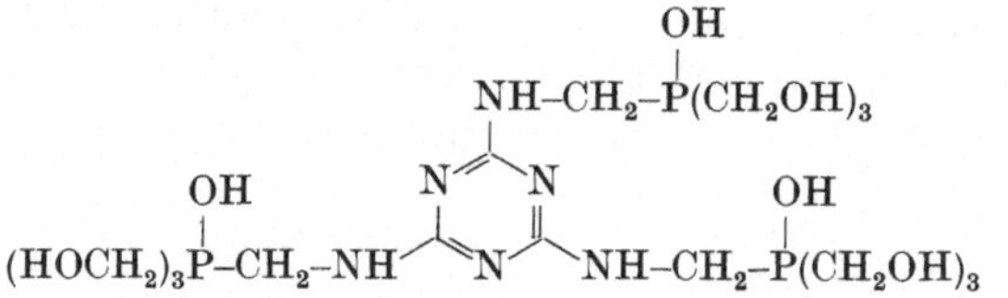

[Triazinring mit drei Substituenten $NH\text{–}CH_2\text{–}P(OH)(CH_2OH)_3$: OH, $NH\text{–}CH_2\text{–}P(CH_2OH)_3$, N, N, OH, OH, $(HOCH_2)_3P\text{–}CH_2\text{–}NH$, N, $NH\text{–}CH_2\text{–}P(CH_2OH)_3$]

N, N′, N″-Tris-(trioxymethyl-methylenoxy-phosphonium)-melamin

Stickstoff- und phosphorhaltige Polykondensate aus einem Tetraoxymethylphosphoniumsalz oder Trioxymethylphosphin und mit Formaldehyd umsetzbaren Stickstoffverbindungen wie Cyanamid, Hydrazin, Sulfamidsäure, Karbohydrazid, Dicyandiamid, Guanylharnstoff oder Biuret werden als Flammschutzmittel in den *brit. P. 761.985* (13. August 1953), *franz. P. 1.109.922* und das *DAS 1.045.098 B 32 227/39 c* (13. August 1954/27. November 1958/6. Mai 1959) der Bradford Dyers' Assoc. Ltd. und von Albright and Wilson Ltd. – Evans, Landells, Perfect, Topley, Coates, Reeves und Guthrie beschrieben. Die Umsetzung erfolgt in Gegenwart eines Aldehyds oder einer aldehydabgebenden Verbindung und mit einem Überschuss der stickstoffhaltigen Verbindung, gegebenenfalls auch in Gegenwart einer oder mehrerer zusätzlicher, zur Bildung von Kondensationsprodukten fähiger Verbindungen, insbesondere alkylierter Amino-Formaldehydkondensate, methylierten Methylolmelaminen oder methyliertem Methylolharnstoff.

Die *DAS 1.045.654 A 22 426/39 c*[1]) (5. April 1955/4. Dezember 1958/21. Mai 1959/amer. Prior. 5. April 1954) von Albright and Wilson Ltd. behandelt Polykondensationsprodukte, die man durch Erhitzen einer wässerigen Mischung von Oxymethylphosphoniumsalzen oder Trisoxymethylphosphinoxyd, Melamin, Harnstoff und Formaldehyd bei einem pH von weniger als 5,5 erhält. Die Reaktion wird abgebrochen, bevor sich grössere Mengen eines unlöslichen Kondensats bilden. Durch Eingiessen in Alkohol wird ein lösliches oder dispergierbares Granulat erhalten, das sich für die Flammfestausrüstung von Textilien eignet.

Baumwolle, Zellwolle oder andere Zellulosetextilien werden flammfest gemacht, indem man sie gemäss den Angaben des *belg. P. 610.438* (17. November 1961/16. März 1962/amer. Prior. vom 21. November 1960) der Hooker Chemical Corp. – Wagner und Hoch mit Bädern nachstehender Zusammensetzung imprägniert:

40 bis 80% Wasser
10 bis 30% Tetrakis(oxymethyl)phosphoniumchlorid
5 bis 15% zyklische Stockstoffverbindung wie Trimethylolmelamin oder Dimethylol-äthylenharnstoff
1 bis 10% eines stickstoffhaltigen Salzes einer starken Säure wie Ammoniumsulfat, Diammoniumphosphat, Hydrazinchlorhydrat
0 bis 10% Harnstoff
0,9 bis 2 Mol (bezogen auf das Phosphoniumchlorid) einer sulfitgruppenhaltigen Substanz wie Alkalisulfit, Kalziumsulfit, Triäthanolammoniumsulfit.

Die mit einer solchen Lösung behandelte Ware wird bei 90 bis 110°C getrocknet und anschliessend noch bei 120 bis 150°C während 10 bis 1 Minute gehärtet. Ein ähnliches Verfahren beschreibt das *belg. P. 610.436* (17. November 1961/16. März 1962/amer. Prior. vom 21. November 1960) der gleichen Firma. Das in diesem Patent beschriebene Gemisch für die Imprägnierung der Zellulosefasern enthält:

45 bis 80% Wasser
6 bis 20% Oxymethylphosphoniumchlorid wie THPC
3 bis 12% einer zyklischen Stickstoffverbindung wie Methylolmelamine, Triazone oder Dimethyloläthylenharnstoff
1 bis 4% eines wasserlöslichen tertiären Amins wie Triäthanolamin
3 bis 12% Harnstoff
7 bis 25% Polyvinylchlorid mit einem Erweichungspunkt von über 160°C.

Auch hier wird nach dem Trocknen noch durch eine Hitzebehandlung bei 140 bis 160°C gehärtet.

Schliesslich beschreibt auch das *belg. P. 610.440* (17. November 1961/16. März 1962/amer. Prior. vom 21. November 1960) der Hooker Chemical Corp. ein analoges Verfahren mit THPC, Methylolmelamin,

[1]) Siehe auch die *belg. P. 537.123*, *franz. P. 1.138.279*, *brit. P. 790.641*, *amer. P. 2.812.311* und *schweiz. P. 332.149*.

Harnstoff, Sulfiten und Stickstoffsalzen starker Säuren wie Ammoniumsulfat, Zinknitrat oder Triäthanolammoniumsulfat.

Im *belg. P. 622.752* (21. September 1962/21. März 1963/amer. Prior. vom 26. September 1961) schlagen Hooker Chemical Corp. zur Flammfestbehandlung ganz allgemein Tetrakis-α-oxyalkylphosphoniumchloride oder Tetrakis-α-oxychloralkylen-phosphoniumchloride vor, wobei die Alkyl- bzw. Alkylenreste bis 4 Kohlenstoffatome aufweisen können. So wird etwa neben Tetrakis(oxymethyl)phosphoniumchlorid (THPC) auch Tetrakis(oxypropenyl)phosphoniumchlorid erwähnt. Diese Verbindungen werden dann zusammen mit zyklischen Stickstoffverbindungen, einer mit Aldehyden reagierenden Substanz der Gruppe der niederen Alkanolamine, der sekundären Alkylamine oder heterozyklischen Amine (zum Beispiel Methylolmelamin) oder Sulfiten, Thioharnstoff und katalytisch wirkenden Salzen verwendet.

f) Phosphine und deren Abkömmlinge

Neben den Phosphoniumsalzen, deren hauptsächlichster Vertreter das Tetrakis-(oxymethyl)-phosphoniumchlorid (THPC) darstellt, spielen die Phosphine und besonders auch die Phosphinoxyde und -sulfide bei der Flammfestausrüstung von Textilien mit organischen Phosphorverbindungen eine Rolle.

Nach dem *belg. P. 564.200* (23. Januar 1958, dtsch. Prior. vom 23. Januar 1957) der Farbwerke Hoechst AG gelangt man bei der Umsetzung von einem Mol Phosphorwasserstoff PH_3 mit drei Mol Formaldehyd in Gegenwart von Wasser und kleiner Mengen fein verteilter Metalle wie Kadmium, Eisen oder Quecksilber zu Trimethylolphosphin der Formel

$$\begin{array}{c} HO{-}CH_2{-}P{-}CH_2{-}OH \\ | \\ CH_2{-}OH \end{array}$$

Ferner ist es auch möglich, Tetramethylolphosphoniumhydroxyd (3 Mol) mit Phosphorwasserstoff (1 Mol) umzusetzen. Die Reaktionsprodukte werden für das Flammfestmachen von Textilien und Holz empfohlen.

In der entsprechenden *DAS 1.035.135 F 22199/12 o* (23. Januar 1957/31. Juli 1958/24. Dezember 1958) der Farbwerke Hoechst AG – Reuter und Orthner wird auch noch der Zusatz wasserlöslicher organischer Lösungsmittel wie Äthanol zum Reaktionsgemisch erwähnt. Erdalkali- und Alkalimetalle bzw. deren Verbindungen, die mit dem Phosphorwasserstoff zu reagieren vermögen, dürfen nicht anwesend sein.

Die Herstellung von Tri-(cyanoäthyl)-phosphin, welches als Flammschutzmittel für Textilien und Holz sowie als Zwischenprodukt zur Herstellung hiefür verwendbarer organischer Phosphorverbindungen dient, beschreiben die Farbwerke Hoechst AG – Reuter und Wolf in den *DAS 1.078.574 F 22822/12 o* (13. April 1957/31. März 1960) und *DAS 1.082.910 F 29075/12 o* (13. April 1957/9. Juni 1960). Nach der ersten Methode setzt man Phosphorwasserstoff in einem organischen Lösungsmittel mit Akrylnitril um, wobei als Katalysator eine mit dem Phosphin reagierende Metallverbindung der 8. Gruppe wie Nickelchlorid verwendet wird. Die Umsetzung kann ferner auch in Gegenwart eines alkalisch reagierenden Stoffes erfolgen. Die Reaktion lässt sich dabei etwa wie folgt formulieren:

$$\underset{\text{Akrylnitril}}{PH_3 + 3\,CH_2{=}CH{-}CN} \xrightarrow{NiCl_2} \underset{\text{Tri-(cyanoäthyl)-phosphin}}{P(CH_2{-}CH_2{-}CN)_3}$$

Nach der zweiten Methode werden α, β-ungesättigte Alkylcyanide wie Akrylnitril auf Tri-(oxymethyl)-phosphin einwirken gelassen. Die Methylolgruppen werden dann unter Abgabe von Formaldehyd gegen Cyanalkylgruppen umgetauscht.

Albright and Wilson Ltd. – Coates und Hoye schlagen in der *DAS 1.096.905 A 30249/12 o* (3. September 1953/12. Januar 1961, brit. Prior. vom 24. September 1957) Alkylaminophosphine als Flammschutzmittel vor. Es handelt sich dabei um Phosphine, bei denen 1 bis 3 Alkylaminoreste an den Phosphor gebunden sind. Es war bereits früher bekannt, dass Alkylaminophosphine durch Umsetzung von Oxymethylphosphoniumsalzen mit primären oder sekundären Aminen erhalten werden können:

$$CH_3{-}P^+(CH_2OH)_3Cl^- + 2\,(C_2H_5)_2NH \longrightarrow CH_3{-}P[CH_2{-}N(C_2H_5)_2]_2 + CH_2O + HCl + 2\,H_2O$$

Das oben erwähnte Patent gibt nun noch andere Wege an, wie man zu Alkylaminophosphinen gelangen kann, nämlich durch eine Reaktion zwischen Phosphorwasserstoff oder einem primären oder sekundären Phosphin und Formaldehyd und einem primären oder sekundären Amin, oder einem Methylolamin oder einem Methylendiamin:

$$PH_3 + 3\,C_6H_5NH_2 + 3\,CH_2O \longrightarrow P(CH_2{-}NH{-}C_6H_5)_3 + 3\,H_2O$$

Phosphorwasserstoff, Anilin und Formaldehyd ergeben also Tri-(N-phenyl-methyl-amino)-phosphin.

oder

$$C_6H_5PH_2 + 2\,HOCH_2{-}N(CH_3)_2 \longrightarrow C_6H_5{-}P[CH_2{-}N(CH_3)_2]_2 + 2\,H_2O$$

Primäres Phenylphosphin ergibt mit Dimethylmethylolamin ein Phenyldimethylaminophosphin.

oder

$$(C_4H_9)_2PH + (C_2H_5)_2N{-}CH_2{-}N(C_2H_5)_2 \longrightarrow (C_4H_9)_2P{-}CH_2{-}N(C_2H_5)_2 + HN(C_2H_5)_2$$

Dibutylphosphin (sekundäres Phosphin) und Tetraäthylmethylendiamin ergeben das N-diäthylmethylaminodibutylphosphin.

Additionspolymerisate aus primären Phosphinen und Diorganosulfiden oder -sulfonen werden von H. Niebergall in der *DAS 1.116.441 N 16001/39 c* (18. Dezember 1958/2. November 1961) für die Flammfestausrüstung empfohlen. Die Polymerisation erfolgt in Gegenwart von Katalysatoren wie Platin-Kohle, organische Peroxyde oder radikalbildende Azoverbindungen oder durch Bestrahlung mit ultravioletten Strahlen. Sekundäre Phosphine können bei der Additionspolymerisation als Kettenabbruchmittel und Phosphorwasserstoff als Vernetzer dienen. Primäre Alkyl-, Cycloalkyl-, Aryl- oder Aralkylphosphine werden mit endständig ungesättigten Dialkylensulfiden oder -sulfonen umgesetzt:

$$R{-}PH_2 + \underset{\displaystyle R'}{CH_2{=}\overset{|}{C}}{-}(CH_2)_n{-}\underset{(O_2)}{S}{-}(CH_2)_n{-}\underset{\displaystyle R'}{C}{=}CH_2 \longrightarrow \left[-\underset{R}{P}{-}CH_2{-}\underset{R'}{CH}{-}(CH_2)_n{-}\underset{(O_2)}{S}{-}(CH_2)_n{-}\underset{R'}{CH}{-}CH_2{-} \right]_x$$

R' bedeutet dabei einen Wasserstoff oder eine die Doppelbindung aktivierende Gruppe und die Zahl n kann zwischen 0 und 10 liegen.

Nach dem *amer. P. 2.898.180* (9. Mai 1956/4. August 1959) der Olin Mathieson Chemical Corp. – Holbrook können Zellulosetextilien mit Phosphortriisocyanat und/oder Phosphoryltriisocyanat flammfest gemacht werden. Die Phosphorverbindungen werden in einem inerten organischen Lösungsmittel mit einem unter 150° C gelegenen Siedepunkt gelöst und dann mit dieser Lösung die Ware imprägniert, so dass nach der Entfernung des Lösungsmittels 5 bis 25% bezogen auf das Textilmaterial von der aktiven Substanz abgelagert sind. Durch Erhitzen der imprägnierten Ware auf Temperaturen zwischen 93 und 150° C wird fixiert. Es wird dabei angenommen, dass das Phosphortriisocyanat bzw. das Phosphoryltriisocyanat bei diesen Temperaturen mit der Faser zu reagieren vermag.

Wohl noch bedeutungsvoller für die Flammfestausrüstung sind einige Abkömmlinge der Phosphine, insbesondere die Phosphinoxyde und -sulfide. In der *DAS 1.064.511 F 24409/12 o* (15. November 1957/3. September 1959) der Farbwerke Hoechst AG – Reuter und Jakob wird Tri-(chlormethyl)-phosphinoxyd zusammen mit Tri-(oxymethyl)-phosphin als Quaternierungsmittel zur Flammfestausrüstung empfohlen. Man gelangt etwa zu diesem Produkt, indem man Tri-(oxymethyl)-phosphin mit einem Oxydationsmittel behandelt und dann ein Chlorierungsmittel wie Phosphorpentachlorid auf das Tri-(oxymethyl)-phosphinoxyd einwirken lässt:

$$(HO{-}CH_2)_3P \xrightarrow[O_2]{} (HOCH_2)_3P{=}O \xrightarrow[PCl_5]{} (Cl{-}CH_2)_3P{=}O$$

Tri-(chlormethyl)-phosphinoxyd

Man kann aber anderseits auch das Tri-(oxymethyl)-phosphin zuerst mit einem Chlorierungsmittel wie etwa Thionylchlorid behandeln und erst in einer zweiten Stufe mit einem Oxydationsmittel wie zum Beispiel Wasserstoffsuperoxyd das Phosphinoxyd herstellen.

$$(HO{-}CH_2)_3P \xrightarrow[SOCl_2]{} (Cl{-}CH_2)_3P \xrightarrow[H_2O_2]{} (Cl{-}CH_2)_3P{=}O$$

Die American Cyanamid Co. – Rauhut und Semsel empfehlen im *amer. P. 3.067.251* (7. April 1961/4. Dezember 1962) eine Reihe stickstoffhaltiger tertiärer Phosphinoxyde als Flammschutzmittel für Textilien. Zu solchen Produkten gelangt man erfindungsgemäss durch eine Reaktion zwischen einem endständig ungesättigten Amid und elementarem Phosphor in alkalischer, wässeriger Phase. Als Säureamid kommen etwa Acrylamid, 2-Methylacrylamid, N-methylacrylamid, N,N-Dimethylacrylamid oder N-Phenylacrylamid in Frage. So bildet sich zum Beispiel aus Phosphor und Acrylamid ein Phosphinoxyd nachstehender Formel

$$(H_2N{-}CO{-}CH_2{-}CH_2)_3P{=}O$$

Die Farbenfabriken Bayer AG – Malz und Kassack beschreiben in der *DAS 1.102.095 F 21447/8 k* (18. Oktober 1956/16. März 1961) ein Flammfestverfahren für Textilien und verwandte Materialien, bei welchem Phosphinoxyde gemeinsam mit vernetzend wirkenden Produkten wie mehrwertigen Isocyanaten oder wasserlöslichen Vorkondensaten aus Formaldehyd und Melamin, Harnstoff, Guanidin oder Dicyandiamid eingesetzt werden. Die organischen Reste des Phosphinoxyds sollen freie Hydroxyl- oder Aminogruppen aufweisen. Tri-(4-aminophenyl)-phosphinoxyd oder Tri-(4-amino-2,6-dibrom-phenyl)-phosphinoxyd werden etwa als geeignete Produkte erwähnt. Der nach diesem Verfahren erzielbare Flammfesteffekt soll sowohl gegenüber einer Kochwäsche als auch einer chemischen Reinigung mit Perchloräthylen oder Benzin beständig sein.

Tri-(oxymethyl)-phosphinsulfid kann nach den Angaben der *DAS 1.056.125 F 22381/12 o* (16. Februar 1957/30. April 1959) der Farbwerke Hoechst AG – Reuter und Jakob durch Umsetzung von Tri-(oxymethyl)-phosphin mit Schwefel oder Schwefel abgebenden Substanzen erhalten werden. Es wird dabei in einer Lösung von Äthanol oder Schwefelkohlenstoff gearbeitet. Tri-(oxymethyl)-phosphinsulfid dient zusammen mit einem Kunstharzvorkondensat als Flammschutzmittel für Textilien.

Die Herstellung phosphorhaltiger linearer Polymere bildet den Gegenstand der *DAS 1.131.412 A 33834/39 c* (29. Januar 1960/14. Juni 1962) der Armstrong Cork Co. – Gutweiler, Sander und Schneider. Primäre, im Kohlenwasserstoffrest auch verschiedentlich substituierte Phosphine wie zum Beispiel Butylphosphin oder *p*-Chlorphenyl-phosphin werden mit Dialkylverbindungen wie *p*-Divinylbenzol, Terephthalsäurediallylester, Teterphthalsäurediallylamid oder Diallyläther unter Ausschluss von Sauerstoff unter Erwärmung oder im ultravioletten Licht eventuell auch noch in Gegenwart von Radikalbildnern wie Azodiisobuttersäurenitril umgesetzt. Die dabei erhältlichen viskosen Öle oder Harze lassen sich in organischen Lösungsmitteln wie Benzol, Alkohol oder Dioxan lösen und durch Oxydation mit Wasserstoffsuperoxyd in das Phosphinoxyd bzw. mit Schwefel in das Phosphinsulfid überführen. Diese letztern Produkte werden vornehmlich zur Flammfestbehandlung vorgeschlagen.

g) Flammschutzverfahren mit Tris-(1-aziridinyl)-phosphinoxyd bezw. -sulfid

Zur Flammfestausrüstung von Baumwolle eignet sich nach Untersuchungen von W. A. Reeves, G. L. Drake jr., L. H. Chance und J. D. Guthrie[1]) eine Gruppe polymerer Körper, die sich bei der Umsetzung von Tris-(1-aziridinyl)-phosphinoxyd (abgekürzt APO) oder Tris-(1-aziridinyl)-phosphinsulfid (abgekürzt APS) mit Tetrakis-(oxymethyl)-phosphoniumchlorid (THPC) bildet. Der so erzielbare Effekt ist waschbeständig. Diesen Verbindungen kommen die nachstehenden Formeln zu:

$(\overline{CH_2-CH_2-N})_3P{=}O$	$(\overline{CH_2-CH_2-N})_3P{=}S$
Tris-(1-aziridinyl)-phosphinoxyd	Tris-(1-aziridinyl)-phosphinsulfid
oder	oder
N,N′,N″-Triäthylenphosphoramid	N,N′,N″-Triäthylenthiophosphoramid

Bei APO und APS handelt es sich um kristalline, wasserlösliche Produkte. Die Gewebe werden mit wässerigen Lösungen dieser Organophosphorverbindungen foulardiert. Nach dem Trocknen wird bei einer Temperatur von 140°C während 5 Minuten kondensiert. Zum Schluss wird noch zur Beseitigung unkondensierter Anteile leicht nachgewaschen.

Die oben genannten Verfasser haben das Verfahren genau untersucht und die Einflüsse verschiedenster Faktoren wie Härtungsbedingungen und Harzmenge abgeklärt. Es zeigte sich dabei, dass der Griff und die Festigkeitseigenschaften kaum wesentlich beeinflusst werden und ein gut waschbeständiger Flammfesteffekt erzielt werden kann.

Nach einer Arbeit von G. L. Drake und J. D. Guthrie[2]) lässt sich durch eine Behandlung von Baumwollgeweben mit einer wässerigen Lösung von Tris-(1-aziridinyl)-phosphinoxyd und Zinkfluorborat als Katalysator neben einem gewissen Flammfesteffekt auch ein Knitterfesteffekt erzielen. So wurde nach dem Klotzen mit einer wässerigen

[1]) Textile Research J. *27* (1957), 3, S. 260–266.
[2]) Textile Research J. *29* (1959), 2, S. 155–164.

Lösung von APO und dem Abquetschen bei 80 bis 90°C getrocknet und dann 4 Minuten bei einer Temperatur von 140°C kondensiert. Zum Schluss wird noch ausgewaschen. Das so erhaltene Gewebe, welches gegebenenfalls noch mit 1% *Primenit VS* nachbehandelt wird, wies ein sehr gutes Knittererholungsvermögen auf.

Untersuchungen von T. D. Miles, F. A. Hoffman und A. Merola[1]) befassten sich mit der Frage der Katalysatoren für das Flammfestverfahren mit Tris-(1-aziridinyl)-phosphinoxyd. Es wurde dabei gefunden, dass das Tetrakis-(oxymethyl)-phosphoniumchlorid durch andere potentiell saure Katalysatoren ersetzt werden kann.

Verschiedene Katalysatoren wurden mit Tris-(1-aziridinyl)-phosphinoxyd auf Viskosefolien aufgebracht und nach einer kurzen Trocknung bei 100°C während 5 Minuten bei 140°C auskondensiert. Mit Hilfe von Infrarot-Spektren wurde die Kondensation verfolgt. Als besonders günstig erwies sich dabei Diammoniumphosphat. Mit diesem preislich sehr günstigen und einfach zu handhabenden Katalysator wurden mit Tris-(1-aziridinyl)-phosphinoxyd auf Baumwolle gute Flammfesteffekte erzielt. Zudem erwiesen sich derartige Behandlungsbäder als recht stabil.

Bei der Hypochloritbleiche neigen die mit Tris-(1-aziridinyl)-phosphinoxyd behandelten Baumwollgewebe gerne zum Vergilben. Die Ursachen dieser Vergilbungen wurden von R. B. Le Blanc und A. P. Ingram[2]) zu erforschen versucht. Es wird angenommen, dass infolge der Hydrolyse von Phosphor-Stickstoff-Bindungen sich bei der Kondensation primäre Amine bilden. Durch Aufspaltung des Aziridinringes können sich ferner Alkoholgruppen bilden, die dann bei der Bleiche in Aldehydgruppen übergeführt werden. Die sich daraus bildenden Schiff'schen Basen zersetzen sich dann beim Erhitzen unter Bildung gelber Produkte. Werden frische Bäder und sehr reines Tris-(1-aziridinyl)-phosphinoxyd verwendet und das Bad unterhalb von 25°C gehalten, so lassen sich derartige Vergilbungen vermeiden oder doch stark zurückdrängen. Sicherer ist jedoch, wenn auf eine Hypochloritbleiche verzichtet wird und mit Natriumperborat gearbeitet wird.

Die Flammfestausrüstung mit Tris-(1-aziridinyl)-phosphinoxyd und -sulfid wird auch in verschiedenen Patenten des US Secretary of Agriculture beschrieben. Im *amer. P. 2.859.134* (4. September 1958) des US Secretary of Agriculture werden phosphorhaltige Polymere beschrieben, die durch eine Reaktion zwischen Aziridinylphosphinoxyd oder -sulfid und einer Aminoverbindung mit mehreren reaktionsfähigen Wasserstoffatomen oder Methylolgruppen am dreiwertigen Stickstoff erhalten werden. Als Amine kommen Harnstoff, Melamin, Äthylamin oder Äthylendiamin in Frage. Die Polymeren werden durch sorgfälti-

[1]) American Dyestuff Rep. *49* (1960), 17, S. 596–599.

[2]) Textile Research J. *32* (1963), 4, S. 284–291.

ges Erhitzen der wässerigen Lösung von APO oder APS mit der Aminoverbindung erhalten. Das Fasermaterial wird mit einer solchen wässerigen Lösung der Monomeren oder aber mit einer Dispersion der teilweise bereits polymerisierten Produkte imprägniert. Nach dem Trocknen wird noch durch eine Hitzebehandlung auskondensiert. Eine derart ausgerüstete Ware ist waschbeständig flammfest ausgerüstet.

Die Patentschrift nennt etwa nachstehendes Beispiel: Zur Imprägnierung eines Baumwollgewebes wird eine wässerige Lösung von

15 Teilen Tris-(1-aziridinyl)-phosphinoxyd
5,2 Teilen Äthylendiamin
47,1 Teilen Wasser

verwendet. Es handelt sich bei dieser Zusammensetzung um äquimolare Mengen APO und Amin. Die Flotte zeigt einen pH-Wert von 12.

Nach der Imprägnierung wird während 15 Minuten bei etwa 90°C getrocknet und anschliessend während 5 Minuten bei einer Temperatur von 140°C gehärtet. Nach dem Auswaschen sollte das Gewebe etwa 13% Harzauflagerung besitzen. Der Griff und die Festigkeitseigenschaften der Ware werden bei diesem Flammfestverfahren nicht merklich verschlechtert.

Im *amer. P. 2.870.042* (5. Juni 1956/24. April 1957/20. Januar 1959) des US Secretary of Agriculture – Chance, Drake und Reeves werden Phosphor- und Thiophosphorsäureamide der allgemeinen Formel

$$\begin{array}{c} Z \\ \| \\ X-P-X \\ | \\ Y \end{array}$$

beschrieben, wobei die X einen Aziridinring (Äthyleniminrest), Y einen gleichen Rest wie X oder eine Dimethylaminogruppe oder einen Morpholinrest und Z ein Sauerstoff- oder Schwefelatom bedeuten. Besonders erwähnt werden dabei das Tris-(1-aziridinyl)-phosphinoxyd und das entsprechende Sulfid.

Zur Erzielung waschbeständiger Flammfesteffekte auf hydrophilen Textilfasern wie Baumwolle, Reyon oder Wolle wird mit wässerigen Lösungen dieser Phosphinoxyde oder -sulfide und einer mehrere Hydroxylgruppen aufweisenden Verbindung imprägniert. Die Menge des Polyalkohols wird so gewählt, dass ein bis zwei Hydroxylgruppen pro Äthylenimingruppe vorhanden sind. Äthylenglykol, Triäthanolamin, Diäthanolamin oder Pentaerythrit eignen sich zum Beispiel als Badzusätze. Nach der Trocknung der imprägnierten Ware bei 70 bis 110°C wird während 10 bis 2 Minuten bei Temperaturen zwischen 100 nnd 170°C auskondensiert. Die so behandelte Ware ist nicht nur flammfest sondern auch glimmfest, schrumpffrei und fäulnisbeständig.

Statt mit einer wässerigen Lösung der Monomeren zu arbeiten, kann auch ein Vorkondensationsprodukt auf das Textilmaterial aufgebracht werden.

Phosphorhaltige Aziridinyl-Alkohol-Polymerisate zur Flammfestausrüstung von Textilien bilden auch den Gegenstand des *amer. P. 2.886.538* (5. Juni 1956/12. Mai 1959) des US Secretary of Agriculture – Chance, Drake und Reeves. Aziridinylphosphinoxyde oder -sulfide werden mit einem mehrwertigen Alkohol erhitzt. Dabei wird das Mengenverhältnis zwischen Alkohol und Aziridinylverbindung so gewählt, dass pro Aziridinylgruppe ein bis zwei Hydroxylgruppen vorhanden sind. Es wird so lange erhitzt, bis sich ein Polymerisat gebildet hat.

Wird eine Lösung von 25 Teilen Pentaerythrit in 200 Teilen heissem Wasser mit 25 Teilen Aziridinylphosphinsulfid versetzt, so kann ein weisses, sprödes Polymerisat erhalten werden. Wird eine solche Lösung 30 Minuten auf dem Dampfbad erhitzt und dann in dünner Schicht ausgestrichen und noch anschliessend bei 145° C auskondensiert, so wird ein in Wasser und organischen Lösungsmitteln unlösliches Polymer erhalten, welches gut flammfest ist.

Mit einer solchen Lösung kann aber auch ein Baumwollgewebe imprägniert werden. Die feuchte Faser wird dann 10 Minuten auf 140° C erhitzt, wodurch das Harz kondensiert. Nach dem Waschen und Trocknen liegt ein hitzebeständiges Gewebe vor.

Die Herstellung und Anwendung von phosphorhaltigen Aziridinylamin-Polymeren bildet auch den Gegenstand des *amer. P. 2.889.289* (5. Juni 1956/2. Juni 1959) des US Secretary of Agriculture – Reeves, Chance und Drake. Das Polymer, welches auch erst auf der Faser gebildet werden kann, wird durch Kondensation im sauren, neutralen oder auch alkalischen wässerigen Medium bei mittleren Temperaturen wie etwa 75° C aus 1-Aziridinylphosphinoxyd oder -sulfid und einer Aminogruppen enthaltenden Verbindung erhalten. An den Phosphor sollen mindestens zwei Aziridinylreste gebunden sein, während der dritte organische Rest entweder gleichfalls eine Aziridinylgruppe oder aber auch ein Alkyl-, ein Aryl- oder ein Alkylenrest sein kann. Als Aminkomponenten werden genannt: Harnstoff und seine Derivate wie Alkylharnstoffe oder Methylolharnstoff; Melamin oder seine alkylierten oder Methylol-Verbindungen; aliphatische Mono- und Diamine; Amide wie Formamid, Butyramid oder Akrylamid; anorganische Stickstoffbasen wie Ammoniak, Hydrazin oder Hydroxylamin; aromatische Amine wie Anilin oder Phenyldiamin und schliesslich auch Eiweissverbindungen. Auf 1 Mol des Phosphinoxyds oder -sulfids sind 1 bis 5 Mol der Aminokomponente zu nehmen.

Das US Secretary of Agriculture – L. H. Chance, G. L. Drake und W. A. Reeves empfehlen als Flammfestmittel für hydophobe Textilien wie Baumwolle, Seide, Bastfasern, Wolle oder Viskosefasern Verbindungen des fünfwertigen Phosphors mit mindestens zwei Äthylenimingruppen, denen die allgemeine Formel

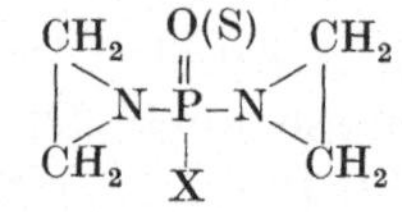

```
CH2  O(S)  CH2
| \   ||  / |
|  N-P-N    |
| /   |   \ |
CH2   X    CH2
```

— wobei X ebenfalls ein Äthyleniminrest, eine dialkylierte Aminogruppe oder auchein Morpholinrest sein kann —

zugeschrieben werden kann. Im *amer. P. 2.891.877* (5. Juni 1956/23. Juni 1959) wird die Gewinnung solcher Flammfestmittel geschützt. Die Ausgangsstoffe für derartige phosphorhaltige Polymere werden aus Phosphorhalogeniden und Äthylenimin gewonnen. Beim Erhitzen der Monomeren in Gegenwart von Wasser entstehen dann nach folgendem Reaktionsmechanismus Polymere:

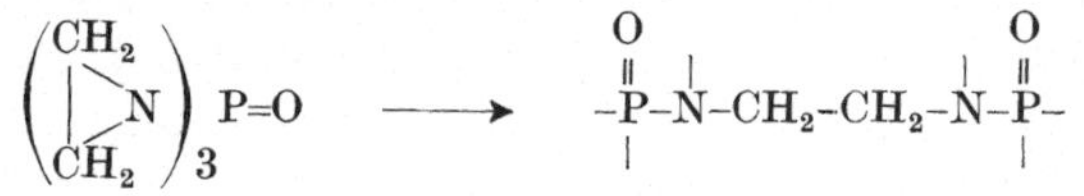

```
/CH2  \                    O                   O
| |\   |                   ||  |           |   ||
| | N  | P=O   ——→       -P-N-CH2-CH2-N-P-
| |/   |                   |                   |
\CH2  /3
```

Die Reaktionsprodukte können in Form wässeriger Lösungen oder Emulsionen für die Imprägnierung der Textilien verwendet werden.

Die textile Applikation dieser Produkte ist in *amer. P. 2.901.444* (5. Juni 1956/25. August 1959) sowie im entsprechenden *franz. P. 1.177.158* der Albright and Wilson Ltd. beschrieben. Darnach werden Fasern flammfest gemacht, indem man sie mit einer wässerigen Lösung eines Monomeren oder Teilpolymeren eines Aziridinylphosphinoxyds oder -sulfids imprägniert. Durch anschliessende Erhitzung wird auspolymerisiert. So wird etwa ein Baumwollgewebe mit einer wässerigen Lösung von

25% Tris-(1-aziridinyl)-phosphinoxyd
4% Triäthanolamin
2% eines kationischen Weichmachers

imprägniert, wobei die Lösung auf pH = 4 eingestellt wurde. Das Gewebe wird so abgequetscht, dass es eine Aufnahme von 65% zeigt. Dann wird während 3 Minuten bei 85° C getrocknet und während 5 Minuten bei 140° C gehärtet. Zum Schluss wird noch mit fliessendem warmem Wasser gut ausgewaschen. Es wird auf diese Weise eine gut waschechte Flamm- und Glimmfestigkeit erzielt. Daneben verleiht diese Behandlung dem Gewebe auch noch eine gewisse Schrumpffestigkeit sowie Bakterien- und Filzresistenz.

Im *amer. P. 2.906.592* (20. August 1957/29. September 1959) des US Secretary of Agriculture – W. A. Reeves, J. D. Guthrie und G. L. Drake werden flamm- und knitterfeste Zellulosematerialien erwähnt, die durch eine Reaktion zwischen Tris-(1-aziridinyl)-phosphinoxyd bzw.

-sulfid und Carboxyalkylzellulose in einem inerten Lösungsmittel bei Temperaturen zwischen 10° und 180°C erhalten werden. Man kann ferner auch zunächst die Ware mit dem Phosphinoxyd oder -sulfid imprägnieren und durch eine Nacherhitzung die Umsetzung mit dem Fasermaterial bewirken. Die auf diese Weise erhältlichen Zellulosematerialien weisen fünfwertigen, über Stickstoff an die Zellulose gebundenen Phosphor auf, wobei sich etwa folgende Gruppierungen bilden:

$$-\overset{\overset{\displaystyle O}{\|}}{\underset{|}{P}}-\overset{|}{N}-CH_2-CH_2-O-CO-(CH_2)_x-R$$

wobei R eine Anhydroglukoseeinheit und x eine Zahl zwischen 1 und 3 bedeuten

oder

$$-\overset{\overset{\displaystyle O}{\|}}{\underset{|}{P}}-\overset{|}{N}-CH_2-CH_2-\overset{|}{N}-\overset{\overset{\displaystyle O}{\|}}{\underset{|}{P}}-$$

Es bietet sich hier also die Möglichkeit einer Reaktion zwischen Fasermaterial und organischer Phosphorverbindung, das heisst es entsteht eine chemisch modifizierte Zellulose.

Das *amer. P. 2.911.325* (5. Juni 1956/3. November 1959) des US Secretary of Agriculture – G. L. Drake, W. A. Reeves und L. H. Chance behandelt Polymere aus Äthyleniminverbindungen des fünfwertigen Phosphors wie Tris-(1-aziridinyl)-phosphinoxyd oder -sulfid und Methylolphosphorverbindungen wie etwa Tris-(oxymethyl)-phosphinoxyd, Tetrakis-(oxymethyl)-phosphoniumchlorid oder Umsetzungsprodukten von Methylolphosphorverbindungen mit organischen Verbindungen des dreiwertigen Stickstoffs (sekundäre Amine wie Triäthanolamin, Diäthylamin oder Methylolmelamin). Ein Baumwollgewebe wird etwa mit einer wässerigen Lösung von

10% Tris-(1-aziridinyl)-phosphinsulfid
10% Tetrakis-(oxymethyl)-phosphoniumchlorid
2% Triäthanolamin
4% Methylolmelamin

imprägniert, anschliessend getrocknet und während 3 Minuten zur Auskondensation auf 160°C erhitzt. Zum Schluss wird noch in heissem Wasser gut ausgewaschen. Derart imprägnierte Textilien, insbesondere Baumwollgewebe, sollen flammfest und nachglühbeständig, aber auch verrottungs- und schrumpffest sein.

Das *amer. P. 2.933.367* (29. Oktober 1957/19. April 1960) des US Secretary of Agriculture – Reeves, Drake und Guthrie hat ähnlich wie das bereits erwähnte *amer. P. 2.906.592* eine chemische Modifikation der Zellulose durch Aziridinylphosphinoxyd oder -sulfid zum Gegenstand. Es werden nach dem hier beschriebenen Verfahren flammfeste Zellulose-Textilmaterialien erhalten, welche aus chemisch modifizierter Zellulose mit direkt an den fünfwertigen Phosphor gebundenen Stickstoffatomen bestehen. Modifizierte Zellulosegewebe, welche auf 5 bis 30 Anhydroglukoseeinheiten eine anorganische Säuregruppe tragen, dienen als Ausgangsmaterial. Es handelt sich also hier etwa um Zellulosederivate folgender Strukturen:

$$\mathrm{HO{-}\overset{\overset{\displaystyle O}{\|}}{\underset{\underset{\displaystyle OH}{|}}{X}}{-}(CH_2)_n{-}O{-}Zellulose} \quad \text{oder} \quad \mathrm{HO{-}\overset{\overset{\displaystyle O}{\|}}{\underset{\underset{\displaystyle O}{\|}}{X}}{-}(CH_2)_n{-}O{-}Zellulose}$$

Dabei bedeuten X entweder ein Phosphor- oder ein Schwefelatom und n eine ganze Zahl zwischen 0 und 3. Eine solche Zelluloseverbindung wie etwa Phosphonomethylzellulose wird mit der Aziridinylverbindung – also Tris-(1-aziridinyl)-phosphinoxyd oder -sulfid oder Mischungen beider – in einem für beide Reaktionskomponenten inerten Lösungsmittel getränkt und dann anschliessend während 2–5 Minuten auf Temperaturen zwischen 30 und 200° C erhitzt.

Flammfestverfahren mit Hilfe von Aziridinylphosphorpolymeren bilden auch den Gegenstand der *brit. P. 837.709* und *837.710* (31. Mai 1957 bzw. 3. Dezember 1957/15. Juni 1960) von Albright and Wilson Ltd.[1]). So werden mindestens ein Phosphinoxyd oder -sulfid, welche 3 direkt an Phosphor gebundene, eventuell noch substituierte 1-Aziridinylreste enthalten, mit andern kondensationsfähigen Verbindungen zur Reaktion gebracht. Das erstere Patent erwähnt vor allem Kondensationsprodukte von Tris-(1-aziridinyl)-phosphinoxyd oder Tris-(1-aziridinyl)-phosphinsulfid mit Tris-(oxymethyl)-phosphinoxyd oder Tetrakis-(oxymethyl)-phosphoniumchlorid. Das zweite Patent erwähnt Kondensationen von Tris-(1-aziridinyl)-phosphinoxyd oder -sulfid mit einwertigen Phenolen (zum Beispiel Alkyl-, Amino- oder Halogenphenolen wie *p*-Bromphenol), mit Karbonsäuren (wie zum Beispiel Essig-, Adipin-, Perfluoressig-, Terephthal- oder Stearinsäure), mit Nitrilen (wie zum Beispiel Malonnitril) oder mit Sulfonen (wie zum Beispiel Trimethylentrisulfon, Trimethylenthiodisulfon). Die Umsetzung kann in wässeriger Lösung oder Dispersion bei Temperaturen zwischen 10 und 150° C erfolgen. Die Löslichkeit der Produkte hängt vom Kondensationsgrad ab. Bei der Flammfestausrüstung von Geweben werden diese entweder mit der wässerigen Lösung der Harzkomponenten oder einer Dispersion der Teilpolymerisate imprägniert. Nach dem Trocknen erfolgt dann die Auskondensierung bei etwa 110° C.

Das *brit. P. 901.463* (28. Oktober 1958/18. Juli 1962/amer. Prior. vom 29. Oktober 1957) von Albright and Wilson Ltd. behandelt das Flammfestmachen von Zellulose und deren Derivaten durch chemische Modifikation der Zellulose. So wird etwa eine phosphomethylierte

---

[1]) siehe auch das *amer. P. 2.912.412.*

Zellulose, wie sie zum Beispiel nach *brit. P. 893.283* erhalten werden kann, mit einer Lösung einer 1-Aziridinylverbindung des Phosphors umgesetzt. Der modifizierten Zellulose kann die allgemeine Formel

$$\text{Zell-O-}(CH_2)_n\text{-}\overset{\overset{\displaystyle O}{\|}}{\underset{\underset{\displaystyle OR}{|}}{P}}\text{-O-M} \quad \text{oder} \quad \text{Zell-O-}(CH_2)_n\text{-}\overset{\overset{\displaystyle O}{\|}}{\underset{\underset{\displaystyle O}{\|}}{S}}\text{-O-M}$$

zugeschrieben werden, wobei n eine Zahl zwischen 0 und 3, R eine Alkyl- oder Arylgruppe, ein Wasserstoffatom oder ein Kation und M ein Wasserstoffatom oder Kation bedeuten. Ein allfällig vorhandenes Kation muss vor der Umsetzung mit der Aziridinylverbindung durch Behandlung mit einer Mineralsäure durch ein Wasserstoffion ersetzt werden. Als Aziridinylverbindungen kommen vor allem Tris-(1-aziridinyl)-phosphinoxyd und Tris-(1-aziridinyl)-phosphinsulfid in Frage. Es sind ferner aber auch Phosphinoxyde und -sulfide vorgeschlagen worden, die nur zwei 1-Aziridinylreste und dafür noch einen andern organischen Rest wie etwa einen Dialkylamino-, Alkyl-, Alkylen- oder Arylrest aufweisen.

Die Aziridinylphosphorverbindung lagert sich dabei an die modifizierte Zellulose an und es entstehen dann flammfeste Zellulosederivate, denen die folgende Konstitution zugeschrieben werden muss:

$$\text{Zell-O-}(CH_2)_n\text{-}\overset{\overset{\displaystyle O}{\|}}{Z}\text{-O-}CH_2\text{-}CH_2\text{-NH-}\overset{\overset{\displaystyle X}{\|}}{\underset{\underset{\displaystyle Y}{|}}{P}}\text{-N}\Big\langle\begin{matrix} CH_2 \\ | \\ CH_2 \end{matrix}$$

n = ganze Zahl zwischen 0 und 3
Z = die Gruppe P–OR oder S=O
R = Wasserstoffatom, Alkyl-, Arylrest, Kation
X = Sauerstoff- oder Schwefelatom
Y = 1-Aziridinyl-, Dialkylamino-, Alkyl-, Alkylen- oder Arylrest

Stauffer Chemical Co. – R. C. Steinhauer beanspruchen im *amer. P. 3.034.919* (18. März 1960/15. Mai 1962) eine Behandlungsflotte für das Flammfestmachen von Zellulosetextilien. Es handelt sich dabei um wässerige Lösungen von Gemischen aus 1 Teil eines Aziridinylphosphinoxyds wie etwa Tris-(1-aziridinyl)-phosphinoxyd und $^1/_3$ bis 3 Teilen einer Phosphor und Stickstoff enthaltenden Verbindung, die entweder ein Reaktionsprodukt aus wasserfreiem Ammoniak und Phosphorpentoxyd oder ein Kondensationsprodukt aus Äthylendiamin und dem Reaktionsprodukt aus Ammoniak und Phosphorpentoxyd oder schliesslich ein Kondensationsprodukt aus Äthylendiamin und einem Reaktionsprodukt aus wasserfreiem Ammoniak und Phosphoroxychlorid darstellt.

Meistens werden 10- bis 35prozentige Lösungen aus einem Gemisch gleicher Teile Tris-(1-aziridinyl)-phosphinoxyd und der Stickstoffphosphorverbindung verwendet.

Organische Polymere mit eingebauten Phosphor- und Siliziumatomen sind ebenfalls für die Flammfestbehandlung von Textilien vorgeschlagen worden. Die Bataafse Petroleum Mij. N. V. – K. Gutweiler und H. Niebergall erwähnen in der *DAS 1.103.590 N 16446/39c* (23. März 1959/30. März 1961) Produkte, die durch Umsetzung primärer Phosphine mit einem Silan, welches ungesättigte Substituenten aufweist, erhalten werden. So kommen Alkyl-, Zykloalkyl-, Alkylaryl-, Aryl- oder Aralkylphosphine in Frage. Das Silan sollte pro Molekül zwei äthylenisch ungesättigte organische Gruppen aufweisen. So werden namentlich genannt Dimethyldivinylsilan, Diphenyldivinylsilan, Diäthyldimethallylsilan oder auch Divinyldichlorsilan. Die Umsetzung zwischen Phosphin und Silan erfolgt bei Temperaturen zwischen 10 und 250°C in Gegenwart von ultraviolettem Licht und/oder Azoisobuttersäurenitril. Die auf diese Art erhältlichen Reaktionsprodukte sind zähflüssige Öle oder Harze von guter Flammfestigkeit und Temperaturbeständigkeit, welche sich für die Ausrüstung von Textilien eignen. Man nimmt an, dass sich nach folgender Reaktion Polymere bilden:

$$R\text{-}PH_2 + CH_2{=}CH\text{-}(CH_2)_n\text{-}\underset{\displaystyle CH_3}{\overset{\displaystyle CH_3}{|}{Si}}\!\!\!\!\!\!\!\!\quad\text{-}(CH_2)_n\text{-}CH{=}CH_2 \longrightarrow$$

primäres Phosphin + Dialkenyldimethylsilan

$$\left[\text{-}CH_2\text{-}CH_2\text{-}(CH_2)_n\text{-}\underset{CH_3\;CH_3}{Si}\text{-}(CH_2)_n\text{-}CH_2\text{-}CH_2\text{-}\underset{R}{P}\text{-}\right]_{n'}$$

Ähnliche Phosphorsiliziumpolymere aus sekundären Phosphinen, Phosphinsulfiden oder -oxyden und ungesättigten Silanen bilden den Gegenstand der *DAS 1.118.781 N 16250/12o* (12. Februar 1959/7. Dezember 1961) der Koppers Co. Inc. – H. Niebergall. Den hiefür in Frage kommenden Silanen wird die allgemeine Formel

$$A_nSi(\text{-}Z\text{-}\underset{R}{C}{=}\underset{R'}{CH})_{4-n}$$

zugeschrieben.

wobei A einen Alkoxyrest, einen Kohlenwasserstoffrest oder ein Halogenatom,
Z eine verzweigte oder unverzweigte Kohlenwasserstoffkette von 0 bis 10 Gliedern und n eine Zahl zwischen 0 und 3 bedeuten R, R′ Kohlenwasserstoffreste oder H.

Die Umsetzung wird durch ultraviolette Strahlung, Azoverbindungen, Peroxyde oder tertiäre Amine katalysiert. Additionsverbindungen sekundärer Phosphine weisen dreiwertigen Phosphor auf, an welchen noch nachträglich Sauerstoff oder Schwefel angelagert werden kann.

h) Phosphonsäuren und deren Derivate

Neben den Abkömmlingen der Phosphorsäure und den Phosphinen und Phosphoniumsalzen spielen auch die Phosphonsäuren bei der Flammfestbehandlung von Textilien eine Rolle. Bei den Phosphonsäuren handelt es sich dabei um organische Phosphorverbindungen, bei welchen ein organischer Rest direkt durch eine C-P-Bindung und die restlichen organischen Reste über eine Sauerstoffbrücke an den Phosphor gebunden sind. Die Phosphonsäuren können also als Derivate der Phosphorsäure betrachtet werden, und zwar analog wie die Sulfonsäuren Abkömmlinge der Schwefelsäure sind.

$$\underset{\text{Phosphorsäure}}{HO{-}\overset{O}{\overset{\|}{P}}{-}OH \atop \quad |\;\; \atop \quad OH} \qquad \underset{\text{Phosphonsäure}}{R{-}\overset{O}{\overset{\|}{P}}{-}OH \atop \quad |\;\; \atop \quad OH} \qquad \underset{\text{Schwefelsäure}}{HO{-}\overset{O}{\overset{\|}{S}}{-}OH \atop \quad \|\;\; \atop \quad O} \qquad \underset{\text{Sulfonsäure}}{R{-}\overset{O}{\overset{\|}{S}}{-}OH \atop \quad \|\;\; \atop \quad O}$$

Im *amer. P. 2.811.469* der Victor Chem. Works wird ein Verfahren beschrieben, nach welchem man einen ausgezeichneten, waschbeständigen Flammfesteffekt erhielt, indem man das Gewebe mit einer Lösung eines Polymeren aus einem Dialkylenmonochlormethanphosphonat imprägniert und dann durch eine Behandlung bei mässig erhöhter Temperatur noch aushärtet.

Die Imprägnierung mit wässerigen Lösungen oder Emulsionen sowie Lösungen in flüchtigen Lösungsmitteln wie etwa Gemischen aus Äthylenchlorid und Methylalkohol eines Teilpolymerisates von β,γ-ungesättigten Dialkyl-β-cyanoäthanphosphonaten bildet den Gegenstand der *amer. P. 2.841.507* und *2.867.548* der Victor Chemical Works – Toy, Cooper, Traise und Costello jr.[1]). Den hier empfohlenen Flammfestmitteln kann also die Formel

$$(RO)_2P\begin{matrix}\nearrow O \\ \searrow CH_2{-}CH_2{-}CN\end{matrix} \qquad R = \text{Alkenylrest wie Allyl- oder Methallylrest}$$

zugeschrieben werden. Die Fasern werden mit dem Flammfestmittel imprägniert, getrocknet und noch zur Aushärtung anschliessend erwärmt. Insbesondere wird in den Patenten auch noch eine Behandlung mit einer Lösung teilweise bromierter Dialkenylcyanoäthanphosphonate in flüchtigen Lösungsmitteln empfohlen.

Nach dem *amer. P. 2.674.616* (18. August 1951/6. April 1954) der Shell Development Co. – R. C. Morris wird vorgeschlagen, neutrale Aminsalze organischer Phosphonsäuremonoester oder Phosphonsäuren als Flammschutzmittel zu verwenden. Man gelangt zu solchen Produk-

[1]) Siehe auch die *DAS 1.055.491 V 827/8k* (20. September 1954/23. April 1959), das *franz. P. 1.112.431* und das *brit. P. 759.329* alle der Victor Chemical Works.

ten, indem man neutrale Ester einer Phosphonsäure mit Alkyl- oder Arylaminhydrochloriden auf Temperaturen zwischen 50 und 250°C erhitzt. Es werden etwa als Aktivsubstanzen das Diisopropylammoniumsalz des Butanphosphonsäurebutylesters oder das Bis-morpholiniumbutanphosphonat genannt.

Im *amer. P. 2.725.311* (20. Mai 1953/29. November 1955) der Dow Chemical Co. – D. L. Kenaga und A. J. Erbel wird ein Flammfestverfahren für Zellulosematerialien beschrieben, das dadurch gekennzeichnet ist, dass die Ware mit 5- bis 40prozentigen Lösungen eines Bis-(ω-monohalogenalkyl)-ω-monohalogenalkanphosphonats der allgemeinen Formel

$$R\text{–}P(=O)(\text{–}O\text{–}R)(\text{–}O\text{–}R)$$

wobei R gleiche ω-Halogenalkyle mit 2 bis 3 Kohlenstoffatomen im Alkylrest darstellen, imprägniert werden. Ein solches Produkt stellt etwa Bis-(ω-chloräthyl)-ω-chloräthanphosphonat dar, bei welchem also der organische Rest R der obigen Formel ein $Cl\text{–}CH_2\text{–}CH_2$-Rest ist. Die Anwendung dieser Produkte erfolgt in Form einer Lösung in einem organischen Lösungsmittel wie etwa *o*-Dichlorbenzol, Äthylalkohol usw. Die so erzielbare Flammfestausrüstung soll wasser- und wetterbeständig sein.

Phosphate werden auch von den Victor Chemical Works in verschiedenen Patentschriften als Flammfestmittel für Textilien beschrieben. Im *franz. P. 1.112.431* (eingegangen am 21. September 1954, erteilt am 16. November, veröffentlicht am 14. März 1956, amer. Prior. vom 22. September 1953) wird die Ware mit einer Lösung eines Polymerisats eines Phosphonats von Di-(β,γ-ungesättigtem Alkenyl)-β-cyanoäthan in einem organischen Lösungsmittel imprägniert. Als Alkenylreste kommen etwa Allyl- oder Methallylgruppen in Frage. Das verwendete organische Lösungsmittel sollte leicht flüchtig sein. So wird etwa ein Gemisch aus Dichloräthylen und Methanol vorgeschlagen. Die Imprägnierung hat so zu erfolgen, dass schliesslich 5 bis 40% des Phosphonats auf der Ware sind. Nachdem der grösste Teil des organischen Lösungsmittels verdampft ist, wird die Ware zur Auskondensation des Polymers (Vorkondensat) erhitzt.

Nach dem *franz. P. 1.112.432* (eingegangen am 21. September 1954, erteilt am 16. November 1955, veröffentlicht am 14. März 1956, amer. Prior. vom 22. September 1953) der gleichen Firma werden ungesättigte Phosphonsäureester der allgemeinen Formel

$$(R''O)_2P(=O)\text{–}CH_2\text{–}CH(R')\text{–}COOR$$

für das Flammfestmachen von Textilien verwendet. Dabei bedeuten R einen Methyl- oder Äthylrest, R′ ein Wasserstoffatom oder einen Methylrest und R″ einen Allyl- oder Methallylrest. Als Beispiele werden angeführt: Diallylester der β-Carboxymethyl- (beziehungsweise äthyl-) -äthan- und propanphosphonsäure, deren Polymere oder Mischpolymere mit Methylakrylat, Methylmethakrylat, Diallylphtalat, Vinylacetat, Styrol und ungesättigten Polyesterharzen. Das Verhältnis der Phosphonsäureester zu den polymerisierbaren Verbindungen kann 10:90 bzw. 90:10 betragen.

Die Herstellung der Ester erfolgt durch Anlagerung von Dialkenylphosphiten an ungesättigte Karbonsäurealkylester in Gegenwart von Natriumalkenolaten. Die Polymeren und Mischpolymeren bilden harte farblose Harze, die sich durch geringe Entflammbarkeit auszeichnen.

Bromierte Phosphonatpolymere werden auch im *amer. P. 2.735.789* (5. August 1952/21. Februar 1956) der Victor Chemical Works – Toy und Rattenbury als Flammschutzmittel für Textilien erwähnt. Diallyl- bzw. Dimethallylchlormethanphosphonat wird zunächst bis zur Absättigung von 50% der Doppelbindungen polymerisiert und das erhaltene Polymerisat durch Bromaddition an den noch verbleibenden Doppelbindungen bromiert. Für die Ausrüstung von Zellulosefasern wird mindestens 10% dieses Produkts aus einer Lösung auf das Textilmaterial gebracht. Durch abschliessendes Erhitzen wird der Flammfesteffekt noch fixiert.

Die *brit. P. 759.329* (13. September 1954) und *franz. P. 1.130.222* (21. September 1954) der Victor Chemical Works beschreiben ebenfalls Dialkenylcyanophosphonate. Es handelt sich dabei um Verbindungen der allgemeinen Formel

$$\begin{matrix} RO \diagdown & & \\ & P{-}CH_2{-}CH_2{-}C{\equiv}N & \\ RO \diagup & \| & \\ & O & \end{matrix}$$

wobei R besonders eine Alkylengruppe wie den Allyl- oder Methallylrest darstellt. Man gewinnt solche Verbindungen durch Einwirkenlassen von Dialkylenphosphit auf Akrylnitril. Es können aber auch Mischpolymerisate dieser Verbindungen mit andern Monomeren wie Methylmethakrylat, Polyvinylacetat, Diallylphthalat, ungesättigten Polyestern oder Styrol als Flammschutzmittel Verwendung finden.

Die Patentschrift gibt etwa das nachstehende Beispiel:

54 g Diallyl-β-cyanoäthanphosphonat werden mit
93 g 2prozentiger wässeriger Polyvinylalkohollösung verrührt.
5 g Natriumbikarbonat werden als Puffer zugesetzt und
2,15 g Kaliumpersulfat in
92 g Wasser gelöst zugesetzt.

Das Gewebe wird mit dieser Lösung imprägniert und dann durch Erhitzen auf 76 bis 78°C die Polymerisation durchgeführt.

Nach den Angaben der *DAS 1.125.658 F 29303/39c* (4. September 1959/15. März 1962), des *belg. P. 594.750* und des *franz. P. 1.266.868* der Farbwerke Hoechst AG – G. Koch, M. Lederer und F. Rochlitz können Äthenphosphonsäureester mit andern Monomeren wie etwa Vinylchlorid, Vinylacetat, Akrylsäure- und Methakrylsäureestern oder Styrol kopolymerisiert werden. Insbesondere kommen die Diester des 2-Äthylhexyl-, des Dodecyl- oder des Hexadecylalkohols mit Äthenphosphonsäure in Frage

$$CH_2{=}CH{-}\overset{\overset{\displaystyle O}{\|}}{\underset{\underset{\displaystyle OR}{|}}{P}}{-}OR' \qquad \text{Äthenphosphonsäureester}$$

Die hier erwähnten Mischpolymerisate dienen zur Herstellung flammfester Kunststoffe sowie zur Flammfestmachung von Textilien. Es sollte dabei der Phosphorgehalt mindestens 1% betragen, um eine gute Wirkung zu erzielen.

Das *amer. P. 2.926.145* (11. September 1957/23. Februar 1960) der Eastman Kodak Co. – Mc Connell und Coover jr. beschreibt lineare Phosphonopolyester, die man durch Umsetzung von substituierten Phosphonyldichloriden mit zweiwertigen Alkoholen wie etwa 1,4-Zyklohexandimethanol erhält.

$$n\ Cl{-}\overset{\overset{\displaystyle O(S)}{\|}}{\underset{\underset{\displaystyle R}{|}}{P}}{-}Cl + n\ HO{-}CH_2{-}HC\begin{matrix} CH_2{-}CH_2 \\ CH_2{-}CH_2 \end{matrix}CH{-}CH_2{-}OH \xrightarrow{-HCl}$$

$$\left[{-}\overset{\overset{\displaystyle O(S)}{\|}}{\underset{\underset{\displaystyle R}{|}}{P}}{-}O{-}CH_2{-}CH\begin{matrix} CH_2{-}CH_2 \\ CH_2{-}CH_2 \end{matrix}CH{-}CH_2{-}O{-}\right]_n$$

R bedeutet dabei einen Alkylrest von 1 bis 8 Kohlenstoffatomen, einen Chlor- oder Bromalkylrest, einen Alkylamino- oder Dialkylamidorest, einen Zykloalkyl- oder einen Arylrest. Je nach dem Polymerisationsgrad werden Öle oder feste Substanzen erhalten. Erstere dienen als Flammschutzmittel für Textilien, während letztere direkt zur Herstellung nicht brennbarer Fasern oder Folien verwendet werden können.

Die Herstellung von Oxidoalkanphosphonsäurealkylestern, die als Flammschutzmittel für Textilien und Holz Verwendung finden können, wird in der *DAS 1.046.047 F 22356/12o* (14. Februar 1957/11. Dezember 1958) der Farbwerke Hoechst AG – M. Reuter und E. Wolf geschützt. So lässt man niedere α-Halogenaldehyde wie Chlorazetaldehyd und Dialkylphosphite wie Diäthylphosphit aufeinander einwirken, wobei sich β-Halogen-α-oxyalkanphosphonsäuredialkylester bilden, welche man durch Behandlung mit säureabspaltenden Mitteln in die Oxidoalkanverbindungen überführt.

$$ClCH_2\text{-}CHO + HO\text{-}P(OC_2H_5)_2 \longrightarrow ClCH_2\text{-}CH(OH)\text{-}\overset{O}{\overset{\|}{P}}(OC_2H_5)_2 \xrightarrow{-HCl} \underset{\diagdown O \diagup}{CH_2\text{-}CH}\text{-}\overset{O}{\overset{\|}{P}}(OC_2H_5)_2$$

Chlorazet-aldehyd — Diäthyl-phosphit — Oxidoäthanphosphon-säurediäthylester

Ebenfalls einen Phosphonsäureester schlägt das *amer. P. 2.867.597* (22. September 1953/6. Januar 1959) der Victor Chemical Works – Costello und Traise als Flammfestmittel vor. So werden Zellulosefasern mit wässerigen Emulsionen polymerer β-(Carboxyalkyl-)alkanphosphonsäuresäurediester der Formel

$$ROOC\text{-}CHR'\text{-}CH_2\text{-}\overset{O}{\overset{\|}{P}}(OR'')_2$$

R = Methyl-, Äthylrest
R′ = Methylrest, Wasserstoff
R″ = Allyl-, Methallylrest

behandelt. Als Emulgator kann etwa Polyvinylalkohol verwendet werden, und zwar in einer Menge bis zu 3,2% des Phosphonats. Durch Anlagerung von Methakryl- oder Akrylsäureestern an Diallylphosphit lassen sich die hier beschriebenen Flammfestmittel erhalten. Dies erfolgt durch Emulsionspolymerisation im Beisein von Persulfat als Polymersiationsbeschleuniger und unter Erwärmung. Es wird dabei nur ein Teilpolymerisat gewonnen und erst nach der Imprägnierung des Gewebes in einer solchen Emulsion und dem Trocknen auf der Faser selbst noch auspolymerisiert. Ein Zusatz von 2,5% Bromoform bezogen auf das Phosphonat gestattet noch eine Griffbeeinflussung der behandelten Textilien.

Nach den Angaben im *amer. P. 2.875.231* (14. Februar 1956/24. Februar 1959) der Eastman Kodak Co. – Mc Connell und Coover jr. werden Flammfestmittel für Zelluloseester durch Umsetzung von Trialkyl- oder Dialkylhydrogenphosphiten mit β- oder γ-Laktonen in Gegenwart eines basischen Katalysators erhalten. Die Alkylreste des Phosphits sollen zwischen ein und acht Kohlenstoffatome, das Lakton bis zu fünf Kohlenstoffatome aufweisen. Tertiäre Amine, Alkalialkoholate oder Alkaliamide dienen als Katalysatoren. Besonders erwähnt wird die Umsetzung zwischen Triäthylphosphit und β-Propiolakton in Gegenwart von Triäthylamin. Es bildet sich dabei Äthylcarboxypropylphosphonsäurediäthylester sowie dessen niedermolekulare Telomere:

$$(C_2H_5O)_3P + \underbrace{CH_2\text{-}CH_2CO}_{O} \longrightarrow (C_2H_5O)_2\overset{O}{\overset{\|}{P}}\text{-}CH_2\text{-}CH_2\text{-}COOC_2H_5$$

Triäthyl-phosphit — β-Propiolakton — Äthylcarboxypropylphosphonsäurediäthylester

oder das Telomere

$$(C_2H_5O)_2P(O)\text{-}CH_2\text{-}CH_2\text{-}COO\text{-}(CH_2\text{-}CH_2\text{-}COO\text{-})_{1-4}C_2H_5$$

Ferner wird auch die Umsetzung von Dibutylhydrogenphosphit und γ-Butyrolakton in Gegenwart von Natriumbutylat bei 25 bis 225°C zu 1,4-Dioxybutyldiphosphonsäuretetrabutylester beschrieben:

$$2\,(C_4H_9O)_2\overset{\displaystyle OH}{\overset{|}{P}} + \underbrace{CH_2\text{–}CH_2\text{–}CH_2\text{–}CO}_{O} \longrightarrow HO\text{–}CH_2\text{–}CH_2\text{–}CH_2\text{–}\underset{OH}{C}\begin{matrix} \overset{O}{\overset{\|}{P}}(OC_4H_9)_2 \\ \underset{\|}{P}(OC_4H_9)_2 \\ O \end{matrix}$$

Dibutylhydrogenphosphit — γ-Butyrolakton — 1,4-Dioxybutyldiphosphonsäuretetrabutylester

Das *franz. P. 1.168.015* (23. November 1956/3. Dezember 1958) der Farbwerke Hoechst AG sowie die entsprechende *DAS 1.006.414* beschreiben die Herstellung von Vinylphosphonsäureestern, die sich auch für die Flammfestausrüstung von Textilien einsetzen lassen. Aus dem Chloräthylphosphonsäuredichloräthylester wird durch selektive Salzsäureabspaltung der Vinylphosphonsäuredichloräthylester gewonnen. Zu diesem Zwecke wird mit alkalisch reagierenden Salzen organischer Säuren – besonders Alkalisalzen der niederen Fettsäuren mit 2 bis 4 Kohlenstoffatomen – bei Temperaturen über 90°C – besonders bei 110 bis 130°C – gearbeitet. Auch Vinylphosphonsäure dient als Flammschutzmittel für Zellulosetextilien. Deren Herstellung aus Vinylphosphonsäuredichlorid durch Hydrolyse mit einem Gemisch von Wasser und inerten Lösungsmitteln behandeln die *DAS 1.023.033 F 20122/12o* (25. April 1956/23. Januar 1958) und das *franz. P. 1.174.013*. Die Gewinnung des hiezu benötigten Vinylphosphonsäuredichlorids bildet den Gegenstand der *DAS 1.020.019 F 19789/12o* (14. März 1956/28. November 1957) und des *franz. P. 1.174.013* der Farbwerke Hoechst AG – Schimmelschmidt und Denk. Vinylphosphonsäuredialkylester wie etwa der Diäthyl-, Diisopropyl-, Dibutylester oder der leicht zugängliche Vinylphosphonsäure-bis-(β-chloräthylester) (siehe *DP 1.006.414*), werden bei 115 bis 145°C mit ungefähr 2 Mol Phosphorpentachlorid umgesetzt, wobei das Phosphoroxychlorid und das als Nebenprodukt entstehende Alkylchlorid abdestillieren. Das so erhältliche Vinylphosphonsäuredichlorid kann auch direkt als Flammschutzmittel für Zellulosetextilien eingesetzt werden:

$$CH_2{=}CH\text{–}\underset{\underset{O}{\|}}{P}(OR)_2 + 2\,PCl_5 \longrightarrow CH_2{=}CH\text{–}\underset{\underset{O}{\|}}{P}Cl_2 + 2\,POCl_3 + 2\,RCl$$

Modifizierte phosphorhaltige Polymere werden nach den Angaben der *DAS 1.029.156 F 21318/39c* (26. September 1956/30. April 1958) der Farbwerke Hoechst AG – Krämer, Messwarb und Denk, aus Mischpolymeren der Vinylphosphonsäurehalogenide oder den Homo- oder Mischpolymeren derer Derivate durch Umsetzung mit Substanzen erhalten, welche mit Säurehalogeniden zu reagieren vermögen, also etwa durch Umsetzung mit Wasser, mit Alkoholen wie 1,4-Butandiol, Glyzerin oder Aminen wie *p*-Phenylendiamin. Die Reaktion erfolgt in Gegenwart eines Lösungsmittels und eines Metallchlorids oder -hydroxyds als Katalysator. Die auf diese Weise gewonnenen Polymerisate dienen unter anderem zur Flammfestausrüstung von Textilien.

Das *belg. P. 604.507* (1. Juni 1961/1. Dezember 1961, dtsch. Prior. vom 1. Juni 1960) der Farbwerke Hoechst AG empfiehlt zur Flammfestausrüstung verschiedenster Fasermaterialien Polyvinylphosphonsäuren, deren Salze oder Derivate. Es können zusätzlich noch ein anderes Flammschutzmittel sowie vernetzend wirkende Verbindungen mitverwendet werden. So werden etwa Alkali-, Erdalkali-, Amin- oder Ammoniumsalze sowie Ester der Polyvinylphosphonsäuren mit aliphatischen, zykloaliphatischen oder aromatischen Alkoholen für solche Ausrüstungen eingesetzt. Mit Alkoholen oder Aminen, die aktive Doppelbindungen aufweisen, oder Verbindungen mit Äthylenimin- oder Oxiranringen lassen sich die Polyvinylphosphonsäuren ebenfalls umsetzen. Es treten dabei Vernetzungen und direkte Bindungen an die Fasern ein.

Modifizierte Zellulosefaser, das heisst aminierte, veresterte oder verätherte Zellulose, die mindestens noch eine Hydroxylgruppe pro Glukoseeinheit aufweisen, werden nach dem Verfahren des *brit. P. 893.283* (amer. Prior. 31. Oktober 1957) von Albright and Wilson Ltd. mit wässerigen, alkalischen Lösungen eines Halogenomethylphosphonats oder Halogenophosphonsäurechlorids behandelt. So kommen etwa Verbindungen der Formeln

$X \cdot CH_2{-}PO(OR)_2$ oder $X \cdot CH_2{-}POCl_2$ X = Halogen, zum Beispiel Chlor

R = Kation, substituierter oder nicht substituierter Alkyl- oder Arylrest

in Betracht. Lösliche Zelluloseäther, die verhältnismässig viel phosphorhaltige reaktive Gruppen enthalten, eignen sich auch zur Erzielung eines Flammfesteffektes ohne Veränderung des Griffs oder Verlust der Festigkeit.

Bis-(2-halogenäthyl)-vinylphosphonate und Bis-(2-halogenpropyl)-propenylphosphonate werden nach dem *amer. P. 2.803.562* (26. Mai 1955/20. August 1957) der Dow Chemical Co. – A. J. Erbel und A. L. Kenaga als Flammschutzmittel zur Erzielung eines wasserbeständigen Effektes auf Zellulosefasern empfohlen. Zur wirksamen Imprägnierung von Textilien und Papier muss 10 bis 30% dieser Schutzmittel aufgebracht werden. Die Herstellung dieser Verbindungen erfolgt durch Umsetzung von Äthylenoxyd oder Propylenoxyd mit Phosphortrichlorid bei tieferer Temperatur zum Chloräthyl- bzw. Chlorpropylester der phosphorigen Säure und anschliessende Umlagerung bei Temperaturen um etwa 150°C zum Phosphonsäurediester.

Schliesslich wird noch mit Hilfe von Triäthylamin die Chloräthyl- bzw. Chlorpropylgruppe durch Abspaltung von Salzsäure in die Vinyl- bzw. Propenylgruppe übergeführt.

Im *DDR P. 15 357* (25. November 1956/22. September 1958) von R. Schiffner und G. Lange wird eine waschfeste Flammfestausrüstung für Zellulosetextilien beschrieben, bei welcher man das Textilmaterial gleichzeitig oder hintereinander mit wässerigen Flotten behandelt, welche einerseits Chlormethylphosphonsäure und anderseits ein stickstoffhaltiges Kohlenstoffsäurederivat enthalten, wie Harnstoff, Alkylharnstoff, Guanidin, Methylolharnstoff usw. So wird etwa Baumwolle im Flottenverhältnis von 1:10 mit einer Lösung von 23% Chlormethylphosphonsäure und 38% Harnstoff bei 80°C behandelt. Nach einer Vortrocknung bei mässiger Temperatur wird 10 Minuten noch bei 150°C ausgehärtet. Die gewaschene Ware zeigt zum Beispiel eine Gewichtszunahme von 9% und eine Verminderung der Reissfestigkeit von nur 30%.

R. Schiffner und G. Lange haben dieses Verfahren noch näher untersucht[1]). So wurden Baumwoll- und Zellwollgewebe mit wässerigen Lösungen von Chlormethylphosphonsäure und Harnstoff sowie Lösungen der Schmelzen dieser beiden Komponenten behandelt. Die Imprägnierungen erfolgten teils auch in Gegenwart von Formaldehyd. Nach unterschiedlichen Spülprozessen wurde die Festigkeitsabnahme sowie der Flammfesteffekt bestimmt. Es zeigte sich, dass bei diesem Flammfestverfahren die Festigkeitseinbussen geringer sind als beim Harnstoffphosphorsäureverfahren. Formaldehydhaltige Lösungen erwiesen sich diesbezüglich besonders günstig. Im Vergleich zum Harnstoffphosphorsäureverfahren müssen aber zur Erzielung gleich guter Flammfesteffekte beim Chlormethylphosphonsäureharnstoffverfahren höhere Lösungskonzentrationen angewandt werden.

Das *DDR P. 18.253* (30. Januar 1958/25. Februar 1960) von Schiffner und Lange stellt einen Zusatz zum vorgenannten *DDR P. 15.357* dar. Es werden hier Flammfestprodukte beschrieben, die durch Zusammenschmelzen von Chlormethylphosphonsäuren und stickstoffhaltigen Abkömmlingen der Kohlensäure wie Harnstoff, Guanidin, Methylolharnstoff usw. erhalten werden. Das Zusammenschmelzen erfolgt bei Temperaturen bis zu 175°C, meistens bei 120 bis 145°C. Der Behandlungsflotte kann zudem noch Formaldehyd oder ein wasserlösliches Kondensationsprodukt des Formaldehyds und eines stickstoffhaltigen Derivats der Kohlensäure zugesetzt werden. Aminsalze der Trihalogenmethylphosphonsäuren werden im *amer. P. 2.831.881* (23. September 1955/22. April 1958) der Shell Development Co. – E. R. Bell und R. E. Thorpe als Flammschutzmittel sowie noch für eine

[1]) Faserforschung und Textiltechnik *9* (1958), 10, S. 417–424.

Reihe weiterer Verwendungszwecke (Insektizide, Fungizide, grenzflächenaktive Stoffe, Korrosionsverhinderer) empfohlen. Man gelangt zu den Aminsalzen entweder durch Neutralisation der freien Säuren mit Aminen oder durch Umsetzung der Ester mit den Hydrochloriden der Amine. Das Patent schützt dabei Verbindungen der allgemeinen Formel

$$CY_3\text{–}\overset{\overset{\displaystyle X}{\|}}{P}\begin{matrix}\diagup (XR)_n \\ \diagdown (XH, \text{Amin})_m\end{matrix}$$

wobei Y = Halogen, das heisst Chlor oder Brom
X = Sauerstoff oder Schwefel
R = Wasserstoff oder Kohlenwasserstoffrest
Amin = aliphatisches Amin
$m = 1$ oder 2 $n = 1$ oder $0 = 2 - m$

Besonders werden dabei folgende Verbindungen genannt:

$CCl_3\text{–}PO(OH)_2 \cdot H_2N\text{–}CH_2\text{–}CH(C_2H_5)\text{–}C_4H_9$ $CCl_3\text{–}PO(OH)_2 \cdot HN(C_{18}H_{37})_2$
$CCl_3\text{–}PO(OC_4H_9)(OH) \cdot HN(CH_2\text{–}CH(C_2H_5)\text{–}C_4H_9)_2$

Ein Phosphonsäureamid wird im *brit. P. 790.663* von Geigy für die Flammfestbehandlung vorgeschlagen. Es werden in dieser Patentschrift wasserlösliche Derivate der *o*-Phosphorsäure erwähnt, bei welchen mindestens eine Hydroxylgruppe durch einen Ammoniumrest oder besser noch durch den Rest eines aliphatischen Amins ersetzt wurde. Die andern Hydroxylfunktionen können durch weitere Aminradikale, Alkoxy- oder Alkylgruppen ersetzt sein. Die organischen Reste sollen dabei aber nicht mehr als vier Kohlenstoffatome aufweisen. Durch gleichzeitige Verwendung von Methylolmelaminen lassen sich diese Flammschutzmittel auf der Faser fixieren.

120 Teile Äthylphosphonsäure-bis-(methylamid)
80 Teile Trimethylolmelamin werden in
1000 Teilen Wasser gelöst.

Ein mercerisiertes Baumwollgewebe wird mit dieser Lösung imprägniert, auf 100% die Flotte abgequetscht und getrocknet. Zur Fixierung wird anschliessend bei 120°C während 20 Minuten kondensiert. Auf diese Art und Weise wird eine gegenüber Seifenwäsche beständige Flammfestausrüstung erhalten.

Polymere Phosphorsäureamide werden für flammfeste Beschichtungen von Geweben im *amer. P. 3.041.207* (19. Januar 1959/26. Juni 1962) der Eastman Kodak Co. – J. R. Caldwell beschrieben. Die flammfesten Polymere bestehen aus einer organischen Phosphorverbindung der Formel

$$R'O\text{–}\overset{\overset{\displaystyle O}{\|}}{\underset{\underset{\displaystyle NH\text{–}R}{|}}{P}}\text{–}NH\text{–}R$$

R und R′ = Alkylgruppen mit höchstens 4 Kohlenstoffatomen

und zwar 1 bis 20% auf das Materialgewicht bezogen, und einem linearen Polymer mit der sich wiederholenden Einheit

$$-\overset{\overset{\displaystyle O}{\|}}{\underset{\underset{\displaystyle C_6H_5}{|}}{P}}-O-C_6H_4-O-$$

oder einem Reaktionsprodukt aus 2 bis 4 Molen Melamin mit einem Mol Phosphorpentoxyd, die bei 80 bis 100°C mit 20 bis 100% (bezogen auf die Phosphorverbindung) eines Polyisocyanats umgesetzt wurden.

Das *amer. P. 2.891.915* (2. Juli 1954/23. Juni 1959) von du Pont de Nemours Co. – Mc Cormack und Schroeder erwähnt als Flammschutzmittel für synthetische Fasern und auch andere Materialien polymere Phosphorverbindungen, die durch Umsetzung von Phosphonylchloriden oder Dialkylphosphonaten in einem inerten Lösungsmittel mit einer bifunktionellen Verbindung wie etwa aliphatischen Diolen, Zykloalkyldiolen oder Bis-(oxyaryl)-alkanen erhalten werden können. Es handelt sich hier um gut beständige, in organischen Lösungsmitteln lösliche Produkte.

$$\left.\begin{matrix} R\text{–}POCl_2 \\ \text{oder} \\ R\text{–}PO(OR')_2 \end{matrix}\right\} + HO\text{–}X\text{–}OH \longrightarrow (\text{–}\overset{\overset{\displaystyle O}{\|}}{\underset{\underset{\displaystyle R}{\|}}{P}}\text{–}O\text{–}X\text{–}O\text{–})_n$$

R = Alkylrest mit 1 bis 3 Kohlenstoffatomen oder Chlormethylrest
R′ = niederer Alkylrest
X = Rest eines zweiwertigen Alkohols mit vornehmlich 2 bis 5 Kohlenstoffatomen
n = ganze Zahl, 6 und darüber.

Organische Phosphonyldihalogenide werden gleichfalls zur Flammfestausrüstung bzw. zur Herstellung flammwidriger Mischpolymere verwendet. Im *franz. P. 1.183.313* (24. September 1957/dtsch. Prior. vom 25. September 1956) der Farbwerke Hoechst wird ein Phosphonyldihalogenid mit einem polymerisierfähigen ungesättigten organischen Rest beschrieben, das sich durch die nachstehende Formel darstellen lässt.

$$\begin{matrix} R \\ \quad\diagdown \\ \quad C{=}CH\text{–}PO \\ \quad\diagup \\ R' \end{matrix} \begin{matrix} X \\ \diagup \\ \\ \diagdown \\ X' \end{matrix}$$

wobei R und R′ = Wasserstoff, Alkyl-, Zykloalkyl-, Aryl oder Aralkylrest
X und X′ = Halogen

Die Herstellung von Phosphonyldihalogeniden bildet den Gegenstand der *amer. P. 2.882.311* und *2.882.313* (28. Juni 1954/14. April 1959) der M. W. Kellog Co. So beschreibt das erste Patent die Umsetzung eines organischen Halogenids mit einem Alkoxydihalogenphosphin in Gegenwart eines Katalysators wie Eisenchlorid oder Nickeljodid. Die Reaktion wird bei 125 bis 325°C, vornehmlich 150 bis 275°C durchgeführt. So werden etwa als organische Halogenide Methylchlorid, -bromid, -jodid, Allylchlorid oder Tetrachlorkohlenstoff genannt. Als Phosphine kommen etwa Äthoxydichlorphosphin, Methoxydifluorphosphin, Propoxydichlorphosphin und andere mehr in Betracht. Die Reaktion lässt sich durch die nachstehende Gleichung darstellen:

$$RX + R'O\text{–}PX_2 \xrightarrow{-R'X} R\text{–}\underset{\underset{O}{\|}}{P}\text{–}X_2$$

wobei R und R′ = Alkylreste von höchstens 10 Kohlenstoffatomen
X = Halogen

Die zweite Patenschrift bezieht sich auf die Umsetzung eines Alkoxydihalogenphosphins mit einem halogenierten Äther, und zwar nach der Gleichung

$$R'\text{–}O\text{–}\underset{R'''}{\overset{R''}{\underset{|}{\overset{|}{C}}}}\text{–}X + R\text{–}O\text{–}PX_2 \longrightarrow R'\text{–}O\text{–}CR''R'''\text{–}\underset{\underset{O}{\|}}{P}X_2 + RX$$

Die Reaktion erfolgt in Gegenwart von Katalysatoren wie Ferrichlorid, Zinkchlorid, Aluminiumchlorid, Bortrifluorid oder Aluminiumbromid bei Temperaturen zwischen 20 und 125°C. In den obigen Formeln bedeuten dabei

R = ein niederer Alkylrest, meist Methyl-, Äthyl- oder Propylrest
R′ = ein Alkyl-, Zykloalkyl-, Halogenalkyl-, Aryl-, Aralkyl-, Azyl- oder Alkoxycarbonylrest mit bis zu 12 Kohlenstoffatomen
R″ = ein Wasserstoffatom, ein Alkyl-, Aryl- oder Alkoxyrest mit bis zu 12 Kohlenstoffatomen
R‴ = ein Wasserstoffatom oder ein Halogen
X = ein Halogen.

Die Phosphonyldihalogenide können direkt zur Erzielung flammfester Textilien oder aber auch als Ausgangsstoffe für weitere organische Phosphorverbindungen dienen.

Schliesslich sei noch auf die Verwendung von Phosphinsäuren als Flammschutzmittel hingewiesen. Die Herstellung solcher Verbindungen und deren Verwendbarkeit in der Textilveredlung bilden den Gegenstand des *amer. P. 2.953.595* (20. Oktober 1958/20. September 1960) der American Cyanamid Co. – Rauhut und Currier. Aus Phosphinen bzw. Phosphinoxyden kann man durch Umsetzung mit Schwefel und Wasser bei Temperaturen zwischen 0 und 100°C Phosphinsäuren erhalten, die sich für die Flammfestausrüstung von Textilien gut eignen.

$$NC\text{–}CH_2\text{–}CH_2\diagdown Z\diagup R \xrightarrow{+S+H_2O} H_2N\text{–}CS\text{–}CH_2\text{–}CH_2\diagdown Y\diagup R$$

R = $-CH_2-CH_2-CS-NH_2$, $-CH_2-CH_2-CN$, Alkylrest bis zu 10 Kohlenstoffatomen, Cykloalkyl- oder Arylrest

Z = PH oder $P(=O)H$-Gruppe Y = PO(OH), PO(SH), PS(OH)-Gruppen

So gewinnt man etwa aus Cyclohexyl-2-cyanoäthylphosphin und Schwefel in einer wässerigen Ammoniaklösung bei nachfolgendem Ansäuern mit Salzsäure in 75prozentiger Ausbeute ein Produkt der Formel

$$H_2N\text{–}CS\text{–}CH_2\text{–}CH_2\text{–}P(=S)(OH)\text{–}C_6H_{11}$$

Aus Bis(2-cyanoäthyl)-phosphinoxyd gelangt man mit Schwefel und Wasser in Isopropanol als Lösungsmittel zu einer ebenfalls im Patent besonders hervorgehobenen Verbindung:

$$(H_2N\text{–}CS\text{–}CH_2\text{–}CH_2)_2P(=O)\text{–}OH$$

Zinksalze aromatischer Dithiophosphinsäuren werden unter anderem auch als Flammschutzmittel im *amer. P. 2.809.979* (26. Januar 1954/15. Oktober 1957) der Lubrizol Corp. – W. G. Craig genannt. Sie werden durch Erhitzen einer Mischung von alkylierten oder halogenierten aromatischen Kohlenwasserstoffen, Phosphorpentasulfid und den Chloriden oder Bromiden des Aluminiums und Zinks auf Temperaturen zwischen 130 und 250°C erhalten.

Phosphonsäuredichloride dienen nach dem Verfahren der *DAS 1.128.652 F 22045/39b*[1]) (31. Dezember 1956/26. April 1962) der Farbwerke Hoechst AG – Starck, Vilcseck, Winter und Rochlitz zur Gewinnung phosphorhaltiger Polyester von flammwidrigen Eigenschaften. Phosphonsäuredichloride wie Phenyl-, Vinylcyklohexyl- oder Amylphosphonsäuredichlorid oder deren Mischungen mit Karbonsäurederivaten wie etwa Maleinsäureanhydrid werden zusammen mit mehrwertigen Alkoholen wie Äthylenglykol, Di- oder Triäthylenglykol auf 130 bis 160°C erhitzt. Mit den klaren, sich kaum verfärbenden Reaktionsprodukten lassen sich Textilien imprägnieren. Durch anschliessende Kondensation zum Polymeren kann dann die Flammfestwirkung beständig fixiert werden.

---

[1]) Siehe auch *franz. P. 1.196.971* und *brit. P. 883.754.*

Die Herstellung phosphorhaltiger Epoxyde behandelt die *DAS 1.113.826 F 25041/39c* (13. Februar 1958/14. September 1961) der Farbwerke Hoechst AG – Mauz, Rochlitz und Schleede. Hydroxylgruppenhaltige Polyepoxyde werden mit Säurehalogeniden des Phosphors in Gegenwart tertiärer Amine bei Temperaturen unterhalb von 80° C, insbesondere zwischen 0 und 20° C umgesetzt. Das Amin hat dabei die Aufgabe, einen Angriff der Epoxygruppe zu verhindern. Als Polyepoxyde sollen sich praktisch alle Kondensationsprodukte aus Epichlorhydrinen mit mehrwertigen Phenolen wie Phloroglucin, Hydrochinon, Dioxydiphenylmethan und anderen mehr eignen. Anstelle der Phenole können ferner auch mehrwertige Alkohole mit den Epihalogenhydrinen umgesetzt werden. Die Säurehalogenide der Phosphorsäure, der phosphorigen Säure, der Phosphinsäure sowie von Phosphorsäureestern, Phosphonsäuren und phosphoniger Säure können als phosphorhaltige Komponente in Frage kommen. Die Reaktion zwischen dem Säurehalogenid und dem Polyepoxyd erfolgt in einem inerten Lösungsmittel wie Benzol, Dioxan, Azeton oder Tetrahydrofuran. Es werden dabei je nach dem feste bis flüssige, im allgemeinen nur schwach gefärbte Produkte erhalten, die beständig und schwer entflammbar sind. Textilien und Papier lassen sich damit flammwidrig machen. Schliesslich erwähnt das *amer. P. 3.081.293* (11. März 1960/12. März 1963) der West Virginia Pulp and Paper Co. – J. B. Dought phosphorhaltige Lignine als Flammschutzmittel. Diese werden aus Alkalilignin in Pyridin oder Dioxan durch Umsetzung mit Phosphorverbindungen wie Phosphorhalogeniden, -oxyhalogeniden, -thiohalogeniden, -oxyden, -sulfiden oder organischen Phosphorverbindungen wie Esterchloriden erhalten.

i) Phosphomethylierung der Zellulose[1])

Durch Behandlung von Baumwollzellulose mit Chlormethyldinatriumphosphat in Gegenwart von Natriumhydroxyd wird ein phosphorhaltiger Zelluloseäther erhalten. Mit Chlormethylphosphinsäuredichlorid oder Chlormethylphosphinsäure ist ebenfalls eine Phosphomethylierung möglich. Wird die Phosphomethylierung der Baumwolle so weit getrieben, dass ungefähr ein Phosphorgehalt von 2 % erhalten wird, so liegt eine wasserlösliche Modifikation der Baumwolle vor. Mit etwa 1 % Phosphorgehalt gelangt man zu einem beständigen Steifeffekt. Das Quellvermögen der Faser nimmt mit zunehmendem Phosphorgehalt zu, während die Festigkeitseigenschaften nicht wesentlich verändert werden. Üblicherweise wird die phosphomethylierte Baumwolle in Form des Natriumsalzes gewonnen. Durch Überführung in das Ammoniumsalz kann eine flammfeste Ausrüstung erhalten werden.

---

1) Drake, Reeves und Guthrie, Textile Res. J. *29* (1959), 3, S. 270–275; *11*, S. 884–889.

Das *amer. P. 2.979.374* (31. Oktober 1957/11. April 1961) des USA Secretary of Agriculture – Drake, Reeves und Guthrie beschreibt die Herstellung phosphomethylierter Zellulose von verminderter Brennbarkeit. Eine Zellulosefaser, welche pro Anhydroglukoseeinheit mindestens eine freie Hydroxylgruppe aufweist, wird mit einer wässerigen Lösung behandelt, welche

5–20% (auf das Fasergewicht bezogen) eines Alkalisalzes der Chlormethylphosphinsäure und
15–25% eines Alkalihydroxyds

enthält. Die imprägnierte Ware wird soweit abgequetscht, dass noch 125 bis 200% Imprägnierlösung auf der Faser sind. Darauf wird 5 bis 30 Minuten auf Temperaturen zwischen 60 und 140°C erhitzt. Durch eine Behandlung mit einer 1- bis 5prozentigen starken Mineralsäure wird das Alkalisalz in die freie Säure übergeführt, welche ihrerseits wiederum durch eine Behandlung mit einer 5prozentigen Ammoniaklösung neutralisiert wird. Derart phosphomethylierte Zellulose kann einen Phosphorgehalt bis zu 5% aufweisen.

$Zell{-}O{-}CH_2{-}PO(OX)_2$ Zell = Zelluloserest
X = Ammonium- oder Alkalimetallion, Wasserstoff

phosphomethylierte Zellulose

Im *brit. P. 873.555* und im *amer. P. 2.990.232* (31. Dezember 1956/27. Juni 1961) des Textile Research Institutes – E. Pacsu und R. F. Schwenker wird die Behandlung von Zellulose mit Sulfonylchloriden in Gegenwart eines tertiären Amins wie etwa Pyridin behandelt. So wird etwa mercerisierte Zellulose mit der wässerigen Lösung eines Pyridinsalzes eines organischen Sulfonylchlorids wie Methansulfonylchlorid oder *p*-Toluolsulfonylchlorid bei Temperaturen unter 80°C eine Minute bis 48 Stunden lang behandelt. Pro Zelluloseeinheit wird 1 bis 8 Mol des Chlorids verwendet. Anschliessend wird bei einem pH-Wert von 5 bis 9 mit einer Lösung eines Metallhalogenides behandelt, wobei sich ein Zellulosederivat erhalten lässt, welches in 6-Stellung mit Jod oder Brom substituiert ist und in 2-Stellung eine Mesylgruppe aufweist. Derart chemisch modifizierte Zellulosen, die einen Schwefelgehalt bis zu 15% aufweisen können, lassen sich durch nachstehende Formel beschreiben:

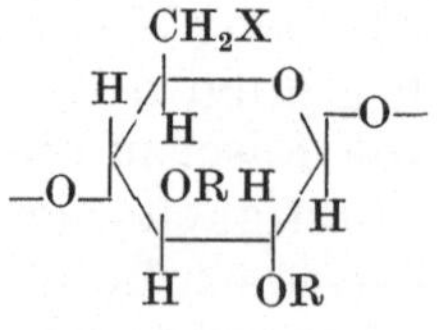

CH_2X
H O
H —O—
—O— OR H
H
H OR

Es bedeuten dabei X ein Halogen und R ein Wasserstoff oder ein organisches Sulfonylradikal. Diesen Zellulosederivaten können flammfeste Eigenschaften zugeschrieben werden.

Ein analoges Verfahren bildet den Gegenstand des *amer. P. 2.990.233* (31. Dezember 1956/27. Juni 1961) des Textile Research Institutes – E. Pacsu und R. F. Schwenker. Mesylzellulose wird mit einer Lösung von Pyridin und 1 bis 4 Mol eines niederen Dialkylphosphorchlorids pro Glukoseeinheit bei einer unter 40° C liegenden Temperatur während einer Minute bis zu einer Stunde behandelt. Darauf wird bei einem pH-Wert zwischen 5 und 9 mit einer wässerigen Lösung eines Halogenids behandelt. Es wird ein Mesyl- und Dialkylphosphorylgruppen enthaltendes, teilweise in 6-Stellung halogensubstituiertes Zellulosederivat erhalten, welches flammfest und nicht nachglühend ist.

Die Flammfestmachung von Zellulose durch chemische Modifizierung mit Methansulfonylchlorid wurde von R. F. Schwenker und E. Pacsu[1]) studiert. Die Hydroxylgruppen der Zellulose werden durch Methansulfochlorid verestert und dann die entstandenen Mesyloxygruppen teilweise durch Brom oder Jod ersetzt. Durch zusätzliche Einführung phosphorhaltiger Gruppen kann dann noch das Glimmvermögen reduziert werden. Untersuchungen mit verschiedenen Halogensubstituenten ergaben, dass Jod die beste Flammschutzwirkung bietet. Zur Herstellung solcher modifizierter Zellulosen wird zunächst mit Alkali vorbehandelt und dann mit Methansulfonylchlorid (Mesylchlorid) in Pyridinlösung die Mesyloxygruppe ($-O-SO_2CH_3$) eingeführt. Halogen wie Jod, Brom, Chlor oder Fluor lässt sich dann nach der Gleichung

$$\text{Zell-O-SO}_2\text{CH}_3 + \text{NaHlg} \xrightarrow[\text{pH} = 7]{} \text{Zell-Hlg} + \text{CH}_3\text{SO}_3\text{Na}$$

Hlg = Halogen, also J, Br, Cl oder F

einführen.

Die Prüfung solcher Mesylhalogenzellulosen auf Flamm- und Glimmfestigkeit ergab, dass die Brom- und Jodderivate leichten und schweren Geweben eine gute Flammfestigkeit verleihen. Die Chlormesylzellulose unterschied sich in ihrer Wirkung nicht merklich von der reinen Mesylzellulose, während das Fluorderivat die geringste Wirksamkeit besitzt. Die Glimmfestigkeit dieser Zellulosederivate ist gering, lässt sich aber durch eine Phosphorylierung wesentlich steigern. Flamm- und Glimmfestigkeit lassen sich in befriedigendem Masse durch eine Kombination von Mesylierung und Phosphorylierung mit Halogeneinführung erreichen.

Organische Phosphorverbindungen werden in einer eingehenden Arbeit von W. G. Parks, M. Antoni, A. E. Petrarca und A. R. Pitochelli mit den anorganischen Phosphorsäuresalzen bezüglich ihrer Wirksamkeit und katalytischen Wirkung beim Zelluloseabbau verglichen[2]). So

---

[1]) Text. Research J. *27* (1957), 2, S. 173–175; Ind. Eng. Chem. *50* (1958), 1, S. 91–96.

[2]) Text. Res. J. *25* (1955), 9, S. 789–796.

wurden Baumwollproben mit monomerem Bromtriallylphosphat, Diallylmelamin, Mono- und Diammoniumphosphat, Mononatriumphosphat, Borax und polymerem Chloroformtriallylphosphat imprägniert und auf Temperaturen von 200, 300, 400 und 500°C erhitzt. Die dabei entstehenden Zersetzungsprodukte wurden quantitativ erfasst. Es zeigte sich dabei, dass eine gewisse Mindestmenge Flammschutzmittel auf die Ware aufgebracht werden muss, um einen Schutz zu erhalten.

Es ist daher anzunehmen, dass diesen Verbindungen nicht nur eine katalytische Wirkung im üblichen Sinne zukommt. Durch die Behandlungen mit Schutzmittel wurden ganz allgemein mehr Verkohlungsrückstand und weniger entflammbare teerige Anteile bei der Verbrennung erhalten. Eine eindeutige Beziehung zwischen der Art der Flammschutzmittel und den bei der Erhitzung entstehenden Produkten wie Teer, flüchtige Gase, Kohlendioxyd- und Kohlenmonoxyd-Relation liess sich nicht finden. Die Autoren schliessen daraus, dass die angewandte Charakterisierung der Verbrennungsprodukte noch nicht zur Erklärung der Flammschutzwirkung ausreicht.

k) Handelsprodukte

Die Verwendung organischer Phosphorverbindungen zur Erzeugung flammfester Ausrüstungen wird in zahlreichen Patenten genannt und hat auch zu mehreren wissenschaftlichen Untersuchungen Anlass gegeben. Wie weit aber diese Verfahren bereits sich in der Praxis durchzusetzen vermochten, ist schwer abzuschätzen. Immerhin ist von einigen Handelsprodukten bekannt, dass sie auf derartigen organischen Phosphorverbindungen aufgebaut sind.

Proban der Proban Ltd., an welcher die Firmen Bradford Dyers' Association Ltd. und Albright and Wilson Ltd. beteiligt sind, ist ein Flammschutzmittel auf Basis von Tetrakis-(oxymethyl)-phosphoniumchlorid (THPC), welches auch als reine weisse kristalline Substanz von Albright and Wilson Ltd. in den Handel gebracht wird. Die gleiche Firma stellt auch Phosphornitrilchlorid und seine Polymeren her, die unter anderem auch für die Flammfestausrüstung von Textilmaterialien empfohlen werden.

Pyrocrest der Crest Chemical Corp.[1]) stellt eine flammenhemmende organische Phosphatverbindung dar. Dieses Produkt ist wasserlöslich und wird in Mengen von 10 bis 30% für die Flammfestausrüstung eingesetzt.

Auch bei den *Phosgard*-Marken[2]) der Monsanto Chemical Co. handelt es sich um Organophosphorverbindungen. Als Ausgangsprodukte dienen Phosphortrihalogenide, Alkylenoxyde und Aldehyde

---

[1]) Amer. Dyestuff Rep. *50* (1961), 19, S. 756.
[2]) Amer. Dyestuff Rep. *49* (1960), 20, S. 768.

oder Ketone. Phosgard C-22, Phosgard C-22-R, Phosgard C-32, Phosgard C-32-R enthalten Chlor, Phosgard B-20 und Phosgard B-52-R hingegen Brom. Sie dienen besonders zur Flammfestmachung von Polymeren wie Polystyrol, Polyester, Phenol-, Akryl- und Epoxyharzen, Polyurethanen und Polyolefinen, wobei je nach der Art des Polymers zwischen 3 und 25% eingelagert werden.

Auch bei *Flammentin B extra* und *R extra* der Firma Dr. Quehl & Co. handelt es sich um organische Phosphorverbindungen[1]), und zwar um Aminophosphorsäurederivate, die mit der Zellulose Ester bilden. Das schwach alkalisch reagierende Flammentin B extra dient zur beständigen Flammfestbehandlung von Baumwolle, während die Marke R extra mit schwach saurer Reaktion zur Ausrüstung von Zellwoll- und Rayongeweben gedacht ist.

Um die durch die hohen Kondensationstemperaturen bedingten Reissfestigkeitsverminderungen in einem erträglichen Masse zu halten, wird die Mitverwendung von *Quecodur SM 60* empfohlen. Dieses Flammfestverfahren kann auch noch mit einer Wasserabweisendausrüstung kombiniert werden.

Flacavon B von Schill und Seilacher in Stuttgart ist ebenfalls ein Flammschutzmittel auf Basis organischer Phosphorverbindungen. Die gelbliche Flüssigkeit lässt sich mit Wasser verdünnen und bildet eine neutrale Lösung.

2. Permanente Flammfestausrüstung durch Ausfällung von unlöslichen Salzen oder Metalloxyden auf der Ware

Der Verwendung vieler anorganischer Salze als Flammschutzmittel sind wegen ihrer hohen Wasserlöslichkeit gewisse Grenzen gesetzt. Es war daher naheliegend, dass auch unlösliche anorganische Salze oder Oxyde für eine Flammschutzausrüstung in Betracht gezogen wurden.

Wie bereits dargelegt wurde, beruht die Wirkung zahlreicher einfacher anorganischer Salze auf deren leichten Zersetzlichkeit in der Hitze, wobei entweder Gase, Säuren oder Alkalien als wirksame Schutzmittel gebildet werden. Üblicherweise sind aber gerade diese leicht zersetzlichen Salze schwacher Basen mit starken Säuren oder starker Basen mit schwachen Säuren in Wasser gut löslich, während die unlöslichen anorganischen Salze bedeutend weniger rasch sich in der Hitze spalten lassen. So zeigt etwa Kalziumphosphat im Gegensatz zum Ammoniumphosphat keine Flammschutzwirkung und die gleichen Unterschiede in der Wirksamkeit findet man auch zwischen den Ammoniumsalzen und den Kalzium- oder Bariumsalzen der Schwefelsäure. So bleiben schlussendlich nur einige wenige anorganische

[1]) K. Quehl und H. J. Reese, Melliand Textilber. *42* (1961), 1, S. 99–101.

unlösliche Salze amphoterer Kationen oder Anionen als wirksame Substanzen, wie zum Beispiel die Phosphate oder Borate des Zinns, Zinks, Aluminiums oder die Stannate, Wolframate, Aluminate und dergleichen. Von grösserem Interesse sind jedoch auf diesem Gebiete der Flammausrüstung die Metalloxyde und -hydroxyde, die auf katalytischem Wege die thermische Zersetzung der Zellulose zu beeinflussen vermögen. Es handelt sich hier etwa um die Oxyde des Zinns, Titans, Chroms, Zinks, Wolframs, Arsens und Siliziums.

Diese Flammfestausrüstungen erfolgen meistens in mehreren Arbeitsgängen. Zunächst wird das Gewebe in eine wässerige Lösung eines löslichen Salzes des erforderlichen Metalls gebracht und dann getrocknet. Darauf folgt in einem zweiten Bad die Ausfällung mit einem zweiten Salz durch pH-Änderung oder Oxydation. Diese Fixierung kann unter Umständen auch mit einem gasförmigen Medium erfolgen. Zum Schluss wird dann noch ausgewaschen und getrocknet.

Im allgemeinen sind die unlöslichen anorganischen Verbindungen weniger wirksam als die wasserlöslichen Salze. So ergaben etwa Untersuchungen von Ramsbottom und Snoad[1]), dass zur Erzielung einer Schutzwirkung, wie sie mit der Aufbringung von 10% Borax-Borsäure 1:1 erhalten wird, die nachstehenden Mengen unlöslicher Salze oder Oxyde auf die Ware gebracht werden müssen:

Eisenhydroxyd	25%	Cerhydroxyd	69%
Antimonoxychlorid	30%	Aluminiumhydroxyd	70%
Zinnhydroxyd	40%	Chromihydroxyd	91%
Titanhydroxyd	40%	Kieselsäure	100%
Wismuthydroxyd	40%	Aluminiumsilikat	100%
Zinkstannat	40%	Magnesiumsilikat	116%
Aluminiumborat	59%	Magnesiumammoniumphosphat	125%
Bleiperoxyd	60%		

Wie aus dieser Tabelle ersichtlich ist, benötigt man bei einigen unlöslichen Salzen und Hydroxyden recht beträchtliche Auflagerungen, um einen Schutz vor der Ausbreitung des Feuers zu erhalten, was natürlich zu einer ganz wesentlichen Griffverschlechterung führt. Interessant ist ferner auch, wie Magnesiumammoniumphosphat, das die sehr aktive Phosphorsäure sowie das Ammonium enthält, praktisch unwirksam wird durch die Tatsache, dass diese Verbindung schwerlöslich ist.

Um eine unlösliche anorganische Verbindung auf der Faser abzuscheiden, sind eine Reihe von Ausfällungsformen möglich.

So kann etwa Metazinnsäure auf der Ware durch alkalische Hydrolyse eines Zinn-4-salzes oder durch Ansäuern von Alkalistannaten ausgefällt werden. Die Hydrolyse von Zinnchlorid kann mit Hilfe von Ammoniak geschehen:

$$SnCl_4 + 4\,NH_4OH \longrightarrow 4\,NH_4Cl + H_2O + H_2SnO_3$$

[1]) Fireproofing of fabrics; Dept. of Scientific and Industrial Research (Great Britain), 1930.

Aus Natriumstannat lässt sich Zinnsäure etwa mit Hilfe von Ammoniumsulfat, Ammoniak, Zink- oder Aluminiumazetat oder auch Essigsäure abscheiden.

Bei den Eisen- und Zinksalzen erfolgt die Ausfällung der Hydroxyde meist mit Hilfe von Ammoniak. Zur Ausfällung von Aluminiumhydroxyd wird entweder ein Aluminat angesäuert oder Aluminiumazetat hydrolytisch gespalten. Bei den Wolframaten wird mit Hilfe von Säure (zum Beispiel Essigsäure) aus dem Alkalisalz die Wolframsäure ausgefällt.

Oft werden jedoch Mischungen verschiedener Schutzmittel verwendet, wobei es dann oft nicht leicht ist zu entscheiden, in welcher Form diese Verbindungen in Wirklichkeit auf der Faser sich befinden. Wird etwa Zinnchlorid zusammen mit Natriumwolframat verwendet, so ist neben der sehr wahrscheinlich vorherrschenden Bildung von Zinn- und Wolframsäure mindestens auch die Bildung von Zinnwolframat theoretisch möglich. Während bei Verwendung nur eines aktiven Salzes, wie etwa Zinntetrachlorid, Natriumstannat, -wolframat oder -aluminat, sich die Ausfällungsreaktionen, die zu einer Hydrolyse des Salzes zum Metalloxyd oder der unlöslichen Säuren der amphoteren Metalle führen, durch chemische Gleichungen einigermassen genau erfassen lassen, wird beim Einsatz von Gemischen verschiedener aktiver Verbindungen die stöchiometrische Erfassung des Ausfällungsvorgangs sehr erschwert. Es spielen dabei die Reaktionsbedingungen eine massgebende Rolle, so dass je nach den herrschenden Konzentrations- und pH-Bedingungen unterschiedliche Ablagerungen auf den Fasern erhalten werden können. Natürlich sind auch die Reaktionstemperatur und die Behandlungsdauer von Einfluss auf das Endresultat.

Ferner sind auch Bestrebungen vorhanden, das Zweibadverfahren durch eine einmalige Imprägnierung der Ware mit einem bereits die schlussendlich auf der Faser abzulagernde Substanz enthaltenden Bade zu ersetzen. So erwähnt H. Hopkinson in den *amer. P. 2.250.483* (29. Juli 1941) und *2.343.186* (29. Februar 1944) ein Verfahren, bei welchem die beiden Komponenten, die dann das wasserunlösliche Endprodukt ergeben sollen, gemeinsam in einem organischen Lösungsmittel gelöst auf das Gewebe gebracht werden. Das Lösungsmittel muss dabei genügend hydrophilen Charakter haben, damit eine gute Benetzung der Zellulose und ein genügendes Eindringen der Imprägnierung gewährleistet wird. Anderseits muss zur Verhütung einer Ausfällung und zur Gewährleistung einer molekularen Verteilung des Salzes in die Lösung die Dielektrizitätskonstante des Lösungsmittels möglichst klein sein. So werden zum Beispiel diesem Zwecke Äthylen- und Diäthylenglykolmonoäthyläther, Glyzerin, Azetamid, Triäthanolamin oder Trikresylphosphat vorgeschlagen. So lassen sich etwa unlösliche Borate, Phosphate, Wolframates des Zinks, Aluminiums,

Mangans oder Magnesiums in der Faser ausfällen, indem man diese zunächst mit einer organischen Lösung, die die entsprechenden Ionen enthält, imprägniert, anschliessend trocknet und zum Schluss noch in Wasser behandelt.

Ein solches Arbeiten mit organischen Lösungen scheint eine Reihe von Vorteilen zu bieten gegenüber dem üblichen Zweibadverfahren. Die durch Schwankungen in der Badkonzentration, dem pH-Wert, der Löslichkeiten und Diffusionsgeschwindigkeiten beim zweiten Bad auftretenden Schwierigkeiten treten beim Einbadverfahren nicht auf. Mit Hilfe der organischen Lösung wird die aktive Substanz gleichmässig in der Faser abgelagert und gelangt mit ihr in innigen Kontakt. Der Ausfällungsprozess hängt einzig von der Eindringgeschwindigkeit des Wassers bei der Nassbehandlung am Schlusse des Verfahrens ab. Ferner besteht auch die Möglichkeit, der organischen Lösung noch fixierend wirkende Harze zuzusetzen.

Als Beispiel sei etwa die Imprägnierung eines Gewebes mit einer Lösung von Zinkchlorid und Borax in Glykol erwähnt. Durch eine nachträgliche Behandlung mit Wasser wird in der Faser Zinkborat ausgefällt.

Das US Department of Agriculture hat auch eingehende Untersuchungen über den Einfluss der Fällungsbedingungen durchgeführt [1]. So wird etwa bei der Ausfällung von Natriumstannat mit Schwefelsäure eine bessere Flammfestigkeit erzielt, als wenn die Ausfällung wie beim Perkin-Verfahren mit Ammoniumsulfat erfolgt. Ähnliche Verbesserungen in der Wirkung wurden auch bei der Ausfällung mit Metallsulfaten wie zum Beispiel Kupfer-, Chrom-, Mangan- oder Eisensulfat beobachtet. In diesem letzteren Falle verbleiben aber auch noch Metalloxyde im Niederschlag. Die gleichzeitige Ausfällung anderer Metalloxyde neben dem Zinnoxyd wirkt sich auch noch insofern günstig aus, dass sich dadurch die bei alleiniger Verwendung von Zinnoxyd festgestellte Begünstigung des photochemischen Zelluloseabbaus weitgehend zurückdämmen lässt. Besonders günstig sollen in dieser Beziehung Metalloxyde von gelber Farbe sein. Es wird dabei angenommen, dass diese Oxyde einen Teil der aktiven Lichtstrahlen zu absorbieren vermögen.

Wie bereits schon verschiedentlich ausgeführt wurde, soll eine Flammfestausrüstung nicht nur ein Weiterbrennen sondern auch ein Weiterglimmen des Textilmaterials verhüten. Die unlöslichen anorganischen Salze und Oxyde weisen dabei recht unterschiedliche Schutzwirkungen bezüglich eines Nachglimmens auf. So zeigen etwa unlösliche Phosphate und Borate nur geringe flammenhemmende Wirkung, vermögen aber ein Nachglimmen wirksam zu unterbinden. Wolframate besitzen eine gewisse Wirksamkeit in beiden Richtungen

[1]) Leatherman, US Dept. of Agriculture, Circular No. 466 (1938).

und lassen sich überdies nur schlecht auswaschen. So kann etwa durch Zusatz von Wolframaten bei Flammschutzmitteln auf Basis von Zinnsäure, Eisen- oder Aluminiumoxyd die Neigung zum Nachglimmen stark herabgesetzt werden.

Allgemein lässt sich etwa sagen, dass das Metalloxyd in erster Linie den Flammschutz verleiht, während der anionische Anteil des ausgefällten Salzes, also etwa der Borsäure-, Phosphorsäure- oder Wolframsäurerest für den Glimmfesteffekt verantwortlich ist. Die Art und Stärke der Bindung der Metalloxyde an die Zellulose ist für die Beständigkeit einer solchen Ausrüstung von ausschlaggebender Bedeutung. Bekanntlich werden Metallhydroxyde und Säuren in dehydratiertem Zustand von der Zellulose sehr fest gebunden. Es bilden sich dabei Nebenvalenzbindungen zwischen den Schutzmitteln und der Zellulose aus. Es werden ähnliche Verhältnisse angenommen, wie sie beim Beizen von Geweben anzutreffen sind. Es darf angenommen werden, dass die feuchte Zellulose sowie die hydratisierten Metalloxyde durch Wasserstoffbrücken mit Wassermolekülen nebenvalenzartig verbunden sind. Bei der Dehydratisierung können nun die freien Hydroxylgruppen der Zellulose die Funktion der Wassermoleküle gegenüber den Metalloxyden übernehmen, das heisst es bilden sich Nebenvalenzen zwischen der Zellulose und den Metalloxyden aus, die jenen zwischen Wasser und Oxyd bei der hydratisierten Form des Metalloxyds entsprechen. So tritt etwa am Beispiel des Zinnoxyds anstelle der hydratisierten Formen

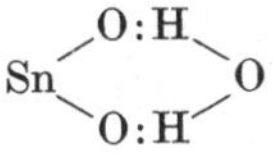

```
                              H
    O:H                       O:H
Sn/    \O               Zell/    \O
  \O:H /                    \O:H /
                              H
```

hydratisiertes Zinnoxyd 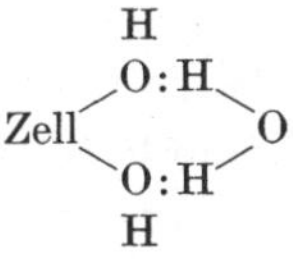 hydratisierte Zellulose

eine Bindung des Zinnoxyds direkt an die Zellulose ein:

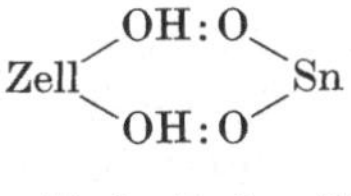

```
      OH:O
Zell/      \Sn
    \OH:O  /
```

Eine Verbesserung der Beständigkeit des Flammfesteffektes wird auch verschiedentlich durch eine Fixierung des Flammschutzmittels mit Hilfe eines Harzes angestrebt. Es soll damit ferner eine Emulgierung der abgelagerten Teilchen beim Waschen erschwert werden und die Diffusion der aktiven Substanz in die Waschflotte verlangsamt werden.

Gegenüber kleineren pH-Änderungen scheinen die Metalloxyde weniger empfindlich zu sein als die zur Verhütung des Nachglimmens verwendeten Salze oder Säuren. So tritt etwa bei einer Behandlung mit Alkaliseife oder Essigsäure nur ein geringer Verlust an flammenhemmender Wirkung durch Auflösung des Metalloxyds, zum Beispiel Zinnoxyd, ein:

$$SnO_2 + 2\,OH^- \longrightarrow SnO_3^{--} + H_2O \quad \text{(Alkalieinwirkung)}$$

$$SnO_2 + 4\,H^+ \longrightarrow Sn^{++++} + 2\,H_2O \quad \text{(Säureeinwirkung)}$$

Bei den üblichen Antiglimmkomponenten soll jedoch leichter infolge einer Ionisierung ein Verlust der Wirksamkeit bei alkalischer Behandlung eintreten, so zum Beispiel nach den Gleichungen

$$Zn_3(PO_4)_2 + 6\,OH^- \longrightarrow 3\,Zn(OH)_2 + 2\,PO_4^{---}$$

Zinkphosphat + Alkali = Zinkhydroxyd + lösliches Phosphat

$$WO_2(OH)_2 + 2\,OH^- \longrightarrow WO_4^{--} + 2\,H_2O$$

Wolframsäure + Alkali = lösliches Wolframat + Wasser

Der Imprägnierungsvorgang

Bei der Zweibadimprägnierung wird mit der einen Lösung der aktive Säurerest zum Beispiel in Form des entsprechenden Alkalisalzes und mit der andern Lösung die das Metalloxyd bildende Komponente oder der kationische Anteil der aktiven Substanz auf die Faser gebracht. So wird etwa zunächst mit dem Alkalisalz einer geeigneten Säure wie etwa Natriumstannat, Ammoniumsulfamat, Borax, Natriumphosphat oder -wolframat imprägniert, wobei diese Komponente in erster Linie für die Glimmfestigkeit des fertig ausgerüsteten Gewebes verantwortlich ist. Nachdem gut abgequetscht oder geschleudert wurde, so dass etwa eine Flüssigkeitsaufnahme von 100% stattgefunden hat, wird bei gewöhnlicher Temperatur getrocknet oder auch ohne eigentliche Zwischentrocknung direkt die Ware in das zweite Bad genommen. Da bei verschiedenen zum Beispiel sauer reagierenden Komponenten bei einer Zwischentrocknung bei höherer Temperatur die Gefahr eines Zelluloseabbaus besteht, ist hier stets eine gewisse Vorsicht am Platze.

Die zweite Lösung enthält dann das Metallsalz wie zum Beispiel Aluminiumsulfat, Zinknitrat, Zinntetrachlorid. Auch hier wird nach der Imprägnierung zunächst abgequetscht und dann getrocknet, bevor das ausgerüstete Gewebe, in welchem sich nun die unlöslichen anorganischen Verbindungen als Salze oder Metalloxyde abgelagert haben, ausgewaschen wird.

Wie sich an Hand zahlreicher Versuche ergab, ist zur Erzielung eines wirksamen Schutzes etwa eine Gewichtszunahme von 25 bis 30% infolge der Imprägnierung erforderlich. Die Erfahrung hat ferner gezeigt, dass eine mehrmalige Imprägnierung mit verdünnten Lösungen bei gleicher Aufnahme an aktiver Substanz weniger günstig ist als das Arbeiten mit konzentrierten Lösungen. Ferner sollte die Imprägnierung auch nicht bei zu hohen Temperaturen der Bäder erfolgen. So wurde etwa bei der Imprägnierung mit einer 10prozentigen Natriumwolframatlösung und anschliessender Behandlung mit 10prozentiger Zinntetrachloridlösung beim Arbeiten bei 25°C ein guter Flammfesteffekt erhalten, während beim Imprägnieren mit einem Bad von 100°C unter sonst gleichen Bedingungen nur ein ungenügender Schutz erhalten wird. Ein Problem stellt oft die relativ gute Auswaschbarkeit der Metalloxyde und unlöslichen Metallsalze aus dem imprägnierten Gut dar. So lässt sich etwa mit einem ersten Bad mit 8% Natriumwolframat und 3% Natriumpyrophosphat und einem zweiten Bad mit 8% Zinntetrachlorid bei zweimaliger Imprägnierung ein sehr guter Effekt erzielen, der aber leider nur sehr wenig beständig ist gegenüber einer auch sehr milden Wäsche. Es ist daher in solchen Fällen oft der Zusatz eines organischen Bindemittels notwendig.

Es eignet sich jedoch nicht jedes natürliche oder künstliche Bindemittel für diesen Zweck. So wird vor allem bei zahlreichen Bindemitteln das Nachglimmen begünstigt, so dass sie für die Fixierung der Flammfestausrüstung nicht in Frage kommen. Solche Produkte stellen etwa Kasein, Acetonformaldehydharze und in geringerem Masse auch *Zelan AP-Methacrol BE* (Wasserabweisendmittel + Polymethakrylharz), *Merlon IP-40* oder *Cumar MH 2*$^1/_2$ dar. Anderseits haben sich zu diesem Zwecke Harnstoff- oder Melamin-Formaldehyd-Harze sowie Phenolformaldehydharze gut bewährt, wobei vor allem die beiden letzteren die Waschbeständigkeit ganz wesentlich zu steigern erlauben. Es reichen zu diesem Zwecke schon kleinere Mengen Kunstharze aus, so dass dadurch weder eine Griffverschlechterung noch eine merkliche Gewichtszunahme resultiert.

Bei der Flammfestausrüstung nach dem Zweibadverfahren sind für deren technische Durchführung einige Punkte zu beachten. Obwohl die aufzubringenden Komponenten nicht eine eigentliche Affinität wie etwa Direktfarbstoffe zu den Fasern aufweisen und somit nicht aus der Lösung heraus unter Verarmung des Bades an aktiver Substanz auf die Faser aufziehen, so ist bei der Imprägnierung mit dem zweiten Bad doch zu beachten, dass die sich bereits auf der Faser befindliche erste Flammfestkomponente dem Bad in gewissem Umfange Substanz entzieht und zu einer Herabsetzung der Konzentration führt. Zur Erzielung einer gleichmässigen Imprägnierung muss daher die Konzentration des zweiten Bades ständig kontrolliert und wieder auf die gewünschte Konzentration gebracht werden.

Eine Zweibadimprägnierung mit Salzlösungen, bei welcher die Komponente des ersten Bades mit jener des zweiten Bades unter Bildung eines unlöslichen Körpers reagiert, kann gewisse Probleme mit sich bringen. Die zur Anwendung gelangenden Mengen sollten dabei so aufeinander abgestimmt sein, dass die eine Komponente höchstens nur in ganz minimem Überschuss vorhanden ist. In gewissen Fällen erscheint jedoch die Verwendung eines grösseren Überschusses der einen Komponente ratsamer, und zwar besonders wenn das eine Bad eine faserschädigende Substanz aufweist, ist deren völlige Umsetzung durch einen Überschuss an der ungefährlichen Komponente anzustreben. So sollte etwa das sekundäre Diammoniumphosphat nicht im Überschuss auf der Faser sein. Bei der beabsichtigten Zinkphosphatausfällung in der Faser wäre also in einem solchen Falle im zweiten Bad Zinkazetat im Überschuss anzuwenden.

In der Praxis erfolgt die Zweibadimprägnierung meist nach einem der zwei nachstehenden Verfahren:

Imprägnierung ohne Zwischentrocknung

Die Imprägnierung mit den zwei Bädern kann zum Beispiel auf einem Foulard erfolgen oder einer sonstigen Einrichtung mit Abquetschwalzen. Es wird die Ware durch das erste Bad genommen, wobei die Geschwindigkeit sich nach der Benetzbarkeit der Ware zu richten hat. Entweder kann zwischendurch noch aufgerollt werden oder in kontinuierlichem Arbeitsgang direkt die Ware in das zweite Bad geleitet werden. Das zweite Bad reagiert mit der bereits getränkten Ware sehr rasch und zur Vermeidung eines eventuellen Auswaschens der ersten Komponente ist normalerweise keine zu lange Verweilzeit des Gewebes im zweiten Bad erwünscht.

Der Abquetscheffekt wird so eingestellt, dass die Walzen des ersten Bades ziemlich eng eingestellt sind und etwa eine Flüssigkeitsaufnahme von 50% erlauben. Im nachfolgenden Bad müssen dann noch zusätzlich 50% aufgenommen werden, so dass das zweite Walzenpaar auf einen Gesamtabquetscheffekt von 100% zu stellen ist. Die Konzentrationen der Bäder sind dabei so einzustellen, dass bei je 50% Flüssigkeitsaufnahme in den beiden Bädern die beiden Komponenten im stöchiometrisch richtigen Verhältnis auf der Ware vorliegen.

Bildet sich der unlösliche Niederschlag erst beim Trocknungsprozess, so ist die Imprägnierungszeit im zweiten Bad sehr kurz zu bemessen. Tritt jedoch beim Zusammenkommen der ersten mit der zweiten Badkomponente sehr rasch eine Ausfällung ein, so kann auch das mit der ersten Lösung imprägnierte Gewebe längere Zeit mit dem zweiten Bad in Kontakt gebracht werden und dadurch ein vollständiger Umsatz der ersten Komponente mit der zweiten erreicht werden. In diesem Fall ist also die aktive Substanz des zweiten Bades im Überschuss und die noch nach dem Abquetschen vorhandenen Salze aus dem zweiten Bad müssen durch eine nachträgliche Wäsche entfernt werden.

Die Trocknungstemperaturen liegen normalerweise zwischen 120 und 180°C. Als Trockner kommen die in der Textilindustrie üblichen Apparate in Betracht.

Imprägnierung mit Zwischentrocknung

Die Zwischentrocknung kann entweder vollständig oder nur teilweise erfolgen. Bei vollständiger Zwischentrocknung sind die Arbeitsverhältnisse am besten zu kontrollieren, doch lässt sich diese Methode nicht in allen Fällen anwenden. So darf das erste Bad keine Chemikalien enthalten, die die Faser in der Hitze abbauen oder die sich derart beim Erhitzen verändern, dass sie nicht mehr mit der zweiten Komponente zu reagieren vermöchten. Nach der Zwischentrocknung ist zur Gewährleistung einer möglichst homogenen Imprägnierung und zur Vermeidung einer allmählichen Erhitzung des zweiten Bades die Ware zunächst auskühlen zu lassen. Die Imprägnierungen und Trocknungen können bei diesem Verfahren in verschiedenen Arbeitsgängen oder kontinuierlich erfolgen, wobei als Maschinen die zu solchen Zwecken in der Textilindustrie ganz allgemein verwendeten Typen in Frage kommen.

Erfolgt nur eine teilweise Zwischentrocknung, so lassen sich die Bedingungen oft nicht so gut kontrollieren, da der Feuchtigkeitsgehalt der halbgetrockneten Ware schwer genau zu erfassen ist und auch nicht über die Ware gleichmässig verteilt sein muss. Diese Methode wird meist in solchen Fällen angewandt, in denen eine genügende Aufnahme der Ware bei der Komponente des zweiten Bades angestrebt wird.

Neben diesen Tauchverfahren werden gelegentlich auch Sprühverfahren angewandt, wobei beide Lösungen aufgesprüht werden können oder nach einem Tauchen im ersten Bad nur die zweite Lösung durch Aufsprühen aufgebracht wird. Die Sprühmethode weist jedoch einige beträchtliche Nachteile auf und kommt für grössere Partien wohl kaum in Frage. So ist die Durchdringung der Ware, besonders bei schweren Geweben, nur ungenügend. Ferner ist die aufgebrachte Menge sowie die Gleichmässigkeit der Ablagerung nur schwer zu kontrollieren. Dazu kommt noch, dass bei dieser Arbeitsweise auch die Verluste an Imprägnierlösungen viel grösser sind.

Zum Schluss sei noch kurz auf die Arbeitsweise bei Verwendung eines nichtwässerigen ersten Bades eingegangen. Bekanntlich erlaubt die Anwendung eines wasserlöslichen organischen Lösungsmittels die gleichzeitige Anwendung der beiden Komponenten in diesem Bade, ohne dass eine gegenseitige Ausfällung zu befürchten ist. Erst die nachfolgende Wasserbehandlung bringt die Ausfällung der Schutzmittel auf der Faser. Die Imprägnierung mit der organischen Lösung erfolgt im Tauchverfahren. Nach einer Zwischentrocknung wird die Ware durch ein wässeriges Bad genommen, das noch Zusätze enthalten kann. Als Badzusätze kommen etwa weitere Flammschutzmittel, Kunstharze zur Verbesserung der Waschbeständigkeit des Effektes sowie Appreturmittel wie etwa Wasserabweisendmittel in Betracht.

Als Beispiel sei etwa die Imprägnierung mit einer Lösung von Zinkchlorid und Natriumborat in Glykoläther erwähnt. Die Überführung in das unlösliche Reaktionsprodukt dieser beiden Komponenten geschieht durch eine Nassbehandlung oder durch Behandlung des imprägnierten Gewebes in einer feuchten Atmosphäre. Die Verwendung organischer Lösungsmittel bringt jedoch eine Verteuerung mit sich, und für das Arbeiten mit organischen Lösungsmitteln sind auch erhöhte Anforderungen an die maschinellen Einrichtungen zu stellen.

Nach dem Prinzip der Ausfällung einer flammenhemmenden Substanz auf der Textilfaser sind eine Reihe von Flammschutzverfahren aufgebaut, wobei besonders jene vorherrschen, die Titan- und Antimonverbindungen verwenden. Daneben werden in den Patenten auch einige andere Ausfällungsreaktionen beschrieben, die weitgehend den oben allgemein beschriebenen Prinzipien dieser Art Flammschutzimprägnierung entsprechen. So verwendet etwa das *brit. P. 722.826* (eingegangen am 7. Februar 1952, veröffentlicht am 2. Februar 1955) der British Celanese Ltd. – E. W. Wheatley, J. Downing und J. W. Fisher die unlöslichen Oxalate des Kalziums oder Bariums. Dieses Verfahren wird für Zellulose- und Regeneratzellulosefasern empfohlen. Das Gewebe wird nacheinander mit einer wässerigen Lösung eines neutralen Oxalats wie etwa Dinatrium-, Dikalium- oder Diammoniumoxalat und einer neutralen Lösung eines Kalzium- oder Bariumsalzes wie zum Beispiel Kalziumchlorid oder -acetat imprägniert. Die Mengen an aufgebrachtem Kalziumoxalat sollen zwischen 2 und 3% vom Gewicht der Ware betragen. Die auf diese Weise flammfest ausgerüsteten Gewebe zeigen eine erhöhte Haftfestigkeit an natürlichem oder synthetischem Kautschuk und eignen sich daher ganz besonders für die Herstellung von Treibriemen durch Verpressen von übereinander geschichteten Geweben und Kautschuklagen in der Hitze unter gleichzeitiger Vulkanisation.

Zu den klassischen Zweibadverfahren ist auch jenes von Perkin zu zählen, das im *amer. P. 844.042* vom 12. Februar 1907 beschrieben wird. Darnach wird etwa eine waschbeständige Imprägnierung erzielt, indem man die Ware in einer Natriumstannatlösung von 26,5° Bé imprägniert, abquetscht und auf einer Kupfertrommel trocknet. Anschliessend wird durch ein zweites Bad, eine Ammoniumsulfatlösung von 10° Bé, genommen, abgepresst und erneut getrocknet. Zum Abschluss erfolgt noch ein Waschgang. Eine solche Flammfestausrüstung soll eine gute Waschbeständigkeit aufweisen.

Für die Erzielung eines Flammschutzes auf Fasern aus Regeneratzellulose hat sich nach Angaben in der Literatur[1]) auch die Ausfällung von Aluminiumphosphat bewährt. Die Ware wird zu diesem Zwecke mit einer 20prozentigen Natriumphosphatlösung geklotzt, bei 60°C

[1]) Dtsch. Textilgewerbe *53* (1951), S. 95.

getrocknet und dann durch eine Aluminiumacetatlösung genommen. Anschliessend wird an der Luft getrocknet oder in einem Trockenraum bei 70° C verhängt, wobei sich das Aluminiumphosphat bildet. Abschliessend wird sie durch eine 5prozentige Seifenlösung bei einer Temperatur von 50° C genommen, wodurch die Waschbeständigkeit der Ausrüstung verbessert wird. Eine interessante Anwendungsform der Metallphosphate beschreibt auch das *amer. P. 2.530.458* vom 21. November 1950 von Frisch. Es wird dabei die Tatsache ausgenützt, dass die tertiären Orthophosphate des Zinks und Arsens unter gewissen Bedingungen sich in Ammoniak klar lösen. Wird mit einer solchen Lösung ein Gewebe oder Holz imprägniert und anschliessend getrocknet, so bildet sich unter Abspaltung von Ammoniak ein harter, glänzender Film. Es wird angenommen, dass in der ammoniakalischen Lösung Verbindungen der Formeln

$Zn(NH_4)PO_4$ und $Zn(NH_3)_4O$
Zinkammoniumphosphat Zinktetramminoxyd

vorliegen, während schlussendlich sich auf der Faser ein gemischtes Zinkammoniumoxydphosphat der Formel

$$Zn_3O[(NH_4)PO_4]_2$$

bilden soll. Dieses Verfahren eignet sich besonders zur Ausrüstung von Holz, während bei Textilien in manchen Fällen die harte, glänzende Oberfläche einer derart ausgerüsteten Ware unerwünscht ist.

Die *brit. P. 574.548* und *574.646* von Shaw nennen ein Flammfestverfahren unter Verwendung hydrolysierbarer Kieselsäureester. Wird eine verdünnte wässerige Magnesiumchloridlösung zu einer alkoholischen Lösung von Alkyl- oder Arylsilikaten gegeben, so entsteht zunächst eine gallertartige Fällung, die sich beim Schütteln wieder löst. Diese Lösung vermag beträchtliche Mengen Ammoniumphosphat aufzunehmen und eignet sich zur Imprägnierung von Textilien.

Im *amer. P. 2.780.566* (eingegangen am 30. November 1955, veröffentlicht am 5. Februar 1957) von J. P. Wetherill, C. M. Trammell und A. M. L. de Louxembourg wird ein Verfahren zum gleichzeitigen Wasserabweisend- und Flammfestmachen von Textilien, Papier und dergleichen mit Blei- und Aluminiumsalzen beschrieben. Die Ware wird mit einer heissen wässerigen Flotte behandelt, die man aus getrennt hergestellten Lösungen von Bleiacetat und Aluminiumsulfat und Zugabe von wenig Hexamethylentetramin sich zubereitet. Es wird vor der Verwendung der Imprägnierungslösung noch von den geringen Mengen Niederschlag, der sich bildet, abfiltriert. Während und direkt anschliessend an die Imprägnierung wird die Ware mit Infrarot bestrahlt, wobei mit Vorteil eine Infrarotquelle mit einer Wellenlänge von etwa 1 μ Verwendung findet. Die Dauer der Belichtung soll zwischen 15 und 25 Minuten betragen und die gesamte Behandlung erfolgt zweckmässig unter Ausschluss von normalem Licht. Nach diesem Verfahren soll sich auf Textilien eine dauerhafte Wasserabweisend- und Flammfestausrüstung verwirklichen lassen, ohne dass sich die Farbe, die Weichheit oder der Griff der Ware wesentlich verändert.

Eine Ausfällung und damit verbunden eine Fixierung des Effektes mit Hilfe organischer Bindemittel bezweckt das *brit. P. 535.058* von Boult, Wade und Tennant. Die Ware, zum Beispiel loses Fasermaterial, wird mit einer Flüssigkeit imprägniert, die nach dem Trocknen einen nicht brennbaren, wasserunlöslichen Film auf der Ware hinterlässt. Solche Imprägnierbäder können etwa Bindemittel wie Zelluloseäther oder -ester, Kasein, Gelatine oder Alginate zusammen mit flammenhemmenden Verbindungen wie Phosphaten, Boraten oder Silikaten enthalten. Durch eine Nachbehandlung mit Aluminium- oder Bariumsalzen oder bei Verwendung von Gelatine auch mit Chromsalzen werden die in der ersten Lösung enthaltenen Bestandteile unlöslich gemacht.

Flammfestverfahren mit Hilfe von Titan- und Antimonverbindungen

Nach Untersuchungen von I. M. Panik, W. F. Sullivan und A. E. Jacobsen[1]) lässt sich Baumwolle mit Titanverbindungen wohl weitgehend flammfest ausrüsten, ohne dass der Griff, die Faserfestigkeit oder andere wichtige Materialeigenschaften darunter wesentlich leiden, doch sind solche Ausrüstungen nicht waschbeständig und bieten auch keinen wirksamen Schutz gegen das Nachglimmen. Es wurde nun gefunden, dass diese beiden letztgenannten Nachteile durch Mitverwendung einer Antimonverbindung weitgehend behoben werden können.

Es wird angenommen, dass die Wirksamkeit der Titanverbindungen in erster Linie durch deren chemische Beeinflussung der Verbrennung zurückgeführt werden kann. Das Titandioxyd soll als Träger für kleine Alkalimengen dienen, die bei der Flammentemperatur frei werden. Durch das Alkali wird dann die Verbrennung in günstigem Sinne gesteuert. Die verhältnismässig gute Waschbeständigkeit der Imprägnierungen mit einem Gemisch von Titan- und Antimonverbindungen wird durch die Ausbildung einer chemischen Bindung zwischen diesen und der Zellulose zu erklären versucht.

Als Beispiel für eine Flammfestausrüstung auf dieser Basis nennen obige Autoren die Imprägnierung eines Gewebes mit einer Titanchloridazetat und Antimontrichlorid enthaltenden Lösung. Anschliessend wird die Ware teilweise getrocknet und dann mit Ammoniak die Hydrolyse der Salze zu den Oxyden durchgeführt. Abschliessend wer-

[1]) Amer. Dyest. Rep. *39* (1950), S. 509.

den die löslich gebliebenen Anteile noch ausgewaschen und getrocknet. Das Verhältnis zwischen Titan und Antimon ist so zu wählen, dass schlussendlich auf der Faser auf 1 Teil Antimonoxyd (Sb_2O_3) 1,3 Teile Titandioxyd (TiO_2) fallen. Ferner sollte die Gewichtszunahme der Ware infolge der Flammfestbehandlung mindestens 15% betragen.

In einer weiteren Arbeit der gleichen Autoren[1]) wird ausgeführt, dass das Flammfestverfahren mit Titan- und Antimonverbindungen gegenüber andern Verfahren einige Vorteile aufweist. So sind die Behandlungen mit Boraten, Phosphaten, Sulfamaten usw. nicht wasser- und waschbeständig. Die Phosphat-Harnstoff-Imprägnierungen führen zu einer teilweise beträchtlichen Faserschädigung und die Verwendung chlorierter Paraffine setzt die Auflagerung grosser Mengen Fremdsubstanz auf das Gewebe und damit verbunden eine Beeinträchtigung des Griffs voraus. Das Verfahren mit Titan- und Antimonverbindungen hingegen liefert schon mit relativ geringen Mengen einen brauchbaren Effekt.

Die Bedeutung des Antimonsalzes geht daraus hervor, dass sich erst durch diesen Zusatz eine waschbeständige Ablagerung auf der Faser bildet und auch ein genügender Schutz gegen das Nachglimmen erzielen lässt. So ergibt die Imprägnierung nur mit Titanchloriddiazetat bei einer Flottenaufnahme von 85% und einer Gewichtszunahme nach dem Trocknen von 35% auch trotz nachträglicher alkalischer Ausfällung nur eine vorübergehende Flammfestigkeit, die schon durch eine Behandlung mit Wasser wieder weitgehend verloren geht. Wird aber noch zusätzlich Antimonchlorid zum Bad gegeben, so geht die Neigung zum Nachglimmen wesentlich zurück und die Ausrüstung wird wasch- und wasserbeständiger. Zur weiteren Herabsetzung der Neigung zum Nachglimmen kann dem alkalischen Bade noch ein Silikat beigefügt werden. Den einzelnen Komponenten werden von den Verfassern die nachstehenden Wirkungsweisen zugeschrieben: Das bei der Flammentemperatur frei werdende Alkali wird vom Titandioxyd absorbiert. Ferner lenkt Titandioxyd die Verbrennung der Zellulose so, dass möglichst wenig brennbare teerige Anteile entstehen, die besonders gefürchtet sind. Antimontrioxyd verbessert nicht nur die Fixierung des Titandioxyds an die Faser, sondern steigert auch dessen Alkaliabsorptionsfähigkeit. Natriumsilikat endlich dient als Flussmittel, schmilzt bei der Verbrennungstemperatur und schützt die Faser durch Umhüllung vor der Verbrennung.

Vor allem drei Firmen sind an der Entwicklung dieser Flammfestmethode beteiligt, nämlich die National Lead Co., die Titan Co. Inc. und du Pont de Nemours Co. Diese Firmen haben auch in einigen Patenten sich dieses Verfahren schützen lassen.

---

[1]) Amer. Dyest. Rep. *40* (1951), 14, S. 439–443.

Nach den Angaben des *amer. P. 2.668.780* (eing. am 27. November 1951, veröff. am 9. Februar 1954) der National Lead Co. – I.M. Panik und W.F. Sullivan imprägniert man Gewebe aus nativer oder regenerierter Zellulose oder Acetylzellulose, Holz, Papier u.dgl. mit einer klaren wässerigen Lösung, die Titanoxychlorid, Titanchloridformiat, Titanchloridpropionat oder vorzugsweise Titanchloridazetat und daneben gegebenenfalls noch Antimonchlorid enthält. Darauf wird teilweise getrocknet, d.h. etwa so lange, bis 50 bis 75% der anhaftenden Wassermenge entfernt sind. Anschliessend nimmt man durch ein wässeriges, alkalisches Bad, wobei sich auf dem Fasermaterial ein durchsichtiges Gel bildet, welches auch bei der nun folgenden Trocknung klar bleibt. Die so erzielbare Auflagerung auf das Gewebe weist eine gute Waschbeständigkeit auf. Um eine gute Schutzwirkung zu erhalten, wird empfohlen, 6 bis 16% der Titanverbindung auf die Fasern zu bringen.

Im *amer. P. 2.691.594* (eing. am 21. Februar 1952, ert. am 12. Oktober 1954) der National Lead Co. – J.P. Wadington wird ein Flammfestverfahren für Zellulosematerialien wie Textilgewebe, Holz oder Papier beschrieben, das eine salzsäure Lösung von Titandichloriddiazetat, -formiat oder -propionat verwendet. Die Titanverbindungen werden durch Umsetzung von Titantetrachlorid mit Essigsäure, Ameisensäure oder Propionsäure erhalten. Ferner kann das Titantetrachlorid auch mit basischem Bleikarbonat der Formel $Pb_3(OH)_2(CO_3)_2$ und Antimontrichlorid zusammen verwendet werden. Die Konzentration ist so zu wählen, dass zwischen 90 und 200 g/l Chlorionen im Bade sind. Die Flotte wird bei einer unter 60 °C liegenden Temperatur auf die Ware gebracht und dann in der üblichen Art und Weise getrocknet. Die so erzielbare Flammfestausrüstung soll waschbeständig sein. Eine stabilisierte Imprägnierlösung für die Flammfestausrüstung bildet ferner den Gegenstand des *amer. P. 2.728.680* (eing. am 30. Oktober 1951, ert. am 27. Dezember 1955) der National Lead Co. – D. Duane. Diese Lösung ist dadurch gekennzeichnet, dass sie einen Gehalt von 50 bis 150 g Titantetrachlorid pro Liter Wasser aufweist, wobei vorteilhaft auf je 1 Teil Titan 1,5 Teile Chlor und 0,02 bis 0,17 Teile – vorzugsweise 0,05 bis 0,08 Teile – Phosphor in Form eines löslichen anorganischen Phosphats vorhanden sein sollten. Die Mitverwendung von Antimonchlorid in der Imprägnierungsflotte verbessert ferner noch den Effekt. Mit Hilfe eines alkalischen Neutralisierungsbades wird die Lösung im Material gelatinisiert und anschliessend gespült und getrocknet.

So wird etwa in der Patentschrift das folgende Beispiel angeführt:

80,5 Gew.-Teile konz. Salzsäure (36%ig)
37,4 Gew.-Teile Phosphorsäure (85,4%ig) und
925 Gew.-Teile Wasser werden miteinander vermischt und mit
450 Gew.-Teilen Antimontrioxyd versetzt.

Die so erhaltene Paste wird anschliessend unter Kühlung mit 850 Gew.-Teilen Titantetrachlorid vermischt.

Die gebrauchsfertige Lösung wird durch Verdünnen mit Wasser auf einen Gehalt von 60 g/l Titan gewonnen. Das mit dieser Lösung imprägnierte Gewebe wird $1^1/_2$ Stunden bis zur Gelbildung getrocknet und dann mit einer Wasserglas-Soda-Lösung neutralisiert und fertig gemacht.

Die gleichzeitige Verwendung von drei- und vierwertigen Titansalzen wird von der National Lead Co. – H.H. Beacham und I.M. Panik im *amer. P. 2.728.691* (eing. am 17. Oktober 1952, ert. am 27. Dezember 1955) sowie im entsprechenden *franz. P. 1.085.248* (eing. am 17. Oktober 1953, veröff. am 28. Januar 1955, amer. Prior.) vorgeschlagen. Man verwendet darnach für die waschbeständige Flammfestausrüstung von Zellulosefasern wässerige Flotten, die im Liter 1 bis 100 g – vorzugsweise 5 bis 75 g – Titantrichlorid und 50 bis 150 g Titantetrachlorid oder vierwertiges Titan in Form des basischen Chlorids enthalten. Es sollte dabei auf 1 Teil Titan eine Menge von 0,75 bis 3 Teile Chlor entfallen. Vorteilhaft setzt man auch noch auf einen Teil vierwertiges Titan bis zu 7,5 Teile (vorzugsweise 1,5 bis 5,5 Teile) Antimontrichlorid zu.

Man imprägniert Textilien aus nativer oder regenerierter Zellulose oder Acetatkunstseide sowie Holz, Papier u. dgl. mit einer solchen Lösung und trocknet dann an der Luft, bis 50 bis 75% des aufgenommenen Wassers entfernt sind. Bei diesem Trocknungsvorgang gelatiniert das Imprägnierungsmittel. Hierauf wird alkalisch nachbehandelt, gespült und getrocknet.

So wird etwa unter Kühlung eine wässerige Lösung hergestellt, die 5,1% Titantetrachlorid und 2,9% Titantrichlorid enthält, damit ein Baumwollgewebe imprägniert, abgequetscht, angetrocknet und 10 Minuten mit einer Wasserglas-Soda-Lösung nachbehandelt. Nach dem Auswringen wird mit Wasser bis zur Erreichung eines p_H-Wertes von 8 gespült und zum Schluss getrocknet.

Nach den Angaben der Erfinder soll Titantrichlorid zur Hauptsache die Funktion eines Quellmittels für die Zellulose übernehmen. Es soll auch möglich sein, mit einer 0,1 bis 10%igen Titantrichloridlösung allein zu imprägnieren und das dreiwertige Titan nach dem Antrocknen teilweise oder ganz auf der Faser zu oxydieren, bevor man die Ausrüstung zu Ende führt. Der Griff, die Struktur und die Festigkeitseigenschaften der so behandelten Gewebe sollen keine wesentliche Veränderung gegenüber dem Ausgangsmaterial aufweisen.

Im *franz. P. 1.065.193*[1]) (ert. am 20. Mai 1954, amer. Prior. vom 30. Oktober und 27. November 1951) wird von der Titan Co. Inc. ein Flammfestverfahren für Zellulosetextilien beschrieben, welches eine

[1]) siehe auch *brit. P. 731.176.*

wässerige Lösung eines vierwertigen Titansalzes wie etwa Titantetrachlorid, eines löslichen Phosphats und von Antimontrichlorid verwendet. Es werden dabei die folgenden Gehalte dieser Lösung angeführt:

152 g/l Titan
456 g/l Chlor
7,15 g/l Phosphor
266 g/l Antimon

Die Ware wird mit dieser Lösung zweimal mit Zwischenschaltung einer Abquetschvorrichtung imprägniert, so dass eine möglichst gute Durchtränkung des Materials gewährleistet ist. Darauf wird an der Luft angetrocknet, wobei sich die Imprägnierung in eine Gallerte verwandelt. DieAlkalibehandlung erfolgt während 10 Minuten in einer Lösung von 150 g/l Soda und 16 g/l Natriumsilikat, die einen p_H-Wert von ungefähr 9,5 aufweist. Nach erneutem Abpressen wird mit Wasser gut gespült und getrocknet. Die Gewichtszunahme eines so behandelten Gewebes liegt etwa bei 15%. Um auch noch ein Nachglimmen zu vermeiden, empfiehlt es sich, Antimontrichlorid mitzuverwenden. Die imprägnierten Gewebe weisen ferner guten Griff und gutes Aussehen auf und die Reissfestigkeitseinbusse liegt nur etwa bei 5%.

Auch die *DAS 1.018.023 T 6 903/8 k* (30. Oktober 1952/24. Oktober 1957) der Titangesellschaft m.b.H. – D. Duane, W.F. Sullivan und I.M. Panik entspricht praktisch dem *franz. P. 1.065.193.* Es werden darin zur Flammfestausrüstung von Zellulosefasern Lösungen stabiler Chloride des vierwertigen Titans erwähnt. Diese wässerigen Lösungen enthalten vorzugsweise 60 bis 100 g/l Titan, 1,3 bis 2,0 Gewichtsteile Chlorid und 0,05 bis 0,08 Gewichtsteile Phosphor in Form von Orthophosphaten auf einen Gewichtsteil Titan. Durch Zusatz von Antimontrichlorid wird die Flamm- und Glühfestigkeit erhöht und die Waschbeständigkeit der Imprägnierung verbessert. Dabei werden pro Gewichtsteil Titan 1,4 bis 2,8 Gewichtsteile Antimon verwendet. Der Phosphatzusatz hat die Aufgabe, das Titantetrachlorid gegenüber einer hydrolytischen Zersetzung zu schützen.

Ebenfalls das *franz. P. 1.097.603* (eing. am 21. Dezember 1950, ert. am 23. Februar 1955, veröff. am 7. Juli 1955, amer. Prior. vom 21. Dezember 1949) beschreibt eine waschbeständige Flammfestmethode der Titan Co. Inc. Darnach wird zunächst mit wässerigen Lösungen von Titansalzen der Salzsäure und niederer Karbonsäuren wie Ameisen-, Essig- oder Propionsäure und Antimonchlorid imprägniert. Die Lösung soll dabei 65 bis 250 g/l Titan als Titandioxyd berechnet enthalten. Ferner sollen auf 1 Grammatom Titan 0,5 bis 1,5 Grammäquivalent Chloridionen und 1 bis 3 Grammaequivalent Acetationen fallen. Solche Titanacetochloride stellt man sich etwa aus Titantetrachlorid und Bleiacetat her. Auf 1 Mol der Titanverbindung sollen ferner 0,4 bis 1,2 Mol Antimontrichlorid dem Bad zugesetzt werden.

Nach der Imprägnierung wird wiederum durch Antrocknen an der Luft ein Gel gebildet und anschliessend im Alkalibad von einem p_H-Wert zwischen 7,5 und 12,0 neutralisiert. Die Trocknung zur Gelierung erfolgt bei Temperaturen, die unter 60°C liegen und dauert 1 bis $1^1/_2$ Stunden.

Waschversuche an solchen Ausrüstungen haben gezeigt, dass der Flammfesteffekt durch sechsmaliges Waschen mit Seife bei 70 °C nicht beeinträchtigt wird.

Dieses Flammfestverfahren mit Titanacetochloriden und Antimonchlorid der Titan Co. Inc. wird ferner noch durch das *brit. P. 698.742* und die *DP Anm. T 3 714/8k* vom 21. Dezember 1950 beschrieben.

Als Ergänzungen zu den vorher genannten Patenten sind die *amer. P. 2.670.297* (eing. am 31. Mai 1951), *brit. P. 735.041* (28. Mai 1952), *franz. Zusatz-P. 63.139* und *63.822* zu *franz. P. 1.097.603* (30. Mai 1952 bzw. 21. Februar 1953) und *belg. P. 511.747* (29. Mai 1952) der Titan Co. Inc. sowie die *DP Anm. T 6 264/8k* vom 28. Mai 1952 der Titanges. m. b. H. zu betrachten. So wird etwa die Verwendung einer hochkonzentrierten Titanchloridlösung von 40 bis 150 g/l oder die Verwendung einer wenig konzentrierten Lösung eines gemischten Titansalzes der Salzsäure und einer niederen Karbonsäure mit 15 bis 40 g/l empfohlen.

Zur Herstellung von Titanchloridacetaten wird eine wässerige Bleiacetatlösung langsam zu einer Titantetrachloridlösung gegossen, wobei die Temperatur stets unterhalb von 25°C zu halten ist. Vom sich bildenden Bleichloridniederschlag wird abfiltriert und für die Imprägnierung die Lösung mit Wasser auf einen Gehalt von 60 g/l Titan verdünnt. Auf ein Titan sollen dabei 1 bis 3 Essigsäurereste und 3 bis 1 Chloridreste entfallen. Anstelle der Acetate können ferner noch die Formiate oder Propionate Verwendung finden. Ebenfalls empfiehlt sich im allgemeinen noch ein Zusatz von Antimontrichlorid zur Verbesserung des Schutzes gegen das Nachglimmen und der Waschbeständigkeit.

Ferner lassen sich zur Imprägnierung auch Lösungen verwenden, die durch Zusammengeben einer niederen Karbonsäure wie Ameisen-, Essig- oder Propionsäure, von Titantetrachlorid, Antimonoxyd und Wasser bei 30 bis 50 °C erhalten werden. Eine typische Lösung enthält dabei etwa 150 Teile Titan, 267 Teile Antimon, 374 Teile Acetat und 468 Teile Chlorid. Eine solche Lösung soll auch längere Zeit lagerfähig sein. Die gebrauchsfertige Lösung soll einen Gehalt an Titan zwischen 120 g und 160 g im Liter aufweisen. Gegebenenfalls wird auch noch Salzsäure zugesetzt, so etwa wenn vorgeschrieben wird in einem Beispiel, 794 Teile Wasser mit 74 Teilen konzentrierter Salzsäure (36 %ig) zu versetzen und 282 Teile Titandichloriddiacetat zuzusetzen.

Im *brit. P. 727.700* (eing. 11. Februar 1953, veröff. 6. April 1955, amer. Prior. vom 21. Februar 1952) der Titan Co. Inc., welches ebenfalls als ein Zusatz zum *brit. P. 698.742* zu betrachten ist, werden verdünnte, salzsaure Lösungen von Titanchloridacylaten für die Flammfestbehandlung vorgeschlagen. Dieses Verfahren wird besonders für leichte Gewebe aus Zellulosefasern empfohlen. Der Gehalt an Titan liegt bei diesen Imprägnierungsbädern zwischen 15 und 24 g/l. Ferner empfiehlt sich auch hier in den meisten Fällen ein Zusatz einer Antimonverbindung. So wird etwa nach einem Beispiel mit der bereits oben erwähnten Imprägnierungslösung aus 794 Teilen Wasser, 74 Teilen konzentrierter Salzsäure und 282 Teilen Titandichloriddiacetat Baumwolle während $2^1/_2$ Minuten getränkt, abgequetscht und ein zweites Mal durch die Imprägnierflotte genommen. Durch ca. 2stündige Lufttrocknung wird die Gelatinierung der Imprägnierung erreicht und dann anschliessend 5 Minuten in einer Natronlauge nachbehandelt, so dass der p_H-Wert auf dem Gewebe etwa 9,5 beträgt. Nach dem Abquetschen der überschüssigen Lauge wird gut gespült, und zwar so lange bis das Spülwasser einen p_H-Wert von 8 aufweist. Die Gewichtszunahme des Gewebes soll nach der Imprägnierung zwischen 5 und 8% liegen.

Du Pont de Nemours lässt sich ebenfalls in einer Anzahl von Patenten Flammfestverfahren auf Basis von Titan- und Antimonverbindungen schützen. Diese Patente scheinen zum Teil auch die Grundlage für das Handelsprodukt Erifon darzustellen.

Im *amer. P. 2.668.784* (eing. am 4. September 1951, ert. am 9. Februar 1954) der Du Pont Co. – W. L. Dills wird zum Flammfestmachen von Textilien eine Flotte verwendet, die aus 80 Teilen einer Lösung mit 160 g/l Titandioxyd, 292 g/l Antimontrioxyd und 32 g/l Zinkoxyd in Form von Titanoxychlorid der Formel $TiOCl_2$, Antimonchlorid und Zinkchlorid und 11 Mol/l Salzsäure sowie 10 Teilen Wasser und 10 Teilen Isopropylalkohol besteht. Man imprägniert z. B. Baumwollgewebe mit dieser Flotte, trocknet während 5 Minuten im bewegten Luftstrom an und nimmt dann nach weiteren 15 Minuten zur Neutralisation durch eine 15%ige Sodalösung. Nach dem Auswaschen und Trocknen sollten ca. 7% Titandioxyd sowie die anderen Komponenten im entsprechenden Verhältnis auf der Faser abgelagert sein. Es lässt sich so ein waschbeständiger Flamm- und Glimmfesteffekt ohne Beeinträchtigung der Faserfestigkeit erzielen. Bei diesem Verfahren ist besonders die Verwendung von Isopropylalkohol hervorzuheben. Bei den flammfestmachenden Oxyden – Titan-, Antimon- und Zinkoxyd – sind grössere Schwankungen im Gewichtsverhältnis untereinander sowie in der Menge der aufgelagerten Oxyde möglich. Das Atomverhältnis zwischen Antimon und Titan soll nicht grösser als 2 sein, d. h. also auf 2 Atome Antimon sollte mindestens 1 Titanatom entfallen. Anderseits sollte auf 10 Gewichtsteile Titan mindestens 1 Gewichtsteil Antimon fallen. Die Menge an wasserlöslichem, flüchtigem organischem Lösungsmittel, besonders Isopropylalkohol, liegt vorteilhaft unter 70 Gewichts-% der Gesamtflotte.

Das *brit. P. 748.165* der Du Pont Co. beschreibt ein dem obigen Verfahren entsprechendes Vorgehen für die Flammfestausrüstung von Zellulosefasern.

Das *amer. P. 2.785.041* (eing. am 7. Dezember 1953, veröff. am 12. März 1957) der Du Pont Co. – W.W. Riches hat das Flammfestmachen von Zellulosematerialien wie Baumwolle, regenerierten Zellulosefasern, Holz, Papier oder Viskosefolien zum Gegenstand. Die zu behandelnde Ware wird dabei zunächst vollständig durchimprägniert mit einer saueren und gegebenenfalls alkohohaltigen wässerigen Lösung von Salzen des Titans, Antimons und/oder Zirkons. Die Imprägnierungsflotte soll 25 bis 500 g/l Metalloxyde, berechnet als Antimontrioxyd (Sb_2O_3) + Titandioxyd (TiO_2) oder Antimontrioxyd (Sb_2O_3) und Zirkonoxyd (ZrO_2) enthalten. Als das eigentlich Neue dieses Verfahrens ist die Neutralisation der in der Lösung vorhandenen freien oder latenten Säure durch gasförmiges Ammoniak zu betrachten. Dabei kann die Neutralisation dieser Säure mit Ammoniak ganz oder nur teilweise erfolgen. Bei nur teilweiser Neutralisation wird anschliessend mit Wasser gewaschen und dann noch vollends mit einer alkalischen Lösung wie etwa einer Sodalösung neutralisiert. Durch die Neutralisation mit Ammoniak in gasförmigem Zustande wird eine mengenmässig stärkere Retention an flammfestmachenden Metalloxyden erreicht und auch ein Abstauben von der Faser verunmöglicht. Bei der Ammoniakgasbehandlung wird das Meterial mit Vorteil mechanisch etwa zwischen Quetschwalzen behandelt. Werden alkoholische Imprägnierungslösungen verwendet, so wird empfohlen, vor der Ammoniakbehandlung einen Teil des Alkohols verdunsten zu lassen.

Über die anzuwendenden Mengen wird in der Patentschrift etwa folgendes ausgeführt. Die Konzentration der salzsauren Titan- und Antimonsalzlösung soll etwa bei 180 bis 500 g/l Salzsäure und 25 bis 500, vorteilhaft 200 bis 475 g/l Metalloxyde liegen. Dabei sollen auf 1 Titanatom 2 oder weniger Antimonatome bzw. auf 1 Gewichtsteil Antimon 10 oder weniger Gewichtsteile Titan entfallen.

Im *brit. P. 721.586* (10. November 1950/12. Januar 1955) der Du Pont de Nemours Co. – F. W. Lane und W. L. Dills wird ein Flammfestverfahren für Zellulosematerialien jeglicher Art – besonders auch für empfindliche Florgewebe aus Zelluloseregeneratfasern – beschrieben. Zur Imprägnierung dienen wässerige Lösungen salzartiger Substanzen, die ein komplexes Titan und Antimon enthaltendes Kation und als Anion den Säurerest einer starken einbasischen Säure – vor allem Salzsäure – aufweisen. Im Vergleich zu Titantetrachlorid und Antimontrichlorid ist bei dieser komplexen Verbindung das Verhältnis zwischen Chloridanteil und Metallanteil kleiner.

Die Imprägnierungsflotte enthält 25 bis 500, vornehmlich 200 bis 400 g/l, an Titan- und Antimonoxyd, wobei auf 1 Antimonatom 0,5 bis 2 Titanatome entfallen können. Zu diesem Zwecke wird eine Antimonverbindung wie Antimontrioxyd (Sb_2O_3) in der wässerigen Lösung eines normalen Titansalzes wie etwa Titantetrachlorid gelöst. Es bildet sich dabei Antimontrichlorid sowie freie Salzsäure nach der Gleichung:

$$4\,TiCl_4 + Sb_2O_3 + H_2O \longrightarrow 4\,TiOCl_2 + 2\,SbCl_3 + 2\,HCl$$

Eine solche salzsäurehaltige Lösung erweist sich auch bei grosser Verdünnung als hydrolysebeständig. Es können somit bei der Imprägnierung keine giftigen Ablagerungen von Antimontrioxyd entstehen. Nach der Behandlung des Gewebes in einer solchen Lösung wird durch ein alkalisches Fällbad genommen, welches etwa in einer Sodalösung bestehen kann. Schliesslich wird geseift, gespült und getrocknet. Ein nach dieser Methode permanent flammfest ausgerüstetes Gewebe weist eine Ablagerung von 8 bis 16% der Metalloxyde auf.

Setzt man Titantetrachlorid und Antimontrioxyd in Abwesenheit von Wasser um, so gelangt man nach folgender Gleichung ebenfalls zu komplexen Antimon-Titanverbindungen:

$$3\,TiCl_3 + Sb_2O_3 \longrightarrow 3\,TiOCl_2 + 2\,SbCl_3$$

Es führt dies zu einem gut abpackbaren Trockenprodukt, welches durch Auflösen in verdünnter Salzsäure in ein gebrauchsfertiges Imprägnierungsbad übergeführt werden kann.

Unter der Bezeichnung Erifon hat die Firma Du Pont & Co. auch ein Flammfestmittel auf Basis von Titan- und Antimonsalzen auf den Markt gebracht. Wenn auch dieses waschbeständige Flammschutzmittel relativ preisgünstig ist, so ist die Imprägnierungsmethode doch verhältnismässig teuer. Erifon wird daher wohl nur in Fällen angewandt, wo ein permanenter Effekt gewünscht wird, während in den andern Fällen die billigeren Verfahren mit wasserlöslichen Salzen zur Anwendung gelangen.

Das Flammfestmittel Erifon stellt eine wässerige Lösung anorganischer Titan- und Antimonsalze dar, die auch noch etwas freie Salzsäure enthält. Da es sich bei obigen Metallchloriden infolge deren hydrolytischer Spaltung um sauer reagierende Salze handelt, weist die Lösung einen p_H-Wert unter 1 auf.

Es wird angenommen, dass die Komponenten dieser Lösung als Quellmittel wirken und nach erfolgter Faserquellung in die Faser eindringen und bei der Neutralisation mit der Zellulose Bindungen einzugehen vermögen. Die Menge des an die Faser gebundenen Metalloxyds geht in den meisten Fällen proportional zur Konzentration des Impränierungsbades. Es scheint also weder ein Ausziehen des Bades noch eine Anreicherung des Flammfestmittels am Gewebe stattzufinden. Zur Erzielung einer Schutzwirkung muss eine Mindestmenge Erifon auf der Ware abgelagert werden. Diese Mindestmenge kann wohl etwas schwanken je nach der Faser- und Gewebeart, liegt aber ungefähr bei 11 % bezogen auf das Trockengewicht des Gewebes.

Die Beständigkeit der Flammfestausrüstung gegenüber einer Bleichbehandlung, dem Waschen oder den Witterungseinflüssen ist von der die Minimalmenge übersteigenden Menge der Metalloxyde auf der Faser abhängig.

Bei der üblichen Behandlung mit Erifon wird etwa eine Ablagerung von 13 bis 16 % des Gewebegewichts an Metalloxyden auf der Baumwolle erzielt. Zelluloseregeneratfasern absorbieren im allgemeinen noch etwas mehr Flotte. Die anzuwendende Erifon-Konzentration im Bad richtet sich natürlich auch nach der Stärke des gewünschten Effekts. So kann etwa ein Kunstseidensamt nur mit 50 %igem Erifon imprägniert werden, da solche Stücke nur einer leichten Wäsche oder einer Trockenreinigung gelegentlich unterzogen werden und auch an die Flammfestigkeit keine aussergewöhnlichen Anforderungen gestellt werden. Zeltbahnen hingegen haben grösseren Ansprüchen zu genügen und sind daher mit 100 %igem Erifon zu behandeln. Leichte, rasch entflammbare Gewebe müssen überdies noch einer Sonderbehandlung unterworfen werden, die eine möglichst hohe Schutzmittelablagerung auf der Ware erlaubt.

Vor der Ausrüstung der Ware mit Erifon muss die Ware gut vorbereitet sein und sich leicht benetzen, so dass das Schutzmittel gut in die Fasern eindringen kann. Eventuell kann zur Verbesserung der Benetzbarkeit auch noch ein Netzmittel wie etwa Duponol 80 der Imprägnierungsflotte zugesetzt werden.

Die Imprägnierung erfolgt auf einem Foulard mit Kautschukwalzen und der Bottich sollte aus Holz oder mit einer Kautschukmasse überzogen sein. Apparate aus rostfreiem Stahl werden mit der Zeit durch die stark saure Lösung angegriffen und sollten daher möglichst vermieden werden.

Da durch die Imprägnierung etwa 13 bis 16 % Metalloxyde auf der Baumwolle fixiert werden sollen und anderseits Erifon einen Gehalt an Metalloxyden von 28,6 % als Titandioxyd und Antimontrioxyd berechnet aufweist, hat die Imprägnierung auf dem Foulard mit einem Abquetscheffekt von etwa 50 % zu erfolgen, um eine genügende Menge Schutzmittel in einem Durchgang auf die Ware zu bringen. Da jedoch Erifon ein spezifisches Gewicht von 1,56 aufweist, ist es meist sehr schwierig, das Gewebe derart stark abzupressen, dass nur eine Gewichtszunahme um 50 % eintritt. Das überschüssige Schutzmittel vermag dann nicht in die Faser einzudringen und bei der Neutralisation werden dann die im Überschuss vorhandenen Metallsalze in Form ihrer weissen Oxyde auf der Faseroberfläche ausgefällt. Diese Oxyde bringen keine Erhöhung der Schutzwirkung und verschlechtern nur das Aussehen, den Griff und die Verarbeitbarkeit der Gewebe.

Nach Untersuchungen der Hersteller des Erifon ist die sich mit der Zellulose verbindende, also aktive Erifonmenge proportional von der Badkonzentration abhängig. Es ist somit nicht empfehlenswert, das Schutzmittel mit Wasser zu verdünnen, um die an der Faseroberfläche ausgefällten Oxydmengen herabzusetzen, da dadurch auch die Schutzwirkung und deren Dauerhaftigkeit verschlechtert würde. Es werden also bei einer Flottenaufnahme von 60% mit Erifon normaler Konzentration bessere Resultate erzielt als mit einer 60%igen Erifon-Lösung bei einer Flottenaufnahme von 100% des Gewebegewichts. Um jedoch die Aufbringung eines Überschusses an Erifon zu vermeiden, kann dem Behandlungsbade Alkohol zugesetzt werden. Erifon ist also nicht mit Wasser sondern mit Alkohol zu verdünnen, wenn es seine volle Wirksamkeit behalten soll. Um jedoch mit einer alkoholhaltigen Lösung die volle Wirksamkeit des Schutzmittels zu erreichen, muss der Alkohol nach dem Foulardieren durch Verdampfen entfernt werden.

Es zeigt sich, dass die Verdünnung des Erifon mit einem wasserlöslichen, flüchtigen Alkohol wie etwa Isopropylalkohol oder Butylalkohol sich lohnt, da sich so die Ablagerung von unwirksamen Oxyden vermeiden lässt und das Schutzmittel voll und ganz ausgenützt werden kann. Ferner gelingt es auch mit tertiärem Butylalkohol mehr Schutzmittel in das Gewebe hineinzulagern. So wurde etwa mit einer Flotte aus

80% Erifon
5% Salzsäure
15% tert. Butylalkohol

eine um 25% höhere Schutzmitteleinlagerung erzielt als mit reinem Erifon oder einer Lösung aus 80% Erifon, 10% Salzsäure und 10% Isopropylalkohol. Eine solche Behandlung mit butylalkoholhaltigem Bad ist daher besonders für Artikel empfehlenswert, die oft gewaschen werden müssen.

Natürlich hängt die Art und Menge des Alkoholzusatzes auch vom Abquetscheffekt des Foulards, der Bindung, der Art und dem Gewicht des zu behandelnden Gewebes ab. So erfordert ein geschlossenes Gewebe nur eine geringe Verdünnung mit Alkohol, während bei offenen Geweben stärker verdünnt werden muss, um schlussendlich die gewünschte Schutzmittelmenge auf der Ware abzulagern. Ebenfalls liegen bei Zelluloseregeneratfasern die Verhältnisse nicht genau gleich wie bei der Baumwolle. So wird etwa für Viskosekunstseide ein Ansatz von

65% Erifon
22% Salzsäure
13% eines flüchtigen Alkohols (Isopropyl- oder Butylalkohol)

empfohlen.

Zur Vertreibung des Alkohols nach dem Foulardieren bedient man sich am besten einer Trocknung im Luftstrom. Wird bei dieser Zwischentrocknung noch etwas erwärmt, so ist unbedingt darauf zu achten, dass die Trocknung nicht zu weit getrieben wird und dadurch die Mineralsäure zu einer Faserschädigung Anlass geben kann. Bei der Vertreibung des Alkohols entstehen auch etwas Salzsäuredämpfe, so dass die Metallteile der Apparate mit einem säurebeständigen Überzug versehen werden müssen. Ferner ist auch auf eine gute Belüftung zur Vermeidung einer Ansammlung von Alkoholdämpfen zu achten. Die Verdünnung des Erifon mit Alkohol begünstigt auch die Benetzung und Durchdringung der Gewebe und erlaubt eine grössere Menge des Schutzmittels mit der Faser zu verbinden.

Nach der Imprägnierung lässt man die Ware während 15 Minuten ruhen. Wird mit Alkohol verdünnt, so muss vor dieser 15 minutigen Ruhepause der Alkohol verdampft werden. Während dieser Zeit dringt das Schutzmittel in das Gewebe und die Fasern ein. Die Ruhezeit kann auch bis auf 45 Minuten ausgedehnt werden, nur darf keine völlige Eintrocknung eintreten, da sonst die Gefahr einer Säureschädigung besteht.

Nach dem Verhängen erfolgt die Neutralisation, die rasch und vollständig mit einer 15%igen Sodalösung durchgeführt wird. Wenn das Gewebe einmal mit der Neutralisationsflotte in Berührung gekommen ist, so muss sie mit dieser Lösung bis zur vollständigen Neutralisation in Kontakt bleiben, da sonst die noch nicht neutralisierten Anteile zum Wandern neigen. Bei der Neutralisation ist ein inniger Kontakt des gesamten Gewebes mit der Flotte sehr wichtig. Jigger sollen sich hiezu nicht eignen, sondern besser werden Färbekufen dazu verwendet. Die Neutralisationsdauer ist stark vom Gewebetyp abhängig und bei gewissen Geweben empfiehlt es sich, in den letzten Bädern noch Ammoniak zuzusetzen, das besser in die Ware einzudringen vermag und noch die letzten Säurereste neutralisiert.

Stöchiometrisch gesehen würde 1 kg Soda zur Neutralisation von 1 kg Erifon ausreichen. Die Praxis hat aber gezeigt, dass zur Erzielung guter Ergebnisse 2 bis 4 kg Soda auf 1 kg Erifon genommen werden müssen.

Zur Entfernung der überschüssigen Soda und von Nebenprodukten der Neutralisation muss anschliessend gewaschen werden. In den meisten Fällen genügt ein Spülen mit kaltem Wasser, während in einigen Fällen ein Waschmittel und warmes Wasser benötigt werden. Zur Entfernung der letzten Alkalireste kann auch noch etwas Essigsäure der Waschflotte zugesetzt werden.

Auf alle Fälle muss die Verwendung von Phosphaten, besonders sauren Phosphaten, Oxysäuren oder sauren Fluoriden vermieden werden, da diese mit den Bestandteilen des Erifons chemisch reagieren und dadurch die Flammfestigkeit beeinflussen.

Mit Erifon behandelte Gewebe können nachträglich noch appretiert und gefärbt werden. Als Appreturen kommen besonders Wasserabweisendmittel wie Zelan oder Aridex, Weichmachungsmittel wie Avitone A oder Fungizide in Frage. Für eine nachträgliche Färbung kommen besonders Direktfarbstoffe in Betracht. Küpenfärbungen oder andere alkalibeständige Färbungen werden hingegen meist vor der Erifon-Behandlung ausgeführt. Die Küpenfärbungen werden nur ganz unwesentlich durch die Flammfestbehandlung beeinflusst, wobei geringe Farbänderungen auf einen leichten Metalloxydniederschlag auf der Faser zurückzuführen sind.

Nach der Flammschutzbehandlung mit Erifon eine Küpenfärbung vorzunehmen, empfiehlt sich weniger, da durch Verwendung von Oxydationsmitteln Antimon in eine lösliche Form übergeführt werden kann und dadurch der Flammfesteffekt zerstört wird.

In vielen Fällen genügt die Nachglimmfestigkeit einer Erifonbehandlung nicht. In diesen Fällen empfiehlt sich eine Vorbehandlung mit Natriumsilikat. So wird ein Gewebe zunächst mit einer 15 bis 20%igen Natriumsilikatlösung behandelt und anschliessend nach einer Zwischentrocknung mit Erifon behandelt. Nach der Erifonbehandlung sollen noch rund 2% Silikat auf der Ware sein.

Unter der Bezeichnung Lifeguard bringt auch die Firma Peter Spence & Sons Ltd. ein Flammschutzmittel in den Handel, das auf der Verwendung von Antimon- und Titanverbindungen beruht.[1])

Schliesslich sei noch ein von Ponomarenko[2]) entwickeltes Flammfestverfahren für Baumwolle genannt, das in einer Imprägnierung mit einer der beiden nachstehenden Lösungen besteht:

16 Teile Titantetrachlorid	20 Teile Titantetrachlorid
32 Teile zerkleinertes Eis	40 Teile zerkleinertes Eis
6,5 Teile Antimontrioxyd	8,1 Teile Aluminiumoxyhydrat
8 Teile Natriumchlorid	5 Teile Natriumchlorid
37,5 Teile Wasser	26,9 Teile Wasser
100 Teile Imprägnierungsbad	100 Teile Imprägnierungsbad

Neben diesen Flammfestverfahren auf Basis von Titan- und Antimonsalzen findet man in der Patentliteratur auch einige Verfahren, die nur Antimonverbindungen benützen. So erwähnen etwa L. A. Jordan und L. A. O'Neill[3]) ein Flammfestverfahren mit saurem Kaliumantimonat (KH_2SbO_4) und Eisensulfat, welches die Ausfällung von Antimon- und Eisenoxyd im Faserinnern bezweckt. Die Ware wird etwa zunächst mit dem sauren Kaliumantimonat imprägniert, dann durch eine Ferrosulfatlösung genommen und abschliessend noch mit einer Sodalösung

[1]) N. J. Read und E. G. Heighway-Bury, J. Soc. Dyers & Col. *74* (1958), 12, S. 823–829; Chem. Age. *77* (1957) 1978, S. 972.

[2]) Textilnaia Promyischlenost 1959, Nr. 1; C. Weimann, Teintex *24* (1958), 7, S. 483, 485–486.

[3]) J. Text. Inst. *38* (1947), 1, S. 19.

die Ausfällung der Metalloxyde bewerkstelligt. Die Konzentration der Lösungen und der Abpresseffekt werden dabei so gewählt, dass schliesslich 1 bis 2% Antimontrioxyd und 3 bis 5% Ferrioxyd auf der Ware sind. Ferner soll auch nach der Behandlung mit dem Antimonat eine solche mit Ammoniumsulfat folgen können, so dass ein Niederschlag von 3 bis 5% Antimontrioxyd sich in der Faser bildet.

Im *amer. P. 2.461.302* vom 8. Februar 1949 von J. Truhlar und A. A. Pantsios wird ein Verfahren beschrieben, dass dadurch gekennzeichnet ist, dass das Gewebe in eine Lösung von Antimonchlorid und einer organischen Phosphorverbindung getaucht und anschliessend gedämpft wird, wobei Antimonoxyd ausgeschieden wird. Eine solche Behandlungslösung enthält etwa 20 Teile Antimontrichlorid, 8 Teile Triamylphosphit und 80 Teile Azeton. Zur Vermeidung einer Faserschädigung durch Säurespuren wird nach dem Dämpfen noch mit gasförmigem Ammoniak behandelt. Ebenfalls soll das organische Phosphit der schädigenden Wirkung der bei der Hydrolyse entstehenden Salzsäure entgegenwirken. Gleichfalls durch eine Ausfällung von Antimonverbindungen wird nach dem *amer. P. 2.634.218* (eing. am 13. September 1949, ert. am 7. April 1953) von C. B. White der Federal Leather Co. ein Flammfesteffekt auf Textilien erzeugt. Das Gewebe wird mit einer wässerigen Lösung von Antimontrifluorid und einem peptisierend wirkenden Salz wie Natrium-, Kalium- oder Ammoniumfluorid behandelt und nach dem Trocknen zur Ausfällung des Antimontrioxyds in der Faser durch eine Alkalikarbonatlösung hindurchgenommen. Der Zusatz des peptisierenden Salzes soll eine vorzeitige Hydrolyse und Oxydbildung aus dem Antimonfluorid vermeiden helfen. Zum Schluss wird zur Entfernung der löslichen Salze mit Wasser gespült und getrocknet. Die Konzentration an Antimontrifluorid beträgt mit Vorteil zwischen 20 und 30% und auf jedes Mol Antimonfluorid wird 1,5 bis 2 Mol des peptisierenden Salzes zugesetzt. Der Zusatz eines peptisierenden Salzes muss als der eigentliche Erfindungsgedanke angesehen werden.

Nach diesem Verfahren wird eine gute Flammfestigkeit, jedoch keine Glimmbeständigkeit erreicht. Es ist daher empfehlenswert, noch Trikresylphosphat, chlorierte Paraffine oder andere Glimmfestmittel zuzusetzen.

Nach den Angaben des *franz. P. 1.063.983* (eing. am 1. Oktober 1952, veröff. am 10. Mai 1954) lassen sich Textilien flammfest ausrüsten, indem man sie mit wässerigen Lösungen von Additionsverbindungen löslicher Antimonsalze mit tertiären Aminen wie Pyridin, tertiären Alkylolaminen (z. B. Triäthanolamin) bzw. deren Oxäthylierungsprodukte behandelt. Es wird dann in der Faser eine Antimonoxydfällung durch Erhitzen des Materials auf 110 bis 130°C oder mit Hilfe eines Fällungsmittels wie etwa den löslichen Phosphaten erzeugt.

Die Ausfällung in der Hitze wird durch Herabsetzung des p_H-Wertes der Behandlungsflotte durch Zusatz einer organischen Säure, z.B. Essigsäure, begünstigt. Man erhält auf diese Weise wirksamere und gleichmässigere Flammschutzeffekte mit weniger Antimon als bei Verwendung der üblichen Antimonoxyddispersionen.

Das Gewebe wird etwa mit einer solchen Lösung, die man langsam auf 60°C erwärmt, während 30 Minuten behandelt, abgequetscht und nachher kurz auf 110 bis 130°C erhitzt. Zum Schluss wird gewaschen und getrocknet.

Die für dieses Verfahren in Frage kommenden Additionsverbindungen werden durch Umsetzung von Antimontrichlorid in wasserfreiem Medium mit tertiären Basen, die mindestens eine Oxyalkylgruppe aufweisen, wie Triäthanolamin und davon abgeleiteten Polyglykoläthern erhalten.

Die Verwendung von Antimonphosphat als Flammfestmittel insbesondere für Jute bildet den Gegenstand des *brit. P. 792.997* (23. September 1955/11. September 1956/9. April 1958) der Associated Lead Manufacturers Ltd. Zur Herstellung des Antimonphosphats wird eine wässerige Aufschlämmung von etwa 100 g/l Antimontrioxyd zubereitet, eine kleine Menge Wein- oder Zitronensäure als Katalysator zugesetzt und dann mit Orthophosphorsäure bei einer Temperatur von 60°C umgesetzt. Der dabei ausfallende kristalline Niederschlag ist Antimonphosphat.

Regeneratzellulose mit geringen Anteilen an Karboxymethyl- oder Karboxyäthylzellulose oder eines Glyzerinäthers der Zellulose kann nach den Angaben des *amer. P. 2.805.176* (10. September 1952/3. September 1957) von R. S. Robe und O. H. Sindl durch Behandlung mit einer wässerigen Lösung von Kalium-, Zirkon-, Zinn-, Wolfram- oder Titan-Dihydropyroantimonat flammfest ausgerüstet werden. Das Pyroantimonat setzt sich mit dem Zelluloseäther zu einer schwer löslichen Verbindung um. Eine Nachbehandlung mit Essigsäure oder geeigneten Zirkonsalzen bringt noch eine Verbesserung des Effektes mit sich.

Die Erzielung eines Wasserabweisend- und Flammfesteffektes bei Textilien und Papier durch Ablagerung von Metallsalzen hat auch das *amer. P. 2.780.566* (30. November 1955/5. Februar 1957) von J.P. Wetherill, C.M. Trammell und A.M.L. de Luxembourg zum Gegenstand. Das Fasermaterial wird mit einer heissen wässerigen Lösung behandelt, die man sich durch Zusammenmischen von Lösungen von Bleiacetat und Aluminiumsulfat unter Zugabe von etwas Hexamethylentetramin herstellt. Der beim Zusammenmischen sich in kleiner Menge bildende Niederschlag wird vor der Imprägnierung des Fasermaterials noch abfiltriert. Während und auch noch direkt anschliessend an die Imprägnierung wird das Gut mit Infrarotlicht bestrahlt, das ungefähr eine Wellenlänge von 1000 nm aufweist. Die gesamte Bestrahlungsdauer liegt zwischen 15 und 25 Minuten. Licht des sichtbaren Bereiches sollte während der Behandlung nicht auf die Ware einwirken können. Der auf diese Art erzielte Ausrüsteffekt ist permanent. Das Verfahren soll auch zu keiner nachteiligen Veränderung der Farbe, der Weichheit oder des Griffes führen.

3. Permanente Flammfestausrüstung mit Metalloxyden und halogenhaltigen organischen Bindemitteln

Als Nachteil der meisten Metalloxydablagerungen in den Fasern nach dem Zweibadverfahren ist deren nur bedingte Wasch- und Wasserbeständigkeit sowie die meist nur ungenügende Glimmfestigkeit anzuführen. Es ist daher ganz klar, dass diese Nachteile durch Zusatz einer weiteren Komponente zu beheben versucht wurden. Ferner soll ein solcher Zusatz auch noch den Griff der Ware verbessern helfen und wenn möglich die Gefahr einer Faserschädigung bei der Bewetterung und Lagerung herabsetzen. In Frage kommen dabei in erster Linie Bindemittel, d.h. also harz- oder wachsartige Substanzen, die wenn möglich nicht brennbar sind. Es sind dies vor allem halogenhaltige organische Verbindungen wie Polyvinylchlorid, Polyvinylchloroacetate, chlorierte Paraffine, chlorierte Aromaten usw. Die Schutzwirkung dieser Substanzen wird einerseits der Fernhaltung des Sauerstoffs durch einen Überzug dieser Massen über die Fasern und anderseits der Abspaltung von Salzsäure aus diesen Produkten bei Flammentemperatur zugeschrieben. Dabei wird angenommen, dass sich die gleichzeitige Anwesenheit des Metalloxyds insofern noch günstig auswirke, als dieses die Salzsäureabspaltung katalysiere. Eingehende Untersuchungen über solche Flammfestkombinationen von Metalloxyden, vornehmlich Antimontrioxyd und chlorierten Körpern[1]) dienten vor allem der Abklärung der Wirksamkeit der einzelnen Komponenten und der optimalen Verhältnisse der einzelnen Verbindungen untereinander. Zur Untersuchung des Systems Zellulose-Antimonoxyd-Chlorverbindung wurden sowohl die einzelnen Komponenten für sich allein als auch in Kombination auf die Zellulose aufgebracht. So lässt sich etwa Antimonoxyd als wässerige Disperion in einer 2%igen Methylzelluloselösung aufbringen, da sich die methylierte Zellulose praktisch wie die Faserzellulose verhält und somit keine Fremdsubstanz in das System Zellulose-Metalloxyd hineinbringt. Die chlorierten organischen Verbindungen ihrerseits können aus ihren organischen Lösungen im Laboratoriumsmaßstab gut auf die Ware gebracht werden.

Auf Grund solcher grundlegender Versuche konnte gezeigt werden, dass Antimonoxyd für sich allein nur eine geringe flammenhem-

[1]) Little, Flameproofing textile fabrics, New York 1947.

mende Wirkung auf Baumwolle zeigt. Gleichfalls zeigen chlorierte Paraffine oder Polyvinylchlorid nur einen geringen Schutz der Fasern, sofern sie für sich allein angewandt werden. Erst durch die gleichzeitige Anwendung beider Komponenten, des Metalloxyds und der organischen Chlorverbindung wird ein wirksamer Flammschutz auf Textilien erzielt. Ferner muss das Verhältnis zwischen Metalloxyd und Chlorverbindung innerhalb gewisser Grenzen liegen, damit eine optimale Wirkung erzielt wird.

Die organische Halogenverbindung hat bei der Pyrolyse Halogenwasserstoff, also z.B. Salzsäure zu liefern. Je mehr Salzsäure daher eine solche Chlorverbindung pyrolytisch abzuspalten vermag, umso wirksamer ist sie. Von den Mineralsäuren abspaltenden organischen Verbindungen haben sich jene besonders bewährt, die eine Halogenwasserstoffsäure in der Hitze abspalten, also etwa Neopren, Anilinhydrochlorid oder -hydrobromid, Aethylendiaminhydrochlorid oder die bereits mehrfach erwähnten chlorierten Paraffine und Polyvinylchloride. Anilinsulfat hingegen, welches durch Pyrolyse Schwefelsäure liefert, eignet sich bedeutend weniger als Flammschutzkomponente neben einem Metalloxyd.

Für die Beurteilung einer organischen Chlorverbindung ist vor allem die Leichtigkeit, mit welcher Salzsäure abgespalten wird, massgebend. Dabei spielen der Chlorgehalt des Produkts, dessen Flüchtigkeit bei Flammentemperatur und die Art der Bindung des Chlors, z.B. an einem aromatischen oder aliphatischen Rest, eine wesentliche Rolle. So sind etwa die hochchlorierten Wachse und Polyvinylchloride wegen ihrer geringeren Flüchtigkeit und des hohen Chlorgehaltes den niederen chlorierten Ölen überlegen. Ferner ist bekannt, dass Chlor, welches an ein Kohlenstoff mit Doppelbindung gebunden ist, relativ schwer pyrolytisch abgespalten wird. Dadurch erklärt sich auch die verhältnismässig geringe Wirkung von Mischungen aus Antimonoxyd und chlorierten Diphenylen.

Das optimale Verhältnis zwischen Antimonoxyd und chloriertem Körper entspricht nicht dem theoretisch errechenbaren Wert, sondern wird durch die effektiv erhältliche Salzsäuremenge aus der Chlorverbindung bestimmt. Als aktive Substanz wird Antimonoxychlorid der Formel SbOCl angenommen, so dass also auf ein Atom Antimon ein Chloratom entfallen müsste. Für Antimontrioxyd und ein zu 70% chloriertes Paraffin wurde ein optimaler Effekt bei einem Gewichtsverhältnis zwischen Antimonoxyd und Chlorparaffin von 1 bis 3 gefunden. Der theoretische Wert würde bei 2,7 liegen, doch muss angenommen werden, dass bei der Flammentemperatur nicht eine 100%ige Salzsäureabspaltung aus dem chlorierten Körper erfolgt. Das Verhältnis von Metalloxyd zu chlorierter Verbindung scheint unabhängig von der angewandten Menge Schutzmittel zu sein.

Über die Wirkungsweise der Antimonverbindungen bei der Flammfestausrüstung berichten auch N. J. Read und E. G. Heighway[1]). Auch diese Autoren stellen fest, dass Antimontrioxyd an sich nur eine beschränkte Flammschutzwirkung zu verleihen vermag. In Kombination mit chlorierten organischen Verbindungen wie Polyvinylchlorid oder Chlorparaffinen hingegen erweist sich Antimontrioxyd recht wirksam. Bei diesen Kombinationen soll sich bei der Verbrennungstemperatur der Zellulose Antimontrichlorid ($SbCl_3$) bilden, das als das eigentlich flammenhemmende Mittel anzusprechen ist.

Um einen vollkommenen Schutz zu erzielen, ist es ratsam, noch ein Glimmfestmittel zuzusetzen. Es kommen dabei vor allem Borsäure oder deren Salze sowie Phosphate in Frage, die einen wirksamen Glimmschutz zu verleihen vermögen. Bei den Phosphaten haben sich dabei Diammoniumphosphat und Zinkammoniumphosphat dem Natriumphosphat eindeutig überlegen erwiesen.

Zusammenfassend lässt sich also ein solches Flammschutzmittel, das sowohl gegenüber der Flammenausbreitung als auch des Nachglimmens den Anforderungen der Praxis genügt, durch die folgenden drei Komponenten charakterisieren:

1. Metalloxyd, vornehmlich Antimontrioxyd
2. Halogenwasserstoff, vornehmlich Salzsäure, liefernde Substanz
3. Bor- oder Phosphorsäure liefernde Verbindung (Glimmschutz).

Die Bildung der Bor- oder Phosphorsäure aus dem Glimmschutzmittel kann dabei entweder durch thermische Zersetzung der Substanz oder durch eine doppelte Umsetzung mit der freiwerdenden Salzsäure erfolgen. Die Zahl der hiefür geeigneten Verbindungen ist aber sehr beschränkt, da sie für die Erzielung einer waschbeständigen Ausrüstung auch zudem noch möglichst schwer löslich sein sollten. Als Flammschutzmittel wirkt bei diesen Verfahren Antimonoxychlorid, welches sich bei Flammentemperatur aus dem Antimonoxyd und der aus den chlorierten Körpern frei werdenden Salzsäure erst bildet. Es ist daher auch für einen wirksamen Schutz eine möglichst gute und gleichmässige Verteilung des Oxyds und der organischen Chlorverbindung unbedingt erforderlich. Dies kann jedoch gewisse anwendungstechnische Schwierigkeiten mit sich bringen, da hier nicht aus echten Lösungen das Schutzmittel aufgebracht wird, sondern Suspensionen des Metalloxyds oder Emulsionen der einzelnen Komponenten verwendet werden müssen.

Die Waschbeständigkeit dieser Ausrüstungen darf im allgemeinen als genügend bezeichnet werden. So wird die Flammfestkomponente aus Antimonoxyd und chlorierter Verbindung nur sehr langsam durch Emulgierung und mechanische Waschwirkung ausgewaschen. Das

[1]) J. Soc. Dyers & Col. *74* (1958), 12, S. 823–829.

Glimmfestmittel hingegen ist meist deutlich besser löslich und wird rascher ausgewaschen. Es muss hier vor allem durch Wahl einer günstigen Zusammensetzung des Schutzmittels versucht werden, die Diffusion der Bor- und Phosphorsäure bzw. deren Salze herabzusetzen.

Untersuchungen von Little[1]) haben dazu geführt, dass über die Wirkungsweise, die optimale Zusammensetzung der Schutzmittel und die Anwendungsweise solcher Mehrkomponenten-Flammfestmittel einige wichtige Details bekannt wurden. So haben Untersuchungen der einzelnen Komponenten sowie der Kombinationen zwischen Metalloxyd und Chlorverbindung gezeigt, dass mit Antimonoxyd allein sogar mit Einlagerungen bis zu 53 % des Fasergewichtes noch keine genügende Schutzwirkung erzielbar war. Aber auch die meisten Säuredonatoren können nicht als eigentliche Flammfestmittel angesprochen werden. Einzig Äthylendiamindihydrochlorid, Ammoniumchlorid und Anilinhydrobromid zeigten für sich allein bereits eine beachtliche Schutzwirkung. Es ist also erst das Zusammenwirken dieser beiden Komponenten, das den gewünschten Effekt hervorbringt. Es bestätigt dies auch die Annahme, dass als eigentliches flammenhemmendes Mittel Antimonoxychlorid und nicht Antimontrioxyd oder die inerte Salzsäure in Frage kommt.

Bei den Säurespendern erwiesen sich Anilinhydrochlorid, chloriertes Paraffin mit 70 % Chlorgehalt, Polyvinylchlorid (z.B. Vinylite VYNS) in dieser Reihenfolge als die wirksamsten. Chloriertes Paraffin mit 42 % Chlorgehalt, Neoprene (chlorhaltiger Kunstkautschuk) und chlorierte Aromaten erwiesen sich als deutlich weniger kräftige Schutzmittel als diejenigen der ersten Gruppe. Als Nachteil der wohl sehr wirksamen Anilinhydrochlorid und -hydrobromid, Ammoniumchlorid und Äthylendiamindihydrochlorid ist deren gute Wasserlöslichkeit zu nennen, die mit der gewünschten Wasch- und Wasserbeständigkeit nur schlecht vereinbar ist. Der Säurespender darf zudem nicht zu leicht flüchtig sein, um zu gewährleisten, dass die Zersetzung unter Säureabspaltung auf der Faser erfolgt, da nur so die Bildung des aktiven Antimonoxychlorids aus Antimonoxyd und Salzsäure gewährleistet ist.

Die chlorierte Verbindung hat aber auch noch die Funktion eines Bindemittels zu übernehmen, d.h. es muss damit eine Fixierung des Metalloxyds und eine Verbesserung der Wasser- und Waschbeständigkeit erzielt werden.

So wird etwa mit nieder chlorierten Paraffinen (40 % Chlorgehalt) wohl ein angenehmer Griff erhalten, doch vermag dieses Produkt als Säurespender nicht voll zu befriedigen und lässt sich auch relativ leicht auswaschen. Mit hochchlorierten Paraffinen (70 % Chlorgehalt) hingegen lässt sich ein guter und waschbeständiger Flammschutz erzielen,

[1]) Flameproofing textile fabrics, New York, 1947.

doch wird das Gewebe steif. Es werden daher oft Mischungen dieser beiden Paraffine angewandt, wobei das niederchlorierte Paraffin vor allem auch die Funktion eines Weichmachers zu übernehmen hat. Vom anwendungstechnischen Standpunkt aus sind sicherlich auch die Untersuchungen mit Flammschutzmitteln dieses Typs in Form von Öl-in-Wasser-Emulsionen, Wasser-in-Öl-Emulsionen und Lösungsmittelsuspensionen interessant. Es spielt dabei neben der Art und Gleichmässigkeit der Schutzmittelablagerung auch noch eine Rolle, welche Zusätze zum Imprägnierungsmittel gemacht werden müssen, um eine gebrauchsfertige Form zu erlangen.

Für Öl-in-Wasser-Emulsionen kann etwa als Emulgator Ammoniumoleat und als Stabilisator Methylzellulose dienen. Eine stabile Emulsion wird z. B. nach folgendem Ansatz erhalten:

40 Teile chloriertes Paraffin (42% Cl)-Antimonoxyd
5 Teile Solvesso 2 (Leichtpetroleumfraktion)
4 Teile Ölsäure
1 Teil konz. Ammoniumhydroxyd
4 Teile Methylzelluloselösung 4%ig (hochviskos)
46 Teile Wasser
100 Teile

Das Gewichtsverhältnis zwischen Antimontrioxyd und dem Chlorparaffin soll etwa 1:1 betragen. Als Glimmfestmittel können zu der Mischung von Chlorparaffin und Antimonoxyd auch noch z. B. Zinkborat oder Phenyldiamidophosphat zugesetzt werden. Die Stabilität der Emulsion wird jedoch durch einen solchen Zusatz herabgesetzt. Grössere Zusätze an Glimmfestmitteln machen sogar die Herstellung einer solchen Emulsion praktisch unmöglich.

Etwas günstiger liegen die Verhältnisse bei den Wasser-in-Öl-Emulsionen. Eine solche Emulsion lässt sich etwa nach folgendem Rezept erhalten:

50 Teile Wasser
28 Teile Chlorparaffin (42% Cl)-Antimonoxyd
5 Teile Glimmfestmittel
12 Teile Solvesso 2 (Leichtpetroleumfraktion)
5 Teile Rezyl (Emulgator)
100 Teile

Als Glimmschutzmittel erwiesen sich einzig Zinkborat und Phenyldiamidophosphat wirksam, während mit phosphatiertem Polyvinylalkohol, Zinkphosphat, Zinn-, Kupfer- und Eisenphosphat keine befriedigende Schutzwirkung erzielt wurde. Die Wasser-in-Öl-Emulsionen vertragen einen Glimmschutzzusatz bedeutend besser als die Öl-in-Wasser-Emulsionen. Es lässt sich dies damit erklären, dass diese Salze auf den seifenartigen Emulgator der Öl-in-Wasser-Emulsion ungünstig einwirken. Zudem wird die Stabilität der Öltröpfchen im Wasser durch einen Salzzusatz sehr massgebend beeinflusst.

Anstelle von Antimonoxyd können auch andere Metalloxyde angewandt werden. Es zeigte sich aber, dass Antimonpentoxyd, Zinn-, Zink- und Manganoxyd für sich allein angewandt nicht die Wirksamkeit des Antimontrioxyds erreichen. Hingegen erwies sich eine Mischung von gleichen Teilen Antimontrioxyd und -pentoxyd als sehr gut wirksam und mit einer Mischung von 1 Teil Antimontrioxyd und 2 Teilen Zinkoxyd wurde eine etwas geringere Flammfestigkeit dafür aber eine deutlich bessere Glimmbeständigkeit erzielt.

Reiche Variationsmöglichkeiten bietet natürlich auch der chlorierte Körper. Bei den chlorierten Paraffinen hat sich besonders eine Mischung von nieder- und hochchlorierten Paraffinen bewährt, wobei das 42% chlorierte Paraffin vor allem für den Griff der Ware und das 70% chlorierte Paraffin für den Flammschutz günstig wirken. Vinylite VYNS, ein Polyvinylchlorid, zeigt sich dem niederchlorierten Paraffin überlegen und ist nur wenig schwächer wirksam als das Gemisch der beiden Paraffine. Dabei wurde mit Polyvinylchlorid folgender Ansatz gewählt:

28,5 Teile Wasser
5,7 Teile Vinylite VYNS (Polyvinylchloroacetat)
6,8 Teile Triphenylphosphat (Weichmacher)
6,8 Teile Antimontrioxyd
3,4 Teile Zinkborat (Schutz gegen Nachglimmen)
3,4 Teile Rezyl (Emulgator)
45,4 Teile Dichloräthan (Lösungsmittel, Ölphase)

In obigem Beispiel wird anstelle der Petroleumfraktion Dichloräthan verwendet, welches den Vorteil hat, nicht brennbar zu sein. Ebenfalls Tetrachlorkohlenstoff kann als nicht brennbares Lösungsmittel eingesetzt werden, ohne dass dadurch die Flammfestbehandlung nachteilig beeinflusst wird.

Bei der praktischen Anwendung konnte die Beobachtung gemacht werden, dass es vorteilhafter ist, die vom Gewebe aufgenommene Menge Schutzmittel durch Variation des Abpressdruckes statt durch Änderung der Konzentration der Emulsion einzustellen. Zur Erzielung eines wirksamen Schutzes ist dabei mit einer Aufnahme von Schutzmittel von mindestens 30% vom Gewicht der Ware zu rechnen.

Little nennt auf Grund seiner umfangreichen Untersuchungen als vorteilhafteste Zusammensetzung einer solchen Wasser-in-Öl-Emulsion:

50 Teile Wasser
11,3 Teile Antimontrioxyd
5,7 Teile chloriertes Paraffin mit einem Chlorgehalt von 42%
3,8 Teile chloriertes Paraffin mit einem Chlorgehalt von 70%
5,7 Teile Zinkborat als Nachglimmschutz
4,7 Teile Rezyl als Emulgator
18,8 Teile Trichloräthylen als nicht brennbares Lösungsmittel
———
100 Teile

Eine weitere Anwendungsform dieser Flammfestmittel ist diejenige der Lösungsmittelsuspensionen, in welche auch Glimmschutzmittel eingebaut wurden. So lässt sich etwa bei 30% Schutzmittelaufnahme auf Zellulosefasergeweben ein Flammschutz erzielen mit einer Mischung aus

8,8 Teile Vinylite VYNS (Polyvinylchlorid-Polyvinylacetat-Mischpolymerisat)
8,8 Teile Antimontrioxyd
2,9 Teile Zinkborat
8,8 Teile Triphenylphosphat
70,7 Teile Methyläthylketon

100 Teile

Mit Vinylite VYNS werden Gewebe mit unbefriedigendem Griff erhalten; es wurde daher auch eine Weichmachung dieses Kunststoffs mit chlorierten Paraffinen vorgeschlagen. Es zeigt sich dabei, dass das niederchlorierte Paraffin (42% Cl-Gehalt) einen besseren Griff bei etwas verschlechterter Flammfestigkeit gibt, während hochchloriertes Paraffin mit einem Chlorgehalt von 70% den Flammfesteffekt noch verbessert, dafür aber keine Verbesserung des Griffs mit sich bringt.

Durch Zusatz von Zinkborat lässt sich eine gewisse Glimmbeständigkeit erzielen, doch lässt die waschfeste Fixierung dieses Glimmschutzes zu wünschen übrig. Zwischen Vinylite VYNS und dem niederer polymeren Vinylite VYHH liessen sich im Bindevermögen keine wesentlichen Unterschiede feststellen. Das höher polymere Vinylite VYNL ermöglichte jedoch eine bessere Fixierung des Zinkborats, doch sind die geringe Löslichkeit dieses hochpolymeren Stoffs und der damit erhältliche Steifeffekt als wesentliche Nachteile dieses Polymerisattyps zu nennen.

Im industriellen Maßstabe wird die Lösungsmittelsuspension entweder durch ein Tauchverfahren oder durch ein Streichverfahren auf die Ware gebracht. Für die Imprägnierung nach der Tauchmethode wird die Suspension durch Anreiben einer Paste aus dem Farbpigment und einem Teil des chlorierten Paraffins und Vermischen dieser Paste mit einer solchen, die das Antimonoxyd und weitere Zusätze enthält, sowie anschliessende Zugabe der Kunstharzlösung und des restlichen Chlorparaffins hergestellt. Auf Vorrat wird eine 80% Feststoffgehalt aufweisende Präparation zubereitet, die dann mit dem Lösungsmittel vor der Verwendung noch auf die Anwendungskonzentration verdünnt wird. Das zu imprägnierende Gewebe wird zunächst über erhitzte Kupfertrommeln geleitet und kommt dann unter Spannung in den V-förmigen Imprägnierungstank, der geheizt ist und in welchem ein Rührer für eine gute Suspendierung sorgt. Die Vortrocknung vor der Imprägnierung soll eine möglichst weitgehende Vertreibung der Feuchtigkeit und damit verbunden eine bessere Benetzung durch das organische Lösungsmittel bewirken. Bei der Imprägnierung ist darauf zu achten, dass eine möglichst gute Durchdringung der Ware mit dem Schutzmittel erzielt wird. Die Trocknung erfolgt zunächst auf Kupferzylindern und kann dann in einem Schleifentrockner fortgesetzt werden. Als Trocknungstemperatur kommt etwa 95 bis 100°C in Frage.

Beim Arbeiten nach dem Streichverfahren können entweder die beiden Gewebeseiten hintereinander oder gleichzeitig mit dem Flammschutzmittel beschichtet werden. Die Gleichmässigkeit einer solchen Ausrüstung ist von verschiedenen Faktoren abhängig. So spielen die Dichte, die Spannung, das Flachliegen und die Temperatur des Gewebes eine Rolle. Ferner soll die Zusammensetzung, die Viskosität und die Oberflächenspannung sowie die Temperatur des Flammfestgemisches möglichst konstant gehalten werden. Schliesslich ist auch noch der Anpressdruck der Streichmesser und Auftragrollen von Bedeutung und die Stellung und Schärfe der Streichmesser zu beachten.

Die Verwendung von Lösungsmittelsuspensionen bringt jedoch eine Reihe applikatorischer Schwierigkeiten. So ist es unangenehm mit grösseren Mengen brennbarer Lösungsmittel zu arbeiten. Ferner erlaubt das Streichverfahren nicht immer eine genügende Durchdringung der Ware und bringt nicht stets die gewünschte Gleichmässigkeit der Imprägnierung. Überdies ist dieses Verfahren bedeutend komplizierter als eine gewöhnliche Imprägnierung in wässerigem System. Es wurden daher Emulsionen entwickelt, die in anwendungstechnischer Hinsicht beträchtliche Vereinfachungen bringen sollten. Es war dabei anzustreben, dass eine solche Emulsion genügende Stabilität, eine geeignete Viskosität bei dem gewünschten Feststoffgehalt und auch genügende Verträglichkeit mit Glimmschutzmitteln aufweist. In den meisten Fällen gelangen Wasser-in-Öl-Emulsionen zur Anwendung, die in verschiedenen Viskositäten hergestellt werden können. Diese Emulsionen zeigen auch ein besseres Eindringvermögen in die Ware als die Öl-in-Wasser-Emulsionen.

Als grosser Vorteil dieser Emulsionen gegenüber der Lösungsmittelsuspension ist zu betrachten, dass sie auf einer ganzen Reihe von in der Ausrüstindustrie üblichen Apparaten verarbeitet werden können. So kann etwa auf einer Klotzmaschine mit Abquetschwalzen gearbeitet werden oder mit Streichmessern oder auf einer Druckmaschine die Imprägnierung vorgenommen werden. Für das Antrocknen der behandelten Ware eignen sich besonders Spannrahmen oder andere Heisslufttrockner. Abschliessend kann dann noch auf Trockenzylindern getrocknet werden. Die Emulsionsmethode eignet sich für die verschiedensten Gewebetypen, wobei nur eine Anpassung durch richtiges Einstellen der Viskosität zu erfolgen hat. So ist etwa stark gezwirnte Ware mit einer Emulsion niederer Viskosität zu behandeln als nur ein schwach gedrehtes Garn. Öl-in-Wasser-Emulsionen verwenden als wasserlösliche Emulgatoren üblicherweise Alkaliseifen oder Fettalkoholsulfate.

Da hier vor allem eine Oberflächenbehandlung der Ware erzielt wird, sind höhere Prozentsätze an aktiven Substanzen anzuwenden.

Die Wasser-in-Öl-Emulsionen benötigen im organischen Lösungsmittel lösliche Emulgatoren. Es handelt sich dabei meist um komplizierter gebaute organische Verbindung vom Typus der Ester- und Aminokondensate. Als Beispiel einer solchen Flammfestausrüstung sei etwa die folgende Stammlösung genannt:

19	Teile chloriertes Paraffin mit einem Chlorgehalt von 42%
12	Teile chloriertes Paraffin mit einem Chlorgehalt von 70%
16,25	Teile Kunstharz
9,5	Teile Kupfernaphthenat (11% Kupfergehalt)
13,75	Teile Antimontrioxyd
16	Teile Kalziumkarbonat
8,4	Teile Farbstoff
5	Teile Lösungsmittel
0,7	Teile Emulgator

Die Imprägnierung erfolgt mit einer Lösung, die man durch Dispergieren von 100 kg dieses Gemisches in 25 kg Naphta und Zusatz von 35 kg Wasser unter energischem Rühren erhält. Der Zusatz von Kupfernaphthenat soll dabei dem Gewebe auch noch Verrottungsbeständigkeit verleihen.

Auf dem Prinzip der Verwendung flammenhemmender Oxyde mit halogenhaltigen Bindemitteln unter eventuellem Zusatz von Glimmschutzmitteln beruhen eine Reihe von Verfahren, die in der Patentliteratur zu finden sind.

Das *amer. P. 2.443.566* erwähnt so etwa für eine biegsame, wetterbeständige flammfeste Beschichtung von Geweben eine wässerige Dispersion eines normalerweise brennbaren Polyvinylacetats, Trikresylphosphat und Antimontrioxyd.

Auch im *amer. P. 2.407.668* von Leatherman werden flammsichere Beschichtungen mit Polyvinyl- und Methakrylharzen beschrieben. Eine Mischung dieser Kunstharze dient vor allem als Bindemittel für Zinkkarbonat, welches als die eigentliche Aktivsubstanz bezeichnet wird. Ferner können noch einer solchen Streichmasse Pigmente, Weichmacher wie Trikresylphosphat und Fungizide beigemischt werden.

Ein Flammfestmachen mit eventueller gleichzeitiger Färbung bildet den Gegenstand des *amer. P. 2.536.978* vom 2. Januar 1951 der American Cyanamid Co. – Fordemwald. Man verwendet hiezu Öl-in-Wasser-Emulsionen, die sowohl den Farbstoff in Form eines Pigments, ein ölmodifiziertes Alkydharz als Bindemittel als auch ein Flammfestmittel enthalten. Als Flammschutzmittel werden chlorierte Kohlenwasserstoffe wie hochchloriertes Paraffin verwendet. Ausserdem kann ein Zusatz von Phosphaten, Antimontrioxyd oder ähnlicher Schutzmittel gemacht werden.

Die *amer. P. 2.549.059* und *2.549.060* der American Cyanamid Co. – J. Wilmer und T. F. Cooke (1. Februar 1950) beschreiben ein Ein- oder Zweibadverfahren zum Flammsichermachen von Textilien aus natürlicher und/oder regenerierter Zellulose, das ferner auch noch durch *brit. P. 711.699*, *franz. P. 1.044.579* und *DP Anm. A 12 834/8k* geschützt wird. Darnach imprägniert man ein Textilgut mit einer wässerigen Dispersion, die 1 Gew. Teil eines fein verteilten Oxyds des Antimons, Wismuts, Zinns oder Titans und 0,6 bis 20 Teile eines thermoplastischen Kunststoffes mit mindestens 20% gebundenem, in der Hitze abspaltbarem Chlor – z. B. Polyvinylchlorid – enthält, und einer Lösung eines metallfreien, unter 200 °C schmelzenden Salzes einer Aminophosphorsäure oder eines Guanidin- oder Guanylharnstoffsalzes einer sauerstoffhaltigen Polysäure des Phosphors, wie z. B. Diguanidin- oder Diguanylharnstoffpyrophosphat. Der p_H-Wert der wässerigen Lösung soll dabei zwischen 3 und 7 liegen. Die imprägnierte Ware wird dann anschliessend auf eine Temperatur von 135 bis 200 °C erhitzt.

Das günstigste Gewichtsverhältnis zwischen den in der Dispersion enthaltenen Oxyde und Kunstharze einerseits und dem in der wässerigen Lösung vorhandenen Salz einer Aminophosphorsäure liegt bei 1 : 0,2 bis 8. Die behandelte Ware soll etwa soviel Imprägniermittel aufnehmen, dass eine Gewichtszunahme zwischen 10 und 75 Gewichts-% auf das Trockengewicht der Ware berechnet erzielt wird. Die Behandlung mit der wässerigen Dispersion und der Lösung kann in zwei Arbeitsgängen hintereinander in beliebiger Reihenfolge vorgenommen werden, oder es kann auch im Einbadverfahren imprägniert werden.

Die nach diesem Verfahren erzielbare Flammfestausrüstung ist waschbeständig und beeinflusst auch den Griff der Ware sowie die Festigkeitseigenschaften des Materials nicht nachteilig.

Die Herstellung der Salze der Aminophosphorsäure erfolgt nach den Patentangaben zweckmässig durch Zusammenschmelzen von Harnstoff oder Dicyandiamid und Phosphorsäure, einer Polyphosphorsäure oder eines Guanidinsalzes der Phosphorsäure oder einer Polyphosphorsäure. Im *amer. P. 2.640.000* (eing. am 7. Juni 1947, ert. am 26. Mai 1953) der Diamond Alkali Co. wird ein Flammfestverfahren beschrieben, welches auch gleichzeitig dem Gewebe wasserabstossende Eigenschaften verleiht. Zunächst wird die Ware mit anorganischen, flammenhemmenden, halogenfreien Verbindungen wie Antimontrioxyd, andere Antimonsalze, Arsen- oder Wismutsalze, Phosphate, Borate oder Stannate behandelt. Es kann dabei eine dieser Verbindungen für sich allein oder ein Gemisch dieser Verbindungen angewandt werden.

Auf die derart imprägnierte Ware lässt man die Lösung eines wasserabweisenden Kunstharzes oder Polymeren einwirken, wobei diese Komponente weder auf die anorganischen Flammschutzmittel noch auf die nachträglich aufgebrachten organischen Chlorverbindungen einwirken dürfen. So kann etwa hiefür Zelluloseacetat, Vinylharze, Akrylharze, Polystyrol oder Polyäthylen in Betracht fallen. Darauf wird zur Vertreibung des Lösungsmittels erhitzt.

In einem dritten Arbeitsgang wird dann eine Lösung einer organischen Chlorverbindung, die in der Wärme Salzsäure abzuspalten vermag, auf die Ware gebracht. Es eignen sich hiezu ganz besonders chlorierte Kohlenwasserstoffe vom Typ der Chlorparaffine, die zwischen 40 und 70% Chlor enthalten. Diese Lösung darf den darunter liegenden Film des Kunstharzes nicht anlösen. Abschliessend wird wiederum durch Erwärmen das Lösungsmittel verjagt.

Als Beispiel für dieses Verfahren seien etwa die folgenden Imprägnierbäder genannt:

1. Bad: 200 Teile Antimontrioxyd
72 Teile einer 50%igen Lösung eines Formaldehyd-Harnstoffharzes in
350 Teilen Xylol
2. Bad: 10%ige Lösung von Polyäthylen in heissem Xylol
3. Bad: 120 Teile chloriertes Paraffin mit einem Chlorgehalt von 40%
200 Teile Schlämmkreide
26 Teile eines Formaldehyd-Harnstoffharzes in
633 Teilen Xylol

Als besondere Vorteile dieses Verfahrens werden die gleichzeitige Flammfest- und Wasserabweisendausrüstung sowie die Tatsache genannt, dass die Textilfasern nicht in direktem Kontakt mit dem chlorierten Paraffin sind, so dass eine Abspaltung von Salzsäure nicht zu einer Faserschädigung führt.

Nach Untersuchungen von S.A. Rulon, M.J. Sostman und I.L. Phillips[1]) kann durch Licht oder Hitze ein mit Antimontrioxyd und chloriertem Paraffin flammfest ausgerüstetes Gewebe geschädigt werden. Bei einer Temperatur von 130°C kann nach 4 Stunden das chlorierte Paraffin schon beträchtliche Mengen Salzsäure abspalten, die dann auf die Faser abbauend wirkt. Es wird daher empfohlen, zur Bindung eventuell entstehender Säure Kalziumkarbonat mitzuverwenden. Kalziumkarbonat soll aber nur gegenüber Bewitterungseinflüssen und nicht gegenüber Lichteinwirkung einen befriedigenden Schutz bieten.

Nach dem *brit. P. 727.163* (eing. am 22. Juli 1952, ert. am 30. März 1955) der Commercial Plastics Ltd. – A.D. Clarke wird die Ware mit Ammoniumwolframat oder -phosphat imprägniert und dann beidseitig mit einer biegsamen und wasserdichtmachenden Polyvinylchloridschicht überzogen. Anstelle von Polyvinylchlorid kann auch

---

[1]) Amer. Dyest. Rep. *35* (1946), 10, S. 489.

Polyvinylidenchlorid verwendet werden. Als Streichmasse kann z.B. eine Masse aus

100 Teilen Polyvinylchlorid
100 Teilen Trikresylphosphat
10 Teilen chloriertem Diphenyl
10 Teilen Antimontrioxyd
6 Teilen Bleikarbonat

Anwendung finden.

Eine Flammfestausrüstung mit hoher Auswaschbeständigkeit bildet den Gegenstand des *brit. P. 785.610* (1. Juli 1954/8. Juni 1955/ 30. Oktober 1957) der British Jute Trade Research Ass. – Broatch. Darnach wird die Ware mit einer wässerigen Dispersion von Antimonorthophosphat, einem chlorhaltigen Vinylharz und einem Stabilisierungsmittel imprägniert und anschliessend erhitzt. Als Stabilisator kann etwa Karboxymethylzellulose zum Bad zugesetzt werden.

Als Weichmacher für das Polyvinylchlorid kann Trikresylphosphat verwendet werden. Es ist dann ein Erhitzen des imprägnierten Materials auf etwa 150°C nötig, um die Aufnahme des Weichmachers in das Polyvinylchlorid zu gewährleisten. Derart flammfest gemachte Textilien zeichnen sich vor allem auch durch eine hohe Nachglimmfestigkeit aus.

Das *franz. P. 1.065.465* (eing. am 7. Mai 1952, ert. am 26. Mai 1954) von Bessonneau beschreibt ein Verfahren zur Herstellung flammfester, fäulnisbeständiger und wasserdichter Wagenplanen und Zeltstoffe. Die Imprägnierung besteht aus einem flammenhemmenden Metalloxyd oder -karbonat, einer organischen Chlorverbindung und einem Weichmacher, der wasserabweisende Eigenschaften aufweist. Als Beispiel für eine solche Ausrüstung wird das nachstehende Verfahren angeführt: Das Gewebe wird mit einer 15%igen Diammoniumphosphatlösung bei 60°C foulardiert und auf der Hotflue bei einer Temperatur von ungefähr 80°C getrocknet. Hierauf wird mit einer Masse beschichtet, die 14 Teile Polyvinylchlorid, 14 Teile Trikresylphosphat, 3 Teile Chlordiphenyl, 0,3 Teile Pentachlorphenol als Fungizid, 4,2 Teile Magnesiumkarbonat, 64 Teile Trichloräthylen und 0,5 Teile Farbpigment enthält. Nach der Beschichtung wird bei einer Temperatur zwischen 85 und 90°C getrocknet und beidseitig kalandriert.

Nach dem *franz. P. 1.109.296* (23. Juli 1954/21. September 1955) der Dickson SA – Morin werden vor allem durchbrochene Gewebe wie Tüll, Gaze oder Netze mit einer organischen Chlorverbindung und einem flammenhemmenden Metalloxyd imprägniert. So wird z.B. ein Ansatz aus

10 g Polyvinylacetochlorid
5–20 g Antimontrioxyd
100–300 ml Methyläthylketon oder einem anderen Lösungsmittel für Polyvinylacetochlorid
1 g Zinkstearat oder einem anderen Stabilisator

für die Imprägnierung verwendet. Zunächst wird bei gewöhnlicher Temperatur und abschliessend noch bei etwa 80°C getrocknet.

Eine Reihe von Patenten auf diesem Gebiete wurden von der Firma Dr. Quehl & Co. GmbH, Chemische Fabrik, Speyer genommen. So beschreiben etwa die *franz. P. 1.080.314* (eing. am 2. Juli 1953, ert. am 26. Mai 1954, veröff. am 8. Dezember 1954, dtsch. Prior. vom 3. Juli 1952), *brit. P. 747.569* und *schweiz. P. 323.881* sowie die *DAS 1.023.744* (eing. am 3. Juli 1952, veröff. am 6. Februar 1958) ein Flammfestverfahren mit einem oder mehreren Flammfestmitteln vom Typ der Metalloxyde wie Antimontrioxyd, Zinnoxyd, Titandioxyd u.a. sowie einem nachchlorierten Polyvinylchlorid als Bindemittel und Salzsäurespender. Die Behandlungsbäder enthalten neben den Metalloxyden geringe Mengen (in der Grössenordnung von 5%) nachchloriertes Polyvinylchlorid mit einem Chlorgehalt von mindestens 60%. Der p_H-Wert der Lösungen wird auf 7 oder darüber eingestellt. Ferner kann den Bädern auch noch ein Wasserabweisendmittel wie Fettsäuren, Seifen oder Wachs- bzw. Paraffinemulsionen zugesetzt werden. Gleichzeitig lassen sich auch Farbpigmente und/oder weichmachende und den Griff verbessernde Zusätze machen. Zur Verbesserung des Wasserabweisendeffekts wird noch eine Nachbehandlung mit Aluminiumformiat oder -acetat vorgeschlagen. Die so erhaltene Ausrüstung wird als waschbeständig und ohne Einfluss auf das Aussehen, den Griff und die Gewebefestigkeit bezeichnet. Man klotzt z.B. die Ware mit einer Lösung oder Dispersion eines nachchlorierten Polyvinylchlorids, in welchen die fein dispergierten Metalloxyde sich befinden. Nach dem Abquetschen erfolgt die Trocknung. Um bei der Trocknung eine Faserschädigung zu vermeiden, wird die Flotte mit einer schwachen Base wie Ammoniak oder Triäthanolamin schwach basisch eingestellt. Eine solche Flotte wird z.B. aus einer Lösung von nachchloriertem Polyvinylchlorid in einem Aceton-Trichloräthylen-Gemisch, Antimontrioxyd, Ammonium- oder Triäthanolaminoleat und einer 1%igen wässerigen Lösung von Johannisbrotkernmehl bereitet. Nach der Imprägnierung kann dann bei einer Temperatur von 90°C getrocknet werden.

Ein anderes Beispiel aus der Patentschrift gibt folgende Arbeitsweise an:

4 bis 6 Teile nachchloriertes Polyvinylchlorid werden in
40 bis 50 Teilen eines Lösungsmittelgemisches, etwa Aceton-Trichloräthylen gelöst. Darauf gibt man
10 bis 12 Teile Antimontrioxyd,
3 Teile Fettsäure wie Olein
3 bis 5 Teile eines schwachen Alkalis wie Ammoniak oder Triäthanolamin
30 bis 35 Teile einer 1%igen wässerigen Johannisbrotkernmehlverdickung dazu und füllt auf 100 Teile auf.

Der Erfinder hebt hervor, dass die Verwendung von nachchloriertem Polyvinylchlorid den Vorteil hat, dass eine sehr beständige Fixierung des Metalloxyds ohne wesentliche Veränderung des textilen Charakters erzielbar ist. Der Fixierungseffekt des nachchlorierten Polyvinylchlorids ist derart gut, dass nur relativ geringe Mengen verwendet werden müssen, die bei 6 % und darunter liegen. Ferner erlaubt dieses Arbeitsverfahren auch eine schwach alkalische Einstellung der Behandlungsflotte, was ein faserschonendes Trocknen gestattet.

Im *brit. P. 772.364* beschreibt Quehl ein analoges Flammfestverfahren, das besonders für die Ausrüstung von Kleidungsstücken empfohlen wird. Die Ware wird mit einem Bad behandelt, welches ein oder mehrere Metalloxyde mit flammenhemmenden Eigenschaften wie Antimontrioxyd, Zinnoxyd oder Titandioxyd, eine Lösung oder Dispersion von nachchloriertem Polyvinylchlorid sowie unter Umständen noch weitere Zusätze enthält. Die günstigste Polyvinylchloridkonzentration wird mit 4 bis 6 % angegeben und die Flotte mit Ammoniak oder Triäthanolamin schwach alkalisch gemacht.

Nach einem Beispiel wird das Gewebe zunächst mit Hydronblau gefärbt und dann mit einem Bad nachstehender Zusammensetzung imprägniert:

4 bis 6 Teile nachchloriertes Polyvinylchlorid gelöst in
40 bis 50 Teilen eines geeigneten Lösungsmittelgemisches (Aceton-Trichloräthylen)
10 bis 12 Teile Antimontrioxyd
3 Teile Fettsäure wie Olein
3 bis 5 Teile Ammoniak oder Triäthanolamin
30 bis 35 Teile einer 1 %igen wässerigen Johannisbrotkernmehlverdickung
100 Teile

Die Flotte wird auf einen p_H-Wert von etwas über 7 eingestellt und dann noch 8 % eines blauen Pigmentfarbstoffs zur Überdeckung der weissen Metalloxyde zugegeben.

Auf dem Foulard wird das Gewebe mit einem Abquetscheffekt von 80 % imprägniert und dann bei 90 bis 100°C getrocknet. Zum Schluss wird noch durch eine Aluminiumformiatlösung von 5° Bé genommen und erneut getrocknet.

Das *brit. P. 784.171* von Quehl[1]) hat eine flammenhemmende und wasserabweisende Ausrüstung von Geweben zum Gegenstand. Es wird in einem sauren Bade imprägniert, welches durch Mischen einer Lösung oder Dispersion von Paraffin, Wachsen oder Fettsäuren von wasserabweisenden Eigenschaften und einer chlorierten organischen Verbindung als Bindemittel wie etwa Chlorkautschuk, chloriertes Paraffin oder Polyvinylchlorid mit einer organischen Säure, Stabilisatoren und einer wässerigen Lösung von Aluminium- oder Zirkonsalzen wie Aluminiumformiat, Zirkonoxychloridacetat und einem oder mehreren

[1]) Siehe ferner das *franz. P. 1.131.982* (4. Mai 1955/29. Oktober 1956/4. März 1957, dtsch. Prior. 5. Mai 1954) von Quehl & Co.

Metalloxyden wie Antimontrioxyd erhalten wird. Als organische Säuren kommen in erster Linie Ameisen- und Essigsäure in Betracht.

Nach einem Beispiel werden 0,5 bis 1,5 Teile Gummi arabicum und 1,5 bis 3 Teile Blutalbumin in der fünffachen Menge Wasser gelöst und langsam 0,5 Teile Ameisensäure zugesetzt. Hierauf fügt man 3 bis 5 Teile Aluminiumformiat (11° Bé) und noch 15 bis 20 Teile Wasser zu. Eine zweite Lösung enthält 4 bis 6 Teile nachchloriertes Polyvinylchlorid, 0,5 Teile Pentachlorphenol und 2 bis 3 Teile Paraffin in einem Lösungsmittelgemisch von 8 bis 12 Teilen Aceton und 22 bis 18 Teilen Trichloräthylen. Unter gutem Rühren gibt man die zweite Lösung zur ersten und fügt dann 12 bis 15 Teile Antimontrioxyd und 1 bis 3 Teile Zinkborat zu, welche man in der doppelten Menge Wasser suspendierte. Ferner können nun auch noch 8 bis 12 Teile eines Farbpigments zugesetzt werden. Nach dem Homogenisieren der Flotte wird foulardiert und mit 100% abgequetscht. Die Trocknung erfolgt auf dem Spannrahmen.

Die *DAS 1.021.326 Q 350/8k* (5. Mai 1954/27. Dezember 1957) von K. Quehl beschreibt ein analoges Einbadverfahren zur gleichzeitigen Flammfest- und Wasserabweisendausrüstung. Das saure Behandlungsbad wird durch Zusammenmischen einer Lösung oder Dispersion wasserabweisender Substanzen wie Paraffin, Wachse oder Fettsäuren, einer Lösung von nachchloriertem Polyvinylchlorid in einem organischen Lösungsmittelgemisch und einer wässerigen Lösung von Stabilisatoren (Gummi arabicum, Albumin, Leim, Methylzellulose), Aluminium- oder Zirkonsalzen und einer organischen Säure erhalten. In dieses Gemisch werden ein oder mehrere flammenhemmende Metalloxyde wie Antimontrioxyd eingetragen. Ferner kann noch 1–3% Zinkborat zur Verhinderung des Nachglimmens zugesetzt werden. Auch Farbpigmente, griffverbessernde Mittel oder Konservierungsmittel (Pentachlorphenol) lassen sich noch zufügen.

Die *DAS 1.028.528 Q 351/8k* (5. Mai 1954/24. April 1958) von K. Quehl bildet ein Zusatzpatent zum vorerwähnten. Es wird darin darauf hingewiesen, dass an Stelle des nachchlorierten Polyvinylchlorids auch andere chlorierte organische Verbindungen verwendet werden können. So werden etwa zur Fixierung der Metalloxyde Chlorkautschuk, Chlorparaffine oder Polyvinylchlorid erwähnt. Diese sollen in Mengen von 5–10% bezogen auf das Behandlungsbad vorhanden sein, während diese bei nachchloriertem Polyvinylchlorid zwischen 3 und 7% liegen.

Nach den Angaben der *DAS 1.029.795 Q 306/8m* (24. Juni 1953/14. Mai 1958) und des *franz. P. 1.109.436* von Quehl lassen sich Gewebe zunächst mit einem oder mehreren Metalloxyden und einem chlorhaltigen Fixierungsmittel flammfest ausrüsten und nachträglich noch färben oder bedrucken. Das Flammfestmittel ist eine praktisch neutrale

Lösung oder Dispersion, die ein oder mehrere Metalloxyde wie Antimontrioxyd, Zinnoxyd oder Titandioxyd und ein nachchloriertes Polyvinylchlorid in geringer Menge (4 bis 6%) enthält. Dieses Verfahren lässt sich ebenfalls mit einer Wasserabstossendausrüstung kombinieren.

Ein ähnliches Verfahren wird auch im *franz. P. 1.083.963* (eing. am 23. September 1953, veröff. am 14. Januar 1955, dtsch. Prior vom 23. Juni 1953) von Quehl geschützt. Das Schutzmittel enthält flammenhemmende Metalloxyde (Antimon-, Zinn-, Titanoxyd), nachchloriertes Polyvinylchlorid und schwache Alkalien zur Einstellung einer neutralen bis schwach alkalischen Reaktion. Weitere Appreturmittel lassen sich noch im gleichen Bad anwenden.

Ein weiteres Flammfest- und Wasserabweisendverfahren auf dieser Basis bildet den Gegenstand des *belg. P. 537.831* (2. Mai 1955) von Quehl. Dem Bad aus Antimontrioxyd, wasserabweisenden Stoffen wie Wachsen oder Fetten, organischen Chlorverbindungen wie z.B. Chlorkautschuk oder nachchloriertem Polyvinylchlorid und Aluminium- oder Zirkonsalzen setzt man nach diesem Verfahren noch eine organische Säure und ein Stabilisierungsmittel wie Gummi arabicum, Albumin, Leim oder Methylzellulose zu. Dies soll ein leichteres Eindringen der Flotte in die Fasern ermöglichen.

Nach einem Beispiel dieser Patentschrift löst man 0,5 bis 8 Teile Gummi arabicum und 1 bis 2,5 Teile Fibroin in der fünffachen Menge Wasser und versetzt dann mit 1 bis 5 Teilen Ameisensäure und 4 bis 7 Teilen einer wässerigen Emulsion aus Paraffin, Leim und Alaun (Wasserabweisendappretur). Dieses Gemisch giesst man in eine Lösung von 5 bis 7 Teilen nachchloriertem Polyvinylchlorid und 0–2 Teilen Chlorparaffin in 8 Teilen Aceton, 7 Teilen Äthylenchlorid und 15 Teilen Perchloräthylen. Zum Schluss werden noch 12 bis 15 Teile Antimontrioxyd, 20 Teile Wasser und 2 Teile eines Farbpigments zugesetzt.

Das *brit. P. 731.130* sowie die *DP Anm. B 21.344/8k* (eing. am 25. Juli 1952, veröff. am 6. August 1956) der BASF schlagen zur Flammfestausrüstung eine Öl-in-Wasser-Emulsion vor. Diese emulgatorfreie Emulsion weist in ihrer Ölphase eine Lösung eines hochchlorierten, schwer flüchtigen Kohlenwasserstoffs wie chloriertes Paraffin in einem mit Wasser unmischbaren Lösungsmittel und in der äusseren wässerigen Phase wasserlösliche Polymerisate und flammenhemmende anorganische Substanzen wie Antimontrioxyd oder Diammoniumphosphat auf. Zu dieser Flotte lassen sich ferner noch Pigmente oder lösliche Farbstoffe sowie Wasserabweisendmittel zugeben. Ferner kann auch durch Mitverwendung wässeriger Dispersionen von Mischpolymerisaten das Bindemittel in seinen Eigenschaften modifiziert werden.

Mischpolymerisate aus 1,1-Dichloräthylen und Akrylsäureestern werden nach den Angaben der *DP Anm. F 9.024/8k* (eing. am 9. Mai 1952, veröff. am 22. März 1956) der Farbenfabriken Bayer AG als

Bindemittel für Flammfestmittel vorgeschlagen. So werden Lösungen oder Dispersionen von üblichen Flammschutzmitteln wie Metalloxyden, Phosphorsäureestern, chlorierten Diphenylen, chlorierten Naphthalinen u. dgl. mit diesem Mischpolymerisat auf die Ware gebracht. Als besonderer Vorteil dieses Bindemittels wird sein grosses Fixierungsvermögen erwähnt, welches die Bindung selbst der zehnfachen Schutzmittelmenge erlaubt. Man kann somit mit relativ geringen Bindemittelmengen auskommen, was sich auf den Griff der Ware günstig auswirkt. Auch weitere Zusätze wie wasserabweisende Appreturen, Fungizide, Weichmacher, Füllstoffe oder Pigmente lassen sich solchen Imprägnierungsbädern noch beigeben.

Das *brit. P. 586.095* von Bowen, Majerus, Meals und Kellet verwendet für die flammfeste Ausrüstung von Textilien Kunstharze aus Dicyandiamid und Formaldehyd. Während die meisten Verfahren auf dieser Basis mit potentiell sauren Katalysatoren arbeiten, wird zur Schonung der Fasern nach dieser Erfindung das Kunstharz durch Alkalien, und zwar besonders durch n/2 Natronlauge gefällt und dann in der üblichen Weise gehärtet.

Auch eine Reihe weiterer Verfahren bezwecken mit Hilfe von Kunstharzen eine Verbesserung der Beständigkeit von Flammfestausrüstungen. So soll sich eine Ware von gutem Aussehen und Griff bei guter Faserschonung etwa bei folgender Arbeitsweise erhalten lassen[1]:

Man verwendet eine Imprägnierlösung aus

290 Teilen Monoguanidinphosphat
145 Teilen Cyanamid
20 Teilen Hexamethylentetramin
318 Teilen Wasser
136 Teilen einer Antimonoxydsuspension
91 Teilen einer wässerigen Emulsion eines nicht weichgemachten Vinylchloridmischpolymerisats aus 80 bis 95% Vinylchlorid und 20 bis 5% eines Alkylakrylats.

Monoguanidinphosphat, Cyanamid und Hexamethylentetramin löst man durch Erwärmen des Wassers auf 40 bis 50°C auf. Die Antimonoxyddispersion stellt man sich durch Auflösen von 13 Teilen eines Emulgators wie etwa Tamol P (Natriumsalz eines Kondensationsprodukts von Formaldehyd und einer Naphthalinsulfosäure) in 577 Teilen Wasser und Zugabe von 410 Teilen fein verteilten Antimontrioxyds her. Die Suspension lässt man noch durch eine Kolloidmühle laufen, so dass die Teilchengrösse im Durchschnitt bei höchstens 1 μ liegt.

Bei der Herstellung der Imprägnierungslösung wird die Antimonoxyddispersion zur wässerigen Dispersion des Vinylchloridmischpolymerisats gegeben und gut gemischt. Darauf gibt man das Gemisch zur wässerigen Lösung des Monoguanidinphosphats, Cyanamids und Hexa-

[1]) Siehe Melliand Textilber. *32* (1951), S. 393; *amer. P. 2.520.103* der American Cyanamid Co.

methylentetramins. Der p_H-Wert der Flotte soll dabei bei etwa 4,7 liegen.

Die Ware wird mit dieser Flotte im Tauchverfahren imprägniert und gleich anschliessend mit Kautschukquetschwalzen auf eine Flüssigkeitsaufnahme von 120% des Warengewichts abgepresst. Die Trocknung erfolgt bei 60 bis 70°C und daran schliesst sich noch eine Härtung von 10 bis 15 Minuten bei 160°C an. Zum Schluss wird noch gespült, um die wasserlöslichen Reste zu entfernen.

Eine Antimontrioxyddispersion in einer 12,5%igen Kaseinlösung wird für das Flammfestmachen von Textilien in den *brit. P. 573.471* und *573.472* von J. O'Neill empfohlen.

Ebenfalls Proteinkondensationsprodukte wie die in den *amer. P. 2.262.770* und *2.262.771* beschriebenen Kondensationsprodukte des Harnstoffs und Formaldehyds mit Kasein werden als gute Bindemittel für die üblichen Flammschutzmittel wie Antimonoxyd und chlorierte Paraffine genannt. So erwähnt das *amer. P. 2.413.163* von Du Pont ein Flammfestverfahren auf dieser Grundlage. Der Vorteil des Verfahrens soll darin bestehen, dass der sich aus Antimontrioxyd und chlorierten Verbindungen beim Belichten abspaltende Chlorwasserstoff bei Verwendung dieses Bindemittels nicht auf die Textilfaser einwirken kann.

Das *amer. P. 2.395.922* von W. D. Timmons verwendet zur Fixierung der unlöslichen Antimonverbindungen Kumaronharze, die in geschmolzenem Zustande auf die Faser aufgetragen werden. Da auf diese Art und Weise auch noch ein Nachglimmen verhütet werden kann, bietet diese Methode einen ausgesprochenen Schutz gegen Flammeneinwirkung.

Im *franz. P. 1.138.514* (eing. am 9. Dezember 1955, ert. am 28. Januar 1957, veröff. am 14. Juni 1957) von Lurie wird ein Flammfestverfahren für Textilien oder auch andere Kunststoffe wie Polyester, Polystyrol oder Polyvinylderivate beschrieben, das ein Gemisch aus chloriertem Kautschuk (z. B. 50 bis 80%), einer anorganischen Verbindung wie etwa Antimonoxyd, Eisenoxyd usw. (z. B. 20 bis 50%) und Natriumalginat (0,05 bis 3% als wässerige Lösung) verwendet. Die Lösung oder das Imprägnierungsbad wird vorteilhaft in einer Konzentration von 15 bis 40% angewandt. Erfolgt die Flammfestausrüstung als Beschichtung, so kann nach einem der üblichen Streichverfahren vorgegangen werden und abschliessend noch bei etwa 80°C getrocknet werden.

Nach dem *franz. P. 1.198.822* (12. Februar 1958/15. Juni 1959/ dtsch. Prior. 22. Februar 1957) der C. Freudenberg KG werden flammfeste Faservliese aus natürlichen, künstlichen oder synthetischen Fasern durch Imprägnierung mit einer Bindemittelemulsion, -dispersion oder -lösung auf Basis von Natur- oder synthetischem Kautschuk oder

Thermoplasten hergestellt, in die 20 bis 30% (bezogen auf das Fasermaterial einer flammfesten Substanz und eventuell Hilfsmittel wie Netzmittel, Weichmacher, Vulkanisationsmittel oder Beschleuniger eingerührt wurden. 10 bis 30% der flammfesten Substanzen sollen Polyvinylchlorid sein. Antimonoxyd, Chlorkautschuk, Chlorparaffin, Umsetzungsprodukte von Harnstoff- oder Melamin-Formaldehyd-Kondensaten oder Phenolharze mit hydroxylgruppenhaltigen Phosphor-Halogeniden oder Umsetzungsprodukte oder Polymere des Allylphosphats werden als Flammschutzmittel genannt. Nach der Imprägnierung wird getrocknet und anschliessend auf 150 bis 160°C erhitzt. Als Vorteil dieses Verfahrens wird die relativ geringe Menge von 20 bis 30% Flammfestmittel auf der Ware erwähnt, die den Charakter des Vlieses nicht stark zu verändern vermag.

In den *brit. P. 791.803* (9. Mai 1955/29. März 1956/12. März 1958), *franz. P. 1.149.604* (9. Mai 1956/15. Juli 1957) und der *DAS 1.101.347 A 24851/8k* (7. Mai 1956/9. März 1961) beschreiben die Associated Lead Manufactures Ltd. – N. J. Read ein Flammfestverfahren für Zellulosetextilien und andere Faserstoffe, welches Antimontrioxyd, Polyvinylchlorid und Weichmacher verwendet. Die Imprägnierung besteht aus 10 bis 20% Antimontrioxyd, 20 bis 50% eines mindestens teilweise chlorhaltigen Weichmachers und 70 bis 30% Polyvinylchlorid. Antimonoxyd und der Weichmacher können zunächst unter Zusatz eines Emulgators in Wasser oder einem Verdickungsmittel emulgiert werden. Durch Einstellen eines p_H-Wertes von 2 bis 3 mit Essigsäure wird die Bildung der gewünschten Öl-in-Wasser-Emulsion begünstigt. Nach dem Zusatz des Polyvinylchlorids stabilisiert man die Emulsion durch Neutralisation mit Ammoniak. Als Emulgator wird Manoxol OT im Patent empfohlen. Der Weichmacher stellt eine Mischung dar, die 15 oder mehr % organisch gebundenes Chlor enthält und aus einer chlorfreien Komponente vom Typ der üblichen Weichmacher für Polyvinylchlorid wie z.B. Dioctylphthalat oder -sebacat und einem chlorhaltigen Produkt besteht. Letzteres ist etwa ein flüssiges Chlorierungsprodukt des Diphenyls oder ein flüssiges Chlorparaffin. Das Verfahren eignet sich besonders gut für leichte Baumwollware, die dadurch weder hart noch steif wird. Der erzielbare Effekt ist wasch- und trockenreinigungsbeständig.

Ein entsprechendes Verfahren bildet den Gegenstand des *amer. P. 3.014.000* (8. Februar 1960/19. Dezember 1961) der Associated Lead Manufacturers Ltd. – N. J. Read. Die Imprägnierung besteht aus 10 bis 20% Antimontrioxyd, 30 bis 50% einer Weichmachermischung und zum Rest aus einem Vinylpolymeren. Homopolymere des Vinylchlorids und des Vinylidenchlorids, Kopolymere aus Vinylchlorid und Vinylidenchlorid sowie Mischungen dieser Polymere kommen als Vinylpolymere in Betracht. Die flüssige Weichmachermischung mit mindestens 15% Chlorgehalt besteht aus Alkylestern aliphatischer oder aromatischer Dikarbonsäuren, Alkyl- oder Arylestern der Phosphorsäure einerseits und chlorhaltigen Weichmachern mit 40 bis 70% Chlorgehalt wie chlorierte Diphenyle oder Paraffine. Als Beispiele für Weichmacher werden genannt:

75% Dioctylphthalat
25% chloriertes Paraffin mit 70% Chlorgehalt

oder

57% Dioctylphthalat
43% chloriertes Paraffin mit 42% Chlorgehalt.

Es werden speziell auch Emulsionen geschützt, deren kontinuierliche Phase Wasser und deren dispergierte Phase aus oben genannten Komponenten besteht.

Nach dem *brit. P. 800.157* (30. Januar 1956/29. Januar 1957/20. August 1958) der Courtaulds Ltd. – F. Ward werden Fasern aus natürlicher und regenerierter Zellulose in einem Einbadverfahren mit einer Mischung aus Antimonoxyd oder einem andern Metalloxyd, einem chlorhaltigen Polymerisat und einem Aminoplasten imprägniert. Als chlorhaltiges Polymerisat kommt etwa eine mit Trikresylphosphat weichgemachte Polyvinylchlorid-Emulsion in Frage. So wird die Ware mit einer wässerigen Paste imprägniert, die Antimontrioxyd, Polyvinylchlorid, ein Harnstoff-Formaldehyd-Vorkondensat und Ammoniumrhodanid als Katalysator enthält. Es wird dann bei 100°C getrocknet und anschliessend zwei Minuten bei 150°C ausgehärtet. Die erzielte Ausrüstung ist flamm- und wetterfest. Anstelle des Einbadverfahrens kann auch in zwei Arbeitsgängen imprägniert werden. Dabei wird das Gewebe zunächst mit dem Aminoplast behandelt und dann mit einer Antimontrioxyd/Polyvinylchlorid-Emulsion nachbehandelt.

Eine Flammfestbehandlung mit einer wässerigen Dispersion von Polyvinylchlorid, Ammoniumphosphat und gegebenenfalls auch Antimontrioxyd bildet den Gegenstand des *brit. P. 805.499* (1. November 1955/31. Oktober 1956/10. Dezember 1958) der Greengate and Irwell Rubber Co. Ltd. – W. G. Hallam und J. G. Qualtrough. Das bei diesem Verfahren verwendete Polyvinylchlorid wird mit Tritolylphosphat weichgemacht. Ein derart behandeltes Gewebe wird zudem noch luft- und wasserundurchlässig.

Das *amer. P. 2.881.097* (2. Februar 1956/7. April 1959) der Harshaw Chemical Co. – A. Giordano und W. J. Straka behandelt ein Flammfestverfahren für Zellulosefasern, das eine Dispersion von Kupferantimoniat in einer organischen Halogenverbindung verwendet. Auf einen Teil Kupferantimoniat werden 1,8 bis 4 Teile der Halogenverbindung genommen. Halogenierte Paraffine, Polyvinylchlorid, Chlorkautschuk oder halogenierte mineralische oder verseifbare Öle kommen dabei etwa in Frage. Das Kupferantimoniat besitzt zusätzlich bakterizide Eigenschaften. Auf der Faser sollen nach der Imprägnierung 2,5 bis 31% bezogen auf das Fasermaterial an Kupferantimoniat und 2 bis 35% Halogen in Form einer der genannten halogenierten Verbindungen vorhanden sein.

Im *DDR P. 21.376/8k* (21. März 1959/27. Mai 1961) von R. Scharf und K. A. Reif wird zum Flammfestmachen von Textilien mit Synthesefaserbeimischung folgendes Verfahren vorgeschlagen. Eine Dispersion von Polyvinylchlorid und Metalloxyden wie etwa Antimontrioxyd in einem organischen Lösungsmittel wie Perchloräthylen und einer organischen Phosphorverbindung wie Trikresylphosphat wird mit Chlorparaffin von einem Chlorierungsgrad von mindestens 70% vermischt. Diese Mischung wird dann mit Hilfe eines Emulgators in Wasser dispergiert. Die so erhaltene Dispersion wird auf das Mischgewebe aufgeklotzt. Nach dem Trocknen der imprägnierten Ware wird noch auf ca. 150° C erhitzt, um das Polyvinylchlorid zum Gelieren zu bringen. Die auf diese Weise erzielte Flammfestausrüstung ist waschbeständig und verändert den textilen Charakter der Ware nicht. Zudem wird die Luftdurchlässigkeit des Gewebes durch die Ausrüstung nicht beeinträchtigt.

Eine Mischung von Metalloxyden mit chlorierten organischen Verbindungen wird auch in der *DAS 1.142.336 M 37101/8h* (21. März 1958/17. Januar 1963) und im *franz. P. 1.233.225* von A. Markmann & Co. – H. F. Mayer zur Flammfestbehandlung von militärischen Tarngeweben aus Synthesefasern beschrieben. Es wird eine porenschliessende Masse aufgetragen, die mindestens 100% des Fasergewichts ausmachen soll. Es wird so zugleich noch eine Füllwirkung und ein Steifeffekt erzielt.

Flammfestmittel, die sich für verschiedene Faserstoffe eignen, beschreibt das *amer. P. 2.926.097* (3. November 1944/23. Februar 1960) USA, Secretary of War – M. Leatherman. Es handelt sich dabei um Mischungen aus 65 bis 85% eines Chloramins, 6–10% eines chlorierten Paraffins, 6–10% einer dechlorierenden Verbindung wie Zinkoxyd oder Kalziumkarbonat und 0,5 bis 5% eines Emulgators wie Sorbitanmonolaurat oder -tetralaurat, oder Aluminiumstearat. Als Chloramine werden genannt: N,N,2,2′,4,4′,6,6′-octachlor-sym.-diphenylharnstoff, N,N,3,3′,5,5′-hexachlor-N,N′-diacetylbenzidin, 1,3, 4,6-Tetrachlor-7,8-diphenylglykoluril, 1,3,4,6-Tetrachlor-7,8-dimethylglykoluril oder Trichlormelamin.

Wässerige Emulsionen von Chlorierungsprodukten der zwischen 170 und 230°C siedenden Kohlenwasserstofffraktionen der Kohlenoxydhydrierung mit einem Chlorgehalt von mindestens 65% oder besser noch 70% empfiehlt die *DAS 1.058.014 I 6106/8k* (7. Juli 1952/27. Mai

1959) der Chemischen Werke Witten GmbH – J. Bösch, K.H. Imhausen und H. Rossow zum Flammfestmachen von Textilien. Die mit einer derartigen Emulsion imprägnierten Gewebe bleiben weich und fühlen sich auch nicht klebrig an.

Nach dem *öster. P. 194.364* (27. September 1954/15. April 1957, schweiz. Prior. 8. September 1954) von Stoffel & Co. – G. Frey wird die Entflammbarkeit von Textilien aus Zellulosefasern durch eine Behandlung bei 0 bis 25° C in einer Lösung von Halogenfettsäuren und Alkalihydroxyd herabgesetzt. Das Behandlungsbad soll 0,5 bis 1 Mol eines Alkalisalzes einer Halogenfettsäure wie etwa Natrium-monochloracetat und 0,5 bis 1 Mol Alkalihydroxyd wie Ätznatron im Liter enthalten. Nach der Imprägnierung wird auf mindestens 100°C erhitzt, und zwar erfolgt dies mit Vorteil auf dem Spannrahmen mit Heissluft. Es tritt dabei eine teilweise Carboxyalkylierung der Zellulose ein. Der auf diese Weise erzielbare Effekt soll wasch- und trockenreinigungsbeständig sein. Ferner hat es sich auch gezeigt, dass bei Fettsäurederivaten mit mehr als 2 Kohlenstoffatomen die in α-Stellung halogenierten Fettsäuresalze günstigere Ergebnisse liefern.

Die Salze höherer Chlorkarbonsäuren mit einem Chlorgehalt von 10 bis 50% werden als Emulgatoren zur Herstellung wässeriger Dispersionen von halogenierten Kohlenwasserstoffen in der *DAS 1.078.267 F 17 787/23e* (23. Juni 1955/24. März 1960) der Farbwerke Hoechst AG – H. Klug und H. Jochinke geschützt. Derartige Emulsionen werden dann zur Imprägnierung von Textilien verwendet, wobei ein Flammfesteffekt erzielt wird. Als Emulgatoren werden die Chlorierungsprodukte der Stearin-, Palmitin-, Öl-, Behen- oder Montansäure genannt. In den *amer. P. 2.913.423* (14. Februar 1958), *franz. P. 1.288.858, brit. P. 863.186* und *DAS 1.127.589 P 22 176/39c* (6. Feburar 1959/12. April 1962) der Purdue Research Foundation – G.B. Bachmann werden Halogennitro-Polymere als flammenhemmende, thermoplastische Über züge für Textilien vorgeschlagen. Zu diesem Zweck wird ein 1,2-Dihalogen-1-Nitroäthan wie 1,2-Difluor-1-nitroäthan, 1,2-Dichlor-1-nitroäthan oder 1-Chlor-2-brom-1-nitroäthan bei einer unter 20°C liegenden Reaktionstemperatur mit einer schwachen Base wie Alkalikarbonaten oder -bikarbonaten, tertiären Aminen und dgl. behandelt, wobei unter Halogenwasserstoffabspaltung sich das Polymer bildet:

$$n\ \underset{\underset{NO_2}{|}}{\overset{\overset{X}{|}}{CH}}-\overset{\overset{Y}{|}}{CH_2} \longrightarrow CH_3-\left[\underset{\underset{NO_2}{|}}{\overset{\overset{X}{|}}{C}}-CH_2\right]_n-\underset{\underset{NO_2}{|}}{\overset{\overset{X}{|}}{CH}} \qquad X,Y = \text{Halogen}$$

Das *franz. P. 1.216.661* (9. Februar 1959/30. November 1959, amer. Prior. 11. Februar 1958) der National Lead Co. – J.A. Orsino, D.F. Herman und J. I. Brancato beschreibt ein Verfahren zum Modifizieren der Zellulose mit Polyolefinen oder ähnlichen Produkten.

Durch diese Modifikation wird ein Flammfest- und Wasserabweisendeffekt erhalten. Das Fasermaterial wird mit flüssigen Titan- oder Zirkonverbindungen getränkt und diese dann mit metallorganischen Verbindungen in katalytisch wirksame Substanzen übergeführt. Auf der Faser wird dann unter den Bedingungen des Niederdruckverfahrens eine Polymerisation von Monomeren wie Äthylen, Propylen oder Styrol durchgeführt.

Das *amer. P. 2.931.803* (15. August 1957/2. Juli 1956/5. April 1960) von du Pont de Nemours Co. – Krespan erwähnt fluorhaltige Heterozyklen als Flammschutzmittel. Diese werden hergestellt, indem man ein inniges Gemisch Tetrafluoräthylen und Schwefel, Selen oder Phosphor in Gegenwart von Jod bei einer Temperatur zwischen 125 und 350°C und hohem Druck (bis 5000 atm.) umsetzt. Diesen Heterozyklen kommen folgende Formeln zu, wobei bei den Phosphorverbindungen jeweils die dritte Valenz noch durch ein Jod abgesättigt ist.

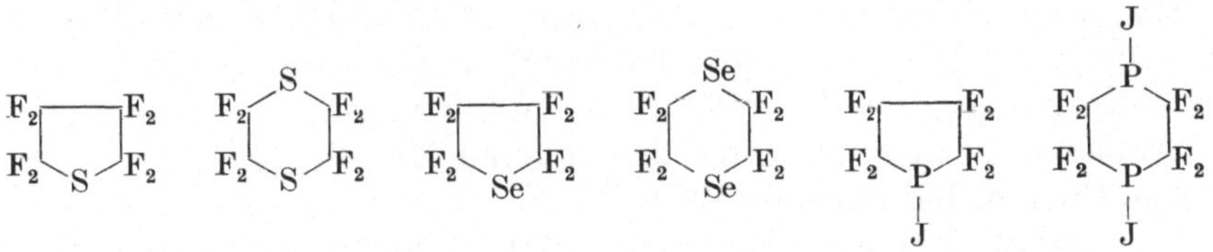

J
S Se P
F_2 F_2 F_2 F_2 F_2 F_2 F_2 F_2 F_2 F_2 F_2 F_2
F_2 S F_2 F_2 S F_2 F_2 Se F_2 F_2 Se F_2 F_2 P F_2 F_2 P F_2
J J

Das *amer. P. 2.951.854* (12. Juni 1957/6. September 1960) der General Aniline and Film Corp. – Chiddix und Wynn erwähnt Bischlorhydrine und Bis-epoxyde, die auch als Flammschutzmittel eingesetzt werden können. Deren Herstellung erfolgt durch Umsetzung von einem Mol 2,2,3,3-Tetrahalogenbutandiol mit mindestens 2 Mol Epichlorhydrin in Gegenwart von Alkali in einem aliphatischen Alkohol:

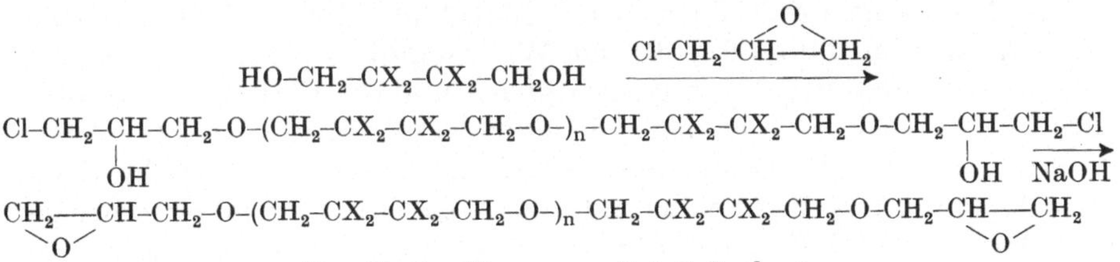

$$\text{HO–CH}_2\text{–CX}_2\text{–CX}_2\text{–CH}_2\text{OH} \xrightarrow{\text{Cl–CH}_2\text{–}\overset{\text{O}}{\text{CH—CH}_2}}$$

$$\text{Cl–CH}_2\text{–}\underset{\text{OH}}{\text{CH}}\text{–CH}_2\text{–O–(CH}_2\text{–CX}_2\text{–CX}_2\text{–CH}_2\text{–O–)}_n\text{–CH}_2\text{–CX}_2\text{–CX}_2\text{–CH}_2\text{–O–CH}_2\text{–}\underset{\text{OH}}{\text{CH}}\text{–CH}_2\text{–Cl} \xrightarrow{\text{NaOH}}$$

$$\underbrace{\text{CH}_2\text{—CH}}_{\text{O}}\text{–CH}_2\text{–O–(CH}_2\text{–CX}_2\text{–CX}_2\text{–CH}_2\text{–O–)}_n\text{–CH}_2\text{–CX}_2\text{–CX}_2\text{–CH}_2\text{–O–CH}_2\text{–}\underbrace{\text{CH—CH}_2}_{\text{O}}$$

X = F oder Cl   n = 0, 1, 2, 3 oder 4

4. Weitere Verfahren

Ein Flammfestverfahren für Zellulosetextilien wird von Geigy im *franz. P. 1.140.874* (eing. am 4. November 1955, ert. am 11. März 1957, veröff. am 20. August 1957, schweiz. Prior. vom 5. November 1954) behandelt. Man verwendet dabei einerseits eine wasserlösliche Phosphorsäureverbindung, bei welcher mindestens eine Hydroxylgruppe durch einen Amomniakrest oder einen Rest eines primären aliphatischen Amins ersetzt ist. Die restlichen Hydroxylgruppen sind durch andere aliphatische Aminreste oder durch Alkyl- oder Oxyalkylreste mit maximal 4 Kohlenstoffatomen in der Kette ersetzt. Ferner enthält die Appreturflotte noch ein Methylolmelamin, das unter Umständen auch verestert sein kann. Es sollen dabei zwei oder besser drei Methylolgruppen veräthert sein. Die Phosphorsäurederivate gehören mit Vorteil einer der nachfolgenden Klassen an:

Diamide der Alkylphosphonsäuren
Dialkylester von Monoaminphosphonsäuren
Monoalkylester von Aminophosphonsäuren
Triamide der Orthophosphorsäure

Am günstigsten ist es, wenn äquimolare Mengen von Phosphorsäurederivaten und Methoxymethylmelaminen in wässeriger Phase einer Dispersion von Polyvinylverbindungen und Oxyden der Metalle der 4. bis 8. Gruppe des periodischen Systems verwendet werden.

Das *franz. Zusatzpat. 63.756* zu *franz. P. 1.056.692* von Vallernand-Bauer befasst sich mit einer gleichzeitig flammfesten und wasserabweisenden Ausrüstung von Textilien. Darnach verwendet man eine Harnstoffpräparation zusammen mit komplexen Metallchloriden von Aluminium, Chrom, Kupfer oder Zinn. Ferner setzt man noch Kasein oder Gelatine enthaltende Emulsionen von Wachs oder Paraffin sowie feuerfestmachende Produkte und Formiate oder Acetate hinzu.

Wird eine Lösung von 25 bis 100 g/l angewandt, so wird eine gute wasserabweisende Wirkung erreicht. Wird jedoch eine Konzentration von 300 bis 400 g/l angewandt, so wird gleichzeitig auch noch ein Flammfesteffekt erzielt.

Als Beispiel nennt die Patentschrift etwa das nachstehende Verfahren: Man schmilzt 100 g Chromichlorid mit 100 g Harnstoff und 50 g Wasser, fügt dann 50 g 20%ige Wachsemulsion hinzu. 50 g dieses Gemisches werden in 1 Liter Wasser gelöst und die Ware damit imprägniert. Die Trocknung erfolgt bei einer Temperatur von 80°C. Die Fixierung von Natriumwolframat mit Kunstharzen vom Typ der Kondensationsprodukte des Cyanamids mit Formaldehyd bildet den Gegenstand des *amer. P. 2.454.245* (16. November 1948) der Amer. Viscose Corp. – J.A. Woodruff. Die Flammfestwirkung wird auf die Bildung einer unlöslichen Komplexverbindung zwischen dem Natrium wolframat und dem Kunstharz zurückgeführt.

So wird etwa ein Gewebe aus Regeneratzellulose 30 Minuten in einer 5%igen wässerigen Natriumwolframatlösung behandelt, abgequetscht und in eine 2%ige, mit Essigsäure schwach sauer eingestellte Lösung des Cyanamid-Formaldehyd-Kondensates gebracht. Nach dem Spülen wird die Ware noch bei einer Temperatur von 95° C getrocknet.

Vereinzelt werden auch zum gleichzeitigen Flammfest- und Wasserabweisendausrüsten von Textilien organische Siliziumverbindungen vorgeschlagen. Die *DAS 1.087.810 N 15 731/39c* (17. Oktober 1958/25. August 1960) von H. Niebergall beschreibt Additionspolymere mit Silizium- und Zinnatomen in der Hauptkette. 1,3-di-ungesättigtes Hexaorganodisiloxan und ein Diorganostannan werden in einem inerten Lösungsmittel wie etwa Äther, Dioxan, Paraffin oder Cykloparaffinen unter Zusatz von Katalysatoren wie Peroxyden oder radikalbildenden Azoverbindungen oder Platinkohlen umgesetzt. Triorganostannane dienen als Kettenstopper und Monoorganostannane als Vernetzungsmittel. Die so erhältlichen Polymere sind thermisch stabil und chemisch inaktiv. Unter anderem dienen sie zur Hydrophobierung und Flammfestausrüstung von Textilien.

$$CH_2{=}\underset{R'}{C}{-}(CH_2)_n{-}\overset{R}{\underset{R}{Si}}{-}O{-}\overset{R}{\underset{R}{Si}}{-}(CH_2)_n{-}\underset{R'}{C}{=}CH_2 + H{-}\overset{R''}{\underset{R''}{Sn}}{-}H \longrightarrow$$

1,3-di-ungesättigtes Hexaorgano-disiloxan Diorganostannan

$$\left[-\overset{R''}{\underset{R''}{Sn}}{-}CH_2{-}\underset{R'}{CH}{-}(CH_2)_n{-}\overset{R}{\underset{R}{Si}}{-}O{-}\overset{R}{\underset{R}{Si}}{-}(CH_2)_n{-}\underset{R'}{CH}{-}CH_2{-}\right]_{n'}$$

Additionspolymer

R und R'' = Alkyl-, Zykloalkyl-, Aryl-, Aralkyl- und/oder Alkarylreste
R' = Wasserstoff oder wie R oder die Doppelbindung aktivierende Gruppe
n = ganze Zahl zwischen 0 und 10

Das *amer. P. 2.851.474* (31. Oktober 1955) der Union Carbide Corp. – A.N. Pines und R.E. Godlewski[1]) erwähnt als Flammschutzmittel Divinyl-bis-(2-methoxyäthoxy)-silen, das durch Disproportionierung von Vinyl-tris-(2-methoxyäthoxy)-silan mit Kaliumhydroxyd hergestellt wird. Letzteres wird durch Umesterung von Vinyl-triäthoxysilan mit Methoxyäthanol in Gegenwart von Kalilauge gewonnen.

$$(CH_2{=}CH)Si(OC_2H_5)_3 + 3\,CH_3OC_2H_4OH \xrightarrow{KOH} (CH_2{=}CH)Si(OC_2H_4OCH_3)_3 + 3\,C_2H_5OH$$

$$2\,(CH_2{=}CH)Si(OC_2H_4OCH_3)_3 \xrightarrow{KOH} (CH_2{=}CH)_2Si(OC_2H_4OCH_3)_2 + Si(OC_2H_4OCH_3)_4$$

Phosphor und Silizium enthaltende organische Verbindungen empfiehlt die *DAS 1.118.781 N 16 250/120* (12. Februar 1959/7. Dezember 1961) der Koppers Co. Inc. – H. Niebergall als Flammfest- und Wasserabweisendmittel. Sekundäre Phosphine, Phosphinsulfide oder -oxyde werden an ungesättigte Silane angelagert. An die Additionsprodukte kann, sofern der Phosphor noch dreiwertig darin vorhanden ist, Schwefel oder Sauerstoff angelagert werden. Obschon die Addition

[1]) Siehe auch *DAS 1.022.227 U 4188*/12 *o* (30. Oktober 1956/9. Januar 1958/12. Juni 1958) der gleichen Firma.

auch ohne Katalysator vor sich gehen würde, setzt man doch üblicherweise als Reaktionsbeschleuniger Azoverbindungen, Peroxyde oder tertiäre Amine zu oder belichtet mit ultraviolettem Licht.

Im *franz. P. 1.120.750* (eing. am 23. Februar 1955, ert. am 23. April 1956, veröff. am 11. Juli 1956, amer. Prior. vom 23. Februar 1954) der Compagnie franç. Thomson-Houston wird als Flammfest- und Wasserabweisendmittel eine Organosiliziumverbindung mit einem Alkylphosphonatrest beschrieben. Es handelt sich dabei um eine Verbindung der allgemeinen Formel

$$-\overset{|}{\underset{|}{Si}}-(CH_2)_n-PO(OR)_{x-1}-R'_{3-x}$$

wobei R und R′ gleiche oder voneinander verschiedene Kohlenwasserstoffreste, x = 1,2 oder 3 und n eine ganze Zahl zwischen 1 und 10 bedeuten.

Das *schweiz. P. 297.847* (amer. Prior. vom 26. April 1949) der Pyrotron Development Corp. verwendet als Flammschutzmittel eine Phenolsulfosäure, die man mit Harnstoff umsetzt und dann mit Formaldehyd behandelt und abschliessend noch mit Ammoniak neutralisiert. Das so entstehende Produkt ist ein weissliches Harz, das sich bei Hitzeeinwirkung aufbläht und dann eine grosse Wärmeisolationsfähigkeit besitzt. Dieses Harz ist wasserlöslich und seine wässerigen Lösungen eignen sich zur Imprägnierung von Geweben, wobei nicht weniger als 25% feste Substanzen in der Lösung vorhanden sein sollten.

Das *brit. P. 731.130* (eing. am 20. Juli 1953, ert. am 1. Mai 1955, dtsch. Priorität) der BASF hat ein Flammschutzmittel zum Gegenstand, das eine wässerige Dispersion eines schwer flüchtigen chlorierten Kohlenwasserstoffs von mindestens 30% Chlorgehalt darstellt. Die wässerige Phase enthält noch ein Akryl- oder Polyvinylharz. Zur Herstellung der Dispersion eignet sich ein anionaktiver oder nichtionogener Emulgator. So werden etwa 230 Teile chloriertes Paraffin mit einem Chlorgehalt von 50% in 50 Teilen Tetrachlorkohlenstoff gelöst und dann zu 80 Teilen einer wässerigen Lösung von Polyakrylsäureamid mittlerer Viskosität und 50 Teilen einer 10%igen wässerigen Lösung eines Reaktionsprodukts aus 1 Mol Oleylalkohol und 30 Mol Äthylenoxyd zugefügt. Dieses Gemisch wird zu einer homogenen Emulsion verarbeitet, zu der dann noch 450 Teile Wasser zugesetzt werden.

Für flammenhemmende Beschichtungen empfiehlt das *amer. P. 2.407.668* von Leatherman Polyvinyl- und Methakrylharze, die vor allem als Träger für die eigentliche Wirksubstanz dienen. Als flammenhemmende Substanz wird in diesem Falle Zinkkarbonat vorgeschlagen. Ferner lassen sich noch Pigmente, Weichmacher wie Trikresylphosphat und Fungizide in eine solche Streichmasse einbauen.

Das *franz. P. 1.130.221* sowie seine *Zusatzpatente 66.360* und *66.397* von A. Samuel empfehlen als wirksamen Zusatz zu flammfesten

Überzügen oder Beschichtungen Hexachloräthan oder Verbindungen ähnlicher Zusammensetzung. So kann Hexachloräthan z. B. Phenol-Formaldehyd-Kondensaten zugesetzt und damit die Gewebe überzogen werden.

Das *amer. P. 2.455.454* von Walter behandelt feuersichere beschichtete Gewebe, bei denen als Fixierungsmittel Acetylzellulose verwendet wird. Das Gewebe wird mit einer Lösung eines chlorierten Paraffins in einem organischen Lösungsmittel imprägniert und getrocknet. Darauf werden die Gewebeschichten mit Acetylzellulose, die in einem flüchtigen Lösungsmittel gelöst ist, zusammengeklebt. Das Lösungsmittel für die Acetylzellulose muss dabei ebenfalls das Chlorparaffin zu lösen vermögen. Die aufgebrachte Chlorparaffinmenge soll dem Warengewicht gleich sein und dessen Chlorgehalt bei 68 bis 72% liegen. Als Lösungsmittel für das chlorierte Paraffin eignen sich etwa Aceton, Benzol, Toluol oder Mischungen dieser Lösungsmittel, während die Zelluloseacetatlösung etwa Aceton enthalten kann. Als Weichmacher werden besonders Dibutylphthalat und Triphenylphosphat genannt. Abschliessend wird noch während 20 Minuten auf 70 bis 80°C erwärmt.

Fluoralkylvinyläther und ihre Polymere werden im *brit. P. 739.731* der Minnesota Mining & Manufacturing Co. als flammfeste Überzüge empfohlen. Verbindungen der allgemeinen Formel

$$C_nF_{2n+1}\cdot CH_2{-}O{-}CH{=}CH$$

wobei n zwischen 3 und 11 liegt, wie z. B. Vinyl-1,1-dihydroperfluorobutyläther der Formel

$$CF_3{-}CF_2{-}CF_2{-}CH_2{-}O{-}CH{=}CH$$

sind klare, farblose, in Wasser unlösliche Flüssigkeiten, die in den üblichen organischen Lösungsmitteln sich lösen. Die Vertreter mit 6 bis 8 Kohlenstoffatomen polymerisieren leicht zu gummiartigen Produkten, die über 58% Gewichtsprozente gebundenes Fluor enthalten. Diese Polymerisationsprodukte sind flammenhemmend, wasser- und ölabweisend. Sie eignen sich besonders für die Herstellung von flammenhemmenden Überzügen.

Verbindungen mit mehr als 8 Kohlenstoffatomen hingegen geben infolge ihrer leichten Polymerisierbarkeit wachsartige Produkte, die sich besonders für die Behandlung von Textilien und Papieren eignen.

5. Waschbeständige Flammschutzmittel des Handels

Die chemische Fabrik Dr. Quehl & Co., GmbH Speyer, widmet sich unter anderem auch der Flammschutzausrüstung. Neben den nicht waschbeständigen Flammentin-Produkten hat diese Firma besonders die verschiedenen Aflamman-Typen entwickelt, die eine wetter- und waschbeständige Ausrüstung erlauben[1]).

Bei der Flammentin-Reihe weist die Marke H vor allem nur flammenhemmende Eigenschaften auf, während Flammentin HD auch noch vor Nachglimmen schützt und Flammentin HD 2 auch den strengsten Anforderungen bezüglich Glimmsicherheit genügt. Die Marke W lässt sich zusammen mit wasserabstossenden Imprägniermitteln wie etwa Contraqua EN im Einbadverfahren anwenden. Für Dekorationsstoffe, Vorhänge, Kulissen oder Florgewebe wird das flüssige Flammentin FL empfohlen. Diese Flammentine werden meist in Konzentrationen von 100 bis 150 g/l angewandt und vermögen der Ware einen guten Flammfesteffekt zu verleihen.

Es ist anzunehmen, dass diese nicht waschbeständigen, pulverförmigen Produkte auf Basis wasserlöslicher, anorganischer Salze aufgebaut sind.

Die Aflamman-Marken stellen demgegenüber Flammschutzmittel von guter Waschbeständigkeit dar. Auf Grund der Literatur und der Patente der Firma Dr. Quehl & Co. GmbH ist anzunehmen, dass es sich bei den Aflammanen um Antimonverbindungen und organische Chlorverbindungen, sehr wahrscheinlich nachchloriertes Polyvinylchlorid enthaltende Schutzmittel handelt. Die Aflammane erlauben gleichzeitig eine wasserabweisende, flammfeste und fäulnishemmende Ausrüstung der Textilien. Bei gleichzeitiger Verwendung von Aflafin III oder Aflafin IV Plv. können Waren bis zu 350 g/m² noch glimmfest gemacht werden und schwerere Gewebe weitgehend vor einem Nachglimmen geschützt werden.

Es wurden drei verschiedene Gruppen von Aflammanen entwickelt, nämlich die N-, die J- und die L-Marken.

Die Aflamman-N-Marken sind dickflüssige, schwach alkalische Präparate, die stabile, mit Wasser verdünnbare Dispersionen mit einem geringen Gehalt an organischen Lösungsmitteln darstellen.

Aflamman N-W enthält nur Weisspigment und dient vor allem für ungefärbte Artikel oder nach Zusatz von Pigmentfarbstoffen für farbige Ware. Die Marke N-WH ist noch feiner dispergiert und kommt auch für buntgefärbte oder bedruckte Ware in Frage, sofern eine leichte Mattierung in Kauf genommen wird.

Die N2-Marken zeichnen sich durch ihre hohe Kochwasch- und Trockenreinigungsbeständigkeit aus und sind in jedem gewünschten Farbton lieferbar. Wird auf einen besonders weichen Griff Wert gelegt, so ist Aflamman NC zu verwenden.

Mit den N-Marken lässt sich eine gewisse Wasserdichtigkeit erzielen, jedoch kein wasserabstossender Effekt. Durch eine nachträgliche

---

[1]) K. Quehl, Melliand Textilber. *33* (1952), 12, S. 1115–1116; *34* (1953), 1, S. 69–71 und *34* (1953), 2, S. 143–145; *35* (1954), 4, S. 431–436.

Behandlung der Ware nach dem Trocknen mit Aluminiumformiatlösung von 5° Bé kann aber der Wasserabweisendeffekt wesentlich erhöht werden. Ferner lässt sich auch durch eine Nachbehandlung mit Aflafin IV Plv. der Wasserabperleffekt und die Glimmfestigkeit ganz beträchtlich steigern, während mit Aflafin III nur letztere Eigenschaft verbessert wird.

Die Aflammane des J-Typs enthalten die gleichen wesentlichen Bestandteile wie die N-Marken und stellen gleichfalls weisse oder gefärbte Dispersionen dar, sind aber schwach sauer eingestellt. Neben Flammenfestigkeit und Fäulnisbeständigkeit wird mit diesem Typ auch ohne Nachbehandlung der Ware ein guter wasserabweisender Effekt verliehen. Es wurden auch hier eine Reihe von Spezialmarken entwickelt, die auf ganz spezifische Anwendungsgebiete zugeschnitten sind.

Die Aflamman-L-Marken sind reine Lösungsmittelprodukte und können deshalb nur mit Trichloräthylen oder ähnlichen Lösungsmitteln verdünnt werden. Ihre Verwendung setzt eine Lösungsmittelrückgewinnungsanlage voraus. Diese Produkte werden in erster Linie für die Ausrüstung schwer durchdringbarer Stoffe eingesetzt. Ebenfalls in dieser Gruppe bestehen neben farbstofffreien Präparaten solche für Deck- und Vollfärbung.

Die Reiss- und Scheuerfestigkeit sowie die Schrumpffestigkeit werden durch eine Aflamman-Ausrüstung meistens verbessert. Ferner erfährt die Ware eine merkliche Gewichtszunahme, die etwa einem Drittel der von ihr im nassen Zustande aufgenommenen Aflammanmenge entspricht. Der Griff der Ware wird dabei voller, aber nicht bockig oder klebrig. Die Wasch- und Wetterbeständigkeit der Ausrüsteffekte ist im allgemeinen als sehr gut zu bezeichnen, wobei die N2-Marken die höchste Beständigkeit aufweisen.

Die Aflamman-Marken sind besonders auf ihren Anwendungszweck abgestimmt, was auch die relativ grosse Anzahl verschiedener Typen bedingt.

Sehr oft wird neben einer Flammfestbehandlung auch ein Wasserabstossendeffekt gewünscht. Dies führt auch dazu, dass eine ganze Reihe kombinierter Verfahren bestehen. Zu diesen Produkten sind auch die Imprägnol flammfest-Marken der Chemischen Fabrik Pfersee GmbH, Augsburg, zu zählen, die gleichfalls in verschiedenen Typen auf dem Markt sind. Die A-Marken für mittlere Baumwollgewebe, die G-Reihe für Gurten und Bänder und die K-Reihe für Berufsköper sind zweibadig anzuwendende Emulsionsprodukte, die in verschiedenen Farbeinstellungen erhältlich sind. Es lassen sich damit wasch- und wetterfeste Flammfest- und Wasserabstossendeffekte erzielen, wobei die Ware auch eine gute Glimmfestigkeit erhält. Die Ware erhält einen vollen, angenehmen Griff und die Festigkeitseigenschaften werden eher noch verbessert. Imprägnol flammfest kann unverdünnt auf dem Foulard bei einer Temperatur von 15 bis 25° C angewandt werden. Der Abquetscheffekt soll zwischen 70 und 60 % liegen, so dass schlussendlich eine Gewichtszunahme von 25 bis 22 % erhalten wird. Die Trocknung erfolgt auf dem Rahmen oder in der Hänge bei 70 bis 100° C. Für leichtere Waren kann jedoch Imprägnol flammfest noch verdünnt werden.

Zur Steigerung der Wasch- und Wasserbeständigkeit sowie des Wasserabweisendeffekts wird bei den A-Marken noch nach dem Zwischentrocknen mit einer Lösung von 100 g/l Aluminiumformiat nachbehandelt.

Da diese Produkte Lösungsmittel enthalten, sind wo möglich Foulardwalzen aus synthetischem Gummi zu verwenden.

Neben den obigen alkalisch eingestellten Emulsionen wurden noch die sauren S-Marken geschaffen, die sich im Einbadverfahren anwenden lassen. Auch diese Typen werden nach dem obigen Verfahren auf die Ware gebracht, doch kann die Nachbehandlung mit Aluminiumformiat wegfallen.

Bei der A-Reihe ist vor allem Imprägnol flammfest A Grund zu nennen, das eine wässerige Emulsion von Flammschutzmittel (Chlorkautschuk), Verrottungsschutzmittel (Pentachlorphenolfettsäureester) und Wasserabweisendmittel (Paraffine und Wachse) darstellt. Es dient vor allem zur Ausrüstung von schweren Geweben. Durch eine Aluminiumformiatnachbeize kann zudem der Effekt noch verbessert werden. Die Bäder sind leicht herstellbar und weisen noch Zusätze von Pigmentfarben oder Weisspigmenten sowie von Antimontrioxyd auf. So wird etwa folgendes Imprägnierungsbad vorgeschlagen:

65 Teile Imprägnol flammfest A Grund
13 bis 19 Teile kaltes Wasser
13 Teile Antimontrioxyd
7 bis 3 Teile Pigmentfarben oder Weisspigment

Eine sorgfältige Emulgierung der einzelnen Komponenten mit einem Rührwerk ist unbedingt erforderlich. Bei Raumtemperatur wird auf dem Foulard die Imprägnierung aufgebracht, wobei etwa 70 % Nassaufnahme angestrebt wird. Es wird dann bei 80° C getrocknet und abschliessend noch zur Verbesserung des Wasserabstossendeffektes und der Fixierung der Imprägnierung mit Aluminiumtriformiat nachgebeizt.

Die Nopyron-Marken der Farbwerke Hoechst AG stellen pigmentierte Kunststoffdispersionen dar. Bei der H-Reihe handelt es sich um lösungsmittelhaltige Produkte, die neben der Flammfest- auch eine Fäulnisfestausrüstung erlauben. Sie eignen sich für eine wasser- und wetterbeständige Ausrüstung von vegetabilischen und synthetischen Fasern. Sie werden im Einbadverfahren bei gleichzeitiger Färbung angewandt. Zur Herstellung der Flotte wird mit chlorierten oder nicht chlorierten Kohlenwasserstoffen verdünnt. Ein häufiges Verdünnungsmittel stellt Tetrachlorkohlenstoff dar. Zur Erzielung flammfester Baumwollgewebe muss etwa 55% Schutzmittel (bezogen auf die Ware) aufgebracht werden.

Die HW-Marken sind wässerige Dispersionen, mit denen gleichzeitig auch noch ein Wasserdichteffekt erhalten wird. Auch hier erfolgt gleichzeitig mit der Ausrüstung die Färbung. Es sind Trockenauflagen von ungefähr 30% nötig. Eine Aluminiumtriformiatbehandlung dient ebenfalls hier noch zur Verbesserung des Wasserdichteffekts und der Fixierung.

Unter der Bezeichnung Emtex vertreibt die Weserland KG Dr. Brandt, Dr. Strahl & Co. in Hannover ein Flammfestmittel, das eine farbige Emulsion von Metalloxyden, chlorierten Kohlenwasserstoffen und Kunstharzen darstellt. Emtex wird bei einer Temperatur von 40°C unverdünnt angewandt. Emulsionsgemische zur gleichzeitigen Flammfest-, Verrottungsfest- und Wasserabweisendausrüstung von guter Wasch- und Wetterbeständigkeit stellen auch Rucon flammfest B, I und S von Rudolf & Co. KG. dar. Die einzelnen Typen sind für verschieden schwere Gewebe gedacht, nämlich B für leichte und mittlere Gewebe, S für Schwergewebe und I für Jute und ähnliches. Sie unterscheiden sich auch bezüglich des Trockengehalts. Die Applikation ist wie bei den andern Produkten dieser Art. Ebenfalls wird eine Nachbehandlung mit Aluminiumformiat empfohlen.

Protex empfiehlt zur Flammfestausrüstung mit gleichzeitiger Wasserabweisend- und Verrottungsfestbehandlung lösungsmittelhaltige Emulsionen von ungefähr 30% Trockengehalt unter den Bezeichnungen Hydroflamme Protex 120 (wasserbeständig) und Hydroflamme Protex 249 (wasch- und trockenreinigungsbeständig). Die Applikation erfolgt auf dem Foulard bei einem Abquetscheffekt von 80 bis 100%. Es wird eine Ablagerung von Trockensubstanz von 15 bis 25% für Leinen und von 20 bis 30% für Baumwolle angestrebt. Die Trocknung erfolgt bei ca. 100°C.

Waschbeständige Flammfestmittel, die anorganische Salze und Kunststoffe zu deren Fixierung enthalten, stellen z. B. Feldtol-Hydroflam S von C. Feldten Nachf. GmbH, Hamburg, Tragantine FL der Chem. Fabrik A. Radeck oder Firex der Chemischen Fabrik Rubach & Zirrgiebel dar. Diese Produkte kommen in den verschiedensten Formen in den Handel. Feldtol-Hydroflam ist eine Emulsion, Tragantine FL ein Pulver und Firex eine Paste. Kombinationen von Wachsen, Kunststoffen und anorganischen Verbindungen, die gleichzeitig einen Flammfest-, Wasserabweisend- und Fäulnisfesteffekt zu erzielen erlauben, sind die Feldtol-Hydroflam-Marken E (Emulsion) und ET (lösungsmittelhaltige Paste).

C. Flammfestverfahren für Kunst- und Synthesefasern

1. Flammfestausrüstung von Kunstfasern auf Zellulosebasis

Während die Regeneratzellulosefasern bezüglich Flammfestausrüstung den nativen Zellulosefasern praktisch gleichzusetzen sind, sind für Fasern aus Zelluloseestern einige spezielle Verfahren in der Patentliteratur zu finden. So werden etwa flammfeste Zelluloseestermaterialien z. B. aus Zelluloseacetat, -propionat, acetobutyrat oder Zelluloseacetatphthalat nach den Angaben des *amer. P. 2.933.402* (12. Dezember 1957/19. April 1960) der Eastman Kodak Co. – R.C. Harrinton und J.L. Smith erhalten, indem man der Spinnmasse 0,5 bis 5% eines Salzes zusetzt, das aus einem amphoteren Metall wie Aluminium, Titan oder Zinn und Bis-(β-chloräthyl)-phosphat gebildet ist. Dieses Verfahren mag natürlich auch speziell für Folien aus Zelluloseestern gedacht sein.

Bis (2-chloräthyl)-aminophosphonat der Formel

$$(Cl{-}CH_2{-}CH_2{-}O)_2PO{-}NH_2$$

wird nach dem *brit. P. 858.582* (29. November 1956) der Courtaulds Ltd. in Wasser oder einem geeigneten organischen Lösungsmittel gelöst in irgend einem Stadium der Herstellung oder Verarbeitung in Zelluloseacetatfasern eingearbeitet. Wenn auf diese Art und Weise mindestens 1% Phosphor in die Faser gebracht worden ist, so wird ein befriedigender Flammfesteffekt erzielt.

Nach dem *amer. P. 2.989.406* (12. Dezember 1957/20. Juni 1961) der Eastman Kodak Co. – R.C. Harrington und J.L. Smith gelangt man zu Fäden, Geweben oder Folien aus flammfesten Zelluloseestern wie Zelluloseacetat, -propionat, -butyrat, -acetobutyrat oder -acetatphthalat durch Zusatz von 0,2 bis 3% von Pyrophosphaten amphoterer Metalle wie Aluminium, Zinn oder Antimon. Die entsprechenden Pyrophosphate gewinnt man durch Umsetzung der Metallhalogenide mit Natriumpyrophosphat.

Flammfeste Zelluloseacetatfäden werden nach dem *belg. P. 610.903* (28. November 1961/28. Mai 1962, brit. Prior. 28. November 1960 und 27. März 1961) der Nelsons Silk Ltd. – C.A. Redfarn durch Verspinnen einer Lösung von Acetylzellulose gewonnen, der 2,5 bis 10% eines Tris-bromalkylphosphats oder eines Trisbromarylphosphats mit einem Bromgehalt von mindestens 50% zugesetzt wurden. So eignet sich etwa als Zusatz zur Spinnmasse Tris-dibrompropylphosphat. Die so hergestellten Fäden bzw. die daraus angefertigten Gewebe werden dann noch mit einer organischen, synthetischen filmbildenden Schicht überzogen, der ebenfalls Tris-bromalkylphosphat zugemischt wurde und die etwa 0,1 bis 5% der Acetylzellulose ausmachen soll. Als filmbildende Substanz, deren Entflammbarkeit natürlich nicht grösser als jene der Acetylzellulose sein soll, werden empfohlen: Zelluloseäther wie Äthylzellulose – Vinyl- und Vinyliden-Polymerisate mit Karboxyl-, Säureanhydrid- oder Karbonamidgruppen wie Styrol-Maleinsäureanhydrid-Kopolymere – Vinylacetat – bzw. Methakrylsäureester-Kopolymere – Aminoplaste wie der Butyläther des Dimethylolharnstoffs – Halogenkohlenwasserstoffe wie synthetische Chlorkautschuke.

2. Das Flammfestmachen von Polyamidfasern (Nylon) [1]

Gewebe aus Nylongarnen neigen üblicherweise nicht zum Weiterbrennen, da der Schmelzpunkt von Nylon tiefer liegt als die Temperatur, bei welcher es zu brennen beginnt. Somit tropft das Nylon beim Erhitzen ab, bevor es zum eigentlichen Brennen kommt. Wird jedoch ein Abtropfen verhindert, so kann auch Nylon zum Brennen gebracht werden. So ist etwa bekannt, dass Nylonfasern, die mit Chromfarbstoffen gefärbt oder nachchromiert wurden, derart verändert werden, dass die Faser weniger zum Abtropfen neigt. Es führt dies dann dazu, dass solche Nylongewebe brennen können und deshalb auch einer Flammfestbehandlung bedürfen. Auch Nylonartikel, die eine beständige Steifappretur mit thermohärtbaren Kunstharzen wie Melamin-Formaldehyd-Kondensat-Harzen erhielten, weisen den Nachteil auf, dass sie verhältnismässig gut brennen.

Ein weiteres Anwendungsgebiet von Flammfestausrüstungen von Nylon sind die Mischgewebe. Die dem Nylon zugemischten Fasern bilden ein Gerüst, welches das Abtropfen des geschmolzenen Nylons verhindert, so dass es zum Brennen kommen kann. So kann sogar festgestellt werden, dass auch Mischgewebe aus Nylon und unbrennbaren Fasern wie Glas gut brennen.

Um ein Weiterbrennen von solchen Nylonartikeln zu verhindern, wurde von Du Pont vorgeschlagen, das Nylon mit 5% eines Thioharnstoffharzes auszurüsten. Eine solche Ausrüstung ist waschbeständig. Als Nachteile sind ein teilweises Zurückgehen der Porosität, der etwas steifere Griff und die etwas erhöhte Knitterneigung derart behandelter Gewebe zu nennen.

Ein geeignetes Thioharnstoff-Formaldehyd-Kondensatharz kann etwa nach folgender Vorschrift hergestellt werden:

Man mischt

76 Teile Thioharnstoff mit
60 Teilen Formaldehyd und
200 Teilen Wasser.

---

[1] R.C. Axtmann und A.T. Sweet, Textile World *101* (1951), 3, S. 130; M. Fishman, Amer. Dyest. Rep. *44* (1955), 12, S. 403; D.O. Douglas, J. Soc. Dyers & Col. *73* (1957), 6, S. 258–263. E. P. Frieser, SVF-Fachorgan *15* (1960), 2, S. 129–131; E.P. Frieser, Melliand Text. ber. *40* (1959), 4, S. 436–438.

Nach Zusatz von etwas Pyridin als Katalysator lässt man diese Komponenten miteinander reagieren, wobei die Reaktionstemperatur bei gewöhnlichem Formaldehyd 40°C und bei Verwendung von Paraformaldehyd 80°C beträgt. Nach 4 Stunden ist die Reaktion zu Ende und das Reaktionsgemisch kann auf einen Trockengehalt von 10% verdünnt werden. Kurz vor der Imprägnierung setzt man dem Bad noch 2–3% Ammoniumrhodanid auf den Trockengehalt der Lösung berechnet zu. Ferner wird der p_H-Wert des Bades auf einen Wert von 3 bis 6 eingestellt. Ein solches Bad ist bei Zimmertemperatur während mehreren Stunden haltbar, zersetzt sich aber rasch in der Wärme.

Die Ware wird bei Raumtemperatur mit dieser Lösung geklotzt, dann bei 115 bis 120°C getrocknet und abschliessend während 5 bis 30 Minuten auf 140°C erhitzt. Durch Verlängerung der Härtungszeit lässt sich die Waschechtheit verbessern. Nach der Härtung wird mit leicht alkalischer Flotte lauwarm ausgewaschen, geschleudert und getrocknet. Eine solche Flammfestausrüstung lässt sich ferner auch mit einer Wasserabweisendausrüstung z. B. mit Zelan AP kombinieren.

Neben Thioharnstoffharzen wurden für den gleichen Zweck auch Mischkondensate aus Thioharnstoff, Harnstoff und Formaldehyd vorgeschlagen. Da die Herstellung von Thioharnstoff-Formaldehyd-Kondensaten mit gewissen Schwierigkeiten verbunden ist, wurde auch vorgeschlagen, den Thioharnstoff einem im Handel leicht erhältlichen Kondensatharz zuzumischen. Als geeignetes Kunstharzvorkondensat für diesen Zweck wurde methylierter Oxymethylharnstoff (Harnstoff: Formaldehyd-Verhältnis 1:1,9) gefunden. Wird jedoch Thioharnstoff zu methyliertem Oxymethylmelamin gegeben, so wird auf Nylon kein Flammfesteffekt erzielt. Hasselstrom und Mitarbeiter[1]) untersuchten eine Reihe von Substanzen auf ihre Eignung als Flammfestmittel für Nylon. Sie fanden dabei, dass die meisten der für die andern Textilmaterialien verwendeten Flammfestmittel mit Ausnahme gewisser Schwefel- und Halogenverbindungen eher die Brennbarkeit erhöhen als herabmindern. Die Wirksamkeit der Schwefel- und Chlorverbindungen erklären sie damit, dass sich saure Schwefelderivate oder Halogenwasserstoffsäuren bilden, die dann das beim Schmelzen von Nylon sich bildende Ammoniumkarbonat unter Freisetzung von Kohlendioxyd zersetzen. Dieses Kohlenoxyd wird jedoch kaum ausreichen, um die Flamme zum Erlöschen zu bringen. Es muss daher auch noch angenommen werden, dass diese Schwefel- und Halogensäuren das Entstehen von Kohlendioxyd durch Lenkung der thermischen Zersetzung begünstigen. Es wird dabei vor allem angenommen, dass durch diese Schutzmittel die Bildung hitzebeständiger Karbonate und Säureamide verhindert oder mindestens erschwert wird.

---

[1]) Hasselstrom, Coles, Balmer, Hunnigan, Keeler und Brown, Textile Res. J. *22* (1952), S. 742.

Es wird allgemein angenommen, dass das Entzünden von Nylon dadurch zustande kommt, dass das geschmolzene Nylon nicht abtropfen kann und somit bis zum Entzündungspunkt erhitzt wird. Diese Annahme scheint wohl für Nylongewebe, die mit Kunstharzen behandelt wurden, richtig zu sein, hat aber für mit Chromfarbstoffen gefärbtes Nylon keine Gültigkeit. Ein wirksames Flammschutzmittel sollte vielmehr den Schmelzpunkt des Nylons herabsetzen und die Viskosität des geschmolzenen Nylons verringern.

D.O. Douglas[1]) konnte anhand von eingehenden Untersuchungen zeigen, dass durch Zusatz von Thioharnstoff der Schmelzpunkt des Nylons herabgesetzt werden kann. Ebenfalls eine Reihe von Ammoniumsalzen wie Ammoniumchlorid, -bromid, -sulfat, -sulfamat, -nitrat und -rhodanid vermochten den Schmelzpunkt herabzusetzen, während Ammoniumphosphate praktisch ohne Wirkung waren. Es zeigte sich auch, dass bei Anwesenheit von Feuchtigkeit eine stärkere Herabsetzung des Schmelzpunktes beobachtet werden kann als bei völlig trockener Ware. Von den oben erwähnten Verbindungen sind auf Grund der durchgeführten Untersuchungen Thioharnstoff und Ammoniumnitrat am wirksamsten.

Versuche mit chromiertem Nylon und mit Chromfarbstoffen gefärbtem Nylon zeigten, dass der Schmelzpunkt und die Viskosität des geschmolzenen Nylons durch die Chromierung nicht verändert werden, jedoch die Entzündungstemperatur durch das Chrom und auch andere Metalle wie etwa Kupfer oder Eisen herabgesetzt wird. Anderseits lässt sich der Schmelzpunkt des Nylons durch Thioharnstoff herabsetzen, ohne dass dabei die Entzündungstemperatur beeinflusst wird. Es lässt sich somit durch ein Aufbringen von Thioharnstoff der Schmelzpunkt des chromierten Nylons derart herabsetzen, dass vor der Entzündung ein Abtropfen des geschmolzenen Nylons stattfindet. Thioharnstoff und auch die andern, den Schmelzpunkt herabsetzenden Ammoniumsalze sind jedoch für eine Flammfestausrüstung nicht sehr geeignet, da sie sich nicht waschbeständig auf der Faser fixieren lassen. Thioharnstoff lässt sich jedoch Kunstharzen vom Typ der Harnstoff-Formaldehyd-Kondensate zusetzen und so waschbeständig fixieren. Eine solche Kunstharzbehandlung bringt jedoch eine gewisse Veränderung des Griffs der Ware mit sich.

Die Prüfung chromierter und flammfest ausgerüsteter Nylongewebe ergab, dass je nach dem verwendeten Schutzmittel mehr oder weniger grosse Mengen Schutzmittel auf das Gewebe gebracht werden müssen, um einen genügenden Schutz zu erzielen. So wurden für ein

---

[1]) D.O. Douglas, J. Soc. Dyers & Col. *73* (1957), 6, S. 258–263.

bestimmtes Gewebe die nachstehenden Mindestmengen Flammschutzmittel ermittelt:

Thioharnstoff	3,1%	
Ammoniumrhodanid	5,9%	
Ammoniumbromid	9,1%	
Ammoniumsulfat	11,3%	ungenügender Effekt
primäres Ammoniumphosphat	17,7%	ungenügender Effekt

Säurebildende Flammschutzmittel bewirken, dass Melaminharze ohne zu schmelzen verkohlen, so dass sie auf Geweben aus Nylon, die mit Melaminharzen ausgerüstet sind, nicht wirksam sind. Bei Harnstoffharzen wird der Schmelzpunkt durch obige Flammschutzmittel nicht herabgesetzt, jedoch die Viskosität der Schmelze vermindert, so dass ein Abtropfen des geschmolzenen Nylon-Kunstharzgemisches begünstigt wird und somit ein Ausbreiten der Flammen verhindert werden kann. Die Polyesterfaser Terylene verhält sich ähnlich wie Nylon. Auch hier besteht bei den mit Kunstharzen ausgerüsteten Geweben erhöhte Neigung zum Weiterbrennen. Mit Harnstoff-Thioharnstoff-Kondensatharzen können Polyesterfasern flammfest gemacht werden, während Melamin-Thioharnstoff-Ausrüstungen ohne Wirkung sind. Leider ist jedoch die Fixierung des Harnstoff-Thioharnstoff-Kondensates auf Terylene nur sehr schlecht, so dass ein solches Flammfestverfahren kaum praktisch verwertbar ist. Der Schmelzpunkt der Polyesterfasern lässt sich gleichfalls mit Hilfe von Thioharnstoff oder einigen Ammoniumsalzen wie Ammoniumbromid oder -rhodanid herabsetzen, so dass hier analoge Verhältnisse wie bei den Polyamiden angenommen werden dürfen.

Das *amer. P. 2.854.437* (30. April 1956/30. September 1958) der American Cyanamid Co. – R. Polansky und W.F. Herbes empfiehlt insbesondere zur Flammfestbehandlung von Nylonnetzen hydrophile, sulfogruppenhaltige wärmehärtbare Harnstoff/Thioharnstoff/Aldehyd Kondensatharze. Bei Temperaturen über 40°C und einem p_H-Wert zwischen 7 und 9 kondensiert man ein Mol Harnstoff mit 2 bis 6,5 Molen eines aliphatischen Aldehyds (vor allem Formaldehyd) unter Zusatz von 0,01 bis 0,04 Molen Natriumbisulfit. Es schliesst sich dann bei p_H 2,2 bis 3,8 eine Weiterkondensation zu höhermolekularen Produkten an. Darauf gibt man wiederum bei p_H 7 bis 9 0,3 bis 2,5 Mole Thioharnstoff dazu, stellt auf einen p_H-Wert von 3,5 bis 5,5 und alkyliert mit 0,3 bis 4 Molen eines gesättigten, einwertigen Alkohols wie Methanol, Äthanol oder Propanol. Das alkalisch eingestellte Produkt wird dann auf einen Trockengehalt von 60 bis 80% gebracht und zur Ausrüstung von Nylon verwendet.

Eine stabilisierte Flammfestimprägnierung für Nylon bildet den Gegenstand des *amer. P. 2.881.152* (26. April 1955/7. April 1959) der American Cyanamid Co. – C.L. Kosloski und R.H. Kienle. Thioharnstoffharze sind als Flammschutzmittel für Nylon bekannt, haben aber eine zu geringe Beständigkeit, so dass die Bäder immer wieder neu angesetzt werden müssen. Äthylenharnstoffharze anderseits ergeben nur einen Schrumpfecht-, aber keinen Flammfesteffekt. Die wasserempfindlichen Thioharnstoffkondensate lassen sich nun aber stabilisieren – d. h. sie fallen beim Verdünnen mit Wasser nicht mehr aus –, wenn man ihnen Äthylenharnstoff-Formaldehyd-Kondensate zusetzt. Man kann dabei entweder die beiden Kondensate miteinander mischen oder aber auch Thioharnstoff und Äthylenharnstoff zusammen mit Formaldehyd kondensieren. Zur Erzielung einer guten Stabilität der Bäder sollten auf ein Mol Thioharnstoff 1 bis 10 Mol – vorzugsweise 2,3 bis 5 Mol – Äthylenharnstoff verwendet werden. Anstelle von Äthylenharnstoff können auch andere Alkylenharnstoffverbindungen wie Propylen- oder Trimethylenharnstoff eingesetzt werden. Melamin – oder Harnstoff-Formaldehyd-Kondensate hingegen haben keine stabilisierende Wirkung. Thioharnstoff und der Alkylenharnstoff werden mit dem Aldehyd in einer exothermen Reaktion bei p_H 7 bis 11 – vorzugsweise bei p_H 8,5 bis 10,5 – und einer über 45°C liegenden Temperatur kondensiert. Es wird die Bildung einer Methylolverbindung angenommen, wobei die Komponenten über eine Methylenbrücke verbunden sind. Als Kondensationsmittel werden dann noch Magnesiumchlorid, Ammoniumchlorid oder Ammoniumbromid zugesetzt.

$$\begin{array}{c} CH_2\text{—}CH_2 \\ | \quad\quad | \\ HOCH_2\text{—}N \quad\quad N\text{—}CH_2OH \\ \diagdown \; \diagup \\ C \\ \| \\ O \end{array} + \begin{array}{c} H\text{—}N\text{—}C\text{—}N\text{—}CH_2OH \\ | \quad \| \quad | \\ H \quad S \quad H \end{array} \longrightarrow$$

$$\begin{array}{c} CH_2\text{—}CH_2 \\ | \quad\quad | \\ HOCH_2\text{—}N \quad\quad N\text{—}CH_2\text{—}NH\text{—}C\text{—}NH\text{—}CH_2OH \\ \diagdown \; \diagup \quad\quad\quad\quad \| \quad\quad \\ C \quad\quad\quad\quad\quad S \quad\quad \\ \| \\ O \end{array}$$

Das Patent nennt etwa folgendes Beispiel:

1,86 Gramm-Mol Äthylenharnstoff
0,7 Gramm-Mol Thioharnstoff
75 ml Wasser
5,11 Gramm-Mol Formaldehyd (27%ig)

werden am Rückfluss gekocht. Dann wird mit 5 n Natronlauge ein p_H-Wert von 9,5 eingestellt. Durch die exotherme Reaktion wird eine Temperatur von ca. 60°C erreicht. Unter Rühren wird abgekühlt, dann filtriert und auf einen Gehalt von 14,5% Thioharnstoff eingedickt. Auf 30,3 kg dieses Sirups gibt man 3 kg Magnesiumchlorid und stellt auf 50 Liter ein. Das Nylongewebe wird bei einer Flüssigkeitsaufnahme von 100% mit dieser Lösung imprägniert, dann getrocknet und abschliessend bei 148°C während 3 Minuten gehärtet. Ein derart ausgerüstetes Gewebe zeigt einen guten Griff und ist flammfest.

Nach den Angaben des *amer. P. 2.922.726* (18. März 1955/26. Januar 1960) der American Cyanamid Co. – L. J. Moretti und W. N. Nakajima werden Synthesefasern – insbesondere Nylon – oder Mischgewebe mit einem Synthesefaseranteil von mindestens 20% bezüglich Flammfestigkeit und Knitterfestigkeit verbessert, indem man sie mit wässerigen Lösungen eines Reaktionsproduktes eines niederen einwertigen Alkohols (Methanol, Äthanol, Propanol) und eines Kondensationsproduktes eines niederen Aldehyds mit Thioharnstoff sowie eines wasserlöslichen Harnstoff-Formaldehyd-Kondensates bzw. dessen Methyloläthers mit niederen Alkylresten imprägniert. Für die Kondensation mit Thioharnstoff kommen dabei Formaldehyd, Acetaldehyd, Propionaldehyd oder Glyoxal in Betracht. Diese Kondensation wird durch potentiell saure Verbindungen wie Ammoniumchlorid, -bromid, Zinkbromid, Magnesiumchlorid, Amin- oder Aminalkylolhydrochloride katalysiert. In der Imprägnierlösung soll das Verhältnis zwischen Thioharnstoff und Harnstoff zwischen 0,6:1 und 7:1 liegen. Auf 1 Mol Harnstoff und Thioharnstoff sollen 1 bis 2,3 Mol Aldehyd und 0,1 bis 1,8 Mol Alkohol vorhanden sein. Die Ware wird mit diesem Bade imprägniert, dann getrocknet und anschliessend durch Erhitzen auf 120 bis 175°C während einer halben bis fünf Minuten auskondensiert.

In einem weiteren Patent der gleichen Firma, dem *amer. P. 2.923.644* (2. Dezember 1957/2. Februar 1960) – W. F. Herbes, wird für die Flammfestbehandlung von Nylon ein Gemisch von Harnstoff-Formaldehyd- und bisulfit-modifizierten Thioharnstoff-Formaldehyd-Vorkondensaten empfohlen. Diese beiden Vorkondensate sind stabil, wasserlöslich und lassen sich in der Hitze kondensieren. Das Gemisch besteht aus 55 bis 88% Harnstoff – und 45 bis 12% Thioharnstoff-Formaldehyd-Vorkondensat und wird in Form einer wässerigen Lösung durch Aufsprühen oder nach dem Tauchverfahren auf das Gewebe gebracht, wobei dieses 1 bis 70% – vorzugsweise aber 30 bis 65% Flotte aufnehmen soll. Nach dem Trocknen wird während einer Minute bei einer Temperatur von 120°C gehärtet. Der erzielbare Flammfesteffekt ist waschbeständig. Das Aussehen und der Griff der Ware werden nicht verändert.

Auf einer Fixierung von Ammoniumbromid durch ein Kunstharz basiert das Flammfestverfahren für Nylonfäden, das im *amer. P. 2.953.480* (18. November 1953/20. September 1960) der American Cyanamid Co. – M. R. Burnell beschrieben wird. Die Ware wird zu diesem Zwecke mit einer wässerigen Lösung von 1 Teil Ammoniumbromid und 1 bis 5 Teilen eines Aminotriazin-Formaldehyd-Vorkondensates behandelt, so dass 12 bis 15% des Warengewichts an Ammoniumbromid fixiert werden. Als Fixiermittel wird dabei vor allem ein Kondensationsprodukt des Melaminmethylolmethyläthers empfohlen. Die Härtung wird bei Temperaturen zwischen 95 und 200°C durchgeführt.

Ein steifer Griff und Flammfestigkeit kann Nylon nach den Angaben des *amer. P. 2.999.847* (16. Februar 1959/12. September 1961) der American Cyanamid Co. – J.J. Nemes und R.D. Vartanian durch stabile wasserlösliche Harnstoff-Thioharnstoff-Teilkondensate verliehen werden. In wässerigem Medium wird 1 Mol Harnstoff mit 1,5 bis 2,35 Mol Formaldehyd bei p_H 7 bis 10 und 70 bis 100°C während einer Viertel- bis zwei Stunden kondensiert. Darauf wird bei gleicher Temperatur, jedoch einem p_H-Wert von 4 bis 6 mit 0,3 bis 2 Mol eines einwertigen, niederen Alkohols (vor allem Methanol, aber auch Äthanol oder Propanol) alkyliert. Abschliessend wird dann noch mit 0,18 bis 0,75 Mol Thioharnstoff während 1 bis 30 Minuten bei p_H 7 bis 9 und 50 bis 100°C umgesetzt. Die so erhaltenen Vorkondensate sollten bei einer Temperatur von 25°C während 4 Wochen ohne Trübung lagerfähig sein und sich auch mit der dreifachen Wassermenge ohne Ausfällung verdünnen lassen. Zusammen mit potentiell sauren Katalysatoren wie Ammoniumbromid oder -chlorid werden die Kondensate auf das Gewebe in Mengen von 1 bis 70% aufgebracht. Die Aushärtung erfolgt während 5 Sekunden bis 5 Minuten bei Temperaturen von 120 bis 230°C. Zur steifmachenden und gleichzeitig flammfesten Ausrüstung von Polyamidgeweben verwendet man nach den Angaben des *belg. P. 601.360* (15. März 1961/3. Juli 1961, schweiz. Prior. vom 16. März 1960) der Ciba Imprägnierbäder, die neben der zur Steifappretur erforderlichen Komponente (teilweise durch niedere Alkohole verätherte Harnstoff- oder Melaminmethylolverbindungen mit den dazu gehörenden Katalysatoren) noch durch niedere Alkohole verätherte Dimethylol-thiotriazone der Formel

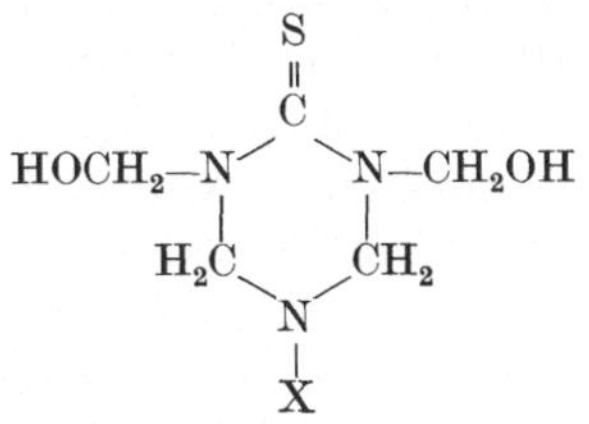

```
              S
              ‖
              C
            /   \
HOCH₂—N         N—CH₂OH
         |         |
       H₂C       CH₂
            \   /
              N
              |
              X
```

X = organischer Rest wie etwa eine Äthylgruppe

enthalten.

Diese Thiotriazone werden durch Umsetzung von Thioharnstoff, einem primären Amin und Formaldehyd gewonnen. Das Behandlungsbad soll 50 bis 400 g/l – vorzugsweise 200 g/l – versteifendes Kunstharz und 70 bis 200 g/l – vorzugsweise 85 g/l – des Thiotriazons enthalten. Nach der Imprägnierung wird dann durch eine Hitzebehandlung noch fixiert.

Das *amer. P. 2.795.513* (27. Januar 1954/11. Juni 1957) der Monsanto Chemical Co. – E.H. Rossin verwendet zur Flammfestausrüstung von Nylongarnen oder nylonhaltigen Mischgarnen ein Appreturmittel, welches neben 5 bis 45% Thioharnstoff, 1–10% eines potentiell sauren Härtungsmittels vom Typ der Ammonium- oder Aminsalze organischer oder anorganischer Säuren und bis zu 50% Verdickungsmittel (Harnstoff-Formaldehyd-Kondensat, eventuell auch Stärke oder Kasein), ein Methylolderivat einer heterocyklischen Verbindung der Formel

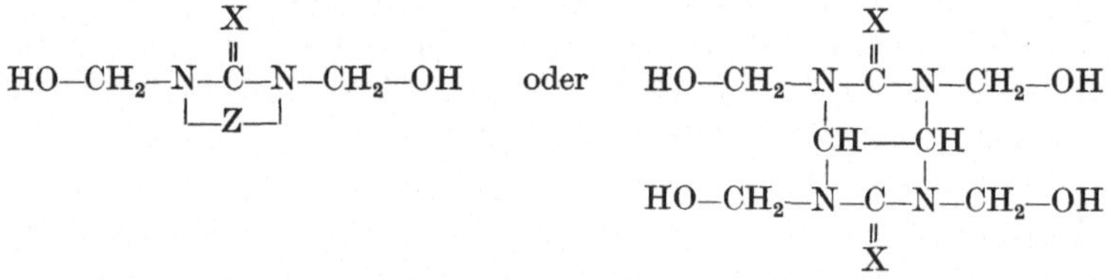

```
           X                                      X
           ‖                                      ‖
HO–CH₂–N–C–N–CH₂–OH      oder      HO–CH₂–N–C–N–CH₂–OH
       └─Z─┘                                 |     |
                                             CH────CH
                                             |     |
                                   HO–CH₂–N–C–N–CH₂–OH
                                              ‖
                                              X
```

X = Sauerstoff oder Schwefel
Z = eine Gruppe wie –CHR–CHR–, $-CHR-CH_2-CHR-$ oder –CHR–CO–
R = Wasserstoff oder eine Methylgruppe

enthält. Insbesondere werden Dimethylol-äthylen-thioharnstoff, Tetramethylolacetylendiurein, Dimethylol-1,3-propylenthioharnstoff genannt. Die Ware wird mit wässerigen Emulsionen dieser Appreturmittel, denen auch noch kationaktive Weichmachungsmittel zugesetzt werden können, imprägniert. Die Aushärtung erfolgt dann anschliessend bei einer Temperatur von 135°C. Der auf diese Art erzielbare Flammfesteffekt soll wasch- und trockenreinigungsbeständig sein.

Für Mischgewebe oder -gewirke aus Baumwolle mit 5 bis 50% Synthesefasern wie Nylon und/oder Polyäthylenterephthalatfasern wird im *amer. P. 3.032.440* (26. Mai 1958/1. Mai 1962) der General Tire and Rubber Co. – J.L. Iannazzi eine Mischung von 50 bis 95% – vorzugsweise 70–80% – eines wasserunlöslichen Reaktionsproduktes von Phosphorylchlorid und wasserfreiem Ammoniak und 50 bis 5% eines wasserlöslichen Reaktionsproduktes dieser beiden Verbindungen als Flammfestmittel empfohlen. Das Verhältnis zwischen Stickstoff und Phosphor liegt beim wasserunlöslichen Produkt bei 1,7 bis 1,8:1 und beim wasserlöslichen Produkt bei 2,1 bis 2,3:1. Das gut vorgereinigte Material wird in eine wässerige Flotte von 5 bis 25% Festgehalt getaucht. Als Netzmittel wird dem Bad noch Natrium-alkylnaphthalinsulfonat zugesetzt. Das imprägnierte Material wird zunächst bei 60 bis 80°C getrocknet und anschliessend dann noch auf 120 bis 150°C erhitzt.

Zur Flammfestausrüstung von Nylon werden etwa Pyroset Fire Retardant N2 und SF der American Cyanamid Co., Pyrm FRM der Warwick Chemical Division, Sun Chemical Co. und FI-Retard SB und NBX der Arkansas Co. Inc. vorgeschlagen.

FI-Retard NBX stellt ein weisses Kristallpulver dar, das sich gut in Wasser löst und schwach sauer reagiert. Es lässt sich damit wohl ein trockenreinigungsbeständiger, aber kein waschechter Flammfesteffekt erzielen.

3. Flammfestausrüstung von Polyakrylnitrilfasern

Flammfeste Akrylnitrilpolymere werden nach dem *brit. P. 825.803* der Monsanto Chemical Co. erhalten, indem man 10 Teile eines Mischpolymeren aus 95% Akrylnitril und 5% Vinylacetat und 1 Teil 2-Cyanoäthyl-N,N,N',N'-tetramethyldiamidophosphat in 50 Teilen N, N-Dimethylformamid dispergiert und darauf auf eine Temperatur von 160°C erhitzt. Es bildet sich eine durchsichtige homogene Lösung, aus welcher flammfeste Fasern gesponnen werden können. Flammfeste und schmutzabweisende Teppiche aus Akrylnitrilfasern erhält man nach dem *amer. P. 3.047.425* (16. Juli 1959/31. Juli 1962) der Monsanto Chemical Co. – J.J. Hirshfeld und E.V. Burnthall, indem man mit einer 1 bis 35%igen wässerigen Lösung folgender Zusammensetzung imprägniert:

30 bis 50 Teile Ammoniumbromid
7 bis 20 Teile Harnstoff
10 bis 40 Teile Formaldehyd
1 bis 7 Teile Guanylharnstoffphosphat
1 bis 15 Teile Hydroxyalkylglyoxalidin

Nach dem Trocknen der imprägnierten Ware wird noch auf Temperaturen über 100°C erhitzt, wobei die aufgebrachte Masse in den wasserunlöslichen Zustand übergeführt wird. Die ausgerüstete Ware soll 4 bis 15% ihres Gewichtes an Appreturmittel aufnehmen.

Die *franz. P. 1.262.391* (12. Juli 1960/17. April 1961) und *belg. P. 592.848* der Chemstrand Corp. – Hirshfeld und Burnthall entsprechen weitgehend dem vorher genannten Patent. So wird zur Behandlung von Polyakrylnitril und seiner Mischpolymeren eine 1 bis 35%ige wässerige Lösung von 20 bis 70 Teilen Ammoniumbromid, 5 bis 30 Teilen Harnstoff, 5 bis 60 Teilen Formaldehyd und gegebenenfalls noch 1 bis 7 Teilen als Korrosionsinhibitor wirkendes Guanylharnstoffphosphat und 1 bis 15 Teile zur Griffverbesserung dienendes Hydroxyalkylglyoxalidin verwendet. Nach der Imprägnierung und dem Trocknen wird noch auf Temperaturen zwischen 127° und 150°C erhitzt, um die Appretur wasserunlöslich zu machen. Die so behandelte Ware ist nicht nur flammfest, sondern auch schmutzabweisend und antistatisch.

Ein Verfahren zur Erzielung flammfester Eigenschaften bei Synthesefasern aus linearen Polymeren, die zu 85 bis 99% aus Akrylnitril und zu 15 bis 1% aus einem mit Akrylnitril kopolymerisierten Polymer (z. B. Kopolymer aus Akrylnitril und einer Vinylverbindung oder Terpolymer aus Akrylnitril, Methakrylat und Styrolsulfonatsalz) bestehen, beschreibt das *amer. P. 3.027.222* (3. September 1957/27. März 1962) der du Pont de Nemours Co. – W.K. Wilkinson. Die Fasern, die in Form einer faserigen Masse verarbeitet werden, sind wenigstens um 300% ihrer Originallänge verstreckt und haben einen Erweichungspunkt von mindestens 180°C. Die Fasermasse, die eine Bauschdichte von höchstens 0,2 g/cm³ aufweist, wird bei einer mindestens 20°C unter dem Erweichungspunkt liegenden Anfangstemperatur mit einer Geschwindigkeit von weniger als 3°C pro Minute auf 260 bis 500°C – vorzugsweise 260 bis 302°C in einem sauerstoffhaltigen oxydierenden Gasmedium so lange erhitzt, bis sie flammfest geworden ist.

So werden etwa Fasern mit einem Erweichungspunkt zwischen 240 und 260°C bei einer Anfangstemperatur von 220° und einer Temperatursteigerung von 1°C in der Minute bis auf 275°C erhitzt und dann 5 Minuten bei dieser Temperatur belassen.

Auch W.G. Vosburgh beschreibt durch thermische Behandlung flammfest gemachte Polyakrylnitrilfasern[1]). Es handelt sich dabei um schwarze sogenannte AF-Fasern, die durch Erhitzen von Orlonfasern in Luft bei Temperaturen über 160°C erhalten werden. Behandlungszeit und -temperatur wie auch die Faserart und die Gasatmosphäre sind wichtige Faktoren bei diesem Prozess. Die AF-Faser zeigt eine sehr hohe Resistenz gegenüber kurzfristiger Hitzeeinwirkung, während bei längerem Erhitzen die Faserfestigkeit allmählich abnimmt. So wird die Faser bei 900°C innerhalb von 3 Stunden zerstört. Anderseits ist die Reissfestigkeit der AF-Faser günstig, deren Scheuerfestigkeit aber nur gering. Vinylisothiocyanat und seine Polymeren werden im *amer. P. 2.757.190* (15. Oktober 1952/31. Juli 1956) der Dow Chemical Co. – G.D. Jones und R.L. Zimmermann als Schlichte- und Flammschutzmittel bei der Herstellung leicht anfärbbarer Synthesefasern genannt. Ein Halogenäthylisocyanat wird bei 40 bis 50°C mit einem tertiären Amin wie Triäthylamin im Überschuss behandelt. Das dabei entstehende Vinylisothiocyanat der Formel

$$H_2C{=}CH{-}N{=}C{=}S$$

polymerisiert leicht und kann zur Faserveredlung im oben genannten Sinne angewandt werden.

---

[1]) Text. Res. J. *30* (1960), 11, S. 882–896.

D. Prüfung flammfester Gewebe[1])

Die Vorschriften über die Entflammbarkeit und den Flammschutz für zivile wie militärische Gewebe setzen auch entsprechende Prüfmethoden voraus. So wurden eine Reihe von Untersuchungsmethoden zur Feststellung des Weiterbrennens und Nachglimmens ausgearbeitet. Ferner spielt auch die Beständigkeit der Flammfesteffekte gegenüber Wasser und einer Wäsche eine wesentliche Rolle bei der Beurteilung von Flammfestausrüstungen. Neben diesen Punkten gilt es in einer Reihe von Fällen noch eine Festigkeitseinbusse des Gewebes infolge der Ausrüstung, die Wasserdampf- und Luftdurchlässigkeit, die Verträglichkeit mit der Haut, die Fäulnisbeständigkeit, die Wasserabweisendwirkung, die Trag- und Lagerbeständigkeit festzustellen. Welche Bestimmungsmethode zur Ermittlung der Flammfestigkeit angewandt wird, hängt oft von der Art der Ware ab. So kann etwa die Entflammbarkeit oder die Ausbreitungsgeschwindigkeit der Flammen in erster Linie von Belang sein. Ferner kann auch die infolge der Flammeneinwirkung und des Nachglimmens entstehende verkohlte Fläche des Gewebes von Interesse sein. Endlich kann auch noch die Dauer des Nachglimmens bestimmt werden.

Die Vielfalt der vorgeschlagenen Prüfmethoden für flammfeste Gewebe zeigt einerseits, dass diese Prüfungen auf die jeweiligen Erfordernisse der Praxis abgestellt werden müssen, und dass anderseits eine einwandfreie, gut reproduzierbare Bestimmungsmethode nötig ist, die nicht immer so leicht zu finden ist.

Da die flammfeste Ausrüstung vor allem für militärische Gewebe sowie für gewerbliche Bekleidungen und Dekorationen in öffentlichen Lokalen in Frage kommt, ist es nicht verwunderlich, dass besonders von staatlichen Stellen Prüfvorschriften erlassen wurden.

In Amerika sind besonders die im Federal Standard Stock Catalog erwähnten Prüfmethoden (General Specifications, Test Methods CCC-T-191b) zu beachten, die genaue Angaben über die Grösse der Muster, die Apparaturen und die Durchführung der Prüfung enthalten. So werden die nachstehenden Verfahren genannt:

5900 Flammfestigkeit von Geweben, Horizontaltest
5902 Flammfestigkeit von Geweben, Vertikaltest
5904 Flammfestigkeit von Geweben, Vertikaltest, Prüfmethode im Felde

---

[1]) H.J. Reese, Melliand Textilber. *37* (1956), 3, S. 324–326 und 4, S. 457–461; Little, Flameproofing Textile Fabrics, New York 1947; K. Quehl, Melliand Textilber. *33* (1952), 12, S. 1115–1116 und *34* (1953), 1, S. 69–71 und 2, S. 143–145; A. Schürch und A. Berger, Textil-Rdsch. *9* (1954), 4, S. 251–254; M.W. Sandholzer, Amer. Dyestuff Rep. *48* (1959), 2, S. 37–41; H. J. Reese, Melliand Textilber. *41* (1960), 11, S. 1403–1407; 12, S. 1559–1563.

5906 Brenngeschwindigkeit von Geweben, Horizontaltest
5908 Brenngeschwindigkeit von Geweben, Winkel 45°
5910 Brenngeschwindigkeit von Geweben, Winkel 30°

Ferner ist in den USA sowie in einer Reihe anderer Staaten die Prüfung nach der Vorschrift der American Association of Textile Chemists and Colorists (AATCC) weit verbreitet. So wird die Prüfung mit dem AATCC Flammability Tester vom amerikanischen Gesetz (Public Law 88, The Flammable Fabrics Act) vorgeschrieben.

Auch in Frankreich hat das Verteidigungsministerium eine Vorschrift für flammfeste Gewebe herausgegeben (Notice sur la contrôle de l'ignifugation des tissus No. 96.03).

Ferner besteht in Deutschland die DIN-Norm 4102 für die Prüfung flammfester Gewebe. Diese der Praxis stark angelehnte Methode schreibt bestimmte Brennräume und Einrichtungen vor, die meist nicht in den Betrieben vorhanden sind. Aus diesem Grunde ist auch diese Vorschrift kaum verbreitet. Für diese Prüfung ist ein Gewebeabschnitt von 1 m erforderlich und als Feuerquelle dient Holzwolle. Das Muster hängt in einem gewissen Abstand vertikal über dem Holzwollefeuer.

Nach der amerikanischen Horizontalmethode 5990 werden Gewebe und Netze von einer Grösse von 7×10 inch in einem Abstand von 3 inch mit einer Alkoholflamme bestrichen. Es werden pro Bestimmung 0,3 ml Alkohol verbrannt. Festgehalten wird ein eventuelles Nachbrennen nach dem Erlöschen der Alkoholflamme, das Nachglimmen und der Durchmesser des Brandloches nach Entfernung der verkohlten Gewebeteile.

Der Vertikaltest 5902 eignet sich für alle Gewebe und verwendet einen Gasbrenner nach Bunsen oder Tirrill mit einer Flammenhöhe von $1^1/_2$ inch. Es wird mit der leuchtenden Flamme, also ohne Luftzufuhr, gearbeitet. Das Prüfmuster von $2^3/_4 \times 12$ inch hängt bis zur Flammenhälfte ($^3/_4$ inch) in der Flamme. Die ganze Prüfung erfolgt zur Vermeidung von Luftzug in einem Kasten. Die Einwirkungsdauer der Flamme ist einheitlich auf 12 sek. festgesetzt. Bestimmt wird bei dieser Arbeitsweise die Nachbrennzeit, die Glimmzeit und die Einreisslänge. Unter der Glimmzeit wird dabei jene Zeit verstanden, die vom Erlöschen der Flamme bzw. der Wegnahme des Brenners bis zum Erlöschen des letzten Funkens dauert. Die Einreisslänge ist die Strecke vom unteren Rand des Musters bis zum Ende des Einrisses. Für den Einreissversuch wird $^1/_4$ inch von der untern Kante des Musters entfernt ein Loch gestanzt zum Einhängen des Hakens, an dem je nach der Schwere des Gewebes verschieden hohe Gewichte angebracht werden. Der gegenüberliegende Schenkel des Musters wird langsam und gleichmässig gehoben, bis der durch das Gewicht entstehende Riss konstant bleibt.

Von Quehl wurde vorgeschlagen, diese oft gebrauchte Methode besser auf die Gewebetypen abzustimmen und je nach Warengewicht verschiedene Prüfzeiten anstelle der einheitlich festgelegten 12 sek. einzuführen. So wurden Flammeneinwirkungszeiten von 4 sek. (Warengewicht bis 100 g/m²), 6 sek. (100 bis 200 g/m²), 8 sek. (200 bis 300 g/m²,) 10 sek. (300 bis 500 g/m²), 12 sek. (500 bis 750 g/m²) und 14 sek. (750 bis 1000 g/m²) vorgeschlagen.

Die amerikanische Methode 5904 entspricht weitgehend der vorgenannten, doch wird als Feuerquelle eine Paraffinkerze vorgeschrieben, so dass diese Prüfung auch von der Truppe im Felde ausgeführt werden kann. Die Verfahren zur Bestimmung der Brenngeschwindigkeit von Geweben dienen mehr zur Ermittlung der Entflammbarkeit von nicht ausgerüsteten Geweben als zur Bestimmung des Flammfesteffektes. An aufgehängten Gewebestreifen werden in gewissen Abständen Markierungen angebracht. Die Streifen können dabei in horizontaler Lage oder mit einer Neigung von 45 resp. 30° aufgehängt werden. Hierauf wird mit einem Streichholz oder einem Brenner das Gewebe angezündet und nachdem es gleichmässig zu brennen begonnen hat, wird die Zeit gemessen, die die Flamme zur Zurücklegung der zwischen zwei Markierungen liegenden Strecke benötigt. Ferner lässt sich natürlich nach einer solchen Methode auch feststellen, nach welcher Zeit die Flamme von selbst erlischt und wie gross die verkohlte Zone ist.

Die französische Methode 96.03 prüft Muster von 21 × 28 cm und hat als Feuerquelle 2 ml Alkohol. Über dem Alkoholgefäss befindet sich ein Drahtgestell von 13 × 4 cm. Die Mitte des Drahtgestells enthält einen Schlitz zum Durchtritt der Alkoholflamme (Schlitzgrösse 5 × 30 mm). Das Muster wird in einem Brennkasten vertikal in einem Rahmen aufgehängt, so dass dessen unterer Rand 1 cm über dem Drahtnetz in die Mitte des Schlitzes zu liegen kommt. Gemessen werden bei diesem Prüfverfahren die Brenndauer, die Glimmdauer und die verkohlte Zone.

Für flammfeste Gewebe wird dabei verlangt, dass kein Nachbrennen eintritt, die Glimmdauer nicht mehr als 60 sek. beträgt und nicht mehr als 60 cm² des Gewebes verkohlt werden.

Mecheels[1]) erwähnt eine Prüfung in der direkten Flamme und eine solche in einer indirekten Flamme. So wird nach der ersteren Methode ein Gewebestreifen von 1 × 4 cm mit der schmalen Seite während 5 sek. in eine 1,5 cm lange Bunsenflamme gehalten und die Zeit ermittelt, bis der Gewebestreifen erlischt und das Nachglimmen aufhört. Die zweite Methode beurteilt Gewebestreifen horizontal über einem Drahtnetz, unter dem sich ein Bunsenbrenner mit Schnitt-

[1]) O. Mecheels, Praktikum der Textilveredlung, 1949, S. 350–354.

brenneraufsatz befindet. Die Veränderungen des Textilguts bei steigender Temperatur werden hiebei beobachtet.

Bei den Prüfmethoden, die ein Gewebeabschnitt mit 45° Neigung prüfen, sind auch noch die British Standards Specification 476 (1932) und die kanadische Prüfvorschrift zu nennen. Als Feuerquelle benützt der englische Normvorschlag ebenfalls 0,3 ml Alkohol.

Grossbritannien besitzt eine Reihe von Vorschriften über die flammfeste Ausrüstung von Textilien, nämlich die nachstehenden British Standards

BS 3120 (1959): Performance Requirements of Material for Flameproof Clothing
BS 1547 (1959): Flameproof Industrial Clothing (Material and Design)
BS 3119 (1959): Method of Tests for Flameproof Materials
BS 2963 (1958): Tests for Flammability of Fabrics
BS 3221 (1959): Performance, Requirements of Fabrics Described as of Low Flammability.

Es wird also hier unterschieden zwischen eigentlichen flammfesten Materialien (flameproof) und solchen, die nur eine geringe Entflammbarkeit aufweisen, die aber in vielen Fällen als genügend betrachtet werden kann, um den erforderlichen Schutzmassnahmen gerecht zu werden.

Für die praktische Prüfung von Textilien in Ausrüstbetrieben wird anstelle von DIN 4102 viel eher der vertikale Flammtest nach DIN 53906 oder der horizontale Flammtest nach DIN 53907 in Frage kommen. Die weiteste Verbreitung kommt sicherlich dem Vertikal-Flammtest zu, der in zahlreichen Varianten verbreitet ist. Es wird dabei meistens die Brennzeit, d. h. die Zeit des Weiterbrennens nach Wegnahme der Flamme, die Nachglimmzeit, die Grösse der Verkohlungszone und die Einreisslänge, d. h. die Länge der durch die Prüfflamme entstandenen Verkohlungszone nach dem Einreissen der Probe nach Belastung eines Schenkels durch ein festgelegtes Gewicht.

Der Vertikaltest wird durch die nachstehenden Normen beschrieben, wobei jeweils die Verfahren sich durch Unterschiede in der Probengrösse, der Flamme, des Abstandes und der Einwirkungsdauer der Flamme sowie der Dimensionen des Prüfkastens auszeichnen[1]):

USA-Standards: Federal Specification CCC-T-191b, Methoden 5902 (Bunsenbrenner) und 5904 (Paraffinkerze); ASTM Design D 626-41 T; Standard Test Method 34-52.
Deutsche Normen: DIN 53906

[1]) H.J. Reese, Melliand Textilber. *41* (1960), 11, S. 1403–1407, 12, S. 1559–1593.

Britische Normen: BS 3119: 1959
Französische Norm: Notice sur la contrôle de l'ignifugation des tissus No. 96.03
Australische Norm: Australian Standard No. 30-1959

Als Prüfapparat hat sich für die Brennbarkeitsbestimmung vor allem der AATCC Flammability Tester eingeführt. Durch Umkippen wird eine 1,6 cm lange Butangasflamme während einer Sekunde senkrecht auf das Testgewebe von etwa 5×15 cm gerichtet. Das Muster soll 15 cm in der Richtung der grösseren Brenngeschwindigkeit betragen, die durch Vorversuche zu ermitteln ist. Der Prüfling ist im Apparat mit 45° Neigung eingespannt.

Etwa 12 cm oberhalb des Punktes, an welchem die Flamme das Gewebe berührt, wird ein mercerisierter Baumwollnähfaden Nr. 50/engl. etwa 1 cm über das Testgewebe gespannt. Dieser Faden ist durch Ösen und eine Führungsrolle mit einem Gewicht versehen, das beim Durchbrennen herunterfällt.

Beim Umkippen der Flamme wird eine Stoppuhr in Gang gesetzt, die wieder durch das Herunterfallen des Gewichtes abgestellt wird. Pro Muster sollen nach der AATCC-Methode mindestens 5 Bestimmungen durchgeführt werden.

Fällt die Prüfung auf Flammfestigkeit gut aus, so wird sich eine Waschbeständigkeitsprüfung anschliessen müssen. Es ist hier vor allem zwischen der Beständigkeit gegenüber Wasser und jener gegenüber eigentlichen Waschflotten oder organischen Lösungsmitteln der Trokkenreinigung zu unterscheiden.

So werden eine ganze Anzahl von Auswaschverfahren verwendet. Am mildesten ist wohl die Behandlung mit gewöhnlichem Wasser, während eine eigentliche Kochwäsche mit alkalischer Waschlauge die strengste Beanspruchung darstellt.

Die Beständigkeit der Ausrüstung gegenüber Wasser und zum Teil auch gegenüber einer nassen oder trockenen Reinigung muss als ein wesentlicher Bestandteil der Flammfestprüfung angesehen werden. Handelt es sich doch hier um ein Schutzverfahren, dessen unabsichtliche Verschlechterung z. B. durch Wasser- oder Feuchtigkeitseinwirkung im Ernstfalle schwerwiegende Folgen haben kann.

Wie aus den mehr theoretischen Ausführungen sowie aus den zahlreichen Patentschriften über die Flammfestausrüstung von Textilien ersichtlich ist, bietet die Umwandlung eines an sich gut brennbaren Materials in ein nicht mehr oder nur noch sehr schlecht brennendes, die Flammenausbreitung verhinderndes Material eine Reihe von Schwierigkeiten. So ist einmal für die Erzielung eines wirksamen Schutzes die Aufbringung einer relativ grossen Menge von fremden

Substanzen, meist anorganischer, kristalliner Natur auf das Gewebe notwendig. Dies kann zu einer unerwünschten Veränderung des textilen Aussehens und vor allem des Warengriffs führen. Wenn auch durch Zusatz bestimmter Weichmacher die Griffverschlechterung in manchen Fällen vermindert werden kann, so wird doch bei den meisten flammfest ausgerüsteten Geweben ein verhältnismässig steifer Griff vorhanden bleiben. Da es sich meist um Schutzkleidungen oder Dekorationsstoffe handelt, kann eine gewisse Steifigkeit noch hingenommen werden.

Ein weiteres Problem stellt dann die beständige Fixierung der aktiven Substanzen an die textile Unterlage dar. Die wasserlöslichen gut wirksamen Salze lassen sich leider sehr leicht auswaschen und kaum mit genügender Beständigkeit fixieren. Die Fixierung mit Hilfe von Kunstharzen erweist sich daher in erster Linie nur bei unlöslichen anorganischen Verbindungen als voll wirksam. Dass hiezu zur Hauptsache chlorhaltige organische Polymere eingesetzt werden, liegt wohl auf der Hand. So zeigen doch die organischen Chlorverbindungen gar keine oder nur eine geringe Brennbarkeit. Als weiterer Vorteil dieser Kunststoffklasse ist ihre Fähigkeit zu nennen, bei der pyrolytischen Zersetzung Salzsäure abzuspalten, die einerseits als inertes, die Verbrennung nicht unterhaltendes Gas und anderseits als Reagens zur Bildung aktiver Metallchloride aus deren Oxyden wirken kann. So bildet sich ja bekanntlich aus Antimontrioxyd und der Salzsäure das sehr aktive Antimonoxychlorid.

Die Verwendung von Polymerisatkunstharzen kann aber gewisse applikatorische Schwierigkeiten mit sich bringen. So müssen entweder Lösungen in organischen Lösungsmitteln oder Kunstharzdispersionen auf die Ware gebracht werden.

Die Kombination von Kondensatkunstharzen vom Typ der Aminoplaste mit den aktiven organischen Phosphorverbindungen kann daher als weiterer Schritt zur Erzielung eines beständigen Flammfesteffektes angesehen werden. Hier ist es möglich, die Kondensation des Kunstharzes erst im Gewebe zu Ende zuführen, so dass mit wässerigen Lösungen gearbeitet werden kann.

Endlich sei noch auf eine letzte Möglichkeit hingewiesen, die chemische Modifikation der Textilfaser. In neuerer Zeit wird auf die verschiedensten Arten versucht, die Zellulose durch Verätherung oder Veresterung oder Einlagerung neuer funktioneller Gruppen wie etwa Aminogruppen chemisch zu verändern und damit gleichzeitig ihr neue Eigenschaften zu verleihen. Es ist daher wohl anzunehmen, dass auch noch auf dem Gebiete der Flammfestausrüstung weitere Verfahren entstehen werden, die auf einer solchen chemischen Modifizierung der Zellulose beruhen.

Ein Charakteristikum der Flammschutzausrüstung ist auch die Tatsache, dass eigentlich zwischen zwei Effekten unterschieden werden muss, dem Schutz vor einer Flammenausbreitung und jenem vor einem Nachglimmen, d. h. einer flammenlosen Verbrennung. Leider ist es meist so, dass nicht ein- und dieselbe Substanz gleichzeitig beide Effekte zu ergeben vermag. Besonders ist die Glimmfestigkeit nur bei einigen wenigen Substanzen anzutreffen, die sich oft wie etwa die Phosphate nur schwer gut fixieren lassen.

Die permanente Flammfestausrüstung darf noch als sehr jung bezeichnet werden und ist wohl erst zur Zeit des zweiten Weltkrieges 1939/45 zu grosser Aktualität gelangt. Es sind aber in der letzten Zeit Zeit von verschiedenen Firmen der Textilhilfsmittelindustrie sowie den amerikanischen militärischen Stellen ganz wesentliche Entwicklungsarbeiten geleistet worden, die es heute ermöglichen, eine Ware waschbeständig sehr wirksam flammfest zu machen.

Name	Erzeugerfirma	Zusammensetzung
		Anorganische Säuren
Halogenide		Ammoniumbromid, -chlorid, Antimonylchlorid, Antimonfluorid, -chlorid, Calciumchlorid, Lithiumbromid, -chlorid, -fluorid, -jodid, Magnesiumchlorid, Titanchlorid, Wismutbromid, -jodid, -chlorid, Zinkbromid, -fluorid, -chlorid.
Sulfate		Ammonium-, Natrium, Kalium-, Aluminiumsulfat.
Karbonate		Natriumkarbonat (Soda), Natriumbikarbonat, Zinkkarbonat.
Silikate		Natrium- und Kaliumsilikat (Wasserglas), Aluminiumsilikat.
Wolframate		Natrium-, Kalium- und Bariumwolframat.
Stannate		Natriumstannat $Na_2SnO_3 \cdot 3H_2O$.
Phosphate		Aluminium-, Diammonium-, Monoammonium-, Magnesiumammonium-, Calcium-, Zink-, Dinatrium- und Trinatriumphosphat, Dinatriumpyrophosphat, Borphosphat (BPO_4).
Phosphorylamid		Aus Phosphoroxychlorid ($POCl_3$) und wasserfreiem Ammoniak bildet sich ein Polymer $(H_2N\text{–}\underset{\mid}{PO}\text{–}NH\text{–})_n$.
Phosphornitrilchlorid	Albright & Wilson Ltd.	Mischung von Polymeren des $PNCl_2$, wobei ca. 75% zyklische Polymere der Formeln $(PNCl_2)_3$ und $(PNCl_2)_4$.
Phosphoroxychlorid	Albright & Wilson Ltd.	$POCl_3$, farblose Flüssigkeit.
Amidophosphorsäure		Aus Phosphorpentoxyd und Ammoniak bildet sich das Diammoniumsalz: $P_2O_5 + NH_3 = NH_4O\text{–}\underset{\substack{\mid \\ NH_2}}{PO}\text{–}ONH_4$.

Literatur	Verwendungsgebiet
und Salze	
	Verleihen in grösserer Menge auf das Gewebe aufgetragen einen Flammenschutz, der durch eine Nassbehandlung wieder verloren geht.
	Grössere Mengen führen zu einem nicht wasserbeständigen Flammenschutz.
	Der mit den Silikaten erzielbare «glasige» Überzug ist in Wasser schwer löslich, gegenüber einer alkalischen Wäsche aber nicht beständig.
	Häufig verwendete Flammschutzmittel zur Erzielung nicht beständiger Effekte. Verschiedene Phosphate verhindern vor allem auch ein Nachglimmen.
A. L. Nielson, Text. Res. J. *27* (1957), S. 603. J. E. Malowan, *amer. P. 2.661.263, 2.661.264, 2.661.311, 2.661.341* und *2.661.342.* Amer. Dyest. Rep. *43* (1954), S. 445.	Wird in 10 bis 15%iger Lösung auf dem Foulard appliziert und dann während 5 Minuten bei 150° C kondensiert. Phosphorylamid verbessert vor allem die Nachglimmfestigkeit.
	Dient vor allem auch zur Synthese weiterer Flammfestmittel.
	Dient vor allem auch zur Herstellung komplizierterer Phosphorsäurederivate.
Amer. P. 2.163.085	Gibt eine waschbeständige Flammfestappretur.

Name	Erzeugerfirma	Zusammensetzung
Borsäure und Borate		Borsäure und Borax werden meistens miteinander gemischt verwendet, z. B. im Verhältnis 3:7.
Abopon Ecco Flameproof A-5-L Flameproofing Agent 313	Glyco Products Eastern Color & Chemical Co, Providence R.I. Glyco Products	Natriumborophosphat, farb- und geruchlose, sowie mit Wasser mischbare Flüssigkeit.
Flame Retardent CM «X-12» (frühere Bezeichnung) Ammate	Du Pont Du Pont	Ammoniumsulfamat $NH_4SO_3NH_2$, weisses, kristallines, in Wasser lösliches Pulver.
Akaustan A Flammschutzmittel J	BASF Chem. Fabr. Pfersee	Flammschutzmittel auf Basis von Ammoniumphosphat.
Flammentin B extra Flammentin R extra	Quehl & Co.	Aminophosphorsäurederivat, das mit der Zellulose einen Ester bilden kann. Marke B für Baumwolle reagiert schwach alkalisch, Marke R für Zelluloseregeneratfasern schwach sauer.
Irgapyrol DMW	J. R. Geigy AG	Weisses, leicht wasserlösliches Pulver.
Calex	I.C.I.	Gemisch von Ammoniumphosphat, Ammoniumsulfat und einem Weichmacher.

Literatur	Verwendungsgebiet
siehe S. 27ff.	Das Verhältnis zwischen Borax und Borsäure ist für die Flammfestwirkung von Bedeutung. Nachglimmen kann noch durch Zugabe von Ammoniumphosphat verbessert werden. Eine bewährte Flammfestimprägnierung setzt sich etwa wie folgt zusammen: 7 Teile Borax, 3 Teile Borsäure, 5 Teile Ammoniumphosphat. Die Schutzmittelmenge soll 10% und mehr auf das Warengewicht bezogen betragen. Der erzielte Effekt ist nicht waschbeständig.
Silk & Rayon *18* (1944), S. 445.	Gibt harzartigen Überzug über die Textilien und neigt nicht zu Kristallausblühungen. 15 bis 30%ige Lösungen werden zur Imprägnierung verwendet.
siehe S. 32ff.	Ammoniumsulfamat ist nicht genügend nachglühfest, weshalb auf 85% Ammoniumsulfamat noch 15% Monoammoniumphosphat zugesetzt werden. Die Imprägnierung ist auf verschiedenen Wegen möglich. Es soll ca. 20% des Warengewichts an Schutzmittel aufgebracht werden. Der Effekt ist trockenreinigungsfest, jedoch nicht waschbeständig.
	Einfach anwendbares Flammschutzmittel, das auch gute Glimmfestigkeit verleiht. Der Flammschutzeffekt ist gut beständig aber nicht waschbeständig.
	Eignet sich besonders für die beständige Flammfestausrüstung von bunten Artikeln, da keine Verschlechterung der Farben oder Glanzminderung eintritt. Der erzielbare Flammfesteffekt ist gegenüber Witterungseinflüssen und mehreren Feinwäschen, jedoch nicht gegenüber einer alkalischen Wäsche beständig.
	Für nicht waschbeständige Flammfestausrüstung von Pflanzenfasern. Eine Lösung von 100 bis 150 g/l wird kalt oder lauwarm auf dem Foulard appliziert.
	Ergibt eine Flammfestausrüstung, die gegenüber einer Trockenreinigung beständig ist, aber eine Nasswäsche nicht aushält.

Name	Erzeugerfirma	Zusammensetzung
Faspos Feuerruin	I.C.I. Cirine	Ammoniumphosphat. Ammoniumphosphat.
Flammentin H Flammentin HD Flammentin HD 2 Flammentin W	Quehl & Co.	Weisses Pulver auf Basis anorganischer Salze. Die Marke H ergibt eine neutrale, die Marken HD und HD 2 ergeben eine schwach alkalische und die Marke W eine saure Reaktion.
Flammentin HM	Quehl & Co.	Anorganisches Salz von geringer thermischer Dissoziation und somit faserschonend (enthält kein Diammoniumphosphat); in Wasser mit schwach saurer Reaktion leicht löslich.
Flammentin FL	Quehl & Co.	Lösung, deren Komponenten nicht zum Auskristallisieren neigen; reagiert neutral.
Flammschutzmittel PF Flovan PF Flammschutzmittel FD	Chem. Fabr. Pfersee Erba	Anorganisches Salz, dessen Lösung praktisch neutral reagiert; anorganisches Salz mit Stabilisator.
Imprägniersalz BA	Rudolf & Co. KG Geretsried/Obb.	Anorganisches Salz, das sich mit schwach saurer Reaktion in Wasser löst.
Atefix	A. Th. Böhme, Dresden	Pulverförmiges Produkt auf anorganischer Basis.

Literatur	Verwendungsgebiet
	Nicht waschbeständige, jedoch trockenreinigungsfeste Imprägnierung.
	Eignen sich für alle Textilien. Marke H ergibt nur Flammenschutz. Die Marken HD und HD 2 setzen auch das Nachglimmen herab. Wird gleichzeitig auch noch ein Wasserabweisendmittel mitverwendet, so verwendet man die Marke W. Es wird mit Lösungen von 100 bis 150 g/l gearbeitet, die nach den verschiedensten Verfahren auf das Gewebe aufgebracht werden können.
	Faserschonende flamm- und glimmfeste Ausrüstung von Naturfasern, Zellwolle und Rayon. Das auszurüstende Gewebe muss völlig frei von Schlichte, Appretur oder Weichmachern sein und darf insbesondere keine Chlorreste aufweisen. Nach der Imprägnierung wird bei höchstens 100° C getrocknet. Mit Flammentin HM ausgerüstete Ware soll auch nicht über 120° C gebügelt werden. Der erzielbare Effekt ist nicht waschbeständig.
	Weiter Anwendungsbereich bezüglich Faserarten und Möglichkeiten der Aufbringung. Nach der Imprägnierung soll bei höchstens 100° C getrocknet werden. Auch dürfen ausgerüstete Gewebe nicht zu heiss gebügelt werden (unter 160° C). Die Wasch- und Wetterbeständigkeit der Ausrüstung ist ungenügend.
	Vor allem für die Flammfest- und Glimmfestausrüstung von Dekorationsstoffen. Ausrüstung nicht nassfest. Flotten von 100 bis 200 g/l werden angewandt; die Trocknung erfolgt unterhalb 50° C und eine heisse oder mechanische Nachbehandlung (Kalandern) soll vermieden werden.
	Nicht waschbeständiger Flammfesteffekt auf Zellulosefasern. Das Produkt ist auch hartwasserbeständig.
	Zur Flamm- und Glimmfestausrüstung von Textilien aus Zellwolle, Baumwolle, Wolle und Mischgeweben. Waschbeständigkeit der Ausrüstung ist gering. 80 bis 100 g/l Flotte; Trocknung auf dem Spannrahmen bei 70 bis 100° C.

Name	Erzeugerfirma	Zusammensetzung
Flammenschutz AD Flammenschutz A Flammenschutz ES	Th. Rotta	AD und A, anorganisches Produkt, das in wässeriger Lösung schwach alkalisch reagiert. ES, anorganisches Produkt, das in wässeriger Lösung schwach sauer reagiert. Bei sämtlichen 3 Marken handelt es sich um wasserlösliche Phosphorverbindungen.
Pyrex AM	Zschimmer & Schwarz	Weisses, anorganisches Salz, dessen wässerige Lösung neutral reagiert.
Emtex W	Weserland KG Dr. Brandt, Dr. Strahl & Co. Hannover	Viskose Flüssigkeit von neutraler Reaktion auf Basis anorganischer Verbindungen.
Flacavon PS Silin Feuerschutzimprägnierung Fi-Retard FM	Schill & Seilacher van Baerle & Co. Arkansas Co. Inc.	Anorganisches Salz, das sich mit neutraler Reaktion in Wasser löst. Anorganische Verbindung, in Wasser mit praktisch neutraler Reaktion löslich. Wasserlösliches, kristallines Pulver, das sich mit praktisch neutraler Reaktion in Wasser löst.
Fi-Retard NBX	Arkansas Co. Inc.	Gut wasserlösliches, weisses Pulver, dessen wässerige Lösung schwach sauer reagiert.
Arko Flameproofing Compound AS	Arkansas Co. Inc.	Viskose Flüssigkeit, die mit Wasser leicht verdünnbar ist und leicht alkalisch reagiert. Komplexe anorganische Verbindung, anionaktiv.
Fire Retardant RC	Burkhart-Schier Chemical Co.	Lösliches Salz.
Quaker Diapene AB	Quaker Chem. Prod. Corp.	Klare, viskose Flüssigkeit von schwach alkalischer Reaktion; anionaktiv, wasserlösliches anorganisches Harz bzw. Glas.

Literatur	Verwendungsgebiet
H. Jansen, Textilhilfsmittel, (1952), S. 85.	Die Marken A und AD sind von besonders hoher Wirkung und verhindern auch ein Nachglimmen. Die Marke ES gibt einen trockenreinigungsbeständigen Flamm- und Nachglimmschutz und ist mit Füllmitteln auf Basis nativer oder abgebauter Stärke, Polyvinylacetat oder Kunstharzvorkondensaten ohne Herabsetzung der Wirksamkeit kombinierbar. Die erzielten Effekte sind nicht waschbeständig.
	Nicht waschbeständiger Flammfesteffekt.
	Nicht waschbeständige Flammfestausrüstung.
	Flammfest- und Nachglimmfestausrüstung. Im allgemeinen wird eine Auflagerung von 10% des Trockengewichts angestrebt. Trocknung nicht über 80° C.
	Wird vor allem für Nylon empfohlen, eignet sich aber auch für Zellulosefasern und Mischtextilien; weist ebenfalls einen Nachglimmschutz auf. Das Produkt verleiht der Ware einen weichen, vollen Griff. Die Ausrüstung ist gut trockenreinigungsbeständig, jedoch widersteht sie nicht einer Nassbehandlung.
	Vor allem für Baumwolle und Rayon; neigt nicht zum Auskristallisieren; der Flammfesteffekt ist trockenreinigungsfest aber nicht waschbeständig.
	Gute Flammfestigkeit und Nachglimmschutz.
	Nicht waschbeständige Flammfestausrüstung für Zellulosefasern mit Ausnahme von Acetatfasern.

Name	Erzeugerfirma	Zusammensetzung
Repel-O-Flame SP	Onyx Co.	Gemisch anorganischer Salze.
Conco Finish MS	Continental Chemical Co.	Auf Basis von Salzen.
		Organische
Bromoformpolymere des Triallylphosphats BAP	Southern Regional Research Laboratories, New Orleans	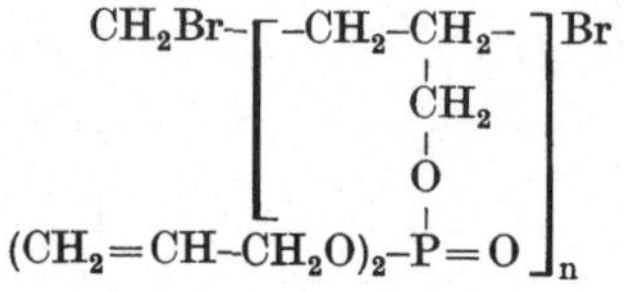 $CH_2Br\text{–}[\text{–}CH_2\text{–}CH(\text{–}CH_2\text{–}O\text{–}P(=O)(O\text{–}CH_2\text{–}CH{=}CH_2)_2)\text{–}]_n Br$ (CH_2Br–[–CH_2–CH_2–]Br; CH_2; O; $(CH_2{=}CH\text{–}CH_2O)_2\text{–}P{=}O$]$_n$)
Bromhaltige Phosphornitrilate		$PNCl_2$ wird mit Natriumallylat verestert und dann mit Brom oder Bromoform bromiert. Ferner kann $PNCl_2$ mit 2,3-Dibrompropanol verestert werden.
Tetramethylolphosphoniumchlorid THPC		Tetrakis-oxymethylphosphoniumchlorid $(HOCH_2)_4PCl$.
Proban	Proban Ltd. Bradford Dyers'Ass. Albright & Wilson Ltd.	THPC und Aminoplastvorkondensat.
Kombination von THPC und BAP		1. Lösung: 286 g THPC 25 ml Wasser 54 g Triäthanolamin 2. Lösung: 175 g Harnstoff 375 ml Wasser 175 g Resloom HP 3. Lösung: 10 ml 33%ige BAP-Emulsion 12 g Tetrabutylthiodisuccinat (Flextol TWS).
Kombination von THPC und bromhaltigen Phosphornitrilaten		

Literatur	Verwendungsgebiet
	Nicht nassbeständiger Flammfesteffekt.
	Eignet sich für alle Fasern.

Phosphorverbindungen

Literatur	Verwendungsgebiet
G. L. Marton *brit. P. 700.606*	Dient zu permanenten Flammfestausrüstung.
C. Hamalainen, J. D. Guthrie, Text. Res. J. *26* (1956), S. 141. C. Hamalainen, W. A. Reeves, J. D. Guthrie, Text. Res. J. *26* (1956), S. 145.	Wird als wässerige Emulsion oder in einem organischen Lösungsmittel gelöst angewandt. Der Flammfesteffekt ist waschbeständig.
siehe S. 224ff.	Vernetzungsreaktionen mit der Zellulose und Kunstharzen oder aminierter Baumwolle; vor allem in Kombination mit Aminoplasten. Auch mit Wasserabweisendverfahren anwendbar. Küpenfärbungen lassen sich gut damit ausrüsten, während bei andern Färbungen die Verträglichkeit jeweils abgeklärt werden muss.
Text. Merc. *133* (1955), S. 563.	Trockenreinigungs- und waschbeständige Flammfestausrüstung.
J. D. Reid, J. G. Frick, R. C. Arcenneaux, Text. Res. J. *26* (1956), S. 137.	Kombination der beiden Methoden ergibt besseren Effekt als eine der beiden Methoden für sich allein. Nach der Trocknung wird noch 5 Minuten bei 140° C ausgehärtet. Der Effekt ist gut waschbeständig.
Text. Res. J. *26* (1956), S. 145.	Gibt gut waschechte Flammfesteffekte auf Baumwolle.

Name	Erzeugerfirma	Zusammensetzung
Kombination von THPC mit APO oder APS		APO: Tris(azyridinyl)phosphinoxyd $(CH_2 \cdot CH_2 \cdot N)_3P{=}O$. APS: Tris(azyridinyl)phosphinsulfid $(CH_2 \cdot CH_2 \cdot N)_3P{=}S$.
Imine IP (APO)	Carbic-HoechstCorp.	APO.
Imine P	Carbic Color & Chemical Co.	APO mit THPC kombiniert.
Banflam	Bancroft	Auf Harnstoff/Phosphat-Basis, z. B. 200 Teile Harnstoff 100 Teile Phosphorsäure 75%ig 15 Teile Ammoniak konz. 50 Teile Formaldehyd 100 Teile Wasser.
Pyrovatex Grund	Ciba	Wässerige Lösung auf Basis eines komplexen Phosphats (Harnstoff/Phosphorsäure).
Pyroset DO	Amer. Cyanamid	Harnstoff/Phosphorsäure-Präparat.
Aminotriazinphosphat		Gehört zur Gruppe der Harnstoff-Phosphorsäure-Präparate; z. B. Melaminpyrophosphat.
Guanylmelaminpyrophosphat		15%ige wässerige Lösung von Guanylmelaminhydrochlorid. 10%ige Dinatriumpyrophosphatlösung Zweibadverfahren.
Chlormethylphosphonsäure		1 Teil Chlormethylphosphonsäure $Cl \cdot CH_2 \cdot PO(OH)_2$ 4,3 Teile Harnstoff.
Dipentaerythrolhexaorthophosphat		Zweibadverfahren: Imprägnierung mit 8–12%iger Polyäthyleniminlösung; nach der Trocknung Nachbehandlung mit einer 5 bis 10%igen Lösung von Dipentaerythrolhexaorthophosphat.

Literatur	Verwendungsgebiet
W. A. Reeves, G. L. Drake, L. H. Chance, J. D. Guthrie, Text. Res. J. *27* (1957), S. 260.	APO und APS reagieren mit THPC unter Bildung flammfester, thermohärtbarer Kunstharze. 8% Harzeinlagerung genügen. Der Effekt ist gegenüber einer kochenden alkalischen Wäsche beständig. Die Reissfestigkeit wird praktisch nicht verschlechtert.
siehe S. 67 ff. *Kan. P. 483.884* (1952), *franz. P. 922.965, brit. P. 604.197.* *Brit. P. 772.236.*	Ionenaustauschcharakter des Zellulose-Pnosphorsäureesters, so dass Spülen mit hartem Wasser zur Bildung der Calcium- und Magnesiumsalze führt. Durch eine Nachbehandlung mit Ammoniak oder Ammoniumsalzen wird dann der Flammfesteffekt wieder regeneriert. Pyrovatex Grund wird zusammen mit Pyrovatex Base verwendet. Letztere ist ein Fixiermittel auf Basis von Melaminkondensat. Nach der Fixierung ist die Ausrüstung wasser- und neutralwaschecht. Die Kombination von Pyrovatex Grund und Base ist für die Flamm- und Glimmfestausrüstung von Zellulosefasern geeignet. Mit Pyrovatex Grund allein erzielt man ferner nicht permanente Effekte auf Wolle, Seide und Papier. Die Kondensation des Melaminharzes erfolgt während 5 Minuten bei 150 bis 160° C. Wird mit Hartwasser gespült, so ist 1–2 g/l Ammoniumchlorid zuzusetzen.
Dyer *104* (1951), S. 168, *brit. P. 638.434.*	Wird ohne ein Bindemittel gearbeitet, so ist eine Nachkondensation notwendig.
Amer. P. 2.779.691.	Die Bildung des Flammfestmittels erfolgt durch Ausfällung des Guanylmelaminpyrphoosphats erst auf dem imprägnierten Textilmaterial.
R. Schiffner, G. Lange, Faserforsch. u. Textiltechn. *9* (1958). S. 419.	Gute Flammfestwirkung bei geringer Faserschädigung; Bei der Ausrüstung bildet sich ein Ester mit der Zellulose. Durch eine Nachkondensation bei 150° C wird ein permanenter Effekt erhalten.
Mc. Lean, Marrian, J. Soc. Dyers & Col. *64* (1948), S. 419. *Brit. P. 604.490, franz. P. 919.288, brit. P. 596.306* (1948), und *633.441* (1949), *amer. P. 2.470.042* (1949) der I.C.I.	Liefert einen waschbeständigen Flammfesteffekt.

Name	Erzeugerfirma	Zusammensetzung
Trikresylphosphat Triphenylphosphat		
Phoresin	Victor Chem. Works	Diallylsubstituiertes Phosphonat. Es werden z. B. bromierte Polymere von α,β-ungesättigten Dialkanylmonochlormethanphosphonaten in der Patentliteratur erwähnt.
Flacavon R	Schill & Seilacher	Organische Phosphorverbindungen, gelbliche Flüssigkeit.
Fi-Retard EP	Arkansas Co. Inc.	Organisches Phosphatderivat, anionaktiv, praktisch neutral, wasserklare Flüssigkeit, die mit Wasser oder 50%igem Iso-Propylalkohol leicht verdünnbar ist.
Pyrocrest	Crest Chemical Corp.	Organische Phosphatverbindung.
Phosgard C 22, C 32, C 22-R, C 32-R, B-20, B 52-R	Monsanto Chem. Co.	Organophosphorverbindungen aus Phosphortrihalogeniden, Alkylenoxyden und Aldehyden oder Ketonen. Die C-Marken enthalten Chlor, die B-Marken Brom.
		Organische
Borsäureester		Triisobutylborsäureester.
Boroxole		Borsäurederivate aromatischer Verbindungen, wie etwa p-Äthylphenylboroxol oder p-Bromäthyl-phenylboroxol.
		Organische
SC-50	General Electric	Natriummethylsilikonat der Formeln $CH_3–SiO–ONa$ oder $CH_3–Si(OH)_2–ONa$
Kieselsäureester		Verseifter Kieselsäureäthylester; durch Zusatz von 5% Magnesiumchlorid werden klare Lösungen erhalten.

Literatur	Verwendungsgebiet
	Als flammfeste Weichmacher in Kunstharzen.
Amer. P. 2.735.789.	Nass- und trockenreinigungsbeständige Flammfestausrüstung.
	Mit Wasser verdünnbar, bei 20 bis 40° C anwendbar.
	Für Baumwolle, Rayon und Papier empfohlen; zusammen mit Phenolharzen anwendbar; Trocknung bei höchstens 200° F (93° C).
	Gute Flammverzögerung ohne Bräunung beim Dämpfen.
Amer. Dyest. Rep. *49* (1960), 20, S. 768.	Vor allem für das Flammfestmachen von Polymeren wie Polystyrol, Polyester, Phenol-, Akryl- und Epoxyharze, Polyurethane und Polyolefine.

Borverbindungen

Literatur	Verwendungsgebiet
	Soll einen ausgezeichneten Flammschutz ergeben.
Amer. P. 2.868.840 (1957) der American Cyanamid Co. siehe auch S. 31.	

Siliziumverbindungen

Literatur	Verwendungsgebiet
	Es bildet sich das Methylsilikon auf der Faser. Als Nebenwirkung tritt auch eine Hydrophobierung ein. Der Effekt ist gut waschbeständig.
D.R.P. 553.511 von Kind und Threlfall. *Brit. P. 574.584* von Shaw.	Können auch zusammen mit andern Flammfestmitteln wie Phosphaten oder Borax angewandt werden. Flammfestausrüstung von Zellulosefasern.

Name	Erzeugerfirma	Zusammensetzung
Metalloxyde		Antimonoxyd, Bleioxyd, Wismutoxyd, Zinkoxyd, Zinnoxyd, Titanoxyd.
Pyrex AH	VEB Fewa-Werk	Ammoniumsalze und Harnstoff.
		Titan-
Erifon	Du Pont	Titanylchlorid + Antimontrichlorid wässerige Lösung von stark saurer Reaktion.
Life Guard	Spencer & Son	Titansalz.
Titanox FR	Titanium Div. Nat. Lean Co.	Titandichloridacetat + Antimonylchlorid in Form einer Lösung.
Titanchloridacetat		Gemischtes Salz des Titans mit Salz- und Essigsäure.
		Chlorparaffine und andere
Rucon flammfest B Rucon flammfest J Rucon flammfest S	Rudolf & Co. KG Geretsried Obb.	Emulsionsgemisch, vermutlich auf Chlorparaffinbasis, lösungsmittelhaltig, Festgehalt bei B 38%, bei J 25% und bei S 40%.
Antipyr Allfirm Flacavon	Imhausen Werke R. Baumheier Schill & Seilacher	Lösungsmittelhaltiges Produkt, vermutlich auf Chlorparaffinbasis.

Literatur	Verwendungsgebiet
	Für sich allein nicht von grosser Bedeutung.
	Trockenreinigungsbeständige, aber nicht waschechte Flammfestimprägnierung.

verbindungen

Ind. Eng. Chem. *42* (1950), S. 440.	Zur Behandlung von Zellulosefasern in säurefesten Behältern. Es werden stabile Titan-Antimon-Verbindungen ausgefällt. Die Ausrüstung ist gegenüber einer leichten Wäsche beständig. Die Nachglimmfestigkeit ist nicht genügend.
	Ausrüstung ist trocken- und nassreinigungsfest.
	Wasch-, wetter- und trockenreinigungsfeste Ausrüstung. Leichte und schwere Gewebe lassen sich nach dieser Methode imprägnieren, wobei die Gewichtszunahme ungefähr 15% betragen soll.
Brit. P. 500.176, 698.742, 727.700.	Nach der Imprägnierung wird mit Natronlauge oder Ammoniak nachbehandelt (Ausfällung unlöslicher Titanverbindungen).

organische Halogenverbindungen

	Dienen gleichzeitig als Flammfest-, Wasserabweisend- und Fäulnisschutzmittel. Die Marke B ist für leichte bis mittlere Gewebe, die Marke J für Jute und die Marke S für Schwergewebe, (ergibt auch Beschwerung). In verschiedenen Farbeinstellungen erhältlich. Imprägnierung auf Foulard, Zwischentrocknung auf Spannrahmen und Nachbehandlung mit Aluminiumtriformiat und Borsäure zur Verbesserung der Nachglimmbeständigkeit. Effekt ist permanent.
	Flammschutz-, Wasserabweisend- und Fäulnisschutz-Ausrüstung, die gegenüber Nasswäsche und Trockenreinigung beständig ist.

Name	Erzeugerfirma	Zusammensetzung
Aflamman N2O Aflamman NO Aflamman J 11 Aflamman J 13 Aflamman LSB	Quehl & Co. GmbH.	Dispersionsprodukte vermutlich auf Chlorparaffinbasis. N2O- und NO-Marken für das Zweibadverfahren, J 11- und J 13-Marken für das Einbadverfahren. Die Marke LSB dient zur schmelz- und flammfesten Ausrüstung von Synthesefasern. Zahlreiche Spezialeinstellungen: Typ W = ungefärbt, Typ WU = für hohen Weissgrad, Typ – farbig – D = Deckfärbung für vorgefärbte Ware, Typ – farbig – V = Vollfärbung für ungefärbte Ware (nur bei J 11 und J 13), Typ NOF gibt noch speziellen Schimmel- und Fäulnisschutz.
Aquaflamme A	Protex	Lösungsmittelhaltige Emulsion von schwach saurer Reaktion.
PVC-Corvic Latex L 550	I.C.I.	Glimmfestfinish: Klotzen mit 12%iger Zinksulfatlösung und Nachbehandlung mit einer Lösung von 2% Borax und 1% NaOH. Flammfestbehandlung erfolgt anschliessend mit 3 Teilen Lubrol W (nicht ionogener Emulgator) 30 Teilen Trikresylphosphat 3 Teilen 10%iger CMC-Lösung 10 Teilen Wasser 90 Teilen Corvic Latex L 550.
Imprägnol flammfest A Grund	Chem. Fabr. Pfersee, Erba	Wässerige Emulsion von flammsicher (Chlorkautschuk), verrottungsfest (Pentachlorphenolfettsäureester) und wasserdicht (Paraffin und Wachse) machenden Eigenschaften. Grundprodukt, dem noch Antimonoxyd und evtl. Pigmente zugesetzt werden. Für Zweibadverfahren mit 2. Bad von Flammschutzmittel NB oder Aluminiumtriformiat angewandt.
Imprägnol flammfest AG, AG II		Alkalisch reagierende, pigmenthaltige Kunststoffemulsion.
Imprägnol flammfest AG-B		Kunststoffemulsion für kochwaschbeständige Ausrüstung von Berufskleiderstoffen.
Imprägnol flammfest GL		Kunststoffpräparat auf Lösungsmittelbasis saure.
Imprägnol flammfest S		Pigmenthaltige Emulsionsprodukte, die im Einbadverfahren anwendbar sind.

Literatur	Verwendungsgebiet
K. Quehl, Melliand Textilber. (1952) 12, S. 1115; (1953) 1, S. 69 und 2, S. 143. K. Quehl, Melliand Textilber. (1954) 4, S. 431. H. J. Reese, Textil-Praxis (1955) 4, S. 375. H. J. Reese, Melliand Textilber. (1956) 3, S. 324 und 4, S. 457.	Die N-Marken bedürfen einer Nachbehandlung mit Aflafin III (wenn kein Wasserabweisendeffekt verlangt) oder mit Aflavin IV Pulver oder Aluminiumformiat (wenn Hydrophobiereffekt verlangt). Diese Nachbehandlung verbessert auch den Nachglimmschutz. Mit Marke N2 O wird eine kochwaschbeständige Ausrüstung erhalten. Mit den Marken NO, J 11 und J 13 wird eine wetter- und wasserbeständige Ausrüstung erzielt. Für Schwergewebe sind die Marken NO und J 13. Die Marke J 11 dient vor allem für die Behandlung von Tarnnetzen und Spezialartikeln. Für leichtere und mittlere Gewebe wird die Marke N2 O verwendet.
	Für die permanente Wasserabweisend- und Flammfestausrüstung. Eine Nachbehandlung mit Protepluie A verbessert den Hydrophobiereffekt.
Frieser, SVF-Fachorgan *14* (1959) 5, S. 279.	Das Schutzmittel wird durch Streichen oder Klotzen aufgebracht. Nach der Trocknung wird bei 150° C noch kondensiert.
	Die alkalisch reagierenden A-Typen werden im Zweibadverfahren angewandt, während die sauren S-Typen im Einbadverfahren verwendet werden. Mit dem Flammfesteffekt wird gleichzeitig eine Hydrophobierung und ein Verrottungsschutz erzielt. Der Ausrüsteffekt ist nass- und trockenreinigungsbeständig. Die Flammschutzmittel werden auch in verschiedenen Farbeinstellungen geliefert.

Name	Erzeugerfirma	Zusammensetzung
Timonex	Assoc. Lead	Lösungsmittelhaltiges Produkt, das auf Chlorparaffinbasis beruhen soll.
Emtex	Weserland KG, Dr. Brandt, Dr. Strahl & Co.	Farbige Emulsion von Metalloxyden, chlorierten Kohlenwasserstoffen und Kunstharzen. Reagiert alkalisch und ist anionaktiv.
Hydroflamme Protex 120 Hydroflamme Protex 349	Protex	Lösungsmittelhaltige, schwach saure Emulsion von etwa 30% Trockengehalt.

Kombinationen von Kunstharzen und

Name	Erzeugerfirma	Zusammensetzung
Impranil Grund FBK	Bayer	Lösungsmittel und Antimonsalz enthaltende Kunststoffdispersion. Lösungsmittel: hydriertes Naphthalin.
Nopyron H	Farbwerke Hoechst	Lösungsmittelhaltige Kunststoffdispersionen auf Basis von Chlorkohlenwasserstoffen und Pigmenten (in verschiedenen Farbtönen).
Nopyron HW		Wässerige Kunststoffdispersionen auf Basis von Chlorkohlenwasserstoffen und Pigmenten (in verschiedenen Farbtönen).

Literatur	Verwendungsgebiet
	Neben Flammschutzeffekt wird auch eine wasserabweisende Wirkung erthalten. Die Ausrüstung ist nass- und trockenreinigungsbeständig.
	Wird bei 40°C unverdünnt auf die Ware gebracht, permanente Flammfestausrüstung.
	Gibt auf Zellulosetextilien einen flammfesten, wasserabweisenden und verrottungsfesten Ausrüsteffekt. Eine Nachbehandlung bei hoher Temperatur ist nötig. Die Marke 120 gibt eine wasserfeste Imprägnierung, die Marke 349 eine wasserechte, waschbeständige und lösungsmittelbeständige (Benzine) Ausrüstung. Bei der Applikation kann mit Lösungsmitteln verdünnt werden, nämlich bei 120 mit White Spirit, Trichloräthylen, Perchloräthylen u. dgl. Eine Verdünnung mit Aromaten ist nur bei 349 möglich.

anorganischen Verbindungen (Antimonoxyd z. B.)

	Nach dem Foulardieren und Trocknen bei 70 bis 90°C wird noch zur Verbesserung der Waschbeständigkeit während 8 bis 10 Minuten auf 120 bis 130°C erhitzt. Der erzielte Effekt ist auch trockenreinigungsbeständig.
	H-Marken werden im Einbadverfahren angewandt. Typen H und H2 für vegetabilische Fasern, Typen H3, H4 und H5 für vollsynthetische Fasern. Wetter- und wasserbeständiger Effekt (flamm- und fäulnisfest). HW-Marken ergeben durch eine Nachbehandlung mit Tonerdeverbindungen (Zweibadverfahren) wasser- und wetterbeständige Effekte (flammfest, fäulnisfest, wasserabweisend). Es sind Färbungen ohne Vorfärben des Gewebes möglich.

Name	Erzeugerfirma	Zusammensetzung
Firex	Rubach & Zirrgiebel Hamburg-Stellingen	Paste aus Kunststoffen und anorganischen Verbindungen von neutraler Reaktion.
Tragantine FL	A. Radeck, Treuchtlingen (Bayern)	Pulverförmige Kombination von Kunstharz und anorganischen Salzen.
Feldtol-Hydroflam S	C. Feldten Nachf. Hamburg-Ottensen	Emulsion von Kunststoffen und anorganischen Verbindungen.
Feldtol-HydroflamE	C. Feldten Nachf. Hamburg-Ottensen	Emulsion von Wachsen, Kunststoffen und anorganischen Verbindungen.
Feldtol-Hydroflam ET		Lösungsmittelhaltige Paste aus Wachsen, Kunststoffen u. anorganischen Verbindungen.

Verschiedene

Name	Erzeugerfirma	Zusammensetzung
Permanent Flammfest	Th. Böhme	
Fire Retardant RCX	Burkart-Schier Chem. Co.	
Pyrosan M	Laurel Soap Manuf. Co.	
Pyroset Fire Retardent N 10, N 2 und SF	Amer. Cyanamid Co.	
Pyrepel	Chem. Prod. Corp. (USA)	Organisch-anorganische Kombination.
Pyrm FRN	Warwick Chem. Div.	Modifiziertes Karbamid-Kunstharz.
Fi-Retard SB	Arkansas Co. Inc.	
Emkapruf OFL	Emkay Chemical Co.	Organische Verbindung.

Literatur	Verwendungsgebiet
	Waschbeständige Flammfestausrüstung.
	Ergibt neben dem Flammfesteffekt noch eine wasserabweisende und verrottungsfeste Ausrüstung.

Produkte

	Nass- und trockenreinigungsbeständige Ausrüstung.
	Ergibt guten Flammfest- und Nachglimmfesteffekt.
	Flamm- und Nachglimmschutz ohne Beeinflussung des Griffs.
	Als Flammfestmittel für Nylongewebe empfohlen. Es wird ein fester Griff ohne Veränderung der Nuance erzielt.
	Verleiht Flammfest- und Nachglimmfesteffekt bei Erhaltung des weichen Griffs.
	Flammfestmittel für Synthesefasern wie Nylon, Orlon, Dacron, Dynel oder Chemstrand.
	Flammfestmittel für Synthesefasern.
	Für die flammfeste und hitzebeständige Ausrüstung, die auch mit Kunstharzen auf Akrylbasis verträglich ist.

Name	Erzeugerfirma	Zusammensetzung
Flameproof 232 Flameproof 462	Apex Chem. Co.	
Präparat 999 BN	Ciba	Spezialvorkondensat; pastenförmige Emulsion mit ca. 45% Trockengehalt mit schwach alkalischer Reaktion.
Conco Finish FR	Continental Chemical Co.	Schutzmittel auf Kunstharzbasis.
Eccoflamproof LB-2	Eastern Color and Chemical Co.	
Flammentin NK	Quehl & Co. GmbH.	
Irgapyrol EB	J. R. Geigy	Organische Verbindung.
Antoxol	Eronel Ind., Los Angeles	
Flamort TC spez.	Flamort Chem. Co. (USA)	

Literatur	Verwendungsgebiet
	Die Marke 232 ist für Zellulose- und Synthesefasern mit hoher Scorch-Resistenz geeignet. Mit der Marke 462 wird eine wasch- und trokkenreinigungsbeständige Ausrüstung erzielt.
	Wasch- und kochechte Appretur, die auch mit einer Wasserabweisendappretur kombinierbar ist. Wird mit gleichen Teilen Johannisbrotkernmehlverdickung (1%ig) angewandt. Ein Trocknen bei 100/110°C genügt; Härten bei höherer Temperatur ist nicht nötig. Dient zur Flammfestausrüstung von pflanzlichen Fasern, besonders für Überkleider und technische Gewebe.
	Für alle Fasern anwendbar; vor allem auch für die Behandlung von Florgeweben.
Textil Rdsch. *19* (1964) 7, S. 492.	Flammfesteffekt von guter Trockenreinigungsbeständigkeit.
	Faserschonendes, nicht kristallisierendes Schutzmittel für Zellulosefasern.
	Flammschutz- und Nachglimmfestmittel mit geringem Effekt auf die Festigkeit. Der Effekt ist trockenreinigungsbeständig. jedoch nicht waschecht.
Textile World *97* (1947) 8, S. 222.	
	Für die Flammfestausrüstung von Werkkleidung und Uniformen empfohlen.

KAPITEL XVII

Das Mattieren von Rayon und synthetischen Fasern[1])

Die Entwicklung dieses Veredlungsverfahrens ist mit dem Aufkommen der Kunstfasern und vor allem der ersteren unter jenen, der aus Cellulose und Cellulosederivaten hergestellten Kunstseiden, eng verknüpft. Aber auch die später auf dem Markt erschienenen vollsynthetischen Fasern bedürfen dieser Veredlung, um den Wünschen der Konsumenten gerecht zu werden.

---

[1]) Allgemeine Literatur über das Mattieren: Glanzlose Kunstseide (Silk Journ. Rayon World *5* (1929) [58], 59); Nevely: Aperçu sur la littérature des brevets permettant l'obtention de soie mate (Rev. Gén. Mat. Col. *33* (1929), 301); Meyer: Über die Herstellung matter Kunstseide (Kunstseide *11* (1929), 435); Van Bergen: Kuntseide mit Naturseidenglanz (Mell. Textilber. *11* (1930), 49); Brandenberger: Das Mattieren der Kunstseide (Kunstseide *12* (1930), 102); Fortschritte in der Herstellung matter und schwach glänzender Kunstseiden (Text. World *77* (1930), 1388); Krebs: Die Herstellung matter Kunstseide (Jentgen's Artif. Silk Rev. *2* (1930), 189); Chadwick: Ausrüstung von kunstseidenen Stoffen. Kennzeichen appretierter Gewebe: Glanz (Dyer Calico Printer *67* (1932), 41); Der Glanz von Kunstseide (Silk Journ. Rayon World *9* (1933) [107], 18); Mullin: Delustering the synthetic yarns (Text. Col. *55* (1933), 443); Hathorne: Rayon Dyeing and Finishing V: Delustered Rayon (Silk and Rayon *7* (1933), 512, 561); Nachträgliche Mattierung und Spinnmattierung von Kunstseide (Z. ges. Textilind. *37* (1934), 587); Über mattierte Kunstseide (Appretur-Ztg. *26* (1934), 41; Z. ges. Textilind. *37* (1934), 180); Hünlich: Verschiedenartiges Mattieren von Kunstseide (Kunstseide *16* (1934), 266), übersetzt in Ind. textile *51* (1934) 596); Prior: Theorie und Praxis des Mattierens von kunstseidenen Wirkwaren (Mh. Seide Kunstseide *39* (1934), 111); Prior: Das Mattieren von Kunstseide (Mh. Seide Kunstseide *40* (1935), 415, 456, 500); „Pegasus": Some recent delustring processes (Text. Col. *57* (1935), 754); Herzog: Die Mattierung der Kunstfasern (Mell. Textilber. *16* (1935), 829); Zart: Matte Kunstseide und Zellwolle (Chem.-Ztg. *60* (1936) 213); Matte Kunstseide (Rayon Text. Monthly *17* (1936), 737, 791); Die Entglänzung der Kunstseide und Celluloseacetat. Allgemeine Übersicht über die Methoden und über die Theorie des Glanzes (Rayon Melliand Text. Monthly *17* (1936), 105, 153); Mattkunstseide in der Veredlung (Appretur-Ztg. *29* (1937), 255); Nouveaux procédés pour obtenir des rayonnes mates (Ind. textile *54* (1937), 81); Roche: Delustered Artificial Silk Yarns and Fabrics (Text. Colorist *59* (1937), 673); Morand: Fils et tissus de soie artificielle mate (Ind. textile *55* (1938), 31, 80); Liebsch: Wie wird zu hoher Glanz auf Kunstseide gemildert? Spinnmatte Kunstseide (Mschr. Text. Ind. *53* (1938), 254); Morand: Progrès réalisés dans le matage des fibres artificielles (Ind. textile *56* (1939), 136, 181, 292, 341, 391, 443); Hünlich: Verschiedenartiges Mattieren von Kunstseide, insbesondere kunstseidener Strümpfe (Appretur-Ztg. *33* (1941), 150); Sisley: Le matage des fibres artificielles: progrès récents (Teintex *7* (1942), 332; *8* (1943), 10); Hulme: Modern delustering (Silk Journ. Rayon World *18* (1942) [213], 18, [214], 22, [215], 14, [216], 12); Hünlich: Mattierte Reyon (De Tex *11* (1952), 24); Jacob: Mattieren von Reyon (Spinner u. Weber *75* (1957) 1003, 1331); Frieser: Das Mattieren von Chemiefasern (Textilis *17* (1961) [7–8], 32, [9], 26).

Die Chemiefasern zeigen nämlich gegenüber den Naturfasern gleicher oder ähnlicher chemischer Zusammensetzung einen wesentlich höheren Glanz. Diese optische Erscheinung wird durch den Aufbau der Fasern und durch ihre Oberflächenbeschaffenheit verursacht. In den ersten Zeiten des Aufkommens der Chemiefasern, nämlich am Ende des letzten Jahrhunderts, da man die neu erfundene Technik vor allem zur Herstellung von gröberen, rosshaarähnlichen Fäden und Kunstbändchen verwendete, und auch die damalige Kunstseide fast durchwegs aus Einzelfasern von hohem Titer bestand, betrachtete man mit Begeisterung diesen hohen Glanz, der selbst den der echten Seide wesentlich übertraf, als eine wichtige Errungenschaft. Doch änderte sich der Geschmack mit der Zeit, unter dem Einfluss der Mode und anderer Umstände, ziemlich rasch, und in den 20er Jahren äusserte sich der Wunsch (und zwar ausgehend von der Strumpfindustrie) nach einer Dämpfung oder sogar Aufhebung dieses nun als aufdringlich und lästig empfundenen speckigen oder glasigen Glanzes und der damit verbundenen geringen «Deckkraft» der damaligen Erzeugnisse aus dem neuen Werkstoff.

Im Laufe der Entwicklungsarbeiten über Acetatkunstseide wurde festgestellt, dass dieses Produkt seinen Glanz bei verschiedenen Behandlungen wie Waschen oder Färben bei Temperaturen über 85°, Dämpfen in Gegenwart von Flüssigkeiten, Färben mit gewissen Produkten und, bis zu einem gewissen Grad, beim schweren Beizen oder beim Beschweren mit gewissen Metallsalzen, verlieren konnte. Zuerst wurde das als schwerwiegender Nachteil für diese Textilart betrachtet: es war unmöglich, sie nach den üblichen Methoden zu waschen, zu färben oder sonst zu behandeln. Es war das besondere Verdienst der Herren Henry und Camille Dreyfus bei der Celanese Corporation, praktisch alle diese Hindernisse überwunden und diese unangenehme Erscheinung ihres Produktes zu einer neuen, vorteilhaften Eigenschaft umgewandelt zu haben. Ihre Arbeiten fanden ihren Niederschlag in zahlreichen Patenten. Der Erfolg dieser Bemühungen war derart durchgreifend, dass die Mode der matten Ausrüstung sich auf alle anderen Kunstfasern wie Viskose und Kupferammoniakseide, ja sogar auf Naturseide übertrug, so dass diese einstweilen auch nachmattiert werden musste.

Im Gegensatz zu zahlreichen anderen Veredlungsverfahren, die zuerst von der Wissenschaft einer gründlichen Vorbereitung unterzogen und dann erst von der Praxis übernommen wurden, hat am Anfang der Entwicklung der Mattierung von Kunstfasern die Praxis zuerst eine sehr umfangreiche und mühevolle Kleinarbeit leisten müssen, bevor sich die chemische Forschung des Problems überhaupt ernsthaft angenommen hat. Deshalb folgte die Entwicklung der Mattierung der allgemeinen Entwicklung auf dem Gebiet der synthetischen Fasern. Da als erste synthetische Faser die Kunstseide auf dem Markt erschien und lange Zeit über auch die einzige Faser in dieser Kategorie blieb, ist es verständlich, dass in der Frühzeit der Mattierung alle Arbeiten sich mit dem Problem der Mattierung der Kunstseide beschäftigten.

Allgemeines über Glanz und Durchsicht

Die Erscheinung des Glanzes an sich, das heisst, das Vermögen eines Textilmaterials, das einfallende Licht mehr oder weniger stark gerichtet zu reflektieren, ist in erster Linie durch seine Beschaffenheit, aber auch wesentlich durch den inneren Aufbau seiner einzelnen Fasern bedingt. Eine vollkommen glanzlose Fläche strahlt das aus beliebiger Richtung auffallende Licht stets nach derselben einheitlichen Lichtverteilung des Lambertschen Gesetzes zurück, welches besagt, dass die Leuchtdichte unabhängig vom Betrachtungswinkel ist. Glänzende Flächen hingegen zeigen in der Richtung des nach dem Reflekionsgesetz gespiegelten, einfallenden Lichtes eine erhöhte Rückstrahlung. Der Teil des Lichtes, der über den diffus gestreuten Anteil hinausragt, ist ein Mass für den Glanz. Dieser gerichtete Teil des Lichtes ist natürlich umso grösser, je glätter die reflektierende Fläche selbst ist: im idealen (oder besser gesagt: fast idealen) Fall hat man einen Spiegel.

Fällt ein Lichtstrahl auf ein durch glatte Flächen begrenztes Stück eines lichtdurchlässigen Stoffes, sei es amorph wie Glas oder kristallin wie Calcit, so wird in erster Annäherung ein Teil dieses Lichtstrahles (der nur im theoretischen Idealfall der totalen Lichtdurchlässigkeit gleich null sein kann) symmetrisch zu der am Einfallpunkt senkrecht zur Einfallebene stehenden Gerade reflektiert, und der andere Teil fährt ins Innere des Materials mit einer gewissen Richtungsänderung und einer mit der Dicke des Materials zunehmenden Abschwächung der Intensität fort. Die erwähnte Änderung der Richtung des Strahles ist ein Kennzeichen des durchfahrenen Materials und wird durch den Brechungsindex n (das heisst das Verhältnis der Kosinus des Einfalls- und des Fortpflanzungswinkels) charakterisiert. Dieser Vorgang wiederholt sich an jeder Berührungsfläche zwischen zwei verschiedenen Materialien. Haben diese zwei aneinanderliegenden Materialien hingegen den gleichen Brechungsindex, dann fährt der Lichtstrahl wie innerhalb eines einheitlichen Materials fort.

Auf diesem Vorgang der Lichtbrechung und -spiegelung beruht die Sichtbarkeit der lichtdurchlässigen Gegenstände im allgemeinen und auch der Textilfasern im besonderen, wie es Herzog[1]) anhand

---

[1]) Herzog: Die Mattierung der Kunstfasern (Mell. *16* (1935), 829).

von ausgezeichneten mikrophotographischen Aufnahmen gezeigt hat: ein Baumwollfaden ist unter dem Mikroskop umso deutlicher und mit umso mehr Einzelheiten sichtbar, je grösser der Unterschied zwischen dem Brechungsindex des zu beobachtenden Gegenstandes (für die Baumwolle durchschnittlich 1,56) und dem Brechungsindex der einschliessenden Substanz ist. So eignen sich als Einschliessungsmittel am besten sowohl die Substanzen mit einem wesentlich geringeren (zum Beispiel Luft, Brechungsindex 1) als auch diejenigen mit einem wesentlich höheren Brechungsindex (zum Beispiel Monobromnaphthalin, Brechungsindex 1,66). Ist hingegen der Brechungsindex des Einschliessungsmittels praktisch gleich wie derjenige der Baumwolle (zum Beispiel Anisöl, Brechungsindex 1,55), so ist der Faden kaum noch sichtbar.

Hat man aber an Stelle einer einzigen, glatten und regelmässig ausgedehnten Begrenzungsfläche (wie diejenige einer Kunstseidenfaser mit rundem Querschnitt) eine Vielzahl kleiner und kleinster willkürlich orientierter Flächen, so wird das einfallende Licht entsprechend in die verschiedensten Richtungen reflektiert und refraktiert, wobei der Vorgang sich nacheinander an mehreren dieser Flächen wiederholen kann. Ist die Zahl dieser Flächen gross genug, so sind die einzelnen reflektierten Teilstrahlen nicht mehr erkennbar, die Stärke des reflektierten Lichtes ist in allen Richtungen gleich, unabhängig vom Betrachtungswinkel (also nach dem Lambertschen Gesetz), und die Gesamtfläche erscheint matt. Ferner können die mehrmals reflektierten einzelnen Teilstrahlen schliesslich vollständig absorbiert werden, bevor sie durch die ganze Dicke des Materials durchgefahren sind, und der beobachtete Gegenstand scheint dann, obwohl er aus einem an sich lichtdurchlässigen Material besteht, opak zu sein. Dabei ist es grundsätzlich einerlei, ob die vielzähligen kleinen widerspiegelnden Flächen auf der Oberfläche des Gegenstandes konzentriert sind oder ob sie sich auch in seinem Inneren befinden. Die Unterschiede sind nur quantitativer Natur. Man kann folgende Grenzfälle haben:

glatte Oberfläche, homogenes Innere: glänzend und durchsichtig
rauhe Oberfläche, homogenes Innere: matt und teilweise durchsichtig
glatte Oberfläche, inhomogenes Innere: glänzend und undurchsichtig
rauhe Oberfläche, inhomogenes Innere: matt und undurchsichtig

Zur Illustration dieser Erscheinungen seien zuerst zwei aus der Naturkunde gewählte Beispiele angeführt:

Herzog[1]) erwähnt den Fall einer Glasplatte, die durch Reiben mit feuchtem Schmirgel aufgerauht wird: dadurch werden mehr

---

[1]) Herzog: Loc. cit. S. 258, Note 1.

oder weniger splittrige Teilchen aus dem Glas herausgerissen. Ist der Schmirgel grob, so entstehen auch grössere reflektierende Flächen, die ein unruhiges Glitzern der Glasoberfläche bewirken. Ist hingegen der Schmirgel fein genug, so erfolgt eine derart starke Zerstreuung des Lichtes, dass die Glasscheibe matt erscheint. Wird nun diese Glasplatte mit Kanadabalsam, der bekanntlich annähernd den gleichen Brechungsindex wie Glas besitzt, bestrichen und mit einem Deckglas bedeckt, damit die Balsamschicht eine gleichmässige und ruhige Oberfläche erhält, dann wird das aufgerauhte Glas wieder vollkommen durchsichtig.

Das zweite Beispiel stammt von Chwala[1]): grosse, schön gewachsene Kristalle, wie zum Beispiel ein Eisblock oder Calcit, sind durchlässig und glänzend; Anhäufungen kleiner Einzelkriställchen der gleichen Substanz, wie Schnee oder gemahlenes Calcit oder Marmor, sind undurchsichtig und glanzlos.

Mit diesen Darlegungen hat man schon auf die Möglichkeiten gedeutet, die Glanz- und Durchsichtseigenschaften eines Materials zu beeinflussen: es müssen einfach auf der Oberfläche und/oder im Inneren dieses Materials möglichst viele kleine Reflexionsflächen geschaffen werden. Dies kann vom theoretischen Standpunkt aus auf zwei Arten erfolgen:

1. die Oberfläche des Materials wird, wie im Beispiel der Glasplatte, aufgerauht oder verformt,

2. es wird auf die Oberfläche oder in das Innere des Materials eine gewisse Menge eines anderen Stoffes eingeführt, der einen von dem des Materials möglichst abweichenden Brechungsindex besitzt und in feinster Verteilung vorliegt. Diese feinen Teilchen übernehmen dann die Rolle der zahlreichen winzigen Lufträume zwischen den einzelnen Schneekristallen. Der so entstehende Trübungseffekt ist der gleiche wie der, den man bei Emulsionen beobachten kann.

Die Beeinflussung des Glanzes von textilen Erzeugnissen

Vom Standpunkt der Lichtreflexion aus gesehen, besteht ein Textilgebilde nicht aus einer einzigen reflektierenden Fläche, sondern aus einer Unzahl von kleinen und kleinsten Spiegelflächen. Diese kleinen Flächen machen vor allem die Oberfläche der einzelnen Fasern aus, welche durch die Web- bzw. Wirkart mehr oder weniger gerichtet sind. Je gröber und weniger zahlreich diese Elementarflächen sind, das heisst je stärker und dicker das Garn ist, je weniger Elemen-

[1]) Chwala: Textilhilfsmittel, ihre Chemie, Kolloidchemie und Anwendung, Wien 1939, S. 372.

tarfäden es aufweist und je weniger es gedreht ist, umso grösser ist die gerichtete Reflexion und daher der Glanz des Stoffes. Damit wäre schon ein Weg gezeigt, den Glanz eines textilen Erzeugnisses herabzusetzen. Aber die Wahl des Titers des Garnes und der Webart muss noch anderen Kriterien als bloss dem des Glanzes folgen: auch ist der Feinheit eines Garnes eine Grenze gesetzt, und diese ist im allgemeinen nicht tief genug, um dem damit gewobenen oder gewirkten Gegenstand eine ideal matte Oberfläche nach Lambertschem Gesetz zu verleihen. Ferner ist die Stoffstruktur nicht allein massgebend für den Glanz eines Gewebes. Vielmehr umfasst dieser Glanz – ausser den Änderungen der Lichtreflexion, die von Unterbrechungen der gleichmässigen Oberflächenentwicklung verursacht werden – noch die Unterschiede im Lichtbrechungsindex der verschiedenen Materialien, die im Textilgebilde vereinigt sind. Er wird also in seiner Gesamtheit sowohl durch die Störungen der Oberflächenbeschaffenheit wie durch die Änderungen des Lichtbrechungsindexes bestimmt. Zur vollständigen Beseitigung des Glanzes muss man also einen Schritt weiter gehen und die Einzelgarne bzw. Fasern selbst mit einer (oder beiden) der oben erwähnten Methoden behandeln.

In der Technik kann man aber selten eine Massnahme zur spezifischen Änderung einer bestimmten Eigenschaft eines Produktes treffen, ohne dass Gefahr besteht, dass auch andere Eigenschaften durch diese Massnahme in unerwünschter Weise verändert werden. Auch im Falle der Mattierung blieben manchmal Verfahren, die an sich das Problem der Glanzbeseitigung restlos zu lösen vermochten, nicht ohne Einfluss auf die mechanischen Eigenschaften, die Beständigkeit gegen verschiedene Einflüsse und sogar auf die Verbrauchseigenschaften und mussten daher entweder umgebaut oder aufgegeben werden.

Aus diesem Grund sind zur Lösung dieser theoretisch einfachen Aufgabe (man braucht ja nur die Anzahl der das Licht diffus reflektierenden Flächen zu vermehren) sehr zahlreiche Vorschläge entstanden, deren Wirkungsweise sich auf das gesamte Gebiet der Textiltechnologie ausbreitete, von der Vorbereitung der Rohstoffe zur Herstellung von Spinnmassen (vgl. Seite 276, *D.R.P. 707.743*, *franz. P. 811.563*, *engl. P. 465.741* und *österr. P. 151.642* (1935)) der IG über die Zugabe des Mattierungspigmentes zum Zellstoff während seiner Herstellung), bis zur Pflege und Instandstellung abgetragener Kleidungsstücke (vgl. Seite 420, *amer. P. 2.459.236* (1949), von Mc-Kee). Gerade diese Vielfalt zeigt aber, dass die befriedigende Lösung des Problems doch nicht so einfach war, und dass je nach den Anforderungen, die sowohl an die Mattierung selbst wie allgemein an das mattierte Material gestellt wurden, verschiedene Wege beschritten werden mussten.

Im allgemeinen kann man nach Sisley[1]) drei Arten von Verfahren zum Mattieren von synthetischen Fasern unterscheiden:

1. Änderung der glatten Oberfläche der Fasern durch Bildung von Rillen, Furchen, Verzahnungen oder Faltungen, oder vorberechnete Drehung bei Bändchen,

2. Einführung von verhältnismässig groben Fremdkörpern in das Innere der Fasern,

3. Eigentliche Mattierung:

a) durch Einführung vor oder während des Spinnens von sehr fein verteilten, festen, flüssigen oder gasförmigen Substanzen;

b) durch Umhüllung nach dem Spinnen mit festen oder flüssigen Substanzen oder Bildung von mattierenden Verbindungen in den Fasern.

Die 2 ersten Gruppen wurden von Herzog[2]) ausführlich behandelt; da sie im Grunde genommen keine chemische Veredlung im wahren Sinne des Wortes darstellen, werden sie hier nur vollständigkeitshalber kurz erwähnt:

Für die erste Gruppe gibt Herzog verschiedene Vorschläge an, um die naheliegende Massnahme einer Veränderung der Oberflächenbeschaffenheit der einzelnen Fasern durch mechanische Behandlungen vorzunehmen. So wurde versucht, den Querschnitt der Fasern nicht mehr kreisrund, sondern möglichst unregelmässig, grobgekerbt bis feinzähnig zu gestalten: dadurch entsteht ein Filament mit vergrösserter und stark gefalteter Oberfläche. Auch kann man die Oberfläche der Garne oder Gewebe durch Reiben mit schmirgelnden Stoffen künstlich aufrauhen. So schlägt das *englische Patent 328.247* (1929, auch *amerikanisches Patent 1.957.508*) der British Celanese Corp. vor, Fäden von Zelluloseazetat beim Trockenspinnen durch einen Schmirgelstoff durchlaufen zu lassen. Dann wird der Überschuss des Schmirgelstoffes durch Reiben entfernt. Die Stärke der Schmirgelwirkung richtet sich nach dem gewünschten Mattierungsgrad. Als Schmirgelstoffe werden vorgeschlagen: Kieselgur, Bimsteinpulver, Glaspulver, Karborundum, Schmirgel und so weiter. Für Azetatreyon wird Kieselgur empfohlen, das durch ein 120er Sieb durchläuft. Auch andere Stoffe wie Natriumsulfat, Alaun, Salpeter sollen geeignet sein.

Um den Glanz von Kunstfasern nach der zweiten Methode herabzusetzen. hat man versucht, Garne aus einer Seele von feinem Baumwollzwirn und einer glasig durchsichtigen, aus Viskose regenerierten Zellulosehydrathülle, herzustellen. Trotz einer völlig glatten Oberfläche soll dieser Faden nur sehr schwach glänzen. Ferner soll an

[1]) Sisley: Le Matage des fibres artificielles: Progrès récents (Teintex 7 (1942), 333).

[2]) Herzog, *loc. cit.*, S. 258, Note 1.

diesem Material die vom Standpunkt der Theorie der Glanzbildung aus sehr interessante Beobachtung gemacht worden sein, dass es nach einer Schwarzfärbung wieder ausgesprochen glänzend wird, und zwar eben infolge seiner sehr glatten Oberfläche: der Baumwollkern übt dann keine zerstreuende Wirkung mehr aus, da die schwarze äussere Hülle kein Licht mehr in das Innere des Fadens gelangen lässt.

Auch andere Materialien wurden ausprobiert, um einen opaken inneren Teil im Faden zu schaffen: Baumwollstaub, Holzzellstoff, Metallbändchen, Sehnenfäden. Auch wurden Modebändchen durch Zusammenkleben von mehreren Schichten aus verschiedenen Materialien hergestellt. Aber alle diese Faserstoffe sind ziemlich grob und werden praktisch nur als Effektfäden verwendet.

Viel wichtiger als diese Verfahren sind diejenigen der dritten Gruppe: sie sind heute noch sehr verbreitet und beruhen fast alle auf der Einführung fein verteilter lichtbrechender Stoffe in das Innere oder auf die Oberfläche der Fasern. Durch die Anwesenheit dieser unlöslichen feinverteilten Substanzen in dem zur Herstellung der entsprechenden Fasern dienenden Stoff werden unzählige zusätzliche kleine Reflexionsflächen geschaffen, die das einfallende Licht in allen möglichen Richtungen, also diffus, reflektieren. Voraussetzung dazu ist, dass die in der Fasermasse fein verteilte Substanz ein anderes Lichtbrechungsvermögen besitzt als diese Masse selbst. Die diffundierende Wirkung für das Licht, und daher der Mattierungseffekt selbst, ist direkt proportional der Differenz zwischen Brechungsindex der Masse und dem des darin verteilten Stoffes. Im Folgenden sind als Beispiele die Brechungsindices einiger Pigmente, die für die Mattierung viel verwendet werden, mit den Indices der Viskoseseide und der Acetatseide verglichen[1]:

Viskoseseide	1,536
Azetatseide	1,477
Kieselsäure	1,46
Talkum	1,589
Bariumsulfat	1,637
Titandioxyd (amorph)	2,33
Titandioxyd (Rutil)	2,71

Déribéré[2]) hat eine interessante Vergleichstabelle der Brechungsindices der meistverwendeten Pigmente nicht nur gegenüber Luft, sondern auch gegenüber Zellulose veröffentlicht:

[1]) Chwala: Textilhilfsmittel, ihre Chemie, Kolloidchemie und Anwendung, Wien 1939, S. 372.

[2]) Déribéré: L'utilisation du blanc de titane dans la teinture des matières plastiques et le matage des soies artificielles (Revue Générale des Matières Plastiques *10* (1934), 313).

Stoff	Brechungsindex gegenüber Luft	Brechungsindex gegenüber Cellulose
Luft	1,00	—
Reine Zellulose	1,53	1,00
Kaolin	1,55	1,01
Talkum	1,55	1,01
Asbestin	1,56	1,02
Blanc fixe	1,65	1,07
Kalziumsulfat	1,54	1,00
Kalk	1,57	1,02
Titanox B	1,89	1,24
Kronos Standard T	2,10	1,37
Kronos Extra T	2,30	1,50
Kronos rein (98% TiO_2)	2,60	1,69

Eine noch vollständigere Zusammenstellung des Brechungsindices von Faserstoffen und Pigmenten, die auch die modernen vollsynthetischen Fasern berücksichtigt, hat Frieser[1]) kürzlich veröffentlicht:

Faserstoff	Brechungsindex
Viskosereyon	1,546
Kupferreyon	1,572
Azetatkunstseide	1,477
Nylon (Polyamid)	1,558
Perlon (Caprolactam-Polyamid)	1,558
Orlon (Polyacrylnitril)	1,515
Acrilan (Polyacrylnitril)	1,524
Dynel (Acrylnitril-Vinylchlorid-Mischpolymerisat)	1,536
Verel (Polyacrylnitril)	1,538
Terylene (Polyester)	1,725
Teflon (Polytetrafluoräthylen)	1,370
Mattierungsmittel	**Brechungsindex**
Talkum	1,59
Bariumsulfat	1,64
Kalziumsulfat	1,59
Bariumcarbonat	1,60
Kalziumcarbonat	1,57
Zinkoxyd	2,00
Antimonoxyd	2,19
Zinksulfid	2,37
Titandioxyd (Anatas)	2,55
Titandioxyd (Rutil)	2,70
Methylenharnstoff	1,55

[1]) Frieser: Das Mattieren von Chemiefasern, Textilis *17* (1961) [7–8], 33.

Aus diesen Tabellen kann man zum Beispiel ersehen, dass Kieselsäure zur Mattierung von Azetatseide nicht geeignet ist, dass aber Titandioxyd, besonders als kristallisiertes Rutil, sowohl in Viskose- wie in Azetatseide einen besonders ausgeprägten Mattierungseffekt ergeben wird. Titandioxyd ist auch das für Mattierungszwecke am meisten verwendete anorganische Pigment. Neben diesen Pigmenten sind aber noch unzählige andere Substanzen vorgeschlagen worden.

Wie schon gesagt, werden Massnahmen zur Verminderung des Glanzes von Textilien praktisch in jedem Stadium der Fabrikation getroffen. Ganz allgemein aber hat sich die folgende Einteilung in zwei Hauptkategorien eingebürgert:

A. Mattierung während der Herstellung der Fasern selbst, auch primäre Mattierung oder heute besser Spinnmattierung genannt.

B. Mattierung der fertigen Textilerzeugnisse, seien es Garne, Gewebe oder Gewirke, die als sekundäre Mattierung oder Nachmattierung bezeichnet wird.

Die Strumpfindustrie, die mit dem Mattieren ihrer Erzeugnisse zuerst begann, begnügte sich anfangs damit, den Speckglanz der Viskosestrümpfe durch Auflagerung wasserunlöslicher Pigmente etwas zu mildern. Diese primitiv anmutende Nachmattierung ging natürlich bei der ersten Wäsche wieder vollständig verloren. Deshalb suchte man sehr bald danach, die Mattierungsausrüstung möglichst waschecht zu gestalten. Da aber geeignete Produkte für die Nachmattierung fehlten, ging man zur Spinnmattierung über. Trotz verschiedenen Anfangsschwierigkeiten hat sich diese Methode überall eingebürgert, und man konnte annehmen, das Problem sei mit diesem Verfahren, das zu denkbar waschechten Erzeugnissen führt, endgültig gelöst. Doch traten andere Schwierigkeiten auf, worüber im Abschnitt über die Spinnmattierung berichtet wird, wie zum Beispiel der erhöhte Verschleiss der maschinellen Teile bei der Verarbeitung von spinnmattierten Fäden oder die Verschlechterung der Lichtechtheit gewisser substantiver Farbstoffe auf mit Titandioxyd spinnmattierter Kunstseide. Diese Schwierigkeiten wurden allerdings im Laufe der Jahre behoben.

Dennoch vermochte die Spinnmattierung nicht alle Wünsche zu befriedigen: es blieb noch das in gewissen Ausrüstungsbetrieben vorhandene Bedürfnis, vorrätige glänzende Kunstseide oder Zellwolle nachträglich auf ein bestimmtes, vom Kunden verlangtes Mass zu mattieren. Deshalb wurde auch auf dem Gebiet der Nachmattierung viel gearbeitet, was in bezug auf die Echtheit zu jetzt vollkommen befriedigenden Verfahren geführt hat.

A. Die Spinnmattierung[1])

Unter dieser Bezeichnung fasst man ganz allgemein alle Massnahmen zusammen, die nicht nur während, sondern auch vor der Herstellung des Fadens zur Herabsetzung des Glanzes ergriffen werden. Sie bestehen in den meisten Fällen darin, Stoffe in die Fäden einzuführen, die einen anderen Brechungsindex besitzen als das Fadenmaterial selbst und in möglichst feiner Form vorliegen. Der Begriff umfasst aber auch andere chemische oder physikalisch-chemische Behandlungen, die der Faden während seiner Bildung erfährt.

Die Spinnmattierung erstreckt sich praktisch auf das ganze Gebiet der Fadenherstellung, von der Vorbereitung der Rohstoffe zur Herstellung der Spinnlösungen (Holzzellstoff für die Viskose, Azetylzellulose für die Azetatkunstseide, Monomere für die vollsynthetischen Fasern) bis zur Behandlung des gebildeten Fadens unmittelbar nach der Spinndüse, im Fällungsbad oder in der Spinnschacht, der Trocken- oder Schmelzspinnapparatur. Einzelheiten über die technologische Durchführung dieser Behandlungen können je nach Material und Spinnverfahren verschieden sein.

Als Mattierungsmittel wurden im Laufe der Jahre die verschiedensten Stoffe aus fast allen möglichen Klassen der anorganischen und organischen Verbindungen vorgeschlagen. Richtig bewährt haben sich allerdings praktisch nur die anorganischen Pigmente und unter ihnen vor allem Titandioxyd. Alle anderen Vorschläge sind eigentlich nur Auswege aus den Schwierigkeiten, die die Pigmentmattierung am Anfang verursacht hat. Sie sind wieder in Vergessenheit geraten, sobald diese Schwierigkeiten behoben waren.

1. Spinnmattierung durch Auswahl der Rohmaterialien

Obwohl die Spinnmattierung durch Zugabe von Zusatzstoffen, vor allem von Pigmenten, unter anderen von Titandioxyd, sich fast überall durchgesetzt hat, besitzt diese Methode den Nachteil, dass sie bei unsachgemässer Handhabung eine Abschwächung der Faserfestigkeit verursachen kann. Deshalb wurden verschiedene Möglichkeiten ausprobiert, die Zugabe von fremden Materialien in die Spinnmassen zu umgehen und den Matteffekt durch Eingriffe in die Zusammensetzung des Spinnmaterials selbst zu erreichen.

Diese Technik hat sich besonders bei der Herstellung von Mattseide aus Zelluloseestern als gut geeignet erwiesen. Dazu verwendeten

---

[1]) Machu: Literaturzusammenstellung über die Verfahren zur Herstellung von Kunstseide mit vermindertem Glanz aus Zellulose- oder Zellulosederivatlösungen (Kunstseide *16* (1934), 392, 426); Rordorf: Neuere Verfahren der Spinnmattierung (Kunstseide und Zellwolle *21* (1939), 384).

Clément und Rivière in ihrem *franz. P. 700.477* (1929) Gemische einer oder mehrerer Lösungen eines oder mehrerer Zelluloseester in einem oder mehreren flüchtigen Lösungsmitteln mit einem oder mehreren Zelluloseäthern, zum Beispiel Azetylzellulose+Benzylzellulose oder Azetylzellulose + Äthylzellulose oder Nitrozellulose + Benzylzellulose.

1933 erhielt die Rhodiaceta ein *franz. P. 755.309*[1]), das ein Verfahren beschreibt, bei dem der Mattierungseffekt durch Vermischen vor dem Spinnen von mehreren Zelluloseazetaten mit verschiedenen Eigenschaften, unter anderem verschiedenen Azetylzahlen oder Viskositäten, erhalten wird. Die Lösungen solcher Gemische ergeben durch Trockenspinnen ein Garn mit normalem Glanz, das sich aber durch Nachbehandlung mit Dampf, Wasser oder Seifenlösung bei Kochtemperatur oder bei einer nahe dem Kochpunkt liegenden Temperatur (für nähere Angaben siehe Abschnitt B 1 über die Entglänzung durch Modifikation der Faseroberfläche) sehr leicht mattieren lässt. Es wurden zum Beispiel Lösungen von 50–95% eines Azetats mit einem Essigsäuregehalt von 54–56% und 50–5% eines solchen mit einem Essigsäuregehalt von 43–53% vorgeschlagen. Je tiefer im allgemeinen der Gehalt des schwach azetylierten Azetats ist, desto stärker ist der erreichte Matteffekt. Zum Lösen müssen solche Lösungsmittel oder Lösungsmittelgemische gewählt werden, die beide Azetate vollständig zu lösen vermögen.

Man kann nach diesem Verfahren auch zum gleichen Ergebnis gelangen, indem man einem primären Azetat mit höherem Essigsäuregehalt sofort nach erfolgter Azetylierung eine bestimmte Menge eines zweiten Azetats mit anderem Essigsäuregehalt zugibt und das Gemisch auf den gewünschten durchschnittlichen Essigsäuregehalt nachträglich hydrolysiert. Befriedigende Ergebnisse wurden erzielt, indem man der Lösung eines primären Azetats 5–20% eines Azetats mit einem Essigsäuregehalt von 54–55% zugibt, und das Gemisch auf einen durchschnittlichen Essigsäuregehalt von 53–54% hydrolysiert. Man kann dazu entweder als Zusatz ein Azetat wählen, das in der Lösung des primären Azetats löslich ist und es dieser Lösung in fein verteiltem Zustand beigeben oder es in einem passenden Lösungsmittel, zum Beispiel Essigsäure, lösen und dann diese Lösung der Lösung des primären Azetats zugeben.

Ein ähnliches Verfahren wurde 1934 von der DuPont Rayon Co. durch das *amer. P. 1.966.578* patentiert. Als Beispiel wird angegeben: 21,6 Teile einer Azetylzellulose mit einem Essigsäuregehalt von 54% und 2,4 einer solchen mit einem Essigsäuregehalt von 45% werden in 60,8 Teilen Azeton und 15,2 Teilen Alkohol gelöst und dann ver-

[1]) Procédé de fabrication des fils artificiels ayant l'aspect mat à base d'acétate de cellulose (Ind. textile *50* (1933), 687).

sponnen. Das daraus hergestellte Gewebe wird während einer Stunde mit 2%iger, siedender Seifenlösung behandelt.

Am Rande sei noch ein Verfahren der British Celanes Ltd. erwähnt, das im *engl. P. 376.833* (1931, amer. Prior. 1930) beschrieben ist: durch Vereinigung einer Anzahl Fäden aus mit 1% Titandioxyd mattiertem Zelluloseazetat nach Anquellen mit 99%igem Azeton erhält man einheitliche Bänder von mattem Aussehen. Zu diesem Zweck kann man auch glänzende Kunstseidefäden mit einer 25%igen Dispersion von Titandioxyd (oder von einem beliebigen anderen Mattierungsmittel wie Erdalkalisalzen, Zinkoxyd oder -sulfid, Diazetylbenzidin, 4,4'-Diureidodiphenyl, 4,4'-Dithioureidodiphenyl, Dinaphthylharnstoff oder Diphenyloxamid) in Diäthylenglykol, dann kurz darauf mit Azeton behandeln und zusammenpressen.

Diese Mattierungsart wurde auch auf dem Gebiet der Viskosekunstseide ausprobiert: schon 1918 meldete die Glanzfäden AG. ein Verfahren zur Herstellung eines Viskosegarnes mit mattem, wollähnlichem Aussehen an, das 1924 das *DRP 389.394* (auch *franz. Pat. 518.410*) erhielt. Dazu verwendete sie eine Viskose aus unvollständig hydratisierter Alkalizellulose ohne Reifung und gewöhnliche Fällbäder mit Mineralsäuren. Nach einem Zusatzpatent *DRP 402.405* (1918) vermied sie jede Hydratisierung der Alkalizellulose, indem sie die Zellulose einfach einige Stunden in Natronlauge tauchte und nachher direkt mit Schwefelkohlenstoff behandelte; in einem weiteren Zusatzpatent *DRP 403.845* (1918) gab sie noch andere Verfeinerungen an, nämlich dass der Gehalt der Alkalizellulose an Wasser und NaOH maximum das 2fache des Zellulosegewichtes betragen, und dass die nach dem Hauptpatent bereitete frische Alkalizellulose keinen Temperaturen über 20°C ausgesetzt werden soll.

Ähnliche Massnahmen empfahl auch das *DRP 438.236* (1921) der Köln-Rottweil AG. (auch *engl. P. 181.330* auf Name der Glanzfäden AG.): um einen Reifegrad der Viskose zu erhalten, der so tief wie möglich und nur durch die unvermeidlichen Operationen der Lösung, der Filtration, der Entlüftung und so weiter bedingt ist, werden alle diese Operationen bei Temperaturen von 0–10°C durchgeführt. Bei einem solchen Verfahren wird der Mattierungseffekt offenbar durch unvollständig xanthogenierte, von der eigentlichen Viskose aber in stabiler Dispersion gehaltene Zellulosefasern hervorgerufen.

In diesem Zusammenhang kann man auch ein Verfahren nach dem *franz. P. 766.852* (1934) der Société Anonyme La Soie Artificielle de Calais erwähnen, wonach zwei oder mehrere Spinnlösungen zu einem einzigen Faden verarbeitet werden, so zum Beispiel eine gewöhnliche und eine mattierte oder gefärbte Viskose, die man kurz vor der Koagulation durch Mischen oder Zusammenführen vereinigt.

Auch kann man in diesem Abschnitt ein Verfahren der I. G. Farbenindustrie nach dem *holl. P. 51.087* (1939, deutsche Prior. 1938) einreihen, das die Herstellung von matten Gebilden, wie groben Fasern, Borsten, Bändern und Filmen, aus Lösungen von Zellulose in Schwefelsäure oder in einem Gemisch von Schwefelsäure mit anderen Säuren bezweckt. Solche Lösungen, die noch zahlreiche gequollene Fasern enthalten, werden verformt und hierauf in Bädern koaguliert, die Schwefelsäure und/oder schwefelsaure Salze enthalten.

2. Spinnmattierung durch Zugabe von Pigmenten und anderen anorganischen Stoffen

Die Gründe, die zur Verwendung von anorganischen Pigmenten als Mattierungszusatz zu den Spinnmassen geführt haben, wurden schon im einleitenden Teil dieses Kapitels dargelegt. In diesem Abschnitt sollen nun zuerst die verschiedenen Produkte, die als Mattpigmente Verwendung gefunden haben, und dann die Massnahmen, die zur Hebung gewisser Schwierigkeiten bei ihrer Anwendung vorgeschlagen worden sind, behandelt werden.

Schon 1925 wurde von Wolff & Co., Walsrode, und Czapech und Weingand, Bomlitz, im *englischen Patent 274.054* vorgeschlagen, der Viskose fein verteilte anorganische Produkte, wie Asbestpulver, zuzugeben; damit erhielt man Garne, die den Glanz der Naturseide aufwiesen.

In seinem *amerikanischen Patent 1.725.742* (1927) empfahl dann J. Singmaster, der Spinnmasse kleine Mengen anorganischer Pigmente, wie zum Beispiel ZnO, Russ, $BaSO_4$, Eisenoxyde, MgO, zuzufügen. Im gleichen Sinne empfahlen die Patente *EP. 338.490* (1929) und *FP. 694.119* (1930) von H. Dreyfus, dem trocken oder nass zu verarbeitenden Spinnstoff ein unlösliches Produkt in feinster Verteilung zuzugeben. Die Zugabe kann zur Spinnlösung oder deren Ausgangsmaterialien oder zum Lösungsmittel erfolgen und soll höchstens 5%, auf den Spinnstoff bezogen, betragen. Als Mattierungsmittel dienen anorganische Verbindungen, zum Beispiel Salze oder Metallverbindungen, zweckmässig mit einer Teilchengrösse von 0,0005 bis 0,0025 mm. Die Verteilung in der Spinnmasse wird durch Zugabe von Dispergiermitteln und/oder Schutzkolloiden, wie Ölen oder Türkischrotöl, erreicht. Als brauchbare Pigmente werden erwähnt: $BaSO_4$, $Ba_3(PO_4)_2$, ZnO, $MgCO_3$, $CaCO_3$ oder unlösliche Silikate.

Um die Verteilung der Pigmente in der Spinnmasse zu verbessern, schlug J. Singmaster in seinem *amer. Patent 1.875.894* (1929, auch *engl. P. 339.603* und *franz. P. 680.492*) vor, die Suspension des Pigmentes in einem Lösungsmittel für die betreffende Zelluloseverbindung vorzunehmen und dann diese Suspension zur Herstellung der Spinnlösung zu verwenden. So können nicht nur TiO_2, sondern auch ZnS, Lithopon, Zirkonoxyd, Thoriumoxyd und dergleichen dispergiert werden.

Die British Celanes Ltd. veröffentlichte in ihrem *englischen Patent 374.437* (1931) ein Verfahren, um Pigmente oder schwer- und unlösliche Farbstoffe in feiner Verteilung zu bringen: sie werden in wässeriger Suspension unter Zusatz von organischen Flüssigkeiten, die eine niedere Oberflächenspannung gegenüber Wasser besitzen, vermahlen. Derartige Flüssigkeiten sind: Methyl-, Äthyl-, Butylalkohol, Äthyläther, Äthylazetat, Azeton, Benzol, Paraffinöl. Als Beispiel wird aufgeführt: gefälltes Titandioxyd wird mit Wasser und Azeton in geeignetem Verhältnis vermahlen, wobei auch Borsäure oder Kochsalz zugesetzt werden können. Die so erhaltene Pigmentsuspension kann zu einer Spinnlösung zugegeben oder zur Herstellung von Druckpasten verwendet werden.

In seinen Patenten *EP 389.518* (1931) und *FP 741.368* (1932) hat H. Dreyfus die British Celanese auf eine interessante Möglichkeit, die bekannten Unzulänglichkeiten bei der Pigmentierung von Spinnmassen zu beheben, hingewiesen: der nach dem Nass- oder dem Trokkenspinnverfahren zu verarbeitenden Spinnlösung werden kolloidale – im Gegensatz zu kristallinischen – feste Stoffe, wie sie u. a. durch Fällung erhalten werden, zugesetzt: Oxyde, Hydrate, Oxyhydrate des Ti, Al, Zn oder Sn, ferner basische Zinksalze, Carbonate, Phosphate, Silikate, Borate und Wolframate der Erdalkalien, des Al, Zn, Sn, Pb und Ti. Durch Zufügen von Ölen usw. wird eine bessere Dispergierung erzielt. So wird z.B. eine Fällung aus 210 Teilen zum Beispiel $Al(NO_3)_3$ mit 130 Teilen NaOH nach Abfiltrieren und Auswaschen in eine Zelluloseazetatlösung verrührt[1]).

Die Zugabe von festen, unlöslichen anorganischen Pigmenten in die Spinnmasse hat bekanntlich den grossen Nachteil, einen stärkeren Verschleiss an Fadenführern und Wirknadeln zu verursachen. Um dies zu beheben schlug H. Dreyfus in seinem *engl. P. 407.000* (1932, auch *amer. P. 2.099.004*) vor, diese Pigmente bei einem Druck von 100–200 mm Hg auf 200–500° zu erhitzen und auf einen durchschnittlichen Teilchendurchmesser von 0,003–0,0005 mm zu bringen.

Für eine Verbesserung der Dispersion der Mattierungspigmente schlug die Celanese Corp. of America in ihrem *amer. P. 1.955.825* (1930, auch *engl. P. 374.356*) vor, bei der Herstellung von Fäden und Garnen aus Lösungen von Zellulosederivaten in organischen Lösungsmitteln nach dem Trockenspinnprozess die Mattierungspigmente auf dem Weg von den Filtern zu den Spinndüsen, am besten unmittelbar vor dem

[1]) Eine Beschreibung dieses Verfahrens befindet sich in der Revue Universelle des Soies et Soies artificielles, Bd. *8* (1933), S. 659.

Erreichen der Spinnpumpen, aus einem gesonderten Vorratsbehälter in die Spinnlösung einzuführen. Als Pigmente können dienen, je nachdem, ob man nach diesem Verfahren eine mattierte oder gefärbte Kunstseide erhalten will: Zinnoxyd oder -phosphat, Antimonoxyd, Titandioxyd, Bariumsulfat, Bleisulfat, Zinkoxyd oder -carbonat, Aluminium- oder Siliziumoxyd, Barium- oder Kalziumborat, Silikate wie Kaolin, Talkum oder Glimmer, aber auch organische Pigmente, wie Diazetyl- oder Dibenzoylbenzidin oder -tolidin, Dinaphthylharnstoff, Anthrachinon, Anthrazen, Natur- oder Kunstharz, und als gefärbte Pigmente Ocker, Siena, Chromgelb, Zinnbronze, Bleirot, Ultramarin, Berlinerblau, Guignetgrün, Chromgrün, kolloide Metalle, Russ, Graphit sowie Gemische dieser verschiedenen Stoffe, wobei die übrigen Zwischentöne nach dem in der Anstrichtechnik üblichen Mischprozess erzielt werden können. Am besten gelangen die Zusätze in Form einer konzentrierten Suspension zur Anwendung.

Zum gleichen Ziel gelangt man nach der Lehre des *engl. P. 460.955* (1936) der British Celanese Ltd., indem man die pigmentierte Spinnmasse (Viskose oder Zellulosederivatlösung) ständig in der Weise umpumpt, dass stets ein erheblicher Teil von ihr mit frischer Lösung gemischt wird, während der andere Teil verbraucht wird. Ähnlich ist auch das von der Dr. Alexander Wacker GmbH 1942 durch das *franz. P. 884.718* geschützte Verfahren: man versetzt die Spinnlösung in einer zwischen dem Spinnkessel und den Spinndüsen liegenden Kreisleitung im Umlauf und fügt der Spinnlösung während dieses Umlaufens konzentrierte Suspensionen oder Pasten von Farbstoffen oder gefärbten oder ungefärbten Pigmenten zu.

Als wichtige Neuerung auf dem Gebiet der Pigment-Spinnmattierung hat in den letzten Jahren die Deutsche Gold- und Silberscheideanstalt vorm. Roessler (Degussa) hochdisperse kolloidale Pigmente auf Basis von Metalloxyden (Aluminium-, Zirkonium-, Titan-, Zink- oder Zinnoxyd) auf den Markt gebracht, die nach einem patentierten, Aerogel genannten Verfahren durch pyrogene Zersetzung der entsprechenden flüchtigen Halogenverbindungen hergestellt werden. Die Verwendung dieser neuartigen Pigmente in Spinnmassen von synthetischen Fasern ist durch das *österr. P. 185.496* (1953, auch *amer. P. 2.819.173*, deutsche Prior. 1952) geschützt. Sie bringt gewaltige Vorteile mit sich, dank dem ausgezeichneten und sehr regelmässigen Verteilungsgrad dieser Produkte: ihr Teilchendurchmesser soll maximal 1 μ betragen. Vor allem werden die Spinndüsen und die Fadenführer der Garnbearbeitungsmaschinen von übermässigem Schleifen geschont. Ferner entfällt bei ihrer Verwendung der umständliche Mahl- und Anschlämmprozess, weil ihre Suspension schon ohne Zugabe von besonderen Dispergiermitteln recht stabil ist, was den Mehrpreis dieser hochwertigen Pigmente aufwiegt. Als Beispiel gibt das *österr. P. 185.496* die Spinnmattierung von Nylon- oder Orlonseide durch Zugabe von einem nach diesem Verfahren hergestellten Titandioxyd-Aerogel an, das mit der gleichen Menge Dimethylformamid vermischt wird.

Zahlreiche Patentschriften und Abhandlungen über die Mattierung von Kunstseide machen keinen Unterschied zwischen einer Behandlung der Viskose und einer solchen der Azetatseide. Dies mag wohl für die Nachmattierung gelten, aber für die Spinnmattierung dürften nicht alle Verfahren ohne weiteres für beide Kunstfasersorten verwendbar sein: die Spinnmattierung muss unter ganz anderen Bedingungen durchgeführt werden, je nachdem, ob es sich um die im Trockenspinnverfahren hergestellte Azetatseide, deren Faden sofort nach seinem Entstehen brauchbar ist, oder um die Viskoseseide handelt, die vor dem Gebrauch noch verschiedenen Reinigungsoperationen unterworfen werden muss. Deshalb werden in diesem Abschnitt, wie übrigens auch in allen anderen Abschnitten über die Spinnmattierung, nach den als allgemein gültig zu betrachtenden Verfahren, solche erörtert, die eher spezifisch für eines der drei Hauptspinnverfahren, nämlich

Nasspinnverfahren
Trockenspinnverfahren
Schmelzspinnverfahren

bestimmt sind.

Diese verschiedenen Spinnverfahren müssen nämlich deutlich auseinandergehalten werden. Für die Viskosekunstseide wird der Faden bekanntlich im Naßspinnverfahren hergestellt, und er muss nach seiner Entstehung eine Entschwefelung, eine Bleiche und zahlreiche Wäschen ertragen. Dadurch wird das Einstellen des Verfahrens wesentlich komplizierter und schwieriger.

Im Falle der Azetatkunstseide dagegen ist es verhältnismässig einfach, einen befriedigenden Matteffekt zu erhalten, weil dank dem Trockenspinnverfahren der Faden sofort nach dem Spinnen verbrauchsfertig ist und kein Einfluss von allfälligen Nachbehandlungen zu berücksichtigen ist. Das Hauptproblem ist also nur das der guten Verteilung des Pigmentes und das der Verhinderung von nachteiligen Nebenerscheinungen bei der Verarbeitung oder dem Verbrauch der so mattierten Azetatkunstseide.

Das gleiche gilt auch für das Schmelzspinnverfahren: das Mattierungspigment muss einer zähen Masse bei erhöhter Temperatur homogen und ohne Klumpenbildung einverleibt werden.

a) Besondere Pigmentspinnmattierungsverfahren für die Celluloseregeneratfasern

Auch auf dem Gebiet der Viskosemattierung nahm man die ersten Versuche, den Glanz dieser Kunstseide herabzusetzen, durch Nachbehandlung des gesponnenen Materials vor, und nach den erlebten Enttäuschungen ging man zur Spinnmattierung über.

Für das zur Herstellung der Viskosekunstseide verwendete Nassspinnverfahren war das Hauptproblem die möglichst feine und regelmässige Verteilung des Mattierungspigmentes in der Spinnmasse. Dazu gesellten sich noch, im Gegensatz zum an sich einfacheren Trockenspinnverfahren, die verschiedenen Fragen über Beständigkeit, chemische Widerstandsfähigkeit und Verträglichkeit der eingesetzten Mattierungsmittel mit den in der Viskoseherstellung und im Fällbad verwendeten Chemikalien.

Im allgemeinen sind die für die Mattierung von Viskosekunstseide vorgesehenen Verfahren auch für die Mattierung von Kupferseide anwendbar.

In seinen «Betrachtungen über die Pigmentdispersion in Beziehung zur Verwendung» hat Moll[1]) die Bedingungen, die bei der Verwendung von Titandioxyd zur Spinnmattierung von Viskose einzuhalten sind, klar definiert.

Bekanntlich wird zur Herstellung der Viskosekunstseide zuerst Zellstoff durch Umsetzung seiner alkoholischen Gruppen in Xanthatgruppen – durch Einwirkung von Natronlauge und Schwefelkohlenstoff – wasserlöslich gemacht. Es entsteht dadurch eine sehr zähflüssige Lösung von Zellulosexanthat, welches als ein hydratisiertes, schwach elektronegativ geladenes Polyelektrolyt zu betrachten ist. Wird eine vollkommene Lösung erreicht und nachher der Überschuss an Schwefelkohlenstoff entfernt, dann neigt die Bildungsreaktion dazu, in umgekehrter Richtung zu verlaufen, und durch Hydrolyse wird Zellulose in hydratisierter Form regeneriert, welche mit dem stärker hydratisierten, nicht hydrolysierten Xanthat Mizellen bildet. Die Bildung solcher emulgierter Partikeln von hydratisierter Zellulose ist für eine genügend schnelle Koagulierung der durch Düsen gepressten Viskose im sauren Fällungsbad von grosser Bedeutung. Um eine bessere Pumpfähigkeit zu erzielen, setzt man die Viskosität der Viskose durch Zugabe von Natronlauge herab; letztere, welche dann in die flüssige, mit Elektrolyten schon recht stark beladene Phase des Fällungsbades übergeht, trägt durch osmotischen Druck zur Dehydratisierung der Viskosemizellen bei. Im Verlauf dieser Operationen muss die Viskoselösung mehrmals filtriert werden, damit ungelöstes oder wieder koaguliertes Material eliminiert wird.

---

[1]) Moll: Aspects of Pigment Dispersion related to Usage (Journ. Soc. Dyers Col. *76* (1960) 143).

Zur Spinnmattierung der Viskosekunstseide muss eine Pigmentsuspension verwendet werden, die fein genug ist, um den feinsten Filter anstandslos zu durchlaufen. Dieser Filter hat eine effektive Porengrösse von 2–3 μ. Ferner bedeutet jede Partikel, die zu gross ist, eine zusätzliche Verstopfungsmöglichkeit und erhöht dadurch die Pumparbeit. Deshalb werden möglichst feine und regelmässige Dispersionen verwendet, die aber erst dann vollkommen zu befriedigen vermögen, wenn ihre Partikel in stabiler Dispersion bleiben. Zu diesem Zweck verwendet man oberflächenaktive Dispergiermittel; die Erfahrung hat gezeigt, dass sowohl anionische wie nichtionogene Produkte verwendbar sind. Allerdings ist darauf zu achten, dass die ersteren durch Elektrolyte, die in ziemlich grossen Mengen in der Viskoselösung vorhanden sind, leicht unwirksam gemacht werden können und dass die letzteren nur in stark hydratisiertem Zustand ihre Wirksamkeit voll entfalten, wobei sie in der Viskoselösung mit der starken Hydrophilität des Xanthates, die durch die anwesenden Elektrolyte noch erhöht wird, in Konflikt kommen.

Die Schwierigkeit besteht also darin, dass eine flüssige, stark entflockte Pigmentdispersion in eine zähflüssige Lösung mit starken flokulierenden Eigenschaften eingeführt werden muss, ohne Verlust im Verteilungsgrad des Pigmentes. Die hier bevorzugte Methode ist, die Viskoselösung allmählich der Pigmentsuspension zuzugeben; eher als umgekehrt, weil dann grössere Pigmentzusammenballungen entstehen, die nachher auch durch langes Rühren nicht mehr vollkommen dispergiert werden können: wenn die Pigmentpaste der Viskoselösung zugegeben wird, so findet am Anfang eine Diffusion durch die Grenze der noch nicht durchgemischten Flüssigkeiten statt, die zur Bildung dieser Zusammenballungen führt. Beim umgekehrten Vorgehen hingegen ist die flokulierende Wirkung des Alkali in der Viskose am Anfang klein; bei fortschreitender Zugabe der Viskoselösung nimmt sie wohl zu, wird aber durch die zunehmende Schutzkolloidkonzentration mehr als ausgeglichen, und ein Agglomerieren ist nicht mehr zu befürchten. Grundsätzlich wird in solchen Fällen eine Verschlechterung des Dispersionsgrades durch das plötzliche Ändern des Zustandes beim Durchlaufen der Grenze von einer flüssigen Komponente zur anderen bewirkt. Deshalb ist es beim Mischen einer Pigmentdispersion mit einer anderen Flüssigkeit wichtig, zu jeder Zeit Homogenität beizubehalten, und Zeitspannen, in welchen Schichten stark verschiedener Zusammensetzung nebeneinander liegen müssen, auf ein Minimum zu reduzieren.

Schon recht früh hat man versucht, die Gleiteigenschaften von Öl- und Fettderivaten zu benützen, um gleichzeitig die Abnützung der mechanischen Teile durch die mattierte Kunstseide zu vermeiden und der Fertigware den durch den Pigmentzusatz verursachten, manchmal etwas zu harten Griff wegzunehmen. Die Verteilung dieser Substanzen in der Viskose stellte aber ein zusätzliches Problem, das man durch Verwendung von Emulgatoren oder Dispergiermitteln aller Arten zu lösen versuchte. So liess 1930 die Dupont Rayon Co. durch das *amer. P. 2.009.110* (erst 1935 erteilt) ein Verfahren patentieren, wonach der Spinnlösung oder einer ihrer Komponenten, neben einem Pigment wie Russ, TiO_2, ZnO, Lithopon, ZnS oder $BaSO_4$ in Mengen von 0,0005–0,5%, 0,05–2% Mineral-, Lein-, Rizinus-, Baumwollsamen-, Kokosnuss- oder Klauenöls, gegebenenfalls in Verbindung mit einem Emulgiermittel wie Seife, sulfoniertes pflanzliches Öl oder ein Salz einer Alkylnaphthalinsulfonsäure, zugefügt werden.

Das durch das *amer. P. 1.913.884* (1931) von der Sharples Specialty Co. geschützte Verfahren erwirkt ein besseres Dispergieren von Stoffen, insbesondere von Mattierungskörpern, Pigmenten, Ölen und dergleichen, dadurch, dass diese Körper in der gereiften, auf 1–3° abgekühlten Viskose in einer Zentrifuge besonderer Bauart emulgiert werden. Dabei werden die Verunreinigungen aller Arten, Schmutz, Fremdkörper und auch die zu groben Partikeln der verwendeten Pigmente am Rande ausgeschieden, während die Viskose selbst und die darin enthaltenen, genügend feinen Pigmentteilchen gegen eine feste Wand prallen, dadurch in ihrer Schleuderbewegung plötzlich gebremst werden und sich gleichmässig vermischen.

Zur Herstellung von Kunstseide mit Einlagerungen werden, laut dem *franz. P. 734.501* (1932) der Vereinigten Glanzstoff-Fabriken, gepulverte, amorphe oder kristalline, in verdünnten Säuren oder Laugen unlösliche Stoffe (CeO_2, ThO_2, $BaSO_4$, $CaSO_4$, $SrSO_4$, geschlemmte Tonerde, Quarz, Ca- oder Mg-Silikat (Talkum), Meerschaum, Serpentin, Olivin, Steatit, Kaolin, Feldspat, und dergleichen) mit öligen Stoffen, zum Beispiel mineralischen, pflanzlichen oder tierischen Ölen, Zylinder-, Spindelöl, Paraffin, Oliven-, Knochen-, Sojabohnenöl, gelösten Wachsen und anderen mehr, zu einer Paste mit einer Teilchengrösse von 1–5 μ angerieben und in der gegebenenfalls zuvor verdünnten Spinnlösung in Mengen von 0,3–1% emulgiert.

Die Feldmühle beschreibt in ihrem *schweiz. P. 161.018* (1932, auch *DRP Anm. F 70.230*) ein Verfahren zur Herstellung von künstlichen Textilprodukten mit edelmattem Glanz aus Viskose durch Verspinnen von Viskosen, die Metallsalzsuspensionen enthalten, welche man durch Fällung in Gegenwart eines Schutzkolloides erhielt.

Die American Enka Corporation gibt in ihrem *amer. P. 1.940.602* (1932) an, dass der Zusatz von Ölen irgendwelcher Art zum Anteigen in der Spinnmasse entbehrlich ist, wenn man der Alkalizellulose oder der Zellulosexanthogenatlösung gleich nach ihrer Herstellung das Mattierungspigment, zum Beispiel 0,05–0,4%, auf den Zellulosegehalt berechnet, TiO_2, ThO_2, WO_2, ZrO_2 oder SnO_2, als wässerige Suspension zusetzt und es den Reifungsprozess mitmachen lässt. Voraussetzung zum Gelingen des Verfahrens ist, dass die Pigmentzugabe in den angegebenen bescheidenen Grenzen bleibt. Die gereifte Viskose wird dann filtriert und kurz vor dem Verspinnen mit bis zu 1,5% Pinienöl und gegebenenfalls mit noch 0,1% Lanolin versetzt. Das gleiche Ergebnis erhält man auch, nach dem *amer. P. 1.979.268* (1933) der gleichen Firma, indem man zum Beispiel 640 g SnO_2 (oder TiO_2 oder $BaSO_4$) mit 500 cm^3 8%iger Natronlauge anrührt, dann mit weiteren 2000 cm^3 der gleichen Lauge verdünnt und in einer mit Pinienöl emulgierten Viskose zwei Stunden verrührt.

Um die Verteilung des Mattierungspigmentes in der Viskose zu verbessern hat 1935 die I. G. Farbenindustrie in den Patenten *DRP 707.743*, *FP 811.563*, *EP 465.741* und *österr. P. 151.642* den einfachen und doch einleuchtenden Vorschlag gemacht, das Mattierungspigment schon dem zur Herstellung der Viskose dienenden Zellstoff zuzugeben, und zwar während dessen Herstellung, sei es im Bleichholländer oder zum verdünnten Stoff vor der Zellstoffblattbildung. So kann man zum Beispiel 5% Titandioxyd im Bleichholländer zusetzen und aus dem so erhaltenen Zellstoff eine Viskose von 7,5% Zellulose und 6,5% Alkali vorbereiten, welche praktisch die ganze Menge des sehr fein und regelmässig verteilten Pigmentes enthält.

Auf ähnlichen Gedanken beruht ein Vorschlag der N. V. Kunstzijdespinnerij «Nyma», laut *holl. P. 48.344* (1937, auch *ital. P. 351.880*), wonach die Mattierungspigmente entweder der Alkalizellulose vor der Xanthogenierung beigemischt oder zusammen mit dem Xanthogenat, vor dessen Auflösung in Natronlauge, in einer mit einem Rührwerk versehenen Vorrichtung verknetet werden. Die Vermischung kann man auch in der Xanthogeniermaschine selbst vornehmen. Als brauchbare Pigmente werden genannt: Titandioxyd, Bariumsulfat, Lithopone, Zink- und Thoriumoxyd, Stannate und sonst auch organische Mattierungsmittel, wie Paraffinöl, Vaseline, Seifen, Wachse, höhere Alkohole oder aromatische Verbindungen, ferner, für die Herstellung gefärbter Seide, alkali- und säurebeständige Farbpigmente wie Ultramarin, Ocker, Kobaltblau, Schwefelfarbstoffe und Russ. Die Teilchengrösse dieser Zusatzstoffe darf 1 μ nicht überschreiten, damit keine Schwierigkeiten bei der Filtration verursacht werden.

Zum gleichen Zweck liess die S.A. des Manufactures de Produits Chimiques du Nord, Ets. Kuhlmann, 1951 durch das *schweiz. P. 295.003* ein Verfahren schützen, nach welchem die Farb- oder Mattierungspigmente vor ihrer Zugabe zur Viskose in der wässerigen Lösung eines Zelluloseäthers (zum Beispiel des Zelluloseglykolats) und NaOH suspendiert werden.

b) Besondere Pigmentspinnmattierungsverfahren für die Cellulosederivatfasern

Die Kunstseiden aus Zelluloseazetat besitzen einen besonders ausgeprägten Glanz, und sind trotzdem gerade für solche Artikel gefragt, die matt aussehen sollen. Deshalb wurden, seitdem man begann, Azetatkunstseide in grossem Maßstab herzustellen, zahlreiche Anstrengungen unternommen, dieses wichtige Problem der Mattierung zu lösen. Die ersten Verfahren bezweckten eine Mattierung durch nachträgliche Bildung eines Niederschlages von Pigmenten oder anderen lichtbrechenden Stoffen auf der Oberfläche der Fasern; darüber wird im Abschnitt B 2 über die Nachmattierung berichtet. Aber bald wurden die Unzulänglichkeiten dieser Verfahren erkannt und die Spinnmattierung eingeführt und stark gefördert.

Die Beimischung eines fein verteilten Pigmentes zur Spinnlösung scheint im ersten Augenblick sehr einfach zu sein. In Wirklichkeit ergeben sich aber verschiedene Schwierigkeiten, die einwandfrei behoben werden müssen, angesichts der Tatsache, dass Azetatseide ein verhältnismässig teures Material darstellt. Auch in diesem Fall ist das Hauptproblem die tadellose Verteilung des Pigmentes in der Spinnmasse. Die hohe Viskosität der letzteren im Augenblick des Verspinnens erleichtert die Aufgabe nicht.

Nach den *amer. P. 1.906.148* und *1.906.149* (1929) von H. A. Gardner wird zu den Spinnlösungen von Zelluloseestern oder zu den für die Herstellung dieser Lösungen verwendeten Lösungsmitteln eine hydrolysierbare Alkyl-Metallverbindung, wie Ti-, Zr-, Al-, Mg- oder Zn-Tetra- bzw. Diäthylat vor der Verformung zu Fäden, Filmen oder Lacken, zugegeben. Die Fertigprodukte weisen dann ein opalisierend mattes Aussehen auf; wenn man der Spinnlösung noch einen basischen Farbstoff zugibt, wird das sich bildende feinverteilte Metallhydroxyd gefärbt. So kann unter anderem der gelbliche Ton der Faser durch Zugabe einer kleinen Menge eines blauen Farbstoffes kompensiert werden.

Eine günstige Verteilung des Pigmentes erreichte Bazzocchi laut Angaben seines *ital. P. 333.946* (1935), indem er eine Suspension von $BaSO_4$, ZnO oder TiO_2 in Cyclohexanol- oder Methylcyclohexanolazetat, Oleyl-, Lauryl-, Cetyl- oder Stearylazetat der Spinnlösung zusetzte.

c) Besondere Pigmentspinnmattierungsverfahren für die vollsynthetischen Fasern

Auch das auf den ersten Blick einfachste Schmelzspinnverfahren, weil es nur eine einzige Substanz im geschmolzenen Zustand verwendet, ist nicht frei von Problemen über die Auswahl und die Einverleibung von Mattierungspigmenten in die Spinnmasse. Dies geht aus der Patentliteratur hervor, die nach dem 2. Weltkrieg erschienen ist, das heisst seit dem Moment, als die vollsynthetischen Fasern selbst in grossen Mengen auf dem Markt erhältlich waren.

Nach dem Schmelzspinnverfahren kann man vollsynthetische Fäden aus Hochpolymeren gewinnen, die sich nur durch Wärmeeinwirkung verformen lassen und dabei eine genügende Wärmebeständigkeit aufweisen, das heisst aus den sogenannten Thermoplasten, unter denen die bekanntesten Produkte Polyäthylen, die Polyamide und die Polyester sind. Einzelheiten bei der Anwendung des Verfahrens werden einerseits durch die Wärmebeständigkeit der betreffenden Verbindung, andererseits durch die Abhängigkeit ihrer Schmelzviskosität von der Temperatur bestimmt.

Ein allgemeines Verfahren zum Färben oder Mattieren von linearen Hochpolymeren mit Pigmenten beim Schmelzspinnverfahren wurde im *ostdeutschen P. 2.988* (1948) des Thüringischen Kunstfaserwerkes «Wilhelm Pieck» beschrieben: das in kleinen Stücken vorliegende Spinngut wird mit fein verteilten, in der Schmelze unlöslichen Stoffen vermischt, bis eine gleichmässige Verteilung dieser Stoffe auf der Oberfläche der Stücke erreicht ist. Man kann zum Beispiel 99,5 kg Polyamid aus Caprolactam in Form von kleinen Stücken mit 0,5 kg Titandioxyd während 3 Stunden mischen und dann aus dem Schmelzfluss unter Sauerstoffabschluss verspinnen. Dieses Verfahren kann auch für Superpolyurethane, Polyester, Polyäther, Polyazetale, Polyäthylen, Polystyrol, Polyacrylsäurederivate, Polyvinylverbindungen und schmelzbare Zellulosederivate angewandt werden. Ferner können anstelle von Pigmenten auch glanzvermindernde organische Zusätze, wie Äthylenglykoldinaphthyläther oder chlorierte aromatische Verbindungen, zur Anwendung kommen.

Das *engl. P. 719.860* (1951) der British Celanese Ltd. gibt lediglich an, dass zum Färben oder Mattieren von Zelluloseazetat oder Polyamid 0,2–5% TiO_2, $BaSO_4$, Glaspulver, SiO_2 oder SiC, Russ, Preussischblau, Ultramarin, Chromgelb, Eisenoxyde oder Küpenfarbstoffe wie Dibenzanthron oder seine Halogen- oder Alkoxyderivate, Pigmente von Azo- und Phtalocyaninfarbstoffen, ferner sogar lösliche oder unlösliche Wollfarbstoffe der Spinnmasse zugemischt werden können. Dann wird diese Masse gegen eine heisse Düsenplatte gedrückt und zu Fäden geformt. Nach diesem Verfahren können auch gleichzeitig zwei verschiedene Farbmischungen versponnen werden.

Um eine rasche und homogene Verteilung eines Farb- oder Mattierungspigmentes in Polyamiden, Polyestern, Polyurethanen oder Polyharnstoffen zu erreichen, setzt man laut der *DAS 1.034.320* (1955) von H. J. Zimmer der Spinnmasse ein Gemisch eines Pigmentes mit einem Silikon zu. Gleichzeitig soll dieses Verfahren einen Schutz des Polymerisates vor einer schädlichen Lichteinwirkung bieten.

Die vollsynthetischen Fasern haben in den Jahren nach 1945 in immer grösserem Mass in der Textilindustrie Eingang gefunden. Unter ihnen werden die Polyamide und deren bekanntester Vertreter, das Nylon, wegen ihrer Vielseitigkeit und ihrer vorteilhaften Eigenschaften in der Textilindustrie am meisten verwendet. Chemisch gesehen sind die Polyamide Polykondensationsprodukte entweder von ω-Aminocarbonsäuren bzw. von deren Estern, Formylderivaten oder Lactamen:

$$-[-HN-(CH_2)_n-CO-]_p-$$

oder von Dicarbonsäuren bzw. deren Estern mit Diaminen bzw. deren Formylderivaten oder Diisocyanaten:

$$-[-NH-(CH_2)_m-NH-OC-(CH_2)_n-CO-]_p-$$

Sie wurden vor dem 2. Weltkrieg nahezu parallel in den USA durch die E. I. Du Pont de Nemours und in Deutschland durch die I. G. Farbenindustrie entwickelt, wobei der amerikanische Chemiker W. H. Carothers in den Jahren 1929 bis 1932 die grundlegenden Arbeiten in den Laboratorien der Du Pont leistete[1]).

Wie die meisten synthetischen Fasern, so besitzen auch die Polyamid-Verformungsprodukte einen starken Glanz, der für die meisten textilen Verwendungszwecke unerwünscht ist. Dadurch war der Hersteller und Ausrüster von Anfang an vor neue Probleme gestellt, hinsichtlich der Mattierung dieser neuen Fasern, weil die alten und bewährten Verfahren, die beim Mattieren von Viskose- und Azetatkunstseide angewendet worden waren, nicht ohne weiteres und in allen Einzelheiten übernommen werden konnten. Aber auch auf diesem Gebiet hat sich im allgemeinen die Spinnmattierung mit Titandioxyd durchgesetzt. Das Verfahren ist im Grunde recht einfach und besteht lediglich darin, der Spinnschmelze das Pigment vor der Verformung beizufügen. Es dürfen dabei natürlich nur solche Produkte verwendet werden, die auf das Fasermaterial keinen schädigenden Einfluss ausüben können. Sie dürfen auch die Kaltstreckung nicht beeinträchtigen, die bei diesen Fasern zur Erreichung besserer Festigkeiten, höherer Geschmeidigkeit und Elastizität üblich ist.

Die Hauptschwierigkeit beim Arbeiten nach diesem Verfahren ist die Erzielung einer feinen und regelmässigen Dispersion des Pigmentes. Schon 1936 erhielt die E. I. Du Pont de Nemours ein *amer. P. 2.205.722* (auch *franz. P. 827.798* und *engl. P. 504.714*) über die Herstellung von matten Gebilden aus Superpolyamiden mit dem sehr

[1]) Über die allgemeine Technologie der vollsynthetischen Fasern siehe Ullmanns Enzyklopädie der technischen Chemie, 3. Aufl., Bd. 7, Seiten 234 u. ff.

allgemein gehaltenen Anspruch, dass den geschmolzenen Superpolymeren fein verteilte Substanzen in Mengen von ca. 0,1–5%, in festem, flüssigem oder gasförmigem Zustand oder als Lösung oder Suspension, zugesetzt werden. Dazu sind zahlreiche Verbindungen anwendbar, vorausgesetzt, dass sie mit dem geschmolzenen Polyamid verträglich sind und einen anderen Brechungsindex als dieses Polyamid aufweisen: ausser TiO_2 alle bekannten Weisspigmente wie Oxyde, Sulfate, Carbonate, ferner Ba-, Mg-, Ca- und Zn-Titanate, Lithopone, ZrO_2, ThO_2, SiO_2, Al_2O_3, Talkum und Glimmer. Mit gefärbten Stoffen erhält man gleichzeitig eine Färbung: Russ, Bleichromat, Eisenoxyd, Chromoxyd, blaues Ultramarin usw. Auch organische Verbindungen sind im *franz. P. 827.798* erwähnt: Triphenylbenzol, Diphenyl, substituierte Diphenyle und Naphthaline, chloriertes Diphenyl, Öle, Wachse, Harze. So werden zum Beispiel 10 Teile Titandioxyd mit einer durchschnittlichen Teilchengrösse von 0,3–0,5 μ unter kräftigem Rühren in eine Schmelze von 500 Teilen Polyamid dispergiert, worauf die mattierte Schmelze wie üblich versponnen wird.

Zur Erreichung einer besseren Dispersion des Pigmentes wurde dieses Verfahren durch die gleiche Firma laut *amer. P. 2.278.878* (1942) dahin modifiziert, dass die Zugabe des fein verteilten Pigmentes zur Spinnschmelze während der Polykondensation zu einem Zeitpunkt erfolgen muss, da die Masse immer noch siedet und deshalb genügend verrührt wird und sich noch keine Zunahme der Viskosität bemerkbar gemacht hat: eine Mischung von 524 Teilen Hexamethylendiaminadipinsäuresalz, 4,72 Teilen Hexamethylendiaminazetat (als Viskositätsstabilisator) und 6,75 Teilen feinst gemahlenen Titandioxyds werden bis zum erwünschten Kondensationsgrad erhitzt und dann versponnen. Das gleiche Verfahren beschreiben auch das *engl. P. 554.718* und das *franz. P. 926.625.*

Für den gleichen Zweck schlugen die Imperial Chemical Industries in ihrem *engl. P. 569.170* (ausg. 1945) vor, das Pigment zuerst in ein lineares Polyester oder Polyesteramid zu dispergieren und dann dem geschmolzenen Polyamid einzuverleiben.

Mit dem *amer. P. 2.689.839* (ausg. 1954) liess die E. I. Du Pont de Nemours ein weiteres Verfahren schützen, nach dem man eine regelmässige Dispersion eines Mattierungsmittels in einem Superpolyamid erhält. Dazu lässt man eine geschmolzene Reaktionsmasse eines teilweise polymerisierten Polyamids zusammen mit mehr als etwa 10% ihres Gewichtes an flüssigem Wasser von einer Hochdruckzone durch einen auf 220–230°C geheizten, das heisst über dem Schmelzpunkt des Polymeren gehaltenen, Durchgang fliessen. Die fliessende Masse wird dadurch polymerisiert, dass der Druck in der Flussrichtung allmählich reduziert wird, bis am Schluss das Wasser in Dampf übergeht. Eine 0,5–20%ige wässerige Dispersion von Titandioxyd, die auf 150°C vorgeheizt ist, wird kontinuierlich in die fliessende Masse eingeführt, und zwar im Augenblick, da der Wassergehalt dieser Masse sich im Bereich von 5–20 Gew.% befindet. Die Polymerisierung wird weitergeführt bis der gewünschte Polymerisationsgrad erreicht ist.

Nach dem *ostdeutschen P. 10.122* (1953) suchte Ludewig das Problem der Dispersion des Mattierungspigmentes dadurch zu lösen, dass er dieses (Titandioxyd oder auch Bariumsulfat oder ein Pigmentfarbstoff) in fester Form oder als Suspension der Schmelze zugab, bevor oder während diese Schmelze einer Behandlung durch überhitzten Dampf unterworfen wird. So wird eine Caprolactamschmelze von 260–280°C während 1 Stunde mit 280°C heissem Wasserdampf überbraust und dabei laufend eine 0,4%ige wässerige Suspension von Titandioxyd zugetropft. Dann wird die mattierte Schmelze in einen geheizten Behälter übergeführt, damit der Wasserdampf vor dem Verspinnen entweichen kann. Wenn Caprolactam nach diesem Verfahren spinnmattiert wird, ist die vom gleichen Autor in seinem *ostdeutschen P. 8.797* empfohlene nachträgliche Wasserextraktion des Polymers zur Entfernung des nicht umgesetzten Monomers nicht mehr erforderlich.

Zur Herstellung von gleichzeitig mattierten, weichgemachten und wasserabweisenden Polyamiden schlugen Zimmer und Reimschüssel in ihrer *Auslegeschrift 1.037.125* (1954) vor, den Polyamidbildner in Gegenwart eines Alkyl- oder Arylsilandiols oder eines niedrigpolymeren, zur Bildung von hochmolekularen Silikonen befähigten Organopolysiloxans zu polymerisieren, wobei diese Stoffe vor oder während der Reaktion zugesetzt werden. Nach einem Beispiel wird Caprolactam in Gegenwart von Diphenylsilandiol bei 260°C polymerisiert. Bei diesem Verfahren kann auch Titandioxyd oder ein anderes Mattierungspigment in kleinen Mengen zugesetzt werden.

Von den Ergebnissen der amerikanischen Polyamidforschung ausgehend, schufen englische Forscher der Imperial Chemical Industries während des 2. Weltkriegs die erste Polyesterfaser, das Polyglykolterephthalat, heute in der ganzen Welt unter dem Namen Terylene bekannt. Später kamen dazu ähnlich aufgebaute Kunstfasern aus Amerika, Deutschland und Italien[1]). Zur Herabsetzung des Glanzes, den diese Polyesterfasern (wie übrigens auch die Polyamide) aufweisen, können Mattierungsmittel der spinnfertigen Polyestermasse in fester Form oder als Lösung oder Suspension, zugesetzt werden, wie es auch im *engl. P. 504.714* (1937, siehe Seite 279) von der E. I. Du Pont de Nemours angegeben wird. Dabei ballen sich die Mattierungsmittel jedoch häufig zusammen. Um eine gleichmässi-

[1]) Siehe Ullmann, Encyclopädie der technischen Chemie, 3. Aufl., Bd. 7, S. 314 u. ff.

gere Verteilung zu erreichen, haben die Imperial Chemical Industries 1946 in ihrem *engl. P. 610.137* vorgeschlagen, das unlösliche Pigment in Äthylenglykol zu dispergieren und es dem Reaktionsgemisch schon vor der Kondensation oder einem niedermolekularen Vorkondensat zuzugeben: zu einer Mischung von 60 Teilen Terephthalsäure-dimethylester, 115 Teilen Äthylenglykol und 0,01 Teilen Magnesiumoxyd gibt man 2,45 Teile einer aus 40 Teilen Titandioxyd und 115 Teilen Äthylenglykol hergestellten Dispersion zu und mischt gut durch. Die so vorbereitete Masse wird dann kondensiert und weiterverarbeitet. Nimmt man Kaolin als Mattierungsmittel, so verwendet man nach dem gleichen Verfahren 2,45 Teile einer Dispersion aus 10 Teilen Kaolin und 90 Teilen Äthylenglykol.

Für die Herstellung von gefärbten Massen und Gegenständen aus organischen, fadenbildenden Materialien im weitesten Sinn verwenden die Imperial Chemical Industries laut ihrem *engl. P. 596.688* (1945) Dispersionen von Pigmenten in einem anderen linearen Polyester oder in einem Polyesteramid (siehe auch *engl. P. 569.170*, Seite 280, für die Pigmentierung von Polyamiden): 1 Teil Pigment wird mit 1 Teil Polyesteramid während 5 Stunden vermischt und dann für die Pigmentierung von 80 Teilen Polyester, unter anderem Polyäthylenterephthalat, verwendet. Dieses Verfahren hat allerdings den Nachteil, dass die Einführung eines anderen Polymeres in die Spinnmasse des zu mattierenden Materials zu Veränderungen seiner Eigenschaften führen kann.

Nach einem weiteren Patent, dem *engl. P. 766.849* (1954), führt die gleiche Firma die Einverleibung von fein verteilten Pigmenten in hochpolymere Polyäthylenterephthalate, bei Temperaturen unterhalb 200°C, besonders bei 100°C, in Form von wässerigen Dispersionen, in Gegenwart oder in Abwesenheit von Glykolen durch. Diese Einverleibung von Pigmenten (in den Beispielen sind Russ und Titandioxyd erwähnt) erfolgt nach diesem Verfahren ohne Abbau des Polyesters.

3. Spinnmattierung mit Titandioxyd[1])

Von allen den Pigmenten, die für die Spinnmattierung von Kunstfasern vorgeschlagen und verwendet worden sind, hat sich Titandioxyd sehr rasch den ersten Platz gesichert. Am Anfang der Spinnmattierung, als man einsah, dass die einfache Nachmattierung von Kunstseidenstrümpfen mit Suspensionen von Bariumsulfat in keiner Weise befriedigen konnte, verwendete man sogar ausschliesslich Titandioxyd. Die Unkenntnis der Eigenschaften dieses Pigmen-

[1]) Delustering. The Application of Titanium dioxide (Silk and Rayon *8* (1934), 213, 257, 279; Text. Colorist *56* (1934), 380); Hall: Titanverbindungen und ihre Verwendung bei der Behandlung von Kunstseide (Text. Mercury Argus *94* (1936), 578, 587).

tes und die Tatsache, dass man durchwegs viel zu hohe Mengen einsetzte, führten bald zu zahlreichen Schwierigkeiten und Klagen, nicht einmal beim Publikum, sondern bei den Färbern und Ausrüstern, die titanmattierte Kunstseide verwendeten. Diese unerwarteten Schwierigkeiten führten zu einer vorübergehenden Abwanderung vom Titandioxyd nach anderen Spinnmattierungspigmenten oder sogar zu einer Neubelebung der Stückmattierung einerseits und zu einer gründlichen Erforschung der Eigenschaften von Titandioxyd in der Spinnmattierung andererseits. Heute sind diese Probleme weitgehend gelöst, und Titandioxyd wird fast ausschliesslich als Spinnmattierungsmittel verwendet.

Über Herkunft und Gewinnung von Titandioxyd hat Déribéré schon 1935[1]) ausführlich berichtet.

Das heute noch wichtigste Titanerz, das Ilmenit, ein schwarzes Eisentitanat, wurde schon 1790 entdeckt, aber die Isolierung des darin enthaltenen und schon damals als neues Element vermuteten Metalls gelang erst nach der Erfindung des elektrischen Ofens, um 1890. Obwohl dieses Metall, das Titan, heute noch – trotz seiner unbestreitbar sehr interessanten Eigenschaften – wegen seiner sehr hohen Herstellungskosten wenig Verbreitung als Werkstoff gefunden hat, ist es als Element kein seltener Stoff: in der Reihe der Elemente nach ihrem mengenmässigen Vorkommen in der Erdkruste befindet er sich an der 9. Stelle, also vor verschiedenen anderen, allgemein viel bekannteren Stoffen wie Chlor, Kohlenstoff und Stickstoff. Die wichtigsten Titanmineralien sind Rutil, Anatas und Brookit (Dioxyde), Ilmenit (Titaneisen $FeTiO_3$), Perowskit (Kalziumtitanat) und Titanit (Kalziumsilikat-titanat). Daneben findet man Spuren, bis 0,5%, von Titan fast überall. Zur Gewinnung von Titanprodukten werden heute riesige Ilmenitlager in den Vereinigten Staaten von Amerika, in Australien, Kanada, Indien und Norwegen abgebaut.

Titandioxyd selbst wird schon seit 1908 in grossem Umfang durch Auflösen von Ilmenit in Schwefelsäure und darauffolgende Hydrolyse der schwefelsauren Titanlösung hergestellt. Allein oder mit anderen Weisspigmenten gemischt (vor allem mit Bariumsulfat und Zinkoxyd), wird es in sehr grossen Mengen in den verschiedensten Industrien verwendet: Malerfarben, Keramik, Glas, Email, Kosmetik, Kunststoffe, Textilien, Papier. Von der jährlichen Produktion in den USA im Jahre 1954 gingen etwa 64% in die Lack- und Farbenindustrie, 3% in die Gummi- und 2,4% in die Textilindustrie.

Wie schon erwähnt, kommt Titandioxyd in der Natur unter drei verschiedenen Kristallformen vor: Rutil, Anatas und Brookit. Bei der technischen Herstellung fällt Titandioxyd je nach den Fabri-

[1]) Déribéré: Le titane et son rôle dans l'industrie des textiles artificiels (Revue Universelle de la Soie et des Textiles artificiels (1935), S. 147, 227, 297, 365, 435, 513).

kationsbedingungen als Rutil oder Anatas an. Für die Spinnmattierung von Kunstfasern wird heute im allgemeinen die Anatas-Modifikation vorgezogen: der Rutil-Typ besitzt wohl einen noch höheren Brechungsindex als Anatas, ist aber dafür schwerer und vor allem härter. Nach dem heute üblichen Verfahren der Abscheidung durch Hydrolyse von Titansulfatlösungen erhält man vor allem die Anatas-Modifikation; die wegen ihrer pigmenttechnischen Vorteile in der Anstrichmittelindustrie vorgezogene Rutil-Modifikation wird durch Hydrolyse von Titantetrachloridlösungen hergestellt, kann aber auch, da diese Methode wegen Bildung von Salzsäure einen hohen Verschleiss an Apparaturen verursacht, aus der Anatasform durch (technisch nur zum Teil durchführbare) Umwandlung mittels Kalzinierung bei Temperaturen über 1000°C gewonnen werden.

Diese Qualitätsunterschiede lassen sich durch kristallographische Merkmale der einzelnen Modifikationen erklären. In den titanoxydhaltigen Mineralien ist jedes Titanatom von 6 Sauerstoffatomen umgeben, wobei das erstere den Mittelpunkt und die letzteren die Spitzen eines Oktaeders einnehmen. Da aber die chemische Formel TiO_2 ist, das heisst, jedem Titanatom nur 2 Sauerstoffatome entsprechen, gehört jedes Sauerstoffatom gleichzeitig zu drei Oktaedern. Beim Rutil hat jedes Oktaeder mit 2 benachbarten Oktaedern je eine Kante gemeinsam, beim Brookit mit 3 und beim Anatas mit 4. Beim Rutil ist der Raum gleichmässiger gefüllt, was zu einer grösseren Dichte und daher auch zu einem höheren Brechungsindex und einer grösseren Härte führt, wie es der folgende Vergleich dieser physikalischen Eigenschaften zeigt[1]):

	Rutil	Anatas
Volumen der Zelleneinheit $Å^3$	61,9	134,5
Dichte	4,21–4,39	3,9
Brechungsindex	2,70	2,55
Härte nach Mohs	6–7	5,5–6

Die Anforderungen, die an ein Material für seine Verwendung in der Spinnmattierung von Kunstfasern gestellt werden müssen, können wie folgt zusammengefasst werden:

1. Sein Brechungsindex soll möglichst verschieden von dem des zu mattierenden Stoffes sein.

2. Seine durchschnittliche Teilchengrösse soll möglichst nahe der für die beste Lichtreflexion günstigsten Grösse liegen.

3. Es soll keinesfalls chemisch mit den Bestandteilen des Textilmaterials reagieren.

[1]) Agster: Titanmattierung von Chemiefasern (Mell. *33* (1952), 742).

4. Ferner werden noch zweitrangige Bedingungen, wie Farbe, spezifisches Gewicht, Auswirkung auf das Färbevermögen, Beeinflussung der Festigkeiten usw., gestellt.

In Anbetracht der führenden Rolle, die Titandioxyd in der Mattierung spielt, soll nun etwas ausführlicher über die Art und Weise gesprochen werden, in welcher es diesen Anforderungen Genüge zu leisten vermag.

Mit Titandioxyd erreichbare Opazität

Die untenstehende Tabelle[1]) der Brechungsindizes verschiedener Materialien zeigt eindeutig die Überlegenheit der Titanpigmente gegenüber anderen Verbindungen:

Pigment	Brechungsindex
Talkum	1,59
Kalziumkarbonat	1,57
Kalziumsulfat	1,59
Bariumkarbonat	1,60
Bariumsulfat	1,64
Zinkoxyd	2,00
Antimonoxyd	2,19
Zinksulfid	2,37
Titandioxyd (Anatas) . . .	2,55
Titandioxyd (Rutil) . . .	2,70

Auch die folgende Tabelle[2]) über die Lichtreflexion der verschiedenen Pigmente spricht eindeutig zugunsten der Titanpigmente:

Pigment	Reflexion des einfallenden Lichtes
Kalziumkarbonat	68%
Kalziumsulfat	64%
Bariumsulfat	76%
Zinkoxyd gewöhnlich . . .	77%
Zinkoxyd, 1. Qualität . . .	83%
Lithopon gewöhnlich . . .	78%
Lithopon, 1. Qualität . . .	83%
Titandioxyd	86%

Teilchengrösse

Das Optimum der Teilchengrösse eines Pigmentes für eine möglichst hohe Lichtreflexion liegt bei der Hälfte der Wellenlänge des zu

[1]) Frieser: Das Mattieren von Chemiefasern (Textilis *17* (1961) [7–8], 33).
[2]) Déribéré, *loc. cit.*, S. 227.

reflektierenden Lichtes. Theoretisch sollte es also etwa 0,2–0,4 Mikron betragen. In Wirklichkeit ist es aber schwierig, diesen Wert regelmässig einzuhalten. Immerhin enthalten die heute auf dem Markt erhältlichen Produkte nur sehr geringe Mengen von grösseren Partikeln: der grösste Anteil liegt bei 0,4–0,7 μ.

Chemische Trägheit

Die Titanpigmente, in Wasser aufgeschlemmt, reagieren praktisch neutral. Ihre Löslichkeit ist sozusagen null, vorausgesetzt, dass sie bei ihrer Herstellung gut geglüht worden sind: ein Pigment, das unter 700°C kalziniert worden ist, lässt sich in konzentrierter Schwefelsäure ziemlich leicht lösen und könnte auch durch verdünnte Säuren angegriffen werden. Ist hingegen die Kalzinierung über 1000°C erfolgt, so ist das Pigment auch in konzentrierten Säuren unlöslich.

Die Wirkung der Alkalien auf Titandioxyd ist sehr schwach: 100 Milliliter einer 10%igen Natronlauge vermögen nur 2–2,5 mg TiO_2, und eine solche von 28% (34° Bé) nur 6–10 mg TiO_2 aufzulösen.

Eine wichtige Eigenschaft von TiO_2 ist sein amphoterer Charakter, der einen Einfluss auf die färberischen Eigenschaften der mit ihm mattierten Kunstseide und auf ihre photochemische Empfindlichkeit ausübt. Bei seiner Herstellung wird TiO_2 von Eisen getrennt und als kolloidales Hydrat $TiO_2 \cdot H_2O$ gefällt. Dieses Hydrat ist amphoter, und sein isoelektrischer Punkt liegt um etwa pH 7[1]). In saurem Medium nimmt es die Form einer Base $TiO(OH)_2$ mit aktiven OH-Ionen an: in dieser Form kann es durch Säuren angegriffen werden oder sich mit sauren Farbstoffen verbinden. In alkalischem Medium hingegen nimmt das Hydrat die Form H_2TiO_3 mit aktiven H-Ionen an, wodurch es mit Basen reagieren und sich sogar mit gewissen basischen Farbstoffen verbinden kann.

Diese amphoteren Eigenschaften verschwinden, sobald das Hydrat bei mehr als 900–1000°C geglüht wird. Weil das geglühte Pigment in äusserst feiner Form vorliegt, ist es wohl möglich, es in Wasser in allerdings wenig stabile Suspension zu bringen; aber diese Suspension weist keinen amphoteren Charakter mehr auf. Diese Tatsache ist für die Anwendung von Titandioxyd äusserst wichtig. Dementsprechend wäre es sinnlos, in einer Spinnmasse oder in einem Mattierungsbad mit Titanpigment den für die Stabilität der Pigmentsuspension günstigsten pH-Wert bestimmen zu wollen. Wird hingegen das Titandioxydpigment selbst in einem Nachmattierungsbad gebildet, dann wird der pH-Wert in verschiedenen Hinsichten sehr wichtig, zumal eine nachträgliche Kalzinierung selbstverständlich ausgeschlossen ist.

---

[1]) Déribéré, *loc. cit.*, S. 231 (siehe S. 283, Note 1).

Farbe

Die Mattierung erfolgt durch diffuse Reflektierung des einfallenden Lichtes, wobei weisses Licht und vor allem Sonnenlicht gemeint ist. Sie wird umso stärker sein, je besser das verwendete Pigment sämtliche Strahlen des weissen Lichtes reflektieren kann und dadurch rein weiss erscheint. Reflekionsmessungen und auch Erfahrungen der Praxis haben bewiesen, dass Titandioxyd nicht nur das stärkste Reflexionsvermögen aller Pigmente aufweist, sondern auch eine hervorragend neutral weisse Farbe besitzt. Genaue spektrophotometrische Messungen haben zwar gezeigt, dass Titandioxyd gegenüber Zinkweiss eine Spur gelblich ist, während dieses eher leicht bläulich erscheint; aber diese Unterschiede sind vom Auge kaum wahrnehmbar.

Deckkraft

Diese Eigenschaft ist vor allem für die Lack- und Farbenindustrie wichtig und wurde auch dort besonders sorgfältig untersucht. Sie ist aber ebenfalls für die Mattierung von Bedeutung. Die Messung der Deckkraft gestattet nämlich die Bestimmung der Menge eines Pigmentes, die notwendig ist, um einen bestimmten Effekt zu erreichen, also einen Vergleich der verschiedenen Produkte in wirtschaftlicher Hinsicht. Dabei muss natürlich das spezifische Gewicht der Pigmente berücksichtigt werden.

In der Lack- und Farbenindustrie wird gewöhnlich die Deckkraft durch die Fläche in cm^2 angegeben, die durch 1 g eines Pigmentes gedeckt werden kann. Hier seien einige Werte angegeben[1]):

Pigment	Deckkraft
Bariumsulfat	10
Bleikarbonat	30– 45
Zinkoxyd	40– 60
Lithopon	50–100
Titandioxyd	100–150

Die Streuungen rühren her von unterschiedlichen Teilchengrössen und auch von verschiedenen Messbedingungen und Beurteilungen je nach den Autoren. Immerhin lässt sich die Überlegenheit des Titandioxyds deutlich erkennen.

Spezifisches Gewicht

Wie schon erwähnt, ist diese Eigenschaft ebenfalls sehr wichtig, weil für den Mattierungseffekt das Volumen des verwendeten Pig-

[1]) Dériбéré, *loc. cit.*, S. 297 (siehe S. 283, Note 1).

mentes massgebend ist, das Pigment selbst aber auf Gewichtsbasis gekauft wird.

Auch darf das Garn oder das Gewebe durch die Mattierung nicht allzu stark beschwert werden, und in einer Spinnmasse neigt ein Pigment umso stärker zur Absetzung, je grösser der Unterschied zwischen seinem spezifischen Gewicht und dem der Spinnmasse selbst ist. In dieser Hinsicht wieder nimmt Titandioxyd eine Vorzugsstellung ein:

Pigment	Spezifisches Gewicht
Bariumsulfat	4,4
Bleikarbonat	6,7
Zinkoxyd	5,7
Lithopon	4,3
Zinksulfid	4,0
Titandioxyd (Rutil) . . .	4,2
Titandioxyd (Anatas) . . .	3,9

Unschädlichkeit

Titandioxyd ist, im Gegensatz zu den Blei- und Bariumpigmenten, vollständig unschädlich, was natürlich einen weiteren bedeutenden Vorteil gegenüber diesen Pigmenten bedeutet.

a) Einfluss des Titandioxyds auf die mechanischen Eigenschaften der damit mattierten Garne

Dank seinem sehr hohen Brechungsindex gestattet Titandioxyd, schon mit geringen Zusatzmengen einen starken Mattierungseffekt zu erreichen. Es werden im allgemeinen für eine Halbmattierung etwa 0,8–1% und für eine Vollmattierung 2–3% Titandioxyd verwendet. Bei höheren Zugaben kann sich eine Verschlechterung der Reissfestigkeit bemerkbar machen. In diesem Zusammenhang macht Treiber[1]) auf 3 Faktoren aufmerksam, die in dieser Hinsicht eine Rolle spielen:

1. Für eine möglichst geringe Beeinflussung der mechanischen Festigkeiten sind kleinere Pigmentteilchen erwünscht; aber unter den übrigens für das Deckvermögen günstigsten Abmessungen von 0,2–0,4 Mikron (siehe Seite 285), das heisst im Gebiet der kolloidal dispersen Teilchen, steigt die Lichtaktivität des Pigmentes beträchtlich (Näheres siehe Abschnitt 3b, Seite 293).

2. Wie auf der Tabelle Seite 284 ersichtlich, ist die Anatas-Modifikation um $^1/_2$–1 Mohsschen Härtegrad «weicher» als Rutil

---

[1]) Treiber: Die Lichtschädigung der Cellulose, speziell in Gegenwart von TiO_2 (Svensk Papperstidning *58* (1955), 190).

und liefert daher ein weniger «kantiges» Pigment. Die Rutil-Modifikation hingegen ist etwas stabiler. (Es gibt allerdings ein *ital. P. 383.167* (1940) der Chemischen Werke Aussig-Falkenau GmbH., wonach Titandioxyd mit Rutilstruktur die Nachteile der Titandioxydmattierung in erheblich geringerem Masse zeigen und ausgiebiger sein soll. Letzteres wenigstens ist erwiesen).

3. Es muss verhindert werden, dass das Pigment zusammenballt: dabei können Agglomerate entstehen, die die Grössenordnung des Fadendurchmessers erreichen und für diesen Faden dann natürlich eine bevorzugte Bruchstelle bedeuten können. Diese unerwünschten Pigmentanhäufungen kann man durch Verwendung geeigneter Dispergiermittel, wie zum Beispiel sulfurierte Mineralöle, β-Naphthalinsulfonsäure-Formaldehydkondensationsprodukte usw., bekämpfen. Nach dem *engl. P. 711.977* (1951) von Williams sollen gewisse Zelluloseäther, wie Zelluloseglykolsäure, in verdünnter Lauge sehr wirksame Dispergiermittel für Titandioxydpigmente in Viskose-Spinnmassen darstellen.

Es wurde schon erwähnt, dass Titandioxyd bei Temperaturen um 1000°C kalziniert werden muss, um einwandfreie Anwendungseigenschaften zu erhalten. Durch diese Behandlung nimmt aber auch die Härte des Produktes stark zu, und zwar umso stärker, je intensiver die Kalzinierung vorgenommen wird. Die Hersteller von Titanpigmenten, die zur Mattierung von Textilien bestimmt sind, müssen also einen Kompromiss zwischen vollkommener chemischer Trägheit und nicht allzu hoher Härte finden.

Aber auch wenn eine übertriebene Härte vermieden werden kann, ist es klar, dass die Einführung von solchen festen Partikeln in die weichere Masse des Garnes nicht ohne mechanische Auswirkung auf die Bestandteile der Spinnapparatur bleibt, die mit dieser Masse in Berührung kommen und die im allgemeinen aus einem weicheren Material als Titandioxyd hergestellt werden. Man hat schon oft festgestellt, dass die besonders empfindlichen Spinnpumpen nach verhältnismässig kurzer Zeit infolge Abnützung durch eine titandioxydhaltige Spinnlösung in ihrer fördernden und regulierenden Funktion gestört wurden.

Eine ähnliche Erscheinung zeigt sich ebenfalls bei den verschiedenen Führungsorganen wie Fadenführern, Ringläufern, Nadeln usw. der Zwirn-, Web- oder Wirkmaschinen, die mit Titandioxyd spinnmattierte Garne verarbeiten müssen. Ausser dem Verschleiss an solchen Maschinenteilen verursacht diese Abrasionswirkung wegen der grösseren Auflagefläche der durch Scheuerung eingeschnittenen Führungsorgane auch eine Erhöhung der Fadenspannung und dadurch Fadenbeschädigungen und Fadenbrüche. Es ist das Verdienst von Settele, in der Versuchsabteilung der Société de la Viscose Suisse,

Emmenbrücke, eine einfache Methode zur Messung dieser Abrasionswirkung ausgearbeitet zu haben[1]). Obwohl sie sich ausschliesslich auf Nylon beziehen, sind die Ergebnisse der Messungen von Settele äusserst aufschlussreich. Die Messvorrichtung besteht aus einem nahe beim Rand gebohrten und zwischen Bohrung und Rand ausgeschnittenen Silberplättchen, das in einer Umspulapparatur so eingespannt wird, dass der Faden in einem bestimmten An- und Ausfahrwinkel über den Rand der Bohrung laufen muss. Spannung und Umspulgeschwindigkeit werden konstant gehalten, und die Länge des pro Versuch umgespulten Fadens genau bestimmt. So entstehen, je nach der Abrasionswirkung des geprüften Materials, mehr oder weniger lange Sägespuren, deren Abmessungen, nach photographischer Vergrösserung planimetrisch ermittelt, neben der Wägung des Silberverlustes ein Mass für die Abrasionswirkung des geprüften Fadens darstellen kann. Letztere ist direkt proportional zur geprüften Fadenlänge und wird durch die Fadenspannung, nicht aber durch die Umspulgeschwindigkeit beeinflusst. Sie nimmt bei konstant gehaltenem Einzelfadentiter mit wachsendem Gesamttiter linear zu, da sich die abrasive Fadenoberfläche entsprechend dem Titer vergrössert. Bei gleichbleibendem Gesamttiter hingegen und wechselndem Einzelfadentiter weist die Abrasion zwischen den beiden Grenzzuständen Monofil und Multifil mit unendlicher Zahl einzelner Fäden merkwürdigerweise ein Minimum auf, weil offenbar nicht die ganze Kontaktfläche Faden/Silberblech ausgenützt wird. Auch die Drehung des Fadens hat einen Einfluss auf die Abrasion: ein gedrehter Faden zeigt eine geschlossenere Form als ein nicht gedrehter und ergibt eine schmalere Sägespur und somit eine geringere Abrasion. Mit zunehmender Drehung nimmt die Abrasion hyperbolisch ab. Schliesslich sei noch erwähnt, dass die Ölung und die Schlichte die Abrasion naturgemäss sehr stark herabzusetzen vermögen.

Am interessantesten aber sind die Ergebnisse, die Settele beim Vergleich von nicht mattiertem mit mattiertem Nylon erhalten hat. Nylon ohne Titandioxyd verursacht praktisch keine Abrasion, mit steigendem Gehalt an Mattierungsmittel hingegen steigt die Abrasion in linearer Funktion sehr stark an:

% TiO_2 bezogen auf Nylonfaser	mg Silber-Abrasion pro 100 km Faden
0,3	0,3
1,1	1,1
1,9	1,95

[1]) Settele, Die Abrasion durch Nylon-Filamente (SVF-Fachorgan *15* (1960) [1], 62).

Ferner wurde beobachtet, dass bei gleicher Teilchengrösse ein Rutil-pigmentierter Nylonfaden eine mindestens doppelt so grosse Abrasion verursacht wie ein Anatas-haltiger Faden.

Eine ähnliche Untersuchung wurde von Selwood [1]) durchgeführt: er hat mit einer Spezialapparatur das Schleifen von Nylongarnen, die mit verschiedenen Pigmenten mattiert waren, auf Metallfolien, sowie den Einfluss verschiedener Garneigenschaften auf diesen Vorgang studiert.

Im Laufe der Geschichte der Spinnmattierung mit Titandioxyd hat es bestimmt nicht an Anstrengungen gefehlt, diese unangenehme Erscheinung zum Verschwinden zu bringen. Die Lösung dieses Problems wurde von verschiedenen Seiten angestrebt: die Hersteller von Spinn- und Textilmaschinen bemühten sich, abrasionsfestere Werkstoffe zu verwenden, die Fabrikanten von Titanpigmenten trachteten danach, die Härte ihrer Erzeugnisse und deren Teilchengrösse scharf unter Kontrolle zu halten, die Verbraucher schliesslich, durch Zusätze zu den Spinnlösungen die Gleitfähigkeit der fertigen Fäden zu verbessern.

Die Patentliteratur über die Herstellung von Titandioxydpigmenten in ihren verschiedenen Formen und für ihre zahlreichen Verwendungszwecke ist sehr umfangreich. Es ist natürlich nicht möglich, darüber im Rahmen dieses Buches lückenlos zu berichten. Eine Liste der entsprechenden Patente haben Weber und Martina herausgegeben[2]). Davon sollen nur diejenigen erwähnt werden, die die Mattierung der Kunstfasern besonders berühren (siehe auch Abschnitt B 2).

Wie aus dem *engl. P. 405.669* (1932) hervorgeht, hat sich die englische Firma Laporte bemüht, ein Herstellungsverfahren für Titandioxyd auszuarbeiten, das zu einem für die Zwecke der Mattierung in jeder Hinsicht einwandfreien Produkt führen soll. Es beruht auf der bekannten Hydrolyse der durch Extraktion von titanhaltigen Erzen gewonnenen Lösung von Titansulfat, beschleunigt aber den Niederschlag des Hydrates durch Zugabe einer Dispersion von TiO_2 als Kristallisationskeim. Diese wird aus einer verdünnten, nur 13 g/l TiO_2 enthaltenden Sulfatlösung hergestellt: das so erhaltene Hydroxyd wird dann gewaschen und mit Wasser und Salpetersäure in solchen Mengen gemischt, dass der pH-Wert dieser Suspension weniger als 2 beträgt. Die Teilchengrösse dieses «Titandioxydbeschleunigers» liegt dann im kolloidalen Bereich: sie soll durch einen Papierfilter vollständig durchfliessen können, von einer Kollodiummembran hingegen zurückgehalten werden. Durch Zugabe dieser Suspension

---

[1]) Selwood: Abrasion of Guide Materials by Delustred Nylon Yarn (J. Text. Inst. *53* (1962) T276).

[2]) Weber und Martina: Die neuzeitlichen Textilveredlungs-Verfahren der Kunstfasern, Wien 1951, S. 432.

zu der konzentrierteren Hauptmenge der Sulfatlösung wird die Absetzgeschwindigkeit des Hydrolisierungsproduktes bis auf das 120 fache erhöht; dadurch erhält man ein Pigment mit optimaler Farbe und optimalem Deckvermögen.

Die deutsche I. G. Farbenindustrie hat sich ebenfalls des Problems angenommen und 1936 durch das *franz. P. 807.257* (auch *österr. P. 150.994*) ein Herstellungsverfahren schützen lassen, nach dem ein amorphes, besonders weiches Pigment erzeugt wird, das die durch zu grosse Härte verursachten Nachteile des Ausschleifens der Spinnapparatur und des Beschädigens der Fasern selbst nicht besitzen soll. Ein solches Pigment wird durch Hydrolyse von basischen Titansulfatlösungen oder auch von Lösungen von Zn-, Be-, Al-, Mg- oder Sn-Titanat gewonnen, dann gewaschen und zwischen 80 und 125°C getrocknet. Das so gewonnene Produkt enthält osmotisch gebundenes Wasser, das die Zwischenräume zwischen den TiO_2-Partikeln ausfüllt und stellt ein weiches und feines Pulver dar. Sein Deckvermögen erreicht allerdings nur $^1/_3$ von dem des kalzinierten Pigmentes, aber trotzdem soll es nicht notwendig sein, für die Mattierung 3 mal mehr davon zu verwenden: ein Mehrzusatz von 20–50% soll genügen. Auch sollen gefällte Zink-, Beryllium-, Aluminium-, Magnesium- oder Zinntitanate zum gleichen Zweck geeignet sein, laut *franz. P. 807.707* (1936) der I. G. Farbenindustrie: diese Produkte werden ebenfalls durch Ausfällen und Trocknen gewonnen.

Im gleichen Sinne sollen sich auch die von der Deutschen Gold- und Silberscheideanstalt vorm. Roessler (Degussa) herausgebrachten kolloiddispersen Aerogel-Pigmente besser als die gewöhnlichen Mattierungspigmen verhalten. Diese Produkte wurden schon auf Seite 271 beschrieben. Vor allem Titandioxyd-Aerogel soll für die Spinnmattierung von synthetischen Fasern mit Erfolg Anwendung finden und zu leicht verarbeitbaren Garnen führen.

Kürzlich hat die amerikanische Firma E. I. du Pont de Nemours ein *amer. P. 2.990.291* (ausg. 1961) auf diesem offenbar wieder aktuell gewordenen Gebiet genommen. Um mattierte Garne zu erhalten, die zugleich den gewünschten Weissegrad besitzen und die Führungsteile der Textilmaschinen nicht abschleifen, wird das zu verwendende harte, anorganische Weisspigment als Suspension in einer Lösung von Zelluloseazetat in Azeton (die 10–40 Teile Pigment und 2–6 Teile Zelluloseazetat in 100 Teilen enthalten soll), unter starkem Rühren mit einer Menge an Sand geeigneter Körnung verarbeitet. Diese ist so gross, dass der durchschnittliche theoretische Abstand der einzelnen Sandkörnchen in der Suspension 0,5–2,0 mm beträgt. Nach Abschluss dieser Nassmahlung und Trennung des Sandes (durch Filtration) erhält man eine Pigmentpaste mit einer Viskosität von 1–20 Poisen und Partikeln von 0,1–1,0 μ, die dann mit weiteren Mengen der azetonischen Zelluloseazetatlösung zu einer Spinnlösung verdünnt wird. Als Beispiel wird angegeben:

Titandioxyd	2500 T
Zelluloseazetat	500 T
Azeton	7000 T
Ottawa-Sand 20–40 mesh	3700 T

Diese Suspension wird während einer Stunde verrührt, filtriert und das Filtrat mit 615 Teilen einer 25%igen Zelluloseazetatlösung zu einer Spinnlösung verdünnt, die 0,4% Titandioxyd, 24,6% Spinnstoff und 75% Azeton enthält. Die auf diese Weise erhaltenen Garne sollen die Maschinenteile noch weniger beschädigen als solche, die man nach Behandlung der Komponenten in einer Kugelmühle erhalten hat.

b) Einfluss der Titandioxydmattierung auf die photochemischen Eigenschaften der Textilien[1])

Einfluss auf die Färbungen

Man hat schon früh beobachtet, dass gewisse mattierte und gefärbte Kunstseiden ein sehr schnelles Verblassen der Färbung im nassen Zustand zeigten, und zwar auch dann, wenn gut lichtechte Farbstoffe verwendet wurden. Das Verblassen soll sogar in einigen Fällen schon in ein paar Minuten stattgefunden haben.

Es ist das Verdienst der Chemiker der Firma Sandoz, dieses Problem zuerst eingehend studiert zu haben[2]). Sie hielten die Auffassung, wonach die Bildung von Pertitansäure für diese Farbzerstörung verantwortlich sei, für einen Irrtum. Sie zeigten, dass diese Wirkung nicht vom TiO_2 allein herkam, sondern von Begleitstoffen organischer Natur, also nicht von Verunreinigungen des Titanpigmentes. Anhand von zahlreichen Versuchen erbrachten sie den Beweis, dass Glyzerin, das sehr oft als Zusatz zur Erreichung eines weichen Griffes verwendet wird, zusammen mit dem Pigment (und zwar nicht nur TiO_2, sondern auch ZnO) das Verblassen der Farbstoffe verursachte. Jedoch fand man keine Direktfarbstoffe, die gegen diese Erscheinung vollständig immun waren.

Die verschiedenen Farbstoff-Fabriken bemühten sich dann, aus ihrem Sortiment die Farbstoffe auszuwählen, die unter solchen Be-

[1]) Siehe auch: Schwen: Über den Festigkeitsabfall von unmattiertem und mit TiO_2 mattiertem Kunstseidereyon beim Belichten und Waschen und den Einfluss von TiO_2-Mattierungen auf die Lichtechtheit von Farbstoffen (Mell. Textilber. *33* (1952) 522) – Iwanow und Schneider: Ein Lagerungsschaden durch Lichteinwirkung: Streifen auf Zellwolle-Azetatgewebe infolge scheinbarer Pigmentierungsunterschiede in den TiO_2-mattierten Fasern (Reyon, Zellw. und andere Chemiefasern *7* (1957) 556).

[2]) Abnormal Fading of Dyed Matt Artificial Silk (Dyer and Calico Printer *70* (1933) 490).

dingungen das schwächste Verblassen aufweisen. Keiner[1]) hat eine Liste solcher Direktfarbstoffe aus dem Fabrikationsprogramm der ehemaligen I. G. Farbenindustrie veröffentlicht. Ferner wies er darauf hin, dass diese berüchtigte Erscheinung des Verblassens auch dann hervortritt, wenn man wässerige Lösungen empfindlicher Farbstoffe in Gegenwart von reinem TiO_2 dem Licht aussetzt. Baur[2]) und Böhi[3]) hatten schon vorher gezeigt, dass das Licht auf gewisse Farbstoffe wie Chlorophyll und andere Körperfarbstoffe in Gegenwart von Weisspigmenten wie SnO_2 oder ZnO eine photochemische Wirkung ausübt, wobei der Sensibilisator, das heisst das Pigment selbst, nicht verändert wird. Da sich unter den angegriffenen Körperfarbstoffen sowohl reduktions- wie oxydationsbeständige Produkte befanden, nahm man an, dass eine Energieübertragung durch molekulare Elektrolyse stattfand. Im Zusammenhang damit wurde eine Beobachtung von Rudisill und Engelder[4]) gebracht, wonach in Gegenwart von TiO_2 Alkohol unter Einfluss des Lichtes zu $C_2H_4+H_2O$ und CH_3CHO+H_2O zersetzt wird, also gleichzeitig eine Reduktion und eine Oxydation erfährt. Auch der Umstand, dass diese Erscheinung des schnellen Verblassens nur in Gegenwart von Feuchtigkeit beobachtet wurde, spricht zugunsten einer photochemischen Polarisation, da die Anwesenheit von Wasser für die Entstehung einer molekularen Elektrolyse unbedingt erforderlich ist. Eine eindeutige Beziehung zwischen Konstitution der Farbstoffe und ihrer Lichtempfindlichkeit in Gegenwart von TiO_2 wurde allerdings nicht gefunden. Erwähnt sei nur, dass die hochechten Indanthrenfarbstoffe und auch die Cellitonechtfarbstoffe auf mit TiO_2 spinnmattierter Kunstseide bei der Belichtung weder in trockenem noch in nassem Zustand eine Verringerung ihrer Lichtechtheit erleiden.

Dieses Verblassen der Färbungen ist naturgemäss besonders bei hellen Tönen wahrnehmbar. Je tiefer die Färbungen sind, um so mehr nähern sich ihre Eigenschaften denjenigen von Färbungen, die auf normaler, nicht mattierter Kunstseide erzeugt worden sind. Dies ist auf eine ganz normale Erscheinung zurückzuführen: mit zunehmender Tiefe der Färbungen, wie Marineblau oder Schwarz, wird nur noch eine dünne, sich an der Oberfläche der Fasern befindende Schicht vom Licht erfasst.

Eine Erklärung für das schnelle Verblassen von an sich als besonders lichtecht bekannten Farbstoffen auf mattierten Fasern

---

[1]) Keiner: Die Mattkunstseide (Mell. Textilber. *15* (1934) 118).

[2]) Baur: Photolyse und Elektrolyse (Helv. Chim. Acta *1* (1918) 186).

[3]) Böhi: Zinkoxyd und Chlorophyll als optische Sensibilisatoren (Helv. Chim. Acta *12* (1929) 121).

[4]) J. Phys. Chem. *30* (1926) 106.

glaubte Robl[1]) gefunden zu haben mit der Bildung von Zelluloseperoxyden, analog den Ätherperoxyden, die sich beim Stehen von Äther am Licht bilden. Er nahm an, dass diese Peroxyde dann in H_2O_2 und Spaltprodukte unbekannter Konstitution zerfallen. Als Beweis für seine Annahme benutzte er eine ausserordentlich empfindliche Nachweisreaktion für H_2O_2, nämlich die in alkalischer Lösung durch Hämin zusammen mit Peroxyden verursachte Chemilumineszenz des 3-Aminophthalhydrazids, das auch unter dem Namen «Luminol» bekannt ist. Die Empfindlichkeitsgrenze dieser Reaktion soll bei 0,1 γ H_2O_2 liegen. Ausser durch diese Chemilumineszenz konnte er das gebildete Peroxyd auch mit Hilfe der Phenolphtaleinreaktion beobachten, und zwar beim Belichten auch unmattierter Azetatkunstseide. Er zog daraus die Folgerung, dass sich die Zerstörung des Farbstoffes erklären liess durch die Bildung von Pertitansäure aus dem in der Faser enthaltenen Titandioxyd und dem so gebildeten H_2O_2, wobei Pertitansäure ein stärkeres Oxydationsmittel als H_2O_2 selbst ist. Als Grund für den Festigkeitsabfall der Azetatkunstseide nach der Belichtung nahm er eine Oxydation in der Mitte der Kette über das entsprechende Peroxyd und dadurch eine Verkürzung der Kette an.

Als Massnahme gegen diese Erscheinung waren nach Robl die fluoreszierenden Substanzen, die er als UV-Lichttransformatoren ansieht, nicht wirksam genug, um die gesamten kurzwelligen Strahlen zu absorbieren und unschädlich zu machen. Dies wurde von Schäppi[2]) bestätigt: er konnte anhand von Versuchen beweisen, dass die fluoreszierenden Farbstoffe oder Weisstöner, heute allgemein optische Aufheller genannt, überhaupt keinen Einfluss auf die Lichtempfindlichkeit der Kunstfasern haben. Als erfolgreicheren Weg zur Lösung dieses Problems betrachtete Robl die Zerstörung des gebildeten Peroxyds durch geeignete anorganische Verbindungen, wie vor allem solche des Chroms und des Mangans. Die I. G. Farbenindustrie brachte schon vor dem Zweiten Weltkrieg ein mit solchen «Antikatalysatoren» präpariertes Titandioxyd-Mattierungspigment unter dem Namen Luxanthol-Mattweiss in den Handel. Dieses Produkt wird heute durch die BASF vertrieben. Es enthält, neben einem wasserlöslichen Dispergierungsmittel (wahrscheinlich ein Dinaphthylmethandisulfonat vom Typ Tamol), ca. 70% Titandioxyd und ca. 0,5% (als Chrom berechnet) einer Chromverbindung und ist in seinem Aufbau den Luxanthol-Farbstoffen zur Spinnfärbung von Viskose-Reyon und -Zellwolle der gleichen Firma sehr ähnlich,

[1]) Robl: Über die Ursache der Lichtschädigung von Azetat-Kunstseide und ihre Bekämpfung (Mell. Textilber. *26* (1945) 34).

[2]) W. Schäppi: Über die Veränderung spinnmattierter Viskosekunstseide bei der Belichtung (Textil-Rdsch. *3* (1948) 17).

mit welchen es sich ohne weiteres vermischen lässt. Dieses so zubereitete Titandioxyd liegt in sehr feiner Verteilung vor, und das eingearbeitete Dispergierungsmittel ermöglicht es, Luxanthol-Mattweiss CR Pulver ohne vorherige Aufbereitung mit Wasser direkt als Pulver unter Rühren in die Viskose einzustreuen, sei es in der Xanthogeniermaschine oder im Verlauf der Nachreife: durch genügend langes Rühren wird eine einwandfreie Verteilung erzielt. Ferner verhindert das Dispergierungsmittel ein zu schnelles Absetzen des Titandioxyds in der Viskose und eine Verkrustung des Rohrleitungssystems.

Einfluss beim Bleichen und Waschen

Damit war aber das Problem nicht vollständig aus der Welt geschafft. Die färberischen Schwierigkeiten waren wohl behoben, aber die Beanstandungen verlagerten sich auf das Gebiet der Bleicherei und der Wäscherei: erst verhältnismässig lang nach dem Einsatz von Titandioxyd bemerkte man sehr oft eine ziemlich starke Abnahme der mechanischen Eigenschaften der spinnmattierten Kunstfasern bei Lichteinwirkung.

Wiegand und Schöniger[1]) hatten mit Recht darauf hingewiesen, dass die Gefahr der Bildung von Titanperoxyden – sofern man eine solche Bildung als möglich annimmt – nicht allein bei gleichzeitiger Einwirkung von Licht, Feuchtigkeit und Luftsauerstoff entstehen und nicht allein auf die Farbstoffe einwirken kann. Sie kann in sogar wesentlich akuter Weise bei einem anderen Veredlungsprozess, nämlich bei der Bleiche mit Wasserstoffsuperoxyd oder Natriumsuperoxyd, vorkommen: diese Verbindungen besitzen bestimmt ein viel grösseres Oxydationsvermögen als der Luftsauerstoff, und es hat sich gezeigt, dass sie bereits ohne die sensibilisierende Wirkung des Lichtes mit Titandioxyd unter Bildung von Peroxyden zu reagieren vermögen. Wenn man ferner berücksichtigt, dass bei einer gefärbten Kunstseide diese Peroxyde sowohl mit dem Farbstoff wie mit dem Faserstoff reagieren können, dann wird letzterer um so mehr geschont, je leichter der Farbstoff angreifbar ist, und umgekehrt. Bei ungefärbten Textilien wird also die Oxydationswirkung der Peroxyde allein auf den Faserstoff einen Einfluss haben, und die Herabsetzung der Festigkeiten wird entsprechend ausgeprägter sein. Ein Vergleich der Festigkeits- und Dehnungszahlen, die bei einer Luftfeuchtigkeit von 80% ermittelt wurden, zeigte tatsächlich, dass ein mit Titandioxyd mattiertes Garnmaterial durch einen Peroxyd-Bleichprozess eine Einbusse an Festigkeit von mindestens 20% und an Dehnung von mindestens 24% erlitt und dass der Faserangriff mit steigender Alkalität der Bleichflotte noch zunahm. Wiegand und

[1]) Wiegand und Schöniger: Faserschädigung und deren Vermeidung bei der Bleicherei von spinnmattierter Kunstseide (Melland Textilber. *17* (1936) 337).

Schöniger haben aber gefunden, dass diese Beschädigung des Materials beträchtlich vermindert werden kann, wenn man den Bleichflotten hochmolekulare Eiweißspaltprodukte oder deren Substitutionsprodukte zusetzt. Als besonders wirksam erwiesen sich solche Produkte, die durch Einwirkung von höheren Fettsäuren auf diese Eiweißspaltprodukte entstehen und deren bekannter Vertreter Lamepon A der Chemischen Fabrik Grünau ist. Die stabilisierende Wirkung von Lamepon A kann durch folgende Vergleichsversuche bewiesen werden: zwei gleich starken Wasserstoffsuperoxydlösungen, eine ohne und die andere mit Zusatz von 0,5 g/l Lamepon A, werden mehrere Stunden auf 80–90°C erhitzt, wobei man den Abfall ihres Gehaltes an aktivem Sauerstoff verfolgt. Wiegand und Schöniger konnten folgende Werte ermitteln:

	Gehalt an aktivem Sauerstoff in g pro Liter						
nach	0	1/2	1	1 1/2	2	2 1/2	3 Std.
ohne Lamepon . .	1,60	1,45	0,96	0,80	0,64	0,51	0,42
mit Lamepon . .	1,60	1,60	1,68	1,68	1,85	1,84	1,82

Die langsame Zunahme des Sauerstoffgehalts in der eiweisshaltigen Lösung erklärt sich durch die Verminderung des Volumens infolge geringer Verdampfung. Es konnte auch bewiesen werden, dass diese stabilisierende Wirkung dem Eiweissanteil von Lamepon A zuzuschreiben ist, und nicht seinem Fettsäureanteil: andere fetthaltige oberflächenaktive Verbindungen, wie etwa Seifen, zeigen unter diesen Bedingungen keine Stabilisierwirkung (siehe auch Text. Manuf. *62* (1936) 318).

Ein entsprechendes Patent, *DRP 707.119*, wurde 1936 von der Chemischen Fabrik Grünau genommen: zum Bleichen oder Waschen von mattierter Kunstseide (allein oder in Mischung mit andern Faserstoffen) werden den Sauerstoff- oder Chlorbleichmittel enthaltenden Bleich- oder Waschflotten Eiweißstoffe, Eiweißspaltprodukte oder Eiweisskondensationsprodukte zugesetzt.

In den ersten Jahren nach dem Zweiten Weltkrieg häuften sich in den Textilversuchsanstalten der verschiedenen Länder Klagen über Lichtschäden an Gardinen und Hemden. Dabei zeigte es sich, dass es vor allem die mattierte Kunstseide- und Zellwollfasern des Viskosetyps waren, die zu Klagen schon nach verhältnismässig kurzem Gebrauch Anlass gaben. Durch den Krieg bedingt, war nämlich die Viskosekunstseide in beinahe allen Sektoren der Textilindustrie zur Verwendung gekommen. Diese Lage wurde derart prekär, dass verschiedenenorts wiederholt die für die Viskosehersteller und -weber sehr schwerwiegende Forderung gestellt wurde, die mit Titandioxyd spinnmattierte Viskosekunstseide oder -zellwolle für Vorhangstoffe kurzerhand zu verbieten.

Diese unangenehme Situation veranlasste zahlreiche Forscher, das Problem der Zerstörung von Textilien durch Licht grundsätzlich zu studieren. Allerdings waren schon vorher Untersuchungen durchgeführt worden, und viele spezielle Eigenschaften einzelner Fasersorten fanden dabei eine Erklärung: aber es blieb trotzdem lange Zeit schwierig, die zahlreichen Versuchsergebnisse zu allgemein gültigen Erkenntnissen zu verbinden. Lange Zeit herrschte nämlich zwischen den Fachleuten Unstimmigkeit, ob die Schädigung der Faser durch Licht vorwiegend einer Einwirkung des Lichtes, oder besser: der Lichtenergie, oder eher einer Einwirkung des Sauerstoffs und der Feuchtigkeit zuzuschreiben sei, also ob mehr die Licht- oder die chemische Energie ausschlaggebend sei. Ein Einfluss von Sauerstoff und Feuchtigkeit war in gewissen Fällen nicht zu übersehen; bei anderen Untersuchungen hingegen wurde er stark bestritten. Über die sehr zahlreichen Arbeiten, die sich mit dem Problem der Schädigung der Zellulose durch das Licht befassen, gibt Treiber in seiner Studie «Die Lichtschädigung der Zellulose, speziell in Gegenwart von Titandioxyd»[1]) eine sehr umfangreiche Zusammenfassung.

Es ist das Verdienst von Launer und Wilson aus dem National Bureau of Standards[2]), diese grundlegende Frage anhand von Untersuchungen der Polymerisationsgradabnahme in Zellulosehydratfolien endgültig geklärt zu haben. Danach ist die Wellenlänge des Lichtes – das ist nach Einstein der Energiebetrag einer Lichtpartikel oder eines Photons – ausschlaggebend dafür, ob Sauerstoff und Feuchtigkeit an den Vorgängen beteiligt sind oder nicht. Bei sehr kurzwelligem Ultraviolett, (also etwa um die Wellenlänge 3000 Å) spielen diese überhaupt keine Rolle, weil die Energie der Lichtquanten dann gross genug ist, um die Zerstörung der chemischen Bindung zwischen den Atomen der Zellulose zu erwirken: die Energie einer C–C- oder einer C–O-Bindung beträgt ca. 80 kcal pro Mol, und nach dem Einsteinschen Frequenzgesetz gilt die Beziehung

$$E = h \cdot \nu \tag{1}$$

wobei E = Energiebetrag des Lichtquants
h = Planksches Wirkungsquant
ν = Frequenz des einwirkenden Lichtes

Letztere ergibt sich aus der Gleichung

$$\nu = c/\lambda \tag{2}$$

wobei c = Lichtgeschwindigkeit
λ = Wellenlänge des Lichtes

Je kürzer die Wellenlänge λ eines Lichtes ist, desto grösser ist nach Gleichung (2) ihre Frequenz ν, und wenn letztere grösser

[1]) Treiber: Die Lichtschädigung der Zellulose, speziell in Gegenwart von Titandioxyd (Svensk Papperstidning *58* (1955) 185).

[2]) Launer und Wilson: The Photochemistry of Cellulose. Effects of water vapor and oxygen in the far and near ultraviolet region (J. Am. Chem. Soc. *71* (1949) 958).

wird, so wird nach Gleichung (1) auch E grösser. Also: bei einem kurzwelligen Ultraviolettlicht von ca. 3000 Å ergibt sich aus dieser Umrechnung ein Energiebetrag von annähernd 96 kcal pro Mol, was völlig ausreicht, um eine C–C- oder eine C–O-Bindung zu sprengen. In diesem Fall hängt der Abbau praktisch nur von der Anzahl Lichtquanten ab, die von der Faser aufgenommen werden, also von der Lichtintensität und der Belichtungsdauer, unabhängig aber von dem Sauerstoff- und Feuchtigkeitsgehalt der sie umgebenden Luft: die verhältnismässig langsam verlaufenden (weil zum Teil von dem langsamen Vorgang der Sauerstoffdiffusion abhängigen) Oxydationsvorgänge haben ja gar keine Zeit, sich bemerkbar zu machen. In diesem Fall spricht Egerton[1]) von einer Photolyse oder von einem photolytischen Abbau; Sippel[2]) konnte hier überraschend einfache Beziehungen zwischen der Belichtungsdauer und der Abnahme des Polymerisationsgrades sowie der Reissfestigkeit ableiten.

Ist dagegen die Wellenlänge des einwirkenden Lichtes grösser und entspricht sie etwa dem nahen Ultraviolett oder sogar dem sichtbaren Licht, so nimmt der durch die Gleichungen (1) und (2) ermittelte Energiebetrag ab und entspricht zum Beispiel für 3800 Å nur noch ca. 75 kcal: er liegt also unter den zum Faserabbau erforderlichen 80 kcal pro Mol; so ist eine Zerstörung der Fasersubstanz erst dann möglich, wenn zu der Lichtenergie noch chemische Energie durch Einsatz von Sauerstoff und Luftfeuchtigkeit hinzukommt. Nach Egerton[1]) hat man es dann mit einer photochemischen Oxydation zu tun. Nach diesem Autor soll die Grenze, oberhalb welcher der Energiebetrag der Lichtquanten allein nicht mehr ausreicht, um die Zellulose anzugreifen, bei 3400 Å liegen, was einem Energiebetrag von ca. 84 kcal pro Mol entspricht. Steurer[3]) hatte schon vorher gezeigt, dass die Zerstörung wahrscheinlich durch Sprengung der Hauptvalenzen an der Äther-Sauerstoffbrücke der glukosidischen Bindung zwischen den Grundmolekülen erfolge.

Gestützt auf diese Feststellungen haben sowohl Sippel[4]) wie Agster[5]) gezeigt, dass bei der Lichtschädigung von Gardinen und Vorhangstoffen das Fensterglas, hinter welchem diese Textilien dem Licht ausgesetzt sind, seiner Durchlässigkeit wegen für die verschiedenen Strahlen eine ausschlaggebende Rolle spielen kann. Das Sonnenlicht enthält ausser den sichtbaren Strahlen zwischen 4000 und 8000 Å und den darüber hinausgehenden Wärme- und Infrarot-

---

1) Egerton: The Mechanism of the Photochemical Degradation of Textile Materials (Journ. Soc. Dyers Col. *65* (1949) 764).

2) Sippel: Chemiefasern und Licht (Melliand Textilber. *32* (1951) 205).

3) Ztschr. f. physikal. Chemie *47* (1940) 127.

4) Sippel: Chemiefasern und Licht (Melliand Textilber. *32* (1951) 205).

5) Agster: Titanmattierung von Chemiefasern (Melliand Textilber. *33* (1952) 739).

strahlen auch noch Ultraviolettstrahlen bis herunter zu 2900 Å. Die Intensität dieser kurzwelligen Ultraviolettstrahlen ist allerdings sehr gering, da sie von der atmosphärischen Luft bevorzugt absorbiert werden. Normales Fensterglas ist bis herunter zu 3600 Å fast vollständig durchlässig, unter 3000 Å überhaupt nicht mehr; ferner werden dazwischen die kurzwelligen Ultraviolettstrahlen viel stärker absorbiert als die längerwelligen. Man kann also sagen, dass hinter Fensterglas das Minimum der Wellenlänge des gefährlichen Lichtes etwa bei 3600 Å liegt. Dieser Wert ist aber grösser als die von Egerton gefundene Grenze: demzufolge wird ein stärkerer Zelluloseabbau hinter Fensterglas nur bei Anwesenheit von Feuchtigkeit und Luftsauerstoff möglich sein; man hat es dann mit einer Photooxydation zu tun, während die Photolyse nur eine untergeordnete Rolle spielen kann. Bei einer Belichtung mit ultraviolettreichem Kunstlicht, und besonders ohne vorhandenen Glasschutz, liegt reine Photolyse vor. Durch diese Betrachtungen lässt sich die Bedeutung der Wahl der Lichtquelle bei den Belichtungsversuchen verbildlichen.

Dazu kommt noch ein anderer Einflussfaktor für die Lichtabsorption und daher die Lichtschädigung: die Lichtstreuung, die bei Anwesenheit von Mattierungspigment besonders ausgeprägt ist, ja den Vorgang der Mattierung überhaupt bestimmt. Nach dem Raleighschen Gesetz wird das Licht um so stärker gestreut, je kürzer die Wellenlänge ist, und der Betrag der Streuung ist umgekehrt proportional der vierten Potenz der Wellenlänge. Von der Streuung wird also vor allem das kurzwellige Ultraviolettlicht betroffen, das dann dazu gezwungen ist, statt des kürzesten Weges senkrecht zur Faseroberfläche andere, längere Wege im Inneren der Faser zu gehen und dadurch früher oder später absorbiert wird. Dadurch wird die Lichtschädigung der Fasern noch verstärkt.

Das Titandioxyd übt also in zweifacher Hinsicht eine zerstörende Wirkung auf die Zellulosefasern aus: einmal als Zerstreuungsmittel für das einfallende Licht; zum andern soll es die Bildung von Wasserstoffsuperoxyd aus Feuchtigkeit und Luftsauerstoff unter dem Einfluss des ultravioletten Lichtes stark katalytisch fördern. Untersuchungen, die von Fachleuten der Lack- und Farbenindustrie durchgeführt wurden[1]), haben bewiesen, dass Titandioxyd ein ausgesprochener Oxydationskatalysator ist, wobei das Maximum der schädlichen Wirkung an den Berührungsflächen zwischen Titandioxydkristallen und hochmolekularer Substanz eintritt, und dass Spuren von Schwermetallen, die sich im Titandioxyd befinden, eine Rolle spielen. Das oxydierende Agens soll allerdings nicht Wasserstoffsuperoxyd, sondern atomarer Sauerstoff sein. Nach Lang, Treiber

---

[1]) Weyl und Förland: Photochemistry of Rutile (Ind. Eng. Chem. *42* (1950) 257).

und Mader[1]) ist nämlich diese katalysierende Wirkung vom Titandioxyd auf Fehlerstellen im kristallinischen Aufbau des Pigmentes zurückzuführen: es bestehen Abweichungen vom stöchiometrischen Verhältnis von 2 Sauerstoffatomen auf 1 Titanatom, indem das Metall in leichtem Überschuss vorhanden ist und die richtige Zusammensetzung zwischen $TiO_{1,9}$ und TiO_2 liegt. Diese Erscheinung beruht darauf, dass die Energieunterschiede zwischen den zwei Wertigkeitsstufen III und IV der Titanionen gering sind.

Wir haben schon erwähnt, dass nach Steurer[2]) die Zerstörung der Zellulosefasern wahrscheinlich durch Sprengung der Hauptvalenzen an der Äther-Sauerstoffbrücke der glukosidischen Bindung zwischen den Grundmolekülen erfolgen soll. Die Bildung von Zelluloseperoxyden, wie sie Robl[3]) angenommen hatte, konnte von Agster[4]) nicht beobachtet werden. Letzterer gab folgendes Schema für den Zelluloseabbau:

Zellulose besteht bekanntlich aus langen Kettenmolekülen, deren einzelne Glieder β-Glukosemoleküle sind, und deren Länge, bzw. die Anzahl der β-Glukoseeinheiten, durch den Polymerisationsgrad ausgedrückt wird. Bei jeder chemischen Schädigung werden die langen Makromoleküle an der 1,4-Bindung gespalten:

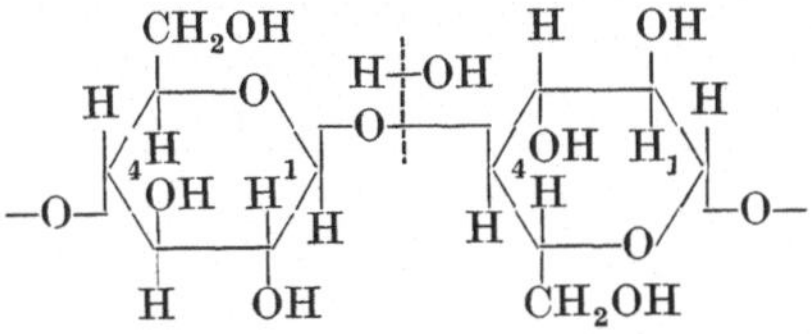

```
          CH2OH           H    OH
    H   /|---O\   H-|-OH  |----|\   H
       |4 H     1|--O-|--|4 OH  H1\|
  --O--| OH  H  |         |  H    |--O--
        \|____|/ H      H \|____O/
         H    OH          CH2OH
```

Es entstehen dann kürzere Ketten niedrigeren Polymerisationsgrades, die auch eine höhere Alkalilöslichkeit und eine geringere Reissfestigkeit aufweisen. Die bei der Spaltung entstehende sekundäre alkoholische Gruppe reagiert dann weiter und bildet unter Aufspaltung des Glukopyranoseringes und Tautomerisierung eine Aldehydgruppe:

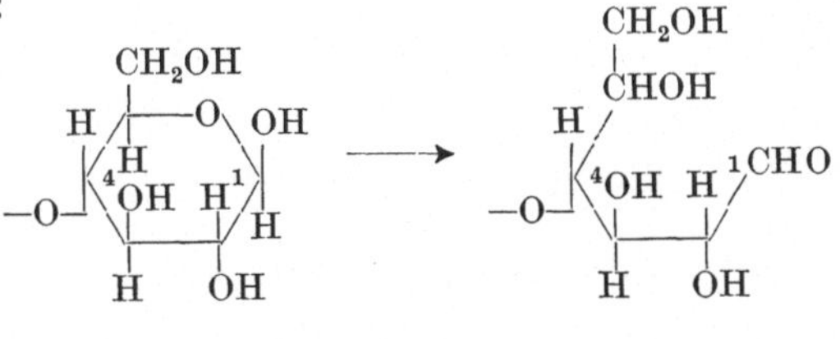

```
                                     CH2OH
        CH2OH                        |
        |                            CHOH
    H  /|---O\ OH                H  /
      |4 H    1|      ---->       |4 OH  H 1CHO
 --O--| OH  H/|              --O--|      /
       \|___|/ H                   \|___|/
        H   OH                      H   OH
```

[1]) Lang, Treiber und Mader: Beitrag zur Kenntnis der Lichtschädigung an Zellulose durch Mattierungspigmente (TiO_2) (Reyon, Zellwolle und andere Chemiefasern *6* (1955) 383).

[2]) Ztschr. f. physikal. Chemie *47* (1940) 127.

[3]) Robl: Über die Ursache der Lichtschädigung von Acetat-Kunstseide und ihre Bekämpfung (Mell. Textilber. *26* (1945) 34).

[4]) Agster: Zur Kenntnis des photochemischen Abbaus mattierter und nichtmattierter Zellulosefasern I (Mell. Textilber. *35* (1954) 1209).

Je grösser die schädigende Wirkung, desto zahlreicher entstehen solche Aldehydgruppen, und um so grösser wird auch das Reduktionsvermögen. Erfolgt der Abbau in Anwesenheit von Oxydationsmitteln, so werden diese Aldehydgruppen je nach den Reaktionsbedingungen (Temperatur, pH-Wert, Dauer der Einwirkung usw.) mehr oder weniger schnell und vollständig in Carboxylgruppen übergeführt:

```
                  CH2OH
                  |
                  CHOH
              H /
              |/
  ──→     —O—| \4OH  H /1COOH
              \|_____|/
               |     |
               H     OH
```

Abgebaute Zellulosen haben also stets einen höheren Gehalt an Aldehyd- bzw. Carboxylgruppen; umgekehrt kann man durch deren Bestimmung Schlüsse hinsichtlich des Schädigungsgrades ziehen. Agster hat bei der Bestimmung dieser funktionellen Gruppen an photochemisch abgebauten Zellulosen folgende Werte gefunden:

Fasermaterial und Vorbehandlung	DP	Carboxylzahl	Zunahme der Carboxylgruppen	Carbonylzahl	Zunahme der Carbonylgruppen
Viskosereyon glänzend unbelichtet	258	180	—	586	—
Viskosereyon glänzend 7 Wochen belichtet	212	180	0	436	34,4
Viskosereyon glänzend 14 Wochen belichtet	207	175	0	408	43,6
Viskosereyon halbmatt unbelichtet	263	179	—	1050	—
Viskosereyon halbmatt 7 Wochen belichtet	159	150	16,6	575	82,6
Viskosereyon halbmatt 14 Wochen belichtet	137	146	19,9	431	143,6

Der Oxydationsvorgang erfolgt, wie schon erwähnt, mittels atomarem Sauerstoff. Letzterer kann von Titandioxyd unter Einfluss des Lichtes nach folgender Gleichung entstehen:

$$2\,TiO_2 + h.\nu \longrightarrow Ti_2O_3 + O$$ [1])

Der gleichzeitig gebildete Ti_2O_3 wird dann durch den Luftsauerstoff wieder in TiO_2 zurückoxydiert. Agster und Holzinger haben allerdings in neueren Untersuchungen[2]) gezeigt, dass bei Sonnenlicht

[1]) Weyl und Förland: Photochemistry of Rutile (Ind Eng. Chem. *42* (1950) 257).

[2]) Agster und Holzinger: Beitrag zum photochemischen Abbau von Faserstoffen (Textil-Praxis *11* (1956) 825).

der Abbau hauptsächlich durch Wasserstoffsuperoxyd verursacht wird; denn bei Fehlen von Wasser findet kein Abbau statt, gleichgültig, ob Sauerstoff zugegen ist oder nicht. Im Ultraviolettlicht hingegen ist es gerade umgekehrt: da ist die Anwesenheit von Sauerstoff von ausschlaggebender Bedeutung, die von Wasser dagegen völlig unwichtig; man muss dann in diesem Falle also doch die Einwirkung von atomarem Sauerstoff annehmen.

Die katalysierende Wirkung ist nicht bei allen Titandioxyd-Präparaten gleich. Lang, Treiber und Mader[3]) ist es gelungen, eine entsprechende Testmethode auf Grund von Adsorptionsversuchen aufzustellen. Sie haben gezeigt, dass die als stark aktiv bezeichneten Pigmente auch stärker adsorpieren als die weniger aktiven Sorten. Unter anderen sollen die schon erwähnten[4]) und später noch zu besprechenden, mit Chrom- oder Manganverbindungen behandelten Spezialpigmente vom Typ Luxantholmattweiss sehr wenig adsorbieren. Die Autoren führen diese Desaktivierung auf eine Fähigkeit der Chrom- und Manganverbindungen zurück, freie Titanionen abzufangen. Als andere Möglichkeit zur Desaktivierung hat sich nach den *kanad. P. 366.308* und *366.309* (1936) der Canadian Industries Ltd. eine Druckwasserkochung der feinstverteilten Pigmente bei einer Temperatur, die unterhalb des kritischen Punktes liegt, erwiesen: das Wasser füllt dann als Flüssigkeit die Zwischenräume zwischen den festen Teilchen aus. Als weiterer Beweis für den Zusammenhang zwischen Oberflächenaktivität und katalysierender Wirkung dient die Beobachtung, dass die aktivsten Pigmente sich aus wässrigen Suspensionen auch durch scharfes Zentrifugieren nicht restlos abscheiden lassen, und zwar auch dann nicht, wenn man den Einfluss der Korngrösse mitberücksichtigt. Man darf allerdings nicht übersehen, dass die für den Adsorptionsvorgang und die für die Katalyse massgebenden Flächen nicht unbedingt die gleichen sind. Die Adsorption eines Adsorbats hängt in erster Linie von der ihm zur Verfügung stehenden Fläche des Adsorbens ab, wohingegen das Katalysationsvermögen auf einer verhältnismässig geringen Anzahl von aktiven Zentren konzentriert werden kann. Anders ausgedrückt kann die erstere sehr stark, das letztere nur in geringem Mass vom mechanischen Zerteilungszustand des aktiven Körpers abhängen.

Wenn man die Rolle des Titandioxyds bei der Lichtschädigung von mattierten Zellulosefasern derart bestätigt gefunden hat, dann sollte man annehmen können, dass die Schädigung irgendwie proportional zu dem Gehalt an Titandioxyd in der Faser zunehmen muss und dass eine nur halbmattierte Faser nicht so schnell zerstört werden sollte wie eine tiefmattierte. In Wirklichkeit trifft dies aber

---

[3]) Siehe Seite 301, Ref. 1.

[4]) Siehe Seite 295.

nicht zu. Agster[1]) konnte zeigen, dass im Gegenteil eine tiefmatte Faser nicht schneller, sondern sogar eher langsamer abgebaut wird als eine halbmatte. Man muss daher annehmen, dass von einem bestimmten Mattierungsgrad an das Pigment eine gewisse lichtschützende Wirkung ausübt, die sich stärker bemerkbar macht als die katalysierende. Das ist auch der Grund, warum eine mit Titandioxyd nachmattierte Zellulosekunstseide viel weniger dem Lichtabbau unterliegt als eine spinnmattierte: das Pigment liegt in diesem Fall nur an der Oberfläche und nicht im Inneren der Faser. Photographische Aufnahmen[2]) haben auch tatsächlich gezeigt, dass die Schädigung hauptsächlich in unmittelbarer Nähe der Titandioxydkörnchen stattfindet.

Interessant ist, dass im Gegensatz zur Viskosereyon der Faserabbau von Kupferreyon durch Titandioxyd nur wenig beeinflusst wird: die Ursache könnte in den geringen Spuren unlöslicher Kupferverbindungen zu sehen sein, die vermutlich adsorptiv auf den Titandioxydteilchen sitzen und dadurch ihre katalytische Wirkung herabsetzen. In ihrer Studie über die «Lichtschädigung von Viskosetextilien»[3]) betrachten Kleinert und Mössmer die Lichtschädigungen an titandioxydmattierten Viskosekunstfasermaterialien als von vorwiegend komplexer Natur. Die Titandioxydpigmente können unter Umständen eine Reihe von schädigenden photochemischen Reaktionen begünstigen, wobei durch die Überlagerung mehrerer Effekte starke Schäden auch nach verhältnismässig kurzer Belichtung auftreten können. Die Autoren wiesen darauf hin, dass insbesondere saure Verunreinigungen der Textilien, aber auch die durch Oxydationsreaktionen in den Zellulosematerialien selbst gebildeten sauren Gruppen, den Lichtabbau begünstigen. Solche saure Verunreinigungen können neben anderen dadurch entstehen, dass in Gegenwart von Titandioxydpigmenten der von der Herstellung der Viskose herrührende und nachträglich nicht genügend ausgewaschene Schwefel leicht zu Schwefelsäure oxydiert wird, die dann in freier Form bei der Belichtung des Fasermaterials stark schädigend wirkt. Dies könnte auch eine Erklärung für die stärkere Anfälligkeit der Viskose für die Lichtschädigung als die der Kupferkunstseide sein.

Schutzmassnahmen

Agster[4]), der als einer der ersten sich intensiv mit dem Problem der Lichtbeschädigung von spinnmattierter Kunstseide beschäftigte

---

[1]) Agster: Zur Kenntnis des photochemischen Abbaus mattierter und nicht mattierter Zellulosefasern II (Mell. Textilber. *36* (1955) 1).

[2]) Agster und Walz: Titanmattierung von Chemiefasern (Mell. Textilber. *33* (1952) 741).

[3]) Kleinert und Mössmer: Beitrag zur Frage der Lichtschädigung von Viskosetextilien (Textil-Rdsch. *10* (1955) 353).

[4]) Agster: Titanmattierung von Chemiefasern (Melliand Textilber. *33* (1952) 739).

und am Anfang etwas Mühe hatte, die Hersteller solcher Textilien von der Richtigkeit der Ergebnisse seiner Untersuchungen zu überzeugen, hat seine Feststellungen wie folgt zusammengefasst:

1. Die Glanzfaser ist lichtbeständiger als die mit Titandioxyd spinnmattierte, aber die Unterschiede sind bei weitem nicht so gross, wie man nach den in der Praxis gemachten Erfahrungen erwartet: sie betragen zum Beispiel beim Polymerisationsgrad nur etwa 10%.

2. Die nachmattierte Faser ist wesentlich lichtbeständiger als die mit Titandioxyd spinnmattierte, erstens, weil das für die Nachmattierung meistens verwendete Bariumsulfat keine Oxydationsvorgänge katalysieren kann, und zweitens, weil das Nachmattierungspigment praktisch nur an der Oberfläche sitzt. Dadurch werden die auf die Faser auftreffenden Lichtstrahlen teilweise an ihrem Eindringen in den Faserkern gehindert und von einer gewissen Dichte an kann eine solche Mattierung sogar als Lichtschutz wirken.

3. Eine tiefmatte Faser wird vom Licht nicht stärker, sondern im Gegenteil eher etwas weniger angegriffen als eine halbmattierte: anscheinend macht sich von einem bestimmten Mattierungsgrad an die lichtschützende Wirkung des Titandioxyds stärker bemerkbar als die katalysierende.

Über den unter 1. erwähnten Unterschied zwischen den Ergebnissen von Belichtungsversuchen im Laboratorium und solchen aus der Praxis bemerkt Agster, dass für die ersteren im allgemeinen Fasermaterial verwendet wird, wie es in den Reyon- und Zellwollfabriken anfällt. Die Gardinen und Vorhangstoffe hingegen, die an die Prüfämter zur Untersuchung eingesandt werden, haben vor der Belichtung bereits eine Veredlung durchgemacht: sie wurden gebleicht, abgesäuert, vielleicht auch gefärbt und bedruckt, usw. Dies ist aber ein erheblicher Unterschied; denn dadurch kann sich der pH verändern, es können allerlei Chemikalien und Verunreinigungen in die Faser gelangen, und diese Faktoren können unter Umständen den photochemischen Abbau ziemlich stark beeinflussen. Auch hat sich gezeigt, dass einige Schwermetalle, und zwar hauptsächlich das Eisen, schon in geringsten Spuren den Abbau stark zu katalysieren vermögen.

Auf Grund dieser Feststellungen kam Agster zur Ansicht, dass man die Verwendung von titanmattierten Viskose- oder Kupferfasern für Stoffe, die im Gebrauch viel belichtet und gelegentlich auch gewaschen werden, vermeiden sollte, solange es nicht gelungen ist, den zerstörenden Einfluss des Titandioxyds vollständig auszuschalten. Auf der andern Seite aber werden die matten Stoffe wegen ihrer angenehmeren Wirkung meist bevorzugt. Da in diesem Fall die Textilienhersteller nur ungern auf die Vorteile der Spinnmattierung verzichten können, gab Agster noch eine Reihe von Massnahmen an, die geeignet sind, dem schädigenden Einfluss des Lichtes auf solche Textilien zu begegnen:

1. Für Gardinen und Vorhangstoffe sollte man nur grobtitrige Fasern verwenden: je grösser der Titer ist, desto besser ist die Lichtbeständigkeit.

2. Die Garne sollten möglichst dick gemacht werden, denn dadurch kommt auch ein gewisser Lichtschutz zustande. Dies kann man leicht experimentell beweisen: kocht man beispielsweise ein belichtetes Gewebe in Fehlingscher Lösung, so färbt sich die belichtete Seite rot bis rotbraun (ein Zeichen, dass die Zellulose angegriffen ist), während die dem Licht abgewandte Seite sich nicht anfärbt oder höchstens leicht anschmutzt.

3. Zusatz von geeigneten «Antikatalysatoren», also Stoffen, die die katalysierende Wirkung des Titandioxyds aufheben: aus der Literatur ist bekannt, dass zum Beispiel Mangan(II)- oder Chrom (III)-Salze in dieser Richtung wirken. Man kann auch handelsübliche Mattierungspigmente verwenden, die auf diese Weise vorbehandelt worden sind (zum Beispiel Luxantholmattweiss der BASF). Voraussetzung für den Erfolg ist jedoch, dass dieser Antikatalysator vollständig waschfest auf dem Titandioxyd bzw. in der Faser sitzt.

4. Bei der Herstellung der Fasern und vor allem bei ihrer Veredlung ist peinlich darauf zu achten, dass keine Eisensalze, und zwar auch nicht die geringsten Spuren, in die Faser gelangen. Wenn schon Eisen auf der Ware sitzt, so kann es durch eine Behandlung mit einem Komplexbildner, wie Calgon oder Trilon, in eine unschädliche Form übergeführt werden.

5. Die Fertigware darf nach der Veredlung nicht sauer reagieren. Nach einer Behandlung in saurem Medium muss sie also gründlich gespült und neutralisiert werden.

Schon bei der Besprechung des Vorganges beim Einfluss von Titandioxyd auf die Lichtschädigung von Kunstfasern ist erwähnt worden, dass dieses Problem eine Lösung bei der antikatalytischen Wirkung gewisser Schwermetallverbindungen gefunden hatte.

Die grössere Lichtempfindlichkeit der Baumwolle und der Kunstseide gegenüber der Wolle hatte schon früher zur Aufsuchung von Lichtschutzmitteln geführt, und Cunliffe und Farrow[1]) hatten 1928 gefälltes Chrom- oder Ferrihydroxyd zum Schutze von Baumwolle empfohlen; ferner ist bekannt, dass mit Chrom- oder Mineralkhaki «gefärbte» Baumwolle der Zersetzung durch das Licht 5- bis 6mal länger widersteht als ungefärbte.

Die Imperial Chemical Industries haben den Einfluss von Chromverbindungen auf die katalysierende Wirkung von Titandioxyd stu-

[1]) Journal of the Textile Institute *19* (1928) 169.

diert und entsprechende Verfahren für den praktischen Gebrauch ausgearbeitet. In ihrem *engl. P. 430.993* (auch *franz. P. 783.108*) von 1933 empfahlen sie, die mit TiO_2 mattierte Kunstseide aus regenerierter Zellulose vor oder nach dem Färben mit einer wässerigen Lösung eines chromhaltigen Salzes, wie Natriumdichromat, zu behandeln: zum Beispiel eine halbe Stunde bei 85° mit einer wässerigen, 0,3 %igen Lösung von $Na_2Cr_2O_7$, die mit 0,2% Ameisensäure versetzt wurde; in gleicher Weise können auch Lösungen von Chromsalzen wie Chromchlorid oder -fluorid verwendet werden. Die Färbungen des so behandelten Gutes weisen in feuchtem Zustand eine erhöhte Lichtechtheit auf. Die entsprechenden deutschen Patente sind: *DRP 618.329* (1934) für die Behandlung nach dem Mattieren oder vor dem Färben, und *DRP 621.648* (1934) für eine solche nach erfolgter Färbung. Das *schweiz. P. 189.123* (1935) schützt das gleiche Verfahren der Behandlung mit Chromverbindungen nach dem Mattieren oder vor dem Färben für die Kunstseide aus Zellulosederivaten.

Im gleichen Gedankenkreis liessen die ICI durch ein weiteres *engl. P. 448.262* (1934, auch *DRP 643.995* und *franz. P. 798.694*) den Zusatz der Chromverbindung, z. B. 1% $K_2Cr_2O_7$, CrO_3 oder CrF_3, neben Titandioxyd direkt zu der Spinnlösung von Viskose oder Zelluloseazetat schützen[1]). Laut *amer. P. 2.132.491* (1935) der gleichen Firma kann zum gleichen Zweck das als Mattierungspigment verwendete Titandioxyd vor seiner Einverleibung in die Spinnlösung mit einer wasserlöslichen Verbindung des Chroms oder eines anderen Metalls aus der Gruppe der Chrommetalle behandelt werden: Titandioxyd wird zum Beispiel 1 Stunde bei 85–95° mit einer 1%igen wässrigen Lösung von Kalium- oder Natriumdichromat behandelt und hierauf nachhaltig gewaschen und getrocknet. Auch das *schweiz. P. 191.206* (1936) beschäftigt sich mit dem gleichen Verfahren und gibt als Beispiel die Behandlung von TiO_2 bei einer halben Stunde und bei 85° mit einer 3 Teile Natriumwolframat und 1 Teil Ameisensäure enthaltenden Flüssigkeit an (auch die entsprechenden Molybdänverbindungen sind brauchbar); ein weiteres Patent der gleichen Firma, das *engl. P. 455.642* (1935, auch *franz. P. 805.462* schützt die Anwendungen solcher Metallverbindungen (Uran ist auch erwähnt) für beide Verfahren: die Vorbehandlung des Pigmentes vor dem Zusatz zur Spinnlösung und die Nachbehandlung der mit gewöhnlichem Titandioxyd spinnmattierten Kunstseide aus regenerierter Zellulose vor oder nach dem Färben. Dieser letzte Nachbehandlungsprozess kann auch nach dem *franz. P. 799.912* (1935, auch *DRP 638.197*) der ICI mit Lösungen von wasserlöslichen Chromverbindungen, wie Natriumbichromat oder Chromfluorid, vorgenom-

---

[1]) Siehe auch Text. Manuf. *62* (1936) 318.

men werden. Das *belg. P. 415.324* (1936) der gleichen Firma empfiehlt zum gleichen Zweck neben wasserlöslichen Chromverbindungen auch solche von Uran, Molybdän oder Wolfram.

Aber auch andere Firmen haben sich des Problems angenommen und ähnliche Lösungen vorgeschlagen. Die Deutsche Azetat-Kunstseiden-Aktiengesellschaft «Rhodiaseta» hat die Erhöhung der Lichtbeständigkeit künstlicher Gebilde aus Zellulose oder Zellulosederivaten durch zweiwertige Manganverbindungen studiert und in ihrem *DRP 690.812* (1937, auch *franz. P. 830.475* und *ital. P. 362.691*) die günstige Wirkung dieser Verbindungen auf die mit Titandioxyd mattierte Kunstseide hervorgehoben; die in der Patentschrift angegebenen Anwendungsbeispiele betreffen allerdings nur die Azetatkunstseide. Nach dem *ital. P. 387.232* (1940) der gleichen Firma, einem Zusatzpatent zum ital. P. 362.691, haben die 2- bis 5-wertigen Vanadiumsalze und auch die Salze der Vanadinsäuren die gleiche Wirkung. Diese Vanadiumverbindungen können zusammen mit dem Mattierungspigment der Spinnmasse einverleibt werden.

Übrigens wirken die Salze des 3-wertigen Chroms schützend auch auf die nichtmattierten Kunstfasern aus Zellulose und vor allem aus Zelluloseestern, nach der Lehre des *DRP 728.001* (1941) der deutschen Rhodiaseta.

In Amerika hat die National Lead Co. in ihrem *amer. P. 2.202.594* (1935) vorgeschlagen, Titandioxyd in gleichem Sinn auf nassem Weg mit einer amphoteren Metallverbindung eines Elements aus der Untergruppe A der Gruppe VI des periodischen Systems, wie Natriumdichromat, -wolframat oder -molybdat, zu behandeln: praktisch kann dies geschehen durch Aufschlämmen des Titandioxyds in der wässrigen Lösung eines solchen Salzes (zum Beispiel 1% Alkalidichromat), Waschen und Trocknen, oder durch Ausfällen von Chromhydroxyd oder von einer anderen unlöslichen Chromverbindung aus der Lösung einer löslichen Chromverbindung auf das Titandioxyd. Das Verfahren kann aber auch auf dem trocknenen Weg durch Zumischung einer geringen Menge einer unlöslichen Chromverbindung zum Titandioxyd durchgeführt werden.

In seinem *amer. P. 2.206.278* (1937, engl. Prior. 1936) verwendete H. Dreyfus wässerige Lösungen von Mangan-, Eisen-, Cobalt-, Nickel- oder Kupfersalzen, die noch ein Quellmittel für das betreffende Zellulosederivat enthalten, zur Behandlung von Kunstseidegut oder Filmen aus Zelluloseestern, um ihre Lichtbeständigkeit zu erhöhen. Mit den gleichen Mitteln kann man auch bei den Kunstfasern aus Zellulosehydrat zum gleichen Ziel gelangen oder das Titanpigment vor dem Spinnmattieren vorbehandeln. Das entsprechende *engl. P. 475.356* (1936) bespricht eher die Zubereitung von farbigen Titanpigmenten mit diesen Metallsalzen (siehe Seite 317).

Die Celanese Corporation of Amerika ihrerseits empfahl in ihrem *amer. P. 2.278.540* (ausg. 1942), mit Titandioxyd spinnmattiertes Azetatreyon in einer wässerigen Lösung einer Vanadiumverbindung unterhalb der Siedetemperatur der entsprechenden Lösung bei Atmosphärendruck zu behandeln, um ihre mechanische Widerstandsfähigkeit und die Lichtechtheit der Färbungen – falls sie gefärbt wird – zu erhöhen. In einem weiteren *amer. P. 2.300.470* (ausg. 1943) gab die gleiche Firma zum gleichen Zweck die Verwendung eines Titandioxydpigments an, welchem kleine Mengen von Aluminium- und Antimonoxyd beigemischt wurden.

Eine weitere Verfeinerung des Verfahrens brachte 1939 die amerikanische Firma E. I. DuPont de Nemours mit ihrem *amer. P. 2.232.168:* die Suspension eines Titandioxydpigments wird mit 0,25–2 % (auf das Pigmentgewicht bezogen und als Al_2O_3 berechnet) eines löslichen Aluminiumsalzes und 0,01–2 % (auch auf das Pigmentgewicht bezogen und als Cr_2O_3 berechnet) eines löslichen Chromates versetzt, der pH der Mischung auf einen Wert zwischen 5 und 9 eingestellt und das dadurch mit einer dünnen Schicht von Al- und Cr-Hydroxyden überzogene Pigment abfiltriert und getrocknet.

In seiner grossen Arbeit «Über die Veränderung spinnmattierter Viskosekunstseide bei der Belichtung»[1]) hat Schäppi eigene Versuche über die Wirkung dieser verschiedenen Metallverbindungen angestellt und gefunden, dass Mangannitrat und Manganazetat besser schützen als Chromiazetat, und dass bei gleichem Kation (Mn) die Wirkung auch von der Art des Anions abhängt: Manganazetat soll in der Schutzwirkung wirksamer sein als Mangannitrat. Die Mangansalze haben allerdings den Nachteil, dass mit zunehmender Belichtungsdauer die mit solchen Pigmenten mattierten Fäden – wegen Bildung von Mangandioxyd durch Oxydation unter Wirkung von Licht, Luftsauerstoff und Wasser – immer stärker braun werden. Obwohl damit die Einwirkung der gleichen Agenzien auf die Zellulose sicher zurückgedrängt wird, dürfte die Bräunung die Verwendung der Mangansalze in der Praxis sehr in Frage stellen. Im Gegensatz dazu konnte Schäppi im Verlauf der Belichtung keine Veränderung der Farbe an Fasern beobachten, die mit chromierten Pigmenten mattiert sind. Es ist deshalb fraglich, ob die Chromisalze nach dem gleichen wie für die Manganosalze wahrscheinlichen Prinzip schützend wirken. Robl[2]) führte den Schutz durch die Chromisalze auf ihre Fähigkeit, Peroxyde zerstören zu können, zurück.

Zur Lösung dieses Problems suchte die I. G. Farbenindustrie andere Wege. In ihrem Verfahren nach *franz. P. 841.664* (1938) schlug sie vor, zur Erhöhung der Lichtbeständigkeit der mit Titan-

[1]) Textil-Rundschau *2* (1947) 363 und 443, *3* (1948) 9.
[2]) Melliand Textilber. *26* (1945) 34.

dioxyd gefärbten zellulosehaltigen Werkstoffe, wie Textilien oder Papier, das zum Färben verwendete Titandioxyd zuerst mit einem in geschmolzenem oder gelöstem Zustand befindlichen wasserunlöslichen Salz einer Fettsäure mit mindestens 8 Kohlenstoffatomen zu behandeln: zum Beispiel auf 100 kg TiO_2 100 kg einer 8 %igen Lösung von Aluminiumstearat in Tetrachlorkohlenstoff.

In den 3 *belg. P. 446.010, 446.011 und 446.012* (1942, deutsche Prior. 1941) gab die I. G. Farbenindustrie ein Verfahren bekannt, um die Eigenschaften der mit Titandioxyd mattierten Kunstseiden zu verbessern: diesen Faserstoffen werden kleine Mengen wenig flüchtiger, stickstoffhaltiger heterocyclischer Verbindungen oder deren Hydrierungsprodukte einverleibt. Zum Beispiel kann man nach dem *P. 446.010* ein Gewebe aus Azetatkunstseide, die mit Titandioxyd mattiert worden ist, mit einer wässerigen Lösung behandeln, die 1–10 %, auf dem Gewebegewicht berechnet, Toluchinolin oder Chinaldin enthält, oder man kann das Titandioxyd selbst vor der Spinnmattierung mit einer solchen Lösung behandeln. Das *P. 446.011* erwähnt zum gleichen Zweck Monoamine, die mindestens einen Benzolkern, aber keine Sauerstoff- oder Schwefelatome enthalten, wie Dimethyl-*o*-toluidin oder Dibenzylamin, und das *P. 446.012* Polyhydroxyverbindungen mehrringiger Kohlenwasserstoffe, die mindestens 2 benachbarte oder sich in Peri-Stellung befindliche OH-Gruppen enthalten, oder die sich von diesen Verbindungen ableitenden Sulfonsäuren: 1,8-Dihydroxynaphthalin-3,6-disulfonsäure, 9,10-Dihydroxydekahydronaphthalin.

Der nachteilige Einfluss von Titandioxyd auf die Lichtbeständigkeit von Fasermaterialien beschränkt sich nicht auf die Zellulose und die Zellulosederivate. Gewisse vollsynthetische Fasern können auch darunter leiden, unter anderem die Superpolyamide (Perlon, Nylon), die infolge ihres hohen Glanzes für viele Verwendungszwecke einer Mattierung bedürfen. Diese sonst gegen andere chemische Einflüsse sehr widerstandsfähigen Kunstfasern sind nämlich gegen die Einwirkung von Licht und Peroxyden ziemlich empfindlich. In ihrem auf Seite 302 schon erwähnten «Beitrag zum photochemischen Abbau von Faserstoffen»[1]) hatten Agster und Holzinger Perlon glänzend und matt in ihre Messungen miteinbezogen und bewiesen, dass es in ähnlicher Weise wie Viskose vom Licht beschädigt wird, das heisst, dass am Sonnenlicht (wenigstens hinter Fensterglas) keine Photolyse in Erscheinung tritt und dass die spinnmattierten Typen stets stärker abgebaut werden als die Glanztypen; sie haben sogar festgestellt, dass Perlon noch lichtempfindlicher ist als Viskose. Auch Bubser und Madlich haben in ihrer Studie über «Erkennung und

[1]) Siehe Seite 302, Ref. 2.

Unterscheidung von Schäden an Polyamidfasern (Perlon und Nylon)»[1]) festgestellt, dass mattierte Perlonfasern, vor allem diejenigen von niedrigen Titern, besonders lichtempfindlich sind. Zur Bekämpfung der katalytischen Wirkung des Titandioxyds auf diesen Vorgang hat die amerikanische Firma E. I. du Pont de Nemours in ihrem *schweiz. P. 337.931* (ausg. 1959) ein Verfahren vorgeschlagen, das ebenfalls auf die Behandlung des Mattierungspigmentes mit geeigneten Metallverbindungen beruht: zum Mattieren von Polyamidgut wird ein Titandioxydprodukt empfohlen, dessen Teilchen an ihrer Oberfläche ein Oxyd, ein Hydroxyd oder ein basisches Salz des Ceriums tragen. Der Gehalt an Cerium kann 0,5 bis 5% des Titandioxyds ausmachen.

Zum gleichen Zweck empfiehlt die Société Rhodiaceta in ihrem *amer. P. 2.671.770* (1952, franz. Prior. 1951) einen Zusatz von 0,001–0,04% Mangan und 0,001–0,01% Kupfer als Hydroxyde oder Salze schwacher Säuren wie Essig- oder Milchsäure. Die Zugabe kann zu den Polyamid-Zwischenprodukten oder zur spinnfertigen, geschmolzenen Masse erfolgen, oder es können auch die fertigen Textilien mit einem Bad, das zum Beispiel aus 800 Teilen Wasser, 200 Teilen Ameisensäure, 2 Teilen Kupferazetat und 2 Teilen Manganazetat besteht, bei 20° behandelt, dann an der Luft getrocknet, mit einer 5%igen Sodalösung gewaschen und mit weichem Wasser gespült werden.

Das *engl. P. 802.085* (1955) der British Nylon Spinners Ltd. hat zum Gegenstand die Herstellung eines photochemisch inaktiven Titandioxydpigments durch Einbau von 0,1–0,5% Niob, Tantal, Vanadium, Antimon oder Wismut im Kristallgitter des Pigments; die drei letzteren Metalle sollen allerdings weniger wirksam sein als die zwei ersteren. Die Herstellung erfolgt durch gemeinsame Fällung von zum Beispiel Kaliumniobyloxalat und Kaliumtitanyloxalat durch Ammoniak, Filtrieren, Trocknen und Hitzebehandlung. Die so erhaltenen Pigmente sind dann zur Spinnmattierung von synthetischen Fasern aus Polyharnstoffen, Polyurethanen, Polyamiden, Polytriazolen und Polyestern geeignet.

c) Einfluss der Titandioxydmattierung auf die färberischen Eigenschaften der Textilien

In den ersten Jahren der Verwendung von Titandioxyd zum Mattieren von Kunstseide wurde mehrmals das Verhalten dieses Pigments gegenüber dem Färben von Textilien beanstandet. Es wurde schon auf Seite 286 erwähnt, dass die im kolloidalen Zustand verwendeten Titanpigmente tatsächlich wegen ihres amphoteren Cha-

[1]) Textil-Praxis *14* (1959) 1041.

rakters mit verschiedenen Farbstoffen reagieren können (siehe Déribéré, «Le titane et son rôle dans l'industrie des textiles artificiels», Rev. Univ. Soie et Text. Artif. *10* (1935) 513). Die richtig kalzinierten Pigmente hingegen sind nicht mehr reaktionsfähig.

Wird eine mit Titandioxyd (oder mit einem anderen Pigment) spinnmattierte Kunstseide sehr dunkel gefärbt, zum Beispiel marineblau oder schwarz, dann kann das einfallende Licht, wegen der starken Lichtabsorption des Farbstoffes, nur noch durch eine sehr dünne Pigmentschicht an der Oberfläche der Fasern zerstreut werden. Dies hat zur Folge, dass der Mattierungseffekt des Pigmentes weitgehend zunichte gemacht wird. Eine Nachmattierung mit einem normalen, also weissen Mattierungspigment würde den Farbton aufhellen: es gibt nämlich keinen Körper der zugleich schwarz, also lichtabsorbierend, und mattierend, das heisst lichtreflektierend, sein kann. Um trotzdem den Glanz von dunkel gefärbter Kunstseide herabzusetzen, muss man eine Nachmattierung mit glanzlosen Körpern, die den gleichen Farbton wie die Kunstseide selbst besitzen, oder eine Aufrauhung der Oberfläche vornehmen. Näheres darüber findet sich im Abschnitt B über Nachmattierung.

Da jedes Spinnmattierungsmittel eben auch ein Weisspigment ist, wird es zum Erreichen einer bestimmten Farbtiefe auf einer – mit einem so stark deckenden Pigment wie Titandioxyd – spinnmattierten Kunstseide wesentlich mehr Farbstoff brauchen als auf einer normalen, nicht mattierten Kunstseide, obwohl das Aufnahmevermögen des Fasermaterials selbst für den Farbstoff durch die verhältnismässig geringe Menge vom Titandioxyd praktisch nicht beeinflusst wird, wie es Wlezien und Schulze in ihrer Studie über «Das färberische Verhalten von Matt- und Tiefmattkunstseiden»[1]) gezeigt haben. Dabei kann man bei tiefen Färbungen sehr leicht an die Grenze der Aufnahmefähigkeit der Kunstseide für den betreffenden Farbstoff gelangen, und es treten dann noch Schwierigkeiten wegen ungenügender Nassechtheiten oder, bei Indanthren- oder Naphtholfärbungen, schlechter Reibechtheit auf: der in zu grosser Menge vorhandene Farbstoff wird nicht mehr richtig dem Fasermaterial einverleibt, sondern nur locker auf seiner Oberfläche fixiert.

Aber auch bei hellen Tönen macht sich die Anwesenheit von Titandioxyd durch eine Aufhellung und ab und zu auch durch eine leichte Veränderung des Farbtons bemerkbar.

Es war nicht zu vermeiden, dass man, wie bei jeder neuen technischen Errungenschaft, sich bemühte, der Titandioxyd-Spinnmattierung Unzulänglichkeiten und Nachteile nachzuweisen. Man glaubte unter anderem, einen solchen Nachteil in der Tatsache ge-

[1]) Monatshefte für Seide und Kunstseide *38* (1933) 455 und 509.

funden zu haben, dass titandioxydmattierte und blaugefärbte Kunstseidefäden – wenn man sie unter einem gewissen Winkel, besonders am Sonnenlicht, betrachtet – einen charakteristischen, fast metallischen Glanz aufweisen. Die Viscose Co. nahm sich des Problems an und löste es durch die Verwendung eines gemischten Mattierungsverfahrens, wobei der Matteffekt des Titandioxyds durch den einer anderen, zusätzlichen Verbindung ergänzt wird. In einem früheren *engl. P. 384.224* (1932) hatte sie die mattierenden Eigenschaften vom chlorierten Diphenyl in der Viscose schützen lassen (siehe Seite 349). Da aber der Brechungsindex dieser Substanz nicht so weit entfernt ist von dem der Zellulose wie der des Titandioxyds, bedarf es verhältnismässig hoher Mengen, um eine befriedigende Mattierung zu erhalten. Die Viscose Co. kam dann zur Idee, die 2 Verbindungen miteinander zu verwenden, und liess sie durch die *franz. P. 757.008*, *engl. P. 409.521* und *amer. P. 1.983.450* (1933) schützen. Sie schlug dabei vor, 0,1–5,0% des anorganischen Pigmentes und 0,5–15% der organischen Verbindung zu verwenden. Dadurch wird die zur Erzielung eines bestimmten Matteffektes nötige Menge vom harten, anorganischen Pigment herabgesetzt, was zu einer Schonung der Spinnpumpen und anderer Vorrichtungen führt (siehe auch Seite 288 und ff.). Nach einem Beispiel dieser Patente sollen 0,6% TiO_2 +4,5% festes Chlordiphenyl gleich stark wirken wie 1,8% TiO_2 allein (auf das Gewicht des trockenen Garnes berechnet). Die 2 Mattierungsmittel werden nach einer üblichen Methode getrennt oder gemeinsam in die Spinnmasse eingeführt.

In diesem Abschnitt seien noch 2 Patente der I. G. Farbenindustrie erwähnt, die die Verwendung von gefärbten Titandioxydpigmenten zum Gegenstand haben; nach dem *franz. P. 807.230* (1936) werden solche Pigmente durch Calcinieren von Titandioxyd mit Kobalt-, Eisen-, Kupfer- oder Aluminiumverbindungen hergestellt und zum Färben von Kunstfäden verwendet, so zum Beispiel 3% $NiO.TiO_2$ in Kupferkunstseide. Das *kanad. P. 367.936* (1936) empfiehlt die Verwendung von 1–5% solcher gefärbter Titanpigmente zum Mattieren von Kunstseide aus Viskose, Kupferammoniak-Cellulose oder Celluloseacetat.

d) Spezielle Anwendungsverfahren

Nachdem die Eigenschaften des Titandioxyds eingehend dargelegt wurden, sollen nun die Mattierungsverfahren mit diesem Produkt in der Spinnmasse untersucht werden, wobei solche für die Spinnmattierung von Zelluloseregeneratfasern (vornehmlich Viskose- und Kupferkunstseide), von Zellulosederivatfasern (Azetatkunstseide) und im Schmelzspinnverfahren von vollsynthetischen Fasern gesondert zur Behandlung kommen.

α) Titanmattierung der Zelluloseregeneratfasern[1])

Um einen möglichst günstigen Dispersionszustand des Pigmentes in der Viskoselösung zu erhalten, wurde von der N. V. Hollandsche Kunstzijde Industrie in ihrem *holl. P. 37.966* (1934) vorgeschlagen, das trockene Mattierungspigment, insbesondere Titandioxyd, vor oder während der Zerfaserung der Alkalizellulose zuzugeben. Im gleichen Sinne empfiehlt die N. V. Kunstzijdespinnerij «Nijma» mit ihrem *holl. P. 48.344* (1937, auch *ital. P. 351.880*), etwa 2% trockenes Titandioxyd vor dem Verspinnen der zerfaserten Alkalizellulose während der Xanthogenierung in einer mit einer Knetvorrichtung versehenen Xanthogeniermaschine zuzugeben[2]). Man kann auch, nach dem *amer. P. 2.598.066* (1947) der Oscar Kohorn & Co. Ltd., 65 Teile Titandioxyd mit 35 Teilen Viskose zu einem steifen Brei anrühren und dann diese Masse mit weiteren Mengen Viskose verdünnen, bis eine fliessende Paste entsteht, die nachher in der Spinnlösung gleichmässig verteilt wird.

Einen anderen Weg beschritt die Feldmühle AG, indem sie, laut ihrem *DRP 707.305* (1933, auch *amer. P. 2.048.833*, *engl. P. 426.751*, *franz. P. 774.682*, *öst. P. 143.303* und *schweiz. P. 170.409*), das Titandioxyd vor dem Emulgieren in die Spinnlösung mit einem flüssigen Kohlenwasserstoff, insbesondere Paraffin, Petroleum, Benzin, Benzol, Tetralin, Dekalin oder Pinen, dem sulfuriertes Mineralöl zugesetzt wurde, suspendieren lässt. In Ausarbeitung dieses Verfahrens liess die gleiche Firma mit dem *DRP 622.764* (1934) die Verteilung einer Titandioxyd-Ölemulsion in die Viskoselösung schützen, die zusammen mit Kohlenwasserstoffen (Paraffin) hergestellt wurde, die in einer Phenolverbindung gelöstes Faktis und eine Terpenverbindung (Terpentinöl) enthalten.

Wenn man nach dem *amer. P. 2.012.232* (1934) der Du Pont Rayon Co. Titandioxyd mit 0,2–0,7% (auf Titandioxyd berechnet) wasserfreiem Natriumpyrophosphat $Na_4P_2O_7$ in Gegenwart von Mineralöl in Wasser anrührt und dann der Spinnlösung zusetzt, so erhält man eine Pigmentdispersion, die 18–20 Stunden hält, ohne sich abzusetzen.

Merkwürdigerweise soll die Verwendung von 0,4% Bariumsulfat zusammen mit 3,4% Titandioxyd in der Spinnlösung eine gleichmässigere Verteilung des Titanpigmentes bewirken und eine Verstopfung der Spinndüsen verhindern (*amer. P. 2.044.432*, 1934, der American Enka Corp.).

Auf Seite 274 wurde die Verwendung von nichtionogenen Dispergiermitteln zur Herstellung beständiger Pigmentdispersionen für die

[1]) Poizet: Quelques difficultés dans le matage de la viscose en filature par l'oxyde de titane (Rev. Univ. Soie Text. artif. *12* (1937) 83, 159).

[2]) Siehe auch Seite 276.

Spinnmattierung von Viskose erwähnt. Ein Beispiel für ein solches Produkt gibt das *amer. P. 2.440.094* (ausg. 1948) der Industrial Rayon Corp. an: es handelt sich um ein Äthylenoxyd-Additionsprodukt mit α-Terpineol, das aus 510 Teilen dieses Produktes durch Umsetzung während 3 Stunden, unter Druck, mit 1020 Teilen Äthylenoxyd in Anwesenheit eines alkalischen Katalysators gewonnen wird: es entsteht die Verbindung

```
          CH2–H2C H CH3
         /       \| |
H3C–C/           C–C–O–(CH2–CH2–O–)7–H
       \\       /  |
         CH–H2C    CH3
```

60 Teile dieses Produktes werden mit 800 Teilen Mineralöl bei 60° vermischt und dann in eine Suspension von 400 Teilen Titandioxyd in 1250 Teilen Wasser eingerührt und das Ganze durch eine Kolloidmühle laufen gelassen. 315 Teile dieser Suspension werden 5000 Teilen Viskose beigefügt und 15 Minuten verrührt. Die damit gesponnene Kunstseide ist regelmässig mattiert und enthält das Mattierungsprodukt in regelmässig verteiltem Zustand. Für den gleichen Zweck dürften auch verschiedene andere Alkyl-, Cycloalkyl- oder Alkylarylpolyglykoläther, deren Chemie in den letzten Jahren zu einer sehr grossen Bedeutung gelangt ist, verwendbar sein.

Eine andere Möglichkeit, eine solche regelmässige Suspension des Pigmentes, sei es Titandioxyd, Russ oder organische Farbpigmente, zu erreichen, besteht laut *engl. P. 711.977* (1951) von W. P. Williams darin, dass man das Pigment zuerst mit alkalilöslichen, aber wasserunlöslichen Zelluloseäthern, zum Beispiel Zelluloseglykolsäure, in 2,5%iger Natronlauge anrührt und darauf in die Spinnlösung gibt[1]).

Einige Hersteller von spinnmattierter Viskosekunstseide haben versucht, die Schwierigkeiten bei der Vorbereitung einer einwandfreien Suspension des trockenen Pigmentes durch Verwendung von hydrolysierbaren Titansalzen und -verbindungen zu umgehen, die offenbar durch die starke Alkalität der Spinnlösung unter Bildung von kolloidalem Titanhydroxyd zerstört werden. So gibt die North American Rayon Corp. nach ihrem *amer. P. 1.969.689* (1932) der Spinnlösung 2–4% eines Titanoxalats, zum Beispiel $KTi(C_2O_4)_2.H_2O$, $(NH_4)Ti(C_2O_4)_2.H_2O$, $BaTiO(C_2O_4)_2.H_2O$ oder $Ti_2O_3(C_2O_4).12\,H_2O$, zu, und nach ihrem *amer. P. 1.987.095* (1934) 1–12% der Verbindung $(C_2H_5)_2.TiO.H_3PO_4$, die man durch Umsetzung von $TiPCl_3$ oder $TiPCl_7O$ mit aliphatischen Alkoholen und anschliessender Hydrolyse erhält und die in Wasser und wässerigen Zelluloselösungen unlöslich, in Alkalien aber löslich ist. Die E. I. Du Pont de Nemours ihrerseits hat in ihrem *amer. P. 2.071.024* (1935) empfohlen, Erdalkalititanate wie $MgTiO_3$ oder $BaTiO_3$ in der gleichen Menge Wasser und $^1/_2$%

[1]) Siehe auch Seite 289.

Na-Pyrophosphat (auf die Pigmentmenge berechnet) bis zur Erzielung einer homogenen Dispersion zu vermahlen und dann der Viskose zuzugeben. Solche Titanate, die ein farbgebendes Element, wie Co, V, Fe, Ni oder Cr, als Kation besitzen, können auch zum gleichzeitigen Färben und Mattieren von Viskose- oder Kupferkunstseide verwendet werden (*amer. P. 2.096.607*, 1934, der North American Rayon Corp.). Der gleiche Doppelzweck wird ebenfalls erreicht, indem man der Viskose gleichzeitig ein Mattierungsmittel, das ganz oder teilweise aus Titandioxyd besteht, und eine Leukobase eines Küpenfarbstoffes einverleibt, worauf die Spinnlösung samt Zusätzen versponnen und schliesslich die Leukobase auf der Faser durch Oxydation in den Farbstoff umgewandelt wird (*amer. P. 2.143.883*, 1934, der Industrial Rayon Corp.). Die American Enka Corp. hingegen hat durch das *amer. P. 2.334.358* (ausg. 1944) die Verwendung eines unlöslichen Titansalzes eines Vinylchlorid-Akrylsäuremischpolymerisates als Mattierungsmittel schützen lassen.

β) Titanmattierung von Zellulosederivatfasern

Die ersten Patente über die Zugabe von Titandioxyd in die Zelluloseazetat-Spinnmasse wurden Ende der 20er Jahre angenommen: *engl. P. 341.897* (1928) der British Celanese Ltd. und *franz. P. 698.093* (1930) auf den Namen von H. Dreyfus. Darin wird empfohlen, der Zelluloseazetatlösung vor dem Verspinnen 0,5–4% Titandioxyd in feiner Verteilung, mit einer durchschnittlichen Teilchengrösse von 0,0001 bis 0,00035 mm, zuzugeben; die Verteilung des Pigmentes kann durch Mitverwendung von Dispergiermitteln, Schutzkolloiden, Ölen oder Türkischrotöl verbessert werden.

Durch das *engl. P. 352.611* (1930) von Courtaulds Ltd. wird die Herstellung von matten Zelluloseestern durch Trockenspinnen einer Lösung des Esters in einem flüchtigen Lösungsmittel geschützt. Dieser Lösung wird als Zusatz eine kleine Menge Titandioxyd, zum Beispiel 1,25%, und ein Ester eines einbasischen Alkohols mit einer höheren Fettsäure, zum Beispiel Amylstearat (siehe auch *EP 352.412*, Seite 338) oder ein organischer Ester eines Saccharids, zum Beispiel Glukosepentaazetat (siehe auch *EP 352.610*, Seite 339) einverleibt. Das so erhaltene Garn oder Gewebe wird dann mit einer Seifenlösung bei Siedetemperatur behandelt (siehe Abschnitt B 1 über die Nachmattierung von Azetatkunstseide). Mit den Zusätzen soll erreicht werden, dass die Garne nach der Wärmebehandlung zugleich matter sind als die gewöhnliche Azetatkunstseide und dass sie weniger dazu neigen, beim Heissbügeln in feuchtem oder nassem Zustand wieder glänzend zu werden.

Laut *franz. P. 704.499* (1930) von Clément und Rivière soll der zu pigmentierende organische Zelluloseester oder -äther vorzugsweise in Pulverform mit dem Pigment in ein flüssiges Medium eingeführt werden, das für den Ester oder Äther ein leichtes Auflösevermögen besitzt. Zelluloseazetat und Titandioxyd werden zum Beispiel gemeinsam in einem Gemisch von 1 Volumen Azeton und 2 Volumen Wasser verrührt und darauf wird die Flüssigkeit verdampft.

Das *franz. P. 726.301* (1931) von C. Dreyfus schützt das Einführen von Titansäure in die Spinnmasse. Das Gleiche bezweckt das *engl. P. 391.876* (1931) der British Celanese Ltd.: zur Spinnlösung werden 0,1–10% Titansäure mit einer Teilchengrösse von weniger als 5 μ, zweckmässig weniger als 1 μ, gegebenenfalls gemeinsam mit kleinen Mengen Mineral-, Oliven-, Türkischrotöl oder Diäthylenglykol zugegeben. Die Titansäure wird mit dem Zelluloseesterlösungsmittel angefeuchtet und in einer Kugelmühle unter Beigabe des Zellulosederivates zu der erforderlichen Teilchengrösse vermahlen; dann wird die Masse filtriert und versponnen.

Um eine bessere Verteilung des Pigmentes zu erreichen, empfiehlt die Tubize Chatillon Corp. in ihrem *amer. P. 1.938.312* (1929), $^1/_2$–1% Titandioxyd (auf die gesamte Spinnlösung berechnet) mit einer kleinen Menge der niederviskosen Spinnlösung gründlich anzurühren und dann mit der Hauptmenge der Spinnlösung zu vermischen.

Für die Herstellung von zugleich gefärbten und mattierten Textilien aus Kunstseide veröffentlichte H. Dreyfus in seinem *engl. P. 475.356* (1936) ein Rezept für die Zubereitung von farbigen Titanpigmenten: Fein verteiltes Titandioxyd wird während 30 Minuten bei 80–90° mit dem Zwanzigfachen seines Gewichtes einer wässerigen Lösung von 4 g/l Kupfersulfat und 1,5 g/l Ameisensäure behandelt. 2 Teile des so behandelten Pigmentes können dann mit 400 Teilen einer 25%igen Lösung von Zelluloseazetat in Azeton vermischt werden.

Eine weitere Verbesserung für die Dispersion von Titandioxyd in Lösungen von Zelluloseestern in niedrigen Fettsäuren brachte das *DBP. 1.085.332* (1958) der Rhodiaceta: Vermahlen des Pigmentes mit solchen Lösungen in Anwesenheit von Estern niedriger Fettsäuren mit 1, 1- oder 1, 2-Diolen wie Methylen-, Äthylen- oder Äthylidendiazetat.

γ) Titanmattierung von vollsynthetischen Fasern im Schmelzspinnverfahren.

Für die Spinnmattierung der Silonfasern (ein tschechoslowakisches Superpolyamid aus Polycaprolactam) haben Morava und Chalonpecky[1]) ein Verfahren ausgearbeitet, das auch bei anderen ähnlichen Fasern Anwendung finden dürfte. Dabei wird die Gefahr einer Absetzung oder einer Zusammenballung des zur Polymerisa-

---

[1]) Chem. prumsyl. *6* (1956) 330; Chem. Abstr. *51* (1957) 7724h.

tionsmasse gegebenen Titandioxydpigmentes ausgeschaltet durch Hinzufügen von 5–10% Polyvinylalkohol, auf das Gewicht des Titandioxyds gerechnet, als Stabilisator. Die physikalischen Eigenschaften der durch diese Methode erhaltenen Fasern sollen befriedigend sein, aber das Problem der Unregelmässigkeiten beim Färben wird durch dieses Verfahren nicht gelöst.

In Abschnitt 3b wurde schon der schädliche Einfluss des Titandioxyds auf die Lichtbeständigkeit der Polyamidfasern besprochen. Um diese unangenehme Erscheinung zu bekämpfen, schlug die E. I. Du Pont de Nemours in ihrem *engl. P. 767.897* (1955) vor, zum Mattieren solcher Fasern 0,1–10% Titandioxyd zu verwenden, auf dessen Oberfläche 0,5–5, vorzugsweise 0,5–2% gegebenenfalls hydratisiertes Cerdioxyd CeO_2 (berechnet auf das Gewicht des TiO_2) ohne nachfolgende Calcinierung niedergeschlagen worden ist. Die so behandelte Masse wird dann in üblicher Weise zu Fäden versponnen.

Ringel empfahl in seinem *ostdeutschen P. 12.867* (1955), Titandioxyd im Gemisch mit einer wässerigen Lösung einer mehrbasischen Säure, zum Beispiel Phosphorsäure, der Masse vor oder während der Synthese des Polymeren zuzugeben. Zur Einstellung des Viskositätsgrades wird ein Stabilisator, zum Beispiel Essigsäure, mitverwendet. Die Aufschlämmung des Titandioxyds mit der mehrbasischen Säure geschieht vorzugsweise mit Hilfe von Ultraschall.

Nach dem *ostdeutschen P. 18.473* (1957) von Fritzsche und Odor dient eine wässerige Lösung der ε-Aminocapronsäure als Dispergiermittel zur Herstellung von Titandioxyddispersionen, die zum Spinnmattieren von Polyamidfasern bestimmt sind: man verrührt das Pigment mit einer Lösung von 40 g ε-Aminocapronsäure in 60 cm^3 Wasser, lässt 24 Stunden stehen, hebert die über dem Sediment liegende Titandioxyddispersion ab und gibt sie dem zu polymerisierenden Caprolactam zu[1]).

Mit dem *amer. P. 2.962.466* (ausg. 1960) liess die E. I. Du Pont de Nemours ein kontinuierliches Verfahren zur Einführung von Mattierungsmitteln, vor allem Titandioxyd, in Polyamidschmelzen schützen. Eine 0,7%ige wässerige Suspension von Titandioxyd wird zum Beispiel bei 150°C unter Stickstoffatmosphäre von 22 atm in einen 47%igen wässerigen Strom von Hexamethylendiammoniumadipat eingespritzt, der sich bei 235°C und unter einem leicht geringeren Druck befindet. Diese gemischten Ströme fliessen dann zwecks Entfernung des Wasserdampfes durch ein auf 285°C erwärmtes Rohr und nachher zur Entwässerung während einer Stunde bei 275°C durch einen Schraubenförderer. Das so erhaltene wasserfreie Polya-

[1]) Siehe auch: Fritzsche und Oder: Über ein zweckmässiges Verfahren der Zugabe von TiO_2 zum Polymerisationsgut bei der Herstellung von Polycaprolactam-Stapelfasern (Faserforschung und Textiltechnik *9* (1958) 189).

mid enthält dann 0,02% Titandioxyd. Dieses Verfahren stellt eine Weiterentwicklung der im *amer. P. 2.689.839* (siehe Seite 280) angegebenen Methode dar.

Die Vereinigten Glanzstoff-Fabriken haben gefunden, wie sie es in ihrer *Auslegeschrift 1.096.604* (1957, auch *franz. P. 1.194.017* und *österr. P. 203.621*) beschreiben, dass man eine gleichmässigere Mattierung von Polyamiden erhält, wenn man die monomeren Polyamidbildner, die das zu dispergierende Pigment enthalten, mit 0,5–3% (auf der Pigmentmenge berechnet) Aluminiumphosphat versetzt. Zum Beispiel kann man in einer Lösung aus 100 kg Hexamethylendiamin-Adipinsäuresalz und 66 Liter Wasser 32 kg einer 5,4%igen wässerigen Titandioxyd-Suspension und einen Brei aus wenig Wasser und 42 g reinstem Aluminiumphosphat zugeben.

Chait und Mitach[1]) meldeten, dass als Stabilisator für eine Suspension von Titandioxyd in einer 80%igen wässerigen Lösung von Caprolactam (wie sie für die Mattierung von Polycaprolactam bei der kontinuierlichen Polymerisation verwendet wird) Polyvinylalkohol sich als am besten geeignet erwies (untersucht wurden auch Natronlauge, Sulfitablauge, Nekal, Leukanol, Gemische von Mono- und Diglyceriden). Die Autoren fanden auch, dass eine solche Suspension bei einer Prüfung unter Laborbedingungen (8 Stunden Polymerisation in Glasampullen bei 260°C) nur in Gegenwart von Hexamethylendiaminadipat als Aktivator unbeständig ist, nicht aber in Gegenwart von Wasser oder Aminocapronsäure, wobei die TiO_2-Verteilung nach Schichten sehr gleichmässig ist. Bei der Polymerisation im VK-Rohr verteilte sich die TiO_2-Suspension in der Schmelze sehr gut: es konnten keine Zusammenballungen vom Pigment im Monofilfaden nachgewiesen werden.

Um eine geeignete und beständige Dispersion von Titandioxyd-Mattierungspigmenten in einer Polyamidmasse zu erhalten, die mit einem Mangan-II-Salz stabilisiert wird, und dadurch eine die Spinnanlage schädigende Zusammenballung des Titandioxyds zu vermeiden, hat die E. I. Du Pont de Nemours in ihrem *amer. P. 3.002.947* (1959) ein Verfahren beschrieben, wonach das Mattierungspigment in Form einer 10–20%igen wässerigen Aufschlämmung dem Hexamethylendiammoniumadipat zugegeben wird. Eine verdünnte Lösung des letzteren erhält eine kleine Menge eines Viskositätsstabilisators, wird auf 70–80% Salzgehalt eingedickt und in einem Autoklaven mit Dampfdruck auf 195°C und 17,5 kg/cm² erhitzt. Dann wird sie mit der Titandioxydanschlämmung in 5–10 Minuten versetzt. Während und nach dieser Operation wird bei 17,5 kg/cm² weitergeheizt. Hat nach etwas mehr als einer Halbstunde nach der Titandioxyd-

[1]) Chait und Mitach: Mattierung von Capronharz bei kontinuierlicher Polymerisation von Caprolactam (Chemiefasern [Russ.] *1959* [4] 56; Ref. C *1962* 7014).

zugabe das durchschnittliche Molekulargewicht der Masse den Wert von mehr als 1700 erreicht, wird der Stabilisator als 5–13%ige wässerige Mangan-II-Lösung zugegeben und die Heizung fortgesetzt, bis die Temperatur 245°C erreicht hat. Dann wird der Druck, immer noch unter Fortsetzung der Heizung, langsam reduziert, so dass nach ca. $1^1/_2$ Stunden die Temperatur 265–270°C beträgt und der Druck Atmosphärendruck ist. Die Masse wird noch weitergeheizt, bis die Temperatur 270–275°C erreicht hat, um die Polymerisation zu vervollständigen.

Dazu sei noch hinzugefügt, dass die General Aniline and Film Corp. das von der I. G. Farbenindustrie entwickelte Polyvinylpyrrolidon oder PVD als Dispergiermittel für Titandioxyd in Superpolyamidschmelzen empfiehlt[1]).

Zum Schluss sei noch ein *amer. P. 2.749.248* (ausg. 1956) der E. I. Du Pont de Nemours erwähnt, nach welchem organophile Titandioxydpulver hergestellt werden können, indem polymerisierbare äthylenische Monomere auf die Oberfläche der Pigmentpartikeln aufgetragen werden. Dazu wird körniges Titandioxyd zusammen mit einem solchen äthylenischen Stoff vermahlen, wodurch die Körner zerbrochen werden und neue freie und aktive Flächen entstehen, die mit dem Monomer reagieren können: so werden 304 g Titandioxyd in Form von gesinterten Körnchen mit 405 g Styrol während 3 Tagen in einer Porzellankugelmühle bei Raumtemperatur behandelt. Das Mahlprodukt wird dann mit 3350 g heissem Benzol extrahiert und durch Zentrifugieren isoliert. Nach dem Trocknen ist das so erhaltene Titandioxyd vollkommen hydrophob und organophil und kann unter anderem zum Mattieren von synthetischen Fasern verwendet werden. Styrol kann man auch durch 2-Dimethylaminoäthylmethacrylat, Methylmethacrylat oder Acrylonitril ersetzen.

4. Spinnmattierung mit anderen Pigmenten

Neben Titandioxyd wurden auch alle möglichen Weisspigmente für die Spinnmattierung von Kunstseiden und vollsynthetischen Fasern vorgeschlagen, einerseits um die Nachteile zu umgehen, die die Verwendung von Titandioxyd mit sich bringt, andererseits auch aus wirtschaftlichen Gründen. Keines dieser Produkte hat sich aber eindeutig behaupten können: die Vorteile, die sie bieten mögen, werden zum grössten Teil dadurch zunichte gemacht, dass ihr spezifisches Gewicht in den meisten Fällen höher und ihr Brechungsindex immer tiefer ist.

---

[1]) Siehe auch: Holmes und Witwer: PVP and its applications (Am. Dyest. Rep. *44* (1955) P 702).

So wurde von Singmaster im *amer. P. 2.000.671* (1929) die Verwendung von bis 4% Zirkonoxyd ZrO_2 – mit einer Teilchengrösse unterhalb 0,75 μ und mit Öl emulgiert – vorgeschlagen.

Zinnverbindungen wurden von verschiedenen Firmen in der Spinnmattierung von Kunstseiden angewendet: von der British Celanese Corp. in ihrem *engl. P. 389.484* (1931), wo sie den Zusatz von Zinnoxyd, -phosphat oder -oxychlorid in Mengen bis 10%, gegebenenfalls mit einem Dispergiermittel oder einem Schutzkolloid, für die Spinnmattierung von Gebilden aus Zellulose oder Zellulosederivaten vorschlug, dann von der American Enka Corp., die durch das *amer. P. 2.014.343* (1932) die Einverleibung von geglühtem Zinndioxyd SnO_2, wie man es durch Verbrennen von Zinn in Sauerstoff erhält, zweckmässig mit Zusätzen wie Pinienöl, Fenchylalkohol oder Terpenhydrat, schützen liess. Für die Verwendung des gleichen Pigmentes in Kupferoxydammonialkzellulose wurde 1933 der Firma Bemberg ein *engl. P. 393.890* erteilt.

α) *Spezielle Verfahren für die Zelluloseregeneratfasern*

Bariumverbindungen wurden verschiedentlich vorgeschlagen: so Ba- oder Sr-Sulfat von Ad. Koenig im *franz. P. 677.673* (deutsche Prior. 1928) und von Delpech und Heinrich im *franz. P. 679.326* (1928)[1].

Zirkondioxyd ZrO_2 wurde in der Spinnmattierung von Viskosekunstseide durch die North American Rayon Corp. laut ihrem *amer. P. 2.083.041* (1933) eingeführt: nach ihrem Verfahren setzt man der Viskose vor dem Verspinnen ein Gemisch von 1,5 Teilen Zirkondioxyd, 6 Teilen Paraffinöl und 3 Teilen Fichtenterpentin (Pinenöl) in solchen Mengen zu, dass der Gehalt der Spinnflüssigkeit an Zirkondioxyd 1,5% beträgt (auf das Gewicht der Zellulose bezogen).

Die Società Anonima Minerva nahm 1938 ein *ital. P. 360.561* für die zweckmässige Anwendung von Bariumkarbonat (oder einem anderen Erdalkalikarbonat) in der Spinnmattierung von Viskose: das Pigment selbst erhält man durch Fällen einer gesättigten Bariumchloridlösung mit einer ebenfalls gesättigten Natriumkarbonatlösung in der Siedehitze und versetzt es dann mit einer geringen Menge Casein oder einem anderen Protein (ca. 2 g auf 100 g $BaCO_3$), das als Dispergator wirkt.

Die Anwendung von Cerdioxyd CeO_2 für den gleichen Zweck ist durch das *schweiz. P. 201.589* (1937, auch *belg. P. 424.259* und *holl. P. 50.281*) geschützt: das fein verteilte Oxyd wird mit der Spinnmasse in einem Knetwerk entweder vor oder während der Xanthogenierung der gemahlenen Alkalizellulose, oder vor oder während dem

[1]) Siehe auch Seite 325.

Lösen des Xanthogenates selbst, vermischt. Cerdioxyd kann auch in Gemisch mit anderen mattierenden Verbindungen verwendet werden. Die Zusatzmenge beträgt 0,5–4,0% des Fadengewichtes.

Sogar das billige Kaolin wurde als Mattpigment vorgeschlagen, und zwar von der Phrix-Werke AG in ihrem *DBP 845.230* (1942, auch *belg. P. 451.672*): damit man einen besseren Effekt erzielt, wird es elektroosmotisch gereinigt. Zur Zugabe wird es mit einem Teil des Lösungsmittels angeteigt und in dieser Form der Spinnlösung (sei es Viskose oder Kupferoxydammoniakzellulose) in Mengen von 5–10% oder mehr einverleibt.

Eine besonders billige Methode der Spinnmattierung von Formkörpern aus Viskose wurde von Braune mit dem *ostdeutschen P. 6.757* patentiert: als Pigmente dienen Erdalkalisulfate, die durch Umsetzung von löslichen Erdalkalisalzen mit gebrauchter Spinnsäure der Viskosefällbäder, in Gegenwart von alkalibeständigen Avivagemitteln, hergestellt wurden. Man löst zum Beispiel 150 kg $BaCl_2 \cdot 2H_2O$ und 9,5 kg alkalibeständiges Avivagemittel (Reaktionsprodukt aus Äthylendiamin und gechlortem Paraffin) in 280 Litern Wasser und gibt dazu bei 95°C eine Mischung aus 188 Litern eines schwefelsäurehaltigen Spinnbades und 1300 Litern Wasser, wäscht den Niederschlag aus und setzt 2–2,5% davon (als Trockengehalt auf Zellulosegehalt der Viskose berechnet) einer Viskose zu, die dann zu Zellwolle versponnen wird.

β) *Spezielle Verfahren für die Zellulosederivatfasern*

Zur Herstellung von Mattfäden aus Zellulosederivaten kann man während des Spinnprozesses Metallsalze wie $BaSO_4$ oder $PbSO_4$ zusetzen (*engl. P. 334.563*, 1929, der British Celanese Ltd.).

Antimonoxyd wurde laut *kanad. P. 326.633* (1931) der gleichen Firma ebenfalls als geeignet befunden. Das entsprechende *engl. P. 377.486* (1931) gibt noch weitere Details für die Anwendung dieser Verbindung an: die gegebenenfalls 1–5% Olivenöl oder Diäthylenglykol enthaltende Spinnlösung wird vor oder nach der Filtration mit 1–10% Sb_2O_3, deren durchschnittliche Teilchengrösse 0,1–5 μ beträgt, in Form einer wässerigen oder mittels Aceton hergestellten Dispersion versetzt und versponnen. Statt dessen kann man auch die fertige, mit organischen Lösungsmitteln angequollene Kunstseide mit einer solchen Dispersion behandeln (siehe Abschnitt B 2 über Nachmattierung).

Als ebenfalls geeignet befand die British Celanese Ltd., nach ihrem *engl. P. 378.319* (1932, amer. Prior. 1931 auf das entsprechende *amer. P. 2.072.856*, auch *franz. P. 730.236*), auch fein verteilte, wasserlösliche Wismutverbindungen, wie BiOCl oder $Bi(OH)_3$, die, wie das oben erwähnte Antimonoxyd, in Anwesenheit eines Quellmittels oder in einer Öl oder Fett enthaltenden Spinnlösung zum Einsatz kommen können. Im entsprechenden *amer. P. 2.072.856* wird hervorgehoben, dass diese Wismutverbindungen für den Organismus unschädlich sind.

Die gleiche (auf dem Gebiet der Azetatkunstseide bekanntlich massgebende) Firma liess auch die Verwendung von gefälltem Aluminiumhydroxyd $Al(OH)_3$ oder Zinkkarbonat $ZnCO_3$ durch das *kanad. P. 336.865* (1932) schützen.

Nach dem *engl. P. 458.642* (1936) von Gardner kann man Kunstseiden aus Zelluloseester- oder -ätherlösungen erhalten, indem man diesen Lösungen verhältnismässig kleine Mengen eines festen, unlöslichen Metallphthalates, wie Ti-, Pb-, Cu-, Co-, Cd-, Mn-, Fe-, Ba- oder Mg-Phthalat, in Mengen zwischen 5 und 15%, auf das Gewicht der vorhandenen Zellulose berechnet, einverleibt. Mit etwas kleineren Zusätzen, zwischen 1 und 5%, kann man auch Filme herstellen; ist der Zusatz besonders klein, so können diese Filme als splittersichermachende Zwischenschichten in sogenannten Verbundgläsern Anwendung finden: dank der Anwesenheit des Phthalates sollen sie die vorteilhafte Eigenschaft besitzen, für ultraviolettes Licht undurchsichtig zu sein.

5. Spinnmattierung durch Bildung von Pigmenten in der Spinnmasse

Die Befürchtung, die Verwendung von handelsüblichen Weisspigmenten könnte zu den bekannten Schwierigkeiten führen: Düsenverstopfung, Fadenbrüche, Schmirgelwirkung der Garne auf die Führungsteile der Verarbeitungsmaschinen, hat manchen Hersteller von mattierten Kunstfasern dazu veranlasst, die Bildung des mattierenden Körpers in der Spinnmasse selbst vorzunehmen. Damit werden das Trocknen und das Glühen der Pigmente, die oft die Verantwortung für die Bildung von grösseren und harten Partikeln tragen, umgangen, obwohl sie unter Umständen für die richtigen Eigenschaften des Pigmentes, wie im Falle des Titandioxyds (siehe Seite 286), eine bedeutende Rolle spielen können. Wenn die Operation mit aller Sorgfalt durchgeführt wird dürfte das so gebildete Mattierungsmittel in einem optimalen Zustand der Feinheit und der Weichheit vorliegen. Man muss aber berücksichtigen, dass diese Pigmentfällung in gewissen Fällen nicht einfach ist und dass damit Nebenprodukte und zusätzliches Wasser in die Spinnmasse hineinkommen.

Eine interessante Variante dieses Verfahrens besteht darin, dass die Spinnmasse nur die eine der Fällungskomponenten, wenn möglich noch in gelöstem Zustand, erhält, während die zweite Komponente dem Fällbad zugegeben wird. Damit ist man die Sorgen der richtigen Verteilung und der Düsenverstopfung los. Diese Sorgen dürften allerdings auf das Problem der vollständigen Ausfällung im Fällbad übergehen.

Nach einem *engl. P. 337.418* (holl. Prior. 1929) empfahlen die N.V. Carp's Carenfabriken die Zugabe von einer oder mehreren Siliciumfluorverbindungen, wie zum Beispiel $MgSiF_6 \cdot 6H_2O$, zur Spinnlösung. Durch die Erwärmung auf 70–90°C werden diese Verbindungen aufgespalten und es entsteht fein verteilte Kieselsäure. Dieses Verfahren kann auch in der Nachmattierung, durch Behandlung der Kunstseide mit einer Lösung solcher Siliziumfluorderivate, eingesetzt werden (siehe Abschnitt B 2).

Einen anderen Weg zu Bildung von fein verteilter Kieselsäure in der Spinnmasse beschritt H. Dreyfus nach seinem *franz. P. 694.048* (engl. Prior. 1929), indem er der Spinnlösung Alkalisilikate oder Alkylsilikate einverleibte.

Zur Bildung von Metallhydroxyden in der Spinnmasse durch Hydrolyse verwendete Gardner in seinen *amer. P. 1.906.148* und *1.906.149* (1929) hydrolysierbare Metallalkylate vom Typus Me-O-R, wie Titan-, Zirkon-, Aluminium-, Magnesium- oder Zinkäthylat, die er in Form ihrer Lösungen im absoluten Alkohol der Spinnmasse zugab. Ihre Hydrolyse durch das Wasser der Spinnlösungen ergab ein opalisierend mattes Aussehen der fertigen Fäden. Durch Zugabe von basischen Farbstoffen konnte er auch gefärbte Ausfällungen, und besonders durch Zugabe eines blauen Farbstoffes die Kompensation des gelben Tones der Fasern erreichen.

Die für dieses Verfahren geradezu prädestinierten Bariumsalze wurden zuerst im *kanad. P. 338.581* (1930, engl. Prior. 1929) von H. Dreyfus erwähnt: der Spinnlösung wird ein lösliches Bariumsalz zugegeben und der gefällte Faden mit einem zur Bildung eines unlöslichen Bariumsalzes geeigneten Mittel behandelt.

Eine Verfeinerung dieses Verfahrens brachte F. D. Lewis mit seinem *engl. P. 517.886* (1938): der Lösung des Aufbaustoffes – sei es einer Lösung von regenerierter Zellulose oder einer solchen eines Zelluloseesters oder -äthers in einem flüchtigen organischen Lösungsmittel, welche für das Trockenspinnverfahren bestimmt ist – wird ein lösliches oder unlösliches und bei gewöhnlicher Temperatur in wässerigen Lösungen oder Suspensionen verhältnismässig beständiges schwefelhaltiges Barium- oder Bleisalz von geringer Opazität einverleibt, das sich durch Hitzeeinwirkung in Gegenwart von Wasser leicht in ein Barium- oder Bleisulfat von grösserer Opazität umwandeln lassen soll. Dazu geeignete Verbindungen sind: Bariumpersulfat, Barium- und Bleisalze der Ester der Schwefelsäure und der Pyroschwefelsäure mit verschiedenen Alkoholen, wie Methyl-, Butyl- oder Amylalkohol, Alkohole aus Pinienöl, Baumwoll- und Flachswachs oder Wollfett. Es können aber auch Gemische von Substanzen verwendet werden, die unter den Bedingungen des Verfahrens zur Bildung von Barium- oder Bleisalzen grösserer Opazität führen können: Alkalimetall- oder Ammoniumsalze der Perschwefelsäure oder der Schwefelsäure oder Pyroschwefelsäureester, Sulfate, Pyrosulfate oder Wolframate des Benzidins, des Toluidins, der Monoacidyl- oder Monochloracidylbenzidine oder -toluidine einerseits und Oleate oder lösliche Salze des Bariums oder des Bleis andererseits. Eine Variante dieses Verfahrens wurde auch für die Nachmattierung und besonders für den Mattdruck vorgeschlagen.

α) *Spezielle Verfahren für die Zelluloseregeneratfasern*

In seinem *österr. P. 132.548* (deutsch. Prior. 1927) schlug Borzykowski vor, der Viskoselösung unlösliche oder nur zum Teil lösliche anorganische Stoffe wie $Ba(OH)_2$ zuzugeben: im Fällbad erfolgt die Umwandlung in $BaSO_4$. Bei richtiger Dosierung der $Ba(OH)_2$-Zugabe soll das so erhaltene Material einen halbmatten, naturseideähnlichen Glanz bekommen.

Ganz allgemein hingegen spricht das *franz. P. 679.326* (1928) von Delpech und Heinrich von der Zugabe eines Bariumsalzes zur Viskoselösung, das an sich schon mattes Aussehen besitzt, oder von dem Entstehenlassen eines solchen matten Stoffes in den Fäden im Augenblick ihrer Fällung.

Zur Herstellung von Kunstseide gedämpften Glanzes aus Viskoselösungen empfahl die I. G. Farbenindustrie in ihrem *DRP 518.234* (1929) Zinn- oder Antimonoxyd. Die Zugabe erfolgt in Form von Stannaten oder Antimoniaten, insbesondere von Pyroantimoniaten. Die Metalloxyde werden daraus während des Spinnvorgangs in kolloidaler Form im Inneren der Fasern zur Abscheidung gebracht.

Die Snia-Viscosa liess mit dem *ital. P. 290.995* (1930) folgendes Verfahren patentieren: die zur Herstellung der Alkalizellulose dienende Tauchlauge wird mit 0,1–1% Natriumsulfid und die zum Lösen des in üblicher Weise hergestellten Xanthogenates nötige Natronlauge mit 0,1–1% Zinkoxyd versehen: das Mattierungspigment ist also in diesem Fall Zinksulfid ZnS.

Wenn man nach der Weisung des *engl. P. 413.087* (1933) der North British Rayon Ltd. zur Spinnlösung 4–10% Bariumpersulfat unmittelbar nach dem Lösen des Xanthogenats in Natronlauge zusetzt, bildet sich während des darauffolgenden Reifeprozesses fein verteiltes Bariumsulfat, das zu keiner Verstopfung der Düsen führt.

Die Bildung von Bariumsulfat in der Viskose soll nach dem *franz. P. 842.408* (1938) der Société d'Etudes des Textiles nouveaux wie folgt vor sich gehen: der Viskose wird eine in ihr lösliche Metallverbindung einverleibt, die beim Eintritt der geformten Lösung in das Fällbad unlöslich wird, und die ferner geeignet ist, zumindest teilweise das Ätzalkali im Xanthogenat zu ersetzen. Zu diesem Zweck am besten verwendbar sind die stark basischen Erdalkalihydroxyde und unter diesen vor allem $Ba(OH)_2$, das der Lauge zugefügt oder in den Xanthogenatkneter eingeführt wird.

Dieses Prinzip der Bariumsulfatfällung wurde später von dem Thüringischen Kunstfaserwerk in Schwarza wieder aufgenommen und ganz an den Anfang des Fabrikationsprozesses der Viskose vorverlegt: der für die Herstellung der Viskose bestimmte Zellstoff selbst wird mit dem gefällten Pigment versehen. Nach dem entsprechenden *ostdeutschen P. 2.050* (angemeldet 1941, erteilt 1952) werden zum Beispiel 5 kg Zellstoff in 200 Liter Wasser, welches 1 kg Bariumchlorid in Lösung enthält, aufgeschlagen, und diese Suspension wird mit der zur Fällung des Bariumions nötigen Menge Schwefelsäure versehen. Darauf wird die Suspension neutral gewaschen, zu Bögen entwässert, 40 Stunden bei 22°C mit 18%iger Kalilauge behandelt, abgepresst, zerkleinert und mit 30% Schwefelkohlenstoff des Zellstoffgewichts während $2^1/_2$ Stunden sulfidiert. Dadurch soll man ein Xanthogenat erhalten, das wesentlich gleichmässiger ist und weniger zur Klumpenbildung neigt als das übliche Xanthogenat.

β) Spezielle Verfahren für die Zellulosederivatfasern

Die Société Chimique des Usines du Rhône schlug in ihrem *franz. P. 638.448* (1927) vor, eine Bariumchloridlösung nach und nach dem fertig hergestellten, verdünnten und schwefelsäurehaltigen Zelluloseazetylierungsgemisch zuzufügen. Um die Fällung zu vollziehen, lässt man darauf noch eine grosse Menge Wasser einwirken. Der so erhaltene Niederschlag wird dann gewaschen und getrocknet und aus ihm wird die zu verspinnende Lösung hergestellt. Im *französischen Zusatzpatent 41.645* (1931) wird auf die Möglichkeit einer Titandioxydmattierung nach diesem Verfahren hingewiesen: 100 Liter eines aus 100 Teilen Azetylzellulose, 650 Teilen Essigsäure und 150 Teilen Wasser bestehenden Azetylierungsgemischs werden mit 30 Litern einer 2,2%igen, essigsauren Titantetrachloridlösung versetzt, das Gemisch wird mit 20 Liter Wasser gefällt, getrocknet und zur Herstellung der gewünschten Spinnlösung gelöst. Durch die Zugabe des Fällungswassers wird das Titantetrachlorid in Titanhydroxyd hydrolysiert. Das *engl. P. 294.623* (1928) der gleichen Firma, das dem *franz. P. 638.448* entspricht, erwähnt noch das Ersetzen des Bariums durch das Blei, und das entsprechende *schweiz. P. 131.560* (1927, auch *DRP 508.070* und *kanad. P. 284.275*), das auf den Namen der Firma Rhodiaceta lautet, gibt noch weitere Einzelheiten über die Durchführung dieses Verfahrens: die Nebenprodukte, die bei der Umsetzung der im Azetylierungsgemisch befindlichen Schwefelsäure mit dem löslichen Metallsalz entstanden sind, werden aus dem gefällten, das unlösliche Metallsalz fest eingeschlossen enthaltenden Zellulosederivat durch Auswaschen entfernt. Nach Trocknen des letzteren erfolgt die Weiterverarbeitung in üblicher Weise.

Als Mattierungspigmente empfahl H. Dreyfus in seinem *engl. P. 389.518* (1931, auch *franz. P. 741.368*) die Verwendung von weissen Oxyden, Hydraten, Oxyhydraten des Titans, Aluminiums, Zinks oder Zinns, ferner von basischen Zinksalzen, von Carbonaten, Phosphaten, Silikaten, Boraten und Wolframaten der Erdalkalien, des Aluminiums, Zinks, Zinns, Bleis oder Titans, die sich in kolloidalem – im Gegensatz zum kristallinischen – Zustand befinden und die man durch Fällung erhält. Durch Zufügung von Ölen oder anderen geeigneten Stoffen kann man eine bessere Dispergierung erzielen. Als Beispiel gab Dreyfus die Fällung von 210 Teilen Aluminiumnitrat mit 130 Teilen Natriumhydroxyd, die nach dem Abfiltrieren und Auswaschen einer Zelluloseazetatlösung einverleibt werden kann.

Nach dem Verfahren, das C. Dreyfus durch das *kanad. P. 342.524* (1933) schützen liess, werden Fäden aus einer Zelluloseazetatlösung gesponnen, die ein fein verteiltes wasserlösliches Salz enthält; dann werden sie mit einer wässerigen Flüssigkeit behandelt, die einen Teil dieses Salzes wieder herauslöst, oder mit einem solchen Mittel, das mit dem Salz unter Bildung einer wasserunlöslichen Verbindung reagieren kann. Das *amer. P. 2.052.590* (1932) der Celanese Corp. of America, das offenbar dem gleichen Verfahren gilt, gibt noch an, dass die wasserlösliche Substanz, zum Beispiel wasserfreies Natriumsulfat, Natriumbikarbonat oder Kochsalz, in Mengen von 0,1–10% der Zelluloseesterlösung zugegeben wird, die ihrerseits die eingebrachte Substanz nicht lösen soll. Als Nachbehandlung wird aber nur die Bildung eines unlöslichen Sulfates oder dergleichen durch Ausfällung erwähnt.

γ) *Spezielle Verfahren für die vollsynthetischen Fasern*

Im Grunde genommen ist dieses Verfahren der Pigmentbildung in der Spinnmasse für die vollsynthetischen Fasern ungeeignet: diese werden ja meistens im Schmelzspinnverfahren hergestellt, also in vollkommener Abwesenheit von Lösungsmitteln oder sonstigen Nebenprodukten. Eine Fällungsreaktion könnte deshalb in solchen Massen nicht ohne unerwünschte und unnötige Zugabe derartiger Verunreinigungen erfolgen. Und doch haben Griehl und Büchs ein *ostdeutsches P. 4.126* (1952) für ein Verfahren zur Mattierung von Formgebilden aus hochpolymeren Äthylenglykolterephthalat erhalten, das eine gewisse Ähnlichkeit mit demjenigen aufweist, das bisher in bezug auf die Zellulosekunstseiden besprochen wurde: zu einem beliebigen Zeitpunkt während der Polykondensation wird der Reaktionsmasse eine Manganverbindung wie $MnCO_3$, $Mn(CH_3COO)_2$ und dergleichen zugesetzt, die dann zur Erzeugung von Manganterephthalat in der

Masse dient. So wird zum Beispiel ein Reaktionsgemisch aus 0,9 Teilen Manganazetat, 100 Teilen Terephthalsäuremethylester, 100 Teilen Äthylenglykol und 0,16 Teilen Natrium zur Polykondensation gebracht. Die aus dieser Masse versponnenen und darauf um das 4- bis 5fache ihrer ursprünglichen Länge verstreckten Fäden weisen dann eine Glanzzahl von 3,3 auf (wobei nach dieser Skala die Glanzzahl 14 Hochglanz und die Glanzzahl 0 vollkommene Stumpfheit bedeuten sollen).

6. Spinnmattierung durch Zugabe von anderen anorganischen Stoffen

Neben den ausgesprochen weissen Pigmentstoffen, wie Metalloxyden, -sulfiden, -sulfaten, -karbonaten und anderen mehr, wurden zur Spinnmattierung auch andere anorganische Verbindungen, die die notwendigen Eigenschaften der Unlöslichkeit und des Brechungsindexes besassen, vorgeschlagen.

So empfahl die Fabrique de Soie Artificielle de Tomaszow (Polen) in ihrem *poln. P. 11.613* (1929, auch *belg. P. 359.559* und *franz. P. 690.795*), dem Rohstoff, (Baumwolle, Zellstoff) oder dem Zwischenprodukt (Alkalizellulose, Nitrozellulose, Zelluloseazetat) Borsäure, Borax oder eine andere Borverbindung, allein oder in Kombination mit Fetten, Ölen, Fettsäuren, höheren Alkoholen, Invertzucker, aliphatischen Kohlenwasserstoffen, Naphthensäuren oder Terpenen, einzuverleiben: dadurch erreicht man eine gleichmässigere Mattierung, die durch Variierung der Zusätze innerhalb weiter Grenzen abgestuft werden kann. Diesem Verfahren entsprechen auch die *DAS 90.368* (1929) und das *engl. P. 357.112.*

Nach dem *amer. P. 2.128.604* (1937) der American Enka Corp. erzielt man eine Kunstseide, deren Glanz dem der Naturseide sehr ähnlich ist, wenn man der Spinnlösung (Viskose, Kupferoxydammoniakcellulose, Zelluloseazetat oder Nitrozellulose) in irgend einer Stufe ihrer Herstellung eine Suspension in schwach alkalischer Lösung von Bornitrid zugibt, und zwar in Mengen von 0,1–2%, auf das Zellulosegewicht berechnet. Bornitrid oder Borstickstoff BN ist ein weisses, sich talkartig anfühlendes, wasserunlösliches Pulver mit dem günstigen spezifischen Gewicht von 2,34. Auch da kann der Effekt durch zusätzliche Verwendung von öligen Stoffen, besonders von flüchtigen, öligen Produkten wie Pinienöl, Modifikationen erfahren. Zum gleichen Zweck sind auch andere Metallnitride geeignet; sie haben aber nur eine untergeordnete Bedeutung.

α) Spezielle Verfahren für die Zelluloseregeneratfasern

Das Viskoseverfahren für die Herstellung von Kunstseide beruht bekanntlich auf der Umsetzung der Zellulose in eine lösliche, schwefelhaltige Verbindung (das Zellulosexanthogenat), die nachher im sauren Fällbad unter Rückbildung der Zellulose wieder zersetzt wird. Bei dieser Zersetzung entsteht neben H_2S, COS und CS_2 auch kolloidaler Schwefel, welcher der Rohfaser ein milchiges Aussehen gibt. Deshalb zieht man die Rohfaser nach dem Fällen und Koagulieren durch ein schwach alkalisches Bad, um diesen Schwefel wieder herauszulösen.

Verschiedene Hersteller von Viskosekunstseide kamen auf die Idee, diese verfahrenstechnisch bedingte Erscheinung auszunützen und zu verbessern. Zuerst wurde selbstverständlich der Entschwefelungsprozess weggelassen. So gab Borzykowski in seinem *engl. P. 261.333* (1926, deutsche Prior. 1925) ein Mittel an, auf gewöhnliche Weise eine Viskosekunstseide mit seidiger, weicher Beschaffenheit zu erzeugen: er bleichte den unentschwefelten Faden und erzeugte dadurch in dem Material einen kolloidalen Schwefelniederschlag. Den Effekt konnte er durch Nachbehandlung mit einer Säurelösung nach dem Bleichen und vor dem Seifen noch verstärken.

Da aber der damit erreichte Mattierungsgrad noch nicht befriedigte, suchte man, die Schwefelausscheidung durch Zusatz von geeigneten Schwefelverbindungen zur Viskose zu erhöhen. Eine nachträgliche Erzeugung eines Schwefelniederschlags in fein verteilter Form auf Fäden, Garnen oder Geweben zur Erzielung von veränderten Farbtönen bei der Färbung oder von verschiedenen Glanzstufen ist im *DRP 475.879* (1924, auch *engl. P. 245.407* und *franz. P. 597.231*) der N. V. Nederlandschen Kunstzijdefabriek beschrieben: sie kann auf Textilien natürlicher oder künstlicher Herkunft vorgenommen werden; im Falle der Viskose lässt man die Entschwefelung weg, zur Erzeugung von Mustern entfernt man den Schwefel nur stellenweise; wenn man die Gebilde erst nach dem Färben mit Entschwefelungsmitteln behandelt, erhält man einen Matteffekt. Diese Arbeitsweise auf Viskoseerzeugnissen wurde im *englischen Zusatzpatent 249.538* (1926, deutsche Prior. 1925) weiterentwickelt: zur Bildung von Farb- und Glanzeffekten auf Viskosegeweben wird empfohlen, den Schwefelgehalt der Faser in verschiedenen Teilen der Faser unregelmässig zu ändern, und zwar so, dass man sie mit ungleichmässigen Mengen Schwefel behandelt oder die Entschwefelung nur an bestimmten Stellen oder mit schwach wirkenden Entschwefelungsmitteln vornimmt: man behandelt zum Beispiel eine Viskosekunstseide bei einer Temperatur von 9°C mit einer Lösung von 1% Schwefelnatrium.

Die eigentliche Einführung von zusätzlichem Schwefel in die Fasern wurde durch das Comptoir des Textiles Artificiels in seinem *franz. P. 626.956* (1926, auch *DRP 498.156* und *engl. P. 268.734*) patentiert. Sie wurde durch Beimengen von Schwefel in die Spinnlösung oder durch Zusatz von Thiosulfat oder Schwefelnatrium in die Fällflüssigkeit erreicht. Ist dieser Schwefelzusatz ebenso gross oder grösser als die in der Naturwolle vorhandene Schwefelmenge, so erhält das Fertigprodukt einen wollähnlichen Charakter.

Zur Herstellung von Viskosekunstseide mit mattem Aussehen fügte die N. V. Nederlandsche Kunstzijdefabriek, laut ihrem *engl. P. 272.939* (1927), der Spinnlösung während ihres Herstellungsprozesses Sulfide, Sulfite, Thiosulfate, Polysulfide oder ähnliche Schwefelverbindungen zu und sorgte dafür, dass der ausgeschiedene Schwefel bei der Nachbehandlung nicht wieder entfernt wurde.

Aber nicht nur der elementare Schwefel selbst, sondern auch der aus der zersetzten Xanthogenatlösung frei gewordene Schwefelkohlenstoff kann eine mattierende Wirkung ausüben, wenn er von den Rohfasern nicht eliminiert wird. Die gleiche Nederlandsche Kunstzijdefabriek Arnhem hatte schon 1922 in ihrem *DRP 421.506* vorgeschlagen, der gereiften oder ungereiften Viskose unmittelbar vor dem Verspinnen eine zusätzliche Menge CS_2 einzuverleiben; aber auch da war die Mattierung nicht der Hauptzweck dieser Zugabe. Zum eigentlichen Zweck der Herstellung einer matten Kunstseide arbeiteten die Stabilimenti Sordelli in ihrem *franz. P. 778.947* (1934, ital. Prior. 1933, auch *engl. P. 432.328*) ein Verfahren auf Basis von Schwefelkohlenstoff aus[1]). Sie erhielten Fäden mit einem gleichmässigen, milchigen Aussehen, indem sie zur Herstellung des Zellulosexanthogenats eine solche Menge Schwefelkohlenstoff verwendeten, die die normale um mindestens 20% überstieg. Die so erhaltene Viskose reift wesentlich langsamer als die normale Viskose und weist beim Verspinnen, das nach einer normalen Zeitspanne vorgenommen wird, eine wesentlich höhere Koagulationszahl (Salzzahl) auf. Der zusätzliche Schwefelkohlenstoff kann allein oder in einem geeigneten Lösungsmittel gelöst beigemengt werden. Als geeignet gilt ein Lösungsmittel, das die Verteilung des Schwefelkohlenstoffs in der Viskose begünstigen und seiner Neigung, sich infolge seines spezifischen Gewichtes zu trennen oder sich zu verflüchtigen, entgegenwirken kann: am besten Vaselinöl, das ungefähr in der gleichen Menge wie die des Schwefelkohlenstoffs selbst verwendet wird. Obwohl Vaselinöl selbst eine mattierende Wirkung auszuüben vermag (siehe Abschnitt 7d, Seite 344), erhält der nach diesem Verfahren hergestellte Faden ein ganz anderes Aussehen als das, welches man durch den Einsatz von Vaselinöl allein erzielt.

Später nahm die Süddeutsche Zellwolle AG in ihrem *schweiz. P. 237.606* (1943, deutsche Prior. 1942) dieses Verfahren wieder auf, diesmal zur Herstellung von Viskosemattfasern: die Spinnlösung enthält freien Schwefelkohlenstoff in homogener Verteilung und wird

[1]) Délustrage de la viscose (Ind. textile *52* (1935) 255).

in sauren, salzhaltigen Bädern versponnen. Dadurch sollen die Fasern ein schuppiges, wollähnliches Aussehen und nicht den für die Regeneratfasern typischen Glanz erhalten.

β) Spezielle Verfahren für die Zellulosederivatfasern

Für diese Sorte von Fasern wird die Zugabe von verschiedenen anorganischen Substanzen in die Spinnmasse wohl in zahlreichen Patenten erwähnt und beschrieben, aber diese Zugabe hat nie endgültigen Charakter. Vielmehr werden diese fast immer wasserlöslichen Substanzen nach der Bildung der Fäden irgendwie daraus wieder herausgelöst, wobei zahlreiche kleine Hohlräme entstehen, die dann die eigentlichen Träger des Matteffektes sind. Solche Verfahren sind im Abschnitt A 8: «Herstellung matter Hohl- und Luftseide» auf Seite 369 beschrieben.

7. Spinnmattierung durch Zugabe von organischen Verbindungen in die Spinnmasse

Nicht nur Pigmente und andere anorganische Verbindungen wurden als Mattierungszusatz in der Spinnmasse angewendet, sondern auch organische Stoffe. Die dazu in der Patentliteratur vorgeschlagenen Verbindungen sind äusserst zahlreich, und es gibt wahrscheinlich kaum eine Klasse, die nicht zu diesem Zweck ausprobiert worden ist.

Die Anforderungen, die an solche Mattierungsmittel gestellt werden, sind im Grunde genommen die gleichen, wie die für die Pigmente, nämlich:

- ein Brechungsindex, der von dem zu mattierenden Fasermaterial möglichst abweicht,
- Unlöslichkeit in dem Fasermaterial, aber
- möglichst gute Verteilbarkeit in diesem gleichen Material, ohne Bildung von Klumpen und Zusammenballungen,
- vollständige chemische Trägheit gegenüber dem Fasermaterial,
- keine unerwünschten Nebenerscheinungen auf die Eigenschaften der fertigen Textilien.

Die erste Bedingung, die des Brechungsindexes, wird im allgemeinen nur in bescheidenem Mass erfüllt. Deswegen wurden die organischen Verbindungen nicht gewählt, zumal dieser bescheidene Unterschied in den Brechungsindizes zwangsläufig zur Anwendung grösserer Mengen des betreffenden Produkts führt. Der Vorteil der organischen Verbindungen liegt anderswo, nämlich erstens in der sehr guten Verteilbarkeit: organische Verbindungen sind fast durchwegs Flüssigkeiten oder Massen mit niedrigem Schmelzpunkt, die sich gut emulgieren oder dispergieren lassen. Zweitens liegt der Vorteil in einem spezifischen Gewicht, das wesentlich näher bei dem der

Fasermaterialien liegt als das spezifische Gewicht der meisten anorganischen Pigmente: aus diesem Grunde erhält man wesentlich stabilere Dispersionen, die nicht zum Sedimentieren neigen. Es ist allerdings auch vorgekommen, dass man als Mattierungsmittel organische Verbindungen vorgeschlagen hat, die infolge ihres zu geringen spezifischen Gewichts gegenüber dem der Spinnlösung zu stark zu Abscheidungen und Aufrahmungen in Viskoselösungen neigten (Petroleumkohlenwasserstoffe).

Auch die Bedingung der chemischen Trägheit konnte nicht immer eingehalten werden. Besonders bei den Fettstoffen und Ölen, die am Anfang der Spinnmattierung mit organischen Stoffen gern verwendet wurden, bestand die Gefahr, dass sie als Ester durch die Einwirkung des Alkalis der Viskose verseift wurden.

Die Frage nach den Nebenerscheinungen in bezug auf die Eigenschaften der fertigen Textilien stellt ein vielseitiges Problem dar: die wegen des geringen Unterschieds im Brechungsindex notwendigen grösseren Einsatzmengen bleiben nicht ohne Einfluss auf die Festigkeiten. Auf der andern Seite aber können diese Produkte bei den Fasern durchaus vorteilhafte und erwünschte Nebenerscheinungen zeigen, so zum Beispiel Verbesserung des Griffes, Erhöhung der Weichheit und der Geschmeidigkeit.

Dazu kommt aber noch eine weitere Anforderung, die für die organischen Verbindungen eine viel grössere Rolle spielt als für die Pigmente:

- eine genügend geringe Flüchtigkeit, damit sie sich während der Entlüftung der Spinnlösung (Viskose) oder während der Fadenbildung (Trockenspinnverfahren) nicht verflüchtigen.

Machu[1]) hat gezeigt, dass der Einsatz gewisser organischer Verbindungen in Spinnmassen schon vor dem Aufkommen des Mattierungsproblems in Patentschriften älteren Datums angeregt wurde, in denen die Erreichung ganz anderer Eigenschaften bezweckt wurde und wo der Mattierungseffekt – wenn er überhaupt eintrat – nur eine Nebenerscheinung war. Deshalb wurden verschiedene solcher Verbindungen später als eigentliche Mattierungsmittel ein zweites Mal patentrechtlich geschützt.

Heute haben die organischen Verbindungen als Mattierungsmittel ihre Bedeutung – nicht zuletzt aus Preisgründen – weitgehend wieder verloren, besonders seitdem die Schwierigkeiten bei der Pigmentmattierung behoben werden konnten.

Es ist nicht einfach, diese organischen Mattierungsprodukte genau zu klassifizieren, weil sie eben zu den verschiedensten chemischen

---

[1]) Machu: Literaturzusammenstellung über die Verfahren zur Herstellung von Kunstseide mit vermindertem Glanz aus Zellulose- oder Zellulosederivatlösungen, Kunstseide *16* (1934) 394, 426.

Kategorien gehören. Für die Unterteilung dieses Abschnitts gilt folgende Einteilung:

a) Organische Verbindungen im allgemeinen,

b) Fette, Öle, Wachse natürlichen oder synthetischen Ursprungs und ihre Derivate,

c) Fettsäuren und andere Karbonsäuren sowie anionische oberflächenaktive Produkte aus solchen Säuren oder aus Sulfonsäuren bzw. ihre Salze oder andere Derivate,

d) Aliphatische Kohlenwasserstoffe, Paraffine, Paraffinöle, Terpene,

e) Aromatische Kohlenwasserstoffe und deren Substitutionsprodukte,

f) Alkohole, Fettalkohole und deren Ester, Äther,

g) Andere organische Verbindungen,

h) Natürliche Polymere und hochmolekulare Verbindungen und deren Modifikationsprodukte,

i) Künstliche Polymere, Kunstharze.

a) Organische Verbindungen im allgemeinen

In der *deutschen Patentschrift 397.012* (1921) von Neumann ist zur Herstellung von gut färbender Viskosekunstseide schon ein Zusatz von in Alkali löslichen Beizen, wie Aluminiumazetat oder Tanninalbumin, erwähnt, die sich bei der Koagulation in dem Spinnmaterial in feiner Verteilung abscheiden.

In einem sehr allgemein gehaltenen *franz. P. 637.309* (1927, deutsche Prior. 1926, auch *engl. P. 297.364* und *österr. P. 137.206*) liess Heymann – zur Herstellung von Kunstseide mit mattem Glanz und grosser Weichheit – den Zusatz zu Spinnlösungen von Viskose-, Kupfer-, Azetat- und Nitrozelluloseseide von mineralischen, pflanzlichen und tierischen Ölen, Fetten oder Wachsen, Fettsäuren, Anilin, Tetrahydronaphthalin, Nitrobenzol, Thoriumoxyd, Magnesiumseifen, Kalziumnaphthenat, Benzoläther, Petroläther, Tetrachlorkohlenstoff, Chloroform, Petroleum usw., auch in Form von Suspensionen oder Emulsionen, schützen. Die flüchtigen Bestandteile unter den zugesetzten Produkten können nachträglich durch Verwendung von geeigneten Lösungsmitteln oder Verdampfung im Vakuum aus den fertigen Fäden wieder entfernt werden, so dass Hohlseide entsteht[1]). Als Beispiele werden angegeben:

1) Zusatz von 5 kg Leinöl zu 1000 kg Viskose,

2) Zusatz von 18–26 kg Schwefelkohlenstoff und 3 kg Anilin oder Olivenöl zu 150 kg Natronzellstoff, Bildung des Zellulosexanthogenates und der Viskose, Behandlung mit Benzol in der

[1]) Über die Herstellung von Hohlseide im allgemeinen siehe in diesem Buch, im gleichen Kapitel, Abschnitt A 8: «Herstellung matter Hohl- und Luftseide», S. 369.

Wärme, wodurch $^1/_5$ des Anilins oder Olivenöls wieder entfernt wird, Verdampfung des Benzols und Verspinnen.

Der North American Rayon Corporation wurden die entsprechenden *amer. P. 2.166.739* (1927, deutsche Prior. 1926), *2.166.740* (1927, tschech. Prior. 1925) und *2.166.741* (1927, deutsche Prior. 1926) erteilt. Laut dem ersteren Patent werden die oben erwähnten Produkte, vor ihrer Zugabe zur Viskose, Kupferoxydammoniakzellulose-, Nitrozellulose- oder Zelluloseazetatlösung, in einen Zustand feinster Verteilung oder in die Form einer kolloidalen Suspension gebracht. Nach dem zweiten Patent können sie auch erst in der fertigen Spinnlösung oder im Verlauf der Her-stellung derselben mittels geeigneter Mischer oder Verteiler in den richtigen Verteilungszustand versetzt werden; das dritte Patent schützt die teilweise Wiederentfernung dieser Substanzen aus den fertigen Fäden, entweder durch organische Lösungsmittel oder durch Erhitzen im Vakuum[1]).

Auch das *amer. P. 1.867.188* (1930, deutsche Prior. 1929) von Stoeckli und Witte erwähnt als Zusatz eine emulgierte Suspension einer organischen Substanz wie Paraffinöl, Petroleum, pflanzliches Öl, Knochenöl, Kohlenwasserstoffe, Terpene, Fette, Talg, Wachs, in Anwesenheit eines Schutzkolloides wie Türkischrotöl. Diese Stoffe werden dann aus den noch nicht vollständig getrockneten Fäden wieder herausgelöst, unter Wärmeeinwirkung mit einem Lösungsmittel, dem man gegebenenfalls einen Zusatzlöser wie Alkohol, Azeton oder Glyzerin zufügt[1]).

Nach dem *amer. P. 2.042.944* (1930) der DuPont Rayon Co. wird die Herstellung von matter Kunstseide aus Zellulose oder ihren Derivaten durch Zugabe von 0,05–3% einer organischen, mehr als 4 Kohlenstoffatome enthaltenden Verbindung vorgenommen, wie Stearyl-, Hexyl-, *n*-Heptyl-, Lauryl-, Fenchylalkohol, α-Terpineol, Phenol, Resorcinol, β-Naphthol, flüssigem Terpentinöl, Pinienöl, Amylendichlorid, Äthylentri- und tetrachlorid, deren Dampfdruck so hoch sein soll, dass sie sich nicht während des eigentlichen Spinnprozesses, sondern erst während der Nachbehandlung verflüchtigen. Diese Mattierungsmittel werden in Emulsionen mit Türkischrotöl oder Triäthanolamin verwendet.

α) *Spezielle Verfahren für die Viskosekunstseide*

Das *engl. P. 273.647* (1926, auch *schweiz. P. 129.009* und *österr. P. 121.966*) der Borvisk Syndicate Ltd. empfiehlt die Verwendung von Ölen, Fetten, Seifen (Textilölen, Textilseifen), sulfonierten Ölen oder hydrierten aromatischen Kohlenwasserstoffen, und Verspinnen

---

[1]) Über die Herstellung von Hohlseide im allgemeinen siehe in diesem Buch, im gleichen Kapitel, Abschnitt A 8: «Herstellung matter Hohl- und Luftseide», S. 369.

der Lösung, ohne dass man dabei die Zusatzstoffe in wasserunlösliche Verbindungen überführt. In einem *engl. Zusatzpatent 292.627* (1928, auch *österr. P. 127.167*) wird der Mattierungseffekt durch Zusatz von organischen Stickstoffverbindungen wie Kasein, Albumin oder abwechselnd von anorganischen Verbindungen, wie Bariumhydroxyd, erzeugt. Das *kanad. P. 291.652* und die *schweiz. P. 140.926* und *141.792* dürften das gleiche Verfahren schützen.

In ihrem *franz. P. 679.759* (1928) hat die Firma Allègre, Mondon et Cie. vorgeschlagen, die zu verspinnende Viskoselösung mit Leicht-, Mittel- oder Schwerölen, Lösungsmitteln und allen Stoffen, die unmittelbar aus pflanzlichen oder tierischen Ölen (Öle, Ölharze), natürlichen oder künstlichen Harzen extrahiert werden können, allein oder in Gemischen zu versehen. Dieses Mattierungsverfahren soll in weiten Grenzen regulierbar sein.

Die Steckborn Kunstseide AG schlug in ihrem *schweiz. P. 131.108* (1927, auch *DRP 610.424*) vor, die Viskose mit mindestens einem in ihr löslichen organischen Stoff zu versehen, der im sauren Fällbad eine nicht gasförmige Ausscheidung ergibt, wie Naphthole, Eugenol, Azetessigester, Rizinolsäure oder Salizylaldehyd, oder Schwefelkohlenstoff, der Schwefelausscheidungen ergibt. Die zugesetzten Stoffe können nachträglich aus den Fäden wieder teilweise herausgelöst werden[1]). Ein ähnliches Verfahren wird auch im *schweiz. P. 140.972* der gleichen Firma beschrieben: es kommen dann lösliche Ester zum Einsatz, die durch das Alkali der Viskose verseift werden, oder eine Leukoverbindung des Anthrachinons, die unter dem Einfluss des Luftsauerstoffes oder von beigemengten Oxydationsmitteln oxydiert und ausgefällt wird. In dem entsprechenden *DRP 516.573* (1928) werden als Ausführungsbeispiele Anthrahydrochinon und der saure Phthalsäureester des Isoamylalkohols erwähnt.

Für den gleichen Zweck verarbeitete die N. V. Hollandsche Kunstzijde Industrie, wie in ihrem *franz. P. 693.411* (1930, holl. Prior. 1930) beschrieben, Spinnlösungen, denen sie Terpene, Terpenalkohole oder Gemische solcher Stoffe zugefügt hatte.

Das Verfahren nach dem *franz. P. 706.228* (1930) der Société Lyonnaise de Soie artificielle ist dadurch gekennzeichnet, dass in der Viskose 0,5–1% einer ringförmigen Stickstoffverbindung (wie Pyridin und seine in Wasser nicht oder wenig löslichen Homologen wie Chinolin, Isochinolin, Phenanthridin, Akridin, Naphthopyridin, Anthrapyridin und deren Derivate) oder 0,5–1% eines Phenols oder Thiophenols emulgiert werden. Ebenso geeignet sind Schweröle aus der Teeröldestillation, Anthracen, allein oder gemischt mit Tetrachlorkohlenstoff oder Solventnaphtha.

---

[1]) Über die Herstellung von Hohlseide im allgemeinen siehe in diesem Buch, im gleichen Kapitel, Abschnitt A 8: «Herstellung matter Hohl- und Luftseide», S. 369.

Nach dem *engl. P. 348.910* (1930, holl. Prior. 1929) der N. V. Hollandsche Kunstzijde Industrie werden der Viskose nicht-mischbare Stoffe wie Öle, Wachse, Kohlenwasserstoffe oder deren Derivate zugesetzt, die wenig oder gar nicht verseift werden können. Es ist schwierig, stabile Emulsionen solcher Stoffe zu erhalten, man kann sie aber durch Produkte erwirken, die man ihrerseits aus gesättigten oder ungesättigten Hydrofettsäuren durch Wasserentzug und durch Erhitzen dieser Fettsäure auf etwa 100° C (in Gegenwart eines Katalysators wie Schwefelsäure) erhalten kann: es findet dann eine Umsetzung zwischen einem Carboxylsäureradikal und einer Hydroxylgruppe unter Bildung von Lacton, Ester oder Anhydrid statt.

Neuerdings haben Heide und Facius ein ähnliches Verfahren durch das *ostdeutsche P. 7.110* (1949) schützen lassen: nach diesem enthält die Viskoselösung ein Mattierungsmittel anorganischer Natur wie Bariumsulfat oder ein Erdalkalisilikofluorid; oder sie enthält Neutralfett, Paraffin, oxydiertes Paraffin, Harnstoffkunstharz, Mineralöl, organische Lösungsmittel und dazu als Dispergator eine kationaktive quaternäre Stickstoffverbindung wie Lauryl-, Octyl- oder Dodecylpyridiniumchlorid. Dadurch soll man den gleichen Mattierungseffekt wie mit Titandioxyd erhalten. Man löst zum Beispiel 15 Teile gereinigtes Naphthalin in 73 Teilen Dekalin, gibt noch 12 Teile einer Verbindung der allgemeinen Formel $H_3C{\cdot}(CH_2)_n{\cdot}NH{\cdot}(CH_2)_2{\cdot}NH(Cl){\cdot}(CH_2)_n{\cdot}CH_3$ ($n = 16$–28) zu und führt die so gebildete Paste in die spinnfähige Viskose mit 7% α-Zellulosegehalt in Mengen von 3% des α-Zellulosegewichtes ein, entlüftet und verspinnt.

β) Spezielle Verfahren für die Zellulosederivatkunstfasern

Die British Celanese Ltd. empfahl in ihrem *engl. P. 348.625* (1929, amer. Prior. dem entsprechenden *amer. P. 1.958.238*, 1928) zu den Spinnlösungen die Zugabe von 2,5–10% eines Nichtlösers oder eines Fällmittels, wie Stearin- oder Ölsäure, oder Wachse, Olein, Petroleum, Paraffin, Benzol, Toluol oder Xylol. Je nach ihrer Beschaffenheit werden diese Zutaten entweder vorher getrennt gelöst oder zusammen mit der Spinnlösung erwärmt, bis sie schmelzen. Durch dieses Verfahren soll man neben der Mattierung noch eine hervorragende Geschmeidigkeit der Fasern erreichen, die sich dann besonders gut für die Verarbeitung auf Rundstrickmaschinen oder für die Herstellung von Bürsten und künstlichen Pelzen eignen sollen.

Im *kanad. P. 323.604* (1931) empfahl C. Dreyfus, der zu verspinnenden Zellulosederivatlösung allgemein einen feinverteilten organischen Stoff zuzugeben, der in dem für das Zellulosederivat angewandten Lösungsmittel unlöslich ist.

b) Fette, Öle, Wachse natürlichen oder synthetischen Ursprungs und ihre Derivate

Singmaster, der durch das *franz. P. 680.492* (siehe Seite 269) ein Verfahren zur Einverleibung von verschiedenen anorganischen Pigmenten in die Spinnlösungen von Zelluloseverbindungen hatte schützen lassen, erhielt auch ein anderes *franz. P. 680.493* (1929, amer. Prior. 1929, auch *engl. P. 342.743*), nach welchem den Spinnlösungen neben den im ersten Patent erwähnten Mattierungspigmenten auch Öle (zum Beispiel ein hochsiedendes Mineralöl) zugesetzt werden.

α) *Spezielle Verfahren für die Zelluloseregeneratfasern*

Nach dem *öster. P. 120.844* (1929, deutsche Prior. 1928) der Ersten Österreichischen Glanzstoff-Fabrik in St. Pölten erhält man edelmatte künstliche Gebilde aus Viskose, indem man der Spinnlösung wasserunlösliche Stoffe einverleibt, die bei gewöhnlicher Temperatur fest, mit Viskose an und für sich nicht emulgierbar, aber in organischen Lösungsmitteln löslich und durch die Säure des Spinnbades praktisch nicht veränderbar sind. Derartige Stoffe sind zum Beispiel Wachse (wie Bienen-, Japan- und Erdwachs), die in feiner Verteilung der Viskose beigemengt werden. Dazu werden sie in geeignete Lösungsmittel (wie Benzol, Toluol, Xylol und dergleichen) aufgelöst, und diese Lösung wird in der Viskose emulgiert.

Von der Glanzstoff-Courtaulds GmbH wurde unter *engl. P. 351.395* (1930, auch *franz. P. 689.331*) der Zusatz eines unlöslichen Öles zusammen mit etwa 0,3–2% einer löslichen sulfonierten Fettsäure (wie Türkischrotöl) als Emulgator geschützt. Das entsprechende *DRP 542.813* (1930) beansprucht neben der Mattierung der Fäden auch eine Erhöhung der Zugfestigkeit und eine Verbesserung der Spinnfähigkeit der zu verarbeitenden Viskose.

Laut *engl. P. 348.743* (1930) der Breda Visada Ltd. erhält die Spinnlösung einen Zusatz von 1–16% Lanolin, Bienen- oder Carnaubawachs oder sonst eines Nichtglyzeridesters tierischen oder vegetabilischen Ursprungs, der widerstandsfähig gegen Verseifung sein soll.

In ihrem *DRP 570.973* (1931, auch *engl. P. 365.994* und *schweiz. P. 156.405*) empfahl die Feldmühle AG die Verarbeitung von Viskose, der man gelösten Faktis beigemengt hat. Diesen kann man aus seinen Komponenten, wie zum Beispiel Erdnussöl in Benzin gelöst, durch Behandlung mit Schwefelchlorür herstellen.

Das 1931 von der Algemeene Kunstzijde Unie N. V. zum Schutz angemeldete Verfahren gemäss dem *engl. P. 370.512* (auch *amer. P. 1.958.949*, *DRP 584.876*, *franz. P. 728.798* und *österr. P. 133.135*) betrifft die Verarbeitung eines Spinnstoffes aus Viskose oder Kupferoxydammoniakzellulose, die mit einer Emulsion einer geringen Menge von Wollfett in einem flüchtigen und ausgesprochenen Fettlösungsmittel (wie Benzol, Petroleum, Tetrachlorkohlenstoff, Azeton, Terpentinöl) versehen wurde.

Die Courtaulds Ltd. liess durch das *DRP 587.224* (1930, engl. Prior. 1929, auch *amer. P. 1.915.228* und *franz. P. 700.452*) ein Verfahren schützen, nach welchem der Viskose mineralische, pflanzliche oder tierische Öle oder Fette zugesetzt werden, die in der Viskose unlöslich sind und die gelöste organische Öl- und Fettfarbstoffe enthalten können.

Zur Herstellung von Kunstseide mit gemildertem Glanz und zugleich geschmeidigem Griff wird nach dem *amer. P. 2.060.016* (1934) der Tubize Chatillon Corp. der Viskose (ausser einem Mineralöl mit einer Viskosität von etwa 65–100 Saybolt-Sekunden bei 38°) ein teilweise hydriertes, pflanzliches oder tierisches Öl einverleibt, vorzugsweise Baumwollsamenöl mit einer Verseifungszahl von 194–196, einer Säurezahl von 0,05–0,20, einer Jodzahl von 69–92 und einer Viskosität von 117–135 Saybolt-Sekunden bei 54°. Zum Beispiel werden in 1000 Teilen Viskose mit 7% Zellstoff 60 Teile eines Gemischs von 75% Mineralöl (75 Saybolt-Sekunden) und 25% teilweise hydrierten Baumwollsamenöls (Jodzahl 75) emulgiert. Die Viskose-Ölemulsion wird mit 10,4° Hottenroth in ein Säure-Salzbad (9,5 Teile H_2SO_4 und 20 Teile Na_2SO_4) versponnen.

In den *amer. Patenten 2.081.847, 2.081.848 und 2.081.849* (1934) beschrieb die North American Rayon Corp. die Zugabe zur Zelluloselösung (Viskose oder Kupferoxydammoniakzellulose) von 1–10% eines halogenierten Öles (Oliven-, Baumwollsamen-, Chinaholz-, Rizinus-, Soja-, Knochen-, Paraffin-, Maschinen- oder Terpentinöl), eines Wachses (Carnauba-, Candellila-, Bienenwachs, Wallrat, Paraffin, Vaselin, Montanwachs) oder eines Harzes (Natur- oder Syntheseharz) in emulgierter Form.

Die Bata AG liess durch ihr *schweiz. P. 240.201* (1943, deutsche Prior. 1942) die Verwendung von hochschmelzenden Wachsen zusammen mit Karbonaten schützen, die in der Viskose nicht löslich sind. Dazu werden aus diesen Produkten wässerige Dispersionen durch Verschmelzen der Wachse mit den Karbonaten und durch nasses Vermahlen der Schmelze in einer Kolloidmühle gewonnen.

β) Spezielle Verfahren für das Trockenspinnverfahren

Die Courtaulds Ltd. empfahl in ihrem *engl. P. 338.269* (1929) zur Spinnlösung den Zusatz einer kleinen Menge eines fetten pflanzlichen oder tierischen Öles in einem Lösungsmittel. Die so gewonnenen Fäden zeigen noch den Glanz der auf übliche Weise gewonnenen Seide, werden aber durch eine Nachbehandlung mit einer wässrigen Seifenlösung matt. In einem *engl. Zusatzpatent 352.412* (1930) wurde anstelle des im Hauptpatent erwähnten Öles die Verwendung von Estern einwertiger aliphatischer Alkohole mit höheren Fettsäuren, wie zum Beispiel Amylstearat, empfohlen; in einem weiteren *engl. Zusatzpatent 352.610* (1930, auch *amer. P. 1.891.780*) diejenige eines in organischen Lösungsmitteln löslichen und aus organischen Säuren und Sacchariden gebildeten Esters, wie Glukosepentaazetat, und schliesslich empfahl ein drittes *engl. Zusatzpatent 365.178* (1930) die Verwendung von Paraffin oder Walrat. In allen Fällen muss die Nachbehandlung mit der Seifenlösung erfolgen.

Nach dem Verfahren des *engl. P. 414.153* (1933) der British Celanese Ltd. (auch *amer. P. 2.072.265* und *kanad. P. 355.690*) wird der Zellulosederivatlösung 5–15% eines Öles, Fettes oder dergleichen, zum Beispiel 10% Kokosnussöl, einverleibt; die Lösung wird versponnen und die so erhaltenen Fäden werden im trockenen Zustand der Einwirkung von Wärme ausgesetzt, indem man sie über Walzen leitet, die auf 180–200° C erhitzt sind. Durch gleichzeitiges Zuführen von Feuchtigkeit kann der Mattheitsgrad verändert werden, und durch Nachbehandlung mit Wasser kann man den Glanz fast vollständig zurückgewinnen.

c) Fettsäuren und andere Karbonsäuren sowie anionische oberflächenaktive Stoffe aus solchen Säuren oder Sulfonsäuren, bzw. ihre Salze oder andere Derivate

Schon im *DRP 271.747* (1912) von Shrager und Lance war der Zusatz zur Nitrozelluloselösung oder Viskose in Mengen bis 20% von Metallresinaten, wie Zink- oder Magnesiumresinat, beschrieben, der bewirkt, dass die Fäden wasserfest gemacht und die Entzündlichkeit herabgesetzt wird. Dem Gemisch von Nitrozelluloselösung und Metallresinaten konnten auch stark trocknende, oxydierte Öle, Stearin oder Elaidin beigemengt werden.

Das *DRP 339.050* (1918) der Deutschen Zellstoff-Textilwerke, das den Zusatz von grösseren Mengen von Neutralsalzen zur Viskose vor der Ausfällung betrifft, erwähnte unter anderem auch Natriumoleat.

Natriumoleat und -resinat wurden auch im *engl. P. 181.901* (1921, auch *DRP 381.020* und *amer. P. 1.446.301*) der Courtaulds Ltd. vorgeschlagen; sie setzen die Oberflächenspannung der Viskose herab. Zum gleichen Zweck empfahlen auch Niederhauser und Kline in ihrem *amer. P. 1.655.626* (1926), dem Zellulosexanthogenat bei der Lösung nicht mehr als 1% eines sulfonierten Öles, wie Mandel-, Rizinus-, Oliven-, Kokosnuss-, Colza-, Baumwollsamen-, Hanf-, Lein-, Senf-, Mohn-, Tung-, Nuss-, Erdnussöl, Talg, Speck, Klauenfett oder Fischtran, zuzusetzen. Laut dem *DRP 381.020* ist neben Natriumoleat und -resinat auch Natriumaminoazetat zur Herabsetzung der

Oberflächenspannung von Viskoselösungen verwendbar. Durch solche Zusätze vermeidet man weitgehend die Bruchgefahr und die Bildung von Viskosekügelchen, und die gewonnenen Fäden sind regelmässiger.

Im *DRP 428.189* (1923) schlug die N. V. Nederlandsche Kunstzijde Fabriek vor, der Viskose Seife oder verseifbare Fettsäuren zuzugeben.

Zur Herstellung von Kunstseide mit gemildertem Glanz aus Zellulose oder ihren Derivaten fügte C. Dreyfus, nach der Lehre seines *franz. P. 730.235* (1932), den Spinnlösungen 0,1–10% wasserunlösliche Salze höherer Fettsäuren zu, so zum Beispiel Zn-, Al-, Mg-, Ca-, Sr-, Ba-Stearat, -oleat oder -palmitat, oder Salze dieser Metalle mit Cerotin-, Elaidin- oder Carnaubasäure, oder er behandelte Fäden und Textilstoffe mit wässerigen, gegebenenfalls ein Quellmittel enthaltenden Emulsionen dieser Salze. Dadurch wurde neben einer Verminderung des Glanzes auch eine Verbesserung der für die textilchemische Verarbeitung dieser Fäden erforderlichen Eigenschaften erreicht.

α) *Spezielle Verfahren für die Viskosekunstseide*

Nach Hünlich[1]) hat es nicht an Versuchen gefehlt, der Viskose zur Erzeugung von Mattkunstseide statt anorganischer Pigmente Seifen zuzusetzen. Diese scheiden jedoch aus der stark alkalischen Viskose bald wieder aus. Man hat daher vorgeschlagen, zur Herstellung der Viskose statt Natron- Kalilauge, und als Mattierungsmittel eine Kaliumseife zu verwenden, die sich infolge ihrer eigentümlichen Konsistenz besser emulgieren lässt. Der Preis der dazu erforderlichen Chemikalien war jedoch zu hoch. Ölsäure verhielt sich in dieser Hinsicht naturgemäss gleich wie gewöhnliche Seife: es liessen sich davon der Viskose nur geringe Mengen beimischen, die zur Erzeugung einer matten Kunstseide nicht ausreichten. Sie wurden aber zur Veränderung der Oberflächenspannung empfohlen, damit das Strecken der Fäden beim Spinnen erleichtert wird.

Wie schon auf Seite 337 erwähnt, empfahl die Glanzstoff-Courtaulds GmbH in ihrem *engl. P. 351.395* (1930, auch *franz. P. 689.331* und *DRP 542.813*), den Spinnlösungen von Viskosekunstseide sulfurierte Öle, wie Türkischrotöl, als Zusatz in Mengen von 0,3 bis 2%, um andere, unlösliche Mattierungsstoffe in feiner Verteilung zu halten.

Die Feldmühle AG Rorschach fand nun, dass man, laut *DRP 591.427* (1932, auch *schweiz. P. 163.853*), Ölsäure mit der Viskose emulgieren kann, und zwar in Mengen, die zum Erzielen eines Matteffektes vollkommen ausreichen, vorausgesetzt, dass man diese Öl-

[1]) Hünlich: Verschiedenartiges Mattieren von Kunstseide (Kunstseide *16* (1934) 267).

säure zuerst mit Schwefelchlorür behandelt. Dieses Verfahren lehnt sich an das unter *DRP 570.973* im Abschnitt b α mit Verwendung von Faktis beschriebene Verfahren der gleichen Firma an. Es genügt bereits eine Menge von 1–3%, auf Ölsäure gerechnet. Vermutlich erfolgt bei der Reaktion eine teilweise Veränderung der Ölsäure durch Addition von Chlorschwefel und Anlagerung von Schwefel und Chlor an die gesprengte Doppelverbindung. Das Reaktionsprodukt lässt sich mit Viskose zu einer haltbaren Emulsion vermischen, die gut filtrierbar ist. Sie kann ohne Störung versponnen werden und ergibt dabei ein edelmattes Produkt von normalen Eigenschaften. Anstelle von Schwefelchlorür können auch andere Chlor-Schwefel-Verbindungen, wie zum Beispiel SCl_4, zur Behandlung der Ölsäure benutzt werden. Das gleiche Verhalten wie Ölsäure zeigen auch andere seifenbildende ungesättigte Fettsäuren, wie zum Beispiel Rizinolsäure. Die Behandlung erfolgt unter Kühlung bei Zimmertemperatur während 1–2 Stunden. Man setzt dann das Reaktionsgemisch unter Vakuum, um die entstandene Salzsäure zu entfernen[1]).

Die Algemeene Kunstzijde Unie N. V. konnte nach ihrem *engl. P. 375.735* (1932, deutsche Prior. 1931) den gleichen Effekt erreichen, indem sie in Viskose unlösliche Salze organischer Verbindungen – insbesondere pflanzlichen Ursprungs – mit solchen Basen, die wie Barium, Strontium oder Kalzium mit Schwefelsäure unlösliche Sulfate bilden, in flüchtigen, in Viskose wenig oder nicht löslichen Lösungsmitteln auflöste und in Mengen von 0,2–2% der Spinnlösung einverleibte: als Beispiel, in eine Viskoselösung gibt man 1% einer Lösung von 4 Teilen Strontiumoleat in 6 Teilen Benzol, der man ausserdem noch 0,5 Teil Methylcyclohexanon zugefügt hat. Die entsprechende *deutsche Anm. A 60.829* (1931) wurde zurückgezogen.

Nach dem *amer. P. 1.937.110* (1931) der American Glanzstoff Corp. wurden als Zusatz zur Spinnlösung Erdalkalisalze des Dithiokarbonsäure-monoisobutylesters, zum Beispiel $(C_4H_9{-}CS{-}S)_2\,Ca$, oder des Monostärkeesters der Dithiokarbonsäure verwendet. Solche Verbindungen ergeben eine gute Verteilung in der Viskose, da sie mit ihr konstitutiv verwandt sind; sie scheiden sich ebenso regelmässig in der Spinnlösung ab und ergeben einen gleichmässigen Mattglanz.

Ähnliche Verbindungen wurden auch von der North American Rayon Corp. in ihrem *amer. P. 1.981.643* (1933) vorgeschlagen: aliphatische Thiokarbonsäureester (wie Thioäthylkarbonsäureäthylester, Thiokarbonsäureäthylester, Trithiokarbonsäuremethylester und -äthylester, Mono- bzw. Trithiokarbonsäurestärkeester) und insbesondere deren Alkali- und Erdalkalisalze (Ca-monothiokarbonsäure-isobutylester).

---

[1]) Für weitere Einzelheiten siehe auch Zeitschr. f. ges. Textil-Ind. *37* (1934) 587.

β) *Spezielle Verfahren für das Trockenspinnverfahren von Zellulosederivaten*

Das *engl. P. 333.504* (1929, auch *amer. P. 1.938.646* und *franz. P. 688.625*) der British Celanese Ltd. enthält als charakteristisches Merkmal den Zusatz zur Spinnlösung eines Netzmittels, wie Türkischrotöl, in Mengen von 1–2%, auf das Zellulosegewicht bezogen. Die Spinnmasse wird dann unter solchen Bedingungen weiterverarbeitet, dass das zugesetzte Netzmittel auch nach der Fertigstellung im Faden bleibt. Ferner finden als Netzmittel Anwendung: Salze der höheren Fettsäuren, der sulfurierten höheren Fettsäuren, der Naphthensäuren, der Naphthensulfonsäuren, Harzseifen, Salze der Naphthalin-Formaldehydkondensationsprodukte (vom Typ Tamol) und der alkylierten aromatischen Sulfonsäuren wie Isopropyl- oder Butylnaphthalinsulfonsäure. Das Verspinnen kann sowohl auf trockenem wie auf nassem Weg erfolgen. Nach dem Trockenspinnen werden die Fäden zur stärkeren Verminderung des Glanzes noch einer Nachbehandlung mit Dampf, warmem Wasser oder Alkohol unterzogen. In einem *engl. Zusatzpatent 367.830* (1930, amer. Prior. 1929 für das entsprechende *amer. P. 1.938.623*) wurde der Einsatz von 1,5–10% eines Salzes einer höheren Fettsäure mit einem Alkalimetall oder mit einer alkoholischen Aminoverbindung (wie Kalium-, Natrium- oder Triäthanolammoniumrizinoleat, -stearat, -oleat oder dergleichen) geschützt. Wie im Hauptpatent, ist die gleiche Nachbehandlung nach dem Trockenspinnverfahren notwendig; der gleiche Effekt lässt sich allerdings auch beim Färben erzielen. Ausserdem soll es möglich sein, nach diesem Verfahren um 10% feinere Titer zu spinnen und Fäden zu erhalten, die befähigt sind, auf der Wirkmaschine engere Maschen zu bilden.

Die Rhodiaceta empfahl in ihrem *franz. P. 695.490* (1930, auch *amer. P. 2.022.838*) den Zusatz einer geringen Menge einer löslichen Säure oder eines löslichen Säureanhydrids, zum Beispiel Stearinsäure, und die Nachbehandlung der fertigen Fäden mit wässerigen Lösungen solcher Salze wie $BaCl_2$ oder Basen, die mit den verwendeten Säuren unlösliche Verbindungen bilden können.

Der Einsatz von fettsauren Salzen des Triäthanolamins, die in den organischen Lösungsmitteln löslich sind, wurde auch von der Courtaulds Ltd. in ihrem *engl. P. 356.299* (1930) beansprucht, zusammen mit der dazugehörigen Nachbehandlung mit kochender Seifenlösung oder kochendem Wasser.

In ihrem *amer. P. 2.060.047* (1931) empfahl die Celanese Corp. of America, der Spinnlösung ein wasserunlösliches Salz einer höheren Fettsäure beizugeben (Zn-, Al-, Mg-, Ca-, Sr-, Ba-Salz der Stearin-, Öl-, Palmitin-, Cerotin-, Elaidin- oder Carnaubasäure), das in Wasser suspendiert oder in Azeton gelöst wird. Im gleichen Patent wird auch die Nachbehandlung von Textilien mit einem Quellmittel und einer Suspension solcher Salze besprochen (siehe Abschnitt B 2, Seite 424).

Nach dem *engl. P. 425.416* (1933) der British Celanese Ltd. erhält man matte Kunstseide aus Zellulosederivaten, indem man der Spinnlösung 0,1–10% eines wasserlöslichen Alkali- oder Erdalkalisaccharats, zum Beispiel Bariumglukosats zugibt. Der gewünschte Matteffekt wird dann durch nachträgliches Waschen oder Färben in 25–100° C warmer Flotte erzielt.

In ähnlicher Weise wird ein Entglänzen der Kunstseide laut *amer. P. 2.090.924* (1934) der Celanese Corp. of America erwirkt, wenn man die Azetatkunstseide, die aus einer Spinnlösung hergestellt wurde, mit Wasser bei 40° C nachbehandelt. Diese Azetatkunstseide bestand aus 1 Teil Zelluloseazetat und 3 Teilen Azeton und enthielt ferner 26% (auf das Zelluloseazetat bezogen) Türkischrotöl.

Zur Herstellung mattglänzender und/oder undurchsichtiger Kunstseide aus Zelluloseazetat, nach dem *amer. P. 2.069.773* (1934) der E. I. Du Pont de Nemours, versetzt man entweder die Spinnlösung oder behandelt die fertige Seide mit schwer verseifbaren Metallsalzen organischer Säuren: Barium- oder Bleiphthalat, Silbersalz der *p*-Benzoylbenzoesäure, Bariumsalz der 2,3-Dibenzoylaminopropionsäure oder der *β*-Naphthoyl-*p*-aminobenzoesäure, Bleisalz des Phtalsäureamids, des N-Phenyl-, N-α-Naphthyl-, oder N-Diphenylenphthalsäureamids, Kalziumsalz der Benzoyl-*p*-aminobenzoylsulfonsäure oder der 3,4,5-Trichlorbenzoesäure, Bariumsalz der *p*-Phenylbenzoesäure. Diese Verbindungen können zusammen mit anderen Mattierungsmitteln verwendet werden. Das Bleisalz des N-Phenylphthalsäureamids zum Beispiel erhält man in fein verteilter Form, indem man zu einer Lösung des Ammoniumsalzes des Säureamids Bleiazetat zufügt, den Niederschlag filtriert und trocknet und dann mit der gleichen Menge Zelluloseazetat in 2%iger Azetonlösung zu einer Dispersion vermahlt. Diese Dispersion wird dann in eine 24%ige Zelluloseazetatlösung in solchen Mengen eingetragen, dass auf 10 Teile Zelluloseazetat 1 Teil Bleisalz kommt.

Die Celanese Corp. of America erhielt laut ihrem *amer. P. 2.080.755* (1934) weiche, entglänzte und gleichzeitig beschwerte Kunstseidengewebe aus Zellulosederivaten durch Zusatz eines Alkylolaminsalzes einer Fettsäure (zum Beispiel 2% Triäthanolaminstearat) zur Spinnlösung und durch Formen der Fäden und Herstellung eines Gewebes, das dann mit der Lösung eines Metallsalzes nachbehandelt wird, dessen Metallion mit der Fettsäure ein unlösliches Salz bilden kann, das als Beschwerungs- und Entglänzungsmittel wirkt: zum Beispiel $BaCl_2$.

γ) Spezielle Verfahren für das Schmelzspinnverfahren

Durch ihr *amer. P. 2.919.258* (1956) liess die Allied Chemical Corp. die Verwendung von Al-, Ba-, Cd-, Ca-, Pb- oder Na-Salzen von gesättigten aliphatischen Dikarbonsäuren mit 2–10 Kohlenstoffatomen (besonders von Aluminiumadipat) als Mattierungsmittel für Polyamidfasern schützen. Die Produkte können als feine trockene Pulver der Spinnmasse in Mengen von 0,1–5% zugemischt oder sogar auf die fertigen Fasern in rotierenden Behältern aufgestäubt werden.

d) Aliphatische Kohlenwasserstoffe, Paraffine, Paraffinöle, Terpene

Unter den älteren Patentschriften über den Zusatz von organischen Stoffen zu den Spinnlösungen findet man ein *franz. P. 434.602* (1911) von Bourgeois, das den Zusatz von geringen Mengen Petroleum zu Nitrozelluloselösungen vorsah.

In seinem *DRP 714.682* (1929, amer. Prior. 1929, auch *franz. P. 680.493* und *engl. P. 342.743*) empfahl Singmaster, der Spinnlösung gleichzeitig ein anorganisches Mattierungspigment, wie vor allem Titandioxyd, und ein schweres, hochsiedendes, nichtflüchtiges, weisses Mineralöl zuzugeben. Durch die gleichzeitige Anwendung dieser 2 verschiedenen Mattierungsprodukte soll erreicht werden, dass der Glanz der mattierten Kunstseide noch seidenartiger wird.

Die American Bemberg Corp. liess durch ihr *amer. P. 1.967.206* (1932) die Mattierung von Kunstseide aus Zellulose oder Zellulosederivaten durch Zugabe einer Emulsion von Kasein, Terpentin- und Paraffinöl in Mengen von je 10% (auf das Zellulosegewicht berechnet) schützen. Dieses Verfahren wurde auch im *amer. P. 1.984.304* (1932) erläutert: die zu verwendende Emulsion soll

5% Kasein,
5% α-Terpineol (oder β- oder γ-Terpineol, Terpineol-1 oder -4, Dihydrocarvenon, Isopulegol, δ-3-Menthenol-8, oder δ-2-Menthenol-1),
5% Paraffin fest,
5% Petroleum

enthalten.

α) Spezielle Verfahren für die Viskosekunstseide

Die englische Firma Courtaulds Ltd. entwickelte in einer Reihe von Patenten die Verwendung aliphatischer Kohlenwasserstoffe zur Herstellung matter Kunstseide aus Viskose: im *engl. P. 273.386* (1926, auch *schweiz. P. 125.438*) gab sie zuerst als geeignete Produkte Petroleum oder Weichparaffin (allein oder in Gemischen) in Form von Emulsionen an. Nach dem *engl. P. 290.693* (1927, auch *kanad. P. 288.448*) wird die feine Verteilung solcher Mattierungsstoffe dadurch erreicht, dass diese, nach der Filtration und Evakuierung, der Spinnlösung in flüssiger oder fester Form durch die Viskoseleitungen – auf dem Weg zwischen den Filtern und den Spinndüsen – beigemengt werden. Während des Mischens der Viskose mit dem Petroleum soll der Zutritt von Luft zur Spinnlösung sorgfältig vermieden werden.

In einem weiteren *engl. P. 294.805* (1927) der gleichen Firma wurde zur Erreichung einer besseren Verteilung der gleichen Mattierungsstoffe die Verwendung von Cyclohexanol als Emulgator empfohlen, und im *engl. P. 323.830* (1928, auch *schweiz. P. 145.117*), einer weiteren Ausbildung des Verfahrens nach den engl. P. 273.386 und 290.693 (siehe Seite 344), empfahl man die Verwendung eines Gemisches von hochsiedendem Petroleum oder von Weichparaffin mit einem geblasenen pflanzlichen oder tierischen Öl (vor allem mit geblasenem Walratöl) oder mit geblasener Ölsäure.

In einem *franz. P. 682.563* (1929) schützte die I. G. Farbenindustrie den Zusatz von Paraffinöl oder dergleichen zu einer Viskose, die aus ungereifter Alkalizellulose hergestellt wurde und deren Zellulosegehalt den Alkaligehalt um höchstens 2% übersteigt.

Die Vereinigten Glanzstoff-Fabriken empfahlen in ihrem *DRP 529.653* (1928, auch *schweiz. P. 127.361* und *ungar. P. 101.813*), der an sich bereits fertigen Viskosespinnlösung kleine Mengen (das heisst weniger als 20%) von Terpenen beizumengen und dann diese Spinnlösung in solche Fällbäder zu verspinnen, die gegenüber den einverleibten Terpenen (Pinen, Sylvestren, Camphen und dergleichen) kein oder nur ein geringes Lösungsvermögen besitzen: also an sich bekannte schwefelsaure Fällbäder, die noch Sulfate wie Na_2SO_4, $MgSO_4$, $ZnSO_4$ oder Gemische dieser Salze (und gegebenenfalls auch Glukose) enthalten können.

Zur guten Verteilung einer geringen Menge von flüssigem Paraffin als Mattierungsmittel in der Viskose wird nach dem *engl. P. 355.015* (1930) der Kirkles Ltd. dieses Paraffin zuerst mit einem Emulgator oder einem Stabilisator emulgiert, der ein Protein (wie Kasein oder Blutalbumin) sein kann, und dann der fertig bereiteten Viskoselösung in schnellaufenden Mischvorrichtungen (mit einer Tourenzahl von 1000–1400) einverleibt.

Das Aufrahmen der Suspensionen von Mattierungsmitteln wie Mineralöl, Petroleum oder Terpentinöl, die mit Monopolöl, Seife oder einer alkylierten Naphthalinsulfonsäure emulgiert wurden, in der Viskose kann man nach dem *amer. P. 1.956.034* (1930) der E. I. Du Pont de Nemours dadurch verhindern, dass man noch 10–20% Terpineol oder Terpentinöl (auf das Mineralölgewicht gerechnet) zusetzt. Das Mittel, welches das Aufrahmen verhindern soll, muss gleichzeitig im Mineralöl und in der Viskose löslich sein. Zu diesem

Zweck verwendbar, aber nicht in demselben Mass wirksam sind: Benzol, Toluol, Xylol, Chlorbenzol, Hexan, Hexalin und Tetrachlorkohlenstoff.

Nach einem anderen Vorschlag laut *amer. P. 1.984.303* (1932) der American Bemberg Corp. soll die zu verwendende Emulsion aus

10% Kasein,
10% Petroleumdestillat,
13% Ölsäure,
0,45% Triäthanolamin

bestehen und die Spinnlösung in üblicher Weise verarbeitet werden.

Zur Herstellung von schwach mattierter Kunstseide aus Viskose oder Kupferoxydammoniakzellulose soll nach dem *amer. P. 2.063.001* (1934) der North American Rayon Corp. der Spinnlösung eine zwischen etwa 125 und 150 ° C siedende Mineralölfraktion, gegebenenfalls zusammen mit einer geringen Menge Titandioxyd, zugesetzt werden. Um eine Viskosekunstseide mit einem naturseideähnlichen oder matten Glanz zu versehen, kann man nach dem *amer. P. 2.107.668* (1930) der E. I. DuPont de Nemours die Viskose mit 0,05–3 Gew.% verdampfbaren, hochsiedenden Kohlenwasserstoffen versetzen, verspinnen und dann in üblicher Weise nachbehandeln, wobei die zugesetzten Kohlenwasserstoffe im wesentlichen wieder entfernt werden. Zusätze von 0,5% eines mit Monopolöl emulgierten Kerosens oder von 0,6% eines mit Nekal AEM (einem wasserlöslichem Emulgator aus Alkylnaphthalinsulfat mit Leim als Schutzkolloid) emulgierten Terpentins haben sich für dieses Verfahren als besonders geeignet erwiesen.

Das *amer. P. 2.170.752* (ausg. 1940) nennt lediglich den Zusatz von etwa 1% oder mehr eines hochsiedenden Petroleumproduktes, wie Weichparaffin, zur Viskose.

β) Spezielle Verfahren für die Azetatkunstseide

Wenn man, nach den Angaben des *amer. P. 1.958.238* (1928, auch *engl. P. 348.625*[1]), von C. Dreyfus und W. Whitehead, einer Lösung von azetonlöslichem Zelluloseazetat Petroleumöl, Gasolin, Paraffin, Wachs, Öl oder Xylol zusetzt und diese neue Lösung nach dem Trockenspinnverfahren verspinnt, so erhält man zähe und geschmeidige Fäden von mattem Aussehen; nach einem weiteren Vorschlag der gleichen Erfinder, laut *amer. P. 1.959.414* (1930), soll man beim Austritt der petroleumhaltigen Zelluloseazetatlösung einen warmen Luft- oder Gasstrom durch ein perforiertes, die Spinndüse umgebendes Rohr auf die Fäden einwirken lassen.

Nach dem ähnlich gestalteten Verfahren der Eastman Kodak Co., wie im *amer. P. 2.070.031* (1932) beschrieben, werden der azetonischen Zelluloseazetatlösung etwa 2–6% (auf das Gewicht der Spinn-

---

[1]) Siehe auch Seite 336.

lösung gerechnet) einer Mineralölfraktion mit Siedepunkt bei 150–230 ° C zugesetzt, und die fertig gebildeten Fäden durch eine Dampfatmosphäre geführt, deren Temperatur an keiner Stelle die untere Siedetemperaturgrenze der verwendeten Mineralölfraktion überschreitet.

e) Aromatische Kohlenwasserstoffe und deren Substitutionsprodukte

In seiner Abhandlung über «Neuere Verfahren zum Mattieren von Kunstseide» machte Obst[1]) über die ausgesprochene Verwandtschaft der Kunstseide mit den Lacken und Filmen aufmerksam und wies darauf hin, dass die in der Lack- und Filmindustrie üblichen Mattierungsmittel auch zum Mattieren von Kunstseide geeignet sein könnten und nach dieser Richtung systematisch untersucht werden sollten. Als erstes Ergebnis einer solchen Untersuchung nannte er die seiner Ansicht nach sehr umfangreichen *engl. P. 285.066* (1927, auch *franz. P. 640.644* und *amer. P. 1.781.018*, holl. Prior. 1927) sowie *285.863* (1927) von Bonwitt: nach dem ersteren sollen der Viskose in ihr emulgierbare Stoffe zugesetzt werden, die beim Spinnverfahren praktisch kein Gas entwickeln, aber beim Trocknen des fixierten Fadens verdampfen, wie Mono- und Dichlorbenzol, Xylol, hydrierte Naphthaline, oder Mischungen davon. Bei Mischungen soll das Mischungsverhältnis so gewählt werden, dass ihr spezifisches Gewicht praktisch mit dem der Viskose übereinstimmt. Das zweite dieser Patente, das *engl. P. 285.863*, ein Zusatzpatent zum ersten, überträgt das gleiche Verfahren auf die Kunstseiden, die aus Lösungen von Zellulosehydrat, -nitrat, -azetat, von Alkyl-, Aryl- oder Aralkylzellulosen oder von gemischten oder einfachen Zelluloseestern oder -äthern in Salzsäure, Natronlauge, Essigsäure, Kupferoxydammoniak, Azeton, Äther, Alkohol-Äther oder in anderen Lösungsmitteln hergestellt werden. Solchen Lösungen werden Substanzen zugesetzt, die mit ihnen unmischbar oder nicht in allen Verhältnissen mischbar sind, wie Xylol, Monochlorbenzol, hydrierte Naphthaline oder hochsiedendes Mineralöl.

Ein *franz. Zusatzpatent 34.038* (holl. Prior. 1927) zum *franz. P. 640.644* erwähnt die im Hauptpatent nicht enthaltene Anpassung des spezifischen Gewichtes der verwendeten Mattierungsmittel-Mischungen an das Gewicht der zu verarbeitenden Spinnlösung, sowie die Übertragung des Verfahrens auf andere Spinnlösungen als Viskose. Ein weiteres *franz. Zusatzpatent 34.041* (holl. Prior. 1927, auch *amer. P. 1.784.014*), auf den Namen der Algemeene Kunstzijde Unie, gibt noch eine weitere Verfeinerung des Verfahrens an: die verwendeten Zusätze können entweder beim Trocknen der fixierten Fäden ver-

---

[1]) Kunstseide *11* (1929), 279.

dampfen, oder auch bei der Weiterverarbeitung keine Gase und Dämpfe entwickeln, so dass sie wenigstens zum Teil im Fertigprodukt bleiben.

Mit ihrem *amer. P. 2.077.700* (1935) liess die E. I. DuPont de Nemours ein Verfahren schützen, nach dem der Spinnlösung in irgendeinem Stadium des Herstellungsprozesses Dekachlordiphenyl einverleibt wird, und zwar in solchen Mengen, dass man schliesslich eine Kunstseide mit weniger als 5% des Mattierungsmittels erhält.

α) *Spezielle Verfahren für die Viskose oder die Kupferoxydammoniakzellulose*

In einem älteren *engl. P. 205.898* hatte H. Dreyfus vorgeschlagen, den Schwefelkohlenstoff in Gegenwart von Benzol der Alkalizellulose zugegeben.

Die Steckborn Kunstseiden AG liess mit dem *schweiz. P. 142.113* (1929, auch *DRP 550.878*) ein Verfahren zur Herstellung von edelmatten Zellulosegebilden mit guten textilen Eigenschaften schützen, nachdem in der Viskose mindestens ein mattierender Stoff emulgiert wird, unter Zugabe einer weiteren Flüssigkeit, die sowohl in der Viskose als auch in dem zu emulgierenden Stoff löslich ist, damit ein guter Verlauf der Spinnvorganges gewährleistet ist. Als geeignete Gemische wurden vorgeschlagen: Toluol, mit 0,1–10% seines Gewichtes an Azeton emulgiert, Terpentinöl mit Alkohol, oder Tetrachlorkohlenstoff mit Diäthyllaktat.

Im *engl. P. 333.977* (1929) von C. F. M. Verstijnen wird die Beimengung von chemisch inerten Stoffen empfohlen, die mit der Viskose emulgierbar sind, und zwar als Gemische, wie von Benzol oder Toluol mit Tetrachlorkohlenstoff, deren spezifisches Gewicht dem der Viskose möglichst gleicht. Dieses Verfahren ist also dem von G. Bonwitt sehr ähnlich (siehe Seite 347, *engl. P. 285.066*).

Wenn man nach dem *franz. P. 681.439* (1929) des Comptoir des Textiles Artificiels der Viskose Benzol, Toluol, Paracymol oder ähnliche Stoffe einverleibt und dann diese Spinnlösung in besondere schwefelsäurehaltige Bäder verspinnt, erhält man eine matte Kunstseide mit rauher Oberfläche.

Die Société Lyonnaise de Soie Artificielle empfahl in ihrem *franz. P. 706.229* (1930), der Viskose am Ende des Zerfaserungsprozesses gleichzeitig einen Mattierungsstoff wie Anthrazenöl und ein Weichmachungsmittel wie Triphenyl- oder Trikresylphosphat zuzugeben. Diese Stoffe können nachträglich mit Toluol oder Alkohol wieder aus den Fäden herausgelöst werden.

Nach dem Verfahren laut *schweiz. P. 149.057* (1930, deutsche Prior. 1929) der Feldmühle AG, Rorschach, wird der Schwefelkohlenstoff, schon vor seinem Einsatz zum Xanthogenieren der Natronzellulose, mit mindestens einem in ihm löslichen, schwer flüchtigen, reaktionsindifferenten, cyclisch-aromatischen Stoff versehen, der dann nach der Xanthogenierung in der Viskose emulgiert ist. Diese wird darauf in wenig gereiftem Zustand versponnen. Als Beispiel wird der Zusatz von 1% Naphthalin (auf den Zellstoff bezogen) erwähnt, man kann aber auch alicyclische Verbindungen, die einen aromatischen Kern besitzen, wie Tetralin, anwenden.

F. D. Lewis empfahl in seinem *engl. P. 399.512* (1932) die Verwendung von organischen Substanzen, die im fertigen Material zurückbleiben und deren Brechungsindex wesentlich grösser ist, als derjenige der regenerierten Zellulose und der mindestens 1,58, besser noch 1,60, beträgt. Solche Substanzen sind die halogenierten Naphthaline, wie zum Beispiel α-Bromnaphthalin, Mono-, Di-, Tri-, Tetra-, Penta- oder Hexachlornaphthalin oder die entsprechenden Bromverbindungen oder gemischte Chlor-Bromderivate. Diese Mattierungsmittel werden in einem flüchtigen Dialkyläther des Glykols oder des Glycerols oder in einem ββ'-Dichloralkyläther als Lösungsmittel gelöst. Den unangenehmen Geruch mancher dieser Chlor- oder Bromverbindungen kann man durch Zusatz von organischen Riechstoffen beseitigen, wie zum Beispiel Alkyl- oder Arylnaphthylester, Benzylbenzoat, Trikresylphosphat, Di-β-naphthylglyceroläther, α-Naphtholmethyläther.

Auch die E. I. du Pont de Nemours empfahl in ihrem *amer. P. 2.077.699* (1932) den Einsatz von halogenierten Ringverbindungen als Mattierungsmittel für die Viskose, und zwar von Hexachlorbenzol, völlig chloriertem Naphthalin, chloriertem Diphenyl, in Kasein-Natrium oder sulfoniertem Rizinusöl dispergiert.

Für die Verwendung in Viskose und in Kupferoxydammoniakzelluloselösungen empfahl die American Glanzstoff Corp. in ihren *amer. Patenten 1.922.903* und *1.922.910* (1932, 1933) einen Zusatz von 2,5–10% Diphenyl, gegebenenfalls im Gemisch mit Pinienöl, oder in einer Auflösung von 1,7% Diphenyl + 7% Naphthalin in Benzol oder dergleichen.

Unter den zahlreichen vorgeschlagenen Verbindungen dieser Klasse ist aber vor allem das chlorierte Diphenyl zu einer gewissen Bedeutung gelangt. Sein Einsatz in der Viskosemattierung wurde für die Viscose Co. durch das *engl. P. 384.224* (1932, amer. Prior. 1931) geschützt. Die Zumischung erfolgt in Form einer Emulsion, auch mit Zusatz von Dimethylanilin oder eines flüchtigen Lösungsmittels wie Isopropyläther. Als geeignetes Mattierungsmittel im Sinne dieser Erfindung galt nicht nur die Monochlordiphenylverbindung, sondern im weitesten Sinn die handelsüblichen Chlorierungsprodukte des Diphenyls, vor allem eine flüssige Substanz mit etwa 19% Chlor und ein wachsähnlicher Stoff mit etwa 40% Chlor. Der Brechungsindex des Produktes wächst parallel zum Chlorgehalt: bei niederem Gehalt, bis 30%, beträgt er 1,61 bis 1,64, bei den stärker chlorierten Produkten 1,64 bis 1,71. Dimethylanilin dient als Lösungsmittel für das feste Chlordiphenyl, und wird nachher im schwefelsauren Fällbad wieder entfernt. Ein anderer Weg, das feste Chlordiphenyl in der Viskose fein zu verteilen, besteht darin, dieses Produkt in einer Kolloidmühle zu zerkleinern und dann wie ein hochdisperses anorganisches Pigment der Spinnlösung einzuverleiben[1]).

In einem weiteren *amer. P. 2.111.449* (1933, auch *engl. P. 409.625* und *franz. P. 765.058*) empfahl die gleiche Firma die gleichzeitige Anwendung von 0,2–10% chloriertem Diphenyl und von 0,5–15% eines inerten organischen Stoffes öliger oder wachsartiger Beschaffenheit, wie Petroleum oder Paraffin, auf die trockene Kunstseide bezogen.

Die in den vorangehenden Patentschriften erwähnten chlorierten Diphenylderivate gelangten unter dem Namen Aerochlor auf den Markt.

Die E. I. DuPont de Nemours erwähnt in ihrem *amer. Patent 2.157.544* (1934) als Mattierungsmittel vierkernige aromatische Kohlenwasserstoffe, deren Brechungsindex um mindestens 0,1 von demjenigen der Spinnlösung abweicht: 1,3,5-Triphenylbenzol, Bis-diphenyl, Bianthyl, Picen, Chrysen, Bis-(diphenyl)-äthylen, Diphenylendiphenyläthylen, Dinaphthylazetylen, Tetraphenyläthylen, Pyren, Fluoren und deren Derivate, Phenyl- und Naphthylmethane, Polyxylenharze, Indenharze, Kondensationsprodukte von Naphthalin und Formaldehyd, usw., usw., von denen man 0,1–20% der Viskose zusetzt. Man löst zum Beispiel 3 Gewichtsteile Naphthalin-Formaldehydharz in 3 Teilen Benzol, emulgiert unter Verwendung von Türkischrotöl und der gleichen Menge Wasser und setzt diese Emulsion zu 1000 Teilen einer Viskose zu, die 7% Zellulose enthält.

Auch die in Wasser und Alkalien unlöslichen Alkylnaphthaline, wie α- oder β-Methylnaphthalin, α, β-Dimethylnaphthalin, α-*n*-Butylnaphthalin und dergleichen, fanden nach dem *amer. P. 2.021.849* (1934) der North American Rayon Corporation Verwendung durch Emulgieren in der Zelluloselösung in Mengen von 1–10%, und die Phenylnaphthaline nach dem *amer. P. 2.060.787* der gleichen Firma für die Mattierung von Viskose und Kupferoxydammoniakzellulose.

β) *Spezielle Verfahren für die Zelluloseazetatkunstseide*

Nach einem Vorschlag der Viscose Co. in ihrem *engl. P. 386.216* (auch *franz. P. 738.741*, beide 1932, mit amer. Prior. 1931) kann man einer Lösung von Zelluloseazetat in Azeton chloriertes Naphthalin in einer Menge von 5–20%, gleichfalls in Azeton gelöst, zumischen und die so erhaltene Spinnlösung im Trockenspinnverfahren verarbeiten.

[1]) Siehe auch Hildebrandt: Delustring (Silk and Rayon *8* (1934) 259).

f) Alkohole, Fettalkohole und deren Ester, Äther

Nach ihrem *engl. P. 419.477* (1933) wählte die North British Rayon Ltd. zur Herstellung von Mattseide aus Zellulose oder Zellulosederivaten den Zusatz von 4–6% Dibenzyläther oder dessen Chlorderivate, wenn nötig unter Mitverwendung eines Netz- oder Emulgiermittels (Fettalkoholsulfat oder Fettsäuresulfonat) und eines gemeinsamen Lösungsmittels für den Äther und den Spinnstoff (Alkohol für die Viskose).

Die E. I. DuPont de Nemours erwähnte zum gleichen Zweck in ihrem *amer. P. 2.099.455* (1934) eine ganze Reihe von Estern aus anorganischen oder organischen Säuren, wie Kohlen- oder Phosphorsäure oder ein- oder mehrbasischen, aliphatischen, alicyclischen, aromatischen oder heterocyclischen Karbon-, Thiokarbon-, Sulfon-, Sulfin- oder Phosphinsäuren, die 4 oder mehr aromatische oder heterocyclische Kerne enthalten, die arm an Wasserstoff sind. Ebenso Ester aus aliphatischen und alicyclischen Alkoholen, auch aus solchen, die aromatische oder heterocyclische Gruppen enthalten, oder aus aromatischen und heterocyclischen Alkoholen, die Alkyl-, Aryl- und Aralkylgruppen, Halogen, Hydroxylgruppen, ferner –O–, –S–, –Se–, –Te–, –NH–, $-SO_2-$, –SO–, –CO–, –NR–, –NAr–, –NR–CO–R, $-N(COR)_2$ enthalten können, wobei R Alkyl-, Alkaryl-, Aryl- oder eine ähnliche Gruppe bedeutet[1]). Der Brechungsindex der verwendeten Verbindungen dieses Typs soll lediglich möglichst verschieden sein von dem der Spinnlösung. Als Zusatz dienen Mengen von 0,1 bis 20,0%, allein oder zusammen mit anderen Mattierungsmitteln, wie Mineralöl, Wachsen, Paraffin, Benzol, Toluol, Terpentinöl, Titandioxyd, Lithopon oder Zinksulfid. Als Beispiel wird aufgeführt: 400 Teile 1,1'-Dinaphthylmethan-3,3'-dibenzolsulfonat werden mit 600 Teilen Wasser, 8 Teilen Natriumkaseinat und 300 Teilen Kieselsteinen in einer Achatmühle gemahlen, bis eine Teilchengrösse von 4 μ Durchmesser erreicht wird. Diese Dispersion wird dann einer Viskose mit 7% Zellulose zu 0,6% einverleibt.

α) *Spezielle Verfahren für die Kunstseiden aus regenerierter Zellulose*

Die I. G. Farbenindustrie hat in ihrem *engl. P. 328.044* (1928) für die Herstellung einer sehr festen und gleichmässigen Kunstseide den Zusatz von Phenol, Chlorphenol, Kresol oder Naphthol zur Viskose vorgeschlagen, ohne eine Mattwirkung dieser Verbindungen zu erwähnen.

In ihrem *DRP 513.663* (1928) versuchte die gleiche Firma für die flüssigen und wasserunlöslichen Rückstände der Herstellung von

---

[1]) Für eine ausführliche Beispielliste wird auf die Originalpatentschrift oder auf das Referat in Zentralblatt *1938 I*, S. 2103 verwiesen.

Alkoholen auf katalytischem Weg eine Verwendung als Mattierungsmittel zu finden. Diese Produkte stellen Gemische verschiedener Stoffe dar, wie höherer Alkohole, Ketone, Fettsäureester, Äther und anderer Verbindungen unbekannter Konstitution. Sie wurden auch für die Herstellung von Mercerisiernetzmitteln eingesetzt[1]). Dieser Vorschlag wurde später im *franz. P. 815.288* (1936) wieder aufgenommen und verfeinert, indem aus diesen Rückständen eine Fraktion mit einem Siedepunkt von 160–220° C gewählt wird, die mit Soda gereinigt und dann nochmals bei 200 atm Druck mit Wasserstoff katalytisch hydriert wird. Die so entstandenen Alkohole werden mit Wasserdampf destilliert, und von den ersten 10% des Destillates werden 2% der Viskose zugesetzt. Das *franz. Zusatzpatent 49.057* (1937, deutsche Prior. 1937) erstreckte die Anwendbarkeit solcher Produkte auf das Mattieren von Kupferseide, und zwar durch Zusatz von 3% dieser Produkte zu einer Lösung, die 6% Zellulose, 5,5% NH_3 und 2,5% Cu enthält. Das *amer. P. 2.171.324* (ausg. 1940) behandelt das gleiche Verfahren, und das *engl. P. 499.827* (1937) gibt dazu noch die Verwendung eines Fällbades an, das $MgSO_4$ und/oder $ZnSO_4$ enthält. In einem anderen *franz. P. 720.618* (1931, deutsche Prior. 1930) hatte die I. G. Farbenindustrie die Verwendung wasserunlöslicher höherer Alkohole, Alkoholsäuren bzw. ihrer Ester, schützen lassen, wodurch sich besonders weiche und matte Fäden herstellen lassen.

Die Steckborn Kunstseide AG gab in ihrem *schweiz. P. 134.056* (1929, auch *DRP 588.698*) an, die für die Spinnmattierung von Viskosekunstseide bestgeeigneten organischen Verbindungen in den bei 200–300° C siedenden, schwerflüchtigen Äthern der allgemeinen Formel R–O–R oder R–O–R′ gefunden zu haben, weil sie chemisch sehr beständig sind, mit der Viskose selbst nicht reagieren und ungefähr das gleiche spezifische Gewicht wie diese besitzen, so dass sie auch bei längerer Reifungszeit nicht aufrahmen. Ausserdem sind sie dank ihrem hohen Siedepunkt nicht flüchtig, so dass die Spinnlösung ohne Bedenken im Vakuum entlüftet werden kann. Die in den allgemeinen Formeln angedeuteten Reste R und R′ können aliphatischer, aromatischer oder gemischter Natur sein: als besonders wirksam soll sich Dibenzyläther erwiesen haben. Ferner kann man aus dieser Klasse Substanzen wählen, die wohl nicht flüchtig, aber mit Wasser destillierbar sind: sie werden dann beim Trocknen der Fäden wenigstens zum Teil wieder herausgenommen und hinterlassen kleine Hohlräume, die ebenfalls mattierend wirken[2]).

Äther sind auch Gegenstand des *schweiz. P. 150.872* (1930) der Sandoz, und zwar Aryl- oder Aralkyläther mehrwertiger Alkohole

---

[1]) Siehe dieses Werk, 2. Teil, 1. Band, Kapitel V, Seite 635.

[2]) Ein neues Verfahren zur Herstellung matter Gebilde aus Viskoselösungen (Z. ges. Textil-Ind. *37* (1934) 35).

wie Glykol oder Glyzerin. Sie können schon der Alkalisierlauge, aber auch erst der fertigen Spinnlösung vor deren Ausfällen zugesetzt werden, gegebenenfalls unter Mitverwendung von aliphatischen Alkoholen, Ketonen, Phenolen, hochsulfatierten Ölen usw. als Emulgatoren, oder von weiteren organischen Mattierungsmitteln wie Mineralöl, pflanzlichen oder tierischen Ölen und Fetten. Als Beispiele werden Mono- und Dixylenylglyzerinäther angegeben.

Die Société Lyonnaise de Soie Artificielle empfahl in ihrem *franz. P. 705.639* (1930) der Viskose einfache oder gemischte Estersalze einfacher oder mehrwertiger Phenole, wie zum Beispiel Phosphorsäureester des Phenols, auch zusammen mit Terpentinöl, einzuverleiben.

Die Breda Visada Ltd. empfahl ihrerseits in ihrem *engl. P. 344.288* (1930) der Viskose eine kleine Menge eines schwer hydrolysierbaren Esters von hydrierten Phenolen mit Mono- oder Polycarbonsäuren: Methyladipinsäure- oder Stearinsäureester des Methylcyclohexanols (auch *D. Anm. B 149.357*, 1931) einzuverleiben. Ein solches Produkt trug die Handelsbezeichnung Sipalin M.O.M.

In ihrem *amer. P. 2.066.385* (1935) empfahl die Tubize Chatillon Corp. die Verwendung von wasserunlöslichen Alkoholen, und zwar

1. aliphatischen Alkoholen, wie Cetyl-, Stearyl-, Ceryl-, Carnaubyl-, Oktadezylalkohol,
2. ungesättigten Alkoholen, wie Olefin- und Diolefinalkoholen,
3. cyclischen Alkoholen, wie Zoosterolen (Cholesterol, Isocholesterol), Phytosterolen (Sitosterol, Brassicasterol).

Man emulgiert zum Beispiel in 1000 Teilen einer frischen Viskose (18 ° C, 7 % Zellulose) 60 Teile eines Gemisches von 59 Teilen Mineralöl mit einer Viskosität von 75 Saybolt-Sekunden bei 38 ° C, 40 Teilen Stearylalkohol und 1 Teil Stearylalkoholsulfat.

Für die Herstellung von matter Kunstseide aus Kupferoxydammoniakzelluloselösungen schlug die I. G. Farbenindustrie in ihren *franz. P. 800.396* und *800.827* (beide 1936, deutsche Prior. 1935) den Zusatz von weniger als 5% Pinienöl, allein oder im Gemisch mit Campherrückstandsöl, vor.

In ihrem *amer. P. 2.227.495* (1939) nannte die Hercules Powder Co. (eine auf dem Gebiet der Verarbeitung von Baumharzen und ihren Nebenprodukten spezialisierte amerikanische Firma) eine ganze Reihe von Terpenäthern, die gebildet sein können aus aliphatischen. normalen oder verzweigten Alkoholen mit 1–5 Kohlenstoffatomen, Chloralkoholen der gleichen Art, Furfuryl- und Tetrahydrofurfurylalkohol, Benzylalkohol oder Mono- oder Diäthylen- und -propylenglykol und deren Monomethyl- und -äthyläther einerseits und andrerseits aus Terpenalkoholen wie α-Terpineol, Borneol und Fenchylalkohol oder aus ungesättigten Terpenen, wie α- oder β-Pinen, Dipenten, Terpinen,

Camphen, Bornylen, Sesquiterpenen, und Polyterpenen und anderen mehr. Diese Äther werden unmittelbar in der Viskose dispergiert oder der Natronlauge, dem Wasser oder dem Zellulosexanthogenat, die der Viskosebereitung dienen, einverleibt. Sie können aber auch als wässrige Emulsionen der Viskose oder deren Zwischenprodukten zugesetzt werden, wobei wie üblich Netz- und Dispergiermittel sowie noch andere Mattierungsmittel zum Einsatz kommen können. Die Zusatzmenge beträgt etwa 0,05 bis etwa 5% des Gewichtes der Viskose.

Eine interessante Einsatzmöglichkeit von Alkoholen und deren Derivaten wurde im *engl. P. 623.566* (ausg. 1949) der Zellstoffherstellerfirma Rayonier Inc. dargelegt: dem Holzzellstoff, der später zur Herstellung einer Viskose dienen soll, die durch Dispersion mit einem nicht mischbaren, öligen Mattierungsmittel versehen ist, wird schon vor dem Zerkleinern (durch Aufspritzen oder durch Imprägnierung mit einer geeigneten Lösung oder Dispersion, oder auf eine andere Art) ein wasserunlöslicher, grenzflächenaktiver Stoff in einer Menge von weniger als 0,07% zugesetzt. Dazu geeignet sind: aliphatische Alkohole wie Oleyl- oder Dodecylalkohol, aliphatische Glykole wie Oktandiol, cycloaliphatische Alkohole aus dem Kolophonium, oder Sterole. Man kann aber auch Ester solcher Alkohole verwenden, die bei der Weiterverarbeitung des Zellstoffes oder bei der Reifung leicht verseifbar sind, wie der Monododecylester des Dinatriumsalzes der Sulfobernsteinsäure, oder anionaktive Stoffe, wie die Natriumsalze der Fett- oder Harzsäuren. Die nachträgliche Emulgierung des zum Mattieren dienenden Mineralöls wird dann wesentlich erleichtert.

β) *Spezielle Verfahren für die Zellulosederivate*

In ihrem *amer. P. 1.891.146* (1931) schlug die Courtaulds Ltd. vor, der Zelluloseesterlösung eine kleine Menge eines Esters eines Saccharids mit einer organischen Säure, zum Beispiel Glukosepentaazetat, zuzugeben und die fertigen Fäden in der Hitze mit einer Seifenlösung nachzubehandeln.

H. Dreyfus empfahl in seinem *engl. P. 398.166* (1932) die Einverleibung von 1–15% eines organischen Borsäureesters (wie Methyl-, Äthyl- oder Glyzerinester in Form einer Dispersion) und die nachträgliche Verseifung des Esters – unter Bildung von Borsäure – durch Behandlung der fertigen Fäden mit Wasser, Dampf, verdünnten Säuren oder Alkalien. Die so erhaltene Seide ist gleichzeitig matt und beschwert, und dazu noch besonders bügelfest.

Das durch das *engl. P. 448.409* (1934) der British Celanese Ltd. geschützte Verfahren beruht darauf, dass hochmolekulare Alkohole, wie Wollfettalkohol, Cetylalkohol, Oktadezyl-, Carnaubyl-, Ceryl-, Isoceryl- und Melissylalkohol und andere mehr in Mengen von 10%

des Zelluloseazetatgewichts einer Lösung eines solchen azetonlöslichen Azetats in der $2^1/_2$fachen Gewichtsmenge Azeton-Wasser einverleibt werden, und dass die fertig gesponnenen Fäden mit einer heissen Seifenlösung nachbehandelt werden. Die Entglänzung erfolgt dann schneller als ohne Alkoholzusatz.

Nach dem *engl. P. 497.846* (1937) der Distillers Co. Ltd. sollen der Zellulosederivatlösung verseifbare organische Verbindungen einverleibt werden, die sich mit der entsprechenden Zelluloseverbindung vertragen und diese zu plastifizieren vermögen; als solche bezeichnet die Erfinderin Ester aus Karbonsäuren mit weniger als 10 Kohlenstoffatomen und ein- oder mehrwertigen Alkoholen oder Phenolen, wie Cyclohexanolcrotonat, Glykoldicrotonat, Lauryl- oder *n*-Hexylcrotonat, die entsprechenden Ester und andere der Zitronen-, Milch- oder Essigsäure, wobei die mehrbasischen Verbindungen vollständig verestert sein müssen. Zum Einsatz kommen Mengen von etwa 25% des Zellulosegewichts. Ausführungsbeispiel: 1 kg Zellulosetriazetat wird in 4 Litern Dichlormethan und 600 cm^3 Alkohol gelöst; der Lösung fügt man 100 g Glykoldicrotonat zu. Nach dem Trockenspinnen werden die Fäden einer 15 Minuten dauernden Nachbehandlung mit kochendem Wasser unterzogen.

g) Andere organische Verbindungen

In diesem Abschnitt sind alle organischen Verbindungen erwähnt, die eine kompliziertere Zusammensetzung aufweisen und sich nicht in die vorangehenden Abteilungen einreihen lassen.

So empfahl H. Dreyfus in seinem *engl. P. 346.678* (1929, auch *austral. P. 28.770*, *franz. P. 702.174* und *schweiz. P. 152.835*) die Verwendung von weissen oder im wesentlichen weissen, weder in Wasser noch in Säuren oder Alkalien löslichen organischen Stoffen (mit einem Schmelzpunkt von mindestens 200° C, am besten 240 bis 300° C), deren Teilchengrösse 0,0001 bis 0,0005 mm betragen soll, als Mattierungsmittel für Zellulose- oder Zellulosederivatlösungen, und zwar:

1. Azylderivate von Diaminodiphenylbasen, wie Diacetyl- oder Dibenzoylbenzidin oder -tolidin. Ein besonderes Verfahren zur Herstellung dieser Verbindungen ist in den *engl. P. 363.986* und *364.040* (1930, auch *franz. P. 719.596*) beschrieben: die Azylierung wird durch Zusatz von Säureanhydriden oder -chloriden zu den verdünnten Lösungen der Basen in solchen Medien vorgenommen, die wohl diese Basen, nicht aber deren Azylierungsprodukte lösen: zum Beispiel Wasser, Benzol, Toluol, Xylol, Äther, Azeton oder Essigsäure. Damit die entstehende Suspension der Acylverbindung besonders fein ausfällt, kann man als Schutzkolloid Azetylzellulose und zur Neutralisation der Acylierungsnebenprodukte eine Base ($CaCO_3$, NaOH, Pyri-

din, Dimethylanilin, usw.) zugeben. Nach Waschen mit Xylol und dann mit Azeton ist eine solche Suspension als Mattierungsmittel zu Zelluloseazetat-Spinnlösungen zum Einsatz bereit.

2. Kondensationsprodukte von Harnstoff oder Thioharnstoff mit Diphenylbasen, wie 4,4'-Diureidodiphenyl, 4,4'-Dithioureidodiphenyl, α-Dinaphthylharnstoff, β-Dinaphthyloxamid, und andere mehr.

Neben diesen Stoffen kann man auch noch geringe Mengen Öl zusetzen.

In dem entsprechenden *amer. P. 2.039.301* wird allgemein vom Zusatz von 1–2% einer über 200°C schmelzenden organischen Verbindung gesprochen, die mindestens eine Aminogruppe aufweist, deren Wasserstoffatome durch Naphthalinreste substituiert sind, wie β-Tetranaphthylharnstoff. Wenn die betreffende Verbindung im organischen Lösungsmittel der Spinnlösung löslich ist, ist von dieser Verbindung eine grössere Menge anzuwenden als die, die im Lösungsmittel löslich ist.

In einem weiteren *engl. P. 346.793* (1929, auch *franz. Zusatzpatent 39.028* zum franz. P. 702.174) des gleichen Erfinders wurden in diesem Sinne auch Natur- oder Kunstharze erwähnt, besonders solche, die weder in Wasser noch in verdünnten Säuren oder Alkalien, und vorzugsweise noch in organischen Lösungsmitteln löslich sind und einen Schmelzpunkt von 250–300°C aufweisen: Bakelit C, Kondensationsprodukte von Harnstoff oder Thioharnstoff mit Formaldehyd oder von mehrwertigen Alkoholen mit mehrbasischen Säuren wie Glyptal (Glyzerin-Phthalsäureharze), die zuvor in dem Lösungsmittel für das betreffende Zellulosederivat oder in die Spinnlösung bis zu einer Teilchengrösse von weniger als 0,003 mm – gegebenenfalls in Gegenwart eines Schutzkolloids (Türkischrotöl, Ölsäure, Lein- oder Olivenöl) – verrieben wurden. Diese Zusätze können auf Wunsch mit Pigmenten (Titandioxyd, Zinkoxyd, Bariumsulfat) kombiniert werden, so dass der Glanz der erhaltenen Fäden beliebig gestaltet werden kann.

Durch ein *engl. Zusatzpatent 389.521* (1931) zum *engl. P. 346.678* (auch *franz. Zusatzpatent 42.291* zum *franz. P. 702.174)* liess H. Dreyfus die Bildung des Diacylderivates einer Diaminodiphenylbase in oder auf der Faser (dann durch Nachbehandlung) schützen: dabei wird die Base der Spinnmasse einverleibt und der Faden während dem Spinnprozess durch ein 20–40° C warmes Essigsäureanhydrid-Benzolbad durchgezogen.

Die E. I. DuPont de Nemours nahm eine ganze Reihe von Patenten über die Verwendung von zahlreichen höhermolekularen organischen Verbindungen als Mattierungsmittel.:

Amer. P. 2.069.800 (1933): Äther aliphatischer oder alizyklischer mehrwertiger Alkohole oder Ätheralkohole, die im Molekül mindestens 3 karbozyklische oder heterozyklische, wasserstoffarme Ringe enthalten, oder die sich von mehrwertigen Phenolen und mehrwertigen aliphatischen oder alizyklischen Alkoholen oder Ätheralkoholen ableitenden Harze, oder die entsprechenden Verbindungen, die an Stelle einer Äther-Sauerstoffbrücke eine -S-, -Se-, -Te- oder -NH-Brücke besitzen. Beispiele: Di-α- oder Di-β-Naphthyläther des Äthylenglykols oder des Diäthylenglykols oder des Glyzerins, Tribenzyläther des Glyzerins, Tetrabenzyläther des Pentaerythrits, 1,4-Dinaphthoxybuten-2, Harz aus Diphenylolpropan und Dichlordiäthyläther.

Amer. P. 2.069.801 (1933): organische Stoffe, die eine oder mehrere Äthergruppen und vorzugsweise mindestens karbozyklische oder heterozyklische, wasserstoffarme Ringe enthalten; ausser den im *amer. P. 2.069.800* erwähnten Produkten noch zum Beispiel Dibenzyl- oder Dianisyläther des Hydrochinons, sym-Di-α-naphthylmethyläther des Resorzinols, Ätherharz aus 2,6-Dioxynaphthalin und 1,4-Xylyldibromid, Di-β-naphthylsulfid, usw.

Amer. P. 2.069.802 (1934): mehrkernige, heterozyklische, wasserstoffarme organische Verbindungen, in denen das oder die Heteroatome Elemente der 6. Gruppe (Untergruppe b) sind; dabei können ein oder mehrere oder alle Ringe heterozyklisch sein und aus 5 oder 6 Gliedern bestehen; auch kann ein Ring mehrere Heteroatome aufweisen. Die restlichen Ringe sind vorzugsweise aromatischer Natur und sind mit dem heterozyklischen Ring entweder einfach gebunden oder bilden mit diesem konjugierte Ringsysteme. Beispiele: Dinaphthoxanthen, Methyl- oder Phenyldinaphthoxanthen, Bisdinaphthoxanthylen, Thioxanthen, usw.

Amer. P. 2.069.803 (1934): kondensierte oder nicht kondensierte aromatische heterozyklische Verbindungen, die mindestens 2, vorzugsweise mindestens 3 wasserstoffarme Kerne enthalten. Die Heteroatome können O, S, Se oder Te sein. Als besonders geeignet gelten die mehrkernigen Derivate des Furans und des Thiophens; aber solche des Thioxans und des Dioxans sind ebenfalls verwendbar, sowie solche, die mehr als 1 Heteroatom enthalten. Beispiele: 2,5-Diphenylfuran, Diphenylenoxyd, Difuryl-β,β, 2,3,5-Triphenyl-4-chlorfuran, sym-α-Difuryläthylen, Phenanthrofuran, Tetraphenylthiophen, Diperi-naphthylenthiothiophen, Selenonaphthen, Benzo-1,4-dioxin, Thianthren, Dibenzo-1,4-oxthiin.

Amer. P. 2.069.804 (1934): hochmolekulare organische Verbindungen mit mindestens 2 wasserstoffarmen Kernen: Amide von Karbon-, Aryl- und Alkylsulfon- oder -sulfinsäuren oder deren farblosen -R, -O-R, -S-R, -Se-R, -Te-R, -NH-R, -N-R_2, -CO-R, -SO_2-R, -SO-R, Oxy-, Alkyl- und Halogenderivate, wobei R eine Alkyl-, Aryl-, Alkaryl-, Aralkyl- oder eine heterozyklische Gruppe bedeutet. Diese Verbindungen sind weiter dadurch charakterisiert, dass die Wasserstoffatome der Aminogruppen vollständig substituiert sind und dass ein Kohlenstoffatom nie an mehr als ein Amino-Stickstoffatom gebunden ist. Beispiele: Diphenylbenzamid, Di-α-naphthylbenzamid, Diphenylnaphthamid, Di-α-naphthylbenzolsulfonamid, *p*-Toluolsulfonamid des Dibiphenylamins, sym-Dibenzoyldi-β-naphthyläthylendiamin, N-Tetraphenylbernsteinsäurediamid.

Amer. P. 2.069.805 (1934): tertiäre Amine mit mindestens 2 karbozyklischen oder heterozyklischen Ringen, wie Dibenzylanilin, Triphenylamin, Phenyl-di-β-naphthylamin, Diphenylbenzylthiazylamin.

Amer. P. 2.069.806 (1934), besonders für Zellulosederivate: heterozyklische Verbindungen, die mehr als 4 Ringe enthalten, wie N-Phenylkarbazol, Phenylendikarbazol, Phenyl-bis-(α-methyl-β-indolyl)-methan, 4-Benzalbis-(1-phenyl-3-methylpyrazolon-5), Methylenbisantipyrin, N-Diphenylpiperazin, Bipyrazol, α-Naphthylmorpholin, Äthylendikarbazol, 1,2,7,8-Dibenzoakridin, α,β-Dinaphthazin.

Amer. P. 2.069.807 (1934) für die Viskosemattierung: heterozyklische Verbindungen, die mindestens ein Ring-Stickstoffatom und mindestens ein Ring-Sauerstoff-, Schwefel-, Selen- oder Telluratom enthalten, werden mit Wasser und Natriumkaseinat in einer Achatmühle dispergiert und der Viskose zugegeben. Beispiele: 2-Phenylbenzthiazol, Diphenylaminsulfon, 2,2′-Bisbenzthiazolyl, 2-Phenylbenzselenazol, α,γ-Diphenylisoxazolin, γ-Phenylindoxazen, Phenanthrofurazan, Diphenylaminsulfoxyd, Anthraisothiazol, Hydrocotarnin, usw.

Für weitere Beispiele wird auf die Original-Patentschriften oder auf die Referate im Zentralblatt *1937 II*, S. 2774, 2775 und 3558 verwiesen.

Das Comptoir des Textiles Artificiels seinerseits empfahl in seinem *franz. P. 763.807* (1933, amer. Prior. 1933) den Einsatz von Äthern aus Polyphenolen oder aromatischen, aliphatischen oder alizyklischen mehrbasischen Alkoholen, oder von den entsprechenden S-, Se-, Te- oder Iminosubstituierten, halogenierten oder polymerisierten Verbindungen, in Form einer Emulsion, Lösung oder Dispersion: Di-β-Naphthyläther, Dibenzyläther des Hydrochinons, Dimethyläther des Dinaphthylolmethans, Naphthyläther des Äthylen- oder des Diäthylenglykols, Di-β-Naphthylsulfid, Kondensationsprodukte aus Diphenylolpropan und 1,4-Xylyldibromid. Die Mattierung mit solchen Produkten soll dauerhaft und ohne färberische Nachteile sein. Dieses Verfahren entspricht den *amer. P. 2.069.800* und *2.069.801* von DuPont, und das *franz. Zusatzpatent 45.764* (1935, amer. Prior. 1934) dem *amer. P. 2.069.802* der gleichen Firma.

In einem späteren *amer. P. 2.099.441* (1934) erweiterte die E. I. DuPont de Nemours noch den Kreis der zum gleichen Zweck verwendbaren Verbindungen mit Ketonen oder Ketonharzen mit 2 oder mehr Kernen, welche sehr arm an Wasserstoff sind. Solche Körper sind farblos, haben einen sehr niedrigen Dampfdruck und sind für die verschiedenen Prozesse der Herstellung der künstlichen Gebilde genügend widerstandsfähig. Als azyklische Ketone sind erwähnt: Dinaphthyl- und Dibiphenylketon, *p*-Phenylbenzophenon, Naphthophenon, Anthraphenon, Azetonanthrazen, 1,2-Dinaphthoyläthan, 1,4-Diazetylnaphthalin, Benzalazetophenon, Diphenacyl, Benzil, Benzoinmethyläther, Dibenzoylbenzol, und andere mehr; als zyklische Ketone: Diphenylenketon, Chrysoketon, 2-Brom-9-ketofluoren, Xanthon, Dinaphthoxanthon, Flavon, Azenaphthenon, Diäthylanthron, durch Kondensation von 1,4-Dihydronaphthalin-1,4-diacylchlorid und Benzol erhaltenes Ketonharz. Zahlreiche andere Beispiele sind in der Original-Patentschrift oder im Referat im Zentralblatt *1938 II*, S. 2371, enthalten.

Die bekannte Herstellerfirma von Indigosolfarbstoffen Durand und Huguenin AG erfand ein dem Indigosolfärbeverfahren ähnliches Verfahren zur Herstellung von mattierter Kunstseide aus Zellulose oder Zellulosederivaten, wodurch im Faden ein «weisser Küpenfarbstoff» gebildet wird: nach ihrem *DRP 636.840* (1935) wird der spinnfertigen Kunstseidemasse ein lösliches Estersalz einer Dihydroverbindung eines ungefärbten oder annähernd ungefärbten zyklischen Diketons, zum Beispiel des Anthrachinons, Halogenanthrachinons, Phenanthrachinons, Azenaphthenchinons und dergleichen einverleibt und während oder nach dem Koagulieren der Diketonkörper durch saure Oxydation in feiner Verteilung im gebildeten Faden wieder zur Ausscheidung gebracht.

Nach dem *amer. P. 2.261.556* (1937, engl. Prior. 1936) der Tootal Broadhurst Lee Co. Ltd. dient eine kleine Menge von Methylenharnstoff als Mattierungsmittel. Die Methylenharnstofflösung in Wasser, die der Viskosespinnlösung zugegeben wird, enthält auch ein Alkylpyridiniumbromid und Weinsäure. Sie kann aber auch zur nachträglichen Behandlung von fertigen Textilien dienen.

α) *Spezielle Verfahren für die Zelluloseregeneratfasern*

Die I. G. Farbenindustrie empfahl in ihrem *DRP 539.320* (1928, auch *engl. P. 312.687*, *franz. P. 669.686* und *österr. P. 119.026*) der Viskose organische Basen oder deren Gemische zuzugeben, deren Wasserlöslichkeit geringer ist als die des Anilins, das von dieser Anwendung ausgeschlossen ist; so etwa 0,5% Dimethylanilin, Chinolin, Äthylanilin, Toluidin und dergleichen, eventuell mit einem Emulgator. In einem weiteren *DRP 570.666* (1929, auch *franz. Zusatzpatent 37.800* zum *franz. P. 669.686)* der gleichen Firma wurde die Verwendung von wasserunlöslichen oder in Wasser schwer löslichen Säureamiden aus organischen Basen und Säuren geschützt:

Kohlensäuredianilid oder -dialkylanilid. Durch Einsatz eines Netzmittels des Nekal-Typus (Alkylnaphthalinsulfonsäuren) kann man eine bessere Verteilung dieser Mattierungsmittel erreichen.

Um den Mattierungseffekt von Pinienöl oder Tetrahydronaphthalin in der Viskose zu erhöhen, erfand die Società Generale Italiana della Viscose, laut ihrem *ital. P. 316.732* (1933), einen weiteren Zusatz in Form von Benzidin oder dessen Derivaten oder Homologen. Diese Wirkung kann man noch weiterhin verstärken, wenn man die gebildeten Fäden vor deren Entschwefelung und Bleichen durch eine verdünnte Bariumsalzlösung durchlaufen lässt.

In ihrem *amer. P. 2.030.736, 737, 738* und *739* (1934) empfahl die North American Rayon Corp. zur Herstellung von matter Kunstseide aus Viskose oder Kupferoxydammoniakzellulose verschiedene organische Siliziumverbindungen:

1. Alkylderivate der Disilane, wie sym-Di-, Tetra- oder Hexamethyldisilan,
2. aromatische Silikonderivate wie Phenylsilikontriäthyläther, Silikobenzoesäure $C_6H_5Si(OC_2H_5)_3$, Triäthylphenylsilizium $C_6H_5Si(C_2H_5)_3$, Tetraphenylsilizium und andere mehr,
3. Alkylderivate der Monosilansäure wie Silikoessig-, -propion-, -butter- oder -caproinsäure, oder o-Silikonessigsäuretriäthylester und dergleichen,
4. aliphatische Silikonverbindungen wie Methylmonosilan, Äthylmonosilanol.

Mit einem Zusatz von 0,5–10% Triphenylstibin, Triphenylwismutin, Phthalimid oder *p*-Aminobenzoesäure zur Spinnlösung erhielt die North American Rayon Corp. nach ihrem *amer. P. 2.030.740* (1934) matte und gleichzeitig die ultravioletten Strahlen absorbierende Kunstseide aus Viskose oder Kupferoxydammoniakzellulose. Mit den gleichen Produkten können auch die fertigen Textilien imprägniert werden.

Zu den gleichen Spinnlösungen empfahl Lotarew in seinem *russ. P. 49.018* (1935) den Zusatz einer Lösung, die man durch Auflösen des Kondensationsproduktes aus β-Naphthol und Formaldehyd in Natronlauge erhält; man kann auch die fertigen Fäden zunächst mit einer solchen Lösung imprägnieren und dann durch ein Säurebad durchlaufen lassen.

In ihrem *amer. P. 2.069.774* liess die E. I. DuPont de Nemours die Einverleibung einer organischen Verbindung der allgemeinen Formel $R(R_1)(R_2)S$ in die Viskose schützen, worin R und R_1 organische Reste mit unmittelbar an den S gebundenen Kohlenstoffatomen, und R_2 1 oder 2 Sauerstoffatome bedeuten. Zum Beispiel dispergiert man 400 Teile Di-α-naphthylsulfon in 600 Teilen Wasser und 8 Teilen Na-Kaseinat auf eine Teilchengrösse von 4 μ und fügt diese Dispersion der Viskose zu. Ebenfalls geeignet sind: β-Naphthylmethylsulfon, Di-α-Naphthylsulfoxyd, Harze aus Diphenylolsulfon und Dichlordiäthyläther der Zusammensetzung [-O-C_6H_4-SO_2-C_6H_4-O-CH_2-CH_2-O-CH_2CH_2-]x (mit den Bindungen in *p*-Stellung der Benzolkerne), 2,7-Dibenzosulfonylkarbazol, 3-Benzosulfonylphthalimid, sym-Dibenzthiazylsulfonyläthan, 1,3,5-Triphenylsulfonylbenzol, 1,2-Di-β-naphthyldisulfonyläthan.

Später beschritt die gleiche Firma noch einen anderen Weg, um matte Fäden aus regenerierter Zellulose zu erhalten: nach ihrem *amer. P. 2.412.969* (1943) fällt man eine Viskoselösung, welche 1–5% eines quaternären Ammoniumhydroxyds enthält, in einem Koagulierungsbad in Form einer wässrigen Lösung eines wasserlöslichen Salzes, das eine genügend schnell und stark koagulierende, aber nur eine kleine oder überhaupt keine regenerierende Wirkung ausübt, und unterzieht die gebildeten Fäden einer nachträglichen Regenerierung. Dazu werden diese Fäden nach der Koagulierung und vor der Regenerierung gestreckt und unter spannungslosen Bedingungen regeneriert, damit eine freie Schrumpfung gewährleistet ist. Beispiele der für dieses Verfahren anwendbaren quaternären Ammoniumhydroxyde sind: Trimethylbenzylammoniumhydroxyd, Triäthylbenzylammoniumhydroxyd, Tripropylbenzylammoniumhydroxyd, Trimethylphenylammoniumhydroxyd, Tetramethylammoniumhydroxyd, Trimethyläthylammoniumhydroxyd, Trimethylzyklohexylammoniumhydroxyd. Die wässrige Koagulierungs-Salzlösung kann zum Beispiel Natriumbikarbonat, -sulfit, -sulfat, Mono- oder Dinatriumphosphat, Diammoniumphosphat, Ammoniumsulfat, Natrium- oder Ammoniumlaktat enthalten. Als Ausführungsbeispiel wird angegeben: 0,75 Teile Triton B (eine 40%ige Lösung in Wasser von Trimethylbenzylammoniumhydroxyd) werden mit 15,75 Teilen einer 7% Zellulose und 6% Natronlauge enthaltenden Viskose vermischt; nach dem Entlüften und Reifen bis zu einem Salzindex von 5,5 wird diese Viskoselösung in ein Koagulierungsbad bei 55 °C geleitet, welches 15% Natriumbisulfit, 3% Natriumsulfit und 10% Natriumsulfat enthält und dessen pH-Wert 5,2 beträgt. Dieses Verfahren kann für jede gebräuchliche Art von Viskose verwendet werden; seine Bedeutung liegt darin, dass die damit hergestellte Kunstseide sich schwarz färben lässt, ohne ihr mattes Aussehen zu verlieren.

β) *Spezielle Verfahren für die Zellulosederivatfasern*

Zur Herstellung hohlfädiger Zelluloseazetatseide von milchig mattem Glanz empfahl H. Altwegg in seinem *DRP 582.855* (1929) einen Zusatz von Amylketon oder dessen Homologen zur Zelluloseazetatlösung.

Die S. A. Union des Fabriques belges de Textiles artificiels Fabelta liess in Zusammenarbeit mit der DuPont Rayon Co. durch das *belg. P. 408.672* (1935) die Verwendung von Verbindungen schützen, die zwischen karbozyklischen Ringen heterozyklische, Sauerstoff-, Schwefel-, Selen- oder Telluratome enthaltende Ringe besitzen.

Nach dem *engl. P. 505.164* (1938) der Distillers Co. Ltd. werden den Spinnlösungen verseifbare, azetalartige, mit dem Spinnmaterial verträgliche Stoffe, wie Benzyl-, *n*-Oktyl- oder Dichlorhydrinformal einverleibt, die Lösungen versponnen und die daraus entstandenen Fäden schliesslich in einem heissen wässrigen Medium, wie heisser feuchter Luft, heissem Wasser oder Dampf, nachbehandelt. Dabei muss darauf geachtet werden, dass keine Verseifung des Zellulosederivates eintreten kann. Die verwendeten Produkte wirken überdies auf die Zellulosederivate auch weichmachend.

Das *engl. P. 520.152* (1938) von F. D. Lewis schützt ein Verfahren, nach dem den Spinnlösungen von Zelluloseestern oder -äthern ein oder mehrere hochsiedende, stark lichtbrechende N-substituierte Amide oder Amine zugesetzt werden, bei denen der Substituent eine Halogenaryl- oder -aralkylgruppe sein kann. Diese Verbindungen sollen in Wasser unlöslich sein, über 100°C schmelzen und wenn möglich keinen Geruch, oder dann ein angenehmes oder blumiges Aroma besitzen. Als besonders geeignet werden bezeichnet: Diarylguanidine, Dialkyl-, Diarylharnstoffe und -thioharnstoffe, polyhalogenierte Diarylamine, N-Mono- und N,N′-Diaryl- oder Diaralkyl-4,4′-diaminodiaryle. An Stelle dieser Stoffe, oder zusammen mit ihnen, kann man auch deren sauer reagierende Salze und auch solche von wasserlöslichen Amiden oder Aminen verwenden, indem man sie in einem geeigneten Lösungsmittel löst. Für die Zellulosederivate selbst dienen Azeton oder Ketone oder deren Gemische mit Äthern oder Kohlenwasserstoffen als Lösungsmittel. Während oder nach ihrer Verfestigung behandelt man die geformten Fäden mit einer oder mehreren alkalisch reagierenden Verbindungen, die das Zellulosederivat nicht angreifen dürfen. Man kann aber auch den umgekehrten Weg gehen und diese alkalisch reagierenden Verbindungen der Spinnlösung einverleiben, und dann die geformten Fäden mit einem sauer reagierenden Salz eines Amids oder Amins nachbehandeln. Solche Salze sind zum Beispiel: die Chlorhydrate, Sulfate, Tartrate oder Zitrate des sym-Diäthyldi-β-naphthylharnstoffes, eines heterogen halogenierten Diphenyl-, Ditolyl- oder Dibenzylamins, eines technischen Gemisches von Mono-, Dibenzyl- oder β-Naphthylbenzidinen oder heterogen halogenierten Derivaten davon, des Tetrabrom- oder Tetrachlordiphenylamins; zu diesen Salzen gehören aber auch Anilinhydrochlorid, Guanidinsulfat, Anilinhydrotartrat oder Anilinhydrozitrat.

γ) *Spezielle Verfahren für die vollsynthetischen Fasern*

In den letzten Jahren sind verschiedene organische Verbindungen in der Spinnmattierung von vollsynthetischen Fasern im Schmelzspinnverfahren angewendet worden:

Nach ihrem *amer. P. 2.572.843* (ausg. 1951) fand die E. I. Du Pont de Nemours, dass N-Karboanhydride von α-Aminosäuren, die zwischen dem Amino-Stickstoffatom und dem Acyl-Kohlenstoffatom ein spiro-Kohlenstoffatom besitzen (d. h. ein Kohlenstoffatom, das gleichzeitig Glied von 2 Ringen ist, wovon einer der N-Karbonahydridring ist), lineare filmbildende Polyamide ergeben können. Die Polymere mit offenen Ketten bestehen aus α-Aminokarbonsäureeinheiten, wovon 30–100% 1-Aminozyklohexankarbonsäureeinheiten sind. Sie sind bis 350–400°C hitzebeständig, und die unlöslichen Typen können unter anderem als Mattierungsmittel für Nylon verwendet werden.

Reinschüssel beschreibt in seinem *ostdeutschen P. 10.588* (1954) die Herstellung von weichen, mattierten und wasserabstossenden Polyamiden durch Polymerisation des Monomeren in Gegenwart von Silikonen oder von Verbindungen, die unter den Polymerisationsbedingungen Silikone bilden. So können 100 Teile ε-Caprolactam, 0,5 Teil Diphenylsilandiol und 1 Teil Wasser während 1 Tag bei 260°C gehalten, und dann die Schmelze zu gleichmässig mattierten Fäden versponnen werden, die ziemlich wasserabstossend und zur Herstellung von Wetterbekleidungen geeignet sind.

Nach dem *japan. P. 17.915 (60)* (ausg. 1961) der Asahi Dow Ltd. erhält man mattierte Fäden aus Vinylchlorid-Vinylidenchlorid-Mischpolymerisat, indem man zum Beispiel zu 100 Teilen eines 15:85 Mischpolymerisates dieser Art 7 Teile 1,1'-Diphenyldäthyläther, 2 Teile 2-Hydroxy-5-chlorbenzophenon, 4 Teile Russ, 0,05 Teil eines blauen Cyaninpigmentes und 1 Teil Natriumsalicylat zugibt, die daraus erhaltene Schmelze verspinnt, die Fäden durch Wasser von 10° C laufen lässt und 4-fach verstreckt.

h) Natürliche Polymere und hochmolekulare Verbindungen und deren Modifikationsprodukte

Schon 1908 hatte Gebauer in seinem *DRP 232.605* vorgeschlagen, den Spinnmassen Kautschuk zuzugeben oder die Fäden beim Spinnen durch eine Kautschuklösung zu führen, um die Elastizität und die Festigkeit der Fäden, Gespinste und Gewebe in feuchtem Zustand zu erhöhen. Im gleichen Jahr nahm Chavassieu ein *DRP 238.843* für ein Verfahren zur Herstellung von Kunstfäden aus gemischten Xanthogenestern von Zellulose und Eiweisskörpern. Zu diesem Zweck behandelte er Eiweißstoffe wie Fibroin, Kasein, Wolle, Myosin, Därme, Pflanzen- und Keratineiweiss, Haare, Horn, Haut, Leder usw. mit Alkalien und dann die so gebildeten Alkalialbuminate mit Schwefelkohlenstoff und vermischte die auf solche Weise erhaltenen Eiweissxanthogenate mit Zellulosexanthogenat. Ebenso behandelte er Gemische von Alkalialbuminaten und Alkalizellulose zusammen mit Schwefelkohlenstoff.

1929 versuchte die «Chatillon» Società Anonima Italiana per la Seta Artificiale laut ihrem *amer. P. 1.923.495* (1929, ital. Prior. 1929) matte Kunstseide zu erhalten, indem sie der Spinnlösung aus Zellulose oder Zellulosederivaten 2–10% pflanzliche oder tierische Milch zugab.

Die Furness Corporation verwendete ihrerseits, laut ihrem *amer. P. 1.822.416* (1929), als Mattierungsmittel fein gemahlene Zellulose in einer Form, die einen von dem der Ausgangszellulose abweichenden Brechungsindex besitzt. Dazu befeuchtete sie Linters mit Salzsäure, erhitzte sie, bis HCl entwich und die Fasern trocken waren, und mahlte sie dann.

Ein ähnliches Verfahren liess auch H. Dreyfus durch das *engl. P. 344.510* (1929) schützen; den Spinnlösungen aus Zellulose oder Zellulosederivaten gab er 0,5–5% pflanzliche, tierische oder künstliche Fasern zu: feingemahlene Baumwolle, Flachs, Stroh, Holz, Reisschalen, Seide, Wolle und andere mehr. In einem *engl. Zusatzpatent 404.346* (1932) beschrieb er die Herstellung von feinverteilten organischen Fasermaterialien, die sich für dieses Verfahren besonders eignen; so wird zum Beispiel Zellulose in Schwefelsäure gelöst, mit Wasser verdünnt, dann in einer konzentrierten Glaubersalzlösung unter starkem Rühren gefällt und schliesslich durch Dialyse gereinigt. Ersetzt man dann das Wasser durch Azeton, so ist die erhaltene Suspension in Zelluloseazetatlösungen verwendbar. In ähnlicher Weise stellte Dreyfus auch Lösungen von Dibenzoylzellulose in Chloroform her, fällte sie in Alkohol und setzte dann die so erhaltene Suspension einer Viskose zu. Den gleichen Effekt erreichte er auch, indem er eine Zelluloseazetatlösung direkt in der zu verspinnenden Viskose ausfällen liess.

Zum gleichen Zweck empfahl die Kent Chemical Corp. in ihrem *amer. P. 2.234.307* (1938) als Mattierungsmittel eine pulverförmige Zellulose, die sie durch Behandlung einer Zellulose bei erhöhter Temperatur mit wässrigem Formaldehyd in Gegenwart einer starken Säure (wie Salpetersäure) und durch gleichzeitiges oder anschliessendes Trocknen und Vermahlen herstellte. Das so erhaltene Mehl ist in Wasser nicht quellbar und kann der Spinnlösung (aus Viskose, Zelluloseazetat, Zelluloseäther oder Nitrozellulose) bei Raumtemperatur beigemischt werden.

α) *Spezielle Verfahren für die Zelluloseregeneratfasern*

In seinen *schweiz. P. 140.926* und *141.792* (1928, deutsche Prior. 1927) empfahl das Borwisk Syndicate Ltd. den Zusatz von 5% Kasein oder Albumin zur Viskose, ohne jedoch auf die Mattierung besonders hinzuweisen, wie im entsprechenden *kanad. P. 291.652* (1928) von Borzykowski, dem eigentlichen Erfinder auch der Verfahren, die in den oben erwähnten schweizerischen Patenten beschrieben wurden.

Die Vereinigte Glanzstoff-Fabriken AG liess durch ein *DRP 523.204* (1928, auch *schweiz. P. 141.498*) ein Verfahren schützen: zur Herstellung von Kunstseide mit mattem Aussehen aus Viskose oder Kupferoxydammoniakzellulose wird der alkalischen Spinnlösung ein wässriges, durch Zugabe eines Schutzkolloides stabilisiertes Kautschuk-Latexkonzentrat einverleibt, oder ein handelsübliches Konzentrat dieser Art in unvulkanisierter oder vulkanisierter Form in Mengen von etwa 1–10% (auf den in der Spinnlösung enthaltenen Spinnstoff berechnet). Kautschuk oder dessen Derivate, wie chlorierter Kautschuk, wurden auch von L. Clayton in seinem *engl. P. 364.904* (1931) als Mattierungszusatz empfohlen, und zwar ebenfalls am besten in Form von Latex, der durch ein Schutzkolloid wie Gelatine, Kasein, Saponin, Leim, Harz oder Stärke stabilisiert wird.

Stärke selbst wurde von der Lustrafil Ltd., laut ihrem *engl. P. 347.396* (1930), eingesetzt, so zum Beispiel in Form einer geringen Menge (0,5%) einer in kaltem Wasser nicht stark löslichen Stärke, wie Reisstärke. In einem weiteren *engl. P. 349.658* (1930) schlug die gleiche Firma vor, der Stärke noch eine Emulsion eines chlorierten Kohlenwasserstoffes, wie Tetrachlorkohlenstoff, zuzusetzen, oder die Stärke in solchen Emulsionen durch eine Alkylnaphthalinsulfonsäure als Dispergator zu ersetzen.

Eine Kunstseide mit mattem Glanz, die zugleich wenig knittert, erhielt die Soie Artificielle de Valenciennes nach ihrem *franz. P. 762.096* (1932), indem sie der Viskose (mit 4–10% Zellulosegehalt) 1–50% Kasein zugab und diese Spinnlösung in einem härtenden, Formaldehyd und Aluminiumsulfat enthaltenden Fällbad verspinnte, oder die Härtung erst nach dem Verarbeiten dieser Seide vornahm.

Im *amer. P. 2.040.606* (1932) erwähnte die American Bemberg Co. einen Zusatz zur Viskose oder Kupferoxydammoniakzellulose von 15% eines Gemisches, bestehend aus einem Teil Kasein und 2 Teilen Nitrozellulose, und die North American Rayon Corp. in ihrem *amer. P. 2.025.025* (1934) einen Zusatz von 1–10% Hydrokautschuk mit einem Brechungsindex von 1,52.

Für die Herstellung von Mattseide aus den gleichen Rohmaterialien empfahl das Thüringische Kunstfaserwerk «Wilhelm Pieck» in seinem *ostdeutschen P. 752.294* (angem. 1940, ausg. 1953) der Spinnlösung eine fein verteilte Zellulose zuzugeben, die durch eine

Vorbehandlung mit Salzen der Cyansäure und Ammoniumsalzen zusammen mit Formaldehyd, in Viskose oder Kupferoxydammoniakzelluloselösung unlöslich gemacht worden ist: diese Behandlung kann zum Beispiel mit einem Gemisch von 6 Teilen Formaldehyd, 0,8 Teil Kaliumcyanat und 0,7 Teil Ammoniumchlorid erfolgen. Die auf diese Weise unlöslich gemachte Zellulose wird in Mengen von 3% der Spinnlösung zugesetzt.

β) Spezielle Verfahren für die Fasern aus Zellulosederivaten

Die Anwendung solcher natürlicher hochmolekularer Naturstoffe, und vor allem der Polysaccharide und ihrer Derivate, wurde besonders durch die British Celanese Ltd. und ihre bekannten Förderer, die Gebrüder Dreyfus, studiert und durch verschiedene Patente geschützt. So meldete 1930 C. Dreyfus in seinem *amer. P. 2.066.339* die Herstellung von Mattseide aus einer Spinnlösung an, die 15–35% Zelluloseester und 0,5–7,5% Stärke, und zwar Reis-, Mais-, Kartoffel- oder Getreidestärke enthielt.

Zum gleichen Zweck verwendete C. Dreyfus nach dem *engl. P. 404.933* (1932) auch Di- oder Polysaccharide wie Stärke, Glykogen, Lichenin oder deren Derivate, zum Beispiel Azetate, Laurate, Stearate oder Benzoate, deren durchschnittlicher Teilchendurchmesser 0,003–0,006 mm betrug, am besten mit einem Dispergiermittel angerührt und gegebenenfalls mit einem Pigment vermischt. Den erzielten Matteffekt konnte er noch durch eine Nachbehandlung in einem Seifenbad bei 70–85° C, auch mit dem Färbebad kombiniert, verstärken.

H. Dreyfus seinerseits liess durch das *kanad. P. 351.611* (1933) die Verwendung eines feinverteilten, faserförmigen Zellulosebenzoates schützen, das er durch Ausfällen aus einer Lösung mit Hilfe von feinen Düsen erhielt.

Nach dem *engl. P. 443.060* (1935) der British Celanese Ltd. kann man auch chlorierte Stärke mit einer 6%igen Zelluloseazetatlösung in Azeton bis zu einer Teilchengrösse von 3 μ anreiben und in Mengen von 0,5–5% der Spinnlösung zugeben; den Mattierungsgrad kann man noch durch eine Nachbehandlung mit einer heissen, verdünnten Seifenlauge verstärken. Die so erhaltenen Fäden durchlaufen die Fadenführer und die Nadeln der Wirkmaschinen besonders leicht.

Die gleiche Firma patentierte mit dem *engl. P. 455.930* (auch *kanad. P. 357.216*, beide 1935 mit amer. Prior. 1934) noch ein ähnliches Verfahren, nach dem fein verteilter Agar-agar verwendet wird, der mit einer 6–10%igen Lösung von Zelluloseazetat in 95% Azeton und 5% Wasser bis zu einer Teilchengrösse von 2–4 μ vorgemahlen wird. Diese Suspension wird dann der Spinnlösung in solchen Mengen zugefügt, dass die fertige Lösung 26% Zelluloseazetat und 3%

Agar-agar (auf das Zelluloseazetat berechnet) enthält. Die daraus versponnenen Fäden oder das fertige Gewebe werden ebenfalls in einer heissen 2–3 %igen Seifenlösung nachbehandelt.

i) Künstliche Polymere, Kunstharze

α) *Spezielle Verfahren für die Zelluloseregeneratfasern*

In seinem *amer. P. 1.864.426* (1929) empfahl H. A. Gardner, den alkalischen Zelluloselösungen 5–10 % eines alkalilöslichen Kunstharzes aus *p*-Toluolsulfonamid zuzugeben. Dieses Harz wird dann gemeinsam mit dem zellulosischen Spinnmaterial im Fällbad in Form eines feinen Nebels gefällt. Die so erhaltene Kunstseide soll sich unter anderem für Kabelumspinnungen eignen.

Die Glanzstoff-Courtaulds GmbH erhielt laut ihrem *engl. P. 435.948* (1934) durch Zusatz zur Spinnlösung von Polystyrol in Mengen bis zu 5 % (in Benzol gelöst) eine matte Viskosekunstseide, die sich zugleich durch einen weichen Griff, eine erhöhte Festigkeit und eine verbesserte Feuchtigkeitsbeständigkeit auszeichnete und dazu noch die Fadenführer nicht angriff. Neuerdings hat auch das VEB Thüringisches Kunstfaserwerk Schwarza in seinem *ungar. P. 144.943* (1957, ostdeutsche Prior. 1956) zum gleichen Zweck den Zusatz zur Spinnlösung eines gelösten oder suspendierten, in der Wärme weichwerdenden Kunststoffharzes, zum Beispiel eines Polyvinylharzes, empfohlen. Nach dem ungarischen *Zusatzpatent 145.066* (1957, ostdeutsche Priorität 1956) der gleichen Firma, kann man, in Weiterbildung des Verfahrens nach dem Hauptpatent, der Lösung oder Suspension des Kunstharzes noch weisse oder farbige Pigmente zusetzen.

Wenn man nach dem *DRP 665.197* (1935, amer. Prior. 1934) der Standard Oil Development Co. hochpolymere Verbindungen, die noch lange aliphatische Seitenketten enthalten (wie zum Beispiel polymere Olefine mit einem Molekulargewicht über 1000, ja bis 20 000 und sogar 250 000, oder hydrierten Kautschuk) mit Halogenen im Überschuss behandelt, – gegebenenfalls in Gegenwart von Lösungsmitteln wie Tetrachlorkohlenstoff oder Schwefelkohlenstoff oder Schwefelchlorür, oder von Wachsen, Harzen, Mineral- oder Pflanzenölen, aromatischen Chlorverbindungen oder Estern – so erhält man Produkte, die als Plastifizierungsmittel oder Mattierungsstoffe für Kunstseide dienen können.

β) *Spezielle Verfahren für die Zellulosederivatfasern*

H. A. Gardner verwendete sein Mattierungsverfahren mit p-Toluolsulfonamid-Formaldehydkondensationsharz laut *amer. P. 1.768.401* (1928) zuerst für die Zelluloseester und -äther, denen er das in Azeton gelöste Harz zusetzte.

In einem weiteren *amer. P. 1.864.428* (1930) empfahl er zur Mattierung der gleichen Spinnstoffe eine Zugabe von 1–25% eines polymerisierten Aldehyds wie Paraformaldehyd, Trioxymethylen oder Metaldehyd, gegebenenfalls mit einem Kunstharz, unter anderem mit dem von ihm anderswo patentierten *p*-Toluolsulfonamid-Formaldehydkondensationsharz. Man kann zum Beispiel 45 kg Nitrozellulose 1,35 kg dieses Harzes und 0,45 kg Paraformaldehyd, dazu noch 0,168 kg Titandioxyd, 90 kg Äther und 90 kg Alkohol zugeben, um eine Kunstseide mit auffallend mattem Aussehen zu erhalten. Auch die British Celanes Ltd. gab laut ihrem *engl. P. 560.375* (ausg. 1944) den Zellulosederivaten ein polymerisiertes Azetaldehyd zu und behandelte die versponnenen Fäden in einem heissen wässrigen Bad, bis der gewünschte Matteffekt eintrat.

Die British Celanese Corporation bezweckte mit ihrem *engl. P. 392.621* (1931, auch *kanad. P. 346.260*) die Verwendung von weissen Keton-Aldehydkondensationsprodukten als Mattierungsmittel. Solche Kondensationsprodukte können zum Beispiel durch Umsetzung von einem Mol Azeton mit 6 Molen Formaldehyd in Gegenwart von Sodalösung gewonnen werden. Auf Wunsch können auch andere, klassische Mattierungsmittel, wie andere Harze, Oxyde oder unlösliche Sulfate, zusammen mit diesen Azetonharzen angewendet werden.

Die heute in der Textilveredlungsindustrie sehr stark verbreiteten Kondensationsharze aus Aminen und Aldehyden haben auch in der Spinnmattierung Eingang gefunden. Olpin und Gibson verwendeten laut ihrem *engl. P. 565.815* (ausg. 1944) in azetonischen Zelluloseazetatlösungen wasserunlösliche Kondensationsprodukte aus einem Aldehyd und einem Aminotriazin wie Melamin. Der Faden wird in einer heissen Zone gebildet, wo das Lösungsmittel verdampfen kann: dadurch wird das Harz in den Fäden fein und regelmässig verteilt.

In ihrer *DAS 1.109.313* (1956, auch *engl. P. 866.508*, *franz. P. 1.175.274* und *amer. P. 2.995.416*) empfahl die Wacker-Chemie GmbH der Spinnlösung weniger als 2% eines wasserlöslichen Vorkondensates aus Melamin und Formaldehyd oder eines monomeren Methylolmelamins zuzugeben, und heisse Luft, heisses Wasser oder Wasserdampf auf die versponnenen Fäden einwirken zu lassen, bis die gewünschte Mattierung eintritt. Anwendungsbeispiel: 2,8 kg Dimethylolmelamin werden mit 2,8 kg Azetylzellulose (54,5% Essigsäure) und 2,1 kg Phthalsäuredimethylester zu einer Masse durchgeknetet, mit 1 kg Methanol und 19,3 kg Azeton aufgenommen und filtriert; 4,5 kg dieser Stammpaste werden einer Spinnlösung aus 24 kg Zelluloseazetat und 72,2 kg Azeton + 3,8 kg Methanol zugegeben, was 2 Teilen Dimethylolmelamin auf 100 Teile Azetylzellulose entspricht. Die Mattierung ist erst nach einer Behandlung in kochendem Wasser oder mit Sattdampf sichtbar, ist dann aber einer Titandioxydmattierung ähnlich, mit dem Vorteil, dass die Lichtechtheit der mattierten Fasern die gleiche ist, wie die der nicht mattierten. Die Verwendung von Trimethylolmelamin, und das gleichzeitige Färben in der Masse mit Pigmenten ist ebenfalls möglich. Dieses Verfahren stellt eine Weiterentwicklung des *engl. P. 565.815* von Olpin und Gibson dar.

γ) Spezielle Verfahren für die vollsynthetischen Fasern

Für die Herstellung von mattierten Kunstfasern mit hoher Bauschelastizität aus Polyamiden oder deren Mischpolymerisaten im Schmelzspinnverfahren, schlug die Vereinigte Glanzstoff-Fabriken AG in ihrer *DAS 1.001.453* (1952, auch *engl. P. 733.007*, *franz. P. 1.077.202* und *schweiz. P. 314.885*) vor, der Spinnmasse vor dem Verspinnen in einer inerten Atmosphäre 0,5–35% eines anderen Hochpolymeren zuzumischen, das mit dem Ausgangsmaterial keine chemische Verbindung eingehen kann und sich im fertigen Produkt fein dispers verteilt. Als besonders geeignet erwies sich hier Polystyrol. Die Fäden werden in diesem Fall mit Vorteil bei wenig erhöhter Temperatur, zum Beispiel bei 90° C, verstreckt; die Bauschelastizität bleibt auch in den fertigen Textilerzeugnissen erhalten, und die Lichtbeständigkeit ist höher als bei Verwendung von Titandioxyd als Mattierungsmittel. Nach dem *engl. P. 733.007* wird ein Polystyrol vom Molekulargewicht 180000 verwendet und nach dem Verschmelzen mehrere Stunden bei 250–260° C mit dem Polyamidspinnmaterial, zum Beispiel Polycaprolactamschnitzeln, gerührt. Dann wird die Masse in Bandform gebracht, zerkleinert, bei 270° C versponnen und um 400% verstreckt. In einer anderen Variante laut *engl. P. 745.182* (1953, deutsche Prior. 1952) der gleichen Firma, wird das hochpolymere Polystyrol in fein verteiltem Zustand dem monomeren Ausgangsprodukt zugefügt.

Des gleichen Verfahrens bediente sich die Dr. Plate GmbH in ihrem *DBP 958.694* (1954) für die Herstellung von nicht oder nur wenig glänzenden Kunstfäden aus Mischpolymerisaten von Vinylchlorid und Vinylidenchlorid: dem fertigen Mischpolymerisat wird vor und/oder während der Verformung 5–10% eines anderen thermoplastischen Stoffes, besonders Polyvinylchlorid, zugesetzt. Auch in diesem Fall soll keine chemische Umsetzung zwischen dem Ausgangsmaterial und dem zugesetzten Mattierungspolymeren stattfinden.

8. Herstellung matter Hohl- und Luftseide

In ihrem Bestreben, alle guten Eigenschaften der Naturseide möglichst genau nachzuahmen, haben die Hersteller von Kunstseide keine

Möglichkeit ausser acht gelassen, den Glanz ihrer Produkte dem des begehrten Naturerzeugnisses anzugleichen. So wurde auch versucht, als Mattierungsmittel einen Stoff zu verwenden, der zugleich nichts kostet, einen Brechungsindex besitzt, der wesentlich von dem der verschiedenen Kunstseidesorten abweicht und gewisse Nachteile anderer Mattierungsmittel nicht aufweist: die Luft.

Mit der Einverleibung von Luft in die Spinnmasse wollte man allerdings neben der Mattierung noch andere Eigenschaften erreichen: ein voluminöseres und leichteres Produkt (Hohlseide hat mit 1,37 bis 1,39 ungefähr das gleiche spezifische Gewicht wie die Naturseide[1])), ein höheres Wärmeisoliervermögen (Gase haben im allgemeinen eine schlechtere Wärmeleitfähigkeit als feste Stoffe), eine verminderte Durchsichtigkeit, einen veränderten Griff usw. Je nach dem gewünschten Zweck sind die Herstellungsverfahren verschieden: zur Herabsetzung des spezifischen Gewichtes oder der Wärmeleitfähigkeit genügen verhältnismässig grosse Hohlräume oder sogar durchgehende hohle Kanäle in den Fäden. Wird hingegen eine echte Mattierung angestrebt, so müssen diese Hohlräume möglichst klein und regelmässig verteilt sein.

Selbstverständlich hat man nicht nur Luft, sondern auch andere Gase als Mattierungsmittel verwendet. Die Wahl des Mittels und des Einverleibungsverfahrens hängt weitgehend vom Textilmaterial ab. Eine allgemeine Übersicht über die bis 1935 erteilten Patente zur Herstellung verschiedener Sorten von Hohlseiden gab Machu[2]). Hierunten werden nur die Verfahren erwähnt, die ausdrücklich die Erzeugung von Mattseide bezwecken.

Die Bildung von Luft- oder Gaseinschlüssen oder von Hohlräumen innerhalb der Textilfäden kann grundsätzlich auf verschiedene Weise erfolgen:

a) durch Zugabe und Feinverteilung von Luft oder einem anderen Gas in die Spinnmasse, vor dem Verspinnen,

b) durch Erzeugung eines Gases in der Spinnmasse selbst,

c) durch Zugabe eines Produktes zur Spinnmasse, das sich später während des Verspinnens oder im Fällbad unter Gasbildung zersetzt,

d) durch Zugabe eines flüchtigen Produktes zur Spinnmasse, das durch Temperaturerhöhung während oder nach der Bildung der Fäden verdampft,

e) durch Zugabe eines löslichen Produktes zur Spinnmasse, das durch ein geeignetes Lösungsmittel aus den fertigen Fäden wieder herausgelöst wird.

---

[1]) A. Herzog (Kunstseide *8* (1926) 397).

[2]) W. Machu: Hohl- und Luftseide und ihre Herstellungsverfahren (Kunstseide *17* (1935) 150, 194).

Die drei ersten Verfahrensarten haben sich praktisch nur bei der Fabrikation von Zelluloseregeneratfasern und vor allem von Viskosekunstseide, die vierte vor allem bei der Herstellung von Zellulosederivatfasern nach dem Trockenspinnverfahren behauptet; die fünfte wurde bei allen Faserarten ausprobiert.

a) Einverleibung von Luft

Zur Einverleibung von Luft in die Viskose erfand die Deutsche Zellstoff-Textilwerke GmbH laut ihrem *DRP 450.924* (1925) eine Vorrichtung, die aus zwei hintereinandergeschalteten Spinnpumpen besteht, von denen die zweite, die sich unmittelbar vor den Spinndüsen befindet, das grössere Fördervermögen besitzt. Zwischen den 2 Pumpen ist eine Luftsaugvorrichtung eingeschaltet. Den Düsen vorgeschaltete Siebe helfen die Luft feinverteilen.

Ein *belg. P. 351.699* (1929) erhielt Lilienfeld für ein Verfahren zur Herstellung von Hohlseide aus Viskose oder Kupferoxydammoniakzellulose durch Emulgierung von Luft, Wasserstoff oder Stickstoff.

Auch die Zellstoffabrik Waldhof hat sich mit dem Problem der Feinverteilung von Luft in Spinnmassen, und zwar in solchen von hoher Viskosität, beschäftigt. Zu diesem Zweck empfahl sie in ihrem *DRP 501.330* (1929), die Spinnmasse in einem luft- oder gasgefüllten Raum, gegebenenfalls unter Zuführung eines Luftstromes, zu zerstäuben, die Luftbläschen nach dem Absetzen der Spinnmasse durch Kompression zu verdichten und dann die Spinnmasse unter Druck zu verspinnen. Nach einem weiteren *DRP 508.920* (1929) erreichte sie das gleiche Ziel, indem sie die Luft oder ein anderes inertes Gas unter Druck in die Spinnmasse einleitete, die stark verrührt wird, und nach dem *DRP 538.681* (1929), indem sie besondere Gaseinleitungsrohre verwendete, die mit dem Rührer kombiniert werden können: dadurch kommt fortwährend neue Spinnlösung mit den Gasblasen in Berührung.

b) Erzeugung eines Gases in der Spinnmasse

Zur Erzeugung von möglichst kleinen Gasblasen gleichbleibender Grösse in der Viskosekunstseide benutzte die Deutsche Zellstoff-Textilwerke GmbH eine elegantes und etwas unerwartetes Verfahren: die elektrolytische Bildung von Knallgas in der Spinnmasse mittels spitzenförmiger Elektroden, wie in ihrem *DRP 467.241* (1925, auch *engl. P. 260.872*) beschrieben. Die zu erzeugende Gasmenge und dadurch der Mattierungseffekt kann durch Einstellung der Stromstärke genau geregelt werden. Nach einem Zusatzpatent *DRP 479.794* (1926) wurde die Feinheit und die gute Verteilung der gebildeten Gasbläschen durch Verwendung von siebförmigen Elektroden noch verbessert; in einem weiteren Zusatzpatent *DRP 491.352* (1927) wurde die Verlegung der Anode in das Spinnbad empfohlen: als Anode kann zum Beispiel der das Fällbad enthaltende Bleibehälter dienen, und die Kathode wird im Inneren des Spinnrohres isoliert angeordnet.

Ein ähnliches Verfahren liess Iwasaki durch das *franz. P. 630.944* (1927) schützen: durch Anbringen einer Anode in der Spinnlösung und einer Kathode im Fällbad wollte er die Wanderung der Zelluloseteilchen fördern. Nach einer besonderen Ausführungsform seines Verfahrens ordnete er die zweite Elektrode unmittelbar unter der Spinndüse an, um die Entwicklung von äusserst feinen Bläschen des Gases, deren Zahl durch die Oberfläche der Elektroden geregelt werden kann, in statu nascendi zu erwirken.

Auch die Firma Herminghaus & Co. benutzte laut ihrem *DRP 526.975* (1928) die elektrolytische Erzeugung von Gasblasen in der Spinnmasse. Damit diese Gasblasen unmittelbar während der Bildung des Fadens selbst entstehen können, liess sie die Spinndüse mit einem Pol einer Gleichstromquelle verbinden und den zweiten Pol in das Fällbad verlegen. Dadurch werden die gebildeten Bläschen durch die Koagulierung der Spinnmasse sofort im Inneren des Fadens eingeschlossen.

Eine weitere Variante dieses Verfahrens erfand Faust in seinem *DRP 534.569* (1931): als Anode dient eine aus leitendem Material hergestellte Viskoseleitung, und als Kathode das Kerzenfilter, das Düsensieb oder die Düse selbst. Dadurch entstehen vor allem Wasserstoffbläschen.

c) Zusatz von gasbildenden Produkten

Für dieses Verfahren sind die Alkalisalze schwacher anorganischer Säuren, die gasförmig sind, wie Schwefelkohlenstoff, oder die von gasförmigen Anhydriden stammen, wie Kohlensäure oder schweflige Säure, geeignet. Am meisten verwendet ist Soda, das der alkalischen Viskosespinnmasse zugegeben und im sauren Fällbad unter Bildung von Kohlendioxyd zersetzt wird. So empfahl die British Artificial Silk Co. in ihrem *engl. P. 244.446* (1925, holl. Prior. 1924), der Spinnmasse Karbonate, Thiosulfate oder Sulfide zuzugeben und die gebildeten Fäden zuerst durch ein schwach fällend wirkendes Bad, durch geringere Tauchstrecke oder bei niedrigerer Fälltemperatur zu koagulieren. Sie sind dann genügend elastisch und fest, um aufgespult zu werden, und können sogar in diesem Zustand eine Behandlung mit gasbildenden Stoffen (zum Beispiel mit einer Sodalösung) ertragen, an Stelle der Zugabe dieser Stoffe in der Spinnmasse. Die Blasenbildung selbst wird dann erst in einem zweiten, besonders stark sauren Fällbad vorgenommen.

Nach dem *engl. P. 282.973* (1926) der Courtaulds Ltd. erhält man – durch Fällung einer Viskose, die 2–4 % Soda und mindestens 7 % Ätznatron enthält, in einem schwefelsauren Fällbad, das mehr als 25 % Natriumsulfat enthält – Fäden, die eine geringe Aufblähung und einen gedämpften Glanz besitzen und deren Oberfläche nicht glatt ist, sondern eine wollähnliche Kräuselung aufweist.

Um eine besonders feine Verteilung der so gebildeten Gase zu erhalten, empfahl de Wilde in seinem *franz. P. 682.932* (1929, auch *DRP 565.185* und *schweiz. P. 146.821*), der noch ungereiften Viskose Mengen von höchstens 0,1 % fester organischer Substanzen zuzusetzen, die der Viskose gegenüber indifferent sind; diese Substanzen entwickeln selbst keine Gase, dienen aber als Kerne für die in der Viskose zur Bildung gebrachten Gase. Dazu geeignet sind: Naphthalin und dessen Derivate, Kampfer, Anthrazen, Diphenylamin und andere mehr. Sie müssen selbst auch möglichst fein verteilt in der Spinnmasse sein, und werden dazu der Löselauge oder der Alkalizellulose vor dem Zerfasern, oder aber der Viskose als Lösung in Pyridin oder Eisessig zugegeben, die zuerst in eine 1 %ige Saponinlösung eingegossen werden kann.

Die Zugabe von gasbildenden Produkten zur Spinnmasse kann auch gleichzeitig mit einer solchen von üblichen Mattierungsprodukten erfolgen: so erhielt das Comptoir des Textiles Artificiels nach seinem *franz. P. 735.727* (1931) eine matte, hohle Kunstseide durch Zusatz von gasentwickelnden Stoffen wie Natriumkarbonat, neben Pigmenten wie Erdalkalisulfaten, Titan-, Zirkonium-, Thorium- oder Cerdioxyd oder sogar Farbpigmenten, wie Bleichromat oder Russ.

d) Verdampfung von flüchtigen Stoffen

Bei der Herstellung von Kunstseide aus Zellulosederivaten, wie Zelluloseazetat, die bekanntlich nicht in wässrigem Medium, sondern in organischen Lösungsmitteln erfolgt, ist es leichter, in den Fäden Hohlräume zu erhalten, indem man der Spinnmasse eine leichtflüchtige Komponente zugibt, die dann nach der Bildung der Fäden durch Einwirkung einer erhöhten Temperatur wieder entfernt wird. Ein typisches Beispiel für ein solches Verfahren bietet das *österr. P. 109.392* (1926, engl. Prior. 1925) der Rhodiaseta: durch Einhalten einer Temperatur an der Austrittszone der Fäden, die beträchtlich höher ist als der Siedepunkt des verwendeten Lösungsmittels, erfolgt eine sofortige und heftige Verdampfung an der Oberfläche der Fäden, die zu Bildung von Hohlräumen führt. Diese Methode bedingt eine sehr sorgfältige Regelung aller Einzelheiten, von der Wahl der Lösungsmittel über die Konzentration der Lösung bis zur Abzugsgeschwindigkeit und Stärke des Fadens.

Auch H. Dreyfus empfahl ein solches Vorgehen in seinem *franz. P. 666.898* (1929, engl. Prior. 1928): die Spinnmasse wird in flüchtigen Lösungsmitteln und Weichmachungsmitteln von höherem Siedepunkt gelöst und bei hoher Temperatur versponnen. Die Grösse der erhaltenen Hohlräume wächst mit der Erhöhung der Temperatur: durch Regelung dieser Grösse kann der Glanz der Fäden nach Wunsch eingestellt werden.

Nach ihrem *DRP 607.176* (1928, auch *engl. P. 314.543* und *schweiz. P. 144.536*) verwendete die Kohorn & Co. zum gleichen Zweck die Zugabe von Nichtlösern zur Spinnmasse, die eine starke fällende Wirkung ausüben, und zwar in solchen Mengen, dass unmittelbar nach dem Ausgang der flüssigen Fäden aus den Spinndüsen an deren Oberfläche eine feste Haut gebildet wird. Das weitere Entweichen der Lösungsmittel kann dann nur unter Bildung von Hohlräumen erfolgen. Grösse und Zahl dieser Hohlräume – und daher der Matteffekt selbst – werden durch Wahl der Zugaben und der Spinnbedingungen bestimmt. Als Nichtlöser sind Benzol und Wasser erwähnt.

Auch die British Celanese Ltd. erhielt eine Hohlseide durch Bildung einer äusseren festen Haut auf den Fäden von Zellulosederivaten: nach ihrem *engl. P. 318.629* (1929, Prior. 1928) liess sie die Spinnmasse zuerst in einer Atmosphäre von geringerem Verdampfungsvermögen verspinnen und dann die gebildeten Fäden nachbehandeln, unter Bedingungen, die eine starke Verdampfung ermöglichen. Den gleichen Effekt kann man auch nach einem anderen *engl. P. 318.632* (1929, Prior. 1928) durch Einhalten einer geringen Abzugsgeschwindigkeit in einer gewählten Verdampfungsatmosphäre erreichen.

Höhersiedende Verbindungen können ebenfalls in einem solchen Verfahren verwendet werden: nach dem *amer. P. 1.770.310* (ausg. 1930) von Karplus bleiben sie dann während dem ganzen Spinnprozess im Faden, ohne Blasen zu bilden, bis die fertigen Fäden nachträglich einem Vakuum ausgesetzt werden.

In ihrem *franz. P. 697.329* (1930, deutsche Prior. 1929, auch *engl. P. 356.327* und *schweiz. P. 150.577*) beschrieb die I.G. Farbenindustrie ein Verfahren, nach welchem man Kunstseidefäden aus Azetylzellulose mit mattem Aussehen erhält: durch sorgfältige Auswahl von Lösern und Nichtlösern mit bestimmten Siedepunkten und Einhaltung bestimmter Spinnbedingungen der Temperatur und der Gasströmung in den Spinnzellen.

Ein solches Gemisch von Lösern und Nichtlösern verwendete auch die Ruth-Aldo Co. Inc. in ihrem *amer. P. 1.876.130* (1930, auch *engl. P. 385.673* und *franz. P. 722.719*): als Nichtlöser empfahl sie einen Äther, dessen Siedepunkt nicht um mehr als 40° C von dem des Lösers entfernt ist, etwa Isopropyläther und dessen Halogenderivate. Als Beispiel führte sie ein Gemisch von 80–93 % Azeton und 20–7 % Isopropyläther an. Letzterer verdampft bei der Berührung mit warmer Luft besonders rasch und erwirkt dadurch die Bildung von hohlraumhaltigen Fäden mit rauher Oberfläche und mattem Glanz.

Die Fabrique de Soie artificielle de Tomaszow erhielt laut ihrem *poln. P. 24.423* (1936) matte Kunstfasern, indem sie zu den wässrigen

Zelluloselösungen, wie Viskose, ein Gemisch von Schwefelkohlenstoff und Alkoholen mit 4 bis 9 Kohlenstoffatomen, oder zu den Lösungen von Zellulosederivaten in organischen Lösungsmitteln Kohlenwasserstoffe mit 8 bis 15 Kohlenstoffatomen zugab. Bei der Entstehung der Fäden bilden sich dann in ihrem Inneren stark dispergierte, nicht auswaschbare Emulsionen, die sich beim Trocknen der Fäden verflüchtigen und Hohlräume hinterlassen. Dieses Verfahren soll ausserdem noch die Isoliereigenschaften und die Knitterfestigkeit der Fasern erhöhen.

e) Herauslösen von Zusätzen

Im Abschnitt A 7 (über die Spinnmattierung durch Zugabe von organischen Verbindungen zur Spinnmasse) wurde mehrfach darauf hingewiesen, dass die zugegebenen Mattierungssubstanzen nachträglich aus den fertigen Fäden durch Behandlung mit einem geeigneten Lösungsmittel unter Zurücklassung von Hohlräumen wieder entfernt werden konnten. Dieses Vorgehen wurde verallgemeinert und auch auf Stoffe ausgedehnt, die an sich kein oder nur ein geringes Mattierungsvermögen besitzen. Der Vorteil dieses Verfahrens gegenüber dem der Bildung von Gaseinschlüssen in den Fäden oder dem des Verdampfens von flüchtigen Stoffen liegt wahrscheinlich darin, dass man die Grösse und die Verteilung der Hohlräume besser unter Kontrolle halten und ein Platzen der Fäden vermeiden kann.

In einem *DRP 517.355* (1926, tschech. Prior. 1925, auch *franz. P. 621.181* und *engl. P. 258.582*) empfahl die Erste Böhmische Kunstseidenfabrik AG Theresienthal, Spinnlösungen beliebiger Art flüssige oder feste Stoffe, die darin unlöslich sind, in kolloidaler Verteilung zuzugeben und nachträglich aus den fertigen Fäden mit einem geeigneten Lösungsmittel wieder herauszulösen. Sie nannte als Zusatzstoffe mineralische, tierische oder pflanzliche Öle, Wachse, festes Paraffin, Harze oder dergleichen. In einem Zusatzpatent *DRP 538.483* (1927, tschech. Prior. 1926, auch *engl. P. 282.687*) wurde für die Viskose- und die Kupferoxydammoniakkunstseide die Verwendung von Zusatzstoffen mit einem Siedepunkt unterhalb 350° C (am besten eine entsprechende Petroleumfraktion) und ihre Entfernung aus den Fäden durch Verdampfen oder Sublimation im Vakuum empfohlen.

H. Dreyfus wählte für ein solches Verfahren nach seinem *franz. P. 748.538* (1933, engl. Prior. 1932) den Zusatz von 5–15 % eines hochsiedenden Lösungs- oder Weichmachungsmittels wie Glyzerin, Zyklohexanol, Polyolefinalkohole, Äthylenglykol, Benzylalkohol, Azetin, Trialkylphosphate, Öle oder Wachse.

Anorganische wasserlösliche Verbindungen, als Zusatz zu Spinnmassen aus Zellulosederivaten, verwendete die British Celanese Ltd. in ihrem *engl. P. 407.240* (1933): wasserfreies Natriumsulfat, Natriumbikarbonat, Kochsalz, Natriumthiosulfat, Natriumborat, Natriumpyrophosphat oder Kupfersulfat werden mit einem Teil des zur Herstellung der Spinnlösung benötigten Lösungsmittels in einer Kugel- oder Kolloidmühle feinstens vermahlen und in Mengen von 0,1 bis 10 % zugegeben. Als Verteilungsmittel können noch Diäthylenglykol oder Öle mineralischer oder pflanzlicher Herkunft oder Türkischrotöl zugesetzt werden. Das Wiederherauslösen zur Bildung der Löcher und Poren erfolgt natürlich mit Wasser.

Die Rhodiaceta empfahl in ihrem *franz. P. 1.142.976* (1955), ein anorganisches, in Wasser lösliches, aber in dem für das Zelluloseazetat verwendeten Lösungsmittel unlösliches Salz in diesem Lösungsmittel zu vermahlen, bis es genügend fein ist, dann ihm 5–15 % (auf das Lösungsmittel gerechnet) Zelluloseazetat zuzugeben, und dieses Präparat der zu verspinnenden Zelluloseazetatlösung in solchen Mengen einzuverleiben, dass der Gehalt an anorganischem Salz in der Endlösung weniger als 15 % des Zelluloseazetats beträgt. Dieses Salz wird dann entweder nach dem Verspinnen oder erst nach der Verarbeitung der Fäden zu Textilerzeugnissen ausgewaschen. Die so erhaltenen Mattfäden haben eine geringere Dichte und eine bessere Anfärbbarkeit.

f) Besondere Verfahren

Hier muss, wenn es auch nicht gerade die Herstellung einer Hohlseide zum Gegenstand hat, das *amer. P. 1.643.080* (1926) von Neidich erwähnt werden: eine Zellulosehydrat-Spinnmasse wird in ein Bad versponnen, das 16,5 % Schwefelsäure und 0,5 % Phosphat-Ionen enthält, und darin eingetaucht gelassen, bis das Äussere der Fäden sich zu einer Haut koaguliert hat. Dann werden die Fäden umgeleitet und getrocknet, bis sich die Kernmasse von der Aussenhaut getrennt hat: es entsteht dadurch ein äusseres gelochtes Rohr und ein von ihm getrennter Kern; diese Zusammensetzung weist dann zahlreiche lichtreflektierende Flächen auf, die dem Gesamten ein mattes Aussehen verleihen.

Die Wolff & Co. passte in ihrem *engl. P. 368.664* (1931, deutsche Prior. 1930, auch *franz. P. 722.467*) die Methode der Austreibung eines flüchtigen Lösungsmittels den Gegebenheiten der Viskosekunstseideherstellung an: nach dem Verlassen des Koagulationsbades, aber vor dem Eintritt in das Regenerationsbad, werden die Fäden mit wasseraustreibenden Mitteln, wie heissen Gasen oder heissen, wasserfreien Flüssigkeiten (Ölen, Vaselinöl), bei einer Temperatur von etwa 120° C behandelt. Die Koagulation selbst wird in diesem Falle vorteilhaft in einer organischen Flüssigkeit wie Methanol oder einem anderen Alkohol vorgenommen.

Das *engl. P. 372.835* (ausg. 1932) von H. Dreyfus behandelt ein besonderes Verfahren zur Herstellung von Hohlseide aus Zellulosederivatlösungen im Trockenspinnprozess: auf die Fäden lässt man unmittelbar nach ihrem Austritt aus den Spinndüsen und vor ihrem Trocknen ein Fällungsmittel (das auch der Spinnlösung selbst zugegeben werden kann) einwirken, wie Äthyl- oder Amylalkohol, Butylazetat oder -propionat, Dipropyläther, Kohlenwasserstoffe, besonders Toluol oder Xylol; dann leitet man eine rasche Verdampfung des in den Fäden enthaltenen Lösungsmittels ein. Dadurch findet die von anderen Beispielen bekannte Hautbildung statt.

9. Spinnmattierung durch Veränderungen im Spinnvorgang

Neben den zahlreichen Varianten der Mattierung durch Zugabe von Fremdstoffen in die Spinnlösungen hat es nicht an Versuchen gefehlt, diese Zugabe und die damit verbundenen Gefahren zu umgehen und den Mattierungseffekt bei Verwendung normal zusammengesetzter Spinnlösungen durch physikalisch-chemische oder rein chemische Kunstgriffe während der Fadenbildung oder unmittelbar nachher zu erreichen. Im zweiten Fall handelt es sich eigentlich um eine Zwischenstufe zwischen der Spinn- und der Nachmattierung. Diese Vorschläge sind fast durchwegs älteren Datums und sind seit dem Siegeszug der Pigmentmattierung einerseits und der echten Nachmattierung andrerseits wieder in Vergessenheit geraten, und zwar nicht zuletzt deshalb, weil sie in den meisten Fällen ziemlich komplizierte Umstellungen im Spinnsystem oder die Verwendung teurer Fällbäder oder zusätzlicher Nachbehandlungsbäder erforderten.

Ein typisches Verfahren dieser Art ist in dem *franz. P. 731.219* (1932, auch *österr. P. 134.810*, deutsche Prior. 1931) beschrieben, das der Deutschen Bekleidungsindustrie GmbH erteilt wurde für die Herstellung von Kunstseide, Filmen und dergleichen aus Zellulose, Zellulosederivaten oder Eiweissfaserstoffen mit rauher, unregelmässiger Oberfläche: die Gebilde werden während oder kurz nach ihrer Herstellung der Einwirkung von Dispersionen scharfkantiger, fester Stoffe ausgesetzt, die entweder der Spinnlösung oder dem Fällmittel zugesetzt, oder auch den aus den Spinndüsen austretenden oder schon gefällten Fäden zugeführt werden. Dazu sollen folgende Substanzen geeignet sein: vor allem Infusorienerde (Kieselgur), aber auch Glaspulver, gepulvertes Karborundum, gefällte Kieselsäure, Tonerde, feinstverteilte Metalle, deren Oxyde und Salze. Um die Haftfähigkeit dieser Stoffe zu erhöhen, setzt man den Spinnlösungen oder den Fällmitteln noch Klebstoffe zu, wie sulfurierte Öle, 3–Oxytrimethylen-1,2-sulfid und andere mehr. Die so erhaltene Kunstseide soll bei der Verarbeitung in der Wirkerei besondere Vorteile gezeigt haben. Dieses Verfahren lässt sich auch mit anderen bekannten Herstellungsmethoden für Hohl- und Mattseide kombinieren: so kann zum Beispiel der Matteffekt durch Zusatz von Ölen, Paraffin, Luft, gasbildenden Substanzen oder Pigmenten noch verstärkt werden.

a) Spezielle Verfahren für das Naßspinnen

Für die Herstellung von Mattkunstseide aus Kupferoxydammoniakzelluloselösungen oder aus Viskose bestehen die meist verwendeten Kunstgriffe aus Änderungen in der Zusammenstellung der Fällbäder. Dazu gehört zum Beispiel eines der ältesten Patente über die Herstellung glanzloser Gebilde aus Zelluloselösungen, das *DRP 262.253* (1912) von Borzykowski: die Spinnmasse aus Kupferoxydammoniakzelluloselösung wurde in einem aus starker Alkalilauge bestehenden Fällbad versponnen, dem alkalilösliche Metalloxyde, wie Bleihydroxyd oder Natriumstannat zugesetzt wurden. Eine Nachbehandlung mit solchen alkalischen Metalloxydlösungen wurde ebenfalls vorgeschlagen.

Einen anderen Weg beschritt Pellerin mit seinem *franz. P. 620.985* (1925, auch *DRP 487.071* und *schweiz. P. 121.072*): er schlug vor, die Spannung der aus dem Fällbad kommenden Fäden zu unterbrechen, indem diese eine Geschwindigkeitsverminderung oder eine Richtungsänderung erfahren. Dadurch wird die Zugspannung derart vermindert, dass die Fäden in der Länge schrumpfen und keinen Glanz, der ja durch die Streckung bekanntlich erhöht wird, sondern ein wollähnliches Aussehen erhalten.

Nach dem *franz. P. 670.024* (1928) von Delpech erhielt man matte Fäden aus normal zusammengestellter Viskose dadurch, dass man dem schwefelsauren Fällbad einen Zucker, wie Glukose, oder einen melasseartigen Stoff oder eine proteinhaltige Verbindung in solchen Mengen zugab, dass die Dichte des Bades auf 1,250 bis 1,400 gebracht wurde.

Das Comptoir des Textiles Artificiels verarbeitete zum gleichen Zweck – laut ihrem *franz. P. 698.660* (1930, deutsche Prior. 1929) – eine Viskose mit mehr als 7,5 % Gehalt einer aus 96 % α-Zellulose bestehenden Zellulose, nach kurzer Reifung in einem Schwefelsäure-Sulfatbad, dessen Natriumsulfatgehalt fast doppelt so hoch wie der Säuregehalt war. An Stelle oder neben Natriumsulfat wurde auch Zinksulfat oder ein anderes lösliches Sulfat verwendet.

Ein gemischtes Schwefelsäure-Sulfatbad empfahl auch die Chemical Holding Corp. in ihrem *amer. P. 1.899.725* (1930): 5–7 % Schwefelsäure und 1,5–4,5 % Nickelsulfat.

Eine interessante Art, wollähnliche Kunstfasern aus regenerierter Zellulose herzustellen, liess die I.G. Farbenindustrie durch ihr *franz. P. 766.404* (1933, deutsche Prior. 1933, auch *engl. P. 424.229* ind *ind. P. 21.300*) schützen: nach der Nachbehandlung der gebildeten Fäden wird die übliche Trocknung ersetzt durch ein Abzentrifugieren der Hauptmenge des Wassers und eine Behandlung mit organischen, mit Wasser mischbaren Flüssigkeiten, wie Alkohol, Azeton oder Tetrachlorkohlenstoff, die wasserverdrängend wirken. Der letzten Portion der Behandlungsflüssigkeit kann man ferner eine Schlichte oder ein Imprägniermittel zusetzen. In einem *franz. Zusatzpatent 45.680* (1935, deutsche

Prior. 1933, auch *engl. P. 435.968*, Zusatzpatent zum *engl. P. 424.229*, und *ind. P. 21.855*, Zusatzpatent zum *ind. P. 21.300*) gab die Erfinderin weitere Einzelheiten über den Reifegrad der zu verarbeitenden Viskose bekannt: sie wird etwa 3 Tage bei 20° C gereift, bis zu einer Ammonchloridzahl von weniger als 7–6 oder einem Salzpunkt von 0,1–0,2, und dann wie im Hauptpatent angegeben behandelt. Nach einem weiteren Ausbau dieses Verfahrens, wie im *franz. Zusatzpatent 46.362* (1936, auch *engl. P. 441.218*) beschrieben, kann man gleichzeitig mit dem Trocknen durch die organische Flüssigkeit eine Entschwefelung durchführen, indem man der Trocknungsflüssigkeit eine unter 100° siedende Base zusetzt: man behandelt zum Beispiel die nasse Kunstseide zuerst mit einem 1–10 % Ammoniak enthaltenden 35 %igen Alkohol, und dann mit 92 %igem Alkohol.

Einen stumpfen Ton der Zellulosekunstseide erzielte die American Bemberg Co. dadurch, dass sie nach ihrem *amer. P. 2.088.558* (1933, auch *DRP 657.891*), zum Beispiel bei der Herstellung von Kupferkunstseide, dem Fällwasser im Spinntrichter geringe Mengen von Elektrolyten, wie Ammoniumsulfat oder Säure, zugab, so dass der Faden oberflächlich zu Zellulose regeneriert wird, die Alkalität des Fällwassers im Falle der Säurezugabe jedoch erhalten bleibt. Der so gebildete Faden wird dann im Augenblick der Entstehung dieser dünnen Zellulosehülle einer Streckung unterworfen, die die Hülle des nicht vollständig durchkoagulierten Fadens sprengt und der Kunstseide einen Mattglanz gibt. Die zugesetzten Elektrolyten sollen die Bildung eines Kupfertetramminsalzes bewirken, das als solches auf die Faseroberfläche regenerierend wirkt. Den gleichen Effekt kann man nach diesem Verfahren auch bei anderen Kunstseidesorten, wie bei solchen aus Viskose, Zelluloseäthern oder -estern, Kaseinlösungen, usw. erreichen. Die Menge des zuzusetzenden Ammoniumsulfates beträgt etwa 0,9–1,6 Gramm pro Liter Fällwasser.

Die deutsche Schwesterfirma J. P. Bemberg AG. erhielt laut ihrem *DRP 657.798* (1934, auch *amer. P. 2.196.630* der American Bemberg Corp.) eine Kupferseide mit vermindertem Glanz durch Verwendung saurer Fällbäder, deren Säuregehalt noch hoch genug (zum Beispiel über 0,4 %) bemessen war, dass der Faden den Spinntrichter mit gerade noch alkalischer Reaktion verliess.

Ein weiteres Verfahren zur Herstellung von Viskosekunstseide mit wollähnlichem Aussehen und der gleichen Substantivität für Farbstoffe wie die Kupferkunstseide, liess die I.G. Farbenindustrie durch das *franz. P. 778.985* (1934) schützen. Eine Viskose mit einem Reifegrad, der unter dem üblichen Salzpunkt von 0,1–0,2 liegt, wird in Wasser als Fällbad versponnen, und die Fäden werden nachher über eine Umlenkstange in ein $3^1/_2$ % Schwefelsäure und 6 % Natriumsulfat enthaltendes Härtungsbad geleitet.

Die gleiche Erfinderin erhielt noch ein *engl. P. 503.862* (1937) für ein Verfahren, nach dem eine hochgereifte Viskose mit 7,7 % Zellulose und 6,5 % Alkali in ein Fällbad mit 23 % Ammoniumsulfat und 6,5 % Natriumsulfat versponnen und dann in einem 120° C heissen Glycerinbad nachbehandelt wird.

b) Spezielle Verfahren für das Trockenspinnen

Da dieses Verfahren keine Fällbäder kennt, sind zahlreiche Patente genommen worden, die sich mit der Zusammensetzung der Lösungsmittel, der Zugabe von Nichtlösern, oder mit den thermischen und atmosphärischen Bedingungen in der Spinnzelle beschäftigen. Einen guten Überblick über solche Patente der Jahre um 1930 gibt Mullin[1]).

Laut ihrem *engl. P. 278.814* (1926) hat die Courtaulds beobachtet, dass man beim Trockenspinnen von Zelluloseestern oder -äthern den Glanz unter Kontrolle halten kann, wenn man die Spinnlösungen in den Düsen und die Luft in den Spinnkammern bei den Spinndüsen auf gleicher Temperatur hält. Ist diese Temperatur so hoch wie es die kontinuierliche Verspinnung erlaubt, so werden die Fäden glänzend; ist sie tiefer, so nimmt der Glanz ab.

Die Nederlandsche Kunstzijdefabriek versuchte nach ihrem *DRP 514.400* (1927, holl. Prior. 1927, auch *amer. P. 1.838.121*, *franz. P. 640.446*, *engl. P. 291.067* und *kanad. P. 278.904*) glanzlose Textilprodukte aus Zelluloseestern oder -äthern nach dem Trockenspinnverfahren zu erhalten, wobei sowohl wasserfreie als auch wasserhaltige Spinnlösungen verwendet werden, und Wasserdampf in die Spinnzellen eingeblasen wird. Dieses Ziel erreichte sie auch, indem sie die Fäden, bevor sie vollständig vom Lösungsmittel befreit waren, in eine zweite Kammer mit Wasserdampf einleitete.

Ein ähnliches Verfahren wurde durch das *österr. P. 112.857* (1928) zugunsten der «Rhodiaceta» geschützt: das in einem flüchtigen Lösungsmittel gelöste Zellulosederivat wird nach dem Trockenspinnverfahren in einer geschlossenen oder fast geschlossenen Zelle versponnen, wobei die Spinnflüssigkeit vor ihrem Austritt aus den Düsen erwärmt wird, während gleichzeitig in die Zelle selbst, in die Gegend der Spinndüsen, eine kalte, trocknende Atmosphäre eingeführt wird.

Auch die British Celanese Ltd. suchte eine Lösung auf diesem Weg: nach ihrem *engl. P. 314.404* (1927, auch *franz. P. 664.065* und *amer. P. 1.920.212*) liess sie auf die frisch versponnenen Fäden aus Zelluloseazetat oder einem anderen Zelluloseester, in einem Stadium, in dem sie noch gewisse Mengen der organischen Lösungsmittel enthalten, einen oder mehrere fällend wirkende organische Stoffe in Dampfform einwirken. Als dazu geeignet erwiesen sich Alkohole, Zyklohexanol, Kohlenwasserstoff, wie Benzin, Petroleum, Petroläther,

[1]) Mullin: The Dull-luster Acetate Silk Patents (Text. Colorist *55* (1933) 735).

Xylen, ferner Ester wie Butylpropionat oder Äther wie Propyläther, in Mengen von 1–40 %, auf die Spinnlösung bezogen. Nach einem weiteren *engl. P. 314.414* der gleichen Firma (1927, auch *franz. P. 664.064*) wird dieses Verfahren ebenfalls für solche Zelluloseazetatlösungen verwendet, die 20–30 % Wasser enthalten: dieses Wasser wirkt in den ersten Augenblicken der Fadenbildung fällend auf das Zellulosederivat.

Eine weitere Ausarbeitung dieses Verfahrens ist im *engl. P. 327.740* (1928, auch *amer. P. 1.943.353* und *franz. P. 681.806*) der gleichen Erfinderin beschrieben: man bringt eine den Glanz regelnde Flüssigkeit in die Fäden, während sie noch einen verhältnismässig hohen Anteil an Lösungsmittel besitzen. Die Zugabe erfolgt am besten in den Spinnschacht, möglichst bald nach dem Austritt der Fäden aus den Spinndüsen. Zu diesem Zweck lässt man sie im oberen Drittel des Spinnschachtes über einen in besonderer Weise eingebauten und mit der Flüssigkeit getränkten Filz laufen. Wasser, Petroleum und Paraffin sollen den Glanz vermindern, Toluol und Xylol hingegen ihn vermehren, obwohl letzteres ebenfalls eine Glanzverminderung verursachen kann, wenn es sehr nahe den Düsen einverleibt wird.

In gleicher Richtung geht auch das *engl. P. 334.195* (1929, auch *franz. P. 690.432*) derselben Firma, nach dem das verdampfende Medium auf einer höheren Temperatur gehalten werden muss als die Spinnlösung, deren Temperatur um 10–20° C niedriger sein soll als jene, die zur Herstellung von glänzenden Fäden unter den übrigen Spinnbedingungen notwendig ist. In einer besonderen Ausführungsform dieses Verfahrens, nach dem *engl. P. 334.198* (1929), einem Zusatzpatent zum vorher erwähnten engl. P. 334.195, kann man den Mattierungsprozess besser überwachen, wenn man dem Lösungsmittel der Spinnlösung noch ein Verdünnungsmittel, besonders Wasser, zugibt. Eine Methode zur getrennten Kontrolle der Temperatur sowohl der Spinnlösung als auch des Verdampfungsmediums gibt das *engl. P. 320.632* (1928) an.

Die Società Anonima Italiana per la Seta Artificiale «Chatillon» liess durch das *DRP 542.811* (1929, auch *engl. P. 344.385*) ein Verfahren und eine Vorrichtung schützen, mit deren Hilfe es möglich ist, die Bildung von glänzenden Stellen in Gespinsten aus Zelluloseester- oder -ätherlösungen zu verhindern. In unmittelbarer Nähe der Spinndüsen wird das aus ihnen austretende Faserbündel in seiner Querrichtung einseitig einem heissen Gasstrom ausgesetzt. In ihrem *österr. P. 126.572*, das gleiche Verfahren betreffend, gab dieselbe Firma als weitere Einzelheit an, dass der nahe den Spinndüsen einzuführende Gasstrom in der Spinnkammer selbst durch ein in der Nähe des Spinnkopfes eingebautes Flügelrad verursacht werden kann. Die gleiche Einrichtung ist auch im *amer. P. 1.944.378* (1930, ital. Prior. 1929, auch *engl. P. 359.385* und *franz. P. 697.261*) auf den Namen der

Ruth-Aldo Inc. in New York erwähnt: das Flügelrad wird im oberen Drittel des Spinnschachts montiert und erzeugt einen horizontalen Gasstrom, der die aus den Spinndüsen austretenden Fäden anbläst, solange sie sich noch in einem plastischen Zustand befinden, und dadurch eine Deformation des Fadenquerschnittes bewirkt. Es handelt sich also dabei eher um ein mechanisches als um ein physikalisch-chemisches Mattierungsverfahren.

In ihrem *franz. P. 695.491* (1930, deutsche Prior. 1929) empfahl die Rhodiaceta, der Spinnlösung hochsiedende oder nicht flüchtige Stoffe, wie Fettsäuren, Glyzerin oder Chlorkalzium zuzugeben, und sie dann aus den fertigen Fäden durch Waschen mit Wasser, verdünnten Säuren, basischen Salzen oder organischen Lösungsmitteln, je nach der Art der zugesetzten Stoffe, wieder herauszulösen.

Um ein «schippriges» Aussehen der Acetatkunstseidefäden zu vermeiden, schlug die Aceta GmbH in ihrem *franz. P. 708.761* (1930, auch *österr. P. 132.011*, beide deutsche Prior. 1929) vor, das Zellulosederivat in einem Lösungsmittel, wie Methylenchlorid, zu lösen, dazu noch einen unter 100° C siedenden Alkohol beizugeben, diese Spinnlösung vorzuwärmen und auf die austretenden Fäden – kurz nachdem sie die Spinndüsen verlassen – ein gasförmiges Verdampfungsmedium in gerichteter Strömung einwirken zu lassen. Die so gewonnenen Fäden haben dann einen ganz fein gelappten Querschnitt.

H. Dreyfus versuchte, das bekannte mechanische Verfahren der Aufrauhung in den Spinnschacht zu verlegen: nach seinem *franz. P. 701.371* (1930) liess er die feucht-plastischen Fäden während ihrer Koagulation im Spinnschacht mit einem Strahl fein verteilter Stoffe, wie Metallpulver, Farbstoffe, Natur- oder Kunstfasern, gegebenenfalls in einem organischen Lösungsmittel oder Weichmacher (Azeton, Azeton-Wasser, Triazetin, Äthylazetat, Diazetonalkohol) gelöst, anblasen. Eine besondere Vorrichtung im Spinnschacht bewirkt, dass das Lösungsmittel kurz hinter den Düsen nur in mässigem Umfang verdampft. Den gleichen Effekt erhielt H. Dreyfus auch, indem er die fertigen Fäden gesondert anfeuchtete und durch die festen Stoffe laufen liess.

Eine weitere Methode, die noch feuchten Fäden mit einer mattierenden Flüssigkeit zu behandeln, beschrieb H. Dreyfus in seinem *engl. P. 391.443* (1931): die Fäden fahren im oberen Drittel der Spinnzelle über eine gerillte Rolle, die in die Mattierungsflüssigkeit taucht und die durch die Fadenreibung oder mechanisch angetrieben wird.

Nach dem *engl. P. 377.712* (1931, auch *franz. P. 732.988*) der British Celanese Ltd. erhält man Fäden mit einer ausgefällten Seele und einer mehr oder weniger einheitlich gelförmigen Oberfläche, und deshalb von geringer Dichte und hohem Deckvermögen (und dementsprechend von mattem Aussehen) dadurch, dass man der Spinnlösung

– neben einem Lösungsmittel – einen Nichtlöser schwachen Dampfdruckes zugibt, der eine fällende Wirkung auf das Zellulosederivat auszuüben vermag: Benzol, Toluol, Tetrachlorkohlenstoff, Kerosen, Alkohole. Die Menge soll so bemessen sein, dass eine vorzeitige Ausfällung nicht stattfinden kann. Diese wird erst in der Spinnkammer durch einen Luftstrom erwirkt, der in Dampfform das gleiche Lösungsmittel enthält, das man zur Herstellung der Spinnlösung verwendet. Ferner werden die Spinnbedingungen so gewählt, dass der grösste Teil des Nichtlösers während des Durchlaufens durch die Spinnkammer entfernt wird.

Das *amer. P. 2.032.606* (1934) der Celanese Corp. of America beschreibt folgendes Verfahren mit besonderer Vorrichtung: auf die aus der Spinnbrause austretenden Fäden wird durch zwei sich gegenüberliegende Düsen feuchter Dampf oder Dämpfe von Nichtlösern zugeblasen, wie Äthylenglykol, Benzol, Xylol oder Toluol, und zwar in Richtung des Fadenabzugs.

c) Spezielle Verfahren für das Schmelzspinnen

Nach einem Verfahren, das im *österr. P. 185.495* (1954, auch *engl. P. 756.715*, *franz. P. 1.104.722*, *schweiz. P. 357.145* und *kanad. P. 560.830*, alle deutsche Prior. 1953) der Vereinigte Glanzstoff-Fabriken AG beschrieben ist, kann man zugleich aufgerauhte und entglänzte Polyäthylenterephthalatfasern erhalten, indem man sie nach ihrem Austritt aus den Spinndüsen, wobei sie noch 7–12 % eines hochsiedenden Lösungsmittels wie α-Methylnaphthalin enthalten, in noch heissem Zustand durch eine kurze Luftstrecke und dann durch ein Bad einer oder mehrerer organischer Flüssigkeiten, wie Tetrachlorkohlenstoff, Perchloräthylen, Azeton oder Tetrahydronaphthalin, durchlaufen lässt; diese Flüssigkeiten sollen mit dem in den Fasern enthaltenen hochsiedenden Lösungsmittel mischbar sein, die Fasern selbst aber nicht lösen. Nachher werden die behandelten Fäden gestreckt und am Schluss mit überhitztem Dampf behandelt.

B. Die Nachmattierung [1]

Obwohl heute der weitaus grösste Teil der Chemiefasern, die beim Verbrauch matt aussehen sollen, schon beim Verspinnen mit den

[1] Allgemeine Literatur über die Nachmattierung: Anon.: The Finishing of Rayon Fabrics (Rayon Record *6* (1932) 125) – Anon.: Controlled Delustring as a Finish (Text. Colorist *55* (1933) 744) – Sisley: Le matage de la soie artificielle (Ind. Textile *51* (1934) 645; Rev. Gén. Mat. Col. *38* (1934) 442) – Mitcheson: The Treatment of Rayon and Cellulose acetate silk (Dyer *77* (1937) 205) – Bellecour: Le matage subséquent de la rayonne (Ind. Textile *54* (1937) 393) – Henk: Die Verminderung des Glanzes der Kunstseide. Mattierung durch Nachbehandlung (Zellwolle u. Dtsch. Kunstseide-Ztg. *5* (1939) 113) – Machu: Entglänzung von Textilien, insbesondere von künstlichen Geweben aus Cellulose oder Cellulosederivaten durch Nachbehandlung (Mell. *20* (1939) 144, 295, 371) – Debus: Verfahren zum Mattieren von textilen Faserstoffen (Text. Praxis *10* (1955) 1032, 1157).

nötigen Mattierungsmitteln versehen ist (und zwar, wie im Abschnitt A über die Spinnmattierung dargelegt wurde, fast ausschliesslich mit Titandioxyd),spielt die Nachmattierung von glänzenden Textilien immer noch eine gewisse Rolle.

Im Gegensatz zur Spinnmattierung, die nur vom Faserhersteller vorgenommen werden kann, liegt die Nachmattierung in den Händen des Veredlers, und damit erklärt sich schon ihre Daseinsberechtigung: die Nachmattierung muss das Aussehen der Textilwaren den Wünschen des Endverbrauchers anpassen. Chronologisch gemeint stellt sie sogar die erste Mattierungsmethode dar, die aufkam, als das Publikum den Hochglanz der Kunstseidenerzeugnisse nicht mehr annehmen wollte und an dessen Stelle ein Aussehen verlangte, das dem der Naturseide möglichst ähnlich war. Erst als die Mängel der ersten Verfahren, und vor allem die ungenügende Waschechtheit, allzu offensichtlich wurden, kam man auf die Idee, das Mattierungsmittel den Fasern einzuverleiben. Der Siegeszug der Spinnmattierung wirkte aber seinerseits sehr befruchtend auf die Nachmattierung als Veredlungsprozess: neuere Verfahren kamen zur Anwendung, die die Mängel der älteren nicht mehr aufwiesen und eine genauere Berücksichtigung der Konsumentenwünsche gestatteten.

Neben diesem unbestreitbaren Vorteil, eine Mattierung sozusagen nach Mass zu erlauben, bringt die Nachmattierung noch einige verarbeitungstechnische Vorteile mit sich: die Rohfaser selbst enthält keinen Fremdkörper, der ihre mechanische Eigenschaften ungünstig beeinflussen kann, die Führungsteile der Garnverarbeitungsmaschinen werden vor einer übermässigen Schleifwirkung der Fasern geschont, und ferner ist eine Mattierung auch auf dunkel gefärbten Fasern möglich.

Im allgemeinen versteht man unter Nachmattierung das Aufbringen eines Pigmentes oder sonstigen lichtbrechenden Stoffes auf die Oberfläche des Textilgutes, seien es Garne, Gewebe oder Gewirke. Praktisch aber wird sie nur auf fertigen Textilien, das heisst auf Geweben und Gewirken, angewendet: die Nachmattierung von Garnen, zum Beispiel in Strangform, ist zu keiner technischen Bedeutung gelangt, weil sie, wie es Chwala[1]) ganz zutreffend bemerkt hat, nur die Nachteile der Spinnmattierung mit sich bringen würde (grösserer Verschleiss der Maschinenteile, schwierigeres Nuancieren beim Färben), und dies sogar in noch höherem Mass, weil die gesamte Menge des Mattierungsmittels auf der Oberfläche statt im Inneren der Fasern liegt, ohne deren Vorteile vollständiger Waschechtheit mit sich zu bringen; ferner haben bekanntlich die meisten Kunstseidenarten eine geringe Nassfestigkeit, so dass sie bei einer Nachmattierungsbehand-

[1]) Chwala: Textilhilfsmittel, ihre Chemie, Kolloidchemie und Anwendung (Wien 1939), Seite 372.

lung gewisse Schädigungen erleiden könnten, die ihre weitere Verarbeitung beeinträchtigen würden.

Das Aufbringen von Pigmenten auf die Faseroberfläche ist grundsätzlich für alle Faserarten verwendbar. Sollen diese aber waschecht sein, so muss man den chemischen Charakter der verschiedenen Chemiefasern berücksichtigen, was zur Entwicklung differenzierter Verfahren geführt hat. Daneben hat sich ferner für die Gruppe der Kunstfasern aus Zellulosederivaten, also vor allem für die Zelluloseazetatkunstseide, ein besonderes Verfahren entwickelt, das den gewünschten Matteffekt durch Bildung von mikroskopisch kleinen Hohlräumen und Rissen im Faserinnern hervorbringt. Da dieses Verfahren sich stark von den klassischen Nachmattierungsverfahren unterscheidet, wird es gesondert behandelt; das Gebiet der Nachmattierung wird im allgemeinen in zwei Gruppen geteilt:

1. Nachmattierung durch mechanische oder physikalisch-chemische Beeinflussung der Faseroberfläche;
2. Nachmattierung durch Aufbringen von Pigmenten oder anderen lichtbrechenden Stoffen auf die Faseroberfläche.

1. Nachmattierung durch mechanische oder physikalisch-chemische Beeinflussung der Faseroberfläche

Den wichtigsten Platz in diesem Abschnitt nimmt das klassisch gewordene und praktisch nur für diese Faserart verwendete Entglänzen der Azetatkunstseide mit wässrigen Phenol-Seifelösungen ein. Aber auch andere Verfahren müssen hier Erwähnung finden: es sind vor allem die verschiedenen Vorschläge, die gemacht wurden, um auf alle Kunstfasersorten einen Matteffekt durch mechanische Behandlung mit Schleif- oder Schmirgelstoffen zu erzeugen.

So schlug die British Celanese Ltd. in ihrem *engl. P. 328.247* (1929, auch *amer. P. 1.957.508.*) vor, Kunstseide aller Art mit aufrauhenden Mitteln zu behandeln, wie Kieselgur, Bimssteinpulver, Glaspulver, Karborund, Schmirgel, aber auch mit solchen, die in Lösungsmitteln löslich sind, wie Glaubersalz oder Aluminiumsulfat. In einem weiteren *engl. P. 335.204* (1929) erwähnte noch die gleiche Firma, dass diese Schleifmittel entweder trocken oder in Pastenform oder in Mischung mit einer geeigneten Flüssigkeit angewendet werden können. Nach der Behandlung werden sie durch Waschen oder Bürsten wieder entfernt. Beide Patente enthalten noch Einzelheiten über verschiedene Vorrichtungen zur Durchführung des Verfahrens. Die British Celanese Ltd. hat dieses Mattierungsverfahren durch Schmirgeln in ihrem *engl. P. 359.465* (1930, amer. Prior. 1929) auch der Behandlung von Azetatseide angepasst: diese wird 10 Minuten in einem 100° C warmen Seifenbad oder in einem Ölbad, dem jeweils Kieselgur, Bimsstein- oder Glaspulver zugesetzt wurde, behandelt. Diese Behandlung erfolgt auf Schappe oder Stapelfasern, die darauf versponnen werden können.

Nach dem *amer. P. 1.705.490* (1928, auch *österr. P. 125.179*) der Nayanza Color and Chemical Co. Inc. werden die Kunstseidenfasern zuerst mit einem Bad, das in 40 Teilen Wasser 1 Teil einer Emulsion aus 10 Teilen Olivenölseife, 10 Teilen Leim, 100 Teilen Wasser und 4 Teilen Paraffin enthält, während 10 Minuten bei 90–95° C behandelt und dadurch mit einer dünnen klebrigen Schicht überzogen, die sie für eine darauffolgende Behandlung mit Schleifmitteln besser geeignet macht. Das *amer. P. 1.769.850* (1929) der gleichen Firma gibt an, dass man die Schleifmittel (Infusorienerde, Kalk, Kaolin, Fullererde oder Zinkoxyd) auch direkt der oben erwähnten Paraffinemulsion zugeben kann.

In den letzten Jahren wurde diese Schmirgelmethode durch die Grove Silk Co. wieder aufgenommen und wie folgt für die Entglänzung von Nylongarnen in ihren *amer. P. 2.897.576* und *2.897.577* (ausg. 1959) beschrieben: die Nylongarnstränge werden in eine Aufschlämmung eines stark zerkleinerten harten Materials, wie Kieselsäure, Kalcit oder sogar Glas, gebracht und darin unter Druck geknetet.

Eine ganz andere Art der Mattierung stellt das durch das *amer. P. 2.000.013* (1929, auch *kanad. P. 312.669*) von C. Dreyfus geschützte Verfahren dar: durch Vereinigung einer Anzahl Kunstseidefäden aus thermoplastischen Zellulosederivaten, die noch ein flüchtiges Lösungsmittel für das verwendete Zellulosederivat enthalten und unter Druck bei einer Temperatur, die über dem Siedepunkt des Lösungsmittels liegt, zusammengeklebt werden, entsteht ein mattes künstliches Stroh von flachem Querschnitt.

Zum mechanischen Entglänzen von Garnen aus synthetischen Polymeren schuf Tlamicha, laut seinem *engl. P. 886.032* (deutsche Prior. 1958), eine Apparatur, die aus einer aufgerauhten, schräg zur Laufrichtung der Garne rotierenden Walze besteht, die diesen Garnen neben einer Aufrauhung noch eine mehrfache Zwirnung verleiht.

a) Der Einfluss heisser wässriger Bäder auf den Glanz der Azetatkunstseide[1])

Bei dem hier besprochenen Mattierungsverfahren handelt es sich um einen typischen Fall, bei dem aus einer Not eine Tugend gemacht wurde. Dass Azetatkunstseide Behandlungen mit heissen Flotten oder eine heisse Wäsche nicht verträgt und dabei eine vollkommene Änderung ihres Aussehens erleidet, war von Anfang an zu augenfällig, als

[1]) Literatur über das Entglänzen der Azetatseide: Entglänzen von Azetatseide (Dtsch. Färber-Ztg. *65* (1929) 636) – Mattglänzende Azetatseide. Einige Schwierigkeiten bei der Wäsche (Rayon Record *5* (1931) 411) – Sterling: Die Mattierung von Azetatgeweben (Text. World *80* (1931) 1202) – Stahl: Die Glanztrübung der Azetatkunstseide

dass nicht sowohl die Hersteller und Verarbeiter wie auch die Verbraucher dieser Kunstfaserart sich damit beschäftigt hätten. Der hohe Glanz der Azetatseide wurde zuerst nicht beanstandet, aber die Klagen häuften sich, dass er bei unsachgemässer Behandlung abnahm, unregelmässig wurde oder sogar verschwand. Darauf wurde eine grosse Forschungsarbeit geleistet, um Mittel und Wege zu finden, diese Entglänzung, auch «Blindwerden» genannt, zu verhindern oder rückgängig zu machen; einen Überblick über die betreffende Patentliteratur gab Stahl am Schluss seiner Arbeit über «Die Glanztrübung der Azetatkunstseide in heissen Bädern»[1]). Das sicherste Mittel gegen die Entglänzung ist und bleibt aber das Vermeiden zu hoher Temperaturen bei den verschiedenen Färbe- und Ausrüstungsprozessen.

Als dann später der hohe Glanz der Kunstseiden aus der Mode kam, meinte man, es dürfte sehr einfach sein, auf diesem Weg matte Azetatkunstseide zu erzeugen. Eine solche Lösung des Problems wäre umso wärmer begrüsst worden, als für Azetatkunstseide eine Imprägnierung mit Metallsalzen (siehe Abschnitt B/2) wegen ihrer bekannten schlechten Benetzbarkeit nicht ernsthaft erwogen werden konnte.

---

in heissen Bädern (Seide *36* (1931) 324, 358, 402, 439. Auszüge in Kunstseide *14* (1932) 153 und Mschr. Text. Ind. *47* (1932) 139, 161) – Weltzien und Brunner: Über Mattierung von Azetatseide. Mattierungsvorgänge ohne Verseifung (Seide *36* (1931) 399, 447) – Stahl: Beziehung zwischen heisser und kalter Mattierung von Azetatseide (Seide *37* (1932) 163) – Weltzien: Beziehungen zwischen heisser und kalter Mattierung von Azetatseide (Seide *37* (1932) 246) – The Luster of Acetate Rayon (Silk J. Rayon World *8* [95] (1932) 36) – Jordan: Entglänzen unter mikroskopischer Kontrolle (Text. World *81* (1932) 2007) – Die Glanztrübung der Azetatkunstseide in heissen Bädern (Mell. *13* (1932) 200) – Ohl: Über die Glanzverminderung von Azetatkunstseide durch heisse Lösungen (Mell. *13* (1932) 483) – Das Mattieren von Azetatseide (Dtsch. Färber-Ztg. *68* (1932) 394) – Stahl: The Delustering of Acetate Rayon in hot baths (Text. Colorist *55* (1933) 816; Übersetzung aus Kunstseide *14* (1932) 153) – Entwicklungen im Entglänzen von Azetatseide. Neue Patentliteratur (Chem. Age *29* (1933) 212) – Das Entglänzen von Azetatkreppgeweben (Silk J. Rayon World *10* [113] (1933) 20) – Über die Verseifung der Zelluloseester. Die teilweise Verseifung des Zelluloseazetats und das Entglänzen der Azetatseide und Viskoseseide (Boll. Ass. ital. chim. tessile col. *8* (1934) 165, 233) – Mullin: The Dull-luster Acetate Silk Patents (Text. Colorist *55* (1933) 657, 735, 780) – Ohl: The Delustering of Acetate Silk by hot solutions (Dyer *72* (1934) 31; Übersetzung von Mell. *13* (1932) 483) – Mullin: Delustering Acetate Silk yarns and fabrics (Text. Colorist *56* (1934) 11, 89) – Roche: Delustered Rayon yarn or fabrics (Text. Manuf. *63* (1937) 293, 330) – Anon.: Das Mattieren von Azetatkunstseide (SVF-Fachorgan *3* (1948) 260) – Marsden und Urquhart: Delustering of Acetate Rayon (J. Text. Institute *42* (1951) T 15) – Cluley: Teinture et finissage de l'acétate de cellulose (Rayonne et fibres synth. *11* (1955) 1611) – Jeffries and Wellard: The Effect of treatment in aqueous phenol solutions on the physical properties of secondary cellulose acetate filaments (J. Text. Inst. *47* (1956) T 549) – Rivat, Rochas et Pierret: Etude de la matification et du rebrillantage de l'acétate de cellulose (Bull. Inst. Text. France *90* (1960) 25).

[1]) Stahl: Die Glanztrübung der Azetatkunstseide in heissen Bädern (Seide *36* (1931) 324, 358, 402, 439; abgekürzte Fassungen in Mell. *13* (1932) 200, Kunstseide *14* (1932) 153 und Mschr. Text. Ind. *47* (1932) 139, 161).

Es tauchten aber andere Schwierigkeiten auf: die so erzielte Entglänzung war weder wasch- noch bügelfest. Daher wurden in den 30er Jahren zahlreiche Verfahren vorgeschlagen und patentiert, um diese Entglänzung besser zu lenken und verbrauchstüchtig zu machen.

Es herrschte lange eine grosse Unsicherheit über die wirklichen Ursachen des Mattwerdens von Azetatkunstseide in heissen wässrigen Bädern. In der älteren Fachliteratur wurde allgemein die Ansicht vertreten, es handle sich dabei einfach um eine Teilverseifung des Esters, und man glaubte, dass freies Alkali der Marseiller Seife in den Entbastungsbädern daran schuld war (obwohl eine gute Marseiller Seife gar kein freies Alkali enthält). Diese Erklärung erhielt umso mehr Glaubwürdigkeit, als einwandfrei nachgewiesen wurde, dass schon verhältnismässig schwach konzentrierte alkalische Lösungen Azetylzellulose anzugreifen vermögen, und dass Hydrolyse durch heisses Wasser in der organischen Chemie durchaus nicht unbekannt ist. Aber nicht alle Beobachtungen, die beim Mattwerden der Azetatkunstseide in heissen Bädern gemacht wurden, standen in Einklang mit dieser Verseifungstheorie: so die Tatsache, dass Wasser erst über 70° C die Azetatseide stark trübt und unter dieser Temperatur auch nach längerer Einwirkungsdauer keine Trübung verursacht.

Es war das Verdienst von Stahl[1]), als erster in dieser Frage Klarheit geschaffen zu haben. Durch umfangreiche Versuche hat er bewiesen, dass der Glanz der Azetatkunstseide unabhängig ist von ihrem Verseifungsgrad, und dass es sich manchmal sogar gerade umgekehrt verhält: nur wenig oder gar unverseifte Fasern können durch heisse Bäder stark getrübt werden, während stärker verseifte Qualitäten ihren Glanz weitgehend behalten. Die Entglänzung selbst beginnt, wie schon erwähnt, bei Temperaturen von etwa 70°C und nimmt mit steigender Erhitzung der Bäder bis zum Siedepunkt an Intensität zu. Sie ist hingegen unabhängig von der Konzentration an Verseifungsmitteln, seien sie sauer oder alkalisch: selbst stark verdünnte Lösungen und blosses Wasser wirken stärker als etwa dezinormale Säure- oder Alkalilösungen. Ferner konnte Stahl beweisen, dass auch nach stundenlangem Rückflusskochen von Azetatkunstseide in Wasser, was zu einer vollkommenen Mattierung führt, keine freie Essigsäure entsteht und die Kunstseide keine Aufnahmefähigkeit für substantive Baumwollfarbstoffe erhält (ein sicheres Zeichen für eine eingetretene Verseifung), sondern die gleiche elementare Zusammensetzung und die gleiche Viskosität in azetonischer Lösung beibehält.

---

[1]) Stahl: Die Glanztrübung der Azetatkunstseide in heissen Bädern (Seide *36* (1931) 324, 358, 402, 439; abgekürzte Fassungen in Mell. *13* (1932) 200, Kunstseide *14* (1932) 153 und Mschr. Text. Ind. *47* (1932) 139, 161).

Auch Ohl[1]) hat seinerseits den Zusammenhang zwischen Verseifung und Glanztrübung untersucht, und auch er konnte keinen eindeutigen Parallelismus zwischen diesen zwei Vorgängen finden. Immerhin erkannte er, dass Kunstseide, die durch Behandlung mit heissen wässrigen Bädern mattiert wurde, günstigere Dehnungseigenschaften erhält, als die entsprechende nicht mattierte Ware, und dass die Neigung zur Trübung vermindert wird, wenn die Behandlung in heissen Bädern unter Spannung erfolgt.

Als Erklärung für den Glanzverlust konnte Stahl die Bildung unzähliger kleiner Hohlräume und Risse im Innern der Masse angeben. Die Zahl dieser Hohlräume und damit der Mattierungsgrad nimmt mit der Behandlungstemperatur (zwischen 70 und 100° C) und -dauer zu. Weitere Versuche haben gezeigt, dass beim Mattierungsprozess in heissem Wasser, eben über 70° C, zuerst eine Erweichung des Materials erfolgt, und zwar besonders wenn das Wasser zum Sieden kommt. Die kleinen Hohlräume werden aber nicht etwa durch Reste von Lösungsmitteln gebildet, die vom Herstellungsprozess her im Fasermaterial zurückgeblieben wären und dann bei diesem Erweichungszustand entweichen könnten. Vielmehr ist das Wasser selbst an ihrer Entstehung unmittelbar beteiligt. Wenn man trockene Azetatkunstseide einem überhitzten Dampf bei zum Beispiel 150° C aussetzt, so dass sich kein Wasser an ihr kondensieren kann, so tritt keine Trübung ein. Sobald aber Wasser vorhanden ist, so zeigen sich die gleichen Entglänzungserscheinungen wie in kochendem Wasser. Diese werden also durch ein örtliches Verdampfen des Quellungswassers verursacht, das, weil Kapillarkanäle verengt oder versperrt sind, nur unter Versprengen der Masse ins Freie gelangen kann. Und da die Erweichung der Masse doch nicht so fortgeschritten ist, dass die gebildeten Risse sich sofort wieder schliessen könnten, tritt immer wieder neues Wasser hinein und hält sie offen. Ein längeres Kochen kann auch auf diese Weise zu einer starken Abnahme der Festigkeit des Materials führen.

Ein weiterer Beweis für die Richtigkeit dieser Anschauung ist die Tatsache, dass Azetatkunstseide mit hohem Azetylgehalt, die nur schwer quellbar ist, sich auch schwieriger auf diese Art mattieren lässt, wogegen die gewöhnlichen, niedrigazetylierten und besser quellbaren Qualitäten ihren Glanz in heissen wässrigen Bädern rasch verlieren.

Diese Erklärung wurde allerdings durch Weltzien und Brunner[2]) etwas in Zweifel gezogen. Diese Autoren wiesen darauf hin, dass eine 5 %ige wässrige Phenollösung schon in kaltem Zustand eine beträchtliche mattierende Wirkung ausüben kann: daraus leiteten sie die

[1]) Ohl: Über die Glanzverminderung von Azetatkunstseide durch heisse Lösungen (Mell. *13* (1932) 483).

[2]) Weltzien und Brunner: Über Mattierung von Azetatseide. I: Mattierungsvorgänge ohne Verseifung (Seide *36* (1931) 399, 447).

Schlussfolgerung ab, dass eine Emulsion des Phenols das richtige Mattierungsmittel sei, ohne allerdings eine Erklärung über dessen Wirkungsweise liefern zu können. Darauf entstand eine rege Diskussion zwischen den Verfechtern dieser zwei entgegengesetzten Anschauungen. Stahl[1]) replizierte zuerst, dass die von Weltzien und Brunner erwähnte «Kaltmattierung» einen völlig anderen Vorgang darstelle, der auf einem Auflösen des Azetats durch das Quellungsmittel Phenol und darauffolgendem Wiederkoagulieren durch das langsam eindringende Wasser beruhe. Er machte also einen deutlichen Unterschied zwischen der heissen Azetatseidemattierung, die er als Plastifizierung des Materials ohne verstärkte Quellung und darauffolgende Zerreissung der Masse durch Gas- und Dampfentwicklung auffasste, und der kalten Azetatseidetrübung, die er als eine Erscheinung der bis an die Grenze des Auflösens getriebenen Quellung und nachträglichen Koagulation betrachtete. Im mittleren Temperaturbereich sollen sich die zwei Vorgänge überschneiden. Weltzien duplizierte[2]), «kalte» und «heisse» Entglänzung seien dasselbe und beruhten beide auf der Bildung der gleich aussehenden Hohlräume; der Unterschied sei lediglich in der Konzentration und in der Temperatur zu suchen; der Beweis einer Bildung von Hohlräumen in der Hitze sei nie erbracht worden.

Marsden und Urquhart[3]) unterzogen diese abweichenden Behauptungen in zwei grossen Arbeiten einer genauen Überprüfung und kamen zu den folgenden Feststellungen:

1) Wird ein sekundäres Zelluloseazetat (Kunstseidenazetat) in einer wässrigen Phenollösung bei 25° C gequollen, so wird es milchig, wenn die Phenolkonzentration höher als 1,8 % ist, bleibt aber vollkommen durchsichtig bei schwächeren Konzentrationen. Wird das milchig gewordene Material ohne Waschen getrocknet, so wird es wieder durchsichtig; wenn aber das Phenol zuerst durch Waschen entfernt wird, dann bleibt das Material auch nach dem Trocknen milchig. Unter dem Mikroskop zeigt es zahlreiche Hohlräume.

2) Die Kurven über den Zusammenhang zwischen Phenolmenge und Wasseraufnahme aus wässrigen Phenollösungen durch das sekundäre Zelluloseazetat zeigen eine eindeutige Diskontinuität für die Konzentration (1,8 %), die gerade genügt, um dieses Milchigwerden zu verursachen. Sowohl Wasser- wie Phenolaufnahme sind über diesem Wert merklich höher als unterhalb.

3) Der Zusatz einer äquivalenten Menge eines nur aus einwertigen Ionen bestehenden Salzes (zum Beispiel Kochsalz) zu einer 2 %igen

[1]) Stahl: Beziehung zwischen heisser und kalter Mattierung von Azetatseide (Seide *37* (1932) 163).

[2]) Weltzien: Beziehungen zwischen heisser und kalter Mattierung von Azetatseide (Seide *37* (1932) 246).

[3]) Marsden und Urquhart: The Delustering of Acetate Rayon (Journ. Text. Institute *33* (1942) T105; *42* (1951) T15).

Phenollösung neigt dazu, den Quellungsgrad des Zelluloseazetats und seine Trübung zu erhöhen. Jeffries[1]) schreibt diese Wirkung einer Erhöhung der Phenolaktivität durch die Anwesenheit solcher Salze zu: das ganze System verhält sich so, als ob eine höhere Phenolmenge verwendet worden wäre. Im Gegensatz dazu haben Salze mit zweiwertigem Anion oder Kation (Natriumsulfat oder Magnesiumchlorid) die umgekehrte Wirkung: die Quellung des Zelluloseazetats wird gebremst, und es bleibt durchsichtig. Es scheint, dass sie nicht die Phenol-, sondern die Wasseraufnahme beeinträchtigen.

Aus diesen Beobachtungen leiteten dann die zwei englischen Autoren folgende Erklärung für den mattierenden Effekt von Phenollösungen auf die Azetatkunstseide ab:

Bekanntlich ist Zelluloseazetat, wie alle hochmolekularen Stoffe, nur teilweise kristallin: sein Gefüge bietet vielmehr ein Gemisch von Bereichen, wo die Moleküle gut geordnet sind, und von solchen, wo sie ohne besondere Ordnung liegen. Letztere haben naturgemäss eine geringere Dichte und auch eine geringere Festigkeit, weil die intermolekularen Kräfte sich nur auf einem Teil der Moleküllänge entfalten können. In diesen lockeren Bereichen können daher ohne weiteres fremde, nicht zu grosse Moleküle eindringen, leichter als in die gut kristallisierten Bereiche. Wenn also Zelluloseazetat in eine etwa 2 %ige Phenollösung bei Zimmertemperatur eingetaucht wird, ist anzunehmen, dass Wasser und Phenol vorzugsweise in diese amorphen Bereiche einzudringen versuchen. Zwischen Phenol und Zelluloseazetat können sich dann eine Art von Wasserstoffbrücken bilden und zwar zwischen den OH-Gruppen des Phenols und den Azetylgruppen des Zelluloseazetats. Diese Bindungen scheinen stärker zu sein als die Bindungen zwischen zwei benachbarten Zelluloseazetatmolekülen (die Löslichkeit von Zelluloseazetat in Phenol würde es beweisen). Die geordneten Bereiche widerstehen zuerst diesem Angriff und können erst gelockert werden, wenn die amorphen Stellen selbst gesättigt sind und zusätzliches Phenol und Wasser noch vorhanden sind. Erfolgt diese Lockerung, dann bietet sie plötzlich eine grosse weitere Anlagerungsmöglichkeit für die Fremdkörper, was die Diskontinuität in den Absorptionskurven des Zelluloseazetats für Phenol und Wasser und die Bildung von Hohlräumen erst über der dem Diskontinuitätspunkt entsprechenden Phenolkonzentration erklärt.

Dieses Eindringen der phenolischen Lösung in das Gefüge des Zelluloseazetats wirkt zwangsläufig dahin, dass eine gewisse Anzahl von intermolekularen Bindungen des Azetats gelockert werden. Wurden die Fäden bei ihrer Herstellung einer Streckung unterworfen, die zum Zweck hatte, die Moleküle zu richten und dadurch das Gefüge

[1]) Jeffries: Swelling and Cavity Formation in Secondary Cellulose Acetate. Part II: The Effect of Surface Active Agents and Salts (Journ. Text. Institute *49* (1958) T214).

des Materials zu verdichten, so fällt diese verdichtende Wirkung beim Quellen dahin: es entstehen, genau wie bei der Auflockerung der kristallinischen Bereiche, Stellen geringerer Ordnung, und beim Zusammenschrumpfen des Materials nach Entfernung des Quellungsmittels werden sich die Moleküle eher in noch schlechter geordneten Ansammlungen legen. Solche Ansammlungen sind locker, voluminöser und enthalten zahlreiche kleine Hohlräume, die den Resten der Phenollösun-Platz bieten können. Da aber die Bindung Wasser-Phenol wahrscheinlich wesentlich stärker ist als die Bindung Wasser-Komplex Phenol-Zelluloseazetat, so kann ein solch heterogenes System von zusammengeschrumpftem Zelluloseazetat mit Hohlräumen, die mit wässriger Phenollösung gefüllt sind, recht stabil sein. Der Brechungsindex der Phenollösung ist aber verschieden von dem des Zelluloseazetats, und damit ist das milchige Aussehen eines solchen Systems erklärt, und auch sein weicher und plastischer Charakter. Wird es dann getrocknet, so erhöht sich die Phenolkonzentration in ihm und das Material wird immer weicher, fast halbflüssig. In diesem Zustand neigen die inneren Kräfte des Materials dazu, die Hohlräume zu schliessen, und der phenolhaltige, also plastifizierte Stoff wird schliesslich wieder durchsichtig. Wird dagegen das Phenol ausgewaschen, so ist der Weichmacher nicht mehr vorhanden, und die inneren Kräfte können den Verformungswiderstand des starreren Materials nicht mehr überwinden; die Hohlräume, mit Luft und Wasserdampf gefüllt, deren Brechungsindices bekanntlich sehr verschieden sind von dem des Zelluloseazetats, bleiben bestehen. Erst wenn dieses entglänzte Azetat nachträglich wieder erweicht wird, sei es durch Hitze (Bügeln) oder durch nochmalige Behandlung mit einer Phenollösung und sofortiges Trocknen, dann verschwinden diese Hohlräume und das Material wird wieder glänzend.

Wenn zweiwertige Salze im Phenolbad vorhanden sind, so hemmen sie nicht die Phenolaufnahme, wohl aber die Absorption von Wasser, dessen Anwesenheit zur Bildung des oben geschilderten heterogenen Systems unerlässlich ist. Dabei wird das Material, dank der scheinbar erhöhten Phenolkonzentration, noch plastischer.

Aus diesen Darlegungen konnten interessante Einzelheiten für die Handhabung dieses Mattierungsverfahrens in der Praxis festgehalten werden.

Zuerst wird es verständlich, warum gewisse Qualitäten von Azetatkunstseide sich nur sehr schwer nach der gewöhnlichen, oben dargelegten Methode mattieren lassen. Die Ursache davon ist die starke Streckung, der diese Produkte unterzogen werden, und die den Anteil an gut geordneten Bereichen in den Fasern erhöht und damit die Eindringungsmöglichkeiten für das Mattierungsmittel vermindert.

Ferner haben diese Untersuchungen von Marsden und Urquhart klar bewiesen, dass das eigentliche Mattierungsmittel *Wasser* ist, das nach Eindringen in das Innere der Fasern ein heterogenes System bildet, und nicht Phenol, das nur als Weichmacher dieses Eindringen des Wassers zu erleichtern hat: wird dies durch Zugabe von Glaubersalz verhindert, so entsteht keine Mattierung, obwohl Phenol vorhanden ist. Auf der andern Seite ist bekanntlich ein gewisses Mattieren durch Kochen mit Wasser allein möglich, wenn die Bedingungen zu einem Erweichen der Fasern führen können. Deswegen wird auch eine Zugabe von Glaubersalz zu den Färbe- und Behandlungsbädern immer empfohlen, wenn die notwendige erhöhte Temperatur dieser Bäder Anlass zur Entglänzung des Behandlungsgutes geben könnte.

Dadurch, dass Wasser und nicht Phenol das Mattierungsmittel ist, wird auch die zuerst etwas merkwürdig anmutende Tatsache erklärlich, dass Phenollösungen nicht nur zum Entglänzen, sondern auch zum Wiederglänzendmachen verwendet werden können: dabei verhält sich Phenol nicht anders als jedes andere weichmachende Agens, sei es Hitze oder, wie sehr oft praktiziert, eine kalte Lösung von 20–25 % Essigsäure. Die zwei letzteren Mittel sind aber gefährlich, weil das stark aufgeweichte Material sich leicht verformen kann. Besser ist es, die zu entmattierende Ware eine Stunde in einer kalten Lösung von 2 % Phenol, unter Zusatz von 1 % Glaubersalz, zu behandeln, die überschüssige Lösung durch vorsichtiges Absaugen zu entfernen, die Ware dann bei möglichst tiefer Temperatur in einem Ofen zu trocknen, und schliesslich das Phenol mit möglichst viel Wasser, dem man mit Vorteil ein wenig Ammoniak zugibt, auszuwaschen. Marsden und Urquhart haben sogar gefunden, dass eine Behandlung der Azetatseide mit einer Lösung von Phenol allein, ohne Seife, nicht nur eine bescheidene Mattierung verursacht, sondern sogar die Ware gegen eine richtige mattierende Behandlung zu schützen vermag, wahrscheinlich durch eine Erhöhung der Plastizität.

Zusammenfassend kann man sagen, dass aus allen diesen theoretischen und wissenschaftlichen Darlegungen klar ersichtlich ist, dass ein enger Zusammenhang zwischen Quellung und Erweichung der Azetatseide einerseits und deren Entglänzung andererseits besteht. Daraus kann man die Folgerung ableiten, dass alle Mittel, die die Quellung der Azetatseide im positiven oder im negativen Sinn zu beeinflussen vermögen, sich auch auf das Entglänzen auswirken müssen. Auf der andern Seite können Substanzen, die keine Veränderungen des Quellungszustandes verursachen, auch nicht imstande sein, den Mattierungsvorgang zu steuern. Durch entsprechende Versuche konnte schon Stahl[1])

---

[1]) Stahl: Die Glanztrübung der Azetatkunstseide in heissen Bädern (Seide *36* (1931) 324, 358, 402, 439; abgekürzte Fassungen in Mell. *13* (1932) 200, Kunstseide *14* (1932) 153 und Mschr. Text. Ind. *47* (1932) 139, 161).

selbst die Angaben verschiedener Patente, wonach die Entglänzung von Azetatkunstseide durch Zugabe von Schutzkolloiden zu den Bädern vermindert werden kann, widerlegen: solche Kolloide haben zu grosse Moleküle, um in die feine Kapillare der Fasern eindringen zu können.

Eines dieser älteren Patente ist wohl das *franz. P. 570.175* (1922, auch *DRP 411.798*, *engl. P. 206.818* und *amer. P. 1.716.423*) von Clavel, das die Erzielung von wollähnlichen Effekten auf Zelluloseazetat enthaltenden Garnen und Geweben, durch Behandlung mit verdünnten wässrigen Lösungen von Ameisen- oder Essigsäure, zum Gegenstand hat: die Wirkung wird etwas gedämpft und Festigkeit und Elastizität des Materials werden erhalten, wenn den Behandlungsbädern ein Schutzkolloid wie Gelatine, Seife oder Türkischrotöl zugesetzt wird. Nach den gleichen Patenten kann man durch Kochen mit Lösungen von Seife, Bariumsalzen oder Phenolderivaten matte Effekte erhalten.

Ebenfalls zweifelhaft erscheint heute die Lehre des *engl. P. 260.312* (1925, auch *franz. P. 617.655*) der British Celanese Ltd., nach welchem eine Entglänzung möglich ist durch Behandlung mit heissem oder kochendem Wasser oder feuchtem Dampf in Anwesenheit von Schutzstoffen, wie neutralen, leicht löslichen und ionisierbaren Salzen: Chromaten, Sulfaten, Chloriden, Nitraten, Azetaten, Oxalaten des Ammoniums, Lithiums, Natriums, Kaliums, Magnesiums oder Aluminiums. Im Lichte der heutigen Kenntnisse über die Wirkung der verschiedenen Salze ist es nämlich sehr fragwürdig, ob man sowohl einwertige wie zwei- und mehrwertige Salze für den gleichen Zweck verwenden soll. Nach den gleichen Patenten kann man noch Rohrzucker zusetzen, um eine völlige Beseitigung des Glanzes zu vermeiden: durch richtige Wahl der verschiedenen Zusätze, der Mengenverhältnisse und der Konzentrationen sollte es möglich sein, einen der Naturseide sehr ähnlichen Glanz zu erhalten.

Als Quellmittel für das Zelluloseazetat sind vor allem die meisten organischen Lösungsmittel, ferner gewisse Salze, unter diesen die Sulfozyanate, bekannt. Ihre Wirksamkeit ist sehr verschieden: sie kann in bestimmten Fällen so stark sein, und den Erweichungsprozess derart weit treiben, dass die entstehenden Gase und Dämpfe zwar die Masse zerreissen und aus ihr entweichen, die gebildeten Hohlräume sich nachher aber sofort wieder schliessen. Nach einer Behandlung mit solchen Bädern weist also Azetatseide keine Hohlräume mehr auf. Auf diese Weise hat man daher versucht, die Glanztrübung der Azetatseide in wässrigen Bädern zu vermeiden, allerdings ohne Erfolg: obwohl keine eigentlichen Hohlräume entstehen können, bildet sich trotzdem eine gewisse Trübung durch Angreifen der Oberfläche.

Organische Lösungsmittel, die unter 100° C sieden, sind sehr wirksam: ein viertelstündiges Behandeln mit 10 %igem Methyl- oder Äthylalkohol oder 1 %igem Azeton ergibt eine vollständige Mattierung der Azetatseide. Auch allein, das heisst ohne Verdünnung mit Wasser, ergeben diese Verbindungen den gleichen Effekt. Wenn man Konzentrationen anwendet, die zwischen diesen extremen Gebieten liegen, tritt aber merkwürdigerweise die Mattierung nur in geringem Umfang ein: diese Erscheinung hat Stahl[1]) deswegen auf eine zu stark erweichende Wirkung solcher Gemische zurückgeführt, weil es den Anschein hatte, als ob die zwei Glanztrübungsmittel, das Wasser und die organische Flüssigkeit, sich gegenseitig nach einer Art von Synergieerscheinung unterstützten. Ein Gemisch von 50 % Wasser und 50 % Alkohol ist also ein stärkeres Quellmittel als jede der einzeln genommenen Komponenten. Solche Vorkommnisse sind auch auf dem Gebiet der Lösungsmittel für Zelluloseazetat bekannt: Tetrachloräthan und Äthylalkohol vermögen es nicht zu lösen, wohl aber ihr Gemisch 1:1.

Diese Erkenntnisse hat C. Dreyfus in seinem *amer. P. 2.006.540* (1929, auch *engl. P. 363.426*, *franz. P. 703.002* und *kanad. P. 324.632*) ausgewertet: er verwendete Gemische von einem Lösungsmittel und einem weniger flüchtigen Nichtlöser in solchen Verhältnissen, dass das Gemisch keine lösende, wohl aber eine starke quellende Wirkung auf das Zelluloseazetat ausübt. Wird die Lösungsmittelmenge klein gehalten, dann bleibt der Entglänzungseffekt auf die Faseroberfläche beschränkt. Als besonders günstig hat sich ein Gemisch von 30 % Xylol und 70 % Azeton erwiesen, aber als Lösungsmittel können auch Äthylenchlorid, Mischungen aus letzteren mit Methyl- oder Äthylalkohol, Dichloräthylen, Dioxan und als Nichtlöser Toluol, Mesitylen, Wasser oder Alkohol verwendet werden.

In einem *engl. Zusatzpatent 364.020* (1930, amer. Prior. 1929) zum *engl. P. 363.426* wurden vom gleichen Erfinder noch andere Gemische geschützt, die einen grösseren Anteil von Lösungsmittel enthalten: 80–95 Teile Azeton und 20–5 Teile Xylol zum Beispiel.

Hochsiedende organische Lösungsmittel wirken noch stärker als die niedersiedenden: mit heissen wässrigen Lösungen von 1 % Phenol, Zyklohexanol oder Tetrachloräthan ist es möglich, eine vollkommene Mattierung der Azetatseide zu erreichen. Auch da ergeben zu hohe Konzentrationen eine zu starke Quellung und daher keine richtige Trübung; man kann sogar, wie schon auf Seite 392 erwähnt, mit solchen Mitteln eine getrübte Azetatseide wieder glänzend machen.

So hat die British Celanese Ltd. durch das *engl. P. 409.275* (1932) die Verwendung von Naphthalin oder dessen Alkylderivaten wie β-Methylnaphthalin, oder von Alkyläthern der Naphthole wie β-Naph-

[1]) Stahl: Die Glanztrübung der Azetatkunstseide in heissen Bädern (Seide *36* (1931) 324, 358, 402, 439; abgekürzte Fassungen in Mell. *13* (1932) 200, Kunstseide *14* (1932) 153 und Mschr. Text. Ind. *47* (1932) 139, 161).

tholmethyläther, in heissen wässrigen Flotten oder in Gegenwart von feuchtem Dampf schützen lassen. Schon ein nur einige Sekunden dauerndes Durchziehen der Ware durch ein Bad aus heissem Wasser, das zum Beispiel 1 % Naphthalin, 2,5 % Xylol und eventuell noch 5–7 % Türkischrotöl zum Dispergieren der Kohlenwasserstoffe enthält, genügt, um eine Mattierung zu erhalten; auch 1 % β-Naphtholmethyläther und 4 % Türkischrotöl führen zum gleichen Ziel.

Nach dem *engl. P. 409.276* (1932, auch *amer. P. 2.073.629*) derselben Firma kann man im gleichen Sinn auch eine Lösung von 1 Teil Diphenyl in der gleichen Menge Xylol, die mit 6 Teilen Türkischrotöl in zwei Teilen Wasser dispergiert ist, verwenden. Nach Behandlung mit dieser Dispersion bei 85–90°C wird die Ware über Nacht stehen gelassen und dann während 30 Sekunden in 98°C heisses Wasser getaucht.

Nach einem dritten Patent, dem *engl. P. 409.277* (1932, auch *amer. P. 2.103.432*), ebenfalls der gleichen Firma, sollen verschiedene Karbonsäureamide und Sulfonsäureamide organischer Natur eine ähnliche Wirkung wie Naphthalin haben: Azetanilid, *p*-Toluolsulfonamid, Benzamid, Phthalimid, Benzanilid, Diazetyl-*p*-phenylendiamin, Diazetylbenzidin, Ölsäureamid, Stearinsäureamid, zusammen mit heissem Wasser oder mit feuchtem Wasserdampf. So können 10 kg Azetatseide auf dem Jigger mit einer Dispersion von 800 g *p*-Toluolsulfonamid mit 800 g Türkischrotöl in 80 l Wasser bei 82°C behandelt werden, bis der gewünschte Effekt erreicht ist, worauf man die Ware spült, abpresst und trocknet. Mit einer wässrigen Lösung von 3–10 g pro Liter *p*-Toluolsulfonamid kann man sogar auch auf einem Zelluloseazetatgewebe durch Behandlung bei 80–85° die Glanzstellen, die durch unvorsichtiges Bügeln entstanden sind, zum Verschwinden bringen, ohne dass der Rest des Stoffes eine wesentliche Veränderung erfährt.

Die Badische Anilin- und Sodafabrik hat in einem neueren *DBP 849.834* (1950) die Behandlung der zu mattierenden Azetatkunstseide mit wässrigen Lösungen von Tetrahydrofuran, gegebenenfalls in Anwesenheit von kleinen Mengen eines alkalisch wirkenden Mittels, empfohlen. Eine solche Behandlung kann gleichzeitig mit dem Färben erfolgen.

Wegen ihrer Wichtigkeit werden die hochsiedenden Lösungsmittel Phenol und ähnliche Verbindungen in einem besonderen Abschnitt unter B 1b (s. Seite 398) behandelt.

Unter den anorganischen Verbindungen verhalten sich die Sulfocyanide oder Rhodanide wie die erwähnten organischen Lösungsmittel: im Gegensatz zu den meisten anderen anorganischen Salzen haben sie eine ausgesprochen quellende Wirkung auf das Zelluloseazetat. Auch für sie gibt es eine bestimmte Konzentration, die für Mattierung am günstigsten ist: wenn die Konzentration zu hoch ist, so ist auch die Quellung zu stark, die gebildeten Hohlräume schliessen sich wieder, und der Mattierungseffekt bleibt aus oder wird rückgängig gemacht. Auf der andern Seite können Sulfozyanidlösungen schon bei Zimmertemperatur eine Trübung der Azetatseide hervorrufen: es handelt sich allerdings dabei nicht um eine Quellung mit Hohlraumbildung, sondern um eine Oberflächenkorrosion.

Schon 1920 hatten die British Cellulose and Chemical Manufacturing Co. Ltd. und H. Dreyfus in einem *engl. P. 165.164* festgestellt, dass man der Azetatkunstseide ein wollähnliches Aussehen verleihen kann, durch Behandlung während 2 bis 3 Stunden mit einer kalten 25 %igen Lösung von Kalium-, Ammonium- oder Kalziumsulfozyanat; eine 30 %ige Lösung ergibt sogar eine vollständige Mattierung. Dieses Verfahren ist allerdings wegen der hohen Konzentrationen an Mattierungsmitteln ziemlich teuer. Das entsprechende *amer. P. 1.554.801* (1921) wurde H. Dreyfus und der American Cellulose and Chemical Manufacturing Co. Ltd. erteilt; ebenso das *amer. P. 1.556.512* (1922), welches das gleiche Thema behandelt.

Später erhielten C. Dreyfus und die Celanese Corp. of America das *amer. P. 1.740.889* (1926, auch *engl. P. 282.722* der British Celanese Ltd.), das die Verwendung dieser Salze direkt in den Bleich-, Färbe- und Behandlungsbädern schützt. Die alkalischen Sulfozyanate werden in Mengen von 1 bis 30 % den Färbebädern zugesetzt, das Kalziumsalz eher den Bleichbädern, in Mengen von 1 %.

Die Teintureries Lyonnaises erhielten ein *franz. P. 701.442* (1930) zur Herstellung von Garnen aus Zelluloseazetat mit herabgesetztem Glanz und besseren Streckungseigenschaften durch Behandlung vor oder nach dem Färben mit Sulfozyanatlösungen.

Neben den Sulfozyanaten wurden in den ersten Jahren der industriellen Mattierung von Azetatkunstseide, und bevor dank den Arbeiten von Stahl Klarheit über die Verhältnisse bei dieser Operation herrschte, mit mehr oder weniger Erfolg auch andere anorganische Salze und Verbindungen als Entglänzungsmittel in wässrigen Lösungen vorgeschlagen.

So erhält man nach dem *engl. P. 301.335* (1927, auch *amer. P. 1.778.327*, *DRP 512.637* und *franz. P. 638.795*) eine vollkommen regelmässig entglänzte Azetatkunstseide ohne Beeinträchtigung ihrer Festigkeit, Elastitizät oder anderer mechanischer Eigenschaften, durch Eintauchen in einer 10–30 %igen Lithium-, Magnesium- oder Kalziumchlorid-Lösung während 2 bis 24 Stunden bei gewöhnlicher Temperatur, Abquetschen und kurzer Behandlung mit einer höchstens dezinormalen Lösung einer Säure, wie Salz-, Phosphor-, Bor-, Benzoe-, Anthranil- oder Naphthalin-β-sulfonsäure. Die Ware erhält ein wollähnliches Aussehen und wird besonders mit Benzoe- oder Salizylsäure matt, ohne entazetyliert zu werden.

Solche Behandlungen können allerdings sehr leicht zu einer nicht erwünschten Kräuselung der Garne führen. Um dies zu vermeiden, schlug die British Celanese Corp. in ihrem *engl. P. 318.642* (1929, auch *amer. P. 1.976.218*) vor, die Ware unter Spannung mit feuchtem Dampf oder heissen Lösungen von Seife, Salzen, sauren Salzen, Säuren (insbesondere Ameisen- oder Essigsäure) zu behandeln. Den gleichen Zweck verfolgt das *engl. P. 343.698* (1930) für die Mattierung von Wirkwaren ohne Verdrehen oder Faltenbildung; ein *engl. Zusatzpatent 345.509* (1930, auch *amer. P. 1.940.730*) präzisiert noch, dass das zu behandelnde Gut im Entglänzungsbad (das auch Färbebad sein kann) in Form von losen Schleifen so aufgehängt werden muss, dass es ganz eingetaucht ist.

Das Verfahren nach dem *amer. P. 1.927.412* (1931) der Du Pont Rayon Corp. verwendet genau die gleiche Vorbehandlung mit den Leichtmetallchloriden, führt aber die zweite Stufe mit einer höchstens dezinormalen Lösung eines sauer reagierenden Salzes oder eines solchen, das bei erhöhter Temperatur zu einer sauren Lösung hydrolytisch gespalten wird, wie Aklali- oder Aluminiumbisulfate, Alaune, Magnesium-, Aluminium- oder Zinkchlorid oder Aluminiumazetat.

Einen etwas anderen Weg der Entglänzung von Azetatkunstseide durch wässrige Lösungen anorganischer Stoffe beschreitet das *amer. P. 2.776.869* (1953), nach welchem die Ware zuerst eine Behandlung mit Wasser bei 90–98°C bei einem pH-Wert von weniger als 7 erfährt und dann einer Verseifung mit einer Alkalilösung von etwa 0,6 % NaOH + 8 % Natriumazetat unterzogen wird. Nach Waschen mit Wasser bei 30°C wird die Ware getrocknet: ihr Glanz ist dann herabgesetzt, ihr Deckvermögen und ihr Griff sind verbessert.

b) Die Entglänzung von Azetatkunstseide mit wässrigen Phenol-Seifelösungen

In der Praxis hat sich die Entglänzung der Azetatkunstseide in heissen wässrigen Bädern auch gegen die Spinnmattierung behaupten können, vor allem wegen ihrem billigen Preis, und weil ihre Nachteile (mangelhafte Bügelechtheit) durch spezielle Verfahren behoben werden konnten. Sie behält allerdings immer noch gewisse Nachteile: ihr Ausfall hängt stark von der Qualität der verwendeten Azetatseide ab, und ihre Reproduzierbarkeit ist nicht immer die beste.

Es wurde schon verschiedentlich erwähnt, dass zur Erzeugung einer milden Halbmattierung reines Wasser genügt. Zur Verbesserung des Effektes und zur Verhinderung des Knitterns bei der Behandlung selbst (auch bei anderen Operationen wie Waschen oder Färben) kann man das Gut zuerst in breitem Zustand vornetzen, laut *engl. P. 338.190* (1929) der British Celanese Ltd.

Auch für einfache Fälle verwendet man lediglich Seifenbäder von 10–20 g pro Liter: nach dem *engl. P. 303.286* (1928, auch *DRP 595.648*) der Bleachers' Association Ltd. kann man Gewebe aus Zelluloseazetatseide ganz oder teilweise glanzlos machen, indem man sie mit Seifenlösungen kocht oder klotzt und darauf dämpft. Die dazu verwendete Seife muss von sehr guter Qualität sein, das heisst kein freies Alkali enthalten, und keine Trübung des Bades bei höherer Temperatur ergeben, was zu Fleckenbildung auf dem Textilmaterial führen könnte. Auch darf der pH-Wert des Seifenbades nicht wesentlich über 10 liegen, um verseifungsempfindliche Azetatseidesorten nicht anzugreifen[1]). Die eigentliche Wirkung der Seife in solchen Bädern ist allerdings noch nicht restlos abgeklärt. In diesem Zusammenhang haben Weber und Martina[2]) eine Tabelle über den Einfluss des pH-Wertes auf die erzielte Entglänzung bei einer Behandlung in 2%iger Seifelösung während 30 Minuten veröffentlicht:

pH	Temperatur °C	Entglänzungseffekt
6	100	leicht opak
7	100	halbmatt
8	85	glänzend
	95	halbmatt
	100	dreiviertelmatt
11	100	vollmatt

Nach dem *amer. P. 1.947.002* (1930) von C. Dreyfus kann eine Behandlung mit einem Seifenbad von 10 g pro Liter bei 80°C auch die Gleichmässigkeit bei nachfolgenden Operationen wie Mattieren, Färben oder Kreppen fördern. Den gleichen Zweck, nämlich die Vermeidung von Ungleichmässigkeiten beim Mattieren der Azetatkunstseide mit Dampf oder heissen wässrigen Lösungen, wie zum Beispiel von Seife, kann man auch, nach dem *engl. P. 398.371* (1932, auch *kanad. P. 341.869* von C. Dreyfus, amer. Prior. 1931) der British Celanese Ltd., durch eine Vorbehandlung mit Lösungen oder Emulsionen freier höherer Fettsäuren, wie Ölsäure, erreichen.

Wenn zwei oder mehrere verschiedene Sorten von Garnen aus Zelluloseestern gleichzeitig, zum Beispiel mit einer Seifenlösung, entglänzt werden müssen und verschieden reagieren, so kann man nach dem *engl. P. 388.520* (1931) der Courtaulds Ltd. das Gewebe aus solchen Gemischen zuerst mit oxydierend wirkenden Mitteln, wie Wasserstoffsuperoxyd oder Natriumperborat, länger und stärker als zum Bleichen des Gutes erforderlich wäre, und sogar so weit behandeln, bis eine deutliche Verminderung der Viskosität der Zelluloseester ein-

[1]) Sisley: Le matage de la soie artificielle (Rev. Gén. des Mat. Col. *38* (1934) 443).

[2]) Weber-Martina: Die neuzeitlichen Textil-Veredlungsverfahren der Kunstfasern (Wien 1951), S. 426.

tritt: die Entglänzung fällt nachher viel gleichmässiger aus und ist leichter zu erreichen.

Eine ähnliche Behandlung hat später auch die British Celanese Ltd. durch das *engl. P. 793.697* (1954, auch *amer. P. 3.031.254*) schützen lassen: die Entglänzung wird mit einer Lösung eines anionaktiven Reinigungsmittels, unter Zusatz von 0,75 cm^3 Wasserstoffsuperoxyd 130 Volumenprozent pro Liter Lösung, vorgenommen. Dieser Zusatz soll zugleich die Entglänzung beschleunigen und die Ware bleichen. Er ist besonders in Seifenlösungen wirksam.

In den meisten Fällen aber genügt eine einfache Seifenlösung nicht, um eine richtige, tiefe Mattierung zu erhalten: der Zusatz eines Quellungsmittels ist notwendig. Von all den zahlreichen vorgeschlagenen Produkten hat sich eben *Phenol* am besten bewährt und wird heute am meisten verwendet. Dabei hängt die Stärke des Mattierungseffektes nicht nur von der Phenolkonzentration im Bad ab, sondern auch vom Flottenverhältnis; das heisst, das Verhältnis zwischen der verwendeten Phenolmenge und dem Warengewicht ist wichtig. Rolland[1]) hat angegeben, dass für eine gute Mattierung 40 bis 100 % des Azetatseidengewichts an Phenol notwendig sind, wobei die Phenolkonzentration im Bad selbst nicht unter 2 g pro Liter sinken darf. Im allgemeinen ist die Stärke der Mattierung der verwendeten Phenolmenge direkt proportional, und da Phenol während der Mattierung vom Material aufgenommen wird, muss der Gehalt im Bad ständig kontrolliert und ergänzt werden. Als normale Rezeptur empfiehlt Rolland 4–6 g pro Liter in einem Bad von 10 g Seife pro Liter.

Ferner hat Rolland auch festgestellt, dass der erzielte Mattierungseffekt am stärksten ist, wenn das Gut unmittelbar bei 96° C in das Behandlungsbad eingetaucht wird. Wenn es vorher in einer heissen, aber phenolfreien und daher nicht oder nur sehr schlecht entglänzenden Flotte behandelt wird, so erzielt man auch mit grösseren Phenolmengen nur eine mittelmässige Mattierung. Wenn deshalb die Ware aus irgend einem Grund eine solche Vorbehandlung erfahren muss, dann soll diese bei möglichst tiefer Temperatur erfolgen.

Taussig[2]) gibt für den gleichen Zweck folgende Arbeitsbedingungen an: 5–10 g pro Liter Marseillerseife und 2–3 g pro Liter Phenol, das frei von Kresolen sein soll, Temperatur 95° C, und als altbewährtes Rezept erwähnt Nestelberger[3]) eine einstündige Behandlung bei 90° C mit 8 g pro Liter Marseillerseife und 2 g pro Liter Phenol. Neben ver-

---

[1]) Rolland: Matification en pièces de l'acétate de cellulose. Emploi du phénol et des huiles de pin (Rev. univ. Soies et Soies artif. *8* (1933) 933).

[2]) Taussig: Mattkunstseide unter Berücksichtigung der Druckartikel (Mh. Seide Kunstseide *38* (1933) 295).

[3]) Nestelberger: Über einige, durch Strukturänderung bewirkte Ausrüstungseffekte auf Azetatkunstseidengeweben (Mell. *20* (1939) 436).

schiedenen Ausführungseinzelheiten werden in einem anonymen Artikel[1]) 2–5 g pro Liter Marseillerseife und 2–5 g pro Liter Phenol, ferner eine Nachspülung mit 70° C heissem Wasser, eventuell unter Zusatz von 2 cm^3 pro Liter konzentriertem Ammoniak, empfohlen. Für Waren, die zur Streifenbildung neigen, soll ein Zusatz zur Phenol-Seifenlösung von 5–10 g pro Liter Natriumazetat einen besseren, allerdings etwas weniger tiefen Ausfall ermöglichen.

Wie weiter unten angegeben und begründet wird, ist es unbedingt erforderlich, die Temperatur möglichst nahe bei 100° C zu halten, um eine tiefe Mattierung zu erhalten. Diese Bedingung macht es manchmal fast ausgeschlossen, eine solche Mattierung auf dem Jigger durchzuführen, wo sich eine solche Temperatur nur mit Mühe einhalten lässt[2]).

Die Mattierung der Azetatseide mittels Phenol und Seife hat zu verschiedenen wissenschaftlichen Untersuchungen Anlass gegeben. Es wurde bald festgestellt, dass die Entglänzung durch einen unter Umständen beträchtlichen Abfall der Garnfestigkeit begleitet wird, was ohne weiteres verständlich ist, wenn man sich vergegenwärtigt, dass kleine Hohlräume, das heisst nichts anderes als Unterbrechungen des Gefüges, die Träger des Mattierungseffektes sind. Aber es fehlte lange Zeit an systematischen Studien über die Zusammenhänge zwischen diesen zwei Vorgängen. Es ist der Verdienst von Marsden und Urquhart[3]), eine solche Untersuchung durchgeführt zu haben, wobei sie zu folgenden Ergebnissen gekommen sind, die später von Jeffries[4]) bestätigt und durch interessante Einzelheiten über die Bildung der Hohlräume ergänzt wurden:

α) *Einfluss der Temperatur auf den Mattierungsgrad*

Die Mattierung hängt sehr stark von der Temperatur ab: schon ein Temperaturunterschied von 3° C kann einen grossen Unterschied in der Entglänzung verursachen. Der Glanz nimmt am Anfang des Prozesses besonders schnell ab, und zwar umso schneller, je höher die Temperatur ist. Der Endwert des Glanzes ist wohl der gleiche bei 97° C wie bei 100° C Mattierungstemperatur, aber schon bei 94° C scheint es nicht mehr möglich zu sein, mit dem gleichen Bad die gleich tiefe Mattierung zu erhalten wie bei den höheren Temperaturen. Auf der andern Seite ist die Festigkeit noch empfindlicher gegenüber der Temperatur als die Mattierung selbst: der Festigkeitsverlust, der einen

[1]) Anon.: Das Mattieren von Azetatkunstseide (Fachorgan des Schweiz. Verbandes der Färbereifachleute *3* (1948) 260).

[2]) Ginger: La teinture et l'apprêt des tissus et filés de «Seraceta» (Rev. univ. Soies et Soies artif. *6* (1930) 1541).

[3]) Marsden und Urquhart: The Delustring of Acetate Rayon (J. Text. Inst. *42* (1951) T15).

[4]) Jeffries: Swelling and Cavity Formation in Secondary Cellulose Acetate. Part I: The Mechanism of Cavity formation (Journ. Text. Institute *49* (1958) T192).

bestimmten Mattierungseffekt begleitet, ist umso grösser, je höher die Temperatur war, bei der die Entglänzung durchgeführt wurde. Da schon 94°C für gewisse Mattierungseffekte eine zu tiefe Temperatur darstellen, 100°C aber untragbare Festigkeitsverluste verursachen, ist man im allgemeinen dazu gekommen, als Arbeitstemperatur 97°C einzuhalten. Trotzdem ist ein gewisser Festigkeitsverlust auf jeden Fall zu erwarten, auch bei schwächeren Entglänzungen.

β) Einfluss der Phenolkonzentration

Obwohl eine Entglänzung der Azetatkunstseide durch eine Seifenlösung allein durchaus möglich ist, ist der Zusatz von Phenal in den meisten Fällen notwendig. Das Mass der Entglänzung wie des Festigkeitsverlustes nimmt mit der Phenolkonzentration sehr stark zu. Diese muss mindestens 2 g pro Liter betragen, wenn man eine Vollmattierung erhalten will, und bei höheren Konzentrationen nimmt der Festigkeitsverlust unverhältnismässig schneller zu als der Mattierungseffekt. Deshalb ist eine genaue Kontrolle der Phenolkonzentration unbedingt erforderlich. Diesen Einfluss der Phenolkonzentration auf die Festigkeitseigenschaften der Azetatseide hatte schon die British Celanese Ltd. in ihrem ersten Patent über die Phenol-Stückmattierung, dem *engl. P. 358.574* (1930, auch *amer. P. 1.984.788* und *franz. P. 717.449*) erwähnt. Sie bezeichnete darin $n/10$ bis $n/30$, entsprechend 3 bis 10 g pro Liter, als günstigste Konzentration. Der höchste Wert sollte für eine volle Entglänzung genügen, und die Wirkung eines Seifenzusatzes wird als die eines Weichmachers gedeutet. Auch Kresole, Xylenol und Resorzin sollen im gleichen Sinne verwendbar sein, und die Entglänzung mit diesen Mitteln kann gleichzeitig mit dem Färben erfolgen.

γ) Einfluss der Seifenkonzentration

Interessanterweise wurde festgestellt, dass eine 0,2 %ige Phenollösung allein wohl die Festigkeit des Materials beträchtlich herabsetzt, aber keine Dämpfung des Glanzes hervorruft. Der Zusatz einer nur winzigen Menge Seife zur gleichen Phenollösung hingegen kann diese zu einem hochwirksamen Mattierungsmittel umwandeln. Daraus könnte man eigentlich die Schlussfolgerung ableiten, dass in diesem System Phenol-Seife die Seife die richtige Mattierungssubstanz, und Phenol nur ein Hilfsmittel sei. Dagegen spricht aber die Tatsache, dass Unterschiede in der Seifenkonzentration zwischen 1 und 10 g pro Liter nur einen geringen Einfluss sowohl auf das Entglänzungsmass wie auf den Endwert der Mattierung haben; es scheint lediglich, dass für einen bestimmten Mattierungseffekt der Festigkeitsverlust am geringsten ist, wenn der Seifengehalt etwa 5 g pro Liter beträgt. Die durch Änderung der Seifenkonzentration zwischen 2 und 10 g pro Liter verursachten Unterschiede sind aber sonst nicht erfassbar, selbst wenn der

Glanz auf seinen tiefsten erreichbaren Wert herabgesetzt wird. Auch zwischen verschiedenen Seifenqualitäten wurden keine grossen Unterschiede festgestellt; nur darf die verwendete Seife nicht allzu stark alkalisch reagieren, um eine Verseifung gewisser Sorten von Azetatkunstseiden zu vermeiden.

Jeffries[1]) hat eine systematische Untersuchung über verschiedene oberflächenaktive Stoffe durchgeführt und gefunden, dass die kationaktiven Cetyl- und Laurylpyridiniumhalogenide, Cetyltrimethylammoniumchlorid, Cetyl- und Lauryldimethylbenzylammoniumchloride am wirksamsten sind, gefolgt von den anionaktiven Produkten (Seifen und Fettalkoholsulfaten), während die nichtionogenen Äthylenoxydaddukte praktisch unwirksam sind. Innerhalb der zwei wirksamen Gruppen muss allerdings die Kohlenwasserstoffkette des hydrophoben Restes eine Minimallänge von etwa 9 Kohlenstoffatomen haben, um einen Effekt zu zeigen; die kritische Miszellenkonzentration spielt ebenfalls eine Rolle. Diese Produkte scheinen die Bildung von Hohlräumen durch Störung der Wiederanordnung der Zelluloseazetatketten nach der Quellung zu begünstigen.

Marsden und Urquhart haben auch die Erschöpfung der Mattierungsbäder untersucht und festgestellt, dass nur ein frisches Bad geeignet ist, eine Vollmattierung zu gewährleisten. Die Erzeugung einer Halbmattierung hingegen bietet keine Schwierigkeiten: sie ist sogar durch eine Behandlung mit nur 2 g pro Liter Seife während einer halben bis zwei Stunden bei 97° C möglich, mit dem Vorteil, dass dabei ein weit geringerer Festigkeitsverlust eintritt als bei Verwendung eines zusätzlichen Mattierungsmittels.

Zur Erzeugung einer richtigen Vollmattierung hingegen ist der Zusatz eines solchen Hilfsmittels unerlässlich. Als solches hat sich eben Phenol bis heute am besten bewährt. Manchmal wurde behauptet, dass andere Stoffe, wie Zyklohexanol, Methylzyklohexanol, Methylzyklohexanon, Butanol, Pinienöl usw. «milder» seien, das heisst für einen bestimmten Grad der Entglänzung einen kleineren Festigkeitsverlust verursachen als Phenol. Es hat sich aber immer wieder gezeigt, dass die entglänzende Wirkung solcher Stoffe doch geringer ist, als die des Phenols, so dass keine richtige Vollmattierung möglich ist. Es gibt auch Verbindungen, wie Thymol, Nitrobenzol, die stärker sind und die die gleiche Entglänzung in einer kürzeren Zeit hervorrufen als Phenol; aber ihr schädlicher Einfluss ist umso grösser. Phenol darf also als das Mittel betrachtet werden, das bei Erzeugung einer Vollmattierung die Festigkeit der Azetattextilien am wenigsten beeinträchtigt. Ferner bietet es den Vorteil, in den Bädern durch eine Bromierungstitrations-

[1]) Jeffries: Swelling and Cavity Formation in Secondary Cellulose Acetate. Part II: The Effect of Surface active agents and Salts (Journ. Text. Institute *49* (1958) T214).

methode[1]) genau bestimmt werden zu können. Dies ist wichtig, weil der erzielte Entglänzungsgrad direkt von der vorhandenen Phenolmenge abhängig ist und nur durch Einhalten der Anfangskonzentration regelmässig ausfällt. Eine solche genaue Überwachung des Prozesses ist nicht mit allen Substanzen möglich. In diesem Zusammenhang berichtet die englische Firma Howards and Sons in Ilford[2]), dass ihr Produkt *Sextol* (Methylzyklohexanol) wohl besser geeignet sei als Phenol, weil es keine Gefahr, weder für das Bedienungspersonal, noch für das mattierte und nachträglich gebleichte Gut mit sich bringt, dass aber seine Erschöpfung im Mattierungsbad nicht durch eine einfache Titrationsmethode kontrolliert werden kann.

Zusammenfassend geben Marsden und Urquhart als optimale Arbeitsbedingungen die folgenden an:

0,5% einer guten neutralen Seife
0,2% Phenol
Badtemperatur 97° C
Behandlungsdauer 1 bis 2 Stunden je nach Material.

Da Änderungen in der Seifenkonzentration praktisch keinen Einfluss auf den Entglänzungseffekt haben, ist es möglich, die Entglänzung mit einer Entschlichtung der Ware zu kombinieren: die in der oben erwähnten (für entschlichtete Ware bestimmten) Rezeptur angegebene Seifenmenge muss nur um den für die Entschlichtung nötigen Betrag erhöht werden.

Soll die Entglänzung besonders stark sein oder besonders schnell erzielt werden, so empfehlen Marden und Urquhart eine zweistufige Behandlung. Zuerst wird die Ware über Nacht in einem kalten Bad von 0,2 % Phenol und 2 % Schwefelsäure belassen, dann gewaschen und in einem gewöhnlichen Entglänzungsbad von 0,2 % Seife und 0,2 % Phenol bei 97° C behandelt: die Entglänzung wird in etwa 5 bis 10 Minuten erreicht, und der Festigkeitsabfall ist ungefähr so gross wie beim gewöhnlichen Verfahren während 1 bis 2 Stunden bei 97°. Diese Methode wurde zuerst von der Bleachers' Association Ltd. erfunden und durch die *engl. P. 394.332* und *394.333* (1931) geschützt: diese Firma liess schwer entglänzbare Azetatkunstseide zuerst etwa 2 Stunden in eine 6 %igen, oder mehrere Stunden in eine 3 %igen Schwefelsäurelösung tauchen, dann die Säure auswaschen und die Ware mit einer entglänzenden Lösung von Phenol und Seife behandeln.

[1]) Für eine ausführliche Beschreibung der Methode siehe Marsden und Urquhart: The Delustring of Acetate Rayon (J. Text. Inst. *42* (1951) 77), oder im Canadian Textil Journal *50* [22] (3. Nov. 1933) 35.

[2]) Howard and Sons: Delustring of Cellulose acetate. Recent tests using Cyclonexylamine in continuous process (Dyer *102* (1949) 523).

Das Problem der Verschlechterung der mechanischen Festigkeiten wurde auch von Jeffries und Wellard[1]) untersucht. Sie haben Parallelversuche über den Einfluss der Phenolbehandlungen auf die Kraft-Dehnungseigenschaften einerseits und auf die Kristallinität (durch Röntgenstrahlendiffraktion) des Zelluloseazetats andererseits durchgeführt. Dabei haben sie die Ergebnisse der Arbeiten von Marsden und Urquhart[2]) bestätigt gefunden; ferner konnten sie darauf hinweisen, dass Wasser sehr gern Wasserstoffbrücken zwischen benachbarten Gliedern einer Kette bildet, was zu einer beträchtlichen Versteifung dieser Kette führt. Sofern diese erstarrten Ketten gerade die richtige Form haben, so können sie viel leichter Kristallite bilden; wenn nicht, dann haben sie mehr Mühe, sich aneinander so anzuschmiegen, dass möglichst wenige und möglichst kleine Zwischenräume entstehen. Im derart hydratisierten Zelluloseazetat kann also wohl die Anzahl der Kristallite erhöht werden, aber der mittlere Orientierungsgrad und daher die Dichte nehmen ab, und es entstehen Hohlräume.

Auch Rivat, Rochas und Pierret[3]) haben eine solche Untersuchung durchgeführt, aber unter Verwendung von anderen Mattierungsmitteln, wie Terpineol, Butyl- oder Isopropylalkohol, und unter Einschluss des Wiederglänzendmachens mit Monochloressigsäure oder Äthylazetat. Sie haben, neben anderen Eigenschaften der entglänzten Fasern, besonders deren «leeren Raum» oder «empty space», das heisst den Unterschied zwischen dem scheinbaren Volumen der hydratisierten Fasern und dem effektiven Volumen des reinen trockenen Azetats gemessen. Dieser «leere Raum» wird durch die Entglänzung beträchtlich vergrössert, und zwar umso mehr, je stärker die Entglänzung ist. Er nimmt aber nach dem Wiederglänzendmachen wieder ab und erreicht ungefähr den Wert der nicht entglänzten Fasern zurück. Diese Autoren sind ebenfalls der Meinung, dass durch die Entglänzung der makromolekulare Aufbau der Fasern vollständig umgestürzt wird: Herabsetzung des Durchschnittspolymerisationsgrades, Veränderung der Anordnung und der Zahl der ungeordneten und der kristallinischen Bereiche und der Kraft-Dehnungseigenschaften. Praktisch soll aber keine Verseifung eintreten.

c) Entglänzung der Azetatkunstseide mit anderen Mitteln

Neben Phenol wurden in der Patentliteratur zahlreiche andere Produkte empfohlen, die in wässrigen Bädern, mit oder ohne Seifen-

[1]) Jeffries und Wellard: The Effect of Treatment in aqueous phenol solutions on Physical Properties of Secondary Cellulose Acetate Filaments (J. Text. Inst. *47* (1956) T549).

[2]) Marsden und Urquhart: The Delustring of Acetate Rayon (J. Text. Inst. *42* (1951) T15).

[3]) Rivat, Rochas und Pierret: Etude de la matification et du rebrillantage de l'acétate de cellulose (Bull. ITF *90* (1960) 25).

zusatz, eine günstige entglänzende Wirkung haben sollten. Der Grund dafür war, dass sie einen weniger schädigenden Einfluss auf die allgemeinen Festigkeitseigenschaften des Materials ausübten. Wie schon auf Seite 403 erwähnt, hat sich diese Hoffnung in fast allen Fällen als trügerisch erwiesen. Zuerst sei erwähnt, dass Jeffries[1]) seine Untersuchung über das Quellen und das Entstehen von Hohlräumen in der Azetatkunstseide auf andere Systeme von Lösern und Nichtlösern für Zelluloseazetat (wie Azeton-Wasser, Azeton-Benzol, Azeton-Tetrachlorkohlenstoff, Azeton-Äther, Phenol-Äthanol, usw.) ausgedehnt hat; diese haben aber keine industrielle Bedeutung.

In ihrer grossen Arbeit haben Marsden und Urquhart[2]) eindeutig gezeigt, dass Zyklohexanol zum Beispiel wohl in bezug auf Faserschädigung milder als Phenol sei, aber auch in bezug auf entglänzende Wirkung, so dass es für eine Vollmattierung nicht in Frage kommen kann. Das gleiche gilt auch für das sogenannte «lösliche Pinienöl» (eine Emulsion von Pinienöl mit Türkischrotöl), das viel für die Beuche von Rohbaumwolle und für sonstige Reinigungsoperationen gebraucht wird: bei gleicher Konzentration wirkt es weniger schädigend, aber auch weniger entglänzend als Phenol.

Trotzdem wurde *Pinienöl* verschiedentlich als Entglänzungsmittel für Azetatkunstseide empfohlen: Marsden und Urquhart selbst geben an, dass ein Bad mit 0,2 % Seife, 0,2 % Phenol und 0,5 % Pinienöl ausserordentlich wirksam ist; es verursacht aber einen Festigkeitsverlust von etwa 35 %. Unter Pinienöl (oder, nach der geläufigeren angelsächsischen Bezeichnung, *Pine oil*) versteht man ein Holzterpentinöl, das durch Destillation von Holzabfällen, Stümpfen und Wurzeln amerikanischer Kiefernarten (Pinus palustris, Pinus heterophylla usw.) gewonnen wird und neben anderen Alkoholen und weiteren Substanzen mindestens 65 % Terpenalkohole, wie α-Terpineol, enthält.

Rolland[3]) bezeichnete als eindeutige Vorteile des Pinienöls gegenüber Phenol seinen niedrigen Preis, eine bessere Dispergierbarkeit im Seifebad und die Tatsache, dass es im Gegensatz zum Phenol kein eigentliches Lösungsmittel für Zelluloseazetat ist, was die Risiken von Schädigungen während dem Entglänzungsprozess vermindern soll; ferner entwickeln die damit entglänzten Textilien bei der Chlor- oder Peroxydbleiche keinen unangenehmen Geruch, wie es nach einer Behandlung mit Phenol durch Bildung von Chlorphenolen vorkommen kann. Sonst sind die Einzelheiten für die Verwendung von Pinienöl die gleichen wie die für die Verwendung von Phenol.

[1]) Jeffries: Swelling and Cavity Formation in Secondary Cellulose Acetate. Part I: The Mechanism of Cavity formation (Journ. Text. Institute *49* (1958) T 192).

[2]) Marsden und Urquhart: The Delustring of Acetate Rayon (J. Textile Institute *33* (1951) T15).

[3]) Rolland: Matification en pièces de l'acétate de cellulose. Emploi du phénol et des huiles de pin (Rev. univ. Soies et soies artif. *8* (1933) 933).

Neben Zyklohexanol und Pinienöl empfahl Sisley[1]) auch verwandte Lösungsmittel wie Dekalin und Terpentinöl, allein oder als Lösungsmittelseifen emulgiert; dem Pinienöl schrieb er ein höheres Netzvermögen und eine gewisse Affinität für Zelluloseazetat zu.

Die Imperial Chemical Industries schützten durch ihr *engl. P. 393.985* (1931) die Verwendung eines Bades von weniger als 5 % Pinienöl, das mit der gleichen Menge Türkischrotöl in der doppelten Menge Wasser emulgiert wird. Solche Pinienöle, die reich an Terpinölen sind, haben eine besonders starke netzende und quellende Wirkung und erhöhen die Farbstoffpenetration beim behandelten Material. Im entsprechenden *franz. P. 745.861* (1932) wird auch die Verwendung einer Emulsion von 0,5–1 % Kienöl angegeben, einem Holzterpentinöl, das neben viel Teer und ein wenig Holzkohle etwa 15 % Terpentinöl enthält. Als Emulgator kann auch Träthanolammoniumoleat dienen.

Auch C. Dreyfus erwähnte solche Produkte in seinem *kanad. P. 343.262* (1932): im allgemeinen Terpenkohlenwasserstoffe, wie Terpentinöl, die nach der Behandlung vom Textilgut wieder entfernt werden. In einem anderen *kanad. P. 366.931* (1934, amer. Prior. 1933) empfahl er, der Behandlung mit heissem, Terpentinöl enthaltendem Wasser eine Imprägnierung mit einem Lösungs- oder Quellmittel bei 15–35° C vorzuschalten.

Eine ausführliche Liste von Produkten dieser Art, die für das Entglänzen von Azetatkunstseide in Frage kommen, hat die British Celanese Ltd. in ihrem *engl. P. 415.686* (1932, auch *amer. P. 2.111.252*) veröffentlicht: neben Pinien- und Terpentinöl auch einzelne hydroaromatische Kohlenwasserstoffe wie Limonen, Pinen, Sylvestren, Camphen, Dipenten; ferner weitere Naturprodukte wie Kampfer, Menthol, Borneol, Terpineol, Terpin, Bornylazetat usw. Als Beispiel wird angegeben: Behandlung während einer halben Stunde bei 87° C in einem wässrigen Bad mit 15 g Pinienöl pro Liter, die mit 5 g Seife emulgiert sind.

Zum gleichen Zweck verwendet die Firma Zschimmer und Schwarz, laut ihrem *DBP 904.647* (1939, ausg. 1954), chlorierte Terpenalkohole mit einem Chlorgehalt von etwa 3 % und einer Azetylzahl von 200 bis 220, die frei von Pinen sein sollen, und nach dem *DRP 747.815* (1939) der Hercules Powder Co. hergestellt werden: pinenhaltige Terpentinöle werden in Gegenwart einer wässrigen $ZnCl_2$-Lösung mit einer solchen Menge Chlorierungsmittel, besonders mit gasförmigem Chlorwasserstoff, chloriert, die den theoretisch zur Umwandlung des Pinens in dessen Chlorhydrat erforderlichen Betrag um mindestens das zweifache übersteigt, und die so erhaltenen Chlorie-

[1]) Sisley: Le matage de la soie artificielle (Rev. Gén. Mat. Col. *38* (1934) 442).

rungsprodukte zum Beispiel mit einer 20 %igen Kalkmilch 10 Stunden in der Hitze verseift. Die Reaktionsprodukte werden dann mit Wasserdampf ausgeblasen. Sie kommen als etwa 3 %ige Dispersionen, zusammen mit 0,3 % Seife und gegebenenfalls 0,1 % Hexamethaphosphat, zur Anwendung. Das gleichlautende *ostdeutsche P. 422* (ausg. 1952) befindet sich in den Händen der Fettchemie- und Fewa-Werke Chemnitz.

Die Rhodiaceta hat in ihrem *franz. P. 655.435* (1928, auch *engl. P. 313.072* und *tschech. P. 35.866*) festgestellt, dass es einen grossen Unterschied in der Wirksamkeit zwischen den Lösungs- oder Quellmitteln gibt, die in Wasser löslich sind, und denjenigen, die nicht oder nur schwer löslich sind und deswegen emulgiert oder dispergiert werden müssen. Nur letztere sollen eine richtige Entglänzung ermöglichen, und zwar bei einer Temperatur, die noch weit vom Siedepunkt entfernt ist: 40 bis 80° C, je nach der verwendeten Substanz. Als gut geeignet hat sie gefunden: Zyklohexanol, Zyklohexanon, Di- und Triazetin, Methylphthalat, Amyllaktat, Nitrophenole, Anisol, Phenetol und Salizylaldehyd. Die Emulgierung erfolgt mit Türkischrotöl oder Monopolseife. Auch da ist eine Verbindung mit dem Färben möglich.

1936 wurde ein Bericht von Casanovas y Amat[1]) veröffentlicht, nach welchem eine sehr befriedigende Mattierung der Azetatkunstseide durch Behandlung mit einer Lösung bei 80–90° erzielt wird, die gleiche Mengen von Seife und *Anilin* enthält. Eine weitere Überprüfung des Verfahrens hat aber gezeigt, dass solche Anilin-Seifenlösungen nur in frischem Zustand voll wirksam sind, und dass die damit behandelten Gewebe nach einer gewissen Zeit vergilben, was bei der notorischen Lichtunechtheit des Anilins nicht verwunderlich ist. Diese Vergilbung zeigt, dass bei diesem Verfahren eine gewisse Menge des Mattierungsmittels, also Anilin, auf den Fasern bleibt, was auch in hygienischer und dermatologischer Hinsicht nicht unbedenklich sein dürfte. Aus diesen Gründen wahrscheinlich hat das Casanova'sche Verfahren nie eine praktische Bedeutung erlangt, und ebenso wenig die Verwendung des wesentlicher lichtechten Dimethylanilins zum gleichen Zweck. Übrigens wurde die Verwendung von Anilin als Entglänzungsmittel schon früher vorgeschlagen, allerdings nur für Druckereizwecke: im *engl. P. 266.277* (1925) der British Celanese Ltd. und im *engl. P. 275.357* (1926) der Calico Printers' Association Ltd., die später im Abschnitt B 3 über den Mattdruck behandelt werden.

Zur Herstellung von mattierter Azetatkunstseide, die nachher zum Druck mit Dispersionsfarbstoffen bestimmt ist, gab Nestelberger[2]) verschiedene Rezepte von Mattklotzlösungen an, die als Mattierungs-

---

[1]) Casanovas y Amat: Solution d'aniline dans l'eau de savon (Bull. Soc. Ind. Mulhouse *102* (1936) 147).

[2]) Nestelberger: Über einige, durch Strukturänderung bewirkte Ausrüstungseffekte auf Azetatkunstseidegeweben (Mell. *20* (1939) 436).

mittel *Opalogen A* (Harnstoff), Glykolsäure oder Weinsäure enthalten; nach dem Klotzen werden die Gewebe gedämpft, gespült und getrocknet.

1950 gab die englische Firma Howards and Sons in Ilford[1]) die Ergebnisse von Versuchen bekannt, die sie mit *Zyklohexylamin* als Entglänzungsmittel in einem Kontinueverfahren durchgeführt hatte. Sie hat gefunden, dass damit die notwendige Behandlungszeit sehr kurz sein und weniger als eine Minute betragen kann. Die Behandlungstemperatur steht für eine bestimmte Behandlungszeit (die bekanntlich in einem Kontinueverfahren nur innerhalb enger Grenzen geändert werden kann) in unmittelbarem Zusammenhang mit der Konzentration und beträgt, für eine Behandlungszeit von 20 Sekunden

minimal 90 °C bei einer Konzentration von 1%
minimal 80 °C bei einer Konzentration von 2%
minimal 70 °C bei einer Konzentration von 3%

Diese Konzentration kann durch einfache Titration mit 0,1 n-Schwefelsäure genau kontrolliert werden. Die Festigkeit der Gewebe wird durch diese Behandlung nur wenig beeinflusst. Angaben über die erreichte Glanzherabsetzung fehlen leider in diesem Bericht.

Auf einer anderen Basis löste die Celanese Corp. of America das Problem: nach ihrem *amer. P. 1.836.527* (1929, auch *engl. P. 355.466* und *kanad. P. 324.631*) empfahl sie eine Behandlung der Textilien, die Zellulosederivate enthalten, mit Lösungen von Triäthanolamin, oder von Mono- oder Diäthanolamin, vorzugsweise in Mischung mit dem Triäthanolamin, mit einer anschliessenden Behandlung mit heissem Wasser oder Dampf unter Druck.

Das *franz. P. 710.299* (1931, deutsche Prior. 1930) schützt ein Veredlungsverfahren für Azetatseide, nach welchem diese bei gewöhnlicher oder erhöhter Temperatur mit einer wässrigen, 15 bis 35 %igen Formaldehydlösung behandelt wird, der man noch einen niederen Alkohol wie Methyl-, Äthyl-, Propyl- oder Butylalkohol als Quellmittel zusetzen kann: es entstehen dann Verbindungen von der Art der Azetale. Die Ware wird so voluminöser und weicher und verliert ihren übermässigen Glanz.

Als Mattierungsmittel für Azetatkunstseide empfahlen die Imperial Chemical Industries in ihrem *engl. P. 391.847* (1931) auch quaternäre Ammoniumsalze, wie Cetyl-, Lauryl- oder Oktadezylpyridiniumbromid, Octadezyl-α-pikoliniumbromid oder Oktadezyl-N-β-hydroxyäthylmorpholiniumbromid, die nach der im *engl. P. 379.396* (1931) der gleichen Firma dargelegten Methode hergestellt werden können: durch Einwirkung von den höheren Alkylhalogeniden auf die tertiären heterozyklischen Amine bei 120–220 °C. Auch die nach dem *engl. P. 350.080* (1930, auch *franz. P. 692.862*, beide deutsche Prior. 1929) der H. Th.

[1]) Howards and Sons: Delustering of Cellulose Acetate. Recent tests using Cyclohexylamine in continuous process (Dyer *102* (1949) 523).

Böhme AG, herstellbaren Pyridin- oder Chinolinderivate von Fettalkoholsulfaten kann man zum gleichen Zweck benützen. In einem *engl. Zusatzpatent 412.929* (1933) werden noch als geeignet angegeben: Salze primärer, sekundärer oder tertiärer Amine oder quaternärer Ammoniumbasen, deren Stickstoffatom nicht heterozyklisch gebunden ist, sondern zum aliphatischen Rest mit mindestens 6 Kohlenstoffatomen durch eine Brücke wie $-CO-C_6H_4-$, $-CO-NH-C_6H_4-$ oder $-CO-NH-CH_2-CH_2-$ gebunden werden kann: Heptadezylammoniumchlorid, Trimethyloktadezylammoniumjodid, Trimethylcetylammoniumbromid, β-Diäthyl-oleylamidoäthylammoniumchlorid. Den Entglänzungsgrad kann man entweder durch die Wahl des Produktes oder durch Änderung der Temperatur und/oder der Badkonzentration einstellen: normale Bedingungen sind 1–5 g pro Liter Zusatz, eine Temperatur von 80–100°C und eine Behandlungsdauer von ca. $^1/_2$ Stunde.

Der theoretische Teil dieses Abschnittes hat recht deutlich gezeigt, dass die Entglänzung der Azetatkunstseide durch heisses Wasser oder heisse wässrige Lösungen nicht ohne Risiken erfolgen kann, und dass besonders bei Erzielung einer Vollmattierung eine gewisse Abschwächung des Materials zu befürchten ist. Deshalb hat man versucht, die Entglänzung auf diesem Weg durch Zusätze in der Spinnmasse unter Kontrolle zu halten und unter Vermeidung dieser Nachteile zu verstärken. Diese Zusätze sind meistens organischer Natur, und die entsprechenden Patente wurden schon im Abschnitt A 7: Spinnmattierung durch Zugabe von organischen Verbindungen in die Spinnmasse, erwähnt. Es sind vor allem:

das *engl. P. 338.269* (1929) der Courtaulds Ltd., S. 338: Zusatz einer kleinen Menge eines fetten pflanzlichen oder tierischen Öles in einem Lösungsmittel, mit den dazugehörenden Zusatzpatenten, nämlich:

das *engl. P. 352.412* (1930): Ester einwertiger aliphatischer Alkohole mit höheren Fettsäuren, wie Amylstearat,

das *engl. P. 352.610* (1930): in organische Lösungsmittel lösliche Ester aus organischen Säuren und Sacchariden, wie Glukosepentaazetat (auch *amer. P. 1.891.146* (1931), S. 354),

das *engl. P. 365.178* (1930): Paraffin oder Walratwachs, emulgiert oder gelöst,

das *engl. P. 333.504* (1929, auch *amer. P. 1.938.646* und *franz. P. 688.625*) der British Celanese Ltd., S. 342: Zusatz von Netzmitteln, wie Salze höherer Fettsäuren, sulfurierter höherer Fettsäuren, der Naphthensäuren, der Naphthensulfonsäuren, Harzseifen, Salze der Naphthalin-Formaldehydkondensationsprodukte oder alkylierter aromatischer Sulfonsäuren, mit dem entsprechenden Zusatzpatent:

das *engl. P. 367.830* (1930, auch *amer. P. 1.938.623*): Alkali- oder Äthanolammoniumsalz einer höheren Fettsäure, das *engl. P. 356.299* (1930) der Courtaulds Ltd., S. 342: Zusatz eines in organischen Lösungsmitteln löslichen Salzes einer Fettsäure mit Triäthanolamin,

das *engl. P. 404.933* (1932) von C. Dreyfus, S. 366: Zusatz von Di- oder Polysacchariden, wie Stärke, Glykogen, Lichenin, oder deren Derivate wie Azetate, Laurate, Stearate oder Benzoate,

das *engl. P. 414.153* (1933, auch *amer. P. 2.072.265* und *kanad. P. 355.690*) der British Celanese Ltd., S. 339: Zusatz eines Öles oder Fettes, wie Kokosnussöl,

das *engl. P. 443.060* (1935) der British Celanese Ltd., S. 366: Zusatz von chlorierter Stärke,

das *engl. P. 448.409* (1934) der British Celanese Ltd., S. 354: Zusatz hochmolekularer Alkohole wie Wollfettalkohol, Cetyl-, Oktadezyl-, Karnaubyl-, Ceryl-, Isoceryl-, Melissylakohol u. a. m.,

das *engl. P. 455.930* (1935, auch *kanad. P. 357.216*, beide amer. Prior. 1934) der British Celanese Ltd., S. 366: Zusatz von fein verteiltem Agar-agar,

das *engl. P. 497.846* (1937) der Distillers Co. Ltd., S. 355: Zusatz von mit der entsprechenden Zelluloseverbindung verträglichen, weichmachenden Estern aus Karbonsäuren mit weniger als 10 Kohlenstoffatomen und ein- oder mehrwertigen Alkoholen oder Phenolen, wie Zyklohexanolkrotonat, Glykoldikrotonat, Lauryl- oder *n*-Hexylkrotonat, die entsprechenden Ester und andere der Zitronen-, Milch- oder Essigsäure, wobei die mehrbasischen Verbindungen vollständig verestert sein müssen,

das *engl. P. 560.375* (ausg. 1944) der British Celanese Ltd., S. 368: Zusatz eines polymerisierten Azetaldehyds.

Nach allen diesen Patenten erfolgt die empfohlene Nachbehandlung mit heissem Wasser oder höchstens mit heissen Seifenlösungen. Es scheint also den verschiedenen Erfindern gelungen zu sein, durch ihre Verfahren die Verwendung von Phenol und die damit verbundenen Gefahren der Festigkeitsherabsetzung zu umgehen.

Jeffries[1]) hat bei seinen Versuchen auch den Zusatz verschiedener Produkte zu Zelluloseazetatfilmen und ihren Einfluss auf den Entglänzungsvorgang studiert und folgende Resultate gefunden:

1%	Ölsäure oder Oleylalkohol oder Trikresylphosphat	keine Wirkung
1%	Phenol oder *p*-Nitranilin oder Kampher oder Naphthalin oder Kaprylsäure	geringe Wirkung

[1]) Jeffries: Swelling and Cavity Formation in Secondary Cellulose Acetate. Part I: The Mechanism of Cavity Formation (Journ. Text. Institute *49* (1958) T192).

1%	Cetylpyridiniumbromid oder Laurylpyridiniumbromid oder Natriumoleat oder Zucker oder Glukose	deutliche Wirkung

Bekanntlich ist die nach allen diesen Methoden erhaltene Mattierung der Azetatkunstseide nicht bügelfest, weil sie eng in Zusammenhang mit der Thermoplastizität des Zelluloseazetats steht. Zur Verbesserung der Beständigkeit des Matteffektes, und im allgemeinen der Wärme- und Feuchtigkeitsbeständigkeit der Azetatkunstseide, hat H. Dreyfus in seinem *engl. P. 454.942* (1932, auch *amer. P. 2.159.013*) vorgeschlagen, diese einer Nachesterifizierung mit Essigsäureanhydrid oder dem Anhydrid einer anderen organischen Säure zu unterwerfen, die man als verdünnte Lösungen in der 10fachen Menge eines Kohlenwasserstoffes, wie Benzol, Toluol, oder Xylol oder eines chlorierten Kohlenwasserstoffes, wie Tetrachlorkohlenstoff, anwendet und eine Viertelstunde lang bei 20–25° C einwirken lässt, am besten in Gegenwart eines Katalysators wie $FeCl_3$ oder $SnCl_2$. Damit soll auch das Farbstoffaufnahmevermögen erhöht werden.

Eine permanente Entglänzung erhielt auch die Celanese Corp. of America, laut ihrem *amer. P. 2.394.212* (ausg. 1946), durch Zugabe zu Spinnmassen organischer Zelluloseester in organischen Lösungsmitteln von 5–10 % eines Äthylenoxydpolymers, das vollständig wasserlöslich und mit dem Zelluloseester verträglich sein muss, was einem Schmelzpunkt von etwa 50° C und einem Molekulargewicht von rund 4000 entspricht. Die so erhaltenen Garne haben ausgezeichnete Festigkeitseigenschaften und Farbstoffaufnahmevermögen und lassen sich sehr gut kreppen.

Nach dem *amer. P. 2.084.410* (1934) der Celanese Corporation of America sollen bekannte Mattierungsbäder auf Zelluloseazetatware zur Einwirkung gebracht werden, während diese sich in vollkommen spannungslosem Zustand befindet: dadurch kommt ein Mattierungseffekt zustande, der bei jeder Betrachtungsweise gleich ist. Eine Einrichtung, die offenbar dem gleichen Zweck dient, ist im *amer. P. 2.308.511* (ausg. 1943) der gleichen Firma beschrieben.

d) Vermeidung der Glanztrübung und Wiederherstellung des Glanzes von Azetatkunstseide[1])

Der ganze Fragenkreis der Entglänzung von Azetatkunstseide in heissen wässrigen Lösungen lässt erkennen, dass Zelluloseazetat ein gegenüber heissem Wasser in jeder Beziehung recht empfindliches Material darstellt, sei es im ursprünglichen, glänzenden oder im ent-

[1]) Siehe auch Mullin: Control and Prevention of Delustring, and Relustring Processes on Synthetic Yarn Materials (Text. Col. *57* (1935) 83, 159, 200).

glänzten Zustand. Deshalb sind parallel zu den Studien für die gelenkte Mattierung der Azetatkunstseide durch Behandlung mit heissen wässrigen Lösungen, und sogar bevor der Wunsch der Mode nach matten Geweben solche Studien nötig machte, auch Bemühungen in der anderen Richtung unternommen worden, mit dem Ziel, die Azetatkunstseide gegen den entglänzenden Einfluss heisser Behandlungsbäder widerstandsfähig, sozusagen «kochecht» zu machen. Der einfachste Weg, eine Entglänzung zu vermeiden, besteht wohl darin, die Temperatur dieser Bäder unter 70° C zu halten, da die Glanztrübung bekanntlich erst oberhalb dieses Wertes anfängt; aber er ist nicht in allen Fällen gangbar, obwohl die meisten heute in der Azetatkunstseidenfärberei verwendeten Dispersionsfarbstoffe unter 70° C genügend rasch und vollständig aufziehen. Ferner bleibt der so erhaltenen Glaz selbstverständlich gar nicht unbegrenzt bestehen, sondern ist der nächsten Behandlung bei zu hoher Temperatur, etwa dem Waschen beim unkundigen Endverbraucher, ausgesetzt. In manchen Fällen kann auch die Herabsetzung der Temperatur zu einer untragbaren und für das Material ebenso gefährlichen Verlängerung der Behandlungsdauer führen.

Dieses Problem war vor allem bei den Industriellen bekannt, die Mischgewebe aus Naturseide und Azetatkunstseide herstellten und die Entbastung der Naturfaser auf dem fertigen Gewebe vornehmen mussten. Diese Operation erfolgt nämlich mit Seifenbädern, also mit Mitteln, die auf Azetatkunstseide eine ausgesprochen entglänzende Wirkung ausüben. Deshalb findet man in der älteren Patentliteratur verschiedene Vorschläge, die Reaktionsgeschwindigkeit beim Entbastungsvorgang zu steigern und wenn möglich gleichzeitig die Azetatfaser gegen Trübung zu schützen. In Unkenntnis der wirklichen Vorgänge bei der Glanztrübung gehen diese Vorschläge manchmal von falschen Voraussetzungen aus und sind mit den modernen Erkenntnissen auf diesem Gebiet nicht vereinbar. Sie haben auch meistens nur einen bescheidenen Erfolg gehabt. Stahl[1]) hat eine Anzahl solcher Patente besprochen und kritisch durchleuchtet.

Als erster machte sich Clavel in seinem *DRP 355.533* (1920, auch *amer. P. 1.378.443*, *engl. P. 176.535* und *franz. P. 528.230*) die Möglichkeit zunutze, Azetatseide bei Siedetemperatur durch starken Salzzusatz zu färben, ohne eine Glanztrübung zu riskieren. Als Salze empfahl er Ammonium-, Magnesium-, Zinn- oder Zinkchlorid, ferner verschiedene «Schutzstoffe», wie Leim, Gelatineseife usw., die heute als vollständig unwirksam betrachtet werden.

Bald wurde ersichtlich, dass nur Salze irgendeinen Einfluss auf den Entglänzungsvorgang haben können. So erreichte die Société Chimique des Usines du Rhône (Rhodiaceta), laut ihrem *franz. P.*

[1]) Stahl: Die Glanztrübung der Azetatkunstseide in heissen Bädern (Seide *36* (1931) 409, 439).

569.488 (1922, auch *engl. P. 206.113*), eine Schutzwirkung für den Azetatanteil beim Entbasten von Naturseide-Azetatmischgeweben durch Zugabe eines Kaliumsalzes (Chlorid, Sulfat oder sekundäres Phosphat) zu den Seifenbädern: sein Vorteil besteht darin, dass es die Marseillerseife nicht zur Ausfällung bringt wie andere Salze.

Die Verwendung von neutralen Salzen als Schutzstoffe in der heissen Behandlung von Azetatkunstseide wurde in einem sehr grossen Umfang durch das *engl. P. 246.879* (1924) der Silver Springs Bleaching and Dyeing Co. Ltd. empfohlen: alle möglichen Alkali-, Erdalkali- und Ammoniumsalze sollen darunter fallen. Dazu werden nach dem *franz. P. 601.297* (1925, engl. Prior. 1924, auch *amer. P. 1.978.792*) von H. Dreyfus noch Aluminiumsalze verwendet.

In seiner schon oft erwähnten Arbeit hat Stahl[1]) auch diesem Problem seine Aufmerksamkeit gewidmet. Er hat bestätigt gefunden, dass ein Zusatz von zum Beispiel 10 % Kaliumchlorid zu einem Entbastungsbad oder ein Zusatz einer noch grösseren Menge Glaubersalz oder eines anderen billigen anorganischen Salzes zu einer Färbeflotte, die Erhöhung der Temperatur bis zu 100° C gestattet, ohne dass eine Entglänzung des Materials eintritt. Er führte diese Erscheinung auf eine Halbdurchlässigkeitseigenschaft des Zelluloseazetats zurück, das wohl Wasser, nicht aber die darin gelösten Salze in sich eindringen lassen kann: infolge des dadurch geschaffenen osmotischen Druckes kann das Zelluloseazetat viel weniger quellen und verliert daher seinen Glanz nicht. Allerdings haben nicht alle Salze die gleiche Schutzwirkung, vor allem natürlich diejenigen nicht, die selbst in wässriger Lösung Zelluloseazetat zum Quellen bringen können, wie die Sulfozyanate. Die entquellende Wirkung ist im Gegenteil praktisch für jedes Salz verschieden und hängt von dessen Konzentration im Bad ab; für jedes Produkt ist eine Mindestkonzentration erforderlich, wenn es einen wirksamen Schutz bieten soll. In gewissen Fällen ist diese Mindestkonzentration höher als die Löslichkeitsgrenze des betreffenden Salzes, das dann natürlich als Schutzmittel unbrauchbar ist.

Diese Erkenntnisse wertete die British Celanese Ltd. in ihrem *engl. P. 409.916* (1933, amer. Prior. 1932) aus: um haarige Gewebe (wie Samt), die neben Naturseide auch Fäden aus Zelluloseazetat enthalten, gegen Beschädigungen während der Behandlung zu schützen, setzte sie den Entbastungsbädern neutrale Stoffe zu, die das Zellulosederivat nicht quellen, aber einen osmotischen Druck erzeugen können: neutrale, leicht dissoziierbare Salze, wie Sulfate, Chloride, Nitrate, Chromate oder Azetate von Natrium, Kalium, Ammonium, Magnesium oder Aluminium, Phosphate, Borax, ferner Zucker, in Mengen von 0,5 bis 10 % des Bades. Eine typische Behandlung nach diesem Verfahren wird zum Beispiel mit 50 g pro Liter Olivenölseife, 25 g

[1]) Stahl, loc. cit., Seite 403.

Na_2SO_4 und 25 g pro Liter $Na_2HPO_4 \cdot 12\ H_2O$ pro Liter bei 95°C und einem pH-Wert von 8 bis 10,5 während 1,5 bis 2,5 Stunden durchgeführt.

Einen etwas besseren Erfolg versprachen aber bald andere Verfahren, die zum Ziel hatten, zuerst auf etwas empirische Weise, die für die Glanzerhaltung ungünstigen Eigenschaften der Azetatseide, nämlich ihre Thermoplastizität und ihre Quellbarkeit in wässrigen Medien, zu verbessern, und damit die so stark erwünschte «Kochbeständigkeit» zu erreichen.

Laut ihrem *engl. P. 395.722* (1931) hat die Bleachers' Association Ltd. gefunden, dass man Azetatkunstseide gegen das Mattwerden unempfindlich machen kann, wenn man sie mit verdünnter Ameisen-, Essig-, Propion-, Salz-, Salpeter- oder Chloressigsäure unter solchen Bedingungen behandelt, dass keine Quellung eintritt, und man die Säure dann auswäscht. Eine solche Seide soll merkwürdigerweise wieder entglänzbar werden, wenn man sie einer anderen sauren Behandlung, diesmal mit Bernstein, Milch- oder Schwefelsäure, unterzieht.

Eine Verbesserung konnte auch durch Verstrecken der Fäden in gequollenem Zustand erreicht werden: das *engl. P. 277.089* (1926) der Silver Springs Bleaching and Dyeing Co. Ltd. empfahl, die Seide zuerst mit Azeton, Alkohol, Formaldehyd oder Glyzerin zu behandeln und dann um 15–25 %, das heisst innerhalb der Elastizitätsgrenze, zu strecken. Der so erhaltene Schutz gegen die Glanztrübung ist allerdings kein vollständiger. Diese und noch zahlreiche andere Versuche über die Streckung von Azetatseide haben bald erkennen lassen, dass es sehr schwierig, wenn nicht unmöglich ist, die Quellbarkeit der fertigen Seide derart herabzusetzen, dass sie untrübbar wird. Aussichtsreicher erschien dann der Weg, der auf Modifikationen bei der Rohmaterialherstellung und beim Spinnprozess beruht.

Da Zelluloseazetate mit höherem Essigsäuregehalt weniger quellbar sind, wurde versucht, widerstandsfähigere Azetatseiden durch Erhöhung deren Essigsäuregehaltes auf 54–56 % herzustellen (*engl. P. 319.014* (1929, auch *franz. P. 681.696*, beide mit deutscher Prior. 1928 der I.G. Farbenindustrie); solche Garnrohstoffe gehen in 70 %igem Alkohol nur noch unvollständig in Lösung.

Ähnliche Produkte können auch, nach dem *franz. P. 728.344* (1931) von C. Dreyfus, durch Steuerung der Verseifung von hochazetyliertem Primärazetat bis auf den Wert von 56–57 % Essigsäure erhalten werden.

Nach dem *DRP 569.038* (1928) der O. Kohorn & Co. kann man Azetatseide mit kochbeständigem Glanz erhalten durch Verspinnen wasserhaltiger Zelluloseazetatlösungen in Azeton: der Wassergehalt soll mehr als 20 % betragen.

In ähnlicher Weise wurden im Verfahren nach dem *engl. P. 310.045* (1929, amer. Prior. 1928) der British Celanese Ltd. Zelluloseesterlösungen verwendet, die neben dem typischen Lösungsmittel, zum Beispiel Azeton, noch einen Alkohol, besonders Äthylalkohol, enthielten.

Das *engl. P. 320.363* (1928, auch *franz. P. 672.306*) von H. Dreyfus empfahl zur Herstellung kochfester Azetatkunstseide die Verarbeitung azetonlöslicher Zelluloseazetate mit einem Essigsäuregehalt von 52,5–56 %, in wässrigem Azeton mit einem Wassergehalt bis 2,5 % oder zwischen 12 und 28 % gelöst, unter solchen Spinnbedingungen, dass das Zelluloseazetat gerade nicht gefällt wird: Konzentration des Azetats etwa 25 %, Spinntemperatur 50–55° C. Wenn man nach dem *amer. P. 1.838.663* (1928, auch *kanad. P. 314.909*) zur Herstellung eines Gewebes als Kette ein normales Azetatgarn und als Schuss ein nach diesem Verfahren hergestelltes, also kochfestes Material verwendet und das Gewebe dann einer Behandlung in einem heissen wässrigen Bad unterzieht, so wird es auf der einen Seite glänzend und auf der andern matt.

In der Praxis hat eine Azetatseide den grössten Anklang gefunden, die nach dem *DRP 559.420* (1928, auch *franz. P. 682.084*) 1–2 % Stickstoff als Nitrat, neben 54 % Essigsäure enthält. Eine solche Seide ist wirklich kochbeständig, ohne dass ihre allgemeinen Eigenschaften, die Brennbarkeit inbegriffen, sich allzu stark von denen einer normalen Azetatseide unterscheiden: ihre Quellbarkeit ist noch geringer als die der hochazetylierten Seiden, sie lässt sich aber trotzdem mit Azetatseide-Dispersionsfarbstoffen gut färben. Diese Kunstseide wurde seinerzeit von der I. G. Farbenindustrie unter dem Namen *Aceta* auf den Markt gebracht: sie kann sogar, in einem Mischgewebe mit Wolle verarbeitet, einer Karbonisierung mit Aluminiumchlorid widerstehen, ohne Schäden zu erleiden.

Das gleiche Ziel strebte die I.G. Farbenindustrie an, wie aus ihrem *franz. P. 686.922* (1929, auch *engl. P. 351.438*) hervorgeht, durch die Verarbeitung eines Zelluloseazetats, das im Molekül etwa 0,2 Mol einer höheren aliphatischen Karbonsäure als Essigsäure neben letzterer enthält, wie Propion- oder Buttersäure.

Die British Celanese Ltd. hat laut ihrem *engl. P. 332.187* (1929) den Weg zum Erfolg gesucht, indem sie dem Zelluloseazetat, entweder schon in der Spinnmasse, oder im Fällungsbad beim Naßspinnverfahren, oder durch Nachbehandlung der fertig gebildeten Fäden, ein Lösungs- oder Quellmittel wie Resorzin, Chinolin, Kresole, Diazetonalkohol, *p*-Toluolsulfonamid, Glykoläther usw., einverleibte und dann die Ware während $^1/_2$ Stunde der Wirkung von trockenem Dampf unter Druck aussetzte. Durch Verwendung solcher Garne beim Weben neben normalen Garnen oder durch Aufbringen der Quellungsmittel nur an bestimmten Stellen nach einem Druckverfahren kann man verschiedene Effekte erzielen. Das entsprechende *franz. P. 686.644* (auch *engl. P. 332.231*) schützt vor allem die Dampfbehandlung allein, und das *amer. P. 1.959.350* erwähnt noch, dass man sie auch örtlich ausführen kann; die Zugabe der Lösungs- oder Quellmittel wird im *franz. Zusatzpatent 37.856*, und die Erzeugung der verschiedenen Muster und Effekte im *franz. Zusatzpatent 37.906* (1930) beschrieben.

In neuerer Zeit hat die Celanese Corp. of America in ihrem *engl. P. 731.387* (1952, amer. Prior. 1951) eine weitere Möglichkeit des Schutzes von Zelluloseestern gegen Schädigungen durch heisses Wasser beschrieben: das rohe Veresterungsgemisch wird mit sehr kleinen Mengen von Salzen versehen, deren spezifische Volumen sich beim Übergang von einer Hydratationsstufe zur anderen um mehr als 60 % ändert. Es sind dies zum Beispiel: Na_2SO_4, Na_3PO_4, $MgSO_4$ oder $Al_2(SO_4)_3$. Dann wird das in Flockenform gefällte Produkt dreimal während 20 Minuten mit der zwölffachen Menge einer Lösung von Kalziumazetat oder -bikarbonat gewaschen und getrocknet. Diese Kalziumverbindungen reagieren in doppelter Umsetzung mit den im Ester enthaltenen Salzen, und das so gebildete Kalziumsulfat bzw. -phosphat verleiht den aus einem solchen Material hergestellten Textilien eine hohe Beständigkeit gegen die Entglänzung durch heisses Wasser.

Gleichzeitig mit der Frage des Schutzes der Azetatseide gegen Entglänzung stellte sich auch jene des Wiederglänzendmachens von bewusst oder unbeabsichtigt entglänzter Ware. Die Stahlsche Theorie über die Entstehung der Trübung gibt auch eine Erklärung, warum die so entstandene Mattierung nicht permanent ist. Jede Massnahme, die das entglänzte Textilmaterial aus Zelluloseazetat wieder in erweichten oder gequollenen Zustand bringt, bewirkt nämlich gleichzeitig ein Schliessen und Verschwinden der im Entglänzungsprozess gebildeten Hohlräume und stellt dadurch den ursprünglichen Glanz des Stoffes wieder her. So kann man eine Mattseide aus Zelluloseazetat wieder vollkommen glänzend machen, indem man sie mit einer 20 %igen Essigsäurelösung behandelt, sie ohne Waschen trocknet, dann während einer gewissen Zeit einer Temperatur von 50–60° C aussetzt und schliesslich wäscht. Essigsäure ist nämlich ein sehr wirksames Quellungsmittel für Zelluloseazetat. Bedingung für das Gelingen einer solchen Glanzbehandlung ist allerdings, dass das verwendete Quellungsmittel nicht schneller verdampft als Wasser; Azeton zum Beispiel ist dazu unbrauchbar.

Die gleiche Zurückgewinnung des ursprünglichen Glanzes bewirkt bekanntlich auch eine thermische Erweichung des Zelluloseazetats: daher die am Anfang sehr kritisierte mangelhafte Bügelechtheit der durch heisse wässrige Bäder erzielten Mattierung.

Hingegen hat Stahl[1]) gezeigt, dass das einfache Behandeln bei Kochtemperatur in einer 10 %igen Kaliumchloridlösung oder in einer anderen Salzlösung, wie sie zum Schutz der Azetatseide gegen das Trübwerden verwendet wird, nicht brauchbar ist. Gerade weil die Azetatseide aus solchen Lösungen viel weniger Wasser aufzunehmen vermag als aus einem reinen Wasserbad, kann sie nicht den Erweichungsgrad erreichen, der die unbedingt nötige Voraussetzung zu einer Änderung des Aussehens darstellt. Eine Wiederherstellung des Glanzes gelingt auf diese Weise nur, wenn die matte Seide zuerst in kochendem reinem Wasser genügend aufgeweicht wird und darauf sofort ohne Wärmeverlust in die ebenso heisse Salzlösung gebracht wird: dann kann sie das aufgenommene Wasser wieder abgeben und entquellen, und die Hohlräume schliessen sich fast vollständig. Eine Wiederholung der ganzen Operation verbessert das Ergebnis, obwohl dieses vielleicht doch nicht ganz dem Aussehen einer frischen Azetatkunstseide entsprechen wird.

1924 versuchte Clavel in seinem *DRP 446.486* (auch *franz. P. 604.786*) mattierte Gewebe ganz oder teilweise wieder glänzend zu machen, indem er sie mit Lösungen imprägnierte oder mit Pasten bedruckte, die Lösungs- oder Quellmittel für das Zelluloseazetat enthielten, und die Ware hernach so rasch wie möglich trocknete oder dämpfte. Den Lösungen oder Druckpasten gab er noch weitere Stoffe zu, so zum Beispiel Salze, Beizen, Schutzkolloide oder sogar Farbstoffe (zur Erzeugung glänzender gefärbter Muster auf mattem Grund). Er wies ausdrücklich darauf hin, dass mit seiner Methode auch unabsichtlich entstandene matte Stellen auf Azetatkunstseide wieder entfernt werden könnten. In einem Zusatzpatent *DRP 451.110* (1925, auch *franz. Zusatzpatent 31.830*) schützte er die Behandlung der nassen Azetatfasern mit Dampf bei einem Druck von 5 atü zur Wiederherstellung des Glanzes.

Die notwendige Erweichung der Azetatseide erreichte die British Celanese Ltd., laut ihrem *engl. P. 259.265* (1925) durch Behandlung mit einer wässrigen Lösung eines oder mehrerer Lösungs- oder Quellmittel für Zelluloseazetat, die in Wasser löslich oder mit Wasser mischbar sind, wie Essigsäure, Phenol, Benzylalkohol, Triazetin, Zyklohexanon, Ammoniumsulfozyanat, unter solchen Bedingungen, dass die Seide nicht zu weich oder klebrig wird: bei weniger als 30–40°C, Trocknen bei niedriger Temperatur, wenn nötig in einem Luftstrom. Der so erhaltene Mattglanz gleicht dem der Naturseide.

In einem weiteren *engl. P. 259.266* (1925) schlug die gleiche Firma vor, glanzlos gewordene Azetatseide während 10 Minuten in einer ziemlich verdünnten Lösung zu kochen: 2–3 % Ammoniumsulfat,

---

[1]) Stahl: Die Glanztrübung der Azetatkunstseide in heissen Bädern (Seide *36* (1931) 441).

1–5 % Natriumsulfat, 5–10 % Zucker oder Chromat-, Chlorid- oder Aluminiumsalzlösungen. Die Ware kann mit einer Lösung eines Lösungs- oder Quellmittels bei gewöhnlicher oder wenig erhöhter Temperatur vorbehandelt werden.

Diese zwei ziemlich einfachen Verfahren genügen vollauf, wenn man nicht unbedingt Wert darauf legt, dass der ursprüngliche Glanz der Fasern zurückgewonnen wird. Bessere und sogar sehr gute Resultate erhält man, wenn man sich die bekannte Bügelunechtheit der entglänzten Azetatkunstseide zunutze macht und, wie im *franz. P. 646.719* (1928, engl. Prior. 1927) der Rhodiaceta, die angefeuchtete Seide mit 125–170° C warmen Oberflächen unter einem mässigen Druck von 0,3–0,5 kg/cm² in Berührung bringt: die Trübungshohlräume werden im aufgeweichten Material durch den mechanischen Druck geschlossen. Es soll auf diese Weise tatsächlich möglich sein, selbst sehr stark entglänzter Seide ihren ursprünglichen hohen Glanz zurückzugeben. Dem zum Anfeuchten verwendeten Wasser kann man ferner Weichmachungsmittel, wie Seife, Öl- oder Fettemulsionen, Lithium-, Magnesium- oder Kalziumchlorid, zusetzen. Nach dem gleichlautenden *amer. P. 1.803.672* auf den Namen der Du Pont Rayon Corp. kann man auf der Seide auch Muster erzeugen, indem man stellenweise stellenweise anfeuchtet oder eine Reserve aufbringt.

In seinem schon auf Seite 416 erwähnten *engl. P. 332.187* (1929, auch *franz. P. 686.644* und *amer. P. 1.959.350*) hat H. Dreyfus auch erwähnt, dass die von ihm vorgeschlagene Behandlung mit trockenem Dampf auch dazu dienen kann, den Glanz der mit kochender Seifenlösung mattierten Azetatseide wieder herzustellen: diese Dampfbehandlung erfolgt dann bei einer Temperatur nahe dem Siedepunkt des Wassers, bei einem Druck, der 1,4 bis 2,8 kg/cm² betragen soll. Ein *franz. Zusatzpatent 39.564* (1930, engl. Prior. 1930) empfiehlt hingegen die Verwendung von überhitztem Dampf (5–100° C über dem Siedepunkt des Wassers, unter dem gewählten Druck).

Die Aceta GmbH erzielte nach den Angaben ihres *DRP 585.272* (1931) die Wiederherstellung des Glanzes durch Behandlung der heissen, wasserfeuchten – und nötigenfalls zuerst durch ein heisses wässriges Erweichungsbad geführten – Ware mit heissen konzentrierten Lösungen von hygroskopischen Stoffen, wie Chlorkalzium, Zucker, Glyzerin und anderen mehrwertigen Alkoholen, die dann stark entquellend wirken.

Die zur Erweichung des matt gewordenen Zellulosederivatgutes notwendigen Lösungs- und Quellmittel, wie Triazetin, Phenol, Resorzin, Diäthylenglykol, Thiodiglykol, Ameisen- oder Essigsäure, verwendete die Rhodiaceta, laut ihrem *franz. P. 848.637* (1939, deutsche Prior. 1938), gelöst in organischen Flüssigkeiten, wie Benzol, Toluol, Solventnaphtha, Di-, Tri- und Perchloräthylen, Methyl-, Äthyl- und Propylalkohol.

Um ein schnelles und kräftiges Wiederentstehen des Glanzes absichtlich oder zufällig entglänzter Ware aus Zelluloseazetat oder solches enthaltenden Mischgeweben zu erzielen, empfahl die gleiche Firma in ihrem *franz. P. 923.141* (1946) eine Behandlung mit einer wässrigen Lösung von Chloral oder seinem Hydrat, und Trocknung bei erhöhter Temperatur.

e) Verfahren für andere Chemiefasern

Die Entglänzung mit physikalisch-chemischen Methoden, die sich für die Azetatkunstseide als durchaus erfolgreich gezeigt hat, wurde auch auf anderen Faserarten ausprobiert; aber sie konnte sich dort gegenüber den anderen Verfahren, der Spinnmattierung und der Nachmattierung durch Aufbringen von lichtbrechenden Stoffen, nicht behaupten. Trotzdem sind in den letzten Jahren für die vollsynthetischen Fasern einige interessante Vorschläge gemacht worden, die auf einer solchen Basis beruhen.

Einleitend und sozusagen als Kuriosität sei zuerst das *amer. P. 1.942.523* (1932) von Weiss und Bennett erwähnt, das ein Mittel zum Auffrischen getragener Kleidungsstücke und Entfernung des Tragglanzes angibt: die Kleidungsstücke müssen mit einer Lösung von Natriumazetat in Alkohol unter Verwendung einer Bürste oder eines Tuches verrieben werden.

Zum gleichen Zweck hat auch McKee in seinem *amer. P. 2.459.236* (ausg. 1949) die Verwendung einer verdünnten Lösung eines Netzmittels empfohlen, die zum Beispiel 1 g pro Liter Tergitol, ein Natrium-Heptadezylsulfat, oder ein anderes Handelsprodukt (Triton, Gardinol, Aerosol) enthält.

Für die *Zellulosefasern* im allgemeinen und für die pflanzlichen Naturfasern im besonderen hat Dubac in seinem *engl. P. 254.695* (1926, deutsche Prior. 1925) vorgeschlagen, diese Fasern, und unter ihnen auch die Baumwolle, mit sehr starker Natronlauge (von mehr als 50° Bé) bei 60–100° C während 1 bis 5 Sekunden zu behandeln, was je nach Natur des Gewebes zu woll-, seiden- oder leinenähnlichen Effekten führt. Auch werden damit Festigkeit und Elastizität der Fasern erhöht.

Künstliche Zellulosefasern kann man nach dem *amer. P. 1.786.421* (1929) von Buhlmann durch Behandlung mit Dampf unter Druck bei etwa 100° C, dann Abkühlen und Entfernen des Dampfes mittels Durchblasen von Luft mattieren.

Die British Cotton Industry Research Association erreichte den gleichen Effekt nach dem in ihrem *engl. P. 545.422* (ausg. 1942) niedergelegten Verfahren: die Textilien werden Dämpfen von Karbonylverbindungen wie Essigsäure, Akrolein oder Krotonaldehyd ausgesetzt und dann mit Wasser oder einer Seifenlösung zwecks Mattierung gewaschen.

Die *Zelluloseregeneratfasern* und ihr wichtigster Vertreter, die *Viskose*, kann man durch Modifikation ihrer Oberfläche mittels Quellmitteln wie Alkalihydroxyden, Zinkchlorid, Sulfozyanaten oder Säuren entglänzen. Dieses Verfahren ist allerdings nicht ganz frei von Risiken: Säuren können ein Schrumpfen der Fasern oder einen zu rohen Griff, die Alkalien ein Auflösen der Fasern verursachen. Dagegen kann man geeignete Schutzmittel einsetzen.

Als Mattierungsmittel in diesem Sinne verwendete die Heberlein & Co., laut ihrem *engl. P. 264.529* (1927, schweiz. Prior. 1926), Merzerisierlaugen, Schwefelsäurelösungen von mehr als 42° Bé (spez. Gew. über 1,41), Phosphorsäurelösungen von mehr als 50° Bé (spez. Gew. über 1,16), Salzsäurelösungen von mehr als 20° Bé, Salpetersäurelösungen von mehr als 35° Bé (spez. Gew. über 1,32) oder Gemische solcher Lösungen, Zinkchloridlösungen von mehr als 50° Bé, Kalziumsulfozyanatlösungen von mehr als 25° Bé oder Kupferoxydammoniaklösungen mit mehr als 0,3 % Kupfer. Als Schutzmittel schlug sie vor: Mono- oder Polyalkohole, heterozyklische Basen, Formaldehyd oder quaternäre Ammoniumbasen. Nach einer Behandlung von max. 4 Sekunden bei Raumtemperatur (bei 0 °C mit konzentrierten Salzlösungen) werden die Fasern matt und etwas durchscheinend und haben auch eine geringere Steifheit und eine höhere Festigkeit. Bei Verwendung von Salpetersäure müssen die Fasern noch nachträglich denitriert werden.

Zur Beseitigung des Glanzes von Kunstseide aus regenerierter Zellulose kann man sie, nach dem *amer. P. 1.633.152* (1926) der United States Finishing Co., mit *p*-Toluolsulfochlorid in Gegenwart von Alkalien behandeln. Eine Erzeugung von Mustern ist ebenfalls durch Bedrucken mit einer verdickten alkoholischen NaOH-Lösung und Behandlung nach dem Trocknen mit einer 10–25 %igen Lösung von *p*-Toluolsulfochlorid in Tetrachlorkohlenstoff, Spülen mit 5 %iger Sodalösung und Seifen mit einem 5 %igen Seifenbad möglich. Eine Behandlung alkalisch gemachter Fasern aus regenerierter Zellulose mit *p*-Toluolsulfochlorid ist auch im *amer. P. 1.770.114* (1928) der Munitex Corp. beschrieben.

Eine weitere Methode ist die des *amer. P. 1.633.160* (1926) der Consolidated Textile Corp., die lediglich mit starker Alkalilauge arbeitet, die darauf neutralisiert wird. Hier auch erhält man Muster durch Bedrucken von Reserven aus British Gum und Magnesiumsulfat oder aber von einer verdickten Natronlauge.

Nach einem *engl. P. 283.752* (ausg. 1927) kann man entglänzte Viskosegarne durch längeres Drehen unter Wasser erhalten.

Die Vereinigte Glanzstoff-Fabriken AG hat in ihrem *DRP 654.712* (1929) eine Mattierung von Zellulosekunstseide durch Anazetylierung ohne Beeinträchtigung der Anfärbbarkeit erreicht: das Azetylierungsgemisch besteht aus 1000 Teilen Eisessig, 1000 Teilen Essigsäureanhydrid und 1 Teil konzentrierter Schwefelsäure. Darauf wird gewaschen und getrocknet.

Für die Entglänzung von *Polyesterfasern* wie Polyäthylenterephthalat kann man nach dem *engl. P. 664.921* (1949) der Calico Printers' Association Ltd. Natronlaugen von 29 bis 50° Bé bei Temperatuıen von 10 bis 85°C benützen. Mustereffekte erhält man durch vorheriges Bedrucken von Reserven mit einer Paste, die zum Beispiel 3 % 2-Methoxy-1,4-diaminoanthrachinon und 15 % einer wässrigen Lösung von Traganthgummi enthält.

Eine Oberflächenentglänzung solcher Fasern erreicht Lacko, nach seinem *tschech. P. 88.232* (ausg. 1959), durch Behandlung bei Siedetemperatur während 20 Minuten mit einer 2 %igen Lösung von Benzylalkohol oder Salizylsäure, und – nach der so erhaltenen Quellung – mit einer 30 %igen Natronlauge bei 50°C.

Polyamidfasern kann man nach den Angaben von Pelz und Harbeck in ihrem *ostdeutschen P. 8.267* (1953) gleichzeitig mattieren und griffiger machen durch Behandlung während 10 Minuten bei Raumtemperatur mit einer Chromschwefelsäurelösung, die pro Liter 117 cm³ konz. Schwefelsäure und 75 g Kaliumdichromat enthält, Spülen mit Wasser und Neutralisieren mit einer 5 %igen Sodalösung. Salpetersäure und Salpetersäure-Schwefelsäurelösungen sind hingegen ungeeignet. Das entsprechende *DBP 966.369* (1954) lautet auf den Namen der Filmfabrik Agfa Wolfen. Die Behandlung soll weder das Material zum Schrumpfen bringen noch seine Festigkeit beeinträchtigen.

In der polnischen Zeitschrift Zeszyty Nauk. Politech. Lodz *9*, Chem. [3] (1955), sind zwei Abhandlungen erschienen[1]), die das Entglänzen von Steelon, einer polnischen Polycaprolaktamfaser, zum Gegenstand haben. Nach der ersten, von Nowakowski und seinen Mitarbeitern verfassten Abhandlung, wird Steelon während 3 Minuten bei 20°C in eine 30 %ige Ameisensäurelösung eingeführt, dann wird das Bad mit 4 % des N-Hydroxymethylderivates von Steelon zusammen mit 1 % Natriumbikarbonat in 87 % Äthylalkohol bei 75°C versetzt. Nach 1–2 Minuten bei dieser Temperatur wird das Material auf 20°C abgekühlt und mit 5 %iger Salzsäure behandelt: die dadurch verursachte Kohlendioxydentwicklung zersprengt die Faseroberfläche und ergibt auf diese Weise den gewünschten Matteffekt.

Die zweite Mitteilung, von Chrzczonowicz, gibt zur Entglänzung der Steelon-Stapelfasern drei Methoden an: a) Behandlung bei 20°C während 25 Minuten bis 12 Stunden, mit einer Lösung von 10–20 g Chlorkalzium in 100 cm³ Methyl- oder Äthylalkohol pro g Stapelfasern. b) gleich wie a), gefolgt von einer Nachbehandlung in einem 2 %igen Ammoniumfluoridbad während 2 Minuten, c) gleich wie a),

[1]) Referate in Chem. Abstr. *50* (1956) 5296c und d).

dann Behandlung in einem 2 %igen Bariumchlorid- und dann in einem 2 %igen Natriumsulfatbad.

Die I.G. Farbenindustrie konnte nach ihrem *franz. P. 877.923* (1941) auf Polyamiden, Polyurethanen, Polyestern und anderen linearen Hochpolymeren gleichzeitig eine Rauhung und eine starke Mattierung der Oberfläche durch folgende Behandlung erzielen: sie imprägnierte die Fasern mit schwach sauer reagierenden Lösungsmitteln (mit Ausnahme von freien Säuren und Säurehalogeniden), zum Beispiel Chlorkalzium in 20 %iger methanolischer Lösung, wässerte sie dann während mehreren Stunden mit Wasser und trocknete sie. Dadurch wurde zuerst eine Quellung oder ein Anlösen der Faseroberfläche und dann durch die Wässerung eine Wiederausfällung der gelösten bzw. gequollenen Teile erwirkt. Für Polyurethanfasern ist auch nach diesem Verfahren eine Behandlung mit einem Kresolbad und darauf mit 2 n-Natronlauge verwendbar.

Das *ostdeutsche P. 10.574* (1954) von Hauptmann, Jänsch und De Riz bezweckt die Erzeugung eines ähnlichen Effektes durch Behandlung der Polyamid- oder Polyakrylnitrilfasern während etwa 8 Minuten mit einer 65 %igen Zinkchloridlösung und dann während 5 Minuten mit Wasser bei 15° C.

Eine Kräuselung und zugleich eine schwache Mattierung erhält man nach dem *ostdeutschen P. 5.168* (1942, ausg. 1954) von Schlack auf amidgruppenhaltigen Hochpolymeren (Polyamiden, Polyurethanen, Polyharnstoffen) durch Behandlung mit heissen oder kochenden Lösungen von in Wasser nur mässig oder schwer löslichen Karbonsäuren wie Benzoesäure. Diese Lösungen können auch noch Farbstoffe oder Farbstoffkomponenten oder -derivate mit sauren Gruppen, wie Tannin oder andere hochmolekulare Polyphenole enthalten. Der Mattierungseffekt wird durch ein heisses Nachseifen verbessert.

Für die Behandlung von *Polyvinylchloridfasern* hat von Galbory in seinem *franz. P. 1.006.230* (1947) folgendes Verfahren beschrieben: wenn Gewebe, Bänder oder Fäden aus solchen Fasern gleichzeitig einer mechanischen Behandlung mittels erhitzten Walzen unterzogen werden, so werden sie wasserundurchlässig und waschfest. Erfolgt diese Behandlung in Gegenwart von Feuchtigkeit, so wird zugleich noch die Oberfläche matt.

Matte Fäden aus Polyvinylchlorid kann man auch nach dem im *franz. P. 1.087.483* (1953, auch *DBP 1.087.750*) der Société Rhovyl beschriebenen Verfahren erhalten: man hält sie während 2–3 Stunden in einem gasförmigen Medium (Luft, Wasserdampf) unter Spannung bei einer Temperatur, die wenigstens der Strecktemperatur (95–120° C) entspricht, und streckt sie dann in üblicher Weise.

Mischpolymerisatgarne, die 70–95 % Vinylidenchlorid und 30–5 % eines Vinylhalogenids enthalten, kann man laut *amer. P. 2.476.069* (ausg. 1949) der Wingfoot Corp. durch Anquellen mit einem geeigneten Lösungsmittel und dann durch eine Behandlung mit Dampf, um die Quellung herabzusetzen, entglänzen. Als Quellungsbad wird 60–70 % Zyklohexanon und 40–30 % Methyläthylketon bei 60° C vorgeschlagen.

2. Nachmattierung durch Aufbringen von Pigmenten oder anderen lichtbrechenden Stoffen auf die Faseroberfläche[1])

In diesem Abschnitt werden die Mattierungsverfahren behandelt, die wirklich als Ausrüstungsoperationen in die Hände der Industriellen gehören, die ihre Waren dem Publikumsgeschmack anzupassen haben. Diese Verfahren können alle als letzte Veredlungsbehandlung, nach dem Färben oder Drucken, manchmal sogar zusammen mit anderen Ausrüstungen vorgenommen werden und gestatten eine sehr individuelle Gestaltung des Endeffektes. Diese Art der Mattierung, im allgemeinen Stückmattierung genannt, hat in der Strumpfindustrie und bei der Ausrüstung von Wäschewirkwaren bald eine grosse Verbreitung gefunden. Die grosse chemische Industrie schaltete sich rasch ein und brachte zahlreiche, zum Teil sehr interessante Produkte auf den Markt, die nicht wenig dazu beitrugen, die Arbeit des Ausrüsters zu vereinfachen und die Einhaltung eines hohen Qualitätsniveaus zu sichern.

---

[1]) Allgemeine Literatur über diese Art von Nachmattierung: Bruckhaus: Mattieren und Beschweren der Kunstseide (Kunstseide *7* (1925) 260); Obst: Neue Verfahren zum Mattieren von Kunstseide (Kunstseide *11* (1929) 279); Anon.: Mattieren von Kunstseide (Dtsch. Färber-Ztg. *66* (1930) 481); Anon.: Mattierungstechnik (Z. ges. Text. Ind. *33* (1930) 444); Fuchs: Das Mattieren und Avivieren der Kunstseide (Z. ges. Text. Ind. *33* (1930) 570); Anon.: Streifzüge durch die Kunstseidenveredlung (Z. ges. Text. Ind. *34* (1931) 388); Franke: Zweckmässige Behandlung von Kunstseide vor ihrer Verwendung (Kunstseide *14* (1932) 300); Davis: Delustering of Silk and Rayon (Am. Silk Rayon J. *52* (1933) 31); Ohl: Kunstseidenmattierung und Faserschädigung (Mh. Seide Kunstseide *38* (1932) 298, 342); Ohl: Controlled Delustring as a Finish (Silk and Rayon *7* (1933) 467); V. S.: Matification des soies artificielles (Ind. textile *51* (1934) 259); H. J. H.: Das Nachmattieren von Kunstseide (Z. ges. Text. Ind. *38* (1935) 652); Prior: Neue Ausrüstungen auf kunstseidenen Wirkstoffen (Mschr. Text. Ind. *50* (1935) Festh. Nov., 84); Prior: Mattausrüstungsverfahren auf kunstseidener Charmeuseware (Z. ges. Text. Ind. *39* (1936) 345); Prior: Das Mattieren von Kunstseide (Z. ges. Text. Ind. *39* (1936) 402); Anon.: Beitrag zur Nachmattierung künstlicher Textilien (Mh. Seide Kunstseide *42* (1937) 126); Cherpin: Matage de la rayonne pour bonneterie (Rev. univ. Soie Text. artif. *12* (1937) 257, 317); Moore: Delustred Rayon (Rayon Textile Monthly *18* (1937) 183, 328); Topham: Delustring of Rayon (Can. Text. J. *55* (1938) 34); Menzinger: Neue Wege in der Mattierung (Mell. *21* (1940) 183); Foulon: Mattieren und Beschweren von kunstseidenen Wirk- und Strickwaren (Klepz. Text. Z. *43* (1940) 492); Wächtler: Die Verminderung des Kunstseidenglanzes (Spinner und Weber *59* (1941) 4); Dutreillis: Matage de la bonneterie en soie et soie artificielle (Monit. Maille *51* (1941) 35); Gandhi und Kaji: Some Experiments on the Delustring of Viscose Yarn and Fabrics (J. Ind. chem. soc., Ind. News Ed. *4* (1941) 164); Gensel: Waschbeständige Mattierung von Kunstseide und Zellwolle (Mell. *23* (1942) 243); Strauch: Mattieren und Schiebefestmachen (Dtsch. Färber-Kal. *58* (1954) 223); Scharroba: Nachmattierung von Textilien, insbesondere von vollsynthetischen Fasern (Spinner und Weber *79* (1961) 944).

Das Aufbringen von lichtbrechenden Stoffen auf Kunstseide zwecks Verminderung ihres Glanzes erschien sehr früh in der Geschichte der Mattierung. Sobald die Mode sich eindeutig gegen den zu hohen Glanz der Kunstseide ausgesprochen hatte, versuchte man, durch Überfettung oder durch Aufbringen einer Wachsemulsion auf die Textilien, eine, allerdings sehr bescheidene, Dämpfung dieses Glanzes hervorzurufen. Dann probierte man, das Ziel durch Behandlung mit einfachen Pigmentdispersionen zu erreichen; eine solche Mattierung war recht wirksam, genügte aber auch den bescheidensten Echtheitsansprüchen nicht: sie widerstand oft nicht einmal einem kräftigen Schütteln oder Reiben der Textilien, von einer Waschbeständigkeit war gar nicht zu reden. Deshalb wurde sie hie und da fast als «Fälschung» gegenüber der so echten Spinnmattierung betrachtet. Dieses äusserst einfache Verfahren hat trotzdem in letzter Zeit durch das Aufkommen von kolloiddispersen Pigmenten, die ein gewisses Haftvermögen auf den Fasern besitzen, überraschend eine neue Belebung erfahren.

Im übrigen ging die Entwicklung zu einer echteren Fixierung des Mattierungsmittels auf dem Textilgut in zwei Richtungen:

1. die Bildung des Pigmentes selbst direkt auf den Fasern,
2. die Fixierung des Pigmentes mit einem Bindemittel.

Daneben wurden noch zwei weitere Wege beschritten:

3. die Verwendung von organischen Substanzen, die an sich keinen Pigmentcharakter haben, aber substantiv auf die (vor allem zellulosischen) Fasern aufziehen können und dort mehr oder weniger waschechte, mattierend wirkende Ablagerungen bilden,
4. die Bildung von Kunstharzkondensaten auf den Fasern, die unlöslich sind und einen Matteffekt verursachen.

Daneben hat es selbstverständlich nicht an Versuchen und Vorschlägen gefehlt, zwei oder mehrere dieser Möglichkeiten miteinander zu kombinieren, um eine bessere Wirkung zu erzielen.

Von einer guten Stückmattierung verlangt man im allgemeinen folgende Eigenschaften:

– Sie darf keinen nachteiligen Einfluss auf die Fasern selbst, noch auf die Färbungen ausüben und vor allem keine Lichtsensibilisierung verursachen.

– Die Gewebe dürfen nicht stäuben, auch nicht beim Zerreissen.

– Der Griff der Ware darf nicht beeinflusst werden, Geschmeidigkeit und Gleiteigenschaften müssen erhalten bleiben.

– Der Abnützungswiderstand darf nicht beeinträchtigt werden.

– Die Mattierung muss wasserecht sein und darf keine Flecken aufweisen, wenn sie Wasser oder Dampf ausgesetzt wird.

– Sie muss möglichst waschecht sein.

– Die verwendeten Mattierungsstoffe müssen gegen Avivagemittel, Waschmittel und atmosphärische Einflüsse (Schwefeldioxyd, Schwefelwasserstoff) beständig sein.

– Sie dürfen keine Hautreizungen (Dermatitis) verursachen.

– Der Mattierungseffekt muss regelmässig sein.

Es war am Anfang schwierig, gleichzeitig allen diesen Anforderungen zu genügen, aber die modernen, hochwertigen Mattierungsprodukte der chemischen Industrie gestatten, auf einfache Weise ein in jeder Hinsicht einwandfreies Ergebnis zu erzielen.

Unter den verschiedenen Arten der Mattierung: in der Spinnmasse, durch mechanische oder physikalisch-chemische Beeinflussung der Faseroberfläche oder durch Aufbringen von Mattierungsstoffen auf die Faseroberfläche, übt wohl die letztere den geringsten Einfluss auf die allgemeinen und mechanischen Eigenschaften der Fasern aus. Ein weiterer Vorteil, den die Nachmattierung gegenüber der sonst wegen ihrer Echtheit vorgezogenen Spinnmattierung aufweist, besteht darin, dass das Mattierungsprodukt eben an der Oberfläche der Fasern angehäuft ist, so dass der Effekt auch bei dunkel gefärbten Waren zur Geltung kommen kann und sogar überfärbeecht sein kann, sofern die Mattierung eine gewisse Nassechtheit besitzt.

Andererseits darf man aber nicht übersehen, dass diese Ablagerung einer nicht geringen Menge Fremdstoffs auf der Oberfläche eines Fasermaterials dessen Griff irgendwie beeinflussen muss. Deshalb ist auch in zahlreichen Fällen eine Korrektur durch Kombination mit einer entsprechenden Appretur notwendig. Man muss berücksichtigen, dass solche Fremdstoffe eine eigene Beschaffenheit haben und ausser einer mattierenden auch andere Eigenschaften besitzen. Manchmal werden solche Nebeneigenschaften von den Herstellern oder Verbrauchern solcher Produkte hervorgehoben und zusammen mit der Mattierung als kombinierte Behandlung empfohlen, so zum Beispiel:

– Pigmentablagerung oder -bildung zum gleichzeitigen Mattieren und Beschweren (eine an sich sehr naheliegende Kombination), oder, bei Verwendung der modernen hochdispersen Pigmente, Mattieren und Schiebefestmachen von Kunstseide,

– substantives Mattieren und gleichzeitiges Weichmachen oder Wasserabstossendmachen (die dazu verwendeten Produkte haben meistens eine längere Kohlenwasserstoffkette),

– Mattieren und gleichzeitige Knitterfestappretur mit thermohärtbaren Kunststoffen.

Solche Behandlungen, die man «polyvalent» oder mehrwertig nennen könnte, darf man nicht mit kombinierten Behandlungen verwechseln, die mit Gemischen von an sich spezifisch wirkenden Produkten durchgeführt werden, und die natürlich ebenfalls möglich sind.

Die Nachmattierungsverfahren durch Aufbringen von mattierenden Stoffen auf die Faseroberfläche kann man in folgende Klassen einteilen:

a) Aufbringen von Pigmenten auf die Fasern
b) Bildung von Pigmenten auf den Fasern durch doppelte Umsetzung (Zweibadverfahren)
   α) Bildung von Bariumsulfat
   β) Bildung von Stannaten
   γ) Bildung von Metallhydroxyden
   δ) Bildung von Molybdaten und Wolframaten
   ε) Bildung von anderen unlöslichen weissen anorganischen Salzen
   ζ) Bildung von schwerlöslichen organischen Metallsalzen
   η) Bildung von schwerlöslichen organischen Verbindungen
c) Bildung von Pigmenten auf den Fasern durch thermische Behandlung (Einbadverfahren)
d) Aufbringen von Pigmenten zusammen mit Fettstoffen. Foulardmattierung
e) Festigung von Pigmenten durch Bindemittel
f) Die substantive Nachmattierung
   α) Kationaktive substantive Mattierungsmittel
   β) Anionaktive substantive Mattierungsmittel
g) Nachmattierung mit Kunstharzen
   α) Mit Aminoplasten
   β) Mit verschiedenen natürlichen und synthetischen Hochpolymeren

a) Aufbringen von Pigmenten auf die Fasern

In ihrer einfachsten Ausführung besteht diese Methode darin, dass das zu mattierende Gut durch eine wässrige Suspension des Pigmentes gezogen wird, gegebenenfalls unter Zusatz eines Dispersionsmittels, dann vom Flüssigkeitsüberschuss befreit und schliesslich getrocknet wird. Von Textilien, bei denen ein Abquetschen nicht möglich ist, wie zum Beispiel Wirkwaren und insbesondere bei Strümpfen, wird der Flüssigkeitsüberschuss durch Ausschleudern entfernt. Dabei kann aber die Mattierung leicht unregelmässig ausfallen. Die so erhaltene, sehr wirtschaftliche Mattierung ist recht ergiebig, aber ihre Beständigkeit ist praktisch null.

Zu diesem Zweck können grundsätzlich alle Stoffe verwendet werden, die einen Lichtbrechungsindex besitzen, der genügend von dem des zu mattierenden Textilgutes abweicht, und die zudem die nötigen Eigenschaften der Unlöslichkeit, der Nichtflüchtigkeit und der chemischen Passivität gegenüber dem Träger besitzen; Stoffe also, die auch in der Spinnmattierung zum Einsatz kommen. Als dieses Verfahren noch eine Rolle spielte, griff man praktisch nur nach den billigsten anorganischen Pigmenten und organischen Mattierungsmitteln. Für die teureren Produkte suchte man bald nach einer Fixierungsmöglichkeit, um zugleich die Ausbeute und die Beständigkeit zu erhöhen.

So wurde schon 1928 Hirschberger ein *amer. P. 1.819.241* erteilt zur Mattierung von Kunstseide durch Behandlung mit Lösungen gewisser undurchsichtiger, nicht verseifter Wachse in organischen Lösungsmitteln. Erwähnt wurden Karnauba-, Kandelilla- und gelbes Bienenwachs.

Unter den billigen anorganischen Pigmenten gelangte der Kaolin durch das *DRP 592.817* (1932) der Firma Zschimmer und Schwarz in Dölau zu einer gewissen Bedeutung. Diese Firma fand, dass der beim sauren Aufschluss des Rohkaolins (zwecks hauptsächlicher Herstellung von Aluminiumsulfat) übrigbleibende wasserunlösliche Anteil sich zu sehr gut haltbaren Suspensionen dispergieren lässt, und zwar besser als der gewöhnliche Kaolin. Man erklärt dies dadurch, dass das Herauslösen der löslichen Bestandteile das Strukturgefüge des Pigmentes nicht verändert, seine Oberfläche hingegen stark vergrössert. Zur Mattierung von Viskoseseidenstrümpfen wird zum Beispiel eine auf das Färben folgende Behandlung mit 20 g pro Liter dieses Kaolins während 10–20 Minuten empfohlen.

Von den zahlreichen Produkten, die für die Spinnmattierung vorgeschlagen worden sind, werden die folgenden in den betreffenden Patentschriften als auch für die Nachmattierung geeignet bezeichnet:

im *amer. P. 2.030.740* (1934) der North American Rayon Corp.: Triphenylstibin, Triphenylwismuthin, Phthalimid oder *p*-Aminobenzoesäure (siehe auch Seite 360), für Viskose- und Kupferoxydammoniakkunstseide,

im *amer. P. 2.069.773* (1934) der E.I. du Pont de Nemours: zahlreiche Salze von aromatischen Mono- und Dikarbonsäuren (siehe Liste auf Seite 343), für die Azetatseide,

im *amer. P. 2.919.258* (1956) der Allied Chemical Corp.: verschiedene Salze von aliphatischen Dikarbonsäuren mit 2–10 Kohlenstoffatomen, und vor allem Aluminiumadipat (siehe Seite 344), für Polyamidfasern.

Dieses einfache, aber wegen seiner Nachteile in Vergessenheit geratene Verfahren, ist überraschenderweise in den letzten Jahren zu neuer Bedeutung gelangt, nachdem auf dem Markt äusserst feine Pigmente angeboten werden, die von sich aus ein gewisses Haftvermögen auf den Fasern besitzen.

Chwala[1]) hat gezeigt, dass der im ersten Anblick sehr einfache Weg, durch möglichst weit getriebene mechanische Zerkleinerung und

[1]) Chwala: Zerkleinerungs-Chemie (Koll. Beihefte *31* (1930) 222–290). Sehr weitgehende Studie des gesamten Problems der Zerkleinerung und der Dispergierung von festen Stoffen verschiedener Sorten.

Dispergierung eines Pigmentpulvers einen tieferen Matteffekt und eine bessere Beständigkeit dieses Effektes zu erreichen, nicht gangbar ist: feste Stoffe lassen sich nicht weiter als bis zu Teilchen einer gewissen Grösse zerkleinern, die schon irgendwie von Natur aus vorhanden, aber zu grösseren Aggregaten agglomeriert waren: die mechanische Behandlung kann lediglich diese Aggregate wieder auseinanderbrechen.

Schon 1932 hatte Guinet die Vorteile der kolloiddispersen Pigmente für die Mattierung erkannt und durch das *franz. P. 751.430* schützen lassen: diese Pigmente besitzen, im Gegensatz zu den gewöhnlichen, grobdispersen Produkten, keine scharfen Kanten, die die feinsten Fäden verletzen könnten. Guinet empfahl in seinem Patent, Kalzium- oder Bariumsalze in Anwesenheit von tierischem Leim zu fällen, zum Beispiel Kalziumoxalat oder Bariumsulfat[1]).

Auch die Chemische Fabrik Stockhausen & Co. stellte nach ihrem *DBP 875.643* (1951) kolloiddisperse Pigmente her, die gleichzeitig zum Mattieren und Schiebefestmachen von Textilien dienen können: so kann man durch Verrühren von 3,6 Teilen Dextrin, 25,5 Teilen Harnstoff, 32,6 Teilen Bariumchlorid und 14,3 Teilen Ammoniumsulfat in 24 Teilen Wasser eine Paste erhalten, von der 10 g pro Liter verwendet werden, um Viskose- oder Polyamidkunstseide zu behandeln. Das so erhaltene Bariumsulfat soll dank seiner Feinheit tiefer in die Faserporen eindringen können, so dass der Effekt gegen milde Wäschen beständig sein soll. Ein solches Produkt brachte die Chemische Fabrik Stockhausen unter dem Namen *Mirosan D* auf den Markt, das dank der Feinheit seines Pigmentanteils auch als Schiebefestmittel verwendbar ist.

Die wichtigsten Vertreter dieser Pigmentklasse sind die Metalloxyde, die von der Deutschen Gold- und Silberscheideanstalt vorm. Roessler (heute Degussa) nach einem durch zahlreiche Patente (unter anderen *DRPP 830.786*, *873.083*, *878.342*, *891.541*, *893.496*, *900.339*, *900.574*) geschützten Verfahren hergestellt werden[2]): flüchtige Metallhalogenide werden verdampft und in der Gasphase thermisch hydrolysiert. Es entstehen dadurch Metalloxyd-Aerogele von ausserordentlicher Feinheit und sehr hoher Homogenität. Die so gewonnene Kieselsäure SiO_2 zum Beispiel besteht aus Partikeln von durchschnittlich 20 mμ, die nur unter dem Elektronenmikroskop sichtbar sind. Dieses Verfahren wurde von der Degussa zuerst für die Herstellung von kolloidaler Kieselsäure ausgearbeitet[3]), die unter dem Namen *Aerosil* in den

[1]) Siehe auch: Nouvelle méthode de matage des soies artificielles (Rev. univ. Soies et Soies artif. *9* (1934) 107).

[2]) Dithmar: Kolloiddisperse Oxyde für die Oberflächenbehandlung von Textilien (Text. Praxis *8* (1953) 383). – Dithmar: Kolloiddisperse Oxyde für die Textilindustrie (Text. Praxis *10* (1955) 1134).

[3]) Wagner und Brünner: Aerosil, Herstellung, Eigenschaften und Verhalten in organischen Flüssigkeiten (Ang. Chemie *72* (1960) 744).

Handel gelangte und in der Textilindustrie zahlreiche Anwendungsmöglichkeiten als Schlichte- und Schiebefestmittel fand. Es wurde aber bald auf die Herstellung anderer Metalloxyde ausgedehnt, unter anderen Al_2O_3 und das für die Mattierung so wichtige TiO_2. So entstand ein Titandioxyd-Aerogel, dessen durchschnittliche Teilchengösse um 20 bis 150 mμ statt 600–1000 mμ liegt, und das keine Nebenprodukte oder Verunreinigungen, etwa in Form von freien Säuren oder Alkalien oder von Salzen, enthält. Solche kolloiddisperse Metalloxyde ergeben von selbst sehr beständige Dispersionen, so dass die Mitverwendung eines Dispergiermittels sich in den meisten Fällen erübrigt. Dies ist praktisch von grossem Vorteil, weil es die Einführung von fremden Körpern vermeidet und die Kombination mit anderen Ausrüstungen erleichtert.

Der Hauptvorteil solcher kolloiddisperser Pigmente ist aber ihre ausserordentliche Haftfähigkeit auf den Textilfasern, die sogar in erheblichem Grad waschecht ist: nach mehrmaligem Waschen einer Viskoserayon bei 60°C bleiben etwa 80 % des Pigmentes auf den Fasern und der Matteffekt geht nur unwesentlich zurück. Es ist also klar, dass solche Produkte der Nachmattierung mit reinen Pigmenten einen neuen Aufschwung geben und mit der Spinnmattierung ernsthaft in Konkurrenz treten können: als Nachbehandlungsprodukte können sie nach der Färbung appliziert werden, und weil sie sich nur auf der Oberfläche der Fasern befinden, fällt das lästige Problem der Schäden durch Lichteinfluss (siehe Teil A 3b dieses Kapitels, Seite 293) auf die Faser- und Farbstoffe weg.

Neben Titandioxyd stellt die Degussa nach dem gleichen Verfahren auch Aluminiumoxyd her, dessen Mattierungsvermögen ebenfalls beträchtlich ist; Siliziumdioxyd hingegen ist für diesen Zweck weniger geeignet. Die Verwendung solcher Pigmente, auch von Zirkondioxyd oder deren Gemische für Mattierungszwecke ist durch das *franz. P. 1.091.954* (1954, deutsche Prior. 1953) geschützt. Die entsprechenden Applikationsprodukte befinden sich unter dem Namen *Darotin* im Handel:

Darotin 40 ist eine Paste von 40 %, die kein Dispergiermittel, aber eine kleine Menge eines Verdickungsmittels enthält. Nach Verdünnung auf 5–50 g pro Liter, je nach Abquetscheffekt, wird sie auf einfachste Weise, kalt, durch Foulardieren angewendet und das imprägnierte Gewebe wird sofort nach dieser Behandlung ohne Nachseifen getrocknet. Die so erhaltene Mattierung soll etwa 6 Wäschen bei 60°C widerstehen, was einer mittleren Waschechtheit entspricht. Gegenüber den wesentlich echteren Mattierungsprodukten auf Kunstharzbasis besitzt sie aber den Vorteil, dass der Griff des Gutes nicht verändert wird. Darotin 40 ist auf allen künstlichen oder vollsynthetischen Fasern und sogar auf Baumwolle verwendbar.

Ein ähnliches Produkt ist *Darotin 40/TO*, eine Paste, die absolut frei ist von jeder Beimengung und auch kein Verdickungsmittel enthält. Die Anwendung ist sonst die gleiche wie für Darotin 40. Beide Produkte werden auch für den Mattdruck verwendet (siehe Seite 508).

Kolloidale Kieselsäure wird auch von anderen Firmen angeboten, und zwar vor allem als Schiebefestmittel, das nebenbei den behandelten Textilien eine gewisse Mattierung und einen etwas «sandigen» Griff verleiht: diese Art Appretur wird besonders für Damenstrümpfe geschätzt. Das erwähnte Produkt erhält man unter anderem als *Siligen A 15*, *A 25* und *AF* der BASF und *Feran SSF* der Chemischen Fabrik Rudolf & Co. KG.

Vor allem um die Stabilität der Imprägniersuspensionen zu erhöhen und damit einen regelmässigen Ausfall der Mattierung zu erreichen, hat man oft versucht, verschiedene Dispergiermittel einzusetzen. Gewöhnlicher Kaolin oder China Clay, ein billiges und recht ausgiebiges Mattierungspigment, neigt ziemlich stark zum Absetzen in wäss rigen Suspensionen, nicht aber wenn man noch Bentonite, das heisst stark quellende natürliche Aluminiumhydrosilikate, und ein Alkylnaphthalinsulfonat wie *Nekal BX* mitverwendet. Bentonite haben auch zusammen mit Titandioxyd die gleiche günstige Wirkung, und mit *Igepon T* (siehe dieses Werk, Band 2, Seiten 344 und 516) als oberflächenaktivem Stoff, erhält man dazu noch einen weicheren Griff der Ware[1]).

Als Dispergator empfahl die Chemische Fabrik Stockhausen & Cie. in ihrem *DRP 654.593* (1934) Lecithin, dessen ungenügende Wasserlöslichkeit durch Zusatz von kleinen Mengen Alkohol verbessert werden kann: Kunstseidenstränge, die bei einem Flottenverhältnis von 1:20 in einem Bad von 4–6 g pro Liter einer Mischung aus 65 Teilen Lithopon, 20 Teilen Lecithin, 5 Teilen Alkohol und 10 Teilen Wasser während 30 Minuten bei 30–40° C behandelt, hierauf mit Wasser von 60° C gespült, geschleudert und getrocknet worden sind, zeichnen sich durch eine gute Haftfestigkeit und Gleichmässigkeit ihrer Mattierung und einen angenehmen, weichen Griff aus.

Zum gleichen Zweck verwendete die Chemische Fabrik Zschimmer und Schwarz in Dölau nach ihrem *DRP 727.401* (1937) wasserlösliche Salze höhermolekularer Äther von Alkylolaminen, wie das Formiat des Triäthanolamindilauryläthers.

Im gleichen Sinn sind nach dem *franz. P. 836.873* (1938, österr. Prior. 1937) der IG Farbenindustrie auch die wasserlöslichen Salze zyklischer Amidine, die sich von aliphatischen Diaminen ableiten, verwendet worden: ein Zusatz von 10 cm^3 pro Liter einer 40 %igen Lösung des Azetats des Heptadekylimidazolins zu einer Suspension von 5 g pro Liter Lithophon und 3 g pro Liter eines Fettalkoholsulfonats ergibt ein egal wirkendes Mattierungsbad.

[1]) Entglänzen von Kunstseidestoffen. Erzielung voller Matteffekte mit Lösungen von Bentonit und China Clay (Can. Text. Journ. *51* (1934) Nr. 26, S. 27).

Zum Mattieren von Fasern aus Polyakrylnitril, die mit Na-Hypochlorit gebleicht worden sind, empfiehlt die Phrix-Werke AG in ihrem *DBP 870.542* (1951) zuerst eine Behandlung mit einem organischen Reduktionsmittel, zum Beispiel mit einer 0,2 %igen Resorzinlösung bei 70° C, dann mit einer Dispersion von Titandioxyd mit Hilfe eines nichtionogenen Fettalkoholderivates.

α) *Besondere Verfahren für die Zellulosederivatfasern*

Für die Zellulosederivatfasern, und vor allem für die Azetatkunstseide, die auch auf diesem Gebiet eine Sonderstellung einnimmt, fand man leichter als bei den anderen Kunstseiden Mittel und Wege, die Mattierungspigmente auf den Fasern zu fixieren, nämlich durch Mitverwendung von Quellmitteln.

So erwähnt die British Celanese Ltd. in ihrem *engl. P. 343.121* (1929, auch *amer. P. 1.980.428*, *franz. P. 703.626* und *kanad. P. 335.830*) eine ganze Anzahl von anorganischen Pigmenten, die in dispergierter Form unter Zuhilfenahme eines Quellungsmittels zur Mattierung von Zelluloseesterfasern verwendet werden können: Oxyde von Aluminium, Titan, Zinn, Silizium, Zink, Cerium usw., Bariumkarbonat oder -sulfat, Zinksulfid, China Clay, Bentonit und unlösliche Silikate. Die Quellungsmittel erleichtern die Absorption, und die Dispersionen werden mechanisch oder durch chemische Peptisierung von den entsprechenden Hydroxydgelen hergestellt. Nach einem *engl. Zusatzpatent 391.497* (1931, auch *amer. P. 2.035.504* und *franz. Zusatzpatent 39.164*) kann diese Absorption durch Mitverwendung von Seife in schwach alkalischem Medium erwirkt werden. Auch Ammoniak, Borax oder Alkalikarbonate sind als Alkalien verwendbar. Solche Dispersionen enthalten wohl ein Quellungsmittel für das Zellulosederivat, aber kein besonderes Fixiermittel. So kann man zum Beispiel ein Zelluloseazetatgewebe während 30 Minuten bei 50° C mit einer Flotte behandeln, die auf 100 Teile Wasser 100 Teile einer 38 %igen Titandioxydpaste, 100 Teile Azeton und 1 Teil Seife enthält, so dass das Pigment bis in das Innere der Fasern eindringen kann.

Nach einem *amer. P. 1.999.404* (1930, auch *franz. P. 715.184*) von C. Dreyfus kann man die einzelnen Azetatfäden mit einer Suspension eines anorganischen oder organischen (Diacylbenzidin und Homologe, Kondensationsprodukte eines Harnstoffes mit einer Diphenylbase) Mattierungspigmente und dann mit einem Lösungs- oder Quellungsmittel wie Azeton, Äthylenchlorid, Methyl- oder Äthylalkohol, Dichloräthylen oder Diäthylenglykol behandeln. Dadurch werden einzelne Fäden zusammengeklebt und das Pigment fixiert. Die Behandlung mit den Lösungsmitteln kann auch auf Fäden vorgenommen werden, die die Pigmente schon vom Verspinnen her enthalten, wie im schon in dem auf Seite 268 besprochenen *engl. P. 376.833* (1931) der British Celanese Ltd. beschrieben wurde.

Das für die Spinnmattierung verwendbare Antimonoxyd[1]) kann, laut dem *engl. P. 377.486* (1931, amer. Prior. 1930) der letztgenannten Firma, ebenfalls als Dispersion zur Behandlung einer mit organischen Lösungsmitteln angequollenen Azetatseide dienen. Das Gleiche gilt auch für die im *amer. P. 2.072.856* (1931, auch *engl. P. 378.319* und *franz. P. 730.236*) der gleichen Firma als Zusatz zur Spinnmasse)[2] empfohlenen wasserunlöslichen Wismutverbindungen BiOCl oder $Bi(OH)_3$: diese Verbindungen sollen sich durch eine besondere Unschädlichkeit auszeichnen. Ebenfalls in diesem Sinne verwendbar sind die im *amer. P. 2.060.047* (1931) der Celanese Corporation of America erwähnten wasserunlöslichen Salze eines zwei- oder mehrwertigen Metalls mit einer höheren Fettsäure[3]), und die im *engl. P. 389.521* (1931, auch *franz. Zusatzpatent 42.291*) erwähnten Diacylbenzidine oder -tolidine[4]) von H. Dreyfus.

Nach dem *engl. P. 503.079* (1937) der Mark Fletcher and Sons Ltd. kann man Zelluloseestergarne oder -gewebe entglänzen, indem man sie bei einer Temperatur, die 35° C nicht überschreitet, mit einer Lösung oder Paste imprägniert, klotzt oder bedruckt, die neben einem Pigment wie Titandioxyd ein organisches Lösungs- oder Quellungsmittel oder ein Metallsulfozyanat enthalten. Als organisches Lösungsmittel sind verwendbar: Azeton, Triazetin, Methylzyklohexanol oder -hexanon, und als Quellungsmittel: Ameisen-, Essig-, Zitronen-, Wein-, Milch-, Oxal- oder Salizylsäure. Darauf muss das Gut innerhalb von 12 Sekunden nach dieser Behandlung zum Trocknen bei einer Temperatur von mehr als 80° C gebracht werden.

b) Bildung von Pigmenten auf den Fasern durch doppelte Umsetzung (Zweibadverfahren)

Im Bestreben, eine echte Oberflächenmattierung zu erhalten, ist man dazu gekommen, die unlöslichen weissen Mattierungspigmente auf den Fasern durch doppelte Umsetzung von löslichen Komponenten direkt zu bilden, nach dem Grundsatz, dass eine noch so feine Suspension eines fertig gebildeten Pigments nie so fein dispers sein kann wie eine echte Lösung, und dass solche echte Lösungen weiter als Suspensionen in die Faserporen eindringen können. In Wirklichkeit aber sich auch diesem Eindringen Grenzen gesetzt: die erste Lösung mag wohl ziemlich weit in das Fasergefüge hineindiffundieren, aber die zweite bildet den Niederschlag sofort bei ihrem ersten Kontakt mit der

[1]) Siehe Seite 322 dieses Bandes.

[2]) Siehe Seite 322.

[3]) Siehe Seite 342.

[4]) Siehe Seite 356.

ersten in den Poren, also recht nahe bei der Faseroberfläche, und dieser Niederschlag selbst wird offenbar ein Hindernis für das weitere Vordringen der zweiten Lösung[1]).

Ferner hängt die Gleichmässigkeit dieser Mattierungsart direkt von der Sorgfalt ab, mit welcher der Überschuss der ersten Behandlungsflotte vom Gewebe oder Gewirke entfernt wird. Auch ist es aus dem gleichen Grund schwierig, den Matteffekt von einer Partie zur anderen genau zu reproduzieren. Diese Schwierigkeiten machen sich vor allem bei den Wirkwaren bemerkbar, weil man sie nicht durch Abquetschen entwässern kann, sondern abschleudern muss, was nie eine so gleichmässige Entfernung der überschüssigen Flotte gestattet. Die Gleichmässigkeit des Ausfalls wird etwas verbessert, wenn die Ware während der sogenannten Entwicklung, das heisst der Behandlung mit der zweiten Flotte, die zur Bildung der unlöslichen Verbindung auf den Fasern führen muss, dauernd in Bewegung gehalten wird. Trotz dieses Nachteils wurde diese Methode gerade für Wirkware recht viel verwendet und stellt sogar für Damenstrümpfe die älteste Mattierungsmethode dar.

Für dieses Verfahren hat man verschiedene Reaktionen zuhilfe genommen, die in der analytischen Chemie wohlbekannt sind und zur Bildung unlöslicher weisser Niederschläge führen. Am meisten verwendet wurde die jedem Anfänger des Chemiestudiums geläufige Fällung von Bariumsulfat aus löslichen Bariumverbindungen einerseits und löslichen Sulfaten andererseits. Aber auch schwerlösliche organische Salze, wie die von höheren Fettsäuren, wurden eingesetzt. Dabei ist zu bemerken, dass die meisten anorganischen Fällungen eine Beeinträchtigung des Griffes mit sich bringen, so dass die Mitverwendung von Weichmachern geboten ist.

α) Bildung von Bariumsulfat

Die klassische Anwendungsrezeptur sieht die Tränkung des Gutes mit einer Bariumchloridlösung vor, dann Abschleudern oder Abquetschen der überflüssigen Flotte und Nachbehandlung mit einem Glaubersalzbad, nach folgender Reaktion:

$$BaCl_2 + Na_2SO_4 \longrightarrow BaSO_4 + 2\,NaCl,$$

wobei das nur 1:450000 in Wasser lösliche Bariumsulfat entsteht. Als normale Arbeitsbedingungen werden empfohlen[2]): erste Behandlung mit einer 6–8 g pro Liter enthaltenden Bariumchloridlösung während einer Viertelstunde bei 25–30° C, Schleudern, zweite Behandlung mit einer Lösung von etwa 4 g pro Liter Glaubersalz von gleicher Dauer

[1]) Siehe in diesem Zusammenhang die interessante Arbeit von Haller: Über die Bildung von Niederschlägen auf Gespinstfasern (Text. Rundschau *5* (1950) 94).

[2]) Anon.: Mattieren von Kunstseide (Dtsch. Färber-Ztg. *66* (1930) 481).

und bei gleicher Temperatur; wenn der Griff zu hart wird, kann man dem Spülbad $^1/_2$ g pro Liter Monopolöl zusetzen.

Dieses Verfahren wurde zuerst im *engl. P. 305.828* (1928, auch *franz. P. 667.322*) von Terrell angewendet, das auch andere unlösliche Bariumverbindungen, wie Karbonat oder Silikat, beanspruchte und neben Glaubersalz auch Ammoniumsulfat empfahl, während die *amer. P. 1.839.978* und *1.839.979* (1930) von Lorimer für die Ausfällung Alaun verwendeten.

Für die Mattierung von Strümpfen auf den Formen, also bei gedehnter Kunstseide, empfahl Schuster in seinem *DRP 628.796* (1935, auch *engl. P. 451.260* und *franz. P. 787.767*, alle amer. Prior. 1934), die Ware zuerst zu befeuchten, dann mit einer Glaubersalz- und darauf mit einer Bariumchloridlösung zu besprühen: damit soll die Mattierung gleichmässiger als durch Tauchen ausfallen.

Um die Waschbeständigkeit der Bariumsulfatausfällung zu erhöhen, kann man nach den Angaben des *japan. P. 700/1952* von Takashima dem Fällungsbad, das aus Alaun besteht, ein Harnstoff-Formaldehyd-Vorkondensat und Polyvinylalkohol zusetzen und das getrocknete Textilgut einer Wärmebehandlung bei 100–120°C unterziehen.

Die einfache Bildung von Bariumsulfat wurde auch in letzter Zeit für die Mattierung der polnischen Polycaprolactamfaser Steelon[1]) empfohlen, die zuerst eine Behandlung mit Kalziumchlorid erfahren hat (siehe auch Seite 422).

Die gleiche Reaktion kann nach dem *amer. P. 2.022.961* (1932) der American Bemberg Corporation für die Mattierung von Kupferoxydammoniakkunstseide auf die frisch versponnenen Fäden unmittelbar nach ihrem Verlassen des Spinntrichters durchgeführt werden: die Fäden werden durch zwei Walzen gestreckt, mit einer Salzsäure enthaltenden Bariumchloridlösung und anschliessend mit Schwefelsäure behandelt: letztere regeneriert die Fäden zu Zellulosehydrat und bildet gleichzeitig das Bariumsulfat.

Nach dem *DRP 615.307* (1932, auch *franz. P. 739.745*, beide schweiz. Prior. 1931) der Gesellschaft für Chemische Industrie in Basel wird die Ausfällung von Bariumsulfat gleichmässiger, wenn man sie in Anwesenheit von emulgierten Stoffen wachsartiger Konsistenz vornimmt: eine Wachs- oder Paraffinemulsion wird einem der zwei Behandlungsbäder zugegeben. Die Mattierung stäubt dann nicht und wird dank der wasserabstossenden Eigenschaft des Wachses in Wasser nicht abgezogen.

Eine wesentliche Verbesserung der Haftfestigkeit dieser Mattierungsart konnte die IG Farbenindustrie mit der Methode bringen, die in ihren *franz. P. 827.717*, *engl. P. 503.548* und *amer. P. 2.123.986*

---

[1]) Siehe Seite 422, Fussnote 1).

(alle 1937 mit deutscher Prior. 1936) beschrieben ist: die zu mattierende Ware wird zuerst mit der wässrigen Lösung des Salzes, zum Beispiel des Chlorhydrats einer organischen Base getränkt, die eine Affinität für die betreffenden Fasern hat und zugleich als Kation ein schwerlösliches Sulfat bilden kann: Stearylbiguanid, Iminosteraryl-aminomethylimidazolin oder Stearoylverbindung des asym-Dimethylendiamins, dann abgepresst und mit der wässrigen Lösung eines Sulfats wie Glaubersalz behandelt. Nach einem Waschen wird sie bei erhöhter Temperatur in ein drittes Bad, das Bariumchlorid enthält, getaucht. Die so erhaltene Mattierung ist sehr stark und gleichmässig und der Griff sehr angenehm. Dieses Verfahren ist, wenn nicht in seiner Durchführung, so doch in seiner Wirkung, mit der sogenannten substantiven Mattierung, die im Abschnitt B 2f dieses Kapitels besprochen wird, verwandt. Es weist aber nicht die Einfachheit der letzteren auf, selbst wenn auf nur zwei Behandlungen reduziert wird, wie es die Erfinder selbst vorgeschlagen haben, indem direkt mit den schwerlöslichen Sulfaten der organischen Basen in Suspension gearbeitet wird.

Also sieht dieses Verfahren im allgemeinen sehr einfach aus, wenn man von der Tatsache absieht, dass zu seiner Durchführung zwei Bäder nötig sind: es stellt aber dennoch Probleme. Die Harmlosigkeit der verwendeten Chemikalien ist nur gegeben, wenn diese rein genug, das heisst wirklich neutral sind. Wenn das Bariumchlorid noch Spuren von Salzsäure enthält, können diese Säurespuren zu Faserschädigungen führen. Diese können auch vorkommen, wenn man anstelle von Glaubersalz Schwefelsäure verwendet: wegen der ungenügenden Echtheit des Niederschlags ist ja ein gründliches Nachseifen oder Waschen, das die letzten Säurespuren entfernen würde, kaum möglich.

Ohl[1]) hat die Beziehungen zwischen Mattierungsbedingungen und Faserschädigung von Viskosegarnen studiert und gefunden, dass man die beste Beständigkeit und zugleich die höchste Gleichmässigkeit erhält, wenn man:

- die Ware zuerst mit einem heissen Schwefelsäurebad und dann mit einer heissen (70° C) Bariumchloridlösung behandelt[2]),
- oder zuerst mit Bariumchlorid unter Zusatz von Praestabitöl, dann mit Schwefelsäure,
- oder mit Bariumchlorid unter Zusatz von Praestabitöl und dann mit einer Glaubersalzlösung.

Im Gegensatz dazu ergab die Behandlung zuerst mit Schwefelsäure und dann mit Bariumchlorid, aber kalt, die schlechtesten Resul-

---

[1]) Ohl: Kunstseidenmattierung und Faserschädigung (Mh. Seide Kunstseide *38* (1933) 298, 342).

[2]) Diese Arbeitsweise wurde schon von Buckhaus empfohlen: Siehe Mattieren und Beschweren der Kunstseide (Kunstseide *7* (1925) 260).

tate. Ohl hat aber festgestellt, dass die besseren Methoden unter Umständen auch die erheblichsten Faserschädigungen verursachen können, und zwar auch dann, wenn Glaubersalz und nicht Schwefelsäure verwendet wird: Reiss- und Scheuerfestigkeit der Ware nehmen ab.

Wenn man das Bariumchlorid durch das Bariumhydroxyd $Ba(OH)_2$ ersetzt, erhält man eine etwas beständigere und gleichmässigere Mattierung[1]), weil das stark alkalische $Ba(OH)_2$ eine gewisse Affinität für die Zellulosefasern besitzt, so dass nach der ersten Imprägnierung mit einer Lösung dieses Hydroxyds der Flottenüberschuss durch Spülen entfernt werden kann. Die Glaubersalz-Fällungslösung muss dann konzentriert genug sein, um eine vollständige Umsetzung des Bariumhydroxyds zu gewährleisten. Dieses Verfahren wurde von Gandhi und Kaji[2]) näher studiert: sie führten verschiedene Imprägnierungsversuche mit reinem $Ba(OH)_2 \cdot 8\ H_2O$ durch und erhielten sehr gute Effekte durch eine Imprägnierung zuerst mit einer einprozentigen Bariumhydroxydlösung während einer halben Stunde bei 50° C, dann mit einer 0,5 %igen Schwefelsäurelösung während 5 Minuten bei Raumtemperatur: die Mattierung entsprach einem halbmatten Typ; verdoppelte Mengen der Agenzien führten zu einer Vollmattierung. Nach dieser Methode soll die Umsetzung vollständig sein und keine Reste von Bariumhydroxyd auf dem Gewebe hinterlassen, die dann von der Luftkohlensäure in Karbonat verwandelt werden (welches seinerseits gegenüber saurem menschlichem Schweiss ungenügend beständig und daher in hygienischer Hinsicht nicht vertretbar ist). Die Affinität von $Ba(OH)_2$ auf Viskose ist nach den gleichen Autoren direkt porportional der Konzentration desselben im Imprägnierungsbad; Temperatur und Imprägnierungszeit hingegen haben nur einen geringen Einfluss.

Die so erhaltene Mattierung widersteht allerdings einer Behandlung mit Wasser bei 50–60° C während 10 Minuten und einem darauffolgenden Seifen mit 5 g pro Liter Marseiller Seife nicht. Hingegen bleibt der Mattierungseffekt nach einem einfachen Seifen mit nur 2 g pro Liter Seife bei 40° (ohne vorherige Behandlung mit heissem Wasser) praktisch erhalten. Eine Zugabe von 1 % Leim zur $Ba(OH)_2$-Lösung erhöht die Beständigkeit wesentlich, so dass ein Seifen bei 50–60° C möglich ist.

Dieses Verfahren ist schon im *franz. P. 731.789* (1932, auch *amer. P. 1.932.734* und *engl. P. 383.149*, alle deutsche Prior. 1931) der Cuprum SA (Bemberg) beschrieben, nach welchem man eine dauerhafte Mattierung von Kunstseiden erhalten kann, wenn man in getrennten Bädern zuerst mit einer Bariumhydroxydlösung, die einen

---

[1]) Dutreillis: Délustrage de tricotages en soie et soie artificielle (Monit. Maille *51* (1941) H. 716, S. 35). – Delustring of Rayon Hoses (Silk J. Rayon World *13* (1936) [149] 44).

[2]) Gandhi u. Kaji: Some Experiments on the Delustring of Viscose Yarn and Fabrics (J. Indian Chem. Soc., Industr. News Edit. *4* (1941) 164).

Schutzkolloid (Leim) enthält, dann mit der Lösung eines sauer reagierenden Salzes, wie Aluminiumsulfat, imprägniert: die Bariumsulfatausfällung ist nicht nur sehr fein, sondern es entsteht daneben noch das schwerlösliche und hydrophobe Aluminiumhydroxyd, das selbst als festhaftendes Metalloxydkolloid auftritt. Der Griff der Imprägnierung kann durch eine Nachbehandlung mit einer Wachsseifenemulsion korrigiert werden.

Man kann die Haftfestigkeit einer solchen Imprägnierung noch erhöhen, wenn man nach dem *franz. P. 801.167* (1935) der Etablissements Gillet et Fils als erstes Behandlungsbad eine verdünnte Viskoselösung nimmt, die das Bariumhydroxyd und das Schutzkolloid enthält. Zur Fällung dient dann eine verdünnte Schwefelsäurelösung, die auch Natriumsulfat enthalten kann. Die so erhaltene Mattierung ist waschfest. Im gleichen Sinne empfahl die Società Generale Italiana della Viscosa in ihrem *ital. P. 280.356* (1929, auch *DRP 651 912*), die Kunstseide gleichzeitig zu schlichten und zu mattieren durch Überziehen der Fäden mit einer Eiweiss-, Zellulose- oder Zellulosederivatlösung, der man Bariumchlorid oder Aluminiumsilikat beigegeben hat, und durch Koagulieren mit einer Elektrolyt- oder Mineralsäurelösung (Salz- oder Schwefelsäure oder einem Viskose-Fällbad).

Anstelle von Bariumhydroxyd empfahl das *russ. P. 45.588* (1935) von Lordkipanidse und Michailowa eine Bariumchloridlösung, die auf 1 Mol $BaCl_2$ etwa 3,5 Mole NaOH enthält; der Glaubersalzlösung können Fettalkoholsulfate zugesetzt werden. Eine andere Variante dieses Verfahrens stellt das *DRP 716.881* (1938) der Chemischen Fabrik Stockhausen dar: die erste Imprägnierung eines Viskosegewebes erfolgt auf dem Foulard mit 100 g pro Liter $BaCl_2$, und die zweite auch auf dem Foulard nach dem Trocknen der ersten, mit einer Lösung, die neben 20 g Glaubersalz auch 100 cm^3 Natronlauge 36° Bé pro Liter enthält. Die so erhaltene Mattierung soll waschbeständig sein.

Eine wirklich waschbeständige Mattierung von Stapelfasern kann man nach dem *japan. P. 950/1951* von Takashima erhalten: wie in dem auf Seite 435 erwähnten *japan. P. 700/1952* des gleichen Erfinders erfolgt die Fällung des Mattierungspigments gleichzeitig mit der Bildung eines Kunstharzes auf den Fasern: diese werden zuerst mit einer alkalischen Lösung imprägniert, die ein Harnstoff- und Thioharnstoff-Formaldehyd-Vorkondensat, Bariumhydroxyd und Ammoniumchlorid enthält, dann mit einer solchen nachbehandelt, die neben dem gleichen Vorkondensat Alaun enthält.

Für die Mattierung der *Azetatkunstseide* stehen auch hier Verfahren zur Verfügung, die sich die leichte Quellbarkeit dieser Faserart zunutze machen. So kann man nach dem *engl. P. 318.467* (1929, auch *franz. P. 681.060*, beide amer. Prior. 1928) der British Celanese Ltd. die erste Imprägnierung mit einem löslichen Bariumsalz vornehmen, das gleichzeitig eine quellende Wirkung auf das Zelluloseazetat ausüben kann: mit Bariumsulfozyanid. Als Fällungsmittel kann man neben Schwefelsäure auch Phosphorsäure verwenden. Die erste Imprägnierung kann aber auch mit dem konventionellen Bariumchlorid unter Zuhilfenahme eines besonderen Quellungsmittels, wie Ameisensäure oder Azeton, erfolgen. Das gleiche Verfahren mit Verwendung von neutralen Salzen anstelle der freien Säuren als Fällungsmittel ist im *franz. P. 689.800* (1930, engl. Prior. 1929) von H. Dreyfus, und mit der von Aluminiumsulfat im *engl. P. 472.905* (1936) der British Celanese Ltd. beschrieben. Nach dem letzteren Patent führen stärkere Einsätze (10–50 % statt 3–6 % für eine Mattierung) zum Beschweren der Azetatkunstseide.

Ein ähnlicher Kunstgriff wurde von der IG Farbenindustrie in ihrem *franz. P. 877.926* (1941, deutsche Prior. 1940) für die Mattierung von *Polyamiden*, *Polyurethanen* und anderen linearen Hochpolymeren angewendet: die Oberfläche solcher Fasern wird durch ein Lösungsmittel, wie zum Beispiel Schwefelsäure vom spezifischen Gewicht 1,17 (etwa 24 %) bei Zimmertemperatur zum Quellen gebracht und dann mit einem Fällmittel behandelt, das mit dem Quellungsmittel einen schwerlöslichen Niederschlag bilden kann: am besten einer Bariumchloridlösung. Dadurch werden die Fasern nicht nur stark mattiert, sondern auch aufgerauht und gekräuselt.

β) Bildung von Stannaten

Was für $Ba(OH)_2$ gesagt wurde, gilt auch für andere alkalische Verbindungen, unter anderem für die Alkalistannate wie Na_2SnO_3.

Die Tatsache, dass Viskose fähig ist, alkalische Substanzen hartnäckig zurückzuhalten, schien dazu geeignet zu sein, den Wünschen der Ausrüster nach einer gleichmässigeren und beständigeren Nachmattierung zu entsprechen: dadurch könnte der Überschuss an erster Imprägnierflotte ohne die Gefahr von Verlusten an Aktivsubstanz vor der Entwicklung regelrecht abgespült statt abgeschleudert werden und damit der grosse Nachteil der Bariumsulfatmattierung aus Bariumchlorid und Sulfaten umgangen werden. Dass eine solche Verbesserung einem echten Bedürfnis entsprach, zeigt die ansehnliche Zahl von Publikationen, die der Nachmattierung mit Stannaten bei ihrem Erscheinen gewidmet wurde[1]).

[1]) Anon.: Delustring of Rayon with Tin Compounds (Text. Manuf. *63* (1937) 116; Text. Colorist *59* (1937) 317) – Anon.: Neue Wege der Kunstseidenmattierung unter Verwendung von Zinnverbindungen (Klepz. Text. Zschr. *51* (1938) 711) – Foulon: Die Mattierung von Kunstseide mit Zinnverbindungen (Dtsch. Wollen-Gewerbe *70* (1938) 945; übersetzt in Silk and Rayon *13* (1939) 591 und Text. Colorist *61* (1939) 555) – Barsy: Le matage de la rayonne par les sels d'étain (Rev. univ. Soies et Text. artif. *14* (1939) 339, weitgehend von Text. Col. *59* (1937) 317 übernommen) – Besançon: Matage de la rayonne avec des procédés stanniques (Monit. Maille *50* (1940) [711] 31, Teintex *5* (1940) 299; übersetzt von Foulon in Dtsch. Wollen-Gewerbe *70* (1938) 945).

Die Zinnverbindungen hatten allerdings schon früher Eingang in die Textilveredlung gefunden: so sind Zinnphosphosilikate recht gebräuchliche Beschwerungsmittel für die Seide. Demgegenüber weist das sogenannte Präpariersalz oder Natriumstannat $Na_2SnO_3 \cdot 3\,H_2O$ eine gewisse Affinität zu den Zellulosefasern auf, die sich durch seine Hydrolysierbarkeit und die dadurch verursachte starke Alkalität seiner Lösungen erklären lässt: solche Lösungen üben bekanntlich eine grosse Quellwirkung auf die Hydratzellulose aus. Ferner gibt es Stannate zwei- und mehrwertiger Metalle, die wasserunlöslich sind, wie zum Beispiel das Bariumstannat. Durch eine zweibadige Behandlung, zuerst mit einer Natriumstannatlösung, dann mit der Lösung eines löslichen Bariumsalzes, dürfte es also möglich sein, eine Mattierung auf den Fasern zu erzeugen, die eine bessere Haftfestigkeit als die Bariumsulfatmattierung haben sollte. Dieses Problem wurde von zwei verschiedenen Firmen studiert und gelöst.

Als erste nahm die IG Farbenindustrie ein *DRP 685.765* (1932, auch *engl. P. 408.240*) für ein Mattierungsverfahren mit Bildung von unlöslichen Erdalkalistannaten auf den Fasern. Als erste Behandlungsflotte wählte sie, wie für das im vorangehenden Abschnitt besprochene Mattierungsverfahren mit $BaSO_4$, eine Bariumhydroxydlösung, und als Entwicklungsbad eine Alkalistannatlösung. Die Applikationsvorschrift lautete: Das Kunstseidematerial wird zuerst während einer halben Stunde bei 30° C in einer Lösung von 1 g pro Liter Barium- oder Strontiumhydroxyd behandelt, dann mit Wasser gut gespült und schliesslich mit einer Lösung von 5 g pro Liter Natriumstannat bei einer bis auf 60° C steigenden Temperatur nachbehandelt, worauf noch ein gründliches Spülen und Trocknen folgt. Kalziumhydroxyd ist wegen seiner geringeren Alkalität und Löslichkeit für dieses Verfahren weniger geeignet. Das Patent erwähnt noch, dass die Reihenfolge der Imprägnierung grundsätzlich umgekehrt werden kann, da die beiden Reagenzien, Bariumhydroxyd und Natriumstannat, alkalisch sind. Ein Zusatz von organischen Verbindungen mit mehreren Hydroxylgruppen, wie Glyzerin oder Zucker, begünstigt eine gleichmässigere Ausfällung des Bariumstannats, und gestattet sogar, in einem einzigen Bad zu arbeiten: dazu werden 1 Teil $Ba(OH)_2$, 3 Teile Na_2SnO_3 und 5 Teile Zucker fein gemahlen und in Wasser gelöst. Die Ware wird in einer solchen Lösung während 20–30 Minuten bei 50–60° C behandelt.

Das zweite Verfahren, das durch das *engl. P. 455.209* (1935) der Calico Printers' Association Ltd. geschützt wurde, nutzte die Alkalität des Natriumstannats selbst und seine Haftfestigkeit auf Zellulose. In diesem Patent wurde empfohlen, das zu mattierende Gut zuerst mit einer Lösung von 5 g pro Liter Natriumstannat zu behandeln, und die Entwicklung mit einer Lösung eines Erdalkalisalzes vorzunehmen, wobei das Spülen mit einem kalkhaltigen Wasser, das mehr als 3 Teile CaO auf 100000 Teile Wasser enthalten soll, genügen kann: das Natriumstannat wird dabei nicht von den Fasern weggespült[1]).

Die so erhaltene Stannatmattierung ist sehr gleichmässig, recht gut wasch-, aber nicht säurebeständig. Letzteres wurde beim Erscheinen dieser neuen Verfahren nur als kleiner Nachteil empfunden: man sah sogar darin einen einfachen Weg, um eine schlecht geratene Mattierung wieder abzuziehen. Ein ernster zu nehmender Nachteil dieser ungenügenden Säurebeständigkeit ist der, auf den Gandhi und Kaji[2]) aufmerksam gemacht haben: Bariumhydroxyd als starkes Alkali nimmt begierig Kohlensäure aus der Luft auf. Das gebildete Bariumkarbonat wird vom Natriumstannat nicht zerstört, ist aber in der menschlichen Schweissabsonderung löslich und kann also giftige, lösliche Bariumsalze bilden[3]).

Was die Faserschädigung anbelangt, hat Ohl[4]) gezeigt, dass sie viel geringer als beim Bariumchlorid-Schwefelsäureverfahren ist. Es soll sogar merkwürdigerweise kurz nach der Behandlung eine Erhöhung der Faserfestigkeit eintreten, bis die Alterung sie ungefähr auf den Wert der unbehandelten Faser zurückführt.

Eine Verbesserung der Waschechtheit der Stannatausfällung erreichte die IG Farbenindustrie, laut den Angaben ihres *DRP 707.320* (1935, auch *engl. P. 478.327*), ein Zusatzpatent zu dem auf Seite 352 besprochenen *DRP 685.765*, dadurch, dass sie anstelle von Schwermetallsalzen gewisse höhermolekulare organische Basen bzw. deren wasserlösliche Salze zur Bildung schwerlöslicher Stannate auf den Fasern heranzog. Der Fortschritt besteht in der gewissen Affinität solcher Basen (besonders als quaternäre Ammoniumsalze) für die Zellulosefasern: anwendbar sind zum Beispiel Oktyl-, Dodezyl- oder Stearylamin, Stearyläthanolamin, Abietinylamin, Oktadezyläthylendiamin, Stearinsäureamid des Triäthylentetramins, oder Oktadezyltrimethylammoniumhydroxyd, bzw. dessen wasserlösliche Salze, ferner Cetyltrimethylphosphoniumbromid, Oleyldiäthylsulfoniumchlorid. Die Arbeit mit einem einzigen Bad, das die schwerlöslichen Umsetzungsprodukte dieser Basen mit den Stannaten in Dispersion enthält, ist auch möglich, worüber nähere Angaben im Abschnitt über die substantive Mattierung gemacht werden (siehe Seite 466).

Schliesslich sei noch erwähnt, dass die Alkalistannate selbst auch in der Einbadmattierung verwendet worden sind und als solche noch im Abschnitt 2c auf Seite 455 zur Besprechung kommen.

[1]) Dieses Verfahren wurde von seinen Schöpfern auch für den Textildruck gestaltet, worüber im Abschnitt C/2 berichtet wird.

[2]) Siehe Seite 437, Fussnote [2]).

[3]) Siehe auch die Abhandlung: Effect of Perspiration on Delustred Silk Hose (Text. Col. *60* (1938) 34).

[4]) Siehe Seite 436, Fussnote [1]).

γ) Bildung von Metallhydroxyden

Der Erfolg, aber sicher auch die Schwierigkeiten der Titandioxyd-Spinnmattierung, haben den Ansporn dazu gegeben, nach einer Bildungsmöglichkeit dieses wertvollen Mattierungspigmentes auf den Fasern selbst zu suchen. Dabei konnte man sich die Tatsache zunutze machen, dass die vierwertigen Titansalze nur in stark saurem Medium beständig sind und mit Abnahme des Säuregehalts ziemlich rasch hydrolysieren und einen in Wasser praktisch unlöslichen Niederschlag von Titanhydroxyd ergeben. Aber es können auch unlösliche Titansalze, wie Phosphate oder Silikate, gebildet werden.

Ein solches Verfahren wurde zuerst von der British Celanese Ltd. vor allem für die Mattierung von Azetatkunstseide entwickelt und durch das *engl. P. 391.772* (1931, auch *franz. P. 743.053*) geschützt. Die Textilien werden mit der Lösung eines wasserlöslichen Titansalzes, wie Sulfat oder mit dem wegen der Quellwirkung für Azetatkunstseide am besten geeigneten Sulfozyanat imprägniert und dann mit der Lösung einer Verbindung nachbehandelt, die fähig ist, auf den Fasern ein weisses unlösliches Titanderivat zu bilden. Solche Verbindungen sind: Phosphate, Silikate, Borate, Alkali- oder Erdalkalihydroxyde, usw. Aber nicht nur Salze des vierwertigen, sondern auch solche des dreiwertigen Titans sind nach diesem Verfahren verwendbar: letztere müssen lediglich in irgend einem Stadium der Behandlung auf Wertigkeit IV oxydiert werden. Auch die Reihenfolge der verschiedenen Operationen kann geändert, die Netz- und Durchdringungseigenschaften der Behandlungsflotten durch Zusatz geeigneter Hilfsmittel erhöht und die Gefahr des Abziehens der ersten Behandlung durch das zweite Bad durch Zusatz von anorganischen Salzen zum letzteren gebannt werden. Über dieses sehr vielseitige und anpassungsfähige Verfahren, das bei seinem Erscheinen auf reges Interesse gestossen ist, hat Choisy zahlreiche Einzelheiten angegeben[1]). Die Faserschädigung nach der Anwendung dieses Verfahrens wird von Ohl[2]) als erheblich stärker als beim Stannatverfahren, aber doch als nicht so gross wie bei der Fällung von Bariumchlorid mit Schwefelsäure beurteilt.

Die Società Generale Italiana della Viscosa empfahl in ihrem *ital. P. 313.330* (1933) Titansalze, die sich in der Wärme nicht zersetzen, wie $TiOSO_4$, Kalium-Titanoxalat. Die Entwicklung erfolgt durch Behandlung mit einer 1–2 %igen Natriumkarbonatlösung. In zwei weiteren *ital. P.*, *321.851* und *321.852* (1933) der gleichen Firma, wurden noch weitere Varianten angegeben, so die Entwicklung mit Natriumazetat, -laktat, -tartrat oder dergleichen, oder aber mit einer Lösung von Bariumhydroxyd bzw. Bariumchlorid und Natronlauge.

---

[1]) Choisy: A propos du délustrage des soies artificielles (Rev. univ. Soies et Soies artif. *8* (1933) 673).

[2]) Siehe Seite 436, Fussnote [1]).

Später wurde auch Fleissig ein *tschech. P. 89.035* (ausg. 1959) für ein ähnliches Verfahren erteilt, nach welchem eine Komplexverbindung von $TiCl_4$ und $SbCl_3$ zusammen mit Kochsalz in konzentrierter wässriger Lösung (10–300 g der Komplexverbindung und 100–300 g NaCl pro Liter Lösung) zur Anwendung kommt und mit einer 0,5–5 %igen Sodalösung entwickelt wird.

H. Dreyfus ist es gelungen, in diesem Verfahren das zweite Bad, auch Entwicklungsbad genannt, durch eine Behandlung mit Dämpfen zu ersetzen. In seinem *engl. P. 441.869* (1934, auch *amer. P. 2.121.341*) beschrieb er ein Verfahren zum Mattieren von Kunstseide aus Zellulosederivaten, nach welchem das Gut zuerst mit einer 15–25 %igen Lösung eines Titan-, Wismut-, Antimon- oder Wolframsalzes getränkt, unter Luftzufuhr getrocknet, bis sich das betreffende Oxyd bildet, und schliesslich 2 Minuten einem ammoniakhaltigen Dampfstrom ausgesetzt wird. Darauf wird die mattierte Ware noch ausgewaschen und in heissem Wasser geseift. In einem weiteren *engl. P. 454.968* (1935, auch *amer. P. 2.121.343*) wurde dieses Verfahren auch auf andere Textilien ausgedehnt: empfohlen wird zuerst eine Behandlung mit der Lösung eines Doppelsalzes aus einer schwachen mehrbasischen Säure (Kohlen-, Oxal-, Zitronen- oder Weinsäure) und einem Metall der 4. Gruppe (Zinn, Titan), so zum Beispiel mit einer solchen von Ammonium-Titantartrat, dann mit ammoniakhaltigem Dampf.

δ) Bildung von unlöslichen Molybdaten und Wolframaten[1])

Als weitere Möglichkeit, auf Textilfasern weisse unlösliche Verbindungen zu erhalten, wählte die Sandoz nach ihrem *franz. P. 752.337* (1933, auch *engl. P. 415.822*, schweiz. Prior. 1932), die Behandlung mit löslichen Salzen von Metallen der 6. Gruppe des periodischen Systems, wie Molybdaten und Wolframaten, einerseits, und mit solchen von verschiedenen zwei- und mehrwertigen Metallen andrerseits, die zu feineren und gleichmässigeren Ausfällungen führt. Je nach der Natur des Metallsalzes, das das Metall im Kation enthält, kann man sogar farbige Effekte erhalten:

mit Kupfersulfat ein helles Grün,
mit Uranylsulfat ein helles Gelb,
mit Zinndichlorid ein dunkles Gelb,
mit Kobaltsulfat ein Violett,
mit Ferrosulfat ein Ocker,
mit Chromalaun ein Olivgrün,
mit Mangandichlorid ein Creme, usw.

---

[1]) S. S.: Procédé pour donner un aspect mat aux soies artificielles (Ind. textile *50* (1933) 629, übersetzt in Mschr. f. Text. Ind. *49* (1934) 187) – P. S.: Procédé permettant de rendre mates la soie naturelle et les soies artificielles (Rev. univ. soies et soies artif. *8* (1933) 1021).

Zur Erzeugung rein weisser Mattierungen verwendet man Bariumchlorid. Man tränkt oder foulardiert die Ware mit einer Lösung von 100 g pro Liter Natriumwolframat bei 35° C, trocknet sie und behandelt sie darauf mit einer Lösung von 50 g pro Liter Bariumchlorid. Dieses Verfahren gab die Grundlage zum Handelsprodukt *Delustran ST*, das die Molybdat- oder Wolframatkomponente darstellt: zum Mattieren von Kunstseide wird empfohlen, die zu mattierende Ware zuerst in einem Bad von 20–40 g pro Liter Bariumchlorid während 5–10 Minuten kalt vorzubehandeln, dann gut und gleichmässig abzuquetschen und hierauf in einem Bad von 5–10 g pro Liter Delustran ST kalt nachzubehandeln und gründlich nachzuspülen[1]).

Dieses Verfahren wurde auch zur Verwendung im Textildruck weiterentwickelt (siehe Abschnitt C, Seite 515 dieses Bandes). Delustran ST selbst ist aber für den Druck ungeeignet[1]).

ε) Bildung von anderen unlöslichen weissen anorganischen Salzen

Neben den schon beschriebenen Produkten sind noch zahlreiche andere für die Mattierung durch doppelte Umsetzung vorgeschlagen worden: so zum Beispiel im *franz. P. 657.007* (1928, deutsche Prior. 1927) von Dietschy die Fällung von Barium auf den Fasern mit Kohlensäure oder schwefliger Säure (die allerdings gegenüber der gewöhnlichen Fällung mit Schwefelsäure keinen Vorteil bringt und eine ebenso schlecht fixierte wie stark stäubende Mattierung ergibt), oder nach dem *franz. P. 660.958* (1928) von Boyeux die Imprägnierung der Faserstoffe zuerst mit einer Lösung von Kalzium- oder Bleiazetat und dann die Fällung mit einer geeigneten Säure- oder Salzlösung; die Niederschläge können noch durch eine Nachbehandlung mit einer Leimappretur befestigt werden.

Obwohl die Verwendung von Bleiverbindungen eigentlich nicht unbedenklich ist, wird sie noch im *amer. P. 2.010.324* (1932) von Roetheli aus folgendem Grund empfohlen: basische Bleiverbindungen haben eine ausgesprochene Affinität für natürliche und künstliche Seide. Es ist sogar möglich, den gewünschten Mattierungsgrad durch Regulierung der Basizität einzustellen: je stärker basisch die Behandlungsflotte ist, umso intensiver ist die Mattierung. Solche Flotten werden aus Bleiazetat durch Zusatz von Ammoniak oder einem anderen Alkali bis zur neutralen oder schwach alkalischen Reaktion (pH-Wert etwa 8) vorbereitet, dann werden die zu mattierenden Fasern während etwa 30 Minuten eingetaucht. Der Flottenüberschuss wird darauf am besten durch Zentrifugieren entfernt und die durch die Fasern aufgenommene Bleiverbindung durch Nachbehandlung mit wässrigen Lösungen von

[1]) Siehe auch Mell. *14* (1933) 368.

Alkalikarbonaten, -silikaten oder am besten -phosphaten zu den entsprechenden unlöslichen Bleisalzen gefällt.

In einem *engl. P. 392.593* (1931, auch *amer. P. 2.033.977* und *franz. P. 741.928*) von H. Dreyfus, das in sehr umfangreicher Weise sämtliche Mattierungsverfahren durch doppelte Umsetzungen betreffen soll (und zwar nicht nur auf rein anorganischer Basis, sondern auch mit geeigneten mono- und polybasischen Karboxylsäuren), wird der Zusatz zum Fällungsbad (vorzugsweise ein Alkaliphosphat) von grösseren Mengen eines anorganischen, an der doppelten Umsetzung selbst nicht teilnehmenden Salzes empfohlen, um das Ablösen der im ersten Imprägnierungsbad verwendeten Substanz durch das Entwicklungsbad zu verhindern und die Ausfällung der mattierend wirkenden Verbindung zu beschleunigen.

Eine weitere, zum Nachmattieren geeignete doppelte Umsetzung ist nach dem *DRP 642.194* (auch *engl. P. 421.360* und *franz. P. 760.995*, alle schweiz. Prior. 1932) der Gesellschaft für Chemische Industrie in Basel (CIBA) diejenige, die zur Bildung von unlöslichen Schwermetallsalzen der komplexen Ferrozyanwasserstoffsäuren führt:

$$3\ ZnSO_4 + 2\ K_4[Fe(CN)_6] \rightarrow K_2Zn_3[Fe(CN)_6]_2 + 3\ K_2SO_4.$$

Als Beispiel wird die Imprägnierung eines Viskoseseidengewebes zuerst mit einer Lösung von 50 g $ZnSO_4 \cdot 7\ H_2O$ in 150 g Wasser, und dann, nach Abschleudern und Zwischentrocknung bei 50° C, mit einer Lösung von 25 g $K_4[Fe(CN)_6]$ pro Liter erwähnt. Da ferner die Salze der Ferrozyansäure die Eigenschaft haben, basische Farbstoffe zu fixieren, kann man nach diesem Verfahren gefärbte Matteffekte erzielen. Bei der Mattierung von Azetatkunstseide bewirkt die Mitverwendung eines löslichen Sulfozyanats im Entwicklungsbad eine Quellung der Fasern und ein besseres Eindringen.

Nach dem *DRP 649.543* (1934) der Vereinigten Glanzstoff-Fabriken AG kann man eine gleichmässige, reib- und waschechte Mattierung auf Viskose- und Kupferkunstseide erhalten, wenn man die Ware zuerst mit einer schwach alkalisch gestellten Alkalisulfidlösung und dann mit einer Zinksulfatlösung behandelt.

Neben den anorganischen Salzen lässt sich, wie schon auf Seite 329 erwähnt, laut dem *DRP 475.879* (1924, auch *engl. P. 245.407* und *franz. P. 597.231*) der N.V. Nederlandsche Kunstzijdefabriek, auch elementarer Schwefel als Mattierungspigment auf den Fasern niederschlagen: dazu taucht man die Ware zuerst in eine Alkalipolysulfidlösung und dann in ein Säurebad.

Durch ihr *engl. P. 827.646* (1955, auch *amer. P. 2.962.392*) hat die Tootal Broadhurst Lee Co. einen Katalysator für Harnstoff- oder Melanin-Formaldehyd-Kondensationsharze auf Basis von Magnesiumphosphat schützen lassen: diese Verbindung kann auf den Fasern, die mit solchen Harzen ausgerüstet werden, gleichzeitig einen Matteffekt hervorrufen. Nach dem *austr. P. 209.962* (1956, auch *DAS 1.098.906* und *franz. P. 1.162.588*) der gleichen Firma können diese und andere, ähnliche Verbindungen auf den Geweben durch Imprägnierung mit zwei verschiedenen Lösungen gebildet werden: die erste Lösung soll ein saures Salz einer stärkeren mehrwertigen Säure enthalten, wie NaH_2PO_4, saures Na- oder K-Oxalat, -Maleat, -Pyrophosphat oder -Tartrat, und die zweite das Salz einer Säure, die stärker ist als die der ersten Lösung, mit einem Metall, das mit der Säure der ersten Lösung einen unlöslichen Niederschlag bilden kann: $MgCl_2$, $MgSO_4$, $CaCl_2$, Blei- oder Zinksalze. Zur gleichzeitigen Ausrüstung werden die Harzvorkondensate einer oder sogar beider Lösungen zugegeben.

Zur Erzeugung einer waschechten Mattierung schlägt die British Oxygen Co. in ihrem *engl. P. 875.844* (ausg. 1961) die Fällung von Kalziumhydroxyd mit Natriumkarbonat vor, wobei dem ersten Bad eine Polyvinylazetat- oder Polyakrylsäurederivatemulsion zugegeben wird.

Die British Celanese Ltd. hat nach den Angaben ihres *engl. P. 443.726* (1934) gefunden, dass verschiedene Eigenschaften von Garnen oder Geweben aus Zellulosederivaten verbessert werden können, wenn man sie in gequollenem Zustand mit einem Alkali- oder Ammoniumsilikat oder einem Al-, Sn-, Pb- oder W-Hydroxyd behandelt und dann diese Verbindungen in die unlösliche Oxydform überführt. Je nach den Behandlungsbedingungen entsteht eine dauerhafte Mattierung oder eine Beschwerung; daneben kann auch die Bügelfestigkeit und die Farbstoffaffinität erhöht und die Entflammbarkeit herabgesetzt werden.

Im *DBP 1.098.905* (1956) der Dr. Th. Böhme KG wird ein Verfahren zur waschbeständigen Mattierung von *Polyamidfasern* beschrieben, nach welchem vor allem Nylon-Wirkwaren zuerst mit einer quellend wirkenden Lösung von zum Beispiel 100 g $Na_2S_2O_3$ pro Liter behandelt, dann nach dem Ausschleudern wie üblich durch Wärme vorgeformt und darauf einer Entwicklung in einem Bad von 3–4 g pro Liter Schwefelsäure bei 50–60° C unterzogen werden.

Die Bildung von Zinksulfid als Mattierungsmittel wurde von der Celanese Corporation of America in ihrem *amer. P. 1.756.941* (1928, auch *engl. Zusatzpatent 344.093* zum *engl. P. 318.467*[1]) und *franz. Zusatzpatent 37.813* zum *franz. P. 681.060*[1]) für die Mattierung von *Zellulosederivatfasern* vorgeschlagen: das Material wird zuerst mit der Lösung eines wasserlöslichen Zinksalzes, wie $ZnCl_2$, das selbst eine quellende Wirkung auf solche Fasern ausübt, oder aber unter Zusatz eines anderen Quellmittels wie Azeton, Ameisen- oder Essigsäure, imprägniert und mit einer Natriumsulfidlösung nachbehandelt. Diese Behandlung kann zur Erzielung besonderer Effekte mit einer teilweisen Verseifung nach den *engl. P. 316.521* und *318.468* der British Celanese Ltd. kombiniert werden.

---

[1]) Siehe Seite 438.

ζ) Bildung von schwerlöslichen organischen Metallsalzen

Neben den anorganischen unlöslichen Verbindungen können auch solche organischer Natur, die aus einem meist polyvalenten Metall und einer organischen Säure bestehen, als Nachmattierungsmittel dienen: dazu kommen vor allem die Erdalkali- und Erdsalze der höheren Fettsäuren in Frage. So erhielt die N.V. J.A. Carp's Garenfabriek nach ihrem *holl. P. 23.648* (1929) eine matte Kunstseide durch Imprägnierung mit einer Emulsion unlöslicher organischer Säuren in Wasser und Nachbehandlung mit der Lösung des Hydroxyds eines geeigneten Metalls.

Zum gleichen Ziel kam die American Glanzstoff Corporation nach ihrem *amer. P. 1.875.299* (1930) durch Zusatz von Alkalisulfaten oder -phosphaten, neben wasserlöslichen Fettsäuresalzen und Seifen zum ersten Bad, das gleichzeitig Färbebad sein kann. Dann geht die Ware direkt ohne Auswaschen in ein zweites Bad, das ein wasserlösliches Erdalkalisalz, zum Beispiel $BaCl_2$, enthält.

Ein ähnliches Verfahren wurde auch von der R. T. Vanderbilt Co. Inc. durch das *amer. P. 2.057.469* (1934) geschützt: nach Tränkung in einem Bad, das etwa 2 % Seife oder ein anderes Fettsäuresalz enthält, wird das Gut mit der Lösung eines Formiats oder Azetats des Aluminiums oder einer seltenen Erde behandelt. Dem Seifenbad kann man auch kolloide Mineralien, wie Bentonit, oder Pigmente, wie Bariumsulfat, zusetzen.

Nach einem älteren *franz. P. 673.673* (1928) von Matheyet ist es möglich, die Seifen durch die Salze der Harzsäuren zu ersetzen: man behandelt zum Beispiel Viskoserayon mit einer Lösung von gelöschtem Kalk, die 40 g pro Liter CaO enthält, spült mit klarem Wasser und behandelt darauf mit einer wässrigen Harzdispersion, die zur Verbesserung des Griffes noch eine Paraffinemulsion enthalten kann.

Auch für die Bildung von unlöslichen Metallseifen auf den Fasern machten sich die Ausrüster von *Zellulosederivatfasern* die leichte Quellbarkeit dieser Kunstseidenart zunutze. So wurde der Celanese Corporation of America ein *amer. P. 1.963.974* (1928, auch *engl. P. 323.501*) gewährt für die Bildung von unlöslichen Metallseifen, vor allem von Zinnseifen, auf Zellulloseazetat in gequollenem Zustand: die Fasern werden zuerst in einer quellend wirkenden Lösung eines Zinnsalzes, wie Chlorid, Sulfat oder natürlich am besten Sulfozyanat, behandelt und dann mit einem Seifenbad nachbehandelt. Anstelle von Seifen sind auch sulfonierte Fettsäuren oder Öle, Harz- oder Naphthensäuren verwendbar. Die so behandelten Stoffe werden dazu noch wasserfest.

Nach dem *engl. P. 395.380* (1932, amer. Prior. 1931) der British Celanese Ltd. ist es sogar möglich, solche Mattierungsmittel als unlösliche, aber fein dispergierte Zink-, Aluminium-, Kalzium-, Strontium- oder Bariumpalmitat, -stearat, -oleat, -cerotat, -elaidat oder -karnaubat den gequollenen Fasern direkt einzuverleiben.

Solche unlösliche Mattierungsmittel können auch nach dem *engl. P. 444.181* (1934) von H. Dreyfus zugleich mit anderen geeigneten Verbindungen auf den Fasern gefällt werden, um neben der Mattierung auch eine Beschwerung oder eine Beizung zu erhalten. Man kann zum Beispiel die Azetatseide zuerst 2 Minuten in einer 20 %igen Natriumsilikatlösung, die noch 2,5 % Natriumkolophonat enthält, bei 75–85° C behandeln und bis auf 100 % Flottenaufnahme abquetschen, trocknen und dann 2–3 Minuten in eine 20 %ige Aluminiumazetatlösung tauchen: sie ist dann teilweise verseift und mit einem Niederschlag von Aluminiumkolophonat und Aluminiumsilikat überzogen.

Die zur Bildung von unlöslichen Metallseifen notwendigen höheren Fettsäuren können nach dem schon auf Seite 343 erwähnten *amer. P. 2.080.755* (1934) der Celanese Corporation of America der Spinnlösung in Form eines Alkylolaminsalzes, wie Triäthanolaminstearat, zugegeben werden. Die fertigen Fäden können nachträglich mit einer geeigneten Lösung, zum Beispiel von Bariumchlorid, nachbehandelt werden.

Diese Umsetzungsprodukte von höheren Fettsäuren (und auch von niedrigsulfonierten Ölen) mit mehrwertigen Metallen haben den Nachteil, dass sie auf den Fasern klebrig sind. Die Chemische Fabrik Stockhausen versuchte, nach den Angaben ihres *DRP 597.194* (1931), diesem Nachteil durch Verwendung stärker sulfonierter Öle, deren Sulfonierungsgrad mindestens 45 % beträgt, zu begegnen. So behandelt man Kunstseide während 15 Minuten bei Raumtemperatur in einem Bad von 2 bis 5 g pro Liter eines solchen Öls, quetscht ab und gibt die Ware einem zweiten Bad zu, das 5–20 cm^3 Aluminiumformiat oder -azetat 6° Bé pro Liter enthält. Die Behandlung mit den fertiggebildeten Aluminiumsalzen solcher sulfonierter Öle in einem einzigen Bad ist ebenfalls möglich, da diese Salze bei höheren Temperaturen eine bestimmte Löslichkeit in Wasser aufweisen und deshalb den Färbe-, Appretur- oder Avivierungsbädern zugesetzt werden können. Neben der Mattierung wird auch eine Hydrophobierung erzielt; trotzdem scheint dieses Verfahren keine grosse Bedeutung erlangt zu haben.

Das gleiche gilt auch für das *engl. P. 400.244* (1932, auch *franz. P. 754.478*) der Imperial Chemical Industries, nach welchem die Ware in einem Bad behandelt wird, das einen sulfonierten mehrkernigen Kohlenwasserstoff oder Petroleumkohlenwasserstoff und eine Lösung eines Aluminiumsalzes enthält.

Eine ganz andere Art von organischen Metallsalzen ist im *ostdeutschen P. 1.941* (1944, ausg. 1952) des Thüringischen Kunstfaserwerkes «Wilhelm Pieck» in Schwarza erwähnt: das zu mattierende Gut wird zuerst zum Beispiel mit 10 g pro Liter Kresol (oder einem anderen Phenol oder einem geschwefelten Phenol) während einer halben Stunde bei 30°C behandelt, auf etwa 150 % Restfeuchtigkeit abgesaugt, bei 70°C getrocknet und auf einer Haspelkufe während einer halben Stunde in einer Flotte laufen gelassen, die 5 g Thoriumnitrat und 4 g Natriumazetat pro Liter enthält, wobei die Temperatur langsam von 25–30° C auf 70–75° C gesteigert wird. Danach wird sofort, ohne Zwischenspülung, bei 70–80° C getrocknet. Der so erhaltene tiefe Matteffekt soll gegen heisses Spülen und sogar kochendes Seifen beständig sein, und er wird durch ein Seifen mit 1 g Marseiller Seife und 0,5 g Soda pro Liter während 20 Minuten bei 50–75° C noch verstärkt. Auch da kann man mit einem einzigen Bad, das das Phenol und das Thoriumsalz enthält, arbeiten.

η) Bildung von schwerlöslichen organischen Verbindungen

Mehr Erfolg, auch in der Praxis, als die organischen Metallsalze haben die schwerlöslichen organischen Verbindungen mit Salzcharakter gebracht, die aus zwei organischen ionischen Substanzen entstehen. Dieses Gebiet wurde von der Böhme Fettchemie mit Erfolg bearbeitet und hat in den folgenden Patentschriften seinen Niederschlag gefunden.

Im *DRP 636.638* (1934, auch *engl. P. 445.145*, *franz. P. 789.538* und *österr. P. 147.468*) wird die Fällung auf den Fasern von kationaktiven Substanzen, wie Dodezylpyridiniumchlorid, -bromid oder -sulfat, beschrieben, die Oberflächenaktivität und zugleich Substantivität für die Zellulosefasern aufweisen. Gefällt wird mit gerbstoffähnlichen Produkten, wie Farbholzextrakten, unter Mitverwendung von Salzen der Metalle der 3., 4., 6. und 8. Gruppe des periodischen Systems. Die so erhaltenen Ausfällungen sind meistens gar nicht weiss, sondern sogar dunkel gefärbt, besonders wenn sie mit Eisensalzen erzielt worden sind, und haben nur eine bescheidene Deckkraft. Sie sind aber gerade deswegen interessant, weil sie eine befriedigende Mattierung von dunkelgefärbten Kunstseiden gestatten, die, wie schon an verschiedenen Orten in diesem Kapitel erwähnt, so schwer zu mattieren sind. Man kann zum Beispiel eine dunkelblau gefärbte Viskosekunstseide während 10 Minuten bei 20–40° C mit einer Lösung von 10 g Dodezylpyridiniumbromid 60 %ig und 3 g Eisentrichlorid im Liter behandeln, abquetschen, dann während 5 Minuten der Einwirkung eines Bades von 5 g pro Liter Blauholzextrakt bei 30–40° C aussetzen und schliesslich bei 80° C mit 10 g pro Liter Natronseife nachseifen[1]). Die erzielte Mattierung ist wasch- und reibecht. Für dieses Verfahren geeignete kationaktive Verbindungen sind die hochmolekularen quaternären Ammonium- und Phosphoniumverbindungen, die tertiären Sulfoniumverbindungen, sowie verschiedene hochmolekulare Additionsprodukte von Alkyl- oder Arylhalogeniden auf Harnstoff oder harnstoffähnlichen Substanzen, oder Stoffe von der Art des asymetri-

[1]) Anon.: Moyen pour enlever le brillant des rayonnes (Ind. textile *54* (1937) 40).

schen Oleyldiäthyläthylendiamins, das unter dem Namen *Sapamin*[1]) bekannt ist.

Nach einem weiteren Vorschlag der gleichen Firma, der im *franz. P. 793.183* (1935, auch *engl. P. 443.758*) beschrieben ist, werden dieselben kationaktiven Substanzen zuerst durch eine unterstöchiometrische Menge einer geeigneten anionaktiven Verbindung, wie Harzsäure oder Pyrophosphorsäure, teilweise gefällt, wobei ihr eigener Überschuss den gebildeten Niederschlag wieder peptisiert, und dann in dieser Form auf die Fasern aufgebracht. Im Gegensatz zu den vorangehend besprochenen Patenten ergeben die verwendeten anionaktiven Verbindungen keine gefärbten Ausfällungen. Die Wirkung und die Beständigkeit der so erhaltenen Mattierung kann noch gesteigert werden, indem man den peptisierend wirkenden – und ebenfalls substantiv auf die Fasern aufgezogenen – Überschuss an kationaktiver Verbindung selbst mit einem zweiten Harzsäurebad fällt, dessen allfälliger Überschuss seinerseits durch eine dritte Behandlung mit Lösungen von Barium- oder Aluminiumsalzen auf den Fasern echt fixiert werden kann.

Mattierungsprodukte, die auf solchen Grundlagen aufgebaut sind, wurden von der Böhme Fettchemie unter den Namen *Diazo-Radium-Mattine* und *Mattineentwickler T 170* auf den Markt gebracht. Ihr Erfolg war darauf zurückzuführen, dass die kationaktiven Verbindungen zugleich oberflächenaktive und substantive Eigenschaften besitzen, wodurch ein tieferes Eindringen in die submikroskopischen Kanäle der Zellulose und damit eine wasser- und waschechte Imprägnierung gewährleistet wird. Als Arbeitsweise wurde zunächst eine Grundierung mit 3–20 g pro Liter Diazo-Radium-Mattine (wahrscheinlich die kationaktive Verbindung) während einer halben Stunde empfohlen, dann Abquetschen und Behandlung während einer halben Stunde im Entwicklerbad, bestehend aus 1,5–10 g pro Liter Radium-Mattine Entwickler T 170. Am Schluss wird in einem Bad gespült, das 1 g Alaun pro Liter enthalten kann.

Eine Variante dieses Verfahrens arbeiteten die Imperial Chemical Industries für den Gebrauch auf Fasern verschiedener Art aus. Nach ihrem *engl. P. 577.313* (1941 und 1942, auch *franz. P. 957.389* und *schwed. P. 129.528*) kann man Textilstoffe aus Seide, regenerierter Zellulose, Zelluloseazetat oder Polyamiden zuerst mit der wässrigen Lösung eines kationaktiven oberflächenaktiven Stoffes, wie Cetoxymethylpyridiniumchlorid oder andere quaternäre Ammoniumsalze, imprägnieren, den Flottenüberschuss durch Entwässern oder Abpressen entfernen und dann das Gut in die wässrige Dispersion eines hochpolymeren Stoffes, welche mit Hilfe eines anionaktiven Dispergiermittels hergestellt wurde, eintauchen. Nach nochmaligem Entfernen

[1]) Siehe dieses Werk, Band 2, Seiten 427, 574, 576, 584.

der überschüssigen Flüssigkeit, Spülen und Trocknen erhält man auf diese Weise schöne Halbmatteffekte. Als höhermolekulare Stoffe dienen Polymerisationsprodukte von höherem Molekulargewicht des Methakrylsäuremethylesters, des Vinylchlorids oder des Styrols, oder Mischpolymerisate von zwei oder mehreren dieser Stoffe.

Daneben wurde auch versucht, hochmolekulare Stoffe wie Kasein oder andere Proteine auf den Fasern zu fixieren. Das *amer. P. 2.305.006* (1943) von Holt und Le Gloahec beschreibt ein solches Verfahren: das Protein wird zum Beispiel mit Triäthanolamin gelöst und auf dem zu mattierenden Gut (Viskose- oder Zelluloseazetatgarn), zum Beispiel durch Bleinitrat, zur Peptisation gebracht. Das Kolloid wird vom Garn in Form von zahlreichen kleinen amorphen Teilchen aufgenommen, die ihm Mattglanz verleihen.

Für die Mattierung von *Zellulosederivatfasern* nach dem Zweibadverfahren mit organischen Verbindungen hat die Firma Silver Springs' Bleaching and Dyeing Co. Ltd. zwei vom chemischen Standpunkt aus interessante Vorschläge gemacht. Nach ihrem *engl. P. 316.169* (1928)[1]) erzeugte sie auf den Fasern einen Niederschlag von Anthrachinon oder 2-Chloranthrachinon. Dazu liess sie das Gut, zum Beispiel Zelluloseazetatseide, mit einer wässrigen Lösung von Anthrachinon unter Zusatz von Türkischrotöl, Ammoniak und Natriumhydrosulfit tränken, spülen und an der Luft oder in einem Wasserstoffsuperoxydbad oxydieren, worauf noch ein Nachseifen erfolgte. Der so gebildete Anthrachinonniederschlag ergab eine sehr beständige Mattierung, die auch mit Küpenfarbstoffen kombiniert werden konnte. Ein solches Verfahren ist natürlich auch für den Textildruck verwendbar.

In ihrem *engl. P. 316.638* (1928) empfahl dann die gleiche Firma, den Matteffekt durch Bildung von Oxamid zu erzeugen: die Ware wurde zuerst mit einer wässrigen Suspension von Diäthyloxylat und dann mit einer Ammoniaklösung behandelt. Es entstand dadurch eine Hydrolyse des Oxalsäureesters unter Bildung von Oxamid nach der Gleichung

$$\begin{array}{l} COO{-}C_2H_5 \\ | \\ COO{-}C_2H_5 \end{array} + 2\,NH_3 \longrightarrow \begin{array}{l} CO{-}NH_2 \\ | \\ CO{-}NH_2 \end{array} + 2\,C_2H_5OH.$$

c) Bildung von Pigmenten auf den Fasern durch thermische Behandlung (Einbadverfahren)

Auch wenn gewisse Kunstgriffe und die Verwendung besonderer Produkte den Zweibadverfahren eine genügende Beständigkeit und ein in jeder Hinsicht recht befriedigendes Zustandekommen der

[1]) Peters: Some Lesser Known Dyers' Assistants: Anthraquinone (Text. Colorist *65* (1943) 387).

Mattierung geben können, haben sie alle den grundsätzlichen Nachteil, dass sie eben zwei Bäder brauchen, mit all den dazugehörigen Komplikationen und zusätzlichen Behandlungen, wie Zwischenspülen oder -trocknen, usw. Dies war der unmittelbare Anlass zur Entwicklung von Verfahren, die mit einer Behandlung in einem einzigen Bad eine beständige Mattierung ergeben sollten. Dieses Ziel wurde auf verschiedenen Wegen erreicht, und es befinden sich auf dem Markt heute zahlreiche Produkte, die ausgezeichnete Beständigkeit mit grosser Einfachheit in der Anwendung vereinigen.

Die erste Gruppe von Verfahren dieser Art ist direkt mit denen des vorangehenden Abschnittes verwandt und hat die Bildung von unlöslichen Mattierungsprodukten auf den Fasern zum Gegenstand, aber nicht mehr die aus zwei verschiedenen Lösungen durch doppelte Umsetzung, sondern die nach Imprägnierung in einem einzigen Bad durch eine meist in der Wärme durchgeführte Änderung des aufgebrachten Produktes.

Schon 1927 erhielt Gardner ein *amer. P. 1.692.372* (auch *DRP 531.079* und *engl. P. 290.263*) für ein Verfahren, nach welchem man Kunstseide jeglicher Art mit einer Lösung eines löslichen Titansalzes, wie Titansulfat oder -oxalat, bei 40–50° C imprägniert und dann die Temperatur auf 95–100° C erhöht. Die Hydrolyse wird durch eine Behandlung im Autoklav bei einem Druck von 1,5–3 atü noch gefördert. Was die Haftfestigkeit betrifft, entsprach das Ergebnis aber nicht den Erwartungen; ebensowenig der Vorschlag von Speitel und Schenk, die laut ihrem *engl. P. 371.239* (1931, deutsche Prior. 1930), mit einer kolloidalen Lösung von Titanhydroxyd von weniger als 0,4 % Titandioxydgehalt arbeiteten und den Effekt durch ein Nachseifen zu verbessern suchten.

Ein weiterer Vorschlag in dieser Richtung war derjenige der N.V. J. A. Carp's Garenfabriek nach ihrem schon auf Seite 324 erwähnten *engl. P. 337.418* (1929, holl. Prior. 1929): die Kunstseide wurde mit einer Lösung von Magnesiumsilikofluorid $MgSiF_6 \cdot 6\, H_2O$ imprägniert dann auf 70–90° C erwärmt, wodurch Kieselsäure abgespalten wurde.

Wesentlich mehr Erfolg hatte in dieser Gruppe ein Verfahren der IG Farbenindustrie, das in ihren Patenten *DRP 593.562, amer. P. 1.990.864, engl. P. 425.418, franz. P. 760.964* und *schweiz. P. 172.337* (1932) beschrieben ist: Die Alkali- oder Ammoniumsalze der aromatischen Orthodikarbonsäuren, wie die Phthalsäure und ihre Dichlor-, Tetrachlor-, Nitro- oder Hydroxyderivate, ergeben mit löslichen Aluminiumsalzen (Aluminiumchlorid, -sulfat, -formiat oder -azetat) in stöchiometrischen Verhältnissen und unter Zusatz von Alkalien monobasische Aluminiumphthalate, die bei tieferen Temperaturen in Lösung bleiben und recht beständig sind und als solche leicht in die

Fasern eindringen können, bei 60–80° C aber eine Hydrolyse nach dem Schema

$$C_6H_4\begin{matrix}-COO\diagdown \\ -COO\diagup\end{matrix}Al-OH + H_2O \rightleftharpoons C_6H_4\begin{matrix}-COOH \\ -COO-Al\begin{matrix}\diagup OH \\ \diagdown OH\end{matrix}\end{matrix}$$

erleiden und dadurch schwerlösliche dibasische Salze bilden, die einen Matteffekt auf den Fasern entstehen lassen. Durch das Eindringungsvermögen der Lösungen der echtgelösten monobasischen Salze vor der Hydrolyse findet die Ausfällung der dibasischen Salze ziemlich tief im Inneren der Kunstseidefäden statt, so dass die Mattierung wasserecht ist. Dies stimmt allerdings nur für die in Wasser stark quellenden Zellulosehydratfasern, nicht aber für die vollsynthetischen Fasern[1]). Ein derartiges Mattierungsprodukt wurde von der IG Farbenindustrie unter dem Namen *Dullit W* in den Handel gebracht. Es ist nach dem B.I.O.S. Misc. Rep. 18, S. 30, ein Gemisch folgender Zusammensetzung:

34,5 Teile Natriumphthalat
52,0 Teile Aluminiumsulfat wasserfrei
13,5 Teile Natriumazetat

Die zwei letzten Produkte ersetzen das Aluminiumazetat, das als Pulver nur schwer erhältlich ist. Das pulverförmige Produkt wird für den Gebrauch in Wasser gelöst; diese Lösung wird noch mit Soda und einem Weichmacher wie Soromin AF[2]) versetzt, dies deshalb, weil das Mattierungsmittel sonst einen ziemlich rauhen Griff ergäbe. Man geht darauf mit der kalten Ware ein, erhöht langsam die Temperatur auf 45–50° C und arbeitet noch etwa 30–40 Minuten bei dieser Temperatur weiter. Man kann aber auch durch Dämpfen entwickeln. Für besonders hohe Ansprüche bezüglich Weichheit ist eine Nachbehandlung der mattierten Ware mit einem guten Avivagemittel nötig. Als Zugabe zum Mattierungsbad wurde auch von der IG Farbenindustrie *Soromin DM*[3]) empfohlen.

Einen ähnlichen Effekt erreichte Lewis nach den Angaben seines schon auf Seite 324 erwähnten *engl. P. 517.886* (1938), indem er die Textilien mit Lösungen von Schwermetallpersulfaten, -pyrosulfaten oder -salzen von organischen Schwefelsäureestern tränkte, die in kaltem Wasser verhältnismässig beständige Lösungen oder Suspensionen ergeben und dann auf den Fasern durch Dämpfen oder Erwärmen auf 100–150° C in unlösliche Sulfate umgewandelt werden.

Auch gewisse Zirkonverbindungen besitzen ähnliche Eigenschaften: dazu werden Lösungen solcher Zirkonsalze mit Hilfe von Salzen

---

1) Frieser: Das Mattieren von Chemiefasern (Textilis *17* (1961)[9] 28).
2) Siehe dieses Werk, Band 2, Seiten 454 und 600.
3) Siehe dieses Werk, Band 2, Seite 592.

schwacher Säuren auf einen solchen pH-Wert eingestellt, dass sich allmählich unter Hydrolyse ein Niederschlag bildet. Werden Textilien zuerst in diese Lösung eingetaucht und das Ganze dann erwärmt, so entsteht eine Mattierung. So kann man nach den Angaben des *DRP 737.414* (1939, auch *franz. P. 875.606*) der IG Farbenindustrie eine Viskosekunstseide mit einem Bad behandeln, das 5 g Zirkonoxychlorid, -oxynitrat, -azetat, -sulfat oder -formiat und 2 g Ammoniumtartrat pro Liter enthält und einen pH-Wert von etwa 4 aufweist, und zwar während 30 Minuten, wobei die Temperatur allmählich auf 50° C erhöht wird; dann spült und trocknet man. Die so erhaltene Mattierung ist spül- und seifecht und wird sogar durch ein Nachseifen noch verstärkt.

Auf dieser Basis, nämlich auf Zirkonoxychlorid, beruht das von der IG Farbenindustrie eingeführte und nach dem Krieg von Bayer übernommene *Dullit WE extra*[1]), ein wasch- und überfärbeechtes Nachmattierungsmittel für Web- und Wirkwaren. Zur Anwendung löst man 2–4 g (für Flottenverhältnisse von 1:30 bis 1:50) oder 6–8 g (für Arbeit auf dem Jigger) pro Liter des Produktes in kaltem Wasser, fährt mit der Ware ein und gibt dann innerhalb 10–15 Minuten eine sorgfältig abgestimmte Menge von Ammoniumformiat zu, die so berechnet sein muss, dass das Bad in der Kälte zuerst noch klar bleibt, sich aber beim langsamen Erhitzen innerhalb 30–40 Minuten auf 80–90° C ein feiner Niederschlag bildet, der allmählich auf die Fasern aufzieht und sich dort waschfest fixiert. Durch ein Nachseifen bei 40 bis 80° C wird der Matteffekt noch verstärkt und zugleich der Griff der Ware weicher gestaltet.

Auch Antimon- und Wismutchlorid sind in diesem Sinne verwendbar, da sie in wässriger Lösung bei Erhöhung ihres pH-Werts einen feinen, weissen Niederschlag bilden. Man nimmt an, dass sich zuerst ein Antimonyl- bzw. Wismutylchlorid nach der Gleichung

$$SbCl_3 + H_2O \longrightarrow SbOCl + 2\,HCl$$

bildet, das durch fortschreitende Hydrolyse ein basisches Oxyd ergibt:

$$SbOCl + H_2O \longrightarrow SbO(OH) + HCl,$$

welches dann unter Hitzeeinwirkung Wasser abgibt und in das Oxyd umgewandelt wird:

$$2\,SbO(OH) \longrightarrow Sb_2O_3 + H_2O.$$

Auf dieser Basis hat die Tootal Broadhurst Lee Co. in ihrem *engl. P. 609.257* (ausg. 1948) ein Verfahren zum Entglänzen von Nylon ausgearbeitet. Zu diesem Zweck wird die Ware mit einer wässrigen Lösung

---

[1]) Im B. I. O. S. Misc. Rep. 18, S. 30 wird Dullit WE extra als Zirkonoxychlorid mit einem Gehalt von 42% ZrO_2 angegeben; im F. I. A. T. Final Report 644, S. 139, wird ein *Dullit W extra* erwähnt, das 33,3% ZrO_2 enthalten soll. Das reine, kristallisierte Zirkonoxychlorid $ZrOCl_2 \cdot 8\,H_2O$ enthält theoretisch 38,3% ZrO_2.

von etwa 10 g pro Liter Antimontrichlorid, die zudem noch etwa 100 bis 120 g pro Liter freie Salzsäure enthält, während einer Minute behandelt, abgequetscht und direkt in kaltes Wasser getaucht, wodurch die Hydrolyse des Antimonsalzes eintritt. Dann wird sie gründlich gespült und neutralisiert und darauf getrocknet, wobei das eigentlich mattierende Antimonoxyd gebildet wird.

Die schon auf Seite 439 besprochenen Alkalistannate, die im Zweibadverfahren eine breite Verwendung gefunden haben, eignen sich aber auch für eine Mattierung in einem einzigen Bad nach einem ähnlichen Reaktionsschema. Natriumstannat zum Beispiel wird aus Zinntetrachlorid durch Behandlung in wässriger Lösung mit Natriumhydroxyd hergestellt, wobei sich zuerst ein hydratisiertes, schwerlösliches Zinnoxyd, die sogenannte α-Zinnsäure, bildet:

$$SnCl_4 + 4\,NaOH \longrightarrow SnO_2{\cdot}2\,H_2O + 4\,NaCl,$$

das sich dann in einem Natriumhydroxydüberschuss unter Bildung des Natriumstannats wieder löst:

$$SnO_2{\cdot}2\,H_2O + 2\,NaOH \longrightarrow Na_2SnO_3{\cdot}3\,H_2O \text{ oder } Na_2[Sn(OH)_6].$$

Diese alkalisch reagierende Lösung wird auf die Kunstseidefasern gebracht: dank eben dieser Alkalität bewirkt sie eine gewisse Quellung der Zellulosefasern und kann von ihnen aufgenommen und zurückgehalten werden. Eine Wärmebehandlung erwirkt in der Folge eine Reaktion nach der letzten Gleichung, aber im umgekehrten Sinn:

$$Na_2SnO_3{\cdot}3\,H_2O \text{ oder } Na_2[Sn(OH)_6] \longrightarrow SnO_2{\cdot}2\,H_2O + 2\,NaOH,$$

wobei die α-Zinnsäure zurückgebildet wird – zur Erleichterung dieser Zurückbildung müssen die Behandlungsbäder möglichst neutral sein – und dann in trockener Hitze zur noch schwerer löslichen und mattierenden β-Zinnsäuremodifikation übergeht, wahrscheinlich unter Abspaltung von Wasser wie bei den Antimonderivaten. Der tatsächliche Verlauf der Pigmentbildung auf den Fasern dürfte allerdings komplizierter sein als dieses einfache Schema. Er hat als *Delustran FL* der Firma Sandoz eine praktische Anwendungsform gefunden. Delustran FL erlaubt aber infolge der eher schwachen Deckkraft des Zinnsäureniederschlages nur eine bescheidene Mattierung, hellt aber andererseits gefärbte Textilien nicht allzu stark auf. Will man unbedingt eine starke Mattierung nach diesem Verfahren erhalten, so ist eine Nachbehandlung mit Salzen mehrwertiger Metalle in einem zweiten Arbeitsgang unerlässlich; damit kommt man zu dem auf Seite 351 beschriebenen Zweibadverfahren zurück.

Auf ähnliche Weise, aber mit Hilfe echter Mattierungspigmente, arbeitet das Verfahren, das im *DRP 905.967* (auch *amer. P. 2.309.964*, *engl. P. 549.138*, *franz. P. 872.222* und *österr. P. 166.460*, alle schweiz. Prior. 1939) der Gesellschaft für Chemische Industrie in Basel beschrieben ist: danach behandelt man das Textilgut mit einer wässerigen Dispersion anorganischer Weisspigmente, wobei die wässrige Phase noch lösliche Salze von mehrwertigen Metallen enthält, die dieses Metall im Kation haben, wie Aluminiumtriformiat oder -sulfat, Titansulfat oder Zirkonylchlorid. Als Beispiel ist ein Gemisch von 10 Teilen Titandioxyd mit 1 Teil Aluminiumtriformiat angegeben, das in 15000 Teilen Wasser verdünnt wird und bei 20° C auf eine Viskosekunstseide im Flottenverhältnis 1:30 aufgebracht wird. Durch die nachträgliche Trocknung findet ebenfalls eine Hydrolyse der löslichen Metallsalze statt, und der so gebildete Metallhydroxydgel bewirkt eine bessere Fixierung des Mattierungspigmentes, so dass die Mattierung nicht mehr stäubt und nahezu waschbeständig sein soll. Auch wird die Schiebefestigkeit der Gewebe erhöht.

Das Nachmattierungsverfahren durch Hydrolyse von Titansalzen der British Celanese Ltd.[1]) wurde ebenfalls der Einbadtechnik angepasst. Zum Entglänzen vor allem von Seide und Azetatseide schlug H. Dreyfus in seinem *franz. P. 743.922* (1932, auch *amer. P. 2.035.483* und *kanad. P. 342.526*, alle engl. Prior. 1931) vor, Lösungen von Titan- oder Zinnsalzen zu verwenden, die in Gegenwart eines Netzmittels und Schutzkolloids (wie zum Beispiel ein Fettalkoholsulfat) mittels einer schwachen Base (wie Ammoniak, Harnstoff, Semikarbazid oder Glyzin) vorsichtig neutralisiert worden sind: beim Eintauchen der Seide in eine solche Lösung und stufenweiser Erhöhung der Temperatur von 30–35° C auf etwa 75° C, bei der die Seide noch eine ganze Stunde behandelt wird, erfolgt ihre Mattierung. Harnstoff soll dabei die Funktion haben, die Ausfällung des Metallhydrats, besonders von den Chloriden, so stark als möglich zu verzögern.

In diese Gruppe gehört auch das *amer. P. 2.099.363* (1936) der E.I. du Pont de Nemours: wenn man ein Textilgut mit einer Dispersion des Anhydrids einer höheren Fettsäure mit mehr als 10 Kohlenstoffatomen in einer Lösung von Hydrolysierungsprodukten des Chitins (nach *amer. P. 2.040.879* (1934) der gleichen Firma wird Chitin durch Erhitzung mit 40 %iger Natronlauge während 4 Stunden bei 110° C hydrolysiert) in einer wässrigen flüchtigen Karbonsäure tränkt, trocknet und einige Minuten einer Temperatur von 105° C aussetzt, so erhält das Textilgut eine waschbeständige, wasserabstossende Ausrüstung, die zugleich steifend und mattierend wirkt, wenn der Gehalt an Hydrolysierungsprodukten des Chitins erhöht wird.

d) Aufbringen von Pigmenten zusammen mit Fettstoffen (Foulardmattierung)

Eine weitere Möglichkeit, durch eine einfache Arbeitsweise (das heisst mit einem einzigen Bad) zu einer einigermassen beständigen Mattierung zu kommen, besteht darin, das Mattierungspigment in

[1]) Siehe Seite 354.

Kombination mit einem Bindemittel auf die Fasern aufzubringen. Als Bindemittel dienten zuerst kolloidal verteilte Fettstoffe, wie Fettalkoholsulfate, sulfonierte oder emulgierte Öle und Fette. Diese hatten dabei eine doppelte Aufgabe; durch ihre Adsorptionskräfte und ihre mehr oder weniger klebenden Eigenschaften liessen sie das Pigment an den Fasern anhaften und sorgten gleichzeitig wegen ihres weichmachenden Charakters für einen angenehmen Griff der Ware. Dieses Verfahren, das zuerst von Prior bei der Chemischen Fabrik Stockhausen entwickelt wurde [1]), gewann durch seine Einfachheit und seinen billigen Preis (dank dem Wegfallen einer totalen Entfettung der Rohware einerseits und einer zusätzlichen weichmachenden Appretur nach der Mattierung andrerseits) bald die Zuneigung der Ausrüster. Es diente als Basis für zahlreiche Mattierungsmittel, die von verschiedenen Firmen, die auf die Herstellung von allerlei Textilölen, Avivage- und Appreturmitteln spezialisiert sind, produziert werden. Heute, im Zeitalter der Kunststoffe und der erhöhten Ansprüche in bezug auf die Echtheiten und Beständigkeiten von Gebrauchsartikeln, sind diese Verfahren grösstenteils überholt.

Die Zusammensetzung dieser Produkte ist nach Lassé [2]) und Chwala [3]) überall ungefähr dieselbe, wenigstens qualitativ:

20 bis 30% Fettstoffe
20 bis 40% Pigmente
40 bis 20% Wasser

ferner in gewissen Fällen hygroskopische Stoffe, wie Polyhydroxyverbindungen und Schutzkolloide. Als eigentliche Mattierungsstoffe können alle die bekannten anorganischen Weisspigmente natürlicher (Bentonit, Kaolin, Kreide, Schwerspat) oder synthetischer (Bariumsulfat, Zinkweiss, Lithopon, Aluminiumoxyd und natürlich Titandioxyd) Herkunft dienen, als weichmachende Fettstoffe aber die unzähligen Typen von sulfonierten Ölen und Fetten und die Fettalkoholsulfate.

In ihrem *DRP 578.284* (1930) empfahl die Böhme Fettchemie GmbH als Mattierungsmittel für alle Kunstseidensorten die Erdalkali-, Aluminium- und Schwermetallsalze (insbesondere Zinksalze) der sau-

---

[1]) Siehe unter anderem folgende Publikationen, die auf die damalige Bedeutung dieses Verfahrens hinweisen: Anon.: Das Mattieren der Kunstseide in Theorie und Praxis (Mschr. Text. Ind. *49* (1934) Fachh. I, 19); Prior: Theorie und Praxis des Mattierens von kunstseidenen Wirkwaren (Mh. Seide Kunstseide *39* (1934) 111); Prior: Das Mattieren von Kunstseide (Mh. Seide Kunstseide *40* (1935) 415, 456, 500); Prior: Neue Ausrüstungen auf kunstseidenen Wirkstoffen (Mschr. Text. Ind. *50* (1935) Festh. Nov., 84); Prior: Mattausrüstungsverfahren auf kunstseidener Charmeuseware (Z. ges. Textilind. *39* (1936) 345); Anon.: Neuere Erfahrungen beim Mattieren kunstseidener Web- und Wirkwaren (Mschr. f. Textilind. *53* (1938) Fachh. I, 23).

[2]) Lassé: Mikroskopische Untersuchung mattierter Kunstseide (Mell. *14* (1933) 185, 309, 358, 414, 461, 508, 553).

[3]) Chwala: Textilhilfsmittel, ihre Chemie, Kolloidchemie und Anwendung (Wien, 1939) Seite 381.

ren Schwefelsäureester von hochmolekularen Fettalkoholen mit 12–18 Kohlenstoffatomen. Diese Produkte verleihen der Ware zugleich eine wasserabstossende Imprägnierung. Die Behandlung erfolgt in einer 1 %igen Lösung bei 70–80° C.

Die Scholler Bros. Ltd. nahm ein *engl. P. 489.895* (1937, auch *kanad. P. 387.153*, beide amer. Prior. 1936), nach welchem Textilien (vor allem Seide und Kunstseide) gleichzeitig mattiert und wasserdicht gemacht werden können, indem man sie mit einer stabilen, wässrigen Emulsion von Wachs oder Paraffin behandelt, die ferner neben einem Weisspigment noch Tapiokastärke als Stabilisator, ein Schutzkolloid wie Leim oder Gelatine, ein zwei- oder dreiwertiges Salz, wie Aluminiumsulfat oder -azetat, und ein sulfoniertes Öl oder ein Fettalkoholsulfat enthält. Ein ähnliches Verfahren ist auch im *amer. P. 2.230.656* (1937) der gleichen Firma beschrieben.

Wie ihr Name es andeutet, wurde die Foulardmattierung von ihrem Schöpfer (A. Prior, s. Seite 457) für die Behandlung von Stückwaren auf dem Foulard ausgearbeitet, weil die Arbeitsbedingungen auf dieser Maschine (ziemlich hohe Geschwindigkeit und kurzes Flottenverhältnis) die Verwendung substantiv aufziehender Produkte nicht gestatten, da sonst Endungleichkeiten entstehen würden.

Das Ergebnis der Arbeiten von Prior und von der Chemischen Fabrik Stockhausen wurde der Textilindustrie unter dem Namen *Este-Mattierung P* zugänglich gemacht. Es fand in den 30er Jahren weite Verbreitung. Geschätzt wurde vor allem seine Eigenschaft, die darin bestand, nicht nur für die Mattierung, sondern gleichzeitig auch für die Appretur verwendbar zu sein. Als Schwäche wurde lediglich seine mangelhafte Waschbeständigkeit beanstandet, die man allerdings durch folgenden Kunstgriff zu verbessern suchte: man behandelte die Ware zuerst mit einem Marseillerseifenbad, dann mit einer Lösung von Aluminiumazetat oder -formiat, und auf diesem klebrigen Aluminiumseifengrund sollte das Mattierungsprodukt und vor allem sein aktiver Bestandteil, das Pigment, besser haften. Dieser ungenügenden Waschechtheit wurde damals jedoch keine übertriebene Bedeutung geschenkt[1]).

Neben Este-Mattierung P wurden auch zahlreiche andere Produkte ähnlicher Zusammensetzung und ähnlicher Eigenschaften angeboten, unter anderem:

Buramatt	Baur, Gaebel & Co.
Este-Mattierung D	Stockhausen
Este-Mattierung EK . . .	Stockhausen
Foulard-Mattierung . . .	Zschimmer und Schwarz

[1]) Siehe auch Prior: Das Mattieren der Kunstseide in Theorie und Praxis (Mschr. Text. Ind. *49* (1934) Fachh. 1, 19); Das Mattieren von Wollstra als Garn und Stückware (Mell. *17* (1936) 141); Rammer: Neue Erfahrungen beim Mattieren kunstseidener Web- und Wirkwaren (Mschr. Text. Ind. *53* (1938) Fachh. 1, 23).

Foulardmattine F	Böhme Fettchemie
Foulardmattine K	Böhme Fettchemie
Foulardmattine T 190 W .	Böhme Fettchemie
Mattavine-Lourd	Baumheier
Mattierung A 85	Zschimmer und Schwarz
Mattierung GN hell . . .	Kantorowicz & Co.
Mattoran FLD.	Oranienburger Chem. Fabr.
Ramin S	Deutsche Houghton Fabrik
Roma-Mattine	Chem. Fabr. Th. Rotta
Visco-Mattyl	A. Th. Böhme, Dresden
Viscomattyl U.	Dr. Th. Böhme KG, Gartenberg
Viscomattyl W	Dr. Th. Böhme KG, Gartenberg

Nach ihrem *DRP 680.654* (1934) erzielte die IG Farbenindustrie mit verhältnismässig geringen Pigmentmengen eine tiefe, nicht stäubende und gegen Wasser beständige Mattierung mit einem Mattierungsbad, das neben dem Pigment das Mehrfache seines Gewichts an Harnstoff und ferner ein Dispergiermittel vom Typus Oleylsarkosinnatrium enthielt; mit höheren Pigmentmengen erhält man gleichzeitig eine Beschwerung der Ware. Dieser Zusatz von Harnstoff hat eine praktische Anwendung im Mattierungsprodukt *Dullit F* der IG Farbenindustrie gefunden, das laut dem F.I.A.T. Final Report 644, S. 138, China Clay, Titandioxyd, Harnstoff, Soromin DM und einen Weichmacher 4026 enthält.

e) Festigung von Pigmenten durch Bindemittel

Eine weit bessere Fixierung der Pigmente auf den Fasern als die Fettkörper gestatten die Stoffe, die eine die Pigmente umhüllende Schicht bilden können, besonders solche, die nach dem Aufbringen auf den Fasern auf irgendeine Weise in einen unlöslichen Zustand gebracht werden können.

Auf Basis von *anorganischen Bindemitteln* arbeitet das Verfahren der Chemischen Fabrik Stockhausen & Cie., das im *DRP 679.465* (1933) beschrieben ist: die zu mattierenden Textilien werden vor oder gleichzeitig mit dem Pigmentieren mit Flotten behandelt, die neben Seife Natriumaluminat und ein in der Wärme Säure abspaltendes Produkt enthält. Nach diesem Verfahren können zum Beispiel gefärbte Strümpfe zuerst 20 Minuten bei 30° C mit einer Lösung von 4 g Seife, 1 g Na-Aluminat und 3 g NH_4Cl im Liter behandelt, abgeschleudert und dann in einem Mattierungsbad von 25 g ZnO und 7 g Türkischrotöl pro Liter während 20 Minuten bei 20–30° C durchgezogen, nochmals abgeschleudert und schliesslich getrocknet werden. Während dieser verschiedenen Operationen bildet sich zuerst Aluminiumhydroxyd, dann eine Aluminiumseife, die das Mattierungspigment auf den Fasern befestigt.

Einen ähnlichen Effekt erreichte die IG Farbenindustrie, laut ihrem *ital. P. 382.310* (1939, deutsche Prior. 1938, auch *ostdeutsches P. 2.427*, ausg. 1952, der Farbenfabrik Wolfen), durch Behandlung des Textilguts mit wässrigen Dispersionen von Titandioxyd, die mit Hilfe von Aluminium- oder Zirkonhydroxydsolen vorbereitet worden sind und daneben noch wasserabstossendmachende Imprägnierungsmittel enthalten können: die so erhaltenen Mattierungen sollen gegen eine leichte Seifenwäsche beständig sein. Das entsprechende *amer. P. 2.289.282*, das der General Aniline and Film Corp. erteilt wurde, erwähnt unter anderem als wasserabstossendmachendes Mittel hydroxyäthyliertes Stearylbiguanid. Ein *ital. Zusatzpatent 382.343* (1939, deutsche Prior. 1939, auch *ostdeutsches P. 2.428* der Farbenfabrik Wolfen) schützt zum gleichen Zweck die Verwendung anderer bekannter Mattierungspigmente als die des Titandioxyds, nämlich China Clay, Zinksulfid, usw. und gibt folgendes Beispiel eines solchen Mattierungsmittels an: eine 60° C warme Mischung aus 16 Teilen Stearinsäurepolyglyzerinester, 2 Teilen Oleylpolyglykoläther und 8 Teilen Harnstoff wird in eine Zubereitung aus 25 Teilen China Clay, 2,5 Teilen Aluminiumhydroxydsol (50 % Al_2O_3) und 50 Teilen Wasser eingerührt und abkühlen gelassen. Die mit 100–200 g pro Liter dieses Gemisches mattierten Textilien stäuben nicht und weisen einen weichen Griff auf. Dieses Verfahren wurde bei der Herstellung der auf Seite 473 näher erläuterten Mattierungsprodukte *Dullit MG, RK* und *S* benutzt.

Nach einem *franz. P. 888.963* (1942, schweiz. Prior. 1941 und 1942) der Gesellschaft für Chemische Industrie in Basel kann man die Waschbeständigkeit von Pigmentmattierungen wesentlich erhöhen, wenn man diese Pigmente in Form von wässrigen Dispersionen auf die Fasern bringt und man ihnen Säuren, wie Salz-, Schwefel-, Phosphor-, Ameisen- oder Essigsäure oder wasserlösliche Salze ein- oder zweiwertiger Metalle (sofern ihr pH-Wert nicht 7 überschreitet) wie Kochsalz, Magnesiumsulfat, Bariumnitrat, Kalziumchlorid, Ammoniumchlorid oder Natriumformiat, zugegeben hat. Zum Beispiel kann man eine Viskosekunstseide bei gewöhnlicher Temperatur mit einer Dispersion von 5 g pro Liter Titandioxyd, die noch 10 g pro Liter Magnesiumsulfat enthält, während einer Stunde behandeln.

Die Verwendung von *Naturgummi* zu diesem Zweck wurde schon 1929 von C. Dreyfus in seinem *amer. P. 1.870.407* (1929, auch *franz. P. 690.406* und *kanad. P. 324.629*) insbesondere für die Behandlung von Azetatkunstseide vorgesehen: dazu verwendete er eine Gummilatexlösung mit Zusatz von Pigmenten in feinstverteilter Form. Dieses Verfahren diente sowohl für die Fixierung anderer, gefärbter Pigmente als auch für die Erhöhung der mechanischen Festigkeiten des Materials.

Die Naugatuck Chemical Co. hatte durch ihr *amer. P. 1.957.301* (1932) ein Veredlungsmittel für Kunstseidenwirkwaren schützen lassen, das aus

100 Teilen Gummilatex	2 Teilen eines Katalysators
3 Teilen Stabilisator (Nekal)	2 Teilen Zinkoxyd
30 Teilen Kasein	3 Teilen Schwefel und
45 Teilen Natriumborat	3 Teilen Stärke

besteht und einen fast unsichtbaren Überzug ergeben soll, dem man aber ein Mattierungsmittel, wie Bariumsulfat, zugeben kann.

Die Titan Co. Inc. brachte in ihrem *franz. P. 762.034* (1933, auch *engl. P. 414.541*) eine Verbesserung der Mattierung durch schwerlösliche Titanverbindungen (Oxyd, Hydroxyd, Metatitansäure, Titanate), indem sie den Mattierungssuspensionen lösliche *Alginate* zugab, gegebenenfalls unter Zusatz von Dispergiermitteln, wie Fetten, Ölen, Seifen oder harzsauren Salzen, und diese auf den Fasern mit Aluminium- oder Erdalkalisalzen oder Säuren fällte.

Nach dem *engl. P. 445.571* (1934) der Imperial Chemical Industries kann man die Mattierungspigmente auf den Fasern mittels *Zelluloseäther* fixieren: man behandelt zum Beispiel ein Viskosegewebe mit einer 5 %igen Natronlauge, die Zinkoxyd, ein Dispergiermittel, Karboxymethylzellulose und ein Netzmittel enthält. Die Behandlungsdauer beträgt nur 2 Sekunden, und das Gut wird darauf einer schwachen Säurebehandlung unterworfen: entweder einem schnellen Durchgang durch eine 3 %ige Schwefelsäurelösung, oder es wird in einer mit Kohlendioxyd gefüllten Kammer über gummierte Rollen geführt.

Schliesslich seien noch zum gleichen Zweck die Reaktionsprodukte des Polyäthylenpolyamins mit hochmolekularen aliphatischen oder araliphatischen Sulfochloriden erwähnt, die den Gegenstand des *DBP 876.235* (1940, erteilt 1953) von Bayer bilden. Diese Kondensationsprodukte werden mit Zinksulfid, Ameisensäure und einem Stearinsäurepolyglyzerid zu einer homogenen Paste verarbeitet.

Besseren Erfolg als diese Hochpolymere hatten die *Eiweisskörper*, die sich besonders leicht in unlösliche Form umwandeln lassen, wobei sie inerte Stoffe, wie Pigmente, seifecht zu fixieren vermögen. Auf einer solchen Basis hat die amerikanische Firma Vanderbilt Co. Inc. in ihrem *amer. P. 1.975.493* (1932) ein Veredlungsverfahren beschrieben, nach welchem Behandlungsflotten zur Anwendung kommen, die dispergierte kolloidale Aluminiumsilikate enthalten, wie Bentonit, einen Eiweisskörper, ein wasserlösliches Aluminiumsalz und gegebenenfalls einen Weichmacher, wie Öl- oder Fettsäurederivate. Bei der Trocknung der damit imprägnierten Textilien koaguliert der Eiweisskörper und hält die anorganischen Substanzen auf den Fasern fest. Je nach den näheren Bedingungen erhält man auf diese Weise eine Mattierung, eine wasserabstossende Imprägnierung oder sogar einen Schutz gegen Pilzbefall.

Der Textildruck hatte schon lange von dieser Möglichkeit Gebraucht gemacht (siehe Abschnitt C, S. 508 dieses Bandes); aber die lediglich durch Dämpfen fixierten Drucke auf Basis von Albumin hatten den Nachteil, einen sehr harten Griff der Ware zu verursachen. Dieses Problem wurde auf dem Druckereisektor durch Zusatz von Hexamethylentetramin zu den Druckfarben gelöst, wodurch wesentlich weichere Kondensationsprodukte beim Dämpfen entstehen; durch weiteren Zusatz geeigneter Weichmachungsmittel wurde der Effekt noch verbessert. Auf diese Weise konnte man aber durch Klotzen keine Stückmattierung erhalten, die zugleich seifecht und weich gewesen wäre. Es ist das Verdienst der Firma Durand und Huguenin, in ihrem *schweiz. P. 222.229* (1940, auch *DBP 936.086*, *amer. P. 2.376.908*, *belg. P. 440.404*, *engl. P. 548.172*, *franz. P. 878.761*, *holl. P. 61.320*, *ital. P. 387.416*, *österr. P. 167.614* und *ungar. P. 128.301*) einen Weg dazu gezeigt zu haben. Ihr Verfahren beruht auf der Verwendung einer feinen Dispersion eines Weisspigmentes, am besten Titandioxyd, die ausserdem ein Fixiermittel auf Eiweissbasis enthält, wie Eialbumin oder Kasein oder Leim, zusammen mit einer Öl-in-Wasser-Emulsion von aliphatischen (höhersiedenden Petroleumfraktionen) oder aromatischen (Toluol, Xylol) Kohlenwasserstoffen, halogenierten Kohlenwasserstoffen (Tetrachloräthan, Trichloräthylen), höheren Alkoholen (Oktylalkohol), Ölen (Olivenöl, Rizinusöl) oder halbfesten oder festen Wachskörpern (Vaseline, Paraffin, Wachse). Diese in Wasser unlöslichen oder nur nahezu unlöslichen organischen Verbindungen können mittels der verschiedensten Dispergier- oder Emulgiermittel (siehe Kap VIII im Band II dieses Werkes) emulgiert werden: unter anderen sind die gewöhnlichen Seifen oder die Fettsäure-Alkylolaminsalze mit Erfolg verwendbar. Das Gemisch der Pigment-Eiweiss-Suspension und der Emulsion wird nötigenfalls durch einen Emulgator oder eine Kolloidmühle getrieben; es hat die Konsistenz einer Druckpaste und ist praktisch beständig. Als Beispiel eines solchen Präparats wird folgende Zusammensetzung angegeben[1]): eine Emulsion von

30,8	Teilen Wasser
35	Teilen Petrol
2,8	Teilen Seife
1,4	Teilen Rizinusöl
70	Teilen wird vermischt mit
4	Teilen Eialbumin 1:1
10	Teilen Zinkoxyd 1:1
16	Teilen Wasser
100	Teile.

[1]) Zahlreiche andere Beispiele werden vor allem im *franz. P. 878.761* erwähnt, das fast vollumfänglich im Bericht von Vantel: Le «matage» des fibres artificielles brillantes (Ind. text. *63* (1946) 103) wiedergegeben ist.

Ein solches Produkt gelangte unter dem Namen *Desatinol DH* auf den Markt. Es hat sich vor allem für den Mattdruck (siehe Seite 508), aber auch für die Stückmattierung bewährt. Die Marke *Desatinol S* ist in ihrer Zusammensetzung und ihrer Anwendung genau gleich wie die Marke *DH*, nur ist ihre Tönung dem der Naturseide eigenen Glanz angepasst.

Ein *schweiz. Zusatzpatent 228.231* (1940) zum *schweiz. P. 222.229* schützt die Verwendung solcher Mattierungsmittel zusammen mit Farbstoffen für die Stückfärberei und vor allem für den Druck; ein anderes *schweiz. Hauptpatent 262.542* (1947, auch *franz. Zusatzpatent 58.722*) schützt die Anwendung für die Mattierung von vollsynthetischen Fasern: die Fixation des Produktes erfolgt durch Dämpfen, und die Mattierung ist gegen heisse Seifenbäder widerstandsfähig. Für die anderen Länder sind diese Anwendungsmöglichkeiten in den dem schweiz. Hauptpatent 222.229 entsprechenden Patenten beschrieben.

Eiweißstoffe als Fixierungsmittel für Pigmente verwendet auch Shimazu in seinem *japan. P. 3.446/1953*, nach welchem die Mattierung von Kunstseide durch Tränken in einer Bentonitsuspension von 5° Bé erfolgt, die noch 1/30 in Vol. Formaldehyd enthält, ferner durch Spülen, Trocknen und Behandeln mit einer Gelatinelösung von 2° Bé, worauf die Ware gespült und getrocknet wird.

Am meisten Erfolg als Bindemittel haben aber die heute von der Textilveredlung nicht mehr wegzudenkenden *Aminoplaste* gehabt. Schon 1929 erhielt die I.G. Farbenindustrie ein *franz. P. 678.510* (deutsche Prior. 1928, auch *amer. P. 1.871.087* und *engl. P. 328.978*), das Dimethylolharnstoff oder -thioharnstoff als Bindemittel für Pigmente auf allerlei Materialien wie Textilien, Holz, Papier, Leder usw. empfahl. Die Etablissements Kuhlmann verwendeten ihrerseits, laut Angaben ihres *franz. P. 798.839* (1935), Vorkondensate aus Harnstoff, Thioharnstoff oder Phenol und Formaldehyd, die durch Zusatz von Säuren wie Borsäure oder gewissen Salzen wie Aluminiumazetat oder Pyridiniumtartrat auf den Fasern nachkondensiert werden und das Pigment fixieren; die gleichen Produkte, neben solchen aus Melamin, Mono- oder Diäthylenharnstoff, oder aus anderen Harzbildnern wie Polyvinylalkohol, sind auch im *franz. P. 886.329* (1942, deutsche Prior. 1940 und 1941) der I.G. Farbenindustrie erwähnt; dabei enthalten die Applikationsgemische noch ein Pigment und als nichtionogenes Dispergiermittel ein Alkylenoxydaddukt eines höheren Alkohols oder eines Alkylphenols. Sie sind auch für den Textildruck anwendbar (siehe Seite 512). Melaminharz-Vorkondensate bilden ebenfalls die Grundlage des Verfahrens nach dem *engl. P. 567.493* (ausg. 1945, auch *amer. P. 2.424.284*, ausg. 1947) der British Celanese Ltd., in welchem Weinsäure als Katalysator dient. Schliesslich empfahl die

British Industrial Plastics Ltd. in ihrem *engl. P. 614.046* (ausg. 1949) als Bindemittel die Methyl-, Äthyl- und Isopropyläther der Melamin-Formaldehyd-Vorkondensate.

Auf solcher Basis arbeitete die Ciba ein Mattierungsverfahren aus, das sich durch verschiedene interessante Einzelheiten auszeichnet. In ihrem *DBP 875.942* (1949, auch *franz. P. 930.742*, beide schweiz. Prior. 1945) liess sie die Herstellung von Pigmentsuspensionen schützen, die Aminoplast-Vorkondensate einerseits und als Schutzkolloid ein mit einem alkalisch reagierenden Stoff in Lösung gebrachtes Säurecasein andrerseits enthalten, zum Beispiel:

6 g pro Liter Titanweiss
20 g pro Liter Dimethylolharnstoff
13,5 g pro Liter Natriumkaseinat

Die Gewebe werden mit einer solchen Flotte foulardiert und dann während 15 Minuten bei 110° getrocknet; die Mattierung ist wasch- und reibecht. Im *österr. P. 166.244* (1947, auch *amer. P. 2.586.098* und *engl. P. 645.023*, alle schweiz. Prior. 1946) wird vermerkt, dass in einem solchen Gemisch Kasein leicht durch Spuren von Formaldehyd, die immer wieder von den Vorkondensaten abgegeben werden, koagulieren kann. Auf der andern Seite hatte die Ciba ein anderes *engl. P. 544.157* (1940, schweiz. Prior. 1939 und 1940) erhalten für die Vorbereitung von Emulsionen des Öl-in-Wasser-Typus, die in der wässrigen Phase Harnstoff oder dergleichen und ein Kaseinat enthalten, durch Emulgieren einer mit Wasser nicht mischbaren organischen Flüssigkeit in diese Lösung, wobei eine Verdickung des Systems eintritt. Dieses Verfahren ist im Textildruck recht gut bekannt unter der Bezeichnung «Emulsionsdruck» oder «Emulsionsverdickung» und gestattet die Herstellung von genügend dicken Druckpasten mit einem Minimum an Trockensubstanz; da die organische «verdickende» Flüssigkeit sich beim Seifen der Drucke sehr leicht restlos entfernen lässt, wird der Griff der bedruckten Gewebe in keiner Weise nachteilig beeinflusst, wie es manchmal mit den konventionellen Verdickungsmitteln vorkommt. Nun schlägt die Ciba vor, beständige Emulsionen so herzustellen, dass sie als Grundkörper Aminoplastvorkondensate enthalten, welche infolge ihres Kondensationsgrades nicht mehr im Wasser, sondern nur noch in organischen Lösungsmitteln löslich sind. Diese Vorkondensate werden in einem mit Wasser nicht mischbaren Alkohol gelöst (Butanol) und in der wässrigen Lösung des alkalisch gelösten Säurekaseins unter Mitverwendung von Harnstoff als hydrotrope, das heisst als lösungsvermittelnde Substanz emulgiert. Solche Emulsionen sind sehr lagerbeständig und werden für zahlreiche Zwecke wie Imprägnierung, Appretur usw. oder als Binde- oder Überzugsmittel verwendet, wobei die erzielten Effekte sehr wasserfest und waschbeständig sind. Sie können in einer ihrer Phasen Zusatzstoffe wie Pigmente, Füllmittel, Weichmacher, Hydrophobierungsmittel und anderes mehr enthalten.

Schliesslich kombinierte die Ciba die zwei Verfahren nach den *engl. P. 645.023* und *544.157* in einem neuen Verfahren zur Herstellung von Dreiphasenemulsionen, das im *DRP 844.886* (1948, auch *amer. P. 2.632.740* und *engl. P. 659.395*) beschrieben ist. Diese Emulsionen enthalten als äussere, wässrige Phase die Pigmentdispersion in einer Lösung von Kasein, als erste innere, ölige Phase die Lösung des Aminoplast-Vorkondensates in einem mit Wasser nicht mischbaren Alkohol, und als zweite innere Phase eben eine andere, mit Wasser auch nicht mischbare organische Flüssigkeit: so werden zum Beispiel 10 Teile Titandioxyd in 5 Teilen einer Lösung aus 20 % Kasein, 2 % Borax und 78 % Wasser fein dispergiert und zu einer Paste durch Behandlung in einer Scheibenmühle verarbeitet. Dazu werden 8 Teile Thioharnstoff zugesetzt und 40 Teile einer Lösung von 36 % Harnstoff-Thioharnstoff-Formaldehyd-Vorkondensat in 64 % Zyklohexanol hineinemulgiert. Nach Homogenisierung in einer geeigneten Apparatur wird diese Emulsion noch mit 292 Teilen Wasser und 600 Teilen Lackbenzin (Sdp. 150–200°C) vermischt. Obwohl das Harz selbst in Lackbenzin praktisch unlöslich ist, erhält man damit eine homogene und beständige Flüssigkeit, die nach Foulardieren auf einem Viskosegewebe, Trocknen und Erhitzen auf 130° während einer halben Stunde eine waschbeständige Mattierung mit nur geringerer Erhöhung der Steifheit ergibt.

Die Dehydag Deutsche Hydrierwerke GmbH kombinierte in ihrem *DBP 968.049* (1939, erteilt 1958) die Bildung eines Pigments und seine Fixierung mit einem Aminoplast-Kunstharz, das basische Gruppen enthält und in Salzform zur Anwendung kommt: ein solches Produkt kann zum Beispiel aus 1 Mol Dicyandiamid, 1 Mol Guanylharnstoffsulfat, 1 Mol Guanylharnstoffchlorid und 4 Molen Formaldehyd gebildet werden. Man behandelt dann eine glänzende Kunstseide mit der Lösung von 10 Teilen dieses Produktes und 15 Teilen konz. Salzsäure in 1000 Teilen Wasser während 15 Minuten bei 50°, presst sie ab und behandelt sie mit einer 2 %igen Bariumhydroxydlösung. Diese Mattierung ist waschbeständig. Die Nachbehandlung kann auch mit einer Suspension von Zinksulfid erfolgen.

Neben den thermohärtbaren Aminoplasten können auch gewisse thermoplastische Harze als Bindemittel für die Mattierungspigmente dienen. So hat die I.G. Farbenindustrie in ihrem *engl. P. 477.049* (1936) vorgeschlagen, Pigmentdispersionen, die mit Hilfe eines Dispergiermittels von der Art des Naphthalinsulfonsäure-Formaldehyd-Kondensationsproduktes hergestellt wurden, mit Hilfe von Vinylharzen, unter anderen Polyvinylmethyläthern, auf den Fasern zu fixieren. Aber auch wässrige Dispersionen von Polyvinylchlorid, Polyvinylazetat, Polyakrylsäurederivaten oder Polystyrol sind brauchbar. Als besonders geeignet hat die Firma Keiner and Co. Ltd. in ihrem *engl. P. 842.646* (1957) wässrige Lösungen eines Mischpolymerisates aus Vinylazetat und Maleinsäureanhydrid erwähnt, das mit Hilfe von Natronlauge in Lösung gebracht wurde.

Für ein ähnliches Verfahren hat Bayer ein *DBP 1.078.082* (1959, auch *engl. P. 891.848* und *schweiz. P. 365.050*) erhalten, nach welchem als Pigment nicht nur Titandioxyd, dessen Menge ausdrücklich tief gehalten wird, sondern auch Polymethylenharnstoffe[1]), und als Bindemittel ein Mischpolymerisat aus Butadien, Butylakrylat, Styrol, Akrylnitril und Methakrylamid eingesetzt werden. Mattierungsmittel auf solcher Basis dienen auch zum Textildruck (siehe Seite 511).

f) Die substantive Nachmattierung

α) Kationaktive substantive Mattierungsmittel

Im Gegensatz zu den vorher besprochenen Einbad- und Foulardmattierungsverfahren, die im allgemeinen mit Produkten arbeiten, welche kein Aufziehvermögen auf die Fasern aufweisen und praktisch nur für foulardierbare Waren verwendbar sind, ist es gelungen, Produkte zu schaffen, die wie ein Farbstoff substantiv auf die Zellulosefasern aufziehen können. Bekanntlich sind Zellulosefasern – seien sie natürlicher Herkunft oder regeneriert – negativ geladen und dadurch in der Lage, positiv geladene, in Lösung oder feine Suspension gebrachte Stoffe aufzunehmen und an ihrer Oberfläche mehr oder weniger echt festzuhalten[2]).

Diese interessante Eigenschaft der positiv geladenen oder kationaktiven Stoffe war schon früher erkannt worden[3]); es war das Verdienst der Imperial Chemical Industries, sie für die Zwecke der Nachmattierung herangezogen zu haben. Diese Firma erhielt ein *engl. P. 379.396* (1931) für ein Verfahren zur Herstellung von quaternären heterocyclischen Stickstoffverbindungen, die sich später als besonders geeignet für die Verwendung in der substantiven Mattierung erwiesen: durch Einwirkung von höhermolekularen Alkylhalogeniden (wie Dodezyl-, Cetyl- oder Octadezylchlorid oder -bromid) auf ein tertiäres Amin, dessen Stickstoffatom Bestandteil eines heterozyklischen Ringes ist (wie Pyridin, Pikolin oder Chinolin) erhielt sie bei höheren

---

[1]) Diese organischen Mattierungspigmente werden im Abschnitt g) auf Seite 477 ausführlicher beschrieben.

[2]) Bertsch: Über die Wirkung kationaktiver Fettstoffe auf die pflanzliche Faser (Ang. Chem. *48* (1935) 52).

[3]) Vgl. Reychler: Beiträge zur Kenntnis der Seifen (Bull. Soc. chim. belge *26* (1912) 193, *27* (1913) 113; Koll. Zeitschr. *12* (1913) 277, *13* (1914) 252), und Götte: Ein Beitrag zur Kenntnis der Waschwirkung (Koll. Zeitschr. *64* (1933) 222, 327, 331).

Temperaturen wasserlösliche Produkte, die in Wasser stark dissoziieren und zur Bildung stark positiv geladener, langkettiger Kationen führen:

$$\text{R–N(Br)C}_5\text{H}_5 \rightleftarrows [\text{R–N}^+\text{C}_5\text{H}_5]^+ + \text{Br}^-$$

Diese Kationen können also auf zellulosische Fasern aufziehen. Da aber ihre eigene Ladung stärker ist als die negative Ladung der Fasern, wird die negative mehr als ausgeglichen und in eine positive Ladung umgewandelt, die dann ihrerseits imstande ist, die meist (allerdings auch schwach) negativ geladenen Mattierungspigmente anzuziehen und an die Fasern zu binden.

Diese Erscheinungen sind vom kolloidchemischen Standpunkt aus sicher sehr interessant, aber man darf sich nicht der Illusion hingeben, dass man auf diese Weise, lediglich durch gegenseitige Neutralisation von elektrischen Ladungen ohne weitere Fixierung, zu wirklich echten Mattierungen gelangen kann. Es ist schliesslich jedem Färber bekannt, dass man keine echten Färbungen mit basischen Farbstoffen auf gebleichte Baumwolle oder andere reine Zellulosefasern erhalten kann, die nach dem gleichen Prinzip erfolgen, ohne eine Fixierung mit Tannin und Brechweinstein.

Eine solche Fixierung schlugen die Imperial Chemical Industries in ihrem *engl. P. 391.214* (1931, auch *franz. P. 744.436*) vor und verwerteten damit eine andere Eigenschaft der höhermolekularen kationaktiven Stoffe, nämlich die, mit ebenfalls höhermolekularen anionaktiven Stoffen unlösliche, salzartige Verbindungen zu bilden. Zur Mattierung wird nach diesem Verfahren die Kunstseide aus Regeneratfasern, aber auch diejenige aus Zelluloseestern oder -äthern, mit einer Lösung eines oben beschriebenen Alkylpyridiniumhalogenids einerseits, mit einer solchen von Tannin, Gerbsäure oder deren Salzen, oder mit einem synthetischen Gerbstoff andrerseits, in getrennten Bädern oder in einem einzigen Bad behandelt. Nach einem *engl. Zusatzpatent 412.930* (1933) der gleichen Firma sind im gleichen Sinne auch andere quaternäre, jedoch nicht heterozyklische Ammoniumbasen, oder sogar die entsprechenden Amine verwendbar: sie müssen lediglich eine aliphatische Kohlenwasserstoffkette mit mehr als 6 Kohlenstoffatomen besitzen, die zum salzbildenden Stickstoffatom direkt oder mittels einer Brücke wie $-CO-C_6H_4-$, $-CO-NH-C_6H_4-$, $-CO-NH-CH_2-CH_2-$, usw. verbunden ist. Eine andere Art der Fixierung war die in dem schon auf Seite 435 (Abschnitt 2/b über die Zweibadmattierung) besprochenen Verfahren nach den *franz. P. 827.717*, *engl. P. 503.548* und *amer. P. 2.123.986* (alle deutsche Prior. 1936) der I.G. Farbenindustrie: die hier erwähnten Stearoylverbindungen von Diaminen, wie Stearylbiguanid, sind ebenfalls substantiv, müssen aber nachträglich als schwerlösliches Sulfat auf den Fasern fixiert werden. Nun haben aber diese anorganischen Salze der organischen Basen an sich eine ungenügende Mattierwirkung, so dass sie noch durch eine weitere Behandlung mit einer Bariumchloridlösung zur Bildung eines wirklichen Mattierungskörpers, nämlich $BaSO_4$, herangezogen werden müssen: ihre Aufgabe ist also letzten Endes eher die eines Befestigungsmittels für das Bariumsulfat.

Am meisten Erfolg mit der substantiven Mattierung hatte aber die deutsche Firma Böhme Fettchemie A.G., die ein sehr interessantes Verfahren entwickelte und es als Basis für stark verbreitete Handelsprodukte benützte. Als Grundstoff dazu wählte sie, anstelle der von den Imperial Chemical Industries vorgeschlagenen Alkylpyridinium- halogeniden, die entsprechenden Sulfate bzw. Bisulfate, die sie aus den Monokalylschwefelsäureestern und Pyridin durch Kondensation bei höheren Temperaturen (160–180°) nach der Gleichung

$$C_{12}H_{25}OSO_3H \quad + \quad C_5H_5N \quad \longrightarrow \quad [C_5H_5N^+{-}C_{12}H_{25}]^+ \; {}^-OSO_3H$$

Monolaurylschwefelsäureester — Pyridin — Laurylpyridiniumbisulfat

unter dem Namen *Repellat* herstellte (siehe auch dieses Werk, Band II, Seite 418). Sie benützte die schon erwähnte Eigenschaft solcher Verbindungen, mit höhermolekularen anionaktiven Stoffen unlösliche Salze zu bilden, zum Beispiel mit dem Natriumsalz eines höheren Monoalkylschwefelsäureesters:

$$[C_{12}H_{25}OSO_3]^- + Na^+ + [C_5H_5N^+{-}C_{12}H_{25}]^+ \; {}^-OSO_3H \longrightarrow$$

Natriumlaurylsulfat — Laurylpyridiniumbisulfat (Repellat)

$$C_{12}H_{25}{-}N^+C_5H_5 \; {}^-O_3SOC_{12}H_{25} \quad + Na^+ + {}^-OSO_3H$$

Laurylpyridiniumlaurylsulfat (elektroneutraler, unlöslicher Niederschlag) — Natriumbisulfat

Solche unlösliche, salzartige Verbindungen können dann durch Filtration isoliert und, was eben das Interessanteste im ganzen Verfahren ausmacht, durch Zusatz eines Überschusses an kationaktiver Oniumverbindung wieder kolloidal in Lösung gebracht, das heisst peptisiert werden. Es entsteht auf diese Weise eine positiv geladene kolloidaldisperse Pigmentsuspension, die auf Zellulosefasern sehr gut aufziehen kann.

Wenn man, vor der Ausfällung mit dem Repellat, das Natriumlaurylsulfat als Dispergator zur Bereitung einer Dispersion eines gewöhnlichen Mattierungspigmentes, wie Bariumsulfat, Zinksulfid, Titandioxyd und andere mehr verwendet, werden diese Pigmente bei der Ausfällung mitgerissen und vom organischen Niederschlag umhüllt, so dass sie ebenfalls durch den Überschuss an kationaktiver Verbindung peptisiert werden und auf die Fasern aufziehen können. Dieses Verfahren bildet die Grundlage des sehr bekannten Mattierungsmittels *Radium-Mattine T 53* und ist im *DRP 739.137* (1933, auch *amer. P. 2.101.251*, *engl. P. 424.672*, *franz. P. 772.788*, *österr. P. 142.884* und *schweiz. P. 175.323*) beschrieben: ein Pigment beliebiger Art, weiss oder farbig, anorganischer oder organischer Herkunft, zum Beispiel 400 g Zinksulfid, wird mit 100 ml einer Lösung von Kokosfettalkoholsulfat mit 30 % Fettkörpergehalt angeteigt; diese Masse wird mit der wässrigen Lösung von 64 g Dodezylpyridiniumbisulfat so lange verrührt, bis sich die Adsorptionsverbindung zwischen Pigment und organischem Niederschlag abgesetzt hat. Die sich darüber befindliche klare Flüssigkeit wird abgetrennt und der Rückstand mit der Lösung von wieder 64 g des gleichen Dodezylpyridiniumbisulfats in 250 ml Glyzerin peptisiert. Zum Gebrauch wird diese Paste mit Wasser angeteigt und bis zum geeigneten Grade verdünnt. Auf dieser Basis baute die Böhme Fettchemie GmbH verschiedene Varianten ihres Mattierungsmittels auf, die sich durch Besonderheiten in der Anwendung unterscheiden:

Radium-Mattine T 53 A (stark aufziehend)
Radium-Mattine T 53 B (mit besonders ausgeprägtem Egalisiervermögen)
Radium-Mattine T 53 C (langsam aufziehend)
Radium-Mattine T 53 K (besonders für Naturseidenstrümpfe).

Die Anwendung dieser Produkte ist sehr einfach: die Ware wird in der Lösung 15–30 Minuten bei Raumtemperatur umgezogen und dann nach Abtropfen direkt in ein mindestens 50° heisses Spülbad gebracht. Die Radium-Mattine verhalten sich wie richtige Farbstoffe: ihr Aufziehen kann durch Temperaturänderungen und Salzzusätze gesteuert werden. Götte[1]) hat eine sehr ausführliche Studie über die Temperatur- und Salzempfindlichkeit des Aufziehvermögens von Radium-Mattine T 53 veröffentlicht: die Erhöhung der Temperatur bewirkt ein stär-

[1]) Götte: Moderne Verfahren zum Nachmattieren von Gewirken und Geweben unter besonderer Berücksichtigung der substantiv aufziehenden Mattierung (Mell. *17* (1936) 236). Siehe auch Ranshaw: Delustring Viscose Rayon in the piece (Text. Manuf. *62* (1936) 232) und Anon.: Delustring with delustring substantive agents (Dyer Text. Printer *75* (1936) 573).

keres Abnehmen des Glanzes der Ware, während der Salzzusatz bis zu etwa 5 g pro Liter den gleichen Effekt hat, darüber hinaus aber die Wirkung des Mattierungsmittels eher beeinträchtigt.

Ein grosser Vorteil der Mattierung mit der Radium-Mattine besteht darin, dass sie von selbst einen weichen Griff der Ware ergibt, so dass der Zusatz eines Avivagemittels zum Mattierungsbad oder eine nachträgliche Avivierung sich in den meisten Fällen erübrigt. Hingegen kann es vorkommen, dass sie einen nachteiligen Einfluss auf gewisse Färbungen, unter anderen auf solche mit substantiven Farbstoffen, ausübt: es findet manchmal ein Farbumschlag statt, und auch die Echtheitseigenschaften können darunter leiden. Nach den Angaben der Herstellerfirma kann man diese Erscheinungen durch eine Nachbehandlung mit dem auf Seite 450 beschriebenen *Mattineentwickler T 170* oder mit der Marke *KM* in Mengen von 0,25–0,5 g pro Liter, dem Spülbad zugesetzt, vollkommen beheben: dadurch wird sogar der Mattierungseffekt noch etwas vertieft und auch seine Waschechtheit verbessert, was sich leicht erklären lässt, weil ja durch diese Behandlung eine zusätzliche Bildung von unlöslichen Substanzen stattfindet. Aus dem gleichen Grund werden oft die Nassechtheiten von substantiven Färbungen durch die Mattierung mit Radium-Mattine erhöht: die substantiven Farbstoffe sind fast alle höhermolekulare, sulfonatgruppenhaltige, also anionaktive Verbindungen, die auch mit dem kationaktiven Mattierungsmittel unlösliche salzartige Stoffe bilden können.

Bei der Mattierung mit Radium-Mattine ist die Bindung zwischen Pigment und Faser stark genug, um wasserecht zu sein. Sie kann aber einer energischen Wäsche mit Seife und Soda, besonders bei erhöhter Temperatur, nicht widerstehen und wird mehr oder weniger ausgewaschen. Eine an Hydroxylionen reiche Lauge kann die salzartige Bindung zwischen dem Fettalkoholsulfatanion und dem Laurylpyridiniumkation vollständig abspalten; ferner können anionaktive Waschmittel, die in Überschuss vorhanden sind, das unlösliche Salz der Radium-Mattine weitgehend zur Peptisation bringen und damit die Mattierung vernichten.

In einem weiteren *DRP 704.349* (1936) liess die Böhme Fettchemie GmbH die Verwendung solcher Pigmentdispersionen auf Basis von anionaktiven oder kationaktiven Dispergiermitteln schützen, denen Salze von Hexosaminen oder deren Polymeren zugesetzt sind: als solche kommen vor allem Produkte aus der alkalischen Hydrolyse von Chitin, zum Beispiel essigsaure Chitosaminlösungen in Frage. Werden zum Beispiel 40 Teile Viskosekunstseide in 1000 Teilen Wasser von 35°, die neben 2 Teilen einer substantiven Mattierungspaste nach dem *DRP 739 137* (siehe Seite 469), also Radium-Mattine, noch 10 Teile einer 6,5 %igen essigsauren Chitosaminlösung enthalten, während 10 Minuten behandelt, danach mit über 70° warmem Wasser neutral gespült und getrocknet, so erhalten sie zugleich eine wasch- und überfärbeechte Mattierung und einen weichen und vollen Griff.

Auch andere Firmen haben substantive Mattierungsmittel auf den Markt gebracht. So erhielt die Chemische Fabrik Dölau Zschimmer und Schwarz ein *franz. P. 832.288* (1938, deutsche Prior. 1937) für die Herstellung von Alkyläthern der Hydroxyalkylamine, die als Weichmacher eine vielseitige Anwendung in der Textilappretur finden konnten. In dieser Patentschrift wird auch erwähnt, dass solche höhermolekulare Alkyläther der Hydroxylamine, die noch mindestens eine freie Hydroxylgruppe enthalten, zu Salzen oder quaternären Ammoniumverbindungen umgewandelt werden können, die ihrerseits zusammen mit Pigmenten substantive Mattierungsmittel liefern können: erwähnt werden ein Mattierungsbad, das pro Liter 0,2 g des Dioktadezyläthers des Triäthanolammoniumformiats und 0,8 g Titandioxyd enthält, ferner Gemische von 25–80 % Pigment wie Titandioxyd, Zinksulfid oder China Clay und 75–20 % Dioktadezyl-, Dichloroleyl-, Dicetyl- oder Dilauryläther des Triäthanolammoniumformiats, -azetats oder -tartrats. Das entsprechende *DRP 689.175* (1937) ist viel enger gefasst und betrifft nur die Herstellung der Äther, während das entsprechende *amer. P. 2.297.221* (1938) den gleichen Wortlaut wie das oben erwähnte *franz. P. 832.288* hat und dem Alien Property Custodian, der amerikanischen Verwaltungsbehörde für fremdes Eigentum, zugesprochen wurde.

Auf dieser Grundlage beruhen offenbar die Handelsprodukte *Supramattan ZS* und *ZSU* der Firma Zschimmer und Schwarz, die für die Mattierung vor allem von Strümpfen, aber auch von anderen Wirkwaren und von Kunstseide im Strang empfohlen werden.

Ein anderes Patent, das *DRP 736.970* (1937), erhielt die gleiche Firma für ein anderes Mattierungsprodukt, das neben einem gewöhnlichen Weisspigment aus einer quaternären Ammoniumbase bereitet wird, die neben mindestens einem höheren aliphatischen oder zykloaliphatischen Rest mit mehr als 8 Kohlenstoffatomen mindestens zwei Oxyalkylgruppen aufweist: Dioxydiäthyldidodezyl-, Trioxyäthyloktadezyl-, Trioxyäthylhexadezyloxymethylammoniumhydroxyd oder Monopalmitinsäureester des Tetraoxyäthylammoniumhydroxyds.

Auch die I.G. Farbenindustrie hat sich mit diesem Problem beschäftigt. Als organische basische Produkte, die für die Zellulosefasern eine Affinität besitzen und zur Vorbereitung substantiver Mattierungsmittel dienen könnten, arbeitete sie eine Serie von Verbindungen aus, aus welchen einige schon auf Seite 435 in den *franz. P. 827.717*, *engl. P. 503.548* und *amer. P. 2.123.986* (alle 1937 mit deutscher Prior. 1936) als Komponenten besser haftender, auf den Fasern selbst gebildeter Pigmente erwähnt worden sind: Stearylbiguanid, Iminostearylaminomethylimidazolin, Stearoylverbindung des asym-Dimethylendiamins, usw. In einem weiteren *amer. P. 2.123.987* (1937, deutsche Prior. 1936) wurde die Verwendung solcher Verbindungen als kationaktive Dispergiermittel zur Vorbereitung von Pigmentsuspensionen beschrieben: zum Beispiel wird 1 kg eines Weisspigmentes wie Titandioxyd, Zinksulfid oder Bariumsulfat in der wässrigen Lösung von 150 g Dodezylbiguanidiumchlorid

$$\left[\begin{array}{c} C_{12}H_{25}\text{–HN–}\underset{\underset{\displaystyle H}{\displaystyle N}}{\overset{\|}{C}}\text{–}\overset{}{\underset{H}{N}}\text{–}\underset{\underset{\displaystyle H}{\displaystyle N}}{\overset{\|}{C}}\text{–}NH_2 \end{array}\right] . H^+ \quad Cl^-$$

gegebenenfalls unter Zusatz von 75–100 g Stearylsarkosintriäthanolamid, dispergiert, und dieses Gemisch nach Verdünnen auf 1000 Liter als Mattierungsbad verwendet.

Das *DRP 738.194* (1937, auch *belg. P. 426.845*, *franz. P. 834.971* und *amer. P. 2.185.427*) der gleichen Firma betrifft ein Verfahren zum gleichzeitigen Färben mit substantiven Farbstoffen und Mattieren von Kunstseide aus Zellulose, nach welchem als Mattierungsprodukt Gemische aus Pigmenten und den Alkylenoxyd-Anlagerungsprodukten der gleichen höhermolekularen Biguanide als Salzen der Salizylsäure dienen: erwähnt wird ein Salizylat des durch Anlagerung von Äthylenoxyd an Stearylbiguanid erhaltenen Polyäthoxyäthylstearylbiguanids mit etwa 50 % Äthylenoxydgehalt. Dieses Verfahren scheint bei der Herstellung von verschiedenen Mattierungsmitteln der I.G. Farbenindustrie verwendet worden zu sein: im F.I.A.T. Final Report 644, S. 138, sind folgende Produkte angegeben, die ein solches Salizylat enthalten:

Dullit MG:	Zinksulfid
	Polyäthoxyäthylstearylbiguanidsalizylat
	Igepal W (Alkylphenylpolyglykoläther)
	Appretan WL (Polyvinylmethyläther)
	Olivenöl
	75% Aktivsubstanz
Dullit RK:	Titandioxyd
	Aluminiumhydroxydgel mit 50% Al_2O_3
	Polyäthoxyäthylstearylbiguanidsalizylat
	45% Aktivsubstanz
Dullit S:	Zinksulfit
	Salizylat (?)
	Soromin DM (siehe dieses Werk, Band 2, Seite 592).

Der Träger des kationaktiven und substantiven Charakters dieser Produkte ist also

$$\left[\begin{array}{c} C_{18}H_{37}\text{–HN–}\underset{\underset{\displaystyle H}{\displaystyle N}}{\overset{\|}{C}}\text{–}\underset{H}{N}\text{–}\underset{\underset{\displaystyle H}{\displaystyle N}}{\overset{\|}{C}}\text{–NH–}(C_2H_4O)_nH \end{array}\right] . H^+ \quad {}^-OOC\text{–}C_6H_4\text{–}OH$$

Polyäthoxyäthylstearylbiguanidsalizylat,

wobei n (da die Polyoxyäthylenkette nach Patentschrift etwa 50 % des Kationgewichtes ausmacht) ungefähr 8 betragen soll.

Dullit MG wurde speziell für die Behandlung von Mischgeweben aus Wolle und Zellwolle geschaffen, bei welchen der Glanz des Kunstfaseranteils gegenüber der matteren Wollfasern als unerwünscht empfunden wird und bei Unifärbungen leicht einen unruhigen Eindruck verursacht. Da als substantives Mattierungsmittel Dullit MG nur auf die Zellwolle, nicht aber auf die Wolle aufzieht, ist es dank seiner Verwendung möglich, solchen Mischgespinsten und -geweben das Aussehen einer reinen Wollware zu verleihen[1]).

Dullit RK war vor allem bestimmt für die Mitverwendung mit Imprägniermitteln, wie die verschiedenen *Persistol-* und *Ramasit-*Marken (siehe dieses Werk, Band 3, Kap. XV) deren Wirksamkeit er nicht beeinträchtigt, also vor allem für die Mattierung von Regenmantelstoffen. Es hat sich gezeigt, dass die Waschechtheit von Dullit RK in diesen Fällen genügend ist. Es ist sogar möglich, durch Zugabe eines dritten Produktes zum Gemisch, wie *Kaurit KF* (siehe dieses Werk, Band 3, Kap. XIV) die Ware noch knitterfest zu machen, und zwar ohne dass ihr Griff zu stark beeinträchtigt würde. Auf anderen Stoffen, wo nur eine Mattierung erwünscht ist, kann die Waschbeständigkeit von Dullit RK durch Mitverwendung von *Dullit WE konz.* (siehe Seite 454) verstärkt werden: das sehr waschechte Zirkonhydrooxyd des letzteren fixiert das an sich stärker mattierende Pigment des Dullit RK waschfest auf den Fasern. Durch solche Kombinationen kann man sehr tiefe und zugleich echte Mattierungen erhalten[2]).

Dullit S verleiht der behandelten Ware, dank seinem Gehalt an Soromin DM, einem sehr wirksamen Weichmacher, einen besonders weichen und fülligen Griff. Es eignet sich für Kunstseide und Zellwolle aller Art, aber auch für Naturseide. Es ist unempfindlich gegen Härtebildner, nicht jedoch gegen Alkalität des Wassers. Seine Applikationseigenschaften: Aufziehgeschwindigkeit in Abhängigkeit der Temperatur und eines Salzzusatzes usw., entsprechen weitgehend denen des Radium-Mattine T 53[3]).

In dieser gleichen Produktengruppe wurde der amerikanischen Tochtergesellschaft der I.G. Farbenindustrie, der General Aniline and Film Corp., ein *amer. P. 2.390.975* (1944, auch *DBP 832.436*, ausg. 1952) erteilt, nach welchem im Gegensatz zum vorher besprochenen *amer. P. 2.123.986* der I.G. (siehe Seite 471) nicht die mehr oder weniger löslichen Salze der Alkylbiguanidbasen, und im Gegensatz zum *amer. P. 2.185.427* (siehe Seite 472) nicht die Salizylate der Äthylenoxyd-Anlagerungsprodukte dieser Basen, sondern diese Basen selbst

[1]) Siehe Mschr. Textil-Industrie *53* (1938) 255.

[2]) Siehe Menzinger: Neue Wege in der Mattierung (Mell. *21* (1940) 183).

[3]) Siehe Mschr. Textil-Industrie *53* (1938) 255.

als Bestandteil des Mattierungsmittels herangezogen werden. Da sie aber in freiem Zustand wasserunlöslich sind, müssen sie mit einem nichtionogenen Dispergiermittel dispergiert werden. Als Beispiel wird angegeben: 2600 Teile Zinksulfid und 300 Teile Stearylbiguanid werden mit 20 Teilen Oleylpolyglykoläther in 1080 Teilen Wasser 24 Stunden lang vermahlen, und die zu mattierende Zellulosekunstseide wird mit einer Lösung von 1 g dieser Masse in 1 Liter Wasser während einer halben Stunde bei 30° behandelt.

Als kationaktive Körper für solche Mattierungsmittel empfahl Bayer in seinem *DBP 886.590* (1944, ausg. 1953) wasserlösliche Peralkylierungsprodukte von Urethanen, die zur Oniumbildung befähigte Gruppen enthalten, insbesondere die Reaktionsprodukte aus Diisozyanaten und Dioxyverbindungen mit tertiären Stickstoff-, Phosphor- oder Thioäthergruppen. Als Beispiel wird ein Mattierungsbad erwähnt, das in 1000 Teilen Wasser 1 Teil Titandioxyd und 0,1 Teil eines mit Dimethylsulfat quaterniertes Polyethuran aus Methyldiäthanolamin und Hexandiisozyanat enthält. Es ist möglich, dass dieser Zusammensetzung das Produkt *Dullit SU* von Bayer entspricht, das für die Mattierung von Kreppgeweben, Zellwollkleiderstoffen und Trikotagestückwaren auf Haspelkufen oder Wannen in langer Flotte bestimmt ist (Flottenverhältnis 1:20 bis 1:50 je nach Art der Ware). Um ein restloses Ausziehen der Bäder zu erzielen, ist es in manchen Fällen notwendig, diesen Bädern 5–8 g pro Liter Glaubersalz zuzusetzen.

Zum gleichen Zweck sind im *engl. P. 777.488* (1954, auch *DBP 1.077.207*, *franz. P. 1.113.173* und *holl. P. 89.731*, alle schweiz. Prior. 1953 und 1954) der Ciba auch Vinyläther erwähnt, die mindestens eine quaternäre Ammoniumgruppe enthalten, wie zum Beispiel:

$$[CH_2{=}CH{-}O{-}CH_2CH_2{-}N(C_2H_5)_2^+{-}CH_2{-}CO{-}NH_2] \quad Cl^-$$

das aus der Quaternierung des Diäthylaminoäthyl-Vinyläthers mit Chlorazetamid gebildet wird. Anstelle des letzteren ist auch Epichlorhydrin verwendbar. Diese Verbindungen sind in monomerem Zustand, sofern sie sich von den gebräuchlichen anorganischen und organischen Säuren ableiten, wasserlöslich. Sie können dann polymerisiert oder mit Styrol, Butylakrylat usw. mischpolymerisiert werden, und zwar auch in Anwesenheit eines Substrats wie zum Beispiel Polyamidfasern, denen sie dann einen Matteffekt geben. Dazu werden die Fasern mit einer Lösung des Monomers imprägniert und die Polymerisation unter Zusatz eines geeigneten Katalysators wie Kaliumpersulfat durch Erhitzen des Materials vorgenommen. Eine zu diesem Zweck verwendbare Emulsion mit etwa 28 % Stoffgehalt erhält man zum Beispiel, indem man 21 Teile Styrol und 6 Teile n-Butylakrylat in ein Gemisch von 6 Teilen der 50 %igen Lösung eines oben erwähnten Vinyläthers, 2 Teilen Tri-(hydroxyäthyl)-laurylammoniumazetat, 0,1 Teil Isooktanol und 67 Teilen destillierten Wassers unter kräftigem Rühren hineinemulgiert.

Neben den schon besprochenen substantiven Mattierungsmitteln sind noch andere auf dem Markt, die von fast allen massgebenden chemischen Firmen, die das Gebiet der Textilveredlung bearbeiten, herausgegeben worden sind. Darunter sind als wichtigste Vertreter zu erwähnen:

Bura-Mattierung SU (Baur-Gaebel), wirkt mattierend und avivierend auf Zellulosefasern und Perlon.

Delustran O (Sandoz), für Kunstseide, Zellwolle, Seide, Nylon, auch für Strümpfe. Es ist wasser-, sogar wasserkochecht, aber nicht waschecht. Es ist geeignet als Zusatz zur Knitterechtausrüstung, wobei ausserdem seine Waschechtheit etwas verbessert wird.

Delustran WE (Sandoz) für Kunst- und Naturseide, aber nur für helle Nuancen im Strang oder Stück, und für die Strumpfmattierung, im Färbebad und im Druck hingegen nicht verwendbar.

Dullit FL (Bayer) ist für Zellulosefasern aller Art bestimmt und bietet den Vorteil, dass es die Farbtöne der mattierten Waren nicht oder nur wenig verändert, dass es Weisswaren kaum angilbt und gleichzeitig einen weichen und vollen Griff ergibt. Es ist gegen lauwarme Wäsche beständig. Je nach dem gewünschten Mattierungseffekt sind 10 bis 60 g Dullit FL pro Liter Flotte erforderlich.

Lumattin SL (Badische Anilin- und Soda-Fabrik) ist für die Mattierung von Reyon und Zellwolle auf Haspelkufe oder Jigger verwendbar. Die Anwendung kann auch auf dem Foulard, allerdings bei möglichst tiefer Temperatur, erfolgen, weil sich dann die Substantivität des Produktes kaum auswirkt. Die nötige Menge beträgt 1–2 g pro Liter bei einem Flottenverhältnis von etwa 1:20, und das Ausziehen erfolgt bei 35° im Verlaufe von $^1/_2$ Stunde. Durch vorsichtiges Zusetzen von Essigsäure 30 % in kleinen Portionen kann man dieses Ausziehen noch weiter verbessern.

Uromat M (Ciba) ist auf Basis von Titandioxyd hergestellt und ergibt auf Garnen, Geweben und Gewirken aus Kunstseide, Zellwolle oder natürlichen Fasern sowie auf Mischgespinsten wasserechte Mattierungseffekte neben einer guten Schiebefestigkeit. Es wird im allgemeinen in der letzten Nassoperation verwendet und ist dabei mit Weichmachern wie *Sapamin WL*, *WLS*, mit Produkten zum Wasserabstossendmachen wie *Migasol PJ*, *PJK* oder mit solchen zum Knitterfestmachen wie *Ureol P* kombinierbar. Den Mattierungsbädern muss zuerst 0,5 g Essigsäure 40 % pro Liter zugegeben werden und dann das Uromat M in Mengen von 1 bis 6 %.

β) Anionaktive substantive Nachmattierungsmittel

Nicht nur die kationaktiven, sondern auch gewisse anionaktive Produkte besonderer Zusammensetzung können eine gewisse Affinität für die Zellulosefasern aufweisen.

Einer der ersten erfolgreichen Versuche, auf diesem Weg zu einer echteren Mattierung zu kommen, ist im *DRP 669.299* (1932, auch *franz. P. 760.390* und *ital. P. 328.648*) der Oranienburger Chemischen Fabrik beschrieben: ein Sulfonat aus Oleylalkohol und Paraffinöl wird mit einem Weisspigment, ein wenig Leimpulver und Wasser vermischt. Für die Mattierung werden 8 % (auf Kunstseidengewicht gerechnet) bei einem Flottenverhältnis von 1:40 aufgelöst und pro Liter Flotte 0,5–1 g wasserfreies Kalziumchlorid zugesetzt, wodurch das Mattierungsbad vollständig erschöpft wird. Ein entsprechendes Handelspräparat kam unter dem Namen *Orapret MAT* auf den Markt. Nach dem *ital. P. 334.366* (1934, deutsche Prior. 1933) der gleichen Firm ı, einem Zusatz zum oben erwähnten *ital. P. 328.648*, kann das Gut zuerst mit der Lösung von Kalziumchlorid (oder von einem anderen Salz wie Zinksulfat, Barium- oder Aluminiumazetat oder -formiat) getränkt und dann, gegebenenfalls nach einer Zwischentrocknung, mit der wässrigen Lösung des Sulfonierungsproduktes, die das Mattierungspigment in Suspension hält, behandelt werden. Neben dem Orapret MAT, einem pastenförmigen Produkt, wurde auch unter dem Namen *Mattoran A* eine doppelt konzentrierte, pulverförmige Marke gleicher Zusammensetzung herausgegeben. Für eine Durchschnittsmattierung werden 8 g des ersten, bzw. 4 g des zweiten Produktes pro Liter Flotte verwendet, wobei die Wasserhärte 12° d. H. betragen soll; ist diese nicht vorhanden, dann muss sie mit Hilfe von Kalziumchlorid oder Magnesiumsulfat auf diesen Wert gebracht werden. Die Anwesenheit einer Mindestmenge solcher zweiwertiger Metallsalze ist nämlich notwendig, um den Produkten die richtige Substantivität zu verleihen. Die Behandlungsdauer beträgt etwa 20 Minuten bei einer Temperatur von 30–35°; dieser Wert sollte nicht überschritten werden, da bereits bei 40° eine Vergröberung der dispergierten Stoffe eintritt. Die so erhaltene Mattierung soll recht gut waschecht sein und ein Seifen mit 3 g Seife pro Liter bei 45° aushalten. Sie kann noch etwas echter gestaltet werden durch eine Nachbehandlung der mattierten Ware in einem kalten Spülbad, welches etwa 1 cm^3 Aluminiumsulfatlösung 6° Bé pro Liter enthält. Trotz der Einfachheit ihrer Anwendung und dem unbestreitbaren Vorteil, dass diese Produkte im Gegensatz zu den kationaktiven Mattierungsmitteln keinen nachteiligen Einfluss auf die Färbungen ausüben, dürften diese heute allerdings überholt sein.

Dass Tannin eine recht hohe Affinität für Zellulosefasern besitzt und von Kunstseide bis zu 14 % absorbiert werden kann, ist schon von der alten Zeit der Baumwollfärbung mit basischen Farbstoffen her bekannt; dort diente Tannin als Beize und ergab durch eine Behandlung mit Brechweinstein schliesslich unlösliche Verbindungen mit den Farbstoffen. Diese Eigenschaft hat Robin in seinem *franz. P. 761.869* (1932) ausgenutzt, um auf dieser Basis ein anionaktives substantives Mattierungsmittel zu schaffen. Als Beispiel einer Badzusammensetzung gab er an:

Tannin mit 80% $C_{14}H_{10}O_9.H_2O$	1 g pro Liter
Brechweinstein mit 43% Sb_2O_3	0,8 g pro Liter
Bariumchlorid $BaCl.2\ H_2O$	0,6 g pro Liter

und gegebenenfalls noch

Fettalkoholsulfat (Gardinol)	2,5 g pro Liter
Salizylsäure	2,5 g pro Liter.

Der Vorteil dieses Verfahrens soll in der vollkommenen Harmlosigkeit sowohl für das Verarbeitungspersonal als auch für die behandelten Fasern selbst liegen; dieses Verfahren soll der Ware eine frappante Ähnlichkeit mit der Naturseide geben, was Aussehen und Griff betrifft, und eine gute Waschechtheit gewährleisten. Zu einer grossen Bedeutung ist es aber trotzdem nicht gekommen.

Ein anderes Verfahren dieser Art ist im *DRP 651.231* (1934) der Chemischen Fabrik Stockhausen & Cie. beschrieben und hat zu dem ebenfalls gut bekannten Handelspräparat *Este-Mattierung HS* geführt. In Anwendung kommen nach diesem Verfahren als Dispergatoren für die Mattierungspigmente höhere Monofettsäureester der Polyglyzerine der allgemeinen Formel

$$\text{R–COO–}\left[\text{–CH}_2\text{–}\underset{\text{OH}}{\overset{\text{H}}{\underset{|}{\overset{|}{\text{C}}}}}\text{–CH}_2\text{–O–}\right]_x\text{–CH}_2\text{–}\underset{\text{OH}}{\overset{\text{H}}{\underset{|}{\overset{|}{\text{C}}}}}\text{–CH}_2\text{–OH}$$

deren Herstellung im *DRP 575.911* (1930) beschrieben ist. Eine auf diese Weise zubereitete Mattierungsflotte kann zum Beispiel pro Liter 1–3 g eines Gemisches aus 20 Teilen Kokosfettsäurepolyglyzerid, 60 Teilen Lithopon und 20 Teilen Wasser, dem man noch 0,3 g pro Liter Kalziumchlorid zugesetzt hat, enthalten. Hier auch soll dieser Zusatz von anorganischen Salzen (der zum Teil aus den Härtebildnern des Wassers bestehen kann) zusammen mit den patentierten Fettsäurepolyglyzeriden ein substantives Aufziehen der Pigmente begünstigen. Die Behandlung in einem solchen Bad dauert eine halbe Stunde bei 20°; dazu kommt noch eine Nachbehandlung bei 70–80° mit einem Bad, das 0,5 g pro Liter Ameisensäure 30 % enthält.

Die I.G. Farbenindustrie entwickelte ein Verfahren zum gleichzeitigen Färben von Kunstseide aus regenerierter Zellulose mit substantiven Farbstoffen und zum Mattieren, welches im *DRP 741.458* (1941, auch *franz. P. 878.424*) beschrieben ist: dem Färbebad werden geschwefelte Phenole zugegeben, die nach dem *franz. P. 701.405* (1930, deutsche Prior. 1929) durch Rückflusskochen von Phenol mit Schwefel in Anwesenheit einer konzentrierten Natriumkarbonatlösung hergestellt werden können. Als Farbstoffe dienen solche, die normalerweise aus neutralem Bad auf Zellulosefasern aufziehen. Die Behandlungsbäder werden mit Ameisensäure schwach angesäuert; so entstehen auf den Fasern farbige wasch- und überfärbeechte Pigmentierungen, die der Ware ein edelmattes Aussehen verleihen.

g) Nachmattierung mit Kunstharzen

Die Kunstharze haben nicht nur als Bindemittel für Mattierungspigmente Eingang in das Gebiet der Nachmattierung gefunden. Es gibt unter ihnen auch einige Typen, die von selbst sehr beachtenswerte Matteffekte ergeben können. Das Interessante an ihnen liegt vor allem darin, dass mit diesen Kunstharzen das Problem einer wirklich waschechten Mattierung als gelöst gelten kann; ferner sind keine Faserschädigungen zu befürchten, da sie ohne Pigmente arbeiten. Wohl sind die Schwierigkeiten am Anfang nicht ausgeblieben, aber die Kunstharze haben in der Textilveredlung eine derartige Verbreitung gefunden und zu derart vielen Studien und Arbeiten grundsätzlicher und anwendungstechnischer Natur Anlass gegeben, dass heute die Nachteile dieses Verfahrens weitgehend beseitigt sind.

α) Mit Aminoplasten

Die Anwendung von Kunststoffen auf Basis von Mono- und Dimethylolharnstoffen in der Appretur wurde im 2. Band dieses Werkes, Kap. VII, Seiten 81–106, und die der gleichen Produkte für die Knitterfestausrüstung im 3. Band, Kap. XIV, Seiten 336–446, eingehend besprochen, so dass es sich erübrigt, hier nochmals darauf zurückzukommen. Die Erzeugung von Matteffekten mit solchen Produkten beruht hingegen auf einem anderen Vorgang bei ihrer Kondensation, und die dabei auf den Fasern fertig gebildeten Harze haben nicht die gleiche Konstitution und natürlich auch nicht die gleichen Eigenschaften.

Will man durch Verwendung von Harnstoffharzen eine Erhöhung der Knitterfestigkeit erreichen, so muss man bestrebt sein, die Kondensation der einzelnen Moleküle zu Ketten, Ringen und schliesslich zu zwei- oder dreidimensional vernetzten Gebilden möglichst im Innern der Fasern vorzunehmen und sie so weit wie möglich zu treiben. Dazu stellt man zuerst die chemisch definierten monomeren Mono- und Dimethylolharnstoffe her:

$$O{=}C\begin{matrix}\diagup NH{-}CH_2OH\\ \diagdown NH_2\end{matrix} \qquad\qquad O{=}C\begin{matrix}\diagup NH{-}CH_2OH\\ \diagdown NH{-}CH_2OH\end{matrix}$$

Monomethylolharnstoff Dimethylolharnstoff

Diese Herstellung erfolgt durch Kondensation von Harnstoff mit Formaldehyd als konzentrierte wässrige Lösung in neutralem oder schwach alkalischem Medium. Beide sind monomolekular und wasserlöslich, und können als solche sehr gut in Form einer wässrigen Lösung tief ins Innere der Fasern eindringen. Für die Kondensation wird der Lösung noch ein saurer Katalysator zugesetzt, und die Ware wird nach dem Trocknen, das heisst in möglichst wasserarmem Zustand, einer Temperatur von mehr als 100° ausgesetzt. Die dabei gebildeten Kondensationsprodukte sind im Band 3 dieses Werkes, auf Seiten 351–353 ausführlich beschrieben.

Im Gegensatz dazu führt die Kondensation von Harnstoff und Formaldehyd in einer verdünnten, sauren wässrigen Lösung zuerst zur Bildung von Methylenharnstoffen, wovon es nach Walter[1]) verschiedene Formen geben kann:

$$O{=}C\left\langle\begin{matrix}NH_2\\ N{=}CH_2\end{matrix}\right. \qquad O{=}C\left\langle\begin{matrix}NH\\ NH\end{matrix}\right\rangle CH_2 \qquad H_2N\text{-}CO\text{-}N\left\langle\begin{matrix}CH_2\\ CH_2\end{matrix}\right\rangle N\text{-}CO\text{-}NH_2$$

Aus diesen entstehen durch weitere saure Kondensation sekundäre Methylenharnstoffe:

$$2\ O{=}C\left\langle\begin{matrix}NH_2\\ N{=}CH_2\end{matrix}\right. \longrightarrow H_2C\left\langle\begin{matrix}NH\text{-}CO\text{-}N{=}CH_2\\ NH\text{-}CO\text{-}NH_2\end{matrix}\right.$$

$$H_2C\left\langle\begin{matrix}NH\text{-}CO\text{-}N{=}CH_2\\ NH\text{-}CO\text{-}NH_2\end{matrix}\right. \longrightarrow H_2C\left\langle\begin{matrix}NH\text{-}CO\text{-}NH\\ NH\text{-}CO\text{-}NH\end{matrix}\right\rangle CH_2$$

und weiter noch höhere zyklische Verbindungen:

$$2x\ O{=}C\left\langle\begin{matrix}NH_2\\ N{=}CH_2\end{matrix}\right. \rightarrow H_2C\left\langle\begin{matrix}NH\text{-}CO\text{-}NH\text{-}(\text{-}CH_2\text{-}NH\text{-}CO\text{-}NH\text{-})_x\text{-}CH_2\text{-}NH\text{-}CO\text{-}NH\\ NH\text{-}CO\text{-}NH\text{-}(\text{-}CH_2\text{-}NH\text{-}CO\text{-}NH\text{-})_x\text{-}CH_2\text{-}NH\text{-}CO\text{-}NH\end{matrix}\right\rangle CH_2$$

Solche Verbindungen sind für die Knitterechtausrüstung wertlos, rufen aber auf den Fasern einen ausgesprochenen Matteffekt hervor. Den gleichen Effekt kann man aber auch mit den Mono- und Dimethylolharnstoffen erhalten, indem man sie einer gleichen «Entwicklung» in einem Säurebad unterzieht: es bilden sich dabei ringförmige Verbindungen etwa der Form

$$H_2N\text{-}CO\text{-}N\left\langle\begin{matrix}CH_2\text{---}N\text{-}CO\text{-}NH_2\\ \quad\quad\quad |\\ CH_2\text{-}O\text{-}CH_2\end{matrix}\right.$$

Daraus ergibt sich die Möglichkeit, beide Ausrüstungen, die Mattierung und das Knitterfestmachen, mit dem gleichen Ausgangsmaterial gleichzeitig durchzuführen und zu kombinieren. Dazu imprägniert man das Gut mit Lösungen, die neben Mono- oder Dimethylolharnstoff einen geeigneten Katalysator enthalten, trocknet und kondensiert bei erhöhter Temperatur bis zu einem gewissen Punkt, unterbricht dann die Kondensation und «entwickelt» darauf die nicht auskondensierten

[1]) Trans. Faraday Soc. *32* (1936) 377.

Anteile in einem Säurebad. Oder umgekehrt kann man zuerst die saure «Entwicklung» zum Teil durchführen, dann die Ware ohne Auswaschen trocknen und bei erhöhter Temperatur kondensieren[1]).

Die oben beschriebenen Eigenschaften der Methylenharnstoffe wurden von Foulds und Marsh für Nachmattierungszwecke ausgearbeitet. Das Ergebnis ihrer Arbeiten hat im *engl. P. 467.480* (1935, auch *amer. P. 2.416.988, franz. P. 807.424* und *österr. P. 155.792*) der Tootal Broadhurst Lee Co. Ltd. seinen Niederschlag gefunden. In diesem Patent wird die Bildung von Methylenharnstoffen auf Seide und synthetischen Zellulosefasern zwecks Mattierung und Beschwerung beschrieben. Diese Bildung kann auf verschiedene Weise erfolgen:

a) Zuerst wird die Ware in einem ersten Bad, das Harnstoff und Formaldehyd im Verhältnis 1:0,7 bis 1:1 enthält, behandelt, dann in einem zweiten, das eine Säure enthält; so kann man zum Beispiel 60 g Harnstoff, 100 cm^3 einer neutralen 40 %igen Formaldehydlösung (da die handelsüblichen Lösungen oft geringe Mengen von Ameisensäure enthalten, müssen sie zuerst neutralisiert werden) und 100 cm^3 Wasser ohne jedes Heizen miteinander mischen und die Ware bis zur vollständigen Imprägnierung in diese Lösung tauchen, dann zu einer Flottenaufnahme von 100 % abquetschen und mit einer 2 %igen Salzsäurelösung behandeln, bis die Mattierung fertig ist. Darauf wird mit einer Seifen- und Sodalösung, dann mit heissem Wasser gewaschen, entwässert und bei einer Temperatur getrocknet, die 105° nicht überschreiten darf.

b) Das erste Bad kann nur Harnstoff, und das zweite das Formaldehyd und die Säure enthalten.

c) Die drei Komponenten können auch mindestens zum Teil im ersten Bad vorhanden sein, und der Rest von mindestens einer dieser Komponenten dem zweiten Bad zugegeben werden, was zu einer Beschleunigung der Niederschlagsbildung führt. Diese Variante hat allerdings den Nachteil, dass sich dabei immer ein wenig Methylolharnstoff im Bad bildet, das dann ausfällt.

Die saure Entwicklung kann auch mittels Schwefelsäurelösung, oder mit HCl-Dämpfen erfolgen. Will man eine Beschwerung erhalten, muss man lediglich die angegebenen Mengen erhöhen. Da die Bildung der Methylenharnstoffe eine Zeitreaktion darstellt, muss die Ware lang genug im Säurebad gelassen werden, das heisst mindestens 6–7 Minuten, um eine vollkommene Mattierung zu erhalten. Die Patentschriften erwähnen ausdrücklich, dass bei diesem Verfahren kein zusammenhängender Film, sondern ein Niederschlag in nicht harzartiger Form gebildet wird, so dass nachträgliche Behandlungen, wie Färbungen oder Veredlungen, ohne weiteres möglich sind. Auf diese Weise kann

[1]) Siehe auch: A new process for delustering textiles (Text. Col. *61* (1939) 268).

man auch örtliche Effekte erhalten (siehe Seite 518 im Abschnitt C über Mattdruck).

Die schon erwähnte Kombination der Mattierung und der Knitterfestausrüstung auf Basis von Harnstoff-Formaldehyd-Kondensationsprodukten wurde zugunsten der gleichen Firma durch das *engl. Zusatzpatent 499.207* (1937) geschützt. Dazu wird das Textilgut mit der 50 %igen Lösung eines Harnstoff-Formaldehyd-Vorkondensats getränkt, das aus einem Gemisch von 120 Teilen Harnstoff und 150 Teilen 40 %igem Formaldehyd durch mehrstündiges Stehenlassen zubereitet wurde, dann wird die Ware abgepresst und sofort darauf in feuchtem Zustand so lange in 4 %ige Salzsäure getaucht, bis die gewünschte Mattierung erreicht ist. Darauf wird gewaschen, getrocknet, mit einer wässrigen Formaldehydlösung, die noch 0,75 % Weinsäure enthält, getränkt, wieder abgequetscht, getrocknet, während 2 Minuten bei 170° behandelt und schliesslich erneut gewaschen und getrocknet. Durch Veränderung der verwendeten Mengen kann das Verfahren in ziemlich weiten Grenzen dem gewünschten Zweck angepasst werden, und auch die Musterherstellung ist hier möglich. In einem weiteren *engl. Zusatzpatent 528.358* (1939) ist die schon erwähnte umgekehrte Variante dieses Verfahrens dargelegt: das Gut wird zuerst mit einer Lösung von Harnstoff und Formaldehyd oder deren Vorkondensationsprodukten unter den Bedingungen behandelt, die zu einer Erhöhung der Knitterfestigkeit führen: das heisst Tränken, Trocknen und Wärmebehandlung, dann ohne Zwischenwaschen bei gewöhnlicher Temperatur mit einer verdünnten wässrigen Säurelösung, die gegebenenfalls noch etwas Formaldehyd enthalten kann, nachbehandeln, bis die Mattierung erfolgt ist. Ein geeignetes Behandlungsbad kann zum Beispiel aus 50 Teilen Harnstoff und 100 Teilen neutralisierter 40 %iger Formaldehydlösung bestehen, die nach Zusatz von 3 % wässriger Ammoniaklösung von d = 0,88 während 3 Minuten unter Rückfluss gekocht, dann rasch abgekühlt, mit Wasser auf ein Gehalt von 50 % verdünnt und noch mit 0,7 % Weinsäure versetzt werden. Damit wird ein Cellulosehydrat-Kunstseidengewebe getränkt, abgepresst, getrocknet und während 2–3 Minuten bei 170° behandelt. Für die Bildung der Mattierung wird es dann bei Raumtemperatur mit einer etwa 2 %igen Salzsäurelösung getränkt, auf 80 % Gewichtszunahme abgequetscht und so lange in diesem Zustand gelassen, bis der gewünschte Effekt erreicht ist (etwa 5 bis 15 Minuten). Am Schluss wird noch wie üblich gewaschen und getrocknet.

Um darzulegen, zu welchen Variationen das Verfahren von Foulds und Marsh geeignet ist, sei noch ein *amer. P. 2.274.363* (ausg. 1942) der Tootal Boradhurst Lee Co. Ltd. erwähnt, nach welchem die Nachmattierung mit einer Pergamentierung, auch zur Erzeugung örtlicher Effekte, konbiniert ist. Dazu werden Harnstoffe und Formaldehyd in

Schwefelsäure der zum Pergamentieren nötigen Konzentration (etwa 60–70 %) gelöst, wobei durch Kühlung dafür gesorgt wird, dass die Temperatur 40° nicht überschreitet. Die gesamte Menge der gelösten Stoffe beträgt mindestens 6 %, und das Molverhältnis von Formaldehyd und Harnstoff soll höchstens 2:1 sein. Zellulosisches Material wird in getrocknetem Zustand mit einer solchen Lösung behandelt, und beim Waschen der behandelten Ware mit Wasser wird Methylenharnstoff gebildet.

Schliesslich gibt noch das *engl. P. 484.901* (1936, auch *belg. P. 423.028*, *franz. P. 825.394* und *schweiz. P. 202.831*) an, dass man die wasserunlöslichen, aber nicht harzartigen Methylenharnstoffe auch in Form von feinen Dispersionen verwenden kann. Solche Dispersionen erhält man durch Kondensation von Harnstoff und Formaldehyd mittels Säure als Katalysator in Anwesenheit von Laurylsulfat. Damit hat man es einfach mit einer gewöhnlichen Pigmentmattierung zu tun, mit allen ihren Vor- und Nachteilen: da die Kondensationsprodukte nicht in den Fasern gebildet, sondern nachträglich auf diese aufgebracht werden, ist die Waschbeständigkeit einer solchen Mattierung bestimmt weniger gut und muss durch Zusatz von Fixationsmitteln, wie Kautschukmilch oder wasserlöslichen Methylolharnstoffen verbessert werden. Im letzten Fall ergibt eine Wärmebehandlung natürlich zugleich noch eine Knitterfestausrüstung. Andererseits können solche Dispersionen von Methylenharnstoffen als Spinnmattierungsmittel dienen (siehe Seite 356).

Ungefähr zu der gleichen Zeit wie Foulds und Marsh konnte auch die Gesellschaft für Chemische Industrie in Basel Mattierungsprodukte auf Basis von Harnstoff-Formaldehyd-Verbindungen herstellen, die sich aber von denen der ersteren durch einen höheren Kondensationsgrad unterscheiden. Im *schweiz. P. 185.117* (1935) ist die Herstellung eines solchen Produktes wie folgt beschrieben: 1 kg eines Harnstoff-Formaldehyd-Kondensationsproduktes wird in 3 kg 85 %iger Ameisensäure durch kurzes Erhitzen gelöst. Bringt man dieses Präparat in Wasser ein, so entsteht eine kolloidale Lösung, aus der sich das Kondensationsprodukt allmählich ausscheidet, und die zum Mattieren von Kunstseide verwendet werden kann. Zu diesem Hauptpatent wurden noch folgende Zusatzpatente erteilt:

schweiz. Zusatzpatent 186.727: Lösen von 1 kg des Harnstoff-Formaldehyd-Kondensationsproduktes in 3 kg 40 %iger Essigsäure,

schweiz. Zusatzpatent 186.728: Kondensationsprodukt aus Thioharnstoff und Formaldehyd, das zu 1 kg in 3 kg Ameisensäure 85 % (wie im Hauptpatent) gelöst wird,

schweiz. Zusatzpatent 186.729: Lösen von 1 kg des Harnstoff-Formaldehyd-Kondensationsproduktes (vom Hauptpatent) in 4 kg konzentrierter Salzsäure.

Die entsprechenden ausländischen Patente sind ausführlicher und geben mehr Einzelheiten über das Verfahren an: im *franz. P. 804.221* (1936, schweiz. Prior. 1935, auch *engl. P. 469.688* und *österr. P. 149.978)* ist die Herstellung solcher Verbindungen beschrieben: 1 Mol Harnstoff und 2 Mol Formaldehyd werden durch Erhitzen während 6–8 Stunden in einem geschlossenen Gefäss bei ungefähr 100° zu einem wasserunlöslichen Polykondensat umgesetzt und bei niedriger Temperatur unter Vakuum getrocknet. Ein Teil dieses Produktes, in 3 Teilen Ameisensäure 85 % durch Erhitzen gelöst, ergibt durch weiteres Verdünnen mit 300 Teilen Wasser von 80° eine kolloidale Lösung, die nach Abkühlen auf 35° zum Mattieren von 10 Teilen Viskose benutzt werden kann. Diese verdünnte Lösung ist nämlich nicht stabil, sondern es bildet sich in ihr allmählich ein Niederschlag des Kondensationsprodukts in höchst feiner Form, der sich in Anwesenheit von Fasern sehr echt auf diesen fixiert.

Das *amer. P. 2.145.011* (1936) der gleichen Priorität gibt auch verschiedene Beispiele zur Herstellung von Kondensationsprodukten. Als Rohstoffe dienen dazu alle Verbindungen der allgemeinen Formel

$$X{=}C\begin{matrix}\nearrow NH{-}R_1\\ \searrow NH{-}R_2\end{matrix}$$

wobei R_1 und R_2 Wasserstoff oder ein Alkyl-, Aralkyl-, Aryl-, CN- oder $CO\text{-}NH_2$-Rest, und X O=, S= oder NH= bedeuten. Das *franz. Zusatzpatent 49.542* (ausg. 1949) zum *franz. P. 804.221* stellt dazu noch fest, dass solche Kondensationsprodukte durch geeignete Mittel auf den Fasern gefällt werden; nach dem *amer. P. 2.302.777* (1938) kommen dazu die Produkte des *amer. P. 2.145.011* in Frage, die mit einer starken Säure, wie Salzsäure, gelöst werden. Man behandelt das zu mattierende Gut in dieser lauwarmen Lösung, bis der gewünschte Matteffekt eingetreten ist.

Nach dem *schweiz. P. 202.522* (1937, auch *amer. P. 2.143.326, engl. P. 478.998, franz. P. 824.758* und *österr. P. 155.796*) sind die nach dem *franz. P. 804.221* (siehe oben) erhaltenen Kondensationsprodukte unter Umständen in Ameisensäure nur schwer löslich und bedürfen zur Herstellung vollkommen klarer Lösungen strengerer Bedingungen wie längere Einwirkungszeiten, höhere Temperaturen, usw., was aber, wahrscheinlich infolge von Hydrolysierungsvorgängen, zu Veränderungen ihrer Eigenschaften führen kann. Das kann vermieden werden, wenn man diese Kondensationsprodukte vor dem Auflösen in Säuren einem Quellungsprozess in Wasser unterzieht: dazu übergiesst man 1 kg eines schon beschriebenen, wasserunlöslichen Harnstoff-Formaldehyd-Kondensationsproduktes in fein gepulverter Form mit 1 Liter Wasser, rührt das Gemisch gut um und lässt es über Nacht stehen. Dann rührt man in das aufgequollene Produkt einen zweiten

Liter Wasser ein und lässt das Ganze mit 4 Litern 85 %iger Ameisensäure 20 Minuten bei 20° stehen, worauf die erhaltene klare Lösung mit 600 Litern Wasser von 35° und 300 g Kochsalz zu einem Mattierungsbad vermischt wird. Dieses Bad kann dann für die Mattierung von 20 kg Viskosekunstseide durch Behandlung während 30–40 Minuten verwendet werden. Das Rohkondensat selbst wird nach den Angaben des *franz. P. 804.221* hergestellt. Das bei niedrigerer Temperatur unter Vakuum getrocknete Produkt wird zuerst grob vermahlen und während 4 Stunden bei 120° erhitzt. Die so entstandene Masse wird dann sehr fein gemahlen und während 1 Stunde bei 100° gehärtet. Es ist interessant zu bemerken, dass das gequollene und in Ameisensäure gelöste Produkt irgend einen Reifeprozess erfahren muss, der temperaturabhängig ist: wenn man diese ameisensaure Lösung, statt wie oben angegeben (20 Minuten bei 20°) bei 30° stehen lässt, dann muss sie schon nach 10 Minuten dem Mattierungsbad zugegeben werden. Erfolgt diese Lagerung bei tieferer Temperatur, etwa bei 10°, wie es im Winter vorkommen kann, dann ist die Lösung erst nach einer Stunde gebrauchsfertig.

Das *amer. P. 2.302.778* (1939, schweiz. Prior. 1938, auch *engl. P. 528.686*, *franz. P. 853.669* und *ital. P. 373.506*) schützt die Mattierung von Textilgütern durch Behandlung in Lösungen, die Harnstoff und Formaldehyd im Molverhältnis 1:1 enthalten, sei es in Form von Monomethylolharnstoff oder eines Gemisches von Harnstoff und Dimethylolharnstoff, unter Zusatz eines sauren Kondensationsmittels. Der Mechanismus einer solchen Kondensation, ausgehend von Methylolverbindungen, wurde schon auf Seite 478 angedeutet. Bei diesem Verfahren darf das Flottenverhältnis 1:15 nicht überschritten werden. Man kann zum Beispiel 1 kg Viskoseseidengarn während 45 Minuten bei 25° mit 10 Litern eines Mattierungsbades behandeln, das 7,5 % Monomethylolharnstoff und 6 % Salzsäure 20° Bé, auf das Fasergewicht bezogen, enthält, dann spülen und trocknen.

Schliesslich wird noch im *amer. P. 2.302.779* (1939, schweiz. Prior. 1938, auch *DRP 742.993*, *belg. P. 436.481* und *engl. P. 537.467*) erwähnt, dass man die sauren Lösungen solcher Kondensationsprodukte auch auf stehendem Bad benutzen kann, wobei die verbrauchten Mengen der veschiedenen Produkte durch nachträgliche Zusätze ersetzt werden. Dabei ist es vorteilhaft, auch bei Flottenverhältnissen zu arbeiten, die unter 1:15 liegen, und die Konzentration des Kondensationsproduktes nicht unter 4,5 g pro Liter fallen zu lassen, und die Wasserstoffionenkonzentration nicht unter diejenige, die einem Gehalt von 2 cm^3 36 %iger Salzsäure pro Liter entsprechen würde.

Die durch diese umfangreiche Patentliteratur geschützten Arbeiten haben zu den bekannten Produkten *Uromat I* und *Uromat II* der Ciba AG geführt.

Uromat I entspricht in seinen Anwendungseigenschaften den Angaben des *schweiz. P. 202.522* (siehe Seite 483): es ist ein weisses wasserunlösliches Pulver, das zuerst mit der doppelten Menge Wasser unter Rühren angeteigt und dann mit der vierfachen Menge 85 %iger Ameisensäure gelöst werden muss. Die so zubereitete Lösung darf erst nach einer gewissen Zeit dem Mattierungsbad zugegeben werden. Diese Zeitspanne hängt von der Temperatur ab und beträgt

bei 15° C	35 Minuten	bei 23° C	17 Minuten
16° C	32 Minuten	24° C	16 Minuten
17° C	29 Minuten	25° C	14 Minuten
18° C	27 Minuten	26° C	13 Minuten
19° C	25 Minuten	27° C	12 Minuten
20° C	22 Minuten	28° C	11 Minuten
21° C	21 Minuten	29° C	9 Minuten
22° C	19 Minuten	30° C	8 Minuten

Ferner muss das Mattierungsbad eine bestimmte Menge Kochsalz enthalten, die vor dem Uromat I zugegeben wird und das Aufziehen begünstigen soll. Diese Menge variiert zwischen 0 und 0,5 g pro Liter je nach dem Material und ist in jedem Fall durch Labor-Vorversuche genau zu ermitteln: eine zu hohe Menge verursacht eine frühzeitige Ausfällung des Mattierungsmittels. Das Flottenverhältnis muss mindestens 1:30 sein, sogar 1:60, wenn die verwendete Uromatmenge 10 % des Warengewichts übersteigt. Dadurch werden die Beständigkeit des Bades und die Gleichmässigkeit der Mattierung verbessert. Uromat I wird vor allem nach dem Färben verwendet und verbessert in den meisten Fällen die Nassechtheiten der Färbungen, wahrscheinlich durch eine gewisse Kationaktivität des Kondensatkolloids. Der Griff der mit Uromat I mattierten Ware ist manchmal etwas hart und muss durch eine nachträgliche Weichmachung korrigiert werden.

Dieses Produkt mit der etwas komplizierten und gegenüber Unregelmässigkeiten empfindlichen Arbeitsweise wurde später durch das *Uromat II* ersetzt, das in jeder Hinsicht eine wesentliche Vereinfachung und Verbesserung des Verfahrens zur Erzielung einer waschechten Mattierung darstellt und sehr wahrscheinlich nach den Angaben des *amer. P. 2.302.778* (siehe Seite 484) aufgebaut ist. Da es überfärbeecht ist, kann es vor oder nach dem Färben verwendet werden, und wegen seiner hervorragenden Waschechtheit kann es mit der Spinnmattierung ernsthaft in Konkurrenz treten, da es auch bei dunkel gefärbter Ware eine genügende Mattierung ergibt. Mit ihm gewinnt die Ware auch noch ein besseres Aussehen, einen volleren Griff und eine erhöhte Schiebefestigkeit. Grundsätzlich besteht das Uromat II-Verfahren aus einer Behandlung des zu mattierenden Textilmaterials während 1–3 Stunden bei 20° C in einem Bad, das Uromat II und eine bestimmte Menge Salzsäure enthält, wobei sich allmählich ein wasserlösliches weisses Pigment auf den Fasern bildet. Ein energisches Bewegen der Ware in der Flotte ist erforderlich, damit diese Ausfällung gleichmässig und tatsächlich auf den Fasern erfolgt. Das Ergebnis der Behandlung hängt von folgenden Faktoren ab:

1. verwendete Uromat II-Menge und Flottenverhältnis;

2. Temperatur: sie soll 20° möglichst nicht überschreiten, sonst fällt die Mattierung schwächer aus;

3. Dauer der Mattierung, die von der Konzentration der Flotte abhängt: bei höheren Konzentrationen ist sie kürzer.

4. Bewegung des Materials: ein rascher Maschinengang ergibt eine stärkere Mattierung.

Nach Beendigung des Mattierungsprozesses soll die Ware gespült, mit 1–2 cm^3 Ammoniak konz. pro Liter neutralisiert, wiederum gespült, getrocknet und wenn möglich einer Hitzenachbehandlung bei über 100°, zum Beispiel während 10 Minuten bei 120° C, unterworfen werden. Eine misslungene Uromat II-Mattierung kann man durch Behandlung in einem Bad von 3 cm^3 konz. Salzsäure pro Liter im Flottenverhältnis 1:30 während etwa $^1/_2$ Stunde bei 70° wieder abziehen. Die Mattierung selbst kann auch auf schnell laufenden Jiggern bei einem Flottenverhältnis von 1:5 mit 15–20 g Uromat II und 15–20 g Salzsäure konz. pro Liter erfolgen.

In weiterer Ausarbeitung dieses Verfahrens hat die Ciba noch ein *franz. P. 866.321* (1940, auch *ital. P. 385.291*, beide schweiz. Prior. 1939 und 1940) erhalten, das das Veredeln von Zellulose- oder Zellulosehydrattextilien durch Kombinieren einer Mattierung mit einer Wasserabstossendappretur beschreibt. Als mattierende Komponente dienen dabei die im *amer. P. 2.145.011* (siehe Seite 483) erwähnten Produkte, und zum Wasserabstossendmachen Produkte der allgemeinen Formel

$$R–X–CH_2–Y–Z$$

worin R ein aliphatischer oder zykloaliphatischer Rest mit mindestens 8 Kohlenstoffatomen ist, X Sauerstoff (der auch einer Karbonsäureesterbrücke –COO– angehören kann), Schwefel oder eine primäre oder sekundäre Amin- oder Karbonsäureamidbrücke, Y Schwefel oder Sauerstoff (der auch einer Karbonsäureesterbrücke –COO– angehören kann) und Z ein Rest, der mindestens eine wasserlöslichmachende Gruppe enthält, wie sie in den *franz. P. 845.554* und *849.146* beschrieben sind: zum Beispiel Kondensationsprodukte aus Fettsäuremethylolamiden und Thioharnstoff oder Derivate der Fettalkyl-α-chlormethyläther.

Neben diesen Verfahren, die grundsätzliche Bedeutung haben, findet man in der Patentliteratur noch verschiedene Vorschläge, die Varianten darstellen oder Verbesserungen bringen.

So liess die Tootal Broadhurst Lee Co. Ltd. durch das *engl. P. 506.721* (1937) ein Veredlungsverfahren schützen, das gleichzeitig eine

Hydrophobierung und eine Knitterfestausrüstung oder Mattierung mit Harnstoff-Formaldehyd-Kondensationsprodukten gestattet, je nach den Arbeitsbedingungen gemäss dem auf Seite 478 beschriebenen Reaktionsschema. Die Hydrophobierung erfolgt in einer an sich bekannten Weise durch Behandlung mit einer quaternären Ammoniumverbindung, die man durch Umsetzung eines Karbamidsäureesters eines höheren Alkohols mit mindestens 10 Kohlenstoffatomen zusammen mit Formaldehyd, einem tertiären Amin wie Pyridin und einer Mineralsäure wie Salzsäure erhalten kann. Die Knitterfestausrüstung oder Mattierung erfolgt mit den dazu geeigneten Harnstoff-Formaldehyd-Verbindungen, gleichzeitig oder in einem besonderen Verfahren. Diese kombinierte Ausrüstung ist waschbeständig.

In seinem *franz. P. 855.284* (1939, deutsche Prior. 1938) bemerkte Eberle, dass die Waschechtheit der auf Basis von polykondensierten Methylenharnstoffen erhaltenen Mattierung nicht allen Ansprüchen genügen könne und empfahl zum Erzielen einer besseren Waschechtheit eine Behandlung mit Kondensationsprodukten aus Zyanamid oder Dizyandiamid, für sich oder in Mischung untereinander oder zusammen mit Harnstoff oder Thioharnstoff oder deren Derivaten, mit Formaldehyd, das man zum Beispiel durch Erwärmen auf dem Wasserbad während 4–5 Stunden von 25 Teilen Dizyandiamid und 50 Teilen Formaldehyd 30 % in Gegenwart von 14 Teilen Essigsäure 30 % und 11 Teilen Wasser erhalten kann.

Die Courtaulds Ltd. kombinierte, laut ihrem *engl. P. 517.890*, das Knitterfestmachen und die Mattierung von Zellulosehydrattextilien durch eine Behandlung mit der kalten wässrigen Lösung von zwei verschiedenen Harnstoff-Formaldehyd-Vorkondensaten, die kurz vorher mit einem sauren Katalysator versetzt wurden. Dabei bildet sich zuerst in der Kälte aus einem der Vorkondensate das wasserunlösliche, aber nicht harzartige, mattierende Pigment, und nachher, bei höherer Temperatur, aus dem zweiten Vorkondensat das ebenfalls wasserunlösliche, aber harzartige, knitterfestmachende Kondensationsprodukt, dessen Bildung noch durch eine nachträgliche Wärmebehandlung vervollkommnet wird. Als Katalysator für dieses Verfahren eignen sich am besten Gemische von schwachen Säuren wie Milch- oder Weinsäure, die vor allem in der Kälte wirken, mit Substanzen, die bei höheren Temperaturen sauer wirken, wie zum Beispiel Ammoniumsulfat. Diese bewirken dann die zweite Kondensation. Der pH-Wert der Behandlungsflotte soll am besten auf 2,5–3 eingestellt werden. Zur Bereitung einer solchen Flotte kann man zum Beispiel 200 Teile Harnstoff und 440 Teile einer handelsüblichen Formaldehydlösung allmählich mit NaOH auf pH 7,5–8 bringen und dann mit 20 Teilen einer Ammoniaklösung von $d = 0{,}88$ versetzen und darauf die Mischung während 4 Minuten kochen, und andrerseits 270 Teile Harnstoff und 684 Teile Formaldehydlösung mit NaOH bis pH 9 versetzen und 14–16 Stunden bei gewöhnlicher Temperatur verrühren. Das Behandlungsbad selbst besteht dann aus 16 Teilen des ersten und 24 Teilen des zweiten Vorkondensates, 1,5 Teilen Milchsäure, 0,5 Teilen Ammoniumsulfat und 58 Teilen Wasser, womit das Textilgut getränkt, auf eine Gewichtszunahme von 100 % abgequetscht, für einige Zeit bei Raumtemperatur abgelegt, getrocknet und dann während $2^1/_2$ Minuten einer Temperatur von 145° ausgesetzt wird.

Nach dem *schweiz. P. 229.183* (1942, deutsche Prior. 1941) der I.G. Farbenindustrie erhält man leichter lösliche Vorkondensate, auch solche, die zum Mattieren bestimmt sind, wenn man 1 Mol Melamin mit 5 Molen Formaldehyd unter Mitkondensierung von Formamid umsetzt: man erhält auf diese Weise eine hellgelbe, weiche Paste, die in der Wärme klar schmilzt und in Wasser leichtlöslich ist. Das *schweiz. Zusatzpatent 233.344* zu diesem Patent beschreibt die Herstellung eines solchen Produktes aus 1 Mol Melamin und 8 Molen Formaldehyd in Anwesenheit von Glykol und Formamid, das in Wasser klar löslich ist und dessen Lösung (die für die Anwendung auf pH 8 eingestellt ist) sehr lang haltbar ist.

Die British Celanese Ltd. hat in ihrem *engl. P. 568.438* (1944) ein solches Mattierungsverfahren für die Zellulosederivatfasern ausgearbeitet. Nach Behandlung mit der wässrigen Suspension von Kondensationsprodukten aus Melamin und Formaldehyd, wobei schwache Säuren als Kondensationskatalysatoren genügen, ist die Ware waschecht mattiert und lässt sich trotzdem mit Dispersionsfarbstoffen leicht färben.

Das *DRP 748.039* (1938) von Wünschmann sieht einen Zusatz von Alaunen vor als Katalysatoren für ein Mattierungsverfahren auf Basis von Harnstoff und Formaldehyd oder deren Homologen, das warm angewendet wird und mit dem Färben kombiniert werden kann.

Nach den Angaben des *DBP 857.337* (1944) der Cassella Farbwerke Mainkur, soll die Lichtechtheit der konventionellen Aminoplaste auf Basis von Aminotriazinen, die zum Mattieren, Hydrophobieren, Knitterfest- oder Schiebefestmachen von Textilien verwendet werden, nicht die beste sein. Besser wird sie, wenn man zu diesen verschiedenen Zwecken Abkömmlinge vom 2,6–Diaminotriazin-1,3,5 verwendet, die in 4-Stellung eine durch eine Alkoxygruppe substituierte Alkylgruppe enthalten, wie zum Beispiel die Tetramethylolverbindung des 2,6-Diamino-4-(α-äthoxy)-äthyl-1,3,5-triazins.

Für die Mattierung von Kunstseide verwendet die De Wit's Textiel Nijverheid N.V., laut den Angaben ihres *holl. P. 77.827* (1951), in alkalischem Medium hergestellte Kondensationsprodukte aus Harnstoff oder Melamin und Formaldehyd, die in schwach saurem Medium unlöslich, in stark saurem Medium jedoch löslich sind und für die Verwendung in einer verdünnten Säurelösung gelöst werden, deren pH-

Wert unter 0 liegt. Die zu mattierende Ware wird zuerst mit einer solchen Lösung behandelt und dann mit sehr viel Wasser gespült: dadurch erreicht man eine starke Verdünnung der sauren Lösung, die sich auf den Fasern befindet, anders gesagt, eine Erhöhung des pH-Wertes, wobei das Kondensationsprodukt ausfällt und sich auf den Fasern niederschlägt. Zur Herstellung eines in diesem Sinne verwendbaren Kondensationsproduktes kann man zum Beispiel 3,5 kg Harnstoff in 4 Liter Wasser lösen und mit 4 Liter Formaldehydlösung 40 % mischen, dem Gemisch 250 g Ammoniak 25 % und 250 g Triäthanolamin zufügen, und das Reaktionsgemisch in der gleichen Menge Salzsäure 38 % lösen. Mit dieser Lösung wird dann das Gewebe foulardiert, mit viel kaltem Wasser gespült, säurefrei gewaschen und geseift. Die entstandene Mattierung ist waschecht, und die Knitterfestigkeit der Ware soll zugleich verbessert werden.

In der Praxis hat ein Verfahren Anklang gefunden, das zur Mattierung glänzender Textilmaterialien aller Art, wie Kunstseide, Zellwolle, Azetatkunstseide, Perlon, Nylon, usw. im Einbadverfahren bestimmt ist und im *ostdeutschen P. 6.401* (1952) von Frotscher und Franke beschrieben wird. Es ist eine Art Kombination der Mattierung mit kationaktiven Stoffen nach dem Modell der *Radium-Mattine* (siehe Seite 469) und derjenigen mit Aminoplasten. Dazu werden durch Kondensation von Dizyandiamid und Guanylharnstoffsalzen (im Mol-Verhältnis 4:1 bis 1:4, am besten 3:1) mit Formaldehyd (wobei das Verhältnis der Summe der Stickstoffverbindungen zum Aldehyd 1:1 bis 1:3, am besten 1:1,5 betragen soll) erhaltene wasserlösliche kationaktive Harze verwendet, die in Wasser gelöst mit der Lösung einer anionaktiven kapillaraktiven Verbindung, wie Alkylsulfate, Alkylsulfonate, Alkylpyrophosphate und anderen mehr versetzt werden. Es entsteht auf diesem Weg eine sehr feine Dispersion, die in Anwesenheit von Textilfasern auf diese praktisch quantitativ aufziehen. Eine wichtige Bedingung zum Gelingen der Operation ist, dass die anionaktive Substanz möglichst wenig Fremdelektrolyte, besonders Salze, enthält, sonst bilden sich statt der feinen Dispersion unlösliche Niederschläge. Als besonders geeignet hat sich in dieser Hinsicht ein salzarmes Ölsäurebutylestersulfat erwiesen[1]). Erwähnt wird als Beispiel der Zusatz von 2,5 g eines etwa 50 %igen Harzes aus 4 Mol Dizyandiamid, 1 Mol Ameisensäure und 6 Molen Formaldehyd (in der 5–10fachen Menge Wasser von 40° gelöst) zu einer Lösung von 2 g pro Liter eines salzarmen Ölsäurebutylestersulfates. Eine solche kationaktive Harzkomponente dieses Mattierungsmittels wurde unter dem Namen *Echtmattierung 1254* von dem ostdeutschen VEB Fettchemie in den

[1]) Solche Produkte werden von zahlreichen Firmen hergestellt; das bekannteste ist *Avirol AH* der Böhme Fettchemie. Für weitere Einzelheiten über diese Produkte siehe dieses Werk, Band 2, Seite 328.

Handel gebracht. Die gleiche Firma vertreibt auch unter der Bezeichnung *Rolavin AH* das salzarme Ölsäurebutylestersulfat. Bei einem Flottenverhältnis von 1:20 bis 1:30 werden 3–8 g pro Liter Echtmattierung 1254 zur Anwendung auf Viskose-, Kupfer- oder Azetatseide, und durchschnittlich 1–4 g pro Liter zur Anwendung auf Polyamidfasern empfohlen; beim Arbeiten auf dem Foulard sind Konzentrationen von 30–40 g pro Liter für eine schwache Mattierung, und von 50–60 g pro Liter für einen stärkeren Effekt erforderlich. Die Behandlung soll bei 60° erfolgen und etwa 30 Minuten dauern. Das Aufziehvermögen des Produktes hängt vom pH ab und ist bei pH 6 am günstigsten; bei höheren Werten ist es zu hoch und kann im alkalischen Bereich zu Ausflockungen führen, während eine saure Reaktion der Flotte das Aufziehen bremst. Das mattierte Gut muss bei mindestens 80° getrocknet werden, wenn eine genügende Echtheit erreicht werden soll. Das Mattierungsbad wird in der Weise angesetzt, dass zuerst die erforderliche Menge Echtmattierung 1254 im 60° warmen Bad gelöst und dann mit einer 5 %igen Rolavin AH-Lösung in einem ganz bestimmten Verhältnis versetzt wird, das von der Arbeitsweise abhängt:

	Echtmattierung 1254	Rolavin AH 5%
in der Kufe	direkt dem Bad zugegeben	3mal die Menge Echtmattierung
mit Stammlösungen	mit der 11fachen Menge Wasser gelöst	1,6mal die Menge Echtmattierung
auf dem Foulard	mit der 20fachen Menge Wasser gelöst	2mal die Menge Echtmattierung

Diese Mattierungsart hat nur einen geringfügigen Einfluss auf den Farbton, kann aber in einzelnen Fällen die Lichtechtheit der Färbungen beeinträchtigen. Andrerseits kann sie als kationaktive Verbindung das Aufziehen von substantiven Farbstoffen begünstigen, wenn sie vor dem Färben aufgetragen wird, oder deren Nassechtheiten verbessern, wenn sie nach der Färbung zur Anwendung kommt. Der Griff der behandelten Ware ist nicht unangenehm.

Nach dem *franz. P. 1.093.238* (1954) von Akkawi kann man Zellulose- oder Superpolyamidfasern vor der Permanentmattierung mit Kunstharzen einer quellend wirkenden Vorbehandlung mit nichtionogenen Alkylphenylpolyglykoläthern unterziehen, die zugleich entfettend wirkt.

Für das Mattieren von Textilien im allgemeinen und von Zelluloseazetat im besonderen hat auch die British Celanese Ltd. auf der Basis von Aminoplasten ein eigenes Verfahren entwickelt, das in ihrem *engl. P. 865.857* (1956, auch *amer. P. 2.974.065*) wie folgt beschrieben ist: als eigentliche Mattierungsmittel können die wasserlöslichen Vorkondensate aus den verschiedenen bekannten dazu geeigneten Stickstoffverbindungen, wie Harnstoff, Thioharnstoff, Äthylenharnstoff oder Melamin, dienen; die weitere Kondensation wird durch eine Säure, deren Dissoziazionskonstante höher als 10^{-4} ist und die in einer Dampfatmosphäre von 100° nicht flüchtig ist, oder durch das Ammoniumsalz einer solchen Säure katalysiert. Ein geeignetes Vorkondensat kann zum Beispiel durch Umsetzung von 48 Teilen Melamin mit 180 Teilen Formaldehyd 38–40 % in der Wärme hergestellt werden, bis das Gemisch klar wird. Zum Gebrauch werden 80 Teile dieses Stoffes mit 120 Teilen Wasser, 2,5 Teilen Zitronensäure und 5 Teilen eines äthoxylierten Cetylalkohols als Dispergiermittel vermischt. Das zu mattierende Gewebe wird damit bis auf etwa 80 % Flottenaufnahme imprägniert und so erwärmt, dass es immer feucht bleibt: am besten während 4–9 Minuten in einem Dämpfer bei 80°. Abschliessend wird noch mit einem anionischen oder nichtionogenen Waschmittel während 3–5 Minuten bei 60° geseift. Die so erhaltene Mattierung ist gleichmässig, von angenehmem Griff, waschecht und trockenreinigungsbeständig, und, auf Azetatkunstseide angewendet, bügelecht.

Das *DBP 912.085* (1943, Anm. bek. gem. 1952) der BASF beschreibt ein Verfahren zum Mattieren und Kräuseln von synthetischen Polyamid- und Polyurethanfasern mit Lösungen von Aminoplaste bildenden Komponenten (zum Beispiel Harnstoff und Formaldehyd) mit Aluminiumchlorid als Katalysator, die zugleich noch Polyäthylenimin und ein Oktadezylglykoläther als Kalkseifendispergiermittel enthalten.

Als Nachmattierungsmittel, die auf Basis von Aminoplast-Vorkondensaten beruhen, kann man noch erwähnen:

Dullit D der I.G. Farbenindustrie, das im wesentlichen aus Dimethylolharnstoff besteht und vor allem für den Textildruck bestimmt (siehe Seite 518), aber auch für die Stückmattierung verwendbar ist. Dazu wird es in Wasser von 40–50° unter Zusatz von Ammoniak gelöst, mit einer Lösung von Soromin AF[1]) und einer Tragant- oder Johannisbrotkernmehlverdickung versetzt und auf einem Dreiwalzenfoulard aufgeklotzt. Nach dem Trocknen in einer Hotflue wird kurz gedämpft, mit einer kalten Lösung von 40 g Oxalsäure oder 70 g Salzsäure 20° Bé pro Liter behandelt und nicht zu stark abgequetscht. Darauf wird die Ware während etwa 10–15 Minuten an der Luft zur Entwicklung der Mattierung feucht liegen gelassen, dann gut gespült, wenn nötig neutralisiert und geseift[2]).

Echtmattierung ZS der Firma Zschimmer und Schwarz ist ein ähnliches Produkt, das zur waschfesten Mattierung von Viskose oder Kupferkunstseide (im Flottenverhältnis 1:10 in Mengen von 10–15 % des Warengewichtes, in der zehnfachen Menge Wasser von 60–70° aufgelöst) dem Mattierungsbad zugegeben wird. Die Ware wird zuerst

---

[1]) Siehe dieses Werk, Band 2, Seiten 454 und 600.

[2]) Siehe Mell. *19* (1938) 536.

während 15 Minuten in diesem Bad behandelt, dann werden 8–10 % des Warengewichts Salzsäure und eine Lösung von 2 % (ebenfalls des Warengewichts) Oxalsäure zugesetzt, worauf die Behandlung während weiteren 60 Minuten ohne Temperaturerhöhung weitergeführt wird. Anschliessend wird mit einem Ammoniakbad neutralisiert. Die erhaltene Mattierung ist im üblichen Rahmen waschbeständig, ferner überfärbeecht und beeinträchtigt die Lichtechtheit der Färbungen nicht[1]).

β) Mit verschiedenen natürlichen und synthetischen Hochpolymeren

Schon in der älteren Patentliteratur findet man für die Zwecke der Nachmattierung verschiedene Vorschläge zur Anwendung von natürlichen Hochpolymeren und in letzter Zeit haben sich auch solche daran angeschlossen, die für den gleichen Zweck die synthetischen Hochpolymeren nutzbar machen wollen.

Naturgummi ist schon im *franz. P. 710.228* (1930, deutsche Prior. 1930) der Diamalt AG erwähnt, nach welchem er in Form von Latexemulsion zusammen mit Wachsen oder teilweise verseiften Wachsen und einem Schutzkolloid verwendet wird. Eine zusätzliche Behandlung der damit mattierten Ware mit einem Aluminiumazetat- oder -formiatbad sollte den Effekt noch erhöhen.

Die Chemische Fabrik Stockhausen bemerkte, dass ammoniakhaltige Kautschukmilch als solche für die Mattierung nicht verwendbar sei und dass ein Zusatz von Aluminiumsulfat zu einer solchen Milch eine Flokulation hervorrufe. Nach ihrem *DRP 566.295* (1930) mischt sich hingegen Natriumaluminat ohne weiteres mit der Kautschukmilch und erwirkt zudem eine Quellung der Fasern, was zu einer tieferen Einlagerung des Mattierungsmittels führt.

Vor allem zum Mattieren von Kunstseidenstrümpfen verwendete die Naugatuck Chemical Co. laut ihrem *engl. P. 403.394* (1932, amer. Prior. 1931), zu den Färbebädern einen Zusatz einer wässrigen Kautschukdispersion. Die Temperatur dieser Bäder wird nach dem Einführen der Ware so weit erhöht, dass der Farbstoff aufziehen, der Kautschuk aber nicht koagulieren kann. Ist dann der Färbe- und Imprägnierprozess beendet, so erfolgt die Koagulation durch Zusatz von Alaun, Kalziumchlorid, Magnesiumsulfat, Essig- oder Gerbsäure. Durch Zusatz von Seifen zu den gleichen Bädern, die durch die Koagulationsmittel ebenfalls gefällt werden, kann man den Effekt noch verstärken. Neben der Mattierung wird noch die Tragfähigkeit der Strümpfe verbessert und ihr Griff weicher gestaltet.

Zellulose-äther oder -ester wurden von der I.G. Farbenindustrie in ihrem *DRP 518.194* (1929) zum Glanzlosmachen von Fasern aus

[1]) Siehe Mell. *20* (1939) 388 und Anon.: Spinnmattierung oder Nachmattierung (Appretur-Ztg. *32* (1940) 3).

regenerierter Zellulose empfohlen: die Ware wird mit Lösungen von Benzyl-, Äthyl- oder Azetylzellulose in Lösungsmitteln oder deren Gemischen imprägniert, wobei die Anwesenheit von Nichtlösern (wie Wasser, Alkohol oder Glyzerin) in diesen Lösungen beim Trocknen eine Trübung der auf den Fasern entstehenden Filmschicht verursacht. Die gleiche Firma schlug auch in ihrem *DRP 525.645* (1925) vor, die spinnfertigen Fäden mit Zellstofflösungen nachzubehandeln und dann den Zellstoff zu fällen.

Ein ähnliches Verfahren ist auch im *engl. P. 386.753* (1931) der Harben's Viscose Silk Manufacturers Ltd. beschrieben: die zu entglänzenden Kunstseidenfäden beliebigen Ursprungs werden durch eine verdünnte, nur 0,5–3 %ige Viskoselösung durchgezogen, abgequetscht und mit einem üblichen mineralsauren Fällungsbad für Viskose nachbehandelt. Dadurch wird die Zellulose innerhalb der Fäden gefällt und die erzielte Mattierung ist waschecht.

Wesentlich mehr Anklang haben für die Zwecke der Nachmattierung die *Polyvinylkunstharze* gefunden, wie sie im *DRP 602.758* (1932, auch *franz. P. 762.899*) der I.G. Farbenindustrie beschrieben sind. Danach kann man Kunstseide aus Zelluloseester- oder -äther oder aus regenerierter Zellulose mit wässrigen Dispersionen wasserunlöslicher polymerer Vinylverbindungen (Polyvinylchlorid, Polyvinylazetat, Polyakrylsäuremethylester, Polystyrol) mattieren, denen man nötigenfalls noch andere Mattierungsmittel wie Walkerde, ungefärbte Pigmente, oder andere Substanzen wie Öle, Fette, Wachse, Kautschuklatex, oberflächenaktive Textilbehandlungsmittel usw. zusetzen kann. Als Beispiel wird die Behandlung eines Trikotgewebes aus Viskosekunstseide – während einer halben Stunde bei gewöhnlicher Temperatur – mit einem Bad von etwa 50 cm^3 pro Liter einer 20 %igen Dispersion von Polyvinylchlorid erwähnt. Diese Behandlung kann mit anderen Veredlungsprozessen, zum Beispiel mit dem Färben, kombiniert werden und ergibt eine waschbeständige Mattierung mit dem Aussehen der Naturseide. In der Praxis haben sich zu diesem Zweck vor allem die für die beständige Appretur sehr oft verwendeten Polyvinylazetatdispersionen vom Typus Mowilith[1]) bewährt, und heute erwähnen alle Hersteller solcher Dispersionen, dass damit die Mattierung von Kunstseide und auch von vollsynthetischen Fasern möglich ist. Besonders für die Mattierung von Damenstrümpfen, bei denen nicht zu hohe Anforderungen an die Waschechtheit gestellt werden, sind diese Produkte wegen ihres verhältnismässig tiefen Preises und der Einfachheit ihrer Applikation recht interessant[2]).

---

[1]) Für weitere Einzelheiten über diese Polyvinylazetatdispersionen siehe dieses Werk, Band 2, Seiten 122 und 208, und Band 3, Seite 132.

[2]) Siehe auch V. S.: Matification des soies artificielles (Ind. textile *51* (1934) 259).

Die Firma E.I. du Pont de Nemours hat durch ihr *amer. P. 2.343.089* (1940) ein Ausrüstungsverfahren für Textilien schützen lassen, das auf der Verwendung beständiger Dispersionen von Alkylmethakrylaten beruht, welche als Dispergiermittel nichtpolare wasserlösliche Schutzkolloide höheren Molekulargewichts enthalten: teilweise verseifte Polyvinylester, Methylzellulose, Oleylalkoholpolyglykoläther usw. Ein Zusatz des wasserlöslichen Salzes eines mehrwertigen Metalls, wie Aluminiumazetat, soll den Dispersionen die notwendige Substantivität verleihen. Diese Dispersionen sollen dann zum Mattieren von Seide und Nylon geeignet sein und einen waschbeständigen Effekt ergeben. Nach dem *amer. P. 2.343.090* ist die Substantivität dieser Dispersionen noch besser, wenn man ihnen eine kationaktive oberflächenaktive Verbindung wie Stearyltrimethylammoniumbromid zugibt; das Gemisch ist dann auch für Zellulosefasern verwendbar, denen es neben der Mattierung einen volleren Griff, eine gewisse Steifheit und Maschenfestigkeit verleiht, alles mit guter Waschbeständigkeit. Endlich gibt das *amer. P. 2.343.094*, ebenfalls der gleichen Firma, ein Appreturmittel für Seide, Wolle und Nylon an, das aus den gleichen Dispersionen wie die Produkte des *amer. P. 2.343.089* besteht, denen aber ein Zusatz von Azetat des entazetylierten Chitins (das für Mattierungszwecke schon im *amer. P. 2.099.363*[1]) erwähnt wurde) die Eigenschaft verleihen soll, auf den erwähnten Textilien eine gute, nicht stäubende Mattierung zu bewirken.

Zum Entglänzen von Azetatseide empfiehlt die Röhm u. Haas Co. in ihrem *amer. P. 2.350.032* (ausg. 1944) eine Imprägnierung im Betrag von 0,25–4 % mit einem Mischpolymerisat aus 50–90 % Akrylnitril und 50–10 % Äthylakrylat, das als Dispersion in einem wässrigen Medium zur Anwendung kommt.

In ihrem *DRP 710.444* (1936) schlägt die gleiche Firma vor, die zu mattierende Kunstseide zuerst mit der wässrigen Dispersion eines filmbildenden und klebrigen Polymerisates oder Mischpolymerisates aus Vinyl-, Akryl- oder Methakrylverbindungen zu behandeln, dann aber – nach einem Elektrolyt-Zwischenbad – mit der wässrigen Dispersion eines nichtfilmbildenden Polymerisates oder Mischpolymerisates aus ähnlichen Verbindungen. Die Polymerisate oder Mischpolymerisate der ersten Art können aus dem Äthyl- oder Butylester der Akrylsäure, dem Amyl- oder Hexylester der Methakrylsäure, Vinyläthern oder Vinylazetat bestehen, die der zweiten Art jedoch aus Methakrylsäuremethylester oder -äthylester, Methakrylsäurenitril, Akrylsäurenitril oder Vinylchlorid. Die Kunstseide ist dann waschfest mattiert und zugleich besser schiebefest.

Bayer hat nach seinem *DBP 874.753* (1940, ausg. 1953) ein Mattierungsverfahren auf der Basis von *Polyestern* ausgearbeitet, die

[1]) Siehe Seite 456.

aus Dikarbonsäuren und Dialkoholen bestehen und ferner noch als dritte Kondensationskomponente eine Verbindung mit einem basischen Stickstoffatom enthalten. Ausserdem kann die Polyesterkette ausser durch die Estergruppen noch durch andere Heteroatome bzw. -gruppen unterbrochen werden; doch soll sie nicht zu lang sein. Als Beispiel wird ein Kondensationsprodukt aus 1 Mol Adipinsäure, 0,8 Mol 1,4-Butylenglykol und 0,2 Mol Methyldioxyäthylamin angegeben. Diese Produkte können mit Mattierungspigmenten zusammen verwendet werden.

Ein interessanter Vorschlag zum Mattieren von Filmen, Fäden und Bändern aus Polymeren aller Art (wie Polyamiden, Polyestern, Polyäthern, Polyesteramiden, Polyäthylen, Polystyrol, Polyvinylchlorid, Polyakryl- oder Polymethakrylsäurederivaten) wurde im *franz. P. 918.711* (1945) der E.I. du Pont de Nemours gemacht: er benutzt die Unterschiede in der Streckbarkeit dieser verschiedenen Polymere und empfiehlt, die Fäden usw. aus dem einen dieser Materialien durch ein anderes zu überziehen, das sich vom ersteren im Streckungsvermögen deutlich unterscheidet. Die so überzogenen Gebilde sind kalt zu ziehen, zu walzen oder zu recken, wobei der Überzug zu feinen anhaftenden Teilchen, (Schuppen, Perlen) die den Matteffekt hervorrufen, auseinandergerissen wird. Zum Beispiel kann man Polyhexamethylenadipamidfäden in eine Lösung von nicht plastifiziertem Polymethakrylat tauchen, trocknen und sie dann um 300 % recken.

Zum Veredeln von Polyamidfäden kann man nach dem *DBP 874.896* (1944, ausg. 1953) der Bobingen AG für Textilfasern das Textilgut mit heissen wässrigen Lösungen von ε-Kaprolaktam behandeln (auch im Gemisch mit niederen Polymeren desselben) und darauf mit Sulfit- oder Bisulfitlösungen nachbehandeln, was zu einer feinen Kräuselung und Mattierung führen soll.

Ein ähnliches Vorgehen ist auch im *DBP 807.395* (ausg. 1951) der Tootal Broadhurst Lee Co. Ltd. beschrieben: um Baumwolle oder anderen Textilien ein glanzloses Aussehen ohne Veränderung ihrer anderen Eigenschaften zu verleihen, kann man sie in Lösungen von wasserunlöslichen Polyamiden (wie polymerisierte Tetra-, Penta-, Hexa- oder Dekamethylendiaminadipamide) in starken Säuren wie Schwefelsäure behandeln, auf 100 % Flottenaufnahme abquetschen und dann mit Wasser behandeln und neutralisieren, wobei das Polyamid auf den Fasern ausfällt und durch Heizen geschmolzen werden kann.

Nach dem *DRP 738.692* (1938) der Chemischen Fabrik Joh. A. Benckiser GmbH erhält man hochmolekulare Kondensationsprodukte der Art von Phenolharzen, die als Fixiermittel für basische Farbstoffe und Mattierungsmittel für Kunstseide dienen können, indem man Phenol (oder Kresol, p-Chlor-m-kresol, Resorzin oder Salizylsäure) mit Hexametaphosphorsäure, oder aber eine andere anhydride Phosphorsäure (wie Polyphosphorsäure oder Phosphorpentoxyd) während 5 Stunden auf 200° erhitzt, nach Abkühlen auf 30–35° mit Wasser verdünnt und mit 40 %igem Formaldehyd während 6–8 Stunden bei 40° verrührt. Vor, während oder nach der Kondensation mit Formaldehyd können Harnstoffe oder dessen Homologe und Derivate, Polyalkohole oder Polyvinylalkohol zugesetzt werden.

3. Das Nachmattieren der verschiedenen Kunstfaserarten

Am Schluss dieses Abschnitts über die Nachmattierung ist es vielleicht angebracht, eine kurze Zusammenstellung der verschiedenen Verfahren im Hinblick auf ihre Verwendbarkeit für die einzelnen Kunstfaserarten zu geben.

Die Wahl der Mattierungsmittel, die der Ausrüster verwenden wird, richtet sich nach den folgenden Gesichtspunkten:

a) Stärke der verlangten Mattierung
b) Art des zu mattierenden Materials
c) Anforderungen an die Echtheiten der Mattierung
d) Zur Verfügung stehende Apparaturen und Einrichtungen
e) Kosten

Zu a): Im allgemeinen kann nur eine Pigmentmattierung, und zwar wenn möglich mit dem ausgiebigsten Pigment, also Titandioxyd, wirklich tiefe Matteffekte ergeben. Alle anderen Verfahren haben natürlich auch ihre Vorteile, die sich aber vor allem im Bereich der schwachen und mittleren Mattierungen bemerkbar machen.

Zu b) und d): Die meisten Mattierungsmittel werden entweder nach dem Foulard- oder nach einem Aufziehverfahren auf die Gewebe gebracht. Das erste ist allgemein verwendbar, vorausgesetzt, dass das Mattierungsprodukt keine starke Affinität für das zu mattierende Gut besitzt. Die Ausziehverfahren im Gegenteil machen sich eine solche Affinität zunutze (substantive Mattierung der Zelluloseregeneratfasern), oder sie beruhen auf der allmählichen Bildung eines Niederschlags auf den Fasern (Kunstharzmattierung).

Zu c): Auf Grund ihrer Waschbeständigkeit lassen sich die Mattierungseffekte grosso modo in drei Klassen einteilen-

I. weder wasser- noch waschecht
II. wasserecht, aber nur begrenzt waschecht
III. gut waschecht.

In die Klasse I gehören: alle Zweibadverfahren, die meisten Foulardmattierungen, gewisse substantive Mattierungen; in die Klasse II: die Kunstharzmattierungen auf Basis von Aminoplast-Vorkondensaten auf alle Faserarten, solche auf Basis von Vinylharzemulsionen auf

Polyamiden (Nylonstrümpfen). Vorbehaltlos zur Gruppe III gehören eigentlich nur die Pigmentmattierungen mit Kunstharzbindemitteln. Diese Verfahren leiten sich alle von den entsprechenden Pigmentfärbeverfahren ab, von welchen sie lediglich die «weisse Nuance» bilden. Die Technik selbst aber ist die gleiche wie für die bunten Nuancen.

a) Zellulosische Kunstfasern

Die älteren Verfahren des Imprägnierens mit Pigmenten ohne Bindemittel, der Bildung von Pigmenten auf den Fasern in einem oder in zwei Bädern und der substantiven Mattierung, stammen alle aus der Zeit, da als Kunstfasern nur Zelluloseregenerate und -derivate auf dem Markt erhältlich waren. Für die letzteren bestanden und bestehen heute noch besondere Verfahren, die im Abschnitt B/1 beschrieben wurden, sofern man es aus irgend einem Grund nicht vorzieht, diese Kunstseidenarten wie die vollsynthetischen Fasern mit einem modernen Produkt auf Kunstharzbasis zu behandeln. Alle die oben erwähnten älteren Verfahren sind mehr oder weniger auf die Bedürfnisse der Mattierung von Zelluloseregeneratfasern (Viskose-, Kupferkunstseide) gerichtet, die weitgehend hydrophil sind; ihre Echtheitseigenschaften vermögen aber die heutigen Ansprüche nicht mehr zu befriedigen, und sie müssen je länger je mehr den Platz den modernen Produkten auf Kunstharzbasis abtreten. Diese Abwanderung wird noch dadurch gefördert, dass diese älteren Verfahren manchmal recht kompliziert sind, und die moderne Technik im Gegenteil eher einbadige Behandlungen bevorzugt.

Am besten haben sich unter diesen Kunstharzprodukten diejenigen bewährt, die auf Aminoplast-Vorkondensaten[1]) beruhen: sie weisen die beste Waschechtheit auf. Sie haben aber auch Nachteile: die Bildung des mattierenden Stoffes auf den Fasern geht ziemlich langsam vor sich, so dass diese Produkte in kurzen Flotten und auf dem Foulard nicht verwendbar sind, es sei denn, man führe eine nachträgliche Säurebehandlung durch. Damit fallen aber die Vorteile der Einbadbehandlung wieder weg. Auch ist die mit diesen Produkten erreichbare Mattierung nie so tief wie mit einer Weisspigmentablagerung: deshalb enthalten heute die meisten dieser Produkte zusätzlich noch ein Pigment, wobei das Kunstharz dann nicht mehr so sehr die Rolle des eigentlichen Mattierungsmittels als die eines Bindemittels spielen muss. Auf der andern Seite aber haben diese Produkte den grossen Vorteil, überfärbeecht zu sein, und den Nachteil, dass sie einer Nachbehandlung bei erhöhter Temperatur bedürfen.

Demgegenüber sind die Mattierungsprodukte auf Basis von Vinylharzdispersionen (Polyvinylazetat, Polyvinylchlorid, usw.), mit oder ohne Pigmentzusatz, allgemein verwendbar und einfach in der Appli-

[1]) Siehe Abschnitt B/2g, Seite 477.

kation. Sie sind ziemlich waschecht, üben aber einen bemerkbaren und eher ungünstigen Einfluss auf den Griff aus, der durch eine zusätzliche Avivierung verbessert werden muss.

Die untenstehende Tabelle soll einen ungefähren Vergleich der verschiedenen Einbadmattierungsverfahren geben in bezug auf die zu erwartende Waschechtheit.

Dispergierte gewöhnliche Pigmente:	weder spül- noch waschecht
Kolloiddisperse Pigmente:	spül- und waschecht
Hydrolysierbare Salze:	spülecht, bedingt waschecht
Substantive Mattierung:	spülecht, nicht waschecht
Aminoplaste:	ziemlich gut waschecht, ferner überfärbeecht
Vinylharzdispersionen:	begrenzt waschecht.

b) Vollsynthetische Fasern

Diese Fasern sind hydrophob und ihre Nachbehandlung in wässrigen Bädern ist daher immer mit gewissen Schwierigkeiten verbunden. Sie werden oft spinnmattiert verarbeitet; ist aus irgend einem Grund eine Nachmattierung notwendig, dann geschieht sie fast ausschliesslich mit Kunstharzen.

α) Polyamidfasern

Nach Scharroba[1]) sind für Nylon- oder Perlonstrümpfe sowohl Aminoplast-Vorkondensate als auch Vinylharzdispersionen verwendbar. Die letzteren werden im allgemeinen wegen des kürzeren und einfacheren Arbeitsprozesses bevorzugt, besonders wenn eine Tiefmattierung nicht unbedingt erforderlich ist. Beide Sorten von Produkten ergeben ziemlich gut waschechte Mattierungen.

β) Polyacrylnitril- und Polyesterfasern

Ein wichtiges Anwendungsgebiet solcher Fasern im mattierten Zustand ist die Herstellung von Gardinen aus Polyestern, die dazu tief mattiert werden müssen, wobei die Spinnmattierung im allgemeinen nicht genügt. Nach Scharroba[1]) ist heute das bevorzugte Verfahren für diese Artikel ein Pigmentfärbeverfahren.

Nach einer sorgfältigen Reinigungsvorbehandlung mit

0,5–1 g/l nichtionogenem Waschmittel
1–2 g/l Soda calc.

und Trocknung auf einem Spannrahmen werden die Gardinen auf einem Foulard mit einem Abquetscheffekt von 50–80 % mit einer Flotte geklotzt, die folgende Produkte enthält:

---

[1]) Scharroba: Nachmattierung von Textilien, insbesondere von vollsynthetischen Fasern (Spinner und Weber *79* (1961) 944).

einen Pigmentfarbstoff (bei gleichzeitiger Färbung)
ein Mattierungsmittel (Pigment)
ein Bindemittel
den dazugehörigen Kondensationskatalysator
einen Weichmacher
ein Antistatikum
ein Schiebefest-Appreturmittel.

Darauf wird die Ware auf einem Spannrahmen bei 120–140° getrocknet, und schliesslich findet noch eine Auskondensierung des Bindemittels bei 170–190° während 20–30 Sekunden statt. Ein typischer Vertreter dieser Art von Mattierungsmitteln ist die *Bura-Mattierung F/TI hart* von Baur, Gaebel & Cie.

Für diese Behandlung können nur sehr fein dispergierte Pigmente verwendet werden, und zwar in den meisten Fällen Titandioxyd, da die Anforderungen an das Deckvermögen recht hoch sind (bei Lichteinwirkung übt Titandioxyd auf Polyesterfasern praktisch keinen schädlichen Einfluss aus). Zinksulfid ist in Anwesenheit von sauren Kondensationskatalysatoren unbrauchbar. Die ziemlich grosse Pigmentmenge bedingt eine ebensolche Menge Bindemittel, besonders für eine gute Waschechtheit, was sich wiederum auf den Griff nachteilig auswirkt, zumal die Korrekturmöglichkeiten mittels Weichmacher begrenzt sind. Es ist also noch nicht möglich, gleichzeitig tiefe Mattierung, einwandfreie Waschechtheit und hohe Geschmeidigkeit mit einem einzigen Produkt zu erhalten. Dies dürfte allgemein für das ganze Gebiet der Nachmattierung Geltung haben.

c) Die wirklich waschechte Vollmattierung

Wie schon oben gesagt, kann man die wirklich waschechte Vollmattierung praktisch nur durch einen Pigmentfärbeprozess erreichen. Als Beispiel eines solchen Mattierungsmittels sei das *Mikrofix*-Verfahren der Ciba erwähnt. Nach diesem Verfahren erhält man Pigmentmattierungen mit dem «Farbstoff» Mikrofixweiss zusammen mit einem Binder, der aus einem Gemisch von drei Produkten besteht: Mikrofixbinder I, II und III. Diese werden nach Vermischen mit Wasser nacheinander dem Mattierungsbad zugegeben. Die gesamte Rezeptur zur Anwendung auf dem Foulard lautet:

10–20 g/l Mikrofixbinder I
10 g/l Mikrofixbinder II
30 g/l Mikrofixbinder III
20–30 g/l Mikrofixweiss Teig
30 g/l Na-Alginat 30:1000
2 cm^3/l Ammoniak konz.
5 g/l Ammoniumsulfat

Sie ist für alle Chemiefaserarten verwendbar und ergibt nach einer Härtung von 5 Minuten bei 140° hochwaschechte und trockenreinigungsbeständige Mattierungen.

Heute empfiehlt die Ciba für die Fixierung der Mikrofix-Farbstoffe ein anderes Bindemittel, Mikrofix-Binder 59: es ist eine wässrige Dispersion auf Basis eines härtbaren und eines thermoplastischen Kunstharzes, und gegenüber den Bindemitteln I, II und III bietet es wesentliche Vorteile: nur noch ein Bindemittel, Wegfall von Ammoniak und Ammoniumsulfat und weicheren Griff der Ware. Das Mattierungsbad besteht dann aus

15–20 g/l Mikrofixweiss Teig
30–40 g/l Mikrofix-Binder 59
5 g/l Diammoniumphosphat.

Die Ware wird damit kalt foulardiert, dann bei 80-100° getrocknet und schliesslich bei 130–140° gehärtet.

Es gibt natürlich noch andere Pigmentfärbeverfahren anderer Firmen, die für die Zwecke der Stückmattierung eingesetzt werden können (*Acramin* von Bayer, usw.).

C. Erzeugung von Matteffekten. Mattdruck [1])

Grundsätzlich besteht zwischen dem Mattdruck, also der örtlichen Beseitigung des Glanzes eines Textilmaterials, und der Nachmattierung der gleiche Zusammenhang wie zwischen dem Buntdruck und der Färberei: man verwendet im allgemeinen die gleichen Verfahren und Produkte, die für die stellenweise Auftragung modifiziert werden. Deshalb soll dieser Abschnitt lediglich eine Übersicht über die meist verwendeten Verfahren geben und nur dann in die Einzelheiten eingehen, wenn es sich um Arbeitsmethoden handelt, die speziell für den Mattdruck entwickelt worden sind, oder die sich wesentlich von der entsprechenden Methode der Stückmattierung unterscheiden. Für die-

---

[1]) Taussig: Mattkunstseide unter Berücksichtigung der Druckartikel (Mh. Seide Kunstseide *38* (1933) 295, 346; übersetzt in Rev. Gén. Mat. Col. *38* (1934) 35). – Hünlich: Verschiedenartiges Mattieren von Kunstseide (Kunstseide *16* (1934) 266; übersetzt in Ind. textile *51* (1934) 596). – Metzl: Erzeugung von Matteffekten neben Glanzeffekten auf Kunstseide (Mell. *15* (1934) 460). – Bellecour: A propos des apprêts aux effets de contrastes brillants et mats sur rayonne à l'acétate (Ind. textile *52* (1935) 35). – Prior: Neue Ausrüstungen auf kunstseidenen Wirkstoffen (Mschr. Text. Ind. *50* (1935) Festh. Nov., 84). – Mattdruck (Mell. *17* (1936) 249). – Prior: Mattausrüstungsverfahren auf kunstseidener Charmeuseware (Z. ges. Textilind. *39* (1936) 345, 402). – Matten: Matt-, Lack- und Bronzedruck (Mell. *19* (1938) 373). – Nestelberger: Mattweissreserven unter hellen Indigosolfärbungen auf Bembergseide (Mh. Seide Kunstseide *43* (1938) 409). – Machu: Entglänzung von Textilien, insbesondere von künstlichen Gebilden aus Zellulose oder Zellulosederivaten durch Nachbehandlung (Mell. *20* (1939) 144, 295, 371). – Sisley: Le Matage des fibres artificielles: Progrès récents (Teintex *8* (1943) 10).

jenigen Verfahren, von denen es in den Patentschriften einfach heisst, sie seien auch für den Mattdruck geeignet, wird auf die vorangehenden Abschnitte B/1 und B/2 verwiesen, wo die meisten von ihnen schon als solche bezeichnet sind.

Gemäss dieser Parallelität zwischen Mattdruck und Nachmattierung muss man auch beim ersteren zwei Gruppen von Verfahren unterscheiden:

1) solche, die eine mechanische oder physikalisch-chemische Beeinflussung der Faseroberfläche darstellen,

2) solche, die ein Aufbringen von Pigmenten oder anderen lichtbrechenden Stoffen auf die Faseroberfläche bezwecken.

Auch hier werden die ersteren vorwiegend für die Entglänzung der Azetatkunstseide und anderer Zellulosederivatfasern, ferner einiger vollsynthetischer Fasern eingesetzt, während die letzteren mit entsprechenden Anpassungen für alle Faserarten verwendbar sind.

1. Mattdruck durch physikalisch-chemische Beeinflussung der Faseroberfläche

Im Abschnitt B/1 auf Seite 385 wurde die Theorie dieser Beeinflussung der Faseroberfläche eingehend dargelegt, und es bleibt nun zu erörtern, wie man diese Beeinflussung auf dem Gewebe örtlich begrenzen kann. Dies kann auf verschiedene Arten erfolgen:

entweder kann man das Entglänzungsmittel in eine Druckpaste einarbeiten und nach der Druckereitechnik auf das Gewebe applizieren,

oder man kann auf dem Gewebe zuerst eine gegenüber dem Entglänzungsmittel chemisch beständige Reserve auftragen und dann das Gewebe im Stück behandeln.

Zu einer solchen Arbeitsweise können u. a. die zahlreichen, im *engl. P. 415.686* (1932, auch *amer. P. 2.111.252*, siehe Seite 163) erwähnten Produkte dienen. Ebenso auch die Äthanolamine des *amer. P. 1.836.527* (1929, auch *engl. P. 355.466* und *kanad. P. 324.631*, siehe Seite 165).

Bei der Besprechung des Verfahrens von Casanovas y Amat für die Entglänzung von Azetatkunstseide mittels Anilin[1]) wurde erwähnt, dass die Verwendung von Anilin zu diesem Zweck schon vorher durch zwei Firmen vorgeschlagen worden war. Nach ihrem *engl. P. 266.277* (1925, auch *amer. P. 1.826.608*) erzeugte die British Celanese Ltd. Musterungen auf Geweben aus Zelluloseazetatseide, indem sie darauf Stoffe applizierte, die die entglänzende Wirkung des heissen oder siedenden Wassers oder des Dampfes in negativem oder positivem Sinn beeinflussen: im ersten Fall mechanische Reserven wie Harze und Wachse, im zweiten Phenole, aromatische Amine (also unter anderem

[1]) Siehe Seite 408.

Anilin), Alkyl- oder Arylhalide, aliphatische Alkohole oder deren Chlorderivate, Ester, Aldehyde, Ketone, hydrierte Kohlenwasserstoffe und Phenole, zyklische Basen. Die Calico Printers' Association Ltd. ihrerseits beschrieb in ihrem *engl. P. 275.357* (1926) ein ähnliches Verfahren, nach welchem die Gewebe mit verdickten Salzen von Verbindungen, die mattierend auf Zelluloseazetatseide wirken, bedruckt werden: als Beispiele werden Natriumphenolat und Anilinchlorhydrat erwähnt.

Nach einem weiteren *engl. P. 273.011* (1926) der gleichen Firma kann man bunte Effekte erhalten, indem man die Gewebe mit verdickter Natronlauge bedruckt, darauf wäscht (wobei eine stellenweise Verseifung des Materials erfolgt) und dann in einem bekannten entglänzenden Bad behandelt: die verseiften Teile lassen sich mit substantiven Farbstoffen färben.

Das oben beschriebene Verfahren der British Celanese Ltd., das in einem Aufdrucken von Stoffen beruht, die die Entglänzung entweder verhindern oder begünstigen, wurde noch in einem *engl. P. 277.414* (1926, auch *amer. P. 1.773.975*, *franz. P. 635.396* und *kanad. P. 281.352*) der gleichen Firma weiter ausgebaut; als in diesem Sinn aktive Stoffe kommen in Frage: ein- und mehrbasische Karbonsäuren der aliphatischen Reihe und ihre Substitutionsprodukte, wie die Halogen-, Amino- oder Oxyderivate der Ameisen-, Essig-, Propion-, Butter-, Glykol-, Milch-, Zitronen- oder Bernsteinsäure. Bedruckt man ein Zelluloseazetatseidengewebe mit einer Druckfarbe aus Bernsteinsäure, Weizenstärkeverdickung und Türkischrotöl und behandelt man es nach dem Zwischentrocknen während 5 Minuten mit feuchtem Dampf, so erhält man matte bedruckte Stellen, während die unbedruckt gebliebenen Stellen ihren Glanz fast unverändert beibehalten. Das gleiche erhält man mit Zitronensäure: mit verdickter Essigsäure hingegen, nach deren Applizierung ein einfaches Dämpfen folgt, ist der Effekt umgekehrt: die bedruckten Stellen sind glänzend, und die anderen glanzlos.

In einem weiteren Verfahren dieser Art, das im *engl. P. 306.534* (1929, amer. Prior. 1928) der British Celanese Ltd. beschrieben ist, werden den Druckfarben Stoffe zugesetzt, die ein Mattwerden der Zelluloseazetatkunstseide verhindern oder eine mattierende Kunstseide aus dem gleichen Material wieder glänzend machen können: die Methyl- und Äthyläther des Äthylenglykols, Diazetonalkohol, Äthylenglykol mit oder ohne Zusatz von Alkohol, Benzylalkohol, Triazetin, Zyklohexanon, Thiozyanate, anorganische Salze, Zucker, Phthalimid, Xylolmonomethylsulfonamid usw. Durch richtige Wahl dieser Stoffe kann man an den bedruckten Stellen einen lebhafteren oder einen milderen Glanz hervorrufen.

Nach den Angaben des *amer. P. 1.780.645* (1928, auch *engl. P. 314.396*) kann man auch ein mattes Azetatkunstseidengewebe mit einer Druckpaste bedrucken, die aus einem wasserunlöslichen Verdickungsmittel (am besten Nitrozellulose), einem Lösungsmittel für dieses Verdickungsmittel, das aber Zelluloseazetat nicht lösen darf, wie Alkohol-Äthergemisch, und eventuell noch einem Weisspigment besteht. Nach dem Trocknen behandelt man dieses Gewebe mit einem verdickten Mittel zum Wiederglänzendmachen, zum Beispiel Kalziumsulfozyanat oder Essigsäure und dämpft es: die bedruckten Stellen bleiben matt und die anderen werden wieder glänzend.

Eine andere Variante dieses Verfahrens ist noch im *engl. P. 376.097* (1931, auch *amer. P. 1.970.522* und *franz. P. 727.774*, alle deutsche Prior. 1930) beschrieben: die Gewebe werden mit Pasten bedruckt, die ein Quell- und Beschleunigungsmittel für die Entglänzung enthalten, und dann bei Kochtemperatur mit Wasser behandelt, das am besten ein als Schutzmittel gegen das Entglänzen wirkendes Salz enthält (Kochsalz, Glaubersalz und andere mehr; für weitere Einzelheiten siehe Seite 412). Damit wird der Glanz nur an den bedruckten Stellen entfernt, weil dort das Quellungsmittel die Salze vom Gewebe fernhält und nur Wasser mit den Fasern in Kontakt kommt und zusammen mit dem Beschleunigungsmittel die Entglänzung bewirkt. Als Beschleuniger sind verwendbar: chlorierte Kohlenwasserstoffe, Alkohole und deren chlorierte Derivate wie Glykolchlorhydrin, Ester, Ketone, aromatische Amine, Aldehyde, Phenole, Naphthole oder heterozyklische Basen.

Schliesslich sei noch ein *amer. P. 2.070.467* (1934) der E.I. du Pont de Nemours erwähnt, das die Verwendung von Äthylenglykoldi-β-naphthyläther oder dessen Analogen in Druckpasten schützt. Zur Erzielung farbiger Effekte können Küpenfarbstoffe mitverwendet werden.

Eine weitere Möglichkeit, Matteffekte aus Azetatkunstseide zu erzielen, besteht darin, die Hitzeunbeständigkeit der meisten Entglänzungen dieser Art auszunützen und eine entglänzte Azetatkunstseide durch Hitzebehandlung teilweise wieder glänzend zu machen. Dazu bringt man normalerweise Druckpasten auf die Gewebe, die ein Lösungsmittel für Zelluloseazetat enthalten. Dann folgt eine Hitzebehandlung und zuletzt wird dann die Verdickung ausgewaschen: die bedruckten Stellen sind wieder glänzend geworden. Die Gewebe werden vorher durch eines der üblichen Verfahren (Kochen mit Seifen- oder Phenol-Seifenlösungen) mattiert. Dieses Verfahren hat allerdings den Nachteil, dass das Stück im ganzen erhitzt werden muss, nachdem man im allgemeinen die Druckpaste zuerst noch getrocknet hat. Die Bleachers' Association Ltd. brachte in ihrem *engl. P. 303.286* (1928, auch *DRP 595.648*) eine Verbesserung, indem sie vorschlug, die zuerst durch Behandlung mit einer Seifenlösung und darauffolgendem Dämpfen mattierten Gewebe über eine erhitzte Druckwalze laufen zu lassen, die auf ihrer Oberfläche eine Musterung aufweist. Der Effekt wird noch verstärkt, wenn man das Gewebe zuerst mit einem Stoff imprägniert, der nur in der Wärme als Lösungsmittel für Zelluloseazetat wirkt.

Zu diesem Zweck können natürlich auch verschiedene Verfahren zum Wiederglänzendmachen von mattierter Azetatkunstseide dienen, wie zum Beispiel diejenigen, die im *DRP 446.486* (1924, auch *franz. P. 604.786*, siehe Seite 418) von Clavel, oder im *USP 1.803.672* (1928, engl. Prior. 1927, siehe Seite 419) der Du Pont Rayon Corp. beschrieben sind.

Neben dem Mattdruck gibt es noch eine andere Möglichkeit, matte und glänzende Effekte auf Zelluloseazetatkunstseide zu erhalten: nach dem *engl. P. 335.583* (1929, auch *amer. P. 1.959.351* und *franz. P. 37.906*), ein Zusatzpatent zum *engl. P. 332.231* (1929, auch *amer. P. 1.959.350* und *franz. P. 686.644*, siehe Seiten 417 und 419) kann man normale Zelluloseazetatgarne und solche, die nach dem Verfahren des *engl. P. 332.187* (1929, auch *franz. P. 37.856*, siehe Seite 417) oder des *engl. P. 332.231* gegen das Entglänzen geschützt worden sind, zusammenweben und das Gewebe dann mit heissem Wasser oder feuchtem Dampf behandeln: die geschützten Fäden verlieren ihren Glanz viel weniger als die unbehandelten.

a) Matteffekte auf Acetatkunstseide mittels Harnstoff. Das Opalogen-Verfahren

Das bekannteste Mattdruckverfahren aus Azetatkunstseide beruht auf der Verwendung von Harnstoff als Mattierungsmittel, der auf diesem Gebiet die gleiche Bedeutung erlangt hat, die der Phenol-Seifenbehandlung bei der Stückmattierung dieser Kunstseidenart zugekommen ist. Dieses Verfahren findet seine Grundlage in zwei Patentschriften der ehemaligen I.G. Farbenindustrie: nach dem *DRP 512.399* (1928, auch *engl. P. 309.194* und *franz. P. 672.217*) erhielt man matte Effekte auf Textilien aus Zelluloseäthern, -estern und ihren Umwandlungsprodukten durch Bedrucken mit verdickten Lösungen von Harnstoff oder dessen Derivaten, Trocknen, Dämpfen, Waschen und Trocknen. Die Zugabe von Azetatseidenfarbstoffen zu diesen Druckpasten wurde auch erwähnt. Das Zusatzpatent *DRP 519.983* (1929, auch *engl. Zusatzpatent 345.673* und *franz. Zusatzpatent 39.168*) stellte fest, dass die Wirkung des Harnstoffes durch Zusatz einer wasserlöslichen aliphatischen Oxykarbonsäure wie Glykolsäure, Milchsäure oder deren Natriumsalze noch verstärkt werden kann; in dieser Form ist nicht nur der Mattdruck, sondern auch die Stückmattierung durch Imprägnierung mit solchen Lösungen möglich.

Um diese Wirkung des Harnstoffes auf das Zelluloseazetat zu erklären, wurden verschiedene Theorien aufgestellt: im allgemeinen führen die Autoren die Entglänzung auf ein Auflösen des Harnstoffes im Zelluloseazetat unter Einfluss des Dampfes zurück. Dies lässt sich aber mit der Tatsache nicht recht in Einklang bringen, dass der so erzielte Effekt die bekannte Hitzeunbeständigkeit der meisten Entglänzungen von Azetatkunstseide aufweist. Deshalb soll man sie eher als eine Quellungserscheinung betrachten. Sicher ist hingegen, dass sie keine Entazetylierung des Materials verursacht, so dass die mattierte Ware ohne weiteres mit Azetatseidenfarbstoffen überfärbt werden kann.

Diese Entglänzungsmethode hat unter dem Namen *Opalogen* Eingang in die Praxis gefunden. So wurde empfohlen, zur Vollmattierung von Garnen und Stücken diese mit einer wässrigen Klotzlösung, die pro Liter

250 g Opalogen A (das nichts anderes als Harnstoff ist)
und 50 g Milchsäure 50%

enthalten soll, zu behandeln und nach dem Trocknen während 10 bis 20 Minuten zu dämpfen. Der erhaltene Effekt soll sehr rein und voll sein.

Wie aus dieser Rezeptur ersichtlich, sind die erforderlichen Harnstoffmengen ziemlich hoch, so dass dieses Verfahren sich gegenüber der Phenol-Seifenmethode für die Stückmattierung nicht behaupten konnte. Deshalb verlagerte sich das Interesse für die Verwendung von Opalogen auf den Druckereisektor, wo Druckpasten mit 200–300 g Harnstoff und etwa 50–100 g Milchsäure 50 % oder Glykolsäure 70 % pro kg zur Anwendung kommen. Dabei hat es sich herausgestellt, dass die Wahl der Verdickungsmittel eine gewisse Rolle spielt: am besten eignet sich, neben den Zellulosederivaten (Tylose-Marken), Tragantgummi, besser noch als Senegal- oder Britischgummi. Mit den letzteren ist es sogar möglich, eine Reserve, und nach deren Entfernung Glanzeffekte auf mattem Grund zu erhalten, indem man sie allein auf die mit Opalogen A und Milchsäure geklotzte Ware (siehe oben) aufdruckt, dann trocknet und dämpft. Tragantgummi ist in diesem Fall weniger günstig[1]). Die Erklärung für diesen Unterschied ist wahrscheinlich in der Konstitution der verschiedenen Verdickungsmittel zu suchen.

Auf alle Fälle lassen sich diese zwei Arten der Erzeugung von Matteffekten auf Azetatkunstseide mit Färbungen kombinieren: druckt man Senegalgummi allein als Reserve auf eine mit Opalogen A und Milchsäure geklotzte Ware, so kann man der Verdickung geeignete Azetatseidenfarbstoffe zusetzen, was zu bunten glänzenden Effekten

[1]) Siehe Taussig: Mattkunstseide unter Berücksichtigung der Druckartikel (Mh. Seide Kunstseide *38* (1933) 295).

auf mattem weissem Grund führt; beim Direktmattdruck mit verdickten Opalogenlösungen kann man diesen Druckpasten Azetatseidenfarbstoffe, Indigosole oder basische Farbstoffe zusetzen. Bei den Indigosolen empfiehlt es sich, noch einen Lösungsvermittler wie *Solentwickler GA* oder *D*[1]) zuzugeben, und die bedruckte Ware kurz mit einem schwachen Nitrit-Schwefelsäurebad (etwa 3 g Natriumnitrit und 5 cm^3 konzentrierter Schwefelsäure pro Liter) nachzubehandeln, um die Entwicklung der Farbstoffe zu vervollständigen[2]).

b) Verfahren für andere Faserarten

Unter den älteren Verfahren, die die Erzeugung von matten Mustern auf *Zelluloseregeneratfasern* zum Zweck haben, kann man die folgenden erwähnen:

Nach dem schon auf Seite 421 erwähnten *amer. P. 1.633.152* (1926) der United States Finishing Co. kann man Viskosegewebe mit einer verdickten Natronlauge bedrucken, nach einer Zwischentrocknung mit einer 10–25 %igen p-Toluolsulfochloridlösung in Tetrachlorkohlenstoff behandeln, spülen und mit einer 5 %igen Sodalösung und dann mit einer 5 %igen Seifenlösung nachseifen. Dadurch erfolgt eine stellenweise Veresterung der Fasern.

Ebenfalls auf Seite 421 wurde auch das *amer. P. 1.633.160* (1926) der Consolidated Textile Corp. erwähnt, nach welchem man auf Zelluloseregeneratgeweben durch Aufdrucken einer Reserve aus Britishgum und Magnesiumsulfat und durch nachträgliche Behandlung mit einer starken Natronlauge Muster herstellen kann. Zum gleichen Ergebnis kommt man auch durch einfaches Aufdrucken einer verdickten Natronlauge, Trocknen, Waschen und Neutralisieren.

Eine weitere Möglichkeit, die auf einer ganz anderen Grundlage beruht, ist im *engl. P. 261.099* (auch *amer. P. 1.724.375*, beide deutsche Prior. 1925) beschrieben. Aus der Spinnmattierung ist bekannt (siehe Seite 329 dieses Bandes), dass Reste von Schwefel der unentschwefelten Viskose ein mattes Aussehen verleiht, das durch Zusetzen weiterer Schwefelmengen in geeigneter Form noch verstärkt werden kann. Bedruckt man dann ein Gewebe, das aus solchen Fäden hergestellt worden ist, mit einer Druckpaste, die einen entschwefelnden Stoff wie Natrium-, Kalium-, Ammonium- oder Kalziumsulfit enthält, so erhält man glänzende Muster auf mattem Grund. Diese Druckpasten dürfen

---

[1]) *Solentwickler GA*, auch unter dem Namen *Cellosolve* bekannt, ist der Monoäthyläther des Äthylenglykols (siehe dieses Werk, Teil I, Band 1, 3. Auflage, Seite 498). *Solentwickler D* ist Diäthyltartrat (ibid., Seite 496).

[2]) Für weitere Einzelheiten und verschiedene Rezepte auf solcher Basis siehe Nestelberger: Über einige durch Strukturänderung bewirkte Ausrüstungseffekte auf Azetatkunstseidengeweben (Mell. *20* (1939) 436).

natürlich die kupfernen Druckwalzen nicht beschädigen. Sie können noch Ätzen oder substantive, basische oder Küpenfarbstoffe enthalten.

Auch *Polyesterfasern*, wie Polyäthylenterephthalat, kann man mit konzentrierten Natronlaugen (29 bis 50° Bé), laut *engl. P. 664.921* (1949, siehe auch Seite 422), entglänzen. Mustereffekte erhält man durch vorheriges Bedrucken von Reserven mit einer Paste, die zum Beispiel 3 % 2-Methoxy-1,4-diaminoanthrachinon und 15 % einer wässrigen Lösung von Tragantgummi enthält.

2. Mattdruck durch Aufbringen von Pigmenten oder anderen lichtbrechenden Stoffen auf die Faseroberfläche

Diese Art der örtlichen Mattierung hat eine weit grössere Bedeutung als die vorangehende und geht auch über den Rahmen der einfachen Entglänzung hinaus. Das Drucken von Pigmenten oder anderen lichtbrechenden Stoffen auf die Fasern ist nämlich nur eine «farblose Variante» des Pigmentdruckes und wurde als solche schon im ersten Teil dieses Werkes: «Die neuesten Fortschritte in der Anwendung der Farbstoffe», Band 1, Kap. XII, auf den Seiten 28–116, behandelt. Als Kombination mit dem Buntdruck zur Erzielung von Halbtoneffekten wird es nicht nur auf glänzenden Kunstseiden, sondern auch auf Fasern angewendet, die an sich keinen übermässigen Glanz aufweisen, wie die Baumwolle; damit ist es eigentlich zu einem Werkzeug des Koloristen geworden als «weisser Farbstoff».

Genau wie bei der Stückmattierung lassen sich die Mattdruckverfahren mit Pigmenten in verschiedenen Gruppen einteilen. Aus praktischen Gründen wurde in diesem Abschnitt die gleiche Einteilung wie im Kap. XII des 1. Teils dieses Werkes (siehe Band 1, Seite 29) beibehalten, auch wenn sie nicht ganz der Einteilung des Abschnittes B 2 des vorliegenden Kapitels entspricht:

1. Gruppe: Fixierung der Mattierungspigmente mit Bindemitteln in wässrigen Lösungen
2. Gruppe: Fixierung der Mattierungspigmente mit in organischen Lösungsmitteln gelösten Bindemitteln bzw. mit Emulsionen von solchen
3. Gruppe: Erzeugung von Niederschlägen auf den Fasern
4. Gruppe: Andere Verfahren.

In den folgenden Seiten werden nach diesem Schema vor allem Ergänzungen und Neuheiten besprochen, die sich im 1. Teil, Band 1 nicht befinden.

a) Fixierung der Mattierungspigmente mit Bindemitteln in wässrigen Lösungen

Zuerst sei erwähnt, dass es in bestimmten Fällen auch möglich ist, das Pigment ohne Bindemittel zu drucken, nämlich auf Azetatkunstseide, nach dem schon auf Seite 433 erwähnten *engl. P. 503.079* (1937) der Mark Fletcher and Sons Ltd.: man bedruckt sie mit einer Druckpaste, die neben einem Pigment wie Titandioxyd ein organisches Lösungs- oder Quellungsmittel oder ein Metallsulfozyanat enthält,

oder im allgemeinen durch Verwendung der ausserordentlich fein dispersen Pigmente, die auf Seite 429 beschrieben wurden. Darüber besteht ein *DBP 952.623* (1954, auch *franz. P. 1.120.896* und *österr. P. 194.055*) der Deutschen Gold- und Silberscheideanstalt vorm. Roessler (heute Degussa), das die Verwendung in Druckpasten von fein verteilten Metalloxyden wie Al_2O_3, TiO_2 oder ZrO_2 schützt, die durch Umsetzung flüchtiger Verbindungen dieser Metalle bei höherer Temperatur in der Gasphase gewonnen werden. Die Druckpasten können noch fein verteilte Kieselsäure und auch lösliche Zelluloseester oder -äther, besonders Methylzellulose, enthalten. Nach dem *österr. P. 194.055* sind diese Produkte ganz allgemein für die Oberflächenmattierung eingesetzt worden. Die entsprechenden Handelsprodukte wurden unter den Bezeichnungen *Darotin 40* und *Darotin 40/TO* auf Seite 430 erwähnt: sie lassen sich ohne weiteres in die für den Pigmentdruck normalerweise in Frage kommenden Druckpasten einarbeiten und auch für Ätzdrucke und Weiss-Überdrucke verwenden.

α) Albumindruck

Diese Arbeitstechnik wurde schon im 1. Teil, Band 1, auf Seiten 30–34 eingehend besprochen, und detaillierte Rezepturen für Mattdruck, Mattweißsätze, Mattbuntsätze usw. nach diesem Verfahren finden sich auch in der Arbeit von Mattern[1]).

An gleicher Stelle wurde auch auf die Verbesserung hingewiesen, die das *Desatinol*-Verfahren der Durand & Huguenin AG gebracht hat und die schon auf Seite 462 dieses Bandes zur Erörterung kam. An dieser Stelle sei lediglich wiederholt, dass dem *schweiz. P. 222.229* (1940), das dieses Verfahren schützt, auch die *DBP 936.086*, *amer. P. 2.376.908*, *belg. P. 440.404*, *engl. P. 548.172*, *franz. P. 878.761*, *holl. P. 61.320*, *ital. P. 387.416*, *österr. P. 167.614* und *ungar. P. 128.301* entsprechen, und dass die Verwendung von Desatinol zusammen mit Farbstoffen im *schweiz. Zusatzpatent 228.131* (1940) und die des gleichen Produktes auf vollsynthetischen Fasern und Glasfasern im *schweiz. P. 262.542* (1947) beschrieben wird.

β) Mattdrucke mit Polymerisatemulsionen

Zu diesem Zweck dienen vor allem die Polyvinylacetatemulsionen der Typen *Appretan* der I.G. Farbenindustrie und der Farbwerke Hoechst und *Vibatex* der Ciba.

[1]) Mattern: Matt-, Lack- und Bronzedruck (Mell. *19* (1938) 373).

Daneben gibt es noch andere Produkte aus ähnlicher Basis:

Orafix TR der Ciba ist ein anionaktives Fixiermittel und Bindemittel auf Basis einer wässrigen Emulsion eines Akrylharzes, das für den Mattdruck und den Mattätzdruck, aber auch für den Metallpulver- und den Flockdruck eingesetzt werden kann und auf praktisch allen Faserarten und Mischgeweben anwendbar ist. Die damit hergestellten Drucke sind kochwasch-, reib- und trockenreinigungsecht. Obwohl Orafix TR der eigentliche Binder solcher Drucke ist, werden diese Echtheiten allerdings erst erreicht, wenn eine gewisse Menge *Lyofix CH* (Hexamethylolmelamin) den Druckpasten zugegeben wird, wobei eine gewisse Härtung des Griffes in Kauf genommen werden muss. Als Weiss- und Mattierungspigment dient vor allem Titandioxyd, das zur Erhaltung einer geschlosseneren Oberfläche und eines angenehmeren Griffes mit Talkum albissimum vermischt werden kann. Als weitere Zusätze je nach Bedarf kommen noch Weichmacher (Dibutylphtalat, eventuell Rizinusöl), hygroskopische Stoffe (am besten Äthylenglykol), optische Aufheller und wenn nötig Schaumbekämpfungsmittel in Frage. Zur Erzielung optimaler Echtheitseigenschaften der Drucke sind eine Wärmenachbehandlung bei 140–150° während 5 Minuten oder bei 120° während 10 Minuten, oder wenigstens ein normaler Dämpfprozess notwendig. Für Mattweiss- und Mattbuntdrucke kommen folgende Rezepturen zur Anwendung:

a) mit Alginat als Verdickung:

150 g	Titandioxyd
50 g	Talkum
150 g	Triäthanolaminlösung 1%ig
320 g	Alginatverdickung 5%ig
160 g	*Orafix TR*
80 g	*Lyofix CH*
20 g	Äthylenglykol
30 g	Uvitex VR konz. 1:10
40 g	Ammoniumchlorid 25%ig (Katalysator)
1000 g	

b) mit Emulsionsverdickung:

150 g	Titandioxyd
50 g	Talkum
100 g	Triäthanolaminlösung 1%ig
40 g	Diphasol EV-Lösung
160 g	*Orafix TR*
80 g	*Lyofix CH*
20 g	Äthylenglykol
330 g	Lackbenzin
	am Schnellrührer emulgieren, dann
30 g	Uvitex VR konz. 1:10
40 g	Ammoniumchlorid 25%ig
1000 g	

Für den Mattdeckdruck, der vor allem dann in Frage kommt, wenn nicht ätzbare Fondfärbungen vorliegen oder wenn ein Effekt besonders plastisch hervortreten soll, wird die Pigmentmenge merklich erhöht. Die dabei eintretende Griffverschlechterung wird am besten durch Behandlung auf einer Brechmaschine oder durch heisses Kalandrieren behoben, da eine Behandlung mit einem Weichmacher den Kontrast im Griff zwischen bedruckten und unbedruckten Stellen nur ungenügend mindert. Die Rezepte lauten dann:

a) mit Alginat als Verdickung:

250 g	Titandioxyd
100 g	Talkum
100 g	Triäthanolaminlösung 1%ig
90–80 g	Natriumalginat 5–6%ig
300 g	*Orafix TR*
120 g	*Lyofix CH*
20 g	Äthylenglykol
10–20 g	Fumexol 2 (Schaumbekämpfungsmittel)
10 g	Ammoniumchlorid fest
1000 g	

b) mit Emulsionsverdickung:

250 g	Titandioxyd
50 g	Talkum
50 g	Triäthanolaminlösung 1%ig
40 g	Diphasol EV-Lösung
250 g	*Orafix TR*
100 g	*Lyofix CH*
220 g	Lackbenzin
	am Schnellrührer emulgieren, dann
40 g	Ammoniumchlorid 25%ig
1000 g	

Für die Mattätzweissdrucke kommen folgende Ansätze zur Anwendung:

a) mit Alginat als Verdickung:

150 g	Titandioxyd
150 g	Triäthanolaminlösung 1%ig
340–240 g	Natriumalginat 5%ig bzw. Wasser
250 g	*Orafix TR*
30 g	Uvitex VR konz. 1:10
20 g	Äthylenglykol
10 g	Fumexol 2
50–150 g	Hydrosulfit konz.
1000 g	

b) mit Emulsionsverdickung:

150 g Titandioxyd
120 g Triäthanolaminlösung 1%ig
250 g *Orafix TR*
30 g Uvitex VR konz. 1:10
20 g Äthylenglykol
40 g Diphasol EV-Lösung
240 g Lackbenzin
am Schnellrührer emulgieren, dann
150 g Hydrosulfit konz.
1000 g

Die gleichen Effekte lassen sich natürlich auch mit anderen, ähnlichen Produkten anderer Fabriken erzielen, so zum Beispiel mit *Delustran WP* der Sandoz, ein Mattierungsmittel, das zugleich ein Weisspigment (vermutlich Titandioxyd), ein auf Basis polymerer Kunststoffe aufgebautes Bindemittel *Printofix PD* und die notwendigen Emulgatoren enthält. Damit wird der Drucker, der nicht über die notwendigen Einrichtungen verfügt, vom grössten Teil der Mischarbeiten entlastet. Delustran WP lässt sich mit den gebräuchlichen Verdickungsmitteln und mit Petroleum, Terpentin- oder Paraffinöl als Gleitmittel verwenden:

Matt- und Mattdeckdrucke:

300–840 g *Delustran WP*
30 g Finish EN (ein Harnstoff-Formaldehyd-Vorkondensat)
590–50 g Verdickung
20 g Ammoniumsulfatlösung 1:10
10 g Ammoniak konz.
50 g Petroleum, Paraffin- oder Terpentinöl
1000 g

Mattätzweissdrucke:

400 g *Delustran WP*
50 g Zinkweiss 1:1
20–100 g Hydrosulfit
530–450 g Verdickung
1000 g

In diesem Zusammenhang ist auch das schon auf Seite 466 besprochene *DBP 1.078.082* (1959) von Bayer zu erwähnen, das als Mattdruckmittel ein System empfiehlt, welches als Pigment nur eine kleinere Menge von Titandioxyd, neben Polymethylenharnstoffen, und als Bindemittel ein Mischpolymerisat aus Butadien, Butylakrylat, Styrol, Akrylnitril und Methakrylamid enthält. Die Polymethylenharnstoffe haben folgende allgemeine Konstitution:

$$\mathrm{R{-}NH{-}\underset{\underset{\displaystyle O}{\|}}{C}{-}NH{-}}\left[\mathrm{-CH_2{-}NH{-}\underset{\underset{\displaystyle O}{\|}}{C}{-}NH{-}}\right]_n-\left[\mathrm{-CH_2{-}O{-}CH_2{-}NH{-}\underset{\underset{\displaystyle O}{\|}}{C}{-}NH}\right]_m\mathrm{-R'}$$

wobei R und R′ Wasserstoff, Hydroxymethyl- und/oder Hydroxyäthyläthergruppen darstellen und $m + n$ mehr als 3 betragen soll.

γ) Mattweissdrucke mit Aminoplasten als Bindemittel

Die sehr hohen Ansprüche, die heute an die Reib-, Wasch- und Trockenreinigungsechtheit der Färbungen und Drucke gestellt werden, können praktisch nur durch härtbare Kunstharze als Bindemittel wirklich befriedigt werden. Dazu muss man noch berücksichtigen, dass nicht nur die Verbrauchseigenschaften der Textilien zur Diskussion stehen, sondern dass auch gewisse Prozesse der modernen Textilveredlung, wie das Kalandern oder Prägen bei sehr hohen Temperaturen, unbedingt hitzebeständige Bindemittel für die vorangehende Pigmentmattierung verlangen. Zu solchen Zwecken haben sich die Aminoplaste, die sich auch bei der Knitterfestausrüstung bewährt haben, als besonders gut geeignet erwiesen.

Die Aminoplaste als Bindemittel für den Mattweissdruck sind schon im 1. Teil, Band 3, auf den Seiten 34 bis 44 eingehend besprochen worden, und auf ihre Überlegenheit gegenüber anderen Bindemitteln wurde auf Seite 463 dieses Bandes hingewiesen.

Das Verfahren nach dem *DRP 737.569* (1940) der I.G. Farbenindustrie, nach welchem Glanzeffekte auf den mit Harnstoff-, Thioharnstoff- oder Aminotriazin-Formaldehyd-Derivaten mattierten Geweben durch Bedrucken vor oder nach dem Mattieren mit alkalischen Mitteln wie Ätzalkalien, Alkalikarbonaten oder -phosphaten, Diäthylentriamin, Triäthylentetramin oder Triäthanolamin erzeugt werden (siehe auch 1. Teil, Band 3, Seite 39), ist auch ein Bestandteil des auf Seite 463 dieses Bandes besprochenen *franz. P. 886.329.*

Die umfangreichen Arbeiten der Ciba auf dem Gebiet der Verwendung von Melamin-Formaldehydharzen als Bindemittel für Pigmente hat zu dem sehr interessanten *Orema*-Verfahren geführt (siehe 1. Teil, Band 3, Seiten 100–104), das natürlich unter Verwendung eines Weisspigmentes auch zur Erzielung von örtlichen Mattierungen eingesetzt werden kann. Merz[1]) gibt als geeignete Rezeptur an:

15 g Emulgator AC (Ciba)
30 g heisses Wasser
70 g kaltes Wasser
75 g Oremabindemittel HDL
600 ml White Spirit (Leichtbenzin von Shell)
100 g Titandioxyd
50 g Harnstoff
2 g optischer Aufheller
65 g Wasser
10 ml Albigen A (BASF)
150 g Rongalit C
―――
1 Liter

Daneben sind natürlich die von anderen Firmen entwickelten Pigmentdruckverfahren ebenfalls verwendbar, für deren Einzelheiten auf

[1]) Merz: Matt- und Glanzdruck mit Hilfe von Kunstharzen (Spinner und Weber 77 (1959) 264).

den 1. Teil dieses Werkes, Band 3, Weite 73–100, verwiesen wird. Interessante Eigenschaften weist in dieser Hinsicht das amerikanische *Aridye*-Verfahren der Interchemical Corp. auf (siehe Teil 1, Band 3, Seite 77–89), das auf einem Wasser-in-Öl-Emulsionssystem beruht und nach Merz[1]) als solches für den Pigmentätzdruck besser geeignet sein soll als die Öl-in-Wasser-Systeme: die damit angesetzten Druckfarben zeichnen sich durch eine besonders hohe Unempfindlichkeit auch bei hoher Hydrosulfitzugabe aus. Nach Merz lautet eine praktisch erprobte Rezeptur für den Pigmentätzdruck:

Aridyeätzstamm:
60 ml Aridye Clear 6150
240 ml White Spirit (Shell) mittels Schnellrührer vermischen, bis gleichmässig dick (5 Minuten), dann langsam eine Lösung von
300 g Rongalit C Plv. in
550 ml Wasser einrühren, wobei eine viskose Paste entsteht.

1 Liter

Aridyeätzdruckfarbe:
150 ml Aridye White NY 4132
850 ml Aridyeätzstamm

1 Liter

Dem im 1. Teil, Band 3, auf Seite 38 erwähnten *engl. P. 518.743* (1939, tschech. Prior. 1938) von Sochor, das das Drucken mit Gemischen von Harnstoff-Formaldehyd-Vorkondensaten, Pigmenten und Katalysator schützt, entspricht auch das *franz. P. 845.996.* Eine Druckpaste nach diesem Verfahren kann zum Beispiel enthalten:

300 g Harnstoff und Formaldehyd 40% im Verhältnis 1:2
100 g Titandioxyd
480 g Tragant 8%
40 g Soromin AF (als Weichmacher)
30 g Peregal O (als Weichmacher)
50 g Glyzerin
15 g Weinsäure
30 g Ammoniumbiphosphat

Wenn man das Gewebe zuerst mit einem Küpenfarbstoff aus alkalischer Küpe bedruckt, dann trocknet und anschliessend mit einer Paste der oben angegebenen Zusammensetzung (eventuell unter Zusatz eines Farbstoffes) bei teilweiser Überschneidung des ersten Musters druckt und wie üblich fertigmacht, so kann das Vorkondensat an den schwach alkalischen Rändern des ersten Musters nur unvollständig härten, was zu Halbmatteffekten führt, die zum Teil von tiefmatten Farbmustern und zum Teil vom gefärbten oder ungefärbten glänzenden Grund umgeben sind.

Das *franz. P. 896.088* (siehe 1. Teil, Band 3, Seite 39) entspricht dem *DRP 740.771* (1942) der I.G. Farbenindustrie.

[1]) Siehe Fussnote S. 512.

Die Verwendung von Melamin-Formaldehyd-Vorkondensaten im gleichen Sinne ist im *engl. P. 597.435* (1946) von Cranston erwähnt.

Nach den Angaben ihres *engl. P. 617.167* (ausg. 1949) verwendet die Belfast Silk and Rayon Ltd. als Bindemittel Gemische von Mono- oder Dimethylolharnstoff, Dimethylolharnstoffdimethyläther und Melamin. Die zwei letzteren Komponenten sollen den Drucken Reibechtheit, weichen Griff, Wasch- und Kochwasserechtheit verleihen. Die damit angesetzten Druckfarben enthalten keinen Katalysator; die bedruckten Gewebe werden lediglich während 10 Minuten bei 150–175° nachbehandelt.

Ein weiteres Pigmentdruckverfahren, das auch eine Möglichkeit für den Weissdruck umfasst, ist das *Acramin-F*-Verfahren von Bayer, wobei als Bindemittel eine Kombination von einem polymerisierbaren, wasserlöslichen Kunstharzvorkondensat, *Acramin-FWR*-Pulver, mit der Emulsion eines Vinylmischpolymerisates, *Acramoll W*, verwendet wird, die Auskondensierung dieses Bindemittels erfolgt durch Zusatz von *Acrafix*. Als Pigmente dienen verschiedene Produkte: *Acraminweiss FT*, *MET* und *TC*. Später sind noch andere Bindemittel auf den Markt gekommen: *Acramin ME und MS*, die beide als filmbildende Substanz ein Polyamidderivat enthalten, das sehr widerstandsfähige Filme ergeben soll. Das letztere ist eine gallertartige Lösung in einem organischen Lösungsmittel, während Acramin ME als Emulsion vom Typ Kohlenwasserstoff-in-Wasser vorliegt. Mit diesen zwei Bindemitteln können praktisch alle Probleme des Weisspigmentdruckes bewältigt werden. Das ganze Verfahren wurde von der Herstellerfirma sehr vielseitig gestaltet: zahlreiche Einzelheiten befinden sich in den entsprechenden Zirkularen von Bayer, sowie in der Abhandlung von Schwaebel: Der Pigmentweissdruck mit Acraminprodukten (Bayer Colorist *3* (1957) Nr. 5, Seite 26). Die patentrechtliche Grundlage zu diesem Verfahren dürfte im *DRP 707.848* (1938) der I.G. Farbenindustrie zu finden sein, das schon im 1. Teil dieses Werkes, Band 3, Seite 312, erwähnt ist: als Bindemittel für den Zeugdruck wird in dieser Patentschrift eine 10 %ige Lösung des Superpolyamids aus Hexamethylendiamin und Adipinsäure angegeben.

b) Fixierung der Mattierungspigmente mit in organischen Lösungsmitteln gelösten Bindemitteln oder mit Emulsionen von solchen

Siehe 1. Teil dieses Werkes, Band 3, Seite 46–52.

In diese Gruppe gehört als wichtigster Vertreter vor allem das *Serikose*-Verfahren der I.G. Farbenindustrie (1. Teil, Band 3), Seite 46–49), das als Bindemittel Azetylzellulose und als Lösungsmittel spezielle Produkte wie *Serikosol A*, *N* oder *NK* verwendet: Serikosol

A ist Äthylenchlorhydrin (wurde aber wegen seiner Giftigkeit durch Serikosol N ersetzt, siehe 1. Teil, Band 3, Seite 112), Serikosol N Glykolmonoformiat, und Serikosol NK, das Gegenstand des *DRP 716.432* (1938) ist, γ-Butyrolakton:

$$CH_3-CH-CH_2-CO \quad (\text{Ring über } O)$$

Dieses Verfahren hatte vor dem 2. Weltkrieg einen gewissen Erfolg, besonders gegenüber dem Albumindruck, weil die Druckfarben nicht faulen können und nicht gedämpft werden müssen. Ferner sind sie sehr gut waschecht, weil das Bindemittel, Azetylzellulose, eben nur in organischen Lösungsmitteln löslich ist und durch Wasser koaguliert wird: die Pigmentbindung ist also sehr fest. Nur eine energische Behandlung, zum Beispiel in Gegenwart von Pyridinbasen, kann sie angreifen[1]). Der Griff der so erhaltenen Drucke ist allerdings nicht mehr so weich wie es wünschenswert wäre und kann durch Zusatz von Weichmachern nicht einwandfrei verbessert werden, was sich besonders auf dünnen Geweben unangenehm bemerkbar macht[2]).

3. Mattdruck durch Bildung von Pigmenten auf den Fasern

Siehe 1. Teil, Band 3, Seiten 52–59.

a) Anorganische Niederschläge

α) durch doppelte Umsetzung

Auf die Druckereitechnik übertragen bestehen diese Verfahren im allgemeinen aus dem Einverleiben der einen Komponente in eine Druckpaste und der Behandlung der bedruckten Ware mit einem Bad, das die zweite Komponente enthält.

1. *Bariumwolframat* (Natriumwolframat-Bariumchlorid). Es stellt das meistverwendete Produkt dieser Art dar. Seine Verwendung im Mattdruck wurde im 1. Teil, Band 3, auf Seiten 53–55 und 115 eingehend besprochen.

Wenn man den Preis der Chemikalien berücksichtigt, ist es vorteilhaft, das Natriumwolframat in die Druckpaste einzuverleiben und die Ausfällung mit dem billigeren Bariumchlorid (oder mit Bariumazetat) im Bad vorzunehmen.

Die Fällung von unlöslichen Molybdaten und Wolframaten wurde durch die Sandoz mit ihrem *franz. P. 752.337* (auch *engl. P. 415.882*, beide schweiz. Prior. 1932, siehe auch Seite 443) geschützt. Der Vorteil

---

1) Prior: Neue Ausrüstungen auf kunstseidenen Wirkstoffen (Mschr. Text. Ind. *50* (1935) Festh. November, Seite 84).

2) Taussig: Mattkunstseide unter Berücksichtigung der Druckartikel (Mh. für Seide und Kunstseide *38* (1933) 346).

des Verfahrens von Sandoz soll darin liegen, dass den Druckpasten oder den Mattierungsmitteln selbst Reduktionsmittel zugesetzt werden, vor allem lösliche Hydrosulfite, Sulfite oder Bisulfite oder deren organische Derivate, wodurch ein Vergilben der mattierten Stellen beim Dämpfen verhindert wird[1]).

2. *Bariumsulfat* (Bariumazetat-Natriumsulfat) siehe 1. Teil, Band 3, Seite 55.

3. *Zinkferrozyanid* (Zinkazetat-gelbes Blutlaugensalz). Siehe 1. Teil, Band 3, Seite 56. Dem *franz. P. 760.995* (1933) der Ciba entspricht neben dem *engl. P. 421.360* auch das *DRP 642.194* (alle schweiz Prior. 1932, siehe auch Seite 445 dieses Bandes).

4. *Verschiedene andere Verfahren.* Siehe 1. Teil, Band 3, Seite 56. Besonders zu erwähnen ist das Stannat-Verfahren der Calico Printers' Assoc. Ltd.[2]), das im *engl. P. 455.209* (1935, siehe auch Seite 440) beschrieben ist. Das *engl. P. 486.334* (1937) der gleichen Firma ist ein Zusatzpatent zum vorangehenden, das sich mit der Herstellung von glänzenden Buntreserven mit Küpenfarbstoffen beschäftigt, auf Geweben, die nach dem Verfahren des Hauptpatentes mit Stannat mattiert sind: da diese Farbstoffe mit einer Druckpaste, die Zitronensäure enthält, nicht verwendbar sind, hat die Calico Printers' Assoc. Ltd. gefunden, dass man die Stannatmattierung örtlich mit natriumhexametaphosphathaltigen Reserven zerstören kann.

Eine besondere Anwendungsart solcher Ausfällungen stellt das Verfahren nach dem *DRP 716.086* (1938, auch *amer. P. 2.217.114* und *franz. P. 844.863*) der A.G. Cilander dar: die Gewebe werden zuerst mit einer Gummireserve bedruckt, in üblicher Weise transparentiert, abgequetscht und getrocknet, dann durch irgend eines der oben erwähnten Doppelumsetzungsverfahren mattiert und schliesslich in Natronlauge von 30° Bé geschrumpft. Die auf den Fasern gebildeten Pigmente werden vorzugsweise an den nicht transparentierten Stellen fixiert, was zu einer verstärkten Kontrastwirkung zwischen diesen und den transparenten Stellen führt.

β) andere Verfahren

Nach dem schon auf Seiten 329 und 445 erwähnten *DRP 475.879* (1924, auch *engl. P. 245.407* und *franz. P. 597.231*) der N.V. Neder-

---

[1]) Weitere Einzelheiten über dieses Verfahren befinden sich in folgenden Literaturstellen: S. S.: Procédé pour donner un aspect mat aux soies artificielles (Ind. textile *50* (1933) 629; P. S.: Procédé permettant de rendre mates la soie naturelle et les soies artificielles (Rev. univ. soie et soies artif. *8* (1933) 1021); Metzl: Erzeugung von Matteffekten neben Glanzeffekten auf Kunstseide (Mell. *15* (1934) 460).

[2]) Wie schon auf Seite 440 dieses Bandes erwähnt, hat auch die I. G. Farbenindustrie ein Stannatverfahren entwickelt, und dieser Firma (und nicht, wie im 1. Teil, Band 3, Seite 56 irrtümlich angegeben, der Calico Printers' Assoc. Ltd.) gehört das *engl. P. 408 240* (1932), sowie auch das *engl. P. 478 327* (1936); siehe Seite 441.

landsche Kunstzijdefabriek kann man Matteffekte durch örtliche Bildung eines Schwefelniederschlags erhalten; nach dem *engl. Zusatzpatent 249.538* (1926, deutsche Prior. 1925) der gleichen Firma kann man auch unentschwefelte Viskosekunstseide nur stellenweise entschwefeln.

Die Tootal Broadhurst Lee Co. Ltd. erzeugte nach ihrem *engl. P. 264.559* (1925) Muster auf Baumwolle oder Kunstseide, indem sie die Gewebe mit verdickten konzentrierten Lösungen von Antimon- oder Wismuttrichlorid bedruckte und hierauf mit Wasser behandelte, wodurch sich unlösliche Hydroxyde bilden. Die Chloride werden in Glyzerin oder Milchsäure gelöst und mit Stärke, Porzellanerde usw. verdickt. Der Zusatz geringer Mengen eines blauen Farbstoffes ermöglicht die Erzielung eines reineren Weiss.

Auf Seiten 324 und 453 wurde ein *engl. P. 517.886* (1938) von F.D. Lewis besprochen, nach welchem der Matteffekt durch Verwendung löslicher oder unlöslicher und bei gewöhnlicher Temperatur in wässrigen Lösungen oder Suspensionen verhältnismässig beständiger schwefelhaltiger Barium- oder Bleisalze erreicht wird: durch Hitzeeinwirkung in Gegenwart von Wasser lassen sich diese Salze in Verbindungen grösserer Opazität umwandeln. Als geeignet wurden erwähnt: Bariumpersulfat, Barium- und Bleisalze der Ester der Schwefelsäure und der Pyroschwefelsäure mit verschiedenen Alkoholen. Diese Salze können auch örtlich durch Bedrucken auf die Gewebe aufgebracht werden.

b) Organische Niederschläge

α) *Salze organischer Säuren*

Das *Dullit-W-Verfahren*, das durch die *DRP 593.562, amer. P. 1.990.864, engl. P. 425.418, franz. P. 760.964* und *schweiz. P. 172.337* (1932) der I.G. Farbenindustrie geschützt ist, wurde schon auf Seite 452 dieses Bandes für die Stückmattierung, sowie im 1. Teil, Band 3, auf Seite 57 für den Mattweissdruck eingehend besprochen. Es beruht bekanntlich auf der Bildung von unlöslichen basischen Aluminiumsalzen der Phthalsäure.

Auch in diese Gruppe gehört das Verfahren zur Herstellung von Matteffekten auf Nylongeweben, das im *engl. P. 574.785* (1946) der Imperial Chemical Industries beschrieben ist (siehe auch 1. Teil, Band 2, Seite 389): die Druckfarbe besteht aus folgenden Produkten: zum Beispiel

24 T. Kolophonium
15 T. Kalziumchlorid
61 T. Äthylalkohol

Geeignet sind auch andere Chloride und Bromide, zum Beispiel von Lithium, Kalzium oder Zink, sowie andere niedere aliphatische Alkohole. Die bedruckten Gewebe werden getrocknet und zweimal mit Alkohol gewaschen, um das Harz zu entfernen. Es ist möglich, dass sich dabei basische Salze, oder auch solche mit der Harzsäure bilden.

β) *Organische Verbindungen*

Ebenfalls für den Mattdruck geeignet ist das Verfahren nach dem *engl. P. 316.169* (1928) der Silver Springs' Bleaching and Dyeing Co. Ltd.: man bedruckt die Gewebe mit Leukoverbindungen des Anthrachinons oder des 2-Chloranthrachinons oder mit ihren Derivaten, eventuell auch gleichzeitig mit einem Farbstoff. Die Entwicklung erfolgt in einem Wasserstoffsuperoxydbad. Das Verfahren ergibt auf Zellulosederivatfasern sehr beständige Mattdrucke.

γ) *Aminoplast-Vorkondensate*

Das interessante Stückmattierungsverfahren mit Aminoplast-Vorkondensaten, das Gegenstand des Abschnitts B 2g dieses Kapitels ist, hat ebenfalls auf dem Gebiet des Mattdruckes Erfolg gehabt. Dazu kamen die zwei Verfahren, wie sie im oben erwähnten Abschnitt beschrieben worden sind, zur Anwendung: das der Tootal Broadhurst Lee Co. Ltd. und das der I.G. Farbenindustrie.

Nach dem *engl. P. 467.480* (1935, auch *amer. P. 2.416.988*, *franz. P. 807.424* und *österr. P. 155.792*) der ersteren Firma kann man matte Effekte erzielen, indem man die Gewebe mit einer Harnstofflösung vorbehandelt, dann mit einer stark alkalischen Küpenfarbe bedruckt, die so viel Lauge enthält, dass Säure nicht fällend wirken kann, und schliesslich mit Formaldehyd und Säure behandelt. Die glänzenden Druckstellen der alkalischen Küpenfarbe werden dann nicht mattiert.

Weit mehr Bedeutung hat aber in dieser Gruppe das *Dullit-D*-Verfahren der I.G. Farbenindustrie gewonnen (siehe auch Seite 491 dieses Bandes, sowie 1. Teil, Band 3, Seite 57)[1]). Dullit D ist mit Indigosolfarbstoffen und Natriumnitrit zur Erzielung von matten farbigen Fonds kombinierbar, und man erhält ungefärbte oder gefärbte Glanzreserveeffekte auf mattem Grund durch Aufdrucken von Alkalien oder alkalischen Druckfarben, zum Beispiel von Küpen-, Rapidogen- oder Rapidechtfarbstoffen, auf die mit Dullit D geklotzte Ware: an den bedruckten Stellen wird die Mattierung verhindert.

D. Untersuchung und Prüfung der Mattierungen und Mattierungsmittel

Dieser Abschnitt soll nur einen Überblick über die analytischen und prüftechnischen Probleme der Mattierung geben. Für ausführliche und systematische Untersuchungsmethoden wird auf die Speziallite-

---

[1]) Für weitere Einzelheiten siehe auch: Praktische Erfahrungen beim Drucken und Klotzen von Matteffekten mit Dullit D (Mell. *19* (1938) 915).

ratur verwiesen, vor allem auf das Werk «Die Prüfung der Textilien» von Sommer, Winkler und Mitarbeiter, das als 5. Band der 2. Auflage des «Handbuches der Werkstoffprüfung» von Siebel erschienen ist.

1. Nachweis und Bestimmung der Mattierungen auf den Fasern

Sobald feststeht, dass ein gewisses Textilerzeugnis mattiert ist (was für den Praktiker sofort visuell erkennbar ist), ist die erste vorzunehmende Untersuchung die

a) Unterscheidung der Spinn- und Nachmattierung

Zu diesem Zweck dürfte die alte Reibungsprobe gegen einen schwarzen Stoff zum Nachweis einer oberflächlichen Pigmentablagerung heute wegen der guten Echtheiten der modernen Nachmattierungsmittel nicht mehr von Nutzen sein. Beweiskraft hat nur noch die mikroskopische Beobachtung der Fasern im Querschnitt: die Spinnmattierung lässt sich an der gleichmässigen Verteilung des Mattierungsmittels im ganzen Querschnitt erkennen, während die Nachmattierungsmittel eher eine Anhäufung der Pigmentpartikeln an der Faseroberfläche zeigen.

b) Untersuchung der Mattierungen

Die genaue Bestimmung des verwendeten Mattierungsmittels ist, wenigstens theoretisch, ein weit schwierigeres Problem: wenn man die zahlreichen Vorschläge berücksichtigt, die in den Abschnitten A bis C erwähnt sind, kann es fast das ganze Gebiet der anorganischen und organischen Analytik umfassen. In der Praxis ist es wesentlich einfacher, weil heute die meisten Mattierungsverfahren auf einer Pigmentierung beruhen. Wichtige Ausnahmen sind:

α) die aus hydrolysierbaren Salzen entstandenen Niederschläge (Zirkonsalze, Stannate, Phthalate),

β) die Aminoplaste und andere Kunstharze,

γ) die Entglänzung der Azetatkunstseide durch Behandlung mit heissen wässrigen Bädern.

Der Nachweis einer Pigmentierung kann nach Rath[1]) durch Auflösen der Fasern in einem geeigneten Lösungsmittel erfolgen: bei Anwesenheit von Pigmenten entstehen weisslich getrübte Lösungen.

Die Menge des verwendeten Pigments wird nach dem gleichen Autor durch Veraschung der Fasern bestimmt, wobei in gewissen Fällen der eigene Aschengehalt der nicht mattierten Fasern abzuziehen ist (für Kunstseide und Zellwolle etwa 0,5 %). Nach Wünsch[2]) kann

---

[1]) Siehe Sommer, Winkler und Mitarbeiter: Die Prüfung der Textilien, Seite 833.

[2]) Wünsch: Die Bestimmung des Mattierungsmittelgehaltes (Titandioxyd) von Dacron durch Trübungsmessung (Mitt. Inst. Textiltechnol. Chemiefasern Rudolfstadt *3* (1959) 179).

die Bestimmung von Titandioxyd in Polyamiden unter bestimmten Voraussetzungen nephelometrisch erfolgen, was einen wesentlich geringeren Zeitaufwand erfordert als die klassische Veraschungsmethode.

Zum weiteren Nachweis der anorganischen Pigmente wird die Asche in geeigneter Weise aufgeschlossen bzw. gelöst: eine Behandlung mit konzentrierter Salzsäure löst die Zinkverbindungen (Zinksulfid) auf, die dann, nach Neutralisierung mit Soda, mit Ferrizyankalium und Diäthylanilin durch Bildung eines braunen Niederschlags nachgewiesen werden können[1]). Geht mit konzentrierter Salzsäure nicht die ganze Asche in Lösung, so wird sie mit Kaliumbisulfat behandelt, wodurch Titandioxyd, Zirkonoxyd und Aluminiumoxyd in lösliche Form gebracht werden. Nach Auflösen der Schmelze in Wasser kann Titandioxyd durch die sehr empfindliche Reaktion mit Wasserstoffsuperoxyd bis auf 2 γ nachgewiesen werden: es bildet sich eine zitronengelbe bis orangerote Färbung. Zum Nachweis von Zirkon kann die Bildung des rotvioletten Alizarinlacks dienen, der im Gegensatz zu den Titan- und Aluminiumlacken in salzsaurer Lösung beständig ist[2]), und zum Nachweis des Aluminiums die Bildung des stark grün fluoreszierenden Morinlacks[3]). Ein allfälliger Rückstand der Behandlung mit Kaliumbisulfat kann durch eine Alkalischmelze mit Natrium-Kaliumkarbonat aufgeschlossen werden, worauf nach Neutralisierung Barium mit Kaliumbichromat nachgewiesen wird. In dieser Lösung kann man nach dem alkalischen Aufschluss auch nachweisen: Zinn durch Bildung von Molybdänblau aus Ammoniumphosphomolybdat[4]), Antimon durch Reaktion mit Rhodamin B[5]), Molybdän mit Hilfe des komplexen Molybdänxanthogenats[6]), Wolfram durch die Bildung eines blauen Niederschlags mit Zink und Salzsäure, der im Gegensatz zum entsprechenden Molybdänblau gegen einen Überschuss von salzsaurem Zinn-II-chlorid beständig ist)[7].

Phthalsäure kann als sehr gut kristallisierendes, Kristallalkohol enthaltendes $C_6H_4(COOK)_2 \cdot C_2H_5OH$ nachgewiesen werden[8]).

Der Nachweis und die Bestimmung der Aminoplast-Kondensate ist etwas kompliziert und ist im oben erwähnten Buch von Sommer, Winkler und Mitarbeitern ausführlich beschrieben: zuerst erfolgt der Formaldehydnachweis mit Karbazol und der Stickstoffnachweis; ferner weist ein positiver Schwefelnachweis auf Anwesenheit von Thio-

[1]) Schaeffer: Mikroanalytische Methoden zum Nachweis von anorganischen Verbindungen bei textilchemischen Untersuchungen (Klepzigs Textil-Z. *44* (1941) 668.

[2]) Ibid. Seite 473.

[3]) Ibid. Seite 472.

[4]) Ibid. Seite 670.

[5]) Ibid.

[6]) Ibid.

[7]) Ibid. Seite 471.

[8]) Zeidler: Laboratoriumsbuch für die Lack- und Farbenindustrie, Seite 110.

harnstoff hin. Der nächste Schritt der Analyse hat die Differenzierung zwischen Harnstoff (evtl. auch Thioharnstoff-), Melamin- und Dizyandiamidharzen zu erbringen. Die Methode ist dieselbe, die sich auch für die Untersuchung der Knitterfestappreturen eingebürgert hat[1]).

Die Bestimmung der organischen Mattierungsmittel und der Begleitstoffe bei der Foulardmattierung und der substantiven Mattierung ist schwieriger, zumal es heute noch keinen wirklich zuverlässigen und alles umfassenden Analysengang für die Appreturmittel und die oberflächenaktiven Stoffe gibt. Zahlreiche Hinweise und Literaturzitate darüber befinden sich im Buch von Sommer, Winkler und Mitarbeitern.

Die rein physikalischen Mattierungen, wie das Aufrauhen, die Mattierung durch Luft- und Gaseinschlüsse (Hohlseiden), sowie die Entglänzung der Azetatkunstseide durch heisse wässrige Lösungen können natürlich auf analytischem Weg nicht erfasst werden. Für ihren Nachweis kommt daher nur die mikroskopische Untersuchung in Frage. Überhaupt kann diese Untersuchungsmethode im allgemeinen sehr von Nutzen sein, sei es um die Art der Mattierung zu bestimmen, oder um ihre Gleichmässigkeit zu prüfen. Angaben darüber befinden sich ebenfalls im Buch von Sommer, Winkler und Mitarbeitern; ferner wird man mit Vorteil ältere Veröffentlichungen nachschlagen, die zahlreiche mikroskopische Aufnahmen der verschiedensten Mattierungsarten enthalten[2]).

2. Prüfung der Mattierungen und der mattierten Textilien

a) Die Glanzmessung

Die Messung des Entglänzungsgrads, das Hauptproblem bei der Prüfung der Mattierungen und mattierten Textilien, erfolgt auf optischem Weg mittels eines Photometers.

---

[1]) Siehe Sommer, Winkler und Mitarbeiter, Seite 775; vgl. auch dieses Werk, Band 2, Kapitel XIV, Seite 513.

[2]) Lassé: Mikroskopische Untersuchungen mattierter Kunstseide (Mell. *14* (1933) 185, 309, 358, 414, 461, 508). – Keiner: Die Mattkunstseide (Mell. *15* (1934) 118). – Klinger: Das mikroskopische Aussehen der aktuellen Textilmaterialien der Kunstseidenindustrie für die spezifische Charakter-, Wert- und Qualitätsbestimmung (Kunstseide *16* (1934) 388). – Herzog: Gang der Untersuchung auf die wichtigsten Mattierungsmittel (Mell. *18* (1937) 77); in dieser Arbeit sind auch Mikroreaktionen zum qualitativen Nachweis der Mattierungen beschrieben. – Einfache Untersuchungen über die Art der Mattierungen (Kunstseide und Zellwolle *22* (1940) 80; Spinner und Weber *45* (1940) 268). – A. F. P.: Delustrants for Rayon and methods for their identification (J. Soc. Dyers and Col. *63* (1947) 202, zusammengefasst aus Tinctoria *43* (1946) 219). – Iwanow und Schneider: Ein Lagerschaden durch Lichteinwirkung: Streifen auf Zellwolle-Azetatgewebe infolge scheinbarer Pigmentierungsunterschiede in den TiO_2-mattierten Fasern (Reyon, Zellw. u. Chem. Fasern *7* (1957) 556).

Leider ist es heute noch nicht möglich, eine genaue Definition des Glanzes anzugeben. Man kann höchstens mit Richter[1]) sagen, dass der Glanz nicht identisch ist mit der Glätte der Oberfläche, also keine Materialkonstante darstellt, sondern ein physiologisch-optisches Kontrastphänomen, bei welchem zahlreiche Faktoren eine Rolle spielen[2]). Infolgedessen gibt es auch noch kein eindeutig standardisiertes Messverfahren für den Glanz. Im allgemeinen beruhen die meisten Glanzmessverfahren der Praxis auf dem Vergleich zwischen den Leuchtdichten, die die Probe in zwei verschiedenen Richtungen zeigt: senkrecht zur Probenebene und in einer Spiegelrichtung (zum Beispiel $-60°$) bei einer Beleuchtung der Probe in einer zur Flächennormale symmetrischen Richtung (also $+60°$). Oder diese Leuchtdichte in der Spiegelrichtung wird mit derjenigen im Falle eines idealen Spiegels, also mit der Leuchtdichte der Quelle selbst, verglichen.

Ältere Glanzmessverfahren, wie das von Ostwald[3]), sind in der Heermannschen «Enzyklopädie der textilchemischen Technologie» (Springer, Berlin 1930) auf Seite 660 beschrieben. Später hat sich vor allem die Methode von Richter[4]) immer mehr durchgesetzt: sie arbeitet mit dem bekannten Pulfrich-Photometer unter Verwendung einer besonderen Glanzmesswippe. Bei diesem Apparat, der vor allem zur Messung des Remissionsgrades entwickelt wurde[5]), wird die Probe von einem möglichst parallelen Lichtstrahl beleuchtet, der in einem Winkel von 45° gegen die Flächennormale der Probe einfällt, und das von der Probe zurückgeworfene Licht wird in Richtung der Flächennormale gemessen. Mit der Glanzmesswippe kann man die zuerst waagrecht liegende Probe so umkippen, dass sich ihre Flächennormale in der Ebene des einfallenden und des zurückgeworfenen Lichtes bewegt: bei einem Kippwinkel von 22,5° liegt also diese Flächennormale genau in der Halbierungsstellung zwischen den zwei Lichtstrahlen, und die Probe befindet sich also in der Spiegelstellung.

Mit dieser Messanordnung ist Richter zur Aufstellung der folgenden Glanzzahl gekommen:

$$\eta = \frac{r \cdot H'_\delta}{H_o}$$

wobei H_0 die Ablesung auf der Trommel des Photometers in der Grundstellung (das heisst mit waagrecht liegender Probe), H'_δ die mit der

[1]) Siehe Sommer, Winkler und Mitarbeiter, Seite 252.

[2]) Vgl. auch Hammond und Nimeroff: Measurement of sixty-degree specular gloss (J. Res. Nat. Bur. Standards *44* (1950) 585).

[3]) Ostwald: Farbkunde (S. Hirzel, Leipzig 1923).

[4]) Richter: Eine andere Art der Glanzbestimmung mit dem Stufenphotometer (Centr.-Ztg. Opt. Mech. *49* (1928) 287). Ausführliche Darlegung in Sommer, Winkler und Mitarbeiter, Seite 253.

[5]) Siehe Sommer, Winkler und Mitarbeiter, Seite 246.

Probe in der Kippstellung bei einem Kippwinkel δ, und r einen Korrekturfaktor bedeutet, der den geringen Glanz der als Normalweiss verwendeten Barytweissplatte berücksichtigt. Klughardt[1]) hat später daraus eine neue Glanzzahl logarithmisch abgeleitet:

$$G = {}^{10}\log \eta$$

die besser an die Empfindung angepasst sein soll.

Erwähnt sei noch, dass die Glanzzahlen eines einzigen Materials stark vom Kippwinkel δ abhängen, und dass der Maximalwert nicht unbedingt bei der Spiegelstellung (Kippwinkel $\delta = 22{,}5°$) erreicht wird. Auch die Lage der Fäden gegenüber dem einfallenden Licht spielt eine Rolle, besonders bei Geweben in welchen Kette und Schuss aus Materialien mit verschiedenen Glanzeigenschaften bestehen.

In neuerer Zeit hat Jeffries[2]) eine umfangreiche Arbeit über die Glanzmessung veröffentlicht und einen Apparat vorgeschlagen, der Messungen praktisch in allen Einfallwinkelstellungen von 0 bis 360° gestattet und Glanzunterschiede bestimmen kann, die das menschliche Auge kaum wahrnimmt. Mit dieser Apparatur hat Jeffries sogar Messungen an Faserbündeln vorgenommen.

b) Die Gebrauchsprüfung

Wie von einer Färbung, verlangt man auch von einer Mattierung, dass sie gleichmässig und gegen verschiedene Einflüsse möglichst beständig ist. Nur ist die Gleichmässigkeit einer Mattierung manchmal etwas schwierig zu beurteilen. Eine gute Hilfe dazu ist die Beobachtung der mattierten Gewebe unter dem Mikroskop in Ölimmersion: die stark mattierten Stellen sind dann viel besser sichtbar[3]).

Ein weiteres Problem der Mattierung ist ihre Beständigkeit gegen verschiedene mechanische und chemische Einflüsse, vor allem gegen die Wäsche und die Trockenreinigung, sowie gegen die Reibung, in trockenem wie in nassem Zustand. Im Grunde genommen unterscheidet sich die Prüfung dieser Eigenschaften nicht von der Prüfung der gleichen Beständigkeiten von Färbungen und Drucken, und es werden auch die gleichen Prüfmethoden angewendet.

Für die Prüfung der Waschbeständigkeit von mattierten Textilien ist auf eine besondere Erscheinung hinzuweisen: gewisse Gewebe haben an sich die Neigung, bei wiederholter oder starker Wäsche selbst

---

[1]) Klughardt: Eine Methode der Glanzmessung nach Einheiten des psychologischen Helligkeitsunterschiedes (Centr.-Ztg. Opt. Mech. *51* (1930) 90).

[2]) Jeffries: Measurement of the extent of delustring of filament fabrics (J. Text. Inst. *46* (1955) 391).

[3]) Vgl. Iwanow und Schneider: L'emploi de l'immersion dans l'huile pour l'analyse des stries apparaissant sur tissus par suite de différences de pigmentation dans les fibres textiles (fibres laiteuses et fibres matées) (Bull. Inst. Text. France *56* (1955) 39; übersetzt in Reyon Zellw. Chemiefas. (*1956*) 264).

von ihrem ursprünglichen Glanz zu verlieren, und diese Eigenart kann, wenn diese Gewebe irgendeiner Nachmattierung unterzogen worden sind, zur Vortäuschung einer zu hohen Waschbeständigkeit dieser Nachmattierung führen[1]).

Zur Bestimmung der Echtheiten von Pigmentmattierungen kann man sich auch der Methode von Shapiro zur Bestimmung des Pigmentbindevermögens bedienen[2]): sie stellt eine Verfeinerung der Durchreissfestigkeitsprüfung dar und misst den Gewichtsverlust eines mit einem pigmenthaltigen Produkt imprägnierten Gewebes in Milligrammen pro Meter Durchreisslänge.

3. Untersuchung der Mattierungsmittel in Substanz

Im allgemeinen gelten für dieses Problem die gleichen Darlegungen wie für die Untersuchung der gleichen Mittel auf den Fasern und der mattierten Textilien. In seiner Arbeit über die qualitative Analyse der Textilhilfsmittel unterscheidet Goldstein[3]) zwischen Pigment- und Zweikomponententyp. Für den ersteren empfiehlt er eine Trennung aufgrund der Löslichkeit im Methanol, wobei die Dispergiermittel, Weichmacher usw. in Lösung gehen; der Rückstand wird ausgeglüht, um die organischen Produkte nachzuweisen, und die zurückgebliebene Asche nach einer normalen Analysenmethode auf Pigmente und anorganische Salze untersucht, während im Falle einer beträchtlichen Verkohlung eine neue Probe des alkoholunlöslichen Stoffes mit heissem Wasser behandelt, vom Pigmentanteil durch Filtration befreit und der Filtrat auf Stärke und Dextrin (mit Jod), Proteine (durch Biurettest), Casein (durch Millonschen Test) und vegetabilische Gummis (mit basischem Bleiazetat) geprüft wird.

Bei den Zweikomponentenprodukten soll jede Komponente für sich durch Ausglühen auf organische Bestandteile geprüft und der Rückstand wie beim Pigmenttyp auf die anorganischen Bestandteile untersucht werden. Weist das Ausglühen auf organische Stoffe hin, so sind neben den vier beim Pigmenttyp erwähnten Prüfungen noch die auf Kunstharz oder deren Vorkondensate vorzunehmen (was eigentlich auch beim Pigmenttyp geschehen sollte). Dazu gibt Goldstein eine Tabelle der Eigenschaften und Reaktionen der gebräuchlichsten Kunstharze an.

---

[1]) Vgl. J. P.: Mesure de la stabilité du matage des articles rayonne blancs et teints (Ind. textile *54* (1937) 186, 239, 292; nach einem Vortrag von Pinte).

[2]) Shapiro: The Pigment binding power of textile finishing materials (Am. Dyest. Rep. *43* (1954) 691).

[3]) Goldstein: Qualitative Analysis of textile processing agents (Am. Dyest. Rep. *36* (1947) 629).

Für die quantitative Analyse der Mattierungsmittel weist Schiffner[1]) auf die Methode von Kohnle[2]) hin, die es gestattet, Prozentgehalte an Wasser und Pigment in einem Arbeitsgang zu bestimmen.

Die Gebrauchswertprüfung der Mattierungsmittel erfolgt ähnlich wie für Farbstoffe durch Applikationsversuche in verschiedenen Konzentrationen auf einem geeigneten Gewebe und visuelle Beurteilung oder besser Messung des Mattierungseffekts mit einem optischen Gerät, am besten mit dem Pulfrich-Photometer, wie auf Seite 521 angegeben. Die anderen Eigenschaften werden ebenfalls nach den dort erwähnten Richtlinien geprüft.

[1]) Sommer, Winkler und Mitarbeiter, Seite 898.

[2]) Kohnle: Schnellmethode und Gerät zur Analyse von Emulsionen (Chem.-Ing.-Techn. *25* (1953) 228).

Name	Erzeugerfirma	Zusammensetzung
		Produkte für die
Kronos AD	Titangesellschaft m.b.H., Leverkusen	Titandioxyd mit Anatasstruktur TiO_2
Kronos A 1310	Titangesellschaft m.b.H., Leverkusen	Titandioxyd mit Anatasstruktur, mit Antimonverbindungen stabilisiert
Kronos AV	Titangesellschaft m.b.H., Leverkusen	Titandioxyd mit Anatasstruktur, klassiert und mit Aluminium- und Siliziumverbindungen stabilisiert
Kronos A 168	Titangesellschaft m.b.H., Leverkusen	Titandioxyd mit Anatasstruktur, durch Nachbehandlung mit Aluminiumoxyd stabilisiert
Kronos RN 56	Titangesellschaft m.b.H., Leverkusen	Titandioxyd mit Rutilstruktur, klassiert und mit Aluminium- und Siliziumverbindungen stabilisiert

Literatur	Verwendungsgebiete
Spinnmattierung	
Kronos-Blätter der Titangesellschaft Nr. 3.3	Rein weisser Farbton, hohe Helligkeit. Durch besonderes Sichtungsverfahren frei von groben Anteilen und daher leicht dispergierbar. Anwendbar wenn keine hohen Ansprüche an die Lichtbeständigkeit gestellt werden
Kronos-Blätter der Titangesellschaft Nr. 3.4	Speziell für die Mattierung von Fasern hergestellt. Etwas geringere Helligkeit, aber die mit Kronos A 1310 mattierten Fasern haben nach Belichtung eine höhere Reissfestigkeit als Fasern, die unstabilisierte Anatas-Pigmente enthalten. In alkalischen Medien über lange Zeit haltbar, daher besonders für die Zugabe zu Viskoselösungen geeignet
Kronos-Blätter der Titangesellschaft Nr. 3.6	Hohe Helligkeit, neutraler Weisston, hohe Lichtbeständigkeit; in organischen Medien gut dispergierbar. In alkalischen Medien nur beschränkt haltbar; darf daher für die Viskosemattierung erst unmittelbar vor den Düsen zugegeben werden
Kronos-Blätter der Titangesellschaft Nr. 3.8	Grosse Helligkeit, hohes Aufhell- und Deckvermögen. Gute Lichtbeständigkeit. Für vollsynthetische Fasern empfohlen
Kronos-Blätter der Titangesellschaft Nr. 4.2	Hohe Lichtbeständigkeit, hohes Aufhell- und Deckvermögen, ausgezeichnet dispergierbar. In alkalischen Medien nur beschränkt haltbar; darf daher für die Viskosemattierung erst unmittelbar vor den Düsen zugegeben werden. Dank seinem höheren Brechungsindex und seinem höheren Aufhell- und Deckvermögen gestattet es, denselben Matteffekt mit einer kleineren Menge zu erreichen, so dass die mechanischen Eigenschaften der Fasern weniger leiden. Besonders für Zellwolle empfohlen

Name	Erzeugerfirma	Zusammensetzung
Kronos RNC	Titangesellschaft m.b.H., Leverkusen	Titandioxyd mit Rutilstruktur, mit Zinkverbindungen modifiziert und durch Nachbehandlung mit Aluminium- und Siliziumverbindungen stabilisiert
Kronos R 50	Titangesellschaft m.b.H., Leverkusen	Titandioxyd mit Rutilstruktur, klassiert und durch Nachbehandlung mit Aluminium- und Siliziumverbindungen stabilisiert
Titafrance AT4	Fabrique de Produits chimiques de Thann et Mulhouse	Titandioxyd mit Anatasstruktur
Tioxyde A-LF	British Titan Products Co. Ltd.	
Tioxyde A-DM	British Titan Products Co. Ltd.	
Titanox A-MO	Titanium Pigment Corp.	Anatas-Titandioxyd mit mindestens 98% TiO_2
Titanox AA	Titanium Pigment Corp.	Anatas-Titandioxyd mit mindestens 98% TiO_2, mit Antimon und Aluminiumverbindungen modifiziert
Aerogel-Pigmente	Deutsche Gold- und Silberscheideanstalt vorm. Roessler (Degussa)	Kolloiddisperse Pigmente, unter anderen Titandioxyd, aber auch Aluminium-, Zirkonium-, Zink- und Zinnoxyd
Luxanthol-Mattweiss	Badische Anilin- und Sodafabrik	Etwa 70% Titandioxyd, rund 0,5% einer Chromverbindung, Rest Dispergiermittel, verm. des Tamol-Typs (Na-Dinaphthylmethandisulfonat)
Aerochlor	Viscose Co.	Chlorierungsprodukte des Diphenyls

Literatur	Verwendungsgebiete
Kronos-Blätter der Titangesellschaft Nr. 4.5	Besonders hohe Lichtbeständigkeit, hohes Aufhell- und Deckvermögen, sehr gut dispergierbar. Besonders für Zellwolle empfohlen.
Kronos-Blätter der Titangesellschaft Nr. 4.4	Für Mattierungen von Zellwolle mit hoher Lichtbeständigkeit. Wegen der beschränkten Alkalibeständigkeit muss die Einarbeitung unmittelbar vor den Düsen erfolgen.
	Lichtbeständig, feindispers, mit weissem Farbton Ausgezeichnete Farbechtheit, hoher und gleichmässiger Verteilungsgrad Hoher und gleichmässiger Verteilungsgrad, chemisch rein
	Für die Spinnmattierung von Viskosekunstseide empfohlen
	Für die Spinnmattierung von Azetatkunstseide empfohlen
Öst. P. 185496 *Amer. P. 2819173* Siehe Seiten 271 und 292	Äusserst hoher und gleichmässiger Verteilungsgrad: grösste Schonung der Spinndüsen und Fadenführer, geringste Beeinträchtigung der mechanischen Eigenschaften der mattierten Fasern. Sehr gute Dispergierbarkeit ohne Zusatz von Netz- oder Dispergiermitteln
Siehe Seite 295	Dank dem eingearbeiteten Dispergierungsmittel direkt als Pulver in die Viskosespinnmasse einführbar. Mit den anderen Luxanthol-Farbstoffen zur Spinnfärbung kombinierbar
Brit. P. 384224, auch *Amer. P. 2111449* *Brit. P. 409625* *Franz. P. 765058* Siehe Seite 349	Zumischung zur Spinnmasse als Emulsion, auch mit Zusatz eines flüchtigen Lösungsmittels, oder in fester Form nach Kolloidmahlung

Name	Erzeugerfirma	Zusammensetzung
Sipalin MOM	Breda Visada Ltd.	Methyladipinsäure- oder Stearinsäureester des Methylzyklohexanols
		Produkte für die Entglänzung
Phenol	Verschiedene	(Benzolring)–OH
Pinienöl	Verschiedene	Durch Destillation gewonnenes Holzterpentinöl aus amerikanischen Kiefernarten, enthält mindestens 65% Terpenalkohole, wie α-Terpineol, neben anderen Alkoholen und weiteren Substanzen
Yarmor 302 W	Hercules Powder	Pinienöl mittleren spezifischen Gewichtes
Newport White Pine Oil	Heyden Newport Chem. Corp.	Dampfdestillertes Pinienöl, enthaltend hauptsächlich Terpineol, Methanol, Fenchylalkohol und Borneol
Alpha Terpineol	Hercules Powder	95%iger tertiärer Terpenalkohol
Terposol Nr. 8	Hercules Powder	Terpinyläthylenglykoläther
Sextol	Howards and Sons	Methylzyklohexanol H_2, C, H_2C, C, H, OH, H, C, CH_2, H_3C, C, H_2 (Strukturformel)
Silvatol I	Ciba	Lösungsmittelhaltiges Reinigungs- und Entfettungsmittel
Opalogen A	I.G. BASF	Harnstoff $O{=}C(NH_2)_2$
Soromin Spezial	I.G.	Soromin BS (Stearylbiguanid) + Harnstoff
Mattierung P 180	Zschimmer & Schwarz	

Literatur	Verwendungsgebiete
Brit. P. 344288 Siehe Seite 353	

der Acetatkunstseide

Literatur	Verwendungsgebiete
Siehe Abschnitt B/1b dieses Kapitels, Seite 398	Meistverwendetes Entglänzungsmittel für Azetatkunstseide, im allgemeinen zusammen mit Seife
Siehe Seite 406	Anstelle von Phenol in Azetatkunstseide-Entglänzungsbädern: niedrigerer Preis, bessere Dispergierbarkeit, keine unangenehmen Gerüche
Siehe Seite 404 Dyer *102* (1949), 523	Anstelle von Phenol in Azetatkunstseide-Entglänzungsbädern: keine unangenehmen Gerüche
Dyer *105* (1951), 234	Als Entglänzungsmittel für Azetatkunstseide verwendbar: die Entglänzung wird durch Bügeln nicht zerstört. Anwendung: 3–4 g pro Liter bei 80–90°
Text. Colorist *53* (1931), 272	Wird vor allem im Mattdruck eingesetzt; siehe Seite 504
Sisley: Index des Huiles sulfonées et détergents modernes, Vol. I, Seite 504	Wird vor allem im Mattdruck eingesetzt
	Zur waschfesten Entglänzung von Azetatkunstseide

Name	Erzeugerfirma	Zusammensetzung
		Produkte für die
		Pigmente
Kronos A	Titangesellschaft m. b. H., Leverkusen	Titandioxyd mit Anatasstruktur TiO_2
Kronos A/2		
Kronos A/271		
Kronos A/168	Titangesellschaft m. b. H., Leverkusen	Titandioxyd mit Anatasstruktur, durch Nachbehandlung mit Aluminiumoxyd stabilisiert
Kronos AN	Titangesellschaft m. b. H., Leverkusen	Titandioxyd mit Anatasstruktur, klassiert und durch Nachbehandlung mit Aluminiumverbindungen stabilisiert
Kronos AV	Titangesellschaft m. b. H., Leverkusen	Titandioxyd mit Anatasstruktur, klassiert und mit Aluminium- und Siliziumverbindungen stabilisiert
Kronos RN 50, RN 56	Titangesellschaft m. b. H., Leverkusen	Titandioxyd mit Rutilstruktur, klassiert und mit Aluminium- und Siliziumverbindungen stabilisiert
Titafrance AT 3	Fabrique de Produits chimiques de Thann et Mulhouse	Titandioxyd mit Anatasstruktur, modifiziert
Tipaque A-100	Ishihara Sangyo Kaisha Ltd.	Titandioxyd mit Anatasstruktur
Tipaque A-200		Titandioxyd mit Anatasstruktur, nachbehandelt
Tipaque R-220		Titandioxyd mit Rutilstruktur, modifiziert
Tipaque R-820		Titandioxyd mit Rutilstruktur, modifiziert
Titanox A, A Nr. 24	Titanium Pigment Corp.	Titandioxydprodukte
Ti-O-Tal 371	Wittaker, Clark u. Daniels	
Paladul D, L	Paulden Chemical Co.	

Literatur	Verwendungsgebiete
Nachmattierung	
und Pigmentpräparate	
Kronos-Blätter der Titangesellschaft Nr. 3.1	Rein weisser Farbton, hohe Helligkeit. Vielseitig anwendbar, wenn keine hohen Ansprüche an die Lichtechtheit gestellt werden
Kronos-Blätter der Titangesellschaft Nr. 3.7	Wie Kronos A, mit verbesserten Pigmenteigenschaften in Helligkeit, Dispergierbarkeit und Deckvermögen
Kronos-Blätter der Titangesellschft Nr. 3.2	Wie Kronos A, mit etwas geringerer Helligkeit
Kronos-Blätter der Titangesellschaft Nr. 3.8	Grosse Helligkeit, hohes Aufhell- und Deckvermögen, gute Lichtbeständigkeit
Kronos-Blätter der Titangesellschaft Nr. 3.5	Hohe Helligkeit, neutraler Weisston, gute Lichtbeständigkeit
Kronos-Blätter der Titangesellschaft Nr. 3.6	Wie Kronos AN, mit noch höherer Lichtbeständigkeit
Kronos-Blätter der Titangesellschaft Nr. 4.4 und 4.2	Hohes Aufhell- und Deckvermögen, ausgezeichnet dispergierbar
	Ausgezeichnete Dispergierbarkeit, feine Struktur, hervorragende Lichtechtheit Sehr hoher Weissgrad, leichte Dispergierbarkeit, gute Deckkraft Sehr gute Dispergierbarkeit, leuchtende Weisse
	Paladull D ist für dunkelgefärbte, Paladull L für hellgefärbte Ware bestimmt

Name	Erzeugerfirma	Zusammensetzung
Titanox A-WD	Titanium Pigment Corp.	Wasserdispergierbares Titandioxyd mit Anatasstruktur
Ti-Pure LO-CR	Du Pont	Titandioxyd mit Anatasstruktur und mindestens 97% TiO_2
Ti-Pure 33, FF, FW	Du Pont	Titandioxyd mit Anatasstruktur
Acraminmattweiss FKLR	Bayer	Weisspigment auf Basis Titandioxyd mit Rutilstruktur
Duller A	Laurel Soap Mfg. Co.	Dispergierbares Titandioxyd
Titanox B-30	Titanium Pigment Corp.	Gemisch von 30% TiO_2 70% $BaSO_4$
Dull Finish W-567 B	Jacques Wolf u. Co.	Kolloidales Gemisch von Titandioxyd und Zinkoxyd, in einer Gummilösung dispergiert
Duller	Leatex Chemical Co.	Gemisch von Titandioxyd mit anderen Pigmenten
Lithopon	Sachtleben A.G. für Bergbau und Chemische Industrie	Zinksulfid ZnS
Cryptone ZS	New-Jersey Zinc Co.	ZnS
Cryptone BA		ZnS + BaS (?)
Cryptone BT		ZnS + TiO_2
Florence Zinc Oxides Horse Head Zinc Oxides	New-Jersey Zinc Co.	Zinkoxydpigmente, nach der französischen Methode durch Kammeroxydation hergestellt
Dulloid 414	Colloids Inc.	Kolloidales China Clay
Avivan M	Protex	Mit Oleylmethyltaurin dispergiertes Kaolin
Albenine ST Bickdull Chemdull Depco Duller Nr. 72 Visco Dul E	Doittau Hans C. Bick Inc. Chem. Corp. of America DePaul Chem. Co. Vikler Chem. Co.	Dispergierungen weisser anorganischer Pigmente

Literatur	Verwendungsgebiete
SVF *16* (1961), 209	In Verbindung mit dem Acramin FKLM-Färbeverfahren zur Mattierung von Geweben aus Synthesefasern sowie Zelluloseregeneratfasern
	Auch im Mattdruck verwendbar
	Mit maximal 0,4% Bleigehalt, in Salzsäure geruchlos löslich
	Für Viskose und Naturseide, im Färbebad verwendbar

Name	Erzeugerfirma	Zusammensetzung
Atco Dark Duller Crestodull D Duller DB Rexodull DK	Metro-Atlantic Inc. Crest Chem. Corp. Scher Bros. Emkay Chem. Co.	Dispergierungen anorganischer Pigmente Dispergierung von China Clay und anderen Pigmenten
Atco Light Duller Aychen Duller W Conco Nylode Duller Delustering Paste Nr. 3 Syndul L Tidull A Crestodull L Rexodull XX Conco Light Duller	Metro-Atlantic Inc. H and N Chem. Co. Continental Chem. Co. Stein, Hall Co. Synthron Inc. Crown Chem. Corp. Crest Chem. Corp. Emkay Chem. Co. Continental Chem. Co.	Dispergierungen von Titandioxyd Dispergierung von Titandioxyd mit anderen Pigmenten Dispergierung von Titandioxyd und Lithopon Dispersion von anorganischen Pigmenten und Gummis
Mirosan D, PW	Stockhausen	Kolloiddisperses Bariumsulfat $BaSO_4$ durch Fällung von Bariumchlorid mit Ammoniumsulfat in Gegenwart von Dextrin und Harnstoff erhalten
Aerosil Siligen A15, A25, AF Feran SSF Syton Darotin 40, 40/TO	Degussa BASF Rudolf u. Co. KG Monsanto Degussa	Kolloiddisperse Kieselsäure SiO_2 durch thermische Hydrolyse von Siliziumhalogeniden in der Dampfphase erhalten Kolloiddisperses Titandioxyd TiO_2 durch thermische Hydrolyse von Titanhalogeniden in der Dampfphase erhalten
Nalcoag 1060	Nalco Chemical Co.	Kolloidale Dispersion von SiO_2

Literatur	Verwendungsgebiete
	Für die Nachmattierung von dunkelgefärbten Waren bestimmt
	Für die Nachmattierung von weissen und hellgefärbten Waren bestimmt
DBP 875643 Siehe Seite 429	Kann auch als Schiebefestmittel verwendet werden Die Marke PW ergibt waschbeständige Mattierungen auf Reyon und synthetischen Fasern nach dem Auszieh- oder dem Imprägnierverfahren, ohne Verschleierung oder Versprödung
DBPP 830786, 873083, 878342, 891541, 893496, 900339, 900574 Siehe Seite 429 Textil-Praxis *8* (1953), 383 Textil-Praxis *10* (1955), 1134	Auch als Schlichte- und Schiebefestmittel verwendbar; geben den Damenstrümpfen einen «sandigen» Griff Auch für den Mattdruck verwendbar
	Für schwierig zu mattierende Waren, wie Glasfasergewebe. Schützt gegen Abreiben und Faserverschieben

Name	Erzeugerfirma	Zusammensetzung
		Produkte für das
Delustran D	Sandoz	Natriumwolframat Na_2WO_4 mit Zusatz von Hydrosulfit zur Verhinderung des Vergilbens beim Dämpfen
Matedunol 2B	S.M.C.	Natriumwolframat
Delustran ST	Sandoz	Gemisch von Natriumwolframat und -molybdat $Na_2WO_4 + Na_2MoO_4$
Diazo-Radium-Mattine	Böhme	Cetylpyridiniumbromid
Mattine-Entwickler T 170	Böhme	
		Produkte für das
Dullit W	I. G. Farbenindustrie	34,5% Natriumphthalat 52,0% Aluminiumsulfat wasserfrei 13,5% Natriumazetat
Dullit W extra	I. G. Farbenindustrie	Zirkonoxychlorid mit 33,3% ZrO_2

Literatur	Verwendungsgebiete
Zweibadverfahren	
Franz. P. 752337 *Brit. P. 415822* Ind. textile *50* (1933), 629; Mschr. Text. Ind. *49* (1934), 187; Rev. univ. Soies et soies artif. *8* (1933), 1021; Mell. *14* (1933), 368, 402	Besonders für den Mattdruck bestimmt. Zur Garn- und Gewebemattierung wird die Ware mit einer lauwarmen 5–10%-igen Delustran D-Lösung vorbehandelt, abgequetscht und dann mit einer $2^1/_2$–5%igen Bariumchloridlösung nachbehandelt. Delustran D eignet sich vor allem zur Erzeugung von Tiefmattierungen.
Siehe Seite 444	Zur Vollbadmattierung kunstseidener Strang- und Stückwaren, vor allem für mittlere Matteffekte. Die Ware wird in einem Bad von 20–40 g/l Bariumchlorid während 5–10 Min. kalt vorbehandelt, abgequetscht und dann in einem Bad von 5–10 g/l Delustran ST nachbehandelt
Siehe Seite 450	Kationaktives Produkt, das substantiv auf die Zellulosefasern aufzieht und dann mit einer hochmolekularen anionaktiven Verbindung wie Mattine-Entwickler T 170 fixiert werden kann.
	Zur Fixierung und Erhöhung des Mattierungseffektes von Diazo-Radium-Mattine
Einbadverfahren	
DRP 593562 *Amer. P. 1990864* *Brit. P. 425418* *Franz. P. 760964* *Schweiz. P. 172337* BIOS Misc Rep. *18*, Seite 30 Mh. Seide Kunstseide *38* (1933), 525 Siehe Seite 452	Zur Mattierung von Viskose- und Kupferseide nach dem Färben und zur Erzeugung von Matteffekten im Druck. Die Ware wird in das Mattierungsbad kalt eingeführt, dann die Temperatur langsam auf 45–50° erhöht und während 30–40 Min. gehalten. Zur Korrektur des ziemlich rauhen Griffes empfiehlt sich eine Zugabe zum Mattierungsbad von Soromin AF oder DM, oder eine Nachbehandlung mit Soromin AF oder N.
FIAT Final Rep. 644, Seite 139	

Name	Erzeugerfirma	Zusammensetzung
Dullit WE extra	I.G. Farben-industrie Bayer	Zirkonoxychlorid mit 42% ZrO_2
Delustran FL	Sandoz	Natriumstannat $Na_2SnO_3 \cdot 3H_2O$ oder $Na_2[Sn(OH)_6]$
Brosco Dull Finish 2N, FL, SL	Scholler Bros. Inc.	Gemische anorganischer Salze
Dullatone CS	Onyx Oil u. Chem. Co.	Selbstfällende unlösliche anorganische Salze
Filaseal Duller XX, 60 X	Amalgamated Chem. Corp.	Selbstfällende anorganische und organische Salze
Quomattan S extra	Quehl	Anorganisches Komplexsalz

Produkte für die

Name	Erzeugerfirma	Zusammensetzung
Este-Mattierung P, D, EK	Stockhausen	Wässrige Dispersionen von Pigmenten und Fettstoffen
Buramatt	Baur, Gaebel u. Co.	
Bura-Mattierung SK		
Delustrol	Arkansas Co.	Dispersion von Weisspigmenten in Weichmachern
Dulstan	Standard Chem. Prod	
Iberdeluster	Harrison u. Co. Inc.	
Nylodul	Arkansas Co.	

Literatur	Verwendungsgebiete
DRP 737414 *Franz. P. 875606* Siehe Seite 454 BIOS Misc. Rep. *18*, Seite 30	Wasch- und überfärbeechtes Mattierungsmittel für Viskose- und Kupferkunstseide und Zellwolle. Das Produkt wird unter Zusatz von Ammoniumformiat kalt gelöst, die Ware eingeführt, dann die Temperatur innerhalb 40 Min. auf 90° erhöht und noch 10–15 Min. gehalten. Darauf wird die Ware gespült und mit 1 g/l Marseillerseife geseift.
Siehe Seite 455	Speziell für dunkelgefärbte Ware aus Kunstseide: der Farbton wird nicht verschleiert, weil die mattierende Fällung in äusserst feiner Form erst während der Behandlung entsteht und sich nicht nur oberflächlich ablagert. Die Mattierung stäubt nicht und ergibt einen angenehmen Griff Die Ware wird mit 20 g/l Delustran FL während 20–30 Min. kalt behandelt und dann sehr gründlich gespült. Das zur Verdünnung verwendete Wasser soll streng neutral sein Die so erzielte Mattierung ist höchstens mittelstark. Für einen stärkeren Effekt ist eine Nachbehandlung mit Salzen mehrwertiger Metalle unerlässlich
	Besonders in kombinierten Ausrüstungen von Nylon-Wirkwaren verwendet Für Nylon-Wirkwaren Für Stück- und Wirkwaren Zur Tiefmattierung von Reyon, Zellwoll-Web- und Wirkwaren ohne Griffbeeinflussung
Foulardmattierung	
Mschr. Text. Ind. *49* (1934), Fachh. 1, Seite 19; Mell. *17* (1936), 141; Mschr. Text. Ind. *53* (1938), Fachh. 1, Seite 23.	
	Besonders für dunkel gefärbtes Nylon oder Dacron

Name	Erzeugerfirma	Zusammensetzung
Foulardmattierung T 50	VEB Fettchemie	Pigmenthaltige Öl-in-Wasser-Emulsion
Mattierung A 85	Zschimmer u. Schwarz	Lithopon + sulfonierter Talg
Mattierung LC Mattierung IV	Zschimmer u. Schwarz	Lithopon + Seife + sulfonierter Talg
Mattierung LC 11 Weissmattierung LC	Zschimmer u. Schwarz	Lithopon + Emulgiermittel + sulfonierter Talg
Spezialmattierung GL Mattierung 262	Zschimmer u. Schwarz	Lithopon + sulfonierter Talg
Echtmattierung EK	Zschimmer u. Schwarz	Weisspigment + sulfoniertes Öl
Echtmattierung P, V	Stockhausen	Dispergiertes Titandioxyd + Seife und sulfoniertes Öl
Mattavin WD	Baumheier	Titandioxyd + sulfonierter Talg
Matine	Rudolph	Dispergiertes Titandioxyd + Seife und Lösungsvermittler
Matedunol SD	S.M.C.	Dispergiertes Titandioxyd + Seifenprodukt
Mattoran FLD	Oranienburger Chemische Fabrik	
Radium Mattine Radium Mattine-entwickler T 44	Böhme Fettchemie	Titandioxyd + Fettalkoholsulfat + Produkt auf Leimbasis
Mattavine – Lourd	Baumheier	Dispergiertes Titandioxyd
Visco-Mattyl 53, 63	A. Th. Böhme	Dispergiertes Titandioxyd + Seife + Glyzerin
Perma-Dull	Refined Prod. Corp.	
Dullit F	I. G. Farbenindustrie Bayer	China Clay Titandioxyd Harnstoff Soromin DM Weichmacher 4026
Foulardmattine F, K, T 190 W	Böhme Fettchemie	
Mattierung GN hell	Kantorowicz u. Co.	
Ramin S	Deutsche Houghton Fabr.	
Roma-Mattine	Th. Rotta	
Viscomattyl U, W	Dr. Th. Böhme KG.	

Literatur	Verwendungsgebiete
	Für Viskosereyon, zusammen mit Talvon T (sulfonierter Talg): 3–4 g pro Liter bei 35°
Mschr. Text. Ind. *47* (1932), 143, Fachh. II, 45	Für Weiss- und Strumpfwaren
Z. ges. Text. Ind. *36* (1933), 465	
Mschr. Text. Ind. *49* (1934), 138	Besonders für Weisswaren
	Einzel oder kombiniert für Foulardmattierung von Reyon- und Wirkwaren Kombination mit Mattierung 262 empfohlen für reinweisse, nicht vergilbende Mattierung
	Für Viskosekunstseide: 5–30 g pro Liter
	Für Viskosekunstseide: 3–30 g pro Liter. Nicht waschecht
Mschr. Text. Ind. *50* (1935), Fachh. I, 5	Für Viskosekunstseide und Mischgewebe. Nicht waschecht
	Für Viskosekunstseide
	Für Viskosekunstseide: 5–10 g pro Liter. Nicht waschecht
	Für Kunstseidemattierung: im Einbadverfahren 5–20 g pro Liter, auf dem Foulard 10–100 g pro Liter
	Für Viskosekunstseide
	Setzt auf den Walzen nicht ab und stäubt nicht
FIAT Fin. Rep. 644, Seite 138 Klepz. Text. Z. *43* (1940), 249	Für Reyon und Zellwolle

Name	Erzeugerfirma	Zusammensetzung
		Produkte auf Basis
Desatinol DH, S	Durand & Huguenin	Titandioxyd + Zinkoxyd Petroleum Triäthanolaminseife Blutalbumin Wasser
Beratex DSP	Berkshire Color and Chemical Corp.	Anorganische Pigmente + Kunstharz
Delustering Paste Nr. 4	Stein, Hall & Co.	Titandioxyd + Kunstharz
Dull Finish Nr. 70		Dispersion von anorganischen Pigmenten und Bindemitteln
Duller N	Chemical Products Corp.	Nichtionische Dispersion von Pigmenten und Kunstharzen
Chem Duller N	Chemical Products Corp.	Titandioxyd und Kunstharz, nichtionisch
Cationic Duller CD Chem Duller CD	Chemical Products Corp.	Titandioxyd und kationisches Kunstharz
Virco Dul L	Virkler Chem. Co.	Anionische Dispersion von Pigmenten und Kunstharzen
Delustrant SW	Arkansas Co.	Dispergierung von Pigmenten mit Kunstharz und Weichmacher, kationisch
Duratone SP	Scholler Bros. Inc.	Pigmentdispersion und Emulsion gemischter organischer Kunstharze
Resodull TV	Arkansas Co.	Gemisch von Polyvinylharz, Pigmenten und Weichmachern
Mattopal	Kuhlmann	Kunstharz + Pigment
Bura-Mattierung F/TI hart	Baur, Gaebel & Co.	Anionische Pigmentdispersion, mit einem Binder zu verwenden
Vibratex	W. F. Fancourt Co.	Emulsion eines organischen Pigmentes, mit einem Gleitmittel und einem Harzbinder

Literatur	Verwendungsgebiete
von Bindemitteln und Pigmenten	
Schweiz. P. 222229 *DBP 936086* *Amer. P. 2376908* *Belg. P. 440404* *Brit. P. 548172* *Franz. P. 878761* *Holl. P. 61320* *Ital. P. 387416* *Österr. P. 167614* *Ung. P. 128301* *Schweiz. P. 228231* und *262542* Ind. textile *63* (1946), 103 Siehe Seite 462	Zur Mattierung von Viskose- und Azetatkunstseide, sowie Naturseide auf dem Foulard durch Verdünnen mit kaltem Wasser, Foulardieren, Trocknen und Dämpfen. Ergibt Mattierungen mit sehr angenehmem Griff, die nicht stäuben und einer milden Seifenwäsche standhalten. Wird am meisten im Mattdruck verwendet (siehe Seite 508) Die Marke S weist eine Tönung auf, die dem Glanz der Naturseide angepasst ist
	Für synthetische Gewebe Für dunkelgefärbte Reyon- und Acetatkunstseide Weicher, nicht stäubender Griff. Bad schäumt nicht und ist beständig im Bereich von pH 3–11 Für Nylon und andere synthetische Fasern, vor allem in hellen Nuancen. Verträglich mit Harnstoff-, Melamin-, Vinyl- und Acrylharzen
	Für Nylon- und Azetatkunstseide-Wirkwaren Für Wirkwaren
	Für die Viskose-Kunstseide Besonders für die Ausrüstung von Gardinen aus Polyester- und Polyacrylnitrilfasern. Mit Binder BG als Bindemittel ergibt tiefe, nichtstäubende und waschbeständige Mattierungen. Beeinflusst die Lichtechtheit nicht Das Gleitmittel ergibt zusätzlich eine gute Nähbarkeit, und der Harzbinder eine Faserstabilisierung

Name	Erzeugerfirma	Zusammensetzung
Velvaseal Duller	Amalgamated Chemical Corp.	Pigmentiertes Harz

Produkte für die

a) Kationaktive

Name	Erzeugerfirma	Zusammensetzung
Radium-Mattine T 53 Flermattine O4	Böhme Fettchemie Baur-Gaebel	Lithopon (40%), mit Laurylpyridinium-laurylsulfat 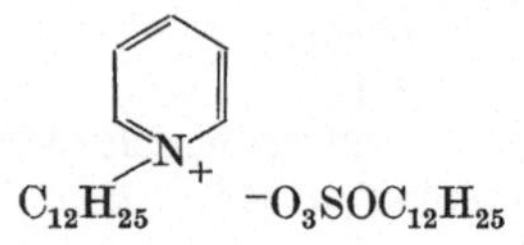 $C_{12}H_{25}$–N^+ (Pyridinium) $^-O_3SOC_{12}H_{25}$ gefällt, und mit überschüssigem Laurylpyridiniumbisulfat und Glyzerin peptisiert
Fractol A	Imperial Chemical Industries	Dispersion von Titandioxyd im sauren Salz einer quaternären Ammoniumbase
Supramattan ZS, ZSU	Zschimmer u. Schwarz	Weisspigment + höherer Dialkyläther des Triäthanolammoniumformiats
Dullit MG	I. G. Farbenindustrie	Zinksulfid Polyoxyäthylstearylbiguanidsalizylat Igepal W (Alkylphenylpolyglykoläther) Appretan WL (Polyvinylmethyläther) Olivenöl 75% Aktivubstanz
Dullit FL	Bayer	

Literatur	Verwendungsgebiete
	Für Nylongewebe und -strumpfwaren
substantive Mattierung Produkte	
DRP 739137 *Amer. P. 2101251* *Brit. P. 424672* *Franz. P. 772788* *Österr. P. 142884* *Schweiz. P. 175323* Mell. *17* (1936), 236; Text. Manuf. *62* (1936), 232; Dyer Text. Printer *75* (1936), 573. Siehe Seite 469	Die Ware wird in der Lösung 15–30 Min. bei Raumtemperatur umgezogen und nach Abtropfen direkt in ein mindestens 50° heisses Spülbad gebracht. Das Aufziehen wird durch Temperaturänderungen und Salzzusätze gesteuert Für die Viskosekunstseide. Ergibt eine Mattierung mit einer gewissen Waschechtheit, aber mit Alkaliunbeständigkeit Manchmal auftretende Farbumschläge und Verminderungen der Echtheitseigenschaften substantiver Farbstoffe können durch eine Nachbehandlung mit Mattine-Entwickler T 170 behoben werden Weitere Marken: T 53 A: stark aufziehend T 53 B: mit besonders ausgeprägtem Egalisiervermögen T 53 C: stärker aufziehend T 53 K: besonders für Naturseidenstrümpfe
Text. Col. *60* (1938), 626, 642	
FIAT Fin. Rep. 644, Seite 138 Mschr. Text. Ind. *53* (1938), 255 *DRP 738194* *Belg. P. 426845* *Franz. P. 834971* *Amer. P. 2185427* Siehe Seite 472	Für Mischgewebe aus Wolle und Zellwolle, um den Glanz der zwei Faserarten zu egalisieren und der Ware das Aussehen einer reinen Wollware zu verleihen, da Dullit MG nur auf die Zellwolle aufziehen kann
	Für Zellulosefasern aller Art auf dem Foulard. Ändert nicht oder nur wenig den Farbton der Ware, gilbt Weisswaren kaum an und ergibt einen weichen und vollen Griff. Gegen lauwarme Wäsche beständig

Name	Erzeugerfirma	Zusammensetzung
Dullit RK	I. G. Farben-industrie	Titandioxyd Aluminiumhydroxydgel mit 50% Al_2O_3 Polyäthoxyäthylstearylbiguanid-salizylat 45% Aktivsubstanz
Dullit S	I. G. Farben-industrie	Zinksulfid Salizylat (?) Soromin DM (siehe dieses Werk, Band 2, Seite 592)
Dullit SU	Bayer	Vermutlich Dispersion von Titandioxyd in mit Dimethylsulfat quaterniertem Polyurethan aus Methyldiäthanolamin und Hexandiisozyanat
Bura-Mattierung SU	Baur-Gaebel	
Delustran O	Sandoz	
Delustran WE	Sandoz	
Lumattin SZ	BASF	

Literatur	Verwendungsgebiete
FIAT Fin. Rep. 644, Seite 138 Mell. *21* (1940), 183 Siehe Seite 472	Für die Mitverwendung mit Imprägniermitteln der Persistol- und Ramasit-Marken auf Regenmantelstoffen: die Waschechtheit ist genügend Bei noch zusätzlicher Zugabe von Kaurit KF Knitterfestigkeit Die Waschbeständigkeit kann durch Mitverwendung von Dullit WE (siehe Seite 210) verstärkt werden
FIAT Fin. Rep. 644, Seite 138 Mschr. Text. Ind. *53* (1938), 255 Siehe Seite 472	Für Kunstseide und Zellwolle aller Art, auch für Naturseide. Unempfindlich gegen Wasserhärte, nicht jedoch gegen Alkalität. Ergibt dank Soromin DM, einem sehr wirksamen Weichmacher, einen besonders weichen und fülligen Griff. Die Applikationseigenschaften entsprechen weitgehend denen des Radium-Mattine T 53.
	Für Kreppgewebe, Zellwollkleiderstoffe und Trikotagestückwaren, auf Haspelkufen oder Wannen in langen Flotten (Flottenverhältnis 1:20 bis 1:50). Für ein restloses Ausziehen der Bäder ist oft ein Zusatz von 5–8 g pro Liter Glaubersalz notwendig
	Für Zellulosefasern und Perlon
	Für Kunstseide, Zellwolle, Seide, Nylon, auch für Strümpfe. Wasser- und wasserkochecht, aber nicht waschecht. Die Waschechtheit wird durch eine Knitterechtausrüstung etwas verbessert.
	Für hellgefärbte Kunst- und Naturseide, in Strang oder Stück, und für die Strumpfmattierung Im Färbebad und im Druck nicht verwendbar
SVF Fachorgan *17* (1962), 308	Für alle glänzenden Faserarten. Gegen nachfolgende Säureeinwirkungen beständig. Da ohne Titandioxyd keine katalytischen Schäden. Stäubt nicht, widersteht milder Wäsche. Kann in der Hochveredlung in Gegenwart von sauren Katalysatoren verwendet werden.

Name	Erzeugerfirma	Zusammensetzung
Lumattin SL	BASF	
Uromat M	Ciba	Auf Basis von Titandioxyd
Conco Duller CTA Duller Nr. 1473-A Duller CA Dura-Dull Emka Permadul O Monadull T Perma Dull Unidull Wica Duller 3192	Continental Chem. Co. Hart Products Corp. Scher Bros. Tex-Chem Co. Emkay Chemical Co. Mona Industries Inc. Refined Products Corp. United Chem. Prod. Wica Chemicals Inc.	Kationische Dispersion von Titandioxyd
Delusterant W	Clarkson Lab. Inc.	Kationische Dispersion von Titan- und Bariumpigmenten
Dullatone CA Duller CAS	Onyx Oil & Chem. Co. Berkshire Color and Chemical Corp.	Kationische Dispersion von Titandioxyd und anderen Pigmenten
Dullatone DG	Onyx Oil & Chem. Corp.	Kationische Dispersion von Titandioxyd und Farbpigmenten
Cellodul	Tanatex Chem. Corp.	Kationische Dispersion von anorganischen Pigmenten
Delustrant CTA	Arkansas Co. Inc.	
Duller WC	Laurel Soap Mfg. Co.	
Permadull W	DePaul Chem. Co.	

Literatur	Verwendungsgebiete
	Für Reyon und Zellwolle auf Haspelkufe oder Jigger, auf dem Foulard nur bei möglichst tiefer Temperatur.
	Für Garne, Gewebe und Gewirke aus Kunstseide, Zellwolle oder Naturfasern. Mit Weichmachern, Hydrophobier- und Knitterfestappreturen kombinierbar. Auf Kufe, Haspelkufe, Jigger 1–6% vom Gewicht der Ware, mit 0,5cm³/ Liter Essigsäure 40%, auf Foulard 2–30 g pro Liter ohne weiteren Zusatz. Für Weicheffekt Zusatz von 0,5–4 g pro Liter Sapamin WL oder WLS
	Meist für hellgefärbte und weisse Waren, auch für Kunstfasern und vollsynthetische Fasern
	Für synthetische Fasern
	Für weisse und hellgefärbte Waren
	Für dunkelgefärbte Waren
	Für weisse und hellgefärbte Waren
	Für Reyon-, Zelluloseazetat- und Nylongewebe. Gibt vollen, weichen Griff, auch auf Glasfasern
	Widerstandsfähig gegen Reibstellen
	Für Weisswaren, nicht vergilbend

Name	Erzeugerfirma	Zusammensetzung
Opacizzante DS	Soc. Chimica Lombarda	
Rexodull CNY	Emkay Chemical Co.	
Matt-Avivan P Quomattan P	Chem. Fabr. Pfersee Quehl	

b) Anionaktive

Name	Erzeugerfirma	Zusammensetzung
Orapret MAT Orapret-Tiefmatt Mattoran F Mattoran A	Oranienburger Chemische Fabrik	Oleylalkoholsulfat Paraffinöl Leim Weisspigment Doppeltkonzentrierte Marke in Pulverform
Este-Mattierung HS	Stockhausen	Pigmentdispergierung mit Monofettsäurepolyglyzeriden als Dispergatoren, z.B.: 20% Kokosfettsäurepolyglyzerid 80% Lithopon
Dullatone 60 Duller LS Duller PK	Onyx Oil & Chem. Co. Scher Bros. Apex Chemical Co.	Anionische Dispergierung von Titandioxyd und anderen Pigmenten
Dullatone 59	Onyx Oil & Chem. Co.	
Duradul Nr. 854	Apex Chemical Co.	Dispersion von Titanpigmenten mit einem substantiven anionischen Bindemittel
Dultex	Soluol Chem. Co.	Anionische Dispersion von Titandioxyd und selbstemulgierenden Wachsen
Wica Duller 3140	Wica Chemicals Inc.	Anionische Dispergierung anorganischer Pigmente

Literatur	Verwendungsgebiete
	Unempfindlich gegen hartes, empfindlich gegen alkalisches Wasser. Die Substantivität wächst mit Zusatz von Salz und Erhöhung der Temperatur
	Besonders für Nylon und Dacron

Produkte

Literatur	Verwendungsgebiete
DRP 669299 *Franz. P. 760390* *Ital. P. 328648, 334366* Siehe Seite 475	Für Kunstseide 8%, auf Warengewicht gerechnet, mit Zusatz von 0,5–1 g pro Liter Kalziumchlorid zur Erhöhung der Affinität und Erschöpfung des Bades, wenn die Wasserhärte des Bades 12°d. H. nicht erreicht. Behandlung etwa 20 Min. bei 30–35°. Recht gut waschecht, hält ein Seifen mit 3 g Seife pro Liter aus. Die Waschechtheit wird durch eine Nachbehandlung mit einem kalten Spülbad von etwa 1 cm^3 Aluminiumsulfatlösung 6° Bé pro Liter noch etwas verbessert
DRPP 575911, 651231	3 g pro Liter + 0,3 g pro Liter Kalziumchlorid, um das Ausziehen zu begünstigen, 30 Min. bei 20°. Nachbehandlung bei 70–80° mit 0,5 g pro Liter Ameisensäure 30%
	Für weisse und hellgefärbte Waren Für dunkelgefärbte Waren
	Für alle Waren aus Nylon und Zelluloseazetat
	Zugleich Mattierungsmittel und Weichmacher
	Zur Verwendung in Stärke- und Naturgummibädern
	Für Viskosekunstseide und Naturseide, im Färbebad zu verwenden

Name	Erzeugerfirma	Zusammensetzung
		Produkte auf
		a) Produkte auf Basis
Uromat I	Ciba	Harnstoff-Formaldehyd-Vorkondensationsprodukt
Echtmattierung 1254	VEB Fettchemie	Kondensationsprodukte aus Dizyandiamid und Guanylharnstoffsalzen mit Formaldehyd, zusammen mit Ölsäurebutylestersulfat (Rolavin AH = Avirol AH)
Dullit D	I. G. Farbenindustrie	Im wesentlichen Dimethylolharnstoff $O{=}C\begin{matrix} \diagup NH{-}CH_2OH \\ \diagdown NH{-}CH_2OH \end{matrix}$

Literatur	Verwendungsgebiete
Kunstharzbasis	
von Aminoplasten	
Schweiz. P. 202522 *Amer. P. 2143326* *Brit. P. 478998* *Franz. P. 824758* *Österr. P. 155796* *Schweiz. P. 185117, 186727, 186728, 186729* *Franz. P. 804221* *Brit. P. 469688* *Österr. P. 149978* *Amer. P. 2145011* *Franz. Zus. P. 49542* *Amer. P. 2302777* Siehe Seiten 482–485	Nach Anteigen mit der doppelten Menge Wasser und Lösen mit der vierfachen Menge Ameisensäure 85%, Reifen während einer gewissen Zeit, die von der Temperatur abhängt (siehe Tabelle Seite 243). Zusatz von Kochsalz, um das Aufziehen zu begünstigen, in genau dosierten Mengen. Flottenverhältnis 1:30 bis 1:60 Vor allem für die Mattierung nach dem Färben: verbessert in den meisten Fällen die Nassechtheiten der Färbungen. Der Griff ist manchmal etwas hart und muss korrigiert werden, durch Nachbehandlung mit Sapamin KW oder FL. Das Gelingen der Mattierung hängt in starkem Mass vom genauen Einhalten der etwas komplizierten Anwendungsvorschrift ab.
Ostdeutsch. P. 6401 Siehe Seite 489	Für Polyamidfasern (Perlon, Nylon), Zelluloseregeneratfasern (Reyon und Zellwolle) und Glasfasern Im Flottenverhältnis 1:20 bis 1:30 3–8 g pro Liter für Zelluloseregeneratfasern, 1–4 g pro Liter für Polyamidfasern; auf dem Foulard 30–40 g pro Liter für schwache, 50–60 g pro Liter für starke Mattierungen. Behandlung bei 60° während 30 Min. Aufziehvermögen bei pH 6 am günstigsten. Trocknen bei mindestens 80° Ergibt weichen Griff und überfärbeechte Mattierung
Mell. *19* (1938), 536	Vor allem für den Textildruck bestimmt, aber auch für die Stückmattierung verwendbar. Behandlung mit einer Lösung von Dullit D + Ammoniak + Soromin AF (siehe dieses Werk, Band 2, Seite 454 und 600) + Johannisbrotkernmehlverdickung, nach Trocknen Nachbehandlung in einem kalten Bad von Oxal- oder Salzsäure, Entwicklung an der Luft, Spülen und Seifen. Reib- und waschecht

Name	Erzeugerfirma	Zusammensetzung
Uromat II	Ciba	Mischung auf Basis eines Harnstoff-Formaldehyd-Kondensationsproduktes
Echtmattierung ZS	Zschimmer und Schwarz	Harnstoff-Formaldehyd-Vorkondensat
Irgamat	Geigy	Harnstoff-Formaldehyd-Kondensationsprodukt

b) Produkte auf Basis von

Name	Erzeugerfirma	Zusammensetzung
Atco Light Duller XP	Metro-Atlantic Inc.	Anionaktive Dispersion hochschmelzender thermoplastischer Kunstharze

Literatur	Verwendungsgebiete
Amer. P. 2302778 *Brit. P. 528686* *Franz. P. 853669* *Ital. P. 373506* *Amer. P. 2302779* *DRP 742993* *Belg. P. 436481* *Brit. P. 537467* Siehe Seiten 485–486	Verbesserung und Vereinfachung des Uromat I-Verfahrens. Da überfärbeecht, vor oder nach der Färbung verwendbar; ergibt auch bei dunkelgefärbter Ware eine genügende Mattierung. Hervorragend waschecht, ergibt ferner einen vollen Griff und eine erhöhte Schiebefestigkeit. Auf den meisten Textilien anwendbar Behandlung während 1–3 Std. bei 20° in einem Bad, das Uromat II und eine bestimmte Menge Salzsäure enthält Der Mattierungseffekt ist abhängig von: 1. der Menge Uromat II und dem Flottenverhältnis 2. der Temperatur 3. der Dauer der Mattierung 4. der Bewegung des Materials Nachher Spülen, Neutralisieren mit 1–2 cm^3 Ammoniak konz. pro Liter, Spülen, Trocknen und wenn möglich Hitzebehandlung bei über 100°, zum Beispiel 10 Min. bei 120° Misslungene Mattierungen können durch Behandlung mit 3 cm^3 konz. Salzsäure im Flottenverhältnis 1:30 während etwa 30 Min. bei 70° abgezogen werden. Verwendung auch auf schnellaufenden Jiggern bei einem Flottenverhältnis von 1:5 mit 15–20 g Uromat II und 15–20 g konz. Salzsäure pro Liter
Mell. *20* (1939), 388 Appretur-Ztg. *32* (1940), 3	Zur waschfesten Mattierung von Viskose- und Kupferkunstseide: 10–15% des Warengewichts, im Flottenverhältnis 1:10, Behandlungsdauer 15 Min., dann Zusatz von 8–10% Salzsäure und 2% Oxalsäure und noch 60 Min. Behandlung

anderen Kunstharzen

	Zur Mattierung von Nylon, Azetatkunstseide und anderen synthetischen Fasern. Vermeidet die Bildung von kalkiger Oberfläche

Name	Erzeugerfirma	Zusammensetzung
Duratone	Scholler Bros. Inc.	Gemisch organischer Kunstharzemulsionen
Permattin KD	Chemische Fabrik Tübingen	Nichtionogene Kunststoffdispersion ohne anorganische Pigmente
Cassapret FP	Cassella Farbwerke	Kunstoff-Dispersion
Plextol M1k	Röhm & Haas GmbH. Darmstadt	Kunstharz-Dispersion
Rhoplex SR, B-85	Rohm & Haas(USA)	Wässrige Dispersion eines nicht filmbildenden acrylischen Kunstharzes
Spezialmattierung V	Zschimmer und Schwarz	Kunststoff-Dispersion
Xyno Resin AN-25 Dullatone AN-25	Onyx Oil & Chem. Co.	Vinylmischpolymerisat
Mattierungsmittel	Dr. Th. Böhme KG	Polyacrylat

Spezialprodukte

Name	Erzeugerfirma	Zusammensetzung
Opalogen A	I. G. Farbenindustrie BASF	Harnstoff $O{=}C\begin{smallmatrix}NH_2\\NH_2\end{smallmatrix}$
Desatinol DH, S	Durand & Huguenin	Titandioxyd + Zinkoxyd Petroleum Triäthanolaminseife Blutalbumin Wasser
Orafix TR	Ciba	Fixiermittel auf Basis einer wässrigen Emulsion eines anionaktiven Acrylharzes

Literatur	Verwendungsgebiete
	Für Nylon- und Azetatkunstseide-Wirk- und Strumpfwaren
	Ergibt gut waschechte Mattierungen neben vollem und weichem Griff
	Appretur- und Füllmittel, Mittel zur Erhöhung der Scheuerfestigkeit und zur Nachmattierung
	Appretur- und Schiebefestmittel, Mittel zur Nachmattierung
	Für beständige Matteffekte auf synthetischen Geweben
	Für synthetische Fasern

für den Mattdruck

Mh. Seide Kunstseide *38* (1933), 295 Mell. *20* (1939), 436 Siehe Seite 504	Für den Mattdruck auf Azetatkunstseide: Druckpasten mit 200–300 g Opalogen A und 50–100 g Milchsäure 50% oder Glykolsäure 70% pro kg
Patentliste siehe Seite 462, 508 und 545 Ind. textile *63* (1946), 103 Siehe auch dieses Werk, 1. Teil, Band 1, Seiten 30–34 Kann auch auf Polyamid-, Polyacrylnitril-, Polyesterfasern usw. bedruckt werden	Zur Erzeugung von weichen und waschechten Mattweiss-Effekten auf Naturseide, Viskose-, Kupfer- und Azetatkunstseide. Fixierung durch Dämpfen während 8 Min. nach dem Trocknen. Zur Erzielung bunter Matteffekte und Halbtöne mit nahezu allen Farbstoffklassen mischbar, mit Ausnahme jener, die in wässriger Lösung sauer reagieren oder die in stark alkalischem Medium bedruckt werden
	Bindemittel für den Mattdruck und den Mattätzdruck auf praktisch allen Faserarten und Mischgeweben

Name	Erzeugerfirma	Zusammensetzung
Lyofix CH	Ciba	Hexamethylolmelamin $(HOCH_2)_2N{-}C_3N_3{-}[N(CH_2OH)_2]_2$
Delustran WP	Sandoz	Weisspigmentpaste mit Printofix PD (Bindemittel auf Kunststoffbasis) und Emulgator
Printofix PD	Sandoz	Pigmentbindemittel auf Kunststoffbasis
Oremabindemittel HDL	Ciba	Pigmentbindemittel auf Melamin-Formaldehydharzbasis
Acramin FWR Pulver Acramoll W Acrafix	Bayer Bayer Bayer	Polymerisierbares, wasserlösliches Kunstharzvorkondensat Emulsion eines Vinylmischpolymerisates
Acraminweiss MET	Bayer	Paste auf Titandioxybasis

Literatur	Verwendungszwecke
	Durch den Zusatz von Lyofix CH zu den Druckpasten auf Basis von Orafix TH werden die hergestellten Drucke kochwasch-, reib- und trockenreinigungsecht Auch für den Metallpulver- und den Flockdruck verwendbar Mit Lyofix CH wird allerdings der Griff etwas härter Zur Erzielung optimaler Echtheiten der Drucke ist eine Wärmenachbehandlung bei 140–150° während 5 Min. oder bei 120° während 10 Min., oder wenigstens ein normaler Dämpfprozess notwendig
	Verwendbar unverdünnt als Deckweiss auf helle bis dunkle Färbungen, mit guten Trocken- und Nassreibechtheiten, die durch Zugabe von Finish EN und Ammoniumsulfat noch verbessert werden. Zur Erzielung eines weicheren Griffes Zusatz von Sandolemulsion PD Delustran WP ist mit allen gebräuchlichen Verdickungsmitteln verwendbar, auch mit Petroleum, Terpentin- oder Paraffinöl als Gleitmittel
	Binder für den Stoffdruck mit anorganischen Pigmenten, Metallpulvern usw., im Rouleaux- und Filmdruck auf sämtlichen natürlichen oder synthetischen Fasern Hervorragende Wasch-, Trocken- und Nassreibechtheiten, besonders unter Zusatz von Finish VK oder EN Die Drucke werden bei 100–105°, besser bei 130–140° während 3–5 Min. nach behandelt oder während 7–10 Min. gedämpft
Spinner und Weber *77* (1959), 264	Bindemittel für Pigmente im Orema-Verfahren
Bayer Colorist *3* (1957), Nr. 5, Seite 26 *DRP 707848* Siehe dieses Werk, 1. Teil, Band 3, Seite 312	Acramin FWR Pulver und Acramoll W werden zusammen als Bindemittel für die verschiedenen Acraminweiss-Marken im Weissdruck verwendet. Acrafix dient zum Auskondensieren des Bindemittels
Bayer Colorist *3* (1957), Nr. 5, Seite 26	Speziell auf die Bindemittel Acramin ME und Acramin MS abgestimmt

Name	Erzeugerfirma	Zusammensetzung
Acramin ME	Bayer	Bindemittel auf Basis von Polyamidderivaten, als Emulsion vom Typ-Kohlenwasserstoff-in-Wasser, enthält etwa 35% eines Gemisches von hochsiedenden Kohlenwasserstoffen
Acramin MS	Bayer	Hochviskose Lösung eines Polyamids (vermutlich aus Hexamethylendiamin und Adipinsäure) in organischen Lösungsmitteln
Acraminweiss FT	Bayer	Paste auf Titandioxydbasis
Acraminweiss TC	Bayer	Bindemittel enthaltende Paste auf Titandioxydbasis

Literatur	Verwendungsgebiete
Bayer Colorist *3* (1957), Nr. 5, Seite 26	Besonders geeignet für den Maschinendruck auf Geweben aus vollsynthetischen Fasern wie Perlon, Nylon, Polyacrylnitril, sowie aus Baumwolle, Kupferkunstseide, Reyon, und auf Mischgeweben aus Reyon-Baumwolle, Azetatkunstseide-Baumwolle, Azetatkunstseide-Reyon und Naturseide. Auf reinen Azetatkunstseidegeweben nicht sonderlich zu empfehlen. Im Filmdruck nur verwendbar, wenn nicht die höchsten Echtheitsanforderungen gestellt werden. Mit Acraminfarbstoffen verwendbar, unter Zusatz von Acramin FWR 10%ig als Schutzkolloid
Bayer Colorist *3* (1957), Nr. 5, Seite 26	Bindemittel für den Filmdruck auf den gleichen Geweben wie Acramin ME, ferner auf Azetatkunstseidegeweben. Hervorragende Nass- und Lösungsmittelechtheiten. Auch im Maschinendruck verwendbar Verschmutzte Maschinenteile sind mit Alkohol-Wassergemisch 1:1 zu reinigen
Bayer Colorist *3* (1957), Nr. 5, Seite 26	Vor allem für Filmdruck auf Baumwolle, Zellwolle, Reyon und Kupferkunstseide geeignet. Gutes Deckvermögen, gute Nass- und Trockenechtheiten, neigt nicht zum Vergilben. Weicher Griff. Für vollsynthetische Fasern wie Perlon und Nylon, sowie für Azetatkunstseide wenig geeignet. Mit allen Acraminfarbstoffen mischbar. Günstige Laufeigenschaften auf vollautomatischen Filmdruckmaschinen, durch Zusatz von Harnstoff noch verbessert
	Wird mit Acramin WEC als Binde- und Vernetzungsmittel im Rouleaux- und im Filmdruck verwendet. Mit allen Acraminfarbstoffen mischbar Für Halbton-Ätzdruck mit den verschiedensten Farbstoffklassen auf allen Faserarten geeignet: am besten wird zuerst Acraminweiss TC gedruckt und die anderen Farben dann darüber gedruckt Nach dem Rongalit-Pottasche-Zweiphasenverfahren sind Halbtoneffekte unter Küpenfarbstoffen möglich

Name	Erzeugerfirma	Zusammensetzung
Serikosol A	I. G. Farben-industrie	Äthylenchlorhydrin $Cl—CH_2—CH_2—OH$
Serikosol N		Glykolmonoformiat $HCOO—CH_2—CH_2—OH$
Serikosol NK		γ-Butyrolakton $H_3C—CH—CH_2—C{=}O$ (Ring über O zwischen CH und C)
Dullit W	I. G. Farben-industrie	34,5% Natriumphthalat 52,0% Aluminiumsulfat wasserfrei 13,5% Natriumazetat
Dullit D Mattweiss W Druckmattweiss N	I. G. Farben-industrie Hoechst Francolor	Im wesentlichen Dimethylolharnstoff $O{=}C(NH{-}CH_2OH)_2$
Delustran D	Sandoz	Natriumwolframat Na_2WO_4 mit Zusatz von Hydrosulfit zur Verhinderung des Vergilbens beim Dämpfen
Delustran DWE	Sandoz	

Literatur	Verwendungsgebiete
DRP 716432 Mschr. Text. Ind. *50* (1935), Festh. Nov., Seite 84 Siehe Seite 514 Siehe auch dieses Werk, 1. Teil, Band 3, Seiten 46–52, 112	Lösungsmittel für Azetylzellulose; die Lösungen dienen als Bindemittel im Serikose-Druckverfahren Ergibt Drucke mit sehr guter Waschechtheit, aber mit etwas hartem Griff
DRP 593562 *Amer. P. 1990864* *Brit. P. 425418* *Franz. P. 760964* *Schweiz. P. 172337* Siehe Seiten 208 und 279 Siehe auch dieses Werk, 1. Teil, Band 3, Seite 57	Für Viskose- und Azetatkunstseide, sowie Naturseide; auf Kupferkunstseide weniger geeignet. Nicht vollkommen überfärbeecht. Nach dem Drucken muss gedämpft werden
Mell. *19* (1938), 915 Siehe Seiten 452 und 517. Siehe auch dieses Werk, 1. Teil, Band 3, Seite 57	Ergibt ohne Zusatz von Pigmenten nicht stäubende, reib- und waschechte Drucke. Mit Indigosolfarbstoffen und Nitrit zur Erzielung von matten farbigen Fonds kombinierbar. Durch Aufdruck von Alkalien oder alkalischen Druckfarben, zum Beispiel Küpen-, Rapidogen- oder Rapidechtfarbstoffen, auf mit Dullit D geklotzte Gewebe kann man weisse oder gefärbte Glanzreserve-Effekte auf mattem Grund erhalten
Franz. P. 752337 *Brit. P. 415822* Ind. textile *50* (1933), 629; Mschr. Text. Ind. *49* (1934), 187; Rev. univ. Soies et soies artif. *8* (1933), 1021; Mell. *14* (1933), 368, 402 Siehe Seiten 443 und 515	Ergibt wasser- und reibechte Mattdrucke. Kann mit substantiven Farbstoffen kombiniert werden, sowie mit Küpenfarbstoffen
	Für waschechte Mattdrucke auf Kunstseide, Zellwolle und Naturseide, für weisse und bunte Direkt- und Ätzdrucke, wie auch für bunten Überdruck zur Erzielung von Halbtönen. Bewahrt den Geweben ihren natürlichen Griff. Die Waschechtheit wird erst durch Dämpfen erreicht

Name	Erzeugerfirma	Zusammensetzung
Mattätzweiss BASF 4019	BASF	Bindemittelhaltiges Weisspigment
Pigmentweiss C	Cassella Farbwerke	Bindemittelhaltiges Weisspigment
Imperonweiss WL	Hoechst	Pigmentpräparat

Literatur	Verwendungsgebiete
	Zur Herstellung plastischer Weissätzen und billiger Mattweiss-, Mattbunt- und Halbtoneffekte, vorwiegend auf Geweben aus Zellulosefasern und Naturseide
	Für Mattweiss- und Mattbuntdirektdruck, plastische Weiss und Halbtonreserven unter Überdrucken mit Küpen- und substantiven Farbstoffen. Durch Dämpfen werden die Drucke waschecht
	Für plastische Weiss- und Mattbunt-Effekte nach dem Imperon-Verfahren. Waschechte Drucke durch Zusatz von Imperon P

Patentverzeichnis

Amerikanische Patente

Nummer	Seite
844.042	166
1.261.736	45
1.378.443	413
1.446.301	339
1.554.801	397
1.556.512	397
1.633.152	421, 506
1.633.160	421, 506
1.643.080	376
1.655.626	339
1.692.372	452
1.705.490	386
1.716.423	394
1.724.375	506
1.725.742	269
1.740.889	397
1.756.941	446
1.768.401	367
1.769.850	386
1.770.114	421
1.770.310	374
1.773.975	502
1.778.327	397
1.780.645	503
1.781.018	347
1.784.014	347
1.786.421	420
1.803.672	419, 504
1.819.241	428
1.822.416	364
1.826.608	501
1.836.527	409, 501
1.838.121	380
1.838.663	416
1.839.978	435
1.839.979	435
1.864.426	367
1.864.428	368
1.867.188	334
1.870.407	460
1.871.087	463
1.875.299	447
1.875.894	269
1.876.130	374
1.891.146	354, 410
1.891.780	339
1.899.725	378
1.906.148	276, 324
1.906.149	276, 324
1.913.884	275
1.915.228	338
1.920.212	380
1.922.903	349
1.922.910	349
1.923.495	364
1.924.181	87
1.927.412	398
1.932.734	437
1.937.110	341
1.938.312	317
1.938.623	342, 410
1.938.646	342, 410
1.940.602	275
1.940.730	398
1.942.523	420
1.943.353	381
1.944.378	381
1.947.002	399
1.955.825	270
1.956.034	345
1.957.301	461
1.957.508	262, 385
1.958.238	336, 346
1.958.949	337
1.959.350	417, 419, 504
1.959.351	504
1.959.414	346
1.963.974	447
1.966.578	267
1.967.206	344
1.969.689	315
1.970.522	503
1.975.493	461
1.976.218	398
1.978.792	414
1.979.268	276
1.980.428	432
1.981.643	341
1.983.450	313
1.984.303	346
1.984.304	344
1.984.788	402
1.987.095	315
1.990.864	452, 517, 539, 565
1.999.404	432
2.000.013	386
2.000.671	321
2.006.540	395
2.009.110	275
2.010.324	444
2.012.232	314
2.014.343	321
2.021.849	350
2.022.838	342
2.022.961	435
2.025.025	365
2.030.736	360
2.030.737	360
2.030.738	360
2.030.739	360
2.030.740	360, 428
2.032.606	383
2.033.977	445
2.035.483	456
2.035.504	432
2.039.301	356
2.040.606	365
2.040.879	456
2.042.944	334
2.044.432	314
2.048.833	314
2.052.590	327
2.057.469	447
2.060.016	338
2.060.047	342, 433
2.060.787	350
2.063.001	346
2.066.339	366
2.066.385	353
2.069.773	343, 428
2.069.774	360
2.069.800	356, 358
2.069.801	357, 358
2.069.802	357, 358
2.069.803	357
2.069.804	357
2.069.805	358
2.069.806	358
2.069.807	358
2.070.031	346
2.070.467	503
2.071.024	315
2.072.265	339, 411
2.072.856	322, 323, 433
2.073.629	396
2.077.699	349
2.077.700	348
2.080.755	343, 448
2.081.847	338
2.081.848	338
2.081.849	338
2.083.041	321
2.084.410	412
2.088.558	379
2.089.697	67

Nummer	Seite
2.090.924	343
2.096.607	316
2.099.044	270
2.099.363	456, 494
2.099.441	358
2.099.455	351
2.101.251	469, 547
2.103.432	396
2.107.668	346
2.111.252	407, 501
2.111.449	350, 529
2.121.341	443
2.121.343	443
2.123.986	435, 467, 471 473
2.123.987	472
2.128.604	328
2.132.491	307
2.143.326	483, 555
2.143.883	316
2.145.011	483, 486, 555
2.157.544	350
2.159.013	412
2.163.085	233
2.166.739	334
2.166.740	334
2.166.741	334
2.170.752	346
2.171.324	352
2.183.998	99
2.185.427	472, 473, 547
2.196.630	379
2.202.594	308
2.205.722	279
2.206.278	308
2.217.114	516
2.227.495	353
2.230.656	458
2.232.168	309
2.234.307	364
2.250.483	159
2.261.556	359
2.262.770	200
2.262.771	200
2.273.040	38
2.274.363	481
2.278.540	309
2.278.878	280
2.289.282	460
2.297.221	471
2.300.470	309
2.302.777	483, 555
2.302.778	484, 485, 557
2.302.779	484, 557
2.305.006	451
2.305.035	83, 89
2.308.511	412
2.309.964	455
2.334.358	316
2.343.089	494
2.343.090	494
2.343.094	494
2.343.186	159
2.350.032	494
2.368.451	87
2.376.908	462, 508, 545
2.390.975	473
2.394.212	412
2.395.922	200
2.406.779	46
2.407.668	191, 208
2.412.969	361
2.413.163	200
2.415.112	41
2.415.113	41
2.416.988	480, 518
2.418.525	87, 89
2.421.218	88, 89
2.424.284	463
2.427.242	43, 92
2.440.094	315
2.443.566	191
2.452.054	83
2.454.245	206
2.455.454	209
2.459.222	99, 117
2.459.236	261, 420
2.461.302	181
2.464.342	83
2.464.360	44
2.470.042	94, 243
2.472.335	94
2.476.069	423
2.480.790	95
2.511.911	40
2.520.103	199
2.526.462	37
2.530.261	88
2.530.458	167
2.536.978	191
2.537.840	89
2.549.059	192
2.549.060	192
2.570.566	25
2.572.843	363
2.574 515	100
2.574.516	100
2.574.517	100
2.574.518	100
2.586.098	464
2.598.066	314
2.632.740	465
2.632.741	93
2.632.742	93
2.632.743	93
2.634.218	181
2.640.000	192
2.658.000	25
2.660.542	101
2.660.543	100
2.661.263	233
2.661.264	107, 110, 233
2.661.311	107, 110, 233
2.661.341	233
2.661.342	233
2.668.096	117, 122
2.668.780	25, 170
2.668.784	174
2.670.297	173
2.671.770	311
2.674.616	141
2.681.295	95, 105
2.689.839	280, 319
2.691.566	99
2.691.567	95
2.691.594	170
2.692.203	86
2.692.876	96
2.695.833	98
2.711.998	95, 104
2.723.212	38
2.725.311	142
2.726.256	107
2.728.680	170
2.728.691	171
2.735.789	143, 245
2.743.232	96
2.749.248	320
2.757.190	224
2.769.729	30, 49
2.772.188	108, 117
2.776.869	398
2.778.747	97, 104
2.779.691	88, 243
2.780.566	167, 182
2.781.281	82
2.784.159	42, 92
2.785.041	175
2.795.513	222
2.795.569	108, 121
2.803.562	147
2.805.176	182
2.809.941	123
2.809.979	152
2.810.701	108, 121, 122
2.811.469	141
2.812.311	127
2.814.573	108
2.819.173	271, 529
2.823.145	31
2.825.718	109
2.830.964	121, 124
2.831.881	148
2.832.745	109
2.841.507	141
2.851.474	207
2.854.437	218

Nummer	Seite
2.859.134	133
2.867.548	141
2.867.597	145
2.868.840	31, 245
2.870.042	134
2.875.231	145
2.876.117	47
2.876.118	48
2.876.248	110
2.881.097	202
2.881.152	218
2.882.311	150
2.882.313	150
2.886.538	135
2.889.289	135
2.891.877	136
2.891.915	150
2.892.803	108
2.897.576	386
2.897.577	386
2.898.180	130
2.901.444	136
2.906.592	136, 137
2.907.683	47
2.911.322	124
2.911.325	137
2.912.412	138
2.913.423	204
2.919.258	344, 428
2.922.726	220
2.923.644	220
2.926.097	203
2.926.145	144
2.931.803	205
2.933.367	137
2.933.402	214
2.935.471	42
2.948.641	41
2.949.385	110
2.951.854	205
2.952.666	96
2.953.480	220
2.953.595	151
2.962.392	445
2.962.466	318
2.971.929	102
2.971.930	102
2.971.931	102
2.974.065	490
2.979.374	154
2.983.623	120
2.989.406	214
2.990.232	154
2.990.233	155
2.990.291	292
2.992.942	91
2.993.746	124
2.995.416	368
2.999.847	221
3.002.947	319
3.014.000	201
3.022.330	98
3.027.222	224
3.031.254	400
3.032.440	111, 222
3.034.919	139
3.041.207	103, 149
3.047.425	223
3.065.183	98
3.067.251	131
3.081.293	153

Australische Patente

Nummer	Seite
28.770	355
209.962	446

Belgische Patente

Nummer	Seite
351.699	371
359.559	328
408.672	362
415.324	308
423.028	482
424.259	321
426.845	472, 547
436.481	484, 557
440.404	462, 508, 545
446.010	310
446.011	310
446.012	310
451.672	322
482.422	94
511.747	173
533.447	121
537.123	127
537.831	198
542.559	92
542.684	121
552.027	90
555.825	44
563.922	124, 125
564.200	128
578.591	91
581.368	44
592.848	223
594.750	144
601.360	221
603.640	97
604.507	147
610.436	127
610.438	127
610.440	127
610.903	214
622.752	128

Britische Patente

Nummer	Seite
551	2
2.077	2
165.164	397
176.535	413
181.330	268
181.901	339
205.898	348
206.113	414
206.818	394
244.446	372
245.407	329, 445, 516
246.879	414
249.538	329, 517
254.695	420
258.582	375
259.265	418
259.266	418
260.312	394
260.872	371
261.099	506
261.333	329
264.529	421
264.559	517
266.277	408, 501
268.734	329
272.939	330
273.011	502
273.386	344
273.647	334
274.054	269
275.357	408, 502
277.089	415
277.414	502
278.814	380
282.687	375
282.722	397
282.973	372
283.752	421
285.066	347, 348

Nummer	Seite
285.863	347
290.263	452
290.693	344
291.067	380
292.627	335
294.623	326
294.805	345
297.364	333
301.335	397
303.286	399, 503
305.828	435
306.534	502
309.194	504
310.045	416
312.687	359
313.072	408
314.396	503
314.404	380
314.414	381
314.543	374
316.169	451, 518
316.521	446
316.638	451
318.467	438, 446
318.468	446
318.629	374
318.632	374
318.642	398
319.014	415
320.363	416
320.632	381
323.501	447
323.830	345
327.740	381
328.044	351
328.247	262, 385
328.978	463
332.187	416, 419, 504
332.231	417, 504
333.504	342, 410
333.977	348
334.195	381
334.198	381
334.563	322
335.204	385
335.583	504
337.418	324, 452
338.190	398
338.269	338, 410
338.490	269
339.603	269
341.897	316
342.743	337, 344
343.121	432
343.698	398
344.093	446
344.288	353, 531
344.385	381
344.510	364

Nummer	Seite
345.509	398
345.673	504
346.678	355
346.793	356
347.396	365
348.625	336, 346
348.743	337
348.910	336
349.658	365
350.080	409
351.395	337, 340
351.438	416
352.412	316, 338, 410
352.610	316, 339, 410
352.611	316
355.015	345
355.466	409, 501
356.299	342, 411
356.327	374
357.112	328
358.574	402
359.385	381
359.465	385
363.426	395
363.986	355
364.020	395
364.040	355
364.904	365
365.178	339, 410
365.994	337
367.830	342, 410
368.664	376
370.512	337
371.239	452
372.835	376
374.356	270
374.437	270
375.735	341
376.097	503
376.833	268, 433
377.486	322, 433
377.712	382
378.319	322, 433
379.396	409, 466
383.149	437
384.224	313, 349, 529
385.673	374
386.216	350
386.753	493
388.520	399
389.484	321
389.518	270, 327
389.521	356, 433
391.214	467
391.443	382
391.497	432
391.772	442
391.847	409
391.876	317

Nummer	Seite
392.593	445
392.621	368
393.890	321
393.985	407
394.332	404
394.333	404
395.380	447
395.722	415
398.166	354
398.371	399
399.512	349
400.244	448
403.394	492
404.346	364
404.933	366, 411
405.669	291
407.000	270
407.240	375
408.240	440, 516
409.275	395
409.276	396
409.277	396
409.521	313
409.625	350, 529
409.916	414
412.929	410
412.930	467
413.087	325
414.153	339, 411
414.541	461
415.686	407, 501
415.822	443, 515, 539 565
419.477	351
421.360	445, 516
424.229	378
424.672	469, 547
425.416	343
425.418	452, 517, 539, 565
426.751	314
430.993	307
432.328	330
435.948	367
435.968	379
441.218	379
441.869	443
443.060	366, 411
443.726	446
443.758	450
444.181	448
445.145	449
445.571	461
448.262	307
448.409	354, 411
451.260	435
454.942	412
454.968	443
455.209	440, 516

Nummer	Seite
455.642	307
455.930	366, 411
458.642	323
460.955	271
465.741	261, 276
467.480	480, 518
469.688	483, 555
472.905	439
475.356	308, 317
477.049	465
478.327	441, 516
478.998	483, 555
484.901	482
486.334	516
486.766	67
489.895	458
492.449	16
497.846	355, 411
499.207	481
499.827	352
500.176	247
501.514	87
503.079	433, 508
503.548	435, 467, 471
503.862	380
504.714	279, 281
505.164	362
506.721	486
515.735	37
517.886	324, 453, 517
517.890	487
518.743	513
520.152	362
528.358	481
528.686	484, 557
535.058	50, 168
537.467	484, 557
544.157	464
545.422	420
548.172	462, 508, 545
549.138	455
554.718	280
560.375	368, 411
565.815	368
567.493	463
568.438	488
569.170	280, 282
570.450	46
573.471	200
573.472	200
574.548	167, 245
574.646	167
574.785	517
575.028	30, 40
575.903	42
577.313	450
586.095	199
586.367	42
587.366	40
596.306	93, 94, 243
596.688	282
597.077	37
597.435	514
604.197	24, 78, 243
604.490	243
609.257	454
610.137	282
614.046	464
617.167	514
623.566	354
633.441	93, 94, 243
634.690	24
638.434	83, 86, 243
645.023	464
648.883	78
649.642	78
659.395	465
664.921	422, 507
688.372	100
698.742	173, 174, 247
700.455	100
700.604	100, 101
700.606	241
700.822	106
711.699	192
711.977	289, 315
714.214	106
719.860	278
721.586	175
722.826	166
727.163	40, 193
727.700	174, 247
731.130	198, 208
731.176	171
731.387	417
733.007	369
735.041	173
736.598	36
739.731	209
740.269	118, 122
745.182	369
747.014	79, 81
747.569	195
748.165	175
750 262	36
755.022	30
756.715	383
759.329	141, 143
761.014	80
761.985	126
762.418	80
764.313	121
765.222	99
765.237	49
766.849	282
767.897	318
772.236	243
772.364	196
772.367	80
774.694	105
777.488	474
782.418	81
784.171	196
785.610	194
788.785	106
790.641	127
790.663	92, 149
791.803	201
792.997	182
793.697	400
800.157	202
802.085	311
805.499	202
807.236	121
821.504	121
825.803	223
827.646	445
830.800	107
835.581	102
837.709	138
837.710	138
842.646	466
856.360	91
858.582	102, 103, 214
863.186	204
863.380	110
865.396	110
865.857	490
866.508	368
873.555	154
875.844	446
882.993	120
883.754	152
884.785	122
886.032	386
891.848	466
893.283	139, 147
901.463	138
905.025	45
906.314	120

Deutsche Patente
(DRP und DBP)

Nummer	Seite
DRP	
232.605	363
238.843	363
262.253	378
271.747	339
339.050	339
355.533	413
381.020	339
389.394	268
397.012	333
402.405	268
403.845	268
411.798	394
421.506	330
428.189	340
438.236	268
446.486	418, 504
450.924	371
451.110	418
467.241	371
475.879	329, 445, 516
479.794	371
487.071	378
491.352	371
498.156	329
501.330	371
508.070	326
508.920	371
512.399	504
512.637	397
513.663	351
514.400	380
516.573	335
517.355	375
518.194	492
518.234	325
519.983	504
523.204	365
525.645	493
526.975	372
529.653	345
531.079	452
534.569	372
538.483	375
538.681	371
539.320	359
542.811	381
542.813	337, 340
550.878	348
553.511	245
559.420	416
565.185	373
566.295	492
569.038	415
570.666	359
570.973	337, 341
575.911	477, 553
578.284	457
582.855	361
584.876	337
585.272	419
587.224	338
588.698	352
591.427	340
592.817	428
593.562	452, 517, 539, 565
595.648	399, 503
597.194	448
602.758	493
607.176	374
610.424	335
615.307	435
618.329	307
621.648	307
622.764	314
628.796	435
636.638	449
636.840	359
638.197	307
642.194	445, 516
643.995	307
649.543	445
651.231	477, 553
651.912	438
654.593	431
654.712	421
657.798	379
657.891	379
665.197	367
669.299	476, 553
679.465	459
680.654	459
685.765	440
689.175	471
690.812	308
704.349	470
707.119	297
707.305	314
707.320	441
707.743	261, 276
707.848	514, 561
710.444	494
714.682	344
716.086	516
716.432	515, 565
716.881	438
727.401	431
728.001	308
736.970	471
737.414	454, 541
737.569	512
738.194	472, 547
738.692	495
739.137	469, 470, 547
740.771	513
741.458	477
742.993	484, 557
747.815	407
748.039	488
752.294	365
DBP	
807.395	495
830.786	429, 537
832.436	473
844.886	465
845.230	322
849.834	396
857.337	488
870.542	432
873.083	429, 537
874.753	494
874.756	38
874.896	495
875.643	429, 537
875.942	464
876.235	461
878.342	429, 537
878.792	41
886.590	474
891.541	429, 537
893.496	429, 537
900.339	429, 537
900.574	429, 537
904.524	37
904.647	407
905.967	455
912.085	491
936.086	462, 508, 545
952.623	508
958.694	369
966.369	422
968.049	465
1.077.207	474
1.078.082	466, 511
1.085.332	317
1.087.750	423
1.098.905	446

Deutsche Anmeldungen

Nummer	Seite	Nummer	Seite	Nummer	Seite
3.714	173	*11.192*	89	*60.829*	341
6.185	79	*12.834*	192	*70.230*	275
6.264	173	*21.344*	198	*90.368*	328
9.024	198	*29.742*	89	*149.357*	353

Deutsche Auslegeschriften

Nummer	Seite	Nummer	Seite	Nummer	Seite
1.001.453	369	*1.042.583*	125	*1.087.109*	107
1.006.386	44	*1.044.078*	125	*1.087.810*	207
1.006.414	146	*1.044.398*	98	*1.096.604*	319
1.009.629	103	*1.045.097*	121	*1.096.905*	129
1.011.393	80	*1.045.098*	126	*1.098.906*	446
1.011.394	80	*1.045.401*	125	*1.101.347*	201
1.018.023	172	*1.045.654*	127	*1.102.095*	131
1.020.019	146	*1.045.655*	121	*1.102.697*	122
1.021.326	197	*1.046.047*	144	*1.103.590*	140
1.022.227	207	*1.052.984*	101	*1.109.313*	368
1.023.033	146	*1.055.491*	141	*1.113.826*	153
1.023.744	195	*1.056.125*	131	*1.116.441*	130
1.028.528	197	*1.056.835*	121	*1.118.781*	140, 207
1.029.156	146	*1.058.014*	203	*1.125.658*	144
1.029.795	197	*1.064.061*	125	*1.127.589*	204
1.034.320	278	*1.064.511*	130	*1.128.652*	152
1.035.135	128	*1.067.770*	107	*1.131.412*	131
1.037.125	281	*1.067.811*	125	*1.139.478*	97
1.040.498	44	*1.067.812*	126	*1.142.336*	203
1.040.549	124	*1.078.267*	204	*1.147.228*	111
1.041.017	108	*1.078.574*	129	*1.148.968*	103
1.041.957	124	*1.081.652*	43		
1.041.958	125	*1.082.910*	129		

Ostdeutsche Patente (DDRP)

Nummer	Seite	Nummer	Seite	Nummer	Seite
422	408	*5.168*	423	*10.574*	423
1.941	448	*6.401*	489, 555	*10.588*	363
2.050	326	*6.757*	322	*12.867*	318
2.427	460	*7.110*	336	*15.357*	148
2.428	460	*8.267*	422	*18.253*	148
2.988	278	*8.797*	281	*18.473*	318
4.126	327	*10.122*	281	*21.376*	203

Französische Patente

Nummer	Seite	Nummer	Seite	Nummer	Seite
434.602	344	*637.309*	333	*670.024*	378
518.410	268	*638.448*	326	*672.217*	504
528.230	413	*638.795*	397	*672.306*	416
569.488	414	*640.446*	380	*673.673*	447
570.175	394	*640.644*	347	*677.673*	321
597.231	329, 416, 445	*646.719*	419	*678.510*	463
601.297	414	*655.435*	408	*679.326*	321, 325
604.786	418, 504	*657.007*	444	*679.759*	335
617.655	394	*660.958*	444	*680.492*	269, 337
620.985	378	*664.064*	381	*680.493*	337, 344
621.181	375	*664.065*	380	*681.060*	438, 446
626.956	329	*666.898*	373	*681.439*	348
630.944	372	*667.322*	435	*681.696*	415
635.396	502	*669.686*	359	*681.806*	381

Nummer	Seite
682.084	416
682.563	345
682.932	373
686.644	417, 419, 504
686.922	416
688.625	342, 410
689.331	337, 340
689.800	439
690.406	460
690.432	381
690.795	328
692.862	409
693.411	335
694.048	324
694.119	269
695.490	342
695.491	382
697.261	381
697.329	374
698.093	316
698.660	378
700.452	338
700.477	267
701.371	382
701.405	478
701.442	397
702.174	355
703.002	395
703.626	432
704.499	316
705.639	353
706.228	335
706.229	348
708.761	382
710.228	492
710.299	409
715.184	432
717.449	402
719.596	355
720.618	352
722.467	376
722.719	374
726.301	317
727.774	503
728.344	415
728.798	337
730.235	340
730.236	322, 433
731.219	377
731.789	437
732.988	382
734.501	275
735.727	373
738.741	350
739.745	435
741.368	270, 327
741.928	445
743.053	442
743.922	456
744.436	467
745.861	407
748.538	375
751.430	429
752.337	443, 515, 539, 565
754.478	448
755.309	267
757.008	313
760.390	476, 553
760.964	452, 517, 539, 565
760.995	445, 516
761.869	477
762.034	461
762.096	365
762.899	493
763.807	358
765.058	350, 529
766.404	378
766.852	268
772.788	469, 547
774.682	314
778.947	330
778.985	379
783.108	307
787.767	435
789.538	449
793.183	450
798.694	307
798.839	463
799.912	307
800.396	353
800.827	353
801.167	438
804.221	483, 484, 555
805.462	307
807.230	313
807.257	292
807.424	480, 518
807.707	292
811.563	261, 276
815.288	352
824.758	483, 555
825.394	482
827.717	435, 467, 471
827.798	279, 280
830.475	308
832.288	471
834.971	472, 547
836.873	431
841.664	309
842.408	325
844.863	516
845.554	486
845.996	513
848.637	419
849.146	486
853.669	484, 557
855.284	487
866.321	486
872.222	455
875.606	454, 541
877.923	423
877.926	439
878.424	477
878.761	462, 508, 545
884.718	271
886.329	463, 512
888.963	460
896.088	513
918.711	495
919.288	94, 243
922.965	78, 243
923.141	420
926.625	280
930.742	464
952.169	86
957.389	450
1.006.230	423
1.044.579	192
1.056.692	47, 206
1.057.513	46
1.060.616	79
1.063.983	181
1.065.193	171, 172
1.065.465	194
1.077.202	369
1.078.709	118, 122
1.079.478	50
1.080.314	195
1.083.963	198
1.085.248	171
1.086.841	47
1.087.483	423
1.091.954	430
1.093.238	490
1.093.739	50
1.097.603	172, 173
1.099.874	29, 49
1.100.929	86, 102
1.104.722	383
1.109.296	194
1.109.436	197
1.109.922	126
1.110.763	50
1.112.431	141, 142
1.112.432	142
1.113.173	474
1.113.542	30
1.113.826	460
1.114.862	80
1.114.864	80
1.116.796	121
1.120.750	208
1.120.896	508
1.129.540	106
1.130.221	208

Nummer	Seite
1.130.222	143
1.131.982	196
1.136.493	121
1.138.279	127
1.138.514	200
1.140.874	205
1.142.976	376
1.149.604	201
1.153.813	121, 124
1.157.097	108
1.162.588	446
1.168.015	146
1.169.338	30
1.174.013	146
1.175.274	368
1.177.158	136
1.177.733	107
1.183.313	150
1.194.017	319
1.196.971	152
1.198.822	200
1.216.661	204
1.225.073	108
1.233.225	203
1.262.391	223
1.266.868	144
1.280.804	120
1.288.858	205
1.305.971	122

Zusatzpatente

Nummer	Seite
31.830	418
34.038	347
34.041	347
37.800	359
37.813	446
37.856	417, 504
37.906	417, 504
39.028	356
39.164	432
39.168	504
39.564	419
41.645	326
42.291	356, 433
45.680	378
45.764	358
46.362	379
49.057	352
49.542	483, 555
58.722	463
63.139	173
63.756	47, 206
63.822	173
66.360	208
66.397	208

Holländische Patente

Nummer	Seite
23.648	447
37.966	314
48.344	276, 314
50.281	321
51.087	269
61.320	462, 508, 545
77.827	488
89.731	474

Indische Patente

Nummer	Seite
21.300	378
21.855	379

Italienische Patente

Nummer	Seite
280.356	438
290.995	325
313.330	442
316.732	360
321.851	442
321.852	442
328.648	476, 553
333.946	277
334.366	475, 553
351.880	276, 314
360.561	321
362.691	308
373.506	484, 557
380.310	460
382.343	460
383.167	289
385.291	486
387.232	308
387.416	462, 508, 545

Japanische Patente

Nummer	Seite
950/1951	438
700/1952	435, 438
3.446/1953	463
17.915/1960	363

Kanadische Patente

Nummer	Seite
278.904	380
281.352	502
284.275	326
288.448	344
291.652	335, 365
312.669	386
314.909	416
323.604	336
324.629	460
324.631	409, 501
324.632	395
326.633	322
335.830	432
336.865	323
338.581	324
341.869	399
342.524	327
342.526	456
343.262	407
346.260	368
351.611	366
355.690	339, 411
357.216	366, 411
366.308	303
366.309	303
366.931	407
367.936	313
387.153	458
461.113	95
483.884	243
560.830	383

Österreichische Patente

Nummer	Seite	Nummer	Seite	Nummer	Seite
109.392	373	*133.135*	337	*155.796*	483, 555
112.857	380	*134.810*	377	*166.244*	464
119.026	359	*137.206*	333	*166.460*	455
120.844	337	*142.884*	469, 547	*167.614*	462, 508, 545
121.966	334	*143.303*	314	*185.495*	383
125.179	386	*147.468*	449	*185.496*	271, 272, 529
126.572	381	*149.978*	483, 555	*190.270*	90
127.167	335	*150.994*	292	*194.055*	508
132.011	382	*151.642*	261, 276	*194.364*	204
132.548	325	*155.792*	480, 518	*203.621*	319

Polnische Patente

Nummer	Seite	Nummer	Seite
11.613	328	*24.423*	374

Russische Patente

Nummer	Seite	Nummer	Seite
45.588	438	*49.018*	360

Schwedische Patente

Nummer	Seite
129.528	450

Schweizer Patente

Nummer	Seite	Nummer	Seite	Nummer	Seite
121.072	378	*152.835*	355	*222.229*	462, 508, 545
125.438	344	*156.405*	337	*228.131*	463, 508, 545
127.361	345	*161.018*	275	*229.183*	488
129.009	334	*163.853*	340	*233.344*	488
131.108	335	*170.409*	314	*237.606*	330
131.560	326	*172.337*	452, 517, 539, 565	*240.201*	338
134.056	352			*262.542*	463, 508, 545
140.926	335, 365	*175.323*	469, 547	*294.657*	46
140.972	335	*185.117*	482, 555	*295.003*	276
141.498	365	*186.727*	482, 555	*297.847*	208
141.792	335, 365	*186.728*	482, 555	*314.885*	369
142.113	348	*186.729*	482, 555	*323.881*	195
144.536	374	*189.123*	307	*332.149*	127
145.117	345	*191.206*	307	*337.931*	311
146.821	373	*201.589*	321	*357.145*	383
149.057	348	*202.522*	483, 485, 555	*365.050*	466
150.577	374	*202.831*	482		
150.872	352	*213.231*	49		

Tschechoslowakische Patente

Nummer	Seite	Nummer	Seite	Nummer	Seite
35.866	408	*88.232*	422	*89.035*	443

Ungarische Patente

Nummer	Seite	Nummer	Seite	Nummer	Seite
101.813	345	*144.943*	367	*145.066*	367
128.301	462, 508, 545				

Alphabetisches Sachverzeichnis der im Text und in den Tabellen erwähnten Produkte

		Seite
Abopon	Glyco Products	234
Aceta	I.G. Farbenindustrie	416
Acrafix	Bayer	514, 560
Acramin FWR Pulver	Bayer	514, 560
Acramin ME, MS	Bayer	514, 562
Acraminmattweiss FKLR	Bayer	534
Acraminweiss FT, TC	Bayer	514, 562
Acraminweiss MET	Bayer	514, 560
Acramol W	Bayer	514, 560
Aerochlor	Viscose Co.	350, 528
Aerogel	Degussa	271, 292, 528
Aerosil	Degussa	429, 536
Aerotex Softener H	American Cyanamid Co.	107
Aflamman	Dr. Quehl & Co.	210
Aflamman J, L.	Dr. Quehl & Co.	211
Aflamman J 11, J 13, LSB	Dr. Quehl & Co.	248
Aflamman N-W, N-WH, N-2, NC	Dr. Quehl & Co.	210
Aflamman NO, N20	Dr. Quehl & Co.	248
Aflavin III, IV Plv.	Dr. Quehl & Co.	210, 211
Ahcovel R	Arnold, Hoffman & Co. Inc.	30
Akaustan A	BASF	53, 234
Albenine ST	Doittau	534
Albigen A	BASF	512
Allfirm	Baumheier	246
Alpha-Terpineol	Hercules Powder	530
Amidophosphorsäure		232
Aminotriazinphosphat		242
Ammate	Du Pont	234
Ammoniumsulfamat		26, 33, 34, 35, 36
Antipyr	Imhausen	246
Antoxol	Eronel Ind.	254
Appretan	I.G. Farbenindustrie	508
Aquaflamme A	Protex	248
Aridex	Du Pont	180
Aridye Clear 6150	Interchemical Corp.	513
Aridye White NY 4132	Interchemical Corp.	513
Arko Flammeproofing Compound AS	Arkansas Co. Inc.	55, 238
Arkolene GN	Arkansas Co. Inc.	56
Atco Dark Duller	Metro-Atlantic Inc.	536
Atco Light Duller	Metro-Atlantic Inc.	536
Atco Light Duller XP	Metro-Atlantic Inc.	556
Atefix	A. Th. Böhme Dresden	236
Avirol AH	Böhme Fettchemie	489
Avitone A	Du Pont	180
Avivan M	Protex	534
Aychen Duller	H u. N Chemical Co.	536
Banflam	Bancroft	242
Bariumsulfat		434, 516
Bariummolybdat		443
Bariumwolframat		443, 515
Beratex DSP	Berkshire Color & Chem. Corp.	544
Bickdull	Hans C. Bick Inc.	534
Boroxole		244
Bromtriallylphosphat	Southern Reg. Res. Lab.	62, 118, 156, 240
Brosco Dull Finish 2 N, FL, SL	Scholler Bros. Inc.	540
Buramatt	Baur, Gaebel & Co.	458, 540

		Seite
Bura-Mattierung F/Ti hart	Baur, Gaebel & Co.	499, 544
Bura-Mattierung SK	Baur, Gaebel & Co.	540
Bura-Mattierung SU	Baur, Gaebel & Co.	475, 548
Butylcellosolve	Union Carbide Chem. Co.	91
Calex	ICI	234
Calgon	Benckiser	306
Cassapret	Cassella	558
Cationic Duller CD	Chem. Products Corp.	544
Cellodul	Tanatex Chem. Corp.	550
Cellosolve	Union Carbide Chem. Co.	91, 506
Chemdull	Chem. Corp. of America	534
Chem Duller CD, N	Chemical Products Corp.	544
Chlordiphenyl		349
Chlormethylphosphonsäure		63, 65, 242
Conco Duller CTA	Continental Chem. Co.	550
Conco Finish FR	Continental Chem. Co.	254
Conco Finish MS	Continental Chem. Co.	240
Conco Light Duller	Continental Chem. Co.	536
Conco Nylode Duller	Continental Chem. Co.	536
Contraqua EN	Dr. Quehl & Co.	210
Crestodull-D, -L	Crest Chem. Corp.	536
Cryptone BA, BT, ZS	New-Jersey Zinc Co.	534
Cumar MH 2 1/2		163
Darotin 40, 40/TO	Degussa	430, 508, 536
Dekol N.	BASF	54
Delusterant W	Clarkson Lab. Inc.	550
Delustering Paste Nr.3	Stein, Hall & Co.	536
Delustering Paste Nr.4	Stein, Hall & Co.	544
Delustran D	Sandoz	538, 564
Delustran DWE	Sandoz	564
Delustran FL	Sandoz	455, 540
Delustran O	Sandoz	475, 548
Delustran ST	Sandoz	444, 538
Delustran WE	Sandoz	475, 548
Delustran WP	Sandoz	511, 560
Delustrant CTA	Arkansas Co. Inc.	550
Delustrant SW	Arkansas Co. Inc.	544
Delustrol	Arkansas Co. Inc.	540
Depco Duller Nr.72	DePaul Chem. Co.	534
Desatinol DH, S	Durand & Huguenin	463, 508, 544, 558
Diazo-Radium-Mattine	Böhme	450, 538
Dipentaerythrolhexaorthophosphat		242
Diphasol EV	Ciba	509, 510, 511
Druckmattweiss N	Francolor	564
Dullatone Nr.59, 60	Onyx Oil & Chem. Co.	552
Dullatone AN-25	Onyx Oil & Chem. Co.	558
Dullatone CA, DG	Onyx Oil & Chem. Co.	550
Dullatone CS	Onyx Oil & Chem. Co.	540
Duller	Leatex Chem. Co.	534
Duller Nr.1473-A	Hart Products Corp.	550
Duller A	Laurel Soap Mfg. Co.	534
Duller CA	Scher Bros.	550
Duller CAS	Berkshire Color & Chem. Corp.	550
Duller DB	Scher Bros.	536
Duller LS	Scher Bros.	552
Duller N	Chemical Products Corp.	544
Duller PK	Apex Chem. Co.	552
Duller WC	Laurel Soap Mfg. Co.	550
Dull Finish Nr.70	Apex Chem. Co.	544

		Seite
Dull Finish W-567 B	Jacques Wolf & Co.	534
Dullit D	I.G. Farbenindustrie	491, 518, 554, 564
Dullit F	I.G. Farbenindustrie, Bayer	459, 542
Dullit FL	Bayer	475, 546
Dullit MG	I.G. Farbenindustrie	460, 472, 473, 546
Dullit RK, S	I.G. Farbenindustrie	460, 472, 473, 548
Dullit SU	Bayer	474, 548
Dullit W	I.G. Farbenindustrie	453, 517, 538, 564
Dullit W extra	I.G. Farbenindustrie	454, 538
Dullit WE extra	I.G. Farbenindustrie, Bayer	454, 540
Dullit WE conc.	Bayer	473
Dulloid 414	Colloids Inc.	534
Dulstan	Standard Chem. Prod.	540
Dultex	Soluol Chem. Co.	552
Duponol LS	Du Pont	177
Duponol 80	Du Pont	116
Dura-Dull	Tex-Chem Co.	550
Duradul Nr. 854	Apex Chem. Co.	552
Duratone	Scholler Bros. Inc.	558
Duratone SP	Scholler Bros. Inc.	544
Ecco Flameproof A-5-L	Eastern Color & Chem. Co.	234
Eccoflamproof LB-2	Eastern Color & Chem. Co.	254
Echtmattierung 1254	VEB Fettchemie	489, 554
Echtmattierung EK	Zschimmer & Schwarz	542
Echtmattierung P, V	Stockhausen	542
Echtmattierung ZS	Zschimmer & Schwarz	491, 556
Emka Permadul O	Emkay Chem. Co.	550
Emkapruf OFL	Emkay Chem. Co.	252
Emtex	Weserland KG Dr. Brandt, Dr. Strahl & Co.	213, 250
Emtex W	Weserland KG Dr. Brandt, Dr. Strahl & Co.	238
Emulgator AC	Ciba	512
Erifon	Du Pont	25, 174, 176, 246
Este-Mattierung D, EK	Stockhausen	458, 540
Este-Mattierung HS	Stockhausen	477, 552
Este-Mattierung P	Stockhausen	458, 540
Faspos	ICI	236
Feldtol-Hydroflam E, ET, S	Feldten Nachf. GmbH	213, 252
Feran SSF	Rudolf & Co.	431, 536
Feuerruin	Cirine	236
Filaseal Duller XX, 60 X	Amalgamated Chem. Corp.	540
Finish EN	Sandoz	511
Fire Retardant CM	Du Pont	34
Fire Retardant RC	Burkhart-Schier Chem. Co.	238
Fire Retardant RCX	Burkhart-Schier Chem. Co.	252
Fi-Retard EP	Arkansas Co. Inc.	244
Fi-Retard FM	Arkansas Co. Inc.	55, 238
Fi-Retard NBX	Arkansas Co. Inc.	223, 238
Fi-Retard SB	Arkansas Co. Inc.	223, 252
Firex	Rubach & Zirrgiebel	213, 252
Flacavon	Schill & Seilacher	246
Flacavon B	Schill & Seilacher	157
Flacavon PS	Schill & Seilacher	56, 238
Flacavon R	Schill & Seilacher	244
Flameproof 232, 462	Apex Chem. Co.	254
Flameproofing Agent 313	Glyco Prod.	234
Flame Retardant CM	Du Pont	234
Flame Retardant X-12	Du Pont	34, 234

		Seite
Flammenschutz A, AD, ES	Th. Rotta	55, 238
Flammentin	Dr. Quehl & Co.	209
Flammentin B extra, R	Dr. Quehl & Co.	157, 234
Flammentin FL, H	Dr. Quehl & Co.	56, 210, 236
Flammentin HD, HD 2	Dr. Quehl & Co.	210, 236
Flammentin HM	Dr. Quehl & Co.	56, 236
Flammentin NK	Dr. Quehl & Co.	254
Flammentin W	Dr. Quehl & Co.	236
Flammschutzmittel FD	Chem. Fabr. Pfersee	236
Flammschutzmittel J, PF	BASF	53, 234, 236
Flamort TC spez.	Flamort Chem. Co.	254
Flermatine 04	Baur, Gaebel & Co.	546
Flexol TWS	Union Carbide Chem. Co.	104, 119
Florence Zinc Oxides	New-Jersey Zinc Co.	534
Flovan PF	Chem. Fabr. Pfersee	236
Foulard-Mattierung	Zschimmer & Schwarz	458
Foulardmattierung T 50	VEB Fettchemie	542
Foulardmattine F, K, T 190 W	Böhme Fettchemie	459, 542
Fractol A	ICI	546
Fumexol 2	Ciba	510
Guanylmelaminpyrophosphat		88, 242
Horse Head Zinc Oxides	New-Jersey Zinc Co.	534
Hydroflamme Protex 120, 129	Protex	213, 250
Iberdeluster	Harrison & Co. Inc.	540
Igepon T	I.G. Farbenindustrie	119, 431
Imine IP, P	Carbic-Hoechst Corp.	242
Imperonweiss WL	Hoechst	566
Imprägniersalz BA	Rudolf & Co.	55, 236
Imprägnol flammfest A, G, K	Chem. Fabr. Pfersee	211
Imprägnol flammfest A Grund	Chem. Fabr. Pfersee	212, 248
Imprägnol flammfest AG, AG II, AG-B, GL, S	Chem. Fabr. Pfersee	248
Impranil Grund FBK	Bayer	250
Irgamat	Geigy	556
Irgapyrol DMW	Geigy	55, 234
Irgapyrol EB	Geigy	254
Kaurit KF	BASF	473
Kronos A, A/2, A 271	Titangesellschaft mbH	532
Kronos A 168	Titangesellschaft mbH	526, 532
Kronos A 1310	Titangesellschaft mbH	526
Kronos AD	Titangesellschaft mbH	526
Kronos AN	Titangesellschaft mbH	532
Kronos AV	Titangesellschaft mbH	526, 532
Kronos R 50, RNC	Titangesellschaft mbH	528
Kronos RN 50	Titangesellschaft mbH	532
Kronos RN 56	Titangesellschaft mbH	526, 532
Lamepon A	Chem. Fabr. Grünau	297
Lifeguard	Peter Spencer & Sons Ltd.	180, 246
Ligurin S	Chem. Fabr. Pfersee	53
Lithopon	Sachtleben	534
Lumattin SL	BASF	475, 550
Lumattin SZ	BASF	548
Luxanthol-Mattweiss	BASF	295, 303, 306, 528
Lyofix A	Ciba	84
Lyofix CH	Ciba	509, 510, 560
Manoxol OT	Manchester Oxide Co.	201
Matédunol 2 B	S.M.C.	538

		Seite
Matédunol SD	S.M.C.	542
Matine	Rudolf & Co.	542
Mattätzweiss BASF 4019	BASF	566
Mattavine-Lourd	Baumheier	459, 542
Mattavin WD	Baumheier	542
Matt-Avivan P	Chem. Fabr. Pfersee	552
Mattierung IV, 262	Zschimmer & Schwarz	542
Mattierung A 85	Zschimmer & Schwarz	459, 542
Mattierung GN hell	Kantorowicz & Co.	459, 542
Mattierung LC, LC 11	Zschimmer & Schwarz	542
Mattierung P 180	Zschimmer & Schwarz	530
Mattierungsmittel	Dr. Th. Böhme KG	558
Mattineentwickler KM	Böhme	470
Mattineentwickler T 170	Böhme	450, 470, 538
Mattopal	Kuhlmann	544
Mattoran A	Oranienburger Chem. Fabr.	476, 552
Mattoran F	Oranienburger Chem. Fabr.	552
Mattoran FLD	Oranienburger Chem. Fabr.	459, 542
Mattweiss W	Hoechst	564
Merlon IP–40	Monsanto Chem. Co.	163
Methacrol BE	Du Pont	163
Methylzyklohexanol		404, 530
Migasol PJ, PJK	Ciba	475
Migasol PJK neu konz.	Ciba	84
Mikrofixbinder I, II, III	Ciba	499, 500
Mikrofixbinder 59	Ciba	500
Mikrofixweiss Teig	Ciba	499, 500
Mirosan D	Stockhausen	429, 536
Mirosan PW	Stockhausen	536
Monadull T	Mona Industries Inc.	550
Nalcoag 1060	Nalco Chem. Co.	536
Natriumborophosphat		29
Natriumstannat		439, 540
Nekal AEM	BASF	346
Nekal BX	BASF	54, 431
Newport White Pine Oil	Heyden Newport Chem. Co.	530
Nopyron, H	Hoechst	212, 250
Nopyron HW	Hoechst	213, 250
Nylodul	Arkansas Co.	540
Opazzitante DS	Soc. Chimica Lombarda	552
Opalogen A	BASF	409, 504, 505, 530, 558
Orafix TR	Ciba	509, 510, 511, 558
Orapret MAT	Oranienburger Chem. Fabr.	476, 552
Orapret-Tiefmatt	Oranienburger Chem. Fabr.	552
Oremabindemittel HDL	Ciba	512, 560
Oremafarbstoffe	Ciba	84, 273
Paladull D, L	Paulden Chem. Co.	532
Peregal O	BASF	513
Perma Dull	Refined Products Corp.	542, 550
Permadull W	DePaul Chem. Co.	550
Permanent Flammfest	Th. Böhme	252
Permattin KD	Chem. Fabr. Tübingen	558
Phenol		398, 400, 530
Phobotex FT	Ciba	84
Phoresin	Victor Chem. Co.	244
Phosgard	Monsanto Chem. Co.	156
Phosgard B–20, B–52–R, C–22, C–22–R, C–32, C–32–R	Monsanto Chem. Co.	157, 244
Phosphornitrilchlorid	Albright & Wilson	105, 106, 233

		Seite
Phosphonyldihalogenid		65
Phosphorylamid		65, 103, 107, 110, 232
Pigmentweiss C	Cassella	566
Pine Oil (Pinienöl)		406, 530
Plextol M 1 k	Röhm & Haas GmbH	558
Polyvinylpyridiniumphosphat		91, 92
Polyvinylpyrrolidon	I.G. Farbenindustrie, GAF	320
Präparat 999 BN	Ciba	254
Primenit VS	Farbwerke Hoechst	133
Printofix PD	Sandoz	511, 560
Proban	Proban Ltd.	156, 240
Prolan	Albright & Wilson	118, 463
PVC-Corvic Latex L 550	ICI	248
Pyrepel	Chemical Products Corp.	252
Pyrex AH	VEB Fewa-Werk	246
Pyrex AM	Zschimmer & Schwarz	56, 238
Pyrm	Warwick Chem. Div., Sun Chem. Co.	223, 252
Pyrocrest	Crest Chem. Corp.	156, 244
Pyrosan	Laurel Soap Manuf. Co.	252
Pyroset	American Cyanamid Co.	24
Pyroset DO	American Cyanamid Co.	242
Pyroset Fire Retardant N 2, SF	American Cyanamid Co.	223, 252
Pyroset Fire Retardant N 10	American Cyanamid Co.	252
Pyrovatex	Ciba	24, 83, 242
Quaker Diapene AB	Quaker Chem. Prod. Corp.	54, 238
Quaker Velvetol SS	Quaker Chem. Prod. Corp.	54
Quecodur SM 60	Dr. Quehl & Co.	157
Quesynthol NJ	Dr. Quehl & Co.	56
Quilon	Du Pont	39
Quomattan P	Dr. Quehl & Co.	552
Quomattan S extra	Dr. Quehl Co.	540
Radium-Mattine	Böhme Fettchemie	542
Radium-Mattine T 53 A, B, C, K	Böhme Fettchemie	469, 473, 489, 546
Radium-Mattineentwickler T 44	Böhme Fettchemie	542
Ramin S	Deutsche Houghton Fabr.	459, 542
Repellat	Böhme Fettchemie	468
Repel-O-Flame SP	Onyx Oil & Chem. Co.	240
Resloom HP	Monsanto Chem. Co.	118
Resodull TV	Arkansas Co.	544
Rexodull CNY	Emkay Chem. Co.	552
Rexodull DK, XX	Emkay Chem. Co.	536
Rhoplex SR, B–85	Rohm & Haas (USA)	558
Rolavin AH	VEB Fettchemie	490
Roma-Mattine	Chem. Fabr. Th. Rotta	459, 542
Rucon flammfest B, I, S	Rudolf & Co.	213, 246
Sapamin	Ciba	450
Sapamin WL, WLS	Ciba	475
SC–50	General Electric	244
Serikosol A, N, NK	I.G. Farbenindustrie	514, 564
Sextol	Howard & Sons	404, 530
Siligen A 15, A 25, AF	BASF	431, 536
Silin Feuerschutzimprägnierung	Van Baerle & Co.	56, 238
Silvatol I	Ciba	530
Sipalin MOM	Breda Visada Ltd.	353, 530
Solentwickler D, GA	I.G. Farbenindustrie	506
Solvesso 2	Esso	187
Soromin Spezial	I.G. Farbenindustrie	530
Soromin AF	I.G. Farbenindustrie	453, 491, 513

		Seite
Soromin DM	I.G. Farbenindustrie	453, 459, 473
Spezialmattierung GL	Zschimmer & Schwarz	542
Spezialmattierung V	Zschimmer & Schwarz	558
Supramattan ZS, ZSU	Zschimmer & Schwarz	471, 546
Syndul L	Synthon Inc.	536
Syton	Monsanto Chem. Co.	536
Tamol P	BASF	199, 295, 342
Terposol Nr. 8	Hercules Powder	530
Tetrakis-hydroxymethyl-phosphoniumchlorid (THPC)		59, 60, 76, 111, 240
Tidull A	Crown Chem. Corp.	536
Timonex	Assoc. Lead	250
Ti-O-Tal 371	Wittaker, Clark & Daniels	532
Tioxyde A-DM, A-LF	British Titan Prod. Co. Ltd.	528
Tipaque A-100, A-200, R-220, R-820	Ishihara Sangyo Kaisha Ltd.	532
Ti-Pure 33, FF, FW, LO-CR	Du Pont	534
Titafrance AT 3	Fabr. Prod. Chim. Thann et Mulhouse	532
Titafrance AT 4	Fabr. Prod. Chim. Thann et Mulhouse	528
Titanchloridazetat		246
Titanox A, A Nr. 24	Titanium Pigment Corp.	532
Titanox AA, A-MO	Titanium Pigment Corp.	528
Titanox A-WD, B-30	Titanium Pigment Corp.	534
Titanox FR	Titanium Pigment Corp.	25, 246
Tragantine FL	Chem. Fabr. A. Radeck	213, 252
Trilon	BASF	306
Trisarizidinylphosphinoxyd APO		132, 242
Trisarizidinylphosphinsulfid APS		132, 242
Triton B	Rohm & Haas (USA)	361
Triton X-100	Rohm & Haas (USA)	116, 119
Unidull	United Chem. Prod. Corp.	550
Ureol P	Ciba	475
Uromat I	Ciba	484, 485, 554
Uromat II	Ciba	484, 485, 486, 556
Uromat M	Ciba	475, 550
Uvitex VR konz.	Ciba	509, 510, 511
Velvaseal Duller	Amalgamated Chem. Corp.	546
Vibatex	Ciba	508
Vibratex	W.F. Fancourt Co.	544
Vinylite VYNH, VYNL	Bakelite Corp.	189
Vinylite VYNS	Bakelite Corp.	186, 188, 189
Virco Dul E	Virkler Chem. Co.	534
Virco Dul L	Virkler Chem. Co.	544
Visco-Mattyl	A. Th. Böhme Dresden	459
Visco-Mattyl 53, 63	A. Th. Böhme	542
Viscomattyl U, W	Dr. Th. Böhme KG	459, 542
Viscosil SE 70	Dr. Th. Böhme KG	55
Weichmacher 4026	I.G. Farbenindustrie	459
Weissmattierung LC	Zschimmer & Schwarz	542
Wica Duller 3140	Wica Chemicals Inc.	552
Wica Duller 3192	Wica Chemicals Inc.	550
Xyno Resin AN-25	Onyx Oil & Chem. Co.	558
Yarmor 302 W	Hercules Powder	530
Zelan AP	Du Pont	143, 180, 216
Zinkferrocyanid		445, 516
Zyklohexanol		406
Zyklohexylamin	Howards & Sons	409